Tabellenbuch Mechatronik

Helmut Meyer

Tabellenbuch
Mechatronik

2. Auflage 2008

Dr.-Ing. Paul Christiani GmbH & Co. KG

Bestell-Nr. 72108

ISBN 978-3-87125-698-1

2. Auflage 2008

© 2004 by Verlag Dr.-Ing. Paul Christiani GmbH & Co. KG, Konstanz

Teil I

Metalltechnik

Seite

Teil II

Steuerungstechnik

Pneumatik und Hydraulik

Pneumatik und Hydraulik

Automatisierungstechnik

Handhabungs- und Robotertechnik

Teil III

Elektrotechnik

Gesetzliche Einheiten der Technik

Die gesetzlichen Einheiten im Messwesen sind SI-Einheiten (**SI** von **S**ystem International d'Unités = Internationales Einheitensystem) und besonders festgelegte atomphysikalische Einheiten, z. B. Mol und Elektronenvolt.

Die SI-Einheiten bestehen aus 7 Basiseinheiten und den von ihnen mit dem Zahlenfaktor 1 (kohärent) in der Einheitengleichung abgeleiteten Einheiten, von denen einige Eigennamen haben, z. B. Newton, Pascal, Watt.

Im geschäftlichen und amtlichen Verkehr dürfen nur die gesetzlichen Einheiten verwendet werden!

Gesetzliche Basiseinheiten

Basiseinheit	Einheitenzeichen	Basisgröße
Meter	m	Länge
Kilogramm	kg	Masse
Sekunde	s	Zeit
Ampere	A	Elektrische Stromstärke
Kelvin	K	Thermodynamische Temperatur
Candela	cd	Lichtstärke
Mol	mol	Stoffmenge

Abgeleitete SI-Einheiten mit Eigennamen

Eigenname	Einheiten-Zeichen	Einheitengleichung	Größe
Becquerel	Bq	$1\ Bq = 1/s$	Aktivität einer radioaktiven Substanz
Coulomb	C	$1\ C = 1\ A \cdot 1\ s = 1\ A\ s$	Elektrizitätsmenge
Farad	F	$1\ F = 1\ A \cdot 1\ s/1\ V = 1\ A\ s/V$	Elektr. Kapazität
Gray	Gy	$1\ Gy = 1\ J/1\ kg$	Strahlungs-Energiedosis
Henry	H	$1\ H = 1\ V \cdot 1\ s/1\ A = 1\ V\ s/A$	Induktivität
Hertz	Hz	$1\ Hz = 1/s$	Frequenz
Joule	J	$1\ J = 1\ N \cdot 1\ m = 1\ N\ m = 1\ W\ s$	Energie, Arbeit
Lumen	lm	$1\ lm = 1\ cd \cdot 1\ sr = 1\ cd\ sr$	Lichtstrom
Lux	lx	$1\ lx = 1\ lm/1\ m^2 = 1\ lm/m^2$	Beleuchtungsstärke
Newton	N	$1\ N = 1\ kg \cdot 1\ m/s^2 = 1\ kg\ m/s^2$	Kraft
Ohm	Ω	$1\ \Omega = 1\ V/1\ A = 1\ V/A$	Elektr. Widerstand
Pascal	Pa	$1\ Pa = 1\ N/1\ m^2 = 1\ N/m^2$	Mech. Spann., Druck
Siemens	S	$1\ S = 1/\Omega$	Elektr. Leitwert
Tesla	T	$1\ T = 1\ Wb/1\ m^2 = 1\ Wb/m^2$	Magn. Flussd., Indukt.
Volt	V	$1\ V = 1\ W/1\ A = 1\ W/A$	Elektr. Spannung
Watt	W	$1\ W = 1\ J/1\ s = 1\ J/s$	Leistung, Energiestrom, Wärmestrom
Weber	Wb	$1\ Wb = 1\ V \cdot 1\ s = 1\ V\ s$	Magnetischer Fluss

Einheiten, die nur bis zum 31.12.1997 gültig waren

Umrechnung alte Einheit in neue Einheit			
1	Å	(Ångström)	$= 10^{-10}$ m $= 0,1$ nm
1	b	(Barn)	$= 10^{-28}$ m^2
1	µ	(Mikron)	$= 10^{-6}$ m $= 1$ µm
1	p	(typographischer Punkt)	$= 0,376$ mm
1	Gal	(Gal)	$= 10^2$ m/s^2
1	p	(Pond)	$= 9,80665 \cdot 10^{-3}$ N
1	dyn	(Dyn)	$= 10^{-5}$ N
1	at	(techn. Atmosphäre)	$= 0,980665$ bar
1	atm	(phys. Atmosphäre)	$= 1,01325$ bar
1	mWs	(Wassersäule)	$= 98,0665$ mbar
1	Torr	(Quecksilbersäule)	$= 1,33322$ mbar
1	erg	(Erg)	$= 10^{-7}$ J
1	kcal	(Kilokalorie)	$= 4,1868$ kJ
1	PS	(Pferdestärke)	$= 0,7355$ kW
1	P	(Poise)	$= 0,1$ Pa s
1	St	(Stokes)	$= 10^{-4}$ m^2/s
1	kcal/kg grd		$= 4,1868$ kJ/kg $\cdot$ K
1	kcal/m h grd		$= 1,163$ W/m K
1	Ci	(Curie)	$= 3,7 \cdot 10^{10}$ s^{-1}
1	rd	(Rad)	$= 10^{-2}$ J/kg
1	rem	(Rem)	$= 10^{-2}$ J/kg
1	R	(Röntgen)	$= 258 \cdot 10^{-6}$ C/kg

Stellenwerttafel (Zehnerpotenzen)

Ziffernschreibweise im Dezimalsystem	Potenz-schreib-weise	Exponent = lg (Kennz.)	Zahl gesprochen	Vorsilbe und ihre Abkürzung in Verbindung mit Maßeinh. (DIN 1301)	
0,000000000000000001	10^{-18}	−18	Trillionstel	Atto	(a)
0,000000000000001	10^{-15}	−15	Billiardstel	Femto-	(f)
0,000000000001	10^{-12}	−12	Billionstel	Pico-	(p)
0,000000001	10^{-9}	− 9	Milliardstel	Nano	(n)
0,000001	10^{-6}	− 6	Millionstel	Mikro	(µ)
0,001	10^{-3}	− 3	Tausendstel	Milli-	(m)
0,01	10^{-2}	− 2	Hundertstel	Zenti-	(c)
0,1	10^{-1}	− 1	Zehntel	Dezi-	(d)
1	10^0	0	(Ausgangs)-Eins		
10	10^1	+ 1	Zehn	Deka	(da)
100	10^2	+ 2	Hundert	Hekto-	(h)
1000	10^3	+ 3	Tausend (Tsd)	Kilo-	(k)
1000000	10^6	+ 6	Million (Mio)	Mega	(M)
1000000000	10^9	+ 9	Milliarde (Mrd)	Giga-	(G)
1000000000000	10^{12}	+12	Billion (Bio)	Tera-	(T)
1000000000000000	10^{15}	+15	Billiarde (Brd)	Peta	(P)
1000000000000000000	10^{18}	+18	Trillion (Trio)	Exa	(E)

Zahlenarten

Benennung	Regel/Erklärung	Beispiel
Allgemein	Das mathematische Zahlen-system gliedert sich in unter-schiedliche Zahlenbereiche: **Natürliche Zahlen** **Ganze Zahlen** **Rationale Zahlen** **Reelle Zahlen**	Reelle Zahlen → Rationale Z. / Irrationale Z.; Rationale Z. → Ganze Z. / Brüche; Ganze Z. → Negative Z. / Natürliche Z.
Natürliche Zahlen	**Natürliche Zahlen** ergeben sich durch das Abzählen.	0 1 2 3 4 5 $(+2) + (+3) = (+5)$ Addieren auf der Zahlengeraden
Ganze Zahlen	**Ganze Zahlen** schließen den Bereich der natürliche Zahlen und den Bereich der negativen ganzen Zahlen ein.	−2 −1 0 1 2 $(+2) - (+3) = (-1)$ Subtrahieren a. d. Zahlengeraden
Rationale Zahlen	**Rationale Zahlen** umfassen die ganzen Zahlen, die Brüche und die Dezimalbrüche, die endlich oder periodisch sein können.	$2; \ 5; \ -10$ $\dfrac{1}{3}; \ \dfrac{1}{4}; \ \dfrac{1}{13}$ $0,7; \ 0,85; \ 0,3333...$
Reelle Zahlen	**Reelle Zahlen** schließen die rationalen Zahlen ein. Sie umfassen noch zusätzlich den Bereich der **irrationalen Zahlen,** deren Wert sich als unendlicher Dezimalbruch nur näherungs-weise angeben lässt.	$\sqrt{2} = 1,414\ 213\ 5...$ $\pi = 3,141\ 592\ 6...$ $\lg 2 = 0,301\ 029\ 9...$
Zahlen-gerade	Auf der **Zahlengeraden** können Zahlen als Pfeilstrecken (Vekto-ren) dargestellt werden. Ihre Länge entspricht dem absoluten Wert, z. B.: 2; 3; ... Ihre Richtung entspricht dem Vorzeichen. z. B. −2; −3; ... Das Vorzeichen gibt an, ob die Zahl größer oder kleiner Null ist.	$30 - 40 = -10$ Zahlen − negativ positiv + −20 −10 0 +10 +20 +30 +40 40

Zahlensysteme

Benennung	Regel/Erklärung	Beispiel
Dezimal-system **Allgemein**	Das **Dezimalsystem** ist ein Code zur ziffernmäßigen Darstellung von Zahlen. Es hat seinen Namen hauptsächlich daher, dass man sämtliche Zahlen durch Kombination von Zeichen aus einem Vorrat von zehn unterschiedlichen Zeichen, Ziffern genannt, darstellen kann. **Ziffern:** 0; 1; 2; 3; 4; 5; 6; 7; 8; 9. Die Ziffern haben in der Dezimal-zahl eine unterschiedliche Wer-tigkeit, je nachdem, an welcher Stelle sie in einer Zeichenfolge stehen. Man nennt ein solches System deshalb **Stellenwert-sytem.**	$6782 =$ $6 \cdot 10^3 + 7 \cdot 10^2 + 8 \cdot 10^1 + 2 \cdot 10^0$ $+ 5 \cdot 10^{-1}$

Darstellung einer Dezimalzahl

Komma ↓

Ziffer	6	7	8	2	5
Stelle	4.	3.	2.	1.	1.
Bezeichnung	Tausender	Hundert	Zehner	Einer	Zehntel
Stellenwert-faktor	10^3	10^2	10^1	10^0	10^{-1}
Potenzwert	$6 \cdot 10^3$	$7 \cdot 10^2$	$8 \cdot 10^1$	$2 \cdot 10^0$	$5 \cdot 10^{-1}$

Darstellung der Dezimalzahl: 6 782,5

Zahlensysteme (Fortsetzung)

Benennung	Regel/Erklärung	Beispiel
Dualsystem **Allgemein**	Der Name des Systems kommt vom lateinischen Wort duo, das „zwei" bedeutet. Es ist ein System, mit dem sämtliche Zahlen durch die Kombination von Zeichen aus einem Vorrat von nur zwei unterschiedlichen Zeichen dargestellt werden können: mit 0 und 1. Das Dualsystem ist ein Stellenwertsystem. Es ist im Zusammenhang mit Computern interessant. Bei den im Zeichenvorrat des Dualsystems vorhandenen unterschiedlichen Zeichen 0 und 1 sind die Stellen, an denen die Zeichen in einer Zeichenkombination erscheinen, mit Potenzen von „zwei" bewertet. An jeder dieser Stellen kann nur eines der beiden Zeichen 0 oder 1 stehen.	Zahl: Null Eins Zeichen: 0 1 $\begin{aligned} 2^0 &= 1 \\ 2^1 &= 2 \\ 2^2 &= 4 \\ 2^3 &= 8 \\ 2^4 &= 16 \\ 2^5 &= 32 \\ 2^6 &= 64 \\ 2^7 &= 128 \\ 2^8 &= 256 \\ 2^9 &= 512 \\ 2^{10} &= 1024 \\ 2^{11} &= 2048 \\ 2^{12} &= 4096 \\ 2^{13} &= 8192 \\ 2^{14} &= 16384 \end{aligned}$ Aufstellung der Potenzen der Zahl „2"

Darstellung einer Dualzahl

Ziffer	1	0	1	1
Stelle	4.	3.	2.	1.
Bezeichnung	Achter	Vierer	Zweier	Einer
Stellenwertfaktor	2^3	2^2	2^1	2^0
Potenzwert	$1 \cdot 2^3$	$0 \cdot 2^2$	$1 \cdot 2^1$	$1 \cdot 2^0$

Dualzahl 1011:

$1 \cdot 2^3 + 0 \cdot 2^2$
$+ 1 \cdot 2^1 + 1 \cdot 2^0$
$= 8 + 0 + 2 + 1$
$= \underline{11}$

Umwandlung von Dezimalzahlen in Dualzahlen

Die Dezimalzahl wird zunächst durch den größtmöglichen Stellenwertfaktor dividiert. Ergibt sich dann ein Rest, so dividiert man diesen Rest durch den nächst niedrigeren Stellenwertfaktor. In gleicher Weise wird fortgefahren, bis der Rest 0 ergibt.

$\begin{aligned} 37 &= 1 \cdot 2^5 \ (= 32) & \text{Rest } 5 \\ 5 &= 0 \cdot 2^4 & \text{Rest } 5 \\ 5 &= 0 \cdot 2^3 & \text{Rest } 5 \\ 5 &= 1 \cdot 2^2 & \text{Rest } 1 \\ 1 &= 0 \cdot 2^1 & \text{Rest } 1 \\ 1 &= 1 \cdot 2^0 & \end{aligned}$

$37 \triangleq 100101$ (Dualzahl)

Zahlensysteme (Fortsetzung)

Benennung	Regel/Erklärung	Beispiel
Sedezimal-system **Allgemein**	Die Zwiesprache mit Mikroprozessor-Systemen spielt sich fast ausschließlich mit der **sedezimalen Darstellung** von Zahlen ab. Das lateinische Wort „sedecim" bedeutet sechzehn. Mit diesem System kann man jede beliebige Zahl durch die Kombination von Zeichen aus einem Vorrat mit sechzehn unterschiedlichen Zeichen darstellen. Man verwendet hierzu die zehn Zeichen des Dezimalsystems und zusätzlich sechs Zeichen aus Buchstaben: 0, 1, 2, 3, 4, 5, 6, 7, 8, 9, A, B, C, D, E und F.	<table><tr><td>Zahl</td><td>Dezi-mal</td><td>Sede-zimal</td><td>Dual</td></tr><tr><td>Null</td><td>0</td><td>0</td><td>0000</td></tr><tr><td>Eins</td><td>1</td><td>1</td><td>0001</td></tr><tr><td>Zwei</td><td>2</td><td>2</td><td>0010</td></tr><tr><td>Drei</td><td>3</td><td>3</td><td>0011</td></tr><tr><td>Vier</td><td>4</td><td>4</td><td>0100</td></tr><tr><td>Fünf</td><td>5</td><td>5</td><td>0101</td></tr><tr><td>Sechs</td><td>6</td><td>6</td><td>0110</td></tr><tr><td>Sieben</td><td>7</td><td>7</td><td>0111</td></tr><tr><td>Acht</td><td>8</td><td>8</td><td>1000</td></tr><tr><td>Neun</td><td>9</td><td>9</td><td>1001</td></tr><tr><td>Zehn</td><td>10</td><td>A</td><td>1010</td></tr><tr><td>Elf</td><td>11</td><td>B</td><td>1011</td></tr><tr><td>Zwölf</td><td>12</td><td>C</td><td>1100</td></tr><tr><td>Dreizehn</td><td>13</td><td>D</td><td>1101</td></tr><tr><td>Vierzehn</td><td>14</td><td>E</td><td>1110</td></tr><tr><td>Fünfzehn</td><td>15</td><td>F</td><td>1111</td></tr></table> Zeichen für Zahlen im Dezimal-, Sedezimal- und Dualsystem.
Kennzeichen für Zahlen im Sedezimal-system	Um Verwechslungen auszuschließen, kann man eine Zahlendarstellung im Sedezimalsystem, durch den nachgestellten Buchstaben **H** (von Hexadezimal) kennzeichnen.	1700 **H**
Stellenwert-system	Das Sedezimalsystem ist ebenfalls ein Stellenwertsystem. Die Sedezimalzahl 10 **H** ist die erste zweistellige Zahl, 100 **H** die erste dreistellige Zahl usw. Nach dem Zeichen F wird an der betreffenden Stelle wieder mit 0 begonnen und die Stelle davor erhält das Zeichen 1. Das bedeutet: Auf F folgt 10, auf FF folgt 100, auf FFF folgt 1000 usw.	Die Zeichenfolge 43 **H** bedeutet: Man ist beim Zählen, bei eins beginnend, bis drei gekommen. Das vorgestellte Zeichen 4 bedeutet, dass man vorher bereits viermal sämtliche sechzehn unterschiedlichen Zeichen aus dem Zeichenvorrat verwendet hat. 43 **H** bedeutet demnach: Viermal sechszehn plus dreimal eins = 67.

Zahlensysteme (Fortsetzung)

Benennung	Regel/Erklärung	Beispiel
Darstellung einer Zahl im Sedezimalsystem	Die Zeichen haben eine unterschiedliche Wertigkeit, je nachdem, an welcher Stelle sie in der Zeichenfolge stehen. Diese Wertigkeit ergibt sich aus Potenzen von sechzehn:	Zeichenkombination 3982 **H**: $3 \cdot 16^3 + 9 \cdot 16^2 + 8 \cdot 16^1 + 2 \cdot 16^0$ $= 12\,288 + 2\,304 + 128 + 2$ $= \underline{14\,722}$

Ziffer	3	9	8	2
Stelle	4.	3.	2.	1.
Bezeichnung	Viertausendsechsundneunziger	Zweihundertsechsundfünfziger	Sechzehner	Einer
Stellenwertfaktor	16^3	16^2	16^1	16^0
Potenzwert	$3 \cdot 16^3$	$9 \cdot 16^2$	$8 \cdot 16^1$	$2 \cdot 16^0$

Benennung	Regel/Erklärung	Beispiel
Umwandlung einer Zeichenfolge von Sedezimal in Dezimal	Die Zeichenkombination die aus Ziffern und aus Buchstaben bestehen kann, wird in die einzelnen Stellenwertfaktoren zerlegt und anschließend addiert. Potenzen von 16: $16^0 = 1 \qquad 16^3 = 4\,096$ $16^1 = 16 \qquad 16^4 = 65\,536$ $16^2 = 256$	Zeichenkombination 43 **H**: 4 3 **H** = ? 1. Stelle: $3 \cdot 16^0 = 3$ 2. Stelle: $4 \cdot 16^1 = 64$ $\underline{67}$ Zeichenkombination A7C **H**: A 7 C **H** = ? 1. Stelle: $12 \cdot 16^0 = 12$ 2. Stelle: $7 \cdot 16^1 = 112$ 3. Stelle: $10 \cdot 16^2 = 2560$ $\underline{2684}$
Umwandlung von einer Dezimalzahl ein eine sedezimale Zeichenfolge	Die Dezimalzahl wird durch die Stellenwertfaktoren zerlegt, (in dem nebenstehenden Beispiel mit 16^3, 16^2, 16^1 und 16^0). Zweckmäßig schaut man sich die darzustellende Zahl daraufhin an, welche höchste Potenz von sechzehn in ihr sicher nicht mehr enthalten ist und dividiert dann durch eine um eins kleinere Potenz von sechzehn.	Dezimalzahl: 4660 $4660 : 16^3 = 1$ (Rest 564) $564 : 16^2 = 2$ (Rest 52) $52 : 16^1 = 3$ (Rest 4) $4 : 16^0 = 4$ Ergebnis: $\underline{1234\ \mathbf{H}}$ Dezimalzahl: 2572 $2572 : 16^2 = 10$ (Rest 12) A $12 : 16^1 = 0 \quad - \qquad 0$ $12 : 16^0 = 12 \quad - \qquad C$ Ergebnis: $\underline{A0C\ \mathbf{H}}$

Griechisches Alphabet

Groß-Buchstaben	Klein-Buchstaben	Bedeutung	Buchstaben-Name	Groß-Buchstaben	Klein-Buchstaben	Bedeutung	Buchstaben-Name
A	α	a	alpha	N	ν	n	ny
B	β	b	beta	Ξ	ξ	x	xi
Γ	γ	g	gamma	O	o	o	omikron
Δ	δ	d	delta	Π	π	p	pi
E	ε	e	epsilon	P	ϱ	rh	rho
Z	ζ	z	zeta	Σ	σ	s	sigma
H	η	e	eta	T	τ	t	tau
Θ	ϑ	th	theta	Y	υ	y	ypsilon
I	ι	i	jota	Φ	φ	ph	phi
K	$\varkappa$	k	kappa	X	χ	ch	chi
Λ	λ	l	lambda	Ψ	ψ	ps	psi
M	μ	m	my	Ω	ω	o	omega

Größen, Formelzeichen und Einheiten

Größen der Mechanik	Zeichen	SI-Einheit
Länge	l	m
Breite	b	m
Höhe	h	m
Halbmesser, Radius	r	m
Durchmesser	d	m
Weglänge, Bogenlänge, Kurvenlänge	s	m
Fahrstrahl, Radiusvektor, Ortsvektor	r	m
Exzentrizität	e	m
ebene Winkel	α, β, γ	rad = m/m
Raumwinkel	Ω	sr = m²/m
kartesische Koordinaten	x, y, z	m
Polarkoordinaten	φ	rad
	r	m
Zylinderkoordinaten	φ	rad
	z	m
	r	m

Größen, Formelzeichen und Einheiten (Fortsetzung)

Größen der Mechanik	Zeichen	SI-Einheit
Kugelkoordinaten	ϑ	rad
	φ	rad
Fläche	A, S	m^2
Volumen	V	m^3
molares Volumen.	V_m	m^3/mol
molare Masse	M	kg/mol
Flächenmoment 1. Grades (statisches Moment) . . .	H	m^3
Flächenmoment 2. Grades (Flächenträgheitsmoment)	I	m^4
Zeit, Zeitspanne, Dauer.	t	s
Periodendauer, Schwingungsdauer, Umlaufdauer . .	T	s
Frequenz	f	Hz = 1/s
Auslenkung, Ausschlag.	x, y, z	m
Verschiebung	ξ, η, ζ	m
Geschwindigkeit, Weggeschwindigkeit	v	m/s
Beschleunigung	a	m/s^2
Fallbeschleunigung	g	m/s^2
Ruck	r, h	m/s^3
Winkelgeschwindigkeit, Drehgeschwindigkeit	ω, Ω	rad/s
Drehzahl	n	s^{-1}
Winkelbeschleunigung, Drehbeschleunigung.	α	rad/s^2
Masse	m	kg
spezifisches Volumen	v	m^3/kg
Dichte	ϱ	kg/m^3
relative Dichte	d	–
Kraft.	F	$N = kg\ m/s^2$
Gewichtskraft	G	N
Druck.	p	$Pa = N/m^2$
Moment einer Kraft, Moment eines Kräftepaares	M	$N\ m = W\ s$
Massenmoment 2. Grades (Massenträgheitsmoment)	J, Θ	$kg\ m^2$
Trägheitsradius	i, k	m
Impuls	p	$kg\ m/s$
Drehimpuls	L, b	$kg\ m^2/s$
Arbeit.	W, A	J
Energie	E, W	J
potentielle Energie.	E_p, V	J
kinetische Energie	E_k, T	J
Leistung.	P	W
Wirkungsgrad	η	–
Reibungszahl.	μ	–
dynamische Viskosität	η	$Pa\ s = N\ s/m^2$
kinematische Viskosität.	ν	m^2/s

Größen, Formelzeichen und Einheiten (Fortsetzung)

Größen der Thermodynamik	Zeichen	SI-Einheit
Kelvin-Temperatur	T, Θ	K
Celsius-Temperatur	t, ϑ	°C
Temperaturdifferenz	$\Delta t, \Delta T$	K
Wärme, Wärmemenge	Q	$J = N\,m = W\,s$
Wärmestrom	Θ	$W = N\,m/s = J/s$
spezifische oder spezielle Gaskonst. eines Stoffes	R_i	J/kg K
molare oder allgemeine Gaskonstante	R_m, R	J/mol K
Entropie	S	J/K
spezifische Entropie	s	J/kg K
molare Entropie	S_m	J/mol K
innere Energie	U	J
spezifische innere Energie	u	J/kg
molare innere Energie	U_m	J/mol
Enthalpie	H	J
spezifische Enthalpie	h	J/kg
molare Enthalpie	H_m	J/mol
freie Energie, Helmholtz-Funktion	F	J
spezifische freie Energie	f	J/kg
molare freie Energie	F_m	J/mol
freie Enthalpie, Gibbs-Funktion	G	J
spezifische freie Enthalpie	g	J/kg
molare freie Enthalpie	G_m	J/mol
latente Wärmemenge	L	J
Längen-Ausdehnungskoeffizient	α	K^{-1}
Volumen-Ausdehnungskoeffizient	γ	K^{-1}
Kompressibilität	χ	m^2/N
Spannungskoeffizient	β	K^{-1}
Wärmekapazität	C	J/K
spezifische Wärmekapazität	c	J/kg K
molare Wärmekapazität	C_m	J/mol K
isochore spezifische Wärmekapazität	c_v	J/kg K
isochore molare Wärmekapazität	C_{mv}	J/mol K
isobare spezifische Wärmekapazität	c_p	J/kg K
isobare molare Wärmekapazität	C_{mp}	J/mol K
Isentropen(Adiabaten)exponent	$\varkappa$	–
Wärmeleitfähigkeit	λ	W/m K
Wärmeübergangskoeffizient	α	W/m^2 K
Wärmedurchgangskoeffizient	k	W/m^2 K

Größen aus Elektrizität, Magnetismus, Optik	Zeichen	SI-Einheit
Elektrizitätsmenge	Q	$C = A\,s$
Elementarladung	e	C
Elektrische Feldstärke	E	V/m

Größen, Formelzeichen und Einheiten (Fortsetzung)

Größen aus Elektrizität, Magnetismus, Optik	Zeichen	SI-Einheit
Elektrische Spannung	U	$V = N\ m/A\ s$
Verschiebungsdichte	D	C/m^2
Elektrische Kapazität	C	$F = C/A = A\ s/V = s/\Omega$
Dielektrizitätskonstante	ε	F/m
Elektrische Stromstärke	I	A
Elektrische Durchflutung	Θ	A
Elektrische Stromdichte	J, S, G	A/m^2
Magnetische Feldstärke	H	A/m
Magnetische Flussdichte, Induktion	B	$T = \dfrac{Wb}{m^2} = \dfrac{V\ s}{m^2}$
Magnetischer Fluss	Φ	$Wb = V\ s$
Induktivität	L	$H = Wb/A = V\ s/A = \Omega\ s$
Permeabilität	μ	H/m
Elektrischer Widerstand	R	$\Omega = V/A = 1/S$
Elektrischer Leitwert	G	$S = 1/\Omega$
Spezifischer elektrischer Widerstand	ϱ	$\Omega\ m$
Elektrische Leitfähigkeit	$\gamma, \varkappa, \sigma$	S/m
Windungszahl	N, w	–
Scheinwiderstand	Z	Ω
Blindwiderstand	X	Ω
Scheinleitwert	Y	S
Blindleitwert	B	S
Wirkleistung, Leistung	P	$W = N\ m/s = J/s$
Scheinleistung	S	VA
Blindleistung	Q	var
Verlustfaktor	d	–
Verlustwinkel	δ	rad
Lichtgeschwindigkeit	c	m/s
Lichtstärke	I	cd
Lichtstrom	Φ	$lm = cd \cdot sr$
Leuchtdichte	L	cd/m^2
Beleuchtungsstärke	E	$lx = l\ m/m^2$
Brechzahl	n	–
Brennweite	t	m

Größen der Radiologie	Zeichen	SI-Einheit
Aktivität eines radioaktiven Stoffes	A	$1/s$; bisher: $1\ Ci = 37\ 1/ns$
Energiedosis oder Äquivalentdosis	D	J/kg; bisher: $1\ rd = 0{,}01\ J/kg$
Energiedosisrate oder -leistung	$\dot{D}$	W/kg; bisher: $1\ rd/s = 0{,}01\ W/kg$
Ionendosis	J	$1\ C/kg = 1\ As/kg$ bisher: $1\ R = 2{,}58 \cdot 10^{-4}\ C/kg$
Ionendosisrate	$\dot{J}$	A/s

Wichtige Größen und ihre Einheiten

Im **geschäftlichen** und **amtlichen Verkehr** dürfen nur die auf Seite MEC 1 angegebenen **SI-Einheiten** verwendet werden.

Winkeleinheiten

Ebener Winkel

SI-Winkeleinheit ist das **Radiant**, Einheitenzeichen rad. 1 rad ist der Zentriwinkel, der
aus dem Kreis vom Radius $r = 1$ m einen Bogen $b = 1$ m ausschneidet.
Formelzeichen α, β, γ.

1 rad = 1 m (Bogen)/1 m (Radius); 1 rad $\hat{=}$ 57,296° = 63,662 gon

Weitere gesetzliche Einheiten

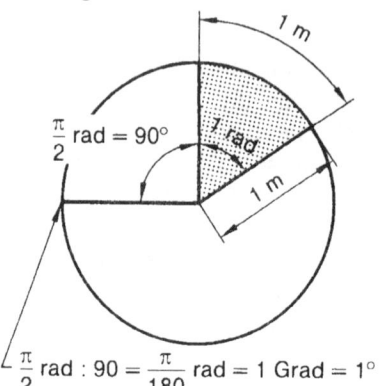

Vollwinkel: 1 Vollwinkel = 2 π rad = 360°

Grad: $1° = \dfrac{2\,\pi\,\text{rad}}{360} = \dfrac{\pi}{180}\,\text{rad}$

Minute: $1' = 1°/60 = \dfrac{\pi}{10\,800}\,\text{rad}$

Sekunde: $1'' = 1'/60 = 1°/3\,600 = \dfrac{\pi}{648\,000} = \text{rad}$

Gon: $1\,\text{gon} = 90°/100 = \dfrac{\pi}{200}\,\text{rad}$

$\dfrac{\pi}{2}\,\text{rad} : 90 = \dfrac{\pi}{180}\,\text{rad} = 1\,\text{Grad} = 1°$

Bild MEC 12.1:
Definition der Einheit Radiant.

Nicht mehr gültige Einheiten

Artilleristischer Strich: $1^- = 90°/1\,600 = 0°3'22,5''$
Nautischer Strich: 1 naut. Strich = 90°/8 = 11°15'

Räumlicher Winkel

SI-Winkeleinheit ist das **Steradiant**, Einheitenzeichen sr. 1 sr ist gleich dem räum-
lichen Winkel, der als Kreiskegel mit der Spitze im Mittelpunkt einer Kugel vom
Radius 1 m aus der Kugeloberfläche eine Kalotte der Fläche 1 m² ausschneidet.
Formelzeichen Ω.

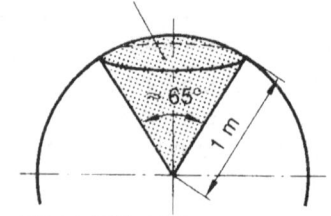

Kugeloberfläche = 1 m²

$1\,\text{sr} = \dfrac{1\,\text{m}^2\ (\text{Kugeloberfläche})}{1\,\text{m}^2\ (\text{Kugelradius-Quadrat})} = 1\,\text{m}^2/\text{m}^2$

1 räumlicher Vollwinkel = 4 π sr

Bild MEC 12.2:
Definition der Einheit Steradiant.

Einheiten der Zeit, Geschwindigkeit und Beschleunigung

Zeiteinheiten

Die Zeit ist die Basisgröße des SI-Systems mit der Einheit **Sekunde** (Einheitenzeichen s und Formelzeichen t, T, τ). Weitere gesetzliche Einheiten sind:

Minute   (min);   1 min = 60 s
Stunde   (h);   1 h   = 60 min
Tag   (d);   1 d   = 24 h
Jahre   (a);   1 a   = 365 d = 8 760 h

Für bankübliche Verzinsung   1 a = 360 d

1 Sonnenjahr = 365,2422 d = 365 d 5 h 48 min 46 s
1 Sternjahr   = 365,2564 d = 365 d 6 h   9 min 13 s

1 Sonnenjahr ist die Zeit zwischen zwei aufeinander folgenden Durchgängen der Erde durch den Frühlingspunkt. 1 Sternjahr ist die wahre Umlaufzeit der Erde um die Sonne.

Geschwindigkeits- und Beschleunigungseinheiten

Geschwindigkeit		Beschleunigung	
Translatorische Geschwindigkeit	Winkel-geschwindigkeit	Translatorische Beschleunigung	Winkel-beschleunigung
Quotient aus Länge und Zeit	Quotient aus ebenem Winkel und Zeit	Quotient aus translatorischer Geschwindigkeit und Zeit	Quotient aus Winkelgeschwindig-keit und Zeit
SI-Einheit m/s Weitere Einheiten: cm/s, m/min, km/h $1 \text{ km/h} = \dfrac{1}{3,6} \text{ m/s}$	SI-Einheit rad/s oder s^{-1}	SI-Einheit m/s^2 Weitere Einheiten: cm/s^2, km/h s $1 \text{ km/h s} = \dfrac{1}{3,6} \text{ m/s}^2$	SI-Einheit rad/s^2 oder s^{-2}

Beispiel: PKW-Beschleunigung von 0 km/h auf 100 km/h in 12 s
$a = 100/12 \text{ km/h s} = 8{,}33 \text{ km/h s} = 8{,}33/3{,}6 \text{ m/s}^2 = 2{,}31 \text{ m/s}^2$

Weitere Geschwindigkeitseinheiten

Größe	SI-Einheiten		Weit. zul. Einheiten bzw. Beziehungen
	Name	Zeichen	
Frequenz (Periodenfrequenz)	Hertz	Hz	$1 \text{ Hz} = 1 \text{ s}^{-1}$
Drehzahl (Umdrehungsfrequenz)	Reziproke Sekunde	s^{-1}	min^{-1} $1 \text{ min}^{-1} = 60 \text{ s}^{-1}$
Kreisfrequenz (Winkelfrequenz)	Reziproke Sekunde	s^{-1}	–

Die folgende Umrechnungstabelle verknüpft deutsche und englische Geschwindigkeitseinheiten.

Umrechnungstabelle für die Geschwindigkeitseinheiten

Einheit	Meter durch Sekunde m/s	Kilometer durch Stunde km/h	mile per hour mile/h	Knoten kn
1 m/s	1	3,6	2,2369	1,9438
1 km/h	0,2777̄	1	0,6214	0,5400
1 mile/h	0,4470	1,6093	1	0,8690
1 kn	0,5144̄	1,852	1,1508	1

1 Knoten = 1 int. Seemeile durch Sekunde; 1 foot per second = 0,3048 m/s

Längeneinheiten

Die Länge (Formelzeichen l) ist die Basisgröße des SI mit der Einheit **Meter** (m). 1 m stellt die Länge der Strecke dar, die das Licht im Vakuum während der Dauer von 1/299 792 458 s (Sekunden) durchläuft.

Nanometer	nm	**Zenti**meter	cm
Mikrometer	μm	**Dezi**meter	dm
Millimeter	mm	**Kilo**meter	km

Nachstehende, nicht mehr gültige Einheiten sind noch weit verbreitet:

Angström Å = 1 Å = 10^{-10} m = 0,1 nm
Typografischer Punkt p: 1 p = (1,000333/2660) m = 0,376065 mm
Röntgen-Einheit XE: 1 XE = $1,00202 \cdot 10^{-13}$ m

Astronomische und geographische Längeneinheiten

1 astronomische Einheit (AE) = $1,496 \cdot 10^{11}$ m (mittl. Entfernung Erde−Sonne)
1 Parsek (pc) = $30,84 \cdot 10^{12}$ km ≙ 3,257 Lichtjahre
1 Lichtjahr (Lj) ≙ $9,46 \cdot 10^{12}$ km
1 geographische Meile = 7,420438 km
1 Äquatorgrad ≙ 15 geograph. Meilen = 111, 30657 km
1 Seemeile (sm) = 1,852 km

Englische Längeneinheiten

1 inch = 25,4 mm = 0,0254 m
1 foot = 12 inch; 1 yard = 3 foot; 1 furlong = 220 yards; 1 fathom = 2 yd
1 rod = 1 pole = 1 perch = 5,5 yd = 5,0292 m
1 link = 0,201168 m; 1 chain = 4 rods = 22 yd = 100 links = 20,1168 m
1 fur = 10 chain = 220 yd = 1000 links = 201,168 m
1 mile = 8 fur = 80 chain = 1760 yd = 1609,344 m
1 mil = 0,001 inch = 0,0254 mm; 1 μin (Mikroinch) = 0,0254 μm

Umrechnungstabelle für englische Längeneinheiten

	Millimeter mm	Zentimeter cm	Meter m	Inches in	Feet ft	Yards yd
1 Millimeter	1	0,1	0,001	0,039 370 1	0,003 280 84	0,001 093 61
1 Zentimeter	10	1	0,01	0,393 701	0,032 808 4	0,010 936 1
1 Meter	1 000	100	1	39,370 1	3,280 84	1,093 613 3
1 inch	25,4	2,54	0,0254	1	0,083 333	0,027 777 8
1 foot	304,8	30,48	0,3048	12	1	0,333 333
1 yard	914,4	91,44	0,9144	36	3	1

	Meter m	Kilometer km	Feet ft	Furlongs fur	Miles mile	Nautical Miles n mile
1 Meter	1	0,001	3,280 84	0,004 970 97	0,000 621 37	0,000 539 957
1 Kilometer	1 000	1	3 280,84	4,970 97	0,621 37	0,539 957
1 foot	0,3048	0,000 304 8	1	0,001 515 2	0,000 189 394	0,000 164 58
1 furlong	201 168	0,201 168	660	1	0,125	0,108 622 0
1 mile	1 609,344	1,609 344	5 280	8	1	0,868 976
1 nautical mile, Seemeile	1 852	1,852	6 076,12	9,206 24	1,150 779	1

Flächeneinheiten

Die SI-Einheit der Fläche (Formelzeichen A, S q) ist das **Quadratmeter** (m^2).

Folgende gesetzliche Flächeneinheiten sind gebräuchlich:

1 Quadratkilometer: $1\ km^2 = 1\,000\,000\ m^2$
1 Quadratmeter: $1\ m^2 = 100\ dm^2 = 10\,000\ cm^2 = 1\,000\,000\ mm^2$
1 Quadratdezimeter: $1\ dm^2 = 10\ cm^2 = 10\,000\ mm^2$
1 Quadratzentimeter: $1\ cm^2 = 100\ mm^2$
1 Quadratmillimeter: $1\ mm^2$

Für die Fläche von Grundstücken sind die Einheiten **Ar** (a) und **Hektar** (ha) zulässig.
$1\ a = 100\ m^2$; $1\ ha = 100\ a = 10^4\ m^2$; $10\ ha = 1\ km^2$

Englische Flächeneinheiten

1 square inch (1 in^2) = 6,4516 cm^2
1 square foot (1 ft^2) = 929,0304 cm^2
1 square yard (1 yd^2) = 0,836 127 36 m^2

1 square mile = 640 acres = 258,999 Hektar

1 circular mil = $\frac{\pi}{4}$ 10^{-6} in^2 = $5,06707 \cdot 10^{-4}$

1 MCM = 1 000 CM = 0,5067 mm^2 (übl.Einheit in USA für Kabel- und Leitungsquerschnitte)
1 acre = 4 roods = 10 square chains = 4 840 square yards
1 square chain = 16 square perches = 484 square yards = 404,686 m^2

Umrechnungstabelle für englische Flächeneinheiten

	Quadrat-zentimeter cm^2	Quadrat-meter m^2	Square inches in^2	Square feet ft^2	Square yards yd^2
1 Quadrat-zentimeter	1	$0,1 \cdot 10^{-3}$	0,155 000 3	$1,076 39 \cdot 10^{-3}$	$0,119 599 \cdot 10^{-3}$
1 Quadratmeter	10 000	1	1 550,003	0,763 92	1,195 990
1 square inch	6,4516	$0,64516 \cdot 10^{-3}$	1	$6,944 44 \cdot 10^{-3}$	$0,771 605 \cdot 10^{-3}$
1 square foot	929,0304	0,092 903 04	144	1	0,111 111
1 square yard	8 361,2736	0,836 127 36	1 296	9	1

	Quadratmeter m^2	Hektar ha^2	Square yards yd^2	Acres acre
1 Quadratmeter	1	0,000 1	1,195 99	$0,247 105 \cdot 10^{-3}$
1 Hektar	10 000	1	11 959,9	2,471 05
1 square yard	0,836 127	$0,0836 127 \cdot 10^{-3}$	1	$0,206 612 \cdot 10^{-3}$
1 acre	4 046,86	0,404 686	4 840	1

Volumeneinheiten

Die SI-Einheit des **Volumens** (Formelzeichen V) ist das Kubikmeter (m^3). Eine gebräuchliche Einheit ist auch das **Liter** (Einheitenzeichen l oder L).

Technische und physikalische Volumeneinheiten

Kubikmeter:	$1\ m^3 = 1\,000\ dm^3 = 1\,000\ l$
Kubikdezimeter:	$1\ dm^3 = 1\,000\ cm^3 = 1\ l$
Kubikzentimeter:	$1\ cm^3 = 1\,000\ mm^3$
Kubikmillimeter:	$1\ mm^3$

Hohlmaße zum Messen von Flüssigkeiten und Gasen

Hektoliter:	$1\ hl = 100\ l\ = 100\ dm^3 = 0,1\ m^3$
Liter:	$1\ l\ = 1\ dm^3 = 1\,000\ cm^3$
Deziliter:	$1\ dl = 0,1\ l\ = 100\ cm^3$
Zentiliter:	$1\ cl = 0,01\ l\ = 10\ cm^3$
Milliliter:	$1\ ml = 0,001\ l = 1\ cm^3$

Beachte:

$1\ L\ = 1\ l = 1\ dm^3 = 10^{-3}\ m^3$ (L wegen Verwechslung von l mit der Ziffer 1)
$1\ m_n^3 = 1\ m^3$ im **Normalzustand** (Index n für Normalzustand 0 °C, 1,013 bar)
$1\ cbm = 1\ m^3$ (veraltet)

Raummaße bei Schiffen

1 Registertonne = RT = $2,8316\ m^3$ = 100 cubic foot
Bruttoregistertonnen umfassen sämtliche Schiffsräume einschließlich Maschinen-, Kessel- und Mannschaftsräume, Nettoregistertonnen beziehen sich nur auf Laderäume.

Umrechnungstabelle für englische und amerikanische Volumeneinheiten

UK (United Kingdom) englische Einheiten; US amerikanische Einheiten

	Kubik-zentimeter cm^3	Cubic inches in^3	Minims (UK) min	Fluid drachms (UK) fl dr	Fluid ounces (UK) fl oz
1 Kubikzentimeter	1	0,061 0236	16,8936	0,281 563	0,035 195
1 cubic inch	16,387 064	1	276,837	4,613 94	0,576 74
1 minim (UK)	0,059 1938	0,003 612 2	1	0,016 666 7	0,002 083 33
1 fluid drachm (UK)	3,551 63	0,216 733	60	1	0,125
1 fluid ounce (UK)	28,413 0	1,733 9	480	8	1

	Kubik-dezimeter dm^3	Cubic feet ft^3	UK Pints pt	UK Quarts qt	UK gallons gal
1 Kubikdezimeter	1	0,035 314 7	1,759 75	0,879 877	0,219 969
1 cubic foot	28,316 847	1	49,8307	24,915 3	6,228 82
1 pint	0,568 261	0,020 0680	1	0,5	0,125
1 quart	1,136 22	0,040 130	2	1	0,25
1 UK gallon	4,546 09	0,160 5439	8	4	1

	Kubikmeter m^3	Cubic yards yd^3	US gallons gal (US)	UK gallons gal (UK)	Cubic inches in^3
1 Kubikmeter	1	1,30795	264,17	219,969	61 023,7
1 cubic yard	0,764 554 9	1	201,974	168,178	46656
1 US gallon	$3,7854 \cdot 10^{-3}$	$4,9511 \cdot 10^{-3}$	1	0,832 67	231,001
1 UK gallon	$4,5461 \cdot 10^{-3}$	$5,9461 \cdot 10^{-3}$	1,200 95	1	277,42
1 cubic inch	$0,016 387 1 \cdot 10^{-3}$	$0,021 433 5 \cdot 10^{-3}$	$4,328 98 \cdot 10^{-3}$	$3,604 64 \cdot 10^{-3}$	1

1 barrel (für Petroleum) = 42 gallons.

1 Liter (1 000 Millilitres) = 1 Kubikdezimeter	
1 fluid ounce (UK) = 0,960 754 US fluid ounce	1 US fluid ounce = 1,040 85 fluid ounces (UK)
1 fluid drachm (UK) = 0,960 754 US fluid drachm	1 US fluid drachm = 1,040 85 fluid drachms (UK)
1 minim (UK) = 0,960 754 US minim	1 US minim = 1,040 85 minims (UK)

Masse-Einheiten

Die Eigenschaft der Masse eines Körpers äußert sich:
als **Trägheit** gegenüber einer Änderung eines ihm aufgezwungenen Bewegungszustands (**träge Masse**) oder durch Ausübung einer **Anziehungskraft** (Gravitation, Gewichtskraft) auf andere benachbarte Körper (**schwere Masse**).

Die Bestimmung der Masse erfolgt durch Vergleich mit Körpern bekannter Masse, z. B. mit der des Internationalen Kilogramm-Prototyps.

Die Masse (Formelzeichen m) ist Basisgröße des SI mit der Basiseinheit **Kilogramm** (kg); sie wird als Ergebnis einer **Wägung** auch als **Gewicht** bezeichnet.

Weitere gesetzliche Masse-Einheiten sind:

Gramm (g): $1 \text{ g} = 10^{-3}$ kg
Tonne (t): $1 \text{ t} = 1 \text{ Mg} = 10^3$ kg

Atomare Masse-Einheit (u): $1 \text{ u} = 1,660 566 \cdot 10^{-27}$ kg
Metrisches Karat (Kt): $1 \text{ Kt} = 0,2 \text{ g} = 0,2 \cdot 10^{-3}$ kg

Folgende, nicht mehr gültige Masse-Einheiten sind noch weit verbreitet:

Pfund (Pfd.):   1 Pfd. = 0,5 kg
Zentner (ztr):   1 ztr   = 50 kg
Doppelzentner (dz): 1 dz   = 100 kg

Umrechnungstabelle für englische Masse-Einheiten

Einheit	Tonne t	ton ton	short ton sh tn	hundred- weight cwt
1 t	1	0,9842	1,1023	19,6841
1 ton	1,0160	1	1,12	20
1 sh tn	0,9072	0,8929	1	17,8571
1 cwt	$50,8023$ $\cdot 10^{-3}$	$50 \cdot 10^{-3}$	$56 \cdot 10^{-3}$	1
Einheit	Kilo- gramm kg	pound (av) lb (av)	pound (tr) lb (tr)	slug
1 kg	1	2,2046	2,6792	$68,5218 \cdot 10^{-3}$
1 lb (av)	0,4536	1	1,2153	$31,0809 \cdot 10^{-3}$
1 lb (tr)	0,3732	0,8229	1	$25,5752 \cdot 10^{-3}$
1 slug	14,5939	32,1740	39,1004	1
Einheit	Gramm g	metr. Karat Kt	ounce (av) oz (av)	ounce (tr) oz (tr)
1 g	1	5	$35,2740 \cdot 10^{-3}$	$32,1507 \cdot 10^{-3}$
1 Kt	0,2	1	$7,0548 \cdot 10^{-3}$	$6,4301 \cdot 10^{-3}$
1 oz (av)	28,3495	141,748	1	0,9115
1 oz (tr)	31,1035	155,517	1,0971	1

av: Avoirdupois-System für allgemeine Handelsgewichte
tr: Troy-System für Edelmetallgewichte
1 ton = 2 240 lb (av); 1 sh tn = 2 000 lb (av); 1 cwt = 112 lb (av);
1 lb (av) = 16 oz (av); 1 oz (av) = 437,5 grain (av) = 16 dram (av);
1 dram (av) = 1,7718 g; 1 grain (av) = 1/7000 lb (av) = 64,7989 mg;
1 drachm = 60 grain (av) = 60/7000 lb (av) = 3,8879 g;
1 oz (tr) = 480/7000 lb (av); 1 lb (tr) = 5 760/7000 lb (av);
tdw: ton-deadweight, Einheit der Masse für Trag- und Ladefähigkeit von Schiffen.
1 tdw = 1 016 kg.

Formeln zur Flächen- und zur Körperberechnung

Art der Fläche	Formeln	Größen und Einheiten
Dreieck, allgemeines 	$$A = \frac{c \cdot h_c}{2}$$ $$A = \sqrt{s\,(s-a)\,(s-b)\,(s-c)}$$ $$s = \frac{a+b+c}{2}$$ $$U = a + b + c$$	A Fläche in cm^2 s halbe Seitensumme in cm U Umfang in cm
Parallelogramm (Raute) 	$h = b \cdot \sin \alpha$ $A = a \cdot h = a \cdot b \cdot \sin \alpha$ $U = 2 \cdot (a + b)$ Bei Raute: $a = b$	h Höhe in cm A Fläche in cm^2 U Umfang in cm
Trapez 	$$l_m = \frac{a+b}{2}$$ $$A = l_m \cdot h = \frac{a+b}{2} \cdot h$$ $$U = a + b + c + d$$	l_m mittlere Länge in cm A Fläche in cm^2 U Umfang in cm
Regelmäßiges Vieleck 	$$l = D \cdot \sin\left(\frac{180°}{n}\right)$$ $$\alpha = \frac{360°}{n} \; ; \beta = 180° - \alpha$$ $$d = \sqrt{D^2 - l^2}$$ $$D = \sqrt{d^2 + l^2}$$ $$A = \frac{l \cdot d}{4} \cdot n$$ $$D = \frac{d}{\sqrt{1 - \sin^2\left(\dfrac{180°}{n}\right)}}$$ 6-Eck: $D = 1{,}1547 \cdot d$ 8-Eck: $D = 1{,}0824 \cdot d$	l Seitenlänge in cm α Mittelpunktwinkel in ° β Eckenwinkel in ° D Umkreisdurchmesser **(Eckenmaß)** in cm d Inkreisdurchmesser **(Schlüsselweite)** in cm n Eckenzahl

Formeln zur Flächen- und zur Körperberechnung (Fortsetzung)

Art der Fläche	Formeln	Größen und Einheiten
Kreis	$A = \dfrac{\pi \cdot d^2}{4}$; $A = \pi \cdot r^2$ $U = \pi \cdot d$	A Fläche in cm^2 U Umfang in cm d Durchmesser in cm r Radius in cm
Kreisring	$d_m = \dfrac{D + d}{2}$ $L = \pi \cdot d_m$ $A = \dfrac{\pi}{4} \cdot (D^2 - d^2)$	d_m mittlerer Durchmesser in cm L gestreckte Länge in cm A Fläche in cm^2
Kreisbogen	$l_B = \dfrac{\pi \cdot d \cdot \alpha}{360°}$ $l_B = \dfrac{\pi \cdot r \cdot \alpha}{180°}$ $\widehat{\alpha} = \dfrac{\pi \cdot \alpha}{180°}$	l_B Bogenlänge in cm d Durchmesser in cm r Radius in cm α Innenwinkel in ° $\widehat{\alpha}$ Innenwinkel in rad (Bogenmaß)
Kreisausschnitt	$A = \dfrac{\pi \cdot d^2}{4} \cdot \dfrac{\alpha}{360°}$ $A = \dfrac{\pi \cdot r^2 \cdot \alpha}{360°}$ $A = \dfrac{r \cdot l_B}{2}$	A Fläche in cm^2 d Durchmesser in cm r Radius in cm α Innenwinkel in ° l_B Bogenlänge in cm

Formeln zur Flächen- und zur Körperberechnung (Fortsetzung)

Art der Fläche	Formeln	Größen und Einheiten
Kreisabschnitt	$l = 2 \cdot \sqrt{2 \cdot r \cdot b - b^2}$ $A = \dfrac{r \cdot l_B - l\,(r - b)}{2}$ $A \approx \dfrac{2}{3} \cdot l \cdot b$	l Sehnenlänge in cm r Radius in cm l_B Bogenlänge in cm A Fläche in cm^2
Ellipse	$A = \dfrac{\pi \cdot d \cdot D}{4}$ $A = \pi \cdot r \cdot R$ $U \approx \pi \cdot \dfrac{D + d}{2}$ $U \approx \pi \cdot (r + R)$	d kleine Achse in cm D große Achse in cm r kleine Halbachse in cm R große Halbachse in cm A Fläche in cm^2 U Umfang in cm

Formeln zur Körperberechnung

Körper	Formeln	Größen und Einheiten
Würfel	$A_O = 6 \cdot l^2$ $A_M = 4 \cdot l^2$ $V = l^3$	A_O Oberfläche in cm^2 A_M Mantelfläche in cm^2 V Volumen in cm^3 l Länge in cm b Breite in cm h Höhe in cm A Grundfläche in cm^2
Prisma	$A_O = 2\,(l \cdot b + l \cdot h + b \cdot h)$ $A_M = 2 \cdot h\,(l + b)$ $V = l \cdot b \cdot h = A \cdot h$	

Formeln zur Flächen- und zur Körperberechnung (Fortsetzung)

Körper	Formeln	Größen und Einheiten
Pyramide mit quadratischer Grundfläche 	$h_s = \sqrt{h^2 + \dfrac{l_1^2}{4}}$ $l_k = \sqrt{h_s^2 + \dfrac{l_1^2}{4}}$ $A_O = l_1^2 + 2 \cdot l_1 \cdot h_s$ $A_M = 2 \cdot l_1 \cdot h_s$ $V = \dfrac{l_1^2 \cdot h}{3}$; $V = \dfrac{A \cdot h}{3}$	h_s Höhe der Seitenfläche in cm l_k Länge der Seitenkante in cm A_O Oberfläche in cm^2 A_M Mantelfläche in cm^2 V Volumen in cm^3 l_m mittlere Länge in cm A_m Mittelfläche in cm^2 l_1 Länge der Grundseite in cm l_2 Länge der Deckseite in cm
Pyramidenstumpf mit quadratischer Grund- und Deckfläche 	$l_m = \dfrac{l_1 + l_2}{2}$ $A_m = l_m^2$ $V \approx A_m \cdot h$ $V = \dfrac{h}{3} (l_1^2 + l_1 l_2 + l_2^2)$	
Zylinder 	$A_M = \pi \cdot d \cdot h$ $A_O = \pi \cdot d \cdot h + 2 \cdot \dfrac{\pi \cdot d^2}{4}$ $V = A \cdot h$ $V = \dfrac{\pi \cdot d^2}{4} \cdot h = r^2 \cdot \pi \cdot h$	A_M Mantelfläche in cm^2 A_O Oberfläche in cm^2 h Höhe in cm d Durchmesser in cm r Radius in cm V Volumen in cm^3 A Grundfläche in cm^2

Formeln zur Flächen- und zur Körperberechnung (Fortsetzung)

Körper	Formeln	Größen und Einheiten
Hohlzylinder 	$d_m = \dfrac{D + d}{2}$ $A_M = \pi \cdot h \, (D + d)$ $A_O = \dfrac{\pi}{2} \cdot (D^2 - d^2)$ $\qquad + \pi \cdot h \, (D + d)$ $V = \dfrac{\pi \cdot h}{4} (D^2 - d^2)$ $V = \pi \cdot d_m \cdot b \cdot h$	d_m mittlerer Durchmesser in cm A_M Mantelfläche in cm^2 A_O Oberfläche in cm^2 V Volumen in cm^3 D Außendurchmesser in cm d Innendurchmesser in cm
Kegel 	$l = \sqrt{r_1{}^2 + h^2}$ $A_M = \pi \cdot r_1 \cdot l$ $A_O = \pi \cdot r_1 \cdot (l + r_1)$ $V = \pi \cdot r_1{}^2 \cdot \dfrac{h}{3}$	l Länge der Mantellinie in cm r_1 Grundkreisradius in cm r_2 Deckkreisradius in cm h Höhe in cm A_M Mantelfläche in cm^2 A_O Oberfläche in cm^2 V Volumen in cm^3
Kegelstumpf 	$l = \sqrt{(r_1 - r_2)^2 + h^2}$ $A_M = \pi \cdot l \, (r_1 + r_2)$ $A_O = \pi \, [r_1{}^2 + r_2{}^2$ $\qquad + l \cdot (r_1 + r_2)]$ $V = \dfrac{\pi \cdot h}{3}$ $\qquad \cdot (r_1{}^2 + r_1 \cdot r_2 + r_2{}^2)$	

Formeln zur Flächen- und zur Körperberechnung (Fortsetzung)

Körper	Formeln	Größen und Einheiten
Kugel	$A_O = \pi \cdot d^2$ $A_O = 4 \cdot \pi \cdot r^2$ $V = \dfrac{\pi}{6} \cdot d^3$ $V = \dfrac{4}{3} \cdot \pi \cdot r^3$	d Kugeldurchmesser in cm r Kugelradius in cm A_O Oberfläche in cm^2 V Volumen in cm^3 a Radius der Schnittfläche in cm h Höhe des Kugelabschnitts in cm
Kugelabschnitt	$A_M = 2 \cdot \pi \cdot r \cdot h$ $A_M = \pi \cdot (a^2 + h^2)$ $A_O = \pi \cdot h \cdot (4r - h)$ $V = \pi \cdot h^2 \cdot (r - \dfrac{h}{3})$	A_M Mantelfläche in cm^2
Kugelzone	$A_M = 2 \cdot \pi \cdot r \cdot h$ $A_O = \pi \cdot (2 \cdot r \cdot h + a^2 + b^2)$ $V = \dfrac{\pi \cdot h}{6}$ $\cdot (3a^2 + 3b^2 + h^2)$	r Kugelradius in cm h Höhe der Zone in cm a, b Radien der Schnittflächen in cm A_M Mantelfläche in cm^2 A_O Oberfläche in cm^2 V Volumen in cm^3
Ring mit Kreisquerschnitt	$d_m = d_2 - d_3$ $d_m = d_3 + d_1$ $d_m = \dfrac{d_2 + d_3}{2}$ $A_O = \pi^2 \cdot d_1 \cdot d_m$ $S = \dfrac{\pi \cdot d_1^2}{4}$ $V = \pi \cdot S \cdot d_m$	d_m mittlerer Durchmesser in cm d_1 Durchmesser des Ringquerschnitts in cm d_2 Außendurchmesser in cm d_3 Innendurchmesser in cm A_O Oberfläche in cm^2 S Ringquerschnitt in cm^2 V Volumen in cm^3

Technische Mechanik

Die Technische Mechanik gliedert sich in die Hauptgebiete Statik, Kinematik, Dynamik und Festigkeitslehre.

Statik

Die Statik ist die Lehre vom Zusammensetzen und Zerlegen von Kräften und vom Gleichgewicht der Kräfte.

Allgemeines über Kräfte

Kräfte sind nur an ihren Wirkungen zu erkennen. Kräfte verursachen **Verformungen** oder **Bewegungsänderungen.** Man unterscheidet bei Verformungen äußere und innere Kräfte.

Äußere Kräfte versuchen die Form des Körpers zu verändern. Dieser Formänderung setzt der Körper durch innere Kräfte einen Widerstand entgegen. Mit den inneren Kräften und ihren Wirkungen befasst sich die **Festigkeitslehre.**

Eine Kraft ist eindeutig festgelegt durch die drei Bestimmungsstücke (Bild MEC 25.1):

– Betrag,
– Wirkungslinie,
– Richtungssinn.

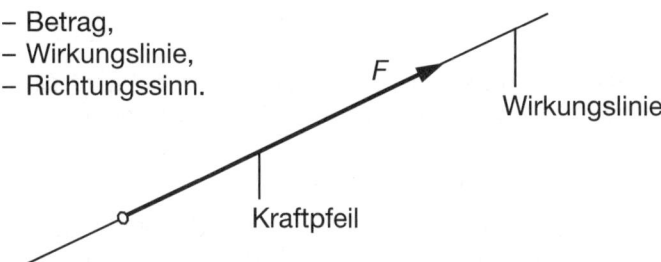

Bild MEC 25.1: Graphische Darstellung einer Kraft.

Bei der **graphischen Darstellung einer Kraft** bedeutet die Länge des Kraftpfeils den Betrag, festgelegt durch einen Kräftemaßstab, z.B. 1 cm = 50 N. Der Kraftpfeil liegt auf der Wirkungslinie, die Pfeilspitze bestimmt den Richtungssinn.

Zusammensetzung von Kräften

Kräfte mit gemeinsamer Wirkungslinie

a) **Zwei Kräfte in gleicher Richtung** (Bild MEC 26.1 a).
Die Resultierende F_R ist gleich der **Summe** der Kräfte: $F_R = F_1 + F_2$

b) **Zwei Kräfte in entgegengesetzter Richtung** (Bild MEC 26.1 b).
Die Resultierende F_R ist gleich der **Differenz** der Kräfte: $F_R = F_1 - F_2$
F_R ist Null, wenn die Kräfte gleich groß sind (Kraft und Gegenkraft).
$F_1 - F_2 = 0$; $F_1 = F_2$; Kraft = Gegenkraft

c) Eine Kraft lässt sich auf ihrer **Wirkungslinie** beliebig verschieben.

d) **Mehrere Kräfte**
Die Resultierende aller Kräfte mit gemeinsamer Wirkungslinie ist gleich der **algebraischen Summe** der Einzelkräfte: $F_R = \Sigma F$

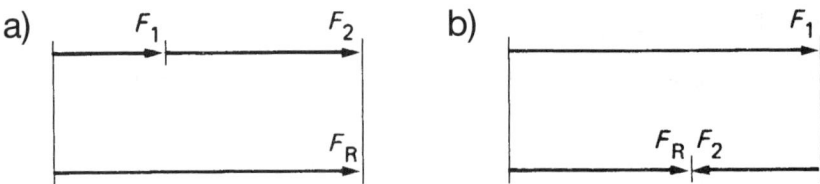

Bild MEC 26.1: Kräfte mit gemeinsamer Wirkungslinie: a) Kräfteaddition, b) Kräfte-subtraktion.

Kräfte mit verschiedenen Wirkungslinien, die einen **gemeinsamen Schnittpunkt** haben (Zentrales Kräftesystem):

Zwei Kräfte

Die Resultierende ergibt sich als Diagonale in dem von den Kräften F_1 und F_2 gebildeten **Kräfteparallelogramm.**

Zerlegen von Kräften

Kräfte lassen sich in **Komponenten** (Teilkräfte), deren Wirkungslinien bekannt sind, zerlegen. Die gegebene Kraft ist die Resultierende der gesuchten Komponenten.

Zerlegen einer Kraft nach zwei vorgegebenen Richtungen

Man zeichnet das **Kräfteparallelogramm,** indem man durch den Endpunkt der im Kräftemaßstab dargestellten Kraft F die Parallelen zu den gegebenen Richtungen zieht. Die Seiten des entstandenen Parallelogramms sind die gesuchten Komponenten F_1 und F_2 (Bild MEC 26.2 b). Man kann sich darauf beschränken, nur das Krafteck zu zeichnen (Bild MEC 26.2 c).

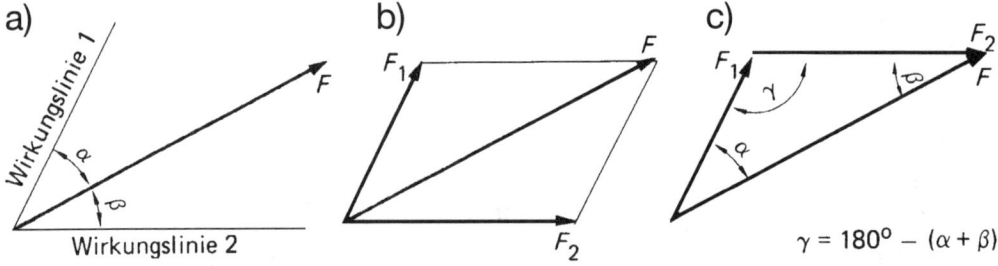

Bild MEC 26.2: Kräftezerlegung: a) Kraft mit vorgegebenen Wirkungslinien, b) Kräfte-parallelogramm, c) Krafteck.

Die **Berechnung der Komponenten** erfolgt mit Hilfe des Sinussatzes:

$$F_1 = F \cdot \frac{\sin \beta}{\sin \gamma}; \qquad F_2 = F \cdot \frac{\sin \alpha}{\sin \gamma}$$

Statisches Moment einer Kraft

Das Statische Moment M einer Kraft F ist das Produkt **Kraft mal Hebelarm** (Bild MEC 27.1). Der Hebelarm l ist das Lot vom Drehpunkt auf die Wirkungslinie der Kraft.

$$M = F \cdot l$$

Die Einheit ergibt sich aus den Einheiten von F und l, z.B. als N m oder N cm.

Das **statische Moment der Resultierenden** für einen beliebigen Drehpunkt ist gleich der **algebraischen Summe der statischen Momente der Einzelkräfte** für denselben Drehpunkt.

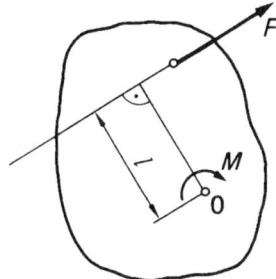

Bild MEC 27.1: Statisches Moment einer Kraft.

Gleichgewicht der Kräfte

In einem Kräftesystem herrscht Gleichgewicht, wenn folgende Gleichgewichtsbedingungen erfüllt sind:

1. Bedingung: Algebraische Summe aller **Horizontalkomponenten** (x-Komponenten) gleich Null.

   $$\Sigma F_x = 0$$

2. Bedingung: Algebraische Summe aller **Vertikalkomponenten** (y-Komponenten) gleich Null.

   $$\Sigma F_y = 0$$

3. Bedingung: Algebraische Summe aller **statischen Momente** für **jeden** beliebigen Drehpunkt gleich Null.

   $$\Sigma M = 0$$

Einfache mechanische Systeme

Für die einfachen Kraftübersetzungssysteme: Hebel, schiefe Ebene, Keil, Schraube, lose Rolle, Winde und Flaschenzug gilt die goldene Regel der Mechanik:

Kraft mal Kraftweg = Last mal Lastweg

Die **Kraftübersetzungsgleichungen** für diese einfachen Maschinen sind in Tabelle MEC 28.1 zusammengefasst.

Tabelle MEC 28.1: Einfache mechanische Systeme

Benennung	Skizze	Formel	Größen und Einheiten
Einseitiger Hebel		$F_1 \cdot l_1 = F_2 \cdot l_2$	F_1, F_2 Kräfte in N l_1, l_2 Wirksame Hebellängen in m
Zweiseitiger Hebel		$F_1 \cdot l_1 = F_2 \cdot l_2$	
Winkelhebel		$F_1 \cdot l_1 = F_2 \cdot l_2$	
Schiefe Ebene		$F \cdot s = G \cdot h$	F Kraft in N G Gewichtskraft in N s Kraftweg in m h Lastweg (Hubhöhe) in m
Keil		$F_1 \cdot s = F_2 \cdot h$	F_1 Kraft in N F_2 Last in N s Kraftweg in cm, m h Lastweg in cm, m
Schraube		$F_1 \cdot s = F_2 \cdot P$ $s = 2 \cdot \pi \cdot l$	F_1 Drehraft in N F_2 Schraubenkraft in N s Kraftweg in cm, mm P Gewindesteigung in cm, mm l Wirksame Hebellänge in cm, mm

Tabelle MEC 28.1: Einfache mechanische Systeme (Fortsetzung)

Benennung	Skizze	Formel	Größen und Einheiten
Lose Rolle		$F \cdot s = G \cdot h$	F Kraft in N G Gewichtskraft in N s Kraftweg in m h Hubhöhe in m
Winde		$F \cdot l = G \cdot r$ $h = 2 \cdot \pi \cdot r \cdot u$	F Kraft in N G Gewichtskraft in N r Radius in m l wirksame Hebel- länge in m h Hubhöhe in m u Anzahl der Kurbel- umdrehungen
Faktoren-flaschenzug		$F = \dfrac{G}{n}$ $s = h \cdot n$	F Kraft in N G Gewichtskraft in N s Kraftweg in m h Hubhöhe in m n Anzahl der Rollen
Differenzial-flaschenzug		$F = \dfrac{G \cdot (R - r)}{2 \cdot R}$ $s = \dfrac{2 \cdot h \cdot R}{R - r}$	F Kraft in N G Gewichtskraft in N s Kraftweg in m h Hubhöhe in m R Radius große Rolle in m r Radius kleine Rolle in m

Reibung

Die Reibung bewirkt, dass jeder Körper seiner **Bewegung** einen **Widerstand** entgegensetzt, der als Reibungskraft bezeichnet wird.

Gleitreibung

Die Reibungskraft F_R (Bild MEC 30.1) hängt bei gleicher Normalkraft F_N ab von:

– Oberflächenbeschaffenheit der Gleitflächen,
– Werkstoff der aufeinandergleitenden Körper,
– Art des verwendeten Schmiermittels.

Diese Faktoren werden erfasst durch die

Reibungszahl: $\quad \mu = \dfrac{\text{Reibungskraft } F_R}{\text{Normalkraft } F_N}$

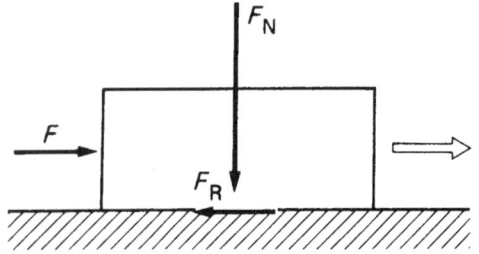

Bild MEC 30.1:
Kräfte bei der Gleitreibung.

Außerdem ist die Reibungskraft beim Übergang vom Ruhezustand des Körpers in den Bewegungszustand wesentlich größer als während der gleichförmigen Gleitbewegung. Man unterscheidet daher zwischen **Haftreibung** zu Beginn der Bewegung und **Gleitreibung** während der Bewegung.

Haftreibung: $\quad F_{RH} = F_N \cdot \mu_H$
Gleitreibung: $\quad F_{RG} = F_N \cdot \mu_G$

In Tabelle MEC 31.1 finden Sie die Richtwerte für Reibungszahlen.

Bildet man aus der Reibungskraft F_{RG} und der Normalkraft F_N die Resultierende F_R, dann ist der Winkel zwischen F_R und F_N der Reibungswinkel ϱ (Bild MEC 30.2).

$$\tan \rho = \frac{F_R}{F_N}; \quad \mu = \frac{F_R}{F_N}; \quad \tan \rho = \mu$$

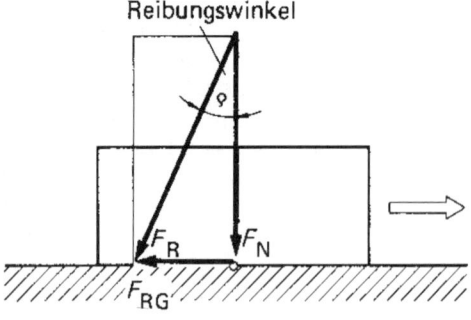

Bild MEC 30.2:
Bildung des Reibungswinkels.

Tabelle MEC 31.1: Reibungszahlen

Werkstoffe der reibenden Körper	Haftreibungszahl μ_{RH}		Gleitreibungszahl μ_{RG}	
	trocken	gefettet	trocken	gefettet
Stahl auf Stahl	0,15...0,2	0,1	0,1 ...0,15	0,05
Stahl auf Gusseisen	0,18...0,24	0,1	0,17...0,24	0,02...0,2
Rotguss oder Bronze	0,18...0,25	0,1	0,15...0,2	0,05
Gusseisen auf Gusseisen	0,22...0,26	0,16	0,15...0,2	0,1
Metall auf Holz	0,5 ...0,6	0,1	0,2 ...0,5	0,08
Holz auf Holz	0,5 ...0,7	0,2	0,2 ...0,4	0,05...0,15
Leder auf Stahl	0,5 ...0,6	0,3	0,3 ...0,5	0,2
Kunststoff auf Metall	0,5	0,25	0,25	0,12
Brems- und Kupplungsbeläge	–	–	0,3 ...0,5	0,15...0,3

Übersetzungsverhältnisse

Tabelle MEC 31.2: Übersetzungsverhältnisse

Triebart · Skizze	Formeln	Größen und Einheiten
Einfacher Flachriementrieb treibend getrieben	$n_1 \cdot d_1 = n_2 \cdot d_2$ $i = \dfrac{d_2}{d_1}; \quad i = \dfrac{n_1}{n_2}$ $v = \dfrac{\pi \cdot d_1 \cdot n_1}{60 \cdot 1000}$ i >1 Übersetzung ins Langame i <1 Übersetzung ins Schnelle	d Riemenscheiben-durchmesser in mm n Riemenscheiben-Umdrehungsfrequenz in min^{-1} v Riemengeschwindig-keit in $\dfrac{m}{s}$ i Übersetzungs-verhältnis Index 1 treibend Index 2 getrieben
Doppelter Flachriementrieb treibend	$n_1 \cdot d_1 \cdot d_3 = n_4 \cdot d_2 \cdot d_4$ $i_1 = \dfrac{d_2}{d_1}; \quad i_1 = \dfrac{n_1}{n_2}$ $i_2 = \dfrac{d_4}{d_3}; \quad i_2 = \dfrac{n_3}{n_4}$ $i = i_1 \cdot i_2; \quad i = \dfrac{n_1}{n_4}$ $i = \dfrac{d_2 \cdot d_4}{d_1 \cdot d_3}$	d Riemenscheiben-durchmesser in mm n Riemenscheiben-Umdrehungsfrequenz in min^{-1} Index 1 und 3 treibend Index 2 und 4 getrieben i_1 1 · Einzelüber-setzungsverhältnis i_2 2 · Einzelüber-setzungsverhältnis i Gesamtübersetzungs-verhältnis

Tabelle MEC 31.2: Übersetzungsverhältnisse (Fortsetzung)

Triebart · Skizze	Formeln	Größen und Einheiten
Einfacher Zahntrieb treibend getrieben	$n_1 \cdot z_1 = n_2 \cdot z_2$ $i = \dfrac{n_1}{n_2}; \quad i = \dfrac{z_2}{z_1}$ $a = \dfrac{d_1 + d_2}{2}$ $a = \dfrac{m \cdot (z_1 + z_2)}{2}$ Für Innenverzahnung gilt: $a = \dfrac{m \cdot (z_2 - z_1)}{2}$ $M_1 \cdot n_1 = M_2 \cdot n_2$ $M_1 = M_2 \cdot \dfrac{n_2}{n_1} = \dfrac{M_2}{i}$	z Zähnezahl n Umdrehungsfrequenz in min^{-1} d Teilkreisdurchmesser in mm M Drehmoment in N m Index 1 treibend Index 2 getrieben i Übersetzungsverhältnis a Achsabstand in mm
Doppelter Zahntrieb $n_2 = n_3$ treibend i getrieben	$n_1 \cdot z_1 \cdot z_3 = n_4 \cdot z_2 \cdot z_4$ $i_1 = \dfrac{n_1}{n_2}; \quad i_1 = \dfrac{z_2}{z_1}$ $i_2 = \dfrac{n_3}{n_4}; \quad i_2 = \dfrac{z_4}{z_3}$ $i = i_1 \cdot i_2$ $i = \dfrac{n_1}{n_4}; \quad i_1 = \dfrac{z_4}{z_1}$ $n_2 = n_3$	z_1, z_3 Zähnezahl treibende Räder z_2, z_4 Zähnezahl getriebene Räder n_1, n_2 Umdrehungsfrequenzen treibende Räder in min^{-1} n_3, n_4 Umdrehungsfrequenzen getriebene Räder in min^{-1} i_1, i_2 Einzelübersetzungen i Gesamtübersetzung
Zahnstangentrieb 	$v = \dfrac{\pi \cdot d \cdot n_1}{1000 \cdot 60}$ $n_1 = \dfrac{v \cdot 60 \cdot 1000}{\pi \cdot d}$	d Teilkreisdurchmesser in mm n_1 Ritzeldrehzahl in min^{-1} v Geschwindigkeit in m/s

Tabelle MEC 31.2: Übersetzungsverhältnisse (Fortsetzung)

Triebart · Skizze	Formeln	Größen und Einheiten
Zahntrieb mit Zwischenrad getrieben Zwischenrad treibend	$n_1 \cdot z_1 = n_2 \cdot z_2$ $i = \dfrac{n_1}{n_2}$ $i = \dfrac{z_2}{z_1}$	z Zähnezahl n Umdrehungsfrequenz in min^{-1} i Übersetzungsverhältnis Index 1 treibend Index 2 getrieben Das Zwischenrad z hat keinen Einfluss auf das Übersetzungsverhältnis. Es ändert aber die Drehrichtung des getriebenen Rades z_2
Schneckentrieb Schneckenrad Schnecke	$n_1 \cdot z_1 = n_2 \cdot z_2$ $i = \dfrac{n_1}{n_2}$ $i = \dfrac{z_2}{z_1}$	z_1 Gangzahl der Schnecke z_2 Zähnezahl des Schneckenrades n_1 Umdrehungsfrequenz der Schnecke n_2 Umdrehungsfrequenz des Schneckenrades i_1 Übersetzungsverhältnis

Dynamik

Dynamik der fortschreitenden Bewegung (Translation)

Bei einer **fortschreitenden Bewegung** (Translation) beschreiben alle Punkte eines Körpers gleiche Bahnen. (Beispiel: Karosserie eines Kraftfahrzeugs). Im Gegensatz dazu beschreiben bei der Drehbewegung (Rotation) eines Körpers um eine Achse dessen Punkte Kreisbahnen unterschiedlichen Durchmessers (z.B. Schleifscheibe).

Grundgesetz der Dynamik

$$F = m \cdot a; \quad a = \frac{\Delta v}{\Delta t}$$

Hierin bedeuten:
F Kraft in N, m Masse in kg, a Beschleunigung in m/s^2, Δv Geschwindigkeitsänderung in m/s, Δt Zeitspanne in s.

Gewichtskraft F_G (in N) als Sonderfall des dynamischen Grundgesetzes:

$F_G = m \cdot g.$ Auf der Erde ist $g = 9{,}81 \text{ m/s}^2$.

Mechanische Energie, Arbeit, Leistung, Wirkungsgrad

Energie ist die Fähigkeit, Arbeit zu verrichten. Energie kann weder (aus dem Nichts) erzeugt noch vernichtet werden, sie lässt sich nur in andere Energieformen umwandeln.

Energieeinheiten: $1 \text{ Nm} = 1 \text{ Ws} = 1 \text{ J}$; $1 \text{ kWh} = 3{,}6 \cdot 10^6 \text{ Nm} = 3{,}6 \cdot 10^6 \text{ Ws}$

Es gibt 2 Arten mechanischer Energie: kinetische Energie (Bewegungsenergie, Wucht) und potenzielle Energie (Lageenergie, Spannungsenergie).

Kinetische Energie: $W_{kin} = \dfrac{m \cdot v^2}{2}$. Hierin ist v die Geschwindigkeit in m/s.

Potenzielle Energie: $W_{pot} = m \cdot g \cdot h = F_G \cdot h$

Verrichtete Arbeit: $W = F \cdot s$

Hierin sind: h Höhe in m, s Weg in m, gemessen auf der Wirkungslinie der Kraft F.

Beispiel

Ein Hammerbär von 1000 kg Masse fällt frei aus 2,5 m Höhe auf ein Schmiedestück und dringt 100 mm tief in den Werkstoff ein. Welche mittlere Kraft übt der Hammerbär dabei aus?

Lösung

Fallgeschwindigkeit beim Aufprall:

$$v = \sqrt{2 \cdot g \cdot h} = \sqrt{2 \cdot 9{,}81 \text{ m/s}^2 \cdot 2{,}5 \text{ m}} = 7 \text{ m/s}$$

Kinetische Energie:

$$W_{kin} = \frac{m \cdot v^2}{2} = \frac{1000 \text{ kg} \cdot 49 \text{ m}^2/\text{s}^2}{2} = 24\,500 \, \frac{\text{kg m}^2}{\text{s}^2} = 24\,500 \text{ N m} = 24{,}5 \text{ kN m}$$

Verrichtete Arbeit: $W = F \cdot s = 24{,}5 \text{ kN m}$

Ausgeübte Kraft: $F = \dfrac{W}{s} = \dfrac{24{,}5 \text{ kN m}}{0{,}1 \text{ m}} = 245 \text{ kN}$

Leistung ist die in einer bestimmten Zeit verrichtete Arbeit:

Leistung: $P = \dfrac{W}{t}$

Die Einheit der Leistung ist das Watt.
$1\,W = 1\,J/s = 1\,N\,m/s;\ 1\,kW = 10^3\,W;\ 1\,MW = 10^6\,W.$

Die erforderliche Leistung zum Bewegen eines Körpers mit der Antriebskraft F und der Geschwindigkeit v in Richtung der Kraft beträgt

$P = F \cdot v.$

Hierin bedeuten: P Leistung in W, F Kraft in N, v Geschwindigkeit in m/s.

Der **Wirkungsgrad** η ist das Verhältnis von **abgegebener** Leistung P_2 oder Arbeit W_2 zu **zugeführter** Leistung P_1 oder Arbeit W_1 (Bild MEC 35.1).

$$\eta = \frac{P_2}{P_1}; \quad \eta = \frac{W_2}{W_1}$$

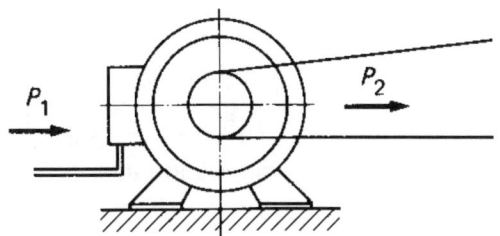

Bild MEC 35.1:
Wirkungsgrad als Quotient von abgegebener und zugeführter Leistung.

Der **Gesamtwirkungsgrad** ergibt sich aus dem Produkt der Einzelwirkungsgrade:

$\eta = \eta_1 \cdot \eta_2 \cdot \eta_3 \cdot \ldots$

Beispiel

Welche Leistung in kW nimmt der Antriebsmotor eines Baukrans auf, der einen Betonblock von $m = 2000$ kg Masse in $t = 50$ s auf $h = 25$ m Höhe hebt? Der Gesamtwirkungsgrad des Antriebs einschließlich Hubwerk beträgt $\eta = 0{,}75$ (0,75 %).

Lösung

Abgegebene Leistung:

$P_2 = F \cdot v = m \cdot g \cdot \dfrac{h}{t}$

$P_2 = 2000\,kg \cdot 9{,}81\,m/s^2 \cdot \dfrac{25\,m}{50\,s} = 9810\,W$

$P_2 = 9{,}81\,kW$

Aufgenommene (zugeführte) Leistung:

$P_1 = \dfrac{P_2}{\eta} = \dfrac{9{,}81\,kW}{0{,}75} = 13{,}08\,kW$

Hydrostatik

Die Hydrostatik ist die Lehre der Kräfte, die von **ruhenden Flüssigkeiten** ausgeübt werden.

Flüssigkeitsdruck

Die von einer Flüssigkeit ausgeübte Kraft steht immer **senkrecht** auf der betrachteten Fläche; sie ist eine **Normalkraft** (Bild MEC 36.1). Der Flüssigkeitsdruck ist der Quotient Normalkraft durch Fläche; er steht ebenfalls senkrecht auf der Fläche.

$p = F / A$

Hierin bedeuten:
F Normalkraft in N; A Fläche in m^2;
p Druck in N/m^2.

Die gesetzliche Einheit des Drucks ist das **Pascal** (Pa).

$1 \text{ Pa} = 1 \text{ N/m}^2 = 1 \text{ kg/m s}^2$.

Üblich ist in der Hydrostatik die Druckeinheit 1 bar.

$1 \text{ bar} = 10^5 \text{ Pa} = 0,1 \text{ MPa}$.

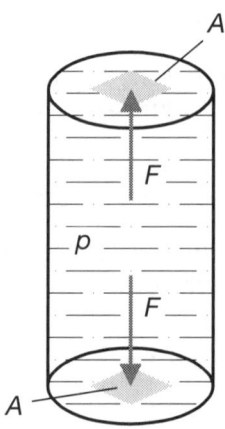

Bild MEC 36.1:
Der Flüssigkeitsdruck im geschlossenen Behälter übt Kräfte auf die Wände aus.

Druckfortpflanzung, Wanddruckkraft

Flüssigkeiten sind praktisch nicht zusammendrückbar; sie sind **inkompressibel.** Erst bei sehr hohen Drücken zeigen sie eine geringfügige elastische Volumenänderung. Bei Entlastung nehmen sie das ursprüngliche Volumen wieder an.

Für die Ausbreitung des Flüssigkeitsdrucks (Druckfortpflanzung) gilt das Gesetz von Pascal (Bild MEC 36.2).

Der Druck, der von außen auf eine in einem System eingeschlossene Flüssigkeit ausgeübt wird, pflanzt sich nach allen Richtungen auf alle Teile unverändert fort.

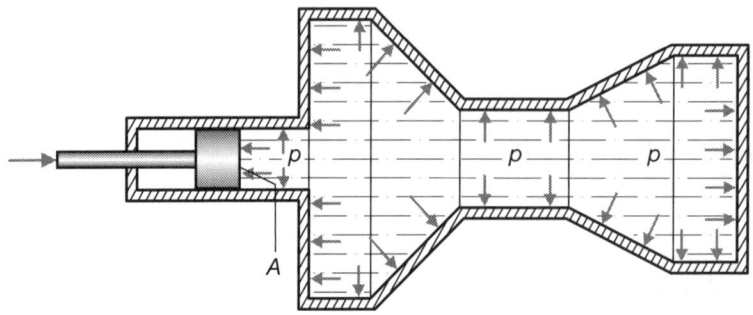

Bild MEC 36.2:
Der vom Kolben erzeugte Druck ist in allen Teilen des Behälters gleich groß.

Kraftübertragung, Kraft- und Druckverstärkung

Das Pascalsche Gesetz der Druckfortpflanzung wird zur Übertragung und Verstärkung von Kräften und Drücken angewendet.

Hydraulische Presse

Die hydraulische Presse besteht, wie im Schemabild MEC 37.1 gezeigt, aus dem Triebkolben kleinen Durchmessers und dem Lastkolben großen Durchmessers. Die Kolben tauchen in einen Druckbehälter ein. Der Flüssigkeitsdruck ist überall gleich groß und steht überall senkrecht auf der betrachteten Fläche (Pascalsches Gesetz). Die am Triebkolben aufgebrachte Kraft wird vom Lastkolben verstärkt und nach außen abgegeben.

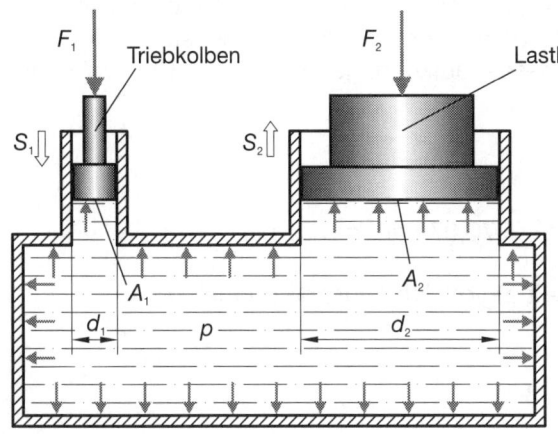

Bild MEC 37.1:
Prinzip der hydraulischen Presse. Die am Triebkolben ausgeübte Kraft wird vom Lastkolben verstärkt.

Triebkolben

Kolbenkraft: $F_1 = A_1 \cdot p$;   Flüssigkeitsdruck: $p = F_1 / A_2$
Beim Kolbenhub verdrängtes Flüssigkeitsvolumen: $V_1 = A_1 \cdot s_1$

Lastkolben

Kolbenkraft: $F_2 = A_2 \cdot p$;   Flüssigkeitsdruck: $p = F_2 / A_2$
Freigegebenes Flüssigkeitsvolumen: $V_2 = A_2 \cdot s_2$

Da der Druck an beiden Kolben gleich ist, ergibt sich für die Kraft am Lastkolben die Beziehung:

$$F_2 = F_1 \cdot (A_2 / A_1); \quad F_2 = F_1 \cdot (d_2 / d_1)^2$$

Mit $V_1 = V_2$ erhält man:

$$A_1 \cdot s_1 = A_2 \cdot s_2$$

Der Weg des Lastkolbens beträgt somit:

$$s_2 = s_1 \cdot (d_1 / d_2)^2$$

Das Produkt **Kraft mal Weg** muss an beiden Kolben gleich sein (Energiesatz). Das soll nun geprüft werden:

$$F_2 \cdot s_2 = F_1 \cdot (d_2 / d_1)^2 \cdot s_1 \cdot (d_1 / d_2)^2 = F_1 \cdot s_1$$

An den Dichtungen von Triebkolben und Lastkolben tritt Reibung auf, die durch den Wirkungsgrad η berücksichtigt wird. Die Formel für die Kraft am Lastkolben lautet dann:

$$F_2 = F_1 \cdot (d_2 / d_1)^2 \cdot \eta$$

Bei üblichen Dichtungen ist der Wirkungsgrad 80 %.

Beispiel

Mit einer hydraulischen Presse soll am Lastkolben von 300 mm Durchmesser eine Kraft von 500 kN ausgeübt werden. Zu berechnen sind der Flüssigkeitsdruck p und die am Triebkolben von 20 mm Durchmesser aufzubringende Kraft F_1. Der Wirkungsgrad soll mit 80 % angenommen werden.

Lösung

$$p = F_2 / A_2 = \frac{500\,000 \text{ N}}{300^2 \cdot \pi/4} = 7{,}07 \text{ N/mm}^2 = 70{,}07 \text{ bar; } p = 71 \text{ bar.}$$

$F_2 = F_1 \cdot (d_2 / d_1)^2;$ Nach F_1 umgestellt ergibt sich folgende Formel:

$$F_1 = F_2 \cdot (d_1 / d_2)^2$$

$$F_1 = 500\,000 \text{ N} \cdot (20 / 300)^2 / 0{,}8 = 2778 \text{ N}$$

Druckübersetzung

Mit einem Stufenkolben lässt sich in einer Anordnung nach Bild MEC 38.1 eine Druckübersetzung erzeugen. Der bei p_1 entstehende Druck erzeugt an der Fläche A_2 den Druck p_2.

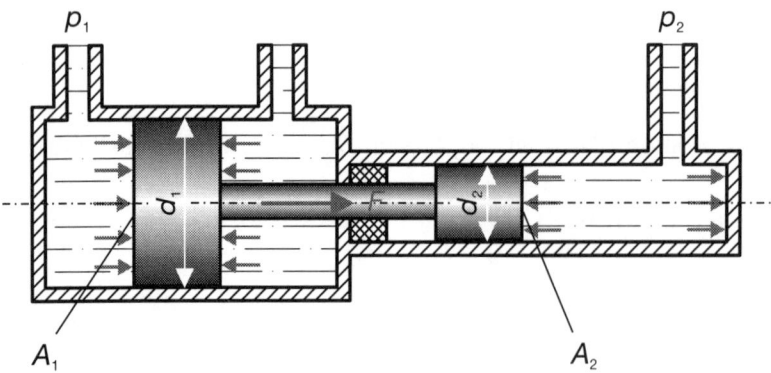

Bild MEC 38.1:
Die Drücke in den Kammern verhalten sich umgekehrt wie die Kolbenflächen.

MEC 38

Es besteht also folgende Beziehung:

$$p_2 = F / A_2 = p_1 \cdot A_1 / A_2$$

$$p_2 = p_1 \cdot (d_1 / d_2)^2 \quad \text{oder:} \quad p_2 / p_1 = (d_1 / d_2)^2$$

Ist z.B. der Durchmesser d_1 doppelt so groß wie der Durchmesser d_2, dann ist der Druck p_2 viermal so groß wie der Druck p_1.

Beispiel

Wie groß ist der Druck p_2 in der in Bild MEC 39.1 skizzierten Anordnung? Gegeben sind folgende Werte:

$$p_1 = 6 \text{ bar}; \quad d_1 = 100 \text{ mm}, \quad d_2 = 40 \text{ mm}$$

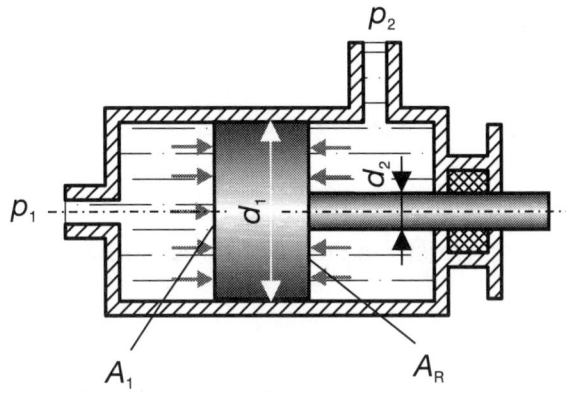

Bild MEC 39.1:
Der Druck p_2 ist zu berechnen.

Lösung

Der Druck p_1 wird an der Ringfläche A_R des Kolbens erzeugt.

$$p_2 = p_1 \cdot A_1 / A_R = p_1 \cdot d_1{}^2 / (d_1{}^2 - d_2{}^2)$$

$$p_2 = 6 \text{ bar} \cdot 100^2 / (100^2 - 40^2) = 9{,}375 \text{ bar}$$

Hydrostatischer Druck

Unter dem hydrostatischen Druck versteht man den Flüssigkeitsdruck p, der durch die Gewichtskraft einer Flüssigkeitssäule erzeugt wird. Vom hydrostatischen Druck werden die Wandkräfte in offenen Behältern erzeugt. In geschlossenen Druckbehältern ist der hydrostatische Druck meist vernachlässigbar.

Es wird eine Flüssigkeitssäule beliebigen Durchmessers in einem offenen Behälter betrachtet (Bild MEC 39.2). Sie drückt mit ihrer Gewichtskraft auf den Boden.

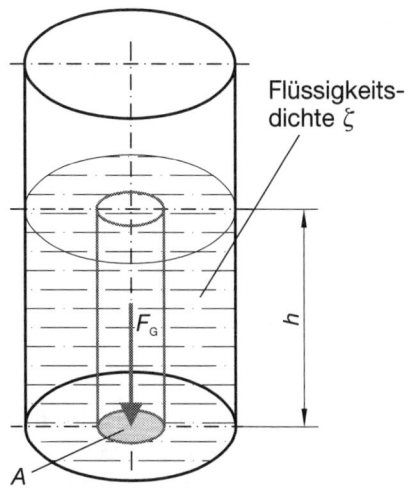

Bild MEC 39.2:
Der hydrostatische Druck einer Flüssigkeit hängt nur von der Niveauhöhe ab.

Die Gewichtskraft der Flüssigkeitssäule beträgt:

$$F_G = m \cdot g = \pi/4 \cdot d^2 \cdot h \cdot \varrho \cdot g$$

Der hydrostatische Druck an der Bodenfläche $A = \pi/4 \cdot d^2$ ist dann:

$$p = F_G / A = h \cdot \varrho \cdot g$$

Hierin bedeuten:
h Niveauhöhe in m; ϱ Dichte in kg/m³ (Wasser: 1000 kg/m³); g Fallbeschleunigung in m/s²; p hydrostatischer Druck in Pa (kg/m s²).

Beispiel

Der Pazifik ist an seiner tiefsten Stelle rund 10 000 m tief. Wie groß ist dort der hydrostatische Druck am Meeresboden?

Lösung

$$p = h \cdot \varrho \cdot g = 10\,000 \text{ m} \cdot 1000 \text{ kg/m}^3 \cdot 10 \text{ m/s}^2 = 10^8 \text{ Pa} = 1000 \text{ bar}$$

Bodenkraft

Die Kraft auf den Boden eines offenen Behälters ist das Produkt hydrostatischer Druck am Boden mal Bodenfläche.

$$F_B = h \cdot \varrho \cdot g \cdot A$$

Die Bodenkraft ist also unabhängig von der Behälterform. Das ist in Bild MEC 40.1 veranschaulicht.

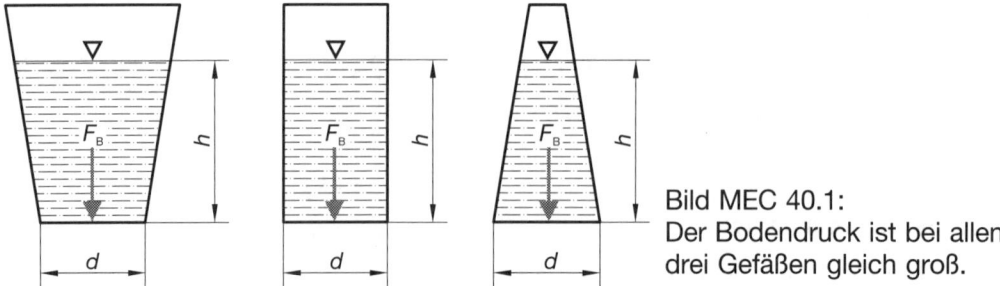

Bild MEC 40.1:
Der Bodendruck ist bei allen drei Gefäßen gleich groß.

Seitenkraft

Zur Berechnung der Seitenkraft F_S auf eine ebene, zur Kraftrichtung senkrechte Fläche A denkt man sich, dass der im Flächenschwerpunkt vorhandene hydrostatische Druck auf die gesamte Fläche wirkt. Dann lautet die Formel:

$$F_S = h_S \cdot \varrho \cdot g \cdot A$$

Hierin ist h_S der Abstand des Flächenschwerpunkts vom Flüssigkeitsspiegel. Der Neigungswinkel α gegenüber der Horizontalen spielt hier keine Rolle.

Kontinuitätsgleichung

Durch die in Bild MEC 41.1 skizzierte Leitung strömt eine Flüssigkeit. Die durchströmende Menge bleibt unverändert. Es muss dann durch jeden der betrachteten Leitungsquerschnitte in jeder Sekunde das gleiche Volumen strömen.

Der Volumenstrom $\dot{V}$ ist also konstant. Er ergibt sich aus der Beziehung

Volumenstrom = Querschnitt mal Geschwindigkeit.

$\dot{V} = A \cdot w.$

Für die zwei betrachteten Querschnitte A_1 und A_2 gilt mit $\dot{V}$ = konstant die Gleichung:

$\dot{V} = A_1 \cdot w_1 = A_2 \cdot w_2$ = konstant

Diese Beziehung wird **Kontinuitätsgleichung** genannt; sie ist eine Grundgleichung der Strömungslehre. Nach dem Verhältnis der Geschwindigkeiten umgestellt lautet die Gleichung:

$w_1 / w_2 = A_2 / A_1$

Die Geschwindigkeiten verhalten sich also umgekehrt wie die Querschnitte.

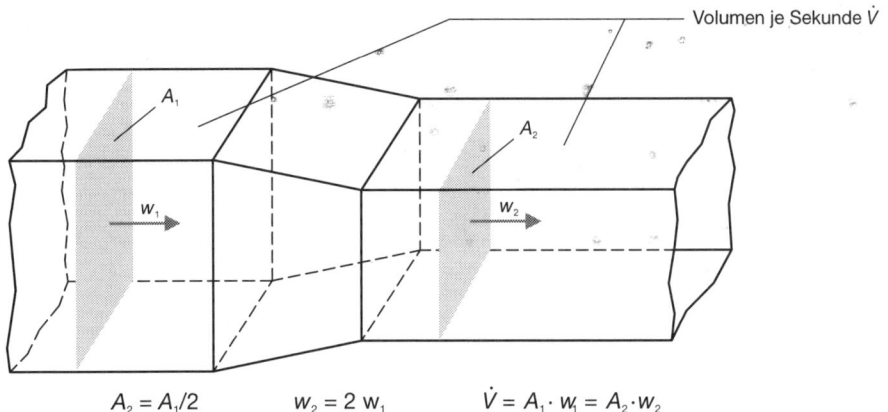

Bild MEC 41.1: In jedem Querschnitt ist das je Sekunde durchströmende Flüssigkeitsvolumen (Volumenstrom) gleich groß.

Beispiel

Durch eine Rohrleitung von 100 mm lichtem Durchmesser strömt Hydrauliköl mit einer Geschwindigkeit von 1,2 m/s. Welche Geschwindigkeit stellt sich in einer Rohrverengung auf 40 mm lichten Durchmesser ein? Wie viel Liter Öl fließen je Minute durch die Leitung?

Lösung

$w_1 / w_2 = A_2 / A_1;$

$w_2 = w_1 \cdot A_1 / A_2 = w_1 \cdot (d_1 / d_2)^2 = 1,2 \text{ m/s } (100 / 40)^2 = 7,5 \text{ m/s}$

$\dot{V} = A_1 \cdot w_1 = \pi/4 \cdot d_1^2 \cdot w_1 = \pi/4 \cdot 0,1^2 \text{ m}^2 \cdot 1,2 \text{ m/s } \cdot 60 \text{ s/min} \cdot 1000 \text{ l/m}^3$

$\dot{V} = 565,5 \text{ l/min}$

Chemie und Physik

Aufbau der Materie

Die Chemie befasst sich mit den Elementen und ihren Verbindungen bzw. deren „Grundbausteinen".

Atom Kleinstes, chemisch einheitliches Teilchen eines **Elementes**, besteht aus Kern und Elektronenhülle.

Molekül Kleinstes, chemisch einheitliches Teilchen einer Verbindung, aufgebaut aus Atomen.

Ion Durch Abgabe oder Aufnahme von Elektronen positiv oder negativ geladenes Teilchen: **Anion** = An^-; **Kation** = Ka^+.

Elementarteilchen

sind kleinste subatomare Bausteine der Materie, die nicht aus kleineren Einheiten zusammengesetzt sind; sie sind ineinander umwandelbar, sind also keine Urbausteine im Sinne unveränderlicher Teilchen. Heute sind über 300 Elementarteilchen bekannt. Sie sind verschiedene Zustände der Materie, die man auch als zur Materie gewordene Energie verstehen kann.

Aufbau des Atoms

Nur die drei Elementarteilchen **Proton** und **Neutron** (**Nukleonen** = Kernbestandteile) und das **Elektron** genügen, um die chemischen Reaktionen **modellhaft** zu beschreiben und zu verstehen:

Atom-bestand-teil	Durch-messer in m	Anteil an der Gesamt-masse in %	Elemen-tar-teilchen	Sym-bol [1]	Masse abs. in g	Masse relativ	La-dung
Kern	etwa 10^{-14}	99.95...99.98	**Proton** **Neutron**	p n	$1.669 \cdot 10^{-24}$ $1.671 \cdot 10^{-24}$	$1.0073 \approx 1$ $1.0087 \approx 1$	+1 0
Hülle	etwa 10^{-10}	0.05...0.02	**Elektron**	e	$9.108 \cdot 10^{-28}$	$\frac{1}{1836}$ 0.000548 ≈ 0.0005	−1

[1] In der Chemie werden nur die Symbole p und e verwendet, da immer das p^+ und das e^- gemeint sind.

Mit diesen Angaben ergeben sich die **absoluten Massen** (gerundet):
– eines Wasserstoffmoleküls zu $3,35 \cdot 10^{-24}$ g
– eines Uranatoms (U238) zu $3,98 \cdot 10^{-22}$ g

Der **Durchmesser** eines Atoms bzw. eines Moleküls (wenn die Substanz nur molekular vorkommt, z.B. wie H_2) ist ca. $c \cdot 10^{-10}$ m.

Einige Werte zu c:
Sauerstoff 2,98; Stickstoff 3,18; Chlor 3,7; Jod 4,46; Wasserstoff 2,47. Der Durchmesser des Wasserstoffmoleküls (H_2) ist also $2{,}47 \cdot 10^{-10}$ m.

Der Atomkern besteht aus Protonen und Neutronen, den Nukleonen. Die Kennzeichnung am Element erfolgt folgendermaßen:

$$_{\;Z}^{A}\mathbf{E}_{\;v}^{\;z}$$

E   Element

A   Anzahl der Nukleonen im Atomkern = Massezahl
     = Summe Protonenzahl + Neutronenzahl
     = ganzzahlig gerundete Atommasse

Z   Anzahl der Protonen im Atomkern
     = Elektronenzahl in der Atomhülle = Ordnungszahl

z   Ladung (also Ion z. B. $^{2+}$)

v   Stöchiometrische Zahl (z. B. Cl_2)
     = Anzahl der Atome einer Verbindung

Beispiele: $_{17}^{35}Cl$ (17p, 18n); $_{15}^{31}P_2^{3-}$ (dreifach negativ geladenes Phosphorion aus zwei Phosphoratomen mit 15p und 16n)

Im laufenden Text ist statt $_{92}^{235}U$ auch die Schreibweise U 235 möglich.

Isotope

Alle Atome eines Elementes haben die gleiche Protonenzahl. Bei einer Reihe von Elementen gibt es aber Atome mit unterschiedlicher Massenzahl, d. h. unterschiedlicher Neutronenzahl. Solche Atomarten nennt man **Isotope**. Sie haben identische chemische Eigenschaften und unterscheiden sich in ihren physikalischen Eigenschaften (griech. isos = gleich, topas = Platz).

Beispiele: $_1^1H = H$ $_1^2H = D$ $_1^3H = T$

               leichter   schwerer Wasser-   überschwerer Wasserstoff
               Wasserstoff   stoff (Deuterium)   (Tritium)

Nur im Falle des Wasserstoffs haben die Isotopen eigene Namen und eigene chemische Zeichen, sonst werden sie mit ihrer Massenzahl gekennzeichnet:

$_{92}^{234}U$ oder U 234 $_{92}^{235}U$ oder U 235 $_{92}^{238}U$ oder U 238

Die Zahl der Isotopen eines Elementes schwankt zwischen 2 und 10. Elemente, die nur aus Atomen mit gleicher Massenzahl bestehen, nennt man **Reinelemente**. Es sind dies die folgenden 20 Elemente (siehe Seiten MEC 49 ... MEC 51):

Al	Au	Na	Sc	As	Ho	Ni	Tb	Be	I(J)
P	Tm	Cs	Co	Pr	Bi	F	Mn	Rh	Y

Die übrigen Elemente werden logischerweise **Mischelemente** genannt.

Atommasse

Die absolute Atommasse ist die Summe der absoluten Massen der am Atomaufbau beteiligten Protonen, Neutronen und Elektronen (siehe oben).

Seit 1961 gilt als **Atommassenkonstante** m_u: 1/12 der Masse des Kohlenstoff-isotops C12:

$$m_u = 1/12 \cdot m\,(^{12}C) = 1{,}6605656 \cdot 10^{-24}\ g$$

Für die Praxis sind diese Werte aber viel zu unhandlich. Daher arbeitet man mit der **relativen Atommasse** A_R. Dazu wird zunächst definiert:

$$1\ u = m_u$$ (u = unified mass unit)

Aus der unhandlichen Zahl $1{,}6605656 \cdot 10^{-24}$ wird damit die handliche Einheit u. Die Umrechnung der absoluten Atommassen mit dieser Bestimmungsgleichung führt zu den in den „Atomgewichtstabellen" (vergl. MEC 49) aufgeführten Atommassen.

Danach haben Wasserstoff ≈ 1 u und Chlor $\approx 35{,}5$ u. Dies besagt nichts anderes, als dass eine bestimmte Anzahl Chloratome $\approx 35{,}5$ mal schwerer ist als die gleiche Anzahl Wasserstoffatome (genauer: als 1/12 der gleichen Anzahl Kohlenstoff C12-Atome).

Weiterhin besagt dies: 1 Atom Wasserstoff (1 u) verbindet sich mit 1 Atom Chlor (35,5 u) zu 1 Molekül Chlorwasserstoff (36,5 u). Ebenso werden sich 100 Atome Wasserstoff mit 100 Atomen Chlor verbinden, usw. Verbinden sich 1 g Wasserstoff mit 35,5 g Chlor, so verbinden sich N_A Atome Wasserstoff mit N_A Atomen Chlor.

Diese Zahl N_A lässt sich auf verschiedene Arten bestimmen. Der z.Z. genaueste Wert ist

$$N_A = 6{,}022045(31) \cdot 10^{23}$$

N_A ist eine Naturkonstante und heißt **Avogadro-Konstante**.

N_A ist die in der Definition der SI-Basiseinheit **Mol** erwähnte Anzahl der „Teilchen".

Benutzt man die in den „Atomgewichtstabellen" genannten Werte ohne Einheit, so ist dies die **Atommasse**. Werden diese Werte mit der Einheit g/mol verwendet, so sind immer so viele Atome gemeint, wie der Avogadro-Konstante entsprechen: dies ist dann die **relative Atommasse** A_R. Auf Moleküle angewandt, erhält man die rel. Molekül- bzw. die rel. Molmasse.

Streng genommen gelten diese Ausführungen nur für die Reinelemente. Da aber alle Mischelemente auf der Erde in einem praktisch konstanten, auch vom Fundort weitgehend unabhängigen Isotopenverhältnis vorkommen, gelten sie auch für diese Elemente. Wenn Anzahl und Massenzahl der Isotopen bekannt sind, kann sogar aus der Atommasse des Isotopengemisches der prozentuale Anteil der einzelnen Isotopen berechnet werden.

Beispiel:

Chlor hat die Atommasse $\approx 35{,}5$ und besteht aus den Isotopen Chlor 35 und Chlor 37. Wie groß sind die prozentualen Anteile der Isotope Cl 35 und Cl 37?

Mit $x \cdot 35 + y \cdot 37 = (x + y) \cdot 35{,}5$ und $x + y = 100$
wird $x = 75$ und $y = 25$

In der Natur vorkommendes Chlor mit der Atommasse $\approx 35{,}5$ besteht also zu ca. 75 % aus Chlor 35 und zu ca. 25 % aus Chlor 37 (genau 75,8 und 24,2).

Periodensystem der Elemente

Geschichtlich ist das PeriodenSystem der Elemente (PSE) entstanden durch die Anordnung der bis dahin bekannten Elemente nach steigender Atommasse und Vergleich der Periodizität ihrer Eigenschaften (Lothar Meyer/Dimitri Mendelejeff 1869 unabhängig voneinander).

Später erkannte man, dass das Ordnungsprinzip des so gefundenen PSE der Atombau der Elemente ist, nämlich die Ordnungszahl und die Besetzung der einzelnen Energieniveaus mit Elektronen.

Grundsätzlich gibt es zwei Formen des PSE:

- **Kurzperiodensystem** (geschichtlich)
  Diese Form fasst die Haupt- und Nebengruppen zu einer Gruppe zusammen, allerdings in zwei Zeilen und meist etwas versetzt. Sie ist nicht sehr übersichtlich, erfüllt aber durchaus ihren Zweck.

- **Langperiodensystem**
  Die Elemente der Haupt- und Nebengruppen werden gesondert ausgewiesen; die Lanthanoiden (Nr. 58-71) und die Actinoiden (Nr. 90–103) unterhalb des eigentlichen Systems. Diese Form zeigt übersichtlich die Elektronenverteilung und die Energieniveaus. Diese Form erlaubt Rückschlüsse auf die verschiedenen Elementeneigenschaften.

Seite MEC 47 zeigt das Langperiodensystem. Neben dem Namen des Elementes finden Sie dort auch einige wichtige Daten zu dem betreffenden Element.

In den senkrechten **Spalten** – den **Gruppen** – stehen die Elemente mit der gleichen **Anzahl von Elektronen** auf der Außenschale. Die Gruppen werden mit römischen Buchstaben gekennzeichnet; die **Hauptgruppen** mit dem Zusatz A, die **Nebengruppen** mit dem Zusatz B.

Die waagerechten **Zeilen** sind die **Perioden** und enthalten die Elemente mit der **gleichen Anzahl von Elektronenschalen** (Hauptquantenzahl). Die Schalen (Orbitale) sind natürlich mit einer unterschiedlichen Anzahl von Elektronen besetzt.

Bezeichnung der Gruppen im PSE

Gruppen-Nr.	Hauptgruppe (HG) A	Nebengruppe (NG) B
I	Alkalimetalle	Kupfergruppe
II	Erdalkalimetalle	Zinkgruppe
III	Borgruppe	Scandiumgruppe
IV	Kohlenstoffgruppe	Titangruppe
V	Stickstoffgruppe	Vanadiumgruppe
VI	Chalkogene (Erzbildner)	Chromgruppe
VII	Halogene (Salzbildner)	Mangangruppe
VIII	Edelgase	VIII. Nebengruppe
		– Eisengruppe
		– Platinmetalle

Periodensystem der Elemente

Legende (Beispiel):

82	Pb
207,18	
2	A

- Ordnungszahl (Kernladungszahl, Protonenzahl)
- Rel. Atommasse (Atomgewicht)[1]
- Die wichtigsten Oxidationsstufen ("Wertigkeiten")
- Elementensymbol (schwarz = fest; rot = Gas, * = flüssig; kursiv = synthetisch hergestellt)
- Säure- bzw. Basencharakter der typischen Oxide:
  - (S) S = (schwach) sauer
  - (B) B = (schwach) basisch
  - A = amphoter

A = Hauptgruppen
B = Nebengruppen

Schale	IA	IIA															IIIA	IVA	VA	VIA	VIIA	VIIIA
K / 1s	1 H 1,008																					2 He 4,003 — 0
			IIIB	IVB	VB	VIB	VIIB	VIIIB			IB	IIB				2p						
L / 2s	3 Li 6,939 1 B	4 Be 9,012 2 A														5 B 10,81 (S) 3	6 C 12,011 2,4 (S)	7 N 14,007 3,5 (S)	8 O 15,999 2	9 F 18,998 −1	10 Ne 20,183 — 0
M / 3s	11 Na 22,99 1 B	12 Mg 24,31 2 B									3d					3p 13 Al 26,98 3 A	14 Si 28,09 4 (S) −4,4 A	15 P 30,974 5 (S) 3	16 S 32,064 6 (S)	17 Cl 35,453 −1 S	18 Ar 39,948 — 0
N / 4s	19 K 39,102 1 B	20 Ca 40,08 2 B	21 Sc 44,96 3 (B)	22 Ti 47,90 4 A	23 V 50,94 5 A	24 Cr 51,996 3,6 A	25 Mn 54,94 2,4,7 A	26 Fe 55,85 2,3 (B)	27 Co 58,93 2,3 (B)	28 Ni 58,71 2 (B)	29 Cu 63,54 2 A	30 Zn 65,37 2 A				4p 31 Ga 69,72 3 A	32 Ge 72,59 4 A −4,4	33 As 74,92 3,5 (S)	34 Se 78,96 4,6 S	35* Br 79,909 −1 S	36 Kr 83,80 — 0
O / 5s	37 Rb 85,47 1 B	38 Sr 87,62 2 B	39 Y 88,91 3 (B)	40 Zr 91,22 4 A	41 Nb 92,91 5 (S)	42 Mo 95,94 6 S	43 Tc (99) 7 S 4,7	44 Ru 101,1 3 (S)	45 Rh 102,91 3	46 Pd 106,4 2 (A)	47 Ag 107,87 1 A	48 Cd 112,40 2 A				5p 49 In 114,82 3 B	50 Sn 118,69 4 A	51 Sb 121,75 3 A	52 Te 127,60 4 (S)	53 I 126,90 −1 S	54 Xe 131,30 — 0
P / 6s	55 Cs 132,91 1 B	56 Ba 137,34 2 B	57 La 138,91 3 B	72 Hf 178,49 4 A	73 Ta 180,95 5 (S)	74 W 183,85 6 (S)	75 Re 186,2 7 (S)	76 Os 190,2 3 (S)	77 Ir 192,2 3 (B)	78 Pt 195,05 4 (B)	79 Au 196,97 3 A	80 Hg 200,59 2 (B)				6p 81 Tl 204,37 1 B	82 Pb 207,18 2 A	83 Bi 208,98 3 A2	84 Po (210) 2 A	85 At (210) −1 A	86 Rn (222) — 0
Q / 7s	87 Fr (223)	88 Ra (226) 2 B	89 Ac (227) 3 B	104 Unq (261?) [2]	105 Unp (260?) [3]																

Lanthanoide (4f):

58 Ce 140,12 3 (B)	59 Pr 140,91 3 (B)	60 Nd 144,25 3 (B)	61 Pm (147) 3 (B)	62 Sm 150,35 3 (B)	63 Eu 151,96 3 (B)	64 Gd 157,25 3 (B)	65 Tb 158,92 3 (B)	66 Dy 162,50 3 (B)	67 Ho 164,93 3 (B)	68 Er 167,26 3 (B)	69 Tm 168,93 3 (B)	70 Yb 173,04 3 (B)	71 Lu 174,97 3 (B)

Actinoide (5f):

90 Th 232,04 4 (B)	91 Pa (231) 4,5 (B)	92 U 238,03 4,6	93 Np (237) 4,6 A	94 Pu (242) 4 A4	95 Am (243) A3	96 Cm (247) 3	97 Bk (247)	98 Cf (249)	99 Es (254)	100 Fm (253)	101 Md (256)	102 No (254)	103 Lw (257)

[1] Die Werte sind gerundet

[2] Unnilquadium oder: Ku = Kurtschatovium? Rf = Rutherfordium?

[3] Unnilpentium oder: Ha = Hahnium? Ns = Bohrium bzw. Nielsbohrium?

Gestaltung: Dr. Udo Bosmann

Dieses PSE im DIN A4-Format mit wesentlich mehr Daten finden Sie im Fachteil Chemie.

Stellung im PSE und Atombau

> 1. Hauptgruppen-(Spalte)-Nummer = Anzahl der Außenelektronen
> 2. Perioden-(Zeilen)-Nummer   = Anzahl der Elektronenschalen
>
>   Die Elemente der Nebengruppen haben bis auf wenige Ausnahmen
>   **zwei Außenelektronen.**

Valenzelektronen = an der chem. Bindung beteiligte Elektronen

bei den Hauptgruppen-Elementen	= s- und p-Elektronen
bei den Nebengruppen-Elementen	= s- (und d-)-Elektronen
bei den Lanthanoiden und den Actinoiden	= s-, (d- und f-)-Elektronen

Beispiele

Element im PSE	Aufbau der Elektronenschale
Magnesium	3. Periode = 3 Schalen 2. Hauptgruppe = 2 Außenelektronen
Schwefel	3. Periode = 3 Schalen 6. Hauptgruppe = 6 Außenelektronen
Titan	4. Periode = 4 Schalen 4. Nebengruppe = 2 Außenelektronen (NG!)
Europium	6. Periode = 6 Schalen 3. Nebengruppe = 2 Außenelektronen (1. „Unter"-NG!)

Stellung im Periodensystem und Eigenschaften

Betrachtet man das PSE als ein „Rechteck", so sind Elemente mit bestimmten Eigenschaften in „reiner" Form unten links bzw. oben rechts anzutreffen. Die Eigenschaften
der Elemente dazwischen sind je nach ihrer Stellung im PSE „gemischt":

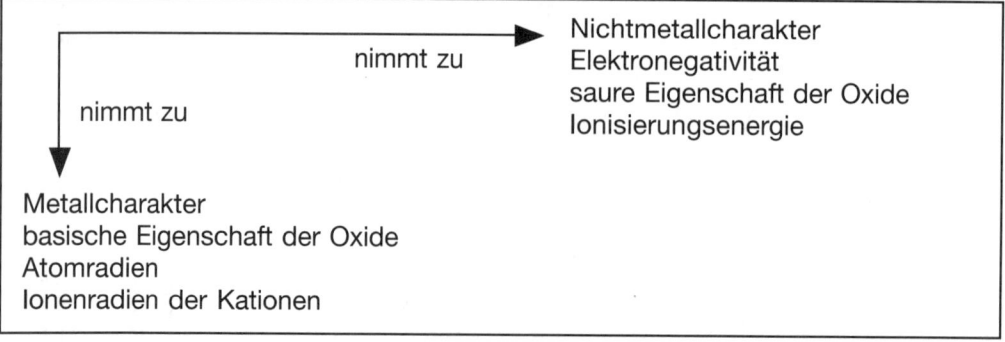

Beispiele:

Iod (53) steht im PSE unten rechts. Es ist also ein Nichtmetall, hat aber schon metallische Eigenschaften, z.B. metallischen Glanz. **Tellur**, links daneben, ist überwiegend
metallisch.

Chemische Elemente

Element	Symbol	Z [1]	A_r [2]	ρ in g/cm³ oder g/dm³ [3]	F_p in °C [4]	K_p in °C [5]	λ in W/m·K [6]	c_p in kJ/kg·K [7]
Actinium	Ac	89	(227)	–	1050	3200	–	0,12
Aluminium	Al	13	26,98	2,70	660	2450	238	0,88
Americum	Am	95	(243)	11,7	>850	2600	–	0,14
Antimon	Sb	51	121,75	6,68	631	1635	22	0,21
Argon	Ar	18	39,95	1,78(g)	−189	−186	0,02	0,52
Arsen	As	33	74,92	5,72	–	–	–	0,35
Astat	At	85	(210)	–	302	335	–	0,14
Barium	Ba	56	137,34	3,59	704	1700	–	0,29
Berkelium	Bk	97	(247)	–	–	≈	–	–
Beryllium	Be	4	9,01	1,85	1280	≈3000	168	1,02
Blei	Pb	82	207,2	11,4	327	1740	35	0,13
Bor	B	5	10,81	2,34	2500	3900	–	1,04
Brom	Br	35	79,90	3,12	−7	58	–	0,45
Cadmium	Cd	48	112,40	8,65	321	765	91	0,23
Caesium	Cs	55	132,91	1,87	29	690	–	0,22
Calcium	Ca	20	40,08	1,55	838	1490	130	0,66
Californium	Cf	98	(251)	–	–	–	–	–
Cer	Ce	58	140,12	6,78	795	3470	10,9	0,18
Chlor	Cl	17	35,45	3,22(g)	−101	−35	0,008	0,47
Chrom	Cr	24	52,00	7,19	1900	2642	69	0,44
Curium	Cm	96	(247)	7	–	–	–	–
Dysprosium	Dy	66	162,50	8,54	1410	2600	10	0,17
Einsteinium	Es	99	(254)	–	–	–	–	–
Eisen	Fe	26	55,85	7,86	1530	3070	81	0,47
Erbium	Er	68	167,26	9,05	1500	2900	9,6	0,17
Europium	Eu	63	151,96	5,26	826	1440	–	0,17
Fermium	Fm	100	(253)	–	–	–	–	–
Fluor	F	9	19,00	1,69(g)	−220	−188	0,02	0,83
Franzium	Fr	87	(223)	–	(27)	(680)	–	0,14
Gadolinium	Gd	64	157,25	7,89	1310	3000	8,8	0,23
Gallium	Ga	31	69,72	5,91	30	2400	40	0,37
Germanium	Ge	32	72,59	5,32	937	2830	55	0,31

[1] Ordnungszahl;
[2] relative Atommasse; Atommassen radioaktiver Elemente in Klammern;
[3] Dichte bei 20 °C in g/cm³. Gasförmige Elemente: Dichte in g/dm³ bei 0 °C und 1013 mbar mit (g) gekennzeichnet, z. B. 1,78 (g);
[4] Schmelztemperatur; Klammerwerte geschätzt; [5] Siedetemperatur;
[6] Wärmeleitfähigkeit; [7] Mittlere isobare spezifische Wärmekapazität 0...100 °C;
[8] Kobalt, Jod und Wismut werden jetzt im Rahmen der internationalen Vereinheitlichung mit Cobalt, Iod und Bismut bezeichnet.

Chemische Elemente (Fortsetzung)

Element	Symbol	Z [1]	A_r [2]	ρ in g/cm³ oder g/dm³ [3]	F_p in °C [4]	K_p in °C [5]	λ in W/m·K [6]	c_p in kJ/kg·K [7]
Gold	Au	79	196,97	19,3	1063	2970	314	0,13
Hafnium	Hf	72	178,49	13,1	2000	5400	93	0,14
Hahnium	Ha	105	(262)	–	–	–	–	–
Helium	He	2	4,003	0,18(g)	−270	−269	0,16	5,23
Holmium	Ho	67	164,93	8,80	1460	2600	–	0,16
Indium	In	49	114,82	7,31	156	2000	24	0,23
Iridium	Ir	77	192,22	22,5	2450	>4800	58	0,13
Jod	J	53	126,90	4,94	114	183	0,43	0,22
Kalium	K	19	39,10	0,86	64	760	110	0,76
Kobalt	Co	27	58,93	8,80	1490	3100	69	0,43
Kohlenstoff	C	6	12,01	2,26	3730	4830	168	0,65
Krypton	Kr	36	83,80	3,74(g)	−157	−152	0,01	0,25
Kupfer	Cu	29	63,55	8,93	1083	2600	384	0,38
Kurtchatorium	Kt	104	(261)	–	–	–	–	–
Lanthan	La	57	138,91	6,17	920	3470	13,8	0,20
Lawrencium	Lr	103	(257)	–	–	–	–	–
Lithium	Li	3	6,94	0,53	180	1370	65	3,6
Lutetium	Lu	71	174,97	9,84	1650	3330	–	–
Magnesium	Mg	12	24,31	1,74	650	1110	171	1,04
Mangan	Mn	25	54,94	7,43	1244	2100	21	0,47
Mendelevium	Md	101	(256)	–	–	–	–	–
Molybdän	Mo	42	95,94	10,2	2610	5560	142	0,24
Natrium	Na	11	22,99	0,97	98	883	126	1,3
Neodym	Nd	60	144,24	7,00	1020	3030	16	0,19
Neon	Ne	10	20,18	0,9(g)	−249	−246	0,05	1,03
Neptunium	Np	93	237,05	20,4	640	–	57	–
Nickel	Ni	28	58,71	8,90	1450	2730	59	0,45
Niob	Nb	41	92,91	8,55	2420	4900	52	0,27
Nobelium	No	102	(254)	–	–	–	–	–
Osmium	Os	76	190,2	22,4	2500	>5300	87	0,13
Palladium	Pd	46	106,4	12,0	1550	3125	69	0,25
Phosphor	P	15	30,97	1,82	44	280	–	0,67
Platin	Pt	78	195,09	21,4	1770	4400	71	0,13
Plutonium	Pu	94	242	17,6	640	3230	9	0,16
Polonium	Po	84	210	9,4	254	962	–	0,13
Praseodym	Pr	59	140,91	6,77	935	3130	12	0,19
Promethium	Pm	61	(145)	–	(1030)	(2730)	–	0,19
Protactinium	Pa	91	231,04	15,4	(1230)	–	–	0,12
Quecksilber	Hg	80	200,59	13,53	−39	357	8,1	0,14
Radium	Ra	88	(226)	5	960	1140	–	0,12
Radon	Rn	86	(222)	9,96(g)	−71	−62	–	0,09
Rhenium	Re	75	186,2	21,0	3180	56,30	71	0,14
Rhodium	Rh	45	102,91	12,4	1970	3730	88	0,24

MEC 50

Chemische Elemente (Fortsetzung)

Element	Symbol	Z [1]	A_r [2]	ρ in g/cm³ oder g/dm³ [3]	F_p in °C [4]	K_p in °C [5]	λ in W/m·K [6]	c_p in kJ/kg·K [7]
Rubidium	Rb	37	85,47	1,53	39	701	58	0,33
Ruthenium	Ru	44	101,07	12,2	2300	3900	106	0,25
Samarium	Sm	62	150,4	7,54	1070	–	0,20	
Sauerstoff	O	8	16,00	1,43(g)	−219	−183	0,03	0,92
Scandium	Sc	21	44,96	3,0	1540	2730	63	0,56
Schwefel	S	16	32,08	2,07	113	445	0,26	0,68
Selen	Se	34	78,96	4,40	217	685	0,2	0,33
Silber	Ag	47	107,87	10,5	961	2170	407	0,23
Silicium	Si	14	28,09	2,33	1420	2600	80	0,68
Stickstoff	N	7	14,01	1,25(g)	−210	−196	0,026	1,04
Strontium	Sr	38	87,62	2,6	770	1380	–	0,29
Tantal	Ta	73	180,95	16,6	3000	4100	55	0,14
Technetium	Tc	43	(99)	11,5	2140	(4600)	–	0,25
Tellur	Te	52	127,60	6,24	455	1300	4,9	0,21
Terbium	Tb	65	158,93	8,27	1360	2800	–	0,18
Thallium	Tl	81	204,37	11,85	303	1460	50	0,13
Thorium	Th	90	232,04	11,7	1700	4200	38	0,14
Thulium	Tm	69	168,93	9,33	1550	1730	–	0,16
Titan	Ti	22	47,90	4,50	1670	3260	16	0,47
Uran	U	92	238,03	19,1	1130	3820	28	0,12
Vanadium	V	23	50,94	6,1	1900	3450	32	0,51
Wasserstoff	H	1	1,008	0,09(g)	−259	−253	0,18	14,24
Wismut [8]	Bi	83	208,98	9,8	271	1560	8,1	0,12
Wolfram	W	74	183,85	19,3	3410	5930	130	0,14
Xenon	Xe	54	131,30	5,89(g)	−112	−108	0,005	0,16
Ytterbium	Yb	70	173,04	6,98	824	1430	–	0,14
Yttrium	Y	39	88,91	4,5	1500	2930	14	0,29
Zink	Zn	30	65,37	7,14	419	906	113	0,39
Zinn	Sn	50	118,69	7,28	232	2500	65,7	0,24
Zirkonium	Zr	40	91,22	6,49	1850	3580	21	0,28

Englischsprachiger Name der Elemente, sofern er deutlich von der deutschen Bezeichnung abweicht:

Wasserstoff – Hydrogenium	Natrium – Sodium	Zinn	– Tin
Bor – Boron	Schwefel – Sulfur	Wolfram	– Tungsten
Kohlenstoff – Carbon	Kalium – Potassium	Quecksilber – Mercury	
Stickstoff – Nitrogen	Eisen – Iron	Blei	– Lead
Sauerstoff – Oxygen	Kupfer – Copper		

Mangan (dt.) – Manganese (engl.) ist keine deutliche Abweichung

Stoffwerte

Stoffwerte einiger fester Stoffe

Stoff	1) ρ in g/cm^3	2) F_p in °C	3) K_p in °C	4) λ in W/m·K	5) c_p in kJ/kg·K
Achat	2,5...2,8	≈1600	≈2590	10,68	0,79
Asphalt	1,1...1,5	80...100	~300	0,69	0,92
Bariumchlorid (BaCl$_2$)	3,10	956	1830	–	0,37
Basalt	2,6...3,3	–	–	1,67	0,86
Beton	1,8...2,42	–	–	0,8...1,4	0,87
Bleiglätte, Blei(II)-oxid	9,53	888	1580	–	0,21
Borax (wasserfrei)	1,72	741	–	–	0,99
Bronze (94 Cu, 6 Sn)	8,8	910	2300	64	0,37
Chrom(III)-oxid (Cr$_2$O$_3$)	5,22	2330	–	0,4 (pulv)	0,75
Diamant	3,51	–	–	–	0,52
Eis	0,92	–	100	2,3	2,1
Eisenoxidhydrat (Rost)	5,1	1565	–	0,58 (pulv)	0,67
Fette	0,92...0,94	30...175	≈300	0,2	bis 3,5
Gips (CaSO$_4$)	2,3	1200	–	0,34...0,46	1,1
Glas, Fenster-	2,4...2,7	≈700	–	0,58...1,0	0,84
Glasfasermatten	0,03...0,2	≈700	–	0,04	0,84
Glimmer	2,6...3,2	zerfällt bei 700 °C		0,34	0,87
Granit	2,6...2,8	–	–	3,5	0,82
Graphit, rein	2,26	≈3830	≈4200	168	0,71
Gusseisen (GGL)	7,25	1200	2500	58	0,5
Hartmetall K20	14,8	>2000	≈4000	81,4	0,80
Heizleiterleg. 80 Ni, 20 Cr	8,3	1400	2350	14,6	0,50
Holz	0,5...0,8	–	–	0,12...0,17	2,1...2,9
Holzkohle	0,3...0,5	–	–	0,08	1,0
Kalkstein (CaCO$_3$)	2,6...2,8	zerfällt in CaO u. CO$_2$	–	2,2	0,91
Kesselstein	≈2,5	≈1200	–	0,12...2,3	0,79
Kochsalz (NaCl)	2,15	802	1440	–	0,92
Koks	1,6...1,9	–	–	0,183	0,84
Korund (Al$_2$O$_3$)	3,9...4,0	2050	2700	12...23	0,96
Leder (trocken)	0,85...1,02	–	–	≈0,17	≈1,5
Mg-Legierungen	≈1,8	≈630	1500	46...140	–
Marmor (CaCO$_3$)	2,6...1,8	zerfällt in CaO u. CO$_2$		2,1...3,5	0,88
Messing (63 Cu, 37 Zn)	8,5	900	1110	116	0,38
Monelmetall	8,8	1240..1330	–	19,7	0,43
Porzellan	2,3...2,5	≈1600	–	0,8...1,0	0,80
Quarz	2,1	1480	2230	9,9	0,80
Rotguss (CuSn5 ZnPb)	8,8	950	2300	38	0m67
Ruß	1,7...1,8	–	–	0,07	0,84
Sand, trocken	1,5...1,7	≈1500	2230	0,6	0,80
Sandstein	2,0...2,5	≈1500	–	2,3	0,71
Stahl niedr. leg.	7,9	1460	2500	46...58	0,49
Stahl (18 Cr, 8 Ni)	7,9	1450	–	14	0,51
Stahl (18 W)	8,7	1450	–	26	0,42

1) Dichte bei 20 °C;   2) Schmelztemperatur und 3) Siedetemperatur bei 1,013 bar;
4) Wärmeleitfähigkeit bei 20 °C;   5) Mittlere spez. Wärmekapazität bei 0 ... 100 °C

Stoffwerte einiger Flüssigkeiten (rein und wasserfrei)

Stoff	ρ in g/cm^3	[1] bei °C	[2] F_p in °C	[3] K_p in °C	[4] λ in W/m·K	[5] c_p in kJ/kg·K
Aceton	0,791	20	−95,35	56,35	0,16	2,21
Anthrazenöl	1,05	15	−20	270...400	0,47	1,33
Benzin	0,72...0,75	15	−30...−50	25...210	0,13	2,1
Benzol	0,88	15	5,4	80	0,14	1,7
Dieselkraftstoff	0,81...0,85	15	−30	150...360	0,15	2,05
Diethylether (Äther)	0,72	20	−116	35	0,14	2,3
Essigsäure	1,05	20	16,7	118	−	2,03
Ethylacetat	0,975	20	−83,6	77,1	−	2,0
Ethylalkohol ~98 % vergällt	0,80	15	−114	78,5	0,17...0,23	2,33
Ethylchlorid	0,92	15	−139	12,5	0,16	1,79
Ethylenglykol	1,114	20	−12	197,2	0,25	2,4
Glycerin	1,26	20	19	290	0,29	2,37
Harzöl	0,96	20	−20	150...300	0,15	−
Heizöl EL	≈0,83	20	−10	>175	0,14	2,07
Kochsalzlösung 20 %ig	1,15	15	−18	108,8	0,59	3,43
Leinöl	0,93	20	−15	316	0,17	1,88
Maschinenöl	0,91	15	− 5	380...400	0,125	1,80
Methylalkohol	0,80	15	−98	65	0,211	2,55
Methylenchlorid	1,335	20	−97	40,1	−	−
Petrolether	0,66	20	−160	40...70	0,138	1,76
Petroleum	0,81	15	−70	150...300	0,13	2,1
2-Propanol (Iso...)	0,79	20	−88	83	0,26	2,49
Quecksilber	13,55	15	−38,9	357,25	10	0,14
Rüböl	0,91	20	0	300	0,17	1,97
Salpetersäure	1,51	15	−41,3	86	0,26	1,72
Salzsäure (10 %)	1,05	15	−14	102	0,50	3,14
Schwefelsäure	1,84	15	10,5	338	0,47	1,42
Siliconöl	0,94	20	−	−	0,22	1,09
Spiritus 95 Vol.%	0,811	20	−90	78	0,16	2,43
Teer	1,2	20	−15	300	0,19	1,58
Terpentinöl	0,87	15	−10	160	0,10	1,80
Tetrachlorkohlen-stoff	1,598	18	−22,8	46,3	−	0,845
Trichlorethylen	1,47	18	−83	86,8	−	0,95
Toluol	0,87	15	−97	110	0,14	1,48
Transforma-torenöl	0,87	15	−5	170	0,13	1,88
Wasser (dest.)	1,00	4	0	100	0,60	4,19

[1] Dichte bei 20 °C; [2] Schmelztemperatur und [3] Siedetemperatur bei 1,013 bar;
[4] Wärmeleitfähigkeit bei 20 °C; [5] Isobare spez. Wärmekapazität bei 20 °C

Stoffwerte einiger Gase und Dämpfe

Stoff	ρ in g/dm³ [1]	η_{rel} (Luft=1)	K_p in °C [2]	λ in W/m K [3]	c_p in kJ/kg K [4]	$\varkappa = \dfrac{c_p}{c_v}$
Acetylen (Ethin)	1,17	0,91	−81	0,019	1,68	1,26
Ammoniak	0,77	0,60	−33,4	0,024	2,22	1,32
n-Butan	2,703	2,09	1	−	−	−
iso-Butan	2,67	2,06	−10	−	−	1,11
Chlorwasserstoff	1,64	1,27	−85	0,014	0,79	1,41
Cyan, $(CN)_2$	2,33	1,80	−21,2	−	1,72	1,27
Erdgas (Methan)	0,718	0,64	−162	−	−	−
Ethan	1,356	1,049	−88	0,021	−	1,13
Ethylalkohol-Dampf	2,07	1,60	78,5	0,032	−	1,13
Ethylen, Ethen	1,26	0,98	−102	0,037	1,55	1,25
Fluorwasserstoff	0,893	0,713	19,5	−	−	−
Frigen 12 (Cl_2F_2)	5,08	3,93	−30	−	−	1,14
Generatorgas	1,22	0,94	−170	0,023	1,05	1,40
Gichtgas	1,28	0,99	−170	0,023	1,05	1,40
Kohlenmonoxid	1,25	0,97	−191	0,024	1,05	1,40
Kohlendioxid	1,98	1,52	−78,5	0,0153	0,88	1,30
Stadtgas (Leuchtgas)	0,56...0,61	0,47	−210	0,064	2,13	1,40
Luft	1,29	1	−192	0,026	1,00	1,40
Methylchlorid	2,31	1,79	−24,0	−	0,74	1,20
Ozon	2,14	1,65	−112	−	−	1,29
Propan	2,019	1,562	−45	−	−	1,14
Propylen (Propen)	1,915	1,481	−47	−	−	−
Schwefeldioxid	2,93	2,26	−10	0,010	0,63	1,40
Schwefelkohlenstoff	3,41	2,64	46	0,0072	0,67	1
Schwefelwasserstoff	1,539	1,191	−60,2	−	1,34	−
Wasserdampf bei 100 °C	0,598	0,62	100	0,0191	2,00	1,32

[1] Dichte bei 0 °C und 1,013 bar; [2] Siedetemperatur bei 1,013 bar;
[3] Wärmeleitfähigkeit bei 20 °C; [4] Isobare spezifische Wärmekapazität bei 20 °C

Daten über **Chemikalien und Chemikalienbeseitigung** finden Sie ab Seite MEC 59.

Längenausdehnungszahlen (Wärmeausdehnungskoeffizienten) α in 10^{-6}/K

Aluminium	23,9	Fensterglas	≈ 8	Silber	19,7
Al-Legierungen	21...24	Gold	14,2	Stahl unleg.	11,5
Blei	29	Gusseisen	10,5	Stahl rostfrei	16
Bronze CuSn6	17,5	Kupfer	17	Thermoplaste	70...250
Chrom	8,4	Magnes.-Leg.	24,5	Titan	8,2
Diamant	1,1	Messing	18,5	Widerst.-Leg.	15
Duroplaste	15...80	Molybdän	5,2	Wolfram	4,5
Eis	51	Nickel	13	Zinn	23
Eisen, rein	12	Platin	9	Zink	29

Flammpunkt, Explosionsgrenzen, Zündtemperatur

Der **Flammpunkt** ist die niedrigste Temperatur, bei der sich ein durch Fremdzündung entflammbares Dampf/Luft-Gemisch bildet.

Als untere bzw. obere **Explosionsgrenze** (Zündgrenze) von brennbaren Gasen bzw. Dämpfen gilt die Konzentration, bei der das Gemisch aus Gas und Luft bzw. Dampf und Luft gerade nicht mehr explosibel ist. Innerhalb der Explosionsgrenzen ist das betreffende Gemisch explosibel.

Die **Zündtemperatur** ist die ermittelte niedrigste Temperatur einer erhitzten Wand, an der das zündwilligste Gas/Luft- oder Dampf/Luft-Gemisch der Verbindung gerade noch zur Verbrennung mit Flammenerscheinung angeregt wird.

Substanz	Explosionsgrenzen in Vol.-%		Explosionsgrenzen in g/m^3		Zünd-temp. in °C	Flamm-punkt [1] in °C
	u.	o.	u.	o.		
Aceton	2,3	13	60	310	540	−19
Ammoniak	15	28	105	200	630	−
Benzol	1,2	8,0	39	270	555	−11
Butadien	1,1	100	25	230	415	−
n-Butan	1,5	8,5	37	210	365	−60
Cyclohexan	1,3	8,4	45	290	270	−18
Diethylether	1,7	36,0	50	1100	170	< −20
Ethansäure (Essigsäure)	4,0	17,0	100	430	485	40
Ethan	3,0	12,5	37	155	515	−
Ethanol	3,3	15	67	290	420	−11
Ethin (Acetylen)	1,5	82,0	16	880	305	−
Ethylacetat	2,1	11,5	75	420	460	−4
Ethylen	2,7	28,5	31	330	425	−
Formaldehyd	7,0	73,0	87	910	−	−
Kraftstoff Normal/Super	~ 0,6	~ 8	−	−	220	< 21
Kraftstoff Diesel	~ 0,6	~ 6,5	−	−	220	> 55
Kohlenmonoxid	12,5	74,0	145	870	605	−
Leuchtpetroleum	0,6	8,0	−	−	220	> 21
Methan (Erdgas)	~ 5	~ 11	~ 30	~ 110	~ 650	−
Methanol	5,5	26,5	73	350	455	11
Nitrobenzol	1,8	−	90	−	480	88
Pentan	1,4	7,8	−	−	285	< −40
Propan	2,1	9,5	39	180	470	21
2-Propanol (Iso...)	2,0	12,0	50	300	425	12
Stadtgas (Leuchtgas)	~ 4	~ 40	−	−	~ 560	−
Styrol	1,1	6,1	45	270	490	32
Toluol	1,2	7,0	46	270	535	6
Vinylchlorid	3,8	29,3	95	850	415	−
Wasserstoff	4,0	75,6	3	64	560	−
o-Xylol	1,0	6,0	44	270	465	30

[1] Wo kein Wert angegeben ist, verhilft die folgende Gleichung zu einem Näherungswert:
Flammpunkt = $(0,736 \cdot Kp) - 72°$.

Heizwerte von Brennstoffen

Brennstoff		% Asche (Mittel)	% Wasser (Mittel)	Heizwert (Hu) kJ/kg roh	rein	Mindest-verbrennungs-luftmenge m_n^3/kg
feste	Holz frisch	0,3	50	8 400	10 500	
	Holz trocken	0,5	18	15 100	18 900	4,2
	Holzkohle	-	-	29 500	31 500	
	Torf frisch	0,9	85	1 050		
	Torf lufttrocken	4,7	28	14 700	22 700	4,2
	Torfkoks	-	-	>29 800		
	Braunkohle rheinländische	3,5	55	9 000	11 100	2,7
	Braunkohle mitteldeutsche	5,7	52	10 500	12 400	2,9
	oberbayr. Pechkohle	11	10	22 500	23 700	6,0
	brikettierte	7	13	19 700	21 000	5,3
	Schwelkoks	-	-	17 600	26 500	-
	Steinkohle Gasflammkohle	6	5	27 300	29 400	7,5
	Gaskohle	6	5	29 400	31 000	7,7
	Fettkohle	6,5	5	31 000	32 300	7,9
	Eßkohle	8	3	32 000	32 700	7,9
	Magerkohle	7,5	4,5	31 500	32 700	8,0
	Anthrazit	6	3	>31 000	>32 000	8,2
	Schwelkoks	-	-	>27 700	-	-
	Zechenkoks	8	2,5	30 200	37 000	9,1

Brennstoff	ρ bei 15 °C in kg/l	kJ/kg	kJ/l	m_n^3/kg
Ethanol	0,795	26 900	21 400	7,0
Methanol	0,79	19 700	15 600	5,0
Benzol	0,883	40 300	35 600	10,3
Kraftstoff Normal	0,730	43 500	31 800	11,4
Kraftstoff Super	0,765	42 700	32 700	11,2
Kraftstoff Diesel	0,83	42 750	35 600	11,2
Heizöl EL	<0,86	42 700	36 700	11,2
Kerosin	0,77...0,83	43 000	≈35 000	11,2

(flüssige)

Brennstoff	ρ bei 0 °C in kg/m^3	kJ/kg	kJ/m^3	m_n^3 Luft/m_n^3 Gas
Propan	2,019	46 300	93 500	25,4
n-Butan	2,703	45 600	123 100	32,2
Erdgas (Methan)	0,718	47 700	34 200	9,6
Stadtgas (Leuchtgas)	0,56...0,61	≈30 000	≈17 000	≈4,6
Wassergas	0,79	15 100	12 000	2,6
Wasserstoff H_2	0,09	120 000	10 800	2,4
Gichtgas	1,28	3 200	4 100	0,75

(gasförmige)

Steinkohleneinheit: 1 SKE = 29,3 MJ = 29 300 kJ

Wärmeeinheiten

Temperatureinheiten

Die Basiseinheit der **Temperatur** im SI-System ist das Kelvin (Formelzeichen T, Einheitenzeichen K).

Als weitere gesetzliche Einheit wird verwendet die **Celsius-Temperatur**. Formelzeichen ϑ, Einheitenname Grad-Celsius und Einheitenzeichen °C.

Temperaturdifferenzen $\Delta\vartheta$ oder ΔT können in Kelvin (K) oder auch in Grad Celsius (°C) ausgedrückt werden.

Andere nicht mehr zulässige, aber im Ausland gebräuchliche Einheiten sind:

Grad Fahrenheit   (Formelzeichen ϑ_F, Einheitenzeichen °F)
Grad Rankine   (Formelzeichen ϑ_R, Einheitenzeichen °R)

Folgende **Skalen-Nullpunkte** sind zu beachten:

$0\,°C \triangleq 32\,°F;$ $0\,°F \triangleq -17{,}78\,°C$
$0\,°K \triangleq -273{,}15\,°C;$ $0\,°R \triangleq -459{,}67\,°F = -273\,°C$

Umrechnungsformeln für Temperatureinheiten

	T in K	ϑ in °C	ϑ_F in °F	ϑ_R in °R
Kelvin K	T	$\vartheta + 273{,}15$	$\frac{5}{9}(\vartheta_F + 459{,}67)$	$\frac{5}{9}\vartheta_R$
Grad Celsius °C	$T - 273{,}15$	ϑ	$\frac{5}{9}(\vartheta_F - 32)$	$\frac{5}{9}(\vartheta_R - 491{,}67)$
Grad Fahrenheit °F	$\frac{9}{5}T - 459{,}67$	$\frac{9}{5}\vartheta + 32$	ϑ_F	$\vartheta_R - 459{,}67$
Grad Rankine °R	$\frac{9}{5}T$	$\frac{9}{5}\vartheta + 491{,}67$	$\vartheta_F + 459{,}67$	ϑ_R

Wärmemenge, Wärmeübertragung und Wärmedehnung

Die Einheit der **Wärmemenge** ist die SI-Einheit Joule (J), Formelzeichen Q.

Wärmemenge, Energie und Arbeit sind gleichartige Größen;
sie besitzen dieselbe SI-Einheit:

$1 J = 1 W s = 1 N m$

In der **technischen Thermodynamik** sind häufig die nachstehenden, von der Wärmemenge Q abgeleiteten Einheiten anzutreffen:

Thermodynamische Größen und Einheiten

Größe	Formel-zeichen	SI-Einheit	Weitere gebräuch-liche Einheiten
Spez. Wärmekapazität ($Q/m \cdot \Delta\vartheta$)	c	$J/kg \cdot K$	–
Wärmestrom (Q/t)	Φ	W	–
Wärmestromdichte	φ	W/m^2	W/cm^2
Wärmeleitfähigkeit	λ	W/m K	W/cm K
Wärmeübergangszahl	α	W/m^2 K	W/cm^2 K
Wärmedurchgangszahl	k	W/m^2 K	W/cm^2 K
Längenausdehnungszahl	α_a	1/K	

Die nachfolgenden **Einheiten-Umrechnungstabellen** enthalten die wichtigsten Größen und gebräuchlichsten Einheiten der technischen Thermodynamik.

Einheiten der Wärmestromdichte (Btu = British thermal unit)

	$\dfrac{cal}{cm^2\ s}$	$\dfrac{kcal}{m^2\ h}$	$\dfrac{W}{cm^2}$	$\dfrac{Btu}{ft^2\ h}$
1 cal/cm² s	1	36 000	4,1868	13 272,1
10^3 kcal/m² h	0,027 7778	1 000	0,1163	368,669
1 W/cm²	0,238 846	8 598,45	1	3 169,98
10^3 Btu/ft² h	0,075 3462	2 712,46	0,315 459	1 000

Einheiten der Wärmeleitfähigkeit (deg F = degree Fahrenheit = °F)

	$\dfrac{cal}{cm^2\ s}$	$\dfrac{kcal}{m\ h\ K}$	$\dfrac{W}{cm\ K}$	$\dfrac{Btu\ in}{ft^2\ h\ deg\ F}$
1 cal/cm s K	1	360	4,186 8	2 902,91
10^3 kcal/m h K	2,777 78	1 000	11,63	8 063,63
1 W/cm K	0,238 846	85,9845	1	693,348
10^3 Btu in/ft² h deg F	0,344 482	124,014	1,442 28	1 000

Umgang mit Chemikalien

Zum Umgang mit Chemikalien sind für den Verbraucher Hinweise geschaffen worden, die in ausführlicherer Weise auf Gefahren hinweisen als dies mit Gefahrensymbolen möglich ist. Diese Hinweise sind in international standardisierten Sätzen formuliert (**R-Sätze**). Das gleiche gilt für die Empfehlungen zur Vermeidung von Gesundheitsschäden (**S-Sätze**). Diese Sätze (bzw. die R- und S-Ziffer) finden sich auf allen Chemikalien-Etiketten.

R-Sätze

R 1 In trockenem Zustand explosionsfähig.
R 2 Durch Schlag, Reibung, Feuer oder andere Zündquellen explosionsfähig.
R 3 Durch Schlag, Reibung, Feuer oder andere Zündquellen leicht explosionsfähig.
R 4 Bildet hochempfindliche explosionsfähige Metallverbindungen.
R 5 Beim Erwärmen explosionsfähig.
R 6 Mit und ohne Luft explosionsfähig.
R 7 Kann Brand verursachen.
R 8 Feuergefahr bei Berührung mit brennbaren Stoffen.
R 9 Explosionsgefahr bei Mischung mit brennbaren Stoffen.
R 10 Entzündlich.
R 11 Leichtentzündlich.
R 12 Hochentzündlich.
R 13 Hochentzündliches Flüssiggas.
R 14 Reagiert heftig mit Wasser.
R 15 Reagiert mit Wasser unter Bildung leicht entzündlicher Gase.
R 16 Explosionsfähig in Mischung mit brandfördernden Stoffen.
R 17 Selbstentzündlich an der Luft.
R 18 Bei Gebrauch Bildung explosiver/leichtentzündlicher Dampf-Luftgemische möglich.
R 19 Kann explosionsfähige Peroxide bilden.
R 20 Gesundheitsschädlich beim Einatmen.
R 21 Gesundheitsschädlich bei Berührung mit der Haut.
R 22 Gesundheitsschädlich beim Verschlucken.
R 23 Giftig beim Einatmen.
R 24 Giftig bei Berührung mit der Haut.
R 25 Giftig beim Verschlucken.
R 26 Sehr giftig beim Einatmen.
R 27 Sehr giftig bei Berührung mit der Haut.
R 28 Sehr giftig beim Verschlucken.
R 29 Entwickelt bei Berührung mit Wasser giftige Gase.
R 30 Kann bei Gebrauch leicht entzündlich werden.
R 31 Entwickelt bei Berührung mit Säure giftige Gase.
R 32 Entwickelt bei Berührung mit Säure hochgiftige Gase.
R 33 Gefahr kumulativer Wirkungen.
R 34 Verursacht Verätzungen.
R 35 Verursacht schwere Verätzungen.
R 36 Reizt die Augen.

R 37 Reizt die Atmungsorgane.
R 38 Reizt die Haut.
R 39 Ernste Gefahr irreversiblen Schadens.
R 40 Irreversibler Schaden möglich.
R 42 Sensibilisierung durch Einatmen möglich.
R 43 Sensibilisierung durch Hautkontakt möglich.

S-Sätze

S 1 Unter Verschluss aufbewahren.
S 2 Darf nicht in die Hände von Kindern gelangen.
S 3 Kühl aufbewahren.
S 4 Von Wohnplätzen fernhalten.
S 5 Unter ... aufbewahren (geeignete Flüssigkeit vom Hersteller anzugeben).
S 6 Unter ... aufbewahren (inertes Gas vom Hersteller anzugeben).
S 7 Behälter dicht geschlossen halten.
S 8 Behälter trocken halten.
S 9 Behälter an einem gut gelüfteten Ort aufbewahren.
S 10 Inhalt feucht halten.
S 11 Zutritt von Luft verhindern.
S 12 Behälter nicht gasdicht verschließen.
S 13 Von Nahrungsmitteln, Getränken und Futtermitteln fernhalten.
S 14 Von ... fernhalten (inkompatible Substanzen sind vom Hersteller anzugeben).
S 15 Vor Hitze schützen.
S 16 Von Zündquellen fernhalten – Nicht rauchen.
S 17 Von brennbaren Stoffen fernhalten.
S 18 Behälter mit Vorsicht öffnen und handhaben.
S 20 Bei der Arbeit nicht essen und trinken.
S 21 Bei der Arbeit nicht rauchen.
S 22 Staub nicht einatmen.
S 23 Gas/Rauch/Dampf/Aerosol nicht einatmen.
S 24 Berührung mit der Haut vermeiden.
S 25 Berührung mit den Augen vermeiden.
S 26 Bei Berührung mit den Augen gründlich mit Wasser abspülen und Arzt konsultieren.
S 27 Beschmutzte, getränkte Kleidung sofort ausziehen.
S 28 Bei Berührung mit der Haut sofort abwaschen mit viel ... (Vom Hersteller anzugeben).
S 29 Nicht in die Kanalisation gelangen lassen.
S 30 Niemals Wasser hinzugießen.
S 31 Von explosionsfähigen Stoffen fernhalten.
S 33 Maßnahmen gegen elektrostatische Aufladungen treffen.
S 34 Schlag und Reibung vermeiden.
S 35 Abfälle und Behälter müssen in gesicherter Weise beseitigt werden.
S 36 Bei der Arbeit geeignete Schutzkleidung tragen.
S 37 Geeignete Schutzhandschuhe tragen.
S 38 Bei unzureichender Belüftung Atemschutzgerät anlegen.
S 39 Schutzbrille/Gesichtsschutz tragen.

S 40 Fußboden und verunreinigte Gegenstände mit ... reinigen (Material vom Hersteller anzugeben).

S 41 Explosions- und Brandgase nicht einatmen.

S 42 Bei Räuchern/Versprühen geeignetes Atemschutzgerät anlegen.

S 43 Zum Löschen ... (vom Hersteller anzugeben) verwenden (wenn Wasser die Gefahr erhöht, anfügen: „Kein Wasser verwenden").

S 44 Bei Unwohlsein ärztlichen Rat einholen (wenn möglich dieses Etikett vorzeigen).

S 45 Bei Unfall oder Unwohlsein sofort Arzt zuziehen (wenn möglich dieses Etikett vorzeigen).

Chemikalienbeseitigung

Probleme können bei der Beseitigung kleiner Mengen von Chemikalien auftreten, z.B. wenn sie verschüttet wurden oder ausgelaufen sind. Für den Nichtchemiker genügen in einem solchen Fall Hinweise zur Schnellbeseitigung. Zur Vernichtung größerer Chemikalienmengen informieren Sie sich bitte vorher bei Ihrer zuständigen städtischen Dienststelle.

Die Methoden zur Schnellbeseitigung sind (noch) nicht standardisiert. Wir haben die gängigsten Methoden kurz zusammengefasst und nummeriert.

Schnellbeseitigung kleiner Chemikalienmengen:

1. Mit viel Wasser verdünnen und wegspülen.
2. Mit einem inerten Absorptionsmittel aufnehmen (z.B. **Absorptionsgranulat** von Merck oder **Rotisorb** von Roth oder Kieselgur) und bis zur Abholung in einem dicht schließenden Gefäß aufbewahren. Beschriften.
3. Brennbares Gas! Offene Flammen, Brennner und Funkenbildung vermeiden. Keine Elektrogeräte bzw. Licht ein- oder ausschalten.
4. Vorsichtig zusammenfegen! Bis zur Abholung in ein dicht schließendes Gefäß geben. Beschriften. Fläche mit viel Wasser nachspülen.
5. Wie 2. Das Gefäß muss aus **Blech** sein.
6. Mit Eisen(II)-sulfat mischen, dann wie 4.
7. Beim Bruch von Thermometern mit einem handelsüblichen Schnellabsorber (**Mercurisorb** von Roth, **Hydrargex** von Reith o.ä.) oder mit Zinkpulver oder Schwefelpulver bedecken, nach ca. 1 Stunde wie 4.

Gefahrensymbole

Sieben offizielle Gefahrensymbole (Pictogramme) vermitteln in einer eindeutigen und leicht verständlichen Form eine optische Information über die Art der Gefährlichkeit des betreffenden Produktes. Alle Chemikalienpackungen sind mit diesen Gefahrensymbolen versehen. Die folgende Aufstellung zeigt diese Gefahrensymbole mit den Gefahrenbezeichnungen und den genormten Kennbuchstaben.

Die Farben sind schwarz auf orangefarbenem Grund.

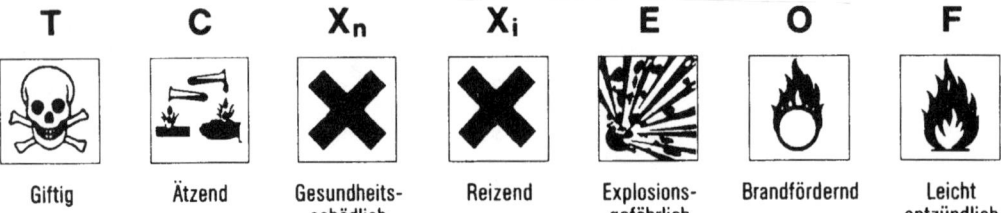

T	C	X_n	X_i	E	O	F
Giftig	Ätzend	Gesundheits-schädlich	Reizend	Explosions-gefährlich	Brandfördernd	Leicht entzündlich

Werkstoffe

Eisenwerkstoffe

Kurzbezeichnung der Stähle

Zur Kurzbezeichnung der Stähle wird ein **Bezeichnungssystem** verwendet, das in den Normen DIN EN 10027 und DIN 17006 festgelegt ist. Grundsätzlich ist die Kurzbezeichnung möglich durch

– den Kurznamen
– die Werkstoffnummer

In Bild MEC 63.1 ist der **Aufbau des Bezeichnungssystems** für Stähle schematisch dargestellt. Der **Kurzname** wird aus Hauptsymbolen und Zusatzsymbolen gebildet. Bei den Zusatzsymbolen wird zwischen dem Stahl selbst und den Erzeugnissen, die daraus hergestellt werden, unterschieden.

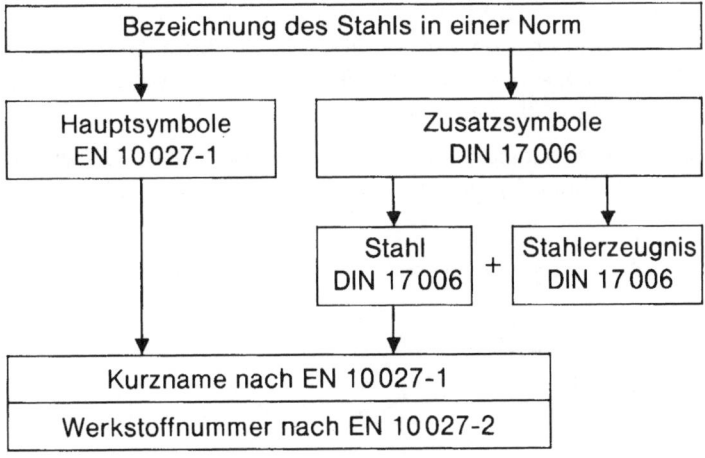

Bild MEC 63.1: Bezeichnungssystem für Stähle.

Die **Werkstoffnummern** für Stähle bestehen aus einer 1, gefolgt von einem Punkt, einer zweistelligen **Stahlgruppennummer** und einer zweistelligen **Zählernummer** (Seite MEC 70).

Das Bezeichnungssystem für Stähle unterscheidet bei der **Bildung von Kurznamen** zwei Hauptgruppen:

– Kurznamen, die Hinweise auf die **Verwendung** und die mechanischen oder physikalischen **Eigenschaften** der Stähle enthalten.

– Kurznamen, die Hinweise auf die chemische **Zusammensetzung** der Stähle enthalten.

Bezeichnung nach Verwendung und Eigenschaften

Der Kurzname wird durch Hauptsymbole und Zusatzsymbole gebildet.

Die **Hauptsymbole** bestehen aus einem Buchstaben für den Verwendungszweck und einer dreiziffrigen Zahl. Folgende **Buchstaben** werden u. a. verwendet:

S Stähle für den allgemeinen Stahlbau,
P Stähle für den Druckbehälterbau,
L Stähle für Leitungsrohre,
E Maschinenbaustähle. Das sind allgemeine Baustähle ohne Anforderungen an Zähigkeit und Schweißeignung.

Die **dreiziffrige Zahl**, die dem Buchstaben ohne Leerstelle angefügt wird, gibt die **Streckgrenze** in N/mm^2 an. Was unter dem Begriff Streckgrenze zu verstehen ist, wird in der Norm des betreffenden Stahls genannt. Es kann die obere Streckgrenze R_{eH}, die untere Streckgrenze R_{eL} oder die Dehngrenze R_P sein.

Die Streckgrenze wird für die geringste Erzeugnisdicke angegeben; sie wird ohne Leerstelle an den Buchstaben angefügt.

Die Streckgrenze wird auf einer **Werkstoff-Prüfmaschine** durch einen **Zugversuch** an einem Probestab ermittelt. Sie ist die Spannung in N/mm^2, bei der trotz zunehmender Verlängerung des Probestabs die Zugkraft erstmalig gleichbleibt oder abfällt. Die Streckgrenze eines Werkstoffs ist im betreffenden Normblatt festgelegt, für unlegierte z. B. Baustähle in DIN EN 10 025.

Bild MEC 64.1 zeigt als Beispiel das Spannungs-Dehnungs-Schaubild eines unlegierten Baustahls; der Punkt 3 markiert seine Streckgrenze.

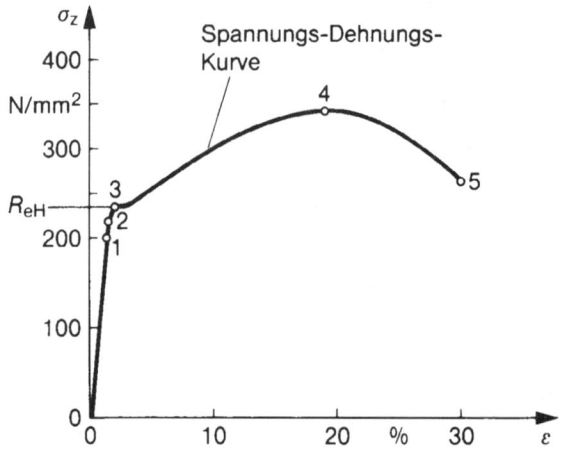

Bild MEC 64.1:
Spannungs-Dehnungs-Schaubild eines unlegierten Baustahls.

Beispiele

Ein Baustahl mit der früheren Bezeichnung St 37 hat für die geringste Erzeugnisdicke eine Streckgrenze R_{eH} = 235 N/mm^2. Die Hauptsymbole des Kurznamens dieses Stahls lauten also S 235. Ein Baustahl mit der früheren Bezeichnung St 52 hat die Hauptsymbole S 355, weil seine Streckgrenze bei 355 N/mm^2 liegt.

Der früher mit St 50 bezeichnete Baustahl ist ein **Maschinenbaustahl** ohne besondere Anforderungen an Zähigkeit und Schweißeignung; seine Streckgrenze beträgt R_{eH} = 295 N/mm^2. Die Hauptsymbole des Kurznamens lauten also E 295.

Zusatzsymbole für den Stahl

Die Zusatzsymbole für den Stahl selbst betreffen bestimmte mechanische und technologische Eigenschaften, z.B. Zähigkeit, Schweißeignung, Warmformbarkeit und Kaltumformbarkeit, Eignung zum Feuerverzinken und Emaillieren.

Die Zusatzsymbole für den Stahl werden in zwei Gruppen unterteilt. In Gruppe 1 stehen meist die **Eigenschaften** und Merkmale des Stahls und in Gruppe 2 spezielle **Anforderungen** für die Weiterverarbeitung.

Die Zusatzsymbole der Gruppe 2 werden an die von der Gruppe 1 angehängt; sie dürfen nicht ohne die von der Gruppe 1 angegeben werden.

Gruppe 1				Gruppe 2

Kerbschlagarbeit in Joule			Prüf-temp.	
27 J	40 J	60 J	°C	C = Mit besonderer Kaltumform-barkeit
JR	KR	LR	+20	D = Für Schmelztauchüberzüge
JO	KO	LO	0	E = Für Emaillierung F = Zum Schmieden
J2	K2	L2	−20	H = Hohlprofile L = Für tiefere Temperaturen
J3	K3	L3	−30	M = Thermomechanisch gewalzt N = Normalgeglüht oder
J4	K4	L4	−40	normalisierend gewalzt O = Für Offshore
J5	K5	L5	−50	(in Küstengewässern) P = Spundwandstahl
J6	K6	L6	−60	Q = Vergütet S = Für Schiffsbau T = Für Rohre W = Wetterfest

G Schweißeignung oder andere Merkmale; wenn erforderlich mit 1 oder 2 Ziffern.

Bild MEC 65.1: Zusatzsymbole für unlegierte Baustähle

Die Zusatzsymbole für unlegierte Baustähle sind in Bild MEC 65.1 aufgeführt. Wichtige Eigenschaften für diese **Stähle** sind Zähigkeit und gute **Eignung zum Schweißen**.

Bisher wurden die Anforderungen an die Zähigkeit und Schweißeignung durch Gütegruppen klassifiziert. Anstelle der **Gütegruppen** werden heute **Zusatzsymbole** verwendet.

Die **Zähigkeit** eines Baustahls ist für seine Verwendung auch bei tiefen Temperaturen maßgebend. Sie wird durch die Arbeit in Joule (J) angegeben, die erforderlich ist, um einen gekerbten Probestab bei der Werkstoffprüfung durchzuschlagen. Man nennt diese Arbeit **Kerbschlagarbeit.** Daher besteht eine Zuordnung dieses Zusatzsymbols für die Zähigkeit zu der bei einer bestimmten Temperatur gemessenen Kerbschlagarbeit. Die Schweißeignung wird durch das Zusatzsymbol G3 (gute Eignung) oder G4 (sehr gute Eignung) angegeben.

Beispiel

Ein Baustahl mit der früheren Bezeichnung QSt44-3N für höhere Anforderungen an die Zähigkeit und Schweißeignung sowie guter Kaltumformbarkeit hat den Kurznamen **S275J2G3C.**

Daraus lassen sich folgende Eigenschaften entnehmen:

Die Streckgrenze liegt bei 275 N/mm^2. Die Kerbschlagarbeit bei −20° beträgt 27 J. Es handelt sich um einen Stahl mit guter Schweißeignung (G3) und besonderer Kaltumformbarkeit.

Bei **Maschinenbaustählen** werden **keine** besonderen Anforderungen an die Zähigkeit und Schweißbarkeit gestellt. Deshalb entfallen hier auch die entsprechenden Zusatzsymbole. Dazu als **Beispiel:**

Der Baustahl mit der früheren Bezeichnung St 50 hat jetzt den Kurznamen E 295.

Bezeichnung nach der chemischen Zusammensetzung

Unlegierte Stähle (siehe Seite MEC 72), die für eine **Wärmebehandlung** vorgesehen sind, z. B. durch Vergüten oder Einsetzen, müssen einen genau eingehaltenen **Kohlenstoffgehalt** aufweisen. Für diese Stähle wird der Kurzname aufgrund ihrer **chemischen Zusammensetzung** gebildet.

Bei **legierten** Stählen sind die **Anteile der Legierungsbestandteile** vom Stahlerzeuger garantiert, weil dadurch bestimmte mechanische Eigenschaften (Warmhärte, Verschleißfestigkeit) oder chemische Eigenschaften (Korrosionsbeständigkeit, Chemikalienbeständigkeit) erzielt werden. Auch hier ist der Kurzname nach der **chemischen Zusammensetzung** zu bilden.

Bei der Bildung des Kurznamens nach der chemischen Zusammensetzung unterscheidet die Normung die nachstehend erläuterten **vier Untergruppen.**

1. Unlegierte Stähle mit einem mittleren Mangangehalt <1 %

Ausgenommen sind **Automatenstähle** (siehe Seite MEC 74). Der Kurzname besteht in nachstehender Reihenfolge aus:

- dem Kennbuchstaben C, dem chemischen Symbol für Kohlenstoff,
- einer Zahl, die dem Hundertfachen des mittleren Kohlenstoffgehalts im vorgeschriebenen Bereich entspricht.

Beispiel

Der Kurzname **C35** kennzeichnet einen unlegierten Stahl mit einem Kohlenstoffgehalt von 0,32 % bis 0,39 % und einem Mangangehalt von 0,5 % bis 0,8 %.

Zusatzsymbole für diese Untergruppe sind:

E Vorgeschriebener maximaler Schwefelgehalt,
R Vorgeschriebener Bereich des Schwefelgehalts,
D Verwendung zum Drahtziehen,
C Besondere Kaltumformbarkeit (Stauchen, Fließpressen),
S Verwendung für Federn,
W Verwendung für Schweißdraht,
G Andere Merkmale.

Den Symbolen E und R kann eine Ziffer angehängt werden, die dem 100fachen des höchstzulässigen oder mittleren Schwefelgehalts entspricht.

Beispiel

Aus dem Kurznamen **C35E1** kann entnommen werden:
Mittlerer Kohlenstoffgehalt 0,35 %, Mangangehalt <1 %,
max. Schwefelgehalt 0,01 %

2. Unlegierte Stähle mit einem mittleren Mangangehalt >1 % sowie legierte Stähle mit Gehalten der Legierungselemente unter 5 %

Hierin sind auch **Automatenstähle** enthalten. Ausgenommen sind **Schnellarbeitsstähle.**

Der Kurzname besteht in nachstehender Reihenfolge aus:

– einer Zahl, die dem Hundertfachen des mittleren **Kohlenstoffgehalts** im vorgeschriebenen Bereich entspricht,

– den **chemischen Symbolen** der den Stahl kennzeichnenden Legierungselemente, geordnet nach abnehmenden Gehalten,

– Zahlen, die den **Gehalt** der kennzeichnenden Legierungselemente angeben.

Die Zahlen zur Angabe des Gehalts der Legierungselemente werden folgendermaßen gebildet:

Der **mittlere Gehalt** des Legierungselements wird mit einem betreffenden Faktor **(Multiplikator)** in der Tabelle auf der Seite MEC 68 multipliziert und auf die nächste ganze Zahl gerundet. Der Faktor beträgt z. B. für Chrom (Cr) 4, d. h. der in % angegebene Chromgehalt des Stahls wird mit 4 multipliziert. Die Zahlen werden durch **Bindestriche** voneinander getrennt.

Beispiele

Die chemische Zusammensetzung einer Stahlsorte ist wie folgt in % angegeben:
C 0,25 bis 0,32, Mn 1,3 bis 1,65. Der Kurzname der Stahlsorte lautet dann: **28Mn6.**

Der Kurzname einer Stahlsorte lautet **34Cr4.** Daraus geht folgende Zusammensetzung hervor:

Mittlerer Kohlenstoffgehalt 0,34 %, mittlerer Chromgehalt 1 %.

Multiplikatoren der Legierungselemente

Elementsymbol (Seite MEC 49)	Faktor
Cr, Co, Mn, Ni, Si, W	4
Al, Be, Cu, Mo, Nb, Pb, Ta, Ti, V, Zr	10
Ce, N, P, S	100
B	1 000

3. Legierte Stähle, wenn der Gehalt mindestens eines Legierungselementes ≥5 % ist

Ausgenommen sind **Schnellarbeitsstähle.** Der Kurzname setzt sich in der nachstehend aufgeführten Reihenfolge aus folgenden Kennbuchstaben bzw. Kennzahlen zusammen:

- Kennbuchstabe,
- Zahl, die dem Hundertfachen des mittleren Kohlenstoffgehalts im vorgeschriebenen Bereich entspricht,
- chemische Symbole für die für den Stahl kennzeichnenden Legierungselemente, geordnet nach abnehmenden Gehalten der Elemente. Wenn die Gehalte zweier oder mehrerer Elemente gleich sind, sind die betreffenden chemischen Symbole in alphabetischer Reihenfolge anzugeben,
- Zahlen, die in der Reihenfolge der kennzeichnenden Legierungselemente deren Gehalt angeben. Die einzelnen Zahlen stellen den auf die nächste ganze Zahl gerundeten mittleren Gehalt des betreffenden Legierungselementes dar. Die für die einzelnen Elemente geltenden Zahlen sind durch Bindestriche voneinander zu trennen.

Beispiele

Die Zusammensetzung eines rostfreien Stahls ist wie folgt angegeben: Mittlerer Kohlenstoffgehalt 0,05 %, Chromgehalt 18 %, Nickelgehalt 10 %. Der Kurzname lautet dann: **X5CrNi18-10.**

Ein Werkzeugstahl hat den Kurznamen X210CrW12. Aus diesem Kurznamen ist folgendes zu entnehmen:

Der Stahl hat einen mittleren Kohlenstoffgehalt von 210/100 = 2,1 %. Er enthält die Legierungselemente Chrom und Wolfram. Der Chromgehalt beträgt 12 %. Der Wolframgehalt ist nicht angegeben.

4. Schnellarbeitsstähle

Der Kurzname setzt sich in der nachstehend aufgeführten Reihenfolge aus folgenden Kennbuchstaben bzw. Kennzahlen zusammen:

– die Kennbuchstaben HS,

– Zahlen, die in folgender Reihenfolge die Gehalte folgender Elemente angeben:
  – Wolfram (W)
  – Molybdän (Mo)
  – Vanadium (V)
  – Kobalt (Co)

Jede Zahl stellt den auf die nächste ganze Zahl gerundeten mittleren Gehalt des betreffenden Legierungselementes dar. Die für die einzelnen Elemente geltenden Zahlen sind durch Bindestriche voneinander zu trennen.

Beispiel

Aus welchen Elementen setzt sich der Schnellarbeitsstahl HS 2-9-1-8 zusammen?

Der Schnellarbeitsstahl besteht aus: 2 % Wolfram, 9 % Molybdän, 1 % Vanadium, 8 % Kobalt.

Zusatzsymbole für Stahlerzeugnisse

Die Zusatzsymbole für Stahlerzeugnisse kennzeichnen Sonderanforderungen, die Art des Überzugs und den Behandlungszustand. Diese Zusatzsymbole werden durch ein Pluszeichen (+) von den vorhergehenden Zusatzsymbolen getrennt. In nachstehender Tabelle finden Sie einige Beispiele für Zusatzsymbole für Stahlerzeugnisse nach dem derzeitigen Stand der Normung.

Zusatzsymbole für Stahlerzeugnisse (Beispiele)

Symbol	Bedeutung	Symbol	Bedeutung
+F	Feinkornstahl	+A	Weich geglüht
+H	Mit besonderer Härtbarkeit	+C	Kalt verfestigt
+CU	Kupferüberzug	+N	Normal geglüht
+S	Feuerverzinnt	+T	Angelassen
+Z	Feuerverzinkt	+QT	Vergütet
+OC	Organisch beschichtet	+U	Unbehandelt

Zusatzsymbole werden hauptsächlich zur Kennzeichnung von Blechen zum Kaltumformen und von Verpackungsblech verwendet.

Werkstoffnummern

Statt der Benennungen durch Kurznamen können auch Werkstoffnummern zum Kennzeichnen der Werkstoffe benutzt werden.

Die Werkstoffnummern sind maximal siebenstellig. Sie bestehen aus:

$$X \cdot XXXX \cdot XX$$

Werkstoff-Hauptgruppe ──────────────────────────┘   │   │
Sortennummer ──────────────────────────────────────┘   │
Anhängezahlen ──┘

Werkstoff-Hauptgruppen

0 Roheisen, Gusseisen, Temperguss
1 Stahl
2 Schwermetalle außer Fe

3 Leichtmetalle
4 bis 8 Nichtmetallische Werkstoffe
9 frei für interne Nutzung

Sortennummern der Hauptgruppe 1

Die ersten zwei Stellen der Sortennummern kennzeichnen die **Sortenklassen.** Die letzten zwei Stellen sind für **Anhängezahlen.** Die Sortenklassen sind nach folgenden **Gruppen** aufgeteilt.

Grund- und Qualitätsstähle

00: Handels- und Grundgüten; 01, 02: allgem. Baustähle; 0,3...0,7: unlegierte Qualitätsstähle; 08,09: legierte Qualitätsstähle.

Unlegierte Edelstähle

10: Stähle mit besonderen physikalischen Eigenschaften; 11, 12: Baustähle; 15...18: Werkzeugstähle.

Legierte Edelstähle

20...28: Werkzeugstähle; 32, 33: Schnellstähle; 34: verschleißfeste Stähle; 35: Wälzlagerstähle; 36...39: Stähle mit bes. physik. Eigenschaften: 40, 41, 43, 44, 45: nicht rostende Stähle; 47, 48: hitzebeständige Stähle; 50...84: Baustähle; 85: Nitrierstähle.

Anhängezahlen sind nur dann einzusetzen, wenn es zum eindeutigen Kennzeichnen des Werkstoffes im Einzelfall notwendig ist. Die 1. Anhängezahl kennzeichnet das Stahlgewinnungsverfahren (Erschmelzungs- und Vergießungsart). Die 2. Anhängezahl kennzeichnet den Behandlungszustand. Oft dienen die Anhängezahlen nur als Zählnummern.

Sortennummern der Hauptgruppe 0

Gusseisen mit Lamellengraphit, 60, 61: unlegiert; 62...69: legiert.
Gusseisen mit Kugelgraphit, 70, 71: unlegiert; 72...76: legiert.
Temperguss, 80, 81: unlegiert; 82: legiert.
Sondergusseisen, 90, 91: unlegiert; 92...99: legiert.

Sortennummern der Hauptgruppen 2 und 3

2.0000...2.1799: Cu	2.2000...2.2499: Zn, Cd	2.3000...2.3499: Pb
2.3500...2.3999: Sn	2.4000...2.4999: Ni, Co	2.5000...2.5999: Edelmetalle
2.6000...2.6999: Hochschmelzende Metalle		3.0000...3.4999: Al
3.5000...3.5999: Mg	3.7000...3.7999: Ti	

Die Sortennummern sind nach Legierungsgruppen unterteilt.

Einteilung der Stähle

Als Stahl werden Werkstoffe bezeichnet, deren Massenanteil an Eisen größer ist als der jedes anderen Elementes. Stähle sind **Eisenwerkstoffe**, die im Allgemeinen **weniger als 2 % C** aufweisen und noch andere Elemente enthalten.

Einige Chromstähle enthalten mehr als 2 % C. Der Wert von 2 % wird jedoch im Allgemeinen als **Grenzwert für die Unterscheidung** zwischen Stahl und Gusseisen betrachtet.

Die Einteilung der Stähle wird nach ihrer **chemischen Zusammensetzung** und nach den **Hauptgüteklassen** vorgenommen. Bei der Einteilung nach der chemischen Zusammensetzung wird von den **Mindestgehalten** der Elemente in der Schmelze ausgegangen. Hierbei wird zwischen unlegierten und legierten Stählen unterschieden.

Als **unlegiert** gilt ein Stahl, wenn die maßgebenden Gehalte der Elemente (Seite MEC 49) in **keinem Fall** die nachstehend genannten Massenanteile (in %) erreichen.

Al	Bi	Pb	B	Cr	Co	Cu	Mn	Mo	Ni	Se	Si	Te	Ti	V	W	Zr
0,10	0,10	0,40	0,0008	0,30	0,10	0,40	1,65	0,08	0,30	0,10	0,50	0,10	0,05	0,10⁻	0,10⁻	0,05

Für diese Einteilung sind die Gehalte an C, N, O und S **nicht** maßgebend.

Die Einteilung der Stähle nach **Hauptgüteklassen** wird aufgrund der Hauptmerkmale hinsichtlich ihrer **Eigenschaften** und **Anwendung** vorgenommen. Dabei unterscheidet man zwischen Grundstählen, Qualitätsstählen und Edelstählen. **Grundstähle** sind immer **unlegiert**. Bei **Qualitätsstählen** und **Edelstählen** wird zwischen unlegiert und legiert unterschieden.

Grundstähle

Bei den Grundstählen sind zur Erfüllung der Güteanforderungen **keine** besonderen Maßnahmen bei der Herstellung erforderlich. Grundstähle sind **unlegierte Stahlsorten,** die nicht für eine Wärmebehandlung bestimmt sind und für die keine besonderen Gütemerkmale, z.B. Tiefziehfähigkeit, vorgeschrieben sind.

Unlegierte Qualitätsstähle

Unlegierte Qualitätsstähle sind Stahlsorten, für die im Allgemeinen kein gleichmäßiges Ansprechen auf eine Wärmebehandlung vorgeschrieben ist. Außerdem werden keine Anforderungen an den Reinheitsgrad bezüglich nicht metallischer Einschlüsse gestellt. Im Vergleich zu den Grundstählen bestehen jedoch schärfere oder zusätzliche Anforderungen, z.B. hinsichtlich der Sprödbruchunempfindlichkeit, der Korngröße und der Verformbarkeit.

Legierte Qualitätsstähle

Zu dieser Stahlgruppe gehören Stähle, die für ähnliche Verwendungszwecke wie die unlegierten Qualitätsstähle vorgesehen sind. Sie erhalten aber, um besonderen Anwendungsbedingungen zu genügen, Legierungselemente in Gehalten, die sie zu legierten Stählen machen. Die legierten Qualitätsstähle sind im Allgemeinen **nicht** für eine Vergütung oder Oberflächenhärtung bestimmt. Legierte Qualitätsstähle sind z.B.:

- Spezielle schweißbare Feinkornbaustähle für Stahlbau, Druckbehälterbau und Rohrleitungsbau,
- Stähle mit besonderen Anforderungen an die elektrischen Eigenschaften.

Unlegierte Edelstähle

Unlegierte Edelstähle sind Stahlsorten, die gegenüber Qualitätsstählen einen **höheren Reinheitsgrad,** insbesondere bezüglich nicht metallischer Einschlüsse, aufweisen. Sie sind meist für eine **Vergütung** oder **Oberflächenhärtung** bestimmt (Vergütungsstähle, Einsatzstähle) und zeichnen sich dadurch aus, dass sie auf diese Behandlung **gleichmäßig ansprechen.**

Legierte Edelstähle

In dieser Gruppe sind die Stähle erfasst, denen durch eine **genaue Einstellung** der chemischen Zusammensetzung sowie der Herstellungs- und Prüfbedingungen die unterschiedlichsten Verarbeitungs- und Gebrauchseigenschaften verliehen werden. Zu den legierten Edelstählen gehören:

- **Nicht rostende Stähle:** Dies sind Stähle, die höchstens 1,2 % C und mindestens 10,5 % Cr enthalten. Sie werden je nach Nickelgehalt unterteilt in
  Stähle mit Ni < 2,5 %,
  Stähle mit Ni ≥ 2,5 %.

- **Schnellarbeitsstähle:** Dies sind Stähle, die gegebenenfalls neben anderen Elementen mindestens zwei der folgenden drei Elemente enthalten: Molybdän, Wolfram und/oder Vanadium mit einem Gesamtmassengehalt von mindesten 7 %. Sie weisen darüber hinaus einen Kohlenstoffgehalt von mindestens 0,60 % und einen Chromgehalt von 3 bis 6 % auf.

Wichtige Stahlsorten

Unlegierte Baustähle

An erster Stelle in bezug auf Herstellungsmenge und Fabrikationsprogramm für Halbzeuge stehen die **unlegierten Baustähle** nach DIN EN 10 025/3.94 (Tabelle Seite MEC 73). Dazu gehören:

Stähle für den Stahlbau: Das sind Grund- und Qualitätsstähle, die im warm verformten Zustand (z.B. warm gewalzt) bei klimatischen Temperaturen (etwa zwischen –30°C und +80 °C) verwendet werden.

Maschinenbaustähle: Das sind **Grundstähle,** bei denen keine besonderen Anforderungen an die Zähigkeit und Kaltumformbarkeit gestellt werden.

Die unlegierten Baustähle werden für Formstahl, Stabstahl, Breitflachstahl, Band-, Grob- und Mittelblech sowie für Schmiedestücke verwendet.

Bei den unlegierten Baustählen ist die **Streckgrenze** für die Verwendung maßgebend. Die mechanischen und technologischen Eigenschaften hängen weitgehend vom Kohlenstoffgehalt ab. Es besteht folgender Zusammenhang:

Erzeugnisse aus unlegierten Baustählen (Auszug aus DIN EN 10025/03.94)

Verwendung	Kurzname nach DIN EN 10027-1	Kurzname alt DIN EN 17100	Werkstoffnummer DIN EN 10027-2	Stahlart [2]	C ≤16	C >16 ≤40	C >40	P	S	Mn	R_{eH} ≤16	R_{eH} >16 ≤40	R_{eH} >40 ≤100	R_m <3	R_m ≥3 ≤100	R_m >100 ≤250	A ≥3 ≤40	A >40 ≤63	A >63 ≤100
	S185	St33	1.0035	BS	–	–	–	–	–	–	185	175	–	310 bis 540	290 bis 510	–	18 / 16	–	–
Stähle für den Stahlbau	S235JR	St37-2	1.0037	BS	0,17	0,20	–	0,045	0,045	1,40	235	235	–	360 bis 510	340 bis 470	340 bis 470	26 / 24	25 / 23	24 / 22
Stähle für den Stahlbau	S235JRG1	USt37-2	1.0036	BS	0,17	0,20	–	0,045	0,045	1,40	235	225	–	360 bis 510	340 bis 470	340 bis 470	26 / 24	25 / 23	24 / 22
Stähle für den Stahlbau	S235JRG2	RSt37-2	1.0038	BS	0,17	0,17	0,20	0,045	0,045	1,40	235	225	215	360 bis 510	340 bis 470	340 bis 470	26 / 24	25 / 23	24 / 22
Stähle für den Stahlbau	S235J0	St37-3U	1.0114	QS	0,17	0,17	0,17	0,040	0,040	1,40	235	225	215	360 bis 510	340 bis 470	340 bis 470	26 / 24	25 / 23	24 / 22
Stähle für den Stahlbau	S235JRG3	St37-3N	1.0116	QS	0,17	0,17	0,17	0,040	0,040	1,40	235	225	215	360 bis 510	340 bis 470	340 bis 470	26 / 24	25 / 23	24 / 22
Stähle für den Stahlbau	S275JR	St44-2	1.0044	BS	0,21	0,21	0,22	0,045	0,045	1,50	275	265	235	430 bis 580	410 bis 560	400 bis 540	22 / 20	21 / 19	20 / 18
Stähle für den Stahlbau	S275J0	St44-3U	1.0143	QS	0,18	0,18	0,18	0,035	0,035	1,50	275	265	255	430 bis 580	410 bis 560	400 bis 540	22 / 20	21 / 19	20 / 18
Stähle für den Stahlbau	S275J2G3	St44-3N	1.0144	QS	0,18	0,18	0,18	0,035	0,035	1,50	275	265	255	430 bis 580	410 bis 560	400 bis 540	22 / 20	21 / 19	20 / 18
Stähle für den Stahlbau	S355J0	St52-3U	1.0553	QS	0,20	0,20	0,22	0,040	0,040	1,60	355	345	335	510 bis 680	490 bis 630	470 bis 630	22 / 20	21 / 19	20 / 18
Stähle für den Stahlbau	S355J2G3	St52-3N [1]	1.0570	QS	0,20	0,20	0,22	0,040	0,040	1,60	355	345	335	510 bis 680	490 bis 630	470 bis 630	22 / 20	21 / 19	20 / 18
Maschinenbaustähle	E295	St50-2	1.0050	BS	–	–	–	0,045	0,045	–	295	285	275	490 bis 660	470 bis 610	450 bis 610	20 / 18	19 / 17	18 / 16
Maschinenbaustähle	E335	St60-2	1.0060	BS	–	–	–	0,045	0,045	–	335	325	315	590 bis 770	570 bis 710	550 bis 710	16 / 14	15 / 13	14 / 12
Maschinenbaustähle	E360	St70-2	1.0070	BS	–	–	–	0,045	0,045	–	360	355	345	690 bis 900	670 bis 830	650 bis 830	11 / 10	10 / 9	9 / 8

Stahlsorte; Massenanteile in % max.; Streckgrenze R_{eH} in N/mm², mind. für Nenndicken; Zugfestigkeit R_m in N/mm² für Nenndicken; Bruchdehnung [3] in % mind. $L_0 = 5,65 \sqrt{S_0}$ für Nenndicken; C für Nenndicken in mm

1) Mn ≤ 1,6; Si ≤ 0,55   2) BS Grundstahl, QS Qualitätsstahl   3) Größerer Wert für Längsprobe, kleinerer für Querprobe

Je höher der Kohlenstoffgehalt, desto größer sind Streckgrenze und Zugfestigkeit, desto größer ist aber auch die **Sprödigkeit**. Mit wachsendem C-Gehalt nehmen **Kaltverformbarkeit**, **Schweißbarkeit** und **Spanbarkeit** ab.

Im Normblatt DIN EN 10 025 finden Sie Stähle mit einer **Streckgrenze** von 185 N/mm^2 bis 360 N/mm^2 und einer **Zugfestigkeit** von 310 N/mm^2 (S185) bis 690 N/mm^2 (E360) in zwei verschiedenen **Hauptgüteklassen**. Zu den Qualitätsstählen gehören die **voll beruhigt vergossenen** Stähle, sie weisen eine erhöhte **Sicherheit** gegen **Sprödbruch** auf, wie sie im Stahlhoch-, Brücken- und Schiffbau erforderlich ist. Qualitätsstähle sind die für **Verbindungsschweißungen** in Betracht kommenden Baustahlsorten S235JRG3 (St37-3N), S275J2G3 (St44-3N), S355J2G3 (St52-3N).

Unlegierte Baustähle sind für eine **Wärmebehandlung nicht** vorgesehen. In nachstehender Tabelle finden Sie einige Beispiele für die Verwendung unlegierter Baustähle.

Verwendung unlegierter Baustähle

S235 (St 37)	Üblicher Stahl im Stahlbau bei mäßiger Beanspruchung
S275 (St 44)	Stahl für den Stahlbau bei höheren Anforderungen an Umformbarkeit, Zähigkeit und Schweißbarkeit
E295 (St 52)	Maschinenbaustahl für Achsen, Wellen, Bolzen und Spindeln bei mittlerer Beanspruchung
E335 (St 60)	Maschinenbaustahl für höher beanspruchte, verschleißfeste Teile, Passfedern, Zahnräder
E360 (St 70)	Maschinenbaustahl für höchst beanspruchte, naturharte, verschleißfeste Teile, wie Werkzeuge, Walzen, Nocken, Steuerungsteile

Automatenstähle (Auszug aus DIN EN 10 087, 01.99)

Automatenstähle sind durch gute Zerspanbarkeit und gute Spanbrüchigkeit gekennzeichnet, die im Wesentlichen durch höhere Schwefelgehalte, gegebenenfalls gemeinsam mit weiteren Zusätzen, wie z. B. Blei, erzielt werden.

Stahlsorte		Chemische Zusammensetzung Massenanteil in %			Mechanische Eigenschaften [1]	
Kurzname	Werkstoff-Nr.	C	Mn	S	Härte HB	Zugfestigkeit in N/mm^2
Üblicherweise nicht für Wärmebehandlung bestimmt						
11 SMn 30	1.0715	≤ 0,14	0,9...1,3	0,27...0,33	–	380...570
11 SMn 37	1.0736	≤ 0,15	1,0...1,5	0,34...0,40	112...169	390...580
Automaten-Einsatzstähle						
15 SMn 13	1.0725	0,12...0,18	0,90...1,30	0,08...0,18	128...171	430...600
10 S 20	1.0721	0,07...0,13	0,70...1,10	0,18...0,25	107...156	360...530
Automaten-Vergütungsstähle						
35 S 20	1.0726	0,32...0,39	0,70...1,10	0,15...0,25	154...201	520...680
46 S 20	1.0727	0,42...0,50	0,70...1,10	0,15...0,25	175...225	650...800
44 SMn 28	1.0762	0,40...0,48	1,30...1,70	0,24...0,33	187...242	630...820

[1] Dicke 16...40 mm, Behandlungszustand: unbehandelt oder geschält.

Außer diesen Stahlsorten gibt es noch Sorten mit **0,15 bis 0,35 % Bleigehalt**: 9 SMnPb 28, 10 SPb 20, 35 SPb 20, 45 SPb 20 und 60 SPb 20. Diese Stähle haben dieselben mechanischen Eigenschaften wie die entsprechenden Stähle ohne Blei.

Einsatzstähle (Auszug aus DIN EN 10084, 06.98)

Stahlsorte		Festigkeitseigenschaften [1]				Temperaturen für Wärmebehandlung [2] in °C		
Kurzname	Werkstoff-Nr.	Brinellhärte weichgeglüht höchstens	Streckgrenze in N/mm² mindestens	Zugfestigkeit N/mm²	Bruchdehnung ($L_0 = 5\,d$) % mindest.	Aufkohlen	Härten Kern	Härten Rand
C 10 E C 10 R	1.1121 1.1207	131	300	500 bis 650	16	800 bis 980	880 bis 920	780 bis 820
C 15 E C 15 R	1.1141 1.1140	143	350	600 bis 800	14			
17 Cr 3	1.7016	174	450	750 bis 1050	11		860 bis 900	
16 MnCr 5	1.7131	217	600	800 bis 1100	10			
20 MoCr 4	1.7321	207	600	800 bis 1100	10			
21 NiCrMo 2-2	1.6523	197	500	700 bis 950	9			
18 CrNiMo 7-6	1.6587	229	780	1050 bis 1350	8		880 bis 970	

[1] Blindgehärteter Rundstab $\varnothing$ 30, [2] Anlassen: 150 bis 200 °C

Verwendung von Einsatzstählen

C 10 E, C 10 R C 15 E, C 15 R	Kleinteile mit niedriger Kernfestigkeit, z.B. Hebel, Gelenke, Buchsen, Bolzen, Zapfen, Pedalachsen
17 Cr 3	Messzeuge, Kolbenbolzen, Spindeln, Steuerwellen
16 MnCr 5	Teile bis 60 mm Durchmesser bzw. Dicke, z. B. Nockenwellen, Zahnräder, Schnecken, Kunstharzpressformen
20 MoCr 4	Teile hoher Kernfestigkeit, Zähigkeit und Dauerfestigkeit, z.B. Zahnräder, Achsen
18 CrNiMo 7-6	Teile höchster Kernfestigkeit bei guter Zähigkeit und hoher Dauerfestigkeit, z.B. Wellen, Achsen, Zahnräder

Einsatzstähle werden als warm gewalzter oder warm geschmiedeter Stabstahl, Breitflachstahl, als Blech, Band, Rohr und Schmiedstücke geliefert.

Der **C-Gehalt** der Einsatzstähle ist nicht höher als **0,2 %**. Aus Einsatzstahl werden durch **Einsatzhärten** Werkstücke mit harter Oberfläche und zähem, ungehärtetem Kern hergestellt.

Beim Einsatzhärten wird die Randschicht des Werkstücks mit Kohlenstoff auf etwa 0,9 % angereichert. Das geschieht durch Glühen in einem Kohlenstoff abgebenden Mittel bei etwa 900 °C. Diesen Vorgang nennt man **Aufkohlen** oder **Einsetzen.** Anschließend wird das glühende Werkstück in Wasser oder Öl **abgeschreckt.**

Die Einsatzstähle umfassen **unlegierte Qualitätsstähle** wie C 10, **unlegierte Edelstähle** wie Ck 10 und **legierte Edelstähle** wie 17 Cr3.

Vergütungsstähle

Vergütungsstähle sind **Maschinenbaustähle,** die sich aufgrund ihrer chemischen Zusammensetzung zum **Härten** eignen, und die im vergüteten Zustand durch und durch eine hohe Festigkeit und eine gute Zähigkeit aufweisen.

Das **Vergüten** ist eine Wärmebehandlung, die aus Härten und nachfolgendem **Anlassen** auf etwa 550 °C bis 700 °C besteht. Beim Härten werden Werkstücke aus Vergütungsstahl auf 800 °C bis 900 °C erwärmt und in Wasser oder Öl abgeschreckt.

Vergütungsstähle haben im Unterschied zu den Einsatzstählen einen C-Gehalt **über 0,2 % bis 0,6 %.** Werkstücke aus Vergütungsstahl eignen sich gut für Stoß- und Schlagbeanspruchung.

Die Tabellen auf den Seiten MEC 76 und MEC 77 informieren über Eigenschaften, Wärmebehandlung und Verwendung von Vergütungsstählen.

Es gibt unlegierte und legierte Vergütungsstähle. Die unlegierten Sorten werden als Qualitätsstahl oder als Edelstahl erschmolzen.

Bei den **unlegierten Qualitätsstählen** (DIN EN 10083-2, 10.96) besteht der Kurzname aus dem Kohlenstoffsymbol C und einer Zahl. Beispiel **C35.**

Bei den **unlegierten Edelstählen** (DIN EN 10083-1, 10.96) wird der **Schwefelgehalt** (Masseanteil in %) der Schmelze durch den angehängten Großbuchstaben **E** oder **R** zusätzlich gekennzeichnet. E steht für einen Schwefelgehalt von max. 0,035 %, R für einen Schwefelgehalt von 0,020 % bis 0,040 %. Beispiel: **C35E** und **C35R.**

Die Zahl hinter dem C gibt das Hundertfache des mittleren **Kohlenstoffgehalts** an.

Verwendung von Vergütungsstählen

C35 C35E	Hebel, Pleuelstangen, Radnaben Press- und Stanzteile	28 Mn 6	Bolzen, Spindeln, Achsen, warmfeste Schrauben und Muttern, Läufer und Turbinentrommeln, Kurbelwellen, Kolbenstangen
C45 C45E	Achsen, Wellen, Kolben, Zahnstangen		
C60 C60E	Teile höherer Festigkeit, z.B. Achsen, Wellen, Spindeln, Federn, Getriebeteile, Kolben	34 Cr 4 34 CrS 4	Zylinder im Motorenbau
		50 CrMo 4	Kurbelzapfen, Kurbelwellen, Einlassventilkegel, Hinterachsenwellen

Vergütungsstähle (DIN EN 10083, 10.96)

Stahlsorte		Mechanische Eigenschaften[1] im vergüteten Zustand für 16 mm $< d \leq$ 40 mm oder 8 mm $< t \leq$ 20 mm					Wärmebehandlung (Anhaltswerte)			
Kurzname	Werkstoff-Nr.	R_e mind.	R_m	A mind.	Z mind.	KV mind.	Härten	Abschreck-mittel	Anlassen Dauer $\geq$ 60 min	Normalglühen Dauer $\geq$ 30 min
		N/mm^2		%	%	J	°C		°C	°C
Qualitätsstähle										
C25	1.0406	320	500...650	21	50	–	860 bis 900	Wasser	550...660	880 bis 920
C35	1.0501	380	600...750	19	45	–	840 bis 880	Wasser oder Öl		860 bis 900
C45	1.0503	430	650...800	16	40	–	820 bis 860			840 bis 880
C60	1.0601	520	800...950	13	30	–	800 bis 840	Öl oder Wasser		820 bis 860
Edelstähle										
C 25 E	1.1158	320	500...650	21	50	45	860 bis 900	Wasser	550...560	880 bis 920
C 35 E	1.1181	380	600...750	19	45	35	840 bis 880	Wasser oder Öl		860 bis 900
C 45 E	1.1191	430	650...800	16	40	25	820 bis 860		550...660	840 bis 880
C 60 E	1.1221	520	800...950	13	30	–	800 bis 840	Öl oder Wasser		820 bis 860
28 Mn 6	1.1170	490	700...850	15	45	40	830 bis 870	Wasser oder Öl		850 bis 890
34 Cr 4 / 34 CrS 4	1.7033 / 1.7213	590	800...950	14	40	40	830 bis 870	Öl oder Wasser	540...680	–
50 CrMo 4	1.7228	780	1000...1200	10	45	30	820 bis 860	Öl		–
36 CrNiMo 4	1.6511	800	1000...1200	11	50	40	820 bis 850	Öl oder Wasser		–
30 CrNiMo 8	1.6580	1050	1250...1450	9	40	30	830 bis 860	Öl		–

1) R_e: Obere Streckgrenze oder, falls keine ausgeprägte Streckgrenze auftritt, 0,2 %-Dehngrenze $R_{p0,2}$.

R_m: Zugfestigkeit.

A: Bruchdehnung (Anfangsmeßlänge $L_0 = 5,65 \sqrt{S_0}$; $S_0 =$ Anfangsquerschnitt).

Z: Brucheinschnürung; KV Kerbschlagarbeit

Baustähle für spezielle Verwendungsgebiete

Hierzu gehören z. B. Feinkornbaustähle, Schraubenstähle, Federstähle, Druckbehälterstähle und Rohrstähle.

Schweißgeeignete Feinkornbaustähle nach DIN EN 10113 sind normal geglüht oder normalisierend gewalzt. Dadurch wird ein **feinkörniges Gefüge** mit einer Mindeststreckgrenze zwischen 275 N/mm^2 und 460 N/mm^2 erreicht. Diese Stähle behalten ihre hohe Zähigkeit auch bei tiefen Temperaturen. Die Feinkornbaustähle S275 NL, S355 NL, S420 NL und S460 NL haben bei −50 °C noch einen Mindestwert der Kerbschlagarbeit von 27 J. Feinkornbaustahl wird z. B. zur Herstellung geschweißter Werkzeugmaschinengestelle verwendet.

Schweißgeeignete Feinkornbaustähle (DIN EN 10113, 04.93)

Stahlsorte		Chem. Zusammensetzung Massenanteil in %			Zug-festigkeit	Obere Streckgrenze R_{eH} in N/mm² für Nenndicke in mm				Bruch-deh-nung
Kurz-name	Werkst. Nr.	C max	Si max	Mn	R_m in N/mm²	≤16	>16 ≤40	>40 ≤63	>63 ≤80	in %
S 275 N	1.0490	0,18	0,40	0,50 ··· 1,40	370 ··· 510	275	265	255	245	24
S 275 NL	1.0491	0,16								
S 355 N	1.0545	0,20	0,50	0,90 ··· 1,65	470 ··· 630	355	345	335	325	22
S 355 NL	1.0546	0,18								
S 420 N	1.8902	0,20	0,60	1,00 ··· 1,70	520 ··· 680	420	400	390	370	19
S 420 NL	1.8912									
S 460 N	1.8901	0,20	0,60	1,00 ··· 1,70	550 ··· 720	460	440	430	410	17
S 460 NL	1.8903									

Kohlenstoffarme, unlegierte Stähle für Schrauben, Muttern und Niete
(Auszug aus DIN 17111, 09.80)

Stahlsorte		Desoxi-dationsart	Bestandteile		Zugfestigkeit [1] in N/mm²	Streckgrenze [1] [2] in N/mm² mindestens
Kurzname	Werkstoff-nummer		C	Mn		
U St 36	1.0203	U	≤ 0,14	0,25 bis 0,50	330 bis 430	205
UQSt 36	1.0204	U	≤ 0,14	0,25 bis 0,50		
RSt 36	1.0205	R	≤ 0,14	0,25 bis 0,50		
USt 38	1.0217	U	≤ 0,19	0,25 bis 0,50	370 bis 460	225
UQSt 38	1.0224	U	≤ 0,19	0,25 bis 0,50		
RSt 38	1.0223	R	≤ 0,19	0,25 bis 0,50		
U 7 S 6	1.0708	U	≤ 0,10	0,30 bis 0,60	(310 bis 440)	(205)
U 10 S 10	1.0702	U	≤ 0,15	0,30 bis 0,60	(340 bis 470)	(225)

[1] Die eingeklammerten Werte dienen nur zur Unterrichtung
[2] Gültig für Dicken bis 16 mm. Für Dicken über 16 bis 40 mm sind um 10 N/mm² niedrigere Mindestwerte zulässig.

Bei warm gewalzten Stählen für **vergütbare Federn** (Federstähle) nach DIN 17221 ist der Hauptlegierungsbestandteil **Silicium**; es erhöht die **Elastizität** des Stahls. Beispiele: 38 Si 7, 54 SiCr 6, 60 SiCr 7 für Tellerfedern, Schraubenfedern, Blattfedern und Federringe. Zugfestigkeit R_m = 1180...1570 N/mm².

Warm gewalzte Stähle für vergütbare Federn (DIN 17 221, 12.88)

Stahlsorte				Behandlungszustand				
Kurzname	Werk-stoff-Nr.	Massenanteil in %		warm gewalzt	weich geglüht	vergütet		
						Zug-festigkeit	Dehn-grenze	Bruch-dehnung
		C	Si	Härte HB	Härte HB	R_m N/mm^2	$R_{p0,2}$ N/mm^2	A %
38 Si 7	1.5023	0,35...0,42	1,50...1,80	240	217	1180...1370	1030	6
54 SiCr 6	1.7102	0,51...0,59	1,20...1,60	270	248	1320...1570	1130	6
60 SiCr 7	1.7108	0,57...0,65	1,50...1,80	310	248	1320...1570	1130	6
55 Cr 3	1.7176	0,52...0,59	0,25...0,50	310	248	1320...1720	1175	6
50 CrV 4	1.8159	0,47...0,55	0,15...0,40	310	248	1370...1620	1175	6
51 CrMoV 4	1.7701	0,48...0,56	0,15...0,40	310	248	1370...1670	1175	6

Die Festigkeitswerte gelten für Proben mit 10 mm Durchmesser.
Der Elastizitätsmodul beträgt E = 200 000 N/mm^2, der Gleitmodul G = 80 000 N/mm^2.

Runder, patentiert gezogener, unlegierter **Federstahldraht** nach DIN 17 223 wird für Schraubenfedern (Zug-, Druck- und Drehfedern) und sonstige Drahtfedern verwendet. Die Drahtsorten A, B, C und D sind durch ihre mechanischen und technologischen Eigenschaften gekennzeichnet; bei der Sorte D sind zusätzlich besondere Gütewerte für die Oberflächenbeschaffenheit festgelegt.

Federstahldraht, unlegiert, gezogen (DIN 17 223, 12.84)
Mindestzugfestigkeit R_m in N/mm^2 für Nenndurchmesser d in mm.

Draht-sorte	0,5	0,8	1	1,2	1,6	2	2,5	3	4	6	8	10
A			1720	1670	1590	1520	1460	1410	1320	1210	1120	1060
B	2200	2050	1980	1920	1830	1760	1690	1630	1530	1400	1310	1240
C						1980	1900	1840	1740	1590	1490	1410
D	2480	2310	2230	2170	2060	1980	1900	1840	1740	1590	1490	1410

Druckbehälterstähle nach DIN EN 10 028 aus unlegiertem Stahl, z. B. P 275 NH und P 355 NH oder aus legiertem Stahl, z. B. 16 Mo 3 sind warmfest bis ca. 500 °C und gut **schweißbar;** sie werden z. B. zum Bau von Dampferzeugern und Druckbehältern verwendet.

Warmfeste Druckbehälterstähle und warmfeste Rohrstähle

Stahlsorte Kurzname	Werkstoff-Nr.	Chem. Zusammensetzung in % C	Si	Mn	Zugfestigkeit R_m	0,2%-Dehngrenze in N/mm² bei t °C 200	250	300	350	400	500	Temperaturen in °C für Normalglühen	Spannungsarmglühen
Druckbehälterstähle (nach DIN EN 10028/4.93) Erzeugnisdicke ≤ 60 mm													
P 235 GH	1.0345	max 0,16	0,35	0,40...1,20	360...480	170	150	130	120	110	–	890...950	Werte liegen z. Z. noch nicht vor
P 265 GH	1.0425	max 0,20	0,40	0,50...1,40	410...530	195	175	155	140	130	–	890...950	
P 295 GH	1.0481	0,08...0,20	0,40	0,90...1,50	460...580	225	205	185	170	155	–	890...950	
P 355 GH	1.0473	0,10...0,22	0,60	1,00...1,70	510...650	255	235	215	200	180	–	890...950	
16 Mo 3	1.5415	0,12...0,20	0,35	0,40...0,90	440...590	215	200	170	160	150	140	890...950	
13 CrMo 4-5	1.7335	0,08...0,18	0,35	0,40...1,00	440...590	230	220	205	190	180	165	–	
10 CrMo 9-10	1.7380	0,08...0,14	0,50	0,40...0,80	480...630	245	230	220	210	200	180	–	
11 CrMo 9-10	1.7273	0,08...0,15	0,50	0,40...0,80	520...670	–	255	235	225	215	195	–	
Rohrstähle (nach DIN 17175/5.79) Wanddicke ≤ 40 mm													
St 35.8	1.0305	≤ 0,17	0,10...0,35	0,40...0,80	360...480	180	160	135	120	110	–	900...930	520...600
St 45,8	1.0405	≤ 0,21	0,10...0,35	0,40...1,20	410...530	195	175	155	135	130	–	870...900	520...600
15 Mo 3	1.5415	0,12...0,20	0,10...0,35	0,40...0,80	450...600	225	205	180	170	160	150	910...940	530...620
13 CrMo 44	1.7335	0,10...0,18	0,10...0,35	0,40...0,70	440...590	240	230	215	200	190	175	–	600...700
10 CrMo 910	1.7380	0,08...0,15	≤ 0,50	0,40...0,70	450...600	245	240	230	215	205	185	–	650...750

Nicht rostende Stähle

Nicht rostende Stähle nach DIN EN 10 088-1 bis -3 (Tabellen auf den Seiten MEC 81 bis MEC 83) sind **hoch legierte Stähle**, die sich durch besondere Beständigkeit gegenüber angreifenden Stoffen, z. B. gegenüber **Säuren**, auszeichnen. Diese Stähle haben einen **Chromgehalt** von mindestens 12 %. Je nach Kohlenstoffgehalt ist das Gefüge der reinen **Chromstähle** ferritisch (C ≤ 0,8 %), ferritisch-martensitisch (C 0,1... 0,15 %) oder martensitisch (C ≥ 0,15 %). Martensitische Chromstähle sind **härtbar** (Beispiel: X 20 Cr 13).

Chrom-Nickel-Stähle enthalten mindestens 8 % Nickel. Diese Stähle haben ein austenitisches Gefüge und weisen gegenüber den Chromstählen eine bessere Korrosionsbeständigkeit auf. Weitere Vorteile sind gute Zähigkeit bei Kaltumformung und Schweißbarkeit (Beispiel: X 5 CrNi 18 10). **Molybdän** verbessert die Beständigkeit gegen **Lochfraß** (Beispiel: X 5 CrNiMo 17 12 2). Zur Vermeidung **interkristalliner Korrosion**, insbesondere nach dem Schweißen, wird der Kohlenstoffgehalt niedrig gehalten und/oder Titan oder Niob zulegiert (Beispiele: X 2 CrNiMoN 17 13 3, X 6 CrNiMoTi 17 12 2).

Die wichtigsten Einsatzbereiche für nicht rostende Stähle sind Kraftwerksbau, Nahrungsmittelindustrie und chemische Industrie. Nachstehend sind Anwendungsbeispiele aufgeführt.

Anwendung nicht rostender Stähle

X 6 Cr 13	Beschläge und Verkleidungen, geeignet für Kaltumformung, schlecht zerspanbar und schlecht schweißbar
X 12 Cr13	Essbestecke, Sport- und Fischereigeräte, Bauteile unter dauerndem Wasserdampf-Angriff, wie Ventile, Wellen, Rohre, Turbinenschaufeln
X 20 Cr 13	Bei starker mechanischer Belastung: Wellen, Bolzen, Turbinenschaufeln, Druckgussformen
X 5 CrNi 18 10	Seewasserbeständig, Bauteile für Molkereien, Hefe-, Stärke- und Papierfabriken
X 10 CrNi 18 8	Armaturen in Molkereien, Zellstoff- und Salpetersäureindustrie, Beständig gegen Fruchtsäuren und andere organische Säuren

Nicht rostende Chromstähle (nach DIN EN 10 088, 08.95)
Werte für Flacherzeugnisse ≤ 25 mm Dicke

Stahlsorte Kurzname	Stahlsorte Werkstoff-Nr.	Härte HB	Zug-festigkeit R_m N/mm²	Dehn-grenze $R_{p0,2}$ N/mm²	Bruch-dehnung A %	Behand-lungs-zustand	Eigenschaften
Ferritische Stähle							
X 6 Cr 13	1.4000	185	400...600	250	20	Geglüht	Kalt umformbar, schlecht zerspan-bar, bedingt schweißbar
X 6 CrAl 13	1.4002	–	550...700	400	18	Vergütet	
X 6 Cr 17	1.4016	185	450...600	270	20	Geglüht	
X 6 CrTi 17	1.4510	185	450...600	270	20	Geglüht	

Nicht rostende Chromstähle (nach DIN EN 10 088, 08.95) Fortsetzung
Werte für Flacherzeugnisse ≤ 25 mm Dicke

Stahlsorte		Härte HB	Zug-festigkeit R_m N/mm^2	Dehn-grenze $R_{p0,2}$ N/mm^2	Bruch-dehnung A %	Behand-lungs-zustand	Eigenschaften
Kurzname	Werkstoff-Nr.						
Martensitische Stähle							
X 12 Cr 13	1.4006	200	450...650	250	20	Geglüht	Härtbar, gut zerspan-bar, teilweise nicht schweißbar, geeignet für Teile mit hoher Festigkeit
		–	600...800	420	18	Vergütet	
X 20 Cr 17	1.4021	230	≤ 740	–	–	Geglüht	
		–	650...800	450	14	Vergütet	
X 39 Cr 13	1.4031	250	≤ 800	–	–	Geglüht	
X 50 CrMoV 15	1.4116	280	≤ 900	–	–	Geglüht	

Nicht rostende Chrom-Nickel-Stähle (nach DIN EN 10 088, 08.95)
Werte für Flacherzeugnisse ≥ 3 ≤ 75 mm Dicke, geglüht

Stahlsorte		Zugfestig-keit in N/mm^2	0,2-Grenze in N/mm^2 mindestens	Bruch-dehnung $L_0 = 5\,d_0$ längs in % mindestens	Kerbschlag-arbeit in J (ISO-V-Probe)	Besondere Merkmale
Kurzname	Werk-stoff-Nr.					
X 5 CrNi 18 10	1.4301	500...700	195	40	55	Besonders gut schweißbar und hohe Zähigkeit infolge vermin-dertem C-Gehalt.
X 8 CrNiS 18 9	1.4305	500...700	195	35	55	Infolge S-Zusatz (0,1...0,2 %) sehr gut zerspanbar.
X 2 CrNi 19 11	1.4306	460...680	180	40	55	Besonders niedriger C-Gehalt, auch dicke Bleche lassen sich gut schweißen, beständig gegen interkristalline Korrosion.
X 6 CrNiTi 18 10	1.4541	500...730	200	35	55	Ti-Gehalt (≥ 5 x % C) verhindert interkristalline Korrosion geschweißter Teile.
X 6 CrNiNb 18 10	1.4550	510...740	205	30	55	Nb-Gehalt (mind. 0,8 %) verhin-dert interkristalline Korrosion geschweißter Teile.
X 5 CrNiMo 17 22 2	1.4401	510...710	205	40	55	Erhöhte Korrosionsbeständigkeit durch Mo-Gehalt (2...2,5 %).
X 2 CrNiMo 17 13 2	1.4404	490...690	190	40	55	Verbes. Schweißbarkeit bei dicken Blechen infolge vermind. C-Gehalt, beständig gegen interkristalline Korrosion.

MEC 82

Nicht rostende Chrom-Nickel-Stähle (nach DIN EN 10 088, 08.95) Fortsetzung
Werte für Flacherzeugnisse $\geq 3 \leq 75$ mm Dicke, geglüht

Stahlsorte Kurzname	Werkstoff-Nr.	Zugfestigkeit in N/mm^2	0,2-Grenze in N/mm^2 mindestens	Bruchdehnung $L_0 = 5 \, d_0$ längs in % mindestens	Kerbschlagarbeit in J (ISO-V-Probe)	Besondere Merkmale
X 6 CrNiMoTi 17 12 2	1.4571	500...730	210	35	55	Erhöhte Korrosionsbeständigkeit durch Mo-Gehalt (2...2,5 %) Ti-Gehalt ($\geq$ 5 x % C) verhindert interkristall. Korros. geschweißter Teile.
X 6 CrNiMoNb 17 12 2	1.4580	510...740	215	30	55	Erhöhte Korrosionsbeständigkeit durch Mo-Gehalt (2...2,5 %) Nb-Gehalt ($\geq$ 8 x % C) verhindert interkristall. Korros. geschweißter Teile.
X 3 CrNiMo 17 13 3	1.4436	510...710	205	40	55	Besonders korrosionsbeständig durch höheren Mo-Gehalt (2,5...3 %).
X 2 CrNiMoN 17 13 5	1.4439	580...800	280	35	55	besonders niedrigen C-Gehalt und höheren Mo-Gehalt 2...2,5 %. Auch gute Schweißbarkeit dicker Bleche.
X 2 CrNiMo 18 15 4	1.4438	490...690	195	35	55	Besonders korrosionsbeständig, sehr hoher Mo-Gehalt (4 %), keine interkristall. Korros. geschweißter Teile.
X 17 CrNi 16 2	1.4057	750...950	550	10	–	Martensitischer Stahl, härtbar. Infolge niedriger Cr- und Ni-Gehalte hohe Kaltverfestigung.

Werkzeugstähle

Werkzeugstähle sind **Edelstähle**, aus denen Werkzeuge zum Spanen, Zerteilen und Umformen hergestellt werden, z. B. Dreh- und Hobelmeißel, Bohrer, Senker und Reibahlen, Fräser, Schneidwerkzeuge, Schlagwerkzeuge, Press-, Zieh- und Gießwerkzeuge.

Die Werkzeugstähle sind nach DIN 17 350 genormt; sie werden unterteilt in: Unlegierte Kaltarbeitsstähle, legierte Kaltarbeitsstähle, Warmarbeitsstähle, Schnellarbeitsstähle.

Unlegierte Kaltarbeitsstähle

Unlegierte Kaltarbeitsstähle haben einen Kohlenstoffgehalt zwischen 0,4 % und 1,1 %; sie enthalten etwas Silicium (unter 0,4 %) und etwas Mangan (bis 0,8 %).

Unlegierte Kaltarbeitsstähle lassen sich gut schmieden, und zwar um so leichter, je geringer ihr Kohlenstoffgehalt ist. Weil sie beim Härten in Wasser abgeschreckt werden, bezeichnet man sie auch als **Wasserhärter**. Sie verlieren schon bei einer Arbeitstemperatur von etwa 200 °C ihre Härte und Schneidfähigkeit. Unlegierte Kaltarbeitsstähle **härten nicht durch** und **verziehen** sich leicht. Entsprechend ihrem Höchstgehalt an Phosphor und Schwefel werden sie in **drei Gütegruppen** eingeteilt:

- Kurzzeichen W, P und S jeweils maximal 0,035 %
- Kurzzeichen W2, P und S jeweils maximal 0,030 %
- Kurzzeichen W1, P und S jeweils maximal 0,020 %

Beispiel

Werkzeugstahl C 80 W1 ist ein unlegierter Kaltarbeitsstahl mit 0,8 % Kohlenstoff und maximal 0,02 % Phosphor und 0,02 % Schwefel.

Legierte Kaltarbeitsstähle

Verwendung für hoch beanspruchte Werkzeuge zum Zerteilen und Umformen, bei denen die **Arbeitstemperatur 200 °C** nicht überschreitet. Der **Kohlenstoffgehalt** liegt zwischen 0,4 % und 2,3 %. Wesentliche Legierungszusätze sind Chrom, Nickel, Wolfram, Mangan, Vanadium, Molybdän und Silicium. Kaltarbeitsstähle werden vorwiegend in Öl gehärtet, man nennt sie daher auch **Ölhärter.**

Legierte Warmarbeitsstähle

Verwendung für hoch beanspruchte **Umformwerkzeuge,** die außer starker mechanischer Beanspruchung noch Temperaturen weit **oberhalb 300 °C** ausgesetzt sind. Warmarbeitsstähle müssen warmfest, verschleißfest, hart und zäh, sowie gut wärmeleitfähig sein. Diese Eigenschaften werden durch die Kombination der Legierungsbestandteile Mangan, Chrom, Molybdän, Nickel und Vanadium erreicht.

Schnellarbeitsstähle (DIN 17 350, 10.80)

Stahlsorte Kurzname	Werkstoff-Nr.	Härte-Temperatur °C	Anlaß-Temperatur °C	Härte nach dem Anlassen HRC min	Hauptsächlicher Verwendungszweck
S 6-5-2	1.3343	1210	560	64	Räumnadeln, Spiralbohrer, Fräser, Reibahlen, Gewindebohrer, Senker, Hobelwerkzeuge, Kreissägen, Umformwerkzeuge, Schneid- und Feinschneidwerkzeuge, Einsenkpfaffen.
SC 6-5-2	1.3342	1200	560	65	Räumnadeln, Spiralbohrer, Fräser, Reibahlen, Gewindebohrer, Senker, Umformwerkzeuge, Schneid- und Feinschneidwerkzeuge.
S 6-5-3	1.3344	1220	560	65	Gewindebohrer und Reibahlen.
S 6-5-2-5	1.3243	1220	560	64	Fräser, Spiralbohrer und Gewindebohrer.
S 7-4-2-5	1.3246	1200	540	66	Fräser, Spiralbohrer, Gewindebohrer, Formstähle.
S 10-4-3-10	1.3207	1230	560	66	Drehmeißel und Formstähle.
S 12-1-4-5	1.3202	1230	560	65	Drehmeißel und Formstähle.
S 18-1-2-5	1.3255	1280	560	64	Dreh-, Hobelmeißel und Fräser.

Werkzeugstähle (nach DIN 17350)
Unlegierte und legierte Kaltarbeitsstähle, Warmarbeitsstähle, Schnellarbeitsstähle)

Stahlsorte Kurzname	Werkstoff-Nr.	HärteTemperatur °C	AnlassTemperatur °C	Härte nach dem Anlassen HRC min	Hauptsächlicher Verwendungszweck
Unlegierte Kaltarbeitsstähle					
C 60 W	1.1740	810	180	52	Handwerkzeuge und landwirtschaftliche Werkzeuge aller Art, Schäfte und Körper von Schnellarbeitsstahl- oder Hartmetall-Verbundwerkzeugen, ungehärtete Warmsägeblätter, Aufbauteile für Werkzeuge.
C 70 W2	1.1620	800	180	57	Drucklufteinsteckwerkzeuge im Berg- und Straßenbau.
C 80 W1	1.1525	790	180	59	Gesenke mit flachen Gravuren, Kaltschlagmatrizen, Messer, Handmeißel, Spitzeisen.
C 85 W	1.1830	810	180	57	Gatter- und Kreissägen sowie Bandsägen für die Holzverarbeitung, Handsägen für die Forstwirtschaft, Mähmaschinenmesser.
C 105 W1	1.1545	780	180	60	Gewindeschneidwerkzeuge, Kaltschlagmatrizen, Fließpress- und Prägewerkzeuge, Endmaße.
Legierte Kaltarbeitsstähle					
X 210 Cr W 12	1.2436	960	180	60	Schnittwerkzeuge, Scherenmesser, Räumnadeln, Tiefziehwerkzeuge, Presswerkzeuge.
X 155 Cr V Mo 121	1.2379	1030	180	59	Maßbeständiger Hochleistungsschnittstahl, Metallsägen, Schlagsäume, Biegestanzen, Scherenmesser, Abgratmatrizen, Gewindewalzwerkzeuge, hochbeanspruchte Holzbearbeitungswerkzeuge.
115 Cr V3	1.2210	790	180	60	Gewindebohrer, Auswerfer, Stempel, Senker, Zahnbohrer, Stemmeisen.
90 Mn Cr V 8	1.2842	800	180	58	Stanzen, Schnitte, Tiefziehwerkzeuge, Schneidwerkzeuge, Kunststoffformen, Schnittplatten und Stempel, Industriemesser, Messzeuge.
Warmarbeitsstähle					
55 Ni Cr Mo V6	1.2713	850	500	40	Hammergesenke für mittlere und kleinere Abmessungen.
56 Ni Cr Mo V7	1.2714	850	500	44	Hammergesenke bis zu größten Abmessungen, besonders auch bei schwierigen Gravuren; Teilpressgesenke; Matrizenhalter, Pressstempel für Strangpressen.
X 38 Cr Mo V51	1.2343	1020	550	50	Gesenke und Gesenkeinsätze, Werkzeuge für Schmiedemaschinen; Druckgießformen für Leichtmetalle; hoch beanspruchte Werkzeuge zum Strangpressen von Leichtmetall wie Innenbüchsen, Pressmatrizen, Pressstempel.
X 40 Cr MoV51	1.2344	1030	550	51	Gesenke und Gesenkeinsätze, Werkzeuge für Schmiedemaschinen; Druckgießformen für Leichtmetalle.

Schnellarbeitsstähle

Schnellarbeitsstähle werden vorwiegend für **spanende Werkzeuge** verwendet. Es sind **hoch legierte Stähle** mit hoher Verschleißfestigkeit, die Temperaturen bis 600 °C aushalten können, ohne ihre Härte und Schneidhaltigkeit zu verlieren.

Diese Eigenschaften werden durch eine feine Abstimmung der Legierungszusätze Chrom, Wolfram, Molybdän, Vanadium und Cobalt aufeinander und auf den Kohlenstoffgehalt erreicht.

Der **Kurzname** der Schnellarbeitsstähle wird folgendermaßen gebildet: Vorangestellt wird der Großbuchstabe S. Darauf folgen drei oder vier durch Bindestriche getrennte Ziffern, die den Gehalt der Legierungsbestandteile in Prozent angeben.

1. Ziffer Wolframgehalt, 2. Ziffer Molybdängehalt, 3. Ziffer Vanadiumgehalt und 4. Ziffer Cobaltgehalt (sofern vorhanden).

Schnellarbeitsstähle werden beim **Härten** meist im **Salzbad** auf 1200 °C bis 1300 °C erwärmt und anschließend im Druckluftstrom abgekühlt. Schnellarbeitsstähle sind **Lufthärter,** die ohne Härteverzug ganz durchhärten.

Eisen-Gusswerkstoffe

Die Benennung erfolgt mit Buchstaben und Zahlen:

EN   = Europäische Norm
G   = Guss
J   = Eisen (iron)
L   = Lamellengraphit
M   = Temperkohle (B = black; W = white)
S   = Kugelgraphit
150   = Mindestzugfestigkeit in N/mm^2 (150)
350-10 = Mindestzugfestigkeit in N/mm^2 (350)
            zusätzliche Mindestbruchdehnung in % (10%)

Gusseisen mit Lamellengraphit, Grauguss (DIN EN 1561, 08.97)

Sorte		Wanddicke in mm		Zugfestigkeit R_m	Brinellhärte HB 30
Kurzname	Werkstoff-Nr.	von	bis	in N/mm^2	maximal
EN-GJL-150	EN-JL 1020	2,5	300	150 ... 250	205 ... 270
EN-GJL-200	EN-JL 1030	2,5	300	200 ... 300	235 ... 285
EN-GJL-250	EN-JL 1040	5	300	250 ... 350	250 ... 285
EN-GJL-300	EN-JL 1050	10	300	300 ... 400	265 ... 285
EN-GJL-350	EN-JL 1060	10	300	350 ... 450	275 ... 285

Gusseisensorten mit der **Brinellhärte als kennzeichnende Eigenschaft** enthalten im Kurzzeichen anstelle der Zugfestigkeitskennzahl (R_m/10) die vom Gussstück zu erwartende **Mindest-Brinellhärte.**

Temperguss (DIN EN 1562, 08.97)

Sorte		Zug-festigkeit R_m	0,2 %-Dehn-grenze $R_{p\,0,2}$	Bruch-dehnung A_3 $L_0 = 3\,d$	Brinellhärte HB	Gefügebestandteile
Kurzname	Werkstoff-Nr.	in N/mm^2	in N/mm^2	in %		
Nicht entkohlend geglühter Temperguss						
EN-GJMB-350-10	EN-JM 1130	350	200	10	max. 150	Ferrit + Temperguss
EN-GJMB-450-6	EN-JM 1140	450	270	6	150 ... 200	Perlit + Ferrit + Temperkohle
EN-GJMB-550-4	EN-JM 1160	550	340	4	180 ... 230	Perlit + Temperkohle, Ferritanteil
EN-GJMB-650-2	EN-JM 1180	650	430	2	210 ... 260	Perlit + Temperkohle
EN-GJMB-700-2	EN-JM 1190	750	530	2	240 ... 290	Vergütungsgefüge + Temperkohle
Entkohlend geglühter Temperguss						
EN-GJMW-350-4	EN-JM 1010	350	–	4	230	Kern: Perlit + Temperkohle
EN-GJMW-400-5	EN-JM 1030	400	220	5	220	Kern: Perlit + Temperkohle
EN-GJMW-450-7	EN-JM 1040	450	260	7	220	Kern: Perlit + Temperkohle
EN-GJMW-360-12	EN-JM 1020	380	200	12	200	Entkohlung auf $\leq 0,3\%$ in Wand-dicken < 8 mm

Gusseisen mit Kugelgraphit (DIN EN 1563, 08.97)

Sorte		Wanddicke des Gussstücks	Zug-festigkeit R_m	0,2 %-Dehn-grenze $R_{p\,0,2}$	Bruch-dehnung A_5	Gefüge
Kurzname	Werkstoff-Nr.	in mm	in N/mm^2	in N/mm^2	in %	
EN-GJS-400-15	EN-JS 1030	von 30 ... 60 / über 60 ... 200	390 / 370	250 / 240	15 / 12	vorwiegend ferritisch
EN-GJS-500-7	EN-JS 1050	von 30 ... 60 / über 60 ... 200	450 / 420	300 / 290	7 / 5	ferritisch/ perlitisch
EN-GJS-600-3	EN-JS 1060	von 30 ... 60 / über 60 ... 200	600 / 550	360 / 340	2 / 1	perlitisch/ ferritisch
EN-GJS-700-2	EN-JS 1070	von 30 ... 60 / über 60 ... 200	700 / 650	400 / 380	2 / 1	vorwiegend perlitisch

Stahlguss für allgemeine Verwendungszwecke (DIN 1681, 06.85)

Sorte		Streck-grenze R_e	Zug-festigkeit R_m	Bruch-dehnung $L_0 = 5\,d_0$	Bruchein-schnürung	Kerbschlagarbeit (ISO-V-Proben)		Magnetische Induktion in T bei einer Feldstärke von		
						≤ 30 mm	> 30 mm			
Kurz-name	Werk-stoff-Nr.							25	50	100
		in N/mm²	in N/mm²	in %	in %	Mittelwert in J		A/cm	A/cm	A/cm
GS-38	1.0416	200	380	25	40	35	35	1,45	1,60	1,75
GS-45	1.0443	230	450	22	31	27	27	1,40	1,55	1,70
GS-52	1.0551	260	520	18	25	27	22	1,35	1,55	1,70
GS-60	1.0553	300	600	15	21	27	20	1,30	1,50	1,65

Stahlgusssorten **mit verbesserter Schweißeignung** und **Zähigkeit** für allgemeine Verwendungszwecke (DIN 17 182, 05.92):

GS-16 Mn 5, R_m = 430 bis 600 N/mm², R_e = 230 bis 260 N/mm²
GS-20 Mn 5, R_m = 500 bis 650 N/mm², R_e = 260 bis 300 N/mm²

Schwermetalle

Blei (DIN 1719, 01.86)   Dichte ϱ = 11,3 kg/dm³

Feinblei		Hüttenblei	
Kurzzeichen[1]	Verwendung	Kurzzeichen[1]	Verwendung
Pb 99,99 Pb 99,985	Akkumulatorplatten, Herstellung von Bleioxiden	Pb 99,97 Pb 99,94 Pb 99,9	Herstellung von Legierungen und Halbzeuge

[1] Zahl gibt Bleigehalt in Gew.-% an.

Kupfer (DIN 1708, 01.73)   Dichte ϱ = 8,9 kg/dm³

Kurzzeichen, Cu-Gehalt in Gew.-%	Eigenschaften Verwendung	Kurzzeichen Cu-Gehalt in Gew.-%	Eigenschaften Verwendung
KE-Cu Cu ≥ 99,90	Katodenkupfer Herstellung von Katoden	OF-Cu Cu ≥ 99,95	Sauerstofffreies Kupfer, nicht desoxidiert, hochrein, Herstellung von Halbzeug
E1-Cu-58 E2-Cu-58 E-Cu-57 F-Cu Cu ≥ 99,90	Sauerstoffhaltiges Kupfer Herstellung von Halbzeug und Gussstücken F-Cu ohne besondere Anforderungen an elektrische Leitfähigkeit	SE-CU SW-Cu SF-Cu Cu ≥ 99,90	Desoxidiertes sauerstofffreies Kupfer mit begrenztem Phosphorgehalt. Herstellung von Halbzeug mit guter Schweiß- und Hartlötbarkeit

Zink (DIN 1706, 03.74)   Dichte $\varrho = 7,2$ kg/dm^3

Feinzink		Hüttenzink	
Kurzzeichen[1]	Verwendung	Kurzzeichen	Verwendung
Zn 99,995	Feinzink (CuZn)-Legierungen Anoden, Ätzplatten	Zn 99,5	Verzinkung, Zinkbleche, Zinkbänder, Legierungszwecke
Zn 99,99	Tiefziehmessing, Zinkbleche und -bänder	Zn 98,5	
Zn 99,95	Tiefziehmessing, Zinkbleche, -bänder, -drähte	Zn 97,5	

[1] Zahl gibt den Zn-Gehalt in Gew.-% an.

Zinn in Masseln (DIN EN 610, 9.95)   Dichte $\rho = 7,3$ kg/dm^3

Sorten: Sn 99,99; Sn 99,95; Sn 99,93; Sn 99,90;
Sn 99,85 (Zahl = Sn-Gew.-%)

Lieferformen: Form der Masseln bleibt dem Lieferer überlassen

Nickel (DIN 1701, 5.80)   Dichte $\rho = 8,85$ kg/dm^3

Sorten: H-Ni 99,96; H-Ni 99,95; H-Ni 99,92; H-Ni 99,90; H-Ni 99,5;
H-Ni 99 (Zahl = Ni + Co in Gew.-%)

Lieferformen: Briketts, Granalien, Katoden, Kugeln, Rondellen, Würfel

Kupfer-Zink-Knetlegierungen (Zinnbronze) aus DIN 17 662, 12.83

Kurzzeichen (Werkstoff-Nr.)	Legierungs-bestandteile Gew.-%	Dichte kg/dm^3 $\approx$	Hinweise Eigenschaften sowie Beispiele für Verwendung
CuSn4 (2.1016)	Sn 3,5...4,5 Cu Rest	8,9	Steckverbinder, strom leitende Federn
CuSn6 (2.1020)	Sn 5,5...7,0 Cu Rest	8,8	Federn aller Art, besonders für die Elektroindustrie. Steckverbinder, Schlauch- und Feder-rohre, Gewebe- und Siebdrähte, Gong-stäbe
CuSn8 (2.1030)	Sn 7,5...8,5 Cu Rest	8,8	Gleitelemente, besonders für dünn-wandige Gleitlagerbuchsen und Gleit-leisten; Holländermesser; gegenüber CuSn6 erhöhte Abriebfestigkeit und Korrosionsbeständigkeit.

Kupfer-Zink-Knetlegierungen (Messing) aus DIN 17 660, 12.83

Kurzzeichen (Werkstoff-Nr.)	Legierungs-bestandteile Gew.-% Zn Rest	Dichte kg/dm^3 $\approx$	Hinweise auf typische Eigenschaften sowie Beispiele für Verwendung
CuZn5 (2.0220)	Cu 94,0···96,0	8,9	Sehr gut kalt formbar, gut geeignet zum Drücken, Prägen, Hämmern, Treiben. Installationsteile für die Elektrotechnik, Kunstgewerbe. CuZn5 besonders geeignet als Emaillier-Qualität und für Dämpferstäbe. CuZn15 und CuZn20 vorwiegend für Schlauchrohre, Druckmessgeräte und Hülsen für Federungskörper.
CuZn10 (2.0230)	Cu 89,0···91,0	8,8	
CuZn15 (2.0240)	Cu 84,0···86,0		
CuZn20 (2.0250)	Cu 79,0···81,0	8,7	
CuZn28 (2.0261)	Cu 71,0···73,0	8,6	Sehr gut kalt umformbar durch Tiefziehen, Drücken, Nieten, Bördeln, sehr gut lötbar, gut auf Stahl plattierbar. Instrumente, Hülsen aller Art, Rohre für Kondensatoren und Wärmeaustauscher (Wärmeübertrager) s. DIN 1785, 10.83.
CuZn30 (2.0265)	Cu 69,0···71,0 As + P 0,020···0,035	8,5	
CuZn37 (2.0321)	Cu 62,0···64,0	8,4	Hauptlegierung für Kaltumformen durch Tiefziehen, Drücken, Stauchen, Walzen, Gewinderollen, Prägen und Biegen; gut löt- und schweißbar; gut elektrolytisch polierbar, besonders im Zustand K15. Metall- und Holzschrauben, Druckwalzen, Kühlerbänder, Reißverschlüsse, Blattfedern, Hohlwaren, Kugelschreiberminen.
CuZn33 (2.0280)	Cu 66,0···68,5	8,4	Gut warm und kalt formbar (Schmiedemessing, Muntzmetall); geeignet zum Biegen, Nieten, Stauchen und Bördeln sowie im weichen Zustand zum Prägen und auch zum Tiefziehen.
CuZn39Pb3 (2.0401)	Cu 57 ···59 Pb 2,5··· 3,3	8,5	Gut warm umformbar, nicht kalt umformbar. Hauptlegierung für Formdrehteile aller Art.
CuZn44Pb2 (2.0410)	Cu 53,5···56,0 Pb 1,0··· 2,5	8,4	Sehr gut warm umformbar, nicht kalt umformbar. Bevorzugt für dünnwandige Strangpressprofile.

Kupfer-Nickel-Zink-Knetlegierungen (Neusilber) aus DIN 17663, 12.83

CuNi12Zn24 (2.0730)	Cu 63,0...66,0 Ni 11,0...13,0	8,7	Gut kalt umformbar. Tiefziehteile, Tafelgerät, kunstgewerbliche Gegenstände, Bauwesen, Innenarchitektur, Federn.
CuNi12Zn30Pb (2.0780)	Cu 56,0...58,0 Ni 11,0...13,0 Pb 0,5... 2,0	8,6	Für spanabhebende Bearbeitung, Feinmechanik, Optik, Schlüssel.
CuNi18Zn20 (2.0740)	Cu 53,5...56,5 Ni 17,0...19,0	8,7	Wie CuNi12Zn24 höchste Anlaufbeständigkeit, Schanktische, Ladenfronten, Garderoben.

Kupfer-Nickel-Knetlegierungen aus DIN 17664, 12.83

CuNi9Sn2 (2.0875)	Ni 8,5...10,5 Fe...0,3 Mn...0,3 Cu Rest	8,9	Gut kalt umformbar, anlaufbeständig, sehr gutes Spannungsrelaxationsverhalten im federharten Zustand. Federnde Kontakte in Relais, Schaltern und Steckverbindern, Lötrahmen, Gehäuse für elektrische Baugruppen.
CuNi10FeMn (2.0872)	Ni 9,0...11,0 Fe 1,0... 1,8 Mn 0,5... 1,0 Cu Rest	8,9	Ausgezeichneter Widerstand gegen Erosion, Kavitation und Korrosion (insbesondere Meerwasser), gut schweißbar, Rohre für Meerwasserleitungen, Platten und Böden für Wärmeaustauscher u. Kondensatoren sowie Speisewasservorwärmer (Niederdruck).

Guss-Zinnbronze, Rotguss und Gussmessing aus DIN EN 1982, 12.98

Kurzzeichen (Werkstoff-Nr.)	Legierungsbestandteile Gew.-%	$R_{p\,0,2}$ N/mm²	Eigenschaften und Verwendungsrichtlinien; alle Legierungen sind meerwasserbeständig
G-CuSn10 (2.1050.01)	Cu 88 ...90,0 Sn 9,0...11,0	130	Armaturen- und Pumpengehäuse, Leit-, Lauf- und Schaufelräder für Pumpen und Wasserturbinen.
GZ-CuSn12 (2.1052.03)	Cu 84 ...88,5 Sn 11,0...13,0	150	Zähhart, gute Verschleißfestigkeit; hoch beanspruchte Kuppelsteine und Kuppelstücke, unter Last bewegte Spindelmuttern, hoch beanspruchte schnelllaufende Schnecken- und Schraubenräder (Belastungs-Kennwerte $c = 1,5...8\,N/mm^2$ für Dauerlauf je nach Gleitgeschwindigkeit, $c = 20...25\,N/mm^2$ bei kurzzeitiger Belastung).

Guss-Zinnbronze, Rotguss und Gussmessing aus DIN EN 1982, 12.98
(Fortsetzung)

Kurzzeichen (Werkstoff-Nr.)	Legierungs-bestandteile Gew.-%	$R_{p\,0,2}$ N/mm^2	Eigenschaften und Verwendungs-richtlinien; alle Legierungen sind meerwasserbeständig
G-CuSn10Zn (2.1086.01)	Cu 86,5...89,0 Sn 8,5...11,0 Zn 1,0... 3,0	140	Hart, Gleitlagerschalen mit Lastspitzen $p \leq 50\,\text{N/mm}^2$, Schiffswellenbezüge, höher beanspruchte Gleitplatten- und Kuppelstücke, Schneckenräder mit niedrigen Gleitgeschwindigkeiten.
G-CuSn7ZnPb (2.1090.01)	Cu 83,0...85,0 Sn 6,0... 8,0 Zn 3,0... 5,0 Pb 5,0... 7,0	120	Mittelhart, gute Notlaufeigenschaften; Lokomotiv-Achslagerschalen und Kupplungsstangenlager, Gleitlagerschalen für allgemeinen Maschinenbau (Lastspitzen $p \leq 40\,\text{N/mm}^2$), mittel beanspruchte Gleitplatten und -leisten.
G-CuSn5ZnPb (2.1096.01)	Cu 84,0...86,0 Sn,Zn,Pb je 4,0... 6,0	100	Gut gießbar, weich und bedingt hart lötbar, Wasser- und Dampfarmaturen bis 225 °C, normal beanspruchte Pumpengehäuse und dünnwandige, verwickelte Gussstücke.
GD-CuZn37Pb (2.0340.05)	Cu 59,0...63,0 Al 0,2... 0,8 Pb 0,5... 2,5	120	Kokillen- und Druckgussteile mit metallisch blanker Oberfläche, z.B. Armaturen, Teile für die Elektroindustrie, Beschlagteile. Konstruktionswerkstoff, sehr gut spanend bearbeitbar.
GK-CuZn37Pb (2.0340.02)		90	

Leichtmetalle

Aluminium-Knetlegierungen, nicht aushärtbar (DIN EN 573, 12.94)

Kurzzeichen (Werkstoff-Nr.)	Zugfestigkeit R_m in N/mm² [1]	0,2 %-Dehngrenze R_p in N/mm² [1]	Bruchdehnung A_5 in % [1]	Eigenschaften Verwendung (Dichte in kg/dm³)
EN AW-AlMn 1 (EN AW-3103)	90...140	35	24	Gut schweißbar. Halbzeuge. (2,73)
EN AW-AlMg 1 (EN AW-5005)	105...140	35	24	Eloxierbar, meerwasserbeständig, gut schweißbar. Halbzeuge, Profile. (2,69)
EN AW-AlMg 3 (EN AW-5754)	190...230	80	20	Für statisch beanspruchte Konstruktionen, gut schweißbar, meerwasserbeständig. Halbzeuge, Profile, Schmiedstücke. (2,66)
EN AW-AlMg 5 (EN AW-5305)	250	110	13	Auf Automaten bearbeitbar, meerwasserbeständig, für statisch beanspruchte Konstruktionen, gut schweißbar. Halbzeuge, Profile, Schmiedstücke. (2,64)
EN AW-AlMg 4,5 Mn 0,4 (EN AW-5182)	275...350	125	17	Meerwasserbeständig, gut schweißbar, für statisch beanspruchte Konstruktionen. Halbzeuge, Profile, Schmiedstücke. (2,66)

[1] Werte für Behandlungszustand „weich".

Aluminium-Knetlegierungen, aushärtbar (DIN EN 573, 12.94)

Kurzzeichen (Werkstoff-Nr.)	Zugfestigkeit R_m in N/mm² [1]	0,2 %-Dehngrenze R_p in N/mm² [1]	Bruchdehnung A_5 in % [1]	Eigenschaften Verwendung (Dichte in kg/dm³)
EN AW-AlMg Si (EN AW-6101)	130	65	13	Meerwasserbeständig, eloxierbar, für statisch beanspruchte Konstruktionen, gut schweißbar. Halbzeug, Präzisionsprofile. (2,70)
EN AW-AlCu 6 BiPb (EN AW- 2011)	320	270	10	Für Bearbeitung auf Automaten, Rohre, Stangen. (2,82)
EN AW-AlCu 4 Mg 1 (EN AW-2024)	395	265	13	Für statisch beanspruchte Konstruktionen. Halbzeuge, Profile, Schmiedstücke. (2,80)
EN AW-AlCu 4 SiMg (EN AW-2014)	400	250	12	Für statisch beanspruchte Konstruktionen. Halbzeuge, Profile, Schmiedstücke. (2,80)
EN AW-AlZn 4,5 Mg 1 (EN AW-7020)	350	275	10	Für statisch beanspruchte Konstruktionen, gut schweißbar. Halbzeuge, Profile, Schmiedstücke. (2,77)

[1] Werte für Behandlungszustand „kalt ausgehärtet"; AlZn 4,5 Mg 1 für „warm ausgehärtet".

Aluminium-Gusslegierungen (DIN EN 1706, 06.98)

Kurzzeichen (Werkstoff-Nr.)	Zugfestigkeit R_m in N/mm²	0,2 %-Dehn-grenze $R_{p\,0,2}$ in N/mm²	Bruch-dehnung A_5 in %	Eigenschaften Verwendung (Dichte $\approx$ 2,7 kg/dm³)

Legierungen für Sand- und Kokillenguss für allgemeine Verwendung

EN AC-AlSi 12 (a) (EN AC-44200)	150...200	70...100	5...10	Für verwickelte, dünnwandige, druckdichte und schwingungsfeste Gussstücke bei sehr hoher Korrosionsbeständigkeit.
EN AC-AlSi 10 Mg (a) (EN AC- 43000)	220...320	180...260	1...4	Ähnlich wie EN AC-AlSi 12, jedoch mit hoher Festigkeit nach Wärmebehandlung (warm ausgehärtet).
EN AC-AlSi 9 Cu 3 (Fe) (EN AC-46000)	180...240	110...160	1...3	Vielseitig angewandte Legierung, auch für verwickelte, dünnwandige Gussstücke, warmfest. Jedoch nur bedingt korrosions-beständig.

Legierungen für Sand-, Kokillen- und Feinguss mit besonderen mechanischen Eigenschaften

EN AC-AlSi 11 (EN A-44000)	150...230	70...110	6...13	Sehr gute Korrosionsbeständigkeit und Schweißbarkeit. Für verwickelte, dünn-wandige, druckdichte, schwingungs- und schlagfeste Gussstücke.
EN AC-AlSi 9 Mg (EN AC- 43300)	230...340	190...280	4...7	Für verwickelte, dünnwandige Gussstücke mit hoher Festigkeit und guter Zähigkeit (warm ausgehärtet), sehr gute Korrosions-beständigkeit, Luftfahrzeugbau.
EN AC-AlSi 7 Mg 0,3 (EN AC-42100)	230...340	190...280	3...6	Für Gussstücke mit mittlerer bis größerer Wanddicke, hoher Festigkeit und Zähigkeit (warm ausgehärtet), korrosionsbeständig, Luftfahrzeugbau, als Feinguss auch für dünnwandige Gussstücke.

Legierungen für Sand- und Kokillenguss für allgemeine Verwendungen

EN AC-AlMg 3 (a) (EN AC-51100)	140...200	70...120	3...8	Hervorragende Korrosionsbeständigkeit, besonders gegen Meerwasser sowie schwach alkalischen Lösungen, für Innen- und Außenarchitektur, Nahrungsmittel- und chemische Industrie, Feuerlöschwesen.
EN AC-AlMg 5 (EN AC- 51300)	160...240	100...140	3...10	Gussstücke mit sehr guter Beständigkeit gegen Meerwasser und schwach alkali-schen Lösung, für Innen- und Außen-architektur, Nahrungsmittel- und chemische Industrie, Feuerlöschwesen.

Die mechanischen Eigenschaftswerte hängen vom Gießverfahren und von der Wär-mebehandlung ab.

MEC 94

Legierungen für Druckguss

Kurzzeichen (Werkstoff-Nr.)	Zugfestigkeit R_m in N/mm²	0,2%-Dehn-grenze $R_{p\,0,2}$ in N/mm²	Bruch-dehnung A_5 in %	Eigenschaften Verwendung (Dichte in kg/dm³)
GD-AlSi 9 Cu 3 (3.2163.05)	240 ... 310	140 ... 240	0,5 ... 3	Sehr gut spanbar, bedingt schweißbar. Vielseitig angewandte Legierung, auch für verwickelte Gussstücke. (2,75)
GD-AlSi 12 (3.2582.05)	220 ... 280	140 ... 180	1 ... 3	Wie vorstehend, aber für korrosions-beständige und schwingungsfeste Guss-stücke. (2,65)
GD-AlMg 9 (3.3292.05)	200 ... 300	140 ... 220	1 ... 5	Für Teile mit hohen Ansprüchen an die Korrosionsbeständigkeit und Oberflächen-aussehen, z. B. optische Industrie, Büromaschinen. (2,6)

Magnesium-Knetlegierungen (DIN 1729-1, 8.82)

Kurzzeichen (Werkstoff-Nr.)	Lieferformen	kennzeichnende Eigenschaften	Hinweise für die Verwendung
MgMn 2 (3.5200)	Rohre, Stangen, Strangpressprofile,	korrosionsbeständig, gut schweißbar, leicht verformbar	Verkleidungen, Kraftstoffbehälter, Anoden
MgAl 3 Zn (3.5312)	wie vorstehend, außerdem Gesenk-schmiedestücke	mittlere Festigkeit, schweißbar, verformbar	Bauteile mittlerer mechanischer Beanspruchung bei noch guter chemischer Beständigkeit; Sonderzwecke, z.B. Ätzplatten, Anoden
MgAl 6 Zn (3.5612)	Rohre, Stangen, Strangpressprofile, Gesenkschmiede-stücke	mittlere bis hohe Festigkeit, beschränkt schweißbar	Bauteile mittlerer bis hoher mechanischer Beanspruchung
MgAl 8 Zn (3.5812)	Stangen, Strang-schmiedestücke	höchste Festigkeit	Bauteile hoher mechanischer Beanspruchung

Titan-Knetlegierungen (DIN 17851, 11.90)

Kurzzeichen (Werkstoff-Nr.)	Zugfestigkeit R_m in N/mm²	Streck-grenze R_e in N/mm²	Bruch-dehnung A_5 in %	Eigenschaften Verwendung
TiAl 5 Sn 2,5 (3.7115)	790 ... 980	940	≈ 8	Hohe Festigkeit, gut schweißbar, unmagnetisch, hohe Warmfestigkeit (bis $\approx$ 500 °C), korrosionsbeständig, Luftfahrttechnik, Raumfahrttechnik, Messgeräte
TiAl 6 V 4 (3.7165)	970 ... 1140	1070	8 ... 12	

Weichlote (DIN EN 29453, 02.94)

Gruppe	Legie-rungs-Nr.	Kurzzeichen	Schmelz-temperatur (Solidus/ Liquidus) °C	Gruppe	Legie-rungs-Nr.	Kurzzeichen	Schmelz-temperatur (Solidus/ Liquidus) °C
Zinn-Blei-Legierungen	4	S-Pb55Sn45	183 bis 226	Zinn-Blei-Legierungen mit Antimon	11	S-Sn63Pb37Sb	183
	5	S-Pb60Sn40	183 bis 235		12	S-Sn60Pb40Sb	183 bis 190
	6	S-Pb65Sn35	183 bis 245		13	S-Pb50Sn50Sb	183 bis 216
	7	S-Pb70Sn30	183 bis 255		14	S-Pb58Sn40Sb2	185 bis 231
	8	S-Pb90Sn10	268 bis 302		15	S-Pb69Sn30Sb1	185 bis 250
	9	S-Pb92Sn8	280 bis 305		16	S-Pb74Sn25Sb1	185 bis 263
	10	S-Pb98Sn2	320 bis 325		17	S-Pb78Sn20Sb2	185 bis 270

Lieferformen: Barren, Block, Stab, Platte, Stange, Draht, Kügelchen, Pulver.

Hartlote

Hartlote für Aluminiumwerkstoffe (DIN 8513, Blatt 4, 2.81)

Kurzzeichen ISO-Kurzzeichen	Zusammensetzung in %	Arbeitstemperatur in °C	Hinweise für die Verwendung
L-AlSi7,5 BAL92,5Si575-615	Si 6,8 bis 8,2 Al Rest	605 bis 615	Lotplattiertes Blech
L-AlSi10 BAl90Si575-595	Si 9,0 bis 10,5 Al Rest	595 bis 605	Lotplattiertes Blech
L-AlSi12 BAl88Si575-590	Si 11,0 bis 13,5	590 bis 600	angesetzt, eingelegt

Silberhaltige Hartlote mit weniger als 20 % Silber (DIN 8513, Blatt 2, 10.79)

Kurz-zeichen	Zusammen-setzung in %	Arbeits-temperatur °C ≈	Hinweise für die Anwendung Grund-werkstoff	Form der Lötstelle	Art der Lotzu-führung
L-Ag12Cd	Ag 11,0 bis 13,0 Cd 5,0 bis 9,0 Cu 49,0 bis 51,0 Zn Rest	800	Stahl, Temperguss, Kupfer, Kupfer--Legierungen, Nickel, Nickel-Legierungen	Spalt und Fuge	Angesetzt
L-Ag5	Ag 4,0 bis 6,0 Cd 54,0 bis 56,0 Si 0 bis 0,2 Zn Rest	860		Spalt und Fuge	Angesetzt und eingelegt
L-Ag15P	Ag 14,0 bis 16,0 P 4,7 bis 5,3 Cu Rest	710	Kupfer, Mes-sing, Bronze, Rotguss, Kupfer-Zink-Legierungen, Kupfer-Zinn-Legierungen	Spalt	Angesetzt und eingelegt
L-Ag5P	Ag 4,0 bis 6,0 P 5,7 bis 6,3 Cu Rest	710		Spalt und Fuge	Angesetzt und eingelegt

Dauermagnetwerkstoffe (DIN 17410, 05.77)

Werkstoff Kurzname	Werkstoff-Nr.	Massenanteile in % Al	Co	Ni	Dichte in g/cm³	Energie-dichte $B \cdot H$ [1] in kJ/m³	Remanenz B_T [1] in mT	Koerzitiv-feldstärke H_C [1] in kA/m	Permeabi-litätszahl μ_r [1]	Curie-Temperatur in K
Metallische Magnete										
isotrop										
AlNiCo9/5	1.3728	11 ... 13	0 ... 5	21 ... 28	6,8	9,0	550	47	4,0 ... 5,0	1030
AlNiCo18/9	1.3756	6 ... 8	24 ... 34	13 ... 19	7,2	18,0	600	86	3,0 ... 4,0	...
AlNiCo7/8p	1.3715	6 ... 8	24 ... 34	13 ... 19	5,5	7,0	340	84	2,0 ... 3,0	1180
anisotrop										
AlNiCo 35/5	1.3761	8 ... 9	23 ... 26	13 ... 16	7,2	35,0	1120	58	3,0 ... 4,5	1030
AlNiCo 44/5	1.3757	8 ... 9	23 ... 26	13 ... 16	7,2	44,0	1200	53	2,5 ... 4,0	...
AlNiCo 52/6	1.3759	8 ... 9	23 ... 26	13 ... 16	7,2	52,0	1250	56	1,5 ... 3,0	1180
AlNiCo 60/11	1.3763	6 ... 8	35 ... 39	13 ... 15	7,2	60,0	900	112	1,5 ... 2,5	
AlNiCo 30/14	1.3765	6 ... 8	38 ... 42	13 ... 15	7,2	30,0	680	144	1,5 ... 2,5	
Keramische Magnete										
isotrop										
Hartferrit 7/21	1.3641	Gesinterte, kunststoff-gebundene Magnete			4,9	6,5	190	210	1,2	723
Hartferrit 3/18p	1.3614				3,9	3,2	135	175	1,1	
anisotrop										
Hartferrit 20/19	1.3643				4,8	20,0	320	190	1,1	723
Hartferrit 20/28	1.3645				4,6	20,0	320	280	1,1	
Hartferrit 24/23	1.3647				4,8	24,0	350	230	1,1	
Hartferrit 25/25	1.3651				4,8	25,0	370	250	1,1	
Hartferrit 9/19p	1.3616				3,4	9,0	220	190	1,1	

[1] Erklärung der Begriffe siehe Elektrotechnik.

Werkstoffe für Gleichstromrelais (DIN 17 405, 09.79)

Kurzname	Werkstoff-Nr.	Legierungsbestandteile Massenanteil %	Dichte ρ in g/cm³	Härte HV	Remanenz[1] B_r in T	Permeabilitätszahl[1] μ_r	Spez. el. Widerstand $\frac{\Omega \cdot mm^2}{m}$	Koerzitivfeldstärke[1] H_C in A/m	H=20	50	100	200	300	500	1000	4000
Unlegierte Stähle																
RFe 160	1.1011	–			–	–	0,15	160	–	–	–	–	1,15	1,30	–	1,60
RFe 80	1.1014		7,85	max. 150	1,10	–	0,15	80	–	–	–	1,10	1,20	1,30	1,45	1,60
RFe 60	1.1015				1,20	–	0,12	60	–	–	–	1,15	1,25	1,35	1,45	1,60
RFe 20	1.1017				1,20	$\approx$ 20000	0,10	20	–	–	1,15	1,25	1,30	1,40	1,45	1,60
RFe 12	1.1018				1,20		0,10	12	–	–	1,15	1,25	1,30	1,40	1,45	1,60
Siliziumstähle																
RSi 48	1.3840	2,5 Si	7,55	130	0,50	–	0,42	48	–	–	0,60	–	1,10	1,20	–	1,50
RSi 24	1.3843	–	–	–	1,00	$\approx$ 20000	–	24	–	–	1,20	–	1,30	1,35	–	1,50
RSi 12	1.3845	4 Si	7,75	200	1,00	$\approx$ 10000	0,60	12	–	–	1,20	–	1,30	1,35	–	1,50
Nickelstähle und -legierungen																
RNi 24	1.3911	$\approx$ 36 Ni	8,2	130...180	0,45	$\approx$ 5000	0,75	24	0,20	0,45	0,70	–	0,90	1,00	–	1,18
RNi 12	1.3926	$\approx$ 50 Ni	8,3	130...180	0,60	$\approx$ 30000	0,45	12	0,50	0,90	1,10	–	1,25	1,35	–	1,45
RNi 8	1.3927	$\approx$ 50 Ni	8,3	130...180	0,60	30000...100000	0,45	8	0,50	0,90	1,10	–	1,25	1,35	–	1,45
RNi 5	2.4596	70...80 Ni	8,7	120...170	0,30	$\approx$ 40000	0,55	5	0,50	0,65	0,70	–	–	–	–	0,75
RNi 2	2.4595	kleine Mengen Cu, Cr, Mo	8,7	120...170	0,30	$\approx$ 100000	0,55	2	0,50	0,65	0,70	–	–	–	–	0,75

Magnetische Induktion B_{min}[1] in T bei Feldstärke H in A/m

1) Erklärung der Begriffe siehe Elektrotechnik.

Kunststoffe, Begriffe und Kurzzeichen

Formmassen sind ungeformte Erzeugnisse, die unter Einwirkung mechanischer Kräfte innerhalb eines bestimmten Temperaturbereiches durch spanlose Formung bleibend zu Formteilen oder Halbzeug geformt werden können.

An das Kurzzeichen können durch Bindestrich bis zu **vier wesentliche Eigenschaften,** mit Buchstaben gekennzeichnet, angehängt werden.

C	chloriert, z. B. PVC-C	L	niedrig, z. B. PE-LD
D	Dichte	P	weichmacherhaltig, z. B. PVC-P
E	expandierbar, z. B. PS-E	U	weichmacherfrei, z. B. PVC-U
H	hoch, z. B. PE-HD	V	vernetzt, z. B. PE-V
I	schlagzäh		

Formteile sind Teile, die aus Formmassen durch spanlose Formung (z. B. durch Pressen, Spritzpressen oder Spritzgießen) in allseitig geschlossenen Werkzeugen hergestellt worden sind.

Formstoffe sind Stoffe (Werkstoffe), die aus Formmassen durch spanlose Formung (z. B. durch Pressen, Spritzpressen, Strangpressen oder Spritzgießen) hergestellt worden sind und die dann als Formteile oder Halbzeug vorliegen.

Reaktionsharze sind flüssige oder verflüssigbare Harze, die ohne Abspaltung flüchtiger Stoffe durch Polyaddition oder Polymerisation härten.

Kurz-zeichen	Erklärung	Kurz-zeichen	Erklärung	Kurz-zeichen	Erklärung
ABS	Acrylnitril-Butadien-Styrol-Copolymere	ETFE	Ethylen/Tetrafluorethylen-Copolymer	PMMA	Polymethylmethacrylat
AFK	Asbestverstärkter Kunststoff	EVA	Ethylen-Vinylacetat-Copolymerisat	POM	Polyoxymethylen; Polyformaldehyd
AMMA	Acrylnitril-Methyl-methacrylat-Copolymere	FEP	Tetrafluorethylen/Hexa-fluorpropylen-Copolymer	PP	Polypropylen
				PPE	Polyphenylenether
ASA	Acrylnitril-Styrol-Acrylsäureester-Copolymere	GFK	Glasfaserverstärkter Kunststoff	PPS	Polyphenylensulfid
				PS	Polystyrol
		MBS	Methacrylat/Butadien-Styrol-Copolymer	PSU	Polysulfon
BFK	Borfaserverstärkter Kunststoff			PTFE	Polytetrafluorethylen
		MC	Methylcellulose	PUR	Polyurethan
CA	Celluloseacetat	MF	Melaminformaldehyd	PVAC	Polyvinylacetat
CAB	Celluloseacetobutyrat	NBR	Nitrilkautschuk	PVAL	Polyvinylalkohol
CAP	Celluloseacetopropionat	PA	Polyamid	PVB	Polyvinylbutyral
CF	Kresolformaldehyd	PAI	Polyamidimid	PVC	Polyvinylchlorid
CFK	Kohlenstofffaser-verstärkter Kunststoff	PAN	Polyacrylnitril	PVDC	Polyvinylidenchlorid
		PB	Polybuten-1	PVF	Polyvinylfluorid
CMC	Carboxymethylcellulose	PBT	Polybutylenterephthalat	PVFM	Polyvinylformal
CN	Cellulosenitrat	PC	Polycarbonat	PVK	Polyvinylcarbazol
CP	Cellulosepropionat	PCTFE	Polychlortrifluorethylen	SAN	Styrol-Acrylnitril-Copolymere
CSF	Casein-Formaldehyd	PDAP	Polydiallylphthalat		
CTA	Cellulose-Triacetat	PE	Polyethylen	SB	Styrol-Butadien-Copolymere (PS-Schlagfest)
EAA	Ethylen/Acrylsäure-Copolymer	PES	Polyethersulfon		
		PET	Polyethylenterephthalat		
EC	Ethylcellulose	PF	Phenolformaldehyd	SI	Silikon
EMA	Ethylen/Methacrylat-Copolymer	PI	Polyimid	S/MS	Styrol-α-Methylstyrol-Copolymere
		PIB	Polyisobutylen	UF	Harnstoffformaldehyd
EP	Epoxid	PMI	Polymethacrylimid	UP	Ungesättigte Polyester

Duroplast-Formmassen

Phenoplast-Formmassen (DIN 7708-2, 11.75) bestehen im Wesentlichen aus härtbaren Phenol-Formaldehyd-Kunstharzen, Füllstoffen und Zusatzstoffen. **Aminoplast-Formmassen** (DIN 7708-3, 10.75) bestehen im Wesentlichen aus härtbaren Kunstharzen auf der Basis Harnstoff, Dicyandiamid und Melamin sowie aus Füllstoffen und Zusatzstoffen. **Polyester-Formmassen** (DIN 16911-1, 1.78) bestehen im Wesentlichen aus ungesättigten Polyesterharzen (UP-Harzen), Füllstoffen und Zusatzstoffen.

Eigenschaften von Probekörpern aus Duroplast-Formmassen
(Auswahl aus DIN 7708)

Formmasse Typ	Harzbasis [1]	Art des Füllstoffes	Biegefestigkeit $\sigma_{bB} \geq$ N/mm²	Schlagzähigkeit $a_n \geq$ kJ/m²	Kerbschlagzähigkeit $a_K \geq$ kJ/m²	Formbeständigkeit in der Wärme nach Martens in °C $\geq$	Wasseraufnahme mg $\leq$	Oberflächenwiderstand R_{OA} Vergleichszahl $\geq$
Phenoplast-Formmassen								
31		Holzmehl	70	6	1,5		150	8
51		Zellstoff		5	3,5		300	7
71		Baumwollfasern		6	6		250	7
74	PF	Baumwollgewebeschnitzel	60	12	12	125	300	7
75		Kunstseidenstränge		14	14		300	8
15		Asbestfasern	50	5	5	150	130	7
16		Asbestschnur	70	15	15		90	7
Aminoplast-Formmassen								
131	UF	Zellstoff	80	6,5	1,5	100	300	10
150		Holzmehl	70	6	1,5	120	250	10
153		Baumwollfasern	60	5	3,5	125	300	9
155	MF	Gesteinsmehl	40	2,5	1	130	200	8
156		Asbestfasern	50	3,5	2	140	200	8
157		Asbestfasern mit Holzmehl	60	4,5	1,5	140	200	9
Polyester-Formmassen								
801	UP	Textilglasfasern und andere anorganische Füllstoffe	60	22	22	125	100	10
802			55	4,5	3	140	45	12

[1] PF = Phenol-Formaldehydharz; UF = Harnstoffharz; MF = Melaminharz; UP = Umgesättigtes Polyesterharz

Bezeichnungsbeispiel für Phenoplast-Formmasse Typ 31:

Formmasse DIN 7708 – Typ 31

Mechanische Eigenschaften bekannter Kunststoffe

Kunststoff	Kurz-zeichen	Dichte in kg/dm^3	Zug-festigkeit in N/mm^2	Reiß-dehnung in %	Zug-E-Modul in N/mm^2	Kugel-druckhärte 10''-Wert	Optische Klarheit
Polyethylen, weich	PE-LD	0,914	8	300	200	13	transparent
Polyethylen, hart	PE-HD	0,94	18	100	700	40	opak
Polypropylen	PP	0,90	21	20	1100	36	transparent bis opak
Polybuten	PB	0,905	30	250	250	30	opak
Polyvinylchlorid, hart	PVC-U	1,38	50	10	1000	75	transparent bis opak
Polyvinylchlorid, weich	PVC-P	1,10	10	170	–	–	transparent bis opak
Polystyrol, normal	PS	1,05	45	3	3200	120	transparent
Styrol/Polybutadien-Propfpolymer	SB	1,05	26	25	1800	80	opak
Styrol/Acrylnitril-Copolymer	SAN	1,08	75	5	3600	130	transparent
Acrylnitril/Polybuta-dien/Styrol-Propfpol.	ABS	1,04	32	15	1900	80	opak
Polymethylmethacrylat	PMMA	1,17	50	2	2700	180	transparent
Polyoxymethylen (Polyacetal)	POM	1,41	62	25	2800	150	opak
Polytetrafluorethylen	PTFE	2,15	25	350	410	27	opak
Polyamid 6	PA 6	1,13	70	200	1400	75	opak
Polyamid 66	PA 66	1,14	77	150	2000	100	opak
Polycarbonat	PC	1,20	56	100	2100	110	transparent bis opak
Thermoplast-Polyester	PBT PET	1,31 1,37	40 47	15 50	2000 3100	180 200	opak
Polyphenylenether, modifiziert	PPE	1,06	55	50	2500	–	opak
Polyethersulfon	PES	1,37	85	30	2450	–	transparent
Polyphenylensulfid	PPS	1,34	73	3	3400	–	opak
Polyetherimid	PEI	1,27	105	60	2900	–	opak
Polyamidimid	PAI	1,2	190	15	5000	–	opak
Celluloseacetat Celluloseacetobutyrat	CA CAB	1,3 1,18	38 26	3 4	2200 1600	50 35	transparent transparent
Siliconharz	Si	1,8	28	–	6000	–	opak
Phenol/Formaldehyd Typ 31	PF	1,4	25	0,4	5600	250	opak
Harnstoff/Formaldehyd Typ 131	UF	1,5	30	0,5	7000	260	opak
Polyesterharz, Typ 802	UP	2,0	30	0,6	4900	260	opak
Epoxidharz, Typ 891	EP	1,9	30	4	21 500	–	opak
Polyurethan-Gießharz	PUR	1,05	70	3	4000	–	transparent

Elektrische und thermische Eigenschaften bekannter Kunststoffe

Kunststoff	Kurz-zeichen	Durch-gangs-Widerstand in Ωcm	Dielektri-zitätszahl bei 50 Hz	Dielektr. Verlustfak-tor tan δ bei 50 Hz	Dauer-Gebrauchs-temperatur in °C	Wärme-leitfähigkeit in W/mK	Längen-ausdeh-nungszahl in 10^{-6}/K
Polyethylen, weich	PE-LD	$>10^{17}$	2,29	$1,5 \cdot 10^{-4}$	60	0,32	250
Polyethylen, hart	PE-HD	$>10^{17}$	2,35	$2,4 \cdot 10^{-4}$	70	0,38	200
Polypropylen	PP	$>10^{17}$	2,27	$<4 \cdot 10^{-4}$	100	0,17	150
Polybuten	PB	$>10^{17}$	2,5	$7 \cdot 10^{-4}$	90	0,20	150
Polyvinylchlorid, hart	PVC-U	$>10^{15}$	3,5	0,011	65	0,14	70
Polyvinylchlorid, weich	PVC-P	$>10^{11}$	4	0,08	50	0,15	150
Polystyrol, normal	PS	$>10^{16}$	2,5	$1 \cdot 10^{-4}$	50	0,18	70
Styrol/Polybutadien-Propfpolymer	SB	$>10^{16}$	2,4	$4 \cdot 10^{-4}$	50	0,18	70
Styrol/Acrylnitril-Copolymer	SAN	$>10^{16}$	2,6	0,006	85	0,18	80
Acrylnitril/Polybuta-dien/Styrol-Propfpol.	ABS	$>10^{15}$	2,4	0,003	50	0,18	70
Polymethylmethacrylat	PMMA	$>10^{15}$	3,3	0,04	65	0,18	70
Polyoxymethylen (Polyacetal)	POM	$>10^{15}$	3,7	0,005	90	0,25	90
Polytetrafluorethylen	PTFE	$>10^{18}$	$<2,1$	$2 \cdot 10^{-4}$	250	0,25	100
Polyamid 6	PA 6	10^{12}	3,8	0,01	80	0,29	80
Polyamid 66	PA 66	10^{12}	8	0,14	80	0,29	80
Polycarbonat	PC	$>10^{17}$	3,0	$7 \cdot 10^{-4}$	135	0,21	60
Thermoplast-Polyester	PBT PET	10^{16} 10^{16}	3,0 4,0	0,002 0,002	100 100	0,21 0,24	60 70
Polyphenylenether, modifiziert	PPE	10^{16}	2,6	$4 \cdot 10^{-4}$	80	0,23	60
Polyethersulfon	PES	10^{17}	3,5	0,001	200	0,18	55
Polyphenylensulfid	PPS	$>10^{16}$	3,1	$4 \cdot 10^{-4}$	200	0,25	55
Polyetherimid	PEI	10^{14}	3,1	0,001	170	0,22	62
Polyamidimid	PAI	10^{15}	4,0	0,03	260	0,26	31
Celluloseacetat Celluloseacetobutyrat	CA CAB	10^{13} 10^{16}	5,8 3,7	0,02 0,006	70 60	0,22 0,21	120 120
Siliconharz	Si	10^{14}	5,2	0,04	150	0,6	10
Phenol/Formaldehyd Typ 31	PF	10^{11}	6	0,1	110	0,35	30
Harnstoff/Formaldehyd Typ 131	UF	10^{11}	8	0,04	70	0,4	50
Polyesterharz, Typ 802	UP	10^{10}	6	0,04	150	0,7	20
Epoxidharz, Typ 891	EP	$>10^{14}$	3,5	0,001	130	0,88	11
Polyurethan-Gießharz	PUR	10^{16}	3,6	0,05	80	0,58	10

Gewichte von Rund- und Vierkantstahl

Dichte 7,85 kg/dm³

Dicke d in mm	Gewicht in kg/m (▢)	Gewicht in kg/m (○)	Dicke d in mm	Gewicht in kg/m (▢)	Gewicht in kg/m (○)	Dicke d in mm	Gewicht in kg/m (▢)	Gewicht in kg/m (○)
5	0,196	0,154	50	19,625	15,414	180	254,340	199,759
6	0,283	0,222	52	21,226	16,671	185	268,666	211,011
7	0,385	0,302	54	22,891	17,978	190	283,385	222,571
8	0,502	0,395	56	24,618	19,335	195	298,496	234,439
9	0,636	0,499	58	26,407	20,740	200	314,000	246,616
10	0,785	0,617	60	28,260	22,195	205	329,896	259,101
11	0,950	0,746	62	30,175	23,700	210	346,185	271,894
12	1,130	0,888	64	32,154	25,253	215	362,866	284,996
13	1,327	1,042	66	34,195	26,856	220	379,940	298,405
14	1,539	1,208	68	36,298	28,509	225	397,406	312,125
15	1,766	1,387	70	38,465	30,210	230	415,265	326,150
16	2,010	1,578	72	40,694	31,961	235	433,516	340,484
17	2,269	1,782	74	42,987	33,762	240	452,160	355,127
18	2,543	1,998	76	45,342	35,611	245	471,196	370,078
19	2,834	2,226	78	47,759	37,510	250	490,625	385,338
20	3,140	2,466	80	50,240	39,459	255	510,446	400,905
21	3,462	2,719	85	56,716	44,545	260	530,660	416,781
22	3,799	2,984	90	63,585	49,940	265	551,266	432,965
23	4,153	3,261	95	70,846	55,643	270	572,265	449,458
24	4,522	3,551	100	78,500	61,654	275	593,656	466,258
25	4,906	3,853	105	84,546	67,974	280	615,440	483,367
26	5,307	4,168	110	94,985	74,601	285	637,616	500,785
27	5,723	4,495	115	103,816	81,537	290	660,185	518,510
28	6,154	4,834	120	113,040	88,782	295	683,146	536,544
29	6,602	5,185	125	122,656	96,334	300	706,500	554,886
30	7,065	5,549	130	132,665	104,195	305	730,246	573,536
32	8,038	6,313	135	143,066	112,364	310	754,385	592,495
34	9,075	7,127	140	153,860	120,842	315	778,916	611,762
36	10,174	7,990	145	165,046	129,628	320	803,840	631,337
38	11,335	8,903	150	176,625	138,722	325	829,156	651,220
40	12,560	9,865	155	188,596	148,124	330	854,865	671,412
42	13,847	10,876	160	200,960	157,834	335	880,966	691,912
44	15,198	11,936	165	213,716	168,853	340	907,460	712,720
46	16,611	13,046	170	226,865	178,180	345	934,346	733,837
48	18,086	14,205	175	240,406	188,815	350	961,625	755,262

Werkstoffprüfung

Zugversuch (DIN EN 10002, 04.91)

Skizzen, Diagramme	Beschreibung, Formeln	Formelzeichen, Einheiten
Runde Zugprobe (DIN 50125, 4.91) 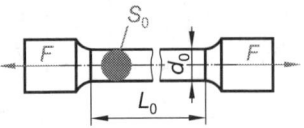 $L_0 = 5 \cdot d_0$ oder $L_0 = 10 \cdot d_0$ **Flache Zugprobe** (DIN 50125, 4.91) 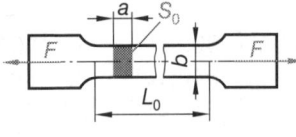 $L_0 = 5{,}65\sqrt{S_0}$ oder $L_0 = 11{,}3\sqrt{S_0}$ 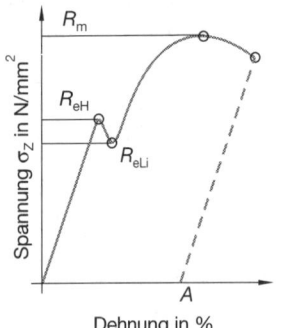 Spannung σ_Z in N/mm^2 — Dehnung in %	Eine **Zugprobe** wird bis zum Bruch gedehnt. Die Abhängigkeit der **Spannung** von der **Dehnung** wird in einem Diagramm dargestellt. **Zweck:** Ermittlung von Festigkeits- und Verformungskenngrößen. $\sigma_Z = \dfrac{F}{S_0}$ $R_m = \dfrac{F_m}{S_0}; \quad R_{eH} = \dfrac{F_{eH}}{S_0}$ $R_{eL} = \dfrac{F_{eL}}{S_0}; \quad R_{p0,2} = \dfrac{F_{0,2}}{S_0}$ $R_{eH} = \dfrac{F_{eH}}{S_0}$ $\varepsilon = \dfrac{L - L_0}{L_0} \cdot 100\,\%$ $A = \dfrac{L_U - L_0}{L_0} \cdot 100\,\%$ $Z = \dfrac{S_0 - S_U}{S_0} \cdot 100\,\%$ $E = \dfrac{\sigma_Z}{\varepsilon} \cdot 100\,\%$	F Zugkraft in N F_m Höchstzugkraft in N R_m Zugfestigkeit in N/mm^2 σ_Z Zugspannung in N/mm^2 R_{eH}, R_{eL} obere, untere Streckgrenze in N/mm^2 F_{eH}, F_{eL} Kräfte an den Streckgrenzen in N $R_{p\,0,2}$ 0,2%-Dehngrenze in N/mm^2 S_0 Anfangsquerschnitt der Probe in mm^2 L_0 Anfangsmesslänge der Probe in mm S_U Probenquerschnitt nach Bruch in mm^2 L_U Messlänge nach Bruch in mm A Bruchdehnung in % Z Brucheinschnürung in % ε Dehnung in % E Elastizitätsmodul in N/mm^2

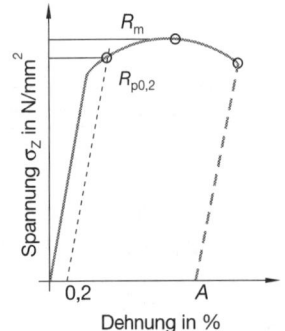

Spannung σ_Z in N/mm^2 — Dehnung in %

Beispiel

Gegeben: Zugprobe $L_0 = 80$ mm $\cdot$ $d_0 = 16$ mm

$\qquad\qquad F_{eH} = 74\,\text{kN} \quad F_m = 180\,\text{kN} \quad L_u = 89\,\text{mm}$

Gesucht: R_m; R_{eH}; A;   Welche Baustahlsorte?

$$S_0 = \frac{\pi \cdot d_0^{\,2}}{4} = \frac{\pi \cdot (16\,\text{mm})^2}{4} = 201{,}1\,\text{mm}^2$$

$$R_{eH} = \frac{F_{eH}}{S_0} = \frac{74\,000\,\text{N}}{201{,}1\,\text{mm}^2} = 368\,\text{N}/\text{mm}^2$$

$$R_m = \frac{F_m}{S_0} = \frac{180\,000\,\text{N}}{201{,}1\,\text{mm}^2} = 895\,\text{N}/\text{mm}^2$$

$$A = \frac{L_U - L_0}{L_0} = \frac{89\,\text{mm} - 80\,\text{mm}}{80\,\text{mm}} \cdot 100\,\% = 11{,}25\,\%$$

Baustahlsorte: Masch. Baustahl **E360**

Härteprüfungen

Härteprüfung nach Brinell (DIN EN 10 003-1, 01.95)

Skizzen, Diagramme	Beschreibung, Formeln	Formelzeichen, Einheiten
	Eine Stahl- oder Hartmetall-kugel wird in die Oberfläche einer Probe eingedrückt und der **Durchmesser des Ein-drucks,** der nach Wegnahme der Prüfkraft zurückbleibt, gemessen. Die **Brinellhärte** ist proportional dem Quotienten aus Prüfkraft und Oberfläche des Eindrucks. Übliche **Einwirk-dauer** 10...15 s $$\text{Belastungsgrad} = \frac{0{,}102 \cdot F}{D^2}$$ Der Belastungsgrad ist dem Werkstoff entsprechend zu wählen (s. Tabelle unten). $$HB = \frac{0{,}102 \cdot F}{\frac{\pi \cdot D}{2} \cdot \left(D - \sqrt{D^2 - d^2}\right)}$$ Bei Härtewerten $> 300\ HB$ nur **Hartmetallkugeln** verwenden. Für Härtewerte $> 650\ HB$ nicht anwendbar.	HB Brinellhärte in N/mm^2 W Hartmetallkugel S gehärtete Stahlkugel F Prüfkraft in N D Kugeldurchmesser in mm d Eindruckdurchmesser in mm s Probedicke **Kurzbezeichnung der Brinellhärte** ⎡1⎤ ⎡2⎤ ⎡3⎤/⎡4⎤/⎡5⎤ 1 Zahlenwert der Brinell-härte 2 Kurzzeichen HB 3 Kennbuchstaben W oder S für Art der Kugel 4 Zahlenwert $0{,}102 \cdot F$ für F in N 5 Einwirkdauer in s, wenn diese von den üblichen Werten abweicht.

Formeln in Skizze: $s_{min} = 8 \cdot h$; $d = \dfrac{d_1 + d_2}{2}$

Beispiel

Gegeben: Prüfkraft $F = 29420$ N; Kugeldurchmesser $D = 10$ mm; Eindruckdurchmesser $d = 4$ mm; gehärtete Stahlkugel, Einwirkdauer 20 s.

Gesucht: Belastungsgrad; Härtewert; Kurzbezeichnung

$$\text{Belastungsgrad} = \frac{0{,}102 \cdot F}{D^2} = \frac{0{,}102 \cdot 29420\ \text{N}}{100\ \text{mm}^2} = 30\,\text{N}/\text{mm}^2$$

$$\text{Härtewert:} \quad HB = \frac{0{,}102 \cdot F}{\pi \cdot D/2 \cdot \left(D - \sqrt{D^2 - d^2}\right)} = \frac{3000\,\text{N}}{\pi \cdot 5\,\text{mm}\left(10\,\text{mm} - \sqrt{100\,\text{mm}^2 - /16\,\text{mm}^2}\right)}$$

$$HB = 228{,}7\ \text{N/mm}^2 \approx \mathbf{230\ \text{N/mm}^2}$$

Angabe: **230 *HBS*/3000/20**

Anwendungsbereiche

Belastungsgrad	Grenzwerte der Probenwerkstoffe
30	St $\leq 650\ HB$; GG $\geq 140\ HB$; CU-Leg. $> 200\ HB$; AL-Leg. $> 130\ HB$
10	GG $< 140\ HB$; CU-Leg. $35 \ldots 200\ HB$; AL-Leg. $55 \ldots 130\ HB$
5	Cu, Cu-Leg. $< 35\ HB$; AL-Leg. $< 55\ HB$; Zn
2,5	AL; Lagermetalle
1	Pb; Sn

Härteprüfung nach Rockwell (DIN EN 10 109-1, 01.95)

Skizzen, Diagramme	Beschreibung, Formeln	Formelzeichen, Einheiten

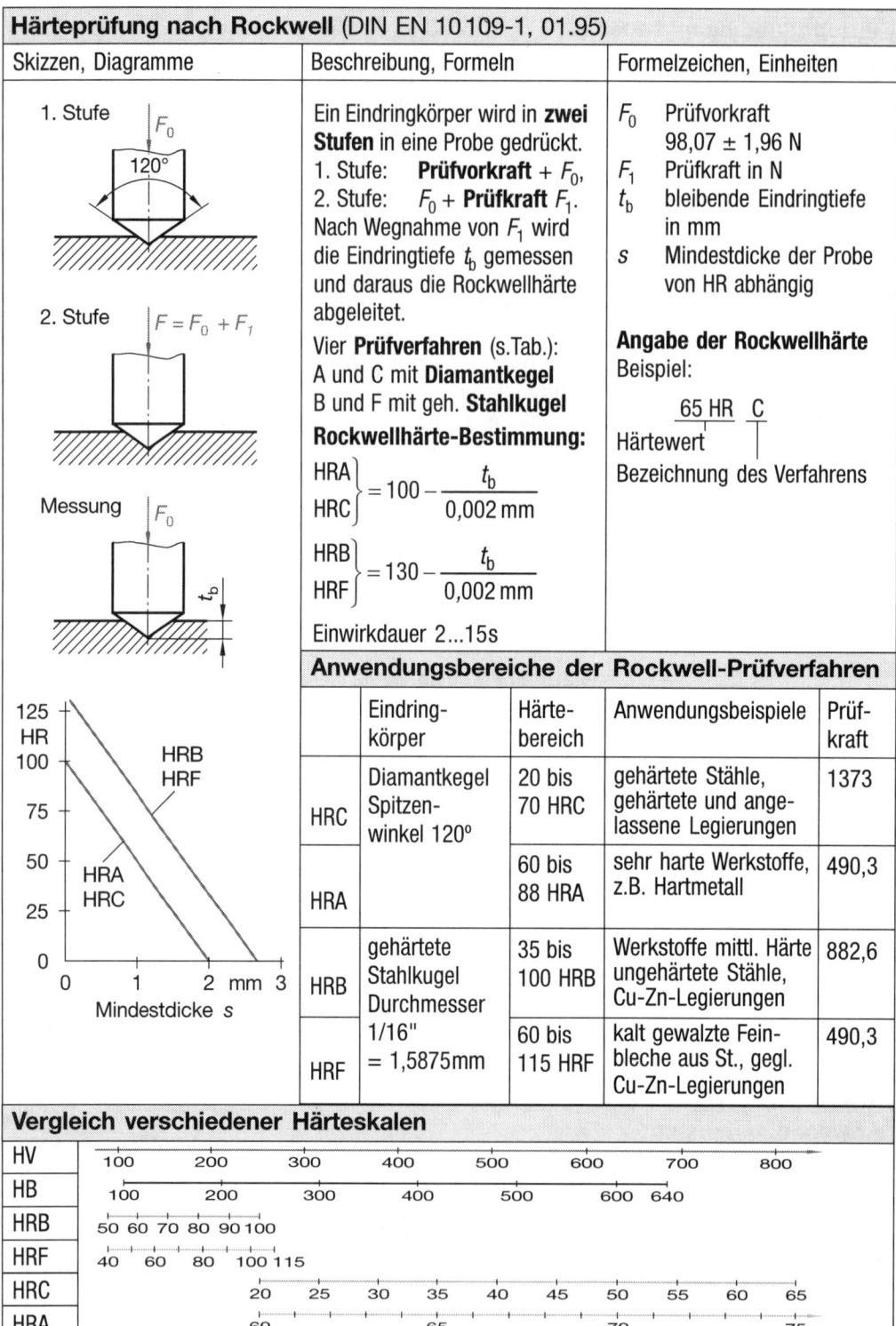	Ein Eindringkörper wird in **zwei Stufen** in eine Probe gedrückt.
	1. Stufe: **Prüfvorkraft** + F_0,
	2. Stufe: F_0 + **Prüfkraft** F_1.
	Nach Wegnahme von F_1 wird die Eindringtiefe t_b gemessen und daraus die Rockwellhärte abgeleitet.
	
	Vier **Prüfverfahren** (s.Tab.):
	A und C mit **Diamantkegel**
	B und F mit geh. **Stahlkugel**
	Rockwellhärte-Bestimmung:
	$$\left.\begin{array}{l}\text{HRA}\\\text{HRC}\end{array}\right\} = 100 - \dfrac{t_b}{0{,}002\,\text{mm}}$$
	$$\left.\begin{array}{l}\text{HRB}\\\text{HRF}\end{array}\right\} = 130 - \dfrac{t_b}{0{,}002\,\text{mm}}$$
	Einwirkdauer 2...15s
		F_0 Prüfvorkraft
		     98,07 ± 1,96 N
		F_1 Prüfkraft in N
		t_b bleibende Eindringtiefe
		     in mm
		s Mindestdicke der Probe
		     von HR abhängig
		
		Angabe der Rockwellhärte
		Beispiel:
		
		$$\underset{\text{Härtewert}}{65\,\text{HR}}\ \underset{\text{Bezeichnung des Verfahrens}}{\text{C}}$$

Anwendungsbereiche der Rockwell-Prüfverfahren

	Eindring-körper	Härte-bereich	Anwendungsbeispiele	Prüf-kraft
HRC	Diamantkegel Spitzen-winkel 120°	20 bis 70 HRC	gehärtete Stähle, gehärtete und ange-lassene Legierungen	1373
HRA		60 bis 88 HRA	sehr harte Werkstoffe, z.B. Hartmetall	490,3
HRB	gehärtete Stahlkugel Durchmesser 1/16" = 1,5875mm	35 bis 100 HRB	Werkstoffe mittl. Härte ungehärtete Stähle, Cu-Zn-Legierungen	882,6
HRF		60 bis 115 HRF	kalt gewalzte Fein-bleche aus St., gegl. Cu-Zn-Legierungen	490,3

Vergleich verschiedener Härteskalen

Härteprüfung nach Vickers (DIN EN ISO 6507, 01.98)

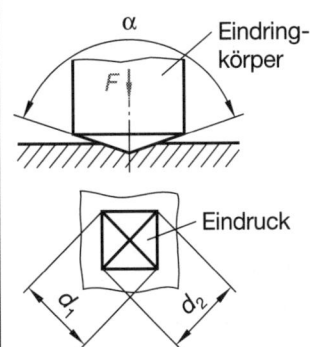

Ein **Eindringkörper** aus Diamant in Form einer **Pyramide** mit quadratischer Grundfläche und einem **Winkel** $\alpha = 136°$ zwischen zwei gegenüberliegenden Flächen wird in die Oberfläche einer Probe eingedrückt. Die Diagonalen d_1 und d_2 des **Eindrucks** werden nach Wegnahme der **Prüfkraft** F_1 gemessen; aus ihrem Mittelwert d wird die **Vickershärte** HV bestimmt.

Zweck: Härteprüfung für alle Metalle, besonders geeignet für **dünne Proben.**

F	Prüfkraft in N
d	Diagonale des Eindrucks in mm
s	Mindestdicke der Probe

Angabe des Härtewerts, Beispiel:

$$\underline{500\ HV}\ \ \underline{30}/\underline{20}$$

$$\quad 1 \qquad 2 \ \ 3$$

1	Vickershärte **500**
2	Prüfkraft Wert **30** = 0,102. 294,2 N
3	Einwirkdauer 20 s

Wenn Einwirkdauer üblicherweise 10 bis 15 s keine Angabe z.B. 650 *HV* 5

Anzuwendende Prüfkräfte *F* in N

Makro-bereich		Kleinlast-bereich	
HV 5	49,3	HV 0,2	1,961
HV 10	98,07	HV 0,3	2,942
HV 20	196,1	HV 0,5	4,903
HV 30	294,2	HV 1	9,807
HV 50	490,3	HV 2	19,61
HV 100	980,7	HV 3	29,42

$$d = \frac{d_1 + d_2}{2}\,;\ s \leq 1,5\,d$$

$$HV \approx 0,1891 \cdot \frac{F}{d^2}$$

Sintermetalle

Beispiel:

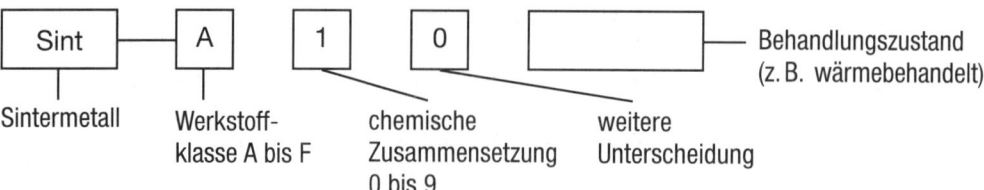

	Behandlungszustand

```
┌──────┐   ┌───┐   ┌───┐   ┌───┐   ┌─────────┐
│ Sint │───│ A │   │ 1 │   │ 0 │   │         │─── Behandlungszustand
└──────┘   └───┘   └───┘   └───┘   └─────────┘     (z. B. wärmebehandelt)
    │         │       │       │
Sintermetall  Werkstoff-  chemische   weitere
           klasse A bis F  Zusammensetzung  Unterscheidung
                           0 bis 9
```

Auswahl

Kurzname	Zugfestigkeit in N/mm^2	Name	Verwendung
Sint-AF 40	80–200	Sinterstahl	Filterteile
Sint-A 00	> 60	Sintereisen	Lagerwerkstoffe
Sint-A 50	> 70	Sinterbronze	Lagerschalen
Sint-B 00	> 80	Sintereisen	Gleitlager
Sint-C 00	> 150	Sintereisen	Hebel
Sint-D 00	> 250	Sintereisen	Formteile, Zahnräder
Sint-E 02	> 200	Sintereisen	Formteile für Elektroindustrie
Sint-E 73	> 200	Sinteraluminium	Formteile für Haushaltsgeräte

Keramische Werkstoffe

Bezeichnung	Kurzname	Dichte in g/cm^3	Verwendung
Aluminiumoxid (Al_2O_3)	KER 110 KER 610	2,3 2,7	Schneidkeramik Biomedizin
Siliciumkarbid	SiC	2,4	Schleifmittel
Siliciumnitrid	Si_3N_4	3,2	Schneidkeramik
Diamant	–	3,5	Lagersteine, Schleifmittel

Verbundwerkstoffe

Werkstoff	Dichte in g/cm^3	Zugfestigkeit in N/mm^2	Verwendung
GFK (glasfaserverstärkt)	1,4	130–360	Wellen, Behälter, Gehäuse, Lager, Dichtungen
CFK (kohlenstofffaserverstärkt)	1,42	190–210	Spulen, Kolbenringe, Leichtbauwerkstoffe in der Luftfahrt

Maschinenelemente

Befestigungsgewinde

Tabelle MEC 109.1: Übersicht über Befestigungsgewinde (DIN 202/1.88)

Gewinde-benennung	Gewinde-profil (Skizze)	Kenn-buch-staben	Kurzzeichen (Beispiel)	Nenndurch-messerbereich	Norm	Anwendung
Metrisches ISO-Gewinde		M	M 0,8	0,3 bis 0,9 mm	DIN 14 Teil 2	für Uhren und Feinwerktechnik
			M 30	1 bis 68 mm	DIN 13 Teil 1	allgemein (Regelgewinde)
			M 20 x 1 M 30 x 2–LH LH = Linksgewinde	1 bis 1000 mm	DIN 13 Teil 2 bis Teil 11	allgemein, wenn Steigung des Regelgewindes zu groß
Metrisches kegeliges Außen-gewinde			DIN 158-M 30 x 2 keg	6 bis 60 mm	DIN 158 Teil 1	für Verschluss-schrauben und Schmiernippel
			DIN 158-M 30 x 2 keg kurz			
Metrisches MJ-Gewinde			MJ 6 x 1-4 h 6 h	1,6 bis 39 mm	DIN ISO 5855 Teil 1 und Teil 2	Luft- und Raumfahrt
			MJ 6 x 1-4 H 6 H			
Rohrgewinde für nicht im Gewinde dichtende Verbindungen (zylindrisch)		G	G 1¹/₂ A G 1¹/₂ B A, B = Toleranzklasse	1/16 bis 6 inch	DIN ISO 228 Teil 1	Außengewinde für Rohre und Rohr-verbindungen
			G 1¹/₂			Innengewinde für Rohre und Rohr-verbindungen

Tabelle MEC 110.1: Metrisches ISO-Regelgewinde (DIN 13 T1/12.86)

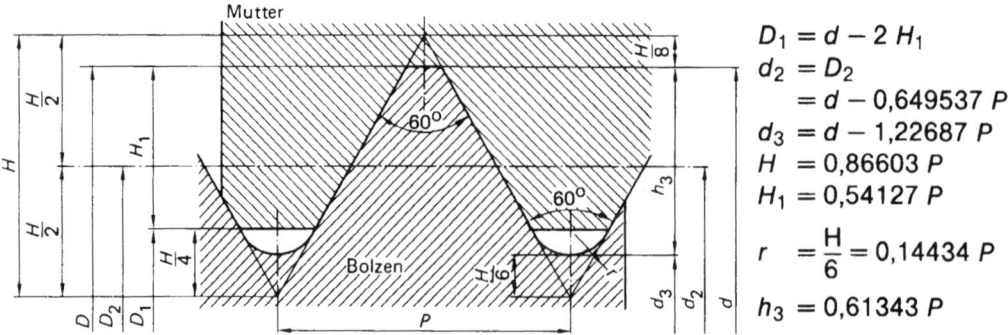

$D_1 = d - 2\,H_1$

$d_2 = D_2$

$\quad\quad = d - 0{,}649537\,P$

$d_3 = d - 1{,}22687\,P$

$H = 0{,}86603\,P$

$H_1 = 0{,}54127\,P$

$r = \dfrac{H}{6} = 0{,}14434\,P$

$h_3 = 0{,}61343\,P$

Gew.-Nenn-durch-messer	Steigung	Flanken-durch-messer	Kerndurchmesser		Gewindetiefe		Span-nungs-quer-schnitt
$d = D$	P	$d_2 = D_2$	d_3	D_1	h_3	H_1	A_s
M 1	0,25	0,838	0,693	0,729	0,153	0,135	0,46
M 1,2	0,25	1,038	0,893	0,929	0,153	0,135	0,73
M 1,6	0,35	1,373	1,170	1,221	0,215	0,189	1,27
M 2	0,4	1,740	1,509	1,567	0,245	0,217	2,07
M 2,5	0,45	2,208	1,948	2,013	0,276	0,244	3,39
M 3	0,5	2,675	2,387	2,459	0,307	0,271	5,03
M 4	0,7	3,545	3,141	3,242	0,429	0,379	8,78
M 5	0,8	4,480	4,019	4,134	0,491	0,433	14,2
M 6	1	5,350	4,773	4,917	0,613	0,541	20,1
M 8	1,25	7,188	6,466	6,647	0,767	0,677	36,6
M 10	1,5	9,026	8,160	8,376	0,920	0,812	58,0
M 12	1,75	10,863	9,853	10,106	1,074	0,947	84,3
M 16	2	14,701	13,546	13,835	1,227	1,087	157
M 20	2,5	18,376	16,933	17,294	1,534	1,353	245
M 24	3	22,051	20,319	20,752	1,840	1,624	353
M 30	3,5	27,727	25,706	26,211	2,147	1,894	561
M 36	4	33,402	31,093	31,670	2,454	2,165	817
M 42	4,5	39,077	36,479	37,129	2,760	2,436	1121
M 48	5	44,752	41,866	42,587	3,067	2,706	1473
M 56	5,5	52,428	49,252	50,046	3,374	2,977	2030
M 64	6	60,103	56,639	57,505	3,681	3,248	2676

Tabelle MEC 111.1: Gewindeausläufe und Gewindefreistiche (DIN 76 T1/12.83)

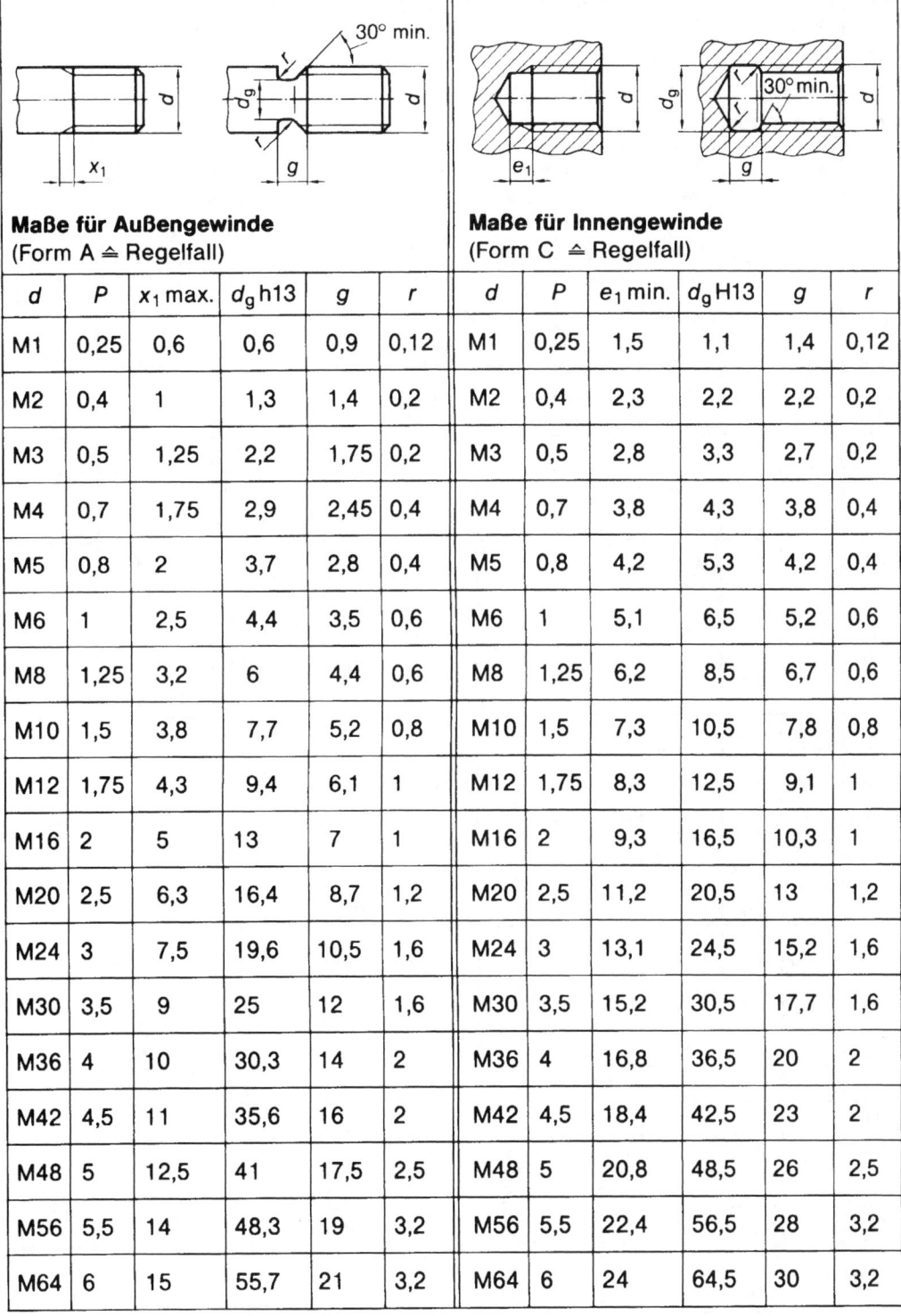

Maße für Außengewinde
(Form A ≙ Regelfall)

Maße für Innengewinde
(Form C ≙ Regelfall)

d	P	x_1 max.	d_g h13	g	r	d	P	e_1 min.	d_g H13	g	r
M1	0,25	0,6	0,6	0,9	0,12	M1	0,25	1,5	1,1	1,4	0,12
M2	0,4	1	1,3	1,4	0,2	M2	0,4	2,3	2,2	2,2	0,2
M3	0,5	1,25	2,2	1,75	0,2	M3	0,5	2,8	3,3	2,7	0,2
M4	0,7	1,75	2,9	2,45	0,4	M4	0,7	3,8	4,3	3,8	0,4
M5	0,8	2	3,7	2,8	0,4	M5	0,8	4,2	5,3	4,2	0,4
M6	1	2,5	4,4	3,5	0,6	M6	1	5,1	6,5	5,2	0,6
M8	1,25	3,2	6	4,4	0,6	M8	1,25	6,2	8,5	6,7	0,6
M10	1,5	3,8	7,7	5,2	0,8	M10	1,5	7,3	10,5	7,8	0,8
M12	1,75	4,3	9,4	6,1	1	M12	1,75	8,3	12,5	9,1	1
M16	2	5	13	7	1	M16	2	9,3	16,5	10,3	1
M20	2,5	6,3	16,4	8,7	1,2	M20	2,5	11,2	20,5	13	1,2
M24	3	7,5	19,6	10,5	1,6	M24	3	13,1	24,5	15,2	1,6
M30	3,5	9	25	12	1,6	M30	3,5	15,2	30,5	17,7	1,6
M36	4	10	30,3	14	2	M36	4	16,8	36,5	20	2
M42	4,5	11	35,6	16	2	M42	4,5	18,4	42,5	23	2
M48	5	12,5	41	17,5	2,5	M48	5	20,8	48,5	26	2,5
M56	5,5	14	48,3	19	3,2	M56	5,5	22,4	56,5	28	3,2
M64	6	15	55,7	21	3,2	M64	6	24	64,5	30	3,2

Metrisches ISO-Feingewinde (DIN 13 T12/10.88)

Das **Metrische ISO-Feingewinde** hat den gleichen Flankenwinkel ($\alpha = 60°$) wie das Regelgewinde. Die Steigung eines Feingewindes ist jedoch kleiner als die eines Regelgewindes von gleichem Durchmesser (Tabelle MEC 112.1).

Tabelle MEC 112.1: Metrisches ISO-Gewinde, Auswahl für Durchmesser und Steigungen

Gewinde-Nenndurchmesser d			Regel-gewinde	Feingewinde fein	extra fein
Reihe 1	Reihe 2	Reihe 3	Steigung P	Steigung P	Steigung P
1			0,25		
1,2			0,25		
	1,4		0,3		
1,6			0,35		
	1,9		0,35		
2			0,4		
	2,2		0,45		
2,5			0,45		
3			0,5		
	3,5		0,6		
4			0,7		
5			0,8		
6			1		
8			1,25	1	
10			1,5	1,25	0,75
12			1,75	1,25	1
	14		2	1,5	1
		15			1
16			2	1,5	
		17			1
	18		2,5	1,5	1
20			2,5	1,5	1
	22		2,5	1,5	1
24			3	2	1,5
		25			1,5
	27		3	2	1,5
30			3,5	2	1,5
	33		3,5	2	1,5
		35			1,5
36			4	3	1,5
	39		4	3	1,5
		40			1,5
42			4,5	3	1,5
	45		4,5	3	1,5
48			5	3	1,5
		50			1,5
	52		5	3	2
		55			2
56			5,5	4	2
	60		5,5	4	2
64			6	4	2
		65			2
	68		6	4	2
		70			2
72			6	4	2
		75			2
	76		6	4	2
80			6	4	2
	85		6	4	2
90			6	4	2
	95		6	4	2
100			6	4	2
	105		6	4	2
110			6	4	2
	115		6	4	2
	120		6	4	2
125			6	4	2

Vorzugsweise **Regelgewinde** wählen!

Bewegungsschrauben

Zu den Bewegungsschrauben gehören alle Schrauben, mit denen eine **Bewegung von Maschinenteilen** hervorgerufen werden soll (Beispiele: Ventilspindel, Leitspindel, Schraubstockspindel, Schraubwinde). Gewinde für Bewegungsschrauben sind z. B. Trapezgewinde, Sägengewinde und Rundgewinde. Tabelle MEC 113.1 gibt eine Zusammenstellung von Bewegungsgewinden.

Tabelle MEC 113.1: Gewinde für Bewegungsschrauben (DIN 202/01.88)

Benennung	Profil (Skizze)	Kenn-buch-staben	Kurzzeichen Beispiel [1]	Nenndurch-messer oder Gewindegröße	nach Norm	Anwendung
Metrisches ISO-Trapez-Gewinde (ein- u. mehrgängig)		Tr	Tr 40 x 7 LH[1] Tr 30 x 14 P7 [2]	8 bis 300 mm	DIN 103 Teil 2	allgemein
Metrisches Sägengewinde (ein- und mehrgängig)		S	S 48 x 8 S 40 x 14 P7 [2]	10 bis 640 mm	DIN 513 Teil 2	allgemein
Sägengewinde 45°			DIN 2781 S 630 x 20	100 bis 1250 mm	DIN 2781	für hydrau-lische Pressen
Rundgewinde		Rd	Rd 40 x 1/6 Rd 40 x 1/3 P 1/6	8 bis 200 mm	DIN 405	allgemein
			Rd 40 x 5	10 bis 300 mm	DIN 20 400	für Rund-gewinde mit großer Tragtiefe
			DIN 15 403 Rd 80 x 10	50 bis 320 mm	DIN 15 403	für Last-haken
			DIN 7273 Rd 70	20 bis 100 mm	DIN 7273 Teil 1	für Teile aus Blech u. zu-gehörige Verschrau-bungen

[1] H = Left Hand für Linksgewinde.　　[2] 14 P7 = Steigung 14 mm, Teilung 7 mm.

Trapezgewinde

Das **Metrische ISO-Trapezgewinde** nach DIN 103 ist das am meisten angewendete Bewegungsgewinde. Der Flankenwinkel beträgt 30° (Tabelle MEC 114.1).

Tabelle MEC 114.1: Metrisches ISO-Trapezgewinde, Reihe 1
(Auszug aus DIN 103/04.77)

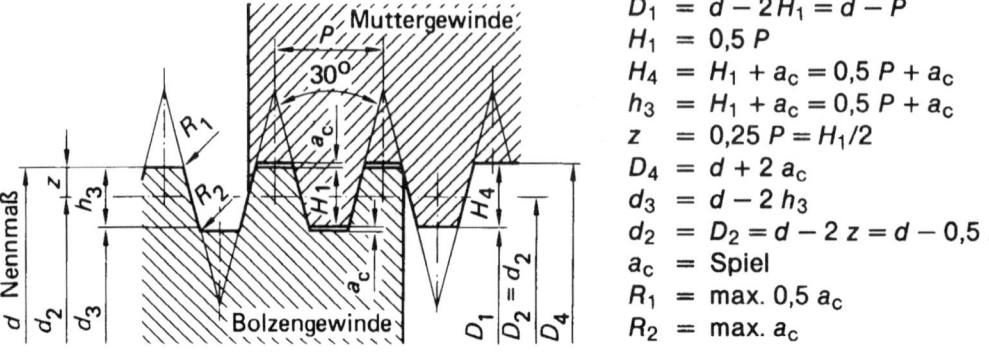

$D_1 = d - 2H_1 = d - P$
$H_1 = 0,5\ P$
$H_4 = H_1 + a_c = 0,5\ P + a_c$
$h_3 = H_1 + a_c = 0,5\ P + a_c$
$z = 0,25\ P = H_1/2$
$D_4 = d + 2\ a_c$
$d_3 = d - 2\ h_3$
$d_2 = D_2 = d - 2\ z = d - 0,5\ P$
$a_c = $ Spiel
$R_1 = $ max. $0,5\ a_c$
$R_2 = $ max. a_c

Nenn-⌀ d	Steigung P	Flanken-⌀ $d_2 = D_2$	Außen-⌀ D_4	Kern-⌀ d_3	D_1	Gewindetiefe $h_3 = H_4$
8	1,5	7,250	8,300	6,200	6,500	0,9
10	2	9,000	10,500	7,500	8,000	1,25
12	3	10,500	12,500	8,500	9,000	1,75
16	4	14,000	16,500	11,500	12,000	2,25
20	4	18,000	20,500	15,500	16,000	2,25
24	5	21,500	24,500	18,500	19,000	2,75
28	5	25,500	28,500	22,500	23,000	2,75
32	6	29,000	33,000	25,000	26,000	3,5
36	6	33,000	37,000	29,000	30,000	3,5
40	7	36,500	41,000	32,000	33,000	4
44	7	40,500	45,000	36,000	37,000	4
48	8	44,000	49,000	39,000	40,000	4,5
52	8	48,000	53,000	43,000	44,000	4,5
60	9	55,500	61,000	50,000	51,000	5
70	10	65,000	71,000	59,000	60,000	5,5
80	10	75,000	81,000	69,000	70,000	5,5
90	12	84,000	91,000	77,000	78,000	6,5
100	12	94,000	101,000	87,000	88,000	6,5
120	14	113,000	122,000	104,000	106,000	8
140	14	133,000	142,000	124,000	126,000	8
160	16	152,000	162,000	142,000	144,000	9
180	18	171,000	182,000	160,000	162,000	10
200	18	191,000	202,000	180,000	182,000	10
220	20	210,000	222,000	198,000	200,000	11

In DIN 103 sind die Gewinde-Nenndurchmesser in 3 Reihen eingeteilt, von denen die Reihe 1 zu bevorzugen ist. Jedem Nenndurchmesser sind 3 Steigungen zugeordnet, von denen die mittlere zu bevorzugen ist. In Tabelle MEC 114.1 werden die Nennmaße der zu bevorzugenden Gewinde wiedergegeben.

Bei **mehrgängigen Gewinden** (Bild MEC 115.1) heißt der Abstand zwischen dem ersten und zweiten Gang **Teilung.** Die **Steigung** ist hier der in Achsrichtung gemessene Weg, um den sich die Schraube bei einer vollen Umdrehung vorwärts bewegt.

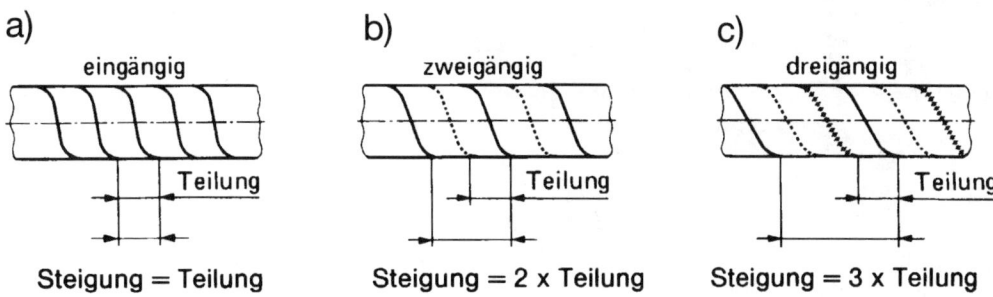

a) eingängig — Steigung = Teilung

b) zweigängig — Steigung = 2 x Teilung

c) dreigängig — Steigung = 3 x Teilung

Bild MEC 115.1: Steigung und Teilung beim eingängigen (a), zweigängigen (b) und dreigängigen Gewinde (c).

Bezeichnungen für Trapezgewinde

Tr 70 x 10: d = 70 mm, P = 10 mm, **eingängig.**
Tr 70 x 20P10: d = 70 mm, Steigung P_h = 20 mm, Teilung P = 10 mm, **zweigängig.**

Kugelgewindetrieb

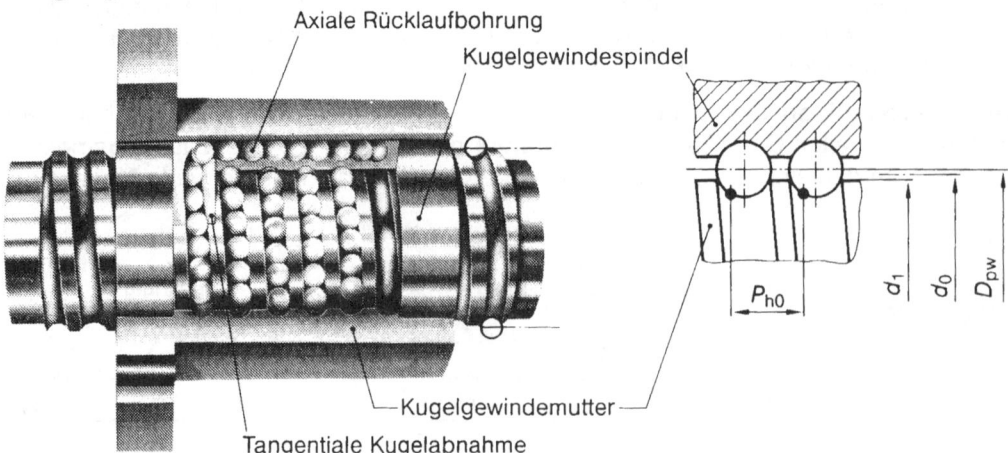

d_0 Nenndurchmesser
d_1 Kugelgewindespindel-
Außendurchmesser

D_{pw} Kugelmittenkreisdurchmesser
p_{h0} Nennsteigung

Bild MEC 116.1: Kugelgewindetrieb mit innerem Kugelumlauf.

Tabelle MEC 116.1: Nenndurchmesser und Nennsteigungen von Kugelgewindetrieben (DIN 69 051/05.89)

Nenndurchmesser d_0	Nennsteigung p_{h0}				
	2,5	5	10	20	40
6	x				
8	x				
10	x	x			
12	x	x	x		
16	x	x	x		
20		x	x	x	
25		x	x	x	
32		x	x	x	
40		x	x	x	x
50		x	x	x	x
63		x	x	x	x
80			x	x	x
100			x	x	x
125			x	x	x
160				x	x
200				x	x

Bezeichnung eines Kugelgewindetriebs von 50 mm Nenndurchmesser, 5 mm Nennsteigung und 1200 mm Gewindelänge: Kugelgewindetrieb DIN 69 051 – 50 x 5 x 1200.

Rohrgewinde

Rohrgewinde nach DIN ISO 228 werden für nicht im Gewinde dichtende Verbindungen als Außen- und Innengewinde eingesetzt. Der Flankenwinkel beträgt 55°. Das Gewindeprofil ist ein gleichschenkliges Dreieck.

Bezeichnung der Rohrgewinde für nicht im Gewinde dichtende Verbindungen:

– der Buchstabe G, gefolgt von der Nenngröße des Gewindes (siehe Tabelle MEC 117.1, Spalte 1) für Innengewinde (nur eine Toleranzklasse).
– der Buchstabe G, gefolgt von der Nenngröße des Gewindes und dem Buchstaben A für die Toleranzklasse A der Außengewinde.
– der Buchstabe G, gefolgt von der Nenngröße des Gewindes und dem Buchstaben B für die Toleranzklasse B der Außengewinde.

Beispiel: Innengewinde G 1½, Außengewinde G 1½ A oder G 1½ B

Tabelle MEC 117.1: Rohrgewinde (DIN ISO 228-1/12.94)

Gewinde-Nenngröße	Gangzahl auf 25,4 mm	Steigung P mm	Gewinde-tiefe h mm	Durchmesser		
				Außen-durch-messer $d = D$ mm	Flanken-durch-messer $d_2 = D_2$ mm	Kern-durch-messer $d_1 = D_1$ mm
1/16	28	0,907	0,581	7,723	7,142	6,561
1/8	28	0,907	0,581	9,728	9,147	8,566
1/4	19	1,337	0,856	13,157	12,301	11,445
3/8	19	1,337	0,856	16,662	15,806	14,950
1/2	14	1,814	1,162	20,955	19,793	18,631
5/8	14	1,814	1,162	22,911	21,749	20,587
3/4	14	1,814	1,162	26,441	25,279	24,117
7/8	14	1,814	1,162	30,201	29,039	27,877
1	11	2,309	1,479	33,249	31,770	30,291
1 1/8	11	2,309	1,479	37,897	36,416	34,939
1 1/4	11	2,309	1,479	41,910	40,431	38,952
1 1/2	11	2,309	1,479	47,803	46,324	44,845
1 3/4	11	2,309	1,479	53,746	52,267	50,788
2	11	2,309	1,479	59,614	58,135	56,656
2 1/4	11	2,309	1,479	65,710	64,231	62,752
2 1/2	11	2,309	1,479	75,184	73,705	72,226
2 3/4	11	2,309	1,479	81,534	80,055	78,576
3	11	2,309	1,479	87,884	86,405	84,926
3 1/2	11	2,309	1,479	100,330	98,851	97,372
4	11	2,309	1,479	113,030	111,551	110,072
4 3/4	11	2,309	1,479	125,730	124,251	122,772
5	11	2,309	1,479	138,430	136,951	135,472
5 1/2	11	2,309	1,479	151,130	149,651	148,172
6	11	2,309	1,479	163,830	162,351	160,872

Sechskantschrauben

Sechskantschrauben mit Schaft

Die Maßtabelle MEC 118.1 entsprechend Bild MEC 118.1 gilt auszugsweise für Sechskantschrauben mit Schaft (M1,6 bis M64), Produktklassen A und B, DIN EN 24 014/02.92, Sechskantschrauben mit Schaft, M8 x 1 bis M60 x 4, Metrisches Feingewinde, Produktklassen A und B, DIN EN 28 765/02.92.

DIN EN 24 014 und DIN EN 28 765 sind die deutschen Übersetzungen von ISO 4014 und ISO 8765.

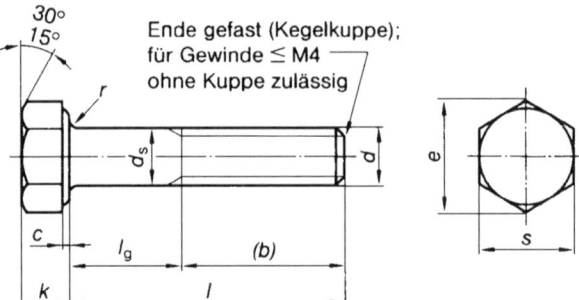

Bild MEC 118.1: Maßfestlegung zur Tabelle MEC 118.1, Sechskantschrauben mit Schaft.

Tabelle MEC 118.1: Sechskantschrauben mit Schaft (DIN EN 24 014, 28 765/02.92)

d	M4	M5	M6	M8	M10	M12	M16	M20	M24	M30	M36
$d \times P$	–	–	–	M8x1	M10x1	M12x1,5	M16x1,5	M20x1,5	M24x2	M30x2	M36x3
$l \leq 125$ b	14	16	18	22	20	30	38	46	54	66	–
$l \geq 125$	–	–	–	–	–	–	44	52	60	72	84
c_{min}	0,15	0,15	0,15	0,15	0,15	0,15	0,2	0,2	0,2	0,2	0,2
d_a	4,7	5,7	6,8	9,2	11,2	13,7	17,7	22,4	26,4	33,4	39,4
$d_{s\,max}$	4	5	6	8	10	12	16	20	24	30	36
k	2,8	3,5	4	5,3	6,4	7,5	10	12,5	15	18,7	22,5
r_{min}	0,2	0,2	0,25	0,4	0,4	0,6	0,6	0,8	0,8	1	1
s_{max}	7	8	10	13	16	18	24	30	36	46	55
l [1] von	25	25	30	40	45	50	60	80	90	110	140
bis	40	50	60	80	100	120	160	200	240	300	360
l [2] von	–	–	–	40	45	50	65	80	100	120	140
bis				80	100	120	160	200	240	300	360
e_{max}	8,1	9,2	11,5	15,0	18,5	20,8	27,7	34,6	41,6	53,1	63,5
Durchgangsloch	4,5	5,5	6,6	9,0	11	13,5	17,5	22	26	33	39

[1] DIN EN 24 014, [2] DIN EN 28 765, **Längenstufung:** 12, 16, 20, 25 usw. bis 70, 80 usw. bis 160, 180 usw. bis 500. **Werkstoff:** Stahl 5.6, 8.6, 10.9.

Bezeichnungsbeispiele: Sechskantschraube ISO 4014 – M12 x 80 – 8.8,
Sechskantschraube ISO 8765 – M12 x 1,5 x 80 – 8.8.

Sechskant-Passschrauben ohne oder mit Mutter (DIN 7968/10.89)

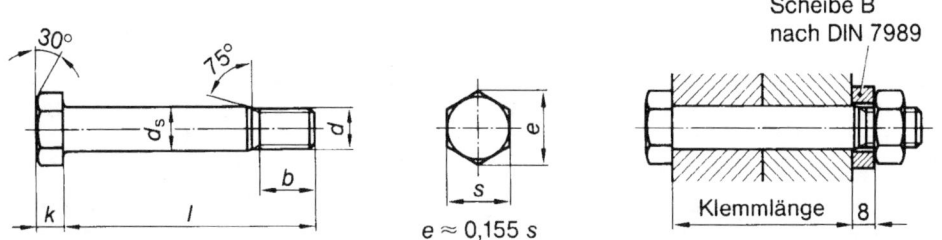

Bild MEC 119.1:
Passschraube ohne Mutter oder mit Sechskantmutter nach DIN EN 24034.

d	M 12	M 16	M 20	M 22	M 24	M 27	M 30
b	17,12	20,5	23,75	25,75	26,5	29,5	31,5
d_s h 11	13	17	21	23	25	28	31
k	8	10	13	14	15	17	19
s	18	24	30	34	36	41	46
l von	30	35	40	45	50	60	70
bis	120	160	180	200	200	200	200

Längenstufung 30, 35, 40 usw. bis 200.

Bezeichnungsbeispiel für Schraube mit Mutter:
Sechskant-Passschraube DIN 7968 – M12 x 80 – Mu – 5.6.

Zylinderschrauben mit Innensechskant, hoher Kopf (ISO 4762)

Bezeichnungsbeispiel: Zylinderschraube ISO 4762 – M12 x 60 – 12.9.

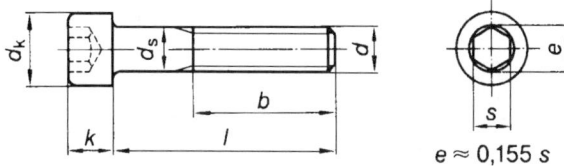

$e \approx 0,155\ s$

d / $d \times P$	M 4	M 5	M 6	M 8 / M 8 x 1	M 10 / M 10 x 1	M 12 / M 12 x 1,25	M 16 / M 16 x 1,5	M 20 / M 20 x 1,5	M 24 / M 24 x 2	M 30 / M 30 x 2
b	20	22	24	28	32	36	44	52	60	72
d_s	4	5	6	8	10	12	16	20	24	30
d_k	7	8,5	10	13	16	18	24	30	36	45
s	3	4	5	6	8	10	14	17	19	22
k	4	5	6	8	10	12	16	20	24	30
l von	6	8	10	12	16	20	25	30	40	45
l bis	40	50	60	80	100	120	160	200	200	200

Längenstufung für M1,6 bis M36: 2; 2,5; 3; 4; 5; 6; 8; 10; 12; 16; 20; 25 usw. bis 70; 80 usw. bis 160; 180 usw. bis 300.

Gewindestifte

Gewindestifte mit Innensechskant (DIN 913, 914, 915/12.80)

mit Kegelkuppe (DIN 913) mit Spitze (DIN 914) mit Zapfen (DIN 915)

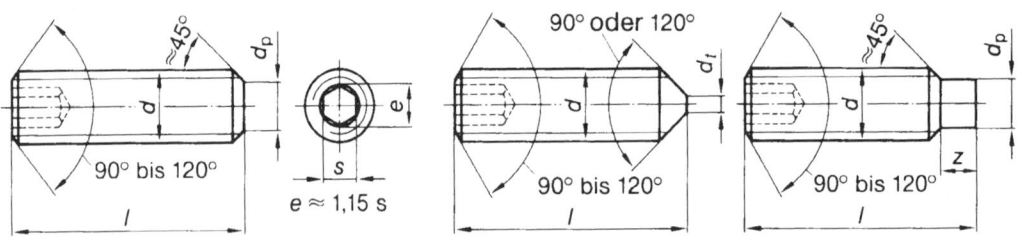

$e \approx 1,15\ s$

d	M 2	M 3	M 4	M 5	M 6	M 8	M 10	M 12	M 16
$d_{p\,max}$	1	2	2,5	3,5	4	5,5	7	8,5	12
$d_{t\,max}$	–	–	–	–	1,5	2	2,5	3	4
s	0,9	1,5	2	2,5	3	4	5	6	8
z_{min} kurz	0,5	0,75	1	1,25	1,5	2	2,5	3	4
z_{min} lang	1	1,5	2	2,5	3	4	5	6	8
l [1] von	3(4)	3(4)	4(5)	5(6)	6(8)	8(10)	10(12)	16	20
l [1] bis	10	20	20	25	35	40	40	40	40

[1] Eingeklammerte Längen für DIN 914 und DIN 915.

Längenstufung: 2; 2,5; 3; 4; 5; 6; 8; 10; 12; 16; 20; 25; 30 usw. bis 60.

Bezeichnungsbeispiel: Gewindestift DIN 913 – M 6 x 12 – 45 H.

Schraubenverbindungen mit Dehnschaft (Dehnschrauben)

Anwendung für hohe Betriebstemperaturen (bis 650 °C). Schaftdurchmesser im Verhältnis 1 : 1,3 dünner als Gewindekerndurchmesser. Mehrere Formen von M12 bis M80 in DIN 2510 T3/08.71 genormt.

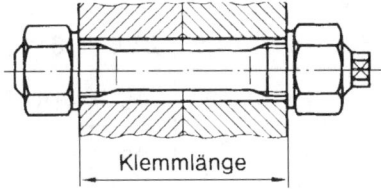

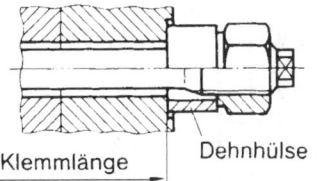

Bild MEC 121.1:
Zentrierung durch Schraubenbolzen.

Bild MEC 121.2:
Zentrierung durch Schraubenbolzen und Dehnhülsen.

Sechskantmuttern

Die Maßtabelle MEC 122.1 entsprechend Bild MEC 121.3 gilt auszugsweise für:

Sechskantmuttern, Typ 1, Produktionsklassen A und B, DIN EN 24032/02.92,
Sechskantmuttern, Typ 1, mit metrischem Feingewinde, Produktklassen A und B, DIN EN 28673/02.92.
Sechskantmuttern, niedrige Form, Produktklassen A und B, DIN EN 24035/02.92.
Niedrige Sechskantmuttern mit metrischem Feingewinde, Produktklassen A und B, DIN EN 28675/02.92.

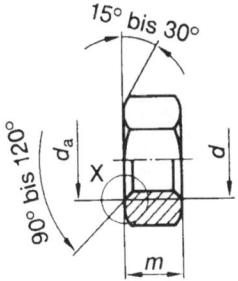

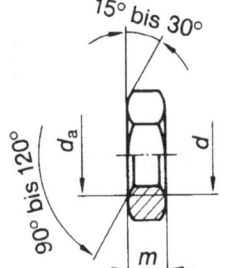

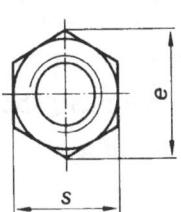

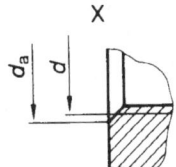

Bild MEC 121.3:
Maßfestlegung zur Tabelle MEC 122.1, Sechskantmuttern.

Tabelle MEC 122.1: Sechskantmuttern (DIN EN 24032, 28673, 24035, 28675/02.92)

d	M4	M5	M6	M8	M10	M12	M16	M20	M24	M30	M36
$d \times P$	–	–	–	M8 x1	M10 x1	M12 x1,5	M16 x1,5	M20 x1,5	M24 x2	M30 x2	M36 x3
$m_{max}^{1)}$	3,2	4,7	5,2	6,8	8,4	10,8	14,8	18	21,5	25,6	31
$m_{max}^{2)}$	2,2	2,7	3,2	4	5	6	8	10	12	15	18
s	7	8	10	13	16	18	24	30	36	46	55
e_{max}	8,1	9,2	11,5	15	18,5	20,8	27,7	34,6	41,6	53,1	63,5

[1] DIN EN 24032, 28673 [2] DIN EN 24035, 28675

Bezeichnungsbeispiel: Sechskantmutter ISO 4032 – M12 – 8.

Scheiben

Scheiben, vorzugsweise für Sechskantschrauben und Muttern

Ausführung „mittel" für M1,6 bis M160 (DIN EN ISO 7090 (v. 2000-11)). **Form A** ohne Fase, handelsüblich $d_1 \leq 37$. **Form B** mit Fase, handelsüblich $d_1 \geq 5.3$.

d_1	3,2	4,3	5,3	6,4	8,4	10,5	13	17	21	25	31
d_2	7	9	10	12,5	17	21	24	30	37	44	56
h	0,5	0,8	1	1,6	1,6	2	2,5	3	3	4	4
Gew.-$\varnothing$	3	4	5	6	8	10	12	16	20	24	30

Werkstoff: Stahl

Bezeichnungsbeispiel: Scheibe DIN EN ISO 7090

Form A   **Form B**

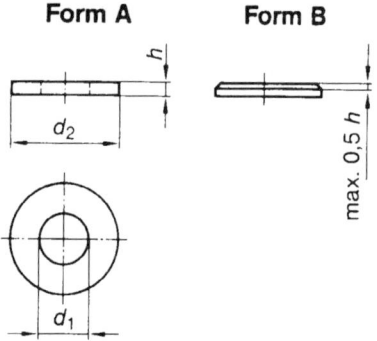

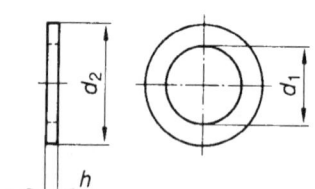

Bild MEC 122.1:
Scheiben, vorzugsweise für Sechskant-
schrauben und Muttern, Form A ohne Fase,
Form B mit Fase.

Bild MEC 122.2:
Scheiben, vorzugsweise für
Zylinderschrauben.

Scheiben, vorzugsweise für Zylinderschrauben (DIN EN ISO 7092)

d_1	2,2	2,7	3,2	3,7	4,3	5,3	6,4	8,4	10,5	13	15	17	19	21
d_2	4,5	5	6	7	8	9,5	11	15	18	20	24	27	30	33
h	0,5	0,5	0,5	0,5	0,5	1	1,6	1,6	1,6	2	2	2	2,5	2,5
Gew. ⌀	2	2,5	3	3,5	4	5	6	8	10	12	14	16	18	20

Werkstoff: Stahl   Gew-⌀ M 1 bis M 36.
Bezeichnungsbeispiel: Scheibe DIN 433−21−St.

Federringe, Federscheiben

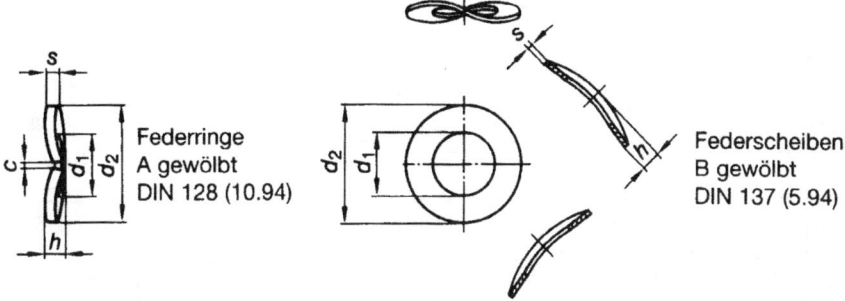

Federringe
A gewölbt
DIN 128 (10.94)

Federscheiben
B gewölbt
DIN 137 (5.94)

Frühere Form B ist entfallen   Frühere Form A ist entfallen

Nenngröße	Federringe Form A					Federscheiben Form B			
	d_1	d_2	b	s	h_{min}	d_1	d_2	h	s
3	3,1	6,2	1,3	0,7	1,1	3,2	6	0,8	0,5
4	4,1	7,6	1,5	0,8	1,2	4,3	8	1	0,5
5	5,1	9,2	1,8	1,0	1,5	5,3	10	1,1	0,5
6	6,1	11,8	2,5	1,3	2	6,4	11	1,3	0,5
7	7,1	12,8	2,5	1,3	2	7,4	14	1,5	0,8
8	8,2	14,8	3	1,6	2,45	8,4	15	1,5	0,8
10	10,2	18,1	3,5	1,8	2,85	10,5	18	2,1	1
12	12,2	21,1	4	2,1	3,35	13	24	2,5	1,2
16	16,2	27,4	5	2,8	4,5	17	30	3,2	1,6
18	18,2	29,4	5	2,8	4,5	18	34	3,3	1,6
20	20,2	33,6	6	3,2	5,1	21	36	3,7	1,6
24	24,5	40	7	4	6,5	25	44	4,1	1,8
30	30,5	48,2	8	6	9,5	31	56	5	2,2

Zahnscheiben (DIN 6797/07.88)

Form A außen gezahnt

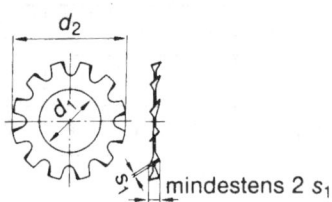

d_2

mindestens 2 s_1

Form J innen gezahnt

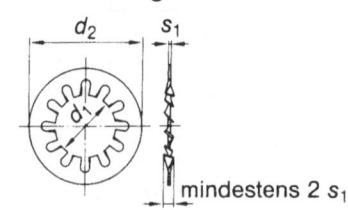

d_2 s_1

mindestens 2 s_1

Form V versenkt

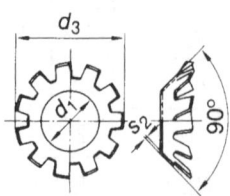

d_3

90°

Fächerscheiben (DIN 6798/08.88)

Form A außen gezahnt

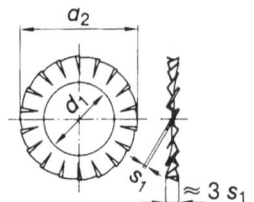

a_2

$\approx 3\,s_1$

Form J innen gezahnt

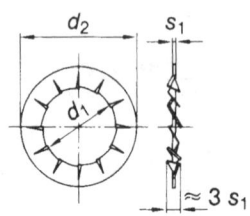

d_2 s_1

$\approx 3\,s_1$

Form V versenkt

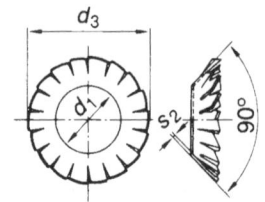

d_3

90°

für Gewinde	d_1 min.	d_2 max.	d_3 $\approx$	s_1	s_2
2	2,2	4,5	4,2	0,3	0,2
3	3,2	6	6	0,4	0,2
4	4,3	8	8	0,5	0,25
5	5,3	10	9,8	0,6	0,3
6	6,4	11	11,8	0,7	0,4

für Gewinde	d_1 min.	d_2 max.	d_3 $\approx$	s_1	s_2
8	8,4	15	15,3	0,8	0,4
10	10,5	18	19	0,9	0,5
12	13	20,5	23	1	0,5
16	17	26	30,2	1,2	0,6

Stifte, Bolzen, Splinte

Zylinderstifte (ISO 2338)

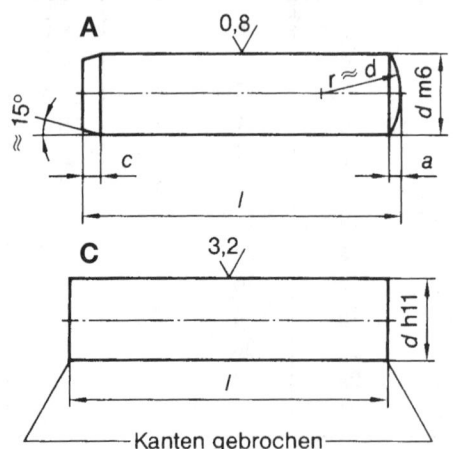

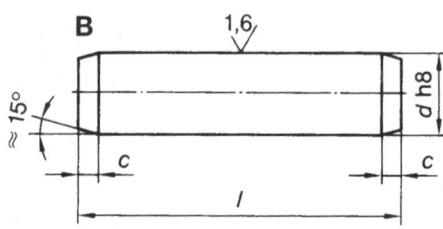

Oberflächenrauheit in µm

— Kanten gebrochen —

d	0,6	0,8	1	1,2	1,5	2	2,5	3	4	5
$a \approx$	0,08	0,1	0,12	0,16	0,2	0,25	0,3	0,4	0,5	0,63
$c \approx$	0,12	0,16	0,2	0,25	0,3	0,35	0,4	0,5	0,63	0,8
l	2...6	2...8	4...10	4...12	4...16	6...20	6...24	8...30	8...40	10...50

d	6	8	10	12	16	20	25	30	40	50
$a \approx$	0,8	1	1,2	1,6	2	2,5	3	4	5	6,3
$c \approx$	1,2	1,6	2	2,5	3	3,5	4	5	6,3	8
l	12...60	14...80	18...95	22...140	26...180	35...200	50...200	50...200	80...200	95...200

Stufung der Länge: 2, 3, 4, 5, 6, 8, 10 bis 32; 35, 40, 45 bis 100; 120, 140 bis 200.

Bezeichnungsbeispiel: Zylinderstift ISO 2338 − A − 6 x 30 − St.

Kegelstifte (DIN EN 22 339/10.92)

$$r_2 \approx \frac{a}{2} + d + \frac{(0,02\ l)^2}{8a}$$

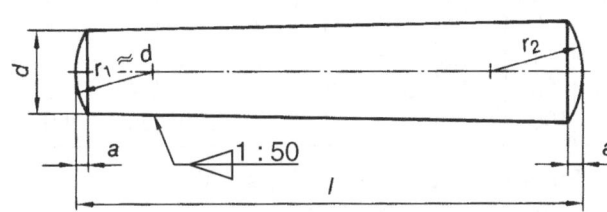

Typ A (geschliffen):
Rautiefe $R_a = 0,8$ μm

Typ B (gedreht):
Rautiefe $R_a = 3,2$ μm

d h10	0,6	0,8	1	1,2	1,5	2	2,5	3	4	5
$a \approx$	0,08	0,1	0,12	0,16	0,2	0,25	0,3	0,4	0,5	0,63
l	4...8	5...12	6...16	6...20	8...24	10...35	10...35	12...45	14...55	18...60

d h10	6	8	10	12	16	20	25	30	40	50
$a \approx$	0,8	1	1,2	1,6	2	2,5	3	4	5	6,3
l	22...90	22...120	26...160	32...180	40...200	45...200	50...200	55...200	60...200	65...200

Stufung der Länge: 2, 3, 4, 5, 6, 8, 10 bis 32; 35, 40, 45 bis 100; 120, 140 bis 200.

Bezeichnungsbeispiel: Kegelstift ISO 2339 − A − 6 x 30 − St.

Bolzen

Bolzen ohne Kopf (DIN EN 22 340/10.92)

Form A ohne Splintlöcher

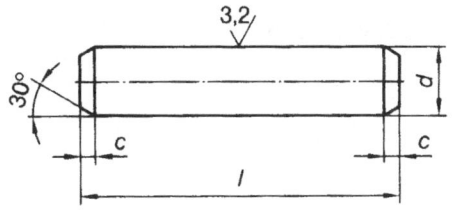

Form B mit Splintlöcher

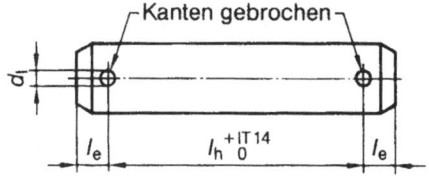

Bolzen mit Kopf (DIN EN 22 341/10.92)

Form A ohne Splintloch

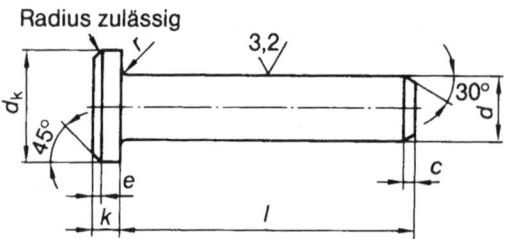

Form B mit Splintloch

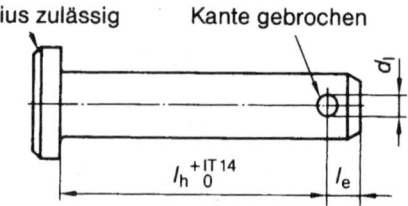

d h11	3	4	5	6	8	10	12	14	16	18	20	22	24
d_k h14	5	6	8	10	14	18	20	22	25	28	30	33	36
d_l H13	0,8	1	1,2	1,6	2	3,2	3,2	4	4	5	5	5	6,3
k js 14	1	1	1,6	2	3	4	4	4	4,5	5	5	5,5	6
r	0,6	0,6	0,6	0,6	0,6	0,6	0,6	0,6	0,6	1	1	1	1
l_e min.	1,6	2,2	2,9	3,2	3,5	4,5	5,5	6	6	7	8	8	9
c max.	1	1	2	2	2	2	3	3	3	3	4	4	4
$e \approx$	0,5	0,5	1	1	1	1	1,6	1,6	1,6	1,6	2	2	2
l von	6	8	10	12	16	20	24	28	32	35	40	45	50
bis	30	40	50	60	80	100	120	140	160	180	200	200	200

Längenstufung: 6, 8, 10 bis 32 mm; 35, 40 bis 100; 120, 140 bis 200 mm.

Bezeichnungsbeispiele: Bolzen ISO 2340 − A − 20 x 100 St.
Bolzen ISO 2341 − B − 20 x 100 St.

Splinte (DIN EN ISO 1234, 02.98)

Sechskantmutter

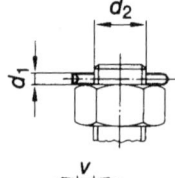

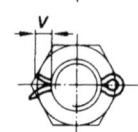

Kronenmutter

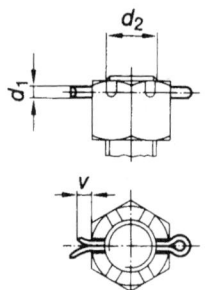

Scheibe

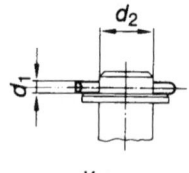

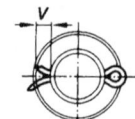

MEC 126

Wälzlager

Tabelle MEC 127.1: Häufig eingesetzte Radialkugellager

Lagerart	Schematische Darstellung	DIN	Lager-reihe	Maß-reihe	Bemerkungen
Rillen-kugellager, einreihig, ohne Füllnut		625 Teil 1	160 60 62 63 64	00 10 02 03 04	Hohe radiale Tragkraft, auch Aufnahme axialer Kräfte. Eignung für hohe Drehzahlen. Geringe Winkeleinstellbarkeit. Niedriger Preis.
Rillen-kugellager zweireihig, mit Füllnut		625 Teil 3	42	22	Zur Erzielung eines geringen Außendurchmessers. Nur geringe Axialkräfte übertragbar.
Schräg-kugellager einreihig, selbsthaltend		628 Teil 1	72 73	02 03	Gute radiale und axiale Tragfähigkeit. Nur in einer Richtung axial belastbar. Anstellung gegen zweites Lager erforderlich.
Schräg-kugellager zweireihig, selbsthaltend		628 Teil 1	32 33	02 03	Entspricht einem Paar einreihiger Schrägkugellager. In beiden Richtungen axial belastbar.
Schulter-kugellager		615	E		In einer Richtung Übertragung erheblicher Axialkräfte, in der anderen Richtung zwanglose Einstellung der Rollbahnringe.
Vierpunkt-lager		628 Teil 1	QJ 2 QJ 3	02 03	Geteilter Innenring, zerlegbar. Entspricht in der Wirkungsweise dem zweireihigen Schrägkugellager.
Pendel-kugellager		630	12 22 13 23	02 22 03 23	Innenring kann um den Lagermittelpunkt schwenken. Bei Fluchtfehlern können zwischen Welle und Lagergehäuse keine Zwangskräfte auftreten.

Tabelle MEC 128.1: Häufig eingesetzte Radialrollenlager

Lagerart	Schematische Darstellung	DIN	Lagerreihe	Maßreihe	Bemerkungen
Zylinderrollenlager mit Außenborden, einreihig		5412 Teil 1	NU49 NU10 NU20 NU2 NU22 NU3 NU23 NU4	49 10 20 02 22 03 23 04	Axial nicht führend, axial nicht belastbar, große radiale Tragfähigkeit. Einstellager, Loslager.
		5412 Teil 1	NJ2 NJ22 NJ3 NJ23 NJ4	02 22 03 23 04	Nur in einer Richtung axial führend, axial nicht belastbar, große radiale Tragfähigkeit, Stützlager.
		5412 Teil 1	NUP2 NUP22 NUP3 NUP23 NUP4	02 22 03 23 04	In zwei Richtungen axial führend. Führungslager. Sonst wie oben.
Zylinderrollenlager mit Innenborden, einreihig		5412 Teil 1	N2 N3 N4	02 03 04	Axial nicht führend, Außenring axial verschiebbar, Einstellager, Loslager.
Zylinderrollenlager mit Außenborden, zweireihig		5412 Teil 4	NNU49	49	Innenring frei verschiebbar. Höher radial belastbar als einreihige Lager.
Zylinderrollenlager mit Innenborden, zweireihig		5412 Teil 4	NN30	30	Außenring frei verschiebbar.
Nadellager		617	NA49	48 49	Kleiner Außendurchmesser, freie Verschiebbarkeit des Innenrings.

Tabelle MEC 128.1: Häufig eingesetzte Radialrollenlager (Fortsetzung)

Lagerart	Schematische Darstellung	DIN	Lagerreihe	Maßreihe	Bemerkungen
Kegelrollenlager		720	320 302 322 303 323 313	20 02 22 03 23 13	Für hohe radiale und einseitige axiale Belastung, starre Lagerung bei kleinem Spiel. Anstellung gegen ein zweites Gegen-Kegelrollenlager erforderlich.
Pendelrollenlager, Tonnenlager		635 Teil 1	202 203 204	02 03 04	Winkeleinstellbar, für stoßartige hohe Radialkräfte, ermöglicht Ausgleich von Fluchtfehlern.
Pendelrollenlager, zweireihig		635 Teil 2	230 240 231 241 222 232 213 223	30 40 31 41 22 32 03 23	Lager für schwerste Beanspruchungen und schwierigste Beanspruchungsverhältnisse, hohlkugelige Laufbahn des Außenrings ermöglicht Ausgleich von Fluchtfehlern.

Tabelle MEC 129.1: Häufig eingesetzte Axialkugel- und Axialrollenlager

Lagerart	Schematische Darstellung	DIN	Lagerreihe	Maßreihe	Bemerkungen
Axial-Rillenkugellager, einseitig wirkend mit ebener Gehäusescheibe		711	511 512 513 514	11 12 13 14	Aufnahme hoher Axialkräfte nur in einer Richtung. Radiale Belastung nicht zulässig. Bei kugeliger Gehäusescheibe Ausgleich von Winkelfehlern möglich. Taumelbewegungen der Welle sind nicht ausgleichbar.
mit kugeliger Gehäusescheibe und Unterlegscheibe U		711	532 533 534	12 13 14	
mit Kappe, vollkugelig (ohne Käfig)		711	511 512	11 12	

Tabelle MEC 129.1: Häufig eingesetzte Axialkugel- und Axialrollenlager (Forts.)

Lagerart	Schematische Darstellung	DIN	Lagerreihe	Maßreihe	Bemerkungen
Axial-Rillen-kugellager zweireihig wirkend mit ebenen Gehäusescheiben		715	522 523 524	22 23 24	Aufnahme hoher Axialkräfte in beiden Richtungen. Radiale Belastung nicht zulässig. Sonst wie einseitig wirkendes Axial-Rillenkugellager.
mit kugeligen Gehäuscheiben und Unterlegscheiben U		715	542 543 544	22 23 24	
Axial-Schräg-kugellager, zweiseitig wirkend		–	–	–	Zur axialen Lagerung von Arbeitsspindeln von Werkzeugmaschinen, bevorzugt dann, wenn als Radiallager zweireihige Zylinderrollenlager vorgesehen sind.
Axial-Zylinder-rollenlager, einseitig wirkend		722	811 812	11 12	Starre, stoßunempfindliche Lagerung mit höherer Tragfähigkeit als Axialkugellager.
Axial-Nadel-kränze mit Käfig		5405 Teil 2	–	–	Auch ohne Lagerscheiben einbaubar, wenn sich die angrenzenden Teile als Laufbahnen eignen.
Axial-Pendel-rollenlager, einseitig wirkend mit unsymmetrischen Rollen		728	292 293 294	92 93 94	Aufnahme hoher Axialkräfte und mittlerer Radialkräfte. Ausgleich von Winkel- und Fluchtfehlern.

Maße häufig verwendeter Wälzlager

Rillenkugellager (DIN 625 T1/4.89)

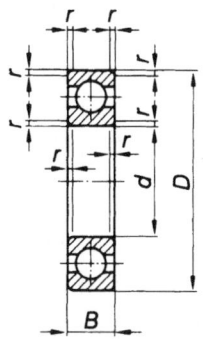

Bezeichnungsbeispiel:
Rillenkugellager 6212
DIN 625.

Kurz-zeichen	Reihe 62				Kurz-zeichen	Reihe 63			
	d	D	B	r		d	D	B	r
62 04	20	47	14	1,5	63 04	20	52	15	2
62 05	25	52	15	1,5	63 05	25	62	17	2
62 06	30	62	16	1,5	63 06	30	72	19	2
62 07	35	72	17	2	63 07	35	80	21	2,5
62 08	40	80	18	2	63 08	40	90	23	2,5
62 09	45	85	19	2	63 09	45	100	25	2,5
62 10	50	90	20	2	63 10	50	110	27	3
62 11	55	100	21	2,5	63 11	55	120	29	3
62 12	60	110	22	2,5	63 12	60	130	31	3,5
62 13	65	120	23	2,5	63 13	65	140	33	3,5
62 14	70	125	24	2,5	63 14	70	150	35	3,5

Schrägkugellager ein- und zweireihig (DIN 628/12.93)

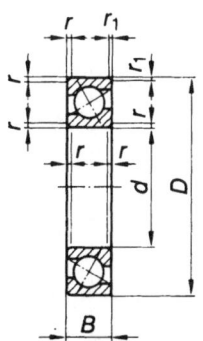

Bezeichnungsbeispiel:
Schrägkugellager 7212 B
DIN 628.

Kurzzeichen	Reihe 72				
	d	D	B	r	r_1
72 04 B	20	47	14	1	0,6
72 05 B	25	52	15	1	0,6
72 06 B	30	62	16	1	0,6
72 07 B	35	72	17	1,1	0,6
72 08 B	40	80	18	1,1	0,6
72 09 B	45	85	19	1,1	0,6
72 10 B	50	90	20	1,1	0,6
72 11 B	55	100	21	1,5	1
72 12 B	60	110	22	1,5	1
72 13 B	65	120	23	1,5	1
72 14 B	70	125	24	1,5	1

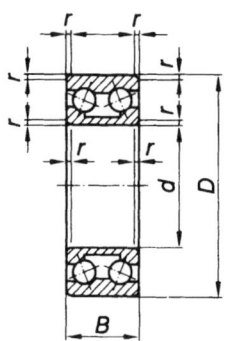

Kurzzeichen	Reihe 32			
32 04	20	47	20,6	1
32 05	25	52	20,6	1
32 06	30	62	23,8	1
32 07	35	72	27,0	1,1
32 08	40	80	30,2	1,1
32 09	45	85	30,2	1,1
32 10	50	90	30,2	1,1
32 11	55	100	33,3	1,5
32 12	60	110	36,5	1,5
32 13	65	120	38,1	1,5
32 14	70	125	39,7	1,5

Pendelrollenlager, Tonnenlager, einreihig (DIN 635 T1/8.87)

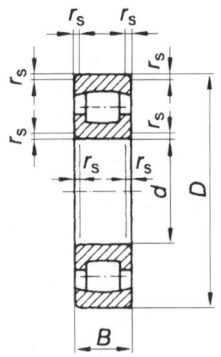

Kurz-zeichen	Reihe 202				Kurz-zeichen	Reihe 203			
	d	D	B	r_s		d	D	B	r_s
202 05	25	52	15	1,5	203 05	25	62	17	2
202 06	30	62	16	1,5	203 06	30	72	19	2
202 07	35	72	17	2	203 07	35	80	21	2,5
202 08	40	80	18	2	203 08	40	90	23	2,5
202 09	45	85	19	2	203 09	45	100	24	2,5
202 10	50	90	20	2	203 10	50	110	27	3
202 11	55	100	21	2,5	203 11	55	120	29	3
202 12	60	110	22	2,5	203 12	60	130	31	3,5
202 13	65	120	23	2,5	203 13	65	140	33	3,5
202 14	70	125	24	2,5	203 14	70	150	35	3,5

Bezeichnungsbeispiel:
Tonnenlager DIN 635–20 208.
Für $d \geq 25$ auch mit kegeliger Bohrung 1:12 (Nachsetzzeichen „k").

Kegelrollenlager (DIN 720/2.79)

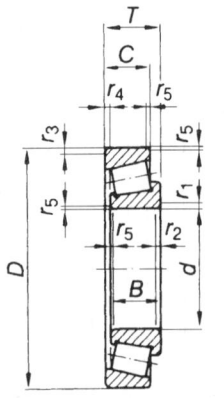

Kurz-zeichen	d	D	B	C	T	r_1 r_2	r_3 r_4	r_5
302 04	20	47	14	12	15,25	1	1	
302 05	25	52	15	13	16,25	1	1	
302 06	30	62	16	14	17,25	1	1	
302 07	35	72	17	15	18,25	1,5	1,5	
302 08	40	80	18	16	19,75	1,5	1,5	
302 09	45	85	19	16	20,75	1,5	1,5	nicht festgelegt
302 10	50	90	20	17	21,75	1,5	1,5	
302 11	55	100	21	18	22,75	2	1,5	
302 12	60	110	22	19	23,75	2	1,5	
302 13	65	120	23	20	24,75	2	1,5	
302 14	70	125	24	21	26,25	2	1,5	
302 15	75	130	25	22	27,25	2	1,5	
302 16	80	140	26	22	28,25	2,5	2	
302 17	85	150	28	24	30,5	2,5	2	
302 18	90	160	30	26	32,5	2,5	2	

Bezeichnungsbeispiel:
Kegelrollenlager
DIN 720–30 208.

Zylinderrollenlager, einreihig mit Käfig (DIN 5412 T1/6.82)

NU keine Borden (siehe Bild); Axialkräfte können nicht übertragen werden
(sog. Einstellager),
NJ eine Borde; die Welle kann in einer Richtung geführt werden (sog. Stützlager),
NUP und N zwei Borden; die Welle kann in beiden Richtungen geführt werden
(sog. Führungslager).

Filzringe, Filzstreifen, Ringnuten für Wälzlager (DIN 5419/9.59)

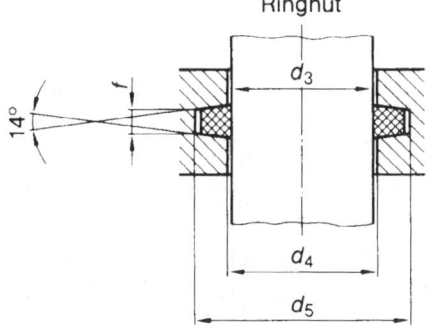

Ringnut

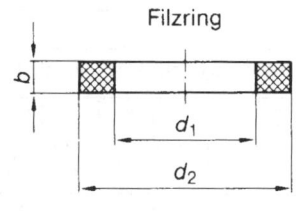

Filzring

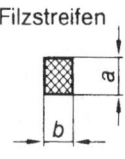

Filzstreifen

Filzringe, Ringnuten

d_1	d_2	b	d_3 h11	d_4 H12	d_5 H21	f H13
17	27	4	17	18	99	3
20	30		20	21	31	
25	37		25	26	38	
30	42		30	31	43	
35	47	5	35	36	48	4
40	52		40	41	53	
45	57		45	46	58	
50	66		50	51	67	
55	71	6,5	55	56	72	5
60	76		60	61,5	77	
65	81		65	66,5	82	
70	88		70	71,5	89	
75	93	7,5	75	76,5	94	6
80	98		80	81,5	99	
85	103		85	86,5	104	
90	110	8,5	90	92	111	7
95	115		95	97	116	
100	124	10	100	102	125	8

Filzstreifen

Für Wellend. d_3	a	b	Länge
17	5	4	85
20			95
25			118
30			132
35	6	5	150
40			165
45			180
50			210
55	8	6,5	225
60			240
65			260
70			280
75	9		300
80			315
85			330
90	10		350
95			370
100	12		390

Filzhärte
für Filzringe
M5,
für Filzstreifen
F2.

**Bezeichnungs-
beispiele:**

Filzring DIN
5419 – 30 – M5.

Filzstreifen DIN
5419 – 6 x 5 – F2.

O-Ringe (DIN 3771/12.84)

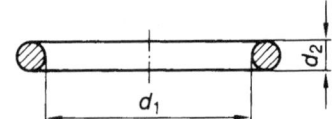

d_2	Innendurchmesser d_1 (Auswahl) für d_2																
1,8	2	2,5	3,15	4	4,5	5	6	7,1	8	9	10	11,8	12,5	14	15	16	17
2,65	14 bis 17 s.o.			18	19	20	22,4	25	28	30	32,5	33,5	34,5	35,5	36,5	37,5	38,5
3,55	18 bis 38,7 s.o.			40	45	50	56	63	71	80	100	112	125	132	140	150	160
5,3	40 bis 160 s.o.			165	170	175	180	190	200	212	224	236	250	280	300	315	335
7	206	212	218	224	230	236	243	250	258	265	272	280	290	300	307	315	335

Werkstoff: Vorzugsweise Acrylnitril-Butadien-Kautschuk (NBR), IHRD-Härten 70 u. 90.

Sortenmerkmale: N und S geben Form- und Lageabweichungen an.
Üblich: Sortenmerkmal S.

Bezeichnungsbeispiel: O-Ring DIN 3771 − 15 x 1,8 − S − NBR 70

Radial-Wellendichtringe, Abkürzung WDR (DIN 3760/09.96)

Form A

Form AS
Mit Schutzlippe.
Übrige Maße und Angaben wie Form A.

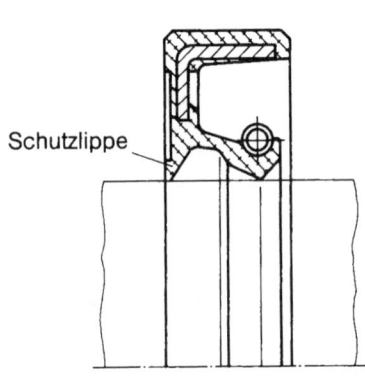

Elastomer-
teil

Versteifungsring
Feder
Dichtlippe

Schutzlippe

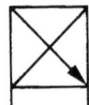

Symbol (nicht genormt)

Dichtlippe (Pfeil) zeigt zur
abzudichtenden Stelle

Elastomerteil-Werkstoffe: Nitril-Butadien (NB), Acrylat (AC), Silicon (SI), Fluor (FP).

Wellen $\varnothing\ d_1$	6 bis 40	42 bis 60	62 bis 80	85 bis 135	140 bis 250	260 bis 500
Breite b	7 ± 0,2	8 ± 0,2	10 ± 0,2	12 ± 0,3	15 ± 0,3	20 ± 0,3

Nabenverbindungen

Nabenverbindungen dienen zur **drehfesten Verbindung** der Welle mit Triebwerks-teilen. Bild MEC 135.1 zeigt einige der am häufigsten verwendeten Verbindungen zwischen Welle und Nabe.

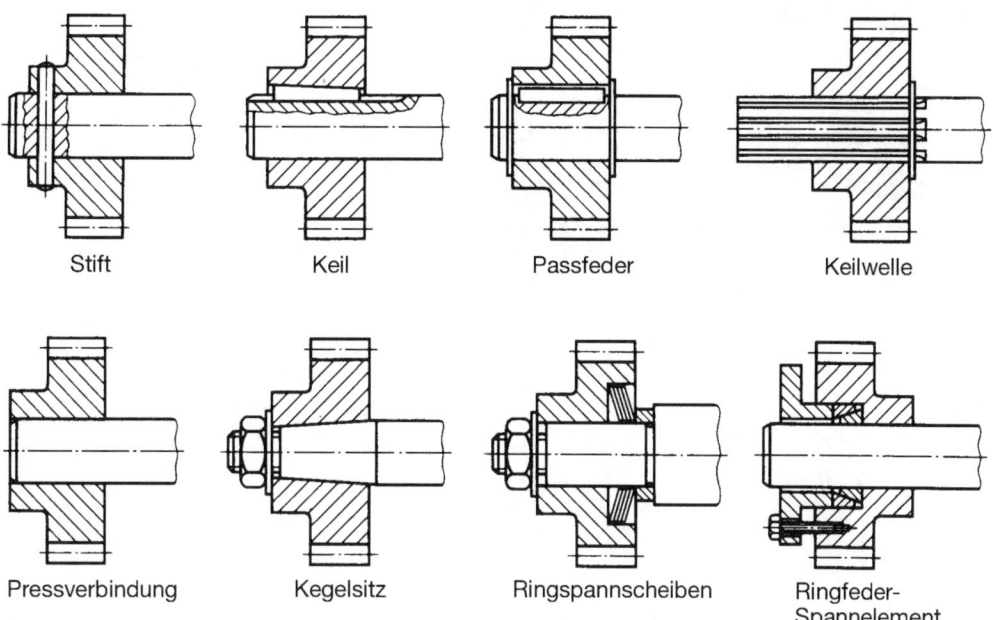

| Stift | Keil | Passfeder | Keilwelle |

| Pressverbindung | Kegelsitz | Ringspannscheiben | Ringfeder-Spannelement |

Bild MEC 135.1: Gebräuchliche Nabenverbindungen.

Am einfachsten ist die Befestigung mit einem **Stift** (Zylinderstift, Kegelstift, Kerbstift usw.). In Tabelle MEC 135.1 ist angegeben, wie dick der Stift für einen bestimmten Wellendurchmesser sein soll. Das Stiftloch schwächt die Welle. Die Befestigung mit einem Stift wird deshalb vor allem dort angewendet, wo der Wellendurchmesser reichlich bemessen ist.

Kegel- und Zylinderkerbstifte ergeben form- und kraftschlüssige Verbindungen. Für die Aufnahmebohrung wird H11 empfohlen. Tabelle MEC 135.1 gibt Nennmaße und Abscherkräfte (2-schnittig) an.

Tabelle MEC 135.1: Zylinder- und Kegelkerbstifte
(DIN EN ISO 8739/03.98 und DIN EN ISO 8744/03.98)

Nennmaß	1,5	2	2,5	3	4	5	6	8	10	12	14	16	20	25
Abscherkraft 2-schnittig in kN	1,6	2,84	4,4	6,4	11,3	17,6	25,4	45,2	70,4	101,8	124	181	283	444

Die Befestigung mit einem **Keil** ist eine kraftschlüssige Verbindung. Die Keilverbindung überträgt das Drehmoment und hält – wie auch der Stift – die Nabe gleichzeitig in axialer Richtung fest. Nachteilig ist bei der Keilverbindung, dass sich das Spiel zwischen Welle und Nabenbohrung einseitig verlagert (exzentrischer Sitz).

Zahnräder

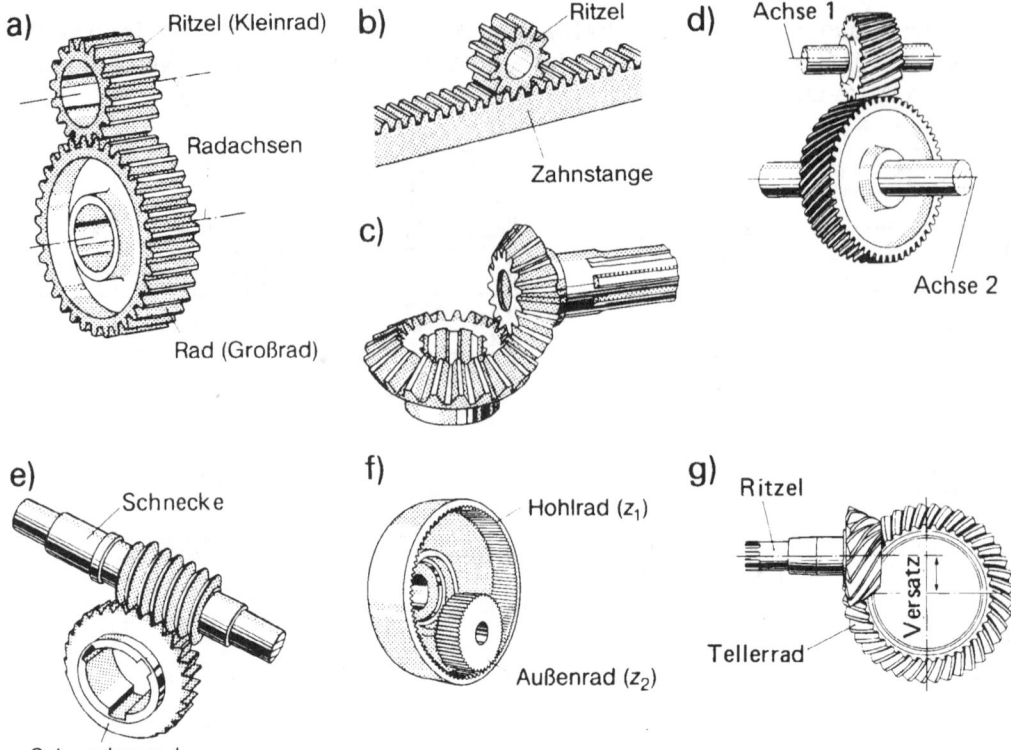

Bild MEC 136.1: Zahnradarten
a) Stirnradpaar, geradverzahnt; b) Ritzel und Zahnstange, c) Kegelradpaar; d) Schraubradpaar; e) Schnecke und Schneckenrad; f) Hohlrad und Außenrad; g) Hypoidpaar.

Geradverzahnte Stirnräder

Darstellung der Bestimmungsgrößen in Bild MEC 136.2. Durch **Zähnezahl** z und **Modul** m ist ein Geradzahnstirnrad festgelegt. Zahnräder, die miteinander arbeiten, müssen gleichen Modul haben. Der Modul wird DIN 780 entnommen (Tabelle MEC 137.1).

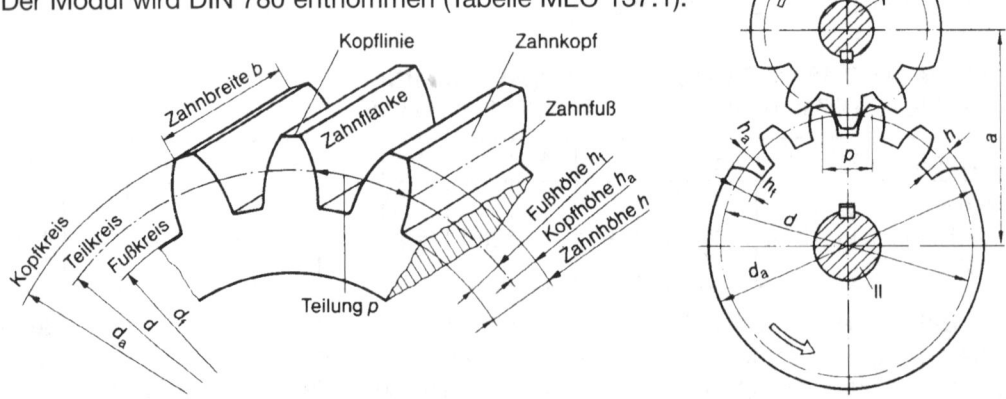

Bild MEC 136.2: Bestimmungsgrößen für Geradzahnstirnräder.

Tabelle MEC 137.1: Modulreihen für Stirnräder (Moduln in mm, DIN 780/05.77)

Reihe I	Reihe II	Reihe I	Reihe II	Reihe I	Reihe II	Reihe I	Reihe II
0,05		0,5		3			14
	0,055		0,55		(3,25)	16	
0,06		0,6			3,5		18
	0,07		0,65		(3,75)	20	
0,08		0,7		4			22
	0,09		0,75		(4,25)	25	
0,1		0,8			4,5		(27)
	0,11		0,85		(4,75)		28
0,12		0,9		5			(30)
	0,14		0,95		(5,25)	32	
0,16		1			5,5		36
	0,18		1,125		(5,75)		(39)
0,2		1,25		6		40	
	0,22		1,375		(6,5)		(42)
0,25		1,5			7		45
	0,28		1,75	8		50	
0,3		2			9		55
	0,35		2,25	10		60	
0,4		2,5			11		70
	0,45		2,75	12			

Hinweis: Die Moduln der Reihe I sollen gegenüber den Moduln der Reihe II bevorzugt angewendet werden. Die in der Reihe II eingeklammerten Moduln sind für Sonderzwecke vorgesehen.

Tabelle MEC 137.2: Moduln für Zylinderschnecken (DIN 780/05.77)

Modul m in mm	0,1	0,12	0,16	0,2	0,25	0,3	0,4	0,5	0,6
	0,7	0,8	0,9	1	1,25	1,6	2	2,5	3,15
	4	5	6,3	8	10	12,5	16	20	

In angelsächsischen Ländern verwendet man noch anstelle des Moduls den **Diametral Pitch.** Zwischen dem Modul m in mm und dem Diametral Pitch P in 1/inch besteht die Beziehung:

$$m = \frac{25,4}{P}; \quad P = \frac{25,4}{m}$$

Tabelle MEC 138.1: Bestimmungsgrößen für Geradzahn-Stirnräder
(DIN 3960/03.87)

Benennung	Formel-zeichen	Einheit	Formel
Teilung auf dem Teilkreis	p	mm	$p = m \cdot \pi; \; p = \dfrac{d \cdot \pi}{z}; \; p = e + s$
Teilkreisdurchmesser	d	mm	$d = m \cdot z; \; d = \dfrac{p}{\pi} \cdot z; \; d = d_a - 2 \cdot m$
Modul	m	mm	$m = \dfrac{p}{\pi}; \; m = \dfrac{d}{z}; \; m = \dfrac{d_a}{z+2}$
Zähnezahl	z	–	$z = \dfrac{d}{m}; \; z = \dfrac{d \cdot \pi}{p}; \; z = \dfrac{d_a - 2 \cdot m}{m}$
Kopfkreisdurchmesser	d_a	mm	$d_a = d + 2 \cdot m; \; d_a = m \cdot (z + 2)$
Fußkreisdurchmesser	d_f	mm	$d_f = d - 2,4 \cdot m; \; d_f = m \cdot (z - 2,4)$
Zahnhöhe	h	mm	$h = 2,2 \cdot m; \; h = h_a + h_f$
Kopfhöhe	h_a	mm	$h_a = m$
Fußhöhe	h_f	mm	$h_f = 1,2 \cdot m$
Zahndicke	s	mm	$s = \dfrac{p}{2}; \; s = \dfrac{m \cdot \pi}{2}$
Zahnlückenweite	e	mm	$e = \dfrac{p}{2}; \; e = \dfrac{m \cdot \pi}{2}$
Zahnbreite	b	mm	$b \approx 10 \cdot m$ (Normalwert)
Achsabstand	a	mm	$a = \dfrac{d_1 + d_2}{2}; \; a = m \cdot \dfrac{z_1 + z_2}{2}$
Kranzdicke	k	mm	$k_{min} = 1,6 \cdot m$
Eingriffswinkel	α	Grad	$20°$
Übersetzungsverhältnis	i	–	$i = \dfrac{z_2}{z_1}; \; i = \dfrac{d_2}{d_1}; \; i = \dfrac{n_1}{n_2}$

MEC 138

Keilriemen

Keilriemen werden mit wenigen Ausnahmen **endlos** hergestellt und in genormten Längen geliefert. Unterschieden werden:

Endlose Normalkeilriemen nach DIN 2215 sind Kabelcordriemen aus Kautschuk oder elastomerem Kunststoff mit eingebetteten Cordfäden.

Endlose Schmalkeilriemen nach DIN 7753 sind Kabelcordriemen mit einer Cordfädenreihe als Zugstrang und besonders günstigem Profil, das sich stärker gegen die Flanken der Keilrille der Riemenscheibe presst als das eines Normalkeilriemens (Bild MEC 139.1).

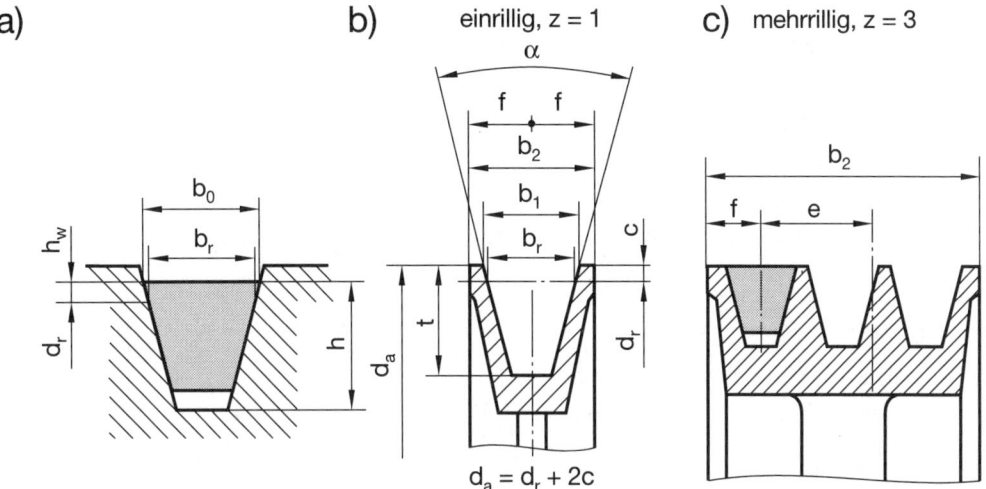

Bild MEC 139.1: a) Schmalkeilriemen, b) einrillige Schmalkeilriemenscheibe, c) dreirillige Schmalkeilriemenscheibe.

Tabelle MEC 139.1: Schmalkeilriemenprofile (DIN 7753 T1/01.88)

Riemenprofil ISO-Kurzzeichen		SPZ	SPA	SPB	SPC
obere Riemenbreite	$b_0 \approx$	9,7	12,7	16,3	22
Richtbreite	b_r	8,5	11	14	19
Riemenhöhe	$h \approx$	8	10	13	18
Abstand	$h_w \approx$	2	2,8	3,5	4,8
Richtdurchmesser der zugehörigen Scheibe nach DIN 2211 T1	d_r min.	63	90	140	224
Wirklänge L_w von gestuft nach R20 bis		630 3550	800 4500	1250 8000	2000 12500

Die **Richtbreite** b_r ist die Breite eines Keilriemens, die unverändert bleibt, wenn der Riemen senkrecht zur Basis seines Profils gekrümmt wird (Breite der neutralen Schicht).

Die **Wirklänge** L_w ist die Länge eines Keilriemens in Höhe seiner Richtbreite b_r (Länge der neutralen Schicht). Zulässiger Unterschied (mm) zwischen den Wirklängen der

Riemen ein und desselben Satzes bei **mehrrilligen** Antrieben für L_w = 630 bis 800: 1 mm; L_w = 900 bis 1250: 1,6 mm; L_w = 1400 bis 2000: 2,5 mm; L_w = 2240 bis 3150: 4 mm; L_w = 3550 bis 5000: 6,3 mm; L_w = 5600 bis 8000: 10 mm; 9000 bis 12 500: 16 mm.

Die Wirklängen bis 8000 und die zulässigen Unterschiede zwischen den Wirklängen der Riemen ein und desselben Satzes sind von der ISO empfohlen. Unvermeidliche Zwischenlängen sind nach R40, Längen L_w <630 mm und >12 500 mm sind jedoch nach R20 zu wählen.

Die **Bezugslänge** L_a wird nach der Gleichung errechnet:

$L_a = L_w + 2\pi \cdot h_w$

Bezeichnung eines endlosen Schmalkeilriemens mit Profil SPZ und Wirklänge L_w = 2000:

Schmalkeilriemen DIN 7753 – SPZ 2000 L_w

Tabelle MEC 140.1: Schmalkeilriemenscheiben (DIN 2211 T1/3.84)

Schmalkeilriemenprofile nach DIN 7753 T1		ISO-Kurzz.	SPZ	SPA	SPB	SPC
Verwendbar für Keilriemenprofile nach DIN 2215		Kurzzeichen	10	13	17	22
DIN 2216		Kurzzeichen	10	13	17	22
Richtbreite		b_r	8,5	11	14	19
		$b_1 \approx$	9,7	12,7	16,3	22
		c	2	2,8	3,5	4,8
Nabendurchmesser		d_3	$\approx$ (1,8 bis 1,6) · d_2			
Rillenabstand		e	12±0,3	15±0,3	19±0,4	25,5±0,5
		f	8±0,6	10±0,6	12,5±0,8	17±1
Rillentiefe		t	11 $^{+0,6}_{\;\;0}$	13,8 $^{+0,6}_{\;\;0}$	17,5 $^{+0,6}_{\;\;0}$	23,8 $^{+0,6}_{\;\;0}$
α $\dfrac{34°}{38°}$	für Richt- durchmesser	d_r	≤80	≤118	≤190	≤315
			>80	>118	>190	>315
Grenzabweichung für α = 34° und 38°			±1°	±1°	±1°	±30'

Kranzbreite $b_2 = (z - 1) e + 2f$; z Rillenzahl

Richtdurchmesser d_r ist der zur Richtbreite d_w gehörende Durchmesser; er ist für die Berechnung des Übersetzungsverhältnisses festgelegt.

Tabelle MEC 141.1: Leistungswerte für Schmalkeilriemen (DIN 7753 T2/04.76)

Riemenprofil	SPZ			SPA			SPB			SPC		
d_{rk} der kleinen Scheibe	63	100	180	90	160	250	140	250	400	224	400	630
n_k der kleinen Scheibe	Nennleistung P_N in kW je Riemen											
400	0,36	0,79	1,71	0,75	2,04	3,62	1,92	4,96	8,64	5,19	12,56	21,42
700	0,54	1,28	2,81	1,17	3,30	5,88	3,02	7,84	13,82	8,13	19,79	32,37
950	0,68	1,66	3,65	1,48	4,27	7,60	8,83	10,04	17,39	10,19	24,52	37,37
1450	0,93	2,36	5,19	2,02	6,01	10,53	5,19	13,66	22,02	13,22	29,46	31,74
2000	1,17	3,05	6,63	2,49	7,60	12,85	6,31	16,19	22,07	14,58	25,81	–
2800	1,45	3,90	8,20	3,00	9,24	14,13	7,15	16,44	9,37	11,89	–	–

Tabelle MEC 141.2: Faktoren zur Leistungsberechnung von Schmalkeilriementrieben

Winkelfaktor c_1	1	1,02	1,05	1,08	1,12	1,16	1,22	1,28	1,37	1,47
Umschlingungswinkel β	180°	170°	160°	150°	140°	130°	120°	110°	100°	90°

Betriebsfaktor c_2

Tägliche Betriebsdauer in Stunden			angetriebene Arbeitsmaschinen
bis 10	über 10 bis 16	über 16	
1,0	1,1	1,2	Kreiselpumpen, Ventilatoren, Bandförderer für leichtes Gut
1,1	1,2	1,3	Werkzeugmaschinen, Pressen, Blechscheren, Druckereimaschinen
1,2	1,3	1,4	Mahlwerke, Kolbenpumpen, Stoßförderer, Textil- und Papiermaschinen
1,3	1,4	1,5	Steinbrecher, Mischer, Winden, Krane, Bagger

Übertragbare Leistung $P = \dfrac{z \cdot P_N}{c_1 \cdot c_2}$

P_N Leistung je Riemen; z Anzahl der Riemen; c_1 Winkelfaktor; c_2 Betriebsfaktor

Mechanische Verbindungselemente

Häufig verwendete Schraubenarten

Bild	Benennung		DIN	Bereich
	Sechskantschraube (mit Schaft)	Metrisches Gewinde, Produktklasse C, ohne Mutter	EN 24016	M5 ··· M64
		Metrisches Gewinde, Produktklassen A und B	EN 24014	M1,6···M64
		Metrisches Feingewinde, Produktklassen A und B	EN 28765	M8x1···M60x4
	Sechskantschraube mit Mutter	Metrisches Gewinde, Produktklasse C, mit Mutter	EN 24016	M5 ··· M64
		für Stahlkonstruktionen	7990	M12 ··· M30
	Sechskant- Passschraube	mit langem Gewindezapfen, auch Feingewinde	609	M8 ··· M52
		ohne u. mit Mutter für Stahlkonstr.	7968	M12 ··· M30
	Zylinderschraube mit Innen- sechskant	niedriger Kopf, auch Feingewinde	6912	M4 ··· M36
		niedriger Kopf	7984	M3 ··· M24
	Senkschraube mit Innen- sechskant	Metrisches Gewinde und Metrisches Feingewinde	DIN EN ISO 10642	M3 ··· M24
	Vierkantschraube mit Kernansatz	Metrisches Gewinde und Metrisches Feingewinde	479	M5 ··· M24
	Vierkantschraube mit Bund	Metrisches Gewinde	478	M5 ··· M24
	Flachrundschraube mit Vierkantansatz	ohne und mit Mutter	603	M5 ··· M20
	Senkschraube mit Vierkantansatz	mit hohem Vierkant	605	M6 ··· M10
		mit niedrigem Vierkant	608	M10 u. M12
	Zylinderschraube mit Schlitz	mit Gew. bis Kopf und mit Schaft	DIN EN ISO 1207	M1,6 ··· M10
	Senkschraube mit Schlitz		DIN EN ISO 2009	M1,6 ··· M20

Häufig verwendete Schraubenarten (Fortsetzung)

Bild	Benennung		DIN	Bereich
	Linsensenk-schraube mit Schlitz		DIN EN ISO 2010	M1,6···M10
	Flachkopf-schraube mit Kreuzschlitz	Form H oder Form Z	DIN EN ISO 7045	M1,6···M10
	Flügelschraube		316	M4···M24
	Augenschraube		444	M5···M39
	Rändel-schraube	hohe Form	464	M1···M10
		niedrige Form	653	M1···M10
	Stiftschraube	Einschraubende ≈ 2d	835	M4···M24
		Einschraubende ≈ 1d	938	M3···M52
		Einschraubende ≈ 1,25d	939	M4···M52
		Einschraubende ≈ 2,5d	940	M4···M24
	Gewindestift mit Kegelkuppe	mit Schlitz	EN 24766	M1,2···M12
		mit Innensechskant	913	M1,4···M24
	Gewindestift mit Zapfen	mit Schlitz	EN 27435	M1,6···M12
			926	M1···M6
		mit Innensechskant	915	M1,4···M24
	Gewindestift mit Ringschneide	mit Schlitz	EN 27436	M1,6···M12
		mit Innensechskant	916	M1,4···M24
	Gewindestift mit Spitze	mit Schlitz	EN 27434	M1,2···M12
		mit Innensechskant	914	M1,4···M24

Häufig verwendete Schraubenarten (Fortsetzung)

Bild	Benennung		DIN	Bereich
	Zylinder-Blechschraube	mit Schlitz	ISO 1481	2,2 ··· 6,3
	Senk-Blechschraube	mit Schlitz	ISO 1482	2,2 ··· 6,3
		mit Kreuzschlitz	ISO 7050	2,2 ··· 6,3
	Linsensenk-Blechschraube	mit Schlitz	ISO 1483	2,2 ··· 6,3
		mit Kreuzschlitz	ISO 7051	2,2 ··· 6,3
	Sechskant-Blechschraube		ISO 1479	2,2 ··· 8
	Linsen-Blechschraube		ISO 7049	2,2 ··· 6,3
	Sechskant-Gewinde-schneidschraube	Form A	7513	M5 ··· M8
	Zylinder-Gewinde-schneidschraube	mit Schlitz Form LBE	7513	M2,5 ··· M8
	Senk-Gewinde-schneidschraube	mit Schlitz Form LFE	7513	M2,6 ··· M6
		mit Kreuzschlitz Form LDE	7516	M3 ··· M8

Unterlegscheiben

Bild	Benennung		DIN	Bereich
	Scheibe	Ausf. mittel, vorzugsw. f. Sechskantschr.	125	M1,6 ··· M160
		Ausf. grob, vorzugsw. f. Sechskantschr.	126	M5 ··· M160
		vorzugsw. f. Zylinderschrauben	433	M1 ··· M36
		für Schrb. mit schw. Spannhülsen	7349	M3 ··· M30
		8 mm dick - für Stahlkonstruktionen	7989	M10 ··· M36
		Außendurchm. = 3 x Lochdurchmesser	9021	M2,5 ··· M36
	Scheibe vierkant	für U-Träger	434	M8 ··· M27
		für I-Träger	435	M8 ··· M27
		für HV-Verbindungen an U-Trägern	6918	M12 ··· M36
		für HV-Verbindungen an I-Trägern	6917	M12 ··· M36

Häufig verwendete Mutternarten

Bild	Benennung		DIN	Bereich
	Sechskantmutter	Metr. Gewinde, Produktklasse C	EN 24 034	M5···M100x6
		Metr. Gew. und Metr. Feingewinde Produktklassen A und B	EN 24 032	M1···M160x6
	Sechskantmutter niedrige Form	Rohrmuttern	431	G1/8 ··· G6
		mit Fase	EN 24 035	M1,6 ··· M52
		ohne Fase	EN 24 036	
	Kronenmutter	Metr. Gew. und Metr. Feingewinde	935	M4···M100x6
		niedrige Form	979	M6 ··· M52
	Hutmutter	hohe Form	1587	M4 ··· M24
		niedrige Form	917	M4···M72x6
	Rändelmutter	hohe	466	M1 ··· M10
		flache	467	M1 ··· M10
	Nutmutter	Metr. ISO-Feingewinde	1804	M6 x 0,75 ··· M200 x 3
	Flügelmutter		315	M4 ··· M24

Häufig verwendete Schraubensicherungen

Bild	Benennung		DIN	Bereich
	Federring mit rechteckigem Querschnitt	gewölbt oder gewellt; Hochspann-Federringe	128	M2 ··· M36
	Federscheibe	gewölbt oder gewellt	137	M3 ··· M36
	Zahnscheibe	außen gezahnt, innen gezahnt, versenkt	6797	M2 ··· M30
	Fächerscheibe	außen gezahnt, innen gezahnt, versenkt	6798	M2 ··· M30

Nietarten

Bild	Benennung	DIN	Nenndurch-messer in mm	Werkstoff
	Halbrundniet	124	10 ⋯ 36	St[1]
		660	1 ⋯ 8	St, SF-Cu, CuZn37, Al 99,5
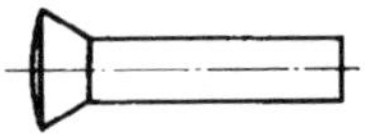	Senkniet	302	10 ⋯ 36	St
	Senkniet	661	1 ⋯ 8	St, SF-Cu CuZn 37 Al 99,5
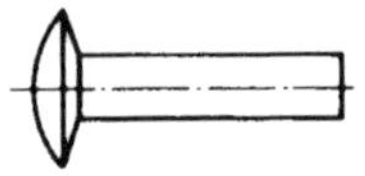	Linsenniet	662	1,6 ⋯ 6	
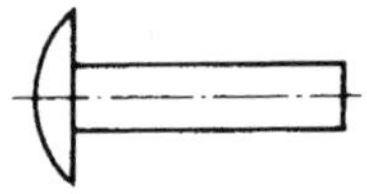	Flachrundniet	674	1,4 ⋯ 6	
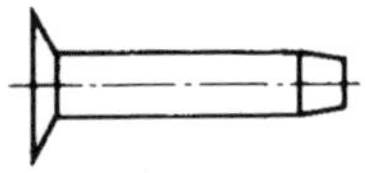	Flachsenkniet	675	3 ⋯ 5	St, SF-Cu, Al 99,5
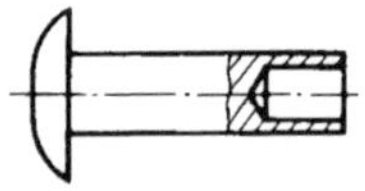	Halbhohlniet mit Flach-rundkopf	6791	1,6 ⋯ 10	St, SF-Cu CuZn 37 Al 99,5
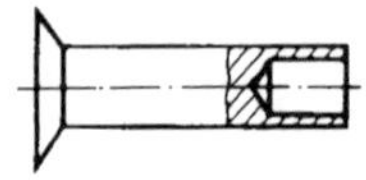	Halbhohlniet mit Senkkopf	6792	1,6 ⋯ 10	
	Hohlniet einteilig	7339	1,5 ⋯ 6	MU St 35G, D-CuF25, CuZn37 F30 Al 99 F8
	Rohrniet	7340	1 ⋯ 10	St 35G, D-Cu F25, CuZn 33 F37 Al 99 F11
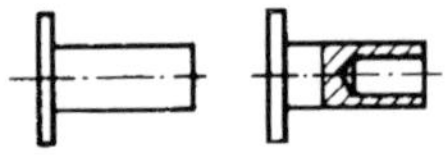	Niete f. Brems- und Kupp-lungsbeläge	7338	3 ⋯ 8	MU St34, St35, CuZn37, CuZn40, C-Cu, Al 99 F11, AlMg5F24
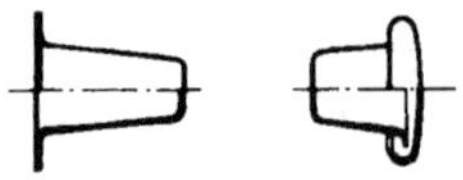	Hohlniet zweiteilig	7331	2 ⋯ 6	MU St35G CuZn 37 F30

[1] St = U St36-2 oder UQ St36-2 (nach Wahl des Herstellers); andere Werkstoffe nach Vereinbarung

MEC 146

Stiftarten

Bild	Benennung	Herstellbereich d in mm	Werkstoff
	Zylinderstift EN ISO 2338	0,6 ⋯ 50	Automatenstahl Härte 125 ⋯ 245 HV
	Kegelstift EN ISO 2339	0,6 ⋯ 50	Automatenstahl Härte 125 ⋯ 245 HV
	Zylinderkerbstift mit Fase EN ISO 8740	1,5 ⋯ 25	Automatenstahl Härte 125 ⋯ 245 HV
	Kegelkerbstift EN ISO 8744	1,5 ⋯ 25	
	Passkerbstift EN ISO 8745	1,5 ⋯ 25	
	Steckkerbstift EN ISO 8741	1,5 ⋯ 25	
	Knebelkerbstift EN ISO 8742 nicht genormte Sonderausführung	1,5 ⋯ 25	
	Halbrundkerbnagel EN ISO 8746	1,4 ⋯ 20	Automatenstahl Härte 125 ⋯ 245 HV
	Senkkerbnagel EN ISO 8747	1,4 ⋯ 20	
	Spannstift (Spannhülse) EN ISO 8752	1 ⋯ 50	Federstahl 55 Si7 vergütet
	Spiralspannstift EN ISO 8750	0,8 ⋯ 20	Ck 67

Maße für Schrauben, Muttern, Zubehör für gebräuchliche metrische ISO-Gewinde (in mm)

Metrisches ISO-Gewinde	Gewinde-Nennmaß / Steigung P	M 2 / 0,4	M 2,5 / 0,45	M 3 / 0,5	M 4 / 0,7	M 5 / 0,8	M 6 / 1	M 8 / 1,25	M 10 / 1,5	M 12 / 1,75	M 14 / 2	M 16 / 2	M 20 / 2,5	M 24 / 3	M 27 / 3	M 30 / 3,5
Sechskantschraube und -Mutter DIN EN 24 014/28 765 DIN EN 24 032	Schlüsselweite s	4	5	5,5	7	8	10	13	17	19	22	24	30	36	41	46
	Eckenmaß e	4,38	5,51	6,08	7,74	8,87	11,05	14,38	18,9	21,1	24,49	26,75	33,53	39,98	45,63	51,28
	Kopfhöhe	1,4	1,7	2	2,8	3,5	4	5,5	7	8	9	10	13	15	17	19
	Mutterhöhe	1,6	2	2,4	3,2	4	5	6,5	8	10	11	13	16	19	22	24
	Gewindelänge bis l = 125	10	11	12	14	16	18	22	26	30	34	38	46	54	60	66
	über l = 125-200	–	–	–	–	22	24	28	32	36	40	44	52	60	66	72
Zylinderschraube mit Innensechskant DIN 912	Kopf-∅	3,8	4,5	5,5	7	8,5	10	13	16	18	21	24	30	36	40	45
	Kopfhöhe	2	2,35	3	4	5	6	8	10	12	14	16	20	24	27	30
	Schlüsselweite	1,5	2	2,5	3	4	5	6	8	10	12	14	17	19	19	22
Zylinderschraube mit Innensechskant DIN 7984	Kopf-∅	–	–	5,5	7	8,5	10	13	16	18	21	24	30	36	–	–
	Kopfhöhe	–	–	2	2,8	3,5	4	5	6	7	8	9	11	13	–	–
	Schlüsselweite	–	–	2	2,5	3	4	5	7	8	10	12	14	17	–	–
Stiftschraube DIN 939/835	Einschraublänge (St, GG)	–	–	–	5	6,5	7,5	10	12	15	18	20	25	30	35	38
	Einschraublänge für Alu-Leg.	–	–	–	8	10	12	16	20	24	28	32	40	48	–	–
Senkung für Zylinderschrauben DIN 912/74 u. 7984/74	Senkungs-∅	4,3	5	6	8	10	11	15	18	20	24	26	33	40	43	48
	Senktiefe Form Km	2,3	2,9	3,4	4,6	5,7	6,8	9	11	13	15	17,5	21,5	25,5	28,5	32
	Senktiefe Form Hm	1,6	2	2,4	3,2	4	4,7	6	7	8	9	10,5	12,5	14,5	–	–
Gewinde-Grundbohrung DIN 76/336	Grundlochüberhang	2,3	2,6	2,8	3,8	4,2	5,1	6,2	7,3	8,3	9,3	9,3	11,2	13,1	13,1	15,2
	Bohrer-∅ für Kernloch	1,6	2	2,5	3,3	4,2	5	6,8	8,5	10,2	12	14	17,5	21	24	26,5
Durchgangsloch mittel	EN 20 273	2,4	2,9	3,4	4,5	5,5	6,6	9	11	14	16	18	22	26	30	33
Scheibe DIN 125	Außen-∅	5	6,5	7	9	10	12,5	17	21	24	28	30	37	44	50	56
	Dicke	0,3	0,5	0,5	0,8	1	1,6	1,6	2	2,5	2,5	3	3	4	4	4
Federring DIN 128	Außen-∅	4,4	5,1	6,2	7,6	9,2	11,8	14,8	18,1	21,1	24,1	27,4	33,6	40	43	48,2
	Dicke	0,5	0,6	0,8	0,9	1,2	1,6	2	2,2	2,5	3	3,5	4	5	5	6
Senkschraube mit Schlitz DIN EN ISO 2009	Kopf-∅	3,8	4,7	5,6	7,5	9,2	11	14,5	18	22	25	29	36	–	–	–
	Kopfhöhe	1,2	1,5	1,65	2,2	2,5	3	4	5	6	7	8	10	–	–	–
	Schlitzweite	0,5	0,6	0,8	1	1,2	1,6	2	2,5	3	3	4	5	–	–	–

Fertigungstechnik

Fertigungsverfahren

Begriffsbestimmung der Hauptgruppen (nach DIN 8580, 06.74)

Hauptgruppe 1 Urformen

Urformen ist Fertigen eines **festen Körpers** aus **formlosem Stoff** durch Schaffen des Zusammenhaltes. Hierbei treten die Stoffeigenschaften des Werkstücks bestimmbar in Erscheinung. **Beispiele:** Gießen von Metallen und Kunststoffmassen, Pulverpressen und Sintern.

Als **formloser Stoff** werden Gase, Flüssigkeiten, Pulver, Fasern, Späne, Granulat und ähnliche Stoffe bezeichnet. Formloser Stoff im Sinne dieser Norm ist auch eine Menge loser Teilchen mit geometrisch bestimmbarer Form. Der Begriff **Zusammenhalt** bezieht sich sowohl auf den Zusammenhalt der Teilchen eines festen Körpers als auch auf den Zusammenhalt der Bestandteile eines zusammengesetzten Körpers.

Hauptgruppe 2 Umformen

Umformen ist Fertigen durch **bildsames (plastisches) Ändern der Form** eines festen Körpers. Dabei werden sowohl die Masse als auch der Zusammenhalt beibehalten. **Beispiele:** Biegen, Drücken, Fließpressen, Schmieden, Stauchen, Tiefziehen, Walzen.

Hauptgruppe 3 Trennen

Trennen ist Fertigen durch **Ändern der Form** eines festen Körpers, wobei der **Zusammenhalt örtlich aufgehoben** wird. Dabei ist die Endform in der Ausgangsform enthalten; auch wird das Zerlegen zusammengesetzter Körper dazugerechnet. **Beispiele:** Schneiden, Stanzen, Drehen, Fräsen, Schleifen, funkenerosives Abtragen, Demontieren.

Hauptgruppe 4 Fügen

Fügen ist das auf Dauer angelegte Verbinden oder sonstige Zusammenbringen von zwei oder mehr Werkstücken geometrisch bestimmter fester Form oder von ebensolchen Werkstücken mit formlosem Stoff. Dabei wird der **Zusammenhalt örtlich geschaffen** und im ganzen vermehrt. **Beispiele:** Schweißen, Löten, Kleben, Schrauben, Nieten.

Hauptgruppe 5 Beschichten

Beschichten ist das Aufbringen einer **festhaftenden** Schicht aus **formlosem Stoff** auf ein Werkstück. Maßgebend ist der unmittelbar vor dem Beschichten herrschende Zustand des Beschichtungsstoffes. **Beispiele:** Aufdampfen, Anstreichen, Auftragschweißen, Pulveraufspritzen.

Hauptgruppe 6 Stoffeigenschaftändern

Stoffeigenschaftändern ist Fertigen durch Verändern der **Eigenschaften des Werkstoffes,** aus dem ein Werkstück besteht. Dies geschieht i. Allg. durch Veränderungen im **submikroskopischen** bzw. **atomaren** Bereich, z. B. durch Diffusion von Atomen, Erzeugung und Bewegung von Versetzungen im Atomgitter, chemische Reaktionen. **Beispiele:** Härten, Anlassen, Magnetisieren, Auf- und Entkohlen.

Tabelle MEC 150.1: Gliederung der 6 Hauptgruppen der Fertigungsverfahren

Hauptgruppe 1	Hauptgruppe 2	Hauptgruppe 3	Hauptgruppe 4	Hauptgruppe 5	Hauptgruppe 6
Urformen	Umformen DIN 8582	Trennen	Fügen DIN 8593	Beschichten	Stoffeigenschaft- ändern
Gruppe 1.1 Urformen aus dem flüssigen Zustand	Gruppe 2.1 Druckumformen DIN 8583 Teil 1	Gruppe 3.1 Zerteilen DIN 8588	Gruppe 4.1 Zusammensetzen DIN 8593 Teil 1	Gruppe 5.1 Beschichten aus dem flüssigen Zustand	Gruppe 6.1 Verfestigen durch Umformen
Gruppe 1.2 Urformen aus dem plastischen Zustand	Gruppe 2.2 Zugdruck- umformen DIN 8584 Teil 1	Gruppe 3.2 Spanen mit geometrisch bestimmten Schneiden DIN 8589 Teil 0	Gruppe 4.2 Füllen DIN 8593 Teil 2	Gruppe 5.2 Beschichten aus dem plastischen Zustand	Gruppe 6.2 Wärmebehandeln DIN EN 10052 Teil 1
Gruppe 1.3 Urformen aus dem breiigen Zustand	Gruppe 2.3 Zugumformen DIN 8585 Teil 1	Gruppe 3.3 Spanen mit geometrisch unbestimmten Schneiden DIN 8589 Teil 0	Gruppe 4.3 An- und Einpressen DIN 8593 Teil 3	Gruppe 5.3 Beschichten aus dem breiigen Zustand	Gruppe 6.3 Thermo- mechanisches Behandeln
Gruppe 1.4 Urformen aus dem körnigen oder pulverförmigen Zustand	Gruppe 2.4 Biegeumformen DIN 8586	Gruppe 3.4 Abtragen DIN 8590	Gruppe 4.4 Fügen durch Urformen DIN 8593 Teil 4	Gruppe 5.4 Beschichten aus dem körnigen oder pulverförmigen Zustand	Gruppe 6.4 Sintern, Brennen
Gruppe 1.5 Urformen aus dem span- oder faserförmi- gen Zustand	Gruppe 2.5 Schubumformen DIN 8587	Gruppe 3.5 Zerlegen DIN 8591	Gruppe 4.5 Fügen durch Umformen DIN 8593 Teil 5		Gruppe 6.5 Magnetisieren
		Gruppe 3.6 Reinigen DIN 8592	Gruppe 4.6 Fügen durch Schweißen DIN 8593 Teil 6	Gruppe 5.6 Beschichten durch Schweißen	Gruppe 6.6 Bestrahlen
			Gruppe 4.7 Fügen durch Löten DIN 8593 Teil 7	Gruppe 5.7 Beschichten durch Löten	Gruppe 6.7 Photochemische Verfahren
Gruppe 1.8 Urformen aus dem gas- oder dampfförmigen Zustand			Gruppe 4.8 Kleben DIN 8593 Teil 8	Gruppe 5.8 Beschichten aus dem gas- oder dampfförmigen Zustand DIN 28400 Teil 4	
Gruppe 1.9 Urformen aus dem ionisierten Zustand				Gruppe 5.9 Beschichten aus dem ionisierten Zustand	

Begriffe des Spanens

Geometrie am Schneidkeil

Bild MEC 151.1 zeigt Flächen, Schneiden und Schneidenecken am Schneidkeil des Werkzeugs, und zwar am Dreh- oder Hobelmeißel in a), am Spiralbohrer in b) und am Walzenstirnfräser in c).

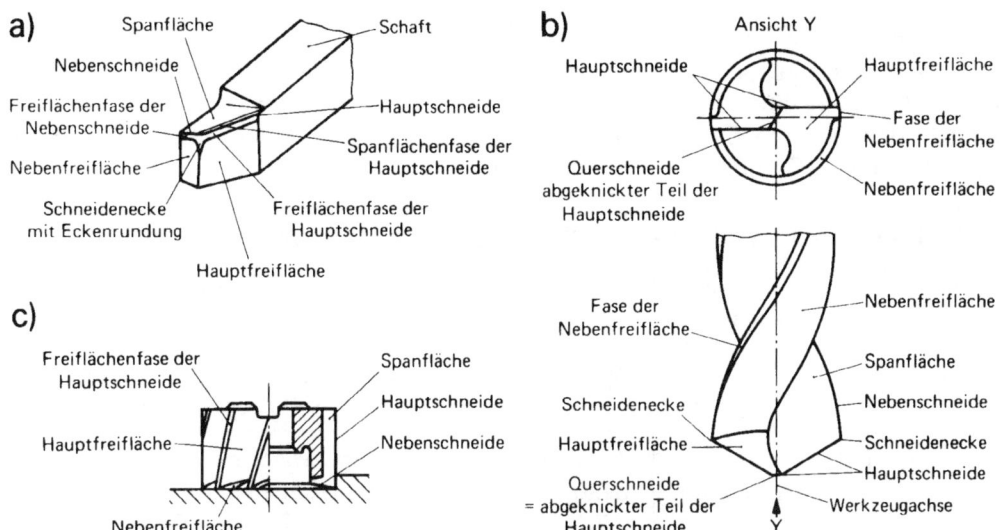

Bild MEC 151.1: Flächen, Schneiden und Schneidenecken am Werkzeug:
a) Dreh- oder Hobelmeißel, b) Spiralbohrer, c) Walzenstirnfräser

Schneidkeil

Der Teil des Werkzeugs, an dem durch die Relativbewegung zwischen Werkzeug und Werkstück der Span entsteht, wird **Schneidkeil** genannt. Die Schnittlinien der den Keil begrenzenden Flächen sind **Schneiden.** Die Schneiden können gerade, geknickt oder gekrümmt sein.

Flächen am Schneidkeil

Die **Freiflächen** sind die Flächen an einem Schneidkeil, die den entstehenden Schnittflächen zugekehrt sind. **Schnittflächen** sind die am Werkstück von den Schneiden momentan erzeugten Flächen.

Man unterscheidet zwischen den **Hauptfreiflächen** an den Hauptschneiden und den **Nebenfreiflächen** an den Nebenschneiden.

Die **Spanfläche** ist die Fläche am Schneidkeil, auf der der Span abläuft.

Schneiden am Schneidkeil

Die **Hauptschneiden** sind Schneiden, deren Schneidkeil bei Betrachtung in der Arbeitsebene **in Vorschubrichtung** weist.

Die **Nebenschneiden** sind Schneiden, deren Schneidkeil bei Betrachtung in der Arbeitsebene **nicht in Vorschubrichtung** weist.

Die **Schneidenecke** ist diejenige Ecke, an der eine Hauptschneide und eine Nebenschneide mit gemeinsamer Spanfläche zusammentreffen (siehe Bild MEC 151.1).

Winkel am Schneidkeil

Für die Bestimmung der Winkel am Schneidkeil wird ein rechtwinkliges **Bezugssystem** angewendet, das aus der Werkzeugbezugsebene, der Schneidenebene und der Keilmessebene besteht. Diese drei Ebenen bilden das **Werkzeugbezugssystem** für das **nicht** im Einsatz befindliche Werkzeug (Bild MEC 152.1).

Die Werkzeugbezugsebene ist parallel zur Auflagefläche. Die Schneidenebene steht senkrecht auf der Werkzeugbezugsebene und die Keilmessebene senkrecht auf Werkzeugbezugs- und Schneidenebene. Die Werkzeugwinkel für einen Drehmeißel sind in Tabelle MEC 152.1 zusammengestellt.

Tabelle MEC 152.1: Werkzeugwinkel (Werkzeugbezugssystem) am Schneidkeil

Benennung	Formel-zeichen	Gemessen in der	Definition, Erklärung
Einstellwinkel	$\varkappa$ (Kappa)	Werkzeug-bezugsebene	Winkel zwischen Schneiden-ebene und Arbeitsebene
Eckenwinkel	ε (Epsilon)	Werkzeug-bezugsebene	Winkel zwischen Haupt- und Nebenschneide
Neigungswinkel	λ (Lambda)	Schneiden-ebene	Winkel zwischen der Schneide und der Werkzeugbezugsebene
Freiwinkel	α (Alpha)	Keilmessebene	Winkel zwischen Freifläche und Schneidenebene
Keilwinkel	β (Beta)	Keilmessebene	Winkel zwischen Freifläche und Spanfläche
Spanwinkel	γ (Gamma)	Keilmessebene	Winkel zwischen Spanfläche und Werkzeugbezugsebene

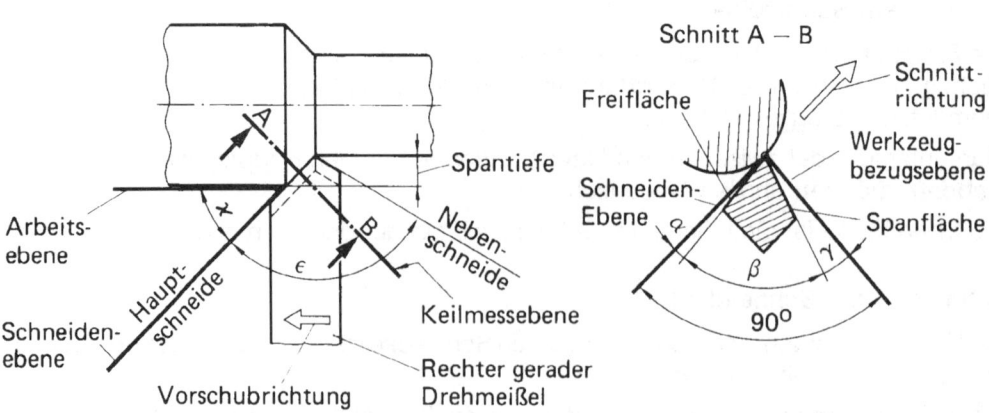

Bild MEC 152.1: Werkzeug-Bezugssystem und Winkel am Drehmeißel.

Bewegungen, Schnitt- und Spanungsgrößen

Bewegungen zwischen Werkstück und Werkzeugschneide

Die Bewegungen bei einem Zerspanungsvorgang sind Relativbewegungen zwischen Werkstück und Werkzeugschneide. Sie werden **auf das ruhend gedachte Werkstück** bezogen; nur das Werkzeug bewegt sich.

Schnittbewegung

Die Schnittbewegung ist diejenige Bewegung zwischen Werkstück und Werkzeug, die **ohne Vorschubbewegung** nur eine einmalige Spanabnahme während **einer** Umdrehung oder **eines** Hubes bewirken würde.

Vorschubbewegung

Die Vorschubbewegung ist diejenige Bewegung zwischen Werkstück und Werkzeug, die **zusammen mit der Schnittbewegung** eine **Spanabnahme** während **mehrerer** Umdrehungen oder Hübe ermöglicht. Sie kann schrittweise oder stetig vor sich gehen.

Wirkbewegung

Die Wirkbewegung ist die **resultierende Bewegung** aus Schnittbewegung und gleichzeitig ausgeführter Vorschubbewegung.
Erfolgt keine gleichzeitige Vorschubbeweung, dann ist die Schnittbewegung auch die Wirkbewegung.
Nicht unmittelbar an der Spanentstehung beteiligt sind die Anstellbewegung, die Zustellbewegung und die Nachstellbewegung.

Anstellbewegung

Die Anstellbewegung ist diejenige Bewegung zwischen Werkstück und Werkzeug, mit der das Werkzeug vor dem Zerspanen an das Werkstück herangeführt wird.

Zustellbewegung

Die Zustellbewegung ist diejenige Bewegung zwischen Werkstück und Werkzeug, die die Dicke der jeweils abzunehmenden Schicht (Spandicke) im Voraus bestimmt.

Nachstellbewegung

Die Nachstellbewegung ist eine Korrekturbewegung zwischen Werkstück und Werkzeug, die z.B. den Werkzeugverschleiß ausgleichen soll.

Geschwindigkeiten

Es sind zu unterscheiden: Schnittgeschwindigkeit und Vorschubgeschwindigkeit.

Schnittgeschwindigkeit v_c

Die Schnittgeschwindigkeit v_c ist die momentane Geschwindigkeit des betrachteten Schneidenpunktes in Schnittrichtung (Richtung der Schnittbewegung).

Vorschubgeschwindigkeit v_f

Die Vorschubgeschwindigkeit v_f ist die momentane Geschwindigkeit des Werkzeuges in Vorschubrichtung (Richtung der Vorschubbewegung).

Bohren (DIN 8589-2, 08.82)

Bohren (Rundbohren) ist ein Zerspanungsverfahren, bei dem das Werkzeug, der **Spiralbohrer,** gleichzeitig eine **Vorschubbewegung** in Richtung der Drehachse und eine kreisförmige **Schnittbewegung** ausführt. Bild MEC 154.1 zeigt Winkel und Flächen am Spiralbohrer.

Seitenfreiwinkel α_x, **Seitenkeilwinkel** β_x und **Seitenspanwinkel** γ_x werden an der Schneidenecke gemessen, $\alpha_x + \beta_x + \gamma_x = 90°$.

Der **Spitzenwinkel** σ ist der Winkel zwischen den beiden Hauptschneiden.

Spiralbohrer (DIN ISO 5419, 06.98) werden in drei verschiedenen **Werkzeugtypen** hergestellt: Typ N, Typ H und Typ W. Die drei Typen unterscheiden sich in der Hauptsache durch den **Seitenspanwinkel** γ_x, auch Drallwinkel genannt (Bild MEC 154.1, Tabelle MEC 154.1).

Mit zunehmender Festigkeit und Härte des Werkstück-Werkstoffs nimmt der Seitenspanwinkel (Drallwinkel) des Bohrers ab und der Keilwinkel nimmt zu.

Tabelle MEC 154.1: Bohrertypen und ihre Einsatzgebiete

Typ	Seitenspanwinkel γ_x	Spitzenwinkel σ	Einsatzgebiet
N	18° bis 35° normal	118°	für normale Werkstoffe mittlerer Festigkeit (Stahl, Gusseisen)
		130°	Stahl u. Stahlguss über 700 N/mm²
H	10° bis 16° lang gedrallt	80°	Marmor, Schiefer, Kohle, Hartgummi
		118°	Kupfer-Zink-Legierungen
		140°	Magnesium-Legierungen, austenitische Stähle
W	35° bis 45° kurz gedrallt	80°	Formpressstoffe bei Dicke $s > d$
		118°	Zink-Legierung, Weißmetall
		140°	Aluminium-Legierung, Kupfer, Zelluloid

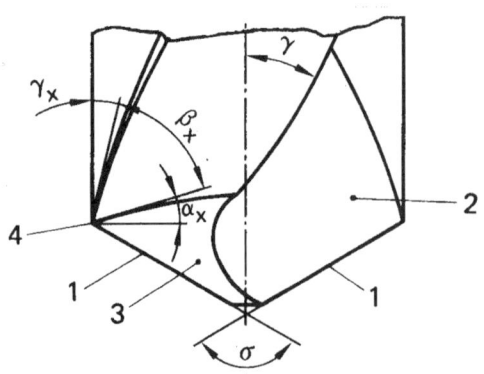

α_x Seitenfreiwinkel
β_x Seitenkeilwinkel
γ_x Seitenspanwinkel
γ Drallwinkel, σ Spitzenwinkel
1 Hauptschneiden, 2 Spanfläche,
3 Hauptfläche, 4 Schneidenecke

Bild MEC 154.1:
Winkel und Flächen am Spiralbohrer.

Spiralbohrer werden in verschiedenen Längen hergestellt. Man unterscheidet:

Spiralbohrer mit Zylinderschaft

extra kurz   DIN 1897
    kurz   DIN 338
    lang   DIN 340
überlang   DIN 1869

Spiralbohrer mit Kegelschaft

extra kurz   DIN 345
    kurz   DIN 345/346
überlang   DIN 1870

Richtwerte für das Bohren

Einige Richtwerte für die Wahl des Vorschubs und der Schnittgeschwindigkeit zeigt Tabelle MEC 155.1.

Der **Vorschub** f ist der Weg des Bohrers je Umdrehung, Einheit mm.

Die **Schnittgeschwindigkeit** v_c ist die Geschwindigkeit des betrachteten Schneidenpunkts in Schnittrichtung. Beim Bohrer liegt dieser Schneidenpunkt auf dem Umfang in der Schneidenecke (Bild MEC 154.1).

$$v_c = \frac{d \cdot \pi \cdot n}{1000}$$

Hierin sind:
v_c Schnittgeschwindigkeit in m/min, d Durchmesser des Bohrer in mm, n Drehzahl des Bohrers in min^{-1}.

Tabelle MEC 155.1: Richtwerte für Schnittgeschwindigkeit und Vorschub für Spiralbohrer aus Schnellarbeitsstahl

Werkstoff	Festigkeit in N/mm^2	Schnittgeschw. v_c in m/min	Vorschub f in mm	Kühlung
Stahl	bis 500 über 500 über 700	20 bis 35 20 bis 30 15 bis 20	0,05 0,05 0,035	Bohremulsion
Gusseisen	bis 200 über 200	20 bis 40 15 bis 25	0,08 bis 1,2 0,05	trocken
Aluminium	−	50 bis 200	0,2 bis 0,6	Bohremulsion
Al-Legierungen ausgehärtet	−	40 bis 60	0,1 bis 0,4	trocken
Kupfer	−	35 bis 70	0,2 bis 0,5	Bohremulsion
Plexiglas	−	20 bis 60	0,1 bis 0,5	Wasser, Druckluft
Polystyrol	−	20 bis 60	0,1 bis 0,5	Druckluft
PVC	−	30 bis 80	0,2 bis 0,5	Druckluft
Polyamid	−	50 bis 100	0,2 bis 0,5	Druckluft

Tabelle MEC 156.1: Bohrungsarten

Bohrungsart	Erzeugung	Einsatzgebiet
Grundbohrung	Bohren mit Spiralbohrer gegen Anschlag	Halten von Stiften und Bolzen
Durchgangs-bohrung	Bohren mit Spiralbohrer, geringe Genauig-keit (grobe Toleranz)	Verbinden von Teilen
Gewindebohrung	Bohren mit Spiralbohrer und anschließend mit Gewindebohrern Gewinde schneiden	Befestigen von Elementen, z. B. Lager-bock an Maschinenkörper anschrauben
Passbohrung	Vorbohren mit Spiralbohrer, anschließend Reiben der Bohrung mit Reibahle	Lagesicherung von Elementen, z. B. Führungsleisten im Schnittwerkzeug, Lagerung von Wellen
Kegelbohrung	Bohren mit Spiral- oder Stiftlochbohrer, anschließend Reiben mit konischer Reibahle	Lagesicherung von Elementen oder zur Befestigung eines Anzugskegels
Senkbohrung	Vorbohren mit Spiralbohrer und an-schließend Senken mit Flachsenker oder Bohren mit Stufenbohrer	Aufnahme der Köpfe von Zylinder-kopf-Innensechskant- oder Senk-kopfschrauben

Tabelle MEC 156.2: Bohr- und Senkverfahren

Arbeitsverfahren	Werkzeug	Anwendung
Bohren ins Volle	Spiralbohrer	Bohren von Grundlöchern (Sacklöchern) und Durch-gangsbohrungen, Vorbohren von Werkstücken
Aufbohren	Spiralbohrer, Aufbohrer Aufsteck-Aufbohrer	Aufbohren von vorgebohrten oder vorgegossenen Bohrungen. Bei größeren Werkstückdicken mit Spiralsenker oder Aufstecksenker
Planansenken	Flachsenker mit oder ohne Führungszapfen	Erzeugung von am Werkstück hervorstehenden ebenen Flächen senkrecht zur Drehachse der Schnitt-bewegung
Planeinsenken	Flachsenker mit oder ohne Führungszapfen	Erzeugung von vertieften, senkrecht zur Drehachse liegenden ebenen Flächen
Profilsenken	Kegelsenker mit Spitzenwinkel von 60°, 90° oder 120°	Erzeugung kegelförmiger Senkungen für Senkkopf-schrauben und Senkniete sowie zum Entgraten
	Formsenker	Erzeugung beliebiger rotationssymmetrischer Formen, Einsatz nur bei großen Stückzahlen
Profilbohren ins Volle	Kombinierte Bohr-werkzeuge z. B. Stufenbohrer	Erzeugung von rotationssymmetrischen, profilierten Bohrungen, die durch das Hauptschneidenprofil des Bohrwerkzeuges bestimmt sind.

MEC 156

Tabelle MEC 157.1: Zulässige Abweichungen beim Bohren

Nennmaß in mm	6 bis 10	über 10 bis 18	über 18 bis 30	über 30 bis 50	über 50 bis 80
zulässige Abweichung in µm	+ 150	+ 180	+ 210	+ 250	+ 300

Aufbohren und Senken (DIN 8589-2, 08.82)

Vorgefertigte oder beim Gießen ausgesparte Löcher mit kreisförmigem Querschnitt müssen oft noch weiterbearbeitet werden. Dies geschieht durch ein dem Bohren ähnliches Verfahren, das in der Werkstattsprache unter dem Sammelnamen „Senken" bekannt ist. Die Norm macht einen Unterschied zwischen Aufbohren und Senken, der auch in der Bezeichnung der hierzu gebrauchten Werkzeuge deutlich wird.

Aufbohren ist ein Bohren zur Erweiterung eines vorgefertigten Lochs.

Senken ist Bohren zur Erzeugung von senkrecht zur Drehachse liegenden Planflächen oder symmetrisch zur Drehachse liegenden Kegelflächen.

Der **Aufbohrer** (DIN 8043, 09.79) erzeugt ein zylindrisches Loch (werkstattübliche Bezeichnung „Spiralsenker"). Der **Senker** hat eine bestimmte, auf seinen Verwendungszweck zugeschnittene Form; seine Schneiden sind z.B. so geformt, dass ein stufenförmiges oder kegeliges Loch entsteht.

Reiben (DIN 8589-2, 08.82)

Reiben ist **Aufbohren** mit geringer Spanungsdicke zur **Erhöhung der Oberflächengüte,** bei dem ein rotierendes vielschneidiges Werkzeug, die **Reibahle,** Schnittbewegung und Vorschubbewegung ausführt. Durch Reiben werden maßhaltige und formgenaue Bohrungen mit glatter Oberfläche erzielt.

Reiben wird von Hand oder maschinell ausgeführt.

Als **Schmiermittel** verwendet man zum Reiben von Stahl und NE-Schwermetallen Bohrölemulsionen und zum Reiben von Leichtmetallen Mineralöl. Bohrungen in Gusseisen werden trocken gerieben.

Nach dem Aufreiben ist der Bohrungsdurchmesser **größer** als vorher. Deshalb muss der Durchmesser d_U des vorgebohrten Loches um die **Bearbeitungszugabe** u (Tabelle MEC 157..2) kleiner sein als der Durchmesser d_1 des fertig geriebenen Loches: $d_U = d_1 - u$.

Tabelle MEC 157.2: Bearbeitungszugabe beim Reiben

Durchmesser d_1 der aufgeriebenen Bohrung	...10	10...18	18...30	30...50	50...100
Bearbeitungszugabe u in mm	0,2	0,25	0,3	0,4	0,5

Tabelle MEC 158.1: Schneidenanzahl fester Reibahlen

Durchmesser in mm	3 ... 10	11 ... 19	20 ... 30	31 ... 43	44 ... 65
Anzahl der Schneiden	6	8	10	12	14

Erreichbare Genauigkeit, Schnittgeschwindigkeit, Vorschub

Reibahlen werden für ein ganz bestimmtes Passmaß hergestellt, z.B. für H8, F8, H7, K7 usw. Die beim Reiben erzielbare Maßgenauigkeit liegt bei ±0,01 mm.

Die **Schnittgeschwindigkeit** muss beim Reiben kleiner sein als beim Bohren, damit sich die feinen Schneiden der Reibahle nicht zu rasch abnutzen. Wegen der geringen Spanabnahme und der größeren Schneidenzahl kann jedoch der Vorschub größer sein (siehe Tabelle MEC 158.2).

Tabelle MEC 158.2: Richtwerte für das Reiben

Werkstoff	Festigkeit in N/mm^2	Schnitt- geschwindig- keit v_c in m/min	Vorschub f in mm		
			bis ø 10	über ø 10 bis ø 20	über ø 20
Stahl und Stahlguss	bis 500	10 bis 12	0,2	0,3	0,4
	über 500 bis 900	6 bis 8	0,1	0,3	0,4
Gusseisen	180 bis 200	8 bis 10	0,3	0,4	0,5
	über 200 bis 260	4 bis 6	0,2	0,3	0,4
Rotguss Messing	–	8 bis 14	0,3	0,5	1
Aluminium u. Al-Legie- rungen	–	12 bis 20	0,3	0,5	1

Gewindeschneiden

Innengewindeschneiden von Hand

Innengewinde, auch **Muttergewinde** genannt, wird mit dem **Gewindebohrer** von Hand oder maschinell auf der Bohrmaschine geschnitten.

Der Kerndurchmesser des Muttergewindes erhält das richtige Maß, wenn zum Bohren des **Kernlochs** die in DIN 336 festgelegten Bohrerdurchmesser verwendet werden (siehe Tabelle MEC 159.1). Der Kernlochdurchmesser D_{KL} ergibt sich aus:

$$D_{KL} = D - P$$

D Gewinde-Außendurchmesser, P Steigung

Tabelle MEC 159.1: Kernlochbohrer für Metrisches ISO-Regelgewinde (nach DIN 336)

Gewinde	M2	M2,5	M3	M4	M5	M6	M7	M8	M10	M12
Bohrerdurch- messer in mm	1,6	2,0	2,5	3,3	4,2	5	6	6,8	8,5	10,2
Gewinde	M14	M16	M18	M20	M22	M24	M30	M36	M42	M48
Bohrerdurch- messer in mm	12	14	15,5	17,5	19,5	21	26,5	32	37,5	43

Zum Innengewindeschneiden von Metrischem ISO-Regelgewinde von Hand werden **Satzgewindebohrer** (nach DIN 352) verwendet, bestehend aus Vorschneider, Mittelschneider und Fertigschneider.

Der **Vorschneider** trägt **einen** Ring und der **Mittelschneider zwei** Ringe. Der **Fertigschneider** hat **keinen** Ring.

Zum Gewindeschneiden von Metrischem ISO-Feingewinde wird der **zweiteilige Gewindebohrer-Satz** (DIN 2181) verwendet. Da die Gewindetiefe beim Feingewinde geringer ist als beim Regelgewinde, genügen hier zwei Satzgewindebohrer: Vorschneider und Fertigschneider. Der **Vorschneider** trägt **einen** Ring, der **Fertigschneider keinen** Ring.

Zum Gewindeschneiden in kurzen Durchgangsbohrungen, z. B. in Blechen oder Muttern, verwendet man den **Muttergewindebohrer** (DIN 357). Beim Muttergewindebohrer sind Vor-, Mittel- und Fertigschneider in einem einzigen Schneidteil vereinigt. Er hat einen besonders langen Anschnitt, der über etwa 20 Gewindegänge geht.

Innengewindeschneiden auf der Bohrmaschine

Zum Innengewindeschneiden auf der Bohrmaschine wird ein **Gewindeschneidapparat** verwendet, der an die Stelle des Windeisens tritt. In den Gewindeschneidapparat werden **Maschinengewindebohrer** eingespannt. Der Apparat selbst sitzt mit seinem Kegelschaft in der Bohrmaschinenspindel.

Maschinengewindebohrer sind **Einschnittbohrer** mit einem längeren Schaft als Handgewindebohrer. Man unterscheidet gerade genutete und drall genutete Gewindebohrer.

Bei den **drall genuteten Gewindebohrern** werden die Späne wie in einer Förderschnecke transportiert. Die Förderrichtung der Späne ist abhängig von der Gewindeart (Rechts- oder Linksgewinde) und der Drallrichtung.

Außengewindeschneiden von Hand

Außengewinde wird von Hand mit dem Schneideisen oder mit der Schneidkluppe geschnitten. Der Außendurchmesser des zum Gewindeschneiden vorbereiteten **Bolzens** darf etwas kleiner sein als der Gewinde-Nenndurchmesser. Die Stirnfläche des Bolzens wird unter 45° angefast.

Mit dem **Schneideisen** können Bolzengewinde in einem Arbeitsgang fertiggeschnitten werden. Ab M30 und ab 4 mm Steigung dürfen sie jedoch nur als Nachschneideisen verwendet werden. **Runde Schneideisen** nach DIN EN 22 568/06.90 werden offen (Form A) oder vorgeschlitzt (Form B) hergestellt.

Tabelle MEC 160.1 gibt Richtwerte für die Schnittgeschwindigkeit *v* zum Innengewinde-schneiden mit Maschinengewindebohrern aus Schnellarbeitsstahl. Ferner enthält die Tabelle Angaben über geeignete Kühl- und Schmiermittel.

Tabelle MEC 160.1: Richtwerte für Innengewindeschneiden

Werkstoff	Zugfestigkeit in N/mm², Eigenschaften	Schnitt-geschwindigkeit in m/min	Kühl- und Schmier-mittel
Stahl	bis 500 über 500 bis 700 über 700 bis 900 über 900	15 bis 20 10 bis 15 5 bis 10 3 bis 5	Bohröl-Emulsion, Schneidöl
Gusseisen	bis 250 über 250	8 bis 15 4	trocken, Druckluft, Schneidöl
Stahlguss		6 bis 8	trocken, Druckluft
Temperguss		10 bis 15	Bohröl-Emulsion
Messing	spröde zäh	20 bis 40 14 bis 20	trocken, Schneidöl
Leichtmetall	lang spanend kurz spanend	25 bis 30 12 bis 20	Schneidöl, Bohröl-Emulsion
Kupfer		20 bis 25	Schneidöl, Talg
Kunststoffe	weich (Thermoplast)	8 bis 10	trocken
	hart (Duroplast)	3 bis 5	Druckluft

Drehen (DIN 8589-1, 08.82)

Drehen ist ein spanendes, auf einer Werkzeugmaschine durchgeführtes Bearbeitungs-verfahren, bei dem vom **Werkstück** eine **kreisförmige Schnittbewegung** und vom **Werkzeug,** dem **Drehmeißel,** eine **geradlinige Vorschubbewegung** ausgeführt wird.

Drehen wird unterteilt in Runddrehen (Langdrehen), Plandrehen, Schraubdrehen (Gewindedrehen), Profildrehen und Formdrehen. Beim **Runddrehen** wird eine **koaxial** zur Drehachse liegende **kreiszylindrische** Fläche erzeugt, beim **Plandrehen** eine **senk-recht** zur Drehachse liegende **ebene** Fläche.

Drehmeißelformen

Je nach Form des Schneidenkopfes und Lage der Hauptschneide unterscheidet man zwischen rechten, linken, geraden, gebogenen, abgesetzten und gekröpften Dreh-meißeln.

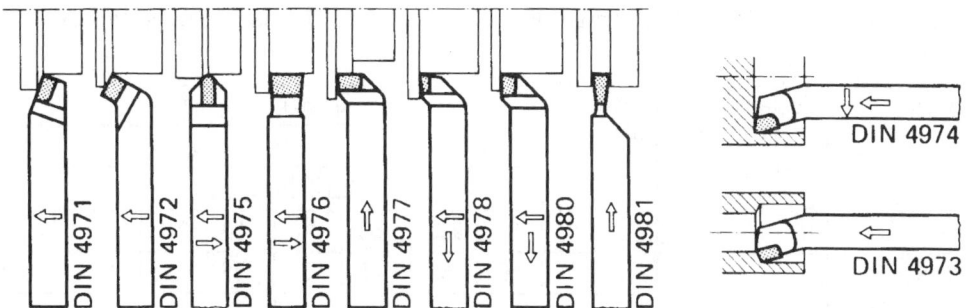

Bild MEC 161.1: Anwendungsbeispiele für häufig verwendete Drehmeißel mit Schneid-platte aus Hartmetall. Die Pfeile geben die Vorschubrichtung an.

Auf den eingespannten Drehmeißel blickt der Dreher im Normalfall so, wie im Bild MEC 161.1 dargestellt. Mit einem rechten Drehmeißel wird eine Schnittfläche erzeugt, die der rechten Seite des eingespannten Werkstücks zugekehrt ist. Der **rechte** Dreh-meißel arbeitet von **rechts nach links.**

Tabelle MEC 161.1: Anwendung der Werkstück-Spannmittel beim Drehen

Spannmittel	Anwendung
Drehfutter	Zum Spannen kurzer symmetrischer Teile.
Planscheiben	Zum Spannen unsymmetrischer Teile, wie Platten, Lagerböcke usw.
Spannzangen	Zum Spannen von gezogenem Stangenmaterial oder Stangenabschnitten in automatisierten Maschinen, z.B. Revolverdrehmaschinen, Drehautomaten.
Drehdorne	Zum Spannen von Drehteilen mit Bohrung: gespannt wird in der Bohrung.
Stirnseiten-mitnehmer	Für Arbeiten zwischen Spitzen, wenn die Welle auf der ganzen Länge überdreht werden soll.
Mitnehmerscheibe mit Drehherz	Für Arbeiten zwischen Spitzen, wenn die Welle nicht auf der ganzen Länge überdreht werden muss.

Schnittgeschwindigkeit, Vorschub, Standzeit

Die Schnittgeschwindigkeit kann nicht beliebig hoch gewählt werden, sondern in Abhängigkeit von der **Standzeit.**

Die **Standzeit** ist die Zeit, die das Werkzeug von einem Anschliff bis zum nächsten Anschliff im Einsatz bleiben darf.

Genormte Standzeiten, auf die man die zulässige Schnittgeschwindigkeiten bezieht, sind 60 Minuten, 240 Minuten und 480 Minuten.

In Tabelle MEC 162.1 finden Sie die Schnittgeschwindigkeits-Richtwerte für 60 min und 240 min Standzeit. Der **Vorschub** f beim Drehen ist der **Weg** in mm, den der Drehmeißel bei **einer Umdrehung** der Arbeitsspindel zurücklegt. Die Einheit des Vor-schubs ist mm.

Tabelle MEC 162.1: Schnittgeschwindigkeiten für das Drehen von Metallen (in m/min)

Werkstoff	Zugfestigkeit R_m in N/mm² oder Brinellhärte HB	Schneid-stoff	Vorschub f in mm							
			0,25		0,4		0,63		1,0	
			Standzeit in min							
			60	240	60	240	60	240	60	240
S 235; S 275		SS	50	30	45	30	35	22	30	20
C 15 bis C 22	400 bis 500	P 10	270	180	240	160	210	140	-	-
		P 20	190	130	170	115	150	100	135	90
		P 30	120	80	110	72	100	65	90	60
E 295; E 335		SS	35	22	30	20	25	16	20	13
C 35 bis C 45	500 bis 800	P 10	190	125	170	110	150	100	130	85
		P 20	150	100	130	90	120	80	100	70
		P 30	-	-	100	65	90	60	80	55
E 360		SS	24	16	22	15	18	12	12	8
C 60	750 bis 900	P 10	150	100	130	85	115	75	95	60
		P 20	105	70	90	60	80	50	70	45
		P 30	-	-	60	40	50	35	45	30
16 MnCr 5		SS	20	13	16	10	12	8	10	6
30 Mn 5	850 bis 1 000	P 10	170	110	150	100	130	85	-	-
		P 20	140	95	130	85	120	80	110	70
		P 30	-	-	100	65	90	60	80	50
42 CrMo 4		SS	14	9	10	7	8	5	6	4
50 CrMo 4	1 000 bis 1 400	P 10	150	100	130	85	115	75	100	65
		P 20	130	85	115	75	100	65	85	55
		P 30	-	-	90	60	80	50	70	45
GS 38 bis GS 42	300 bis 450	SS	45	30	35	23	30	20	25	16
		P 10	100	65	85	55	70	45	-	-
		P 20	80	55	70	45	60	40	50	35
EN-GJL-100 bis	1 400 HB bis	SS	26	17	22	15	17	11	13	9
EN-GJL-200	1 800 HB	K 20	80	55	70	45	60	40	50	35
EN-GJL-250	2 000 HB bis	SS	16	11	14	9	12	8	10	7
	2 200 HB	K 10	60	40	50	35	45	30	40	30
Messing	800 HB bis	SS	120	80	95	65	75	50	55	35
	1 200 HB	K 20	280	185	250	165	240	160	220	145
Al-Legierungen	600 HB bis	SS	70	45	50	35	40	25	35	25
	1 000 HB	K 10	480	320	380	250	350	230	320	210

Tabelle MEC 163.1: Richtwerte für das Drehen von Kunststoffen

Kunststoffkurzzeichen (Seite MEC 99)	Schneid-stoff	Vorschub f in mm	Schnittgeschwindigkeit v in m/min
PMMA, AMMA	SS	0,1 ...0,2	200...300
PS, SAN	SS	0,1 ...0,2	50... 60
POM	SS	0,1 ...0,5	200...500
PC, PTFE	SS	0,1 ...0,5	200...300
PVC, CA, CAB	SS	0,1 ...0,2	200...500
PE, PP, PA	SS	0,1 ...0,5	200...500
Duroplaste org. gefüllt	SS	0,05...5	20... 40
Duroplaste anorg. gefüllt	K10	0,05...5	20... 40

Tabelle MEC 163.2: Bezeichnung und Einsatzgebiete der Drehmeißel
(nach Bild MEC 161.1)

Bezeichnung	DIN-Nr.	Einsatzgebiet
Rechter gerader Drehmeißel	4971	Langdrehen von Außenflächen, vorwiegend zum Schruppen
Rechter gebogener Drehmeißel	4972	Langdrehen von Außenflächen, vorwiegend zum Schruppen
Rechter abgesetzter Seitendrehmeißel	4980	Langdrehen von Außenflächen und Andrehen von Stufen und Bunden
Innendrehmeißel, Schaftquerschnitt rund	4973	Langdrehen (Schruppen) von Innenflächen (Bohrungen)
Rechter Stechdrehmeißel	4981	Abstechen ein Einstechen von Nuten
Rechter abgesetzter Stirndrehmeißel	4977	Plandrehen von außen nach innen
Innen-Eckdrehmeißel, Schaftquerschnitt rund	4974	Lang- und Plandrehen von Innenflächen, Ausdrehen von scharfen Ecken
Breiter Drehmeißel	4976	Schlichten beim Langdrehen
Abgesetzter Eck-drehmeißel	4978	Plandrehen von innen nach außen, Langdrehen von Außenflächen
Spitzer Drehmeißel	4975	Schlichten von Außenflächen in Längsrichtung

Hobeln und Stoßen (DIN 8589-4, 08.82)

Hobeln ist ein Zerspanungsverfahren, bei dem das **Werkstück** die **Schnittbewegung** und das **Werkzeug** die **Vorschubbewegung** ausführt. Die **Langhobelmaschine** ist die Werkzeugmaschine für das Hobeln.

Stoßen heißt das Hobelverfahren, wenn das **Werkzeug** die **Schnittbewegung** und das **Werkstück** die **Vorschubbewegung** ausführt. Die Schnittbewegung des Werkzeugs kann in waagerechter oder senkrechter Richtung ausgeführt werden. Eine Stoßmaschine, bei der die Schnittbewegung in **waagerechter** Richtung verläuft, bezeichnet man als **Waagerecht-Stoßmaschine**. Eine Stoßmaschine, bei der die Schnittbewegung in **senkrechter** Richtung ausgeführt wird, nennt man **Senkrecht-Stoßmaschine**.

Hobelmeißel

Die meisten Hobelmeißel haben ähnliche Form wie die Drehmeißel. Für die Form des Schneidkeils gelten die gleichen Gesichtspunkte wie beim Drehmeißel. Der Schneidkeil wird durch die gleichen Flächen, Schneiden und Winkel beschrieben (Bild MEC 151.1a).

Bild MEC 164.1 zeigt eine Zusammenstellung der vorwiegend verwendeten Hobelmeißelarten. Die Pfeile zeigen die Vorschubrichtung.

Winkel am Hobelmeißel: Freiwinkel α = 6° bis 8°, Spanwinkel γ = 10° (harte Werkstoffe) bis 20° (weiche Werkstoffe).

Schnittgeschwindigkeit und Vorschub (Tabelle MEC 165.1)

Wegen der Umkehrung der Bewegungsrichtung kann man bei Stoß- und Hobelmaschinen nur mit einer begrenzten Schnittgeschwindigkeit arbeiten. Deshalb werden beim Hobeln und Stoßen vorwiegend Werkzeuge aus Schnellarbeitsstahl eingesetzt. Hartmetalle erfordern für glatte Oberflächen bestimmte Mindestgeschwindigkeiten, die bei den Stoß- und Hobelmaschinen nicht immer erreicht werden können.

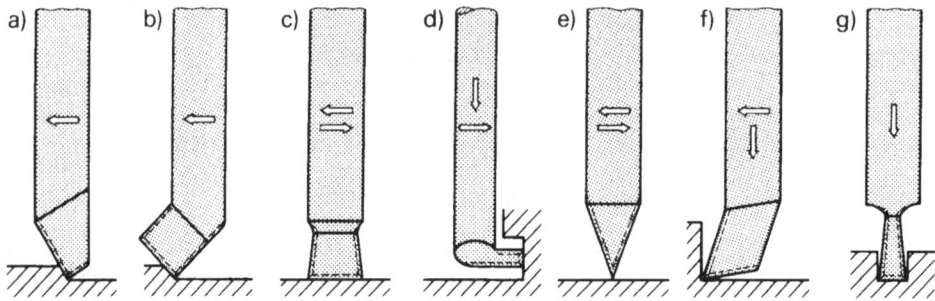

Bild MEC 164.1

a) Linker gerader Hobelmeißel zum Schruppen
b) Linker gebogener Hobelmeißel zum Schruppen
c) Kopfhobelmeißel (Breitschlichthobelmeißel) zum Schlichten
d) Hobelmeißel für T-Nuten
e) Spitzhobelmeißel zum Schlichten
f) Linker Seitenhobelmeißel für senkrechte Flächen und scharfkantige Absätze
g) Stechhobelmeißel zum Einstechen von Nuten

Tabelle MEC 165.1: Richtwerte für Hobeln und Stoßen

Werkstoff	Schneidstoff	Schnittgeschwindigkeit v_{120} in m/min für Vorschub f in mm					
		0,25	0,4	0,6	1,0	1,6	2,5
S 235 bis S 355	SS	25	22	18	14	12	10
C 10 bis C 22	P 30	82	75	65	60	50	-
E 295 bis E 360	SS	16	12	10	8	6	5
C 35 bis C 60	P 30	48	40	35	30	25	-
Legierte Stähle	SS	8	6	5	4	3	-
	P 30	30	25	20	17	15	-
Stahlguss	SS	16	12	10	9	7	6
	P 30	40	35	30	25	20	-
EN-GJL-100 bis	SS	20	18	16	14	12	10
EN-GJL-250	K 10	42	36	30	25	18	-
EN-GJL-300 bis EN-GJL-400	SS	13	12	11	9	8	7
EN-GJS-400-15 bis EN-GJS-800-2	K 10	36	32	28	25	20	-
Aluminium und	SS	40	32	25	20	18	16
Aluminium-Leg.	K 22	180	160	140	125	112	100

Fräsen (DIN 8589-3, 08.82)

Fräsen ist ein Zerspanungsverfahren zur Erzeugung ebener und gekrümmter Flächen, bei dem das auf den Fräsmaschinentisch gespannte Werkstück die Vorschubbewegung und Einstellbewegung und das Werkzeug, der Fräser, die Schnittbewegung ausführt. Das Fräsen wird weiter **unterteilt** in Planfräsen, Rundfräsen (zylindrische Flächen), Schraubfräsen (Gewinde-, Schneckenfräsen), Wälzfräsen (Verzahnen), Profilfräsen und Formfräsen (mit gesteuerter Vorschubbewegung).

Winkel und Zahnform

Der Schneidkeil des **Fräserzahns** wird vom **Spanwinkel** γ, **Freiwinkel** α und **Keilwinkel** β gebildet (Bild MEC 166.1a).

Die zugeordneten Flächen sind die **Spanfläche**, über die der Span abläuft und die **Freifläche**. Je nach Ausbildung der Freifläche unterscheidet man zwischen **spitzgezahnten Fräsern** mit gefrästen Zähnen und **hinterdrehten Fräsern** bzw. hinterschliffenen Fräsern (Bild MEC 166.1b).

Der größte Teil der Fräser ist spitzgezahnt. Der spitzgezahnte Fräser ist billiger in der Herstellung, leistungsfähiger und lässt sich bequem nachschleifen.

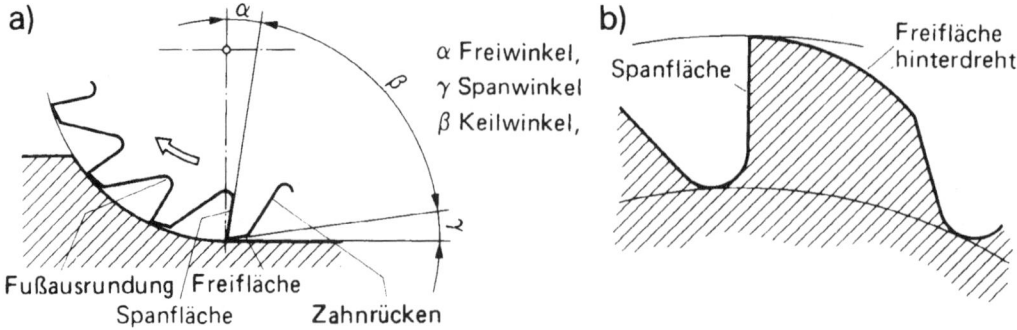

Bild MEC 166.1: Winkel und Zahnform am Fräser: a) spitzgezahnt, b) hinterdreht

Spritzgezahnte Fräser werden zum Bearbeiten ebener, geradliniger Flächen eingesetzt. Zum Formfräsen verwendet man hinterdrehte Fräser, die an der Spanfläche
nachgeschliffen werden.

Es gibt **gerade genutete Fräser** mit geraden Spannuten und spiralförmig genutete
Fräser, sog. **drall genutete Fräser** (Bild MEC 168.1 m und n). Gerade genutete Fräser
werden z.B. für kurz spanende Werkstoffe, wie Gusseisen, verwendet. Drall genutete
Fräser arbeiten ruhiger, haben einen schälenden Schnitt und ergeben eine bessere
Oberflächengüte als gerade genutete Ausführungen.

Hinsichtlich der Schneidrichtung wird zwischen rechts schneidenden und links
schneidenden Fräsern unterschieden. Ein Fräser ist **rechts schneidend,** wenn er von
der Antriebsseite gesehen rechtsherum dreht.

Arbeitsverfahren

Man unterscheidet nach DIN 8589 beim Fräsen zur Erzeugung ebener Flächen drei
Arbeitsweisen: Umfangsfräsen, Stirnfräsen und Stirn-Umfangsfräsen. In der Fach-
praxis verwendet man für Umfangsfräsen die Bezeichnung **Walzfräsen.**

Beim **Walzfräsen** (Bild MEC 166.2a) liegt die Fräserachse parallel zur Arbeitsfläche.
Die Fräserzähne schneiden am Umfang. Beim **Stirnfräsen** (Bild MEC 166.2b) steht
die Fräserachse senkrecht zur Arbeitsfläche. Man benutzt hier meist Fräser, die sowohl am Umfang als auch an der Stirnseite Schneiden haben (Stirn-Umfangsfräsen).

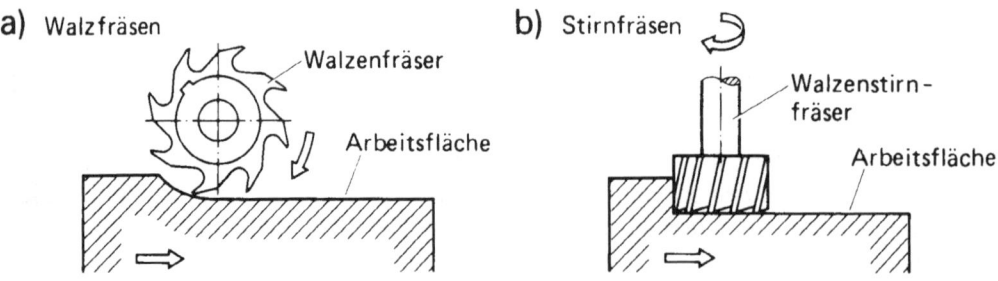

Bild MEC 166.2: a) Walzfräsen (Umfangsfräsen); b) Stirnfräsen

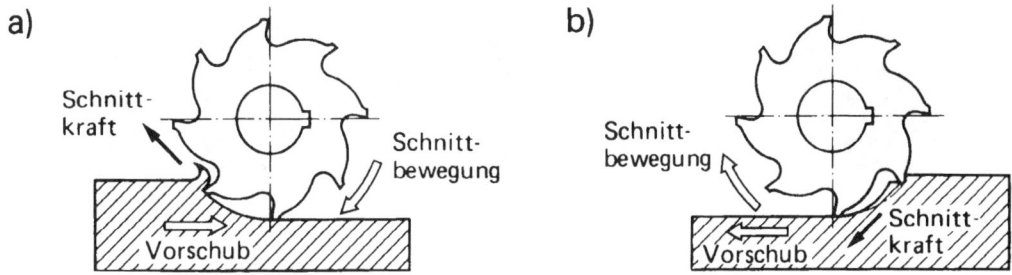

a) b)

Bild MEC 167.1. a) Gegenlauffräsen, b) Gleichlauffräsen

Bezüglich der Drehrichtung des Fräsers und der Vorschubrichtung des Werkstücks unterscheidet man Gegenlauffräsen und Gleichlauffräsen.

Beim **Gegenlauffräsen** (Bild MEC 167.1a) ist im Eingriffsbereich die Drehrichtung des Fräsers der Vorschubrichtung des Werkstücks entgegengerichtet.

Beim **Gleichlauffräsen** (Bild MEC 167.1b) sind im Eingriffsbereich die Drehrichtung des Fräsers und Vorschubrichtung des Werkstücks gleichgerichtet.

Das **Gleichlauffräsen** ist zum Bearbeiten dünner Werkstücke besser geeignet als das Gegenlauffräsen. Durch Gleichlauffräsen lassen sich glattere Oberflächen erzielen als durch Gegenlauffräsen.

Bei Fräsmaschinen, die für das Gleichlauffräsen eingesetzt werden, darf die Vorschubrichtung keinen toten Gang haben.

Fräserarten

Die Bildseite MEC 168 zeigt die wichtigsten Ausführungsformen der Fräser. Tabelle MEC 169.1 gibt Hinweise zur Anwendung.

Bei der Anwendung von Fräsern werden drei Werkzeugtypen unterschieden, die mit den Buchstaben N, H und W gekennzeichnet sind. Hauptunterscheidungsmerkmal ist die **Zahnteilung** bzw. die **Zahl der Schneiden.** Der Typ N ist grober gezahnt als der Typ H, jedoch ist seine Zahnung feiner als die des Typs W. Tabelle MEC 167.1 zeigt die Merkmale der Typen und ihre Anwendung.

Tabelle MEC 167.1: Werkzeugtypen von Walzenfräsern

Typ	Zahnung	Schneidenzahl	Gut geeignet für:
N	Grob	6 bis 10	normale Stähle, weiches Gusseisen, Temperguss, mittelharte NE-Metalle, nicht geschichtete Kunststoffe
H	Fein	10 bis 16	besonders harte und zähharte Werkstoffe, z.B. Stahl über 1 000 N/mm^2 Zugfestigkeit
W	sehr grob	4 bis 8	besonders weiche und zähe Werkstoffe, z.B. Kupfer, Aluminium, Al- und Mg-Legierungen, geschichtete Kunststoffe

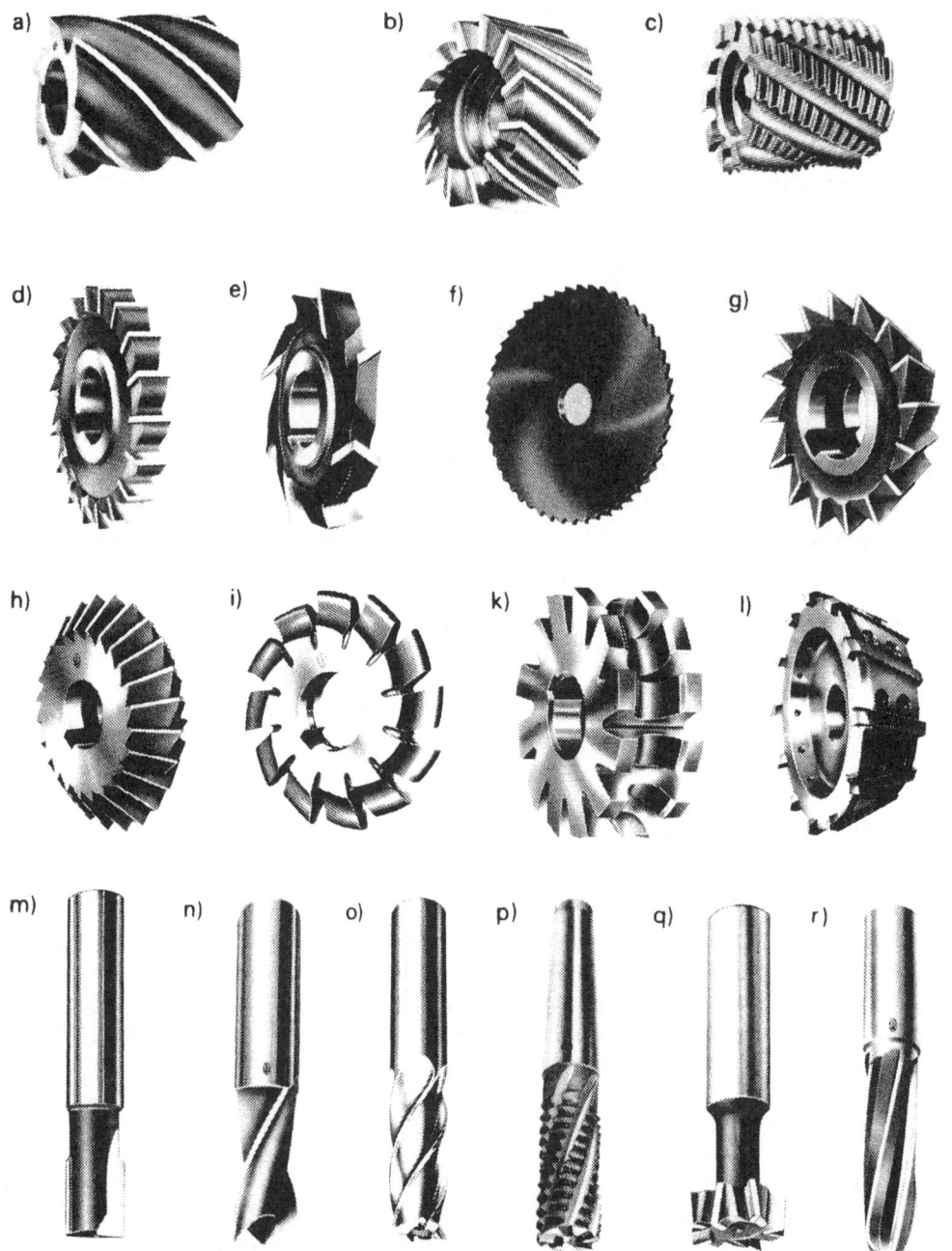

Bild MEC 168.1: Häufig verwendete Fräserformen:

a) Walzenfräser, b) Walzenstirnfräser, c) Walzenstirnfräser mit Spanteilern zum Schruppen, d) Scheibenfräser geradverzahnt, e) Scheibenfräser kreuzverzahnt, f) Metallkreissägeblatt, g) Winkelstirnfräser, h) Prismenfräser, i) Halbrundprofilfräser konvex, k) Halbrundprofilfräser konkav, l) Fräsmesserkopf, m) Langlochfräser gerade genutet, n) Langlochfräser drall genutet, o) Schaftfräser, p) Schaftfräser mit Spanteiler, q) Schaftfräser für T-Nuten, r) Gesenkfräser

Tabelle MEC 169.1: Anwendung der Fräser

Fräser (Bild MEC 168.1)	DIN-Nr.	Anwendung	Fräser (Bild MEC 168.1)	DIN-Nr.	Anwendung
Walzenfräser (a)	884	Schruppen und Schlichten ebener Flächen	Halbrund-Profilfräser (i u. k)	855, 856	Herstellung halbkreisförmiger Flächen
Walzenstirnfräser (b)	1880, 8056	Bearbeitung abgesetzter Flächen	Fräsmesserkopf (l)	1830	Bearbeitung ebener und abgesetzter Fläche mit großer Spanabnahme
Walzenstirnfräser (c)	1880	Schruppen ebener Flächen	Langlochfräser (m u. n)	326, 327	Herstellung von Nuten begrenzter Länge, z. B. für Passfedern
Scheibenfräser (d u. e)	885, 1831	Herstellung durchgehender Längsnuten	Schaftfräser (o u. p)	844, 845	Walz- und Stirnfräsen ebener und abgesetzter Flächen
Metallkreissägeblatt (f)	1840	Herstellung schmaler Schlitze, Trennen			
Winkelstirnfräser (g)	842, 1823	Herstellung von Schwalbenschwanzführungen	Schaftfräser für T-Nuten (q)	851	Herstellung von T-Nuten
Prismenfräser (h)	847	Herstellung winkliger Flächen von 45°, 60° und 90°	Gesenkfräser (r)	1889	Herstellung von Gesenkausnehmungen

Der bevorzugte Werkstoff für Walzenfräser, Walzenstirnfräser und Schaftfräser ist **Schnellarbeitsstahl.** Für besonders hoch beanspruchte Fräser verwendet man **HSS-E-Stähle** (Kobaltstähle) und **HSS-ES-Stähle** (Super-Kobaltstähle). Diese u. a. mit Kobalt bzw. Kobalt und Vanadium legierten Schnellarbeitsstähle zeichnen sich durch hohe Zähigkeit und große Warmfestigkeit aus.

Fräser mit eingesetzten **Hartmetallschneiden** werden vor allem für die Schruppbearbeitung verwendet. Zum Fräsen mit Messerköpfen verwendet man heute vielfach hartmetallbestückte Schneiden. Gebräuchliche Hartmetallsorten sind P 20 bis P 40 und K 20 bis K 40.

Schnittgeschwindigkeit und Vorschub

Tabelle MEC 170.1 gibt Richtwerte für das Fräsen an. Der Zahnvorschub f_z ist der Vorschubweg je Zahn oder je Schneide; er ergibt sich aus dem Vorschub f in mm dividiert durch die **Anzahl der Zähne** oder **Schneidenträger** z des Fräsers:

$$f_z = \frac{f}{z} \qquad \text{bzw.} \quad f = f_z \cdot z$$

Schnittgeschwindigkeit: $\qquad v_c = \dfrac{\pi \cdot d \cdot n}{1000}$

Vorschubgeschwindigkeit: $\quad v_f = f \cdot n = f_z \cdot z \cdot n$

Hierin bedeuten:

v_c Schnittgeschwindigkeit in m/min, d Fräserdurchmesser in mm, f Vorschub je Fräserumdrehung in mm, n Drehzahl in min^{-1}, f_z Zahnvorschub in mm, v_f Vorschubgeschwindigkeit in mm/min, z Schneidenzahl.

Tabelle MEC 170.1: Richtwerte für das Fräsen

Zahnvorschub f_z in mm und Schnittgeschwindigkeit v_c in m/min für 2 mm Schnitttiefe.

Werkstück-Werkstoff	Werk-zeug-Werkstoff	Walzen- und Walzenstirnfräser		Scheibenfräser		Schaftfräser	
		f_z	v_c	f_z	v_c	f_z	v_c
Allgemeiner Baustahl	SS	0,22	30	0,12	15	0,10	20
	HM		120		150		160
Einsatz- und Vergütungsstahl	SS	0,12	25	0,09	10	0,06	15
	HM		140		80		100
Gusseisen	SS	0,22	15	0,09	10	0,07	10
	HM		70		80		50
Messing und Bronze	SS	0,22	70	0,08	35	0,08	40
	HM		200		140		80
Aluminium-Legierungen 9% ... 13% Si	SS	0,12	200	0,09	160	0,06	150
	HM		300		220		200

Spannen von Werkzeug und Werkstück beim Fräsen

Tabelle MEC 170.2: Anwendung der Werkstückspannzeuge

Spannzeug	Anwendung für Werkstücke
Zentrisch spannender Maschinenschraubstock	mit parallelen Spannflächen
Drehbarer Maschinenschraubstock	mit parallelen Spannflächen, an denen Flächen unter einem bestimmten Winkel angefräst werden sollen.
Spannbacken	die auf der Oberfläche nicht gespannt werden können.
Spanneisen	mit ebenen Auflageflächen
Rundtisch	mit einfachen Teilungen, z. B. mit Flächen, die unter einem bestimmten Winkel stehen sollen.
Teilkopf	mit genauen Teilungen, z. B. mit Nuten oder Verzahnungen.

Tabelle MEC 171.1: Anwendung der Werkzeugspannzeuge

Spannzeug	Anwendung für folgende Werkzeuge
Fräserdorn	Walzen-, Scheiben- und Formfräser, Kreissägeblätter
Aufsteckfräserdorne	Walzenstirnfräser
Zwischenhülse mit Morsekegel	Schaftfräser mit Morsekegel und Austreiblappen
Zwischenhülse mit Morsekegel und Anzugschraube	Schaftfräser mit Morsekegel und Anzugsgewinde
Fräsfutter mit Spannzangen-Spannung	Schaftfräser mit Zylinderschaft
Zentrierdorn	Messerköpfe mit Innenzentrierung

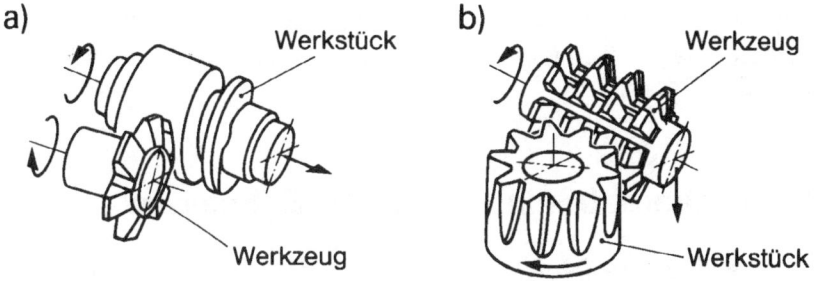

Bild MEC 171.1: Weitere Fräsverfahren: a) Schraubfräsen, b) Walzfräsen.

Weitere Fräsverfahren

Neben dem Planfräsen zur Erzeugung ebener Flächen werden das Schraubfräsen und das Wälzfräsen in der Fertigungstechnik häufig eingesetzt.

Schraubfräsen ist Fräsen mit wendelförmiger Vorschubbewegung zur Erzeugung von schraubenförmigen Flächen, siehe Bild MEC 171.1a.

Wird das Schraubfräsen zur Herstellung bestimmter Arten von Schraubflächen angewendet, so wird in der Benennung der jeweilige Name der Schraubfläche eingesetzt, z. B. spricht man dann von Gewindefräsen oder Zylinderschneckenfräsen.

Beim **Gewindefräsen** wird zwischen Langgewindefräsen und Kurzgewindefräsen unterschieden.

Langgewindefräsen ist Schraubfräsen von Gewinde mit einem einprofiligen Gewindefräser, dessen Achse in Richtung der Gewindesteigung geneigt ist und dessen Vorschub der Gewindesteigung entspricht, sie Bild MEC 172.1a.

Langgewindefräsen von Außengewinde mit einem **innenverzahnten** Fräswerkzeug wird auch **Gewindewirbeln** (Bild MEC 172.1b) genannt.

Das in Bild MEC 172.1c dargestellte **Kurzgewindefräsen** ist Schraubfräsen von Gewinde mit einem mehrprofiligen Gewindefräser, dessen Achse zur Werkstückachse parallel liegt und dessen Vorschub der Gewindesteigung entspricht.

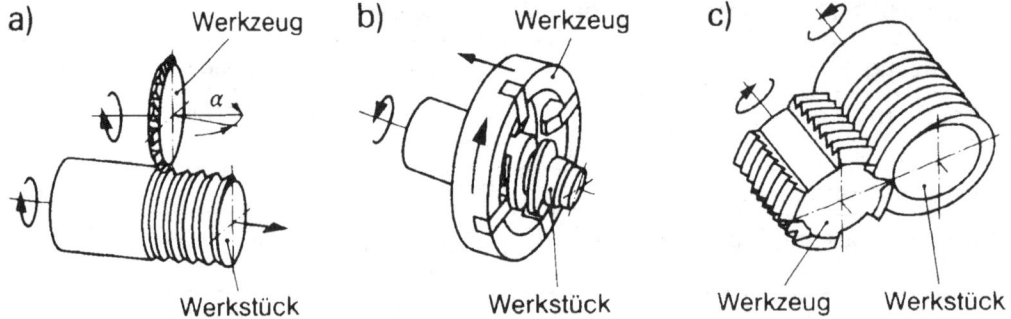

Bild MEC 172.1: Gewindefräsen, a) Langgewindefräsen mit außenverzahntem Werkzeug, b) Gewindewirbeln, c) Kurzgewindefräsen.

Für die Herstellung des Gewindes ist etwas mehr als eine Werkstückumdrehung erforderlich. Die maximal herstellbare Gewindelänge entspricht der Fräserbreite.

Walzfräsen ist Fräsen, bei dem ein Fräswerkzeug mit Bezugsprofil während des Zerspanungsvorganges eine mit der Vorschubbewegung simultane Wälzbewegung ausführt, siehe Bild MEC 171.1b.

Schneidstoffe für geometrisch bestimmte Schneiden

Schneidstoffe sind Werkstoffe, aus denen die Schneiden der spanenden oder zerteilenden Werkzeuge bestehen. Bild MEC 172.2 gibt eine Einteilung der Schneidstoffe für geometrisch bestimmte Schneiden.

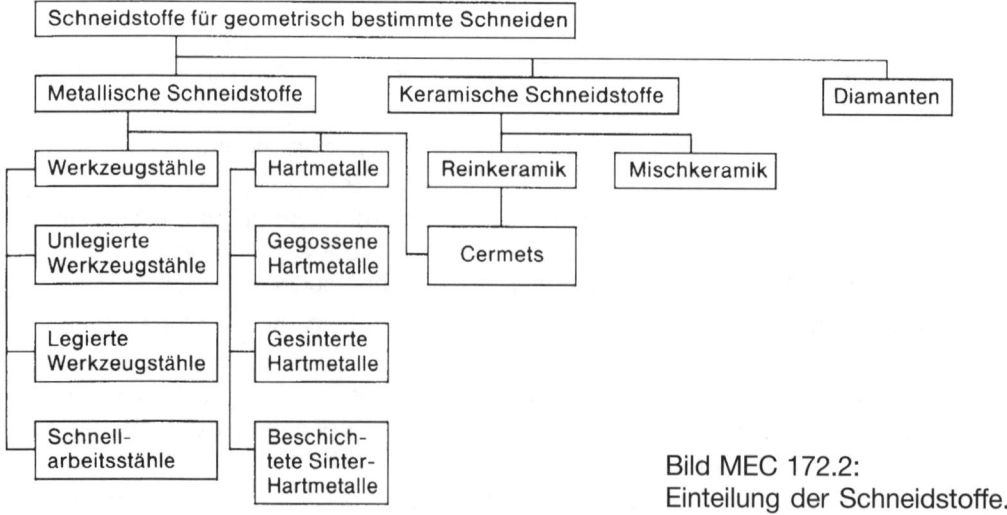

Bild MEC 172.2:
Einteilung der Schneidstoffe.

Schnellarbeitsstähle

Schnellarbeitsstähle sind **hochlegierte Werkzeugstähle** mit Legierungszusätzen von Chrom, Wolfram, Molybdän, Vanadium und Kobalt. Wolfram, Molybdän und

Vanadium bilden mit dem Kohlenstoff des Stahls **harte Carbide.** Die Legierungszusätze bewirken, dass Schnellarbeitsstahl auch bei höheren Temperaturen schneidhaltig bleibt.

Kurzbezeichnung

Vorangestellt wird der Großbuchstabe S. Darauf folgen durch Bindestriche getrennt nacheinander die prozentualen Gehalte an Wolfram, Molybdän, Vanadium und Kobalt. Ein Schnellarbeitsstahl mit der Kurzbezeichnung S 12-1-4-5 enthält also 12 % Wolfram, 1 % Molybdän, 4 % Vanadium und 5 % Kobalt.

Schnellarbeitsstähle für **große Schnittgeschwindigkeiten** (hohe Schneidentemperatur) haben einen **hohen Kobaltgehalt.** Für hohe mechanische Beanspruchungen durch **große Schnittkräfte** eignen sich Schnellarbeitsstähle mit **großem Vanadiumgehalt.** Besondere Zähigkeit haben kobaltfreie Stähle.

In neuerer Zeit werden einige Schnellarbeitsstahlsorten mit **erhöhtem Kohlenstoffgehalt** hergestellt, der zu einer Verbesserung der Festigkeit und Zähigkeit führt, z.B. der Stahl S 6-5-2H für Fräser. Der erhöhte Kohlenstoffgehalt wird durch das nachgestellte H gekennzeichnet.

Tabelle MEC 173.1 gibt einen Überblick über die Anwendung häufig eingesetzter Schnellarbeitsstähle.

Tabelle MEC 173.1: Anwendung von Schnellarbeitsstählen

Werkzeuge		Bearbeitung von		
	Leichtmetall	Gusseisen	Stahl	Kunststoff
Hobelmeißel	S 12-1-4	S 12-1-4-5 S 10-4-3-10	S 10-4-3-1 S 18-1-2-10	S 12-1-4 S 12-1-4-5
Drehlinge	S 12-1-4	S 12-1-4 S 12-1-4-5 S 10-4-3-10	S 12-1-4-5 S 18-1-2-5 S 18-1-2-15	S 12-1-4 S 12-1-4-5
Profildrehwerkzeuge	S 12-1-2	S 6-5-2	S 12-1-4 S 10-4-3-10	S 12-1-2
Schneidräder	S 12-1-2	S 12-1-4	S 18-1-2-5	S 12-1-4
Spiralbohrer	S 12-1-2	S 2-9-1	S 2-9-1 S 6-5-2	S 18-0-1 S 12-1-2
Gewindebohrer	S 9-1-2	S 12-1-2	S 6-5-2	S 6-5-2 S 9-1-2
Fräser Zahnradfräser	S 12-1-4	S 6-5-2	S 18-1-2-5 S 6-5-2	S 12-1-4 S 6-5-2
Kreissägeblätter für Bügelsägeblätter	S 12-1-2	S 6-5-2	S 6-5-2	S 6-5-2
Reibahlen	S 12-1-4	S 12-1-4	S 12-1-4	S 12-1-4

Hartmetalle

Hartmetalle sind **Sinterwerkstoffe.** Im Gegensatz zu den Schnellarbeitsstählen sind sie von vornherein hart; sie brauchen also nicht gehärtet zu werden.

Kennzeichnung der Hartmetallsorten durch Kurzzeichen:

Die Kurzzeichen beginnen mit P, M oder K. Hinter den jeweiligen Buchstaben wird eine aus zwei Ziffern bestehende Kennzahl gesetzt, die **Anwendungsgruppenzahl.** Die Buchstaben P, K und M, denen die **Kennfarben** blau, rot und gelb zugeordnet sind, geben die **Zerspanungshauptgruppe** an.

Hartmetallsorten mit hoher Kennzahl (P 50, M 40, K 40) haben große Zähigkeit aber geringe Verschleißfestigkeit. Hartmetallsorten mit niedriger Kennzahl (P 10, M 10, K 10) haben große Verschleißfestigkeit aber geringe Zähigkeit.

Hartmetallsorten mit niedriger Kennzahl eignen sich zur Schlichtbearbeitung mit großer Schnittgeschwindigkeit, kleinem Vorschub und kleiner Spantiefe. Hartmetallsorten mit hoher Kennzahl eignen sich für die Schruppbearbeitung mit kleiner Schnittgeschwindigkeit, großem Vorschub und großer Spantiefe.

Beschichtete Hartmetalle sind Verbundwerkstoffe aus einem Hartmetallgrundkörper und einer dünnen (3 µm bis 12 µm), bindemetallfreien Hartstoffoberflächenschicht.

Beschichtete Hartmetalle haben in Form von **Wendeschneidplatten** – vornehmlich für das Drehen und Bohren von Stahl und Gusseisen – eine große Bedeutung bekommen.

Tabelle MEC 175.1 gibt einen Überblick über die Anwendungs-Gruppen von Hartmetallen für die Zerspanung. Tabelle MEC 176.1 gibt Beispiele für die Anwendung beschichteter Hartmetalle.

Keramische Schneidstoffe

Die keramischen Schneidstoffe (Schneidkeramik) sind ebenso wie die Hartmetalle Sinterwerkstoffe, jedoch sind sie grundverschieden aufgebaut:

In den Hartmetallen werden die Hartstoffe durch ein Bindemittel zusammengehalten, während keramische Schneidstoffe praktisch **ohne Bindemittel** gesintert werden.

Beim Hartmetall hängt die Warmhärte vom Bindemittel ab, die oberhalb 900 °C rasch abnimmt, während Schneidkeramik noch bei 1 300 °C eine ausreichende Warmhärte aufweist.

Der Grundbestandteil aller Schneidkeramik ist **Aluminiumoxid** (Al_2O_3). Zur Erhöhung der mechanischen Festigkeit und der Zähigkeit werden dem Aluminiumoxid noch **Metalloxide,** z. B. Zirkonoxid (ZrO_2), beigemischt. Keramische Schneidstoffe, die nur aus Aluminiumoxid und Metalloxid-Zusätzen bestehen, nennt man **Reinkeramik.**

Von **Mischkeramik** spricht man, wenn dem Aluminiumoxid metallische Hartstoffe, z. B. Titancarbid (TiC), beigemischt werden. Dadurch wird die Härte des Schneidstoffs erhöht, allerdings auf Kosten der Festigkeit und Zähigkeit.

Keramische Schneidstoffe sind gegen Schlag, Stoß und Biegung sowie gegen wechselnde Schnittkräfte und Temperaturschocks empfindlicher als Hartmetalle.

Tabelle MEC 175.1: Anwendung der harten Schneidstoffe zur Zerspanung
(DIN ISO 513/06.92)

Kenn-buchstabe, Kennfarbe	Kategorie des Werkstück-Werkstoffes	Kurz-zeichen	Werkstück-Werkstoff	Anwendungen und Arbeitsbedingungen
P BLAU	Langspanende Eisenmetalle	P01	Stahl, Stahlguss	Feindrehen und Feinbohren, hohe Schnitt-geschwindigkeiten, kleine Spanquerschnitte, hohe Maßgenauigkeit und Oberflächengüte, schwingungsfreies Arbeiten.
		P10	Stahl, Stahlguss	Drehen, Kopierdrehen, Gewindeherstellung und Fräsen, hohe Schnittgeschwindigkeiten, kleine bis mittlere Spanquerschnitte.
		P20	Stahl, Stahlguss, langspanender Temperguss	Drehen, Kopierdrehen, Fräsen, mittlere Schnitt-geschwindigkeiten und Spanquerschnitte, Hobeln bei kleinen Vorschüben.
		P30	Stahl, Stahlguss, langspanender Temperguss	Drehen, Fräsen, Hobeln, mittlere bis niedrige Schnittgeschwindigkeiten, mittlere bis große Spanquerschnitte.
		P40	Stahl, Stahlguss mit Sandeinschlüssen und Lunkern	Drehen, Hobeln, Stoßen, niedrige Schnitt-geschwindigkeiten, große Spanquerschnitte mit möglichen großen Spanwinkeln.
		P50	Stahl, Stahlguss mittlerer oder niedriger Festigkeit, mit Sandeinschlüssen und Lunkern	Für Bearbeitung, bei der ein sehr zäher Schneidstoff erforderlich ist: Drehen, Hobeln, Nutenfräsen, kleine Schnittgeschwindigkeiten, große Spanquerschnitte, große Spanwinkel.
M GELB	Lang- oder kurzspanende Eisenmetalle sowie Nicht-eisenmetalle	M10	Stahl, Stahlguss, Manganhartstahl, Gusseisen, legiertes Gusseisen	Drehen, mittlere bis hohe Schnittgeschwindig-keiten. Kleine bis mittlere Spanquerschnitte.
		M20	Stahl, Stahlguss, austenitische Stähle, Manganhartstahl, Gusseisen	Drehen, Fräsen. Mittlere Schnittgeschwindig-keiten und Spanquerschnitte.
		M30	Stahl, Stahlguss, austenitische Stähle, Gusseisen, hochwarmfeste Legierungen	Drehen, Fräsen, Hobeln. Mittlere Schnitt-geschwindigkeiten, mittlere bis große Span-querschnitte.
		M40	Automatenweichstahl, Stähle niedriger Festigkeit, Nichteisenmetalle und Leichtmetalle	Drehen, Abstechen, besonders auf Automaten.
K ROT	Kurzspanende Eisenmetalle sowie Nicht-eisenmetalle und nicht-metallische Werkstoffe	K01	Gusseisen hoher Härte, Kokillen-Hartguss mit Härte über 85 Shore. Aluminiumlegierungen mit hohem Siliziumgehalt, gehärteter Stahl, stark verschleißend wirkende Kunststoffe, Hartpapier, keramische Werkstoffe	Drehen, Schlichtaußendrehen, Innendrehen, Fräsen, Schaben.
		K10	Gusseisen mit HB $\geq$ 220, kurzspanender Temperguss, gehärte-ter Stahl, siliziumhaltige Aluminium-legierungen, Kupferlegierungen, Kunststoff, Glas, Hartgummi, Hartpapier, Porzellan, Gestein	Drehen, Fräsen, Bohren, Innendrehen, Räumen, Schaben.
		K20	Gusseisen mit HB $\geq$ 220, Nichteisenmetalle: Kupfer, Kupfer-Zink-Legierung, Aluminium	Drehen, Fräsen, Hobeln, Innendrehen, Räumen, wenn eine sehr hohe Zähigkeit des Hartmetalls erforderlich ist.
		K30	Gusseisen niedriger Härte, Stahl niedriger Festigkeit, Schichthölzer	Drehen, Fräsen, Hobeln, Stoßen, Nutenfräsen, große Spanwinkel möglich
		K40	Weichhölzer oder Harthölzer, Nichteisenmetalle	Drehen, Fräsen, Hobeln, Nutenfräsen, große Spanwinkel möglich.

Bezeichnung der Anwendungsgruppen für harte Schneidstoffe:

HW unbeschichtetes Hartmetall, z.B. HW-P10 (wahlweise nur P10)
HC beschichtetes Hartmetall, z.B. HC-K20
CA Oxidkeramik, z.B. CA-K10
CC Schneidkeramik beschichtet, z.B. CC-P01

Tabelle MEC 176.1: Anwendung beschichteter Hartmetalle

Hartmetall-grundkörper	Beschich-tung	Werkstück-werkstoffe	Fertigungsverfahren und Anwendungsbedingungen
P 10 bis P 20	TiC	Stahl, Stahlguss	Drehen, Bohren. Schruppen bis Schlichten bei hohen Schnittgeschwindigkeiten.
P 10 bis P 25 M 10 bis M 20	TiC	Stahl, Stahlguss, langspanender Temperguss, sphärolitisches Gusseisen	Drehen, Bohren. Schruppen bis Schlichten bei erhöhten Schnittgeschwindigkeiten, ergibt bessere Oberflächengüte.
P 20 bis P 40 M 15 bis M 30	TiC	Stahl, Stahlguss	Drehen, Bohren. Schruppen bis Vorschlichten bei hohen Schnittgeschwindigkeiten unter weniger günstigen Arbeits-bedingungen.
K 05 bis K 10	TiN	Gusseisen, Nichteisen-Metalle	Drehen, Bohren. Vorschlichten und Schlichten bei hohen Schnittgeschwindigkeiten.
K 05 bis K 20	TiC	Gusseisen, Nichteisen-Metalle	Drehen, Bohren, Fräsen. Schruppen bis Schlichten bei erhöhten Schnittgeschwindigkeiten.

Tabelle MEC 176.2: Anwendung keramischer Schneidstoffe

Schneidstoff	Zusammensetzung	Anwendungsbereiche
Oxidkeramik	$Al_2O_3 > 90\%$ $ZrO_2 < 10\%$	Schruppen und Schlichten von Gusseisen und Temperguss
	$Al_2O_3 > 80\%$ $ZrO_2 < 20\%$	Schruppen und Schlichten von Stahl
Mischkeramik	$Al_2O_3 > 80\%$ $TiC < 20\%$	Feinschlichten von Gusseisen, Temperguss und Stahl
	$Al_2O_3 > 60\%$ $TiC < 40\%$	Bearbeitung von gehärteten Stählen und Hartguss

Cermet-Schneidstoffe

Cermet-Schneidstoffe (kurz: Cermets) bestehen aus metallischen und keramischen Komponenten. Dabei handelt es sich um keramische Hartstoffe, die in eine metallische Bindephase (Nickel) eingebettet sind. Cermets sind dadurch von Hartmetallen abgegrenzt, dass sie neben den vom Hartmetall bekannten Carbiden, wie Wolframcarbid (WC), Titancarbid (TiC) und Tantalcarbid (TaC) immer stickstoffhaltige Hartstoffe, wie Titannitrid (TiN), enthalten. Kennbuchstabe HT, z. B. HT-M20.

Cermets haben höhere Warmhärte und Kantenfestigkeit als Hartmetalle. Cermet-Wendeschneidplatten werden z. B. zur kompletten Fertigbearbeitung von Drehteilen in einer Einspannung mit geringem Aufmaß eingesetzt.

Wendeschneidplatten

Wendeschneidplatten (DIN 4987) aus Hartmetall (DIN 4967 und DIN 4968) oder Schneidkeramik (DIN 4969 Teil 1) werden als einsatzfertige Platten auf einem Tragkörper festgeklemmt und vorzugsweise zum Drehen und Fräsen verwendet. Sie werden im Gegensatz zu aufgelöteten Hartmetallschneidplatten nicht nachgeschliffen, sondern nach dem Stumpfwerden einer Schneide gedreht bzw. gewendet, bis alle Schneiden aufgebraucht sind.

Bezeichnung von Wendeschneidplatten (DIN 4987 Teil 1 u. 2, 03.87)

Für die Bezeichnung von Wendeschneidplatten wird nachstehendes Schema verwendet, das an zwei Beispielen erläutert wird.

Beispiel 1: Dreieckige Wendeschneidplatte aus Hartmetall mit Eckenrundung ohne Bohrung (DIN 4968).
Beispiel 2: Quadratische Wendeschneidplatte aus Hartmetall mit Planschneiden ohne Bohrung, Verwendung vorwiegend zum Fräsen (DIN 6590).

Beispiel 1:	Schneidplatte DIN 4968 – T N G N 16 04 12 T
Beispiel 2:	Schneidplatte DIN 6590 – S P A N 15 04 ED R

Benennung
Norm-Hauptnummer
(nur bei genormten Wendeschneidplatten)
Symbol 1: Grundform
Symbol 2: Normal-Freiwinkel
Symbol 3: Toleranzklasse
Symbol 4: Ausführung der Spanflächen und Befestigungsmerkmale
Symbol 5: Größe
Symbol 6: Dicke
Symbol 7: Schneidenecke
Symbol 8: Schneide
Symbol 9: Ausführung bzw. Anwendung der Wendeschneidplatte

Kühlschmierstoffe

Benennung	Kenn-buchstabe	Richtlinien
Nichtwassermischbarer Kühlschmierstoff	SN	S1 mit Fettstoffzusätzen S2 mit EP-Zusätzen (Extreme Pressure; gegen extrem hohen Druck) S3 mit Fettstoff- und EP-Zusätzen S4 mit EP-Zusätzen, besser als S2 S5 mit Fettstoffzusätzen und aktiven EP-Zusätzen
Wassermischbarer Kühlschmierstoff	SE	E = 1 % bis 10 %; Emulsion mit 1 % bis 10 % Öl in Wasser für intensive Kühlung, aber geringe Schmierung
Wassergemischter Kühlschmierstoff	SEW	Mit Wasser gemischt
Kühlschmierlösung	SESW	L1 Lösungen von organischen Stoffen in Wasser L2 Lösungen von anorganischen Stoffen in Wasser, z. B. Soda, gute Kühlwirkung, geringe Schmierwirkung

Auswahl

Verfahren	Stahl	Gusseisen	Cu-Legierungen	Al und Legierungen
Sägen	E 2 % ... 5 %; L1	trocken	S1, S2, S3	S1, S2, S3
Bohren	E 2 % ... 5 %	trocken	trocken	E 2 % ... 5 %
Drehen (Schruppen)	E 2 % ... 5 %; L1	trocken	trocken; L1, S1	E 2 % ... 5 %; L1
Drehen (Schlichten)	E 2 % ... 5 %; S3	trocken	trocken	trocken
Fräsen	E 5 % ... 10 %	trocken	trocken	S1, S2, S3

Aus der Schweißtechnik

Bild MEC 179.1 bringt einen Überblick über die gebräuchlichsten Schweißverfahren für Metalle nach DIN 1910-1, 07.83.

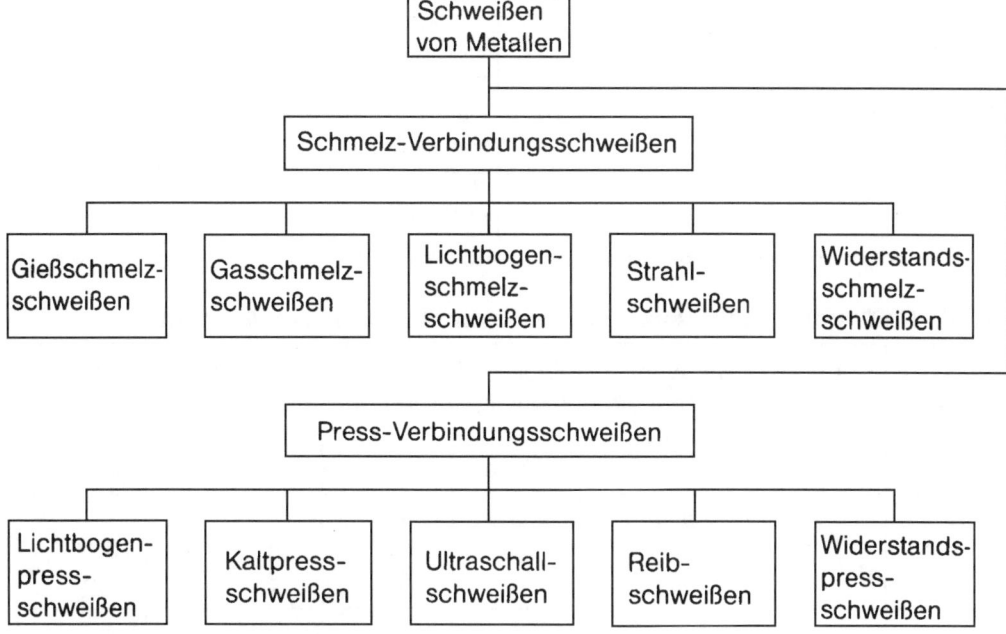

Bild MEC 179.1: Gliederung der Schweißverfahren.

Gasschmelzschweißen

Beim **Gasschmelzschweißen,** auch kurz **Gasschweißen** oder **Autogenschweißen** genannt, wird der Werkstoff in der Schweißzone durch eine **Gasflamme** (Schweiß-flamme) geschmolzen.

Tabelle MEC 179.2: Eigenschaften wichtiger Brenngase

Eigenschaften \ Gasart		Acetylen (A) C_2H_2	Erdgas (M) (Methan) CH_4	Propan (P) C_3H_8
Flammentemperatur bei Verbrennung mit				
a) Luft	in °C	2 100	1 800	1 900
b) Sauerstoff	in °C	3 160	2 000	2 750
Flammenleistung in $kJ/cm^2 \cdot s$		44,8	12,7	10,7

Druckgasflaschen

Tabelle MEC 180.1: Druckgasflaschen

Gasart	Farbkennzeichnung nach DIN EN 1089-3[1]		Anschlussgewinde
	Mantel	Schulter	
Sauerstoff	blau	weiß	R 3/4"
Acetylen	braun	braun	Spannbügel
Wasserstoff	rot	rot	W 21,80 x 1/14"
Argon	grau	dunkelgrün	W 21,80 x 1/14"
Kohlendioxid	grau	grau	W 21,80 x 1/14"
Stickstoff	grau	schwarz	W 24,32 x 1/14"

[1] Diese Norm wurde im Juli 1997 veröffentlicht. In Deutschland ist sie spätestens ab dem 1. Juli 2006 anzuwenden.

Tabelle MEC 180.2: Richtwerte für das Schweißen von Stahlblechen

Blech-dicke in mm	Nahtform	Schweiß-u. Schneid-brenner	Sauerstoff- oder Acetylenverbrauch		Schweißzeit	Schweiß-leistung
			in l/min	in l/h	in min/m	in m/h
0,5	Bördel-naht	0,5–1	6,6	79	5	12
1		1–2	15	150	6	10
2		2–4	40	300	8	7,5
3	I-Naht	2–4	50	300	10	6
4		4–6	108	497	13	4,6
5		4–6	125	500	15	4
6	V-Naht	6–9	225	743	18	3,3
8		6–9	275	743	33	2,7
10		9–14	595	1250	38,5	2,1
15	X-Naht	14–20	1200	1800	40	1,5
20		14–20	2000	1800	66,5	0,9
30		20–30	4330	2600	100	0,6

Tabelle MEC 180.3: Gasschweißstäbe für Verbindungsschweißen (DIN 8554-1, 05.86)

Grundwerkstoffe		Geeignete Schweißstabklasse					
Stahlart	Stahlsorte	G I	G II	G III	G IV	G V	G VI
Allgemeine Baustähle nach DIN EN 10 025/03.94	S235JR S235JO S235J2G3 S275J2G3		x	x	x		
	S355J2G3 S355J2G4 S355K2G3			x	x		

Tabelle MEC 180.3: Gasschweißstäbe für Verbindungsschweißen (Fortsetzung)

Grundwerkstoffe		Geeignete Schweißstabklasse					
Stahlart	Stahlsorte	G I	G II	G III	G IV	G V	G VI
Nahtlose kreisförmige Rohre aus unlegiertem Stahl für besondere Anforderung nach DIN 1629	St37.0 St44.0 St52.0	x	x	x	x		
Geschweißte kreisförmige Rohre aus unlegiertem Stahl für besondere Anforderung nach DIN 1626	USt37-0 St44.0 St52.0	x	x	x	x		
Geschweißte kreisförmige Rohre aus unlegiertem Stahl für besondere Anforderung nach DIN 1628	St37.4 St44.4 St52.4				x	x	
Rohre nach DIN 17 175	St35.8				x	x	
	St45.8					x	
Geschweißte warmfeste Rohre nach DIN 17 177	St37.8				x	x	
	St42.8 15Mo3					x x	

Tabelle MEC 181.1: Arbeitspositionen (nach DIN EN ISO 6947, 05.97)

Benennung	Hauptpositionen Beschreibung	Kurz-zeichen
Wannenposition	Waagerechtes Arbeiten, Nahtmittellinie senk-recht, Decklage oben	PA
Horizontalpos.	Horizontales Arbeiten, Decklage nach oben	PP
Steigposition	Steigendes Arbeiten (von unten nach oben)	PF
Fallposition	Fallendes Arbeiten (von oben nach unten)	PG
Querposition	Waagerechtes Arbeiten an senkrechter Wand, Nahtmittellinie horizontal	PC
Überkopf-position	Waagerechtes Arbeiten, Überkopf, Nahtmittel-linie senkrecht, Decklage unten	PE
Horizontal-Überkopfpos.	Horizontales Arbeiten, Überkopf, Decklage nach unten	PD

Lichtbogenschweißen

Lichtbogenschweißen ist ein Schmelzschweißverfahren, bei dem die Schmelzwärme durch einen elektrischen Lichtbogen zwischen Elektrode und Werkstück von sehr hoher Temperatur (ca. 4 200 °C) erzeugt wird.

Die erforderliche **Schweißstromstärke** beträgt ungefähr 40 A je mm Kernstabdicke der Elektrode.

Lichtbogen-Schweißverfahren

Bild MEC 182.1 gibt eine Übersicht über die Lichtbogen-Schweißverfahren.

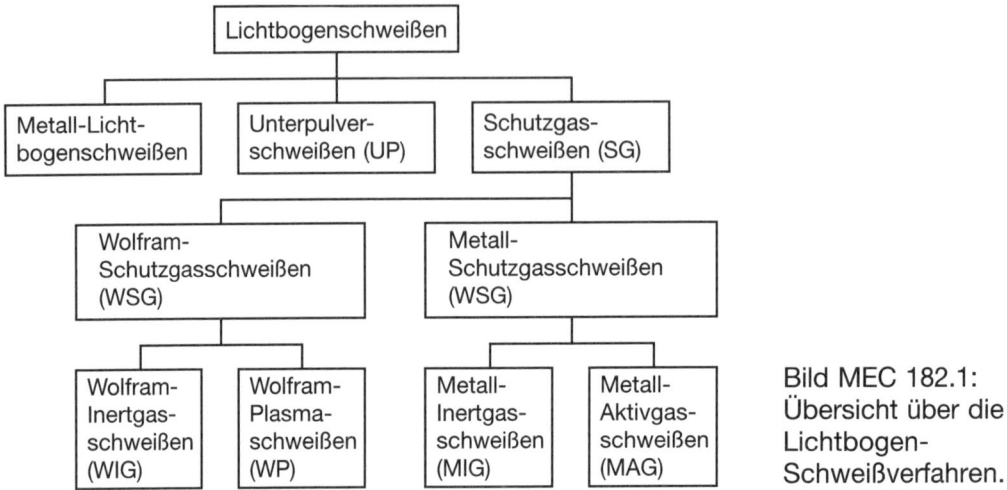

Bild MEC 182.1: Übersicht über die Lichtbogen-Schweißverfahren.

Das **Metall-Lichtbogenschweißen** ist in der Hauptsache ein **Handschweißen** mit umhüllten Elektroden. Der Lichtbogen brennt offen zwischen Elektrode und Werkstück.

Das **Unterpulverschweißen** (UP-Schweißen) ist ein voll mechanisiertes Schweißverfahren mit hoher Abschmelzleistung. Im verdeckt unter Schweißpulver brennenden Lichtbogen schmilzt die maschinell zugeführte Drahtelektrode ab.

Beim **Schutzgasschweißen** wird zwischen Wolfram-Schutzgasschweißen und Metall-Schutzgasschweißen unterschieden. Beim **Wolfram-Schutzgasschweißen** speziell beim **Wolfram-Inertgasschweißen** (WIG) brennt der Lichtbogen zwischen der **nicht abschmelzenden** Wolfram-Elektrode und dem Werkstück in einer inerten Gasatmosphäre. Der Zusatzwerkstoff wird gesondert geführt.

Beim **Metall-Schutzgasschweißen** brennt der Lichtbogen zwischen der **abschmelzenden** maschinell zugeführten Drahtelektrode und dem Werkstück in einer Schutzgasatmosphäre. Je nachdem, ob das Schweißbad durch ein reines Inertgas oder durch ein chemisch reagierendes Aktivgas geschützt wird, spricht man von dem Metall-Inertgas-Schweißen (MIG) oder Metall-Aktivgas-Schweißen (MAG).

Schweißstromquellen

Beim Lichbogenschweißen werden drei Arten von Schweißstromquellen eingesetzt (Tabelle MEC 183.2): Schweißumformer, Schweißtransformator, Schweißgleichrichter.

Tabelle MEC 183.1: Lichtbogenschweißverfahren

Schweißverfahren	Anwendung		Stromart [1]
	Werkstoffe	Blech- oder Wanddicken	
Metall-Lichtbogen-schweißen	Vorzugsweise Stähle	Größere Dicken	$= \pm\,; \sim$
UP-Schweißen	Vorzugsweise Stähle	Große Dicken	$= +\,; \sim$
WIG-Schweißen	Legierte Stähle NE-Metalle	Kleinere Dicken	$= -\,; \sim$
WP-Schweißen	Vorzugsweise legierte Stähle	Kleine Dicken	$= -$
MIG-Schweißen	Legierte Stähle, NE-Metalle	Kleinere Dicken	$= +$
MAG-Schweißen	Unlegierte und niedrig legierte Stähle	Kleinere Dicken	$= +$

[1] Es bedeuten: = Gleichstrom, + positive, − negative Polung der Elektrode;
  ~ Wechselstrom.

Tabelle MEC 183.2: Schweißstromquellen für das Lichtbogenschweißen

	Schweiß-umformer	Schweiß-transformator	Schweiß-gleichrichter
Schweißstromart	Gleichstrom	Wechselstrom	Welliger Gleichstrom
Leerlaufspannung bei normalen Schweißarbeiten	100 V	100 V	100 V
Leerlaufspannung in feuch-ten oder engen Räumen	100 V	60 V	85 V
Anschaffungskosten	hoch	niedrig	hoch
Wartungskosten	hoch	niedrig	niedrig
Wirkungsgrad	schlecht	gut	befriedigend
Netzbelastung	dreiphasig	einphasig	dreiphasig
Verschweißbare Elektroden	alle Typen	keine nackten Elektroden	alle Typen
Blaswirkung	stark	gering	geringer als beim Umformer
Geräuschbelästigung	stark	gering	gering

Tabelle MEC 184.1: Schweißeignung von Eisenwerkstoffen

Werkstoff	DIN	Sorten	Schweiß-eignung	Bemerkungen
Allgemeine Baustähle	EN 10025	S235J2G3; S275J2G3; S355J2G3 S235JR; S275JR; E295; E335; E360	4 3 2	Vorwärmen 200−400°C
Vergütungs-stähle	EN 10083	25CrMo4; 28Mn6	3	
Blankstähle	1652	St34-2; St42-2; Ck10; Ck15; Ck22 Ck35; Ck45; Ck60	3 3 2	Vorwärmen 200−400°C
Kaltgewalz-tes Band	EN 10130	DC01; DC03; DC04; DC05; DC06	4 4 3	
Druck-behälter-stähle und Rohre	EN 10028	P235GH; P265GH; P295GH; 16Mo3; 13CrMo4-5; 10CrMo9-10 St35.4; St35.8; St45; St45.8; St52 St55.4	3 2 2 4 4...3 2	Vorwärmen 150°C Vorwärmen 200°C
Rost- und säure-beständige Stähle	17440	X7Cr13; X10Cr13; X8Cr17 X8CrTi17; X6CrMo17 X15Cr13; X20Cr13 X22CrNi17; X12CrMoS17 X5CrNi18.9; X10CrNiTi18.9	3 3 1 0 3	Vorwärmen, glühen
Hitze- und zunder-beständige Stähle	(ohne Norm)	X10CrSi6; X10CrSi18 X10CrAl13 bis X10CrAl124	3 2	Vorwärmen 300°C und sofort glühen 750°C
Stahlguss	1681	GS38.3; GS45.3 GS38; GS45; GS52 GS60; GS62	4 3 2	Vorwärmen 200°C
Gusseisen	EN 1561 EN 1563	EN-GJL-1010; EN-GJL-1020 EN-GJS-400-15... EN-GJS-800-2	2 2	Vorwärmen 550°C...700°C und langsam abkühlen

4 = sehr gut; 3 = gut; 2 = unter Vorbehalt; 1 = schlecht; 0 = nicht schweißbar.

Tabelle MEC 185.1: Wichtige Schweiß-Symbole (nach DIN EN 22 553/03.97)

Grundsymbole

Benennung	Darstellung	Symbol
I-Naht		‖
V-Naht		V
HV-Naht		 ⟍V
Y-Naht		Y
HY-Naht		⟍Y
U-Naht		 ⎵
HU-Naht (Jot-Naht)		⎿
Gegenlage		 ⌣
Kehlnaht		◺
Steilflanken-naht		 �
Halb-Steil-flankennaht		 ⌐⟍
Stirnflach-naht		⦀
Punktnaht		○

Zusatzsymbole

Form der Oberflächen oder der Naht	Symbol
flach (üblicherweise flach nachbearbeitet)	—
konvex (gewölbt)	⌒
konkav (hohl)	⌣
Naht eingeebnet durch zusätzliche Bearbeitung	 ⊲
Nahtübergänge kerbfrei, ggf. bearbeitet	 ⏝⏝
verbleibende Beilage benutzt	⎡M⎤
Unterlage benutzt	⎡M R⎤

Anwendungsbeispiele für Zusatzsymbole

Benennung	Darstellung	Symbol
Flache V-Naht		 ▽
Gewölbte Doppel-V-Naht (X-Naht)		 ✕
Hohlkehlnaht		 ◺
Flache V-Naht mit flacher Gegenlage		 ⩔
Y-Naht mit Gegenlage		 Y
Flache V-Naht von der oberen Werkstückfläche durch zusätzliche Bearbeitung eingeebnet		 ⊲▽
Kehlnaht mit kerbfreiem (ggf. bearbeitetem) Nahtübergang	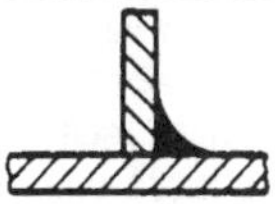	 ◺

Umhüllte Stabelektroden zum Lichtbogenhandschweißen (DIN EN 499/01.95)

Anwendung für unlegierte Stähle und Feinkornstähle mit einer Mindeststreckgrenze bis zu 500 N/mm². Die Eigenschaften des **Schweißguts** einer umhüllten Stabelektrode werden in der **Normbezeichnung** durch **Kurzzeichen** angegeben.

Bezeichnungsbeispiel: EN 499–E46 3 1Ni B 54 H5

Hierin bedeuten: EN 499 Normnummer; E umhüllte Stabelektrode; 46 Festigkeit und Bruchdehnung (Tabelle MEC 186.1); 3 Kerbschlagarbeit (Tabelle MEC 186.2); 1Ni chemische Zusammensetzung (Tabelle MEC 186.3); B Umhüllungstyp (Tabelle MEC 186.6); 5 Ausbringen (Tabelle MEC 186.4); 4 Schweißposition (Tabelle MEC 186.5); H5 Wasserstoffgehalt in mL/100 g Schweißgut.

Tabelle MEC 186.1: Festigkeit und Bruchdehnung

Kenn-ziffer	Mindeststreck-grenze [1] N/mm²	Zugfestigkeit N/mm²	Mindestbruch-dehnung [2] %
35	355	440 bis 570	22
38	380	470 bis 600	20
42	420	500 bis 640	20
46	460	530 bis 680	20
50	500	560 bis 720	18

[1] Untere Streckgrenze R_{eL} oder Dehngrenze $R_{p0,2}$
[2] Meßlänge = 5 x Proben ⌀

Tabelle MEC 186.2: Kerbschlagarbeit

Kennzeichen	Temperatur für Mindestkerbschlagarbeit 47 J °C
Z	keine Anforderungen
A	+20
0	0
2	–20
3	–30
4	–40
5	–50
6	–60

Tabelle MEC 186.3: Chemische Zusammensetzung

Legierungs-Kurzzeichen	Chemische Zusammensetzung		
	Mn	Mo	Ni
Kein Kurz-zeichen	2,0	–	–
Mo	1,4	0,3 bis 0,6	–
MnMo	>1,4 bis 2,0	0,3 bis 0,6	–
1Ni	1,4	–	0,6 bis 1,2
2Ni	1,4	–	1,8 bis 2,6
3Ni	1,4	–	>2,6 bis 3,8
Mn1Ni	>1,4 bis 2,0	–	0,6 bis 1,2
1NiMo	1,4	0,3 bis 0,6	0,6 bis 1,2
Z	Jede andere vereinbarte Zusammensetzung		

Tabelle MEC 186.4: Ausbringen

Masseverhältnis Schmelze/Metall in %

Kenn-ziffer	Ausbringen %	Kenn-ziffer	Ausbringen %
1	≤105	5	>125 ≤160
2	≤105	6	>125 ≤160
3	>105 ≤125	7	>160
4	>105 ≤125	8	>160

Tabelle MEC 186.5: Schweißposition

Kennziffer	Schweißposition
1	alle Positionen
2	alle Positionen außer Fallposition
3	Stumpfnaht in Wannenposition, Kehl-naht in Wannen- u. Horizontalposition
4	Stumpfnaht in Wannenposition, Kehl-naht in Wannenposition
5	Fallposition u. Pos. wie Kennziffer 3

Tabelle MEC 186.6: Umhüllungstyp

Kurzzeichen	Typ	Schweißposition	Bemerkungen
A	sauerumhüllt	alle außer Fallposition	flache, glatte Schweißnaht
C	zelluloseumhüllt	alle Positionen	intensiver Lichtbogen, geeignet für Fallpos.
R	rutilumhüllt	alle außer Fallposition	geeignet für Dünnblechschweißung
RR	dick-rutilumhüllt	alle außer Fallposition	gutes Wiederzünden, feinschuppige Naht
RC	rutilzellulose-umhüllt	alle Positionen	ähnlich Typ R
RA	rutilsauer-umhüllt	alle außer Fallposition	ähnlich Typ A
RB	rutilbasisch-umhüllt	alle außer Fallposition	dick umhüllt für große Nahtquerschnitte
B	basisch-umhüllt	alle außer Fallposition	hohe Zähigkeit und Risssicherheit

Schutzgasschweißverfahren (DIN 1910-4, 04.91)

Beim Schutzgasschweißen (Kurzzeichen SG) werden Elektrode, Lichtbogen und Schweißbad gegen die Atmosphäre durch ein eigens zugeführtes **inertes oder aktives Schutzgas** abgeschirmt. Die Schweißverfahren werden nach der Art von Elektrode und Schutzgas eingeteilt sowie zusätzlich nach der Art des Lichtbogens unterschieden (Bild MEC 187.1).

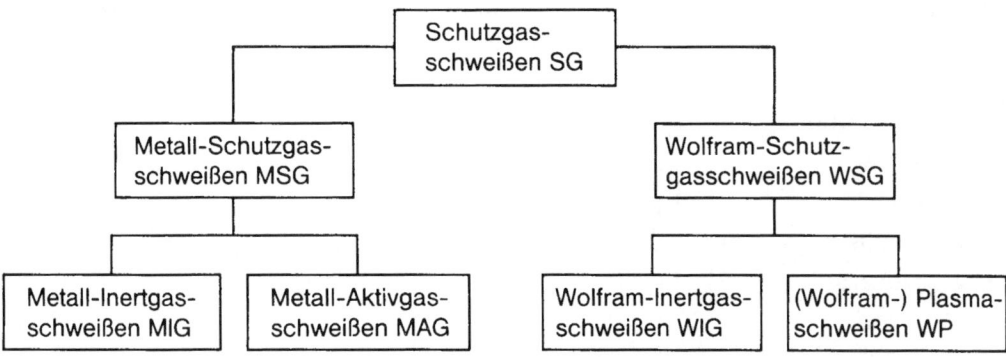

Bild MEC 187.1: Einteilung der Schutzgasschweißverfahren.

Metall-Schutzgasschweißen (Kurzzeichen: MSG)

Der Lichtbogen brennt zwischen einer **abschmelzenden** Elektrode, die gleichzeitig Schweißzusatz ist, und dem Werkstück (Bild MEC 187.2). Das Schutzgas ist inert oder aktiv.

Metall-Inertgasschweißen (Kurzzeichen: MIG)

Das Schutzgas ist inert wie Argon, Helium oder ihre Gemische.

Metall-Aktivgasschweißen (Kurzzeichen: MAG)

Das Schutzgas ist aktiv. Es besteht zum Beispiel beim CO_2-Schweißen (Kurzzeichen: MAGC) aus **Kohlendioxid** oder beim Mischgasschweißen (Kurzzeichen: MAGM) aus einem **Gasgemisch**.

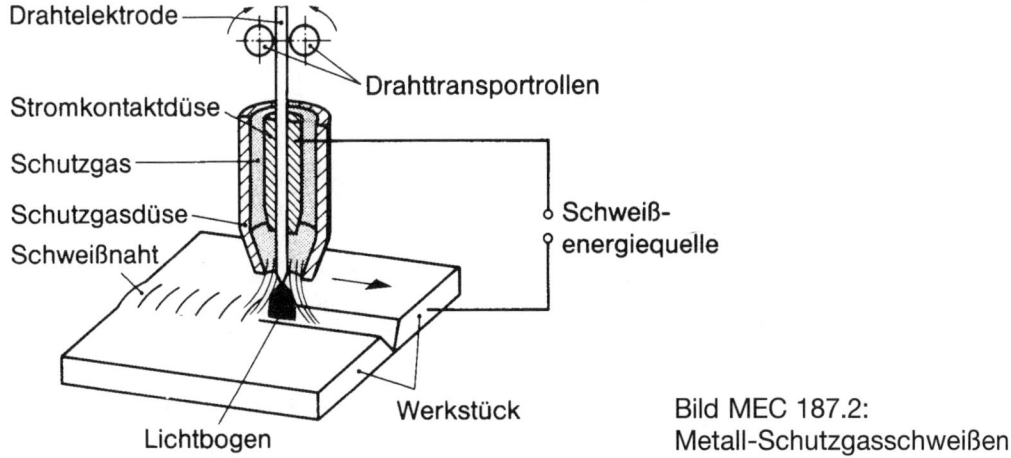

Bild MEC 187.2:
Metall-Schutzgasschweißen

Wolfram-Schutzgasschweißen (Kurzzeichen: WSG)

Der Lichtbogen brennt zwischen einer **nicht abschmelzenden Elektrode** aus Wolfram und dem Werkstück. Etwaiger Schweißzusatz wird vorwiegend stromlos zugeführt. Das Schutzgas ist inert oder aktiv.

Wolfram-Inertgasschweißen (Kurzzeichen: WIG)

Der Lichtbogen brennt **frei** zwischen Wolframelektrode und Werkstück (Bild MEC 188.1). Das Schutzgas ist inert wie Argon, Helium oder ihre Gemische.

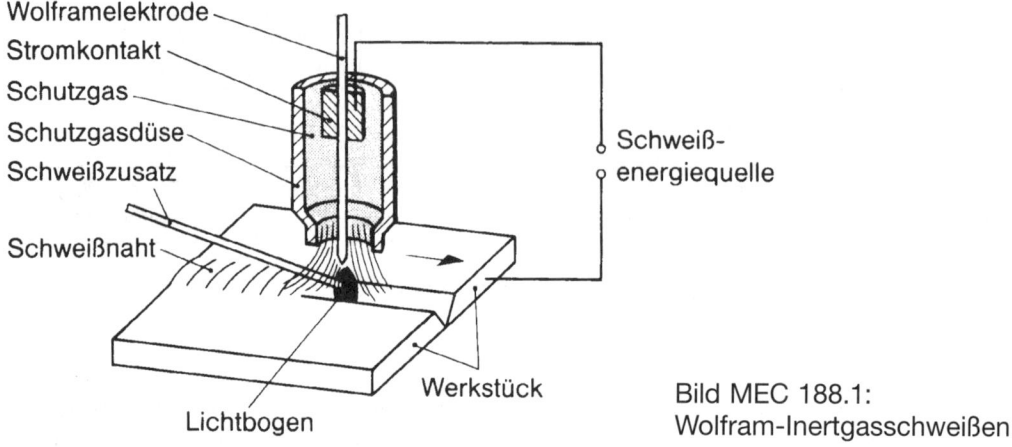

Bild MEC 188.1:
Wolfram-Inertgasschweißen

Plasmaschweißen (Kurzzeichen: WP)

Der Lichtbogen ist **eingeschnürt.** Er brennt beim **Plasmastrahlschweißen** (Kurzzeichen: WPS) zwischen Wolframelektrode und Innenwand der Plasmadüse (Bild MEC 188.2) oder beim **Plasmalichtbogenschweißen** (Kurzzeichen: WPL) zwischen Wolframelektrode und Werkstück. Das Schutzgas strömt durch die **Plasmadüse;** es ist inert, zum Beispiel Argon oder Helium, oder aktiv, zum Beispiel Wasserstoff, oder ein Gemisch aus inerten und/oder aktiven Gasen.

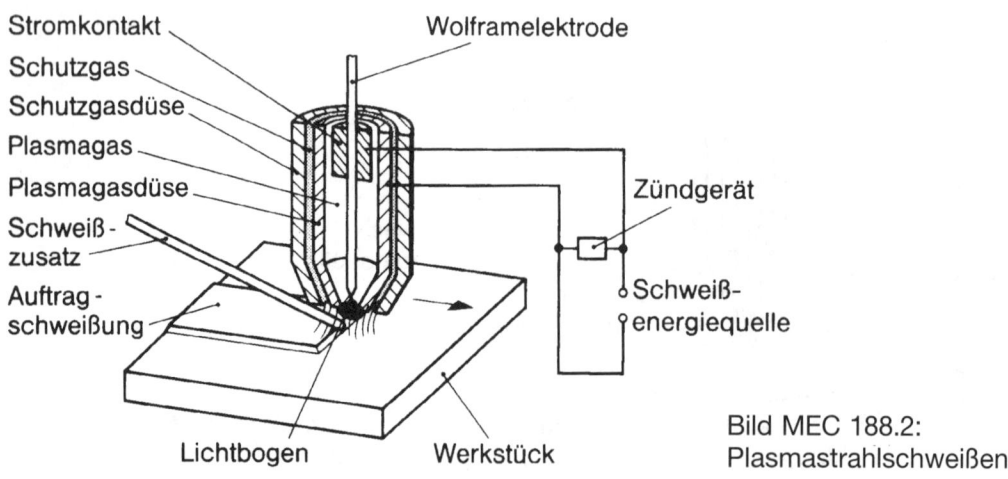

Bild MEC 188.2:
Plasmastrahlschweißen

MEC 188

Zerteilen

Das Fertigungsverfahren **Zerteilen** (DIN 8588) gehört zur Hauptgruppe **Trennen** (Seite MEC 150). Zerteilen ist **mechanisches** Trennen von Werkstücken ohne Entstehen von formlosem Stoff, also auch ohne Späne (spanlos). Dem Zerteilen werden die Schneidverfahren Scherschneiden, Messerschneiden und Beißschneiden zugeordnet. Das thermische Schneiden, z.B. das autogene Brennschneiden, gehört zur Fertigungsgruppe **Abtragen.**

Scherschneiden ist Zerteilen von Werkstücken zwischen zwei Schneiden, die sich aneinander vorbei bewegen (Bild MEC 189.1a). Der Werkstoff wird dabei abgeschert.

Messerschneiden ist Zerteilen von Werkstücken mit einer meist keilförmigen Schneide (Bild MEC 189.1b). Dabei wird der Werkstoff auseinander gedrängt. Typische Messerschneidwerkzeuge sind Meißel, Locheisen und Rohrschneider.

Beißschneiden ist Zerteilen von Werkstücken zwischen zwei keilförmigen Schneiden, die sich aufeinander zubewegen (Bild MEC 189.1c). Typische Beißschneidwerkzeuge sind Kneifzange, Seitenschneider und Bolzenschneider.

Geschlossen-Schneiden   Offen-Schneiden

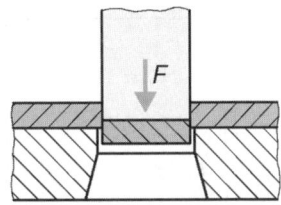 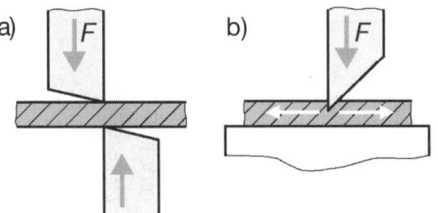 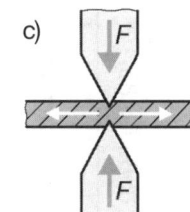

Bild MEC 189.1:
Verfahren zum Zerteilen: a) Scherschneiden, b) Messerschneiden, c) Beißschneiden.

Das Scherschneiden ist das am häufigsten eingesetzte Verfahren zum mechanischen Trennen; es soll daher im Folgenden nur darauf eingegangen werden.

Scherschneiden, Unterteilung

Das Scherschneiden lässt sich nach Art der Schnittlinie unterteilen in Offen-Schneiden und Geschlossen-Schneiden. Die **Schnittlinie** ist die Linie längs der das Werkstück geschnitten werden soll; sie wird in der Zeichnung durch eine Strich-Zweipunkt-Linie dargestellt.

Offen-Schneiden: Die Schnittlinie ist offen, z.B. geradlinig oder bogenförmig. Zum Offen-Schneiden werden Handblechscheren oder Maschinenscheren verwendet, z.B. Hebelscheren, Tafelscheren, Kreis- und Kurvenscheren.

Geschlossen-Schneiden: Die Schnittlinie ist in sich geschlossen, z.B. kreisförmig oder rechteckig. Zum Geschlossen-Schneiden dienen Schneidwerkzeuge (Stanzwerkzeuge), die von Pressen betätigt werden.

Die Unterteilung in Offen-Schneiden und Geschlossen-Schneiden wird in der Norm DIN 8588 nicht mehr vorgenommen. Nach dieser Norm werden die in Tabelle MEC 190.1 aufgeführten Schneidverfahren unterschieden. Davon haben das **Ausschneiden und Lochen** die größte Bedeutung in der modernen Massenfertigung von Blechteilen (Stanztechnik)

Scherschneiden

Tabelle MEC 190.1: Verfahren des Scherschneidens (DIN 8588/06.85)

Benennung	Definition	Beispiel
Ausschneiden	Ausschneiden ist einhubiges Schneiden (d.h. in einem Hub) längs einer in sich **geschlossenen** Schnittlinie zum Herstellen einer **Außenform** am Werkstück.	Schnitteil / Abfall
Lochen	Lochen ist einhubiges Schneiden längs einer in sich **geschlossenen** Schnittlinie zum Herstellen einer **Innenform** am Werkstück.	Schnitteil / Abfall
Beschneiden	Beschneiden ist vollständiges Trennen von Rändern, Bearbeitungszugaben und dergleichen von Werkstücken entlang einer **offenen** oder **geschlossenen** Schnittlinie.	Schnitteil / Abfall

Kaltbiegen von Flacherzeugnissen aus Stahl

Das Biegen **quer zur Walzrichtung** ist zu bevorzugen. Der Biegewinkel α kann zwischen 0° und 180° liegen. Die Dicke s wird in der Rundung bis etwa 20 % geringer (Bild MEC 191.1).

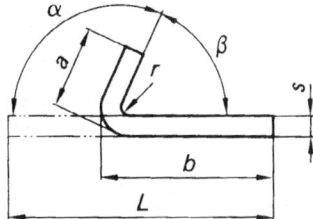

a, b Schenkellängen
L Gestreckte Länge
s Dicke
r Biegeradius
α Biegewinkel
β Öffnungswinkel

Bild MEC 191.1: Biegegrößen.

Als **Biegeradien** kommen folgende Maße in Betracht, nach Möglichkeit sind die fett gedruckten Biegeradien zu wählen:

1	1,2	**1,6**	2	**2,5**	3	**4**	5	**6**	8	**10**	12
16	**20**	**25**	28	**32**	36	**40**	45	**50**	**63**	**80**	**100**

Die **Mindestbiegeradien** hängen von der **Dicke** des Flacherzeugnisses und der **Mindestzugfestigkeit** R_m des Werkstoffs ab. Die Werte in Tabelle MEC 191.1 gelten für Biegewinkel $\alpha \leq 120°$. Für $\alpha > 120°$ ist der nächst höhere Wert einzusetzen, z. B. $r = 20$ statt $r = 16$ für $s = 9$ mm für eine Stahlsorte mit einer Mindestzugfestigkeit ≤ 390 N/mm².

Tabelle MEC 191.1: Biegeradien für Flacherzeugnisse aus Stahl

Dicke s			≤ 1	>1 bis 1,5	>1,5 bis 2,5	>2,5 bis 3	>3 bis 4	>4 bis 5	>5 bis 6
Stahl-sorten mit Mindest-zug-festigkeit N/mm²	R_m in N/mm² ≤ 390	kleinste zul. Biege-halb-messer	1	1,6	2,5	3	5	6	8
							(6)	(8)	(10)
	$> 390 \ldots 490$		1,2	2	3	4	5	8	10
							(6)	(10)	(12)
	$> 490 \ldots 640$		1,6	2,5	4	5	6	8	10
							(8)	(10)	(12)

Tabelle MEC 191.1: Biegeradien für Flacherzeugnisse aus Stahl (Fortsetzung)

Dicke s			>6 bis 7	>7 bis 8	>8 bis 10	>10 bis 12	>12 bis 14	>14 bis 16	>16 bis 18	>18 bis 20
Stahl-sorten mit Mindest-zug-festigkeit N/mm^2	R_m in N/mm^2 ≤ 390	kleinste zul. Biege-halb-messer	10	12	16	20	25	28	36	40
			(12)	(16)	(20)	(25)	(28)	(32)	(40)	(45)
	> 390 ... 490		12	16	20	25	28	32	40	45
			(16)	(20)	(25)	(32)	(36)	(40)	(45)	(50)
	> 490 ... 640		12	16	20	25	32	36	45	50
			(16)	(20)	(25)	(32)	(36)	(40)	(50)	(63)

Die eingeklammerten Biegeradien gelten beim Biegen **längs zur Walzrichtung,** die nicht eingeklammerten beim bevorzugten Biegen **quer zur Walzrichtung.**

Kleinste Schenkellänge beim maschinellen Biegen von Blechprofilen $b \approx 4 \cdot r$.

Schmieröle

Mineralöle

AN	Normalschmieröle bis 50 °C; DIN 51 501
C	alterungsbeständig für Gleit- und Wälzlager sowie Getriebe; DIN 51 517
HD	für Kraftfahrzeugmotoren; DIN 51 511
K	für Kältemaschinen; DIN 51 503
R	Korrosionsschutzöle

Syntheseflüssigkeiten

E	Esteröle für Lagerstellen
PG	Polyglykolöle; gutes Mischreibungsverhalten
SI	Silikonöle; besonders hohe und tiefe Temperaturen

Viskositätsklassen von ISO VG 2 (viscosity grade) bis ISO VG 3200 in mm^2/s bei 40 °C nach DIN 51 519.

Schmierfette auf Mineralölbasis

K	für Wälzlager und Gleitlager; DIN 51 825
G	für geschlossene Getriebe; DIN 51 826
M	für Gleitlager und Dichtungen

Fettschmierstoffe

Graphit (C)	–18 °C bis +450 °C; Pulver oder Paste
Molybdändisulfid (MoS$_2$)	–180 °C bis +400 °C; Paste für sehr hohe Flächenpressung
Polytetrafluorethylen (PTFE)	–250°C bis +260°C; sehr niedrige Gleitreibungszahl; als Pulver in Gleitlacken

Kleben

Klebstoff	Komponenten	Temperatur in °C	Verwendung
Epoxidharz	2(1)	20 bis 150	Metalle, Duroplaste, Keramik
Epoxid-Polyamid	1	170	Aluminium, Titan, Stahl
Phenolharz	1	150	Metalle, Holz
Polyurethan	2	20	Schaumstoffe
PVC	1	180	Dünnbleche
Methylmethacrylat	2 1	20 120	Metalle, Kunststoffe Glas
Schmelzkleber	1	120	Werkstoffe aller Art

Auftragszeit nach REFA

Auftragszeit für den arbeitsausführenden Menschen nach REFA
(REFA: Verband für Arbeitsstudien und Betriebsorganisation)

Begriff	Kurz-zeichen	Erklärung	Formel
Auftragszeit	T	Zeit für die Erledigung.	$T = t_r + t_a$
Rüstzeit	t_r	Zeit für das Vor- und Nach-bereiten von Arbeitsplatz, Maschine und Werkzeugen.	$t_r = t_{rg} + t_{rv} + t_{rer}$
Rüstgrundzeit	t_{rg}	Zeit für das planmäßige Rüsten.	
Rüstverteilzeit	t_{rv}	Unvorhersehbare, unregel-mäßige, unplanmäßige Rüst-zeiten.	$t_{rv} = (z_{rv}/100) \cdot t_{rg}$
Rüsterholungszeit	t_{rer}	Planmäßige Erholungszeit während des Rüstens.	$t_{rer} = (z_{rer}/100) \cdot t_g$
Ausführungszeit	t_a	Zeit für die Ausführung an allen m Einheiten eines Auftrags.	$t_a = m \cdot t_e$
Zeit für eine Einheit	t_e	Zeit für die Ausführung an einer Einheit eines Auftrags.	$t_e = t_g + t_v + t_{er}$
Grundzeit	t_g	Zeit für das planmäßige Ausführen ohne Erholungs- und Verteilzeiten.	$t_g = t_t + t_w$
Verteilzeit	t_v	Unregelmäßige, unvorherseh-bare Zeiten beim Ausführen.	$t_v = t_s + t_p$ $t_v = (z_v/100) \cdot t_g$
Tätigkeitszeit	t_t	Zeiten, in denen ein direkter Fortschritt des Auftrags erfolgt.	$t_t = t_{tb} + t_{tu}$
beeinflussbare Tätigkeitszeit	t_{tb}	Zeiten, die der Ausführende beeinflussen kann.	
unbeeinflussbare Tätigkeitszeit	t_{tu}	Zeiten, die der Ausführende nicht beeinflussen kann (Hauptnutzungszeit t_v).	
Wartezeit	t_w	Zeit, bei der der Ausführende fertigungsbedingt warten muss.	
Sachliche Verteilzeit	t_s	Sachlich bedingte, unvorher-sehbare Zeiten (Reinigen).	
Persönliche Verteilzeit	t_p	Persönlich bedingte, unvorher-sehbare Zeiten (Gespräche).	
Erholungszeit	t_{er}	Planmäßige Erholungszeit.	$t_{er} = (z_{er}/100) \cdot t_g$
Zuschläge	z	Pozentuale Zuschläge zur zugehörigen Zeit.	

Längenprüftechnik

Die Längenprüftechnik dient der **Qualitätsprüfung** bei Fertigungsverfahren (Seite MEC 150); sie ist Teil des **Qualitätsmanagements**. Das Qualitätsmanagement (DIN 55 350-11) umfasst alle Aktivitäten zur Sicherung der Produktqualität. Mit den Verfahren und Mitteln der **Längenprüftechnik** werden Längen- und Längenverhältnisse an Prüfgegenständen (Werkstücken) geprüft.

Einheiten, Tätigkeiten, Prüfmittel (DIN 2257/11.82)

Längen und Längenverhältnisse

Längen und Längenverhältnisse sind z. B. Außenmaße, Innenmaße, Absatzmaße, Maße für Durchmesser, Breiten, Dicken, Lochmittenabstände, Winkel, Radien. Dazu gehören auch **Maße für Form und Lage** sowie **Oberflächenmaße**. Längen- und Winkelmaße werden mit Zahlenwert und Einheit angegeben, z. B. 20,985 mm, 50,125°.

Alle Maßangaben gelten für die **Bezugstemperatur 20°**. Bezugstemperatur ist die Temperatur, bei der Prüfmittel und Prüfgegenstände die vorgeschriebenen Maße haben sollen.

Längeneinheit

Die SI-Basiseinheit der Länge ist das **Meter** mit dem Zeichen m.

Bevorzugte dezimale Teile des **Meter**:

1 dm	(Dezimeter)	$= 10^{-1}$ m	$= 0,1$ m
1 cm	(Zentimeter)	$= 10^{-2}$ m	$= 0,01$ m
1 mm	(Millimeter)	$= 10^{-3}$ m	$= 0,001$ m
1 μm	(Mikrometer)	$= 10^{-6}$ m	$= 0,000\ 001$ m
		$= 10^{-3}$ mm	$= 0,001$ mm
1 nm	(Nanometer)	$= 10^{-9}$ m	$= 0,000\ 000\ 001$ m
		$= 10^{-6}$ mm	$= 0,000\ 001$ mm
		$= 10^{-3}$ μm	$= 0,001$ μm

Winkeleinheiten

Die SI-Einheit des ebenen Winkels ist derjenige Winkel, für den das Längenverhältnis Kreisbogen zu Kreisradius den Zahlenwert 1 besitzt. Diese Einheit wird **Radiant** (Zeichen: rad) genannt.

Bevorzugte dezimale Teile des **Radiant**:

1 mrad	(Milliradiant)	$= 10^{-3}$ rad	$= 0,001$ rad
1 μrad	(Mikroradiant)	$= 10^{-6}$ rad	$= 0,000\ 001$ rad

Der **Grad** (Zeichen °) ist gleich dem 360. Teil des Vollwinkels.

$$1° = \frac{\pi}{180} \text{ rad}; \qquad 1 \text{ rad} = \frac{180°}{\pi} = 57{,}296°$$

Sexagesimale Teile des Grad:

$$1' \text{ (Minute)} \quad = \left(\frac{1}{60}\right)^{°}$$

$$1'' \text{ (Sekunde)} = \left(\frac{1}{60}\right)^{'} = \left(\frac{1}{3600}\right)^{°}$$

Bei Angabe eines Winkels in der Einheit Grad kann dieser entweder sexagesimal (z. B. 50° 7′ 30″) oder dezimal (z. B. 50,125°) unterteilt angegeben werden.

Tätigkeiten

Prüfen in der Längenprüftechnik ist das Feststellen, ob ein **Prüfgegenstand** den geforderten Maßen und der geforderten Gestalt entspricht.

Das Prüfen kann subjektiv durch Sinneswahrnehmung oder objektiv durch Messen oder Lehren erfolgen.

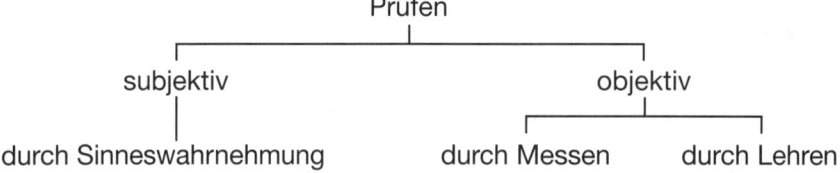

Messen ist das Ermitteln des **Messwertes** einer Länge oder eines Winkels durch Vergleich mit einem Normal, z. B. mit der Maßverkörperung eines Messgeräts.

Lehren ist das Feststellen, ob bestimmte Längen, Winkel oder Formen eines Prüfgegenstands gegebene **Grenzen einhalten** oder in welcher Richtung sie diese **überschreiten**. Der Betrag der Abweichung wird nicht festgestellt. Die Grenzen werden durch Maß- oder Formverkörperungen, **Lehren** genannt, festgelegt.

Eine **Grenzlehrung** erfordert zwei Maßverkörperungen, die den beiden **Grenzmaßen** entsprechen.

Prüfmittel

Prüfmittel können nach folgendem Schema gegliedert werden:

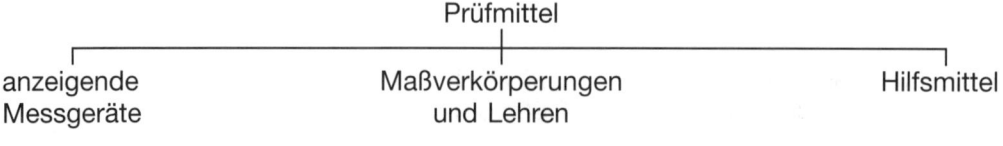

Aus einem oder mehreren anzeigenden Messgeräten, Maßverkörperungen und Hilfs-mitteln lassen sich **Messeinrichtungen** (Messanordnungen, Messvorrichtungen) zu-sammenstellen.

Ein **anzeigendes Messgerät** ist ein Messgerät mit einer **Anzeigeeinrichtung**, z.B. Messschieber, Bügelmessschraube, Messuhr, Feinzeiger. Einfache anzeigende Mess-geräte wie z.B. Messschieber oder Messschraube werden auch **Messzeuge** genannt.

Eine **Maßverkörperung** in der Längenprüftechnik stellt Längen bzw. Winkel durch die festen Abstände bzw. Winkel zwischen Flächen oder Strichen dar. **Einstellnormale** (z.B. Einstellringe oder Einstelldorne) sind Maßverkörperungen.

Eine **Lehre** verkörpert Maße oder Formen, die in der Regel auf **Grenzmaße** bezogen sind.

Hilfsmittel in der Längenprüftechnik sind Geräte oder Teile, mit denen Prüfgegen-stände, anzeigende Messgeräte, Maßverkörperungen oder Lehren in bestimmte, für die Ausführung der Messung erforderliche Positionen gebracht werden können. Hilfs-mittel haben Bezugsflächen, Aufnahmeflächen, Führungen usw. in der für die Mes-sungen erforderlichen Beschaffenheit, z.B. Messtische, Messstative, Spannprismen.

Messtechnische Begriffe (DIN 2257 Teil 1/11.82)

Die **Messgröße** in der Längenprüftechnik ist die zu messende **Länge** bzw. der zu messende **Winkel.**

Die **Anzeige** ist die unmittelbar erfassbare Information über den **Messwert.** Sie kann optisch, akustisch oder auf andere Weise vermittelt werden. Bei **anzeigenden Mess-geräten** werden die Skalenanzeige, die Ziffernanzeige und sonstige Anzeigen unter-schieden. Die Anzeige kann auch durch Drucker oder Schreiber dargestellt werden. Bei Maßverkörperungen entspricht die Aufschrift der Anzeige.

Anzeigende Messgeräte können mit einer Strichskale oder mit einer Ziffernskale aus-gestattet sein.

Eine **Strichskale** (Teilung) ist die Aufeinanderfolge einer Anzahl von Teilstrichen auf einem Skalenträger. Die Teilstriche der Skale können beziffert sein. Im Allgemeinen entspricht die Bezifferung den verwendeten Einheiten.

Als **Skalenteil** bezeichnet man den Teilstrichabstand; er ist die Zähleinheit für die An-zeige. Der **Skalenwert** ist gleich der Änderung der Messgröße, die **einem** Skalenteil entspricht. Der Skalenwert wird in der Einheit der Messgröße angegeben. Er beträgt z.B. bei einer Messuhr 0,01 mm.

Eine **Ziffernskale** ist eine Folge von Ziffern (meist 0 bis 9) auf einem Skalen- oder Ziffernträger, wobei meist nur die abzulesende Ziffer sichtbar ist.

Eine **mehrstellige Ziffernskale** besteht aus mehreren, nebeneinander angeordneten einstelligen Ziffernskalen mit z.B. hinter Schauöffnungen ablesbaren Ziffern; meist sind hier die einzelnen Ziffernskalen dezimal abgestuft.

Die in Bild MEC 198.1 gezeigte Messschraube ist in a) mit einer Strichskale (Skalen-anzeige) und in b) mit einer mehrstelligen Ziffernskale (Ziffernanzeige) ausgestattet.

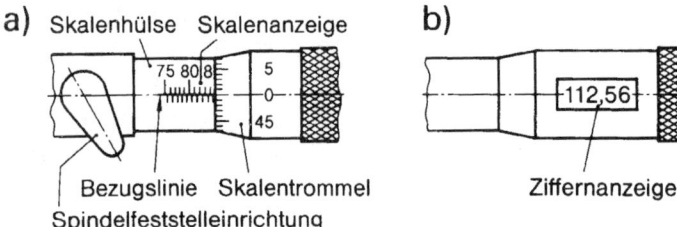

a) Skalenhülse Skalenanzeige

75 80 8 5 0 45

Bezugslinie Skalentrommel
Spindelfeststelleinrichtung

b)

112,56

Ziffernanzeige

Bild MEC 198.1:
Anzeige einer Messschraube: a) Strichskale, b) Ziffernskale.

Der **Messwert** in der Längenprüftechnik ist der spezielle, durch eine Messung ermittelte Wert der zu messenden Länge bzw. des zu messenden Winkels. Er wird aus der Anzeige eines Messgeräts ermittelt und als **Produkt aus Zahlenwert und Einheit** angegeben. Gegebenenfalls ist das Vorzeichen zu beachten. Jeder Messwert ist mit einer **Messunsicherheit** behaftet. Die Messunsicherheit ergibt sich aus den **zufälligen Fehlern** sowie aus nicht erfassten **systematischen Fehlern.**

Das **Messergebnis** wird aus einem oder mehreren Messwerten gebildet und stellt unter Berücksichtigung der Messunsicherheit das **Istmaß** dar.

Der **Anzeigebereich** eines anzeigenden Messgeräts ist der Bereich zwischen größter und kleinster Anzeige eines Messgeräts. Der **Messbereich** ist ein Teil des Anzeigebereichs, er kann auch den ganzen Anzeigebereich umfassen. Es ist meist derjenige Bereich von Messwerten, in dem vorgegebene oder vereinbarte **Fehlergrenzen** nicht überschritten werden.

Die Differenz zwischen Endwert und Anfangswert des Messbereichs ist die **Messspanne.** Die **Messwertumkehrspanne** eines anzeigenden Messgeräts ist der Unterschied der Anzeigen für denselben Wert der Messgröße, wenn einerseits bei steigenden und andererseits bei fallenden Werten der Anzeige gemessen wird.

Bei **Messgeräten mit Skalenanzeige** ist die Empfindlichkeit E gleich dem Verhältnis der Anzeigeänderung ΔL zu der sie verursachenden Änderung ΔM der Messgröße.

$$E = \frac{\Delta L}{\Delta M}$$

Bei Längenmessgeräten ist die Empfindlichkeit gleich dem Verhältnis des Weges der Ablesemarke, z.B. der Zeigerspitze, zum Weg des messenden Elements, z.B. des Messbolzens. Hier wird anstelle von Empfindlichkeit (E) auch von **Vergrößerung** (V) oder **Übersetzung** ($\ddot{U}$) gesprochen.

Bei **Messgeräten mit Ziffernanzeige** ist die Empfindlichkeit E gleich dem Verhältnis der Anzahl ΔZ der Ziffernschritte zu der sie verursachenden Änderung ΔM der Messgröße.

$$E = \frac{\Delta Z}{\Delta M}$$

Der **Ziffernschritt** ist die Differenz zweier aufeinander folgender Ziffern der letzten Stelle einer Ziffernskale.

Grundsätze der Längenprüftechnik

Abbescher Grundsatz

Die zu messende Strecke am Prüfgegenstand und die Vergleichsstrecke an der Maß-verkörperung bzw. dem messenden Element in der Messrichtung sollen **fluchtend** angeordnet sein. Hierdurch werden Messabweichungen, die infolge von geringen Kip-pungen bei Messbewegungen auftreten, vernachlässigbar klein. Bei **Parallelversatz** von Messstrecke und Vergleichsstrecke, also Nichteinhaltung des Abbeschen Grund-satzes, verursachen geringe Kippungen bei Messbewegungen eine Messabweichung, die meist nicht mehr vernachlässigbar klein ist. Bild MEC 199.1 verdeutlicht den Abbeschen Grundsatz. Er ist im Teilbild a) nicht erfüllt, im Teilbild b) ist er erfüllt.

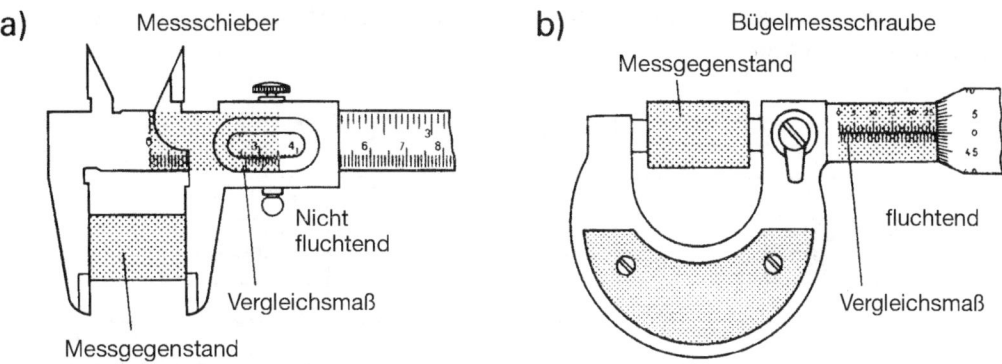

a) Messschieber — Nicht fluchtend — Vergleichsmaß — Messgegenstand

b) Bügelmessschraube — Messgegenstand — fluchtend — Vergleichsmaß

Bild MEC 199.1:
a) Parallelversatz, b) fluchtende Anordnung von Messgegenstand und Vergleichsmaß.

Taylorscher Grundsatz

Der Taylorsche Grundsatz bezieht sich auf die Gestaltung und Anwendung von Leh-ren zur Prüfung von Passteilen.

Die **Gutlehre**, die man mit jedem als „gut" zu bezeichnenden Prüfgegenstand paaren kann, muss jedem Element der zu prüfenden Werkstückoberfläche ein eigenes Flächen-element gegenüberstellen. Damit werden sowohl die **Form** als auch die **Maße** ge-prüft. Die Gutlehre muss also so ausgebildet sein, dass sie die zu prüfende Form in ihrer **Gesamtwirkung** prüft.

Die **Ausschusslehre**, die man mit einem als „gut" zu bezeichnenden Prüfgegenstand nicht paaren kann, soll dagegen so kleine Flächenelemente besitzen, dass sie durch Paarung mit sehr kleinen Elementen der zu prüfenden Werkstückfläche das **Nicht-einhalten des geforderten Grenzmaßes** anzeigt. Damit werden nur einzelne Maße des Prüfgegenstands geprüft.

Mit anderen Worten:
Die **Gutlehre** soll so ausgebildet sein, dass sie die **geometrische Form in ihrer Ge-samtwirkung** prüft. Die **Ausschusslehre** dagegen soll nur **einzelne Bestimmungs-stücke** der geometrischen Form prüfen (z. B. den Durchmesser). Beim Grenzlehrdorn in Bild MEC 200.1 wird der Taylorsche Grundsatz realisiert.

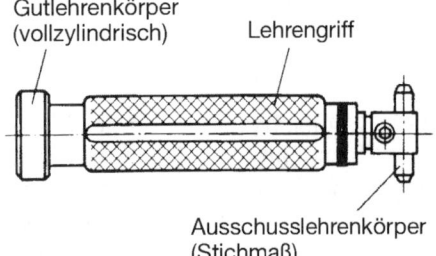

Gutlehrenkörper
(vollzylindrisch)   Lehrengriff

Ausschusslehrenkörper
(Stichmaß)

Bild MEC 200.1:
Anwendung des Taylorschen Grundsatzes
beim Grenzlehrdorn.

Anzeigende Messgeräte

Bild MEC 200.2 zeigt die Einordnung der anzeigenden Messgeräte im Einteilungs-
schema der Prüfmittel.

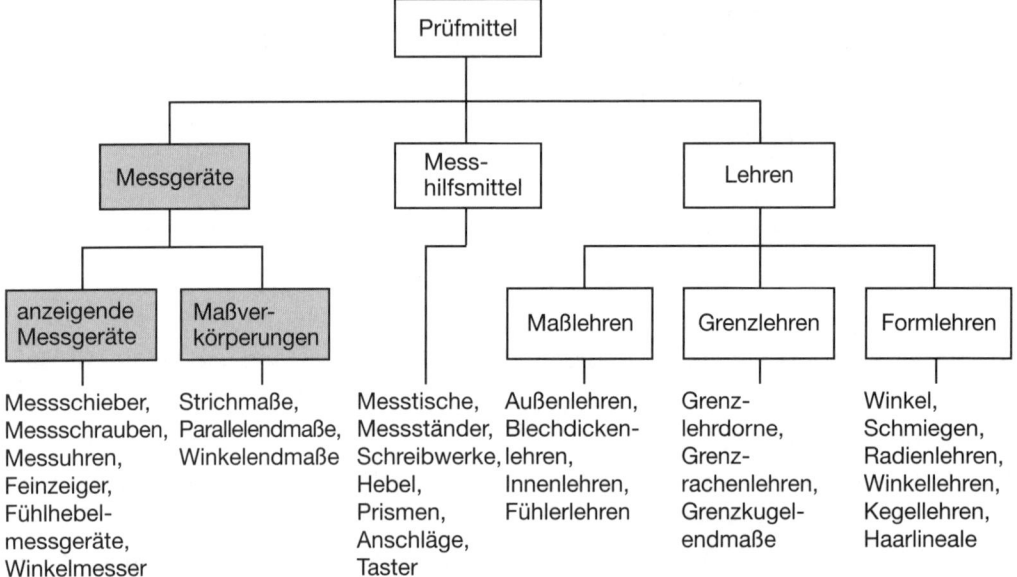

Bild MEC 200.2: Gliederung der anzeigenden Messgeräte.

Messschieber

Der Messschieber (früher „Schieblehre" genannt) ist ein anzeigendes Längenmessgerät
zum Messen von Außen-, Innen- und Tiefenmaßen, bei dem die Messwerte an Haupt-
teilungen und Noniusteilungen, an Ziffernanzeigen oder an Rundskalen abgelesen
werden. Es werden die in Bild MEC 201.1 gezeigten **Messschieberformen** (DIN 862/
12.88) eingesetzt.

1A und 2A sind **Taschenmessschieber**, üblicherweise mit Messbereich bis 160 mm.
Die Formen B, C, D und F sind **Werkstatt-Messschieber.**

MEC 200

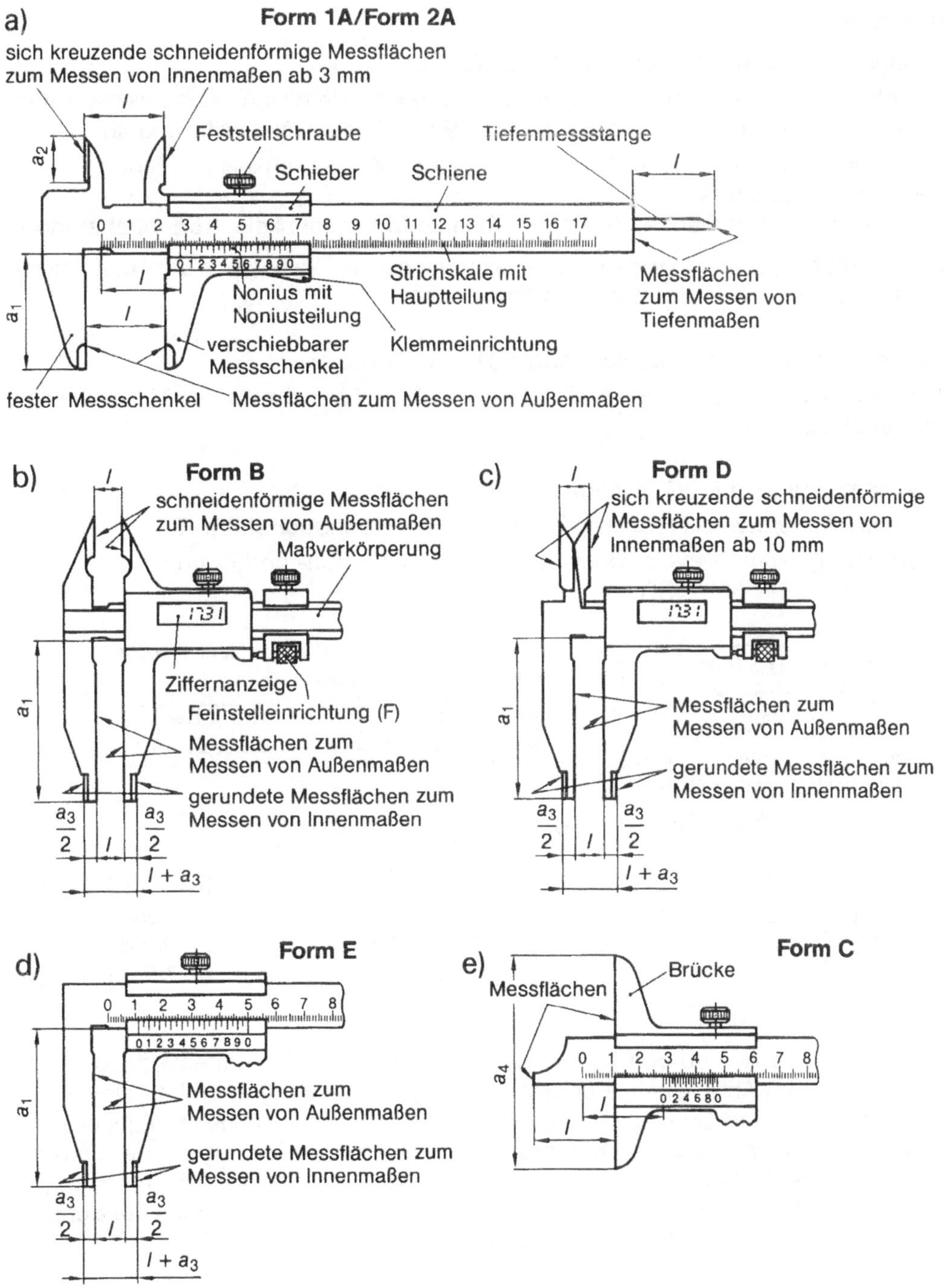

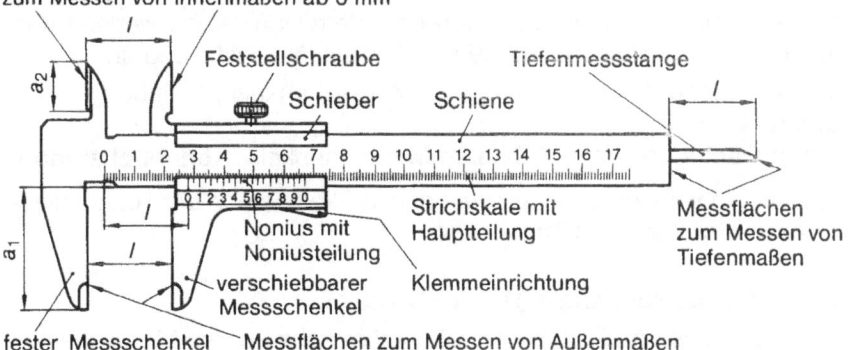

a) **Form 1A/Form 2A**

sich kreuzende schneidenförmige Messflächen
zum Messen von Innenmaßen ab 3 mm

a_2 | l

Feststellschraube   Tiefenmessstange

Schieber   Schiene

0 1 2 3 4 5 6 7 8 9 10 11 12 13 14 15 16 17

l

0 1 2 3 4 5 6 7 8 9 0

Nonius mit   Strichskale mit   Messflächen
Noniusteilung   Hauptteilung   zum Messen von
Tiefenmaßen

a_1 | l

verschiebbarer   Klemmeinrichtung
Messschenkel

fester Messschenkel   Messflächen zum Messen von Außenmaßen

b) l **Form B**

schneidenförmige Messflächen
zum Messen von Außenmaßen

Maßverkörperung

a_1

Ziffernanzeige

Feinstelleinrichtung (F)

Messflächen zum
Messen von Außenmaßen

gerundete Messflächen zum
Messen von Innenmaßen

$\dfrac{a_3}{2}$ | l | $\dfrac{a_3}{2}$

$l + a_3$

c) l **Form D**

sich kreuzende schneidenförmige
Messflächen zum Messen von
Innenmaßen ab 10 mm

a_1

Messflächen zum
Messen von Außenmaßen

gerundete Messflächen zum
Messen von Innenmaßen

$\dfrac{a_3}{2}$ | l | $\dfrac{a_3}{2}$

$l + a_3$

d) **Form E**

0 1 2 3 4 5 6 7 8

0 1 2 3 4 5 6 7 8 9 0

a_1

Messflächen zum
Messen von Außenmaßen

gerundete Messflächen zum
Messen von Innenmaßen

$\dfrac{a_3}{2}$ | l | $\dfrac{a_3}{2}$

$l + a_3$

e) **Form C**

Messflächen   Brücke

a_4

0 1 2 3 4 5 6 7 8

0 2 4 6 8 0

l

Bild MEC 201.1: Messschieberformen: a) Messschieber zum Messen von Innen-, Außen- und Tiefenmaßen, b) Messschieber zum Messen von Innen- und Außenmaßen, c) Messschieber wie b), jedoch mit sich kreuzenden schneidenförmigen Messflächen, d) Messschieber zum Messen von Innen- und Außenmaßen ohne schneidenförmige Messflächen, e) Messschieber zum Messen von Tiefenmaßen.

Anzeigearten

Anzeige durch Strichskalen (Bild MEC 202.1a)

Hauptteilung auf der Schiene und **Noniusteilung** auf dem Nonius. Vorwiegend Ausführung als 1/20-Nonius (20 Teilstriche auf 39 mm Länge). Noniusteilung auf

– der abgeschrägten Fläche des verschiebbaren Messschenkels (Schieber), **Kennbuchstaben N**,
– der waagerechten Fläche des verschiebbaren Messschenkels, **Kennbuchstabe P**.

Noniusablesung: Der Noniusstrich, der sich mit einem Skalenstrich der Hauptteilung deckt, zeigt die Anzahl der Zehntelmillimeter an.

Anzeige durch Strich- und Rundskale (Bild MEC 202.1b)

Hauptteilung auf der Schiene und Rundskale auf dem verschiebbaren Messschenkel, **Kennbuchstabe R**.

Ziffernanzeige (Bild MEC 202.1c)

Ziffernanzeige am verschiebbaren Messschenkel, **Kennbuchstabe Z.**

Bezeichnung eines Messschiebers der Form B mit Strich- und Rundskale:
Messschieber DIN 862 – BR

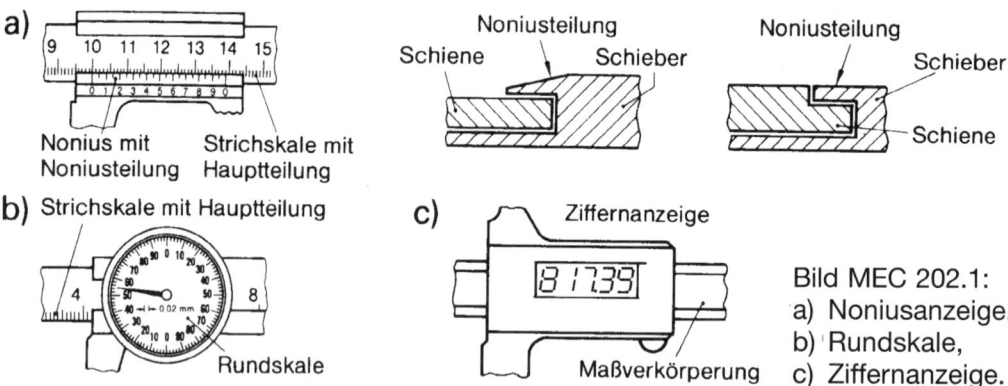

Bild MEC 202.1:
a) Noniusanzeige,
b) Rundskale,
c) Ziffernanzeige.

Anwendungshinweise

Der konstruktive Aufbau von Messschiebern (Ausnahme Tiefenmessschieber) entspricht nicht dem Abbeschen Grundsatz (Bild MEC 199.1a). Spiel im Lauf des Schiebers und starkes Andrücken des beweglichen Messschenkels an den Prüfgegenstand bewirken ein **Abkippen des Schiebers** und eine elastische Verbiegung der Schiene. Dadurch entstehen Winkelfehler, die den Messwert und die Messunsicherheit beeinflussen. Um die Winkelfehler klein zu halten, soll der Prüfgegenstand **nahe der Schiene** an den Messflächen des Messschiebers anliegen.

Messschrauben

Nach DIN 863 werden folgende Messschraubenformen eingesetzt:
Bügelmessschraube, Normalausführung Form N (Bild MEC 203.1).
Bügelmessschraube,, Sonderausführungen Form D (Tabelle MEC 204.1).

Innenmessschraube Formen A, B und C (Bilder MEC 203.2 und MEC 206.1).
Einbaumessschraube Form E mit Einspannschaft zum Einbauen in Messvorrichtungen
sowie als Einstell- und Kontrollelement an Werkzeugmaschinen (Bild MEC 203.3).
Tiefenmessschraube Form T (Bild MEC 203.4).

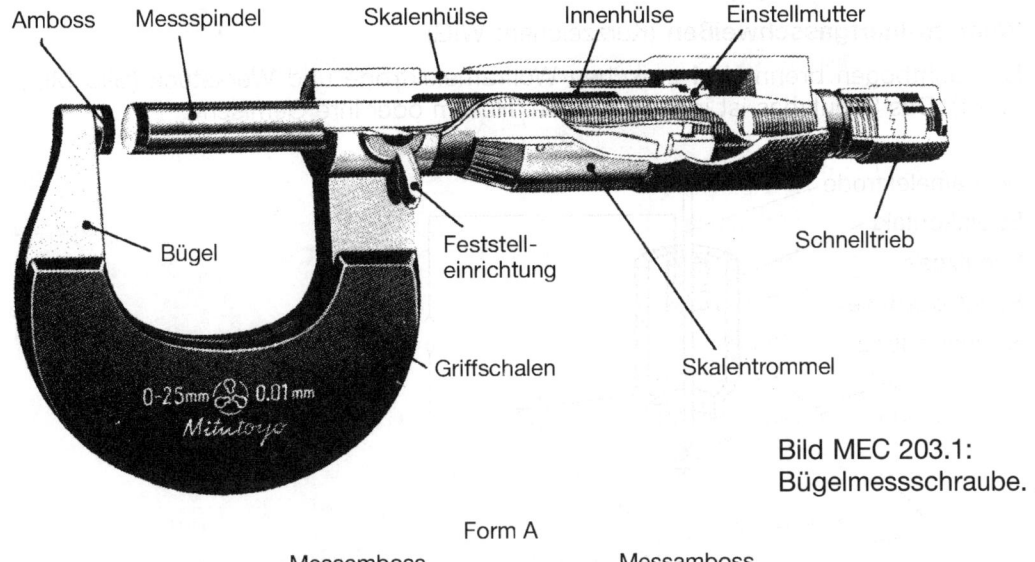

Amboss   Messspindel   Skalenhülse   Innenhülse   Einstellmutter

Bügel

Feststell-
einrichtung

Schnelltrieb

Griffschalen   Skalentrommel

0-25mm 0.01mm
Mitutoyo

Bild MEC 203.1:
Bügelmessschraube.

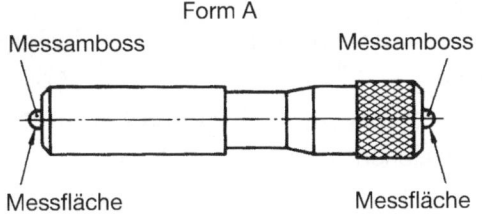

Form A

Messamboss   Messamboss

Messfläche   Messfläche

Bild MEC 203.2:
Innenmessschraube.

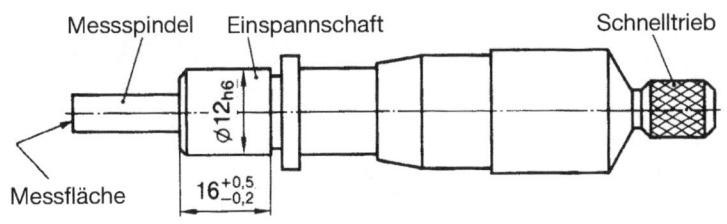

Messspindel   Einspannschaft   Schnelltrieb

$\varnothing 12_{h6}$

Messfläche $16^{+0,5}_{-0,2}$

Bild MEC 203.3:
Einbaumessschraube.

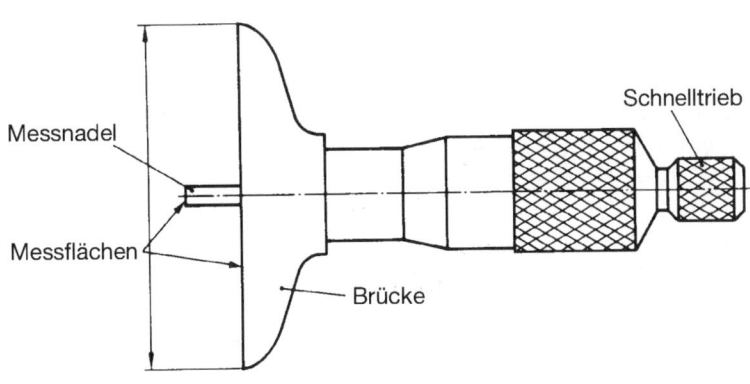

Schnelltrieb

Messnadel

Messflächen

Brücke

Bild MEC 203.4:
Tiefenmessschraube.

MEC 203

Tabelle MEC 204.1: Messschrauben-Sonderausführungen (DIN 863 T.3, 10.83)

Konstruktionsmerkmale	Anwendungsbeispiele Hinweise
Messschraube mit kleinem Bügel Form D2 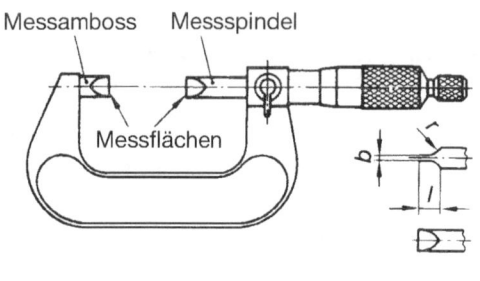	Messen von Drahtdicken und Kugeldurchmessern.
Bügelmessschraube mit schmalen Messflächen Form D4 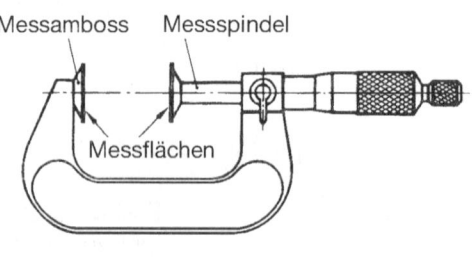	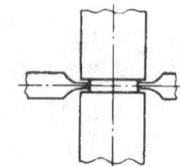 Messung an schmalen Einstichen, z. B. für Sicherungsringe.
Bügelmessschraube für Zahnweitenmessungen Form D7 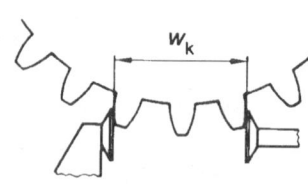	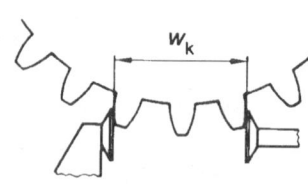 Messen von Zahnweiten w_k und Einstichabständen.
Bügelmessschraube für Rohrwanddicken Form D12 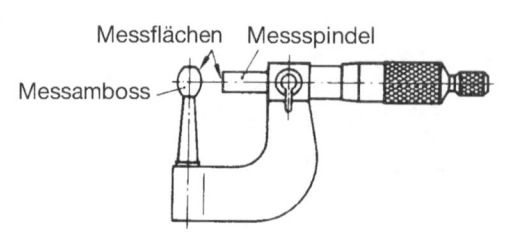	Zum Messen von Wanddicken an gekrümmten Teilen.

Tabelle MEC 204.1: Messschrauben-Sonderausführungen (Fortsetzung)

Konstruktionsmerkmale	Anwendungsbeispiele Hinweise
Feinzeigermessschraube Form D13 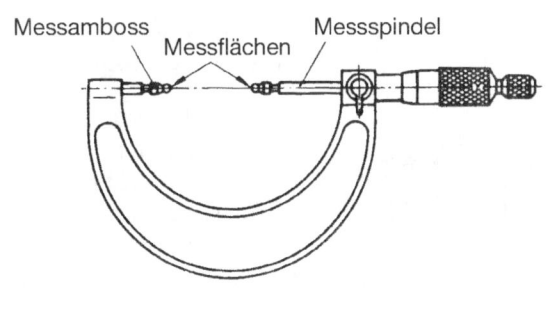	Für Serienprüfungen. Vorteil beim Messen: Das Nennmaß wird mit der Messspindel an der Anzeige (Skalen- oder Ziffernanzeige) eingestellt und die Abweichung des Istmaßes vom Nennmaß am Feinzeiger abgelesen.
Bügelmessschraube mit auswechselbaren Kugelmesseinsätzen Form D17 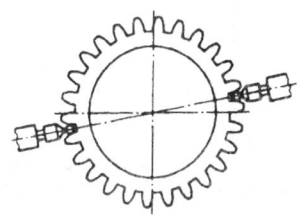	Zur Messung des Teilkreises bzw. (indirekt) der Zahndicke an Gerad- oder Schräg-verzahnung.
Bügelmessschraube für Gewindemessungen Form D18 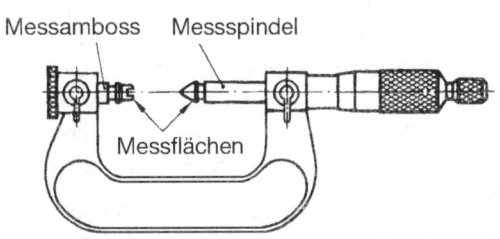 Ambossseitig längsverstellbare Aufnahme für Messeinsatz mit prismatischen Messflächen, Verstellung über Gewinde, mit Feststell-einrichtung.	Messung des Flanken-durchmessers. 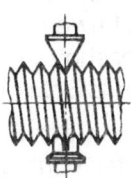 Auswechselbare Messeinsätze entsprechend Gewindeart und -größe sowie Messaufgabe

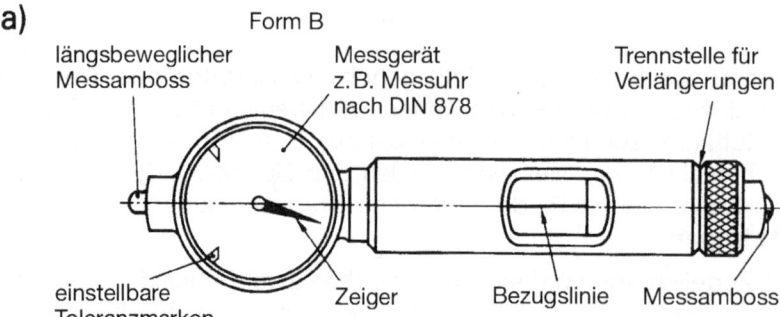

a)

Form B

längsbeweglicher Messamboss

Messgerät z.B. Messuhr nach DIN 878

Trennstelle für Verlängerungen

einstellbare Toleranzmarken

Zeiger

Bezugslinie

Messamboss

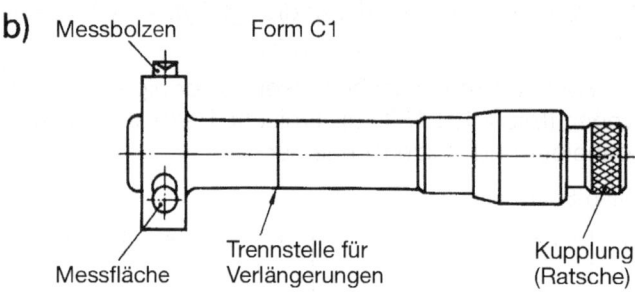

b) Messbolzen   Form C1

Messfläche

Trennstelle für Verlängerungen

Kupplung (Ratsche)

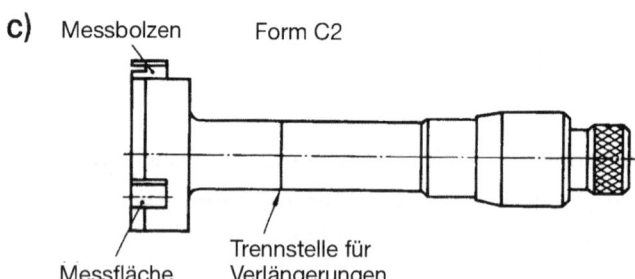

c) Messbolzen   Form C2

Messfläche

Trennstelle für Verlängerungen

Bild MEC 206.1:
Ausführungen von Innenmessschrauben:

a) 2-Punktberührung mit Messuhr,

b) 3-Punktberührung für Durchgangsbohrungen,

c) 3-Punktberührung für Grundlochbohrungen.

Innenmessschrauben werden zum Messen von Innenmaßen eingesetzt.

Es gibt Innenmessschrauben der Formen A und B mit **2-Punktberührung** (Bild MEC 206.1a) und der Form C mit **3-Punktberührung** am Prüfgegenstand (Bild MEC 206.1b und c, Formen C1 und C2). Bei Innenmessschrauben der Form C wird die Umlenkung der Horizontalbewegung der Messschrauben in die Radialbewegung der drei um 120° versetzten Messbolzen durch einen gehärteten **Messkegel** erzeugt. Durch die 3-Punktberührung der z. B. zu messenden Bohrung zentriert sich die Messschraube selbst.

Die Messbolzen der Form C1 werden für Durchgangsbohrungen eingesetzt, die Messbolzen der Form C2 für Sacklochbohrungen. Darüber hinaus gibt es Spezialmesseinsätze für Innengewinde, Eindrehungen und Hinterstechungen, Wälzlagerbahnen und andere Eindrehungsprofile.

Innenmessschrauben mit selbstzentrierender 3-Punktmessung (Form C), auch als **Innen-Feinmessgeräte** bezeichnet, werden auch mit **Digitalanzeige** (LCD-Anzeige) hergestellt. Der Zifferschritt beträgt 0,001 mm oder 0,000 5 mm.

Messprinzip der Messschrauben

Zur Längenmessung wird das Gewinde der **Messspindel** benutzt (Bild MEC 203.1). Die Messspindel dreht sich mit der Skalentrommel im Muttergewinde der mit dem Bügel verbundenen **Skalenhülse.** Bei jeder Umdrehung der Messspindel bewegt sich deren Messfläche um die **Spindelsteigung** in Längsrichtung. Dabei überfährt die Skalentrommel eine Strichskale auf der Skalenhülse. Die Spindelsteigung beträgt 0,5 mm oder 1 mm. Das Längenmaß zwischen den Messflächen an Messspindel und Messamboss ergibt sich aus der Stellung der Skalentrommel auf der Skalenhülse.

Spindelsteigung 1 mm: Trommelskale **100 Teilstriche,** Teilungswert 0,01 mm, Hülsenskale 1 mm Teilstrichabstand (Bild MEC 207.1a).

Spindelsteigung 0,5 mm: Trommelskale **50 Teilstriche,** Teilungswert 0,01 mm. Hülsenskale 0,5 mm Teilstrichabstand (Bild MEC 207.1b). 0,5 mm-Skale unter 1 mm-Skale.

Eine Sicherheitskupplung (Gefühlsratsche) im **Schnelltrieb** begrenzt die Messkraft auf 5 bis 10 N.

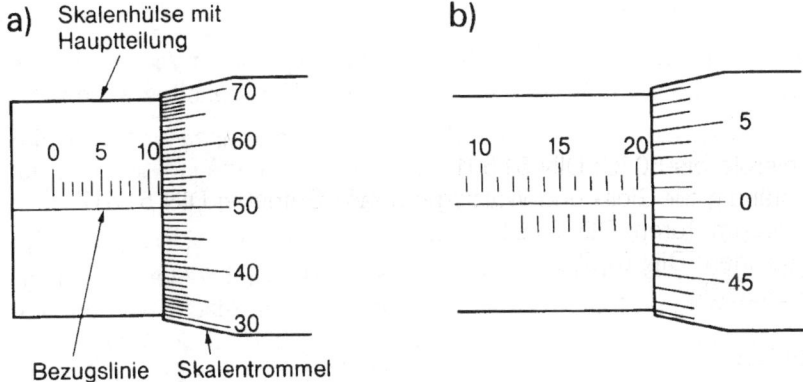

Bild MEC 207.1: Skalen von Messschrauben:
a) 1 mm Spindelsteigung, b) 0,5 mm Spindelsteigung.

Messwert-Ablesung

Das Ablesen einer üblichen Messschraube mit Spindelsteigung 0,5 mm erfolgt in drei Schritten (Bild MEC 208.1):

1. Ablesen der ganzen Millimeter auf der Skale über der Bezugslinie und der halben Millimeter auf der Skale unter der Bezugslinie. **Ablesemarke** ist der linke Rand der Skalentrommel. Sie lesen in Bild MEC 208.1a ab: 1,5 mm.

2. Ablesen der Hundertstelmillimeter auf der Trommelskale. **Ablesemarke** ist die Bezugslinie der Skalenhülse. Sie lesen in Bild MEC 208.1a ab: 35 Hundertstel = 0,35 mm.

3. Addieren der beiden abgelesenen Werte: 1,5 mm + 0,35 mm = 1,85 mm.

Die Einstellung in Bild MEC 208.1b ergibt einen Messwert von 2,49 mm.

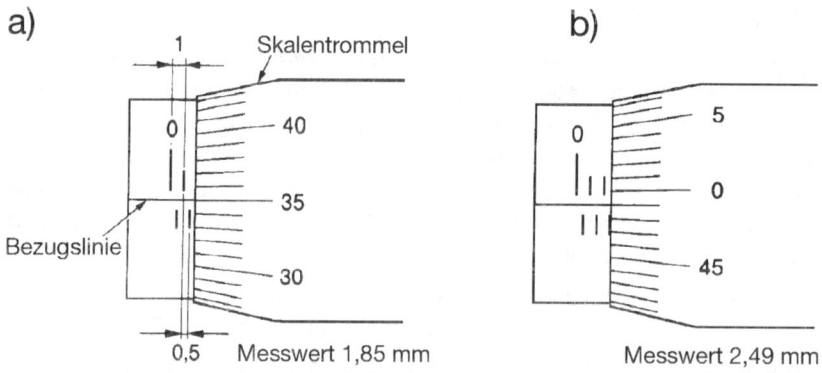

a) Skalentrommel Bezugslinie 1 0 40 35 30 0,5 Messwert 1,85 mm

b) 0 5 0 45 Messwert 2,49 mm

Bild MEC 208.1: Ablesung an einer Messschraube mit 0,5 mm Steigung.

Anwendungsbeispiele

Um möglichst zuverlässige Messwerte zu erhalten, sollte beim Messen die Messspindel **ohne Schwung** mit Hilfe der Kupplung gedreht werden.

Damit der Messwert durch übertragene **Handwärme** nicht verfälscht wird, sollte die Bügelmessschraube möglichst an den isolierenden Griffschalen gehalten werden.

In periodischen Zeitabständen – entsprechend der Einsatzhäufigkeit und den Einsatzbedingungen – sollte die Messschraube einer Prüfung unterzogen werden, um die Abnutzungserscheinungen oder Funktionsstörungen zu erkennen.

Ruckweise Bewegungen der Messspindel deuten auf Schmutz im Gewinde hin, Schwergängigkeit der Messspindel kann außerdem durch Koaxialitätsfehler von Muttergewinde und dem zylindrischen Führungsteil im Messbügel verursacht werden. Abwechselndes Klemmen und Leichtgehen der Messspindel während der Drehung ist auf eine Verbiegung der Messspindel und/oder Koaxialitätsfehler von Skalentrommel und Skalenhülse zurückzuführen.

Messuhren und Feinzeiger

Messuhren (DIN 878, 10.83)

Eine Messuhr ist ein anzeigendes Messgerät, bei dem der Weg des Messbolzens über ein **mechanisches System** auf einen Zeiger übertragen wird, wobei sich der Zeiger in der Regel um mindestens 360° vor einer gleichmäßig geteilten Rundskale bewegt (Bild MEC 209.1).

Der **Skalenwert** der Messuhr beträgt vorwiegend 0,01 mm. Die Messuhren unterscheiden sich durch Außenringdurchmesser und Messspanne (Anzeigebereich): Außenringdurchmesser 55 bis 60 mm; Messspanne 10 mm (A) und 5 mm (B). Außenringdurchmesser 40 mm; Messspanne 3 mm (D) und 5 mm (E).

Bei der Messuhr in Bild MEC 209.1 führt der große Zeiger 1 Umdrehung aus, wenn der Messbolzen um 1 mm verschoben wird (100 x 0,01 mm).

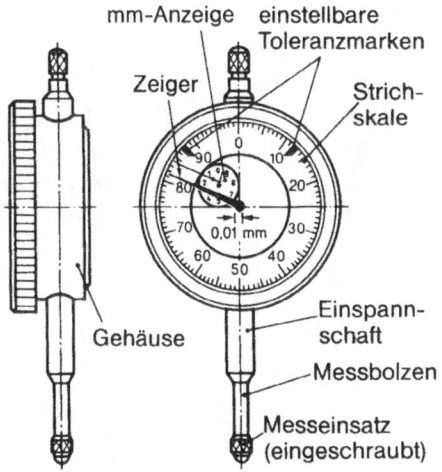

Bild MEC 209.1:
Messuhr, Anzeigebereich 10 mm,
Skalenwert 0,01 mm.

Die zwei einstellbaren **Toleranzmarken** dienen dazu, die zulässige Abweichung des zu prüfenden Maßes auf der Skale zu kennzeichnen. Die Toleranzmarken ermöglichen sofort das Prüfungsergebnis „Gut", „Ausschuss" oder „Nacharbeit". Das zeigt Bild MEC 209.2 am Beispiel der **Unterschiedsmessung** eines Außenmaßes.

Messuhren werden in der Hauptsache zum **Unterschiedsmessen** von Außen- und Innenmaßen, zum Prüfen auf Rundlauf, Parallelität und Ebenheit sowie zum Einstellen von Werkzeugen verwendet. Messuhren können aber auch zur **direkten Messung,** z. B. zur Dickenmessung oder zur Tiefenmessung (Bild MEC 210.1) verwendet werden. Die Maße müssen jedoch innerhalb des Anzeigebereichs liegen.

Zum **Einstellen von Werkzeugen** sowie zum Ausrichten und Zentrieren von Werkstücken auf Werkzeugmaschinen werden oft Messuhren mit schwenkbarem Messfühler verwendet, sie werden **Fühlhebelmessgeräte** (DIN 2270) genannt. Diese Geräte sind robust, klein und handlich (Bild MEC 210.2).

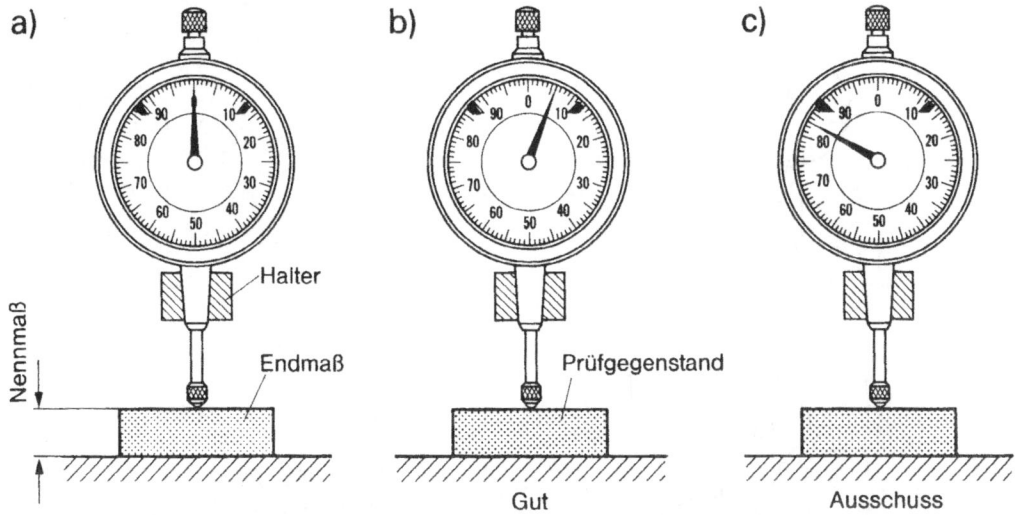

Bild MEC 209.2: Unterschiedsmessung mit Messuhr und Endmaß.

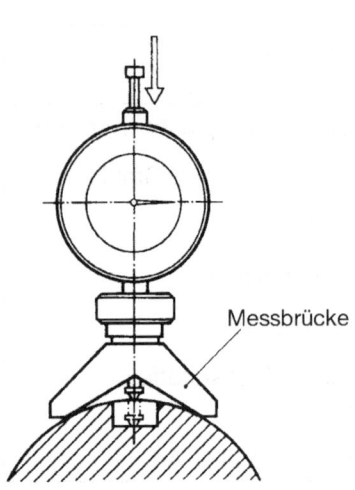

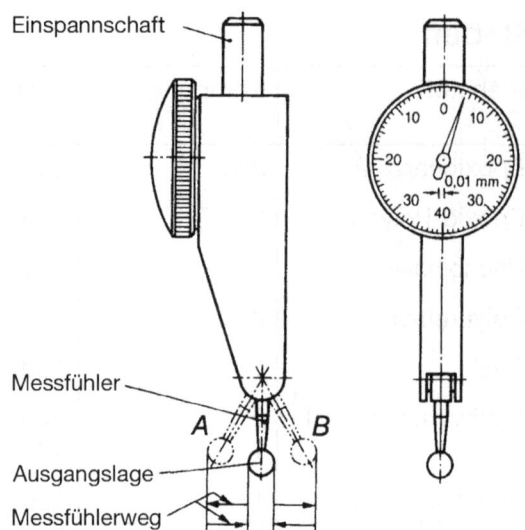

Bild MEC 210.1:
Tiefenmessung mit Messuhr.

Bild MEC 210.2:
Füllhebelmessgerät.

Beim **Innenmessgerät** oder Innen-Feinmessgerät wird die Messuhr zum **Vergleichs-messen von Innenmaßen,** z. B. von Bohrungen, eingesetzt. Das Gerät besteht aus Messuhr, Oberteil und zentrierendem Unterteil mit festem und beweglichem Mess-bolzen. Die Horizontalbewegung des beweglichen Messbolzens wird nach dem in Bild MEC 210.3 gezeigten Prinzip durch einen **Umlenkkörper** in die Vertikalbewegung des Uhr-Messbolzens umgewandelt. Der Übertragungsfehler liegt bei 0,002 mm. Vor dem Messen wird das Gerät unter Verwendung eines der mitgelieferten festen Messbolzen mit Parallelendmaßen auf das zu prüfende Sollmaß eingestellt. Beim Schwenken des in die Bohrung eingeführten Geräts in der Ebene der Messbolzenachse ergibt sich ein **Umkehrpunkt** des Messuhrzeigers, der die Istmaß-Abweichung vom Sollmaß kennzeichnet.

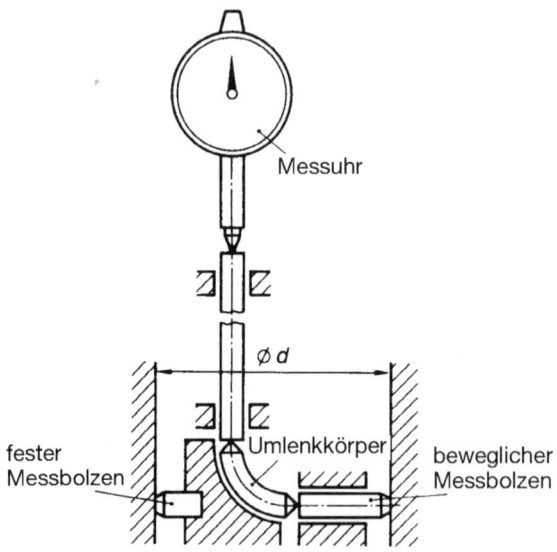

Bild MEC 210.3:
Wirkungsprinzip eines
Innenmessgeräts.

MEC 210

Anwendungshinweise

Es ist darauf zu achten, dass beim Einspannen der Messuhr am Einspannschaft der Messbolzen nicht verklemmt wird. Der Messbolzen darf weder geölt noch gefettet werden, da anderenfalls die Wiederholbarkeit und die Messwertumkehrspanne negativ beeinflusst werden.

In periodischen Zeitabständen oder entsprechend der Einsatzhäufigkeit und den Einsatzbedingungen sollte die Messuhr einer Prüfung unterzogen werden, um Abnutzungserscheinungen oder Funktionsstörungen zu erkennen.

Die **Form der Messfläche** des auswechselbaren **Messeinsatzes** soll nach messtechnischen Gesichtspunkten entsprechend der Form der anzutastenden Flächen gewählt werden. Eine ebene Fläche wird in der Regel mit einer Kugelfläche angetastet. Zur Rundlaufprüfung einer Welle sollte ein schneidenförmiger Messeinsatz oder ein Messeinsatz mit querliegendem Zylinder verwendet werden.

Feinzeiger (DIN 879-1, 10.83)

Ebenso wie die Messuhr ist der Feinzeiger ein anzeigendes Messgerät, bei dem der Weg des Messbolzens über ein mechanisches System auf einen Zeiger übertragen wird. Dessen Bewegung vor einer gleichmäßig geteilten Skale ist jedoch **kleiner** als 360° (Bild MEC 211.1). Meist beträgt er 180°. Der Skalenwert eines Feinzeigers ist vorzugsweise 1 µm = 0,001 mm. Der Anzeigebereich des Feinzeigers in Bild MEC 211.1 ist ±0,05 mm. Verglichen mit einer Messuhr hat der Feinzeiger also einen sehr viel kleineren Anzeigebereich. Er eignet sich daher nicht zum direkten Messen.

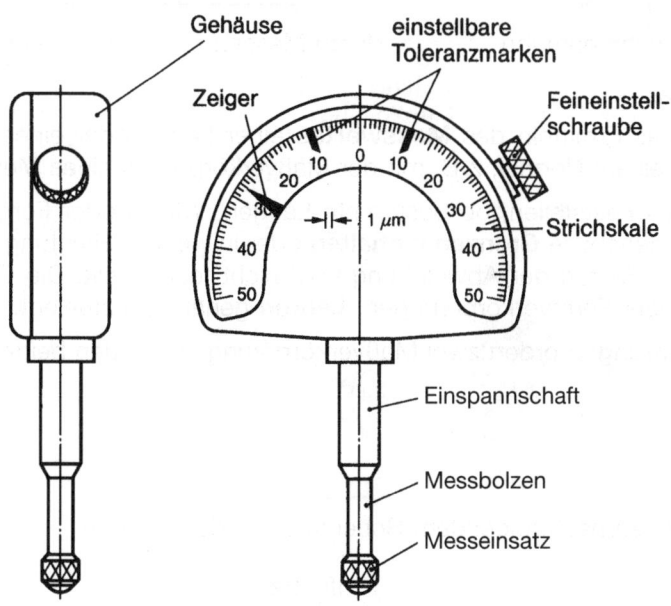

Bild MEC 211.1: Feinzeiger, Anzeigebereich ±0,05 mm, Skalenwert 0,001 mm.

Winkelmessgeräte

Einfacher Winkelmesser

Bild MEC 212.1 zeigt einen einfachen verstellbaren Winkelmesser mit halbkreisfömiger Winkelskale, Skalenwert 1°. Je nach Art der Messung und Lage des gesuchten Winkels muss der Ablesewert von 90° oder 180° subtrahiert werden.

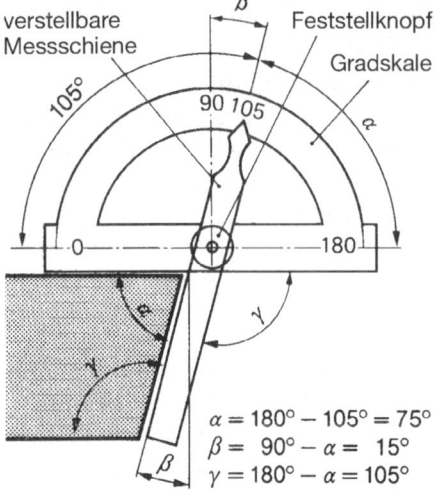

$$\alpha = 180° - 105° = 75°$$
$$\beta = 90° - \alpha = 15°$$
$$\gamma = 180° - \alpha = 105°$$

Bild MEC 212.1:
Winkelmessung mit einem
einfachen Winkelmesser.

Universalwinkelmesser

Bild MEC 212.2 zeigt einen Universalwinkelmesser. Der Nonius ermöglicht eine sehr genaue Winkelablesung. Auf dem Nonius sind beidseitig 23° in 12 Teile unterteilt. Der Teilstrichabstand beträgt $23°/12 = 1,9167° = 1°55'$.

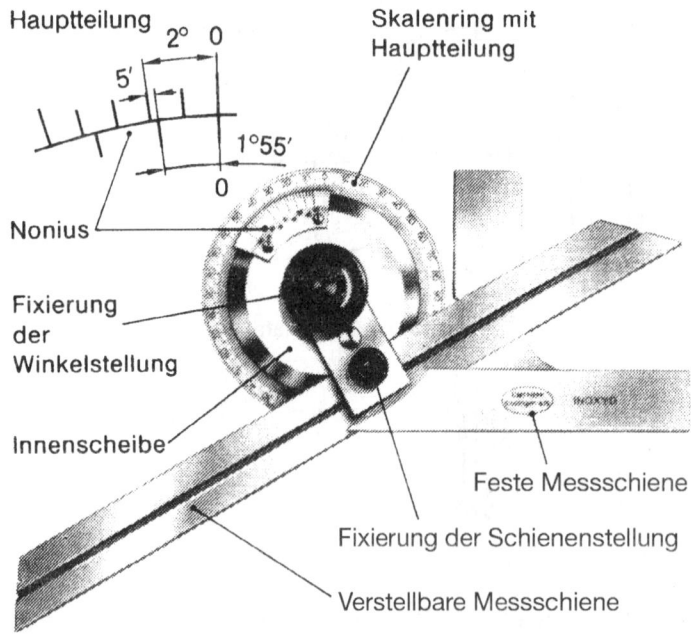

Bild MEC 212.2:
Universalwinkelmesser
mit 1/12°-Nonius.

Der Unterschied zwischen Teilstrichabstand auf Hauptteilung und Nonius ist:

$2° - 1,9167° = 0,8333°; \qquad 0,8333 \cdot 60'/1° = 5'$.

Der Teilstrichabstand des Nonius ist um 5′ kleiner als 2° auf der Hauptteilung.

Wenn sich der erste Noniusstrich mit einem Strich der Hauptteilung deckt, dann ist der Winkel um 5′ größer als die am Nullstrich des Nonius abgelesene volle Gradzahl. Die Hauptteilung ist viermal von 0° bis 90° beziffert. Dadurch lässt sich jeder beliebige Winkel einstellen und ablesen. Dabei ist Folgendes zu beachten:

Beim Aufsuchen des sich deckenden Noniusstrichs geht man vom Nullstrich des Nonius aus in der gleichen Richtung weiter, in der die Winkelgrade auf der Hauptteilung zunehmen. Der abgelesene Wert gilt möglicherweise nicht für den zu prüfenden Winkel, sondern für dessen Ergänzungswinkel. Zwei Messbeispiele zum Universalwinkelmesser zeigt Bild MEC 213.1.

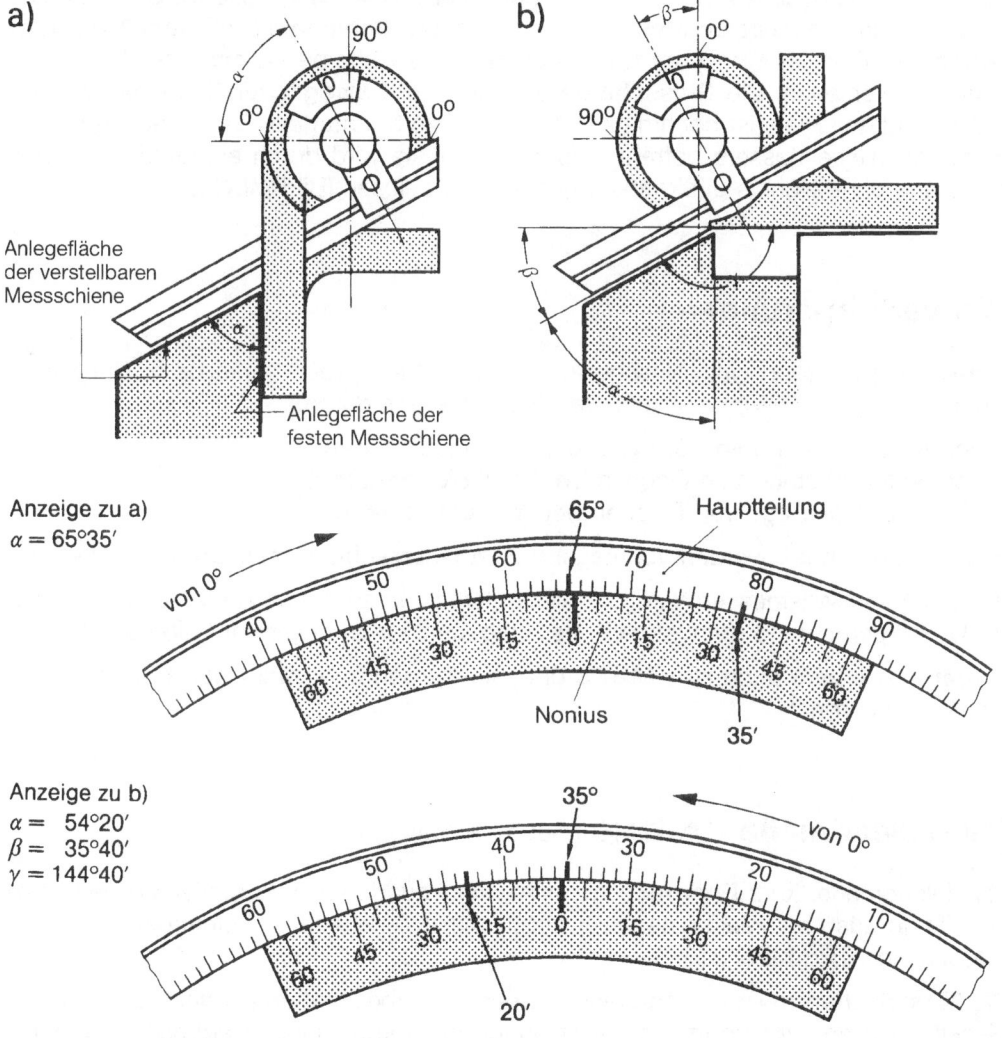

Bild MEC 213.1: Zwei Messbeispiele zum Universalwinkelmesser.

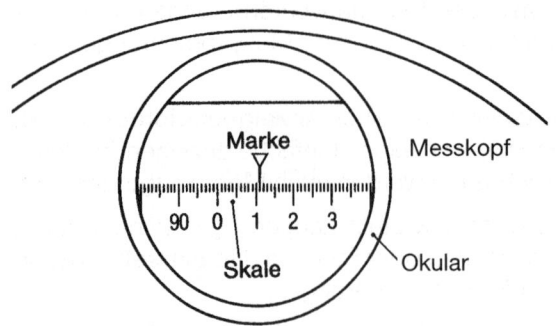

Bild MEC 214.1:
Anzeige am optischen
Winkelmesser.

Optischer Winkelmesser

Der optische Winkelmesser hat wie der Universalwinkelmesser (Bild MEC 212.2) eine feste und eine verstellbare Messschiene. Die **feste Schiene** ist mit dem **Messkopf** verbunden. Eine im Messkopf untergebrachte Glasscheibe ist mit einer Skale von 4 mal 90° versehen. Die **Glasscheibe** wird von der **beweglichen Schiene** gedreht. Jeder Grad der Skale ist nochmals in 12 Teile zu je 5′ unterteilt. Der **Skalenwert** des optischen Winkelmessers beträgt also 5′. Die Skale wird durch ein **Okular** mit Vergrößerung ohne Nonius direkt an einer Marke abgelesen (Bild MEC 214.1).

Maßverkörperungen

Maßverkörperungen sind Messgeräte, die eine Messgröße verkörpern. Die Messgröße – Länge oder Winkel – kann verkörpert werden durch:

– den festen Abstand von Strichen bei **Strichmaßstäben,**
– den festen Abstand von Flächen bei **Parallelendmaßen,**
– die feste Winkellage von Flächen bei **Winkelendmaßen.**

Maßverkörperungen werden vorwiegend zum **Unterschiedsmessen** verwendet.

Beim Unterschiedsmessen wird der Maßunterschied zwischen dem Nennmaß einer Maßverkörperung und dem Istmaß des Prüfgegenstands bestimmt (Bild MEC 209.2).

Lehren verkörpern auch eine Messgröße, sie werden aber **nicht** den Maßverkörperungen zugeordnet.

Parallelendmaße (DIN EN ISO 3650, 02.99)

Parallelendmaße, kurz **Endmaße** genannt, sind quaderförmige Maßverkörperungen der Länge aus verschleißfestem Werkstoff mit zwei ebenen, zueinander parallelen Messflächen (Bild MEC 215.1).

Die **Messflächen** müssen von solcher Oberflächenbeschaffenheit sein, dass sie an Messflächen anderer Endmaße zur Bildung von Kombinationen angeschoben werden können.

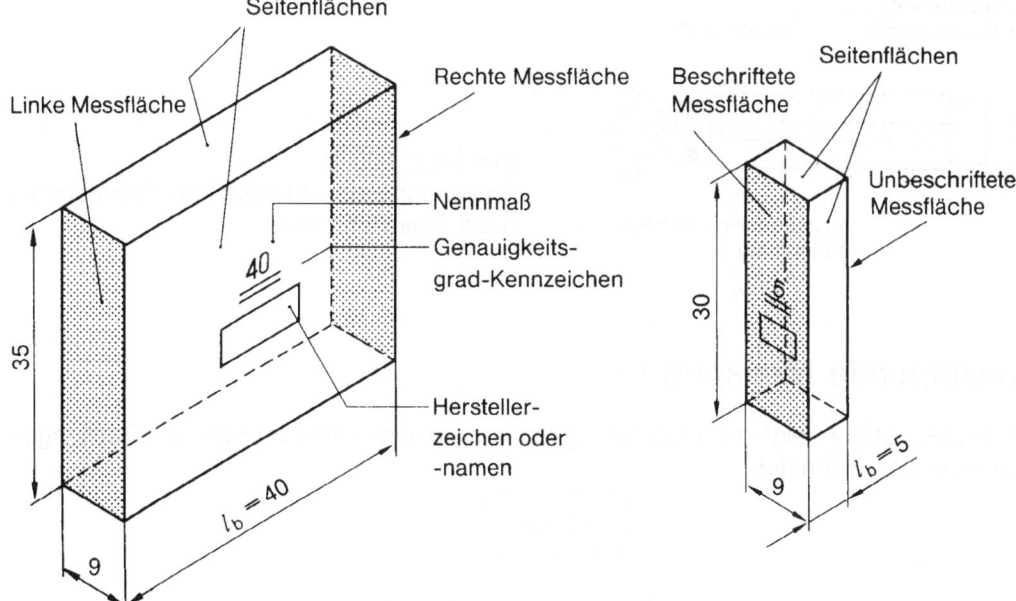

Bild MEC 215.1: Parallelendmaße, Nennmaße 40 und 5 mm, Genauigkeitsgrad 2.

Die **Anschiebbarkeit** ist die Eigenschaft der Messflächen von Endmaßen, an anderen Messflächen oder an Flächen gleicher Oberflächenbeschaffenheit infolge **molekularer Kräfte** vollständig zu haften.

Parallelendmaße werden als **Endmaßsätze** in bestimmter Stufung aus Stahl und aus Hartmetall geliefert. Voll-Hartmetall-Endmaße sind verschleißfester und korrosionsbeständiger als Stahl-Endmaße; ihr Ausdehnungskoeffizient ist etwa halb so groß.

Die **Messflächen** von Stahlendmaßen sollen eine Vickershärte von mindestens 800 HV haben.

Endmaße müssen mit dem Nennmaß und dem Namen oder Zeichen des Herstellers gekennzeichnet sein. Endmaße unter 6 mm Nennmaß dürfen auf einer Messfläche gekennzeichnet werden (Bild MEC 215.1). Parallelendmaße über 100 mm Nennmaß sind mit zwei **Verbinderbohrungen** ∅ 10 versehen.

Endmaße werden in **Stufungen** von 0,001; 0,01; 0,5 und 10 mm zu **Endmaßsätzen** zusammengestellt geliefert (Tabelle MEC 216.1). Es ist daher möglich, jedes beliebige Längenmaß innerhalb eines bestimmten Maßbereichs auf 1/1000 mm durch eine Endmaßkombination darzustellen, z.B. zum Einstellen von Messschrauben und Messuhren.

Messflächengüte und Messabweichung vom Nennmaß werden durch vier **Genauigkeitsgrade** gekennzeichnet: 00; 0; 1 und 2.

Vergleichsmaße zum **Kalibrieren** anderer Endmaße werden mit **Kalibriergrad** ausgeführt. Unter Kalibrieren versteht man allgemein das **Ermitteln der vorhandenen Abweichungen** eines Messgeräts (hier des betreffenden Endmaßes) vom Sollwert.

Durch **Endmaßzubehör** wird eine einfache und vielseitige Anwendung der Endmaße ermöglicht. Wichtige Zubehörteile sind **Endmaßhalter** und **Messschenkel**.

Tabelle MEC 216.1:
Endmaßsatz (46 Teile) als Beispiel

Reihe	Endmaße mm	Stufung der Reihe mm
1	1,001 ... 1,009	0,001
2	1,01 ... 1,09	0,01
3	1,1 ... 1,9	0,1
4	1 ... 9	1
5	10 ... 90	10
	100	

Beispiel:
Kombination für das Maß 57,321

Lösung:

1. Endmaß: 1,001 mm
2. Endmaß: 1,02 mm
3. Endmaß: 1,3 mm
4. Endmaß: 4 mm
5. Endmaß: 50 mm
   _____
   57,321 mm

Lehren

Lehren der industriellen Längenprüftechnik (DIN 2239) sind Lehren für Bohrungen und Wellen, Gewindelehren und Kegellehren. Lehren, die bei der Fertigung zur Prüfung der Werkstücke eingesetzt werden, sind **Arbeitslehren**. Zur Prüfung der Arbeitslehren, z. B. auf Abnutzung, dienen **Prüflehren**.

Lehren sind Prüfmittel, die das Maß und die Form bzw. das Maß oder die Form des Prüfgegenstands **verkörpern**. Beim Prüfen mit Lehren wird festgestellt, ob die Abmessungen innerhalb des **Toleranzfelds** (siehe Seite MEC 227) liegen. Dazu wird eine **Gutlehre** und eine **Ausschusslehre** benötigt. Die **Gutlehre** prüft das Gutmaß und die geometrische Form, die **Ausschusslehre** nur das Ausschussmaß (Bild MEC 216.1). Werden Gutlehre und Ausschusslehre zu einer einzigen Lehre vereinigt, dann bezeichnen wir diese Kombination als **Grenzlehre**.

a)
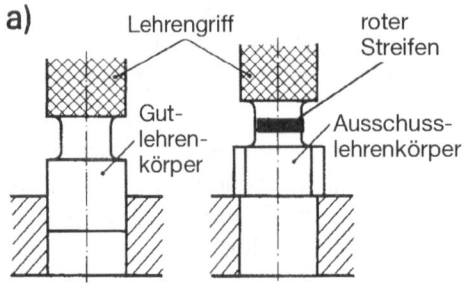

b)
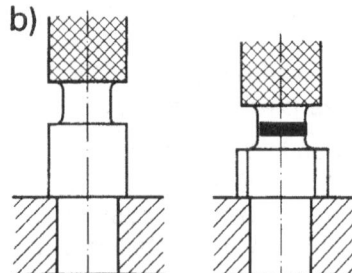

c)
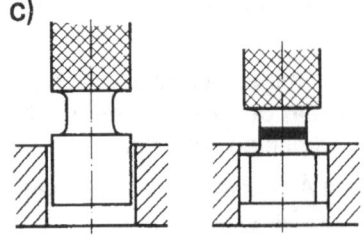

Bild MEC 216.1:
Bohrungsprüfung mit Grenzlehrdorn:
a) Bohrung ist gut,
b) Bohrungs ist nachzuarbeiten,
c) Bohrung ist Ausschuss.

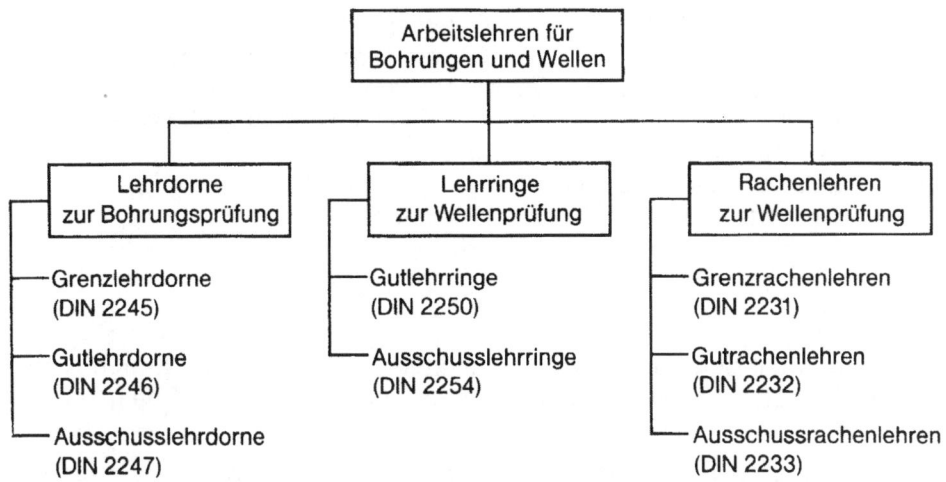

Bild MEC 217.1: Gliederung der Arbeitslehren.

Bild MEC 217.1 zeigt eine Gliederung der Arbeitslehren für Bohrungen und Wellen. **Arbeitslehren für Bohrungen** heißen **Lehrdorne**. Nach der Form unterscheidet man Gutlehrdorne, Ausschusslehrdorne und **Grenzlehrdorne**, letztere bestehen aus Gutlehrenkörper, Lehrengriff und Ausschusslehrenkörper (Bild MEC 200.1 und 216.1). **Arbeitslehren für Wellen** sind Lehrringe (Gut- oder Ausschusslehrringe) und Rachenlehren (Gut- oder Ausschuss-Rachenlehren bzw. Grenzrachenlehren).

Rachenlehren

Lehrringe werden wegen ihrer unbequemen Handhabung in der Fertigungsprüfung seltener eingesetzt. Vorwiegend verwendet man für die Prüfung von Wellen, Achsen, Bolzen und anderen zylindrischen Teilen **Rachenlehren**. Bild MEC 217.2 zeigt Ihnen die Prüfung einer Welle mit einer **zweimäuligen Grenzrachenlehre:** Die Gutseite der Grenzrachenlehre muss sich leicht über das Werkstück schieben lassen; die Ausschussseite darf nicht darüber gehen, sondern höchstens anschnäbeln.

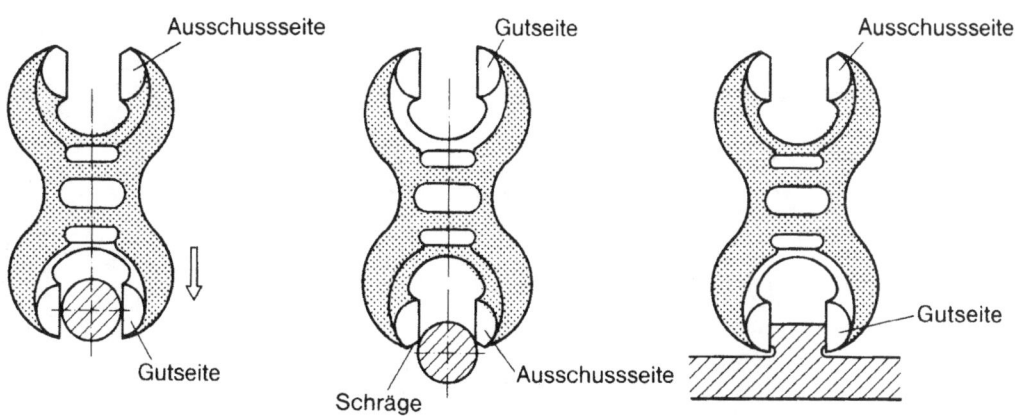

Bild MEC 217.2: Prüfung von Außenmaßen mit der Grenzrachenlehre.

Neben den zweimäuligen Grenzrachenlehren werden oft **einmäulige Grenzrachen-lehren** eingesetzt. Für Messbereiche über 100 mm wird nur die einmäulige Ausführung verwendet. Bei der einmäuligen Grenzrachenlehre ist die linke Messbacke in eine Gutseite und eine Ausschussseite unterteilt. Gutseite und Ausschussseite liegen in **einem** Rachen hintereinander. Die Gutseite ist länger als die Ausschussseite. Die Rille dazwischen ist rot gefärbt. Die einmäulige Grenzrachenlehre hat gegenüber der zweimäuligen den Vorteil, dass die Prüfzeiten niedriger sind.

Lehrdorne

Lehrdorne werden auf dem **Lehrengriff** beschriftet. Bei Lehren über 25 mm Nenndurchmesser kann statt der Beschriftung auf dem Lehrengriff eine auf dem Lehrenkörper erfolgen.

Bei Beschriftung der Lehre auf dem Griff werden die Abmaße (oberes bzw. unteres Abmaß) nahe dem zugeordneten Lehrenkörper beschriftet. Das Nennmaß mit dem Toleranzfeld wird in der Mitte des Beschriftungsfelds angebracht.

Der **Ausschusslehrenkörper** wird mit einem roten Ring gekennzeichnet.

Oberflächenprüftechnik

Oberflächenvergleichsmuster

Rt μm ~	9	15	25	40	60	125	200
Rp μm	5	10	15	25	35	80	125
Ra μm	2,5	4	6	10	15	35	50
Rz μm	8	12	23	37	53	110	160
cut-off mm			2,5			8	

Bild MEC 219.1: Oberflächenvergleichsmuster für das Längsdrehen.

Oberflächenvergleichsmuster

Oberflächenvergleichsmuster sind kleine Rechteckplatten (25 x 10 x 5), die zu einem **Mustersatz** zusammengefasst sind. Die Vergleichsmuster sind meist **galvanoplastische Kopien** von Einzelstücken.

Jedes Vergleichsmuster verkörpert eine bestimmte Oberflächenform, die durch die betreffenden Oberflächenmessgrößen gekennzeichnet ist (Bild MEC 219.1).

Die Prüfung wird durch Tast- und Sichtvergleich der erzeugten Oberfläche mit dem Vergleichsmuster (Normal) vorgenommen. Beim **Sichtvergleich** soll das Licht quer zum Rillenverlauf der Oberflächen von Werkstück und Vergleichsmuster einfallen. Beim **Tastvergleich**, z. B. mit dem Fingernagel, sollte man zusätzlich zum Vergleichsmuster, das der vorgeschriebenen Rauheit entspricht, noch das nächst gröbere und nächst feinere Vergleichsmuster heranziehen. Bei genügender Erfahrung lassen sich noch Unterschiede in der gemittelten Rautiefe von ca. 1 bis 2 μm feststellen.

Oberflächenprüfung mit Messgeräten

Die meisten Oberflächenmessgeräte sind **elektrische Tastschnittgeräte** nach DIN 4774 und DIN EN ISO 3274; sie arbeiten im Prinzip folgendermaßen:

Eine Tastspitze, die an einem Messtaster befestigt ist, wird mit geringem Messdruck über die zu prüfende Oberfläche geführt. Die senkrechten Bewegungen der Spitze, die

Bild MEC 219.2:
Tastsystem eines Tastschnittgeräts.

beim Überfahren der Oberfläche auftreten, werden in elektrische Spannungswerte umgewandelt, verstärkt und auf einer Skale in der Einheit der **Rauheitskenngröße**, z. B. in μm, angezeigt und gegebenenfalls aufgezeichnet. Die **Messwertumformung** erfolgt kapazitiv, induktiv oder piezoelektrisch.

Das Tastschnittgerät besteht aus Tastsystem, Vorschubgerät, Auswertegerät mit Anzeige und Profilschreiber. Ein elektrischer Antrieb im Vorschubgerät führt das **Tastsystem** mit konstanter Vorschubgeschwindigkeit über die Werkstückoberfläche. Das Tastsystem besteht aus der **Tastspitze**, einem **Messumformer** und einer oder zwei **Gleitkufen** (Bild MEC 219.2). Vorschubgeschwindigkeit und Rücklaufgeschwindigkeit sowie Tastauflagekraft und Taststrecke sind einstellbar.

Rauheitskenngrößen (nach DIN 4768/5.90)

Die Rauheitskenngrößen werden aus dem Rauheitsprofil (Bild MEC 220.1) ermittelt.

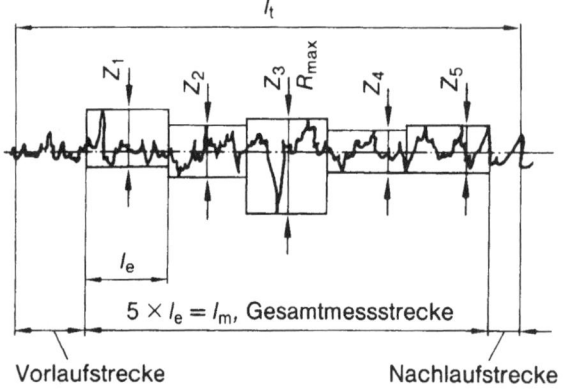

Bild MEC 220.1:
Rauheitsprofil einer Messstrecke.

Arithmetischer Mittenrauwert R_a

Der arithmetische Mittenrauwert ist der arithmetische Mittelwert der absoluten Werte der Profilabweichungen innerhalb einer Bezugsstrecke.

Der arithmetische Mittenrauwert ist gleichbedeutend mit der **Höhe eines Rechtecks**, dessen Länge gleich der Bezugsstrecke ist. Auch ist es flächengleich mit der Summe der zwischen Rauheitsprofil und mittlerer Linie eingeschlossenen Fläche (Bild MEC 220.2).

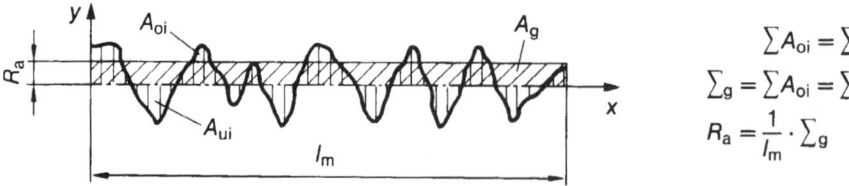

$$\sum A_{oi} = \sum A_{ui}$$
$$\sum_g = \sum A_{oi} = \sum A_{ui}$$
$$R_a = \frac{1}{l_m} \cdot \sum_g$$

Bild MEC 220.2:
Darstellung des Mittenrauwerts durch die Höhe eines flächengleichen Rechtecks.

MEC 220

Üblicherweise wird der R_a-Wert innerhalb einer Gesamtmessstrecke l_m ermittelt, die aus 5 aneinander gereihten Einzelmessstrecken l_e besteht (Bild MEC 220.1).

Einzelrautiefe Z_i

Die Einzelrautiefe ist der Abstand zweier Parallelen zur mittleren Linie, die innerhalb der Einzelmessstrecke das Rauheitsprofil am höchsten bzw. am tiefsten Punkt berühren. Sie entspricht Z_1 bis Z_5 innerhalb $l_m = 5 \times l_e$ (Bild MEC 220.1).

Gemittelte Rautiefe R_Z

Die gemittelte Rautiefe ist das arithmetische Mittel aus den Einzelrautiefen fünf aneinander grenzender Einzelmessstrecken (Bild MEC 220.1).

$$R_Z = \frac{Z_1 + Z_2 + Z_3 + Z_4 + Z_5}{5}$$

Maximale Rautiefe R_{max}

Die maximale Rautiefe ist die größte der auf der Gesamtmessstrecke l_m vorkommenden Einzelrautiefen Z_i (Bild MEC 220.1).

In technischen Zeichnungen wird bei der Oberflächenkennzeichnung oft anstelle der Rauheitskenngröße R_a in µm die entsprechende **Rauheitsklasse** N angegeben. Tabelle MEC 221.1 gibt die Zuordnung an.

Tabelle MEC 221.1: Rauheitsklassen

R_a	0,025	0,05	0,1	0,2	0,4	0,8	1,6	3,2	6,3	12,5	25	50
N	1	2	3	4	5	6	7	8	9	10	11	12

Elektronische Längenprüfung

Prinzip: Ein Messtaster erfasst den Längen-Messwert und wandelt ihn in ein elektrisches Signal um. Das Messsignal wird entweder in einem **Analoggerät** verstärkt, gleichgerichtet, angezeigt und analog weiter verarbeitet oder in einem **Digitalgerät** digitalisiert, angezeigt und zur digitalen Weiterverarbeitung ausgegeben.

Zur Messwerterfassung werden vorwiegend verwendet:
Induktive Messtaster für kurze Messwege (≤ 10 mm),
Inkrementale Messtaster für lange Messwege (> 10 mm).

Induktive Messtaster arbeiten nach dem Prinzip des **Differenzialtransformators** in Bild MEC 222.1: Die **Primärspule** P wird durch die konstante Wechselspannung U_P erregt. In den **Sekundärspulen** S_1 und S_2 werden gegeneinander geschaltete Spannungen U_{S1} und U_{S2} transformatorisch erzeugt. Bei Verschiebung des Tauchankers aus der Mittellage ändern sich die induzierten Spannungen U_{S1} und U_{S2} gegensinnig, und es entsteht die **Messspannung** $\Delta U = U_{S1} - U_{S2}$ proportional zum Weg s des Messtasters.

Oszillator
~
=
=
~
U_p
P
S_1
U_{s1}
U_{s2}
S_2
ΔU
Ferromagnetischer Tauchanker
$\pm s$

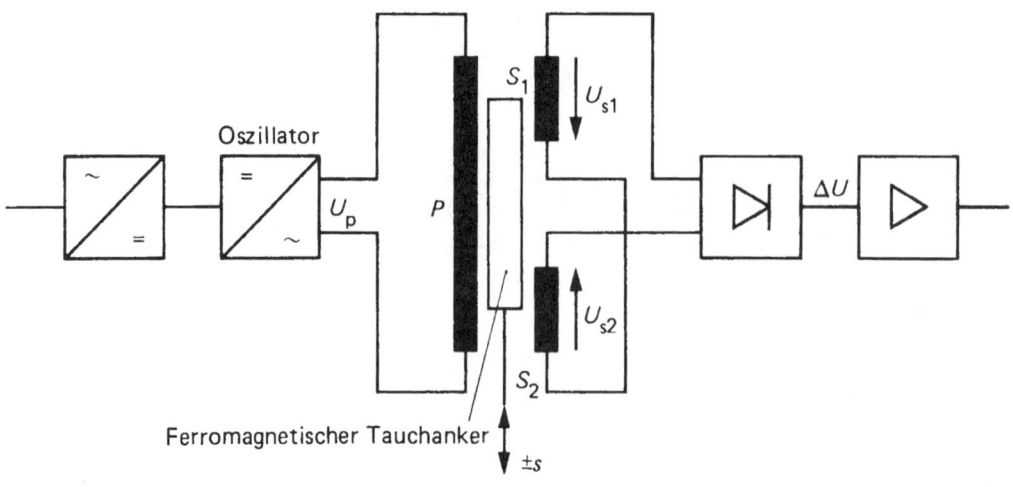

Bild MEC 222.1: Differenzialtransformator als Messumformer für die Längenmessung.

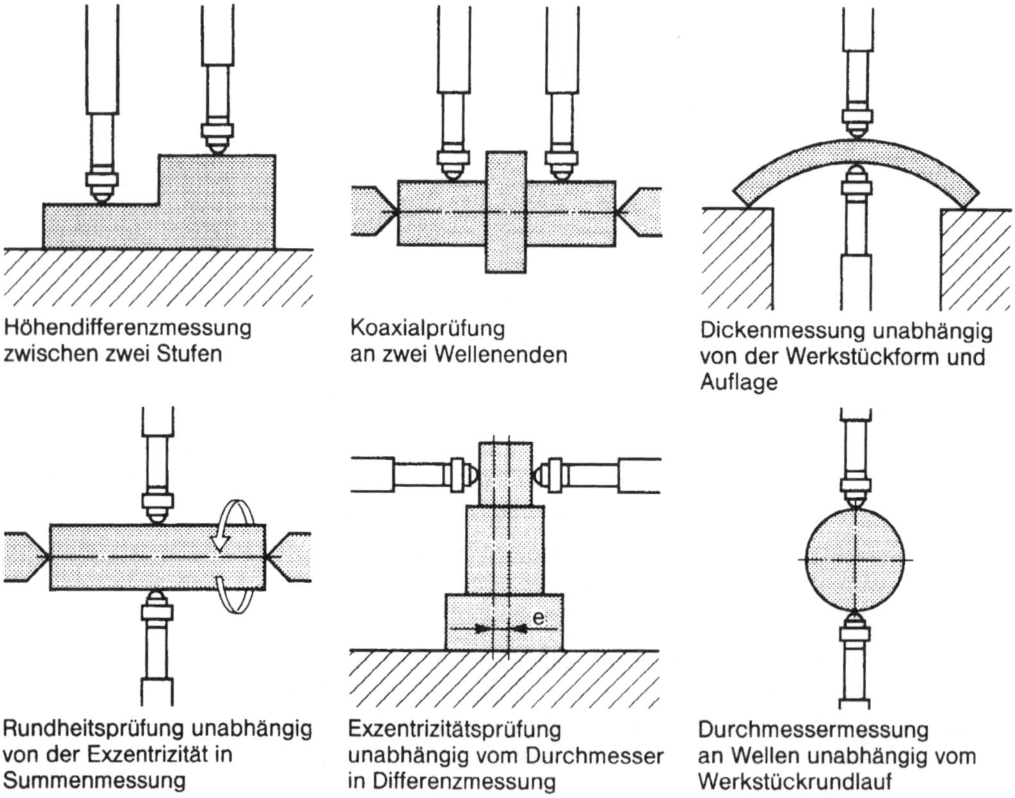

Höhendifferenzmessung zwischen zwei Stufen
Koaxialprüfung an zwei Wellenenden
Dickenmessung unabhängig von der Werkstückform und Auflage
Rundheitsprüfung unabhängig von der Exzentrizität in Summenmessung
e
Exzentrizitätsprüfung unabhängig vom Durchmesser in Differenzmessung
Durchmessermessung an Wellen unabhängig vom Werkstückrundlauf

Bild MEC 222.2: Messbeispiele für die Anwendung induktiver Messtaster.

Auf diese Weise wird der Messwert rückwirkungsfrei erfasst und die Messkraft kann den Erfordernissen angepasst werden (z. B. 0,25 bis 2 N). Das induktive Messprinzip besitzt von allen vergleichbaren Wegmesssystemen die höchste Empfindlichkeit und Auflösung.

Die induktive Wegmessung wird auch bei **Hebeltastern**, Koordinaten-Messtastern und induktiven **Kontaktmessdornen** angewendet. Kontaktmessdorne haben zwei gegenüberliegende Tastspitzen, mit denen Durchmesser, Rundheit und Zylindrizität von Bohrungen geprüft werden. Bild MEC 222.2 zeigt einige Messbeispiele für die Anwendung induktiver Messtaster. Bei der Einzelmessung ist seine Anwendung sinngemäß gleich wie bei Messuhren, Feinzeigern und Fühlhebelmessgeräten.

Beim **inkrementalen Messtaster** ist der den Messwert erfassende Messbolzen direkt mit einem **Glasmaßstab** verbunden, der ein **Strichgitter** trägt. Der Strichabstand beträgt z. B. 10 μm. Bei Bewegung des Messbolzens werden über ein zugeordnetes **Abtastgitter,** in Verbindung mit einer Lichtquelle, Helligkeitsunterschiede photoelektrisch erfasst. Die Signale werden im Messgerät zu geeigneten Impulsfolgen geformt, über elektronische Zähler ausgewertet und als Messwert angezeigt. Die Messunsicherheit liegt je nach Messlänge bei ±0,5 μm ... ±1 μm. Bild MEC 223.1 zeigt einige Messbeispiele.

Zum Aufbau der Messanordnungen gibt es eine Vielzahl von Baukastenteilen, z. B. Messtische, Auslegerarme, Messtasterhalter, Anschläge und Grundplatten.

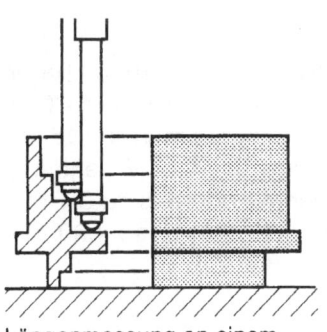

Längenmessung an einem Objektivträger

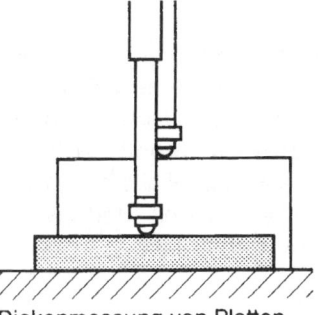

Dickenmessung von Platten

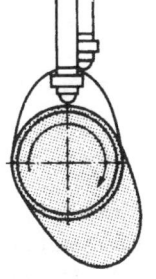

Längenmessung an Nockenwellen

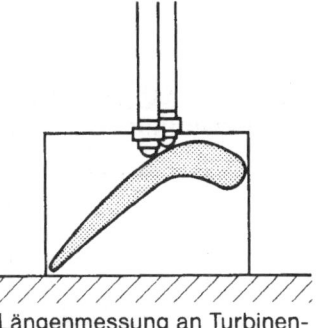

Längenmessung an Turbinenschaufeln

Bild MEC 223.1: Messbeispiele für die Anwendung inkrementaler Messtaster.

Toleranzen und Passungen

Es ist nicht möglich, ein Werkstück absolut genau herzustellen. Es kann entsprechend dem technischen Aufwand bei der Herstellung nur mit größeren oder kleineren Abweichungen vom Nennmaß gefertigt werden. Die zulässigen tolerierbaren Abweichungen werden durch Maßtoleranzen, z. B. H7 oder ± 0,2 sowie durch **Allgemeintoleranzen** (Freimaßtoleranzen) festgelegt. Außer diesen Maßabweichungen müssen zuweilen auch noch **Form-** und **Lageabweichungen** berücksichtigt werden, die durch **Form-, Lage-** und **Winkeltoleranzen** zu begrenzen sind.

Grundbegriffe

Nach DIN ISO 286 Teil 1/11.90 sollen wichtige Grundbegriffe erklärt werden, die mit Toleranzen an zylindrischen und flachen Werkstücken zusammenhängen.

Nennmaß

Das Maß, das in der Zeichnung angegeben wird, ist das **Nennmaß**. Das Nennmaß, z. B. 25 mm, ist ein Maß, das zur Größenangabe dient. Auf dieses werden die Abmaße bezogen (siehe Bild MEC 224.1a).

Istmaß

Das **Istmaß** ist das durch Messung an **einem** Werkstück und an **einer** Stelle des Werkstücks ermittelte Maß, z. B. 25,05 mm. Das Istmaß ist stets mit einer **Messunsicherheit** behaftet, die vom Messgerät und der Person abhängig ist, die das Messgerät abliest.

Passmaß

Im Bild MEC 224.1b sind die **Grenzen** angegeben, innerhalb derer das Istmaß liegen muss. Die Grenzen werden durch die **Grenzabmaße** +0,15 (plus 0,15) und −0,10 (minus 0,10) festgelegt, und zwar kennzeichnet das **obere Grenzabmaß** +0,15 die **obere Grenze** und das **untere Grenzabmaß** −0,10 die **untere Grenze**. Mit anderen Worten: Das Werkstück darf als Fertigteil bis zu 0,15 mm länger oder bis zu 0,1 mm kürzer als 25 mm sein. Es darf also jedes Maß zwischen 25,15 mm und 24,90 mm aufweisen. Die **gesamte Maßangabe**

$25^{+0,15}_{-0,10}$ nennen wir **Passmaß**.

Ein Passmaß ist ein Nennmaß, das mit einem ISO-Kurzzeichen oder mit Grenzabmaßen versehen ist, z. B. 25 f7 oder 25 H8 oder $25^{+0,15}_{-0,10}$.

Grenzmaße

Zwei Längenmaße, z. B. 25,15 und 24,90, zwischen denen das Istmaß des Werkstücks liegen muss, nennen wir **Grenzmaße**.

a)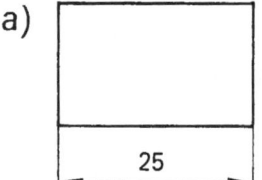

b)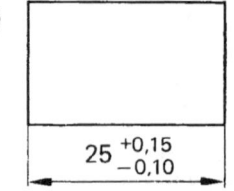

Bild MEC 224.1:
Das Längenmaß ist
angegeben durch
a) ein Nennmaß,
b) ein Passmaß.

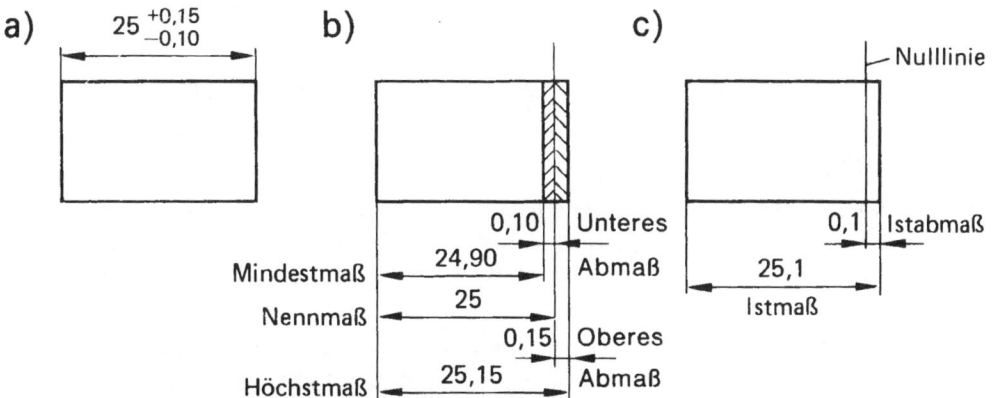

Bild MEC 225.1: a) Auf der Zeichnung steht das Passmaß. b) Aus dem Passmaß ergeben sich Höchstmaß, Mindestmaß, oberes und unteres Abmaß. c) Am fertigen Werkstück wird festgestellt, ob das Istmaß zulässig ist.

Das **Höchstmaß** ist das größere der beiden Grenzmaße; im Bild MEC 225.1b ist 25,15 das Höchstmaß. Das **Mindestmaß** ist das kleiner der beiden Grenzmaße: im Bild MEC 225.1b ist 24,90 das Mindestmaß.

Grenzabmaße

Allgemein versteht man unter **Abmaß** die Differenz zwischen einem Maß (Istmaß, Grenzmaß) und dem zugehörigen Nennmaß.
Grenzabmaße sind die Grenzwerte der zulässigen Abweichungen. Die Norm gibt dazu folgende Begriffsfestlegung:
Grenzabmaße sind oberes und unteres Abmaß.

Das **obere Abmaß** ist der Unterschied zwischen dem **Höchstmaß** und dem **Nennmaß**. In Bild MEC 225.1b ist das obere Abmaß + 0,15.

Das **untere Abmaß** ist der Unterschied zwischen dem **Mindestmaß** und dem **Nennmaß**.

Die **Nulllinie** ist eine Bezugslinie, die in der bildlichen Darstellung verwendet wird. Sie entspricht dem Nennmaß, also dem Abmaß 0 (Null). Auf die Nulllinie werden die Grenzabmaße bezogen (Bild MEC 225.1).

Sind die beiden **Abmaße gleich** und liegen sie **symmetrisch** zur Nulllinie, dann schreibt man das Passmaß vereinfacht, z. B. 25 ±0,2.

Ist eines der Abmaße Null, dann wird es im Passmaß nicht angegeben.
Unteres Abmaß Null, z. B. $25^{+0,2}$ **Oberes Abmaß Null,** z. B. $25_{-0,2}$

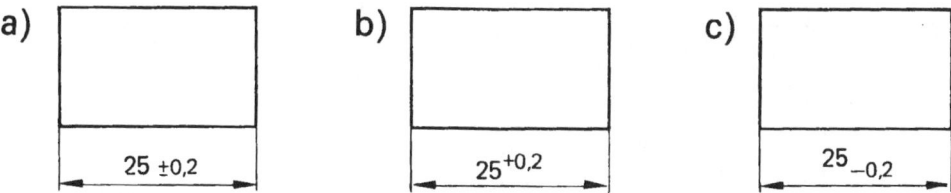

Bild MEC 225.2: a) Grenzabmaße symmetrisch zur Nulllinie, b) Unteres Abmaß Null, c) Oberes Abmaß Null.

Toleranzen

Die Norm DIN ISO 286 Teil 1/11.90 gibt zum Begriff „Toleranz" folgende Erklärung:

Die **Toleranz** ist die Differenz zwischen dem Höchstwert und dem Mindestwert einer **messbaren Eigenschaft.**

Eine **messbare Eigenschaft** kann eine Länge sein, z. B. 25 mm; es kann eine Fläche sein, z. B. 25 mm^2; es kann eine Masse sein, z. B. 25 kg; es kann eine Größe aus der Elektrotechnik sein, z. B. 25 Volt; es kann auch einfach eine Stückzahl sein, z. B. 25 Stück.

In der Längenprüftechnik hat man es mit **Längen** zu tun, die durch **Maße** angegeben werden. Den Höchstwert einer Länge nennt man **Höchstmaß**, den Mindestwert **Mindestmaß**. Die Toleranz bezeichnet man dementsprechend als **Maßtoleranz.**

Die Maßtoleranz ist der Unterschied zwischen dem zugelassenen Höchst- und Mindestmaß. Die Maßtoleranz – meist kurz Toleranz genannt – kann aus dem Passmaß bestimmt werden.

Die Toleranz ist auch ein **Fertigungsspielraum**, der zugelassen, geduldet, toleriert wird, weil ohne Abweichung vom Nennmaß nicht gefertigt werden kann.

Für das Passmaß $25^{+0,15}_{-0,10}$ beträgt die Maßtoleranz 0,25; sie ergibt sich aus der **Differenz** zwischen Höchst- und Mindestmaß: 25,25 – 24,90 = 0,25 (Bild MEC 226.1a).

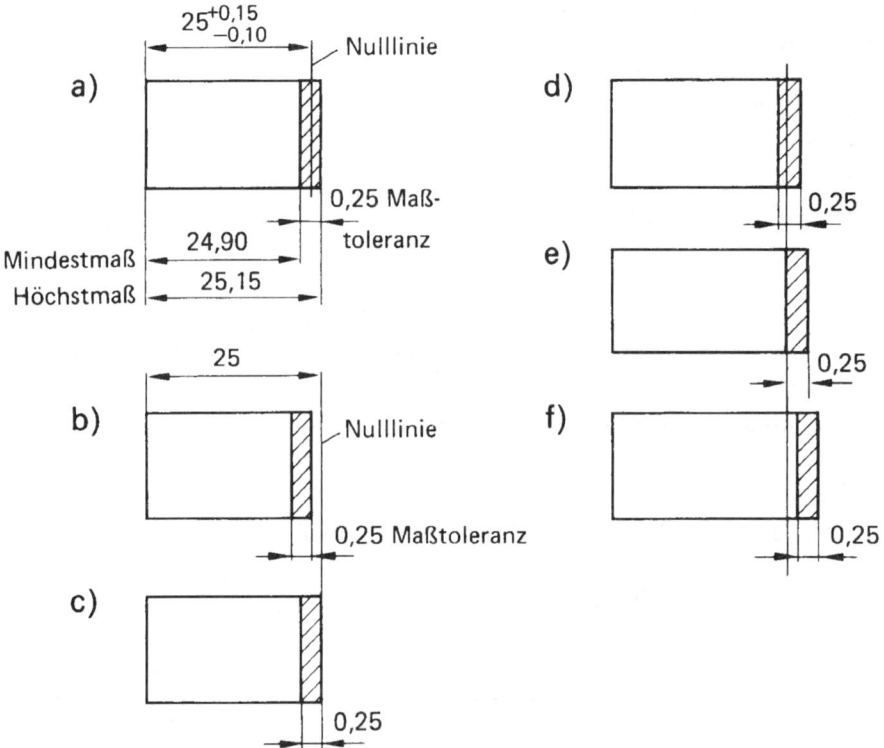

Bild MEC 226.1: a) Die Maßtoleranz ergibt sich aus der Differenz von Höchst- und Mindestmaß, b) bis f) Mögliche Lagen des Toleranzfelds (schraffiert) zur Nulllinie.

Das **Toleranzfeld** ist das Intervall zwischen Mindestmaß und Höchstmaß. Es ist in der bildlichen Darstellung das Feld, das durch die Linien für das Höchstmaß und für das Mindestmaß begrenzt wird. Es gibt die Toleranz in ihrer **Größe** und in ihrer **Lage zur Nulllinie** (zum Nennmaß) an. Das Toleranzfeld kann beliebig zur Nulllinie liegen. Im Bild MEC 226.1b bis f sind verschiedene Möglichkeiten gezeigt.

Allgemeintoleranzen

Allgemeintoleranzen nach DIN ISO 2768/6.91 entsprechen in ihren Toleranzklassen den **werkstattüblichen Genauigkeiten.** Die geeignete Toleranzklasse ist auszuwählen und in der Zeichnung anzugeben. Die Allgemeintoleranzen gelten, wenn neben dem Zeichnungsschriftfeld in einer **Eintragung** darauf hingewiesen wird.

Beispiel: ISO 2768 – m

Tabelle MEC 227.1: Grenzabmaße für Längenmaße außer für gebrochene Kanten (Allgemeintoleranzen)

Toleranzklasse		Grenzabmaße für Nennmaßbereiche in mm							
Kurzzeichen	Benennung	von 0,5 bis 3	über 3 bis 6	über 6 bis 30	über 30 bis 120	über 120 bis 400	über 400 bis 1000	über 1000 bis 2000	über 2000 bis 4000
f	fein	± 0,05	± 0,05	± 0,1	± 0,15	± 0,2	± 0,3	± 0,5	–
m	mittel	± 0,1	± 0,1	± 0,2	± 0,3	± 0,5	± 0,8	± 1,2	± 2
c	grob	± 0,2	± 0,3	± 0,5	± 0,8	± 1,2	± 2	± 3	± 4
v	sehr grob	–	± 0,5	± 1	± 1,5	± 2,5	± 4	± 6	± 8

Tabelle MEC 227.2: Grenzabmaße für Winkelmaße (Allgemeintoleranzen)

Toleranzklasse		Grenzabmaße für Längenbereiche, in mm, für den kürzeren Schenkel des betreffenden Winkels				
Kurzzeichen	Benennung	bis 10	über 10 ... 50	über 50 ... 120	über 120 ... 400	über 400
f	fein	± 1°	± 0° 30′	± 0° 20′	± 0° 10′	± 0° 5′
m	mittel					
c	grob	± 1° 30′	± 1° 50′	± 0° 30′	± 0° 15′	± 0° 10′
v	sehr grob	± 3°	± 2°	± 1°	± 0° 30′	± 0° 20′

Angabe von Toleranzen in Zeichnungen für Außen- und Innenmaße

Das **obere Grenzabmaß** steht ohne Rücksicht auf das Vorzeichen **höher**, das **untere Grenzabmaß tiefer** als die Maßzahl. Die Lage des Toleranzfelds wird so gewählt, dass bei der Bearbeitung zunächst das **Nennmaß erreicht** und erst bei fortschreitender Bearbeitung (Spanabnahme) die Toleranz beansprucht wird.

In Fertigungszeichnungen werden normalerweise Lage und Größe des Toleranzfelds durch das Nennmaß selbst und nur **ein** positives oder negatives Grenzabmaß angegeben. Bei **Außenmaßen** ist das Grenzabmaß **negativ** und bei **Innenmaßen** ist es **positiv**. DIN 406 (Maßeintragung in Zeichnungen) drückt das etwa so aus:

Die Toleranzfeldlage wird allgemein entsprechend der **Richtung der Werkstoffabnahme** gewählt. Bei **Innenmaßen** wird das Nennmaß zum **Mindestmaß** und bei **Außenmaßen** wird es zum **Höchstmaß** gemacht.

a)

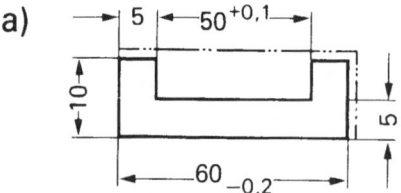

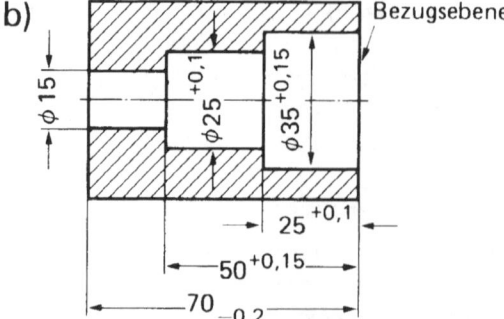

Bild MEC 228.1:
Beispiele für Toleranzangaben.
a) Leiste, b) Drehteil mit gestufter
Innenbohrung.

Nach diesem Grundsatz wird im Beispiel in Bild MEC 228.1a beim Innenmaß $50^{+0,1}$ das Nennmaß 50 zum Mindestmaß gemacht. Beim Außenmaß $60_{-0,2}$ wird das Nennmaß 60 zum Höchstmaß.

Bild MEC 228.1b zeigt ein Drehteil mit einer gestuften inneren Ausdrehung. Die Bohrungsmaße und die Absatzmaße sind auch hier fertigungsgerecht toleriert. Die Bohrungsdurchmesser haben positive Grenzabmaße, ebenso die Absatzmaße der Ausdrehung.

Für Lochabstände und Kreisteilungen

Die Toleranz für die Mittenentfernung mehrerer Löcher sowie für den Abstand der Lochmitte von einer Bezugsebene liegt gleichmäßig um das Nennmaß verteilt. Wie Bild MEC 228.2 zeigt, werden die Grenzabmaße mit ± versehen und **mittig** neben die Maßzahl gestellt.

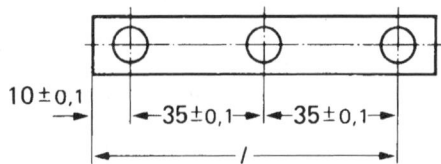

Bild MEC 228.2:
Leiste mit Toleranzangaben
für Mittenabstände.

Summentoleranzen lassen sich bei der Tolerierung von Lochabständen vermeiden, wenn die Abstände von der ersten Lochmitte aus bemaßt werden (Bild MEC 228.3a).

Bei **Lochteilungen** mit einer größeren Anzahl von Löchern dürfen längere Maßketten vereinfacht eingetragen werden. Bild MEC 228.3b zeigt ein Beispiel für eine solche Bemaßung.

a)

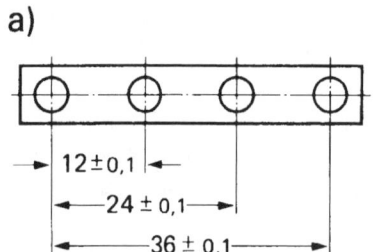

b)

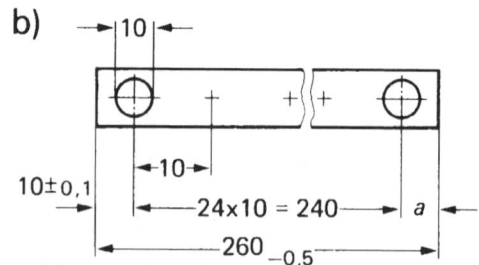

Bild MEC 228.3: a) Durch diese Bemaßung werden Summentoleranzen vermieden.
b) Vereinfachte Bemaßung und Toleranzangabe bei Längsteilungen.

MEC 228

Passungen

Grundbegriffe

Passung ist die Beziehung zwischen Passflächen der zu paarenden oder gepaarter Passteile. Passung ist das Maß der Innenpassfläche(n) minus Maß der Außenpassfläche(n) vor der Paarung.

Die **Passteile** sind die Teile mit einer oder mehreren Passflächen, die für eine Passung bestimmt sind.

Passfläche ist jede der mit einem Passmaß versehenen Flächen, mit denen sich Passteile bei der Paarung berühren können. **Innenpassfläche** ist Passfläche an inneren Formelementen (z. B. Bohrung), **Außenpassfläche** an äußeren Formelementen (z. B. Welle).

Das **Passtoleranzfeld** gibt sowohl die Größe der Passtoleranz als auch ihre Lage zur Nulllinie an.

Die **Toleranzfeldlage** ergibt sich aus dem Abstand des Toleranzfelds von der Nulllinie. Der **Abstand des Toleranzfelds** gegenüber der **Nulllinie** wird bei den ISO-Toleranzen durch **Buchstaben** gekennzeichnet. Bild MEC 229.1a zeigt die Bezeichnung der

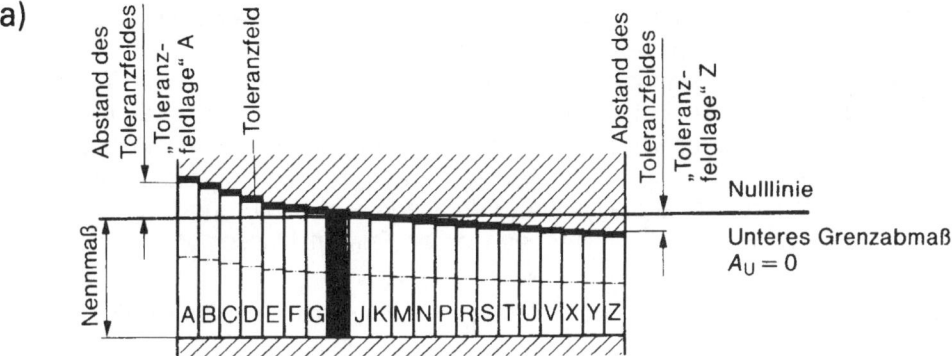

Bezeichnung der Toleranzfeldlage bei Bohrungen durch große Buchstaben.

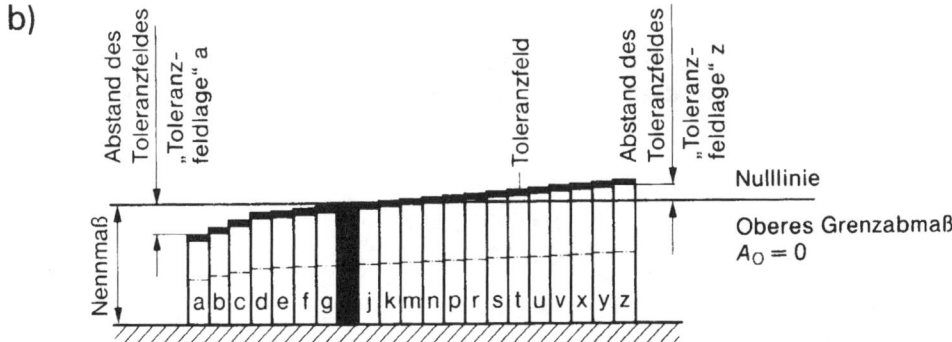

Bezeichnung der Toleranzfeldlage bei Wellen durch kleine Buchstaben.

Bild MEC 229.1: Bezeichnung der Toleranzfeldlage zur Nulllinie im ISO-System: a) durch Großbuchstaben bei Bohrungen, b) durch Kleinbuchstaben bei Wellen.

Toleranzfeldlagen für Bohrungen durch Großbuchstaben und Bildteil b) die für Wellen durch Kleinbuchstaben. In einigen, hier nicht wiedergegebenen Fällen, verwendet man auch zwei Buchstaben zur Kennzeichnung, z. B. EF und JS.

Im ISO-Passsystem wird der Abstand des Toleranzfeldes von der Nulllinie bei **Bohrungen** durch **große** und bei **Wellen** durch **kleine** Buchstaben gekennzeichnet. Toleranzfelder mit Buchstaben vom Anfang oder vom Ende des Alphabets haben besonders große Abstände von der Nulllinie. Bei **gleichem Nennmaßbereich** haben Toleranzfelder mit **gleichem** Buchstaben auch den **gleichen Abstand** von der Nulllinie.

Besondere Beachtung verdienen die **Toleranzfeldlagen H für Bohrungen und h für Wellen**. Der Abstand des Toleranzfelds von der Nulllinie ist hier null. Alle Toleranzfeldlagen, deren Bezeichnungsbuchstabe im Alphabet vor H oder h liegt, ergeben Bohrungen, die größer sind als das Nennmaß, oder Wellen, die kleiner sind als das Nennmaß.

Bei allen **Bohrungen der Toleranzlage H** ist das untere Grenzabmaß null und das Mindestmaß der Bohrung gleich dem Nennmaß.

Bei allen **Wellen der Toleranzlage h** ist das obere Grenzabmaß null und das Höchstmaß der Welle gleich dem Nennmaß.

Die **Toleranzgröße**, dargestellt durch die **Breite des Toleranzfelds**, ergibt sich aus der vorgesehenen Toleranzreihe und dem betreffenden Nennmaßbereich. Es gibt im ISO-System 20 **Toleranzreihen**, die man **Toleranzklassen** nennt. Diese 20 **Toleranzklassen** werden mit Zahlen gekennzeichnet. Verwendet werden die Zahlen 01, 0, 1, 2, 3 usw. bis 18. Die Toleranzklasse 01 hat die kleinsten Toleranzen, sie wird z. B. beim Bau hochwertiger Lehren und bei der Anfertigung von Präzisionsteilen angewendet. Die Toleranzklasse 18 hat die größten Toleranzen, sie ist z. B. für die grobe spanlose Formung bestimmt. Im Maschinenbau werden Toleranzklassen von 6 bis 11 verwendet.

Die Toleranzklasse legt die Größe der Toleranzen in den einzelnen Nennmaßbereichen fest.

Bei **gleichem Nennmaßbereich** ist die Toleranz umso größer, je größer die Toleranzklassenzahl ist. **Bei gleicher Klassenzahl** ist die Toleranz umso größer, je höher der Nennmaßbereich liegt. Die Toleranzgröße wird durch Klassenzahl und Nennmaßbereich eindeutig bestimmt.

ISO-Toleranzen werden durch **Kurzzeichen** angegeben. Das Kurzzeichen besteht aus einem (oder zwei) **Buchstaben** für die **Toleranzfeldlage** und einer **Zahl** für die **Toleranzklasse**.

Beispiele für Toleranzkurzzeichen

Außenteile: $\varnothing$ 25 F8; 120 H 11; $\varnothing$ 38 D 10; 250 E 9
Innenteile: $\varnothing$ 25 h6; 120 d9; $\varnothing$ 38 h 11; 250 a 11

Das tolerierte Maß eines Passteils ist festgelegt

1. durch das Nennmaß, z. B. $\varnothing$ 25 oder 120.
2. durch einen (oder zwei) Buchstaben für die Toleranzfeldlage, z. B. F, D, h, oder a
3. durch eine Zahl für die Toleranzklasse, z. B. 6,8, 10 oder 11.

Beim ISO-System besteht das **Passmaß** aus dem **Nennmaß** und dem **Toleranzkurzzeichen**.

Die **Passung** ist als Differenz der Maße von Innenpassfläche und Außenpassfläche eine **Länge.** Sie wird durch Höchstpassung P_O und Mindestpassung P_U begrenzt.

Höchstpassung P_O: Passung bei **Höchstmaß** der **Innenpassfläche** und **Mindestmaß** der **Außenpassfläche;** sie ist die größte zugelassene Passung. Die Höchstpassung kann ein Spiel (positiv) oder ein Übermaß (negativ) sein.

Mindestpassung P_U: Passung bei Mindestmaß der Innenpassfläche und Höchstmaß der Außenpassfläche: sie ist die kleinste zugelassene Passung. Die Mindestpassung kann ein Spiel (positiv) oder ein Übermaß (negativ) sein.

Spiel ist eine **positive Passung** (Höchst- und Mindestpassung), bei der das Maß der Innenpassfläche **größer** ist als das Maß der Außenpassfläche (Bild MEC 233.1).

Übermaß ist eine negative Passung (Höchst- und Mindestpassung), bei der das Maß der Innenpassfläche **kleiner** ist als das Maß der Außenpassfläche (Bild MEC 233.2).

Spiel **und** Übermaß können bei **Übergangstoleranzfeldern** vorliegen, wenn die Höchstpassung positiv und die Mindestpassung negativ ist.

Die Passung, die sich bei der Paarung zweier Passteile ergibt, wird durch **Toleranzkurzzeichen** der Toleranzfelder von **Außenpassfläche und Innenpassfläche** angegeben. Im laufenden Text, z.B. auf der Arbeitskarte, wird das Kurzzeichen der **Außenpassfläche** (Bohrung) **zuerst** genannt. Die zwei Kurzzeichen werden meist durch einen Schrägstrich getrennt.

Beispiele für die Angabe von Passungen durch Toleranzkurzzeichen

H7/h6, H8/f7, D10/h11, C11/h11, F8/h9, H7/r6, H7/h7

Passsysteme

Man hat **zwei Passsysteme** aufgestellt, das der Einheitsbohrung und das der Einheitswelle.

Das **System der Einheitsbohrung** (DIN 7154-1) ist das Passsystem, in dem man dem Innenpassmaß, hier der **Bohrung, einheitlich die Toleranzfeldlage H** gibt und die verschiedenen Passungen mit veränderlichem Wellendurchmesser erreicht.

Das **System der Einheitswelle** (DIN 7155-1) ist das Passsystem, in dem man dem Außenpassmaß, hier der **Welle, einheitlich die Toleranzfeldlage h** gibt und die verschiedenen Passungen mit veränderlichem Bohrungsdurchmesser erreicht.

Innerhalb der Systeme Einheitsbohrung und Einheitswelle hat man **Passungsfamilien** gebildet, deren Mitglieder für die in der Praxis häufig vorkommenden Passungsfälle besonders geeignet sind. Um die Auswahl noch weiter zu erleichtern, hat DIN 7157 einige Mitglieder, auf die man in erster Linie zurückgreifen soll, zur **Auswahlreihe 1** zusammengefasst. Reicht die Reihe 1 für die Passungsauswahl nicht aus, erhalten die Mitglieder der **Auswahlreihe 2** den Vorzug bei der Wahl.

Tabelle MEC 232.1: Passungsauswahl, empfohlene Passtoleranzen nach DIN 7157

Spiele und Übermaße in μm. Angegeben sind jeweils die Höchst- und Mindestpassung bei Spiel (+) und/oder Übermaß (–).

Nennmaßbereich in mm

Passung	H8/x8 [1]	H8/u8 [1]	H7/r6	H7/n6	H7/h6	H8/h9	H7/f7	F8/h6	H8/f7	F8/h9	E9/h9	D10/h9	C11/h9
von 1	− 6		0	+ 6	+16	+ 39	+ 26	+ 26	+ 30	+ 45	+ 64	+ 85	+145
bis 3	− 34		− 16	−10	0	0	+ 6	+ 6	+ 6	+ 6	+ 14	+ 20	+ 60
über 3	− 10		− 3	+ 4	+20	+ 48	+ 34	+ 36	+ 40	+ 58	+ 80	+108	+175
bis 6	− 46		− 23	−16	0	0	+ 10	+ 10	+ 10	+ 10	+ 20	+ 30	+ 70
über 6	− 12		− 4	+ 5	+24	+ 58	+ 43	+ 44	+ 50	+ 71	+ 97	+134	+206
bis 10	− 56		− 28	−19	0	0	+ 13	+ 13	+ 13	+ 13	+ 25	+ 40	+ 80
über 10	− 13		− 5	+ 6	+29	+ 70	+ 52	+ 54	+ 61	+ 86	+118	+163	+248
bis 14	− 67		− 34	−23	0	0	+ 16	+ 16	+ 16	+ 16	+ 32	+ 50	+ 95
über 14	− 18		− 5	+ 6	+29	+ 70	+ 52	+ 54	+ 61	+ 86	+118	+163	+248
bis 18	− 72		− 34	−23	0	0	+ 16	+ 16	+ 16	+ 16	+ 32	+ 50	+ 95
über 18	− 21		− 7	+ 6	+34	+ 85	+ 62	+ 66	+ 74	+105	+144	+201	+292
bis 24	− 87												
über 24		− 15	− 41	−28	0	0	+ 20	+ 20	+ 20	+ 20	+ 40	+ 86	+110
bis 30		− 81											
über 30		− 21	− 9	+ 8	+41	+101	+ 75	+ 80	+ 89	+126	+174	+242	+342
bis 40		− 99											+120
über 40		− 31	− 50	−33	0	0	+ 25	+ 25	+ 25	+ 25	+ 50	+ 80	+352
bis 50		−109											+130
über 50		− 41	− 11	+10	+49	+120	+ 90	+ 95	+106	+150	+208	+294	+404
bis 65		−133	− 60										+140
über 65		− 56	− 13	−39	0	0	+ 30	+ 30	+ 30	+ 30	+ 60	+100	+414
bis 80		−148	− 62										+150
über 80		− 70	− 16	+12	+57	+141	+106	+112	+125	+177	+246	+347	+477
bis 100		−178	− 73										+170
über 100		− 90	− 19	−45	0	0	+ 36	+ 36	+ 36	+ 36	+ 72	+120	+487
bis 120		−198	− 76										+180
über 120		−107	− 23										+550
bis 140		−233	− 88										+200
über 140		−127	− 25	+13	+65	+163	+123	+131	+146	+206	+285	+405	+560
bis 160		−253	− 90	−52	0	0	+ 43	+ 43	+ 43	+ 43	+ 85	+145	+210
über 160		−147	− 28										+580
bis 180		−273	− 93										+230
über 180		−164	− 31										+645
bis 200		−308	−106										+240
über 200		−186	− 34	+15	+75	+187	+142	+151	+168	+237	+330	+470	+665
bis 225		−330	−109	−60	0	0	+ 50	+ 50	+ 50	+ 50	+100	+170	+260
über 225		−212	− 38										+685
bis 250		−356	−113										+280
über 250		−234	− 42	+18	+84	+211	+160	+169	+189	+267	+370	+530	+750
bis 280		−396	−126	−66	0	0	+ 56	+ 56	+ 56	+ 56	+110	+190	+300
über 280		−269	− 46										+780
bis 315		−431	−130										+330
über 315		−301	− 51	+20	+93	+229	+176	+187	+208	+291	+405	+580	+860
bis 355		−479	−144	−73	0	0	+ 62	+ 62	+ 62	+ 62	+125	+210	+360
über 355		−346	− 57										+900
bis 400		−524	−150										+400

1) Bis Nennmaß 24 mm: $\dfrac{H8}{x8}$; über 24 mm Nennmaß: $\dfrac{H8}{u8}$

MEC 232

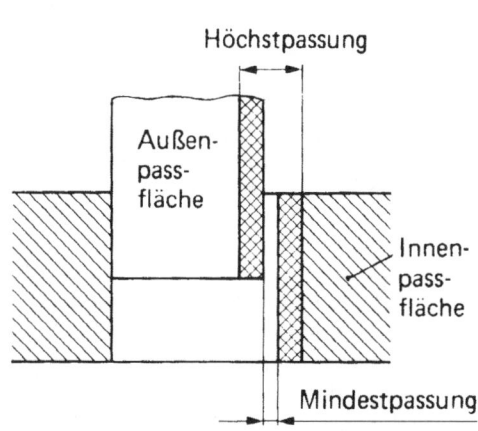

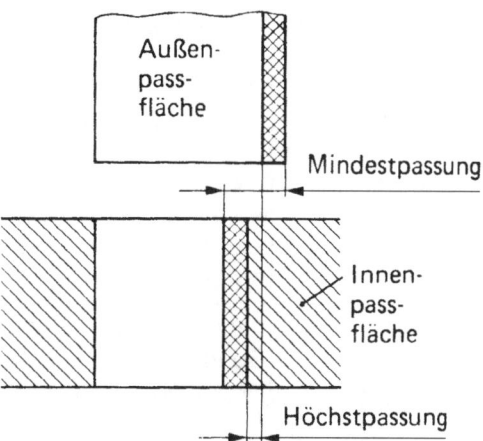

Bild MEC 233.1: Passung mit Spiel.
Das Spiel kann zwischen positiver
Höchst- und Mindestpassung liegen.

Bild MEC 233.2: Passung mit Übermaß.
Das Übermaß kann zwischen negativer
Mindest- und Höchstpassung liegen.

Tabelle MEC 232.1 gibt nur die in DIN 7157 für die Passungsauswahl empfohlenen Passungen wieder. Der Tafel können Sie die Spiele und Übermaße dieser Passungen entnehmen.

Zweck der **Passungsauswahl** nach DIN 7157 ist es, die Anzahl der Werkzeuge, Messzeuge und Spannzeuge auf ein Mindestmaß zu beschränken.

Spiele und Übermaße

Spiel oder Übermaß ergibt sich aus der Differenz zwischen den Maßen der Bohrung (Innenpassfläche) und der Welle (Außenpassfläche) vor der Paarung. **Spiel** liegt immer dann vor, wenn die **Passung positiv** ist, wenn sie also ein Plus-Vorzeichen (+) hat.

Die Größe des Spiels liegt zwischen positiver Höchstpassung und positiver Mindestpassung (Bild MEC 233.1).

Höchstpassung (+) = Größtmaß der Bohrung minus Kleinstmaß der Welle.
Mindestpassung (+) = Kleinstmaß der Bohrung minus Größtmaß der Welle.

Bild MEC 233.2 zeigt eine Passung, bei der das Maß der Bohrung kleiner ist als das der Welle. Hier hat die Welle **Übermaß**. Das Übermaß ergibt sich ebenfalls aus der Differenz zwischen den Maßen der Bohrung und der Welle vor der Paarung. Übermaß ist immer dann vorhanden, wenn die **Passung negativ** ist, wenn sie also ein Minus-Vorzeichen (–) hat.

Den Toleranzen entsprechend ergeben sich Mindestpassung und Höchstpassung nach folgender Regel:
Mindestpassung (–) = Kleinstmaß der Bohrung minus Größtmaß der Welle.
Höchstpassung (–) = Größtmaß der Bohrung minus Kleinstmaß der Welle.

Bei Übergangstoleranzfeldern ergibt sich von Fall zu Fall Spiel oder Übermaß.

Tabelle MEC 234.1 gibt abschließend **Anwendungsbeispiele** für die nach DIN 7157 **empfohlenen Passungen**.

Tabelle MEC 234.1: Anwendungsbeispiele für die empfohlene Passungsauswahl

Passung Vorzugsreihe ①	②	Anwendungsbeispiele	Bemerkungen
H7/r6	H7/s6	Lagerbuchse in Gehäuse; Kupplung auf Welle; festsitzender Zapfen; Radkranz auf Radkörper.	Zusammenbau durch Pressen; Verdrehsicherung nicht nötig.
H7/n6		Lagerbuchse in Gehäuse; Bohrbuchse in -platte; Kupplung auf Welle.	Zusammenbau durch Pressen; bei ausgesprochener Verdreh-beanspruchung Sicherung mit Keil oder dgl. nötig.
H7/h6 H7/h9		Fräser auf -dorn; Buchsen für Kolbenbolzen; Indexstifte für genaue Fixierungen.	Bei Schmierung meist ohne Hilfsmittel von Hand noch verschiebbar.
	H7/g6	Ziehkeilschaltungen; verschiebbare Kupplungen; Schleifspindellagerungen.	Nur verwenden, wenn bei guter Beweglichkeit präzise Rund-führung unbedingt erforderlich; kaum merkliches Spiel.
H7/f7		Lagerung von Wellen, die in 2 Lagern laufen; Hauptlager der Werkzeugmaschinen; Getriebe-wellen; Hülsen und Gleitmuffen.	Viel verwendete Passung mit sehr kleinem Spiel.
F8/h9 E9/h9		Lagerung von Wellen, die mehr als zweimal gelagert sind; Lagerung von blanken Stahl-wellen (DIN 669); Kolben in Zylindern; Lager für Zahnradpumpen; Seilrollen.	Blanke Stahlwellen werden mit der Toleranz h9 geliefert; Bearbeitung der Welle also nicht nötig; verhältnismäßig kleines Spiel.
D10/h9 C11/h9		Lagerung von blanken Stahlwellen (DIN 669); Lager für Landmaschinen; Stopfbuchsenteile.	Blanke Stahlwellen mit Toleranz h9; Bearbeitung nicht nötig; reichliches Spiel; verhältnismäßig große Bohrungstoleranzen.
	E9/h11	Verhältnismäßig kleines bis reichliches Spiel; Lagerung von Wellen aus blankem Rundstahl (DIN 668); Hebellager für Schmutzbetrieb.	blanker Rundstahl wird mit der Toleranz h11 geliefert; Bearbeitung der Welle also nicht nötig; entsprechend der Größe des Toleranzfelds h11 wenig oder viel Spiel.
	H11/h11	Gleitsitz bis sehr weiter Lauf-sitz für Teile, die zusammen-geschweißt oder verschraubt werden.	Die Teile lassen sich in jedem Fall ohne Hilfsmittel zusammen-fügen; auftretendes Spiel kann sehr klein bis reichlich sein.

Qualitätssicherung

Maßgebend für die Wettbewerbsfähigkeit eines Produkts ist seine Qualität. Qualität ist die Übereinstimmung der Produkteigenschaften mit den Anforderungen an das Produkt. Maß der Qualität ist die Abweichung der **Sollbeschaffenheit** (Forderung) von der **Istbeschaffenheit** (Prozess-Ergebnis).

Qualitätsmerkmale

Die Qualität eines Produkts ist die Summe einzelner für den Wettbewerb maßgebender **Qualitätselemente,** z. B. Entwurfsqualität, Fertigungsqualität, Versandqualität, Servicequalität, die in den verschiedenen Bereichen der Produktherstellung zu erreichen sind (Veranschaulichung durch **Qualitätskreis** in Bild MEC 235.1). Für die Qualität der Fertigungsunterlagen sind z. B. die Bereiche Konstruktion und Arbeitsplanung verantwortlich.

Zur Festlegung und Kontrolle der Qualität dienen **Qualitätsmerkmale,** deren Werte gemessen, gezählt oder bewertet werden. Messbare und zählbare Qualitätsmerkmale

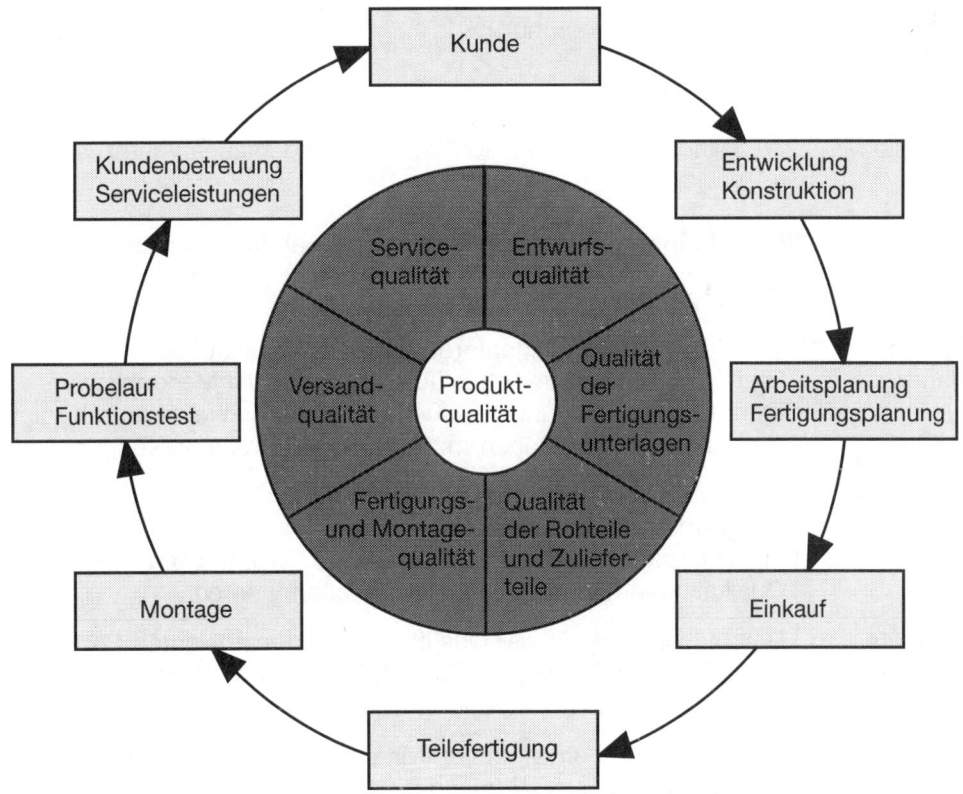

Bild MEC 235.1: Qualitätskreis mit Qualitätselementen und Prozessbereichen.

bezeichnet man als **quantitativ,** bewertbare Qualitätsmerkmale nennt man **qualitativ.**

In Tabelle MEC 236.1 sind Beispiele für quantitative und qualitative Qualitätsmerkmale aufgeführt.

Tabelle MEC 236.1: Beispiele für Qualitätsmerkmale

Qualitätsmerkmal	Art	Merkmalswerte
Bohrungsdurchmesser	quantitativ, messbar	10, 20, 30, 40 ... mm
Mittlere Rautiefe	quantitativ, messbar	1,6, 6,3, 10, 16 ... µm
Porendichte	quantitativ, zählbar	10, 50, 100 ... Poren je mm^2
Rillenzahl	quantitativ, zählbar	20, 40, 80 .... Rillen je cm
Bedienbarkeit	qualitativ, bewertbar	leicht, mittel, schwer
Störungsanfälligkeit	qualitativ, bewertbar	gering, mittel, hoch

Qualitätssicherungsmaßnahmen

Aufgabe der Qualitätssicherung ist es, geeignete Maßnahmen zur Erfüllung der Qualitätsanforderungen zu entwickeln und durchzuführen. Die Maßnahmen zur Qualitätssicherung sind folgenden Bereichen des Qualitätswesens zugeordnet:

● Qualitätsplanung
● Qualitätslenkung (Qualitätssteuerung)
● Qualitätsprüfung
● Qualitätsförderung

In Tabelle MEC 236.2 sind Beispiele von Qualitätssicherungsmaßnahmen zusammengestellt.

Tabelle MEC 236.2: Maßnahmen zur Erfüllung der Qualitätsanforderungen

Bereich	Qualitätssicherungsmaßnahmen
Qualitäts-planung	Umsetzen der Produktanforderungen in Qualitätsmerkmale. Festlegen der erforderlichen Toleranzen für die Merkmalswerte unter Berücksichtigung der Fertigungsmöglichkeiten und Kosten. Aufstellen von Prüfplänen mit detaillierten Prüfanweisungen.
Qualitäts-lenkung	Veranlassen und Überwachen der von der Qualitätsplanung festgelegten Maßnahmen und Anforderungen. Einleitung korrigierender und steuernder Maßnahmen, wenn Qualitätsanforderungen nicht eingehalten werden.
Qualitäts-prüfung	Durchführung der in der Qualitätsplanung festgelegten Prüfungen. Auswerten der Prüfergebnisse. Weitergabe der Auswertungen an die Qualitätsplanung und Qualitätslenkung.
Qualitäts-förderung	Schulung und Motivation von Mitarbeitern. Erstellen von Qualitätsberichten und Qualitätsrichtlinien. Schaffung von qualitätsverbessernder Arbeitsbedingungen.

Die Qualitätssicherungsmaßnahmen werden in einem vom Unternehmen festgelegten und organisierten **Qualitätssicherungssystem** durchgeführt. Die Wirksamkeit des betrieblichen Qualitätssicherungssystems und seiner Elemente wird regelmäßig von einer unabhängigen Organisation (TÜV, Germ. Lloyd) in einem **Qualitätsaudit** überprüft, bewertet und zertifiziert.

Normen zu Qualitätssicherung, Qualitätsmanagement und Qualitätsaudit sind DIN 55 350-11, DIN EN ISO 8402, DIN ISO 9000-4, DIN ISO 10 011 und 10 012.

Qualitätslenkung

Fünf Einflussgrößen, die sog. „5 M", bestimmen die Qualität eines Produkts:

Mensch, Material, Methode, Maschine, Mitwelt (Umwelt).

Um die Qualität der in einem Prozess hergestellten Produkte sicherzustellen, gibt es in der Hauptsache zwei Möglichkeiten:

- Qualitätsprüfung durch Endkontrolle,
- Statistische Prozessregelung (SPC).

Qualitätsprüfung durch Endkontrolle

An **allen** Teilen eines Fertigungsloses werden die Qualitätsmerkmale geprüft. Drei Ergebnisse sind möglich:

- Das Teil ist bedingt brauchbar, **Nacharbeit** ist erforderlich.
- Das Teil ist brauchbar, das Qualitätsmerkmal ist erfüllt.
- Das Teil ist unbrauchbar, es ist **Ausschuss.**

Entsprechend den Prüfergebnissen müssen Ausschussteile und nachzubearbeitende Teile anschließend aussortiert werden. Bei zu hoher Ausschuss- oder Nacharbeitsrate sind Maßnahmen unumgänglich, den Prozess für das nächste Los zu korrigieren. Nachteil: Fehler lassen sich erst nach dem Prozessablauf feststellen und korrigieren.

Beispiel

Prüfung von Wellendurchmessern mit der Grenzrachenlehre.
Prüfung von Nuttiefen mit der Messuhr.
Bei hoher Ausschussrate korrigierende Maßnahme: Austausch der alten Werkzeuge durch neue voreingestellte Wekzeuge.

Statistische Prozessregelung (SPC)

Bei der SPC (engl. *Statistical Process Control*) wird die Qualitätsprüfung während des Fertigungsprozesses in regelmäßigen Abständen durch Entnahme von Stichproben vorgenommen. Bei jeder Stichprobe wird an $n = 2$ bis $n = 25$ Teilen ein bestimmter Merkmalswert x geprüft, z. B ein bestimmtes Längenmaß. Von den n Merkmalswerten x_1 bis x_n werden dann der **arithmetische Mittelwert** $\bar{x}$ und die **Standardabweichung** s berechnet.

Dazu dienen folgende Formeln:

$$\bar{x} = \frac{x_1 + x_2 + x_3 + \cdots + x_n}{n} = \frac{\Sigma x_i}{n}$$

$$s = \sqrt{\frac{(x_1 - \bar{x})^2 + (x_2 - \bar{x})^2 + (x_3 - \bar{x})^2 + \cdots + (x_i - \bar{x})^2}{n}} = \sqrt{\frac{\Sigma(x_1 - \bar{x})^2}{n}}$$

Hierin bedeuten:
x Merkmalswert, z. B. ein Längenmaß in mm; $\bar{x}$ arithmetischer Mittelwert, z. B. in mm; n Anzahl der Teile einer Stichprobe (Stichprobenumfang), Σ Summe aller Werte, i Probennummer.

Oft wird zur Qualitätsbeurteilung statt der Standardabweichung s die **Spannweite** R herangezogen, weil diese sich einfacher berechnen lässt. Die Formel dafür lautet:

$$R = x_{max} - x_{min}$$

Die Spannweite R ist also die Differenz zwischen dem größten und dem kleinsten gemessenen Merkmalswert einer Stichprobe.

Beispiel

Bei einer Stichprobe mit einem Umfang von $n = 20$ Teilen werden die in Tabelle MEC 238.1 angegebenen Längenmaße (in mm) ermittelt:

Tabelle MEC 238.1: Merkmalswerte von 20 Teilen einer Stichprobe

Nr.	1	2	3	4	5	6	7	8	9	10
Wert	15,13	15,01	15,06	15,08	15,11	15,11	15,12	15,15	15,24	15,18
Nr.	11	12	13	14	15	16	17	18	19	20
Wert	15,14	15,12	15,12	15,01	15,05	15,10	15,07	15,01	15,03	15,07

Zu bestimmen sind :

a) Spannweite R,
b) arithmetischer Mittelwert $\bar{x}$,
c) Standardabweichung s.

Lösung

Die Berechnung der gesuchten Werte lässt sich komfortabel auf dem PC mit Hilfe eines **Tabellenkalkulationsprogramms** (z. B. mit Excel) durchführen. Tabelle MEC 239.1 zeigt das **Arbeitsblatt.**

Das Arbeitsblatt liefert folgende Ergebnisse:

Spannweite: $\quad R = x_{max} - x_{min} = 15{,}24 \text{ mm} - 15{,}01 \text{ mm} = 0{,}23 \text{ mm}$

Arithmetischer Mittelwert: $\bar{x} = \Sigma x_i / n = 15{,}093 \text{ mm}$

Standardabweichung: $\quad s = \sqrt{\Sigma(x_i - \bar{x})^2 / n} = 0{,}05892 \text{ mm}$

Gauß'sche Normalverteilung

Tabelle MEC 239.1:
Berechnung
von Spannweite,
Mittelwert und
Standardabweichung

Probe-Nr. i	Wert x_i	$x_i - \bar{x}$	$(x_i - \bar{x})^2$
1	15,13	0,037	0,001369
2	15,01	−0,083	0,006889
3	15,06	−0,033	0,001089
4	15,08	−0,013	0,000169
5	15,11	0,017	0,000289
6	15,11	0,017	0,000289
7	15,12	0,027	0,000729
8	15,15	0,057	0,003249
9	15,24	0,147	0,021609
10	15,18	0,087	0,007569
11	15,14	0,047	0,002209
12	15,12	0,027	0,000729
13	15,12	0,027	0,000729
15	15,05	−0,043	0,001849
15	15,01	−0,083	0,006889
16	15,05	−0,043	0,001849
17	15,07	−0,023	0,000529
18	15,01	−0,083	0,006889
19	15,03	−0,063	0,003969
20	15,07	−0,023	0,000529
Summe	301,86		0,06942
Summe / n	15,093		0,00347
Standard-abweichung s			0,05892
x_{max}	15,24		
x_{min}	15,01		
Spannweite R	0,23		

Mittelwert und Standardabweichung sind Kennwerte der **Gauß'schen Normalverteilung,** die graphisch durch eine **Glockenkurve** dargestellt wird. Trägt man auf der x-Achse (Abszisse) die **Merkmalswerte** (Prüfergebnisse) aller Produkte eines Prozesses auf und auf der y-Achse (Ordinate) die Wahrscheinlichkeitsdichte $g(x)$, dann erhält man die für die Normalverteilung typische Glockenkurve.

Der arithmetische Mittelwert $\bar{x}$ liegt im **Scheitelpunkt** der Kurve (Maximum). Die Standardabweichung ist der Abstand auf der x-Achse zwischen dem Scheitelpunkt und den symmetrisch dazu liegenden **Wendepunkten.** In den Wendepunkten ändert die Glockenkurve ihre Krümmung (Übergang von konvex in konkav oder umgekehrt).

Die **Wahrscheinlichkeitsdichte** ist eine rein mathematische Größe, die sich aus der Funktionsgleichung der Gauß'schen Normalverteilung ergibt; sie lautet:

$$g(x) = 1/s \cdot \sqrt{2\pi} \cdot e^{-\lambda/2}; \quad \lambda = (x - \bar{x})^2 / s^2$$

$$\text{Im Maximum: } \lambda = 0; \quad g(x) = 1/s \cdot \sqrt{2\pi} = \frac{0{,}4}{s}$$

$$\text{In den Wendepunkten: } \lambda = 1; \quad g(x) = 1/s \cdot \sqrt{e \cdot 2\pi} = \frac{0{,}24}{s}$$

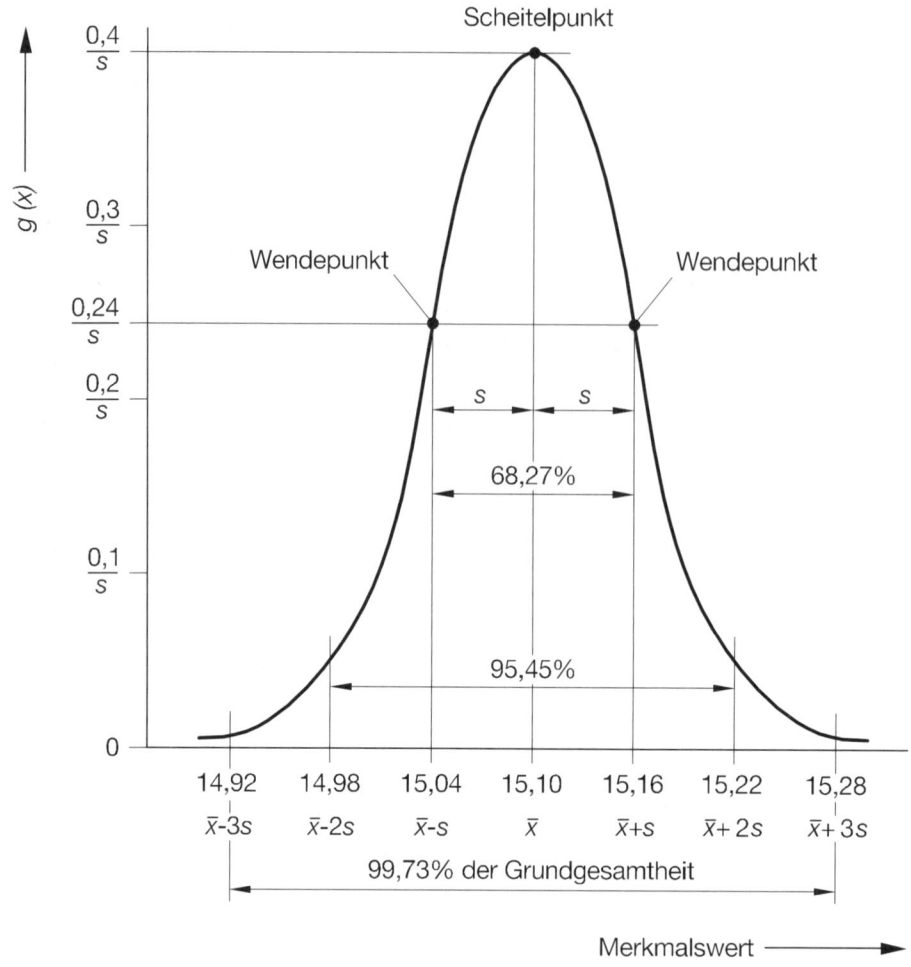

Bild MEC 240.1: Glockenkurve einer Gauß'schen Normalverteilung.

Bild MEC 240.1 zeigt die Gauß'sche Normalverteilung für einen arithmetischen Mittelwert $\bar{x}$ = 15,10 des vorstehenden Beispiels. Die exakte typische Glockenform ergibt sich erst bei einem sehr großen Probenumfang. In der Praxis betrachtet man den Bereich $\bar{x} \pm 3 \cdot s$. In diesem Bereich liegen 99,73% aller geprüften Produkte, der sogenannten **Grundgesamtheit.**

Die Überwachung eines Prozesses wird in der statistischen Prozessregelung durch **Prozessregelkarten** vorgenommen (Bild MEC 241.1). In eine Prozessregelkarte werden für jede der genommenen Stichproben die Merkmalswerte, der arithmetische Mittelwert und die Standardabweichung oder die Spannweite eingetragen.

An einem **Vorlos** werden anhand der gemessenen Merkmalswerte von Stichproben die obere Eingriffsgrenze (OEG) und die untere Eingriffsgrenze (UEG) für den arithmetischen Mittelwert und die obere Eingriffsgrenze für die Standardabweichung fest-

Prozessregelkarte

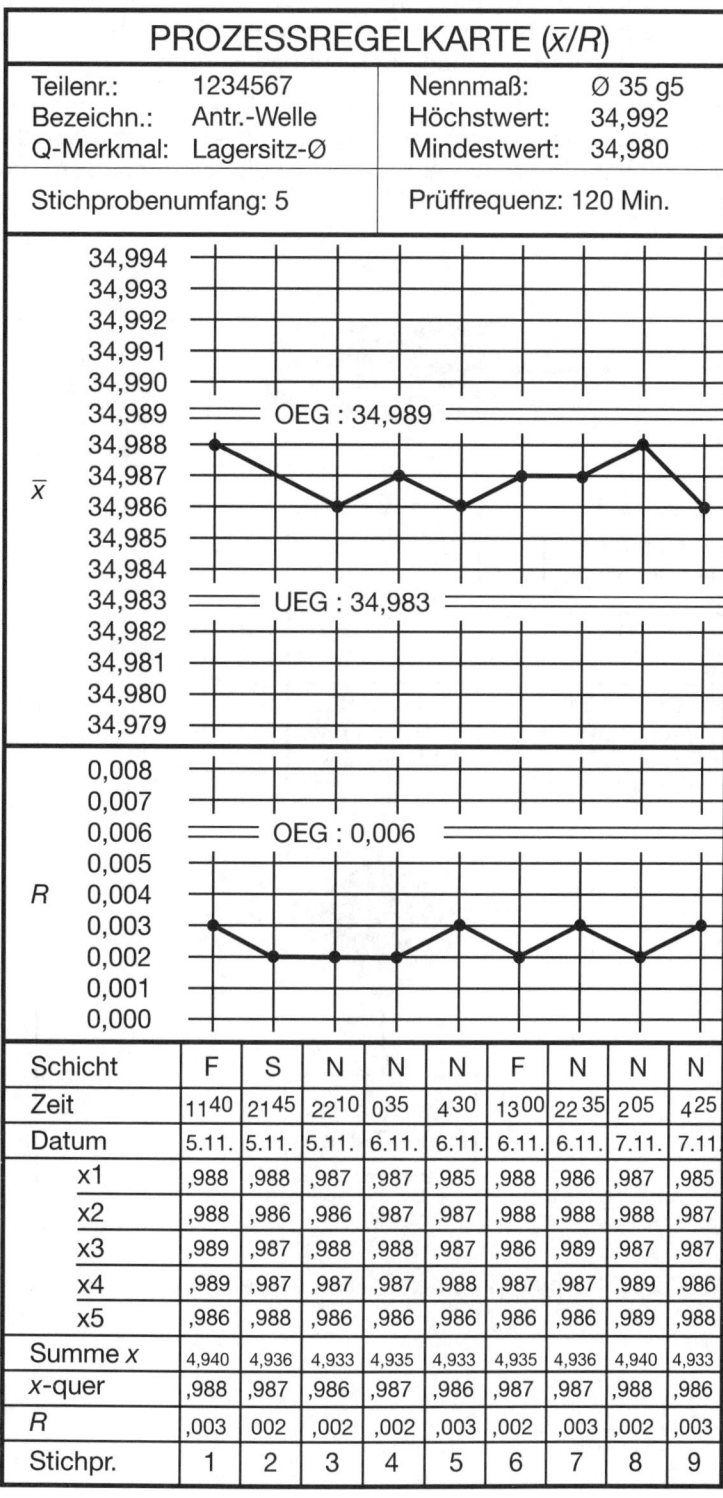

PROZESSREGELKARTE ($\bar{x}/R$)

Teilenr.:	1234567	Nennmaß:	Ø 35 g5
Bezeichn.:	Antr.-Welle	Höchstwert:	34,992
Q-Merkmal:	Lagersitz-Ø	Mindestwert:	34,980

Stichprobenumfang: 5	Prüffrequenz: 120 Min.

$\bar{x}$ — OEG : 34,989 / UEG : 34,983

R — OEG : 0,006

Schicht	F	S	N	N	N	F	N	N	N
Zeit	11^{40}	21^{45}	22^{10}	0^{35}	4^{30}	13^{00}	22^{35}	2^{05}	4^{25}
Datum	5.11.	5.11.	5.11.	6.11.	6.11.	6.11.	6.11.	7.11.	7.11
x1	,988	,988	,987	,987	,985	,988	,986	,987	,985
x2	,988	,986	,986	,987	,987	,988	,988	,988	,987
x3	,989	,987	,988	,988	,987	,986	,989	,987	,987
x4	,989	,987	,987	,987	,988	,987	,987	,989	,986
x5	,986	,988	,986	,986	,986	,986	,986	,989	,988
Summe x	4,940	4,936	4,933	4,935	4,933	4,935	4,936	4,940	4,933
x-quer	,988	,987	,986	,987	,986	,987	,987	,988	,986
R	,003	002	,002	,002	,003	,002	,003	,002	,003
Stichpr.	1	2	3	4	5	6	7	8	9

Bild MEC 241.1:
Prozessregelkarte
der statistischen
Prozessregelung.

gelegt (Vorstudie). Wenn sich dann im Prozess selbst der arithmetische Mittelwert und die Standardabweichung bzw. die Spannweite der Stichproben innerhalb der Eingriffsgrenzen bewegen, läuft die Fertigung fehlerfrei ab, und das gefertigte Los kann zur Weiterbearbeitung freigegeben werden.

Wird jedoch eine der Grenzen verletzt, dann muss nach Fehlern gesucht und in den Prozess durch entsprechende Korrekturen eingegriffen werden. Das hergestellte Los wird vor der Weiterbearbeitung vollständig geprüft und sortiert. Die Qualitätsregelung durch die SPC ist in Bild MEC 242.1 als Ablaufplan dargestellt.

Bild

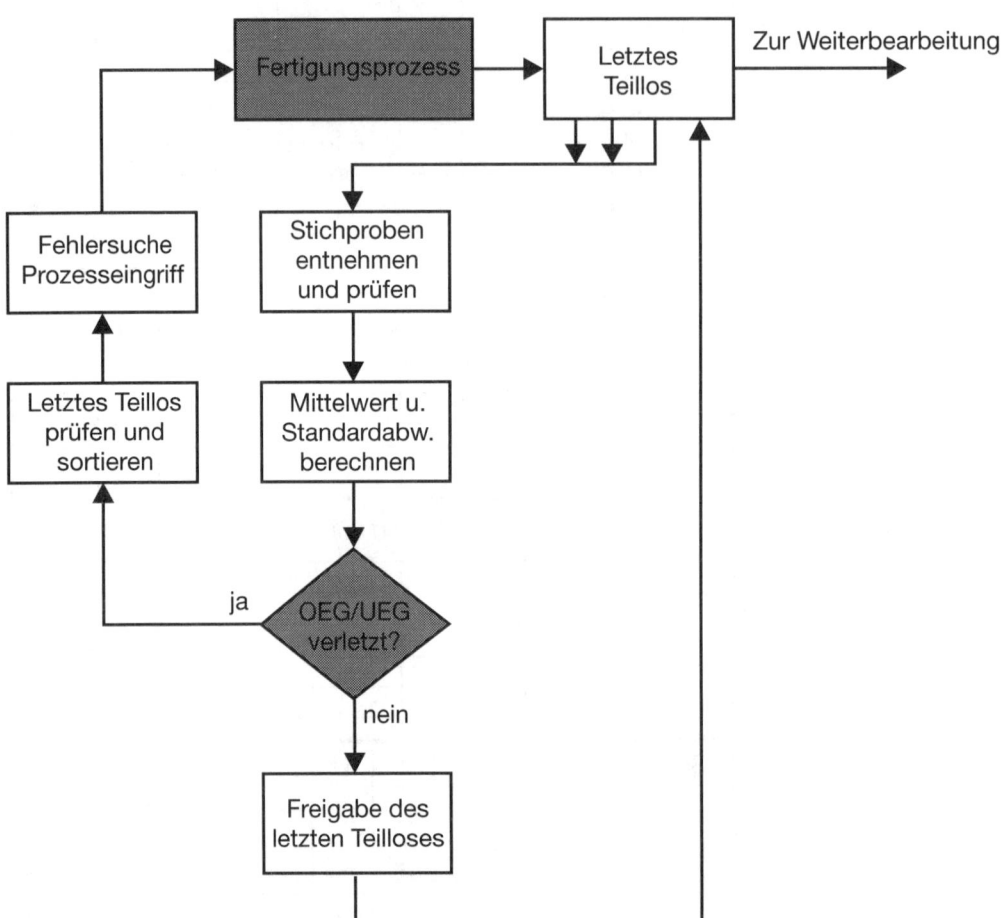

MEC 242.1: Ablaufplan der Qualitätsregelung durch SPC.

Steuerungstechnik

Grundbegriffe

Benennung	Erklärung	Bild/Beispiel/Bemerkung
Technischer Prozess	Ein Prozess ist ein Vorgang zur Umformung oder zum Transport von Material, Energie oder Informationen.	Transport Umformung Material → Prozess → Material Energie → Prozess → Energie Information → Prozess → Information

Prozessklassen im Produktionsbereich	Energieprozesse:
	   Energieänderungen.
	Verfahrensprozesse:
	   Stoffänderungen.
	Fertigungsprozesse:
	   Formänderungen.
	Verteilungsprozesse:
	   Lageänderungen.	

Steuern bedeutet:	Eingangssignale aus dem Prozess entgegennehmen und anpassen. Angepasste Signale verarbeiten. Ergebnisse der Signalverarbeitung anpassen und an den Prozess als Ausgangssignale ausgeben.	Prozess Eingangs-Signale Ausgangs-Signale Sensoren Aktoren Sensorik Aktorik Signal-anpassung Signal-anpassung Programme Prozessor Prozessorik Netzwerk
Komponenten eines gesteuerten Prozesses	Sensorik (Sensoren), Signalanpassung (Eingang), Prozessorik (Hard- und Software), Signalanpassung (Ausgang), Aktorik (Aktoren).	
Sensoren, Aufgabe:	Erfassung von Prozesszuständen und Erzeugung von Messsignalen (Eingangssignalen).	Erfassung von Druck, Temperatur, Durchfluss, Füllstand, Lage, Geschwindigkeit.
Signalanpassung, Aufgabe:	Aufbereitung der Eingangssignale für den Prozessor. Aufbereitung der Prozessorsignale für die Aktoren.	Umwandlung analoger Signale in digitale (AD-Wandlung); Umwandlung digitaler Signale in analoge (DA-Wandlung).

Grundbegriffe

Benennung	Erklärung	Bild/Beispiel/Bemerkung
Steuerung	Eine **Eingangsgröße** beeinflusst auf Grund einer Gesetzmäßigkeit eine **Ausgangsgröße**. Die Ausgangsgröße wirkt **nicht** auf die Eingangsgröße zurück. Kennzeichen: **offener Wirkungsablauf** (Steuerungskette).	
Regelung	Eine zu regelnde Größe wird fortlaufend erfasst, mit einer anderen Größe (Sollwert, Führungsgröße) verglichen und bei einer Abweichung an diese Größe angeglichen. Kennzeichen: **geschlossener Wirkungsablauf** (Regelkreis).	
Steuerstrecke, Regelstrecke	Teil des Wirkungswegs, der den zu beeinflussenden Teil der Anlage darstellt.	
Stellgröße y	Größe, die als Ausgangsgröße der Steuer- der Regeleinrichtung die Steuer- oder Regelstrecke beeinflusst.	
Regelgröße x	Größe, die innerhalb der Regelstrecke an die Führungsgröße anzupassen ist.	
Führungsgröße w	Größe, der innerhalb einer Steuerkette oder eines Regelkreises die Ausgangsgröße oder die Regelgröße **folgen** soll.	
Ausgangsgröße x_a	Größe, die in einer Steuerstrecke nach einer festgelegten Gesetzmäßigkeit beeinflusst werden soll.	

Grundbegriffe

Benennung	Erklärung	Bild/Beispiel/Bemerkung
Störgröße z	Von außen wirkende Größe, welche die Ausgangs- oder Regelgröße unerwünscht beeinflusst.	
Wann Steuern?	1. Wenn nur **eine Störgröße** auftritt, die nach Art und Verlauf bekannt ist. 2. Wenn zwar Störgrößen auftreten, die sich jedoch nur **selten ändern**. 3. Wenn die **Auswirkungen** von Störgrößenänderungen vernachlässigbar **klein** sind.	Beispiel: Drehzahlsteuerung eines Gleichstrom-Nebenschlussmotors.
Wann Regeln?	Wenn **mehrere Störgrößen** auftreten, die nach Art und Größe **unterschiedlich** sind und deren Auswirkungen **nicht vernachlässigt** werden können.	Beispiel: Lageregelkreis einer nummerisch gesteuerten Werkzeugmaschine.
Leiten	Gesamtheit aller Maßnahmen, die bewirken, dass der gewünschte Prozessverlauf erreicht wird.	
Leitaufgaben	Messen, Steuern, Regeln (MSR), Auswerten, Anzeigen, Melden, Daten erfassen und verarbeiten, Überwachen und Schützen.	
Leiteinrichtungen, Leitsystem	Dezentrale, digitale **Automatisierungsgeräte** in Form speicherprogrammierbarer Steuerungen, Bussysteme sowie Anzeige und Bediengeräte bilden ein **hierarchisch** aufgebautes Leitsystem mit den zugehörigen **Bedienebenen**.	Zentral-Leitstation / Gruppen-Leitstation / Stations-Leitbedienteil / Kanal-Leitbedienteil — Prozessebene — Gesamtprozess / Prozessbereich / Teilprozess / Steuerkette Bedienhierarchie eines Prozessleitsystems

Einteilung der Steuerungen, Steuerungsarten

Benennung	Erklärung	Bild/Beispiel/Bemerkung
Einteilung nach Art der **Signal-verarbeitung**	Diese Unterteilung unterscheidet zwischen **synchroner** und **asynchroner** Steuerung, **Verknüpfungssteuerung** und **Ablaufsteuerung**. Die Ablaufsteuerung kann zeitgeführt oder prozessabhängig sein.	
Synchrone Steuerung	Die Signalverarbeitung erfolgt synchron zu einem **Taktsignal**.	Beispiel: Mikrocomputergesteuerter Vorschubantrieb (CNC).
Asynchrone Steuerung	Die Steuerung arbeitet **ohne Takt-signal**. Signaländerungen werden nur durch Änderungen der Eingangssignale ausgelöst.	Beispiel: Einfache, durch Grenztaster gesteuerte pneumatische oder hydraulische Vorschubsteuerung.
Verknüpfungs-steuerung	Den Signalzuständen der Eingangssignale werden bestimmte Signalzustände der Ausgangssignale zugeordnet.	E1 Öldruck vorhanden E2 Schutztüre zu & Startvoraussetzung A1 E3 Spannfutter zu für Drehmaschine Eingangssignale UND Ausgangssignale
Ablaufsteuerung	Das **Weiterschalten** von einem Schritt auf den nächsten Schritt erfolgt **zwangsläufig**.	Einschaltbed. erfüllt 3 S Motor in Stern SD Wartezeit $t = 10$ s Schalter auf Stern UND Wartezeit abgelaufen
Zeitgeführte Ablaufsteuerung	Das **Weiterschalten** von einem Schritt auf den nächsten hängt nur von der **Zeit** ab.	4 S Motor in Dreieck SD Wartezeit $t = 5$ s Schalter auf Dreieck UND Wartezeit abgelaufen Zeitgeführte Ablaufsteuerung
Prozessgeführte Ablaufsteuerung	Das Weiterschalten von einem Schritt auf den nächsten hängt nur von Signalen der gesteuerten Anlage ab.	3 NS Motor in Stern Drehzahl n_0 erreicht
Darstellung von Ablauf-steuerungen	Vorwiegend durch den **Funktions-plan (FUP)**. Aus dem FUP geht **nicht** die technische Realisierung hervor.	4 S Motor in Dreieck Schalter auf Dreieck Prozessgeführte Ablaufsteuerung

Einteilung der Steuerungen, Steuerungsarten

Benennung	Erklärung	Bild/Beispiel/Bemerkung

Einteilung nach Art der **Programm-verwirklichung**	Hiernach wird unterschieden zwischen **verbindungsprogrammierten** und **speicherprogrammierten** Steuerungen (VPS und SPS).
	
	VPS können festprogrammiert oder umprogrammierbar sein.
	
	SPS können freiprogrammierbar und austauschprogrammierbar sein.
		Steuerungen
		├ VPS
		│ ├ festpro-grammiert
		│ └ umpro-grammierbar
		└ SPS
		  ├ freipro-grammier-bar
		  └ austausch-program-mierbar

Programm einer Steuerung	Gesamtheit aller **Anweisungen** und **Vereinbarungen** für die **Signalverar-beitung**, durch die ein zu steuernder Prozess (Anlage) aufgabengemäß beeinflusst wird.	Beispiel: Programm einer UND-Verknüpfung dreier Eingangssignale L E1 U E2 U E3 = A1
Speicher einer Steuerung	Funktionseinheit innerhalb einer Steuerung, die das **Programm** (Programmspeicher) oder andere **Daten** (Datenspeicher) in digitaler Darstellung **aufbewahrt.**	**Speicherarten**, Benennung Schreib-Lese-Speicher (RAM), Nur-Lese-Speicher, einmalig programmierbar (PROM), mehrmalig programmierbar (RPROM).
Verbindungs-programmierte Steuerung (VPS)	Das **Programm** ist durch die Art der Funktionsglieder und durch deren Verbindungen **vorgegeben. Festprogrammiert** ist eine VPS, wenn Programmänderungen nicht vorgesehen sind. Bei einer **umprogrammierbaren** VPS ist eine Programmänderung, z.B. durch Baugruppenaustausch, in einfacher Weise durchführbar.	Funktionsglieder T, P → & → Hupe → ≥1 → Leuchte rot → & → Leuchte grün
Speicher-programmierte Steuerung (SPS)	Das Programm ist in einem **Programmspeicher** abgelegt. Das Steuerwerk ist meist ein **Mikro-computer.**	Beispiel: Logikplan einer VPS zur Grenz-wertüberwachung der Messwerte T (Tem-peratur) und P (Druck). Funktion: T zu hoch: rote Leuchte EIN. P zu hoch: rote Leuchte EIN. T UND P zu hoch: rote Leuchte und Hupe EIN. T UND P NICHT zu hoch: grüne Leuchte EIN.

Einteilung der Steuerungen, Steuerungsarten

Benennung	Erklärung	Bild/Beispiel/Bemerkung
Freiprogram- **mierbare** Steuerung	Das ist eine SPS mit einem **Programmspeicher**, dessen gesamter Inhalt auch in beliebig kleinem Umfang **verändert** werden kann.	Als Programmspeicher werden meist **EPROM-Halbleiterspeicher** verwendet, die mit einem **Programmiergerät** vom Anwender mehr-malig neu programmiert werden können.

Aufbau- und Funktionsschema einer freiprogrammierbaren SPS.

Benennung	Erklärung	Bild/Beispiel/Bemerkung
Einteilung nach **der Art der Informations-darstellung**	Bei dieser Einteilung wird unter-schieden zwischen: Analoger Steuerung (selten), Binärer Steuerung, Digitaler Steuerung.	
Binäre **Steuerung**	Verarbeitet werden **binäre Ein-gangssignale** mit Verknüpfungs- Zeit- und Speichergliedern zu **binären Ausgangssignalen.**	
Digitale **Steuerung**	Die Signalverarbeitung erfolgt vor-wiegend mit **digitalen Funktionsein-heiten** wie Zähler, Register, Speicher und Mikroprozessoren.	

Signale, Signalformen

Benennung	Erklärung	Bild/Beispiel/Bemerkung
Signal	Ein Signal ist die **physikalische Darstellung einer Information** (Nachricht). Zur Darstellung wird **Hilfsenergie** benötigt.	Beispiel: Darstellung einer Temperatur durch eine **elektrische Spannung**. Hilfsenergie = elektrische Energie.
Signalformen	Es werden nach dem Signalverlauf unterschieden: **Analoge** Signalform, **Binäre** Signalform, **Digitale** Signalform.	Fadenlänge Beispiel: Darstellung der Temperatur durch die Fadenlänge eines Thermometers.
Analoge Signalform	Die Steuerungsgröße, z.B. die Temperatur, wird nach Betrag und Vorzeichen in Abhängigkeit von der Zeit kontinuierlich nachgebildet.	
Binäre Signalform	Zur Signaldarstellung gibt es nur **2 stabile** Zustände: Signal **vorhanden** = Zustand **1**, Signal **nicht vorhanden** = Zustand **0**.	 Beispiel: Verlauf des Binärsignals eines Bimetall-Thermometers.
Bit	Ein Binärsignal mit den stabilen Zuständen 1 und 0 wird Bit genannt. **1 Bit** ist die **kleinste Informationseinheit**.	
Digitale Signalform	Die Information wird durch eine **Anzahl von Binärsignalen** (Bit) nach einem bestimmten **Code** (= Anordnungsvorschrift) dargestellt.	Beispiel: Digitale Darstellung eines Spannungsbereichs durch zwei Binärsignale **(2 Bit)** ergibt 2^2 = Kombinationen:
Digitale Auflösung einer analogen Information	Der Bereich einer analogen Information, z.B. ein Spannungsbereich, wird durch ein digitales Signal um so höher aufgelöst, je **größer die Bitanzahl** n ist. Mögliche Kombinationen = 2^n	siehe Tabelle unten

Spannungsbereich in V	Signal 1	Signal 2	Digitalsignal
0 ... 24	0	0	00
25 ... 49	0	1	01
50 ... 74	1	0	10
75 ... 100	1	1	11

Sensorik

Benennung	Erklärung	Bild/Beispiel/Bemerkung
Sensorik	Teil des Steuerungssystems, das die Prozesszustandsdaten (Messdaten) erfasst, aufbereitet und zur Verarbeitung (Prozessorik) weiterleitet.	Beispiel: Wegmessung am Vorschubantrieb einer CNC-Werkzeugmaschine.
Sensor	Gerät zur **Aufnahme** und **Umformung** von Messwerten. Gebräuchlich ist auch die Bezeichnung „Messwertaufnehmer".	Beispiel: Bimetallthermometer als Sensor zur Erfassung der Prozesszustandsgröße „Temperatur".
Sensorsystem	Besteht aus dem Sensor als **Messwertaufnehmer** und **-umformer,** der **Signalanpassung** und **Verstärkung,** der Signalkompensation und Linearisierung sowie Schnittstellen zur AD/Wandlung.	Beispiel: **Durchfluss-Sensorsystem** 1. Durchfluss Φ beeinflusst Fühlertemperatur *T*. 2. *T* beeinflusst Widerstand *R*. 3. *R* wird in Spannung *U* umgeformt und verstärkt. 4. *U* wird in Digitalsignal umgewandelt.
Linearisierung eines Signalverlaufs	Messeinrichtungen liefern häufig **nichtlineare Signale**. Wenn die auswertende Systemeinheit ein lineares Signal benötigt, muss mit einer entsprechenden Schaltung zuvor eine **Linearisierung** durchgeführt werden.	

Sensorik

Benennung	Erklärung	Bild/Beispiel/Bemerkung
Näherungs-sensoren	**Aufgabe:** Erkennung ob Objekt vorhanden oder nicht. **Arbeitsweise:** Berührend oder berührungslos. **Berührend:** Elektrische und pneumatische **Grenztaster**. **Berührungslos:** Näherungsschalter oder **Näherungsinitiatoren**.	Funktionsbild Symbol Pneumatischer Grenztaster. Der Ausgang 2 hat 1-Signal, wenn der Taster vom Objekt gedrückt wird.
Näherungs-schalter (Näherungs-initiatoren)	Einteilung nach der Arbeitsweise: **Pneumatisch:** Staudüse, Reflexdüse, Luftschranke. **Optoelektronisch:** Lichtschranken, (Sender/Empfänger-L., Gabel-L., Reflex-L.). **Induktive** Näherungsschalter, nur für metallische Objekte. **Kapazitive** Näherungsschalter, auch für nichtmetallische Objekte, empfindlich gegen Feuchtigkeit und Verschmutzung.	 Induktiver Näherungsschalter: a) 1-Signal bei Näherung, b) 0-Signal bei Entfernung.
Drucksensoren	**Dehnungsmessstreifen** (DMS) Mechanische Beanspruchung verursacht elastische Querschnittsänderung. Folge ist Widerstandsänderung und Änderung der angegebenen Messspannung	
	Halbleiter-Drucksensoren: Verformung von Halbleiter-Membranen führt zu Widerstandsänderungen (piezoresistiver Effekt). Vier Halbleitermembranen sind zu einer Vollbrücke zusammengeschaltet.	

Sensorik

Benennung	Erklärung	Bild/Beispiel/Bemerkung
Temperatur-sensoren	**Platin- und Nickel-Temperatursensoren** beruhen auf Temperaturabhängigkeit der Widerstände **metallischer Leiter.** (Positiver Temperaturkoeffizient). Temperatursensoren auf der Basis von speziellen Sinterwerkstoffen sind **Heißleiter** (**NTC** = **N**egativer Temperatur-Koeffizient) und **Kaltleiter** (**PTC** = **P**ositiver Temperatur-Koeffizient). Der Widerstand steigt beim PTC im engen Temperaturbereich stark an, Verwendung als Schutzschalter oder Füllstandsensor.	Abgleichwiderst. Anschlusskopf R_A Mess-verstärker Schutzrohr Platin-Temperatursensor Messwiderstand
	Thermoelemente erzeugen am Thermopaar eine temperaturproportionale Spannung.	PTC z. B. Scheiben-wischermotor M Kaltleiter als Motorschutz-schalter
	Silicium-Temperatursensoren sind in einem IC integriert. Vorteile: Wesentlich billiger, sehr hoher Temperaturkoeffizient. Nachteil: Geringerer Messbereich	
Wegaufnehmer	Sensoren zur Erfassung zurückgelegter Wegstrecken. Arbeitsweise **analog** oder **digital, absolut** oder **inkremental.** Man unterscheidet Wegaufnehmer **für kurze Wegstrecken** und Wegaufnehmer für **längere Wegstrecken.**	S Potenziometer analog-absolute Messung S Lochstreifen Lichtschranke digital-inkrementale Messung Wegaufnehmer für kurze Wegstrecken.
Wegaufnehmer für längere Wegstrecken	Bevorzugt werden **inkrementale Wegaufnehmer** verwendet. Prinzip: Glasmaßstab mit Strichgitter wird von einem Lichtstrahl beim Vorbeifahren abgetastet. Die Lichtimpulse werden gezählt. Die Anzahl der Impulse entspricht dem zurückgelegten Weg.	Lichtsender Zähler Lichtempfänger Strichgitter mit lichtdurchlässigen Schlitzen

Sensorik

Benennung	Erklärung	Bild/Beispiel/Bemerkung
Drehgeber	Sensoren zur Messung von **Drehwinkeln** und **indirekt** zur Erfassung von **Wegen** und **Drehzahlen**. Drehgeber werden bei CNC-Maschinen zur **indirekten Wegmessung** verwendet. Bevorzugt werden **inkrementale Drehgeber** mit optoelektronischer Abtastung einer Rasterscheibe, die mit der Geberwelle rotiert. Die Lichtimpulse werden gezählt; sie sind ein Maß für Drehwinkel oder Umdrehungszahl bzw. Weg.	Indirekte Wegmessung eines Schlittens mit Drehgeber.
Drehzahlgeber	Sensoren zur Messung der Drehzahl. Zwei grundsätzliche Methoden: Drehzahlerfassung a) als **Momentanwert**, b) als **Mittelwert**.	
Tachogenerator	**Drehzahl-Momentanwert-Erfassung** durch Tachogeneratoren. Beim **Gleichspannungs-Tachogenerator** ist Drehrichtungskennzeichnung möglich, beim **Wechselspannungs-Tachogenerator** nicht. Die erzeugte Spannung U ist ein Maß für die Drehzahl.	Wechselspannungs-Tachogenerator ausgeführt als mehrphasige Innenpol-Synchronmaschine.
Wiegand-Sensor	**Drehzahl-Mittelwert-Erfassung** z. B. mit dem Wiegand-Sensor. Innerhalb einer bestimmten **Torzeit** t gibt der Sensor eine bestimmte Anzahl **Impulse** N ab, die ein Maß für die mittlere Drehzahl $\bar{n}$ sind. **Drehrichtungserkennung** ist gegeben.	1 Geberrad (Zahnrad) 2 Wieganddraht 3 Sensorkopf mit Permanentmagneten 4 Sensorspule

$$\bar{n} = \frac{N}{z \cdot t}$$

Beispiel für Drehzahl-Mittelwert Erfassung

Prozessorik

Benennung	Erklärung	Bild/Beispiel/Bemerkung
Prozessorik	Teil einer Steuerung. Aufgabe: **Verarbeitung** der von der **Sensorik** gelieferten **Eingangssignale** und Übergabe der **Verarbeitungsergebnisse** als **Ausgangssignale** an die **Aktorik**.	
Prozessorikbausteine	Die Prozessorik besteht meist aus folgenden Bausteinen: **Logische Funktionsglieder, Speicherglieder, Zeitglieder.**	
Logische Funktionsglieder	Logische Funktionsglieder haben zwei oder mehr Eingänge und einen Ausgang. Der Zustand der Signale an den Eingängen wirkt sich unmittelbar auf den Signalzustand am Ausgang aus. Den gesetzmäßigen Zusammenhang bestimmt die **logische Verknüpfung**, für die das Bauelement ausgelegt ist. Die **Funktionsbeschreibung** kann ausgeführt werden durch 1. **Funktionstabelle,** auch Wahrheitstabelle genannt. 2. **Funktionsbeschreibung** 3. **Symbol** 4. **Funktionsdiagramm,** auch **Signal-Zeit-Diagramm** genannt	Beispiel: Prozessorikbausteine zur Verarbeitung der Eingangssignale E1 bis E6 zu den Ausgangssignalen A1 und A2 in einer Schiebersteuerung.
Logische Grundverknüpfungen	Es gibt **3 logische Grundverknüpfungen:** UND, ODER, NICHT. Komplexe Verknüpfungen können auf die Grundverknüpfungen zurückgeführt werden.	Aus den Grundverknüpfungen aufgebaute **weitere logische Verknüpfungen** sind z. B. UND – NICHT = NAND ODER – NICHT = NOR
Gerätetechnische Realisierung logischer Verknüpfungen	Die **logischen Verknüpfungen** werden gerätetechnisch realisiert durch **Schaltungen.** Die Realisierung kann elektromechanisch, elektronisch, hydraulisch, pneumatisch erfolgen.	Beispiele für **Schaltungsbausteine** Schütz, Relais, Schalter, Diode, Transistor, Thyristor, Wegeventile, Sperrventile.

Logische Funktionsglieder zur Signalverknüpfung

Benennung	Erklärung	Bild/Beispiel/Bemerkung
UND-Glied	Das Ausgangssignal A nimmt nur dann den Zustand 1 an, wenn **alle** Eingangssignale den Zustand 1 haben. **Symbol** **Funktionstabelle** | E1	E2	A
0	0	0
1	0	0
0	1	0
1	1	1 | **Funktion** $A = E1 \wedge E2$	**Gerätetechnische Realisierung** E1 — E2 — A **Elektrisch** **Elektronisch** **Pneumatisch**
ODER-Glied	Das Ausgangssignal A nimmt dann den Zustand 1 an, wenn **mindestens ein** Eingangssignal den Zustand 1 hat. **Symbol** **Funktionstabelle** | E1	E2	A
0	0	0
1	0	1
0	1	1
1	1	1 | **Funktion** $A = E1 \vee E2$	**Gerätetechnische Realisierung** E1 / E2 — A **Elektrisch** **Elektronisch** **Pneumatisch**
NICHT-Glied	Das Ausgangssignal nimmt dann den Zustand 1 an, wenn das Eingangssignal den Zustand 0 hat. Das NICHT-Glied **negiert** oder **invertiert** das Eingangssignal. **Symbol** **Funktionstabelle** | E	A
0	1
1	0 | **Funktion** $A = \overline{E}$	**Gerätetechnische Realisierung** E — A **Elektrisch** **Elektronisch** **Pneumatisch**

Logische Funktionsglieder zur Signalverknüpfung

Benennung	Erklärung	Bild/Beispiel/Bemerkung
NAND-Glied (UND-NICHT)	Das Ausgangssignal nimmt nur dann den Zustand 0 an, wenn **alle** Eingangssignale den Zustand 1 haben. **Symbol** / **Funktionstabelle** / Negierung / **Funktion** $A = \overline{E1 \wedge E2}$	**Technische Realisierung** Pneumatisch / Elektrisch / Ersatzschaltung
NOR-Glied (ODER-NICHT)	Das Ausgangssignal nimmt dann den Zustand 0 an, wenn **mindestens ein** Eingang den Zustand 1 hat. **Symbol** / **Funktionstabelle** / **Funktion** $A = \overline{E1 \vee E2}$	**Technische Realisierung** Pneumatisch / Elektrisch / Ersatzschaltung
ANTIVALENZ-Glied (Exklusiv-ODER-Glied)	Das Ausgangssignal nimmt dann den Zustand 1 an, wenn **nur ein** Eingang den Zustand 1 hat. **Symbol** / **Funktionstabelle** / **Funktion** $A = (\overline{E1} \wedge E2) \vee (E1 \wedge \overline{E2})$ / Andere verbale Formulierung: Das Ausgangssignal nimmt dann den Zustand 1 an, wenn die Eingänge **entgegengesetzten** (antivalenten) Zustand haben.	**Technische Realisierung** Pneumatisch / Ersatzschaltung / Elektrisch

NAND-Glied Funktionstabelle

E1	E2	A
0	0	1
1	0	1
0	1	1
1	1	0

Symbol: E1, E2 → & → A (Negierung)

Ersatzschaltung: $A = \overline{E1 \vee E2}$ (mit ≥ 1)

NOR-Glied Funktionstabelle

E1	E2	A
0	0	1
1	0	0
0	1	0
1	1	0

Symbol: E1, E2 → ≥ 1 → A

Ersatzschaltung: $A = \overline{E1 \wedge E2}$ (mit &)

ANTIVALENZ-Glied Funktionstabelle

E1	E2	A
0	0	0
0	1	1
1	0	1
1	1	0

Symbol: E1, E2 → =1 → A

Logische Funktionsglieder zur Signalverknüpfung

Benennung	Erklärung	Bild/Beispiel/Bemerkung
ÄQUIVALENZ-Glied	Das Ausgangssignal nimmt nur dann den Zustand 1 an, wenn die Eingänge **den gleichen** (äquivalenten) Zustand haben. **Symbol** **Funktionstabelle** $A = (E1 \wedge E2) \vee (\overline{E1} \wedge \overline{E2})$	**Gerätetechnische Realisierung**

Symbol:

$\begin{array}{c} E1 \\ E2 \end{array} = A$

Funktionstabelle:

E1	E2	A
0	0	1
1	0	0
0	1	0
1	1	1

Funktion

$A = (E1 \wedge E2) \vee (\overline{E1} \wedge \overline{E2})$

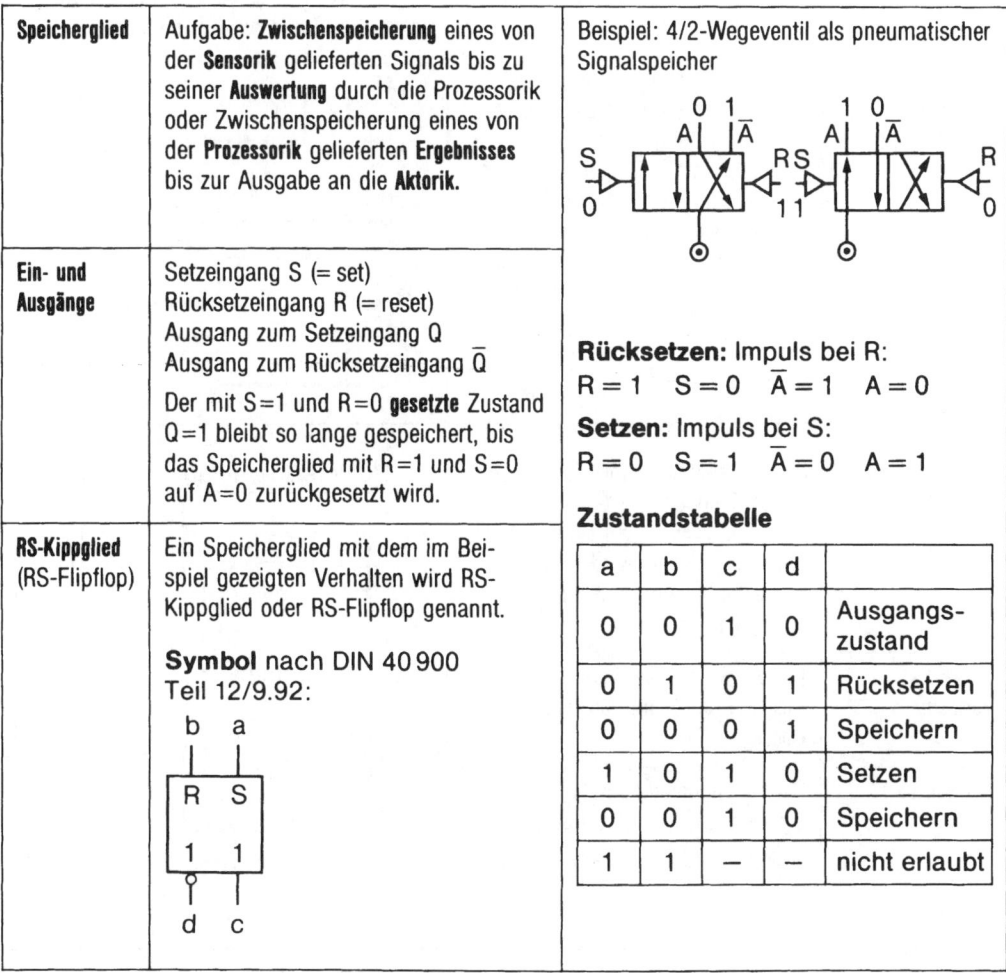

Speicherglieder

Speicherglied	Aufgabe: **Zwischenspeicherung** eines von der **Sensorik** gelieferten Signals bis zu seiner **Auswertung** durch die Prozessorik oder Zwischenspeicherung eines von der **Prozessorik** gelieferten **Ergebnisses** bis zur Ausgabe an die **Aktorik**.	Beispiel: 4/2-Wegeventil als pneumatischer Signalspeicher
Ein- und Ausgänge	Setzeingang S (= set) Rücksetzeingang R (= reset) Ausgang zum Setzeingang Q Ausgang zum Rücksetzeingang $\overline{Q}$ Der mit S=1 und R=0 **gesetzte** Zustand Q=1 bleibt so lange gespeichert, bis das Speicherglied mit R=1 und S=0 auf A=0 zurückgesetzt wird.	**Rücksetzen:** Impuls bei R: R = 1 S = 0 $\overline{A}$ = 1 A = 0 **Setzen:** Impuls bei S: R = 0 S = 1 $\overline{A}$ = 0 A = 1 **Zustandstabelle**
RS-Kippglied (RS-Flipflop)	Ein Speicherglied mit dem im Beispiel gezeigten Verhalten wird RS-Kippglied oder RS-Flipflop genannt. **Symbol** nach DIN 40 900 Teil 12/9.92:	

Zustandstabelle

a	b	c	d	
0	0	1	0	Ausgangs-zustand
0	1	0	1	Rücksetzen
0	0	0	1	Speichern
1	0	1	0	Setzen
0	0	1	0	Speichern
1	1	–	–	nicht erlaubt

Speicherglieder

Benennung	Erklärung	Bild/Beispiel/Bemerkung
1-Bit-Speicher	Speicherglied, das **zwei stabile** Signalzustände, 0 oder 1, speichern kann. Es wird auch **bistabiles Kippglied**, **bistabile Kippstufe** oder **Flipflop** genannt.	
Bistabiles Kippglied	Die elektronische Realisierung eines RS-Flipflops ist das **bistabile Kippglied**. Es besteht aus zwei Transistoren. Die Basis des einen Transistors ist mit dem Kollektor des anderen Transistors verbunden. $S = 1$, $R = 0$, T1 steuert durch, T2 sperrt: $Q = 1$ $S = 0$, $R = 0$, keine Änderung $S = 0$, $R = 1$, T2 steuert durch, T1 sperrt: $\overline{Q} = 1$	Bistabile Kippstufe mit der Eigenschaft eines 1-Bit-Speichers (RS-Flipflop)
Signal-Zeit-Diagramm des RS-Flipflops	Das Signal-Zeit-Diagramm des RS-Flipflops zeigt die **Übernahme** der an den Eingängen R und S liegenden Informationen. Die Übernahme erfolgt unmittelbar bei **Zustandsänderung eines Eingangssignals**, z. B. $S = 0 \rightarrow S = 1$. Ein Speicherglied mit diesem Schaltverhalten ist ein **asynchrones Speicherglied**.	
Speicherglied mit dominierendem Verhalten	Beim RS-Flipflop führt das gleichzeitige Anlegen von 1-Signalen an R und S zu einem **undefinierten Verhalten**. Deshalb wird einem der Eingänge schaltungstechnisch **Dominanz** gegeben.	
Rücksetzdominanz	Bei der Signalkombination $R = S = 1$ **dominiert** das Signal am **Rücksetzeingang**.	
Setzdominanz	Bei der Signalkombination $R = S = 1$ **dominiert** das Signal am **Setzeingang**.	

Speicherglieder

Benennung	Erklärung	Bild/Beispiel/Bemerkung
Synchrone Speicherglieder	Die Übernahme der an den Eingängen des Speicherglieds anstehenden Informationen erfolgt **mit einem Taktsignal** C. Die Eingänge R und S werden **zu vorbereitenden Eingängen.**	Speicherglieder asynchron — synchron Takt-zustands-steuerung / Takt-flanken-steuerung
Synchrones RS-Flipflop mit Taktzustands-steuerung	Das asynchrone RS-Speicherglied erhält eine **zusätzliche Eingangs-schaltung.** Nur bei C = 1 ist eine UND-Bedingung erfüllt. Im Schaltzeichen wird die Eingangsverknüpfung nicht angegeben.	1R C1 1S & & R S $\overline{Q}$ Q 1R C1 1S $\overline{Q}$ Q
D-Flipflop	Wenn am Takteingang C = 1 ansteht, wird der zu diesem Zeitpunkt vorhandene Signalzustand am D-Eingang gespeichert.	C11D Schalt-zeichen $\overline{Q}$ Q
T-Flipflop	Wenn am T-Eingang Zustand von T = 0 auf T = 1 wechselt, dann kippt das Flipflop in den jeweils anderen **(komplementären)** Zustand.	R VT Schalt-zeichen $\overline{Q}$ Q
JK-Flipflop mit Zweiflanken-steuerung	Dieses Speicherglied wird auch **Master-Slave-Flipflop** genannt. Die **Übernahme** der Information am J- und am K-Eingang erfolgt mit dem Übergang von 0 auf 1 am C-Eingang. Die Ausgabe erfolgt mit dem Übergang von 1 auf 0 am C-Eingang. Der **Master** übernimmt die Information, der **Slave** erhält sie.	Master Slave 2 — / 1J — S 1S — Q 4 — / >C1 — >C1 5 — / 1K — R 1R — $\overline{Q}$ 1 — 3 — Schaltung 2 — S 4 — 1J — Q 5 — >C1 Schaltzeichen 1 — 1K 3 — R $\overline{Q}$

Bezeichnungen und Wirkungen der Eingänge an Speichergliedern

Benennung	Erklärung	Schaltzeichen
R-Eingang Rücksetzeingang	Wenn die Variable am R-Eingang den Wert 1 annimmt, erzwingt sie den Wert 1 am zugehörigen Ausgang. Dieser Zustand des bistabilen Kippglieds wird als Zustand 0 „Rücksetzzustand" definiert. Die Rückkehr der Variablen am R-Eingang zum Wert 0 bewirkt keine Zustandsänderung.	R
S-Eingang Setzeingang	Wenn die Variable am S-Eingang den Wert 1 annimmt, erzwingt sie den Wert 1 am zugehörigen Ausgang. Dieser Zustand des bistabilen Kippglieds wird als Zustand 1 „Setzzustand" definiert. Die Rückkehr der Variablen am S-Eingang zum Wert 0 bewirkt keine Zustandsänderung.	S
C-Eingang Takteingang	**Zustandssteuerung:** Die Variablen an den Eingängen, die von C abhängen, werden bei C = 1 wirksam.	1 — C
	Flankensteuerung: Die Variablen an den Eingängen, die von C abhängen, werden nur beim 0-1-Übergang von C wirksam.	2 — ⊳C
	Flankensteuerung: Die Variablen an den Eingängen, die von C abhängen, werden nur beim 1-0-Übergang von C wirksam.	3 — ⊸⊳C
T-Eingang	Der T-Eingang bewirkt jedesmal einen **Zustandswechsel** des bistabilen Kippglieds, wenn seine Variable den **Wert 1** annimmt. Die Rückkehr dieser Variablen zum Wert 0 bewirkt keine Änderung des Zustands.	T
J-Eingang	**Setzeingang** wie der S-Eingang, jedoch mit der zusätzlichen Eigenschaft, dass das bistabile Kippglied seinen **komplementären Zustand** annimmt, wenn die Variablen an den Eingängen J und K **beide** den **Wert 1** haben.	J
K-Eingang	**Rücksetzeingang** wie der R-Eingang, jedoch mit der zusätzlichen Eigenschaft, dass das bistabile Kippglied seinen **komplementären Zustand** annimmt, wenn die Variablen an den Eingängen J und K **beide** den **Wert 1** haben.	K

Zeitglieder

Benennung	Erklärung	Bild/Beispiel/Bemerkung
Zeitglieder (Verzögerungs-glieder)	Das Ausgangssignal des Schalt-elements folgt dem Eingangssignal nach **vorgegebenem Zeitverhalten**. Im Besonderen unterscheidet man Zeitglieder mit **anzugsverzögertem** Verhalten und mit **abfallverzögertem** Verhalten.	Schaltbild Signal-Zeit-Diagramm t_1 Einschalt-verzögerung t_2 Ausschalt-verzögerung
Zeitglied mit anzugsverzögertem Verhalten	Das an den **Eingang** angelegte 1-Signal erscheint am **Ausgang** erst nach einer festgelegten **Verzöge-rungszeit**. Wird das Eingangssignal auf 0 zurückgesetzt, so folgt unver-zögert das Ausgangssignal. Die **pneumatische Realisierung** besteht aus einem **Drossel-Rückschlagventil mit Luftbehälter** als zeitbestimmen-des Glied und einem **3/2-Wegeventil mit Öffnerfunktion**. Das zeitbestimmende Glied der **elektrischen Schaltung** ist ein **Zeit-relais mit Anzugsverzögerung**.	
Zeitglied mit abfallverzögertem Verhalten	Das an den **Eingang** angelegte 1-Signal erscheint **ohne Verzögerung** am **Ausgang**. Wird das Eingangs-signal auf 0 zurückgesetzt, so schal-tet der Ausgang erst nach einer festgelegten **Verzögerungszeit** auf 0 um. Die **pneumatische Realisierung** besteht aus einem **Drossel-Rückschlagventil mit Luftbehälter** als zeitbestimmen-dem Glied und einem **3/2-Wege-ventil mit Schließerfunktion**. Das zeitbestimmende Glied der elektrischen Lösung ist ein **Zeit-relais mit Abfallverzögerung**.	

Prozessoren

Benennung	Erklärung	Bild/Beispiel/Bemerkung
Prozessor	Einrichtung, die nach **vorgegebenen Programmen** die Funktionen anderer Einrichtungen steuern kann.	**Programmbeispiel** Befehl | Operation | Operand Befehl 1 | LADE | E1 Befehl 2 | UND | E2 Befehl 3 | = | A1
Einbit-Prozessor	Prozessor zur **seriellen Verarbeitung von Befehlen**, die jeweils nur aus 1 Bit **(Wortbreite 1 Bit)** bestehen. Die Befehle (Software) sind im **Programmspeicher** in der richtigen Reihenfolge abgelegt. Bei der Abarbeitung wird jeder Befehl in einen **Zwischenspeicher**, das **Befehlsregister**, transferiert und dort in seine zwei Informationsbestandteile, Operationsteil und Operandenteil, zerlegt. Der **Operationsteil** enthält die vorzunehmende logische Verknüpfung. Der **Operandenteil** enthält die Information, welche Sensorsignale zu verknüpfen sind oder an welche Aktoren die Verknüpfungsergebnisse zu leiten sind.	
Mikroprozessor	Prozessor, bei dem **alle Prozessorfunktionen auf einem Chip** (Einchip-Prozessor) untergebracht sind. Merkmale: **Wortbreite 8 Bit bis 32 Bit,** umfangreicher **Befehlsvorrat** in Halbleiterspeichern abgelegt, **arithmetische Fähigkeiten,** hohe **Verarbeitungsgeschwindigkeit.**	
Mikrocomputer	Mikroprozessor als **Zentraleinheit** mit den Peripherieeinheiten **Programmspeicher, Arbeitsspeicher, Ein-/Ausgabeeinheiten.**	

Halbleiterspeicher

Benennung	Erklärung	Bild/Beispiel/Bemerkung
Halbleiterspeicher	In einem **Halbleiterchip** integrierte **Speicherelemente** mit der Funktion eines synchronen **RS-Flipflops,** die nach einem bestimmten **Organisationsschema** in Speicherplätzen, z. B. zu 8 Bit, angeordnet sind. **Einteilung** nach der Funktion und nach der Technologie.	Halbleiter-speicher — Schreib-Lese-speicher / Nur-Lese-speicher — Statisch SRAM / Dynamisch DRAM — Masken-programmierbar ROM / Anwender-programmierbar PROM EPROM
Wahlfreier Zugriff	Jeder **Speicherplatz** kann vom Prozessor in **beliebiger Reihenfolge** angesprochen werden (random access).	
Schreib-Lese-Speicher RAM (SRAM/DRAM)	Speicherplätze können wahlweise **beschrieben** oder **ausgelesen** werden. Löschen und Neueinschreiben während des Betriebes. Speicherinhalt bei Spannungsabschaltung **flüchtig.**	
Nur-Lese-Speicher ROM EPROM	Auch **Festwertspeicher** genannt. Speicherplätze können nur ausgelesen werden. Änderung des Speicherinhalts nicht möglich. Bei Spannungsabschaltung **nicht flüchtig.**	Datenwort Sedezimal: 1 1 0 0 1 1 0 1 = CD; 0 0 1 1 0 0 1 1 = 33; 0 0 0 0 0 0 0 0 = 00
Statischer Speicher SRAM	Die Information 1 Bit ist in einem integrierten **binären Element** enthalten, dessen Zustand festlegt, ob 1 oder 0 gespeichert ist. Ausführung in bipolarer Technologie.	1 1 1 1 1 1 0 1 = FD; 0 0 1 0 0 0 0 1 = 21; 0 1 1 0 1 0 0 0 = 68; 1 0 0 0 0 0 0 1 = 81; 1 1 1 1 1 1 0 1 = FD
Dynamischer Speicher DRAM	Die Information 1 Bit ist in einer integrierten **Kapazität** als **elektrische Ladung** gespeichert. Sie muß alle 2 ms **aufgefrischt** werden.	Organisation eines Speichers. Jeder Speicherplatz enthält 8 Speicherzellen. Das entsprechende Datenwort besteht aus 8 Bit.

Externe Speicher

Benennung	Erklärung	Bild/Beispiel/Bemerkung
Externe Speicher	In externen Speichern werden Daten und Programme **außerhalb des Arbeitsspeichers** eines Computers abgelegt. Die wichtigsten externen Speicher sind: Lochstreifen, Magnetband, Diskette und Festplatte (Hard disc).	
Lochstreifen	Ist ein **serieller Speicher**, der keinen wahlfreien Zugriff gestattet. Vorwiegend noch eingesetzt als **8-Spur-Lochstreifen** bei CNC-Maschinen. Er besteht aus 1-Zoll-breitem Spezialpapier.	
Lochstreifen-Code	Beim 8-Spur-Lochstreifen werden zwei Lochstreifen-Codes verwendet: **EIA-Code** mit **ungerader** Lochzahl, **ISO-Code** mit gerader Lochzahl. Durch ein Paritätsbit (Loch) wird erreicht, daß die Lochzahl stets ungerade (EIA-Code) oder gerade (ISO-Code) ist.	
Lochstreifen-Lochung	Die Lochung erfolgt mit einem elektromechanischen **Lochstreifenstanzer** mit einer Stanzgeschwindigkeit bis max. 300 Zeichen/s.	
Lochstreifen-Lesen	Abtastung der Lochung durch **elektronische Lesegeräte**, Lesegeschwindigkeit bis 3000 Zeichen/s	
Magnetbandkassette	**Minikassette** ca. 32 KByte entspricht ca. 80 m Lochstreifen. **Standardkassette** ca. 200 KByte entspricht 500 m Lochstreifen. Vorteil gegenüber Lochstreifen: Wiederholtes Beschreiben und Löschen.	8-Spur-Lochstreifen codiert mit den NC-Befehlen: N2 G1 X 12 500 Z-5300 F48 S69. Jede Lochkombination hat bei diesem Code eine gerade Lochzahl. Die Taktspur dient zum Transport des Lochstreifens beim Abarbeiten.

Externe Speicher

Benennung	Erklärung	Bild/Beispiel/Bemerkung
Diskette	Die Diskette (Floppy disk) ist eine in einer geschlossenen Hülle angeordnete **biegsame Magnetplatte** zum wiederholten Beschreiben und Löschen. In Verbindung mit dem PC (Personal-Computer) werden 2 Arten eingesetzt: **5 1/4-Zoll-Diskette** (Minidisc) mit 360 kByte oder 1200 kByte. **3 1/2-Zoll-Diskette** (Mikrodisc) mit 720 kByte oder 1440 kByte.
5 1/4-Zoll-Diskette — Schreibschutzkerbe, Schriftfeld, Antriebsöffnung in der Hülle, Antriebsöffnung in der Diskettenscheibe, Indexloch, Schreib-Lese-Öffnung in der Diskettenhülle (Kopffenster), Firmen-Etikett
Disketten-Laufwerk	Dient zur **Datenaufzeichnung** (Schreiben) oder **Lesen** der Daten. Aufzeichnung erfolgt auf konzentrischen **Spuren**, die in **Sektoren** unterteilt sind. In jedem Sektor können 512 Byte gespeichert werden. Es werden **Standard-Laufwerke** und **hochkapazitive Laufwerke** für hohe Aufzeichnungsdichte für 5 1/4-Zoll-Diskette und 3 1/2-Zoll-Diskette eingesetzt.
Indexloch zur Bestimmung des Spuranfangs, Schreibschutzkerbe, Hauptantriebsspindel, Schutzhülle, Kopfschlitten, Diskette (verdeckt), Schreib-/Lese-Kopf, Schrittmotor, Zugriffsfenster
Festplatte	**Starre** magnetisch beschichtete Aluminiumplatte (hard disc), die zusammen mit weiteren Festplatten **luftdicht abgeschlossen** im Laufwerkgehäuse untergebracht ist. Speicherkapazität: 10 bis 100 MByte.
615 Zylinder
Festplatten-Laufwerk	Arbeitsprinzip wie Diskettenlaufwerk. Es werden jedoch **mehrere Plattenoberflächen** zur Datenspeicherung benutzt. Für jede Oberfläche ist ein eigener Schreib-Lese-Kopf vorhanden. Alle Köpfe stehen immer auf demselben **Zylinder.**	Spur auf der Unterseite der Platte — Spur auf der Oberseite der Platte — 1 Zylinder = 6 Spuren — 1 Spur = 17 Sektoren — 1 Sektor = 512 Byte — 30-MB-Festplatten-Laufwerk

Aktorik
Aktoren für Linearbewegungen

Benennung	Erklärung	Bild/Beispiel/Bemerkung
Aktorik	Teil einer Steuerung mit folgenden **Aufgaben:** Aufnahme und Verstärkung der Signale aus der **Prozessorik**. Ausführung der **Stellaktionen**. **Rückmeldung** wichtiger Prozesszustände.	
Aktoren	**Stellglieder**, die nach Stellsignalen der Prozessorik die erforderlichen **Stellaktionen** ausführen. Zu den Aktoren gehören auch **Signalwandler**, z.B. elektrohydraulische oder elektropneumatische Wandler (Magnetventile).	
Pneumatik- und Hydraulikzylinder	Bevorzugt eingesetzte Aktoren zur Erzeugung **linearer Stellbewegungen**. Mit **Hydraulikzylindern** Erzeugung großer Kräfte, mit **Pneumatikzylindern** Erzeugung großer Verstellgeschwindigkeiten. Eingesetzt werden folgende **Bauarten:** Einfachwirkende Zylinder, doppeltwirkende Zylinder, Zylinder mit durchgehender Kolbenstange, stangenlose Zylinder, Teleskopzylinder.	
Steuerung von Pneumatik- und Hydraulikzylindern	**Einfachwirkende** Zylinder mit **3/2-Wegeventil** **Doppeltwirkende** Zylinder mit **4/2-Wegeventil** oder **5/2-Wegeventil**	

Aktoren für Linearbewegungen

Benennung	Erklärung	Bild/Beispiel/Bemerkung
Elektrische Aktoren	Zwei Bauweisen: **Elektromechanischer Antrieb:** Umwandlung der Drehbewegung eines Elektromotors, z. B. mit **Spindel** und **Mutter** oder **Ritzel** und **Zahnstange**, in eine Linearbewegung. **Linearmotor.** Sonderbauform eines Elektromotors, der **direkt** durch **Induktion** eine geradlinige Bewegung erzeugt.	 Elektromechanischer Antrieb Gewindespindel Schlitten mit Mutter — Schneckenrad Schnecke Induktor 1 Anker Induktor 2

Aktoren für Drehbewegungen

Benennung	Erklärung	Bild/Beispiel/Bemerkung
Hydromotoren	Hydromotoren werden mit **Drucköl** beaufschlagt. Drehmoment ist proportional dem **Öldruck** p und dem zugeführten **Ölstrom** Q **Bauarten:** Kolbenmotor (axial und radial), Zahnradmotor, Flügelzellenmotor. **Drehzahlverstellung** durch Veränderung des Hubvolumens (Verdrängungsvolumen).	 konstante Drehzahl, eine Drehrichtung. konstante Drehzahl, zwei Drehrichtungen. veränderliche Drehzahl, eine Drehrichtung. veränderliche Drehzahl, zwei Drehrichtungen.
Steuerung eines Hydromotors	Drehzahl- und Drehrichtungssteuerung. **Drehrichtung** durch Wegeventil. **Drehzahl** durch Stromregelventil oder verstellbare Ölpumpe. Drehzahl ist proportional dem **Förderstrom** Q und umgekehrt proportional dem **Verdrängungsvolumen** V_H im Motor. $$n = \frac{Q}{V_H} \cdot \eta$$ η Wirkungsgrad	 1 Hydromotor 2 Wegeventil 3 Stromregelventil 4 Druckventil 5 Pumpe

MEC 267

Darstellung von Steuerungsabläufen (Software)
Programmablaufplan

Benennung	Erläuterung	Bild/Beispiel/Bemerkung
Darstellung von logischen Abläufen	Zur Darstellung von logischen Abläufen gibt es folgende **Möglichkeiten:** Programmablaufplan **PAP**, Funktionsplan **FUP**, Kontaktplan **KOP**, Anweisungsliste **AWL**, (KOP und AWL siehe SPS)	Anfang / A / Automatik-schalter / S=1 nein ja / B2=0 nein ja / Füllen / B1=1 nein ja / Füllen zeitverzögert abschalten / A / Ende
Programmablaufplan PAP nach DIN 66001	Der Programmablaufplan beschreibt den **Ablauf der Operationen** in einem Steuerungssystem in Abhängigkeit von den jeweils vorhandenen **Daten.** Er besteht im Wesentlichen aus Sinnbildern für **Operationen**, dem Sinnbild **Eingabe** und **Ausgabe** und den **Ablauflinien.**	PAP einer Füllstandsteuerung

Sinnbilder für Programmablaufpläne (DIN 66001/12.83)

Sinnbild	Bedeutung	Bemerkung
	Verarbeitung, allgemein	Einschließlich Ein- und Ausgabe
	Manuelle Verarbeitung	Einschließlich Ein- und Ausgabe

Sinnbilder für Programmablaufpläne

Sinnbild	Bedeutung	Bemerkung
	Verzweigung	Fällen einer Entscheidung, die nur mit 1 (ja) oder 0 (nein) zu beantworten ist.
	Schleifenbegrenzung Anfang Ende	In beiden Teilen (Anfang und Ende) des Sinnbilds müssen zur eindeutigen Zuordnung dieselben Bezeichnungen stehen, z.B. „Schleife 1".
	Synchronisierung paralleler Verarbeitungen	Die Verbindungslinien müssen senkrecht zu den Linien des Sinnbilds geführt werden.
	Verbindung	Verarbeitungsfolge
	Grenzstelle	Beginn und Ende einer Verarbeitungsfolge
	Verbindungsstelle	Eine Verbindung kann durch eine Verbindungsstelle unterbrochen und an anderer Stelle derselben Darstellung mit einer Verbindungsstelle mit gleicher Innenbeschriftung fortgesetzt werden.
	Bemerkung	Mit diesem Sinnbild kann erläuternder Text jedem anderen Sinnbild dieser Norm zugeordnet werden. Die durchbrochene Linie zum erläuternden Sinnbild darf durch eine Vollinie ersetzt werden.

Ausführung von Funktionsplänen für Steuerungen (DIN 40 719, 2.92)

Benennung	Erläuterung	
Funktionsplan	Eine von der technischen Realisierung unabhängige **graphische Darstellung** zur Beschreibung der Funktion und des Verhaltens einer **Steuerung**. Der Funktionsplan ist definiert durch **Symbole** für **Schritte**, **Übergänge** und **Wirkverbindungen**, die Schritte und Übergänge verbinden. Entsprechend dem Steuerungsablauf dürfen jedem Schritt ein oder mehrere **Befehle** zugeordnet sein, muss jedem Übergang mindestens eine **Übergangsbedingung** zugeordnet sein.	3 Schrittsymbol 4 „Motor läuft nicht" Übergang mit Übergangsbed. Einschaltbedingungen erfüllt Befehlssymbole 5 S / Lüfter EIN 1 S / Ölpumpe EIN 2 5.1 Luftstrom vorhanden UND 5.2 Öldruck 2,5 bar Wirkverbindung 6 S Motorschalter EIN 1 S Meldung „Anlauf EIN" 6.1 Motorschalter geschlossen 7 S Anlasser EIN 1 7.1 Anlasser in Endstellung Auszug aus dem Funktionsplan

Elemente, Regeln und Grundformen

Schritte beschreiben die verschiedenen **Beharrungszustände** einer Steuerung. Ein Schritt charakterisiert ein stationäres Verhalten des Systems.

Nr.	Symbol	Beschreibung
1.1	*	Schritt, allgemein Das Seitenverhältnis des Rechtecks ist beliebig; ein Quadrat wird empfohlen. Zur Identifizierung müssen Schritte gekennzeichnet werden, z. B. alphanumerisch. Der Stern oben in der Mitte des allgemeinen Symbols ist durch das dem Schritt zugeordnete Kennzeichen, z. B. die Schrittnummer, zu ersetzen.
1.2	2	Beispiel: Schritt 2.
1.3	*	Anfangsschritt kennzeichnet das Anfangsverhalten der Steuerung. Es gelten die Anmerkungen zu Symbol 1.1.
1.4	1	Beispiel: Anfangsschritt 1.
1.5	3 ●	Ein Schritt kann zu einem gegebenen Zeitpunkt entweder **gesetzt** oder **nicht gesetzt** bzw. **rückgesetzt** sein. Beispiel: Schritt 3, in seinem gesetzten Zustand gezeichnet. Wenn ein Schritt gesetzt ist, werden die zugehörigen **Befehle** ausgegeben oder **Aktionen** ausgeführt.

Weg-Schritt-Diagramm

Benennung	Erläuterung	Bild/Beispiel/Bemerkung
Weg-Schritt-Diagramm	Das Diagramm beschreibt in zwei Koordinaten den **Arbeitsablauf** eines oder mehrerer **Aktoren** und ihre steuerungstechnische Verknüpfung. Es wird auch **Zustandsdiagramm** genannt. Anwendung meist für **wegabhängige Steuerungen.** In der senkrechten Achse wird der **Zustand des Aktors**, z. B. die Lage eines Zylinders oder die Schaltstellung eines Ventils aufgetragen. Die waagerechte Achse stellt die **Schrittfolge** oder den zeitlichen Ablauf dar. Die Arbeitsschritte werden durchnummeriert.	**Arbeitsablauf** $A + B + B - C + A - C -$ $+$ = Ausfahren $-$ = Einfahren
Funktionslinien	Der Zustand der Aktoren während des jeweiligen Schrittes wird durch Volllinien dargestellt; in **Ausgangsstellung** durch schmale, bei **Aktivität** durch breite Volllinien.	Beispiel für Weg-Schritt-Diagramm
Signallinien	In einer Steuerung mit mehreren Aktoren werden deren Zustandsdiagramme **untereinander** gezeichnet. Die **steuerungstechnische Verknüpfung** durch Signalglieder wird durch **Signallinien** dargestellt; sie werden als schmale Volllinien mit Pfeil gezeichnet (Signalrichtung beginnend am Signalglied und endend an der Stelle, wo die Zustandsänderung eingeleitet wird).	**Signalglieder**
Symbole	Symbole für Signalglieder und Signallinien werden nach DIN 40719, Teil 6 eingesetzt.	**Signallinien** Symbole für Signalglieder und Signallinien.

Schaltzeichen von Pneumatiksteuerungen

(DIN ISO 1219/CETOP RP 68)

Symbol	Erklärung	Symbol	Erklärung
Wegeventile		**Sperrventile**	
	2/2 Wegeventil Sperr-Ruhestellung		Rückschlagventil ohne Feder Rückschlagventil mit Feder
	2/2 Wegeventil Durchfluss-Ruhestellung		Gesteuertes Rückschlagventil
	3/2 Wegeventil Sperr-Ruhestellung		Wechselventil
	3/2 Wegeventil Durchfluss-Ruhestellung		Schnellentlüftungsventil
	3/3 Wegeventil Sperr-Mittelstellung		Zweidruckventil (nicht genormt)
	4/3 Wegeventil Sperr-Mittelstellung	**Druckventile**	
	4/3 Wegeventil Schwimmstellung		Druckbegrenzungsventil einstellbar
	5/2 Wegeventil		Zuschaltventil einstellbar
	5/3 Wegeventil Sperr-Mittelstellung		Zuschaltventil mit Entlüftung (3-Wege-Funktion) einstellbar (nicht genormt)

Schaltzeichen von Pneumatiksteuerungen (DIN ISO 1219/CETOP RP 68)

Symbol	Erklärung	Symbol	Erklärung
	Druckregelventil, ohne Abflussöffnung einstellbar	**Energieübertragung**	
	Druckregelventil, mit Abflussöffnung einstellbar		Druckquelle
			Arbeitsleitung
Stromventile			Steuerleitung
			Entlüftungsleitung
	Drosselventil mit konstanter Verengung		biegsame Leitung
	Blendenventil mit konstanter Verengung		elektrische Leitung
	Drosselventil verstellbar, Betätigung beliebig		Leitungsverbindung (fest)
	Drosselventil, verstellbar, Betätigung durch Hand		Leitungskreuzung
	Drosselventil verstellbar, mechanische Betätigung gegen Rückstellfeder		Entlüftungsstelle
			Auslass ohne Rohranschluss
	Drosselrückschlagventil, verstellbar		Auslass mit Rohranschluss
	Blendenrückschlagventil, verstellbar		Druckanschlussstelle verschlossen
			Schalldämpfer
	Absperrventil		Pneumatikspeicher

MEC 273

Schaltzeichen von Pneumatiksteuerungen

Symbol	Erklärung	Symbol	Erklärung
Energieübertragung		**Muskelkraftbetätigung**	
	Filter		allgemein
	Wasserabscheider handbetätigt		durch Knopf
	Wasserabscheider mit automatischer Ent-leerung		durch Hebel
	Filter mit Wasser-abscheider, automatisch		durch Pedal
		Mechanische Betätigung	
	Trockner		durch Stößel oder Taster
	Öler		durch Feder
	Wartungseinheit (Filter, Druckregelventil, Öler und Manometer), verein-fachte Darstellung		durch Tastrolle
			durch Tastrolle mit Leerrücklauf
	Kühler	**Elektrische Betätigung**	
Betätigungen			durch Elektromagnet mit 1 wirksamen Wicklung
	Welle, Drehbewegung in 2 Richtungen		durch Elektromagnet mit 2 gegensinnig wirkenden Wicklungen
	Raste		durch Elektromotor mit kontinuierlicher Dreh-bewegung
	Sperre (*Sinnbild für das Betätigungsmittel zum Lösen der Sperre)		durch Elektroschritt-motor

Schaltzeichen von Pneumatiksteuerungen

Symbol	Erklärung	Symbol	Erklärung
Druckbetätigung		1 / X ⊢⊣ ⋙ 2 4	Druckschalter
	direkt durch Druck-beaufschlagung		
	direkt durch Druck-entlastung		Druckfühler
⋙ ⊢⊣ ⋙	Federzentriert		
	indirekt durch Druck-beaufschlagung (vorgesteuert)		Durchflussfühler
	indirekt durch Druck-entlastung	⊗	Anzeige
	durch Druckbeaufschlagung über Verstärker (nicht genormt)	**Berührungslose Schaltelemente**	
Kombinierte Betätigungen		◁═ 2 1	Reflexauge (nicht genormt)
	durch Elektromagnet und Vorsteuerventil	← 1	Düse allgemein, Senderdüse für Luftschranke (nicht genormt)
	durch Elektromagnet oder Vorsteuerventil	2 1	gespeiste Empfängerdüse für Luftschranke (nicht genormt)
	durch Elektromagnet oder Handbetätigung mit Rückstellfeder	2 1	Staudüse (nicht genormt)
*	Allgemein: *Erklärendes Zeichen (in Fußnote angegeben)	2 1	Gabelluftschranke (nicht genormt)
Sonstige Geräte			
	Druckmessgerät (Manometer)	**Kurzbezeichnungen von Anschlüssen**	
	Differenzdruckmessgerät	A, B, C... 2, 4, 6... P 1 R, S, T... 3, 5, 7... L 9 Z, Y, X... 12,14,16... (DIN) (CETOP)	Arbeitsleitungen Zuluft, Druckluftanschluss Abfluss, Entlüftungen Leckleitung Steuerleitungen

MEC 275

Pneumatische Grundsteuerungen

Benennung	Erklärung	Bild/Beispiel/Bemerkung
Direkt-Steuerung mit 3/2-Wege-ventilen	Bei Betätigen von Ventil 1.2 wird Zylinder 1.3 auf der Kolbenfläche druckbeaufschlagt. Die Kolbenstange fährt aus (+). Bei Betätigen von Ventil 1.1 wird Zylinder 1.3 auf der Kolbenringfläche beaufschlagt. Die Kolbenstange fährt ein (–). Bei Freigabe der Ventile 1.1 bzw. 1.2 wird das Volumen auf der Kolbenringseite bzw. auf der Kolbenseite von Zylinder 1.3 entlüftet. Die Kolbenstange lässt sich von Hand frei bewegen.	
Direkt-Steuerung mit 5/2-Wege-ventil	Bei Betätigen von Ventil 1.1 wird Zylinder 1.2 auf der Kolbenfläche druckbeaufschlagt und das Volumen auf der Kolbenringseite wird druckentlastet. Die Kolbenstange fährt aus. Bei Freigabe von Ventil 1.1 schaltet dieses durch Federkraft in die Grundstellung zurück und die Kolbenstange des Zylinders 1.2 fährt ein. Wird Ventil 1.1 nur kurzzeitig betätigt, dann fährt die Kolbenstange ein kurzes Stück aus und dann sofort wieder ein.	
Fernsteue-rung mit 5/2-Wege-ventil und Geschwindig-keitsregu-lierung	Bei Betätigen von Ventil 1.1 schaltet Ventil 1.2 um und die Kolbenstange von Zylinder 1.5 fährt aus. Bei Freigabe von Ventil 1.1 schaltet Ventil 1.2 in Ausgangsstellung zurück und die Kolbenstange von Zylinder 1.5 fährt ein. Die Drosselrückschlagventile 1.3 und 1.4 dienen zur Geschwindigkeitsregulierung. Die Drosselrückschlagventile sind so eingebaut, daß die Abluft gedrosselt wird. Bei verkehrtem Einbau der Drosselrückschlagventile wird die Zuluft zum Zylinder gedrosselt, was bei Lastschwankungen zu einer ungleichmäßigen Hubbewegung führen kann. Das 5/2-Ventil 1.2 ist pneumatisch betätigt. Die Betätigungskraft ist druckabhängig.	

MEC 276

Pneumatische Grundsteuerungen

Benennung	Erklärung	Bild/Beispiel/Bemerkung
Impulssteuerung mit Schnellentlüftungsventil und Zweidruckventil	Bei Betätigen von Ventil 1.1 schaltet Ventil 1.5 um und die Kolbenstange von Zylinder 1.8 fährt aus. Bei Betätigen von Ventil 1.2 schaltet Ventil 1.5 um und die Kolbenstange von Zylinder 1.8 fährt ein. Das Ventil 1.5 kann nur dann umschalten, wenn das Ventil 1.3 auf Durchfluss steht; nur dann ist das Ventil 1.4 beidseitig mit Druck beaufschlagt. Die Ausfahr-Bewegung erfolgt mit erhöhter Geschwindigkeit, da die Luft über das Schnellentlüftungsventil 1.7 entweicht. Die Ventile 1.1 und 1.2 dürfen nicht gleichzeitig betätigt werden.	
Halbautomatische Steuerung mit Grenztasterventil und Wechselventil	Bei Betätigen von Ventil 1.1 oder Ventil 1.2 schaltet über Ventil 1.4 das Ventil 1.5 um. Die Kolbenstange von Zylinder 1.8 fährt aus. In der Ausfahrstellung wird das Ventil 1.3 betätigt und das Ventil 1.5 umgeschaltet. Die Kolbenstange von Zylinder 1.8 fährt ein. Wird das Grenztasterventil 1.3 von der Kolbenstange nicht betätigt, dann wird Ventil 1.5 nicht zurückgeschaltet und die Kolbenstange von Zylinder 1.8 bleibt in der Ausfahrstellung stehen. Wird anstelle des Wechselventils nur ein T-Verbinder eingebaut, dann kann sich der Steuerdruck über Ventil 1.2 abbauen und Ventil 1.5 wird nicht umgeschaltet.	
Vollautomatische Steuerung mit zwei Grenztasterventilen	Bei Betätigen von Ventil 1.1 schaltet Ventil 1.6 um und die Kolbenstange von Zylinder 1.9 fährt aus. In der Ausfahrstellung wird Ventil 1.3 betätigt und dadurch Ventil 1.6 umgeschaltet. Die Kolbenstange von Zylinder 1.9 fährt ein. In der Einfahrstellung wird Ventil 1.2 betätigt, wodurch ein neuer Arbeitsablauf beginnt. Der vollautomatische Ablauf wird erst beendet, wenn Ventil 1.1 zurückgeschaltet wird und die Kolbenstange von Zylinder 1.9 eingefahren ist. Die Abluft von Zylinder 1.9 entweicht über die beiden Schalldämpfer 1.4 und 1.5 an Ventil 1.6.	

Pneumatische Grundsteuerungen

Benennung	Erklärung	Bild/Beispiel/Bemerkung
Steuerung mit Signal-verzögerung	Bei Betätigen von Ventil 1.1 schaltet Ventil 1.7 um und die Kolbenstange von Zylinder 1.10 fährt aus. In der Ausfahrstellung wird das Ventil 1.2 betätigt, Luft strömt über das Drosselrückschlagventil 1.3 und füllt den Luftbehälter 1.4. Sobald nach einer bestimmten Zeit, abhängig von der Größe des Luftbehälters, ein Druckaufbau erfolgt ist, schaltet Ventil 1.5 und danach Ventil 1.7 um. Die Kolbenstange von Zylinder 1.10 fährt ein. Die Signalverzögerung ist abhängig von der Einstellung des Drosselrückschlagventils 1.3 und der Größe von Luftbehälter 1.4.	
Halbautomatische Zweizylindersteuerung durch Endschalterventil mit Leerrücklauf	Bei Betätigen von Ventil 1.1 schaltet Ventil 1.2 um und die Kolbenstange von Zylinder 1.5 fährt aus. Kurz vor Erreichen der Ausfahrstellung wird Ventil 2.1 betätigt. Dadurch schaltet Ventil 2.3 um und die Kolbenstange von Zylinder 2.6 fährt aus. In der Ausfahrstellung wird Ventil 2.2 betätigt, wodurch Ventil 2.3 umschaltet. Die Kolbenstange von Zylinder 2.6 fährt ein. Nach Freigabe von Ventil 1.1 steuert Ventil 1.2 um und die Kolbenstange von Zylinder 1.5 fährt ein. Dabei berührt sie kurzzeitig Ventil 2.1. Durch die Leerrücklaufrolle wird aber kein Steuersignal ausgelöst.

Speicherprogrammierte Steuerungen (SPS)

Benennung	Erklärung	Bild/Beispiel/Bemerkung
SPS	Abkürzung für **Speicherprogram-mierte Steuerung**	Elektrische Steuerungen — Verbindungsprogram-miert VPS — Speicherprogrammiert SPS
Kennzeichen der SPS	Das **Arbeitsprogramm** ist in Form von **Anweisungen** in einen **Halb-leiterspeicher** (EPROM) abgelegt. Bei Programmwechsel wird der Programmspeicher gelöscht und neu programmiert.	**Programm** — I1 I2 Q1, I3. LD I1, OR I3, AND I2, ST Q1. Kontaktplan oder Anweisungsliste
Funktions-blöcke der SPS	Hauptblöcke sind: Eingabeteil, Verarbeitungsteil, Ausgabeteil. Der **Verarbeitungsteil** besteht aus der **Zentraleinheit** und den **Spei-chergruppen** für Betriebssystem, Arbeitsprogramm und Daten. Ein- und Ausgabeteil sind vom Verarbeitungsteil **galvanisch ge-trennt**. Der Austausch von Infor-mationen zwischen den Funk-tionsteilen erfolgt über den **Datenbus.**	Hand-Programmiergerät oder Lichtgriffel-Programmiergerät — Personal-Computer als Programmier-gerät
Zentral-einheit CPU	Die Zentraleinheit steuert den Programmablauf. Dabei greift sie auf das **Systemprogramm** zurück, das bereits vom Hersteller im **Systemspeicher** abgelegt ist.	**Programmdokumentation** — LD I1, OR I3, AND I2, ST Q1 → Drucker
Programm-speicher	Der Programmspeicher enthält das **Arbeitsprogramm**. Es wird vom Anwender mit einem **Programmiergerät** einprogrammiert, z.B. als **Kontaktplan** oder **Anwei-sungsliste**. Gleichzeitig wird das Programm mit einem Drucker dokumentiert.	SPS — Signalgeber — Programm-speicher, Steuerwerk (CPU), Eingabeteil, Ausgabeteil — Verarbeitungs-teil — Stellgeräte, Anzeiger. Wirkungsweise einer speicherprogrammierten Steuerung (SPS).

Programmabarbeitung einer SPS

Benennung	Erklärung	Bild/Beispiel/Bemerkung
Programm-abarbeitung	Die Programmabarbeitung einer SPS erfolgt **seriell und zyklisch**. Das bedeutet: Der Mikroprozessor in der Zentral-einheit steuert nacheinander (seriell) **alle Programmadressen** im Programmspeicher an und führt jeweils die darin gespeicherten Anweisungen aus. Wenn die letzte Anwei-sung ausgeführt ist, fängt die Abarbeitung wieder von vorne an (zyklisch).

Geber (Schalter, Befehlsgeräte, Sensoren ...)

Galvanische Trennung, Filter ...

Eingangs-Abbildungsregister

Systemspeicher
Übersetzer, Systembausteine, Arithmetik ...

Mikroprozessor (CPU)

Programmspeicher
Adresse
000 — 1. Anweisung
001 — 2. Anweisung
002 — 3. Anweisung

Datenspeicher
Merker ...

Ausgangs-Abbildungsregister

Galvanische Trennung

Stellglieder (Leistungsschütze, Magnetventile ...)

Programmabarbeitung einer SPS |
Zykluszeit	Das ist die Zeit, die die SPS benötigt, um **alle Anweisungen eines Programms einmal** nach-einander **abzuarbeiten**. Die Zykluszeit wird auf ein Pro-gramm mit **1K Anweisungen** (= 1024 Anweisungen) bezo-gen; sie beträgt ca. 0,5 bis 5 ms.	
Reaktionszeit	Das ist die Zeit von der Betä-tigung eines Sensors am SPS-Eingang bis zum An-steuern eines SPS-Ausgangs. Sie ist etwas länger als die Zykluszeit infolge der **Ein-schaltverzögerung** durch die Signalumformung im Ein-gangsteil.	Die Reaktionszeit hängt auch davon ab, in welchem Stadium der Programmabarbeitung sich die SPS gerade befindet.
Adresszähler	Jede Anweisung trägt eine Adresse (Speicherplatznum-mer). Der Adresszähler wählt die Adressen Schritt für Schritt an. Die Impulse dazu erhält er von einem **Taktgeber**. Wenn der Adresszähler die letzte Adresse erreicht hat, fängt er bei der ersten wieder an.

Zusammenwirken von Adresszähler und Programm-speicher. |

Datenspeicher

Benennung	Erklärung	Bild/Beispiel/Bemerkung
Datenspeicher	Der Datenspeicher einer SPS besteht aus **Register** und **Merker**.	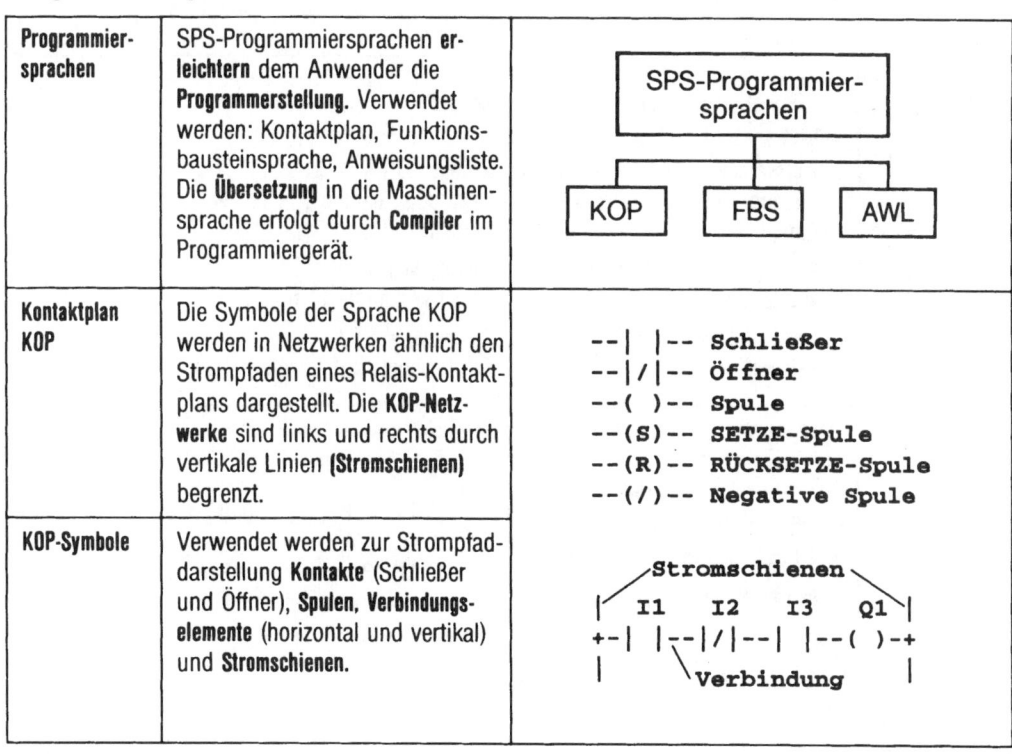
Register	Eingangsregister und Ausgangsregister sind **Zwischenspeicher**, die ein **Zustandsabbild** der Ein- oder Ausgangssignale enthalten. Die SPS speichert die Zustände als HIGH oder LOW, die dann bei der Programmabarbeitung miteinander verknüpft werden.	
Merker	Merker sind Zwischenspeicher für **Verknüpfungsergebnisse**. Im Gegensatz zu den Registern sind sie im Programm direkt ansprechbar.	

Programmiersprachen

Programmier-sprachen	SPS-Programmiersprachen **erleichtern** dem Anwender die **Programmerstellung**. Verwendet werden: Kontaktplan, Funktionsbausteinsprache, Anweisungsliste. Die **Übersetzung** in die Maschinensprache erfolgt durch **Compiler** im Programmiergerät.	
Kontaktplan KOP	Die Symbole der Sprache KOP werden in Netzwerken ähnlich den Strompfaden eines Relais-Kontaktplans dargestellt. Die **KOP-Netzwerke** sind links und rechts durch vertikale Linien **(Stromschienen)** begrenzt.	`--|  |--  `**Schließer** `--|/|--  `**Öffner** `--(  )--  `**Spule** `--(S)--  `**SETZE-Spule** `--(R)--  `**RÜCKSETZE-Spule** `--(/)--  `**Negative Spule**
KOP-Symbole	Verwendet werden zur Strompfaddarstellung **Kontakte** (Schließer und Öffner), **Spulen**, **Verbindungselemente** (horizontal und vertikal) und **Stromschienen**.	

Programmiersprachen

Benennung	Erklärung	Bild/Beispiel/Bemerkung

Funktions-baustein-sprache FBS	FBS ist (wie KOP) eine graphische Sprache. Die Elemente von FBS werden in einem Netzwerk darge-stellt und durch **Signalflusslinien** verbunden. Die Ausgänge von Funktionsbausteinen dürfen **nicht** miteinander verbunden werden.	**Beispiel UND-Funktion:**
		
		 $Q1 = I1 \wedge \overline{I1} \wedge I2$
		
		 ```+---+```
		 ```I1---| |```
		 ```I2--o| & |--Q1```
		 ```I3---| |```
		 ```+---+```

Anweisungs-liste AWL	Die Sprache AWL (Anweisungs-liste) besteht aus einer Folge von Anweisungen. Jede **Anweisung** muss mit einer neuen Zeile begin-nen; sie muss einen **Operator**, einen oder mehrere, durch Kommas getrennte, **Operanden** enthalten.	**Beispiel UND-Funktion:** $Q1 = I1 \wedge \overline{I1} \wedge I2$ 	Anweisung	Operator	Operand	 |---|---|---| 	1	LD	I1	 	2	ANDN	I2	 	3	AND	I3	 	4	ST	Q1	

Aufbau einer Steuerungsanweisung

Steuerungs-anweisung	Eine Steuerungsanweisung besteht aus einem Operations-teil und einem Operandenteil.	Steuerungsanweisung Operation | Operand (Kennzeichen | Parameter)
Operation	Die Operation gibt an, **was** zu tun ist. Es gibt 3 Möglichkeiten: 1. **Abfrage** eines Signalzustands an einem Eingang oder Aus-gang. 2. Festlegung der **Art der Ver-knüpfung.** 3. **Setzen, Rücksetzen** oder **Zu-weisung.**	**Beispiele:** **Abfrage** LD I1 Lade den Zustand von I1 ins Register. **Verknüpfung** OR I2 ODER-verknüpfe I1 mit I2 **Zuweisung** = ST Q1 Gib Ergebnis auf Ausgang 1
Operand	Der Operand sagt aus, **mit wem** die Operation durchzuführen ist. Zur Kennzeichnung des Operan-den sind erforderlich: 1. **Art des Operanden,** z. B. Eingang. 2. **Parameter,** ein- oder zweiteilig.	**Beispiele** Parameter I 2.1 Eingang 2.1 Q 1.4 Ausgang 1.4 M 2.2 Merker 2.2 Geräte-Nr. Klemmen-Nr.

Darstellung von Linien und Blöcken

Eigenschaft	Beispiel
Horizontale Linien: ISO/IEC 646 „Minus-Zeichen" Graphisch oder semigraphisch	`-----`
Vertikale Linien: ISO/IEC 646 „vertikale Linie"-Zeichen Graphisch oder semigraphisch	`|`
Horizontale/vertikale Verbindung: ISO/IEC 646 „Plus-Zeichen" – Graphisch oder semigraphisch	`--+--`
Linienkreuzungen ohne Verbindung: ISO/IEC 646 Zeichen – Graphisch oder semigraphisch	`----- -|----`
Verbundene und nichtverbundene Ecken: ISO/IEC 646 Zeichen Graphisch oder semigraphisch	`---+ +----` `---+-+ +----`

Blöcke mit Verbindungslinien:
ISO/IEC 646 Zeichen
Graphisch oder semigraphisch
	`+---------+`
	`---| |`
	`| |---`
	`---| |`
	`+---------+`

Negierter Eingang:
ISO/IEC 646 Zeichen – Großbuchstabe „O"
	`+---+`
	`---o| |---`
	`+---+`

Negierter Ausgang:
ISO/IEC Zeichen – Großbuchstabe „O"
	`+---+`
	`----| |o---`
	`+---+`

Operatoren der Anweisungsliste

Operator	Modifizierer	Bedeutung
LD	N[1]	Setzt aktuelles Ergebnis dem Operanden gleich
ST	N	Speichert aktuelles Ergebnis auf die Operanden-Adresse
S R		Setzt booleschen Operator auf 1 Setzt booleschen Operator auf 0 zurück
AND & OR XOR	N, ([2] N, (N, (N, (	Boolesches UND Boolesches UND Boolesches ODER Boolesches Exklusiv-ODER
ADD SUB MUL DIV	((((	Addition Subtraktion Multiplikation Division
GT GE EQ NE LE LT	((((((	Vergleich: $>$ Vergleich: $>=$ Vergleich: $=$ Vergleich: $<>$ Vergleich: $<=$ Vergleich: $<$
)		Bearbeitung zurückgestellter Operation

[1] Der **Modifizierer „N"** zeigt die **boolesche Negation** des Operanden an. [2] Der **Modifizierer linke Klammer „("** zeigt an, dass die Auswertung des Operators zurückgestellt werden muss, bis ein Operator rechte Klammer „)" erscheint.

Darstellung binärer Operationen (DIN EN 61 131-3/8.94)

Benennung	Operator (Modifizierer)	Darstellung durch FBS	KOP	AWL

UND-Verknüpfung	AND	<pre> +---+
		I1--| |--Q1
		    | & |
		I2--| |
		    +---+</pre>
			<pre>| I1 I2 Q1 |
			+--| |--| |--( )--+
			| |</pre>
				LD I1
				AND I2
				ST Q1

ODER-Verknüpfung	OR	<pre> +----+
		I1--| |--Q1
		    |>=1 |
		I2--| |
		    +----+</pre>
			<pre>| I1 Q1 |
			+--| |--+--( )--+
			| I2 | |
			+--| |--+</pre>
				LD I1
				OR I2
				ST Q1

NICHT Negation	N (Modifizierer)	<pre> +--+
		I1--o| |--Q1
		   | |
		   +--+</pre>
			<pre>| I1 Q1 |
			+--|/|--( )--+
			| |</pre>
				LD NI1
				ST Q1

		<pre> +--+
		I1--| |o--Q1
		   | |
		   +--+</pre>
			<pre>| I1 Q1 |
			+--| |--(/)--+
			| |</pre>
				LD I1
				ST NQ1

Exklusiv-ODER (Antivalenz)	XOR	<pre> +----+
		I1--| |--Q1
		    | =1 |
		I2--| |
		    +----+</pre>
			<pre>| I1 I2 Q1 |
			+--| |--| |--+--( )--+
			| | |
			+--|/|--|/|--+
			| I1 I2 |</pre>
				LD I1
				XOR I2
				ST Q1

Setzen (vorrangig)	S1	<pre> +----+
		   |SR |
		   | |
		I1--|S1 |--Q1
		I2--|R |
		   +----+</pre>
			<pre>| I1 Q1 |
			+--| |--(S)--+
			| |</pre>
				LD I1
				S Q1

Rücksetzen (vorrangig)	R1	<pre> +----+
		   |RS |
		   | |
		I1--|S |--Q1
		I2--|R1 |
		   +----+</pre>
			<pre>| I2 Q1 |
			+--| |--(R)--+
			| |</pre>
				LD I2
				R Q1

Zeitgeber Einschalt-Verzögerung
 	
(Ausschalt-verzögerung)
	IN	<pre> TMR
		   +-----+
		   TON
		   |(TOF)|
		I1--|IN Q|--Q1
		   | |
		T--|PT ET|--T
		   +-----+</pre>
			<pre>| TMR |
			| +-----+ |
			| TON |
			| I1 |(TOF)| Q1 |
			+--| |--|IN Q|--( )--+
			| | | |
			| T--|PT ET| |
			| +-----+ |</pre>
				IN I1
				ST Q1

MEC 284

Beispiele zur SPS-Programmierung

Benennung	Funktionsplan	Kontaktplan	Anweisungsliste

NAND mit Merker	<pre> +---+
	I1--| | |-+---M1
	I2--| & | | +--+
	      +---+ +-O| 1 |---Q1
	                +--+</pre>
		<pre>| I1 I2 M1 |
		+--| |--| |--( )--+
		| |
		| M1 Q1 |
		+--|/|------ ( )--+
		| |</pre>
			LD I1
			AND I2
			ST M1
			LDN M1
			ST Q1

NOR mit Merker	<pre> +---+
	I1---| |
	I2--O|>=1|-+----M1
	I3---| | | +--+
	      +---+ +-O| 1 |---Q1
	                +--+</pre>
		<pre>| I1 M1 |
		+--| |--+--( )--+
		| I2 | |
		+--|/|--+ |
		| I3 | |
		+--| |--+ |
		| M1 Q1 |
		+--|/|-----( )--+</pre>
			LD I1
			ORN I2
			OR I3
			ST M1
			LDN M1
			ST Q1

Vierfach-UND mit Merker	<pre> +---+
	I1--O| |-+---M1
	I2---| & | | +--+
	      +---+ +--| |
	      +---+ +-O| & |---Q1
	I3---| | | | +--+
	I4--O| & |-+---M2
	      +---+</pre>
		<pre>| I1 I2 M1 |
		+--|/|--| |--( )--+
		| |
		| I3 I4 M2 |
		+--| |--|/|--( )--+
		| |
		| M1 M2 Q1 |
		+--| |--|/|--( )--+
		| |</pre>
			LDN I1
			AND I2
			ST M1
			LD I3
			ANDN I4
			ST M2
			LD M1
			ANDN M2
			ST Q1

ODER vor UND mit Merker	<pre> +---+
	I1--| |-+----M1
	I2--|>=1| | +--+
	      +---+ +--| |
	      +---+ +--| & |---Q1
	I3--| | | | +--+
	I4--|>=1|-+
	I5--| |
	      +---+</pre>
		<pre>| I1 M1 |
		+--| |--+-------( )--+
		| I2 | |
		+--| |--+ |
		| I3 Q1 |
		+--| |--+----+--( )--+
		| I4 | | |
		+--| |--+ | |
		| I5 M1 | |
		+--| |--( )--+ |</pre>
			LD I1
			OR I2
			ST M1
			LD I3
			OR I4
			OR I5
			AND M1
			ST Q1

Rück-kopplung	<pre> +--+
	      +---+ I3--| | |-+Q1
	      +---+ +---| & | |
	I1--| | +---| | |
	I2--|>=1| | | +--+ |
	   +-| |-+ |
	   | +---+ |
	   +----------------------+</pre>
		<pre>| I1 I3 Q1 |
		+--| |--+--| |--( )--+
		| I2 | |
		+--| |--+ |
		| Q1 | |
		+--| |--+ |</pre>
			LD I1
			OR I2
			OR Q1
			AND I3
			ST Q1

Numerische Steuerungen (CNC)

Benennung	Erläuterung	Bild/Beispiel/Bemerkung
Numerische Steuerung –	**Programmierbare Steuerung** für **Fertigungsmaschinen**, bei der die Informationen (Weg- und Schaltbefehle) codiert als **Zahlen und Buchstaben** eines NC-Programms eingegeben, verarbeitet und als Stellbefehle an den Maschinenteil ausgegeben werden.	Extern erstellte NC-Programme mit Einrichtedaten (Lochstreifen) → NC-Steuerung / Werkzeugmaschine Einrichten genau nach Einrichteblatt
NC-Steuerung NC = Numerical Control	Veraltete numerische Steuerung **ohne Programmspeicher** mit **festverdrahteter Logik**. Extern erstelltes NC-Programm wird z. B. über Lochstreifen eingelesen. Bediener kann das Programm nicht ändern.	NC-Programm und Einrichtedaten eingeben und ändern → CNC-Steuerung / Werkzeugmaschine Einrichten mit weniger Vorgaben Unterschied zwischen NC- und CNC-System.
CNC-Steuerung CNC = Computer-Numerical-Control	CNC-Steuerung verfügt über mindestens einen **Rechner (Mikrocomputer)**, Speicher für System- und Anwenderprogramme, Ein-Ausgabe-Bausteine sowie Anzeige- und Bedienkomponenten.	Bedientafel Anschlüsse für: Lochstreifenleser Lochstreifenstanz. Magnetbandgerät Diskettenstation Drucker Bediener
NC-Programm	Auflistung aller zur Durchführung der Fertigungsaufgabe notwendigen **Weg- und Schaltinformationen** (geometrische und technologische Informationen). Hinsichtlich der **Programmiersprache** besteht kein Unterschied zwischen NC- und CNC-Systemen.	Mikrocomputer Speicher Mikroprozessor Ein-/Ausgabe-Bausteine CNC-Maschine
DNC = Direct-Numerical-Control	Steuerungssystem, bei dem mehrere CNC-Steuerungen die Daten direkt von einem Zentralrechner erhalten.	Anpasssteuerung Achsensteuerung Leistungsteil Komponenten eines CNC-Systems.

CNC-Steuerungskomponenten

Benennung	Erklärung	Bild/Beispiel/Bemerkung
BUS	Gruppe von **Datenleitungen,** auf denen Signale zwischen mehreren Komponenten ausgetauscht werden.	Mehrere CNC-Steuerungen können über ein Bussystem miteinander vernetzt werden.
Programmspeicher	Festwertspeicher (meist in EPROM) für Systemprogrammbausteine.	Systemprogrammbausteine steuern die interne Zusammenarbeit der Systemkomponenten.
Datenspeicher	Schreib-Lese-Speicher (RAM) für **Bearbeitungsprogramme** (Teileprogramme) und **Bearbeitungsdaten.**	
Mikroprozessor	Datenverarbeitungsbaustein mit arithmetischen und logischen Funktionen.	Mikroprozessor(en), Speicher, Ein- und Ausgabebausteine bilden den Zentralen Mikrocomputer (Rechner).
Bitserielle, Wortserielle E-/A-Baugruppen	**Bitseriell:** Die Bits eines Datenworts werden nacheinander ein- oder ausgegeben, z.B. über Tastatur und Bildschirm. **Wortseriell:** Das Datenwort wird auf einmal **(Bitparallel)** ein- oder ausgegeben, z.B. über Magnetbandkassette und Drucker.	
Modulare CNC-Steuerung	Blockschema und Datenfluss einer modularen CNC	

Anzeige- und Bedientafel

Dateneingabe (z.B. Lochstreifenleser, Magnetbandkassette, Datenfernübertragung)

Zentraler Mikrocomputer (Rechner)

Mikroprozessor

Programmspeicher EPROM Datenspeicher RAM

Bitserielle E/A-Baugruppe

Wortserielle-E/A-Baugruppe

Mikrocomputer-Bus

Soll/Ist-Vergleich

Lageregelung

Anpasssteuerung

CNC-Steuerungskomponenten

Benennung	Erklärung	Bild/Beispiel/Bemerkung
Lageregelung	Funktionsgruppe zur **Überwachung und Regelung** von **Position** und **Verfahrgeschwindigkeit** der Werkzeug- und Werkstückträger. Die Lageregelung besteht aus einem **Lageregelkreis** mit Geschwindigkeitsregelkreis. Im Lageregelkreis wird der gemessene **Weg-Istwert** mit dem vom Rechner vorgegebenen **Sollwert** verglichen (Vergleicher). Entsprechend der Abweichung wird der Befehl zum Verfahren an dem Antriebsmotor ausgegeben.	
Wegmesssystem	Bevorzugt angewendet wird **direkte, inkrementale Wegmessung** mit photoelektrischer Abtastung. **Baugruppen:** Rastermaßstab, Abtasteinheit, Signalverarbeitung. Die sinusförmigen Ausgangssignale der Photoelemente werden in **Rechtecksignale** umgeformt und dann **mehrfach ausgewertet** und nochmals **mehrfach unterteilt**. Bei einer **Gitterteilung** von 20 µm wird eine **Auflösung** von z. B. 0,5 bis 1 µm erreicht.	 Mehrfachauswertung der photoelektrischen Spannungsimpulse.
Funktionsprinzip eines inkrementalen Wegmesssystems		

CNC-Steuerungskomponenten

Benennung	Erklärung	Bild/Beispiel/Bemerkung
Anpass-steuerung	Zwischenglied zwischen CNC-Steue-rung und Maschinenteil. Meist in CNC-Steuerung integriert. Zweck: Umformung und Verstärkung der Mikrocomputer-Ausgangssignale in Maschinenstell- und Schaltbefehle. Übernahme der Überwachung. Rück-meldung an Steuerung. Ausführung vorwiegend als SPS.	↕Weg- und Schalt-informationen Anpaß-programm: Eingangsbaugruppe / Speicher / Zentraleinheit / Ausgangsbaugruppe / Leistungsteil ↕Stell- und Schaltbefehle, Rückmeldungen

Steuerungsarten

Punkt-steuerung	Ermöglicht **Positionieren** von Werk-zeugen auf **programmierten Punkten** im Eilgang. Das Werkzeug ist beim Verfahren der Achsen **nicht im Ein-griff**. Die Achsantriebe sind beim Positionieren gleichzeitig oder getrennt eingeschaltet. Anwendung bei Bohrmaschinen und Punkt-schweißmaschinen.	Werkzeug nicht im Eingriff Eilgang ein Antrieb Zwei Antriebe gleichzeitig
Strecken-steuerung	Ermöglicht Positionieren im Eilgang und **achsparalleles Verfahren** in pro-grammierter **Vorschubgeschwindigkeit**. Es wird immer nur **ein** Achsantrieb eingeschaltet. Das Werkzeug ist beim achsparallelen Verfahren **im Eingriff**. Anwendung bei einfachen Fräs- und Drehmaschinen.	Werkzeug im Eingriff Vorschub achsparallel
Bahn-steuerung	Ermöglicht Positionieren im Eilgang und Vorschubbewegungen auf **belie-bigen Bahnen**, wobei die Achsantriebe **gleichzeitig** eingeschaltet sein können. Universell anwendbar.	Werkzeug im Eingriff 2 Antriebe gleichzeitig

Koordinatenachsen und Bewegungsrichtungen

Benennung	Erläuterung	Bild/Beispiel/Bemerkung
Koordinaten-system DIN 66 217	In der CNC-Technik wird ein **rechts-drehendes rechtwinkliges Koordinaten-system** mit den **Achsen** X, Y und Z sowie den **Drehungen** A, B und C verwendet. Das Koordinatensystem ist auf das **Werkstück** bezogen. Bei der Programmierung der Verfahr-wege wird immer angenommen, daß sich das **Werkstück bewegt**, auch dann, wenn das Werkzeug den Vor-schub ausführt.	Rechte-Hand-Regel
Zuordnung von Koordi-natenachsen und Maschinen-achsen	Die Zuordnung wird vom Hersteller vorgenommen. Die Zuordnung richtet sich danach, ob das **Werkzeug rotiert** (Fräs- und Bohrmaschine) oder das **Werkstück rotiert** (Dreh-maschine)	Achsen und Drehungen
Achsenzuord-nung bei rotierendem Werkzeug	**Z-Achse** parallel zur Achse der Arbeitsspindel. **Positive Z-Richtung** vom Werkstück zum Werkzeug. **X-Achse** horizontal, parallel zur Werkstückaufspannfläche. **Positive X-Richtung** nach **rechts** bei **vertikaler** Z-Achse, wenn Blick von **Hauptspindel zum Ständer.** **Positive X-Richtung** nach **rechts** bei horizontaler Z-Achse, wenn Blick von **Hauptspindel auf Werkstück.**	Bearbeitung auf Vertikal-Fräsmaschine Bearbeitung auf Horizontal-Fräsmaschine
Achsenzuord-nung bei rotierendem Werkstück	**Z-Achse** parallel zur Achse der Arbeitsspindel. **Positive Z-Richtung** von der Arbeits-spindel zum Werkstück. **X-Achse** radial zur Werkstückachse und parallel zur Quersupportführung. **Positive X-Richtung** von der Werkstück-achse zum Haupt-Werkzeugträger.	Bearbeitung an Drehmaschine vor der Drehmitte Bearbeitung an Drehmaschine hinter der Dreh-mitte oder Rund-schleifmaschine

Nullpunkte und Bezugspunkte

Benennung	Erklärung	Bild/Beispiel/Bemerkung
Nullpunkte	Punkte, welche die Lage von Koordinatensystemen innerhalb der Maschine festlegen. Nullpunkte sind **Maschinennullpunkt, Werkstücknullpunkt.**	Masch. Null-punkt Symbol
Bezugspunkte	Punkte, welche die Bedienung und Programmierung unter-stützen. Bezugspunkte sind: **Referenzpunkte, Werkzeugbezugspunkte.**	Fräsmaschine
Maschinen-Nullpunkt	Nullpunkt des **Maschinenkoordi-natensystems.** Ausgangspunkt für alle weiteren Null- und Bezugs-punkte, wird vom Hersteller festgelegt.	Drehmaschine, Bearbeitung hinter der Drehmitte
Referenz-punkt	Ein in **jeder Verfahrachse** durch Endschalter oder andere Senso-ren **genau vorbestimmter Punkt.** Beim Anfahren des Referenz-punkts wird das **Wegmesssystem der Achse auf Null** oder einen bestimmten Wert gesetzt. Die Koordinaten des Referenzpunkts haben, bezogen auf den Maschi-nennullpunkt, immer den glei-chen, bekannten Wert.	Koordinaten des Ref. Pkt. Maschinen-Nullpunkt Referenz-punkt Werkstück-Nullpunkt
Werkstück-Nullpunkt Programm-nullpunkt	Nullpunkt des Werkstück-Koordi-natensystems. Wird vom **Pro-grammierer** festgelegt und beim Einrichten in die Steuerung ein-gegeben. Meist Maßbezugs-punkte auf der Zeichnung.	Symbol

Bildzeichen für Funktionen von CNC-Maschinen (DIN 55003)

Bild-zeichen	Bedeutung	Bild-zeichen	Bedeutung	Bild-zeichen	Bedeutung
	Programm-Einlesen ohne Maschinen-funktionen		Werkzeugschneiden-Radiuskorrektur		Referenzpunkt
	Programm-Einlesen mit Maschinen-funktionen		Programmende mit Datenträger-Rücklauf bis Programmanfang		Koordinatennullpunkt Maschinennullpunkt
	Satzweises Einlesen ohne Maschinen-funktionen		Datenträger-Rücklauf bis Programmanfang		Daten im Speicher verändern
	Satzweises Einlesen mit Maschinen-funktionen		Handeingabe		Speicherinhalt neu setzen
	Programm verändern		Datenträger-Vorlauf ohne Einlesen (Suchlauf)		Speicherinhalt löschen
	Unterprogramm		Datenträger-Rücklauf ohne Einlesen (Suchlauf)		Satzeingabe in einen Speicher
	Suchlauf vorwärts		Programmanfang		Positions-Istwert
	Suchlauf rückwärts		Wahlweise Satzunterdrückung		Programmierter Positions-Sollwert
	Satznummernsuche vorwärts		Absolute Maßangaben		In Position
	Satznummernsuche rückwärts		Relative Maßangaben		Kontur wieder anfahren
	Programmspeicher		Nullpunktkorrektur		Normale Achssteuerung
	Unterprogrammm-speicher		Dateneingabe in einen Speicher		Spiegelbildliche Achssteuerung
	Werkzeuglängen-korrektur		Datenausgabe aus einem Speicher		Programm von externer Einrichtung
	Werkzeugradius-korrektur		Rücksetzen		Speicherüberlauf
	Werkzeugkorrektur		Löschen		Fehlerhafte Programmdaten

NC-Programmierung

Benennung	Erklärung	Bild/Beispiel/Bemerkung
NC-Programm Steuer- programm	Das NC-Programm ist aus **Sätzen** aufgebaut, die in aufsteigender Reihenfolge nummeriert sind. Jeder Satz besteht aus mehreren **Wörtern**, die codiert Weg- und Schaltinforma- tionen enthalten.	Satznummern / Programmsätze N100 G00 X24 Y15 M03 N110 G00 Z2 N120 G98 L1.0 N130 G79 N140 G01 G91 Y16 N150 G79 N160 G01 X16 N170 G78 N180 G01 Y-16
Satz	Eine Gruppe von Wörtern in einem NC-Programm, die **alle Daten** zur Ausführung **eines Arbeitschritts** enthält.	N20 G01 X40 Y60 F300 S1200 Weginformationen Schaltinformationen
Wort	Element eines Satzes, das aus einem **Adresszeichen** und einer **Ziffern- folge** mit oder ohne Vorzeichen besteht. Jedes Wort wird von einem Adresszeichen **eingeleitet**.	N 20 Satznummer G 01 Wegbedingung X −40 Koordinatenangabe F 300 Vorschubangabe S 1200 Spindeldrehzahl I 30 Interpolationsparameter M 05 Zusatzfunktion Ziffernfolge Adressbuchstabe
Satznummer	Ein **Wort**, mit dem jedem Satz eine Nummer zugeordnet wird. Die Satz- nummer besteht aus dem Adress- zeichen N und einer Zahl.	Beispiele für Programmwörter
Weg- bedingung	Ein **Wort**, das angibt, wie die nach- folgenden Wörter eines NC-Pro- gramms **interpretiert** werden müs- sen. Eine Wegbedingung besteht aus dem Adresszeichen G und einer Ziffernfolge.	G 00 Eilgang G 01 Gerade im Vorschub G 02 Kreis im Uhrzeigersinn G 03 Kreis im Gegenuhrzeigersinn Beispiele für Wegbedingungen
Interpolations- parameter	Erforderliche Parameter, um zusätz- lich zu den Koordinatenwerten die Geometrie des zu interpolierenden **Kurvenabschnitts** zu beschreiben.	G02 X30 Y60 I30 J−10 Zielpunkt ┘ Interpol. Parameter für Kreismittelpunkt Beispiel für Kreisinterpolation.

NC-Programmierung

Benennung	Erklärung	Bild/Beispiel/Bemerkung
Absolutmaß-Program-mierung	Art der Programmierung, bei der die Koordinatenwörter und ggf. die Interpolations-parameter **Absolutmaße**, bezo-gen auf einen festgelegten Werkstücknullpunkt, ent-halten.	
Inkremental-maß-Program-mierung	Art der Programmierung, bei der die Koordinatenwörter und ggf. die Interpolations-parameter **Kettenmaße** (Inkre-mentalmaße) enthalten. Auch **Kettenmaßprogrammierung** genannt.	G00 X10 Y10 Absolutmaß- G00 X25 Y15 Programmierung M1, M2 G00 X10 Y10 Inkrementalmaß- G00 X15 Y5 Programmierung
Gerade im Vorschub Geraden-Interpolation	Programmierung mit **Weg-bedingung G01** und **Zielkoordi-naten** sowie mit Vorschub.	Beispiel G01 X45 Y25 F40 Zielpunkt Vorschub
Kreisbogen-program-mierung	Man unterscheidet: 1. Drehung im **Uhrzeigersinn** mit Wegbedingung **G02** 2. Drehung im **Gegenuhr-zeigersinn** mit **G03**	Gegenuhrzeiger-sinn G03 Uhrzeiger-sinn G02 Bear-beitungs-ebene
Kreisbogen-program-mierung absolut	Programmiert werden **Ziel-punkt** und **Kreismittelpunkt** je-weils in **Absolutmaßangabe** bezogen auf den **Werkstück-nullpunkt**. Interpolationsparameter I und **J** für X-Y-Ebene I und **K** für X-Z-Ebene Radius wird nicht program-miert	

Kreisbogen-program-mierung inkremental	Programmiert werden **Ziel-punkt** und **Kreismittelpunkt** jeweils in **Inkrementalmaß-angabe** bezogen auf den Startpunkt.	G02 X30 Y5 I10 J5
		    Absolutmaßangabe
		
		G02 X20 Y–20 I0 J–20
		    Inkrementalmaßangabe
		
		Kreisbogenprogrammierung

NC-Programmierung

Benennung	Erklärung	Bild/Beispiel/Bemerkung

Werkstück-nullpunkt setzen	Beim **Einrichten** werden in die CNC die Werkstücknullpunkt-Koordinaten eingegeben. Die Koordinaten des Werkstück-nullpunkts werden erst **wirksam**, wenn im Programm die **Anweisung G54** gegeben wird. Alle folgenden Koordinaten-werte beziehen sich nun auf diesen Nullpunkt. Bis zu vier verschiedene Werkstücknull-punkte können gesetzt werden (G54 ... G57).	Beispiel
		
		N10 G54 G00 ......
		     | |
		WNP setzen Verfahranweisung
		     ⋮
		N80 G55 G03 ......
		     | |
		Neuen WNP Verfahranweisung
		setzen

Werkstück-nullpunkt verschieben	Im Programm kann der gesetzte Werkstücknullpunkt mit der Anweisung **G59** in eine neue Lage durch An-gabe der Verschiebungs-koordinaten **verschoben** wer-den. Die Nullpunktverschiebung wird mit **G53 gelöscht**. Damit wird der Systemnullpunkt auf den **Maschinennullpunkt** gelegt	 N100 G59 X2 Z2 ......
Program-mierung der Außenkontur (Fräsen)	Bei der Programmierung der (fertigen) Außenkontur wird der Weg der **Fräserschneiden** eingegeben. Die Steuerung verfährt aber entlang der **Fräsermittelpunktsbahn**. Des-halb wird ihr vorher mit-geteilt, wie groß der **Fräser-radius** ist und auf welcher **Seite** der Fertigkontur, bezo-gen auf die Vorschubrichtung, sich der Fräser befindet. Der Fräserradius ist unter der **Werkzeugnummer**, z. B. T5, oder unter einer Korrektur-nummer im **Werkzeugspeicher** abgelegt. Im Programm wird die **Fräserlage** angegeben, und zwar mit **G41** links von der Kontur **G42** rechts von der Kontur	

Adressbuchstaben für NC-Programmworte

Zeichen	Bedeutung
A	Drehbewegung um X-Achse
B	Drehbewegung um Y-Achse
C	Drehbewegung um Z-Achse
D	Werkzeugkorrekturspeicher [1]
E	zweiter Vorschub [1]
F	Vorschub
G	Wegbedingung
H	(frei verfügbar)
I	Interpolationsparameter oder Gewindesteigung parallel zur X-Achse
J	Interpolationsparameter oder Gewindesteigung parallel zur Y-Achse
K	Interpolationsparameter oder Gewindesteigung parallel zur Z-Achse
L	(frei verfügbar)
M	Zusatzfunktion
N	Satz-Nummer
O	(frei verfügbar)
P	dritte Bewegung parallel zur X-Achse [1], [2]
Q	dritte Bewegung parallel zur Y-Achse [1], [2]
R	Bewegung im Eilgang in Richtung der Z-Achse oder dritte Bewegung parallel zur Z-Achse [1], [2]
S	Spindeldrehzahl
T	Werkzeug
U	zweite Bewegung parallel zur X-Achse [1]
V	zweite Bewegung parallel zur Y-Achse [1]
W	zweite Bewegung parallel zur Z-Achse [1]
X	Bewegung in Richtung der X-Achse
Y	Bewegung in Richtung der Y-Achse
Z	Bewegung in Richtung der Z-Achse

[1] Werden diese Adressbuchstaben nicht wie angegeben verwendet, so gelten sie als noch nicht belegt und können dem speziellen Anwendungsfall entsprechend benutzt werden. D wird z. B. auch als Adresse für die Maximaldrehzahl bei Drehmaschinen-CNCs verwendet.

[2] Diese Adressbuchstaben können als Parameter für spezielle Berechnungen verwendet werden, z. B. für Radius bei der Programmierung mit konstanter Schnittgeschwindigkeit.

Für den **Programmanfang** wird häufig das Zeichen % verwendet. Hinter dem %-Zeichen wird die **Programmnummer** angegeben, z. B. % 0178. Gebräuchlich ist auch das Zeichen N mit nachfolgender Programmnummer, z. B. N9004.

Wegbedingungen (G-Funktionen) nach DIN 66025

(ohne frei verfügbare G-Worte)

G-Wort	Wirk-sam-keit [1]	Bedeutung	G-Wort	Wirk-sam-keit [1]	Bedeutung
G00	a	Punktsteuerungsverhalten	G58	f	Nullpunktverschiebung 5
G01	a	Geradeninterpolation	G59	f	Nullpunktverschiebung 6
G02	a	Kreis-Interpolation im Uhr-zeigersinn	G63	×	Gewindebohren
			G70	m	Maßangaben in inch
G03	a	Kreis-Interpolation im Gegen-uhrzeigersinn	G71	m	Maßangaben in Millimeter
G04	×	Verweilzeit, zeitlich vor-bestimmt	G74	×	Anfahren Referenzpunkt
			G80	e	Aufheben Arbeitszyklus
G06	a	Parabel-Interpolation	G81	e	Arbeitszyklus 1
G08	×	Geschwindigkeitszunahme	G82	e	Arbeitszyklus 2
G09	×	Geschwindigkeitsabnahme	G83	e	Arbeitszyklus 3
G17	c	Ebenenauswahl XY	G84	e	Arbeitszyklus 4
G18	c	Ebenenauswahl ZX	G85	e	Arbeitszyklus 5
G19	c	Ebenenauswahl YZ	G86	e	Arbeitszyklus 6
G33	a	Gewindeschneiden, gleich-bleibende Steigung	G87	e	Arbeitszyklus 7
			G88	e	Arbeitszyklus 8
G34	a	Gewindeschneiden, konstant zunehmende Steigung	G89	e	Arbeitszyklus 9
			G90	j	absolute Maßangaben
G35	a	Gewindeschneiden, konstant abnehmende Steigung	G91	j	inkrementale Maßangaben
			G92	×	Speicher setzen
G40	d	Aufheben der Werkzeug-korrektur	G93	k	Zeitreziproke Vorschub-Verschlüsselung
G41	d	Werkzeugbahnkorrektur, links	G94	k	Angabe der Vorschub-geschwindigkeit in mm/min (inch/min)
G42	d	Werkzeugbahnkorrektur, rechts			
G43	d	Werkzeugkorrektur, positiv			
G44	d	Werkzeugkorrektur, negativ	G95	k	Angabe des Vorschubs in Millimeter je Umdrehung (inch je Umdrehung)
G53	f	Aufheben der Verschiebung			
G54	f	Nullpunktverschiebung 1			
G55	f	Nullpunktverschiebung 2	G96	i	Konstante Schnittgeschwindig-keit
G56	f	Nullpunktverschiebung 3	G97	i	Angabe der Spindeldrehzahl in 1/min
G57	f	Nullpunktverschiebung 4			

[1] **Satzweise wirksame Wegbedingungen** sind mit × gekennzeichnet. Alle anderen Wegbedingungen sind in der Steuerung **gespeichert** und bleiben so lange wirksam, bis sie durch eine andere Wegbedingung **gleichen Gruppenbuchstabens** (z. B. a) oder durch die **Ausgangsstellung überschrieben** werden.

Wegbedingungen (G-Funktionen)

G-Wort	Benennung	Erklärung
G00	Punktsteuerungs-verhalten	Anfahren des programmierten Punktes mit der größtmöglichen Geschwindigkeit (z. B. Eilgang). Eine vorher programmierte Vorschubgeschwindigkeit wird ignoriert, aber nicht gelöscht.
G02 und G03	Kreis-Interpolation im Uhrzeigersinn/ Gegenuhrzeigersinn	Die Angabe „Uhrzeigersinn" oder „Gegenuhrzeigersinn" gilt für die Relativbewegung des Werkzeuges gegenüber dem Werkstück bei Blick auf die Bahnebene in negativer Richtung der auf dieser Ebene senkrecht stehenden Koordinatenachse (rechtsdrehendes Koordinatensystem).
G04	Verweilzeit, zeitlich vorbestimmt	Zeitlich vorbestimmte Programmunterbrechungen mit programmierter oder in der Steuerung festgelegter Dauer und automatischer Programmfortsetzung.
G08	Geschwindigkeits-zunahme	Gesteuerte Zunahme der Geschwindigkeit auf den programmierten Wert bei Beginn der Bewegung.
G09	Geschwindigkeits-abnahme	Gesteuerte Abnahme der Geschwindigkeit vom programmierten Wert bei Annäherung an den programmierten Punkt, z. B. bei Bahnpunkten, an denen sich die Tangentenrichtung unstetig ändert (Ecken).
G17 bis G19	Ebenenauswahl	Auswahl einer Ebene (Hauptebene oder dazu parallele Ebene), in der Funktionen wie Kreisinterpolation, Werkzeugradiuskorrektur oder ähnliche Funktionen wirksam werden sollen.
G41 und G42	Werkzeugbahn-korrektur links/rechts	Bei Bearbeitung in einer Hauptebene oder dazu parallelen Ebenen befindet sich das Werkzeug auf der linken/rechten Seite der Werkstückoberfläche, in Richtung der Werkzeug-Relativbewegung gesehen. Dabei wird die Bahnebene (Hauptebene oder dazu parallele Ebene) in negativer Richtung der auf dieser Ebene senkrecht stehenden Koordinatenachse betrachtet (rechtsdrehendes Koordinatensystem).
G43 und G44	Werkzeugkorrektur positiv/negativ	Der in die Steuerung eingegebene Wert der Werkzeugkorrektur (Werkzeuglänge, Werkzeugradius oder Werkzeuglage) wird zu/von dem Wert des programmierten Wortes für die Koordinate addiert/subtrahiert. Die Wegbedingungen G43 und G44 können entfallen, wenn die in die Steuerung eingegebenen Korrekturwerte den Werkzeuglängen (z. B. bei Bohrmaschinen) bzw. Werkzeuglagen (z. B. bei Drehmaschinen) fest zugeordnet sind.
G74	Anfahren Referenzpunkt	Es werden die Referenzpunkte in den Koordinaten angefahren, deren Adressbuchstaben im betreffenden Satz programmiert sind.
G81 bis G89	Arbeitszyklus 1 bis 9	Unter einem Arbeitszyklus wird hier ein in der Steuerung festgelegter Ablauf von Einzelschritten, z. B. aus Maschinenbewegungen in einer Achse und Drehung der Arbeitsspindel zum Ausbohren, Bohren, Gewindebohren verstanden. Ein mit einer Wegbedingung einmal programmierter Abruf eines Arbeitszyklus wird unter bestimmten Bedingungen so lange wiederholt, bis er gelöscht oder geändert wird.

Zusatzfunktionen (M-Funktionen) nach DIN 60025

(Ohne frei verfügbare M-Funktionen)

M-Wort	sofort wirksam	später wirksam	gespeichert wirksam	satzweise wirksam	Bedeutung
M00		×		×	Programmierter Halt
M01		×		×	Wahlweiser Halt
M02		×		×	Programmende
M03	×		×		Spindel im Uhrzeigersinn
M04	×		×		Spindel im Gegenuhrzeigersinn
M05		×	×		Spindel Halt
M06				×	Werkzeugwechsel
M07	×		×		Kühl(schmier)mittel Nr. 2 Ein
M08	×		×		Kühl(schmier)mittel Nr. 1 Ein
M09		×	×		Kühl(schmier)mittel Aus
M10			×		Klemmen
M11			×		Lösen
M19		×	×		Spindel-Halt mit definierter Endstellung
M30		×		×	Programmende mit Rücksetzen
M31	*	*		×	Aufhebung einer Verriegelung
M40 bis M45	×	*	×		Getriebeschaltung oder vorläufig frei verfügbar
M48		×	×		Überlagerungen wirksam
M49	×		×		Überlagerungen unwirksam
M58	×		×		Konstante Spindeldrehzahl [1] Aus
M59	×		×		Konstante Spindeldrehzahl [1] Ein
M60		×		×	Werkstückwechsel

Zusatzfunktionen (M-Funktionen)

M-Wort	Benennung	Erklärung
M00	Programmierter Halt	Stillsetzen der Maschine nach Abarbeiten des Satzes einschließlich Aufheben der Funktionen für Kühl(schmier)mittelzufuhr und Spindeldrehung, Programmfortsetzung durch die Bedienungsperson.
M01	Wahlweiser Halt	Gleiche Auswirkung wie M00, wenn zugehöriger Wahlschalter auf Stellung „EIN".
M02	Programmende	Stillsetzen der Maschine nach Abarbeiten des letzten Satzes im Steuerprogramm einschließlich Aufheben der Funktionen für Kühl(schmier)mittelzufuhr und Spindeldrehung. Rücksetzen der Steuerung und/oder der Arbeitsmaschine in Ausgangsstellung.
M03	Spindel im Uhrzeigersinn	Einschalten der Spindeldrehung; bei Drehung im Uhrzeigersinn bewegt sich eine rechtsgängige Schraube in das Werkstück hinein.
M04	Spindel im Gegenuhrzeigersinn	Einschalten der Spindeldrehung; bei Drehung im Gegenuhrzeigersinn bewegt sich eine rechtsgängige Schraube aus dem Werkstück heraus.
M05	Spindel Halt	Schnellstmögliches Stillsetzen der Spindel. Abschalten der Kühl(schmier)mittelzufuhr.
M06	Werkzeugwechsel	Auslösung des Werkzeugwechsels ohne Werkzeugauswahl. Kann mit oder ohne Stillsetzung der Spindel bzw. Unterbrechung der Kühl(schmier)mittelzufuhr erfolgen.
M10 und M11	Klemmen und Lösen	Kann sich beziehen auf Maschinenschlitten, Werkstück, Vorrichtung, Spindel usw..
M19	Spindel Halt mit definierter Endstellung	Die Spindel wird so stillgesetzt, dass sie bei einer vorbestimmten Winkelstellung stehenbleibt.
M30	Programmende mit Rücksetzen	Stillsetzen der Maschine nach Abarbeiten des letzten Satzes des Steuerprogramms einschließlich Aufheben der Funktionen für Kühl(schmier)mittelzufuhr und Spindeldrehung. Rücksetzen der Steuerung und/oder der Arbeitsmaschine in Ausgangsstellung. Rücksetzen des Steuerprogramms zum Zeichen „Programmanfang".
M31	Aufheben einer Verriegelung	Eine in der Regel vorhandene Verriegelung wird für die Dauer des betreffenden Satzes aufgehoben.
M48	Überlagerung wirksam	Die programmierten Werte für Vorschub und/oder Spindeldrehzahl können durch manuellen Eingriff des Maschinenbedieners verringert oder erhöht werden. Diese Möglichkeit wird mit M49 aufgehoben.
M49	Überlagerungen unwirksam	Die programmierten Werte für Vorschub und/oder Spindeldrehzahl können nicht durch manuellen Eingriff verändert werden.
M58	Aufheben von M59	Wechsel von konstant gehaltener Spindeldrehzahl zu konstanter Schnittgeschwindigkeit (G96).
M59	Konstante Spindeldrehzahl	Bewirkt beim Arbeiten mit konstanter Schnittgeschwindigkeit (G96), dass die Bearbeitung mit der gerade erreichten und von jetzt an konstant gehaltenen Spindeldrehzahl fortgesetzt wird.

Regelungstechnik, Grundbegriffe

Formelzeichen zur funktionellen Darstellung (DIN 19221, 05.93)

Regelung, geschlossener Wirkungsablauf, Regelkreis

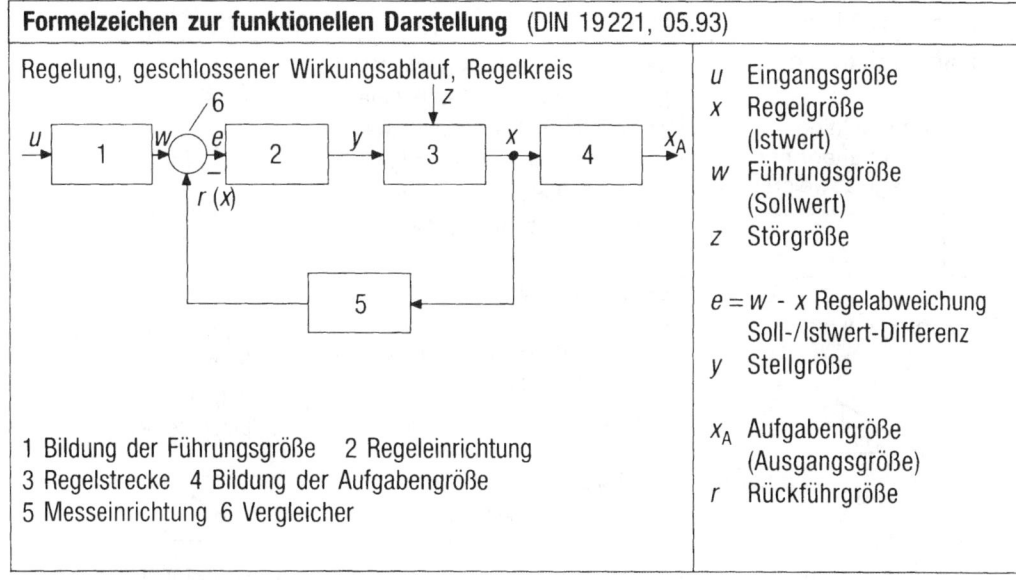

1 Bildung der Führungsgröße 2 Regeleinrichtung
3 Regelstrecke 4 Bildung der Aufgabengröße
5 Messeinrichtung 6 Vergleicher

u Eingangsgröße
x Regelgröße
   (Istwert)
w Führungsgröße
   (Sollwert)
z Störgröße

$e = w - x$ Regelabweichung
   Soll-/Istwert-Differenz
y Stellgröße

x_A Aufgabengröße
   (Ausgangsgröße)
r Rückführgröße

Stetige Regeleinrichtungen (DIN 19226, 05.68)

Skizzen, Diagramme	Beschreibung	Gleichungen, Kenngrößen
P-Regeleinrichtung e Sprungfunktion e Zeit t y Sprungantwort $\Delta y = K_p \cdot e$ Zeit t **Beispiel** a b $K_p = \dfrac{a}{b}$ Zulauf-strom Schwimmer y e w z Ablaufstrom	Bei der P-Regeleinrichtung ist jeder Regelabweichung ein bestimmter Wert der Stellgröße zugeordnet (Kennlinie). Die Stellgrößenänderung Δy ist der Regelabweichung e **proportional.** Schnelle Reaktion auf Änderungen der Eingangs-größe aber bleibende **Regel-abweichung** nötig. y_0 y_h 0 X_p e Kennlinie	$\Delta y = y - y_0 = K_p \cdot e$ $e = w - x;\quad \Delta y \sim e$ y_0 Wert der Stellgröße y bei $w - x \equiv 0$ K_p Proportionalbeiwert (Kenngröße) $K_p = \dfrac{\Delta y}{e}$ X_p Proportionalbereich $X_p = \dfrac{1}{K_p} \cdot 100\%$ Y_h Stellbereich x y Blockdarstellung

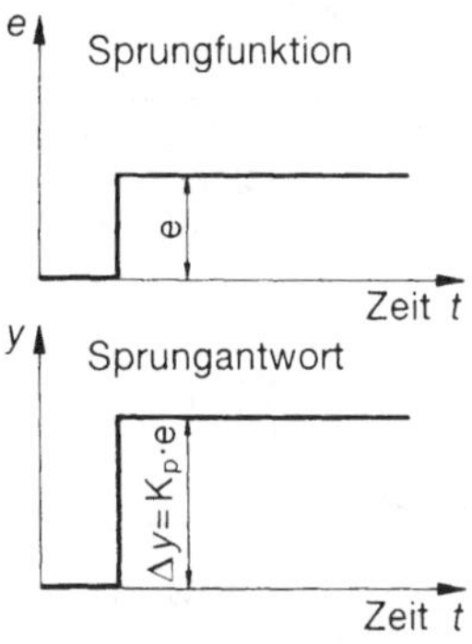

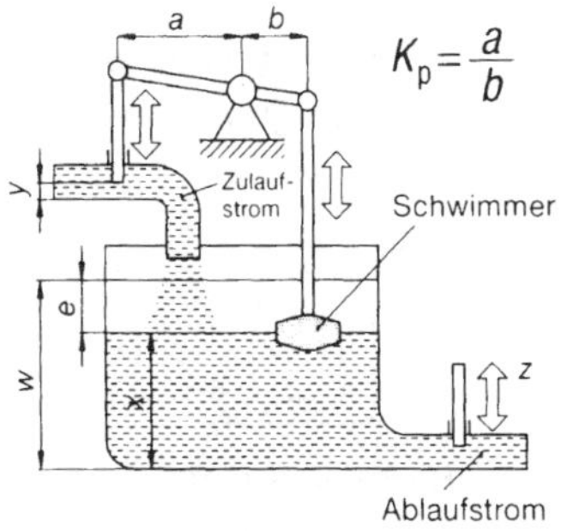

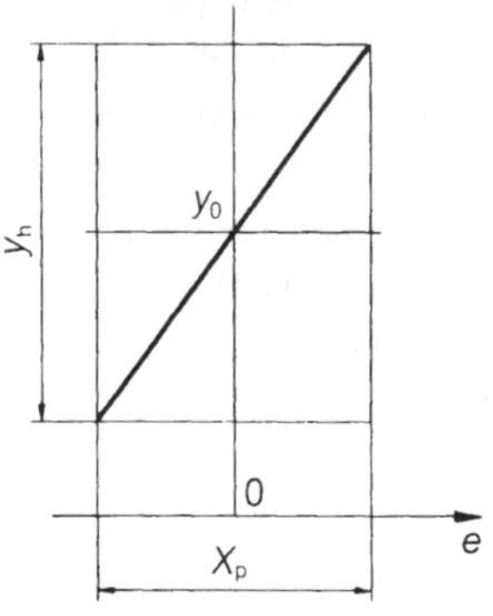

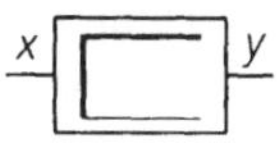

Stetige Regeleinrichtungen (Fortsetzung)

Skizzen, Diagramme	Beschreibung	Gleichungen, Kenngrößen
I-Regeleinrichtung e ↑ Sprungfunktion (Sprunghafter Anstieg der Regelabweichung) Zeit t y ↑ Sprungantwort $\frac{dy}{dt}$, Δy, dt, Δt, Zeit t Stellgeschwindigkeit = dy/dt für $\Delta t \to 0$	Bei der I-Regeleinrichtung ist jeder **Regelabweichung** eine bestimmte **Stellgeschwindigkeit** dy/dt zugeordnet. Die Stellgeschwindigkeit ist der Regelabweichung **proportional.** Langsamere Reaktion auf Änderungen der Eingangsgröße als bei P-Regeleinrichtung. Keine bleibende Regelabweichung. Der Sollwert w wird beim Ausregeln mindestens einmal über- oder unterschritten.	$\dfrac{dy}{dt} = K_i \cdot e$ $y - y_0 = K_i \int e\, dt$ $e(t) = $ konst. gilt: $y - y_0 = K_i \cdot e \cdot t$ $K_i = $ Proportionalbeiwert (Kenngröße) $y_0 = $ Ausgangswert der Stellgröße bei $t = 0$ x ⟋ y Blockdarstellung
Beispiel		
Membran Differenzialhebel x Strahlrohr e w y Stellantrieb	Der Druck x (Regelgröße) betätigt eine Membran, die über einen Differenzialhebel ein Strahlrohr verstellt. Die Strahlrohrstellung bestimmt den Fluidstrom zum Stellantrieb. Die Stellgeschwindigkeit $\Delta y/\Delta t$ ist daher dem Druck proportional.	
D-Regeleinrichtung e ↑ Sprungfunktion (Änderungsgeschwindigkeit unendlich groß) Zeit t y ↑ Sprungantwort Nadel ins „Unendliche" Zeit t	Bei der D-Regeleinrichtung ist jeder **Änderungsgeschwindigkeit** der Regelabweichung de/dt ein bestimmter Wert der Stellgröße y zugeordnet. Die **Stellgrößenänderung** Δy ist der Änderungsgeschwindigkeit der Regelabweichung **proportional.** Eine D-Regeleinrichtung **allein** reicht **nicht** aus, um die Regelgröße x an die Führungsgröße w anzugleichen.	$\Delta y = y - y_0 = K_D \cdot \dfrac{de}{dt}$ e ↑ Anstiegsfunktion de, dt t y ↑ Anstiegsantwort Δy t K_D Proportionalbeiwert (Kenngröße) ∟ Blockdarstellung

Stetige Regeleinrichtungen (Fortsetzung)

Skizzen, Diagramme	Beschreibung	Gleichungen, Kenngrößen
PI-Regeleinrichtung Sprungfunktion (Diagramm e über Zeit t) Sprungantwort (Diagramm y über Zeit t, I-Anteil, P-Anteil, T_n) Nachstellzeit	Bei der PI-Regeleinrichtung entspricht die Stellgröße einer **Addition** der Ausgangsgrößen einer P- und einer I-Regeleinrichtung. Die PI-Regeleinrichtung reagiert rasch wie die P-Regeleinrichtung, besitzt im Gegensatz dazu **keine** bleibende Regelabweichung. Aber wegen des I-Anteils **Schwingung um den Sollwert**. Je kleiner T_n, umso stärker Schwingungsneigung.	$\Delta y = K_p \cdot e + K_i \int e \, dt$ oder mit $T_n = K_p / K_i$: $\Delta y = K_p\left(e + \dfrac{1}{T_n} \cdot e \, dt\right)$ $\Delta y = y - y_0; \quad e = w - x$ T_n Nachstellzeit (Kenngröße). T_n ist die Zeit, in der eine Regelabweichung e zur selben Stellgröße y führt, wie dies durch den P-Anteil der Fall ist. Blockdarstellung
PD-Regeleinrichtung Anstiegsfunktion (Diagramm e über Zeit t) Anstiegsantwort (Diagramm y über Zeit t, T_v) Vorhaltezeit	Die PD-Regeleinrichtung besteht aus einem P-Anteil und einem D-Anteil. Dieser reagiert auf die Geschwindigkeit, mit der sich die Regelabweichung ändert. Bei einer PD-Regeleinrichtung schwingt der Istwert nicht über den Sollwert hinaus. Jedoch ist eine bleibende Regelabweichung e unvermeidbar. Schnelle Reaktionsweise. Anwendung, wenn Werkzeug oder Gut empfindlich gegen Sollwertüberschreitung ist, z.B. gegen Überhitzung bei der Kunststoff-Verarbeitung.	$\Delta y = K_p \cdot e + K_D \cdot \dfrac{de}{dt}$ oder mit $T_v = K_D / K_P$: $\Delta y = K_P\left(e + T_v \cdot \dfrac{de}{dt}\right)$ $\Delta y = y - y_0; \quad e = w - x$ T_v Vorhaltzeit (Kenngröße) Eine PD-Regeleinrichtung erreicht eine bestimmte Stellgröße um die **Vorhaltzeit** früher als eine P-Regeleinrichtung allein. Blockdarstellung

Stetige Regeleinrichtungen (Fortsetzung)

Skizzen, Diagramme	Beschreibung	Gleichungen, Kenngrößen
PID-Regler e ↑ Sprungfunktion x Zeit t y ↑ Sprungantwort D-Anteil Wirklicher Verlauf I-Anteil P-Anteil Zeit t	Beim PID-Regler wird die bleibende Regelabweichung durch den I-Anteil behoben. Schnelle Reaktionsweise und vollständige Ausregelung auf $e = 0$. Große Nachstellzeit T_n ergibt geringeren I-Anteil, große Vorhaltzeit T_v ergibt großen D-Anteil. Günstige Verhältnisse, wenn $T_n = 4...5 \, T_v$	$\Delta y = K_p \cdot e$ $+ K_i \int e \, dT$ $+ K_D \dfrac{de}{dt}$ $T_n = \dfrac{K_p}{K_i}$ Nachstellzeit $T_v = \dfrac{K_D}{K_P}$ Vorhaltzeit Blockdarstellung

Bildzeichen für Prozessleittechnik (DIN 19 227 T2, 02.91)

Sinnbild	Benennung	Sinnbild	Benennung	Sinnbild	Benennung
T	Aufnehmer f. Temperatur	⭘	Zähler allgemein	Ⓜ	Motor-stellantrieb
P	Aufnehmer f. Druck	▷	Regler allgemein	⌓	Membran-Stellantrieb
E	Messumformer mit elektr. Signalausgang	PID▷	PID-Regler	⭘▽	Stellgerät allgemein
E T	Messumformer f. Temperatur mit elektr. Signalausgang	–○≡▷	Dreipunkt-regler mit schaltendem Ausgang	⊢ ⊢ ⊢	Signalleitg. elektrisch
↖	Anzeigegerät allgemein	↗	Einsteller für die Führungsgröße	⋀ ⋀ ⋀	Signalleitg. pneumatisch
∿	Registrierge-rät allgemein	○	Stellantrieb allgemein	# ∩	Digitalsignal Analogsignal

Pneumatik

Physikalische Grundlagen

Der Energieträger Luft ist gekennzeichnet durch drei Zustandsgrößen: Druck, Volumen und Temperatur. Die drei Zustandsgrößen hängen voneinander ab. Der Zusammenhang wird durch die **allgemeine Gasgleichung** beschrieben; sie lautet:

$$\frac{p_1 \cdot V_1}{T_1} = \frac{p_2 \cdot V_2}{T_2}$$

Hierin bedeuten:

p = absoluter Druck in bar (1 bar = 10 N/cm²); V Volumen in m³; T absolute Temperatur in K (Kelvin).

Absoluter Druck = Überdruck (Betriebsdruck) + Luftdruck
Absolute Temperatur in Kelvin = Temperatur in Grad Celsius + 273

0 K = –273 °C; 0 °C = 273 K

Die allgemeine Gasgleichung vereinfacht sich, wenn eine der drei Größen konstant gehalten wird. In der Praxis ist in der Regel entweder der **Druck** konstant oder die Temperatur. Für konstanten Druck gilt das Gesetz von Boyle-Mariotte und für konstante Temperatur das Gesetz von Gay-Lussac.

Gesetz von Boyle-Mariotte

Bei **konstanter Temperatur** ist das Volumen einer abgeschlossenen Gasmenge umso kleiner, je größer der darauf lastende Druck ist (Bild MEC 305.1). Die Beziehung zwischen Druck und Volumen wird durch folgende Formel ausgedrückt:

$$p_1 \cdot V_1 = p_2 \cdot V_2$$

Das Produkt aus Druck und Volumen bleibt also konstant, wenn sich die Temperatur der Luft nicht ändert.

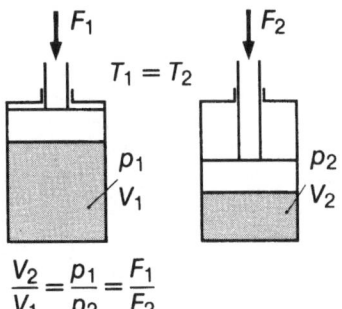

$$\frac{V_2}{V_1} = \frac{p_1}{p_2} = \frac{F_1}{F_2}$$

Bild MEC 305.1: Gesetz von Boyle-Mariotte.

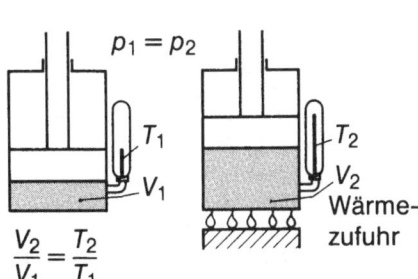

$$\frac{V_2}{V_1} = \frac{T_2}{T_1}$$

Bild MEC 305.2: Gesetz von Gay-Lussac.

Gesetz von Gay-Lussac

Bei **konstantem Druck** ist das Volumen einer Gasmenge umso größer, je höher die Temperatur ist (Bild MEC 305.2). Die Luft dehnt sich mit zunehmender Temperatur aus. Die Beziehung zwischen Volumen und Temperatur wird in diesem Fall durch folgende Formel ausgedrückt:

$$\frac{V_1}{T_1} = \frac{V_2}{T_2} \quad \text{oder} \quad \frac{V_1}{V_2} = \frac{T_1}{T_2}$$

Beispiel

Es werden 3 m³ Luft von 15 °C auf 80 °C erwärmt. Wie groß ist das Luftvolumen nach der Erwärmung?

$$V_2 = V_1 \cdot \frac{T_2}{T_1}; \quad T_1 = (273 + 15)\ K = 288\ K; \quad T_2 = (273 + 80)\ K = 353\ K$$

$$V_2 = 3\ m^3\ \frac{353\ K}{288\ K} = 3{,}68\ m^3$$

Normzustand

Angaben über die Luftmenge werden in der Pneumatik auf den Normzustand bezogen. Der physikalische Normzustand ist festgelegt durch:

Normtemperatur $\quad T_n = 273\ K = 0\ °C$
Normdruck $\quad p_n = 1{,}011325\ bar \approx 1\ bar$

Zur Umrechnung eines Gasvolumens auf den Normzustand werden nacheinander die Gesetze von Boyle-Mariotte und Gay-Lussac eingesetzt.

1. Schritt: Umrechnung des gegebenen Volumens auf den Normdruck.
2. Schritt: Umrechnung des neuen Volumens auf die Normtemperatur.

Beispiel

In einem Druckbehälter von 3 m³ Inhalt befindet sich Luft von 27 °C unter 8 bar Überdruck. Wie groß ist das auf den Normzustand bezogene Luftvolumen?

1. Schritt:

$$V_{n1} = V \cdot \frac{p}{p_n} = 3\ m^3\ \frac{(8 + 1)\ bar}{1\ bar} = 27\ m^3$$

2. Schritt:

$$V_n = V_{n1} \cdot \frac{T_n}{T} = 27\ m^3\ \frac{273\ K}{300\ K} = 24{,}57\ m^3$$

Im Behälter befinden sich also rund 25 m³ Luft vom Normzustand 0 °C und 1 bar.

MEC 306

Drucklufterzeugung, Speicherung und Kühlung

Auf die Drucklufterzeugung soll nur kurz eingegangen werden. Bild MEC 307.1 gibt ein Schema der Verdichterbauarten mit einigen Daten über Druck und Förderstrom.

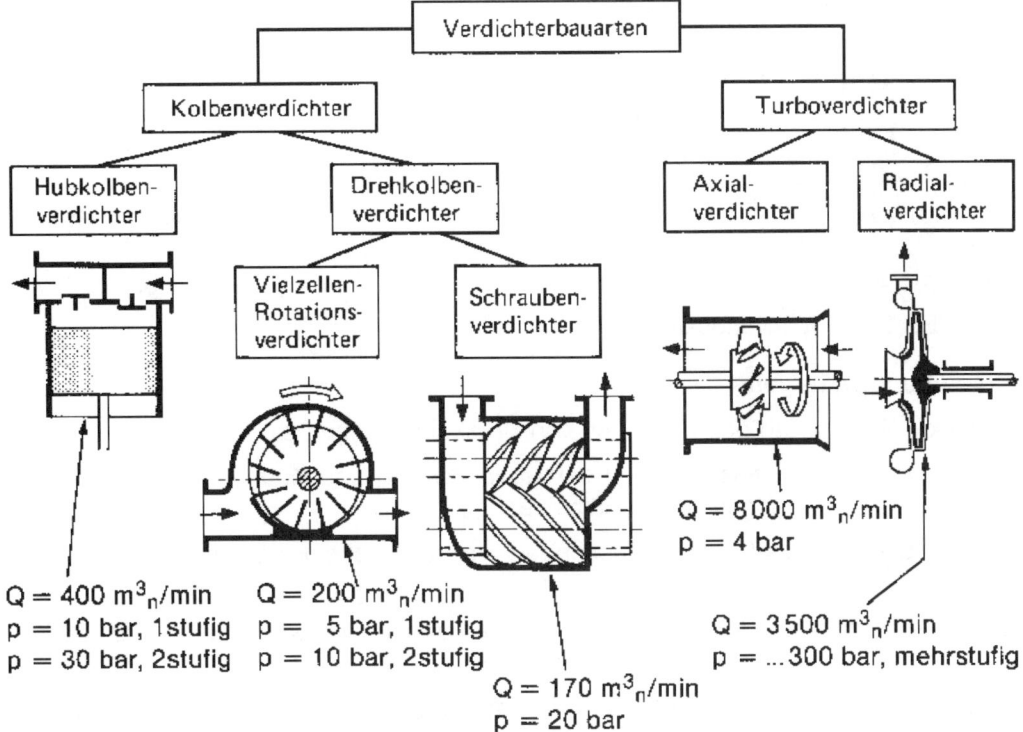

Bild MEC 307.1: Verdichterbauarten. Maximalwerte für Ansaugstrom und Betriebsdruck.

Die erzeugte Druckluft wird gekühlt und im Druckluftbehälter gespeichert. Der **Druckluftbehälter** stabilisiert die Druckluftversorgung. Er gibt dem Druckluftnetz eine genügende Reserve und nimmt die Druckstöße des Verdichters auf. Er wirkt als **Druckluftspeicher.** Das Volumen V (in l) des Druckspeichers richtet sich nach dem Förderstrom Q (in l/min) des Verdichters und nach der Speicher-Füllregelung.

Bei **Ausschaltregelung** wird bei Überschreiten der oberen Druckgrenze der Verdichterantrieb abgeschaltet und beim Unterschreiten wieder eingeschaltet. Bei **Aussetzregelung** wird der Verdichter auf Leerlauf bzw. volle Leistung geschaltet. Wichtig ist die **Abscheidung des Kondenswassers** aus Druckbehälter und Verbindungsleitung. Je höher die Lufttemperatur, desto größer ist der Wassergehalt der Druckluft, der bei Abkühlung teilweise abgeschieden wird (siehe Tafel MEC 307).

Tafel MEC 307: Wassergehalt der Luft bei einer relativen Luftfeuchtigkeit von 100 %

Temperatur in °C	−10	0	5	10	15	20	30	50	70	90
Wasserdampf in g/m3	2,1	4,9	7	9,5	13	17	30	83	198	424

Bei x% relativer Luftfeuchtigkeit ist der Wasserdampfgehalt mit $x/100$ zu multiplizieren.

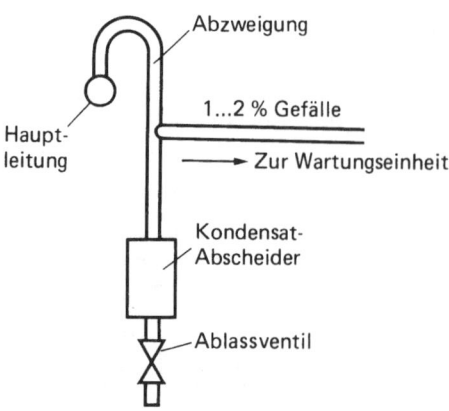

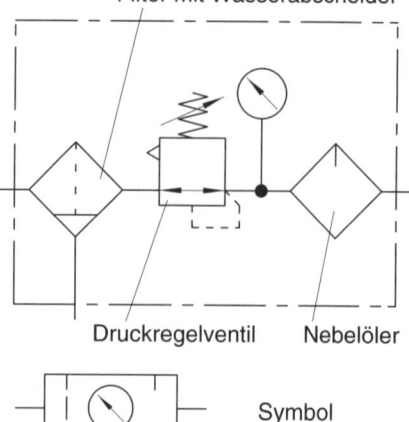

Bild MEC 308.1: Abzweigung.
Bild MEC 308.2: Wartungseinheit.

Rohrleitungsverlegung

Folgende Regeln sind beim Verlegen von Druckluftleitungen zu beachten:

1. Druckluftleitungen aus Gründen der Überwachung und Kondensatabfuhr nicht in Mauerwerk oder engen Rohrkanälen verlegen.

2. Bei senkrecht hochführenden Leitungen Wasserabscheider an den tiefsten Stellen anbringen.

3. Abzweigungen der Hauptleitungen von oben abgehend verlegen (Bild MEC 308.1). Mindest-Krümmungsradius am Abzweig $r = 5d$.

4. Hauptleitung als Ringleitung verlegen mit Stichleitungen zu den Verbrauchern. Verbraucheranschluss durch Schnellkupplungen.

5. Einbau eines kleinen Druckluftspeichers vor Verbrauchern mit kurzzeitig starkem Luftbedarf. Außerdem Einbau eines Zwischenspeichers in der Ringleitungs-Hälfte.

6. Als Leitungsmaterial dünnwandige, nahtlos gezogene Stahlrohre (DIN 2391) verwenden und durch Schneidringverschraubungen miteinander verbinden.

7. Für flexible Leitungen Polyethylenschläuche verwenden.

Druckluftaufbereitung

Zweck der Druckluftaufbereitung: Abscheidungen von Kondenswasser und Verunreinigungen, Konstanthaltung des Luftdrucks und Vermischung mit einem Ölnebel. Die Druckluftaufbereitung wird durch **Wartungseinheiten** vorgenommen. Jede Wartungseinheit besteht aus einem **Druckluftfilter,** einem **Druckluftregler** und aus einem **Nebelöler**. Bild MEC 308.2 zeigt den Schaltungsaufbau einer Wartungseinheit. Darunter sehen Sie die vereinfachte Darstellung. Bei der Auswahl der Wartungseinheit sind Luftdurchsatz und Betriebsdruck maßgebend. Der vorhandene Betriebsdruck darf den auf der Wartungseinheit angegebenen Wert nicht übersteigen. Der **Kondenswasserspiegel** im Druckluftfilter muss regelmäßig überprüft werden. Er darf die angegebene Höhe im Schauglas nicht überschreiten, da sonst Kondenswasser in die Druckluftleitung mitgerissen werden kann. Die Filterpatrone muss bei Verschmutzung gereinigt werden.

Pneumatikelemente

Die Pneumatikelemente, z. B. Zylinder, Ventile und Druckluftmotoren, stimmen hinsichtlich Funktion und Aufbau mit den entsprechenden Hydraulikelementen weitgehend überein. In ihren Sinnbildern unterscheiden sie sich davon nur unwesentlich. Im Folgenden soll daher nur auf Besonderheiten eingegangen werden, in denen sich Pneumatikelemente von entsprechenden Elementen der Hydraulik unterscheiden. Ferner sollen Elemente besprochen werden, die nur in der Pneumatik eine überwiegende Bedeutung haben.

Pneumatikzylinder

Die wirtschaftliche Kolbengeschwindigkeit üblicher Pneumatikzylinder liegt zwischen 30 mm/s (1,8 m/min) und 600 mm/s (36 m/min). Sonderzylinder können Kolbengeschwindigkeiten bis zu 600 m/min erreichen. Die Kolbengeschwindigkeit ist in erster Linie abhängig vom Betriebsdruck, dem Leitungsquerschnitt und von der Gegenkraft. Je geringer die Gegenkraft, desto größer ist die Kolbengeschwindigkeit. Vergleichen Sie Tafel MEC 309. Hierzu ein Beispiel: Bei 6 bar Betriebsdruck und einem Zylinder-$\varnothing$ von 100 mm beträgt die Kolbenkraft 4712 N. Wird der Zylinder mit einer Gegenkraft von 942 N (20 %) während der Bewegung belastet und hat die Anschlussleitung 7 mm Nennweite, dann beträgt die mittlere Kolbengeschwindigkeit 110 mm/s oder 6,6 m/min.

Tafel MEC 309: Mittlere Kolbengeschwindigkeit in mm/s bei p = 6 bar

Zylinder-$\varnothing$ in mm	Anschluss-NW in mm	in Zoll	Gegenkraft in % der Kolbenkraft 0	20	40	60	80
25	4	1/8	580	530	450	380	300
35	7	1/4	980	885	785	690	600
50	7	1/4	480	440	400	360	320
70	7	1/4	230	215	200	180	150
70	9	3/8	530	470	425	380	310
100	7	1/4	120	110	90	80	60
100	9	3/8	260	230	205	180	130
140	9	3/8	130	120	110	90	70
140	12	1/2	300	260	230	200	170
200	9	3/8	65	60	55	50	40
200	12	1/2	145	130	120	105	85
200	19	3/4	330	300	280	250	215
250	19	2/4	240	220	185	165	115

Unter dem **Schaltspiel** eines Zylinders verstehen wir eine einmalige, aus **Ausfahren** und **Einfahren** bestehende hin- und hergehende Bewegung. In der Minute führt der Zylinder n Schaltspiele aus. Bei jedem Schaltspiel muss das Hubvolumen V des einfach wirkenden Zylinders 1 mal und des doppelt wirkenden Zylinders 2 mal gefüllt werden. Die in der Minute benötigte Luftmenge muss auf den **Ansaug-Luftdruck** p_o bezogen werden, weil der Luftbedarf in erster Linie zur Auslegung der Verdichterstation benötigt wird.

Pneumatikventile

Grundsätzlich werden Pneumatikventile im Schaltplan ebenso dargestellt wie Hydraulikventile. Zwei Unterschiede bestehen jedoch (Bild MEC 310.1):

1. Die **Druckluftversorgung** wird meist nicht durch einen Verdichter dargestellt, sondern durch das Symbol der Druckluftquelle: Ein leeres Dreieck.

2. Die **Abluftanschlüsse** an den Ventilen werden durch ein kleineres Dreieck versinnbildlicht.

Wegeventile

Sehr häufig werden in der Pneumatik Wegeventile mit drei gesteuerten Arbeitsanschlüssen (1, 2, 4) und zwei gesteuerten Entlüftungsanschlüssen (3 für 2 und 5 für 4) eingesetzt. In Bild MEC 310.2 sehen Sie ein solches 5/2-Wegeventil und zwar in a) als pneumatisch betätigtes Impulsventil und in b) als elektromagnetisch betätigtes Impulsventil.

Ein **Impulsventil** wird durch wechselseitige pneumatische oder elektrische Impulse (Signale) auf Anschluss 12 oder 14 umgesteuert. Die Schaltung bleibt nach Wegnahme des Signals erhalten bis zum Eintreffen eines Gegensignals. Das Impulsventil hat

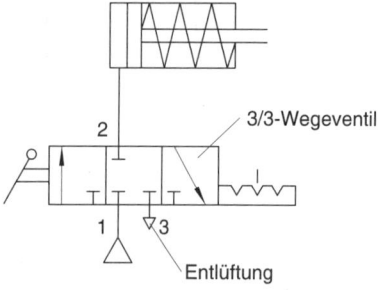

Bild MEC 310.1:
Pneumatikventil im Schaltplan.

a)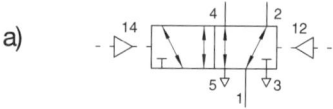

b)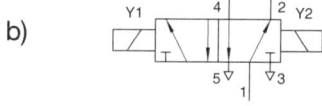

Bild MEC 310.2: 5/2-Wegeventil a) Pneumatik-Impulsventil, b) Magnet-Impulsventil.

Speicherfunktion. Durch unterschiedliche Wirkflächen an den Signaleingängen wird ein **dominierendes** Signal, z. B. bei 14 erreicht, wenn **beide** Eingänge gleichzeitig beaufschlagt sind (siehe Tafel MEC 310).

Tafel MEC 310: Funktion eines 5/2-Wege-Impulsventils

Schaltstellung	Impuls (1-Signal) an:	Luftwege im Ventil
1	12	Durchfluss von 1 nach 2. 4 über 5 entlüftet 3 gesperrt
2	14 oder 14 **und** 12	Durchfluss von 1 nach 4. 2 über 3 entlüftet 5 gesperrt

Eine Besonderheit bei den Pneumatik-Wegeventilen ist das pneumatisch betätigte 3/2-Wege-**Verzögerungsventil.** Es kann sowohl als Ventil mit Sperr-Nullstellung (Bild MEC 311.1a), als auch mit Durchfluss-Nullstellung verwendet werden (Bild MEC 311.1b).

Die Umschaltung von Schaltstellung b auf Stellung a geht zeitverzögert vor sich, nachdem sich im Speicher der erforderliche Steuerdruck aufgebaut hat. Die Verzögerungszeit ist am Drossel-Rückschlag-Element einstellbar. Die Umschaltung von a auf b erfolgt nicht zeitverzögert, weil die Drossel über das Rückschlagventil umgangen wird. Die Rückstellung in die Schaltstellung a geschieht zwangsläufig nach Wegnahme des Steuerdrucks bei 12. Die Verzögerungszeit ist zwischen 0,1 s und 10 s einstellbar. Bei noch größeren Verzögerungszeiten muss ein Zusatzvolumen angeschlossen werden.

Bei längerer Zeitverzögerung besteht die Gefahr, dass das 3/2-Wegeventil **schleichend** umgeschaltet wird. Man schaltet dann zwei 3/2-Wegeventile hintereinander (Bild MEC 311.1c).

a)
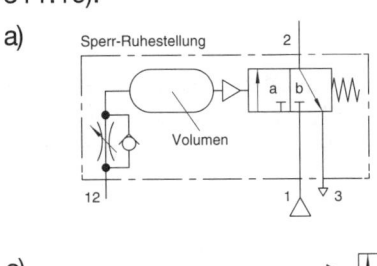

b)
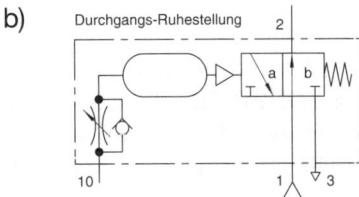

c)
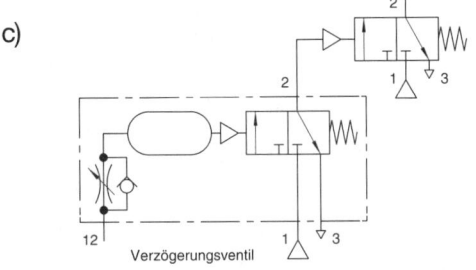

Das „Volumen" ist hier ein Druckluftbehälter.

Bild MEC 311.1: Verzögerungsventile.

Sperrventile

Zwei Sperrventilbauarten, die man in der Hydraulik nicht kennt, sind das Schnellentlüftungsventil und das Zweidruckventil.

Das **Schnellentlüftungsventil** ist ein Sperrventil mit zwei Eingängen 1 und 2 und einem Entlüftungsanschluss 3 (Bild MEC 311.2). Bei Zuluft von 1 wird 3 abgesperrt, bei Zuluft von 2 wird 1 abgesperrt, und die Luft entweicht ins Freie. Das Schnellentlüftungsventil wird vorwiegend dort eingesetzt, wo ein großes Luftvolumen unter Umgehung von Leitungs- und Ventil- Widerständen zu entlüften ist. Es sollte **möglichst nahe am Zylinder** sitzen. Das Schnellentlüftungsventil steigert z. B. die Kolbengeschwindigkeit beim Einfahren in die Ausgangsstellung (Bild MEC 311.3).

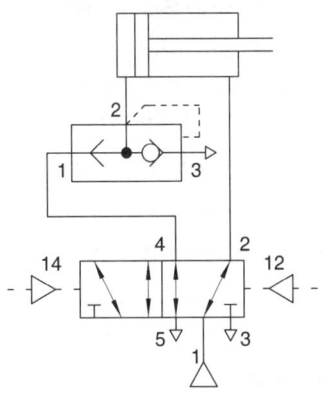

Bild MEC 311.3: Schnellentlüftungsventil am Pneumatikzylinder.

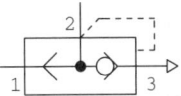

Bild MEC 311.2: Schnellentlüftungsventil.

Das **Zweidruckventil** hat zwei gleichberechtigte Eingänge 1 und einen Ausgang 2 (Bild MEC 312.1). Der Ausgang ist nur solange belüftet, wie **beide** Eingänge Druck führen. In seiner Wirkungsweise entspricht das Zweidruckventil einem **UND-Glied** in Logikschaltungen. In Bild MEC 312.2 müssen Ventil 1S1 UND Ventil 1S2 betätigt werden, damit der Zylinder ausfahren kann (Zweihand-Sicherheitssteuerung).

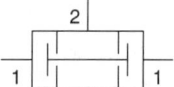

Bild MEC 312.1: Zweidruckventil.

Das in der Pneumatik häufig gebrauchte und auch in der Hydraulik eingesetzte **Wechselventil** erfüllt eine **ODER-Funktion**. Es wird immer dort eingesetzt, wo man eine Steuerungsalternative bieten will. In Bild MEC 312.3 wird z. B. der Pneumatikzylinder mit Ventil elektrisch ODER mit Ventil 2 von Hand in Bewegung gesetzt.

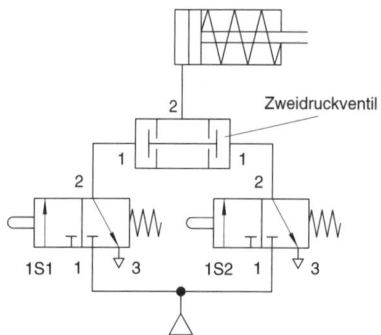

Bild MEC 312.2: UND-Schaltung.

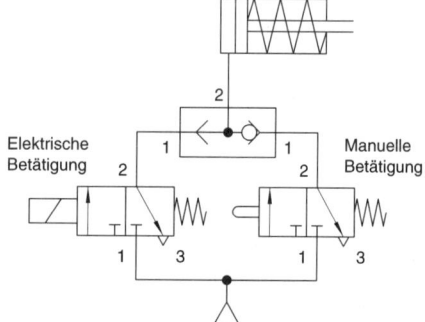

Bild 312.3: ODER-Schaltung.

Pneumatische Sensoren

Pneumatische Sensoren sind staudruckbetätigte Signaleingabe-Glieder, die mittels berührungsloser Abtastung durch Luftstrahlen die Anwesenheit oder den Abstand eines Gegenstandes in Form einer Signaldruckänderung melden.

Sie zeichnen sich durch besondere Vorteile aus:

– Funktionssicher auch bei hohem Schmutzanfall.

– Betriebssicher bei hohen Umgebungstemperaturen.

– Einsatzfähig in explosionsgeschützten Räumen.

– Unempfindlich gegen magnetische Einflüsse und Schallwellen.

– Zuverlässig arbeitend auch bei völliger Dunkelheit und beim Abtasten von lichtdurchlässigen Gegenständen.

Sie umfassen einen Tastabstandsbereich von 0 bis 100 mm, wobei mit den Reflexaugen noch kleinste Tastabstandsänderungen bis zu 0,1 mm erfasst werden können.

Pneumatische Sensoren lassen sich nach 3 Funktionsmerkmalen unterscheiden:

Staudruckgeber (Staudüsen)

Das Verschließen der Luftstrahlbohrung mit dem abzutastenden Gegenstand führt zu einem Signaldruckaufbau im Steueranschluss bis zur Höhe des Speisedrucks.

Ringstrahl-Sensoren (Reflexaugen)

Die Reflexion eines Luftstrahls an dem abzutastenden Gegenstand führt zu einem Signaldruckaufbau im Steueranschluss in Abhängigkeit von Tastabstand und Speisedruck.

Luftschranken

Die Unterbrechung eines Luftstrahls zwischen Sender- und Empfängerdüse durch den abzutastenden Gegenstand führt zu einem Signaldruckabfall in der Empfängerdüse.

Das Ausgangssignal des Sensors ist nicht nur abhängig von dem Speisedruck p und dem Tastabstand, sondern auch von der Form des abzutastenden Gegenstandes.

Staudruckgeber (Bild MEC 313.1) werden zur wegabhängigen Signalabgabe als **Grenztaster** benutzt. Die Druckluftversorgung erfolgt über den Anschluss 1(P). Nähert sich ein Gegenstand der Austrittsdüse oder befindet sich ein Gegenstand direkt vor der Austrittsdüse, so wird am Ausgang 2 (A) ein Signal bis maximal zur Höhe des Speisedruckes aufgebaut. Dieses Signal kann zur Auslösung bestimmter Schalt- und Steuerfunktionen verwendet werden. Speisedruckbereich bis 7 bar. Signaldruckbereich je nach Düsenabstand bis 7 bar. Tastabstand bis ca. 0,2 mm.

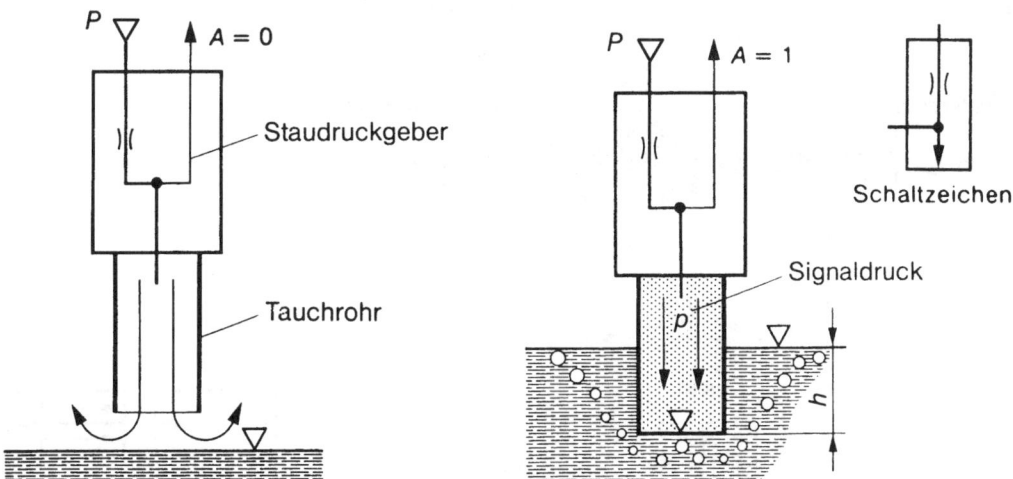

Bild MEC 313.1: Staudruckgeber.

Ringstrahl-Sensoren (Bild MEC 314.1) werden ebenfalls dort eingesetzt, wo ein Objekt in einem bestimmten Abstand abzutasten bzw. dessen Lage zu erfassen ist. Der Ringstrahl-Sensor besteht aus einer Ringdüse, in derem Zentrum eine Bohrung angebracht ist, welche die Düsenstirnfläche mit dem Ausgang 2 (A) verbindet. Die Versorgungsluft (Anschluss 1 oder P) wird dem Ringkanal der Düse zugeführt.

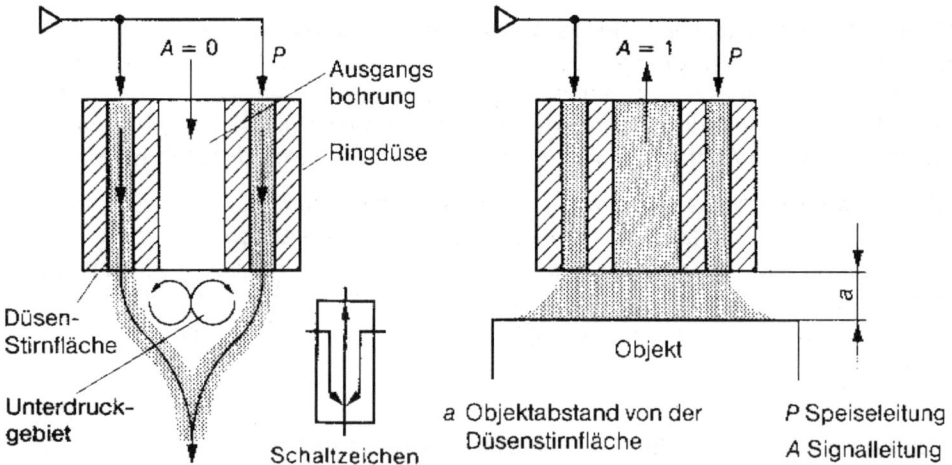

Bild MEC 314.1: Arbeitsprinzip eines Ringstrahl-Sensors.

Der aus dem Ringkanal austretende **Ringstrahl** schnürt sich ein (Bild MEC 314.1). Zwischen dem Ringstrahl und der Düsenstirnfläche bildet sich innen ein leichter **Unterdruck,** der auch am Ausgang 2 wirkt. Nähert sich dem Sensor in axialer Richtung ein Objekt, so bricht der Unterdruck allmählich zusammen. Mit geringer werdendem axialem Abstand a des Objektes bildet sich dann am Ausgang 2 sogar ein **Überdruck,** der als **Ausgangssignal** weiterverarbeitet werden kann. Speisedruckbereich 0,1 bis 0,5 bar, Signaldruckbereich 0,2 bis 1 mbar, Tastabstand ca. 2 bis 15 mm, Signalverstärkung erforderlich.

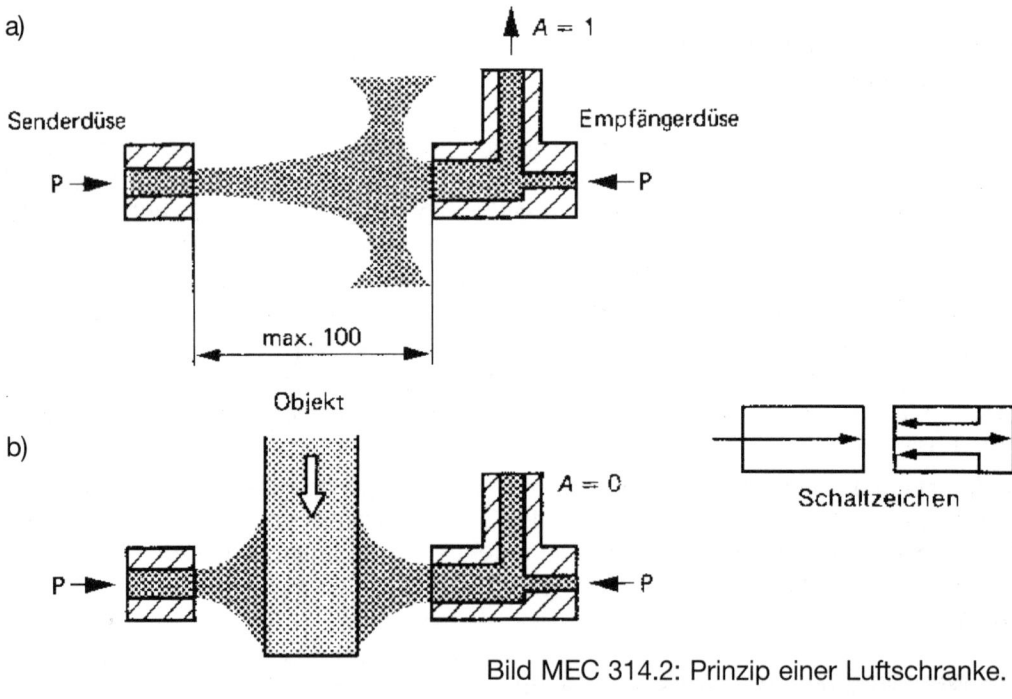

Bild MEC 314.2: Prinzip einer Luftschranke.

a) Bei nicht unterbrochenem Strahl ist $A = 1$.
b) Bei Strahlunterbrechung ist $A = 0$.

Luftschranken bestehen aus einer Senderdüse und einer Empfängerdüse (Bild MEC 314.2). Sowohl Sender- wie auch Empfängerdüse werden über Anschluss 1 (P) bei einem Speisedruck von 0,1 bis 0,2 bar mit gefilterter, nicht geölter Speiseluft versorgt. Die Empfängerdüse deshalb, um die Verschmutzungsgefahr auszuschalten und ein einwandfreies 0-Signal (Unterdruck) am Ausgang 2 (A) zu erhalten, wenn der Strahl unterbrochen wird.

Der Luftstrahl der Senderdüse stört den freien Austritt des Luftstrahls an der Empfängerdüse. Es entsteht ein Rückstau, der am Ausgang 2 der Empfängerdüse einen Signaldruck 0,5 mbar erzeugt (Bildteil a). Dieses Drucksignal wird durch einen Verstärker auf den gewünschten Druck erhöht. Unterbricht ein Gegenstand den Luftstrahl zwischen Sender und Empfänger, so wird das Ausgangssignal bei $A = 0$ (Bildteil b).
Einsetzbar für Abstände bis zu 100 mm.

Gabel-Luftschranken (Bild MEC 315.1) werden ebenfalls zum berührungslosen Abtasten von Gegenständen eingesetzt; ihr Tastabstand beträgt aber nur 5 mm. Sie vereinen in sich Sender und Empfänger. Über den Anschluss 1(P) wird die Luftschranke mit Druckluft versorgt. Bei freiem Gabeldurchgang erscheint am Ausgang 2 (A) ein Signal. Unterbricht ein Gegenstand den Luftstrom in der Gabel, so wird das Ausgangssignal $A = 0$. Speisedruckbereich 0 bis 8 bar. Signaldruckbereich 40 bis 300 mbar.

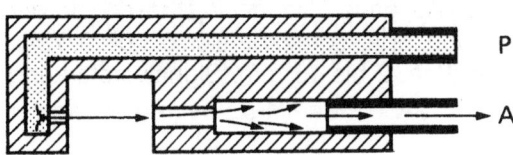

Bild MEC 315.1: Arbeitsprinzip einer Gabelluftschranke.

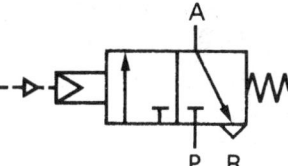

Bild MEC 315.2: Schaltbild eines Druckverstärkers.

Druckverstärker verstärken den Signaldruck auf den zum Schalten erforderlichen Druck: In vielen Einsatzfällen, bei denen pneumatische Sensoren verwendet werden, wird zur Verrichtung einer Arbeit oder Schaltfunktion ein viel größerer Druck gebraucht (z. B. 6 bar) als der Sensor abgibt (z. B. 0,1 bar). Dies trifft besonders für Luftschranken und Ringstrahlsensoren zu. Um einen höheren Druck zur Verfügung zu haben, schaltet man den Sensoren **Druckverstärker** nach.

Der Druckverstärker ist ein pneumatischer Schaltverstärker mit der Funktion eines indirekt betätigten 3/2-Wegeventils, welches in Nullstellung keinen Durchgang hat (NICHT-Glied). Mit ihm werden Niederdrucksignale auf das Druckniveau von 1 bis 7 bar verstärkt. Bild MEC 315.2:

Im unbetätigten Zustand tritt vom Anschluss 1 nach 3 ein geringer ständiger Luftverbrauch am Vorsteuersitz auf. Das Umschalten des 3/2-Wegeventils erfolgt mit sehr geringer Überschneidung, wobei durch den Schnappeffekt das Element schnell durchschaltet. Druckverstärker werden häufig als **Verstärkerköpfe** auf druckluftbetätigte Wegeventile gesetzt.

PE-Wandler (pneumatisch-elektrische Wandler)
wandeln ein pneumatisches Signal in ein elektrisches um. Das pneumatische Signal (0,1 bis 1 bar) beaufschlagt z. B. eine Membrane, die einen Mikroschalter betätigt.

Druckluftmotoren

Während Pneumatikzylinder vorwiegend in der **Steuerungstechnik** eingesetzt werden, sind Druckluftmotoren Elemente der **Antriebstechnik**. Gegenüber dem Drehstrommotor haben Druckluftmotoren folgende **Vorteile**:

Stufenlos über Druckregler von 50 % bis 100 % einstellbares Drehmoment.
Stufenlos über Drosselventil von 20 % bis 100 % einstellbare Drehzahl.
Problem- und schadlos bis zum Stillstand belastbar.
Anlaufzeit stufenlos über den Öffnungsgrad eines Absperrventils steuerbar.
Hohe Einschalthäufigkeit (100 % ED).
Problemlosigkeit der Druckluft als Energieträger bezüglich Arbeits- und Umweltschutz.

Nachteile gegenüber Drehstrommotor und Hydromotor:
Stärkere Geräuschentwicklung, Schalldämmung erforderlich.
Niedriger Wirkungsgrad von etwa 20 %.
Begrenzung der Leistung durch die Höhe des Betriebsdrucks (p_e = 6 bis 10 bar) auf ca. 5 bis 10 kW.

Einsatz von Druckluftmotoren als kleinere, robuste, unproblematische und leicht bedienbare Antriebsaggregate z. B. für Bohr- und Schleifmaschinen, Handhabungsgeräte, Spanngeräte, Schieber und Ventile, Misch- und Rührwerke, Förderbänder.

Die am häufigsten eingesetzten Druckluftmotoren sind der Radial-Kolbenmotor und der Lamellenmotor.

Lamellenmotor: Das Funktionsprinzip ist in Bild MEC 316.1 schematisiert dargestellt.

Bei (7) beginnt ein neuer Arbeitszyklus, wobei die Lamelle (a) ganz in den Rotor (1) eingedrückt ist. Im Bereich bis (3) wird die noch kleine Kammer (2) gefüllt, die sich dann in Pfeilrichtung dreht, bis bei (4) das Ende des Wirkbereichs bzw. der Luftaustritt (5) erreicht ist. Danach verkleinert sich der Arbeitsraum wieder, wodurch auch die Restluft bis (6) ausgedrückt wird.

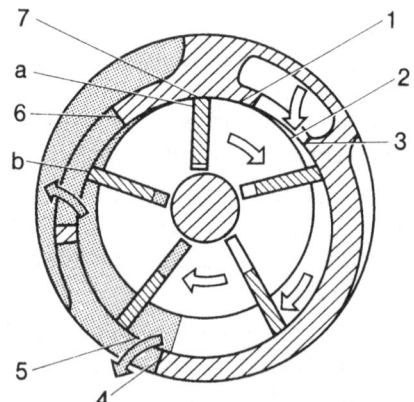

Bild MEC 316.1: Lamellenmotor.

Daten: Betriebsdruck 6 bis 8 bar, Leistung 0,5 bis 5 kW, Höchstdrehzahl 3000 bis 10 000 min⁻¹. Luftverbrauch 20 bis 45 l/s bei 1,5 kW und 2000 bis 8000 min⁻¹. Schmierung mit Arbeitsluft.

Radial-Kolbenmotor: Bild MEC 317.1 zeigt schematisiert das Funktionsprinzip. Druckluft strömt durch den Einlasskanal zum Steuerschieber und die expandierte Luft durch den Auslasskanal zum Abluftanschluss. Der rotierende Steuerschieber verteilt die Druckluft über Luftkanäle auf die einzelnen Zylinder, die bei ihrer Expansion die Kolben in die untere Stellung drückt. Die Kolbenkraft erzeugt über die Pleuelstange das von der Kurbelwelle abgegebene Drehmoment.

Daten: Betriebsdruck 8 bis 10 bar, Leistung 1,5 bis 10 kW, Höchstdrehzahl 3000 bis 6000 min^{-1}. Luftverbrauch 15 bis 50 l/s bei 1,5 kW und 500 bis 2500 min^{-1}.

Bild MEC 317.2 zeigt die Abhängigkeit von Drehmoment, Leistung und Luftbedarf eines Druckluftmotors (Lamellen- oder Kolbenmotor) von der Drehzahl für einen bestimmten Betriebsdruck p_e = konst. Die wichtigsten Kenngrößen sind:

Nennleistung P_N, Nennmoment M_N und Nenndrehzahl n_N.

P_N, M_N und n_N sind miteinander verknüpft durch die Zahlenwertgleichung

$$P = \frac{M \cdot n}{9550};\text{ hierin ist } P \text{ in kW, } M \text{ in N m, } n \text{ in min}^{-1} \text{ einzusetzen.}$$

Die Nenndrehzahl liegt in der Nähe der halben **Leerlaufdrehzahl** n_L, das ist die höchste Drehzahl, die ein unbelasteter Motor erreichen kann.

Das **Drehmoment-Drehzahl-Verhalten** lässt sich durch Drosselung der Luftmenge und durch Minderung des Betriebsdrucks steuern (Bild MEC 318.1). Die Druckeinstellung wird am Druckregler der Wartungseinheit vorgenommen.

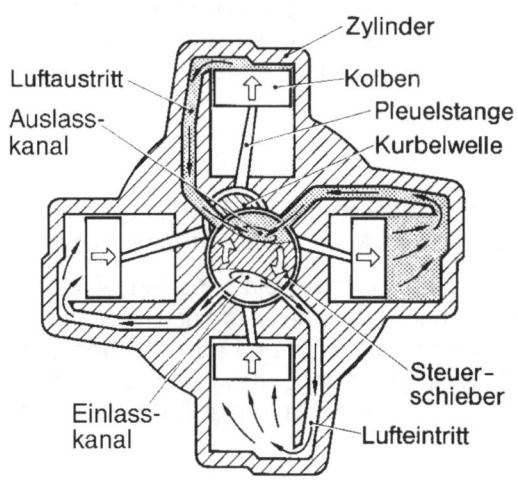

Bild MEC 317.1: Radial-Kolbenmotor.

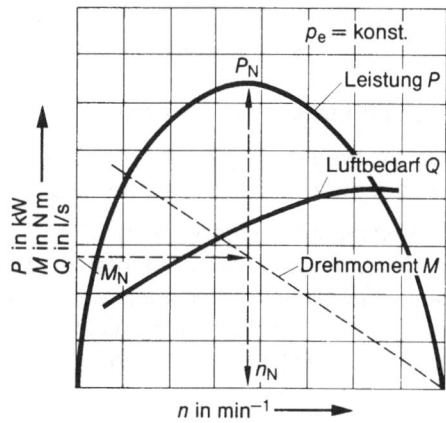

Bild 317.2: Kennlinien eines Druckluftmotors.

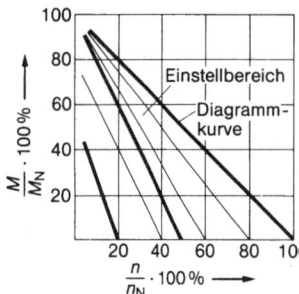 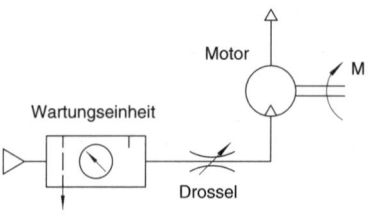

Bild MEC 318.1: Drehmoment-Drehzahl-Verhalten eines Radial-Kolbenmotors.

Pneumatische Grundsteuerungen

Bei den pneumatischen Grundsteuerungen kann man unterscheiden zwischen wegabhängigen, druckabhängigen, zeitabhängigen Steuerungen und Geschwindigkeitssteuerungen. Kombinationen dieser Steuerungsart kommen häufig vor. Unterscheidungsmerkmal ist die Art der Informationseingabe, die durch Betätigung der Signalglieder erfolgt.

Regeln zur Aufstellung von Schaltplänen

Die Steuerung wird in einzelne **Steuerketten** zerlegt. Jede Steuerkette besteht aus einem Arbeitsglied – Zylinder oder Motor – den zugehörigen Steuer- und Signalgliedern. Die Signalglieder betätigen die **Steuerglieder.** Die Steuerglieder steuern die Bewegung des Arbeitsglieds.

Der Schaltplan ist in der **Ausgangsstellung** zu zeichnen. Das ist die Schaltstellung, mit der nach Einschalten des Netzdrucks die einzelnen Elemente das Schaltprogramm beginnen. Ventile mit Rückstelleinrichtungen (Feder) nehmen stets die **Nullstellung** ein.

Die durch ein Antriebsglied (z. B. Kolbenstange) betätigten **Signalglieder** werden durch einen **Markierungsstrich** gekennzeichnet. Bei Signalgliedern, die nur in einer Richtung betätigt werden, z. B. ein **Rollenhebelventil** mit Leerrücklauf, wird an den Markierungsstrich ein Pfeil gezeichnet, der die **Betätigungsrichtung** angibt (Bild MEC 318.2). Die Geräte einer Steuerkette können in **Richtung des Energieflusses** mit der Ordnungszahl der Steuerkette (erste Ziffer) und einer fortlaufenden Unternummer (folgende Ziffer) versehen werden (Bild MEC 319.1).

Wegabhängige Steuerungen

Bei der wegabhängigen Steuerung betätigt das Arbeitselement, z. B. die Kolbenstange, ein oder mehrere Signalglieder und führt dadurch die Änderung seiner Bewegung herbei.

Die einfachste wegabhängige Steuerung ist die **Umsteuerung** einer Kolbenbewegung nach dem Ausfahren bzw. Einfahren. Die Umsteuerung muss einerseits einen Dauerdurchlauf ermöglichen, aber auch andererseits von Hand zu starten und abzuschalten sein. Nach dem Abschalten muss der Zylinder in die **Ausgangsstellung** zurückfahren. Den Schaltplan dieser Zylindersteuerung für Einzelablauf und Dauerdurchlauf zeigt Bild MEC 319.1.

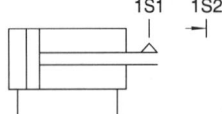

Bild MEC 318.2: Markierungsstrich mit Pfeil.

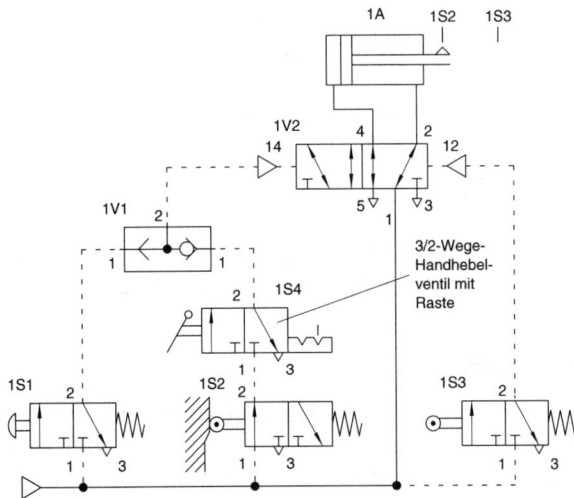

Bild MEC 319.1: Wegabhängige Steuerung.

Die wegabhängige Umsteuerung wird hier durch die Rollenhebelventile 1S3 und 1S2 eingeleitet, deren Steuerluft das Impulsventil 1V2 betätigt. Gestartet wird die Anlage durch Ventil 1S1, Ventil 1S4 schaltet die Anlage auf Dauerdurchlauf. Bei Einzelablauf muss jedes Schaltspiel durch Ventil 1S1 gestartet werden.

Druckabhängige Steuerungen

Bei druckabhängigen Steuerungen wird die Betätigung des Steuerglieds durch **Druck-aufbau** bewirkt. Das Steuerglied schaltet nur, wenn ein bestimmter Steuerdruck erreicht wird. Eine druckabhängige Steuerung ist die **Wechselsteuerung** in Bild MEC 319.2. Kennzeichen der Wechselsteuerung:

Jedesmal wenn man Signalglied 1S1 betätigt, wird die Bewegungsrichtung des Pneumatikzylinders gewechselt. Während der Bewegung schiebt der sich aufbauende Druck das Ventil 1V1 in die andere Schaltstellung, wodurch beim erneuten Betätigen von Ventil 1S1 auch das Steuerventil 1V3 umgeschaltet wird.

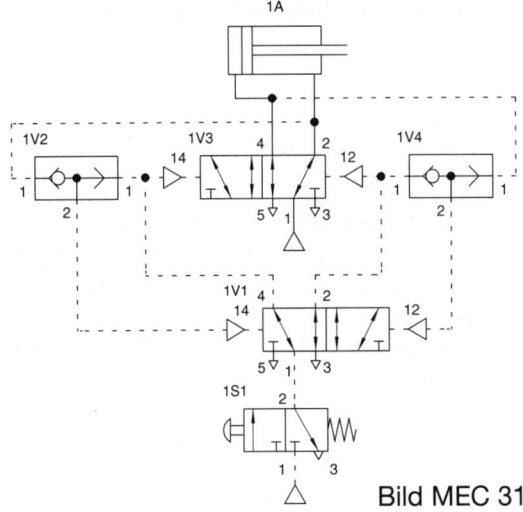

Bild MEC 319.2: Wechselsteuerung.

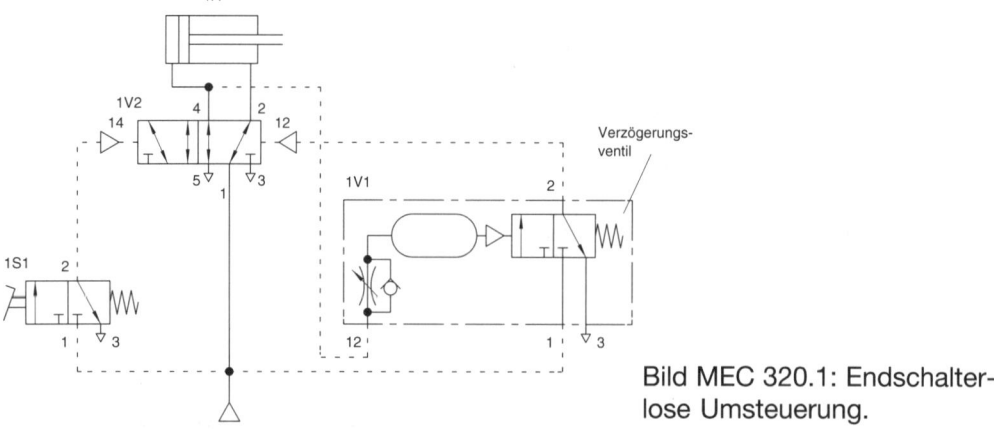

Bild MEC 320.1: Endschalterlose Umsteuerung.

Zeitabhängige Steuerungen

Bei zeitabhängigen Steuerungen ist das Signalglied ein **Zeitelement.** Das kann ein elektrischer Zeitschalter sein oder ein **Verzögerungsventil.** Letzteres wird in der Pneu-matik vorwiegend als Zeitglied eingesetzt. Eine typische zeitabhängige Steuerung ist die **endschalterlose Umschaltsteuerung** in Bild MEC 320.1, die dann angewendet wird, wenn aus Platzgründen das Anbringen von Wege-Signalventilen nicht möglich ist.

Der Vorlauf wird über 3/2-Wegeventil 1S1 eingeleitet. Die Umsteuerung in den Rücklauf erfolgt über das Verzögerungsventil 1V1. Die Verzögerungszeit, also die Zeit zum Druck-aufbau, **muss größer sein als die Ausfahrzeit** des Kolbens.

Geschwindigkeitssteuerungen

Die Beeinflussung der Kolbengeschwindigkeit wird durch **Luftstromdrosselung** vor-genommen. Man unterscheidet zwischen Zu- und Abluftdrosselung. Vorwiegend wird die Abluftdrosselung angewendet, weil sie eine gleichmäßigere Kolbenbewegung er-gibt. Zusammen mit einer Endlagendämpfung bewirkt die **Abluftdrosselung** eine er-hebliche Verbesserung der **Endlagenverzögerung.** Grundsätzlich bestehen folgende Möglichkeiten zur Geschwindigkeitssteuerung durch **Luftstromdrosselung:**

1. Bei einfachwirkenden Zylindern durch ein **Drosselrückschlagventil** zwischen Wege-ventil und Zylinder. Die Geschwindigkeit ist entweder für den Vorlauf oder den Rücklauf einstellbar. Zur getrennten Einstellung von Vor- und Rücklauf sind zwei Drosselrückschlagventile notwendig (Bild MEC 321.1).

2. Bei doppeltwirkenden Zylindern durch **Einschraubdrosseln** an den Abluftanschlüssen 3 und 5 eines 5/2-Wegeventils. Die Einschraubdrosseln sind nur in einer Richtung durchströmbar. Mit den Einschraubdrosseln können unterschiedliche Geschwindig-keiten beim Ein- und Ausfahren eingestellt werden (Bild MEC 321.2a).

3. Bei doppeltwirkenden Zylindern durch **zwei Drosselrückschlagventile** zwischen Wegeventil und Zylinder. Die Geschwindigkeiten für das Aus- und Einfahren sind getrennt von Hand einstellbar (Bild MEC 321.2b und c).

4. Durch ein **mechanisch verstellbares Drosselrückschlagventil** (Bild MEC 321.3). Mit diesem Ventil kann durch die Kontur einer Steuerschiene die Geschwindigkeit beim

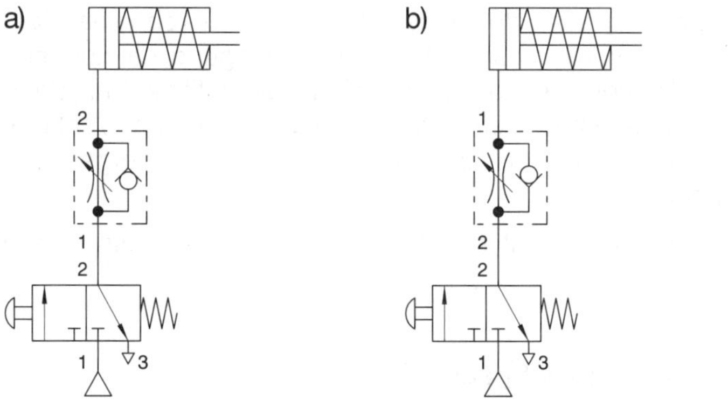

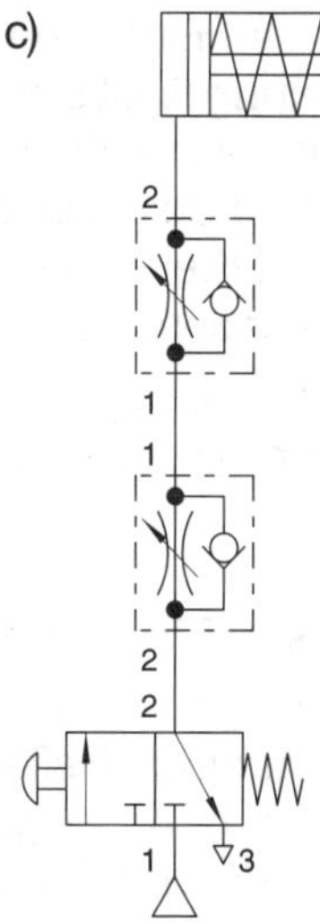

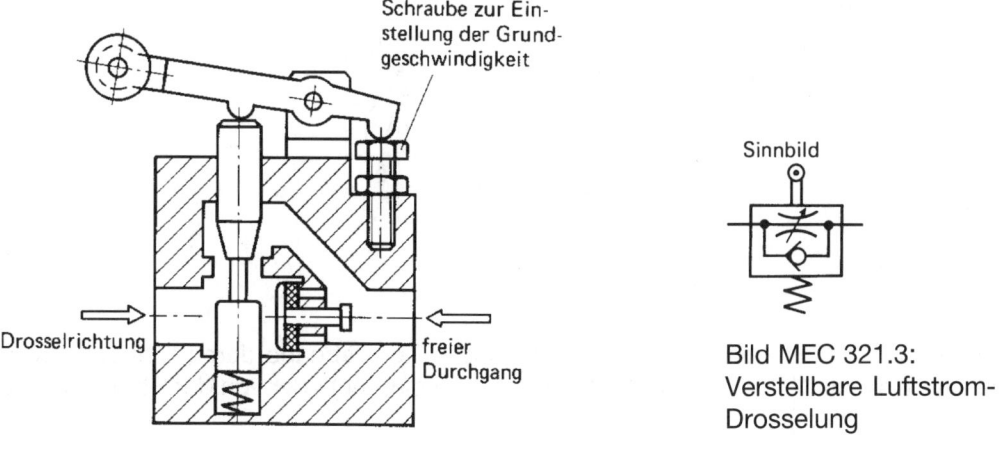

a)   b)   c)

Bild MEC 321.1: Einfachwirkender Zylinder a) Zuluftdrosse-
lung, b) Abluftdrosselung, c) Zu- und Abluftdrosselung.

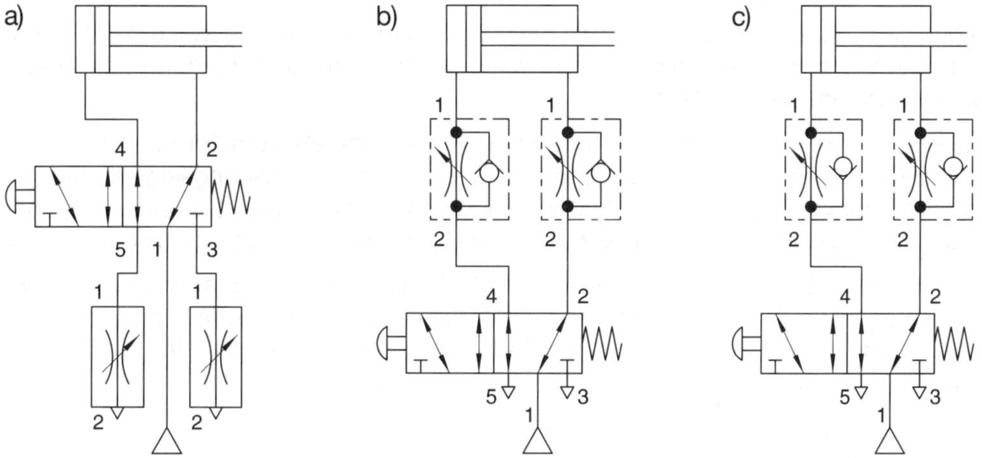

a)   b)   c)

Bild MEC 321.2: Doppeltwirkender Zylinder. Möglichkeiten zur Geschwindigkeitssteuerung.

Schraube zur Ein-
stellung der Grund-
geschwindigkeit

Drosselrichtung

freier
Durchgang

Sinnbild

Bild MEC 321.3:
Verstellbare Luftstrom-
Drosselung

Aus- oder Einfahren beliebig und stufenlos verstellt werden. Durch eine **Vordrosselung** lässt sich die Grundgeschwindigkeit der Kolbenbewegung, die nur beim unbetätigten Ventil vorhanden ist, von Hand einstellen. Wird das Ventil betätigt, dann wächst die Geschwindigkeit mit zunehmendem Öffnungsweg an, wenn das Ventil als „Öffner" arbeitet. Arbeitet es als „Schließer", dann nimmt die Geschwindigkeit mit zunehmendem Schließweg ab.

5. Durch Einbau eines Schnellentlüftungsventils direkt am Zylinderanschluss, wie in Bild MEC 311.3 gezeigt.

Steuerungen mit berührungsloser Signalabgabe

Steuerungen mit berührungsloser Signalabgabe verwenden als pneumatische Signalglieder Staudüsen, Reflexaugen und Luftschranken. Bei vielen Maschinen und Vorrichtungen ist das Anbringen von mechanischen Endschaltern aus Platzgründen nicht möglich. Elektronische Signalgeber können oft nicht eingesetzt werden, wenn sie mit Schmutz, Kühlwasser und Öl in Berührung kommen. In diesen Fällen bieten sich pneumatische Signalglieder mit berührungsloser Signalabgabe an.

Bild MEC 322.1 zeigt die Umsteuerung eines Zylinders mit einer Staudüse (1S2), deren Ausströmöffnung von der Kolbenstange verschlossen wird, und die dann das Wegeventil 1V1 pneumatisch betätigt.

Bei der Steuerung in Bild MEC 323.1 dient ein Reflexauge als Abtastorgan. Wird unter dessen Austritt ein Gegenstand geschoben, entsteht ein Ausgangssignal, das im Verstärkerkopf von Ventil 1.1 verstärkt wird und das Ventil betätigt. Daraufhin fährt der Zylinder aus. Das Druckregelventil erzeugt einen konstanten Signaldruck (Niederdruck).

Die Steuerung in Bild MEC 323.2 verwendet als Signalglied eine Luftschranke. Bewegt sich der Gegenstand in den Spalt zwischen Sender- und Empfängerdüse, dann geht der Ausgangssignaldruck auf Null, und die Feder stellt das Wegeventil 1V1 zurück. Der Zylinder fährt daraufhin aus.

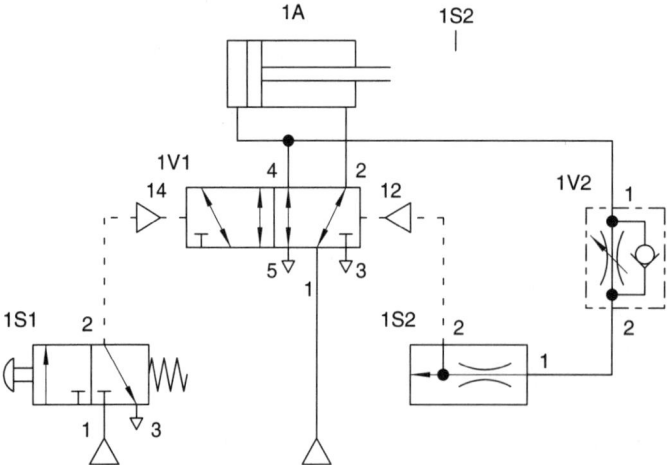

Bild MEC 322.1: Steuerung mit berührungsloser Signalabgabe durch Staudüse 1S2. Das Impulsventil 1V1 wird vom Startventil 1S1 (Ausfahren) oder von der Staudüse 1S2 betätigt (Einfahren).

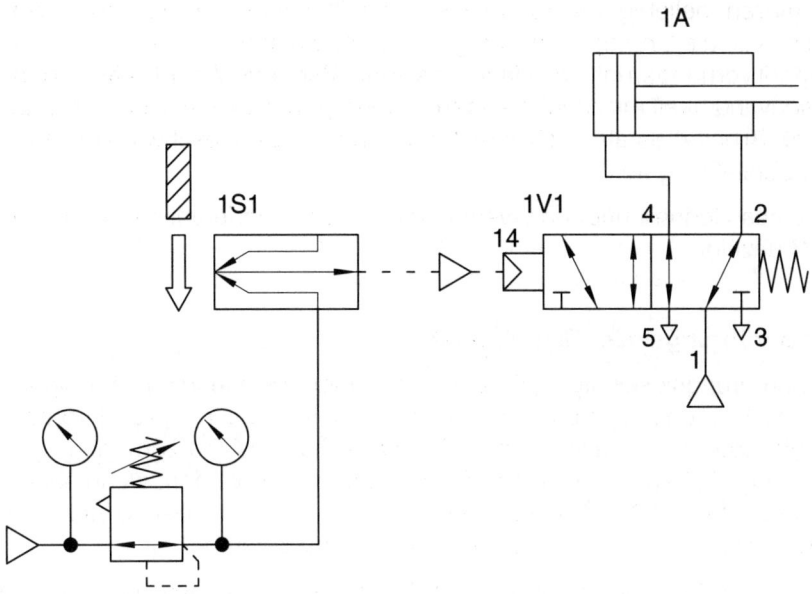

Bild MEC 323.1: Steuerung mit Reflexauge als Signalglied.

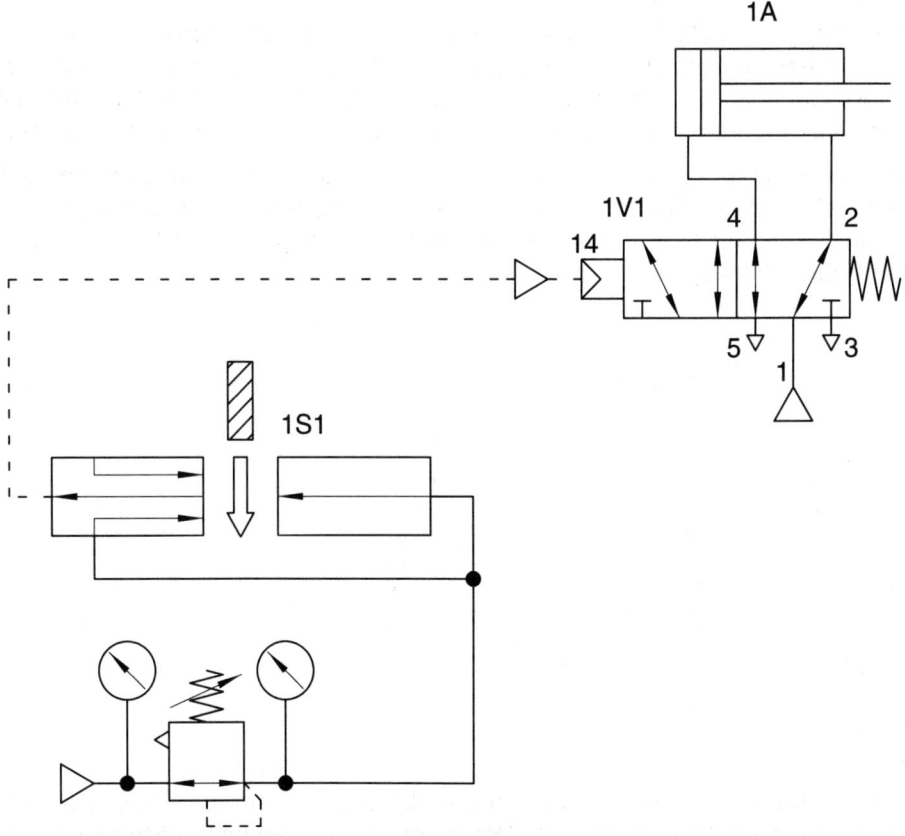

Bild MEC 323.2: Steuerung mit Luftschranke als Signalglied.

Wegabhängige Ablaufsteuerungen

Die Ablaufsteuerungen werden in wegabhängige und zeitgeführte Ablaufsteuerungen unterteilt. **Wegabhängige Ablaufsteuerungen** bezeichnet man auch als **Folgesteuerungen**. Zeitgeführte Ablaufsteuerungen werden auch **Programmsteuerungen** genannt.

Eine wegabhängige Ablaufsteuerung ist eine Steuerung mit zwangsläufig schrittweisem Ablauf, bei der das Weiterschalten von einem Schritt auf den folgenden vom zurückgelegten Weg der Arbeits- oder Stellglieder abhängt. Anders ausgedrückt:

Bei der Ablaufsteuerung ist das **Signal für den Folgeschritt** erst vorhanden, wenn der vorausgegangene Stellbefehl (z. B.) Vor- oder Rücklauf eines Zylinders – daher wegabhängige Steuerung) **ausgeführt** und als erfolgreich ausgeführt **zurückgemeldet** ist.

In Ablaufsteuerungen sind z. B. den Zylindern meist **Grenztaster** als Signalglieder in den Endlagen zugeordnet. Bild MEC 324.1 zeigt als Beispiel den Schaltplan einer einfachen Ablaufsteuerung mit folgendem Ablauf:

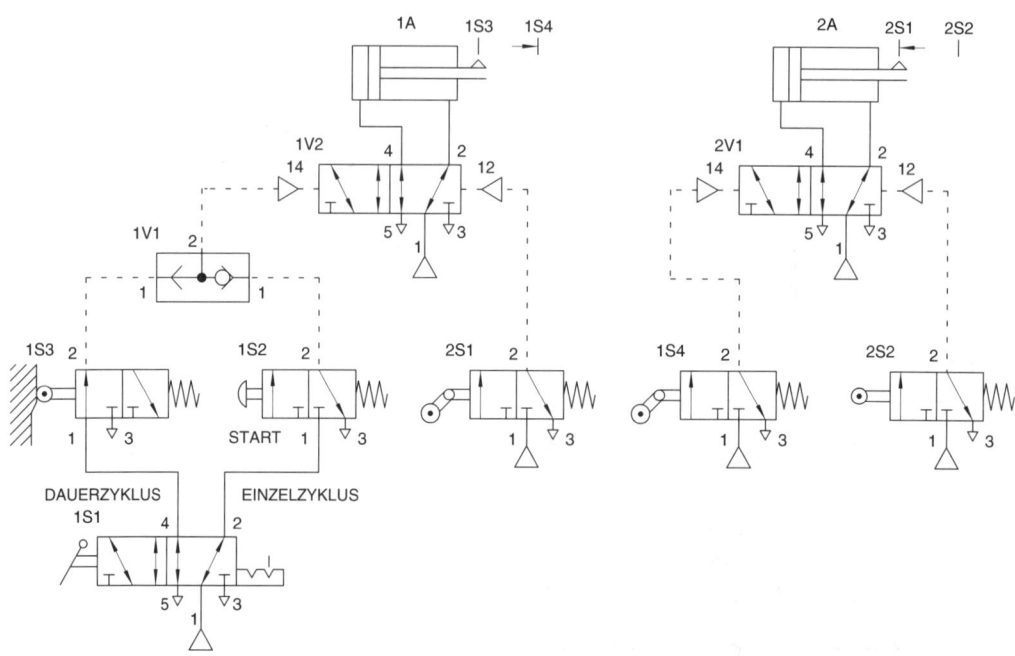

Bild MEC 324.1: Pneumatische Zweizylindersteuerung mit wegabhängigem Ablauf unter Verwendung von Rollenhebelventilen mit Leerrücklauf (2S1 und 1S4).

Nach Betätigung des Startventils (START) und bei anstehendem Signal a_0 des Grenztasters 1S3 fährt Zylinder 1A aus (Befehl A+). In der ausgefahrenen Stellung betätigt er den Grenztaster 1S4, dessen Signal a_1 (Rückmeldung) den Zylinder 2A ausfahren lässt (Befehl B+). Zylinder 2A betätigt im ausgefahrenen Zustand Grenztaster 2S2 (Signal b_1), daraufhin fährt 2A wieder ein (B–).

Im eingefahrenen Zustand betätigt der Grenztaster 2S1, dessen Signal b_0 lässt Zylinder 1A einfahren (A–). Ist 1A eingefahren, wird 1S3 betätigt, und der Zyklus kann wieder gestartet werden, da Signal a_0 vorhanden ist. Steht das Ventil 1S1 an **Dauerzyklus,** dann läuft jetzt automatisch ein neuer Zyklus an.

Der Steuerungsablauf lässt sich im **Weg-Schritt-Diagramm** übersichtlich und leicht verständlich festhalten. In der senkrechten Achse wird der Weg und in der waagerechten Achse werden die Schritte festgehalten (Bild MEC 325.1, dargestellt für Einzelzyklus).

Im Weg-Schritt-Diagramm wird die Bewegung der Zylinder durch schräge Geraden von 1 nach 2 (Ausfahren) oder von 2 nach 1 (Einfahren) dargestellt. Signallinien werden vom auslösenden Signalglied zur auszulösenden Bewegung gezeichnet.

Jeder Schritt wird durch ein Signal eingeleitet, das als **Rückmeldung** des erfolgreich ausgeführten Befehls über ein Signalglied abgegeben wird. Beispiel: A+ ausgeführt, Rückmeldung durch a_1, Einleitung von B+, B+ ausgeführt, Rückmeldung durch b_1, Einleitung von B– usw..

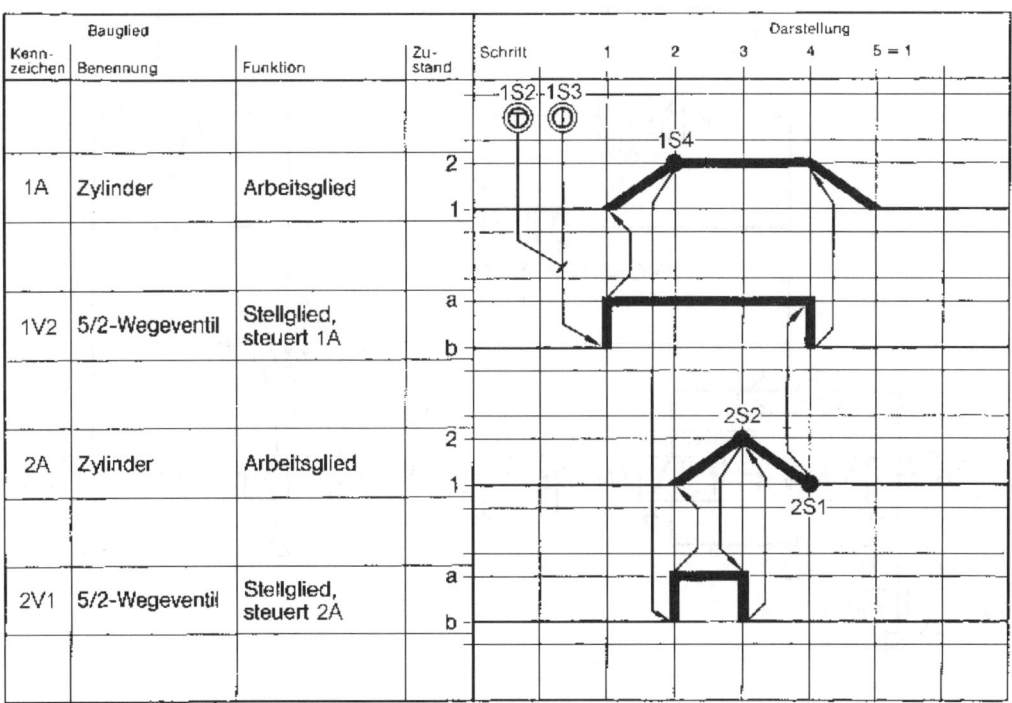

Bild MEC 325.1: Weg-Schritt-Diagramm der Steuerung in Bild MEC 324.1.

Die Signalglieder werden durch Bildzeichen nach VDI 3260 dargestellt, von denen die folgenden in der Praxis häufig vorkommen:

 Ein-Aus Tippen Aus

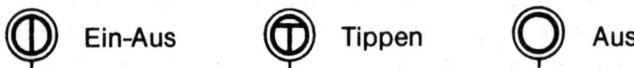

Enthält die Steuerung Signalverknüpfungen, z. B. UND- bzw. ODER-Verknüpfungen, so wird die Verbindungsstelle der Signallinien mit einem Schrägstrich bzw. mit einem Punkt gekennzeichnet:

 UND-Verknüpfung ODER-Verknüpfung

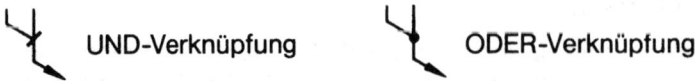

In der Schaltung in Bild MEC 324.1 sind die Grenztaster 2S1 und 1S4 **Rollenhebelventile mit Leerrücklauf** (Kipprollenventile), weil deren Signale b_0 und a_1 sofort nach Betätigung abschalten müssen. Würden sie weiter anstehen, dann könnten die Impulsventile 1V2 und 2V1 nicht umgeschaltet werden.

Rollenhebelventile mit Leerrücklauf werden wegen ihrer unpräzisen Schaltungsweise in schnell arbeitenden Steuerungen seltener eingesetzt. Zur **Signalabschaltung** werden hier zusätzliche Wegeventile eingebaut. Entsprechend dieser Forderung wurde die Schaltung in Bild MEC 324.1 geändert; Kipprollenventile werden nicht mehr verwendet. Die geänderte Schaltung zeigt Bild MEC 326.1.

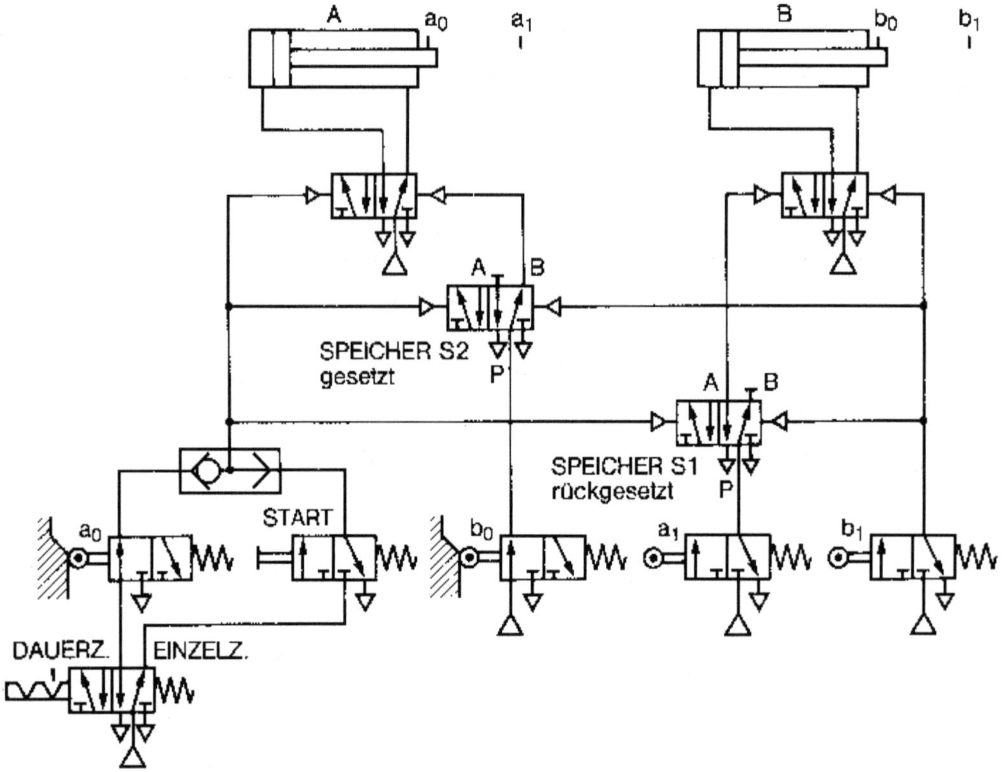

Bild MEC 326.1: Folgesteuerung mit Signalabschaltventilen für den Ablauf A+, B+, B–, A–.

Eine Besonderheit der geänderten Schaltung in Bild MEC 326.1 sind die **Signalab-schaltventile** OV1 (S1) und OV2 (S2). Diese Impulsventile haben **Speicherfunktion** (Flipflop). OV1 und OV2 lassen die Grenztastersignale 1S4 und 2S1 wirksam werden. Bei START wird S_1 gesetzt (1S4 wirksam) und S_2 rückgesetzt (2S1 unwirksam). Bei 2S2 UND **nicht** anstehendem 1S3 wird S_1 rückgesetzt (1S4 unwirksam) und S_2 gesetzt (2S1 wirksam). Die Speicher sind den Grenztastern 1S4 und 2S1 nachgeschaltet: Sie ermög-lichen eine gegen Fehlbetätigungen geschützte, ablaufsichere Steuerung.

Ablaufsteuerung mit Taktstufenkette

Man kann ausgehend vom Weg-Schritt-Diagramm in Bild MEC 325.1 die Befehle und ihre Rückmeldungen in Form eines Blockbildes darstellen (Bild 327.1). Die Zuordnung der Befehle (Zylinderbewegungen) und der Rückmeldungen (Signale) bilden eine **Ab-laufkette**. Die logische Aussage von Bild MEC 327.1 lautet:

Wenn START, dann A+. Wenn A+, dann a_1. Wenn a_1, dann B+. Wenn B+, dann b_1. Wenn b_1, dann B–. Wenn B–, dann b_0. Wenn b_0, dann A–. Wenn A–, dann a_0.

Auf dieser Ablaufkette beruht die **Taktstufentechnik**. Aus der Ablaufkette entsteht zunächst schematisch die **Taktstufenkette** (Bild MEC 328.1)

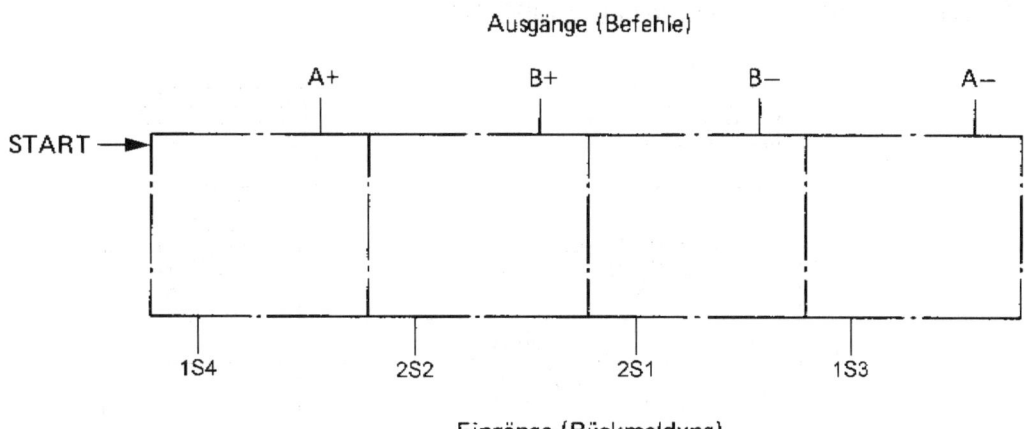

Bild MEC 327.1: Ablaufkette der Steuerung in Bild MEC 326.1.

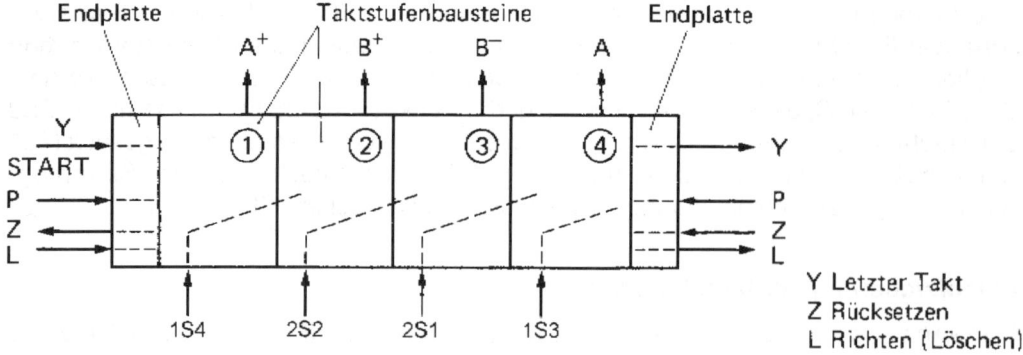

Bild MEC 328.1: Taktstufenkette der Steuerung in Bild MEC 326.1.

Die Taktstufenkette ist aus einzelnen Taktstufen zusammengesetzt (Anzahl der Taktstufen = Anzahl der Schritte). Jede Taktstufe wird durch einen pneumatischen **Taktstufenbaustein** realisiert. Die aneinandergereihten Taktstufenbausteine sind einheit-
lich aus **gleichen Logikfunktionen** aufgebaut.

Jeder Taktstufenbaustein besteht aus einem SPEICHER-Glied, einem UND-Glied zum
Setzen und einem ODER-Glied zum externen Rücksetzen (Löschen).

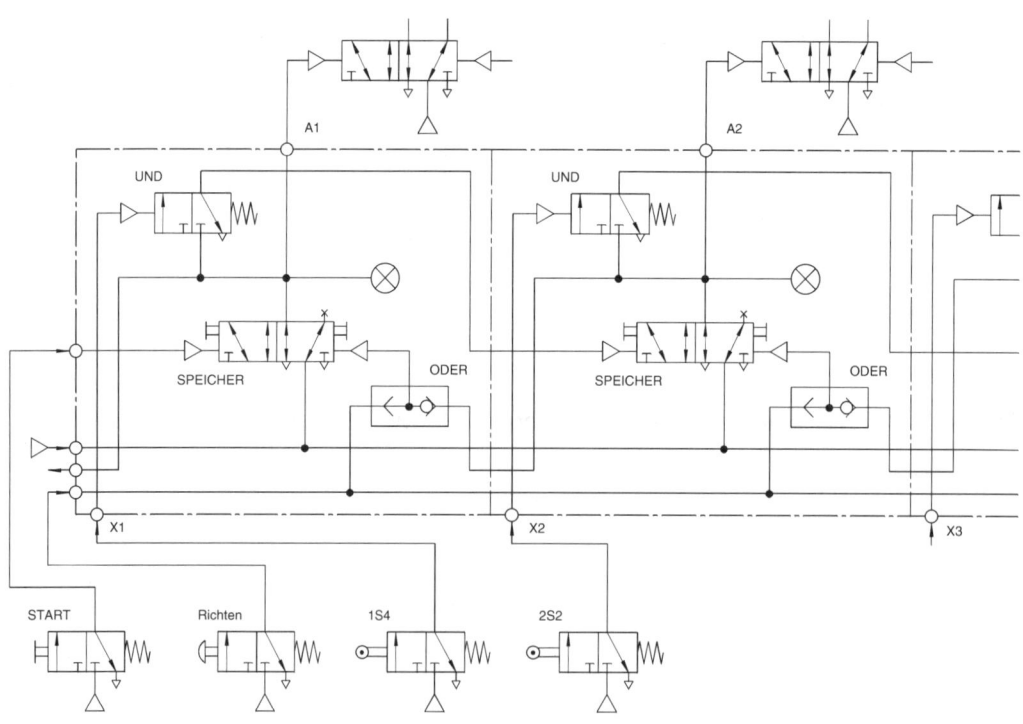

Bild MEC 328.2: Schaltplan von zwei Taktstufenbausteinen.

Über den START wird der SPEICHER der **ersten** Taktstufe gesetzt (Bild MEC 328.2). Sein Ausgangssignal A1 (z. B. Befehl A+) bereitet das erste UND-Glied vor. Liegt am Eingang X_1 als Rückmeldung (Quittung) des ersten erfolgreich ausgeführten Stellbefehls (A+) ein Signal an (z. B. a_1), so wird über das UND-Glied der Speicher der **zweiten** Taktstufe gesetzt. Am Ausgang A_2 der zweiten Taktstufe steht ein Signal (z. B. B+) an. Dieses Ausgangssignal setzt über das ODER-Glied der **ersten** Taktstufe den ersten SPEICHER zurück und bereitet das zweite UND-Glied vor. Steht X_2 (z. B. b_1) an, so wird der SPEICHER der **dritten** Taktstufe gesetzt usw.. Auf diese Weise wird die Taktstufenkette Schritt für Schritt durchgeschaltet. Wesentlich ist dabei folgendes:

Das **Ausgangssignal** A einer jeden Taktstufe bewirkt:

1. Vorbereiten des nächsten Takts
2. Rücksetzen des vorigen Takts
3. Ausgeben des Stellbefehls an das Arbeitsventil

Mit einem Impuls auf den Eingang L (Richten oder Löschen) können von außen sämtliche Speicher zurückgesetzt (gelöscht) werden. Den **Logikplan** der Taktstufenkette zeigt Bild MEC 329.1.

Verschalten einer Taktstufenkette: Die Ausgänge der Taktstufenbausteine werden mit den Steueranschlüssen der Arbeitsventile verbunden (Bild MEC 328.2). Entsprechend dem Weg-Schritt-Diagramm erfolgt die Zuordnung, welcher Ausgang den Vor- oder Rücklauf des betreffenden Antriebsglieds bewirkt. Die Rückmeldesignale der Grenztaster werden denjenigen Takten zugeordnet, deren Ausgangssignale die Bewegung der Antriebsglieder und damit die Betätigung der entsprechenden Grenztaster auslösten (Ursache und Wirkung).

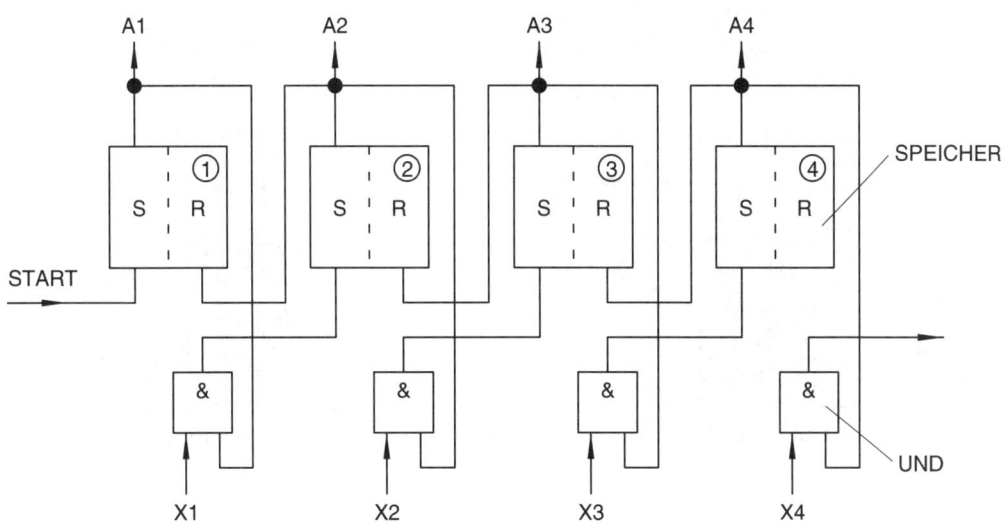

Bild MEC 329.1: Logikplan einer Taktstufenkette.

Elektropneumatische Steuerungen

Elektropneumatische Steuerungen sind gekennzeichnet durch die Verbindung von **elektrischer** Signaleingabe (Sensorik) und Signalverarbeitung (Prozessorik) mit **pneumatischer** Bewegungs- und Krafterzeugung. Die Schnittstelle der beiden Systeme bilden im Signaleingabeteil die elektropneumatischen Wandler. Das sind in der Hauptsache Magnetventile.

Magnetventile

Magnetventile haben die Aufgabe, elektrische Eingangssignale in pneumatische Ausgangssignale, z.B. Stelleingriffe, umzuwandeln. Sie bestehen aus einem Pneumatikventil und einem elektromagnetischen Schaltteil, dem **Magnetkopf**. Der Magnetkopf besteht aus **Magnetspule** und **Anker**.

Wird Spannung an die Magnetspule gelegt, dann erzeugt die Spule ein Magnetfeld, das den Anker anzieht. Dadurch wird der Ventilsitz oder der Ventilkolben des Pneumatikventils verstellt (Ausgangssignal). Der Stelleingriff am Ventil steuert das Arbeitselement, z. B. den Zylinder.

Die Größe der Magnetspulen ist begrenzt. Deshalb setzt man in der Regel Magnetventile mit **pneumatischer Vorsteuerung** ein. Der Ventilkolben wird pneumatisch betätigt. Die Vorsteuerluft zur Ventilkolbenverstellung wird vom Anker der Magnetspule gesteuert, z.B. durch Öffnen oder Schließen eines Ventilsitzes.

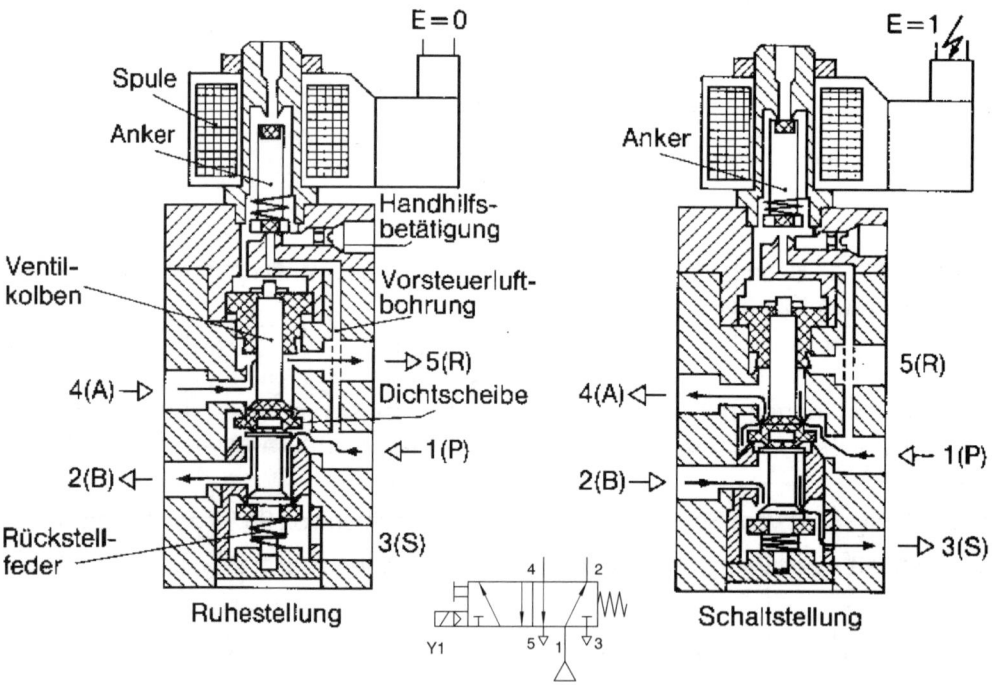

Bild MEC 330.1: Vorgesteuertes 5/2-Wege-Magnetventil mit einseitiger Betätigung und Federrückstellung.

Bild MEC 330.1 zeigt als Beispiel ein 5/2-Wege-Magnetventil mit pneumatischer Vorsteuerung und Handhilfsbetätigung. In der stromlosen Ruhestellung (E=0) wird die Vorsteuerluft vom federbelasteten Anker abgesperrt. Die Dichtscheibe des Ventilkolbens sperrt den Weg von 1 nach 4 und gibt ihn von 1 nach 2 frei. Die Entlüftung erfolgt von 4 nach 5. Der Entlüftungsweg von 2 nach 3 ist gesperrt.

Wird an die Spule Spannung gelegt (E=1), dann gibt der Anker die Steuerluftbohrung frei. Der Ventilkolben wird von der Steuerluft nach unten gedrückt. Jetzt sperrt die Dichtscheibe den Weg von 1 nach 2 ab und gibt ihn von 1 nach 4 frei. Die Entlüftung geht nun von 2 nach 3. Nach Wegnahme des elektrischen Eingangssignals (E=0) drückt die Rückstellfeder den Ventilkolben in die Grundstellung (Ruhestellung).

Es werden zwei Arten von Magnetventilen eingesetzt:

– mit einseitiger Betätigung und Federrückstellung,

– mit beidseitiger Betätigung (Impulsbetätigung).

Magnetventile mit **beidseitiger elektrischer Betätigung** werden **Magnet-Impulsventile** genannt. Ein Magnet-Impulsventil wird durch wechselseitiges Anlegen der Spannung an die Magnetspulen umgesteuert.

Es behält die Schaltstellung auch nach Wegnahme der Spannung (Signalabschaltung) bei, bis die andere Spule ein Signal erhält. Wird an beide Spulen Spannung gelegt, dann dominiert das zuerst ankommende Signal. Bild MEC 331.1 zeigt das Schaltzeichen eines 5/2-Magnet-Impulsventils mit Handhilfsbetätigung. Es wird zur Steuerung doppeltwirkender Pneumatikzylinder eingesetzt.

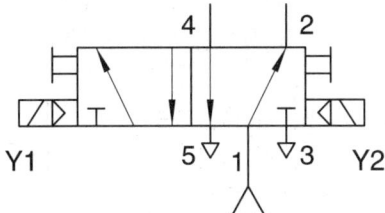

1 Druckluftanschluss (P)

2, 4 Arbeitsleitungen (A, B)

3, 5 Entlüftungen (R, S)

Bild MEC 331.1: Schaltzeichen eines 5/2 Magnet-Impulsventils. Nummerierung der Anschlüsse nach ISO 5599.

Magnetventile können mit Gleichstrom oder Wechselstrom betrieben werden. Die Schaltzeiten liegen bei 20 bis 30 ms. Die Einschaltzeit ist meist etwas größer als die Ausschaltzeit.

Einschaltzeit = Zeit vom Schaltbefehl bis zum Druckaufbau von 90 % des Nenndrucks.

Ausschaltzeit = Zeit vom Schaltbefehl bis zum Druckabbau auf 10 % des Nenndrucks.

Elektrische Signaleingabeelemente

Aufgabe: Eingabe elektrischer Signale von verschiedenen Stellen der Steuerung in den Bereich der Signalverarbeitung. Eingesetzt werden kontaktbehaftete und kontaktlose Signalgeber.

Schaltzeichen

Bild MEC 332.1: Mechanischer Grenzabtaster als Wechsler: a) unbetätigt, b) betätigt.

Kontaktbehaftete Signalgeber arbeiten als Schließer, Öffner oder Wechsler. Es wird zwischen Tastern und Schaltern unterschieden. Der **Taster** nimmt die Schaltstellung nur solange er betätigt wird ein. Der **Schalter** (Stellschalter, Schlossschalter) wird bei der Betätigung verriegelt und erst bei nochmaliger Betätigung entriegelt. Zur Abfrage der Endlagen von Maschinen und Arbeitsgeräten werden Grenztaster (Endschalter) verwendet, die oft als Wechsler arbeiten (Schema und Schaltzeiten in Bild MEC 332.1).

Kontaktbehaftete aber **berührungslos** arbeitende elektrische Signalgeber sind Näherungsschalter nach dem **Reed-Prinzip (Reed-Schalter).** Die Kontaktzungen des Reedschalters schließen sich, wenn sie von einem Magnetfeld durchsetzt werden, z. B. bei Annäherung eines Permanentmagnets, der auf dem Kolben eines Pneumatikzylinders sitzt (Bild MEC 332.2). Reed-Schalter erlauben höhere Schaltspielzahlen als Grenztaster. Sie werden eingesetzt, wenn sich Grenztaster aus Platzgründen nicht einbauen lassen.

Kontaktlose Signaleingabeelemente sind verschleißfrei und erlauben viel höhere Schaltfrequenzen als Schaltelemente mit Kontakten (...5 000 Hz). Verwendet werden induktive und optoelektronische Näherungsschalter (Näherungsinitiatoren), z. B. Lichtschranken und Reflexlichttaster.

Die Signalverarbeitung erfolgt mit Relais oder mit speicherprogrammierbaren Steuerungen.

Grundschaltungen der Elektropneumatik

Wichtige, oft angewendete elektropneumatische Grundschaltungen sind in Tafel MEC 333 zusammengefasst. Bei den Schaltungen wird die Relaistechnik eingesetzt.

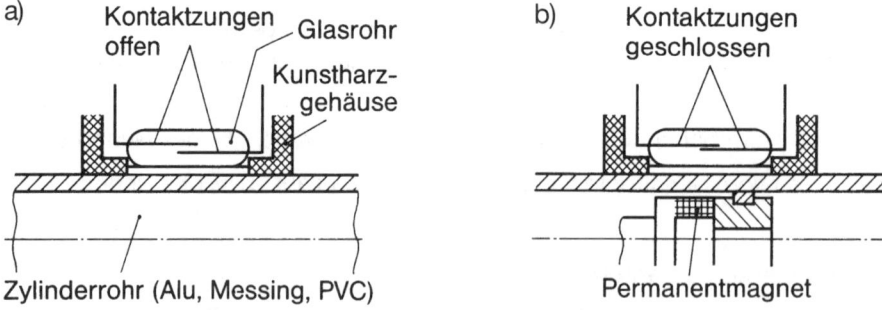

Bild MEC 332.2: Funktionsprinzip eines Reed-Schalters:
a) geöffnet, b) von Magnetfeld geschlossen.

MEC 332

Tafel MEC 333: Grundschaltungen der Elektropneumatik

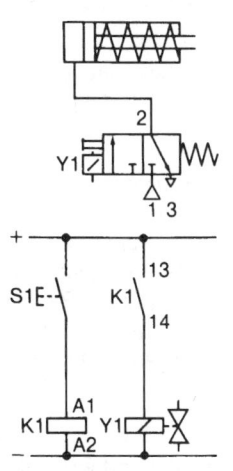

Steuerung eines einfachwirkenden Zylinders

Der Kolben soll ausfahren, wenn ein Taster gedrückt wird. Beim Loslassen des Tasters soll der Kolben in die hintere Endlage zurückfahren.

Lösung

Der Zylinder wird über 3/2-Wege-Magnetventil gesteuert. Taster S1 (Schließer) steuert Relais K1 an. Über einen Schließer von K1 geht Spannung an die Spule Y1. In der Spule wird ein Magnetfeld erzeugt. Der Anker in der Spule gibt den Weg für die Druckluft frei. Die Druckluft strömt von 1 nach 2 zum Zylinder. Der Kolben fährt in die vordere Endlage. Beim Loslassen des Tasters S1 wird über K1 der Stromkreis unterbrochen. Das Magnetfeld an der Spule Y1 bricht zusammen, das 3/2-Wegeventil schaltet in die Ausgangsstellung zurück. Der Kolben fährt in die hintere Endlage. Die Druckluft strömt von 2 nach 3 ab.

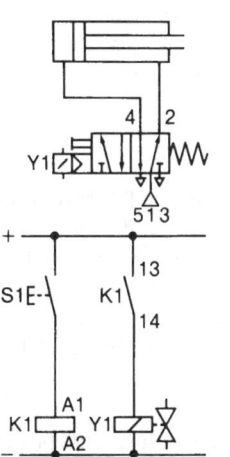

Steuerung eines doppeltwirkenden Zylinders

Der Kolben soll durch Betätigen eines Tasters ausfahren. Beim Loslassen des Tasters soll er in die Ausgangsstellung fahren.

Lösung

Der Zylinder wird über ein 5/2-Wege-Magnetventil gesteuert. Durch Betätigen des Tasters wird Relais K1 angesteuert. Über einen Schließer von K1 wird der Stromkreis geschlossen. Der Anker der Spule Y1 zieht an. Über Druckluftvorsteuerung wird das Wegeventil betätigt. Druckluft strömt von 1 nach 4 zum Zylinder.

Der Kolben fährt in die vordere Endlage. Beim Loslassen von S1 kann die Rückholfeder am Wegeventil wirksam werden. Der Kolben fährt in die Ausgangslage zurück.

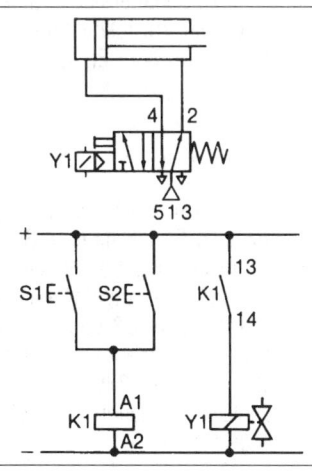

ODER-Steuerung eines doppeltwirkenden Zylinders

Der Kolben soll ausfahren, wenn Taster 1 oder Taster 2 betätigt wird. Die Bewegung soll also von zwei Stellen aus möglich sein.

Lösung

Die Taster S1 und S2 sind **parallel** geschaltet. Durch die Betätigung von Taster S1 ODER S2 wird die Spule Y1 über das Relais K1 erregt. Das 5/2-Wegeventil schaltet um. Der Kolben fährt in die vordere Endlage. Durch das Loslassen des gedrückten Tasters fällt das Relais und damit das Signal bei Y1 ab. Das Ventil geht in die Ausgangsstellung, und der Zylinder fährt in die Einfahrstellung.

Tafel MEC 333: Grundschaltungen der Elektropneumatik (Fortsetzung)

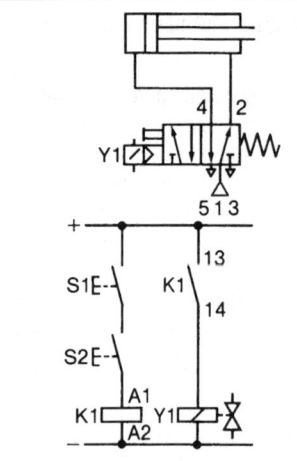

UND-Steuerung eines doppeltwirkenden Zylinders

Der Kolben darf nur ausfahren, wenn Taster 1 UND Taster 2 gedrückt werden (Zweihand-Sicherheitsschaltung). Wird ein Taster losgelassen, muss der Kolben zurückfahren.

Lösung

Die Taster S1 und S2 sind **in Reihe** geschaltet. Nur dann, wenn Taster S1 UND S2 betätigt werden, zieht das Relais K1 an, und die Spule Y1 wird erregt. Das 5/2-Wegeventil schaltet um, und der Kolben fährt in die vordere Endlage. Wird nur einer der gedrückten Taster losgelassen, fällt das Relais K1 ab, der Stromkreis zur Spule wird unterbrochen, und das Wegeventil wird durch Federkraft in die Ausgangsstellung zurückgeschoben. Der Kolben fährt ein.

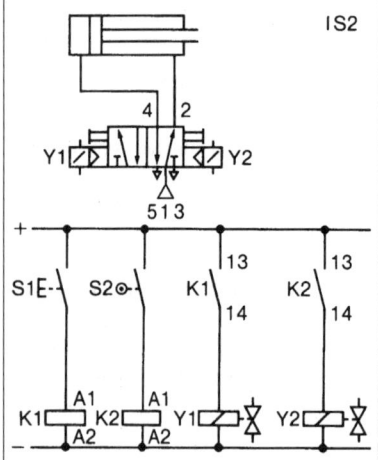

Selbsttätige Rücksteuerung eines doppeltwirkenden Zylinders

Der Kolben soll durch Taster-Kurzbetätigung in die vordere Endlage fahren. Beim Erreichen der Endlage soll er sich selbst wieder in die hintere Endlage zurücksteuern.

Lösung

Verwendet wird ein beidseitig betätigtes **5/2-Magnet-Impulsventil.** Durch Kurzbetätigung von S1 wird über Relais K1 die Spule Y1 erregt. Das Impulsventil schaltet um und der Kolben fährt aus. In der Endlage betätigt er den dort angebrachten Grenztaster S2. Die Spule Y2 wird erregt und das Ventil in die andere Schaltstellung geschoben. Der Kolben fährt in die Einfahrstellung zurück.

Oszillierende Bewegung eines doppeltwirkenden Zylinders

Der Kolben soll beim Einschalten eines Schalters solange ein- und ausfahren, bis der Schalter wieder zurückgestellt wird. Der Kolben muss seine Grundstellung (hintere Endlage) wieder einnehmen.

Lösung

In beiden Endlagen befinden sich zwei mechanisch betätigte Grenztaster S1 und S2. Der Grenztaster S1 ist mit dem Schalter S3 in Reihe geschaltet. Die Grenztaster geben jeweils ein Signal für Vor- und Rückhub an, wenn sie angefahren werden. Der Taster S1 aber nur, wenn Schalter S3 betätigt (verriegelt) ist. Solange S3 eingeschaltet ist, bewegt sich der Kolben ständig vor – zurück. Wird der Schalter S3 wieder entriegelt, kann kein Signal mehr die Spule Y1 erreichen. Der Kolben bleibt dann in der hinteren Endlage stehen.

Tafel MEC 333: Grundschaltungen der Elektropneumatik (Fortsetzung)

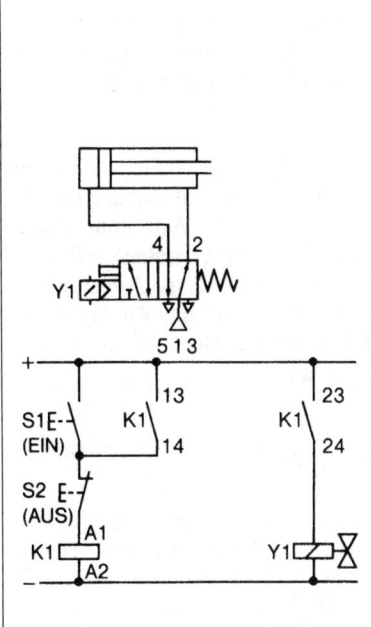

Steuerung eines doppeltwirkenden Zylinders mit Selbsthalteschaltung

Der Kolben soll nach Kurzbetätigung eines Tasters ausfahren und solange in der vorderen Endlage bleiben, bis ein zweites Signal den Kolben in die Ausgangsstellung bringt. Zur Steuerung soll ein Magnetventil mit **Federrückstellung** verwendet werden.

Lösung

Bei Verwendung eines Ventils mit Federrückstellung muss die Signalspeicherung im elektrischen Teil erfolgen. Es wird dazu eine **Selbsthalteschaltung mit dominierendem AUS** eingesetzt.

Bei Betätigung von S1 (EIN) wird Relais K1 erregt. Beim Loslassen von S1 fällt das Relais nicht ab, weil der Schließer K1 parallel zum EIN-Taster S1 geschaltet ist, der die Stromversorgung aufrecht erhält. Die Magnetspule Y1 zieht an und bleibt angezogen, solange der Strom fließt. Das Ventil wird also **dauernd betätigt.**

Der Kolben fährt in die vordere Endlage. Dort bleibt er, bis der Taster S2 (AUS) gedrückt wird. Über den Taster S2 wird der Stromkreis zum Relais K1 unterbrochen. Alle Funktionen vom Relais K1 schalten in die Ausgangsstellung. Dadurch ist auch zur Spule Y1 der Stromkreis unterbrochen. Die Feder am Wegeventil schaltet zurück und der Kolben fährt in die Grundstellung.

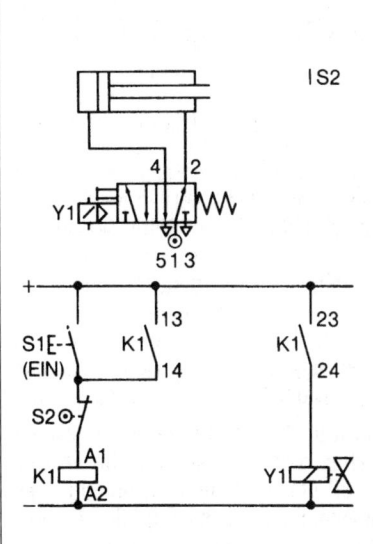

Selbsttätige Rücksteuerung mit einem Grenztaster

Der Kolben soll nach Kurzbetätigung eines Tasters ausfahren und beim Erreichen der vorderen Endlage sich selbst in die Ausgangsstellung zurückfahren.

Lösung

Verwendet werden ein 5/2-Magnetventil mit Federrückstellung und eine Selbsthalteschaltung mit dominierendem AUS zur Signalspeicherung.

Die Bewegung des Kolbens in die vordere Endlage erfolgt durch den Taster S1 (EIN). Ist die vordere Endlage vom Kolben erreicht und der EIN-Taster nicht mehr betätigt, wird über den Grenztaster S2 der Kolben zurückgesteuert. Die Selbsthalteschaltung wird gelöscht, wenn der Grenztaster S2 (Öffner) angefahren wird. Das Relais K1 schaltet in die Ausgangslage, der Schalter K1 öffnet den Strompfad zu der Spule Y1. Das 5/2-Wegeventil wird durch die Feder umgeschaltet, und der Zylinder fährt zurück.

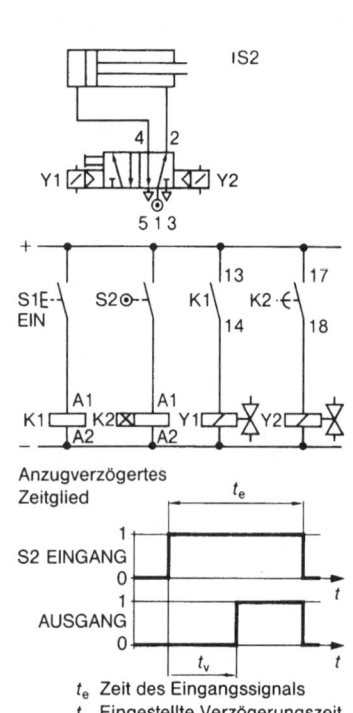

Anzugverzögertes Zeitglied

t_e Zeit des Eingangssignals
t_v Eingestellte Verzögerungszeit

Zeitabhängige Zylindersteuerung ohne Selbsthalteschaltung (Anzugverzögerung)

Der Kolben soll durch Kurzbetätigung des Tasters S1 ausfahren. In der vorderen Endlage soll er 10 Sekunden bleiben und dann selbstständig zurückfahren. Die vordere Endlage wird über den Grenztaster S2 abgefragt.

Lösung

Steuerungen, denen ein ganz bestimmter zeitlicher Ablauf vorgeschrieben ist, müssen mit Zeitrelais versehen sein. Diese Zeitrelais, die heute größtenteils als elektronische Zeitglieder verwendet werden, haben zwei grundlegende Zeitverhalten. Man spricht von anzugverzögertem und abfallverzögertem Zeitrelais. Hier liegt Anzugverzögerung vor.

Als Stellglied wird ein **5/2-Magnet-Impulsventil mit beidseitiger Betätigung** verwendet. Durch die Betätigung des Handtasters S1 (EIN) schaltet das Relais K1. Der Schließer vom Relais K1 ist mit der Magnetspule Y1 verbunden. Durch das Schalten des Schließers wird das Magnetventil umgesteuert. Der Zylinder fährt in die vordere Endlage. In dieser Position wird der Grenztaster S2 betätigt. Dieser Grenztaster schaltet das anzugverzögerte Zeitrelais K2. Der Schließer vom Zeitrelais K2 erregt nach der eingestellten Verzögerungszeit von 10 Sekunden die Magnetspule Y2 vom Wegeventil. Das Ventil steuert um. Dadurch fährt der Kolben in die hintere Endlage (Grundstellung).

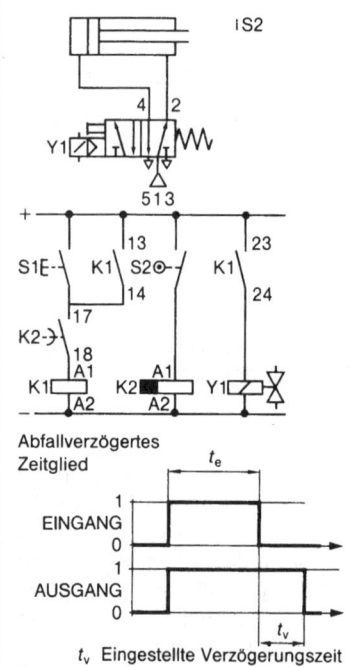

Abfallverzögertes Zeitglied

t_v Eingestellte Verzögerungszeit
t_e Zeit des Eingangssignals

Zeitabhängige Zylindersteuerung mit Selbsthalteschaltung (Abfallverzögerung)

Der Kolben soll durch kurze Betätigung des Tasters S1 ausfahren, in der vorderen Endlage 10 Sekunden stehen bleiben, und dann in die hintere Endlage zurückfahren. Die vordere Endlage wird über einen Grenztaster S2 abgefragt.

Lösung

Da bei Selbsthalteschaltung die Speicherfunktion nicht mehr im pneumatischen, sondern im elektrischen Teil liegt, kann ein 5/2-Magnetventil **mit Federrückstellung** verwendet werden. Die **Selbsthalteschaltung** wird durch den Schließer 13, 14 von Relais K1 realisiert, das durch Kurzimpuls von Taster S1 anzieht. Da der als **Öffner** arbeitende Grenztaster S2 unbetätigt ist, ist der Schließer 17, 18 von Relais K2 eingeschaltet. Solange S2 unbetätigt ist, ist auch der Schließer 23, 24 vom Relais K1 geschaltet und der Magnet Y1 unter Spannung. Das Ventil bleibt umgeschaltet und der Kolben fährt aus.

In der vorderen Endlage wird der Taster S2 betätigt. Nach der eingestellten Verzögerungszeit von 10 Sekunden fällt Relais K2 ab. Der Schließer 17, 18 unterbricht den Strom zu Relais K1, das daraufhin ebenfalls abfällt. Der Schließer 23, 24 unterbricht den Strom zum Magnet Y1, und das Ventil wird von der Feder in die Grundstellung geschoben. Der Kolben fährt in die hintere Endlage zurück.

Hydraulik

Unter Hydraulik versteht man im engeren Sinn die Anwendung der Druckenergie einer Druckflüssigkeit zur Übertragung von Kräften und zur Erzeugung von Bewegungen.

Hydraulikflüssigkeiten sind nicht nur Energieträger, sondern auch Schmier- und Korrosionsschutzmittel. Als Druckflüssigkeiten werden vorwiegend Hydrauliköle auf Mineralölbasis eingesetzt. In Anwendungsfällen, bei denen austretende Druckflüssigkeit eine Feuergefährdung bilden kann, z. B. im Bergbau, in Gießereien und Walzwerken, müssen schwer entflammbare Hydraulikflüssigkeiten eingesetzt werden. Hydrauliköle sind genormt in DIN 11002, 51524, 51525, 24320.

Grundlagen der Hydraulik

Systemeigenschaften und Einsatzbereiche

Vorteile:

1. Übertragung großer Kräfte und Leistungen auf kleinem Raum.
2. Feinfühlige stufenlose Regelbarkeit von Geschwindigkeiten.
3. Problemlose Geschwindigkeitsregelung unter Last innerhalb eines großen Verstellbereichs.
4. Große Übersetzungsspanne bei Antrieben.
5. Ruhiger Lauf, rasche und weiche Bewegungsumkehr.
6. Einfacher und sicherer Überlastungsschutz.
7. Hohe Abschaltgenauigkeit (kleine Überlaufwege) beim Stoppen des Arbeitsglieds.
8. Hohe Lebensdauer und geringe Wartung der Anlagen dank Selbstschmierung der gleitenden Teile durch die Hydraulikflüssigkeit.

Nachteile:

1. Änderung der Arbeitsgenauigkeit bei Ölviskositätsschwankungen infolge Temperaturänderung.
2. Dichtungsprobleme, vor allem bei hohen Betriebsdrücken und -temperaturen.
3. Löslichkeit von Luft in Hydraulikflüssigkeit. Entstehung von Luftblasen bei Druckabfall, dadurch Beeinträchtigung der Steuerungsgenauigkeit.
4. Führung der Hydraulikflüssigkeit in einem Kreislauf mit Kühler und Filter.

Einsatzbereiche

1. Industriehydraulik:
   Kunststoffverarbeitungsmaschinen, Werkzeugmaschinen, Umformmaschinen, Hütten- und Walzwerke.
2. Mobilhydraulik:
   Bagger und Krane, Bau- und Landmaschinen, Kraftfahrzeugbau.
3. Schiffshydraulik:
   Ruderverstellung, Bordkrane, Bugpforten, Schottschieber.
4. Flugzeughydraulik:
   Fahrwerk und Ruderstellantriebe.

Hydraulische Grundschaltungen

Aufbau eines Hydrauliksystems

Der hydraulische **Schaltplan** zeigt den Aufbau eines Hydraulikkreislaufs. Die einzelnen Hydraulikgeräte sind durch genormte Bildzeichen (Symbole) dargestellt und durch Leitungslinien miteinander verbunden.

Zunächst soll ein einfacher Hydraulikkreislauf gezeigt werden. Die Geräte sind nicht durch genormte Symbole, sondern schematisch so dargestellt, dass ihre Wirkungsweise noch zu erkennen ist (Bild MEC 338.1).

Die **Pumpe** saugt das Hydrauliköl aus dem Behälter und drückt es in das Leitungssystem mit den eingebauten Geräten. Das Öl strömt von P nach B durch das **Wegeventil** in den Hydrozylinder. Der belastete Kolben stellt für das Öl einen Widerstand dar. Der Druck steigt im Leitungsteil zwischen Pumpe und Kolben so lange an, bis die Kolbenkraft zum Überwinden der Belastung ausreicht.

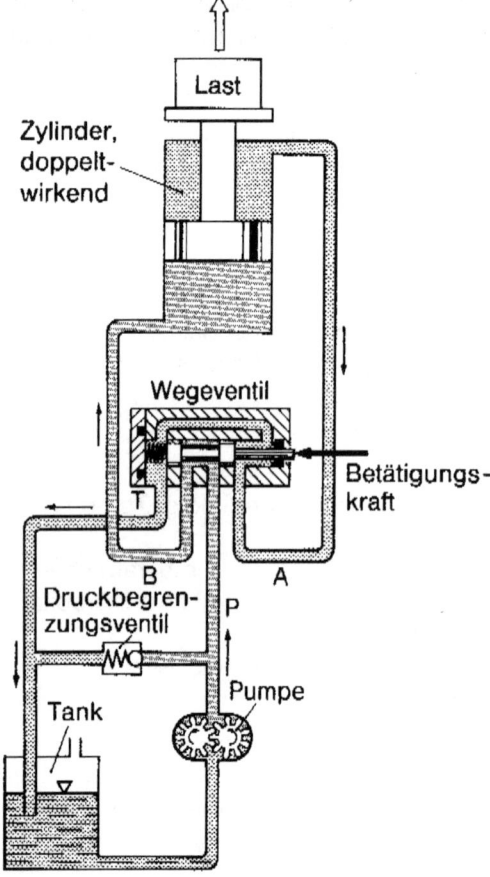

P   Druckleitung
A, B Verbraucheranschlussleitungen
T   Tank-Rücklaufleitung

Bild MEC 338.1: Einfacher Hydraulikkreislauf. Das Wegeventil wird durch eine Betätigungskraft in seiner Stellung gehalten. Der Kolben fährt in die obere Endlage.

Der Kolben bewegt sich auf die obere Endlage zu. Das dabei verdrängte Öl fließt über das Wegeventil von A nach T in den Behälter zurück. Das Wegeventil steuert also die Richtung des Ölstroms.

Damit das System vor zu großer Belastung, vor zu hohem Druck, geschützt wird, ist in der Druckleitung hinter der Pumpe ein **Druckbegrenzungsventil** eingebaut. Es öffnet, wenn ein bestimmter Maximaldruck erreicht ist und lässt dann einen Teil des Ölstroms in den Behälter abfließen. Der Druck steigt jetzt nicht mehr weiter an.

Wenn der Kolben die obere Endlage erreicht hat, wird die Betätigungskraft aufgehoben und das Wegeventil durch Federkraft zurückgestellt. Der Ölstrom fließt jetzt von P nach A zur Stangenseite des Kolbens. Der Kolben bewegt sich nun auf die untere Endlage zu (Bild MEC 339.1). Das Öl strömt über das Wegeventil von B nach T in den Behälter zurück. Durch Umschalten des Wegeventils in den Kolbenendlagen wird eine ständige hin- und hergehende Kolbenbewegung ermöglicht.

Will man nicht nur die Bewegungsrichtung des Kolbens, sondern auch noch seine **Geschwindigkeit steuern,** dann muss die in den Zylinder einströmende oder die aus dem Zylinder abfließende Ölmenge geändert werden. Das lässt sich mit einem **Drosselventil** durchführen.

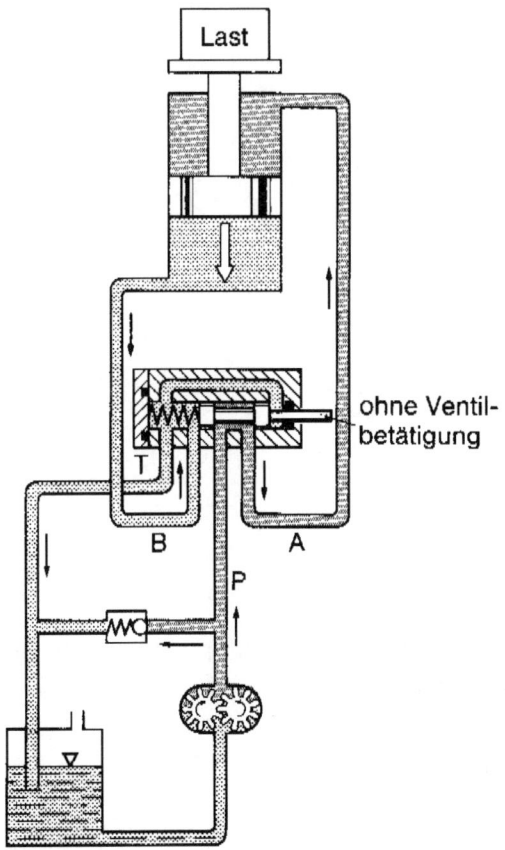

Bild MEC 339.1: Das Wegeventil wird durch Federkraft in seine Grundstellung geschoben. Der Kolben bewegt sich in die untere Endlage.

Wird beispielsweise der Ventilquerschnitt verringert, dann strömt in der Zeiteinheit weniger Öl in den Zylinder. Der Ölstrom ist kleiner als vor der Drosselung und die Kolbengeschwindigkeit wird gemäß der Kontinuitätsgleichung ebenfalls kleiner ($v = Q/A$).

Die **Kolbengeschwindigkeit ist dem Ölstrom proportional.** Die Geschwindigkeitssteuerung erfolgt also durch eine Ölstromsteuerung. Die dazu eingesetzten **Stromventile** (Drosselventile) werden noch ausführlich besprochen.

In Bild MEC 340.1 ist das Drosselventil im Zulauf zwischen Wegeventil und Zylinder eingebaut. Die Pumpe fördert einen konstanten Ölstrom. Das Drosselventil lässt aber nur einen kleineren Ölstrom durch. Das zuviel geförderte Öl muss über das Druckbegrenzungsventil abfließen. Die Hubgeschwindigkeit ist umso kleiner, je stärker gedrosselt wird.

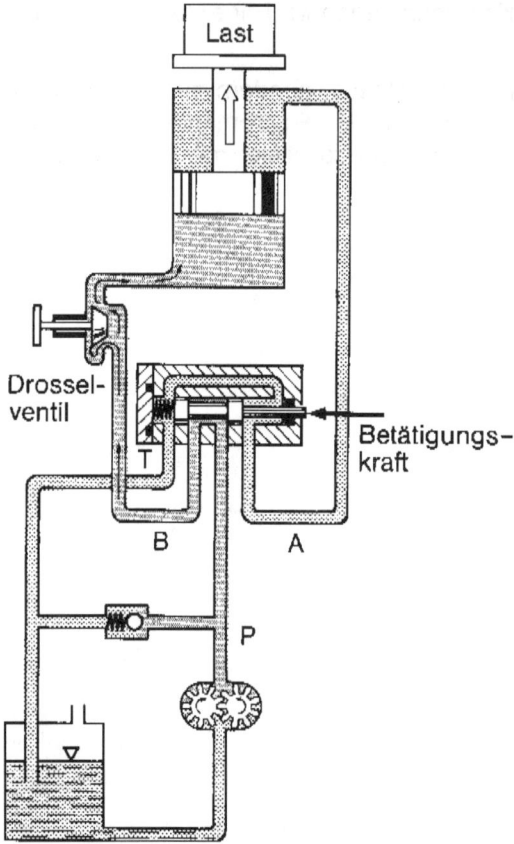

Bild MEC 340.1: Die Hubgeschwindigkeit des Kolbens wird durch Drosselung des Ölstroms mit einem Drosselventil in der Zulaufleitung gesteuert.

Schaltpläne einfacher Hydrauliksteuerungen

Einzylindersteuerung

Wie schon gesagt, wird ein Hydrauliksystem mit genormten Schaltzeichen dargestellt. Anstelle der schematischen Schnittzeichnungen in den Bildern MEC 338.1 bis MEC 340.1, werden im folgenden Text Schaltzeichen nach DIN-ISO 1219 verwendet. In den nachfolgenden einfachen Schaltplänen werden die wichtigsten Schaltzeichen vorgestellt. Die Bauelemente, die diese Schaltzeichen symbolisieren, werden später besprochen.

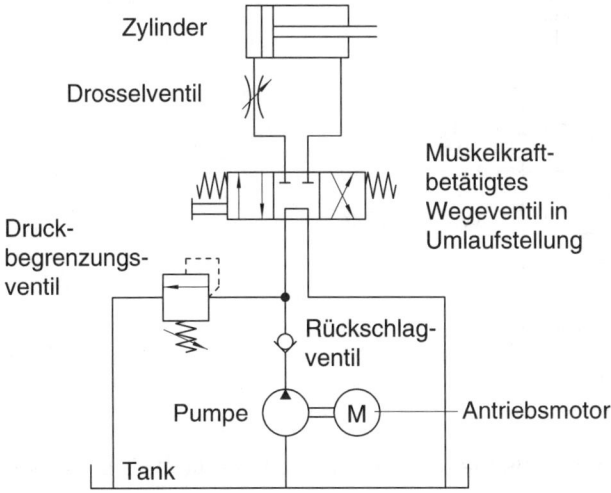

Bild MEC 341.1: Schaltplan einer einfachen Einzylindersteuerung.

In Bild MEC 341.1 ist der im vorigen Abschnitt erläuterte Hydraulik-Kreislauf als Schaltplan wiedergegeben. Das Wegeventil ist handbetätigt. Im unbetätigten Zustand wird es durch Federkraft in der Mittelstellung festgehalten, es ist federzentriert. In dieser Stellung ist ein fast druckloser Umlauf der Hydraulikflüssigkeit von der Pumpe zum Tank gewährleistet. Der Druck im Hydrauliksystem wird am Druckbegrenzungsventil eingestellt. Vom Systemdruck und von der Größe der Kolbenfläche ist die an der Kolbenstange verfügbare Kraft abhängig.

Zweizylindersteuerungen

Sollen in einer Hydraulikanlage zwei oder mehr Zylinder betrieben werden, so können damit verschiedene Forderungen verbunden sein, die durch unterschiedliche Schaltungen erfüllt werden können. Folgende Grundschaltungen werden für Mehrzylindersteuerungen eingesetzt:

– Folgeschaltungen,

– Gleichlaufschaltungen,

– Serienschaltungen (Reihenschaltungen),

– Parallelschaltungen.

Folgeschaltungen

Hierzu gibt es zwei Schaltungsmöglichkeiten:
Schaltung mit Folgeventilen,
Schaltung mit Endschaltern (Grenztastern).

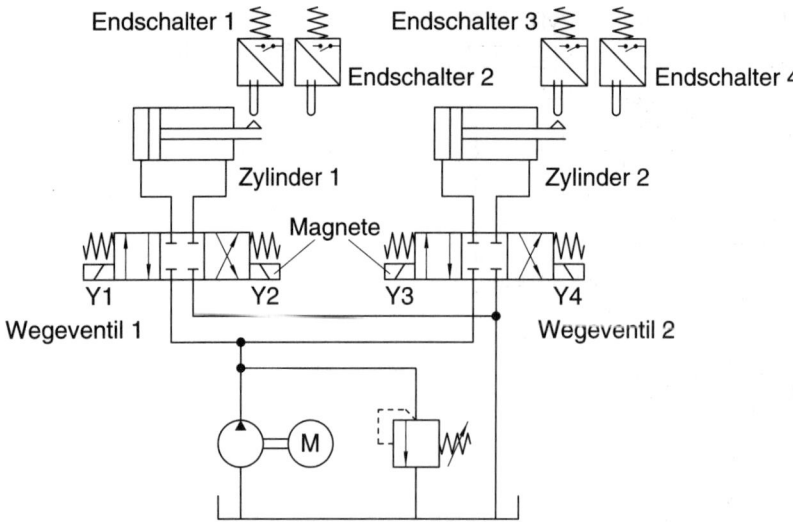

Bild MEC 342.1: Folgeschaltung mit Endschaltern und Magnetventilen. Die Kolben fahren nacheinander aus und ein.

Schaltung mit Endschaltern

Bei der Schaltung mit Endschaltern betätigen die Kolbenstangen wegabhängig Endschalter, die dann über eine hier nicht dargestellte Relaisschaltung Steuerimpulse an die Magnet-Wegeventile geben. Bild MEC 342.1 zeigt den Schaltplan einer solchen Schaltung. Die Bewegungsvorgänge laufen im Einzelnen folgendermaßen ab:

1. Start: Magnet Y1 unter Strom, Wegeventil 1 nach rechts, Kolben von Zylinder 1 nach rechts.

2. Endschalter 2 betätigt: Magnet Y1 stromlos, Magnet Y3 unter Strom, Wegeventil 2 nach rechts, Kolben von Zylinder 2 nach rechts.

3. Endschalter 4 betätigt: Magnet Y3 stromlos. Magnet Y2 unter Strom, Wegeventil 1 nach links, Kolben von Zylinder 1 nach links.

4. Endschalter 1 betätigt: Magnet Y2 stromlos, Magnet Y4 unter Strom, Wegeventil 2 nach links, Kolben von Zylinder 2 nach links.

5. Endschalter 3 betätigt: Magnet Y4 stromlos, Magnet Y1 unter Strom, Wegeventil 1 nach rechts, Kolben von Zylinder 1 nach rechts, usw. wie 2.

Schaltung mit Folgeventilen

Bild MEC 343.1 zeigt den Schaltplan. Die Folgeventile 1 und 2 sind Druckventile, die bei einem bestimmten einstellbaren Druck öffnen, sie werden daher auch Zuschaltventile genannt. Sie schließen wieder, wenn der Druck unter einen bestimmten Wert abfällt. Es ergibt sich folgender Bewegungsablauf:

MEC 342

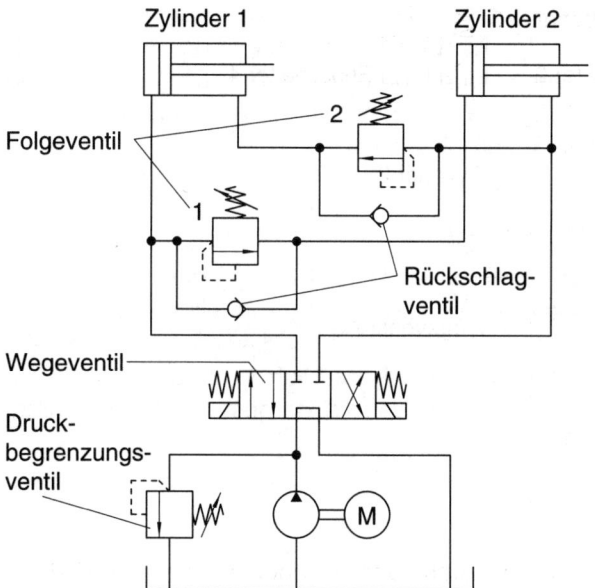

Bild MEC 343.1: Folgeschaltung mit Folgeventilen (Zuschaltventilen).

Wegeventil nach links: Die Kolbenseite von Zylinder 1 wird beaufschlagt, der Kolben fährt aus. Beim Anschlag des Kolbens steigt der Druck rasch auf den am Druckbegrenzungsventil eingestellten Maximaldruck an. Folgeventil 2 wird durch den Druckanstieg geöffnet. Druckflüssigkeit strömt in den Zylinder 2, dessen Kolben daraufhin ebenfalls ausfährt.

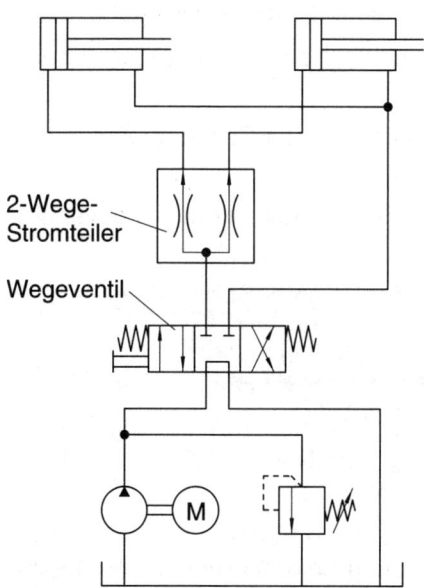

Bild MEC 343.2: Gleichlaufschaltung mit Stromteiler. Die Kolben fahren gleichzeitig aus und ein.

Wegeventil nach rechts. Die Stangenseite von Zylinder 2 wird beaufschlagt. Der Kolben fährt ein. Beim Anschlag öffnet der ansteigende Druck im Stangenraum Folgeventil 1. Zylinder 1 wird daraufhin angeströmt. Der Kolben fährt ebenfalls ein. Die Umschaltung des Wegeventils erfolgt durch Elektromagnete, die über hier nicht dargestellte Geber (Sensoren) und eine Relaisschaltung angesteuert werden.

Gleichlaufschaltung

Bei der in Bild MEC 343.2 dargestellten Steuerung sollen die Kolben der zwei Zylinder gleichzeitig aus- und einfahren. Der Gleichlauf wird durch ein Stromteilerventil erreicht. Der Flüssigkeitsstrom wird beim Ausfahren auf die Zylinder gleichmäßig aufgeteilt. (Wegeventil nach links). Beim Einfahren wird der Rücklauf-Ölstrom beider Zylinder im Stromteilerventil vereinigt. (Wegeventil nach rechts.) Das hier dargestellte Wegeventil ist handbetätigt und federzentriert.

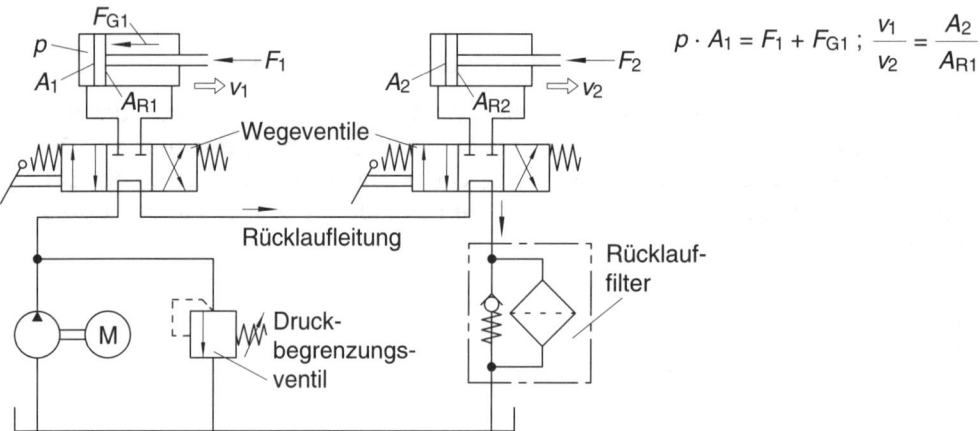

$$p \cdot A_1 = F_1 + F_{G1} \; ; \; \frac{v_1}{v_2} = \frac{A_2}{A_{R1}}$$

Bild MEC 344.1 Serienschaltung von zwei Hydrozylindern.

Serienschaltung zweier Hydrozylinder

Bild MEC 344.1 zeigt den Schaltplan von zwei hintereinander geschalteten Hydrozylindern. Die Rücklaufleitung wird nicht wie bei der Einzylindersteuerung in den Tank zurückge-führt, sondern zum Wegeventil des zweiten Zylinders weitergeleitet.

Werden bei dieser Schaltung beide Zylinder gleichzeitig betrieben (Wegeventile nach rechts), dann tritt eine gegenseitige Beeinflussung von Kolbenkraft und Kolben-geschwindigkeit ein. Es ergeben sich folgende Verhältnisse:

Der Systemdruck p, der auf die Kolbenfläche von Zylinder 1 wirkt, muss so groß sein, dass nicht nur die eigene Hubkraft F_1 erzeugt wird, sondern auch die vom Zylinder 2 ausgeübte Gegenkraft F_{G1} überwunden wird. Diese Gegenkraft entsteht dadurch, dass der zum Arbeiten von Zylinder 2 erforderliche Öldruck auf die Kolben-Ringfläche von Zylinder 1 zurückwirkt.

Die Ringfläche von Zylinder 1 verdrängt das Öl und fördert es zum Zylinder 2. Dessen Geschwindigkeit hängt also vom Rücklaufstrom des Zylinders 1 ab. Mit anderen Worten:

Die Ausfahrgeschwindigkeit von Zylinder 1 verhält sich zur Ausfahrgeschwindigkeit von Zylinder 2 wie die Kolbenfläche von Zylinder 2 zur Ringfläche von Zylinder 1.

Parallelschaltung von Hydrozylindern

Im Gegensatz zur Serienschaltung tritt bei der Parallelschaltung keine gegenseitige Beeinflussung auf, wenn die Hydrozylinder gleichzeitig arbeiten. Bild MEC 345.1 zeigt den Schaltplan von drei parallel geschalteten Hydrozylindern. Die Ölversorgung erfolgt über eine Leitungsverzweigung. Bis zu den Wegeventilen herrscht der am Druckbegrenzungsventil eingestellte Systemdruck. Durch Betätigen des Druckknopfventils (Zweiwegeventil) kann er am Manometer abgelesen werden.

Es muss bei einer Parallelschaltung genügend Flüssigkeit zur Verfügung stehen, um den erforderlichen Systemdruck aufrecht zu erhalten, wenn die Zylinder gleichzeitig ausfahren sollen. Fördert die Pumpe zuwenig, dann fährt der Zylinder mit dem geringsten Arbeitswiderstand zuerst aus. Ist dieser Zylinder in der Endlage, steigt der Druck weiter, bis er für den nächsten Zylinder zum Ausfahren ausreicht. Die Zylinder fahren also in Abhängigkeit vom erforderlichen Arbeitsdruck aus.

Zur Anpassung der Ölmenge an den Verbrauch ist eine Pumpe mit verstellbarem Förderstrom eingebaut. Die Verstellbarkeit ist im Symbol durch einen Pfeil gekennzeichnet. Der Förderstrom wird durch einen Verstellmotor geändert.

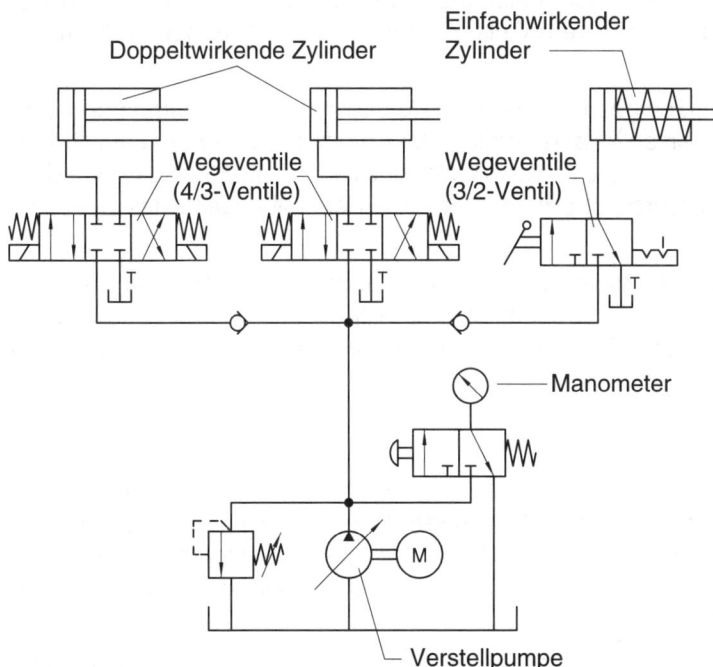

Bild MEC 345.1: Parallelschaltung von Hydrozylindern.

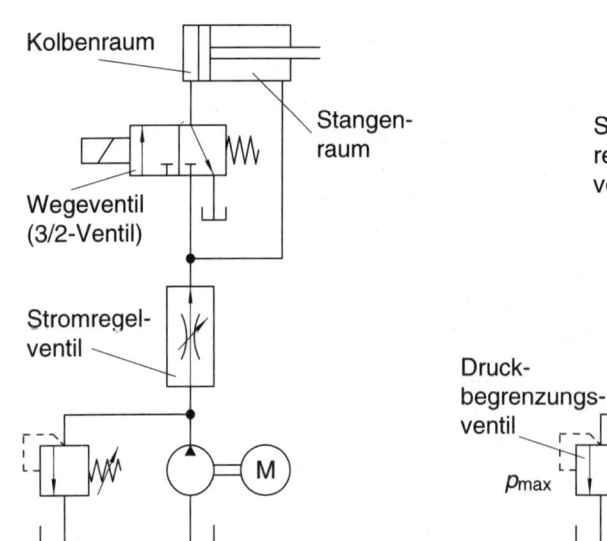

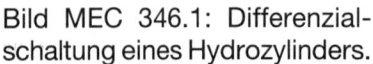

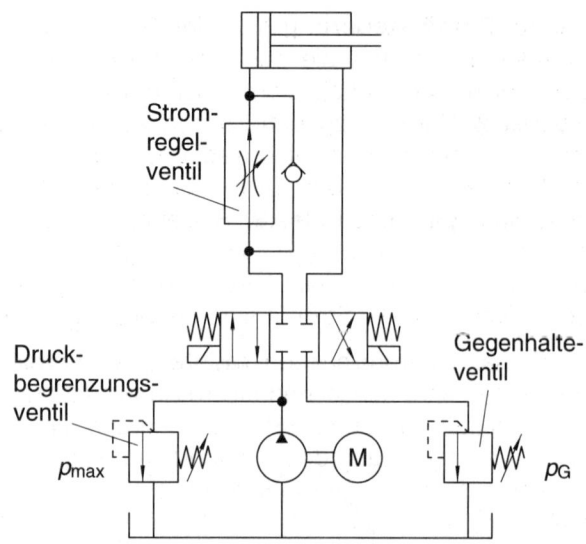

Bild MEC 346.1: Differenzialschaltung eines Hydrozylinders.

Bild MEC 346.2: Geschwindigkeitssteuerung
mit Stromregelventil im Zulauf.

Differenzialschaltung

Bild MEC 346.1 zeigt den Schaltplan eines Hydrozylinders, dessen Stangenraum ständig
mit Druckflüssigkeit beaufschlagt ist. Der Kolbenraum hingegen ist mit einem Wegeventil
(3/2-Ventil) verbunden. Man nennt diese Schaltung Differenzialschaltung, weil die an der
Kolbenstange wirkende Kraft vom Verhältnis Kolbenfläche zu Stangenfläche (bzw.
Ringfläche) abhängt.

Die Differenzialschaltung wird eingesetzt, wenn der Kolben hydraulisch eingespannt und
die Pumpe möglichst klein sein soll. Fährt nämlich der Kolben aus (Magnet unter Strom,
Wegeventil nach rechts), dann wird die von der Ringfläche verdrängte Flüssigkeit vor dem
Wegeventil mit dem Pumpenförderstrom vereinigt und der Kolbenseite des Zylinders
wieder zugeführt.

Bei dieser Schaltung ergibt sich die von der Kolbenstange ausgeübte Kraft aus dem
Produkt Druck mal Stangenfläche (Kolbenfläche minus Ringfläche). Beträgt das Verhält-
nis Kolbenfläche zu Stangenfläche 2:1, dann sind Vor- und Rücklaufgeschwindigkeit des
Differenzialkolbens gleich groß.

Geschwindigkeitssteuerungen

Zur Geschwindigkeitssteuerung werden **Stromventile** eingesetzt. Stromventile sind
Drosselventile oder **Stromregelventile** (Bild MEC 346.2). Auf die Unterschiede dieser
zwei Stromventilarten wird später noch eingegangen. Hier soll nur über ihre Anordnung
in der Schaltung gesprochen werden.

Es gibt zahlreiche Möglichkeiten zur Geschwindigkeitssteuerung mit Stromventilen:
zwei davon sollen hier gezeigt werden: die Primärsteuerung und die Sekundär-
steuerung. Weitere Möglichkeiten werden bei den Stromregelventilen noch vorgestellt.

Bei der **Primärsteuerung** sitzt das Stromventil im **Zulauf** zwischen Wegeventil und Zylinder. Es steuert die zuströmende Druckflüssigkeit. Bild MEC 346.2 zeigt den Schaltplan. Das Schaltzeichen symbolisiert ein Zweiwege-Stromregelventil. Parallel dazu ist ein Rückschlagventil geschaltet, das den Zulaufstrom sperrt und den Rücklauf-strom durchlässt. Es bewirkt also, dass der Flüssigkeitsstrom nur im Vorlauf aber nicht im Rücklauf durch das Stromventil fließt. Gesteuert wird hier nur die Ausfahr-geschwindigkeit des Kolbens. Soll auch die Einfahrgeschwindigkeit gesteuert werden, dann müssen, wie Bild MEC 347.1a zeigt, zwei Stromventile eingebaut werden. Strom-ventil 1 drosselt den Zulaufstrom beim Ausfahren und Stromventil 2 den Zulaufstrom beim Einfahren. Die Ströme sind unabhängig voneinander einstellbar.

Die Primärsteuerung hat den **Nachteil,** dass bei plötzlich abfallendem Arbeitswiderstand der Kolben springt. Bei negativem Arbeitswiderstand, wenn also an der Kolbenstange eine Zugkraft wirkt, ist die Primärsteuerung nur dann anwendbar, wenn ein Druckventil zur Aufrechterhaltung des notwendigen Gegendrucks zwischen Wegeventil und Tank angeordnet wird **(Gegenhalteventil)** (Bild MEC 346.2). Diesen Nachteil hat die **Sekundär-steuerung** nicht. Ein Gegenhalteventil ist hier nicht nötig, weil der Rücklaufstrom gedrosselt wird.

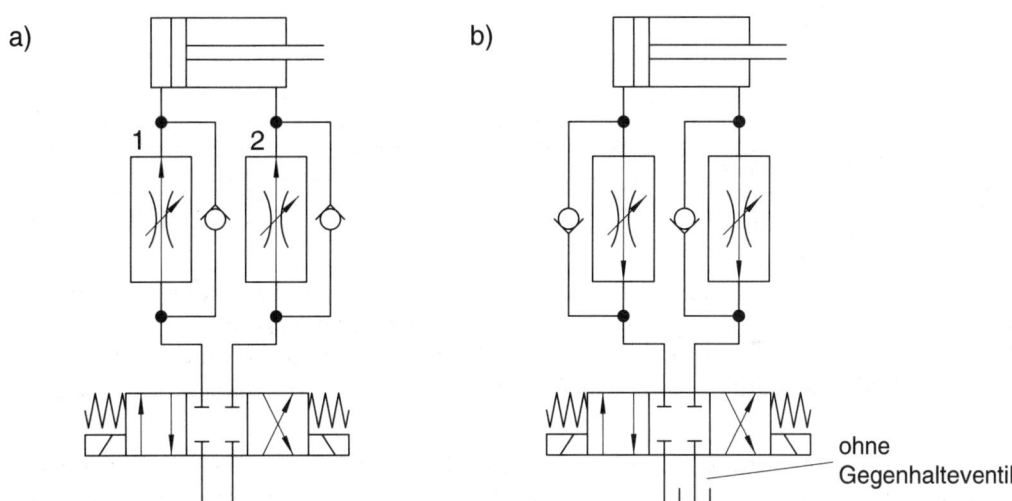

Bild MEC 347.1: Steuerung der Aus- und Einfahrgeschwindigkeit: a) durch Drosselung des Zulaufs (Primärsteuerung), b) durch Drosselung des Rücklaufs (Sekundärsteuerung).

In Bild MEC 347.1b ist der Schaltplan einer **Sekundärsteuerung** dargestellt. Aus-fahrgeschwindigkeit und Einfahrgeschwindigkeit sind unabhängig voneinander steuer-bar. Die Schaltpläne a) und b) unterscheiden sich dadurch, dass die Stromventile und die Rückschlagventile in umgekehrter Richtung eingezeichnet sind. Außerdem fehlt das Gegenhalteventil.

Konstantpumpen

Das geometrische Verdrängungsvolumen V_H (Hubvolumen) ist **nicht verstellbar.**

Bei n = konst ist $Q \approx$ konst.

a) Außenverzahnte Zahnradpumpen

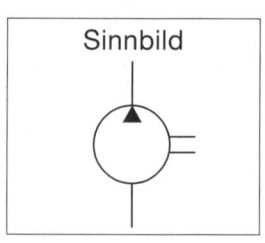

Sinnbild

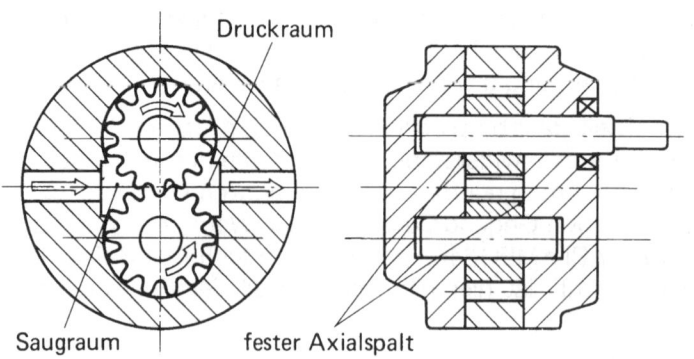

Druckraum

Saugraum   fester Axialspalt

Bild 348.1: Schema einer außenverzahnten Zahnradpumpe.

Prinzip: Die von der Saugseite auf die Druckseite geförderte Flüssigkeit wird durch das Ineinandergreifen der Zähne wechselseitig aus den Lücken verdrängt (Bild MEC 348.1).

Vorteile	Nachteile
Preiswerte Standardpumpe. Wirkungsgrad hoch. Zu Mehrstrompumpen zusammenflanschbar.	Geräuschpegel hoch durch großen Ungleichförmigkeitsgrad (günstiger bei Duo-Pumpen).

Anwendung: In offenen Kreisläufen in Industrie- und Mobilhydraulik.

Übliche Betriebsdaten:

$\dfrac{V_H}{\text{cm}^3/\text{U}}$	$\dfrac{p_{max}}{\text{bar}}$	$\dfrac{Q}{\text{l/min bei 1500 min}^{-1}}$	$\dfrac{\eta_{t\,max}}{\%}$
0,04 bis 1200	bis 450	bis 1800	95

b) Innenverzahnte Zahnradpumpen

Prinzip: Ritzelwelle (1) wird angetrieben (Bild MEC 349.1) und nimmt das Hohlrad (2) mit. Die Zahnkammern des Ritzels füllen sich saugseitig; Saug- und Druckzone werden durch das Füllstück getrennt; druckseitig wird das Fluid durch das Hohlrad hindurch verdrängt.

Vorteile	Nachteile
Geräuschpegel geringer als bei Außenverzahnung. Wirkungsgrad sehr hoch. Zu Mehrstrompumpen zusammenflanschbar.	Teurer als außenverzahnte Zahnradpumpe.

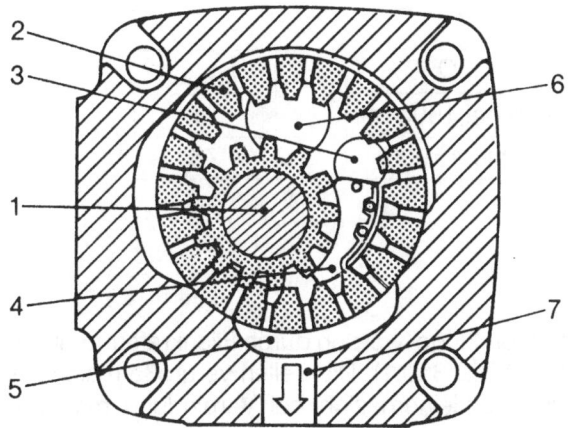

1 Ritzelwelle
2 Hohlrad
3 Füllstückstift
4 Füllstück
5 Hydrostatisches
   Lager
6 Sauganschluss
7 Druckanschluss

Bild MEC 349.1: Schema einer innenverzahnten Zahnradpumpe.

Anwendung: In offenen Kreisläufen in Mobil- und Industriehydraulik bei erhöhter Anforderung an Laufruhe im Vergleich zur Außenzahnradpumpe.

Übliche Betriebsdaten:

$\dfrac{V_H}{cm^3/U}$	$\dfrac{p_{max}}{bar}$	$\dfrac{Q}{l/min\ bei\ 1500\ min^{-1}}$	$\dfrac{\eta_{t\,max}}{\%}$
0,4 bis 125	330	bis 190	93

c) Schraubenpumpen

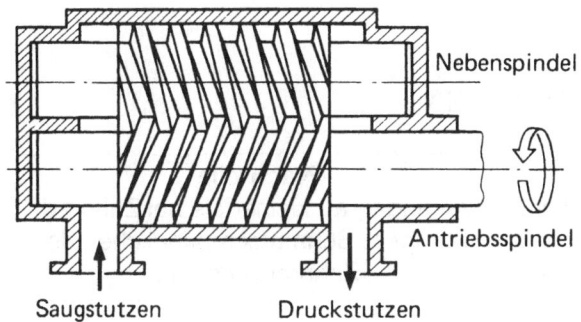

Nebenspindel

Antriebsspindel

Saugstutzen   Druckstutzen

Prinzip: Die miteinander kämmenden Spindeln bilden mit dem Gehäuse Ölkammern, die bei Rotation der Spindeln vom Saug- zum Druckstutzen bewegt werden. (Bild MEC 349.2)

Bild MEC 349.2: Schema einer Schraubenpumpe.

Vorteile:	Nachteile
Pulsationsfreier Förderstrom. Niedriger Geräuschpegel.	Relativ niedriger Wirkungsgrad durch hohe volumetrische Verluste. Daher hohe Ölviskosität erforderlich.

Anwendung: Im offenen Kreislauf in der Industriehydraulik, z.B. bei Präzisionsbewegungen an Werkzeugmaschinen und bei hydraulischen Aufzügen. Für große Förderströme.

Übliche Betriebsdaten:

$\dfrac{V_H}{cm^3/U}$	$\dfrac{p_{max}}{bar}$	$\dfrac{Q}{l/min \text{ bei } 1500 \text{ min}^{-1}}$	$\dfrac{\eta_{t\,max}}{\%}$
2 bis 10000	400	bis 15000	75

d) Flügelzellenpumpen

Prinzip: Die in Schlitzen im Rotor beweglichen Flügel werden durch Fliehkraft und durch Druck an die Gehäusewand gedrückt (Bild MEC 350.1). Die Zellen vergrößern sich bei Verbindung mit dem Sauganschluss und verkleinern sich bei Verbindung mit dem Druckanschluss.

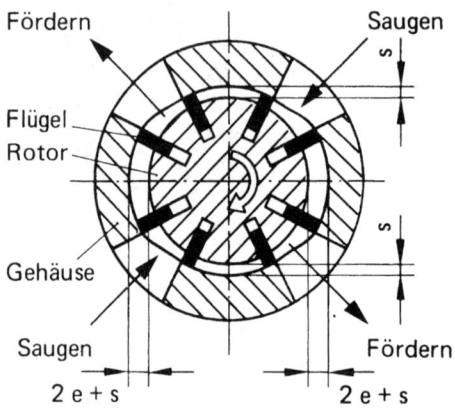

Bild MEC 350.1: Schema einer Flügelzellenpumpe.

Vorteile	Nachteile
Geringe Förderstrom- und Druckpulsation. Geringer Geräuschpegel. Zu Mehrstrompumpen zusammenflanschbar.	Wirkungsgrad kleiner als bei Zahnradpumpen. Schmutzempfindlicher als Zahnradpumpen.

Anwendung: Im offenen Kreislauf in Industrie- und Mobilhydraulik bei niedrigem und mittlerem Druck.

Übliche Betriebsdaten:

$\dfrac{V_H}{cm^3/U}$	$\dfrac{p_{max}}{bar}$	$\dfrac{p_{max}}{bar}$	$\dfrac{Q}{l/min \text{ bei } 1500 \text{ min}^{-1}}$	$\dfrac{\eta_{t\,max}}{\%}$
1 bis 4200	500 bis 3000	200	bis 6300	85

Verstellpumpen

Das geometrische Verdrängungsvolumen V_H (Hubvolumen) ist verstellbar.

Bei n = konst. ist $Q \approx$ konst.

a) Verstellbare Flügelzellenpumpe

Prinzip: Durch Verstellung der Exzentrizität e zwischen Rotor und Gehäuse ist das Verdrängungsvolumen verstellbar und außerdem der Förderstrom reversierbar (Bild MEC 351.1).

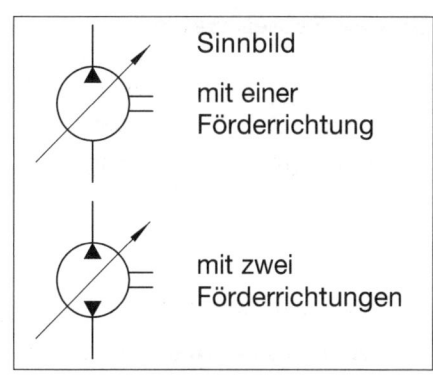

Sinnbild

mit einer Förderrichtung

mit zwei Förderrichtungen

a)

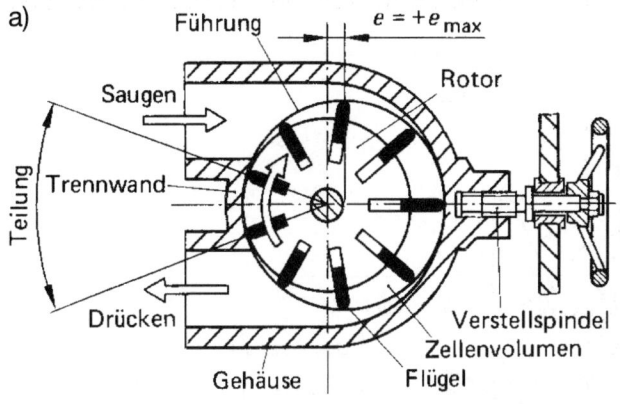

Gehäuse auf größter Plus-Exzentrizität
Max. Förderung von oben nach unten

b) $e = 0$

Gehäuse auf zentrischer Stellung
Null-Förderung

c)

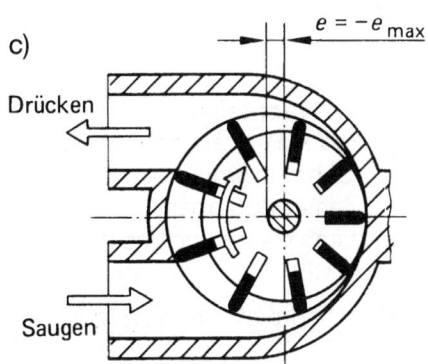

Gehäuse auf größter Minus-Exzentrizität
Max. Förderung von unten nach oben

Bild MEC 351.1:
Schema einer Flügelzellen-Verstellpumpe.

Vorteile	Nachteile
Geringe Förderstrom- und Druckpulsation. Geringer Geräuschpegel. Zu Mehrstrompumpen zusammenflanschbar.	Im Druckbereich beschränkt. Wirkungsgrad relativ gering.

Anwendung: Im offenen und geschlossenen Kreislauf in Industriehydraulik.

Übliche Betriebsdaten:

$\dfrac{V_H}{cm^3/U}$	$\dfrac{p_{max}}{bar}$	$\dfrac{Q}{l/min \text{ bei } 1500 \text{ min}^{-1}}$	$\dfrac{\eta_{t\,max}}{\%}$
1 bis 4200	210	bis 6300	80

b) Axialkolbenpumpen

Ausführung nach dem **Schrägachsenprinzip** (Bild MEC 352.1) oder **Schrägscheiben-prinzip** (Bild MEC 353.1).

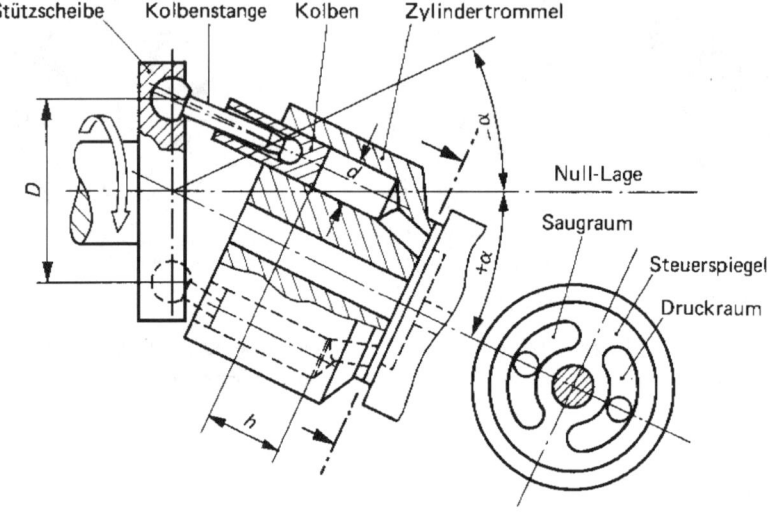

Bild MEC 352.1: Schema einer Axialkolbenpumpe, Schrägachsenprinzip.

Prinzip: Die Änderung des Verdrängungsvolumens erfolgt durch Verstellung des Winkels α der Schrägachse bzw. Schrägscheibe (Bild MEC 352.1 und MEC 353.1). Durch Schwenken über die Nullage (von $+\alpha$ über 0 nach $-\alpha$) Umkehrung der Förderrichtung. Bei jeder Umdrehung der Zylindertrommel saugen die Kolben über den Saugschlitz in der feststehenden Steuerscheibe an und verdrängen über den Druckschlitz.

Vorteile	Nachteile
Hoher Wirkungsgrad. Hohe Leistungs-dichte durch kleines Bauvolumen und hohen Druck.	Teurer als Flügelzellenpumpe.

MEC 352

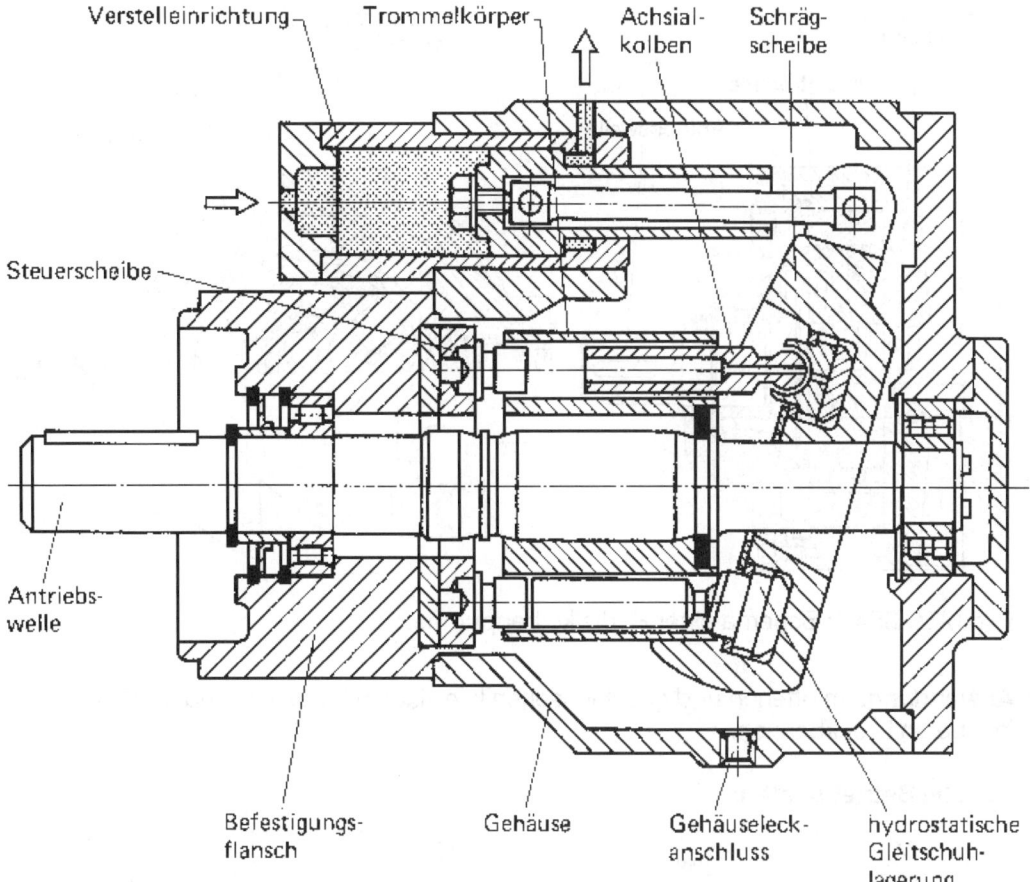

Bild MEC 353.1: Schema einer Axialkolbenpumpe, Schrägscheibenprinzip.

Anwendung: In offenen und geschlossenen Kreisläufen in der Industrie- und Mobilhydraulik, speziell in hydrostatischen Getrieben für hohe Drücke.

Übliche Betriebsdaten:

$\dfrac{V_H}{cm^3/U}$	$\dfrac{p_{max}}{bar}$	$\dfrac{Q}{l/min\ bei\ 1500\ min^{-1}}$	$\dfrac{\eta_{t\,max}}{\%}$
1,5 bis 3600	400	bis 5400	90

c) Radialkolbenpumpen

Prinzip: Die Exzentrizität zwischen Rotor und Hubring im Gehäuse verändert das Verdrängungsvolumen. Das Öl wird über Schlitze im Steuerzapfen angesaugt bzw. verdrängt (Bild MEC 354.1).

Vorteile	Nachteile
Für sehr hohe Drücke bei sehr hohem Wirkungsgrad.	Teurer als Flügelzellenpumpe.

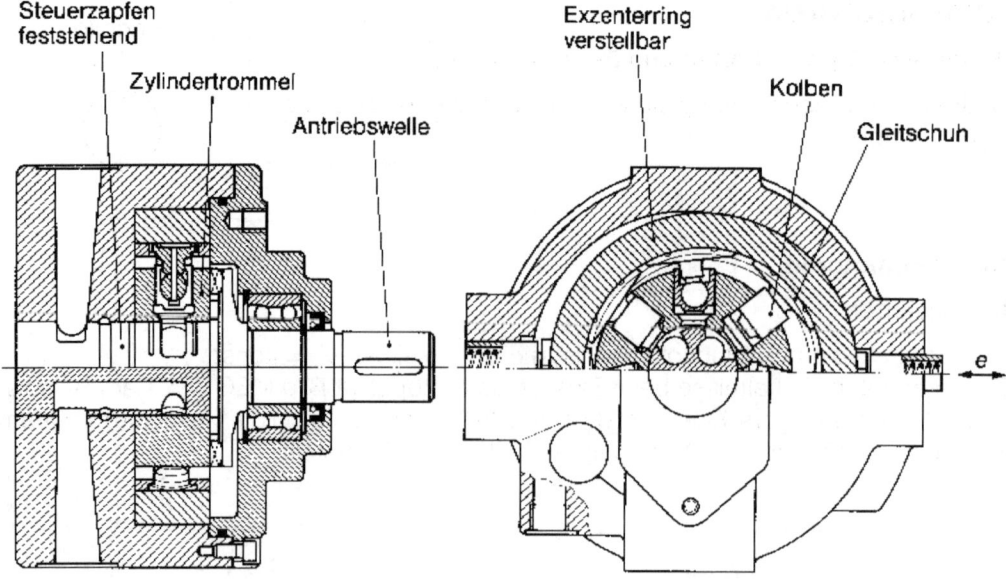

Bild MEC 354.1: Schema einer Radialkolbenpumpe.

Anwendung: Im offenen und geschlossenen Kreislauf in Industrie- und Mobilhydraulik im oberen Druckbereich.

Übliche Betriebsdaten:

$\dfrac{V_H}{cm^3/U}$	$\dfrac{p_{max}}{bar}$	$\dfrac{Q}{l/min \text{ bei } 1500 \text{ min}^{-1}}$	$\dfrac{\eta_{t\,max}}{\%}$
0,4 bis 1750	700	bis 2600	90

MEC 354

Hydromotoren

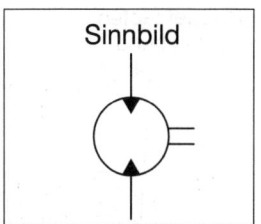
Sinnbild

Allgemeine Eigenschaften und Berechnungen

Hydromotoren haben den gleichen konstruktiven Aufbau wie Hydropumpen.

Konstantmotoren

Kennzeichen

Das Schluckvolumen (Hubvolumen) ist **nicht** verstellbar: V_H = konst..
Die veränderten Verhältnisse beim Einsatz als Motor zeigt Bild MEC 355.1 am Beispiel eines Drehflügelmotors. Eine nicht dargestellte Pumpe beschickt die Maschine mit einem Förderstrom, der für den Motor den Schluckstrom Q darstellt.

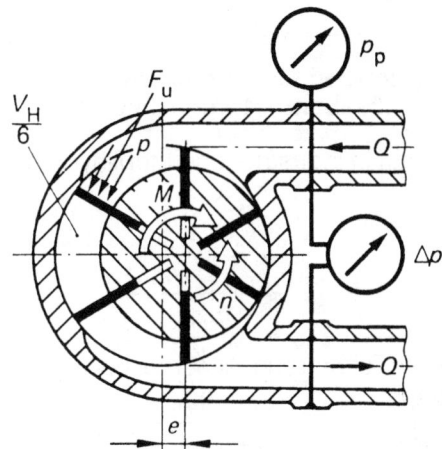

Bild MEC 355.1: Hydromotorprinzip.

Beim Auftreten eines **äußeren Moments** M an der Abtriebswelle baut sich der Druck p im System auf, wobei sich an den Flügeln eine resultierende Kraft F_U ergibt, die dem äußeren Moment das Gleichgewicht hält. Gewöhnlich ist der Rücklauf des Motors nicht drucklos, wie in der Skizze, sondern durch die Systemwiderstände mit einem **Gegendruck** beaufschlagt, so dass statt mit dem **Betriebsdruck** p meist mit dem **Differenzdruck** Δp gerechnet werden muss.

Verstellmotoren

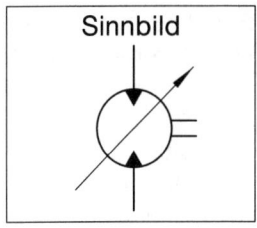
Sinnbild

Kennzeichen: Das Schluckvolumen (Hubvolumen) ist verstellbar. V_H ist veränderlich.

Das Schluckvolumen ist auf die gleiche Weise wie bei den Verstellpumpen verstellbar (siehe Bilder MEC 351.1 bis MEC 354.1).

Einsatzbereiche von Hydromotoren

Die angegebenen Werte sind **Grenzwerte,** d.h. M_{max} und n_{max} treten **nicht** in Kombination auf.

Bauart	max. Differenz- druck Δp_{max}/bar	max. Moment M_{max}/N m	max. Drehzahl n_{max}/min^{-1}	Wirkungs- grad η_{max}/%	Bild
Nur als **Konstantmotoren** ausführbar					
Zahnradmotor	220	400	10 000	85	MEC 348.1
Zahnringmotor	140	300	800	80	ohne
Rollflügelmotor	160	1 600	800	85	ohne
Als **Konstant- und Verstellmotoren** ausführbar					
Flügelzellenmotor	200	18 000	2 000	85	MEC 351.1
Axialkolbenmotor	500	22 000	12 000	90	MEC 352.1 MEC 353.1
Radialkolbenmotor	400	125 000	700	90	MEC 354.1
Alle Motortypen sind in der **Industriehydraulik** einsetzbar; für die **Mobilhydraulik** werden wegen der hohen Drücke **Axial- und Radialkolbenmotoren** eingesetzt.					

Hydrozylinder

Sinnbilder und Bauarten

Sinnbilder nach DIN ISO 1219

Tafel MEC 358 (S. MEC 358) gibt einen Überblick über Bauarten und Sinnbilder von Hydrozylindern.

Einfachwirkende Zylinder: Äußere Kraft darf nur gegen den Kolben angreifen. Bei Federrückstellung ist zu beachten, dass wegen des Einbauraumes für die Feder nur kleine Hübe ausgeführt werden können und dass die Vorspannkraft der Feder im Rückhub das Öl über die Widerstände des Systems in den Tank drücken muss.
Doppeltwirkende Zylinder: Äußere Kraft darf in beliebiger Richtung angreifen.

Konstruktive Ausführung

Bild MEC 357.1a zeigt einen doppeltwirkenden Zylinder mit beidseitiger Endlagendämpfung. Der Zylinder ist das einzige Element in der hydraulischen Steuerung mit **dynamisch** beanspruchten Dichtungen (Kolben- und Kolbenstangendichtung), die die Kolbengeschwindigkeit und den Druckbereich begrenzen.
Funktion der Endlagendämpfung (Bild MEC 357.1b): Diese soll verhindern, dass die vom Zylinder bewegte Masse mit großer kinetischer Energie gegen die Zylinderdeckel fährt. Dies kann beim inkompressiblen Öl nur dadurch geschehen, dass der in den Zylinder eintretende Förderstrom reduziert wird. Deshalb taucht kurz vor Hubende der **Dämpfungskolben** in die Bohrung im Zylinderdeckel, so dass das Öl über das Drosselventil abströmen muss. Der Drossel-Widerstand muss so groß sein, dass der Druck auf der Zulaufseite des Zylinders den am **Druckregelventil** eingestellten Wert erreicht, ein

Teil des Förderstromes also in den Tank abströmt und dadurch die Kolbengeschwindigkeit sinkt. Bei Richtungsumkehr wird der Zylinder über das Rückschlagventil mit dem vollen Förderstrom beaufschlagt. Ebenso wie für Hydromotoren kann auch für Hydrozylinder

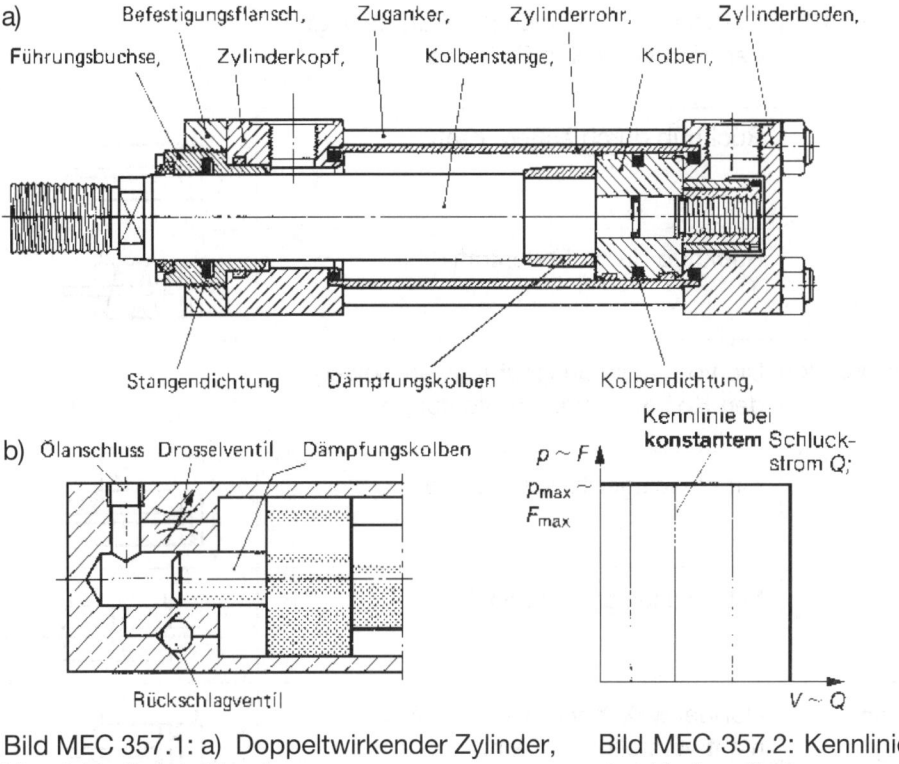

Bild MEC 357.1: a) Doppeltwirkender Zylinder,
b) mit Endlagendämpfung.

Bild MEC 357.2: Kennlinie des Hydrozylinders.

eine **Kennlinie** angegeben werden. Bei Konstantstrombetrieb ergibt sich die last-unabhängige, vertikale Kennlinie für den Zylinder (Bild MEC 357.2).

Befestigungsarten und Knicksicherheit

Es ist zu beachten, dass der Zylinder bei **Fußbefestigung** und hohem Druck ein großes inneres Moment erfährt, das vom Rohr und den Deckeln aufgenommen werden muss. Ebenso sind bei **Flanschbefestigung** Verspannungen möglich, so dass die Aufhängung des Zylinders in sphärischen Lagern zweckmäßig ist, die den Zylinder zu einem Zwei-Gelenkstab machen: Kraftrichtung und Achsrichtung des Zylinders fallen zusammen.

Tafel MEC 358: Hydrozylinder, Bauarten und Sinnbilder (DIN ISO 1219)

Benennung	Definition	Sinnbild
Einfachwirkender Zylinder	Die vom Fluid ausgeübte Kraft bewegt den Kolben in eine Richtung	
	Rückhub durch äußere Kraft	
	Rückhub durch Federkraft	
Doppeltwirkender Zylinder	Die vom Fluid ausgeübte Kraft bewegt den Kolben in beiden Richtungen	
	Mit einseitiger Kolbenstange	
	Mit beidseitiger Kolbenstange	
Zylinder mit Dämpfung nicht verstellbar	Doppeltwirkender Zylinder z. B. mit nicht verstellbarer Dämpfung auf der Kolbenseite	
verstellbar	Doppeltwirkender Zylinder z. B. mit beidseitiger verstellbarer Dämpfung	
Differenzial-zylinder	Doppeltwirkender Zylinder mit einseitiger Kolbenstange, wenn auf die Differenzialwirkung besonders hinge-wiesen werden soll	
Teleskopzylinder	Zylinder mit mehreren ineinander geführ-ten Kolben, deren Hübe sich addieren	
einfachwirkend	Rückhub nur durch äußere Kraft	
doppeltwirkend	Vor- und Rückhub durch das Fluid	

MEC 358

Hydroventile

Wegeventile

In diesem Abschnitt werden Wegeventile mit **festgelegten Schaltstellungen** (binär-schaltend) behandelt, Wegeventile mit **nicht** festgelegter Schaltstellung **(Proportional-ventile)**.

Aufgabe: Wegeventile steuern Beginn, Ende und Richtung eines Durchflussstromes.

Sinnbilder nach DIN ISO 1219 und Funktionserklärung

Bei Wegeventilen werden alle Schaltstellungen, die das Ventil einnehmen kann, dargestellt.

a) 2/2-Wegeventil (Sprich: 2-Strich-2-Wegeventil)	
Anzahl der Wege: 2 = Anzahl der Anschlüsse	Anzahl der Schaltpositionen: 2 = Anzahl der dargestellten Quadrate
A ... Arbeitsanschluss, meist zum Verbraucher (hier zum Behälter)	Schaltposition b durch Federkraft festgelegt.
P ... Druckanschluss	Schaltposition a durch Betätigungskraft bewirkt (hier elektromagnetisch)

zur Steuerung

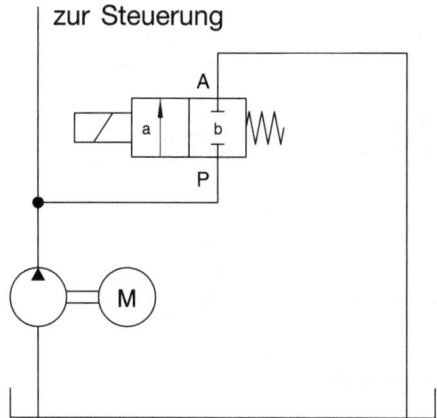 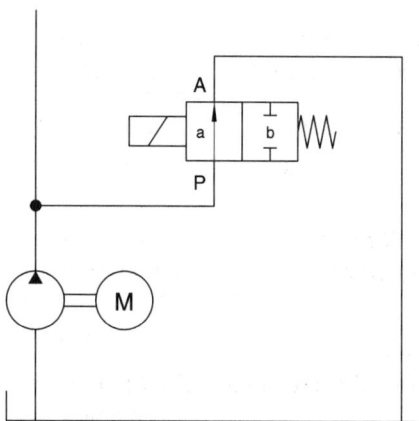

Bild MEC 359.1: 2/2-Wegeventil, Sinnbild, Anwendungsbeispiel.

Bild MEC 359.1 zeigt den Einsatz eines 2/2-Wegeventiles zur Steuerung des drucklosen Umlaufes einer Pumpe. Das 2/2-Wegeventil wird betätigt, wenn im System weder Förderstrom noch Druck benötigt wird. Bei betätigtem Ventil wird die Leistungs-aufnahme der Pumpe reduziert.

b) 3/2-Wegeventil

Anzahl der Wege: 3 = Anzahl der Anschlüsse	Anzahl der Schaltpositionen: 2 = Anzahl der Quadrate
A ... Arbeitsanschluss zum Verbraucher	Schaltposition b durch Federkraft festgelegt.
P ... Druckanschluss	Schaltposition a durch Betätigungskraft bewirkt (hier manuell)
T ... Rücklauf zum Behälter	

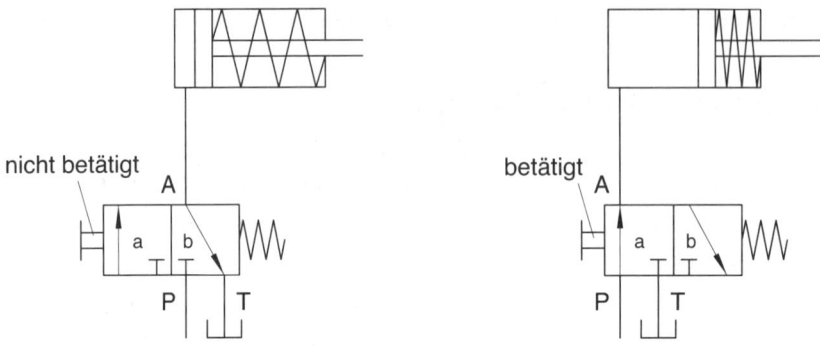

Bild MEC 360.1: 3/2-Wegeventil, Sinnbild, Anwendungsbeispiel.

Anwendung: Zur Steuerung einfachwirkender Zylinder (Bild MEC 360.1) oder zur Verteilung des Förderstromes im System.

c) 4/2- und 4/3-Wegeventil

Anzahl der Wege: 4 = Anzahl der Anschlüsse	Anzahl der Schaltpositionen: 2 oder 3 = Anzahl der Quadrate
A, B ... Arbeitsanschlüsse zum Verbraucher	Schaltposition b „rückwärts" Schaltposition a „vorwärts"
P ... Druckanschluss	Schaltposition 0 z. B. „Stopp" oder „Umlauf"
T ... Rücklauf zum Behälter	

Neben den **4/2-Wegeventilen,** die einen Zylinder oder Motor nur „vorwärts" oder „rückwärts" steuern können (Bild MEC 361.1), sind auch **4/3-Wegeventile** notwendig, um besondere Funktionsweisen zu realisieren. Tafel MEC 362 bietet eine Übersicht über die wichtigsten Schaltfunktionen in der häufigsten Betätigungsart „elektromagnetisch" und deren Einsatzzwecke.

5/2- und 5/3-Wegeventile erfüllen denselben Zweck, besitzen jedoch getrennte Rückläufe S und T.

Anmerkung: In der Hydraulik werden aus Rationalisierungsgründen überwiegend nur **4-Wegeventile** angeboten. 2- und 3-Wegeschaltfunktionen werden durch Verschließen der nicht benötigten Anschlüsse verwirklicht.

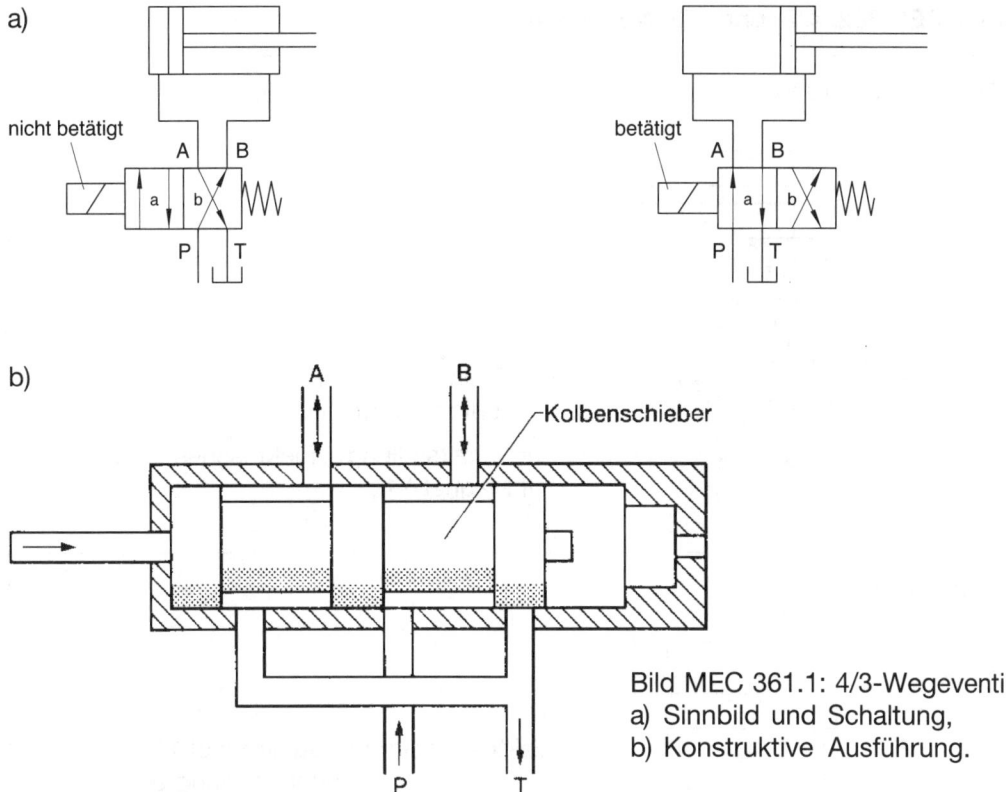

a)

nicht betätigt

A | B

a | b

P | T

betätigt

A | B

a | b

P | T

b)

A   B

Kolbenschieber

P   T

Bild MEC 361.1: 4/3-Wegeventil
a) Sinnbild und Schaltung,
b) Konstruktive Ausführung.

Konstruktive Ausführung

In der Hydraulik werden wegen des konstruktiv gegebenen Druckausgleiches am Schaltelement und wegen der einfach zu verwirklichenden, unterschiedlichen Schaltfunktionen (Tafel MEC 362) fast ausschließlich **Kolbenschieberventile** (Bild MEC 361.1b) gefertigt, die mit sehr engem Spiel ($< 10\,\mu$m) in das Gehäuse eingepasst werden. Lecköl am Ventil – einige cm^3/min, je nach Druck und Viskosität – lässt sich daher nicht vermeiden, was bei Einhaltung exakter Zylinderpositionen schaltungstechnisch berücksichtigt werden muss. (siehe S. MEC 371). Je nach Anwendungsfall können Ventile mit positiver oder negativer Schaltüberdeckung eingesetzt werden (Tafel MEC 364).

Betätigungsarten

Tafel MEC 365 gibt eine Zusammenstellung mit Sinnbildern. Da die elektromagnetische Betätigung die wichtigste ist, soll vorwiegend auf diese eingegangen werden.

Direkt elektromagnetische Betätigung

Für Nenngröße NG $\leq$ 10 (DN des Anschlussrohres ca. 10 mm).

Der Magnet wirkt direkt auf den Kolbenschieber ein. (Bild MEC 364.1). Durch die Magnetkraft und -leistung (ca. 50 W) wird die Schaltleistung des Ventiles begrenzt:

$Q_{max} \approx 100$ l/min, $p_{max} \approx 320$ bar.

Tafel MEC 362: 4/2- und 4/3-Wegeventile

Normalausführung

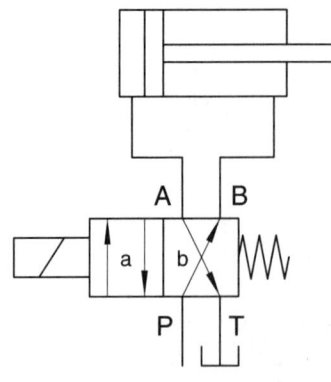

b ... Zylinder „zurück"
a ... Zylinder „vor"

Für Schaltstellung a; Elektrisches Dauersignal auf Magnet Y1.

Impulsventil

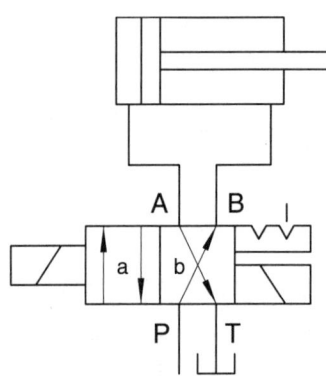

Elektrischer Impuls auf Magnet Y1
Schaltstellung a
Elektrischer Impuls auf Magnet Y2
Schaltstellung b

Die jeweilige Schaltstellung wird durch eine mechanische Verrastung gespeichert. Bei Ausfall der Steuerspannung, z. B. Notstopp, bleibt die jeweilige Schaltstellung erhalten.

Notstopp

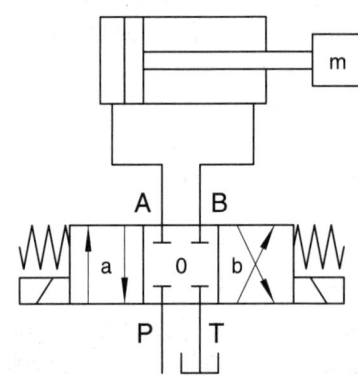

Elektrisches Dauersignal auf Magnet Y1
Schaltstellung a

Elektrisches Dauersignal auf Magnet Y2
Schaltstellung b

In 0-Stellung (federzentriert): Stopp des Zylinders in jeder Lage. Wichtig z. B. bei Notstopp.

Bei Einwirken einer äußeren Kraft kann diese Position wegen Lecköls am Ventil nicht exakt gehalten werden. Die kinetische Energie einer durch den Zylinder bewegten Masse wird bei „Stopp" durch die Verformungsarbeit des Öls und der Leitungen aufgenommen.

Druckloser Umlauf

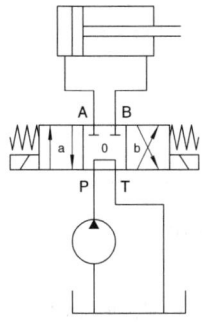

Elektrische Schaltung wie zuvor.

In 0-Stellung: Umlauf zum Behälter bei geringerem Druck. Energieeinsparung, wenn im System kein Öl gebraucht wird. Gleichzeitig Stopp des Zylinders.

Frei beweglich

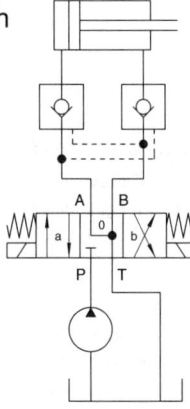

Elektrische Schaltung wie zuvor.

In 0-Stellung ist der Zylinder durch äußere Kräfte frei beweglich. Bei Verschaltung mit doppelt ent- sperrbaren Rückschlagventilen exakte Zylinder- positionierung möglich (siehe S. MEC 371).

Eilgang

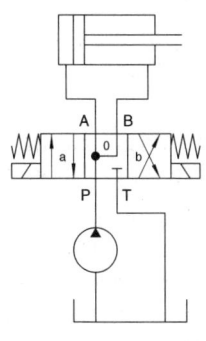

Elektrische Schaltung wie zuvor.

In 0-Stellung: Eilgang im Vorhub, weil sich im Ventil der Pumpenförderstrom Q und der Rücklaufstrom Q_R addieren, so dass der Zylinder mit $Q + Q_R$ be- schickt wird. Da Q_R umgepumpt wird, muss die Pumpe nur

ein Volumen $\frac{\pi}{4} \cdot d_K^2 \cdot s$ auffüllen.

Es ergibt sich daher: $v = \dfrac{Q}{\frac{\pi}{4} \cdot d_K^2}$

Sinn der Schaltung ist eine Förderstromeinsparung, die aber nur dann sinnvoll ist, wenn die äußere Kraft klein ist und damit die Drücke nicht zu groß werden.

Tafel MEC 364: Überdeckungsverhältnisse bei Kolbenschieberventilen

Positive Überdeckung	Negative Überdeckung
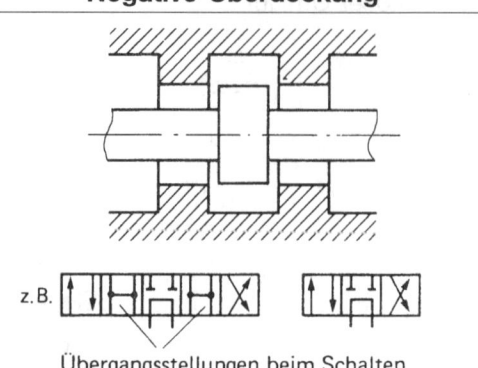	
Übergangsstellungen beim Schalten	Übergangsstellungen beim Schalten
Während des Schaltvorganges sind kurzzeitig alle **Anschlüsse gesperrt.**	Während des Schaltvorganges stehen alle **Anschlüsse** kurzzeitig **miteinander in Verbindung.**
Vorteil: Unter Last stehende Zylinder können in ihrer Position gehalten werden. Speicher entladen sich nicht.	**Vorteil:** Druckschwingungen im System sind durch weicheres Schalten geringer.
Nachteil: Beim Durchschalten der Ventile treten Druckspitzen auf, die mit starken Verzögerungen und Beschleunigungen der bewegten Massen verbunden sind.	**Nachteil:** Speicher kommt kurz mit Behälter in Verbindung und entleert sich etwas. Zylinder unter Last führen unkontrolliert Bewegungen aus.

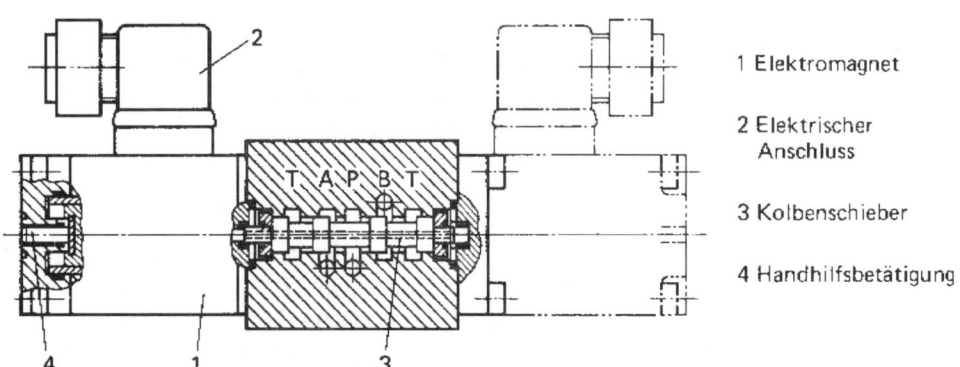

1 Elektromagnet

2 Elektrischer Anschluss

3 Kolbenschieber

4 Handhilfsbetätigung

Bild MEC 364.1: Wegeventil mit direkter elektromagnetischer Betätigung

Indirekte elektromagnetische Betätigung

Für Nenngröße NG > 10 wird die indirekte Betätigung verwendet, weil erforderliche Magnetkraft und -hub für direkte Betätigung zu groß werden.

Die konstruktive Ausführung (Tafel MEC 366) und das komplette Sinnbild zeigen, dass das Vorsteuer- oder Pilotventil das Hauptventil hydraulisch steuert, so dass die elektrische Leistung auf dem niedrigen Wert des direkt betätigten Ventils gehalten werden kann.

Tafel MEC 365: Ventilbetätigung in Hydraulik und Pneumatik (DIN ISO 1219)

Benennung	Erklärung	Sinnbild
Mechanische Betätigung	durch Taster	
	durch Feder	
	durch Tastrolle	
	durch Tastrolle mit Leerrücklauf	
Elektrische Betätigung	durch Elektromagnet: mit 1 wirksamen Wicklung	
	mit 2 gegensinnig wirksamen Wicklungen	
Druck-betätigung hydraulisch oder pneu-matisch	durch Druckbeaufschlagung	
	durch Druckentlastung	
Muskelkraft-betätigung	allgemein	
	durch Knopf	
	durch Hebel	
	durch Pedal	
Indirekte Betätigung	durch Druckbeaufschlagung des Vorsteuerventiles	
	durch Druckentlastung des Vorsteuerventiles	
	durch Elektromagnet und Vorsteuerventil	

schwarzes (volles) Dreieck für Drucköl, leeres Dreieck für Druckluft.

Neben der elektromagnetischen Betätigung in der allgemeinen Automatisierung wird vor allem in der Mobilhydraulik die **Handbetätigung** benötigt.

Pneumatische Betätigung der Wegeventile dient zur Verbindung mit pneumatischer Signalverarbeitung z. B. im Exschutzbereich.

Tafel MEC 366: Wegeventil mit indirekter elektromagnetischer Betätigung

Interne Steuerölzufuhr	Externe Steuerölzufuhr
Bei interner Steuerölzufuhr arbeiten Hauptventil und Vorsteuerventil mit demselben Druck. **Vorteil:** Es wird nur **eine** Druckquelle benötigt. **Nachteil:** Bei hohem Druck kann die Schaltleistungsgrenze des Vorsteuerventils leicht überschritten werden. Bei Druckabfall im Hauptsystem bricht auch der Steuerdruck zusammen.	Bei externer Steuerölzufuhr über den Steuerölanschluss X sind Hauptsteuerkreis und Vorsteuerkreis getrennt. **Vorteil:** Vorsteuerventil arbeitet bei einem minimal notwendigen Druck, der von Druckspitzen oder Druckabfall im Hauptsystem unbeeinflusst ist: Optimale Schaltsicherheit. **Nachteil:** Es ist eine separate Steuerdruckversorgung notwendig.

MEC 366

Elektrische Kenngrößen

	Gleichspannungsmagnet	Wechselspannungsmagnet
Eigenschaften:	Durchbrennen nicht möglich Langsames Schalten Lange Lebensdauer Steuerspannung notwendig z. B. 24 V	Durchbrennen möglich Schnelleres Schalten Kürzere Lebensdauer Direkter Netzanschluss 220 V, 50 Hz
Schaltzeit Ein Aus	90 ms 50 ms	35 ms 35 ms
Leistungsaufnahme	40 W	im Anzug 400 VA im Betrieb 65 VA

Druckventile

Druckventile beeinflussen als Regelventile (Ausnahme: Abschaltventil) den Druck im System.

Man unterscheidet Ventile mit Beeinflussung des eingangs- bzw. des ausgangsseitigen Drucks (Tafel MEC 367).

Tafel MEC 367: Druckventile – Gegenüberstellung

Ventiltyp	Druckbegrenzungsventil Zuschaltventil	Druckminderventil
Regelgröße (Istwert)	Druck eingangsseitig p_P	Druck ausgangsseitig p_A
Führungsgröße (Sollwert)	Vorgegeben durch Federkraft der Einstellfeder oder durch einstellbaren hydraulischen Druck auf den Regelkolben (Bilder in Tafel MEC 369 und Bild MEC 370.1)	
Stellgröße	Drosselquerschnitt im Ventil	
Störgrößen	Veränderlicher Durchflussstrom durch das Ventil Q	
	Veränderlicher Ausgangsdruck p_T	Veränderlicher Eingangsdruck p_B
Sinnbild		

Druckbegrenzungsventil (DBV)

Bei Erreichen eines von Hand oder durch Fernsteuerung einstellbaren maximalen Druckes p_{max} (Regelgröße) sorgt das Druckbegrenzungsventil für die Begrenzung des

Drucks auf diesen Wert, indem es einen Teil oder den gesamten Förderstrom zur Ausgangsseite T – also meist in den Behälter – abdrosselt.

Funktionserklärung (Tafel MEC 369 linke Hälfte)

Beim Druck p_{max} wird Kräftegleichgewicht am Regelkolben des Ventils erreicht, und das Ventil beginnt zu öffnen, also zu regeln. Bedingt durch die Federrate (Federkonstante) der Einstellfeder muss der Druck p_{max} am Ventil steigen, wenn der abzudrosselnde Durchflussstrom steigt, weil mit zunehmender Öffnung des Ventils die Federkraft und damit auch die Gleichgewicht haltende Druckkraft am Regelkolben wächst.

Dient das DBV, wie in Bild MEC 368.1 gezeigt, als Überlastungsschutz für die Anlage, so stellt sich das DBV, der Kennlinie entsprechend, eben auf den vollen Förderstrom und den dazugehörigen Druck ein, wenn der Zylinder z. B. in der dargestellten Endlage ist.

Innerhalb des Regelbereichs ist die **Regelgröße** p_{max} vom Durchflussstrom durch das Ventil abhängig, das DBV stellt also wegen der **bleibenden Regelabweichung** regeltechnisch einen **Proportionalregler** dar.

Liegt der abzudrosselnde Durchflussstrom außerhalb des Regelbereichs, so reagiert das Ventil mit völliger Öffnung, und der Druck steigt wie bei jedem hydraulischen Widerstand proportional Q.

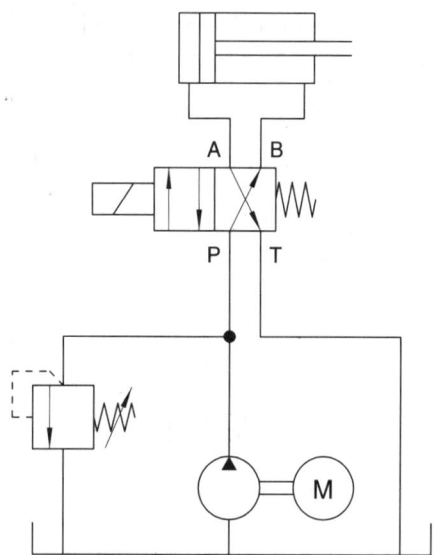

Bild MEC 368.1: Druckbegrenzungsventil als Überlastungsschutz bei Erreichen der Endlage oder bei zu großer Kraft F.

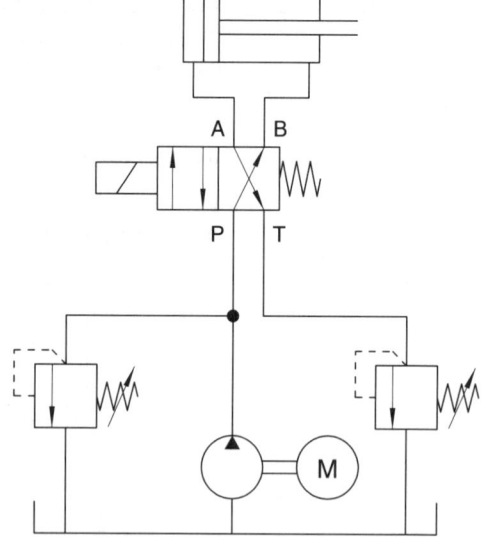

Bild MEC 368.2: Druckbegrenzungsventil zur Gegenhaltung bei Änderung von Betrag oder Richtung der Kraft F.

Tafel MEC 369: Druckbegrenzungsventile

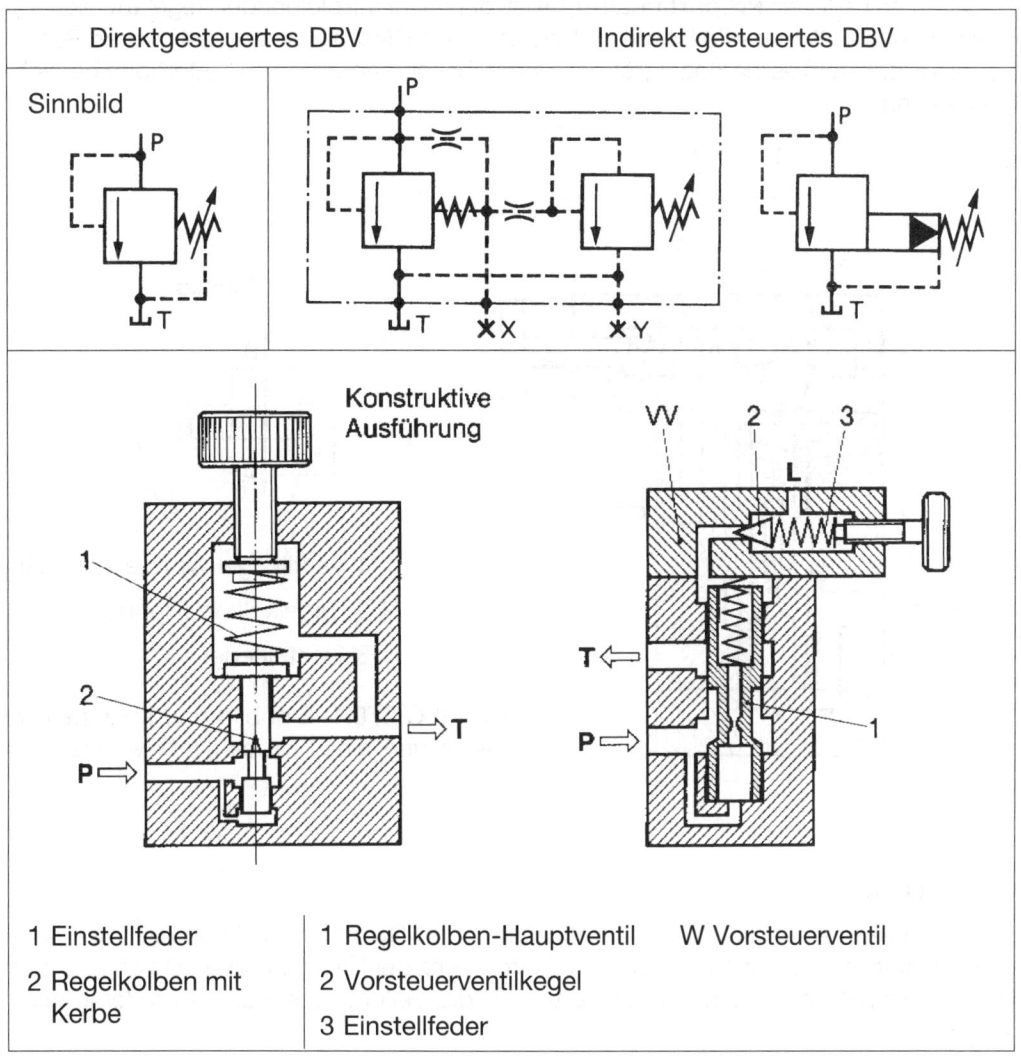

Direktgesteuertes DBV	Indirekt gesteuertes DBV

Sinnbild

Konstruktive Ausführung

VV 2 3 L

1 Einstellfeder	1 Regelkolben-Hauptventil	W Vorsteuerventil
2 Regelkolben mit Kerbe	2 Vorsteuerventilkegel	
	3 Einstellfeder	

Druckminderventil (DMV)

Aufgabe

Regelung des Ausgangsdruckes bei A auf einen möglichst konstanten, von Störgrößen unabhängigen Wert. **Störgrößen** sind hier der variable Eingangsdruck bei B und der variable Durchflussstrom durch das Ventil (Bild MEC 370.1).

Funktion: Steigt z. B. der Druck bei A durch abnehmenden Durchflussstrom (Verbrauch auf der Ausgangsseite) oder durch steigenden Eingangsdruck bei B, so wird der Regelkolben (Position 2) durch diesen Druckanstieg bei A über das Vorsteuerventil (Position 1) so bewegt, dass der Strömungsquerschnitt stärker gedrosselt (verengt) wird und der Druck bei A sich wieder dem eingestellten Wert (Führungsgröße) annähert.

Die Kennlinie zeigt, dass das Druckminderventil entsprechend der Federkonstanten der eingebauten Feder ein **Proportionalregler** ist, der daher mit bleibender Regelabweichung arbeiten muss. Gleichzeitig ist erkennbar, dass das DMV nur einen bestimmten Regelbereich hat, in dem es die Regelgröße p_A ungefähr konstant, d. h. im Proportionalbereich, halten kann.

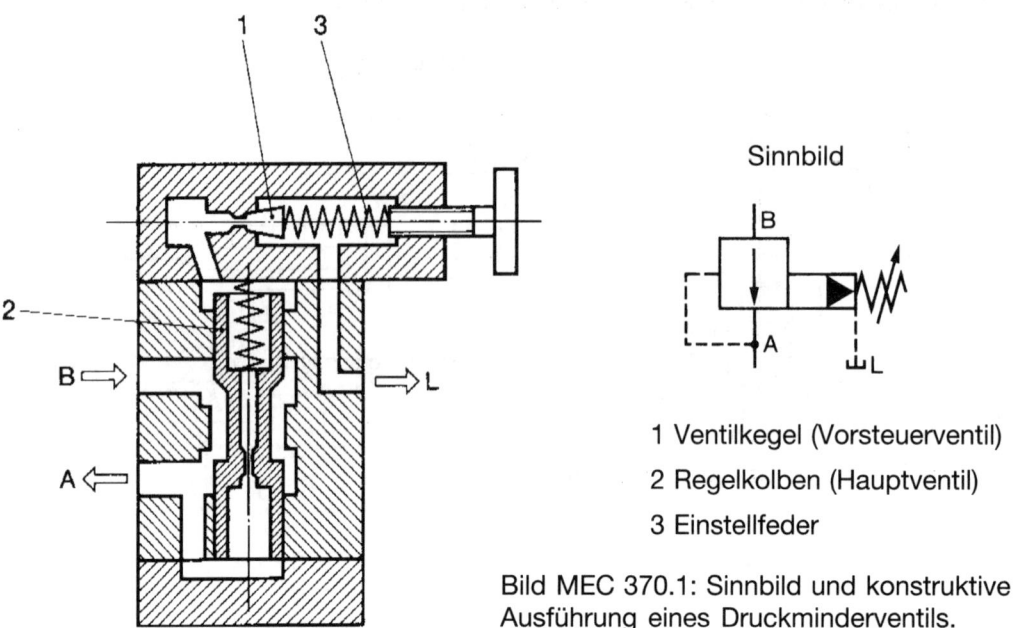

Sinnbild

1 Ventilkegel (Vorsteuerventil)

2 Regelkolben (Hauptventil)

3 Einstellfeder

Bild MEC 370.1: Sinnbild und konstruktive Ausführung eines Druckminderventils.

Stromventile

Stromventile beeinflussen den Durchflussstrom im System und damit die Vorschubgeschwindigkeit der Zylinder bzw. die Drehfrequenz der Hydromotoren. Da das Fluid Öl inkompressibel ist, müssen Stromventile für die Teilung des Pumpenförderstromes sorgen.

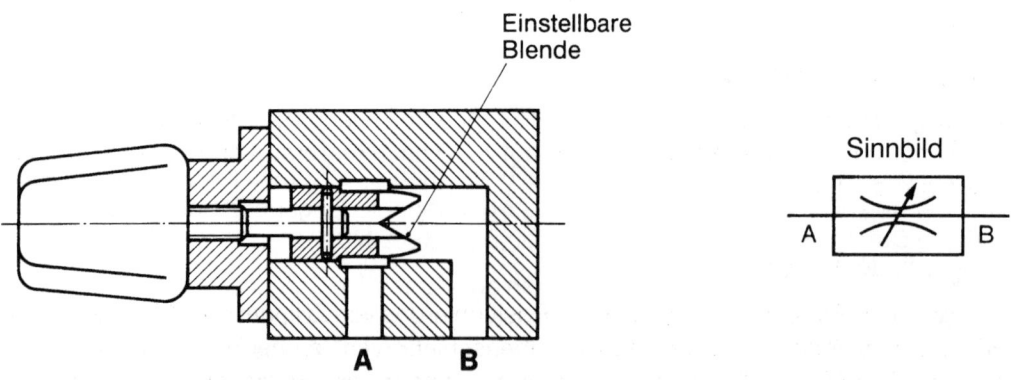

Einstellbare Blende

Sinnbild

Bild MEC 370.2: Sinnbild und konstruktive Ausführung eines Drosselventils.

MEC 370

Drosselventile

Drosselung des Durchflussstromes mit einer einstellbaren Blende in beiden Durchfluss-richtungen (Bild MEC 370.2).

Prinzip der Drosselung des Förderstromes (Bild MEC 371.1)

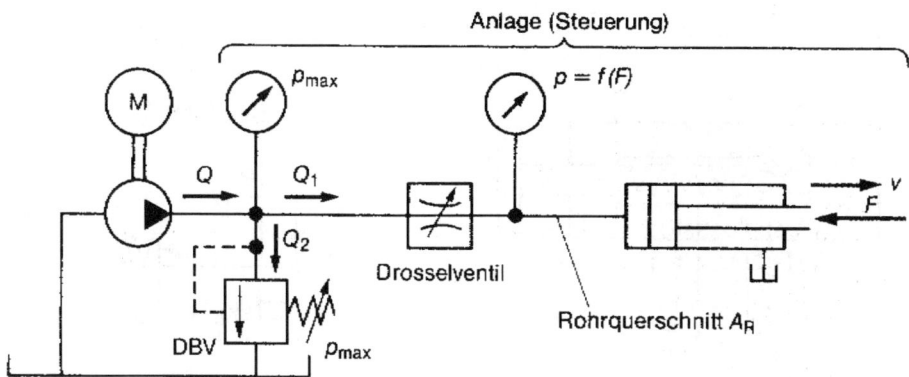

Bild MEC 371.1: Prinzip der Drosselung.

Sperrventile

Rückschlagventile

Rückschlagventile beeinflussen die **Strömungsrichtung,** z. B. bei der Stromregelung.

Rückschlagventile **trennen** Systemteile mit unterschiedlichem Druck, z. B. bei Schaltun-gen mit Hoch- und Niederdruckpumpen. Rückschlagventile erzeugen geringe **Vor-spanndrücke** in Rücklaufleitungen, um deren Leerlaufen zu vermeiden.

Entsperrbares Rückschlagventil

Funktion (Bild MEC 372.1): Fördert die Pumpe von A nach B, entspricht die Funktion einem normalen Rückschlagventil. Rücklauf von B nach A ist erst nach Entsperrung durch Steuerdruck bei X möglich.

Anwendungsbeispiel

Hydraulische Einspannung zur exakten Positionierung von Zylinder oder Motoren, da die Rückschlagventile im Gegensatz zu Kolbenschieberventilen hermetisch dichten (kein Lecköl). Bild MEC 372.2 zeigt zwei doppelt entsperrbare Rückschlagventile, die den Zylinder bei Angriff von Kräften in beliebiger Richtung fixieren.

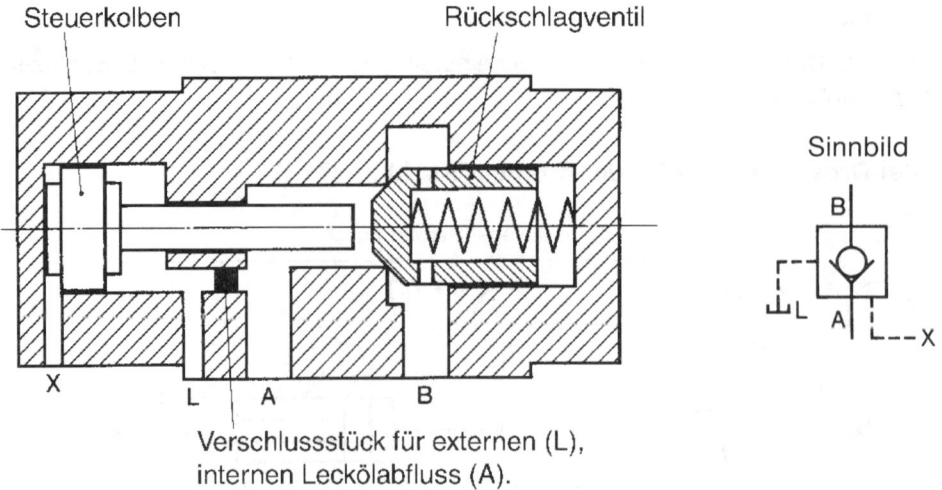

Steuerkolben   Rückschlagventil

Sinnbild

Verschlussstück für externen (L),
internen Leckölabfluss (A).

Bild MEC 372.1: Hydraulisch entsperrbares Rückschlagventil, direkt gesteuert.

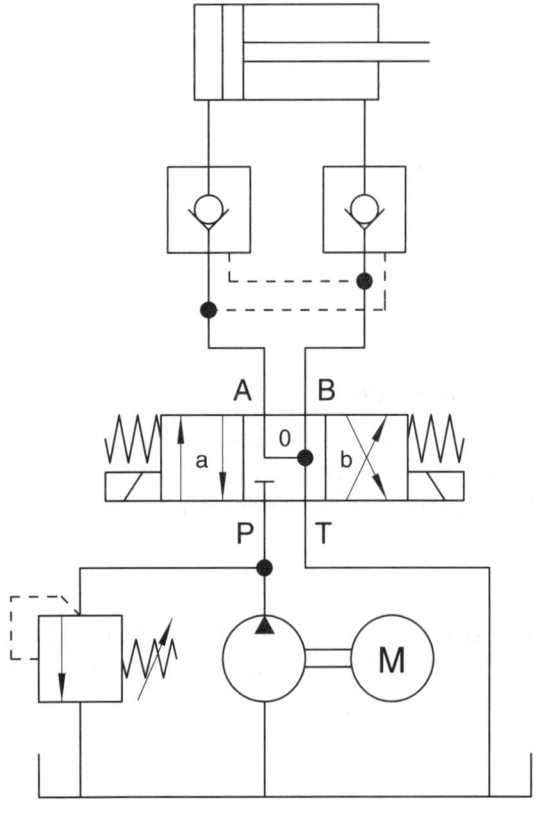

Bild MEC 372.2: Anwendungsbeispiel für entsperrbare Rückschlagventile.

Proportionalventiltechnik

Proportional-Wegeventile

Mit den hier behandelten, binär schaltenden Wegeventilen ist es nicht möglich, den zeitlichen Bewegungsablauf eines angeschlossenen Antriebsgliedes **kontinuierlich** zu beeinflussen. Für das **sprungfreie Anfahren** oder **gezielte Abbremsen** einer bewegten Masse ist ein erheblicher schaltungstechnischer Aufwand notwendig. Diese Einschränkungen werden durch Proportional-Wegeventile aufgehoben, bei denen das Schaltelement (Kolbenschieber) mit einem analogen elektrischen Signal in eine durch einen Sollwert vorgegebene Lage kontinuierlich gesteuert werden kann. Das **Wegeventil** übernimmt damit **zusätzlich** zur Richtungssteuerung die Funktion eines **verstellbaren Drosselventiles**.

Vorteile: Geschwindigkeit von Hydrozylindern oder Drehfrequenzen von Hydromotoren lassen sich kontinuierlich beeinflussen, so dass das Anfahr- oder Bremsverhalten, die Eilgang-Arbeitsgangumschaltung oder allgemein die Anpassung an den Arbeitsprozess einfach realisiert werden kann.

Häufig ergeben sich Kostenvorteile durch Einsparung von Geräten und Verrohrung.

Wenn ein Proportionalventil mit **Druckwaage** (Differenzdruckregler) verwendet wird, ist der Förderstrom wie bei einem Stromregelventil lastunabhängig.

Hydrospeicher

Durch Verdichtung eines Gasvolumens (N2) in einem Hydrospeicher durch das Fördervolumen der Pumpe lässt sich hydrostatische Energie in begrenztem Maß speichern. Die gespeicherte Energie ist zu einem beliebigen Zeitpunkt wieder für das System verfügbar.

Tafel MEC 374: Hydrospeicher, Bauarten und Anwendungsbereiche

Kolbenspeicher	Blasenspeicher	Membranspeicher
	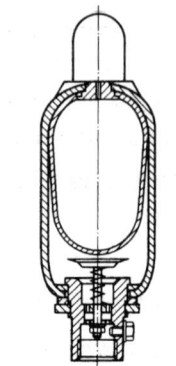	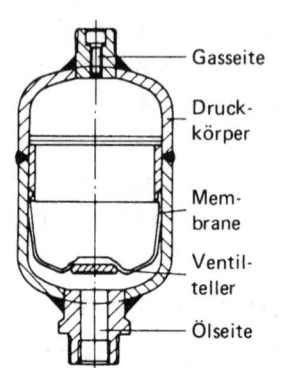
Für große Ölvolumina und -ströme; Bei Nachschaltung von Gasbehältern kann Speichervolumen voll als Ölvolumen genutzt werden. $V = 2$ bis $1500\ l$ $p_{max} = 800$ bar Durch Reibung der Dichtungen Wirkungsgrad relativ ungünstig: Mindestspeicherdruck muss mindestens 20 bar über notwendigem Systemdruck liegen. Bei sehr kleinen Volumenströmen kann Stick-Slip-Effekt des Kolbens auftreten. Anwendung: Vorwiegend zur Abdeckung von Verbrauchsspitzen.	Für alle Bereiche geeignet. $V = 0{,}2$ bis $450\ l$ $p_{max} = 1000$ bar Wirkungsgrad hoch, da weitgehend reibungsfrei arbeitend: Mindestspeicherdruck muss nur ca. 5 bar über dem notwendigen Systemdruck liegen. Anwendung: Zur Abdeckung von Verbrauchsspitzen, zur Dämpfung von Druckstößen.	Für kleine Ölvolumina und -ströme. $V = 0{,}1$ bis $50\ l$ $p_{max} = 750$ bar Wirkungsgrad relativ hoch, da weitgehend reibungsfrei arbeitend. Anwendung: Zur Druckhaltung, z. B. zum Spannen. Ausgleich von Lecköl im System. Pulsationsdämpfung im System, z. B. bei hydropneumatischer Federung.

Wird wie bei diesem Beispiel auf einen hohen Anlagenwirkungsgrad Wert gelegt, so ist der Ladedruck des Speichers p_{2max} so niedrig als möglich zu wählen, da die Antriebsleistung der Pumpe auf diesen Maximalwert ausgelegt werden muss. Dies bedeutet, dass das Gasvolumen möglichst groß gewählt werden muss, damit der Druckanstieg beim Laden des Speichers möglichst gering ist. Daher werden zur Vergrößerung des Gasvolumens häufig ein oder mehrere Gasbehälter nachgeschaltet.
Hoher Speicherladedruck stellt zwar eine hohe gespeicherte Energie dar, die jedoch zur Anpassung an die Lastdrücke der Verbraucher in den Stromregelventilen nutzlos in Wärme umgesetzt werden muss.

Hydrauliköle auf Mineralölbasis

H	unlegiert
HL	legiert, alterungs- und korrosionsbeständig
HLP	guter Verschleißschutz
HLPD	halten feste Stoffe in der Schwebe; emulgieren Wasser

Schwerentflammbare Hydraulikflüssikeiten

HFA	5°C bis 55°C; Öl-in-Wasser-Emulsion; geringe Viskosität; hohe Leckverluste; Grubenbau
HFC	-20°C bis +60°C; wässerige Lösung; Druckgießmaschinen, Schweiß-automaten; geringer Verschleißschutz
HFD	-20°C bis +150°C; synthetische Flüssigkeit, alterungsbeständig; hohe Betriebstemperaturen

Für Hydraulikflüssigkeiten werden folgende Viskositätsklassen eingesetzt:

ISO VG 22 für arktische Temperaturen sowie lange Leitungen

ISO VG 32 für winterliche Verhältnisse

ISO VG 46 für sommerliche Verhältnisse

ISO VG 68 Einsatz in den Tropen

ISO VG 100 für hohe Betriebstemperaturen

Automatisierungstechnik

Rechnerintegrierte Fertigung

Automatisierung und flexible Fertigung

— **Automatisierung** ist die Gestaltung von Produktionsprozessen, bei denen der Mensch weder ständig noch in einem erzwungenen Rhythmus für den Ablauf tätig zu werden braucht.

Auch in der **Fertigungstechnik** besteht schon seit langer Zeit das Bestreben, maschinelle Einrichtungen zu schaffen, die Arbeitsabläufe selbsttätig, ohne menschliches Zutun, beliebig oft, schnell und präzise wiederholen können. Die Voraussetzungen für die Automatisierung schafft die **Steuerungstechnik.** Bei einem automatischen Ablauf übernimmt die **Steuerung** bestimmte Bedien-, Stell-, Kontroll- und Überwachungsfunktionen, die vor der Automatisierung der Mensch durchgeführt hat.

Schon früh wurden Bearbeitungsmaschinen entwickelt, bei denen die Steuerung des Bearbeitungsablaufs **mechanisch** durch Kurvenscheiben, Schablonen, Nockenleisten, Malteserkreuzgetriebe oder ähnliche Teile erfolgte. Auf diese Weise automatisierte Maschinen werden teilweise auch heute noch in der Großserienfertigung, z. B. in **Drehautomaten** und **Transferstraßen,** eingesetzt.

Für eine häufige Umstellung der Arbeitsfolge, wie sie zunehmend in der **flexiblen Fertigung** gefordert wird, sind diese starr automatisierten Einrichtungen weniger geeignet, weil die Stillstandszeiten zu ihrer Umrüstung zu groß sind. Bei häufig wechselnden Werkstückformen und Arbeitsabläufen ist die **Flexibilität,** die Umstellbarkeit der Maschinen auf neue Bedingungen, entscheidend für den wirtschaftlichen Einsatz.

— Flexible Fertigung ist rechnerintegrierte Fertigung mit Maschinen, die von Rechnern (Mikrocomputern) nummerisch gesteuert werden.

Bei einer modernen nummerisch gesteuerten **CNC-Werkzeugmaschine** (CNC = *Computer Numerical Control*), wird vom Bediener nur das Bearbeitungsprogramm, das NC-Programm, in den Steuerungscomputer eingegeben. Das Werkstück wird dann vollautomatisch vom Rohteil ausgehend gefertigt. Nach dem einmal erstellten **NC-Programm** kann dasselbe Teil beliebig oft mit großer **Wiederholgenauigkeit** angefertigt werden. Zur Herstellung eines anderen Werkstücks ist nur ein neues NC-Programm erforderlich, die Maschine braucht nicht umgerüstet zu werden.

Die Steuerung aller Abläufe in einer voll automatisierten **Fabrik der Zukunft** könnte durch eine dezentrale Rechnerhierarchie vollzogen werden, wobei sich der überwachende Mensch über die jeweiligen Zustände der Produktion im Dialogverkehr mit den Rechnern informiert.

Es soll zunächst ein Überblick über die **Komponenten** der rechnerintegrierten, automatisierten Fertigung und ihre Verknüpfung durch den Informationsfluss gegeben werden. Diese Systemkomponenten, die in den letzten Jahren durch die rapide Entwicklung der Mikrocomputertechnik entstanden sind, werden allgemein als **C-Tech-**

niken bezeichnet. Dazu gehören z. B. Techniken mit den Kurzbezeichnungen CNC, DNC, CAP, CAD, CAM und CAQ. Die Komponenten werden dann anschließend in gesonderten Kapiteln ausführlich behandelt.

— Ein **rechnerintegriertes Fertigungssystem** besteht aus Rechnern, die mit der zweckbestimmten Anwendungssoftware ausgerüstet sind, aus Steuerungs- und Regelungseinrichtungen, aus computergesteuerten Maschinen und aus einem **Kommunikationsnetz,** das die einzelnen Komponenten durch den Datenaustausch miteinander verbindet.

Die Integration (Einbindung) der Rechner in die Fertigung hat einen Wandlungsprozess in den Produktionsbetrieben eingeleitet. Die Rechnerintegration, die heute mit der Kurzbezeichnung **CIM** umrissen wird (CIM = *Computer Integrated Manufacturing*), führt dazu, dass neben die drei klassischen Produktionsfaktoren Arbeit, Werkstoffe und Betriebsmittel als vierter Faktor die Information tritt.

— Voraussetzung und Ziel der rechnerintegrierten Fertigung ist ein reibungsloser, durchgängiger **Informationsfluss,** der alle Betriebsbereiche miteinander verknüpft.

In Bild MEC 378.1 wird die Struktur der rechnerintegrierten Fertigung durch den Informationsfluss ihrer Teilsysteme dargestellt. Die Darstellung konzentriert sich auf die Planung und Ausführung; die Bereiche Verwaltung und Vertrieb sind ausgeklammert.

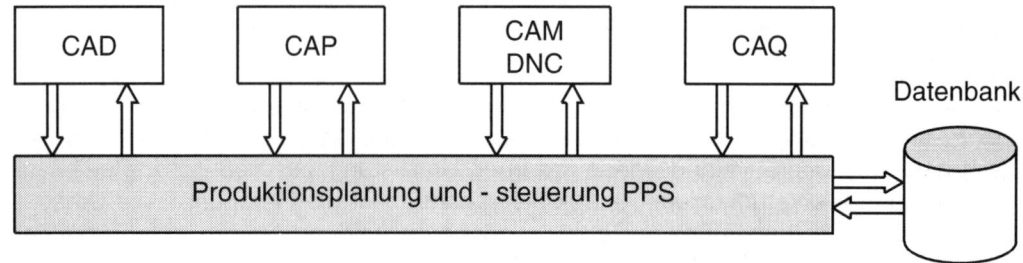

Bild MEC 378.1: Idealfall der vollständigen Rechnerintegration durch Teilsysteme eines CIM-Konzepts.

Teilsysteme und Datenfluss

Übersicht

— Die **Produktionsplanung und Produktionssteuerung,** Kurzbezeichnung **PPS,** ist das Bindeglied zwischen den Auftragsdaten und den Fertigungsdaten: sie ist der oberste Entscheidungsträger für Auftragsveranlassung und Auftragsüberwachung.

PPS umfasst die Terminplanung, die Materialwirtschaft und die Datenerfassung für die Kalkulation; sie sorgt rechnerunterstützt z. B. dafür, dass zur richtigen Zeit an den geeigneten Maschinen die erforderlichen Werkzeuge, Werkstoffe, Rohteile und Hilfsstoffe vorhanden sind.

— Die **rechnerunterstützte Konstruktion und Entwicklung,** Kurzbezeichnung CAD, (*Computer Aided Design*) entwirft und erstellt die Fertigungszeichnungen mit Computerhilfe.

CAD kann auch noch die Festigkeitsberechnung von Bauteilen und die grafische Simulation von Bewegungsabläufen enthalten. Die Konstruktionsdaten und Arbeitsergebnisse (Zeichnungen, Berechnungen, Simulationen) sind in **digitaler Darstellung** in einer zentralen **Datenbank** abgelegt, auf die alle Teilsysteme zugreifen können.

Auf die mit CAD erstellten Konstruktionsdaten baut die **rechnerunterstützte Arbeitsplanung,** Kurzbezeichnung **CAP** (*Computer Aided Planning*), auf und erzeugt Arbeitspläne, Stücklisten, NC-Programme zur Teilefertigung sowie Montageanweisungen für den Zusammenbau. CAP erfüllt die Aufgaben der **Arbeitsvorbereitung** (AV).

— Die **rechnerunterstützte Teilefertigung und Montage,** Kurzbezeichnung **CAM** (*Computer Aided Manufacturing*), ist für die Herstellung der Produkte zuständig. Die Produktherstellung erfolgt mit computergesteuerten Fertigungseinrichtungen.

Das sind in der Regel CNC-Werkzeugmaschinen, Handhabungsgeräte (Industrieroboter), Betriebs- und Transportmittel. CAM verarbeitet die mit CAD und CAP erzeugten Daten und Anweisungen. Diese Verknüpfung durch den Datenfluss bezeichnet man als **CAD-CAM-Kopplung.** Hierauf wird gleich noch näher eingegangen.

— Die **rechnerunterstützte** Planung und Durchführung der **Qualitätssicherung,** Kurzbezeichnung **CAQ** (*Computer Aided Quality Assurance*), legt die **Prüfmerkmale** fest.

Dabei bedient sich CAQ z. B. der Form- und Lagetoleranzen aus dem CAD-Bereich und der Fertigungsanweisungen aus dem CAP-Bereich. Die Prüfmerkmale werden mit Hilfe von computergesteuerten Mess- und Prüfeinrichtungen überwacht.

Damit die Integration der Betriebsbereiche in das Gesamtsystem erreicht werden kann, sind die Teilsysteme CAD, CAP, CAM, CAQ und PPS, wie Bild MEC 378.1 zeigt, durch den **Datenaustausch** miteinander verbunden. Von allen Teilsystemen können Daten (Informationen) zu allen Teilsystemen übertragen werden. Alle Teilsysteme können auf Daten einer gemeinsamen Datenbank zugreifen.

Der Datenaustausch wird durch ein **Kommunikationssystem** ermöglicht, das aus einem Datennetzwerk, aus einheitlichen **Schnittstellen** und aus Vorschriften zur Datenübertragung besteht. Die Übertragungsvorschriften werden **Protokoll** genannt.

Schnittstellen zum Datenaustausch zwischen miteinander kommunizierenden Teilsystemen (CIM-Bausteinen) werden z. B. benötigt für die

– Übergabe von NC-Programmen sowie Werkstückdaten und Werkzeugdaten zwischen CAM und den CNC-Maschinen.
– Übergabe von Geometriedaten und Technologiedaten zwischen CAD und CAP.
– Übergabe von Stücklistendaten zwischen CAD und PPS zur Material- und Normteilbeschaffung.

Der Aufbau einer rechnerintegrierten Fertigung nach dem CIM-Konzept entsprechend Bild MEC 378.1 ist ein **Idealzustand**, der bisher nur in ganz wenigen Firmen realisiert wurde. Viele Betriebe haben aber CIM-Teilsysteme im Einsatz, CA-Inseln genannt, die rechnergestützt arbeiten und im Laufe der Jahre mit entsprechenden Hardware- und Softwarekomponenten ausgerüstet wurden.

— Die Verbindung von CA-Inseln zu einem rechnerunterstützten Fertigungssystem erfordert meist eine neue organisatorische und informationstechnische Betriebsstruktur, die sich an den organisatorischen Gegebenheiten und technischen Möglichkeiten orientieren muss.

Bild MEC 380.1:
Ebenenmodell einer Betriebsstruktur.

Bild MEC 380.1 zeigt ein **Ebenenmodell** der Betriebsorganisation mit den zugehörigen Funktionen und CIM-Bausteinen. Ein firmenspezifisches CIM-Konzept lässt sich nur langfristig unter Einbeziehung der Mitarbeiter, deren Aufgaben und Zuständigkeiten davon betroffen sind, realisieren.

Warum ist eine Automatisierung durch rechnerintegrierte Fertigung oder zumindest die Einrichtung von CA-Inseln für viele Betriebe notwendig? Bei den meisten Industriegütern hat sich der Markt zu einem **Käufermarkt** entwickelt, d. h. der Kunde ist König.

Die Folgen für die Industriebetriebe sind:
– kleiner werdende Losgröße bei steigender Produktvielfalt,
– Befriedigung höherer Qualitätsansprüche,
– kürzere Zeiten für Produktentwicklung und Lieferung,
– Verbesserung des Erlös-Kosten-Verhältnisses durch Produktivitätssteigerung,
– stärkere Hinwendung zu neuen Produkten und Produktionsverfahren, flexibler Personaleinsatz zur Sicherstellung einer schnellen Auftragsabwicklung.

CAD-CAM-Kopplung

Die erste Stufe der Vernetzung von CA-Inseln ist die CAD-CAM-Kopplung, denn in vielen Betrieben besteht bereits ein CAD-System, eine rechnerunterstützte Arbeitsvorbereitung (CAP-System) und ein Park von CNC-Werkzeugmaschinen; möglicherweise existieren auch computergesteuerte Handhabungsgeräte. In Bild MEC 381.1 ist der Material- und Datenfluss bei der CAD-CAM-Kopplung zur Herstellung einer aus Blechteilen, Frästeilen und Drehteilen bestehenden Konstruktion vereinfacht dargestellt.

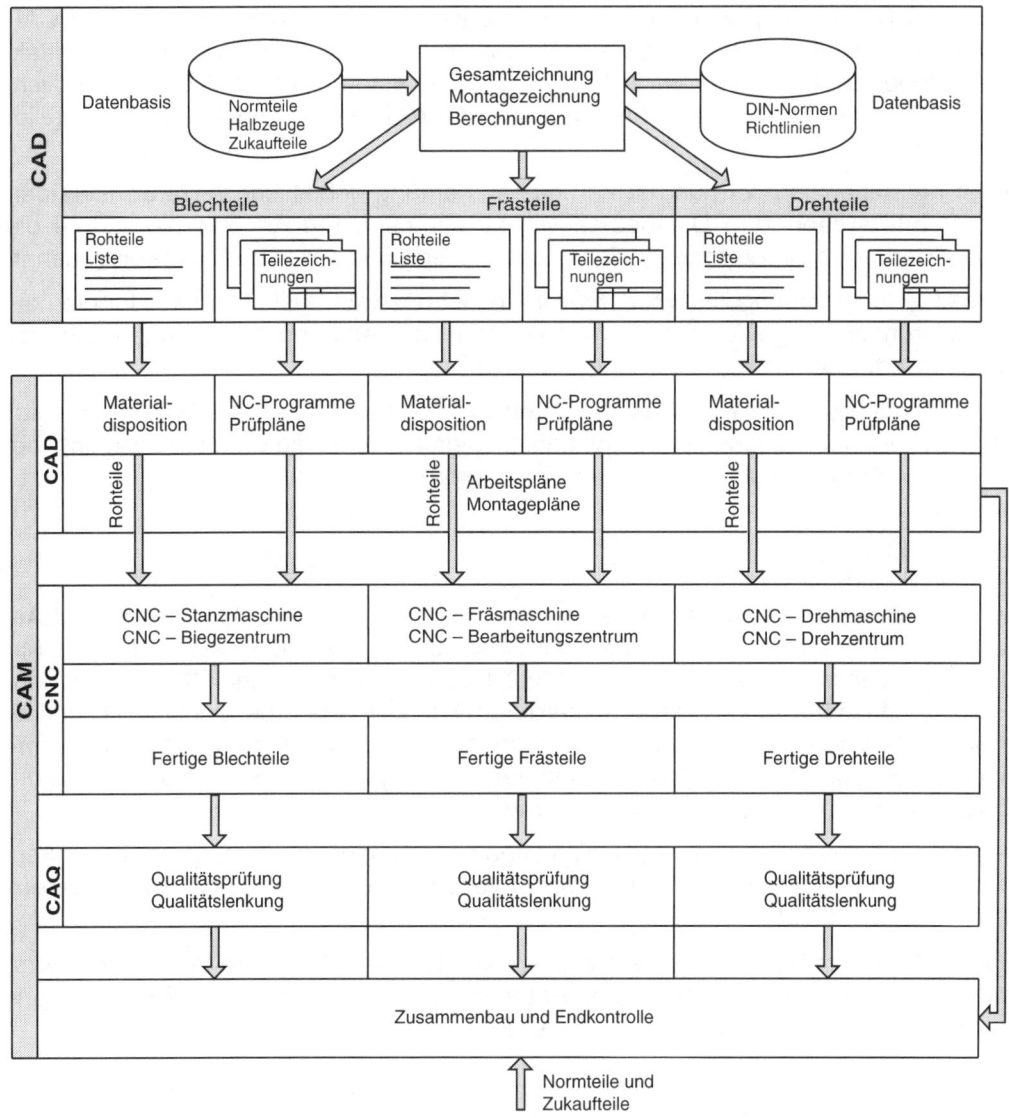

Bild MEC 381.1: Beispiel für den Material- und Datenfluss in einem CAD-CAM-System.

Der **CAD-Bereich** fertigt mit Hilfe gespeicherter Konstruktionsrichtlinen, Normteildateien und unter Nutzung der Daten vorhandener Bauteile die Gesamtzeichnungen und Teilzeichnungen sowie die Montagezeichnungen (Explosionsdarstellungen) des Konstruktionsauftrags an.

Die **Arbeitsvorbereitung** erstellt aus den bei der Konstruktion erarbeiteten und gespeicherten CAD-Daten computergestützt (CAP-System) Arbeitspläne, Stücklisten für die Materialdisposition, NC-Programme für die Teilefertigung sowie Prüfpläne für die Qualitätssicherung und Montageanweisungen. Von der Arbeitsvorbereitung gelangen dann die CAP-Daten des Fertigungsauftrags zum CAM-Bereich.

Bei der CAD-CAM-Kopplung treten häufig **Probleme** auf, wenn die Bereiche CAD, CAP und CAM hinsichtlich des Datenaustauschs nicht zueinander passen. Die digitale Darstellung der Daten ist in den zu koppelnden Teilsystemen oft dann unterschiedlich, wenn sie nach und nach installiert wurden und nicht vom selben Systemhersteller stammen.

In der internationalen Normung ist man intensiv bemüht, einheitliche **Verfahrensweisen** und **Schnittstellen** zum Datenaustausch zu schaffen. Die Art und Weise, wie die Datenübertragung in Kommunikationssystemen erfolgen soll, wird **Protokoll** genannt.

— **MAP** (*Manufacturing Automation Protocol*) ist das wichtigste Protokoll für die herstellerunabhängige Vernetzung von Rechnern und Fertigungssteuerungen sowie für die Übertragung von Dateien und Steuerbefehlen.

Für die Darstellung der Konstruktionsdaten zur Übergabe an andere Teilsysteme gibt es noch keine einheitlichen Festlegungen. Insbesondere ist die Datenübertragung bei der CAD-CAM-Kopplung noch teilweise ungenormt.

CAM, DNC-System

Im **CAM-Bereich** gelangen die Daten über das lokale Kommunikationssystem **LAN** (Local Area Network) an den **Leitrechner** eines flexiblen Fertigungssystems (FFS). Mit dem Leitrechner sind, wie in Bild MEC 382.1 schematisch gezeigt, CNC-Maschinen, Handhabungsgeräte und Transportmittel durch Datenleitungen über einheitliche Schnittstellen miteinander verbunden. Oft ist auch noch ein rechnerunterstütztes **Programmiersystem** zur maschinellen Erstellung der NC-Programme angeschlossen, das die CNC-Maschinen mit Teileprogrammen versorgt.

— Den aus Leitrechner, CNC-Maschinen und sonstigen nummerisch gesteuerten Fertigungseinrichtungen gebildeten **Datenverbund** bezeichnet man **DNC-System** (*Direct Numerical Control*).

Ein DNC-System besteht im Wesentlichen aus der **DNC-Software** des Leitrechners, den entsprechend angepassten **Schnittstellen,** den angeschlossenen CNC-Steuerungen und den Verbindungskabeln für die Datenübertragung.

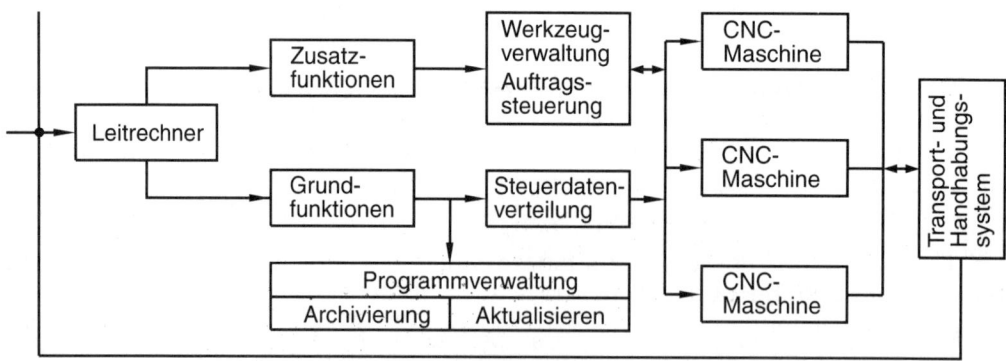

Lokales Datennetz

Bild MEC 382.1: Verbindung eines Leitrechners mit Fertigungseinrichtungen zu einem DNC-System.

— Unter DNC versteht man auch eine Betriebsart, bei der mehrere CNC-Maschinen und andere nummerisch gesteuerte Fertigungseinrichtungen ihre NC-Programme und sonstigen Bearbeitungsdaten von einem Leitrechner erhalten.

Im Gegenzug werden von den Maschinen aktuelle Daten des Fertigungsablaufs, die zur weiteren Verarbeitung benötigt werden, an den Leitrechner zurückgeliefert. Der Leitrechner enthält als Betriebssoftware **DNC-Programmbausteine,** mit denen die erforderlichen **DNC-Funktionen** realisiert werden.

Vor dem Datenverkehr mit dem Leitrechner, der z. B. in der Arbeitsvorbereitung steht, muss an den angeschlossenen CNC-Steuerungen der Maschinen die **DNC-Betriebsart** aktiviert werden. Das geschieht menügeführt an der Maschinenbedientafel. Bei **lokalem** DNC-Betrieb kann der Bediener die Datenkommunikation mit dem Leitrechner beeinflussen. Er kann z. B. selbst NC-Programme abrufen oder korrigierte Programme zurückschicken. Bei **externem** DNC-Betrieb übernimmt der Leitrechner alle Funktionen (Aufgaben) der Datenbereitstellung und Datenübertragung.

Die Funktionen (Aufgaben) des DNC-Systems werden von der **DNC-Software** im Leitrechner ausgeübt. Es wird zwischen Grundfunktionen und Zusatzfunktionen unterschieden. In Tabelle MEC 383 sind die Grundfunktionen und die Zusatzfunktionen eines DNC-Systems zusammengestellt.

Tabelle MEC 383: Funktionen eines DNC-Systems

Grundfunktionen		Zusatzfunktionen
Programmverwaltung	Datenverwaltung	
Einlesen	Bereitstellen	Datenkorrektur
Abspeichern	Abruf übernehmen	Autragsverwaltung und -steuerung
Ausgeben	Prüfen	Werkzeugverwaltung
Kopieren	Übertragen	Materialflusssteuerung
Löschen	Puffer verwalten	Maschinen- und
Suchen	Ausgeben	Anlagenreport
Sperren	Übertragung	
Freigeben	abschließen	

Die **Grundfunktionen** umfassen die **Verwaltung** der NC-Programme und die zeitgerechte **Verteilung** der NC-Daten an die jeweilige CNC-Steuerung. Bei flexiblen Fertigungssystemen (**FFS**) ist es zweckmäßig und notwendig, Zusatzfunktionen in die DNC-Software einzubauen. Dazu gehören: Datenkorrektur, Auftragsverwaltung und -Steuerung, Werkzeugverwaltung und Materialflusssteuerung, Maschinen- und Betriebsdatenerfassung (MDE, BDE) Anlagenreport.

Maschinen- und Betriebsdaten sind aktuelle Daten des Fertigungsablaufs, z. B. Maschinenlaufzeiten, Rüstzeiten, Stillstandszeiten, Störungsursachen, Anzahl der gefertigten Teile und der Ausschussteile durch Qualitätsmängel.

Die **Werkzeugverwaltung** registriert alle im System befindlichen Werkzeuge. Sie gibt Auskunft über Werkzeugdaten, Verschleißzustand und Magazinplatz eines Werkzeugs. Ferner erstellt die Werkzeugverwaltung für jede CNC-Maschine eine Liste der aktuellen

Belegung des Werkzeugmagazins. Auch die Ergebnisse der Werkzeugeinstellgeräte werden online einbezogen.

Die **Auftragsverwaltung und -steuerung** hilft bei der langfristigen Planung von Fertigungsvorhaben, der Bereitstellung von Betriebsmitteln und steuert schließlich den aktuellen Fertigungsablauf einschließlich des Materialflusses.

Die **Maschinen- und Betriebsdatenerfassung** überwacht alle angeschlossenen Fertigungseinrichtungen durch laufende Diagnose und Betriebszustandsmeldungen.

Der **Anlagenreport** fasst Maschinendaten und Betriebsdaten zusammen und gibt Aufschluss über die langfristige Funktion des Systems und seine Produktivität.

Zur **Datenübertragung** zwischen dem Leitrechner und den CNC-Steuerungen der angeschlossenen Fertigungseinrichtungen werden vorwiegend zwei Netzarten eingesetzt: die Punkt-zu-Punkt-Verbindung, auch Einzelverdrahtung oder Sternverbindung genannt, und die Busverbindung.

Die **Punkt-zu-Punkt-Verbindung** (Bild MEC 384.1a) ist die einfachste und kostengünstigste Datenübertragung. An Hardware werden für jeden Anschluss lediglich eine geeignete Schnittstelle an der Steuerungen und am Leitrechner, z. B. eine **V24-Schnittstelle,** und eine zweiadrige Datenleitung benötigt. Da alle Steuerungen zentral am Leitrechner angeschlossen sind, können sie nicht direkt miteinander kommunizieren sondern nur über den Leitrechner. Weil außerdem jeder Anschluss eine Schnittstelle am Leitrechner belegt, ist diese Datenübertragung in ihrer **Ausbaufähigkeit** auf vier bis sechs CNC-Steuerungen und in ihrer **Leitungslänge** auf etwa 200 m begrenzt. Da dies jedoch für die meisten Fertigungsanlagen ausreicht, wird die Sternverbindung bevorzugt eingesetzt.

Bei der wesentlich teureren **Busverbindung** (Bild MEC 384.1b) sind Leitrechner und CNC-Steuerungen (Teilnehmer) an eine **gemeinsame** Datenleitung (verdrillte Adernpaare, Koaxialkabel), **Bus** genannt, angeschlossen. Die Datenübertragung erfolgt direkt vom sendenden zum empfangenden Teilnehmer. Währenddessen können die anderen Teilnehmer keine Daten austauschen. Der Zugang zum Bus, der **Buszugriff,** muss in einem vereinbarten **Protokoll** genau geregelt sein, damit es beim Datenverkehr keine Kollision gibt. Zum Anschluss eines Teilnehmers an den Bus sind zusätzliche Hardwarekomponenten erforderlich, z. B. ein **Transceiver** und ein **Controller.** Die Busverbindung hat gegenüber der Sternverbindung eine höhere Ausbaufähigkeit und eine größere Leitungslänge (ca. 1 km).

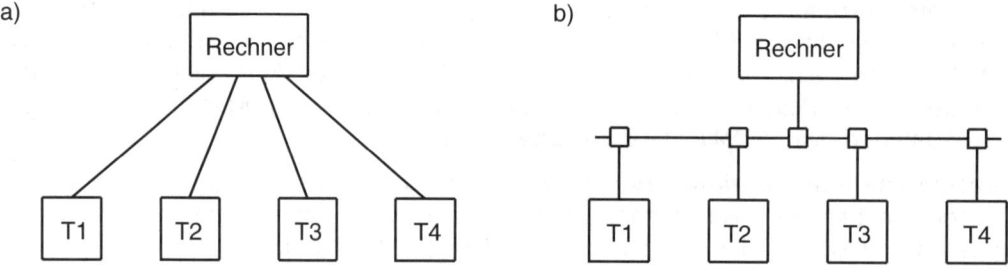

Bild MEC 384.1: Datennetzarten zur Verbindung von Leitrechner und CNC-Steuerungen: a) Punkt-zu-Punkt-Verbindung, b) Busverbindung.

Ein DNC-System ist für die **flexible Fertigung** zwingend erforderlich, weil bei einem Wechsel des Fertigungsauftrags NC-Programme, technologische Daten, Werkzeugdaten und Nullpunktkoordinaten schnell an den betreffenden CNC-Maschinen zur Verfügung stehen. Das ist nicht der Fall, wenn jede CNC-Maschine für sich allein betrieben wird.

An den DNC-Leitrechner sind z. B. angeschlossen: maschinelle NC-Programmierung, Werkzeugvoreinstellung, Maschinen- und Betriebsdatenerfassung, Bearbeitungszentren und Handhabungsgeräte. Netzstationen stellen die Verbindung zu allen CNC-Steuerungen her; ihre Software unterstützt Schnittstellen und Protokoll der Steuerungen.

CNC-Technik

Die heutige Produktionstechnik ist gekennzeichnet durch **automatisierte** Fertigungsanlagen, die eine Palette von Werkstücken **flexibel** und produktiv, in unterschiedlicher Stückzahl, kostengünstig herstellen können. Diese flexible Fertigungstechnik wird ermöglicht durch die **CNC-Technik,** die nach dem CIM-Konzept den Bereichen CAP und CAM zuzuordnen ist.

CNC-Werkzeugmaschinen

CNC-Werkzeugmaschinen sind die Grundbausteine flexibler Fertigungssysteme, aus denen sich durch Verkettung über den Stoff- und Informationsfluss rechnerintegrierte Produktionsanlagen aufbauen lassen.

Merkmale und Begriffe

— **CNC-Werkzeugmaschinen** sind **programmierbare** Fertigungseinrichtungen, die rasch und störungsfrei auf wechselnde Bearbeitungsaufgaben umstellbar sind. Die Bearbeitungsfolge wird nach einem Programm, dem **NC-Programm,** mit Hilfe einer nummerischen Steuerung, der **CNC-Steuerung,** schrittweise abgearbeitet.

Die CNC-Steuerung verarbeitet **Zahlen,** die bereits als **geometrische** Daten in der Teilezeichnung oder als **technologische** Daten im Arbeitsplan enthalten sind.

Sie steuert die Bewegungen der Baugruppen und die Schaltfunktionen der Maschine; sie gibt alle Anweisungen, z. B. zum:

- Anfahren der Bearbeitungsposition,
- Ausführen der Vorschub- und Zustellbewegungen,
- Einstellen der Spindel-Umdrehungsfrequenz und Vorschubgeschwindigkeit,
- Wechseln des Werkzeugs,
- Ein- und Ausschalten des Kühlschmiermittels.

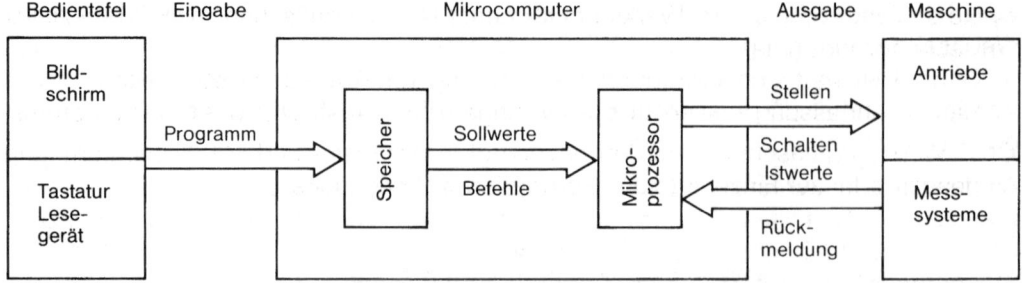

Bild MEC 386.1:
Vereinfachtes Blockschema einer CNC-Steuerung.

— CNC-Steuerungen sind mit einem Mikrocomputer ausgestattet, der als Schalt- und Rechenzentrale die Steuerungsfunktionen ausführt (Bild MEC 386.1).

Der **Mikrocomputer** besteht im einfachsten Fall aus einem Mikroprozessor, aus Speicherbausteinen und aus Bausteinen, die ihn mit der Eingabeseite und mit der Ausgabeseite der Steuerung verbinden. In den Speicherbausteinen sind Daten und Programme abgelegt.

— Der **Mikroprozessor** ist die zentrale Verarbeitungseinheit. Seine Aufgabe ist es, die Anweisungen des eingegebenen NC-Programms in Bearbeitungsschritte umzusetzen.

Vor der Entwicklung des Mikroprozessors waren die nummerischen Steuerungen mit festverdrahteten Logikschaltungen ausgerüstet. Diese nicht mehr hergestellten Steuerungen wurden NC-Steuerungen (NC = *Numeric Control*) genannt. Wenn heute von NC die Rede ist, dann ist damit grundsätzlich **CNC** (*Computer Numeric Control*) gemeint. Dagegen spricht man immer noch von NC-Programm und NC-Bearbeitung, weil Programmiersprache und Bearbeitungstechnologie vom Mikrocomputer nicht direkt beeinflusst sind.

Im Gegensatz zu einer handgesteuerten Werkzeugmaschine muss bei einer CNC-Werkzeugmaschine die Planung des Bearbeitungsablaufs in allen Einzelheiten durchgeführt sein, bevor die Werkstückbearbeitung beginnt.

— Planungsmittel und Grundlage des NC-Progamms ist neben der Teilezeichnung der **außerhalb** der Maschine, z. B. im **CAP-Bereich** (Arbeitsvorbereitung), erstellte Arbeitsplan.

Das **NC-Programm** wird auf einem **Datenträger** festgehalten, der in den Programmspeicher der CNC-Steuerung eingelesen wird. Das NC-Programm kann auch über eine Datenleitung eingespeist oder mit der Tastatur der Bedientafel eingegeben werden.

Auch dann, wenn CNC-Werkzeugmaschinen für sich allein stehen und nicht in die rechnerintegrierte Fertigung eingebunden sind, bringt ihr Einsatz wesentliche **wirtschaftliche Vorteile:**

– Gleichbleibende hohe Fertigungsqualität, daher weniger Ausschuss und geringerer Kontrollaufwand.
– Kürzere Durchlaufzeit, daher kürzere Lieferzeiten.

MEC 386

- Herstellung komplizierter Werkstückformen, z.B. Freiformflächen, mit Hilfe spezieller Rechenprogramme.
- Höherer Ausnutzungsgrad durch Verringerung von Rüst- und Nebenzeiten.
- Rasche Anpassung an Werkstückänderungen durch Austausch des NC-Programms.

CNC-Werkzeugmaschinen werden bevorzugt in der Klein- und Mittelserienfertigung eingesetzt oder zur Einzelfertigung komplizierter Werkstücke.

Werkzeugspann- und Werkzeugwechseleinrichtungen

Ein komplettes Werkzeug einer spanenden CNC-Werkzeugmaschine besteht aus Werkzeughalter, Schneidenträger und Schneiden, z.B. Wendeschneidplatten. Der Werkzeughalter steckt in der Werkzeugaufnahme der Arbeitsspindel oder des Werkzeugrevolvers.

Werkzeughalter für CNC-Bohr- und -Fräsmaschinen haben einen **Steilkegelschaft** mit Greiferrille und Anzugsbolzen (Bild MEC 387.1). In die **Greiferrille** fasst ein Greifer beim automatischen Werkstückwechsel. Am **Anzugsbolzen** wird der Werkzeughalter vom hydraulisch betätigten, automatischen **Werkzeugspanner** in der Arbeitsspindel axial festgehalten. Das Drehmoment wird durch zwei Mitnehmersteine von der Spindel auf den Werkzeughalter übertragen. Der automatische Werkzeugspanner wird durch Tastendruck an der Maschinen-Bedientafel aktiviert.

— Zur Erhöhung des Automatisierungsgrads sind CNC-Werkzeugmaschinen mit Werkzeugspeichern und Werkzeugwechseleinrichtungen ausgerüstet.

Bei CNC-Fräsmaschinen und Bearbeitungszentren werden als Speicher **Werkzeugmagazine** eingesetzt. Die Werkzeuge werden von der Werkzeugwechseleinrichtung aus dem Werkzeugmagazin entnommen und nach dem Wechsel dort wieder abgelegt.

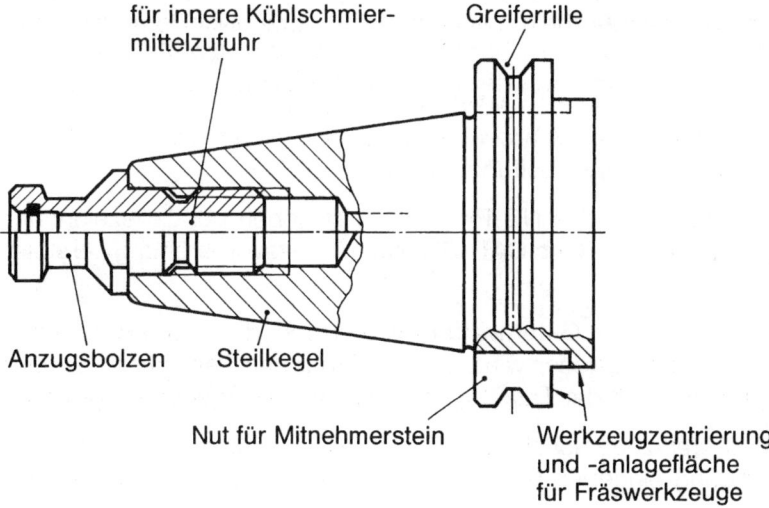

für innere Kühlschmiermittelzufuhr   Greiferrille

Anzugsbolzen   Steilkegel

Nut für Mitnehmerstein   Werkzeugzentrierung und -anlagefläche für Fräswerkzeuge

Bild MEC 387.1: Werkzeughalter mit Steilkegelschaft (DIN 69 871) und Anzugsbolzen (DIN 59 872) zur Aufnahme in der Frässpindel. Das Werkzeug wird in die Aufnahmebohrung des Werkzeughalters gesteckt.

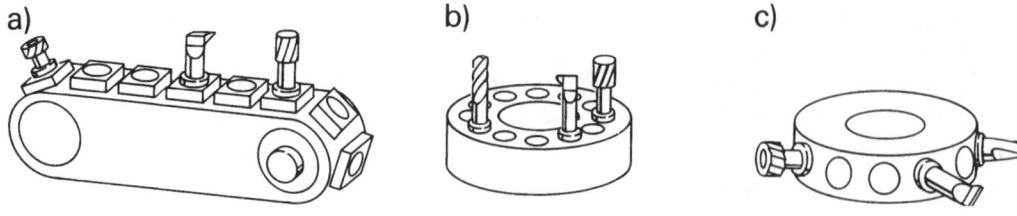

Bild MEC 388.1: Bauarten von Werkzeugmagazinen:
a) Kettenmagazin, b) Trommelmagazin, c) Sternmagazin

Im Werkzeugmagazin sind alle für die Bearbeitung eines Werkstücks oder einer Teile-familie erforderlichen Werkzeuge enthalten. Bild MEC 388.1 zeigt Bauarten von Werkzeug-magazinen. Häufig verwendet werden Kettenmagazine und Trommelmagazine mit 30 bis 50 Plätzen.

Der automatische Werkzeugwechsel wird vorwiegend mit einem **Doppelgreifersystem** durchgeführt. Bild MEC 388.2 zeigt die Schritte des Wechselvorgangs.

— Der Werkzeugwechsel wird durch einen Befehl im NC-Programm eingeleitet. Durch eine **Werkzeugcodierung** wird sichergestellt, dass der Greifer das einzusetzende Werkzeug erfasst.

Bei den CNC-Drehmaschinen ist der **Revolver** der übliche Werkzeugspeicher; gleich-zeitig dient er auch als Werkzeugwechsler. Bild MEC 389.1 zeigt verschiedene Revol-verbauarten. Normalerweise sind die Revolver mit 6, 8, 12, 16 oder 24 Werkzeugen bestückt.

— Jedes Werkzeug hat seinen **festen Platz** im Revolver, den es während der Bearbei-tung nicht verlässt (im Gegensatz zum Werkzeugmagazin).

Die Werkzeuge sind in **Werkzeughaltern** befestigt, die mit ihrem Schaft im Revolver aufgenommen sind. Der meist zylindrische Schaft ist an einer Seite abgeflacht und dort mit einer Verzahnung versehen, wodurch der Werkzeughalter radial und axial genau

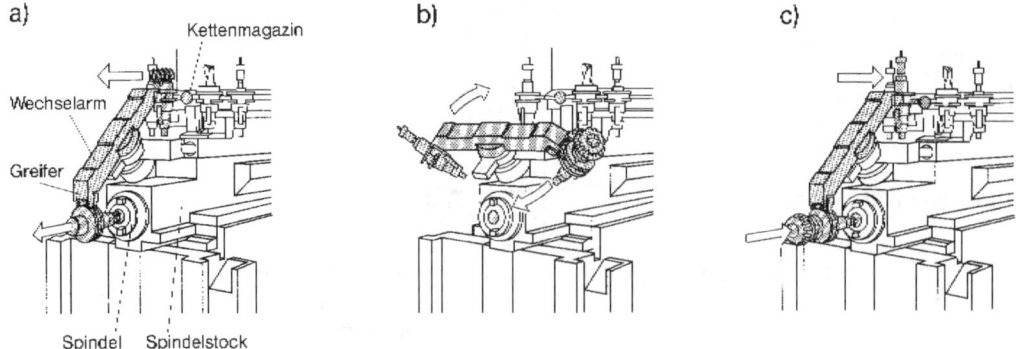

Bild MEC 388.2: Werkzeugwechsel mit Doppelgreifer: a) Herausziehen der Werkzeuge aus Magazin und Arbeitsspindel, b) Schwenken um 180°, c) Einsetzen in Magazin und Arbeitsspindel.

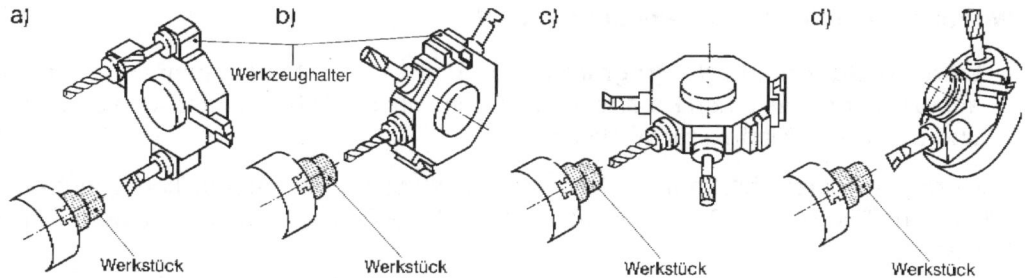

Bild MEC 389.1: Werkzeugrevolverbauarten: a) Trommelrevolver, b) Sternrevolver mit horizontaler Achse, c) Sternrevolver mit vertikaler Achse, d) Kronenrevolver.

fixierbar ist. Die Werkzeugrevolver haben einen separaten Antrieb, der das benötigte Werkzeug durch Weiterschalten in die Arbeitsposition bringt. Außerdem haben sie eine **Richtungslogik.** Das bedeutet:

— Der Revolver wird stets in der Drehrichtung weitergeschaltet, die das benötigte Werkzeug auf dem **kürzesten Wege** in die Arbeitsstellung bringt.

Auf die **Werkstückwechseleinrichtungen** von CNC-Werkzeugmaschinen wird im Abschnitt über flexible Fertigungssysteme (FFS) eingegangen.

Programmierverfahren

Betrachtet man die **Art** der Programmerstellung, dann gibt es drei Möglichkeiten:

- **manuelle** Programmierung,
- **werkstattorientierte** Programmierung (WOP),
- **maschinelle** Programmierung.

Manuelle Programmierung

Hinsichtlich des **Ortes** der Programmerstellung unterscheidet man:

- Werkstattprogrammierung,
- AV-Programmierung.

— Die **manuelle Programmierung** ist meist eine **Werkstattprogrammierung** mit Unterstützung durch menügeführte Programmierhilfen und Bildschirmgrafik. Es wird auf der Steuerungsebene in der Programmiersprache nach DIN 66 025 programmiert.

Die manuelle Programmierung kann aber auch in der AV durchgeführt werden. Die geometrischen und technologischen Daten aus Arbeitsplan und Werkstückzeichnung werden als Anweisungen in die Steuerung eingegeben, entweder direkt über die Tastatur oder über einen Datenträger.

Werkstattorientierte Programmierung WOP

— Die **werkstattorientierte Programmierung,** abgekürzt **WOP** genannt, verwendet anstelle der praxisfernen Programmiersprache nach DIN 66025 grafische Symbole und Dialoge im Klartext für Werkstatt und AV.

Der Programmierer überträgt mit Rechnerunterstützung die Fertigteilkontur auf den Bildschirm (Bild MEC 390.1) oder ruft im Idealfall die Geometriedaten aus dem CAD-System ab.

Die grafische Darstellung der Konturelemente (Geometrie) auf dem Bildschirm und die getrennt dazu eingegebenen Bearbeitungsdaten (Technologie) werden vom Programmiersystem der Steuerung automatisch in maschinenlesbare Weg- und Schaltinformationen umgesetzt. Der programmierte Bearbeitungsablauf kann zum Schluss durch **grafisch-dynamische Prozess-Simulation** (GPS) auf dem Bildschirm kontrolliert werden.

— WOP ist **grafisch-interaktives** Programmieren ohne geometrische Berechnungen und ohne Beherrschung von DIN 66 025.

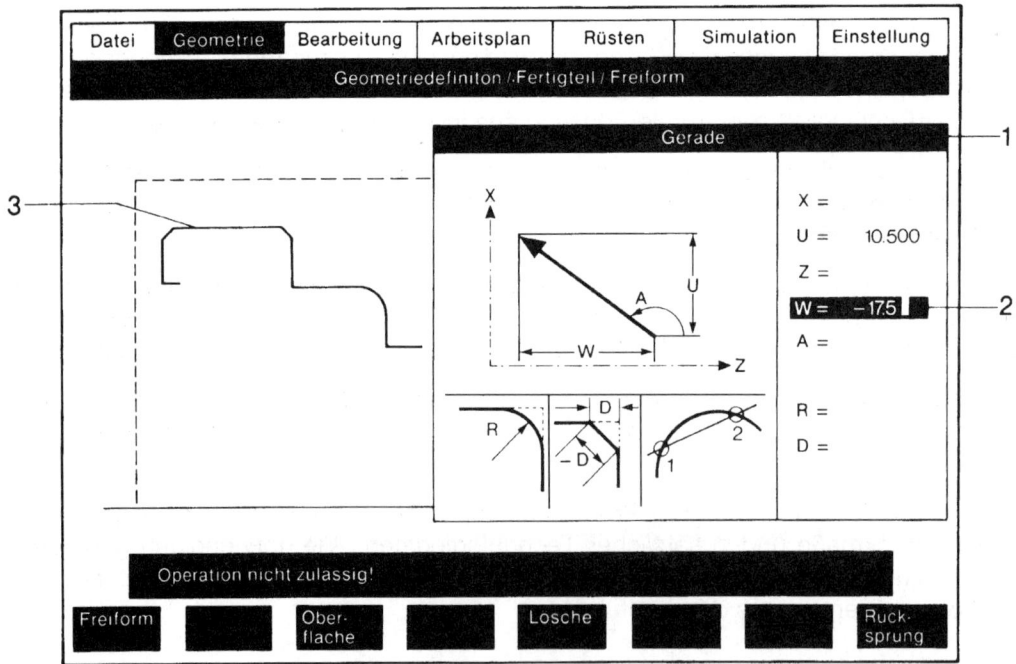

Bild MEC 390.1: Beispiel für die Beschreibung der Fertigteilkontur auf dem Bildschirm. Für jedes Element der Kontur wird ein Eingabefenster vorgelegt. Der Geometrieprozessor des Rechners berechnet aus den eingegebenen Konturelementen die Verfahrwege.
Es bedeuten: 1 Eingabefenster für Konturelemente, 2 Eingabefeld für Maße, 3 Fertigteilkontur.

MEC 390

WOP-Systeme sind teuerer, als komfortable, werkstattprogrammierbare CNC-Steuerungen, die in gewissem Maße auch grafisch-interaktives Programmieren und grafisch-dynamische Prozess-Simulation ermöglichen.

— WOP-Systeme sind **maschinenabhängig.** Ein WOP-Drehmaschinensystem ist z. B. nicht für CNC-Fräsmaschinen oder Bearbeitungszentren anwendbar.

Maschinelle Programmierung

Die manuelle Programmierung und die werkstattorientierte Programmierung eignen sich hauptsächlich für die Bearbeitung einfacher, nicht dreidimensional gekrümmter Konturen (2D- und 2½D-Programmierung).

Komplexe räumliche Konturen erfordern einen zu hohen Rechenaufwand zur Bestimmung der Verfahrwege. Hierzu wird die **maschinelle Programmierung** eingesetzt, die **außerhalb** der Werkstatt mit Hilfe eines geeigneten Programmiersystems vorgenommen wird.

— Bei maschineller Programmierung werden die geometrischen und technologischen Daten als **maschinenneutrales** Programm in einer höheren, **problemorientierten Programmiersprache** eingegeben.

Der Rechner übersetzt dieses Programm in ein NC-Programm, das die betreffende CNC-Steuerung versteht. Das Programm wird auf einem Datenträger ausgegeben oder direkt über eine Datenleitung in den Programmspeicher der CNC-Maschine eingelesen. Auf die maschinelle Programmierung wird anschließend gesondert eingegangen.

— Zur maschinellen Programmierung werden universelle, problemorientierte NC-Programmiersprachen verwendet, die aus einfachen, leicht merkbaren Wörtern und Symbolen aufgebaut sind.

„Problemorientiert" besagt, dass die Programmiersprache nicht Steuerungsvorgänge sondern Bearbeitungsaufgaben (Arbeitsschritte) festlegt. „Universell" bedeutet, dass die Programmiersprache für eine Reihe von Bearbeitungsverfahren anwendbar ist.

Bild MEC 392.1 zeigt einen Ausschnitt aus einem NC-Programm; es enthält die Fertigteilbeschreibung des darüber dargestellten Drehteils in der problemorientierten Programmiersprache EXAPT.

— Eine problemorientierte NC-Programmiersprache verlangt nur die Eingabe der Werkstückmaße und zusätzlicher Technologiedaten. Alle notwendigen geometrischen und technologischen Berechnungen werden automatisch vom Rechner des Programmiersystems durchgeführt.

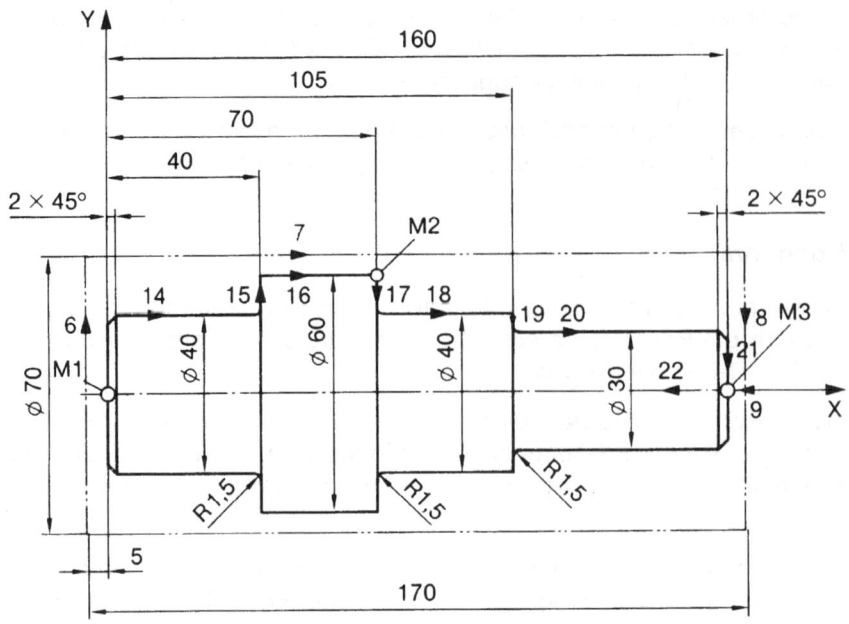

M1, M2, M3 Konturmarken

Haupt-gruppe	Anweisung	Erläuterung
Fertigteilbeschreibung	11 SURFIN/FINE	Oberflächengüte (Surface finish)
	12 CONTUR/PARTCO	Beginn der Fertigteilkonturbeschreibung
	13 M1/BEGIN/0,0, YLARGE, PLAN,0,BEVEL,2	Beginn bei Punkt M1 (X=0, Y=0) in positiver Y-Richtung mit Planfläche bei X = 0. Am Ende des Konturelements befindet sich eine Fase (BEVEL) von 2 mm Breite
	14 RGT/DIA,40,ROUND, 1.5	nach rechts; Zylinder mit Durchmesser 40. Am Ende des Konturelements befindet sich ein Radius (ROUND) von 1,5 mm
	15 LFT/PLAN,40	nach links; Planfläche bei X = 40
	16 RGT/DIA,60	nach rechts; Zylinder mit Durchmesser 60
	17 M2,RGT/PLAN,70, ROUND,1.5	nach rechts bei Punkt M2; Planfläche bei X = 70 mit Radius von 1,5 mm am Ende
	18 LFT/DIA,40	nach links, Zylinder mit Durchmesser 40
	19 RGT/PLAN,105,ROUND,1.5	nach rechts; Planfläche bei X = 105 mit Radius von 1,5 mm am Ende
	20 LFT/DIA,30,BEVEL,2.	nach links; Zylinder mit Durchmesser 30 mit Fase von 2 mm am Ende
	21 RGT/PLAN,160	nach rechts; Planfläche bei X = 160
	22 M3,RGT/DIA,0	nach rechts bei Punkt M3; Zylinder mit Durchmesser 0, Schließen des Konturzugs
	23 TERMCO	Ende der Konturbeschreibung des Fertigteils

Bild MEC 392.1: Ausschnitt aus einem in EXAPT geschriebenen NC-Programm. In dieser problemorientierten Programmiersprache werden Drehteile nicht wie üblich in der XZ-Ebene, sondern in der XY-Ebene beschrieben.

MEC 392

Werkzeugorganisation

Die automatisierte Fertigung ist auf drei Ziele ausgerichtet: Produktivität, Qualität und Flexibilität. Dabei spielen auch das Werkzeug und seine unmittelbare Umgebung eine entscheidende Rolle. Die **Werkzeugorganisation** ist daher eine wichtige Komponente der **Automatisierung.**

— Die Werkzeugorganisation gewährleistet einsatzbereite Werkzeuge. Sie bringt die benötigten Werkzeuge zum Einsatz und tauscht verbrauchte Werkzeuge aus. Sie überwacht und steuert den automatischen Werkzeugwechsel und den automatischen Werkzeugaustausch.

Der **automatische Werkzeugwechsel** erfolgt zwischen Hauptspindel und Werkzeugmagazin; er bringt das programmierte Werkzeug in Arbeitsposition.

Der **automatische Werkzeugtausch** erfolgt zwischen dem Werkzeugmagazin und einem zentralen Werkzeuglager; er ersetzt verbrauchte oder nicht mehr benötigte Werkzeuge durch neue oder demnächst erforderliche Werkzeuge.

Werkzeugsysteme

Voraussetzung für eine effektive Werkzeugorganisation ist ein **modulares Werkzeugsystem,** in dem die für ein bestimmtes **Werkstückspektrum** benötigten Werkzeuge zusammengefasst sind. Das Werkzeugsystem ist das Bindeglied zwischen Werkzeugschneide und Werkzeugmaschine.

Modulare Werkzeugsysteme bestehen aus wenigen austauschbaren Standardelementen zur Kombination von Werkzeugen, die der jeweiligen Bearbeitungsaufgabe optimal angepasst sind. Die Standardelemente werden unterteilt in

– Werkzeughalter,
– Zwischenelemente,
– Werkzeugköpfe.

Bild MEC 394.1 zeigt ein modulares Werkzeugsystem zum Bohren, Fräsen und Drehen.

Anforderungen an Werkzeugsysteme

— Werkzeugsysteme für die automatisierte Fertigung müssen leistungsfähig, zuverlässig, flexibel und leicht handhabbar sein.

Die **Leistungsfähigkeit** wird durch die erzielbaren **Schnittdaten** bestimmt, die hauptsächlich vom **Schneidstoff** abhängen. Eingesetzt werden Schnellarbeitsstahl, Hartmetall und Schneidkeramik.

Für die **Zuverlässigkeit** sind geometrische und technologische Gesichtspunkte maßgebend. Die **technologische Zuverlässigkeit** ermöglicht die Vorausplanung der Einsatzzeit eines Werkzeugs bis zum **Werkzeugaustausch.**

Die **geometrische Zuverlässigkeit** gewährleistet zum einen, dass die Werkzeugschneide die programmierte Lage während der Bearbeitung einnimmt und beibehält und zum anderen, dass auch nach einem **Werkzeugwechsel** die Schneidenlage wieder mit der programmierten Position übereinstimmt. Daraus folgt:

— Die geometrische Zuverlässigkeit ist von der Genauigkeit der **Werkzeugvorein-stellung** und von der Genauigkeit des **Werkzeugwechsels** abhängig. Für den **genauen Sitz** des eingewechselten Werkzeugs sind die Aufnahme- und Spann-elemente im Werkzeugträger verantwortlich.

Die **Flexibilität** eines Werkzeugsystems ist gekennzeichnet durch den modularen Aufbau aus austauschbaren Komponenten mit standardisierten **Verbindungsstellen.** Hier wird in der Praxis unterschieden zwischen

– **Schnittstellen** zwischen Maschine und Werkzeughalter,
– **Trennstellen** zwischen Werkzeughalter und Werkzeugkopf.

Modulare, universell einsetzbare Werkzeugsysteme haben für alle Werkzeuge **einheit-lich** ausgebildete Trennstellen, die den Werkzeugkopf und den Werkzeughalter, auch Grundaufnahme genannt, mit Hilfe von Spannelementen verbinden.

Leichte Handhabbarkeit ist entscheidend für eine schnelle Umrüstung der Fertigungs-einrichtung auf wechselnde Bearbeitungsaufgaben. Sie wird hauptsächlich durch eine wechselfreundlich gestaltete Trennstelle erreicht.

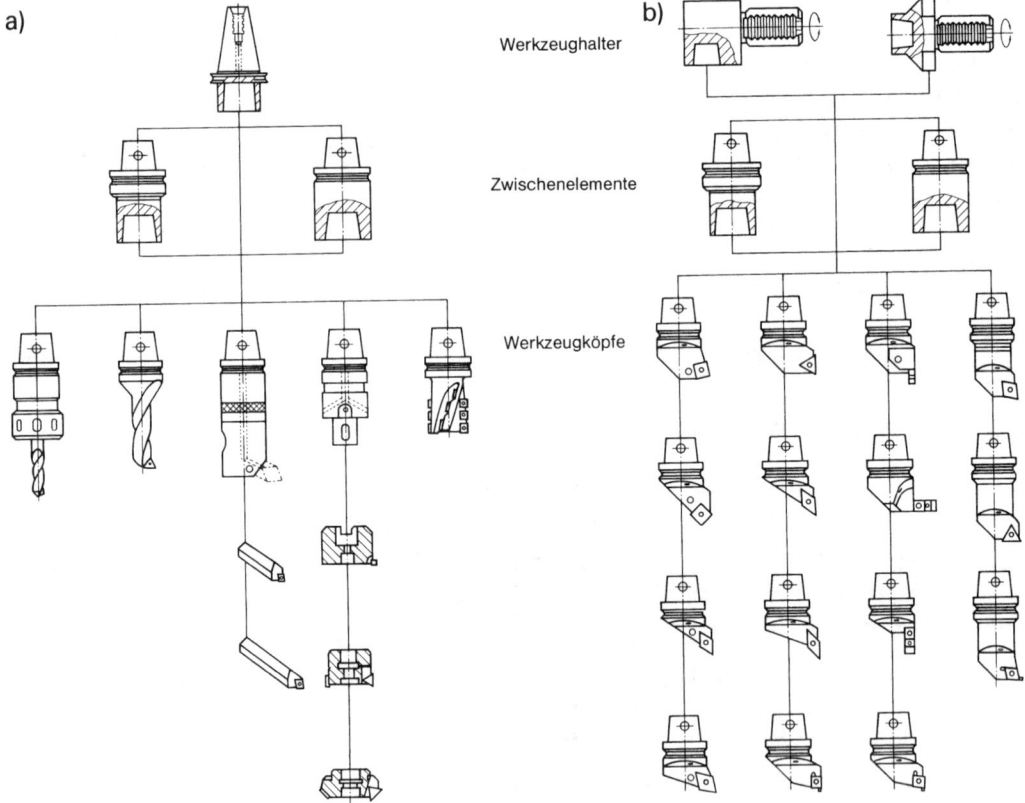

Bild MEC 394.1: Modulares Werkzeugsystem:
a) Teilsystem mit rotierenden Werkzeugen, b) Teilsystem mit stehenden Werkzeugen.

MEC 394

Schnittstellen und Trennstellen

Die Normung bei Werkzeugsystemen erstreckt sich bisher nur auf die **Schnittstellen** zwischen Werkzeugmaschine und Werkzeughalter.

- Bei **Bearbeitungszentren** mit rotierenden Werkzeugen werden **Werkzeughalter** mit **Steilkegelschaft** nach DIN 69 871 eingesetzt (Bild MEC 394.1a).

- Bei **Drehmaschinen** mit stehenden Werkzeugen werden **Werkzeughalter** mit **Rundschaft** nach DIN 69 880 in **Werkzeugrevolvern** eingesetzt (Bild MEC 394.1b).

In der Konstruktion der **Trennstellen** unterscheiden sich die Werkzeugsysteme der verschiedenen Hersteller. Eine Normung der Trennstellen ist bisher noch nicht gelungen.

Bild MEC 395.1 zeigt als Beispiel die Trennstellenkonstruktion eines **Fräswerkzeugs.** Der Werkzeugkopf wird hier mit einer zentralen Dehnschraube gegen den Werkzeughalter mit Steilkegelschaft gezogen.

Bild MEC 395.2 zeigt als weiteres Beispiel die Trennstellenkonstruktion eines **Drehwerkzeugs,** das im Werkzeughalter mit Rundschaft (DIN 69 880) axial gespannt ist. Der selbstzentrierende kurze Spannkegel und die **Plananlage** des Werkzeugkopfs am Werkzeughalter bewirken **Spielfreiheit** und genauen Sitz.

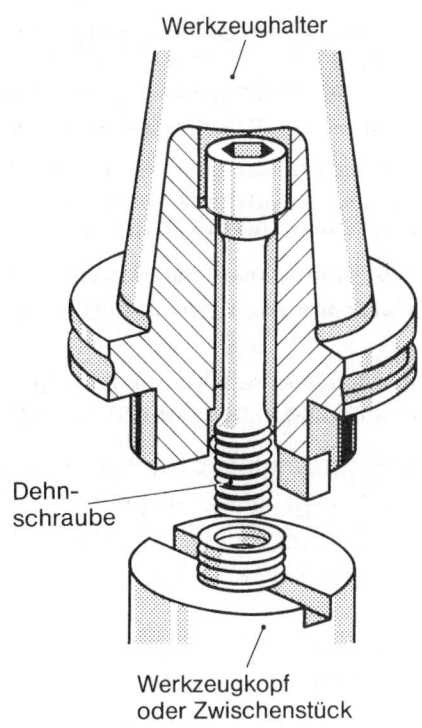

Bild MEC 395.1:
Trennstelle mit axialer Verbindung des Werkzeugkopfs oder eines Zwischenstücks mit dem Werkzeughalter (DIN 69 871) durch eine zentrale Dehnschraube.

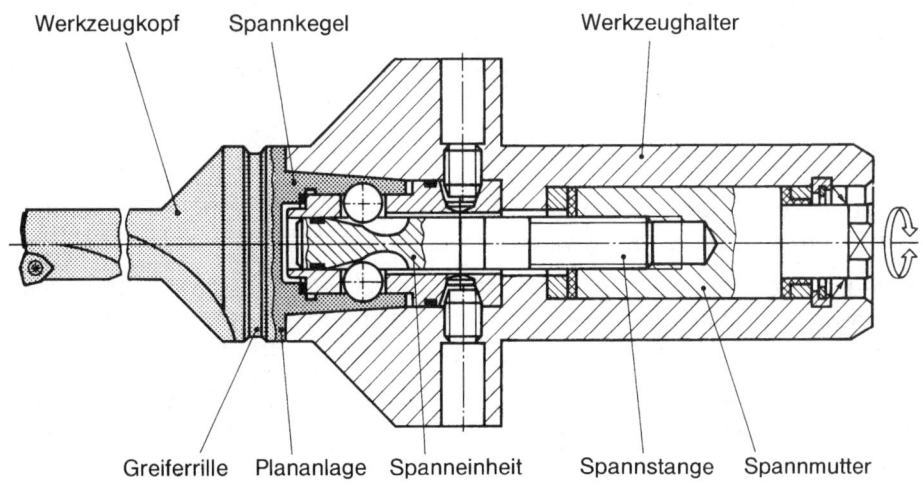

Bild MEC 395.2:
Trennstelle mit axialer Spannung des Werkzeugkopfs im Werkzeughalter.

Werkzeugverwaltung

Hauptaufgabe der Werkzeugverwaltung ist die **Werkzeugversorgung** und die **Bereitstellung der Werkzeugdaten** zum richtigen Zeitpunkt an der richtigen Maschine.

Allgemeine Anforderungen

CNC-Maschinen verlangen eine reibungslose Werkzeugversorgung, insbesondere dann, wenn sie in flexiblen Fertigungssystemen (FFS) integriert sind. Dazu gehören folgende Aufgaben:

- **Messen und Einstelle**n der Werkzeuge mit automatischer Übertragung der Korrekturwerte in den Werkzeugspeicher der CNC,
- bedarfsgerechte **Bestückung** des Werkzeugmagazin,
- **Zuordnung** von Werkzeug und Platz im Werkzeugmagazin,
- vorausschauende **Umbestückung** des Werkzeugmagazins bei Bearbeitungswechsel,
- Standzeitkontrolle und Werkzeugbruchüberwachung,
- Erkennung und Ersatz verbrauchter Werkzeuge.
- Während der Zerspanung werden die Werkzeuge durch spezielle Sensoren überwacht, um Standzeitende, Werkzeugbruch und vorzeitigen Verschleiß zu erkennen und erforderlichenfalls den Werkzeugaustausch einzuleiten.

Automatischer Werkzeugaustausch und **Umbestückung,** z. B. mit Hilfe eines Handhabungsgeräts, gehen wie folgt vor sich:

- Feststellen der nicht mehr benötigten Werkzeuge durch Vergleich der vorhandenen Bestückung mit den Werkzeugaufrufen der nächsten Programme,
- Erkennen der Werkzeuge mit abgelaufener oder bald ablaufender Standzeit,
- Bereitstellen der Austauschwerkzeuge und der neuen Werkzeuge,
- Werkzeugmagazin so positionieren, dass nacheinander die betreffenden Plätze für den Werkzeugaustausch erreichbar sind.

Die Steuerung muss dafür sorgen, dass

- entnommene Werkzeuge nicht mehr aufgerufen werden können,
- neue Werkzeuge erst nach Verfügbarkeit ihrer Korrekturwerte aufrufbar sind.

Werkzeugcodierung

- Damit Werkzeugwechsel und Werkzeugaustausch automatisiert werden können, müssen die Werkzeuge im Magazin identifizierbar sein.

Bei jedem Werkzeugwechsel muss sichergestellt sein, dass das programmierte Werkzeug auch tatsächlich zum Eingriff kommt. Dazu wird eine Kennzeichnung vorgenommen. Es wird entweder

- der **Werkzeugplatz** im Werkzeugmagazin oder
- das **Werkzeug** selbst codiert.

Bild MEC 397.1 zeigt einen Ausschnitt aus einem **Scheibenmagazin.** Die Werkzeuge mit den Nummern T18, T28 und T21 sitzen, von einem Justierstift fixiert, in den Magazintaschen mit den Platznummern 5, 7 und 8. Wegen des großen Durchmessers von

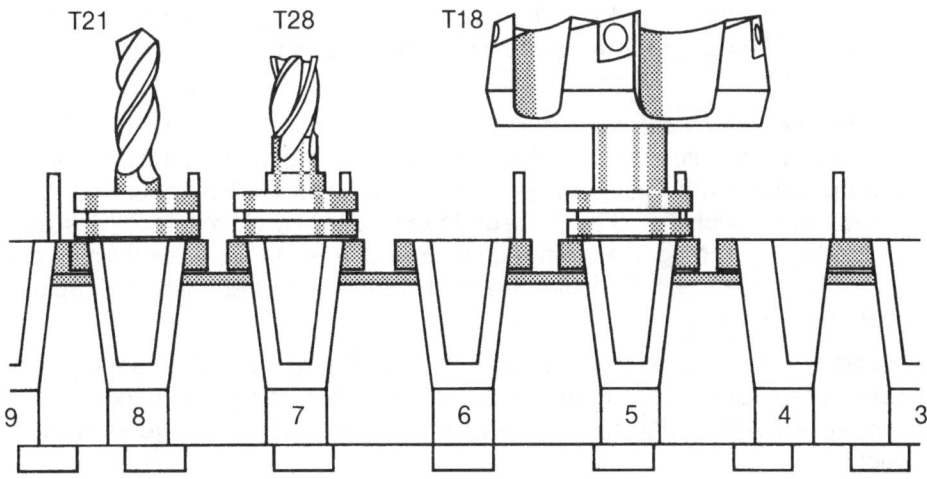

Bild MEC 397.1:
Ausschnitt aus einem Scheibenmagazin mit Bohr- und Fräswerkzeugen.

Werkzeug T18 bleiben die Nachbarplätze leer. Nach dem Bestücken muss der Bediener die zur Werkzeugnummer (T-Nummer) gehörende Platznummer in die betreffende Datei des **Werkzeugspeicher**s der CNC eintragen.

Die Kennzeichnung des Werkzeugplatzes wird **Platzcodierung,** die Kennzeichnung des Werkzeugs wird **Werkzeugcodierung** genannt. Es werden folgende Kennzeichnungs-verfahren eingesetzt:

– feste Platzcodierung,
– variable Platzcodierung,
– mechanische Werkzeugcodierung,
– elektronische Werkzeugcodierung.

Feste Platzcodierung

— Bei fester Platzcodierung erhält jedes Werkzeug einen festen Platz im Werkzeug-magazin, auf den es nach jedem Einsatz wieder zurückkommt.

Der Aufruf des Werkzeugs erfolgt im NC-Programm durch die **Magazinplatznummer** und nicht durch die Werkzeugnummer. Dieses Verfahren ist nur noch bei Drehmaschi-nen mit fest bestückten Revolvern aktuell. Bei **Werkzeugmagazinen** bestehen u. a. folgende **Nachteile:**

– Verwechselungsgefahr beim Bestücken des Magazins,
– notwendiges Anfahren von zwei Magazinplätzen beim Werkzeugwechsel,
– Mehrfachbelegung der Magazinplätze, wenn mehrere NC-Programme gespeichert.

Variable Platzcodierung

— Bei variabler Platzcodierung wird das ausgewechselte Werkzeug an einem belie-bigen freien Magazinplatz abgelegt.

Jeder freie Platz kann für jedes Werkzeug benutzt werden. Im NC-Programm werden die Werkzeuge mit der **Werkzeugnummer** und nicht mit der Magazinplatznummer aufgerufen.

Die Platzierung der Werkzeuge wird nur einmal nach der ersten Bestückung des Magazins der CNC mitgeteilt und im Werkzeugspeicher abgelegt. Ab dann übernimmt ein **Verwaltungsprogramm** die jeweilige Zuordnung von Werkzeugnummer und Magazinplatznummer. Auch Korrekturwerte und Standzeiten verwaltet die CNC, solange sich das Werkzeug im Magazin befindet. Der Bediener kann am Bildschirm in der Werkzeugdatei feststellen, wo sich die einzelnen Werkzeuge befinden und welche Werkzeugdaten vorliegen.

— Die Dauer eines Werkzeugwechsels wird durch die **Span-zu-Span-Zeit** angegeben. Unter der Span-zu-Span-Zeit versteht man die Zeit vom letzten Spankontakt des ausgewechselten Werkzeugs bis zum ersten Spankontakt des eingewechselten Werkzeugs.

Die Span-zu-Span-Zeit beträgt bei der variablen Platzcodierung 10 bis 20 Sekunden; bei der festen Platzcodierung ist sie mindestens doppelt so lang.

Mechanische Werkzeugcodierung

Jedes Werkzeug trägt am **Werkzeughalter** eine Codierung, die aus Codierringen oder Codierstiften besteht (Bild MEC 398.1). Mit Hilfe eines Verwaltungsprogramms kann jeder Codierung ein bestimmtes Werkzeug zugeordnet werden.

Beim Werkzeugaufruf werden die Codierungen **aller** Werkzeuge im Magazin nacheinander **abgetastet,** bis das einzuwechselnde Werkzeug gefunden ist. Das ausgewechselte Werkzeug kann an einem beliebigen Magazinplatz abgelegt werden.

Die mechanische Codierung hat gegenüber der variablen Platzcodierung folgende **Nachteile:**

- teuere und nicht universell einsetzbare Werkzeughalter,
- niedrige Suchlaufgeschwindigkeit zur sicheren Werkzeugerkennung,
- längere Suchzeit, weil kürzester Suchweg nicht bekannt.

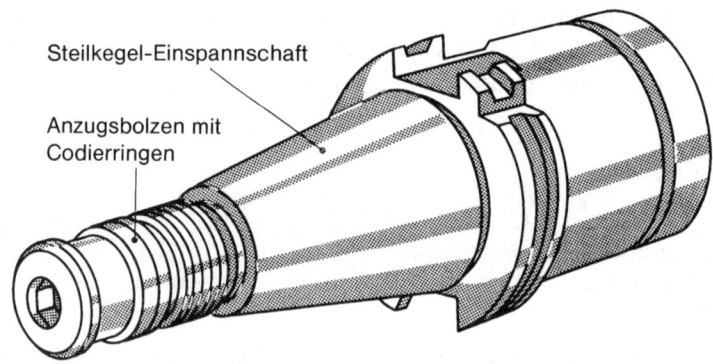

Steilkegel-Einspannschaft

Anzugsbolzen mit Codierringen

Bild MEC 398.1:
Mechanische Codierung eines Werkzeughalters mit Steilkegel-Einspannschaft.

MEC 398

Elektronische Werkzeugcodierung

Zur Werkzeugcodierung werden als **elektronische Datenträger** kleine zylindrische Halbleiterspeicherbausteine ($\varnothing$ 12 mm x 3 mm) verwendet, die in Vertiefungen im Werkzeughalter eingesetzt sind. Werkzeughalter mit elektronischen Datenträgern sind genormt (Bild MEC 399.1) und in allen Werkzeugsystemen anwendbar.

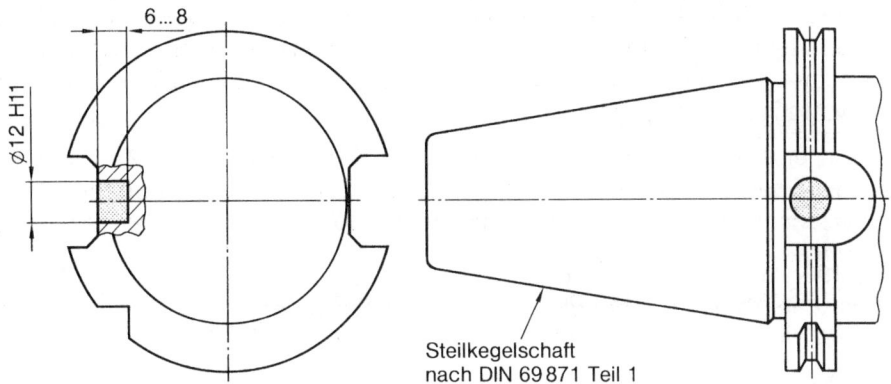

Bild MEC 399.1:
Werkzeughalter mit elektronischem Datenträger zur Werkzeugcodierung.

Der Datenträger wird von einem **Lesekopf** am Werkzeugmagazin berührungslos abgetastet. Es werden zur Werkzeugidentifikation zwei Systeme eingesetzt:

– Nur-Lese-System,
– Schreib-Lese-System.

Das **Nur-Lese-System** verwendet Datenträger (ROMs), die nur mit einer vom **Hersteller** vorgegebenen, festen Identifikationsnummer versehen sind. Dieser Kennung ordnet der Rechner alle vorher eingegebenen Werkzeugdaten zu.

Das **Schreib-Lese-System** verwendet Datenträger (EPROMs), die vom **Anwender** mit den wichtigsten Werkzeugdaten versehen werden können, z. B. Werkzeugnummer, Korrekturwerte, Standzeit, Einsatzzeit, die vom Werkzeugverwaltungsprogramm verarbeitet werden können.

Die relativ teuere und aufwendige elektronische Werkzeugcodierung lässt sich jedoch in ein übergeordnetes **Werkzeugidentifikationssystem** einbauen, das die Daten der Werkzeuge in allen Stationen des Werkzeugkreislaufs erfasst und auswertet.

Werkzeugüberwachung

Eine weitere Voraussetzung für den rechnergesteuerten Werkzeugaustausch ist die **Werkzeugüberwachung.** Werkzeugüberwachung ist in erster Linie eine Überwachung der **Werkzeugschneide.** Schneidhaltigkeit und Unversehrtheit der Schneide werden ständig kontrolliert.

— Vom Zustand der Werkzeugschneide hängen Bearbeitungsgenauigkeit und Oberflächengüte ab. Eine gebrochene Schneide kann Folgeschäden an Werkstück und Werkzeugmaschine verursachen.

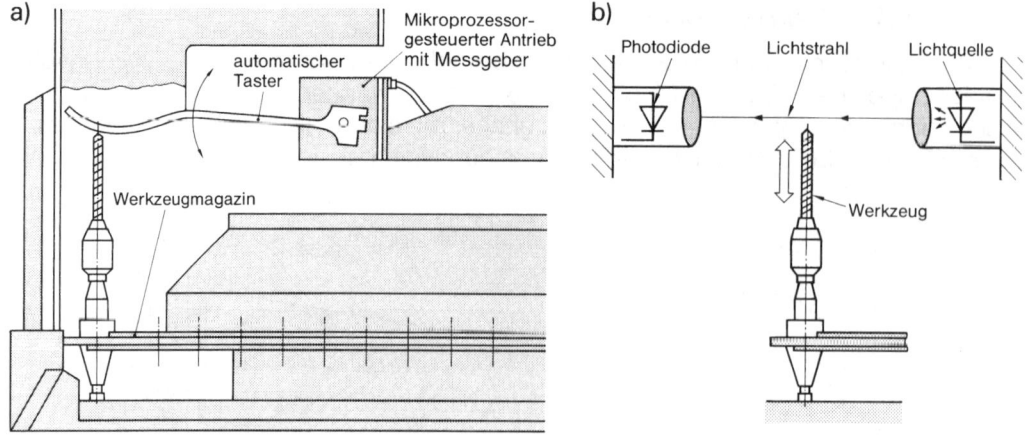

Bild MEC 400.1: Direkte Werkzeugüberwachung:
a) mechanische Abtastung, b) optoelektronische Abtastung.

Es gibt zwei Methoden der **Schneidenüberwachung:**

- **direkte Methode** durch mechanische oder optoelektronische Abtastung zur Feststellung von Maßänderungen (Bild MEC 400.1).

- **indirekte Methode** durch Messung von Größen, die Rückschlüsse auf den Schneidenzustand erlauben, z. B. Einsatzdauer, Zerspankraft, Geräuschentwicklung, Stromaufnahme des Antriebsmotors, automatisches Nachmessen des Werkstücks nach einzelnen Bearbeitungsschritten.

Standzeitüberwachung

— Unter **Standzeit** versteht man die experimentell ermittelte **Einsatzdauer** einer Schneide zwischen zwei Anschliffen. Die Standzeit hängt von der Art des Schneidstoffs und von der **Schnittgeschwindigkeit** ab.

Die Kontrolle der **Standzeit** ist das am häufigsten eingesetzte indirekte Verfahren der Werkzeugüberwachung. Je größer die Schnittgeschwindigkeit umso kleiner ist die Standzeit eines bestimmten Schneidstoffs (Bild MEC 401.1).

Standzeit und Schneidenverschleiß sind miteinander verknüpft. Die Standzeit ist erreicht, wenn der Verschleiß der Schneide eine bestimmte Breite erreicht hat. Meist wird die Standzeit auf eine **Verschleißmarkenbreite** (VB) von 0,2 mm bis 0,6 mm bezogen. Die Standzeit verlängert sich bei **Kühlschmierung** der Schneide.

Zur Standzeitüberwachung wird die **Einsatzzeit** der Schneide gemessen. Die Standzeit der Schneide ist im Werkzeugspeicher abgelegt. Ein Kontrollprogramm vergleicht fortlaufend die Einsatzzeit mit der gespeicherten Standzeit und berechnet die **Restnutzungszeit** (= Standzeit – Einsatzzeit). Wird ein vorgegebener Mindestwert erreicht, dann wird eine Meldung ausgegeben und das Werkzeug vom erneuten Einsatz ausgeschlossen.

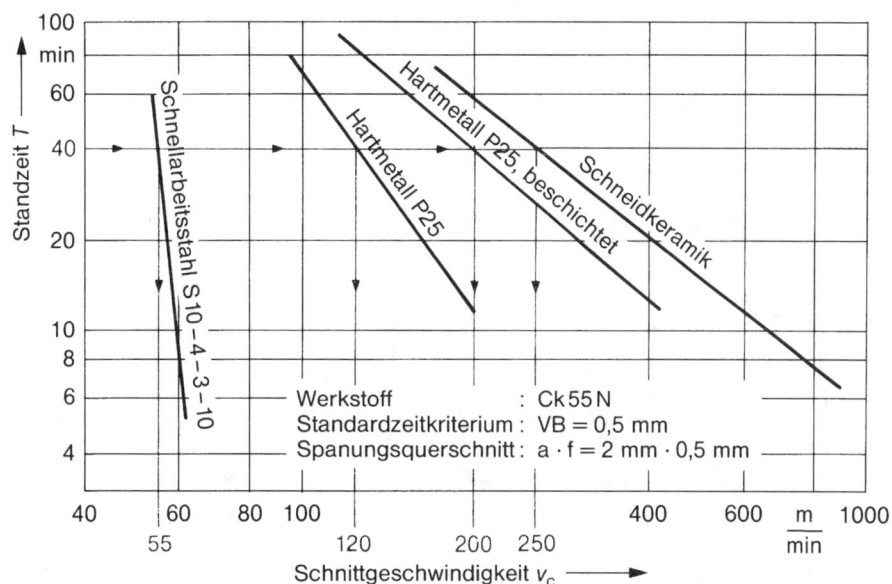

Bild MEC 401.1: Standzeiten gebräuchlicher Schneidstoffe in Abhängigkeit von der Schnittgeschwindigkeit.

Werkzeugüberwachung durch Sensoren

Grundlage dieser Methode ist die **Zerspankraft,** die beim Abtrennen des Werkstoffs und beim Überwinden der Reibung zwischen Span und Schneide entsteht.

— Die Zerspankraft wächst stetig mit zunehmendem Verschleiß der Schneide. Bei Werkzeugbruch fällt sie plötzlich ab; bei Kollision des Werkzeugs mit dem Werkstück nimmt sie sprunghaft zu.

Die Zerspankraft erzeugt an der Arbeitsspindel oder am Werkzeugträger elastische Verformungen, die durch geeignete Sensoren erfasst werden können. Die Sensoren wandeln die Verformungen mit Hilfe von Dehnungsmessstreifen oder dehnungs-empfindlichen piezoresistiven Halbleiterfolien in elektrische Signale um, die von der CNC-Steuerung ausgewertet werden. Zur Signalauswertung ist eine Hard- und Soft-ware erforderlich.

Der typische **Zerspankraftverlauf** des zu überwachenden Bearbeitungsvorgangs wird vorher in einem Musterprozess aufgenommen und gespeichert. Der Istverlauf wird während der Bearbeitung mit dem Sollverlauf verglichen. Wird ein charakteristischer oberer oder unterer Grenzwert überschritten, dann wird der Bearbeitungsprozess abgebrochen. Bild MEC 402.1 zeigt den Verlauf des Kraftsignals nach einer Anzahl gleicher Schnitte eines Werkzeugs.

Nach Ablauf der Standzeit darf das betreffende Werkzeug nicht mehr eingewechselt werden. Für stark beanspruchte Werkzeuge befinden sich aber im Magazin Schwester-werkzeuge mit gleicher Werkzeugnummer. Solange noch ein **Schwesterwerkzeug** einsatzbereit ist, unterbleibt der Austausch gegen ein externes Ersatzwerkzeug. Beim nächsten Werkzeugaufruf wird dann das Schwesterwerkzeug eingewechselt und das verschlissene Werkzeug erhält eine Kennung, die einen erneuten Aufruf unterbindet.

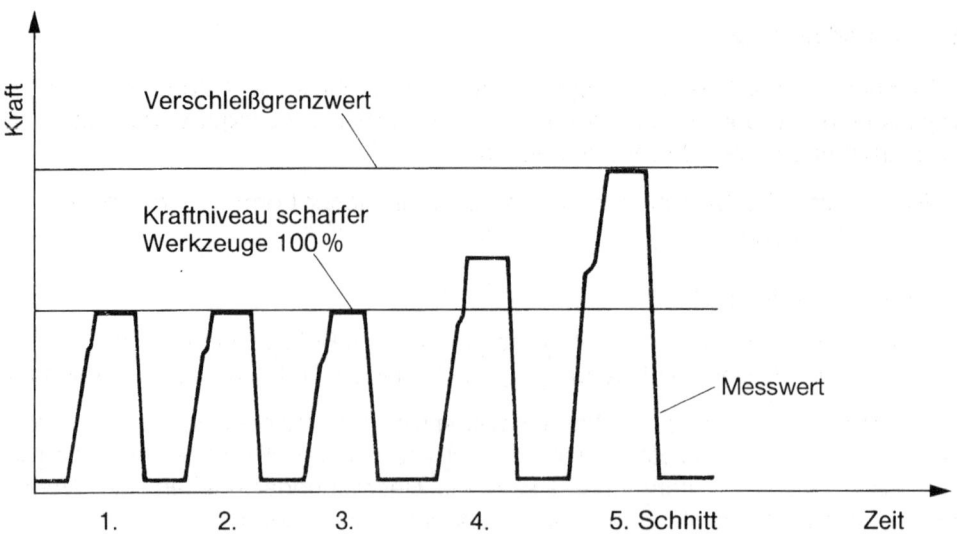

Bild MEC 402.1: Typischer Verlauf des Kraftsensor-Signals eines Werkzeugs bei mehrmaligem Einsatz.

Bei **Werkzeugbruch** wird in jedem Fall die Bearbeitung unterbrochen, der Werkzeugträger wird in eine sichere Position zurückgefahren, das Werkstück herausgenommen und das Werkzeug ausgetauscht. Die Bearbeitung wird dann mit einem neuen Werkstück fortgesetzt.

In einem flexiblen Fertigungssystem (FFS) mit mehreren CNC-Maschinen im **DNC-Verbund** kann wegen des erheblichen Leistungsumfangs die Werkzeugverwaltung nicht mehr von den einzelnen CNCs durchgeführt werden. Man überträgt daher die Verwaltungsaufgaben an einen separaten **Werkzeugrechner** oder direkt an den **DNC-Rechner,** dem alle Informationen über die Werkzeuge von der Anlieferung bis zur Ausmusterung zur Verfügung stehen.

Flexible Fertigungssysteme

— Ein flexibles Fertigungssystem (**FFS**) ist eine **Gruppe** nummerisch gesteuerter Fertigungseinrichtungen, die über ein gemeinsames **Werkstücktransportsystem** und ein zentrales **Steuerungssystem** verkettet sind.

Ein FFS ermöglicht die automatisierte Bearbeitung unterschiedlicher Werkstücke einer **Teilefamilie** in unterschiedlicher Stückzahl und Reihenfolge ohne Unterbrechung durch manuelle Bedienvorgänge.

Aufbau und Einsatz

Bei einem flexiblen Fertigungssystem sind der technische Aufbau, die Werkzeugorganisation und der Werkstücktransport der speziellen **Fertigungsaufgabe** und der zu bearbeitenden **Teilefamilie** angepasst.

— Eine Teilefamilie besteht aus Werkstücken ähnlicher Form, die in ähnlicher Weise gefertigt werden.

Beispiele für Teilefamilien:

- Prismatische Gehäuseteile mit Bearbeitung durch Bohren und Fräsen.
- Achsen und Wellen mit Bearbeitung durch Drehen, Nuten und Gewindeschneiden.

Die **Planung** eines flexiblen Fertigungssystems beginnt mit der Analyse der zu fertigenden Teilefamilie und der Erfassung von Stückzahl, Losgröße, Gewicht, Typenvielfalt, Abmessungen. Dementsprechend sind die Bearbeitungseinheiten, die Werkzeugorganisation und das Werkstücktransportsystem festzulegen.

Bei der Planung ist auch die spätere **Erweiterungsmöglichkeit** der Anlage ohne Stilllegung des bestehenden Systems zu beachten. Außerdem ist sicherzustellen, dass auch bei Ausfall einer Komponente die Fertigung von den anderen Komponenten weitergeführt werden kann.

— Die **Grundbausteine** von flexiblen Fertigungssystemen sind **Bearbeitungszentren** und **Drehzentren,** die durch Steigerung des Automatisierungsgrads aus CNC-Fräsmaschinen und CNC-Drehmaschinen entstanden sind.

Bearbeitungszentren sind **Einzelmaschinen** zur Bearbeitung **prismatischer** oder unregelmäßig geformter **kubischer** Werkstücke, vorwiegend durch Fräsen, Bohren, Senken und Ausdrehen. Bearbeitungszentren zur Komplettbearbeitung **rotationssymmetrischer** (zylindrischer) Werkstücke, vorwiegend durch Drehen, werden als **Drehzentren** bezeichnet.

Durch stufenweise Erhöhung des **Automatisierungsgrads** werden aus diesen Grundbausteinen folgende Konzepte flexibler Fertigungseinrichtungen entwickelt:

- flexible Fertigungszelle,
- flexible Fertigungsinsel,
- flexibles Fertigungssystem,
- flexible Fertigungsstraße.

Tabelle MEC 404 gibt eine Übersicht über die **Automatisierungsstufen** vom Bearbeitungszentrum zum flexiblen Fertigungssystem.

— Ein **Bearbeitungszentrum** lässt sich durch spezielle **Ausbaustufen,** z. B. automatischer Werkstückwechsel, Werkzeugkontrolle, Werkzeugverwaltung, integrierte Messeinrichtungen, zur **flexiblen Fertigungszelle** erweitern.

Eine flexible Fertigungszelle kann einen begrenzten Teilevorrat bedienerunabhängig bearbeiten. Im Sonderfall entsteht aus einem **Drehzentrum** eine **flexible Drehzelle.** Fertigungszellen oder Drehzellen können **Einzelmaschinen** sein oder aus zwei Bearbeitungszentren (**Duplex-Zelle**) bestehen.

Tabelle MEC 404: Konzepte flexibler Fertigungseinrichtungen

Stufe	Einsatz	Maschinentyp	Steuerung	Handhabung
CNC-Werkzeugmaschine	Einzel- u. Kleinserienfertigung	Fräsmaschine Bohrmaschine Drehmaschine	CNC und SPS	manueller Werkstück- und Werkzeugwechsel
Bearbeitungszentrum	Breites Teilespektrum, Fertigbearbeitung in einer oder zwei Aufspannungen	Fräs- und Bohrzentren, Drehzentren	CNC mit erweiterten Funktionen, weitere Achsen	automatischer Werkzeug- u. Werkstückwechsel, Werkzeugmagazin, Palettenwechsler
Flexible Fertigungszelle	Begrenztes Teilespektrum, mittlere Losgröße, Serienfertigung, zeitweise bedienerloser Betrieb	Fräs- und Bohrzellen, Drehzellen	CNC mit großem Programmspeicher und Überwachungseinrichtungen	Palettenbahnhof oder sortierter Werkstückvorrat
Flexible Fertigungsinsel	Verschiedene Maschinen zur Bearbeitung ähnlicher Teile	Unterschiedliche, sich ergänzende Werkzeugmaschinen	CNC und SPS unterschiedlicher Konfiguration	Werkstückwechsel manuell oder mit einfachen Transportmitteln
Flexibles Fertigungssystem	Teilefamilien in mittleren Stückzahlen	Mehrere gleiche oder unterschiedliche Maschinen zur Fertigbearb.	CNC, DNC, Leitrechner	Wst.- und Wzg.-Transportsystem, ungetaktete Fertigung
Flexible Transferstraße	größere Serien, Teilevielfalt	Sondermaschinen mit CNC-Masch. verkettet	CNC, SPS, Leitsystem	getaktete Fertigung mit Umgehungsmöglichkeit

— Ein flexibles Fertigungssystem kann aus **gleichartigen** Bearbeitungseinheiten bestehen, die sich **ersetzen** oder aus **unterschiedlichen** Bearbeitungseinheiten, die sich **ergänzen.**

Sich **ersetzende** Bearbeitungseinheiten, z.B. Bearbeitungszentren, sind **parallel** angeordnet (Bild MEC 405.1a). Ein Werkstück kann auf jeder der Bearbeitungseinheiten **vollständig** bearbeitet werden. Der **Leitrechner** steuert die Werkstückverteilung.

Sich **ergänzende** Bearbeitungseinheiten, z.B. Sägemaschinen, Bearbeitungszentren, Drehzentren, Messmaschinen, sind **seriell** angeordnet (Bild MEC 405.1b); sie sind so verkettet, dass ein automatischer **Fertigungsdurchlauf** entsteht.

— In einer **flexiblen Fertigungsstraße** (Transferstraße) erfolgt die Fertigung vom Rohteil zum Fertigteil in **einem** Durchlauf. Je nach Produktart können dabei be-stimmte Bearbeitungseinheiten umgangen werden.

— Die höchste Automatisierungsstufe flexibler Fertigungseinrichtungen ist das **flexible Fertigungssystem** (FFS). Es besteht aus mehreren Bearbeitungszentren oder Fertigungszellen, die unabhängig voneinander gleiche oder ähnliche Werkstücke möglichst komplett bearbeiten.

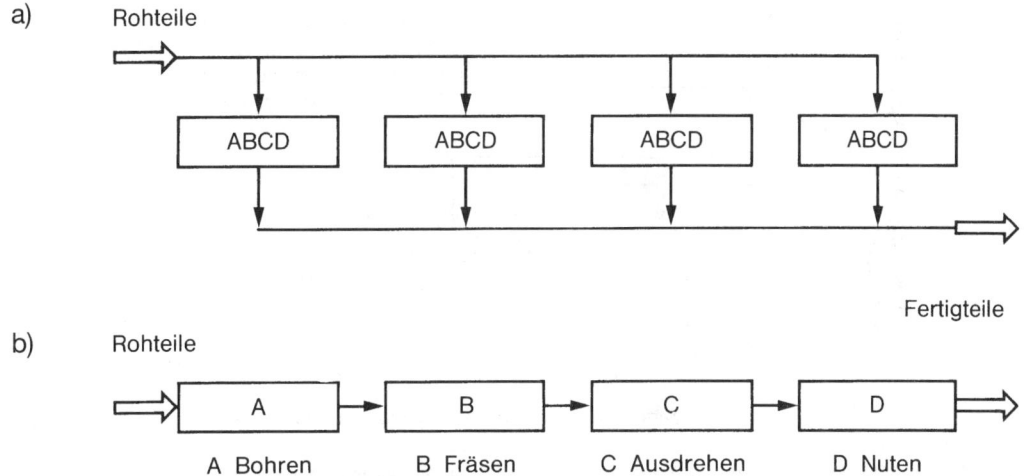

a) Parallele Anordnung. Jede Maschine führt die Arbeitsgänge A, B, C und D aus.

A Bohren   B Fräsen   C Ausdrehen   D Nuten

Bild MEC 405.1: Prinzipielle Anordnung von Bearbeitungseinheiten im FFS:
a) Parallele Anordnung. Jede Maschine führt die Arbeitsgänge A, B, C und D aus.
b) Serielle Anordnung. Die Maschinen führen nacheinander die Arbeitsgänge A, B, C und D aus.

Die Bearbeitungseinheiten (3 bis 10) sind durch ein gemeinsames **Werkstücktransportsystem** miteinander verkettet und an einen **Leitrechner** angeschlossen. Der Leitrechner steuert und überwacht den gesamten Fertigungsablauf. Er stellt den Bearbeitungseinheiten Programme und Daten zum richtigen Zeitpunkt für die vorliegende Bearbeitungsaufgabe zur Verfügung.

Der Übergang von der flexiblen Fertigungszelle zum flexiblen Fertigungssystem ist fließend. **Flexible Fertigungssysteme** sind prinzipiell gekennzeichnet durch:

– ausreichenden Rohteile- und Werkzeugvorrat,
– automatischen Werkstücktransport mit automatischem Auf- und Abspannen,
– automatische Werkzeugversorgung und -verwaltung,
– automatische Bereitstellung der NC-Programme,
– automatische Späneentsorgung,
– automatische Reinigung von Werkzeugen, Spannvorrichtungen und Paletten,
– Mess-Stationen, Überwachungs- und Diagnosesysteme.

Ein besonderes Konzept flexibler Fertigungseinrichtungen ist die **flexible Fertigungsinsel.** Hierunter versteht man eine Gruppe von CNC-Maschinen und anderen Fertigungseinrichtungen zur vollständigen Bearbeitung eines begrenzten Spektrums fertigungstechnisch ähnlicher Werkstücke. Das dort beschäftigte Personal plant, verteilt und überwacht die anfallenden Arbeiten weitgehend selbst. Voraussetzung sind hier vielseitig qualifizierte, universell einsetzbare, motivierte Mitarbeiter in einer harmonisch zusammenarbeitenden Gruppe (Gruppengeist).

Bild MEC 406.1 zeigt die **Einsatzbereiche** flexibler Fertigungseinrichtungen. Aufgetragen ist die Jahresstückzahl je Werkstück als Maß für die **Produktivität** über der Anzahl unterschiedlicher Werkstücke je Fertigungsanlage als Maß für die **Flexibilität.**

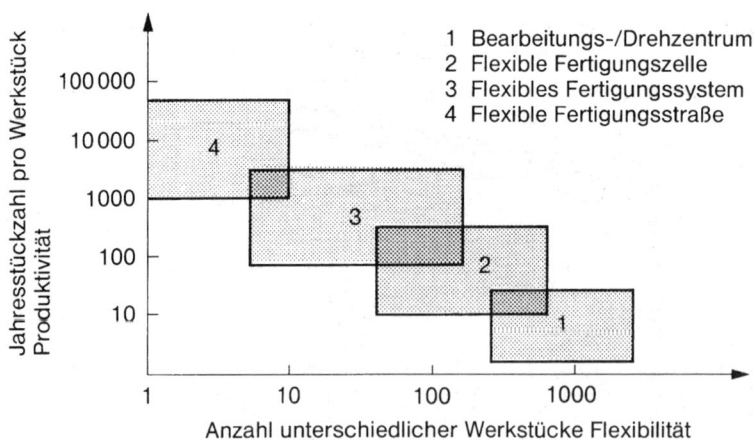

Bild MEC 406.1: Einsatzbereiche flexibler Fertigungseinrichtungen.

Flexibilität ist bei automatisierten Fertigungssystemen in erster Linie **Umrüstflexibilität.** Das bedeutet, dass sich das System auf unterschiedliche Bearbeitungsabläufe an unterschiedlichen Teilen in beliebigen Losgrößen ohne nennenswerten manuellen Eingriff umrüsten lässt.

Aus dem Schaubild MEC 406.1 ist zu entnehmen:

— Flexibilität und Produktivität sind gegenläufige Entwicklungen. Das bedeutet: Eine Steigerung der Produktivität geht meist auf Kosten der Flexibilität.

Die Komponenten eines FFS lassen sich zu drei **Hauptgruppen** zusammenfassen:

– **Bearbeitungseinheiten** und sonstige Bearbeitungsstationen,
– **Materialflusseinheiten** zum Werkzeug- und Werkstücktransport,
– **Steuerungseinheiten** und Netzwerke für den Datenaustausch.

Bearbeitungseinheiten eines FFS

Die Bearbeitungseinheiten eines flexiblen Fertigungssystems sind in der Hauptsache Bearbeitungszentren und Drehzentren, auf denen Werkstücke in einer oder zwei Aufspannungen komplett bearbeitet werden können.

Bearbeitungszentren

Ein **Bearbeitungszentrum** ist eine CNC-Werkzeugmaschine mit drei linearen Achsen und einer oder zwei Rundachsen. Es verfügt über

– ein Werkzeugmagazin großer Speicherkapazität,
– einen automatischen Werkzeugwechsel,
– einen automatischen Werkstück-Palettenwechsel,
– einen großen Drehzahl- und Vorschubbereich.

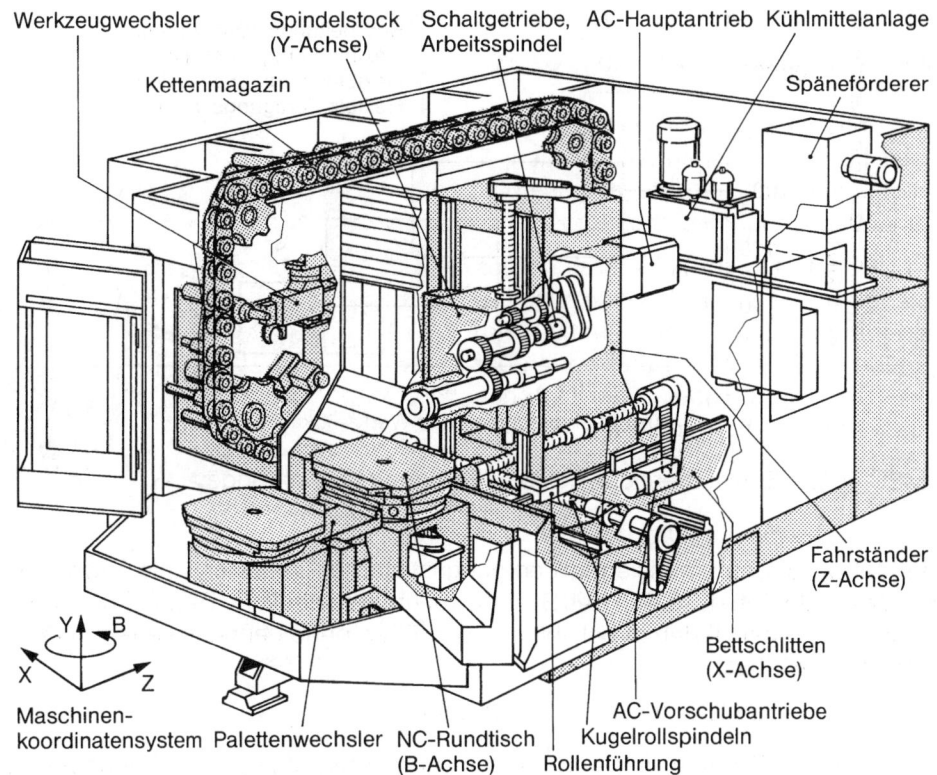

Werkzeugwechsler   Spindelstock   Schaltgetriebe, AC-Hauptantrieb Kühlmittelanlage
                    (Y-Achse)   Arbeitsspindel

Kettenmagazin   Späneförderer

Y B
X   Z

Maschinen-   Fahrständer
koordinatensystem Palettenwechsler NC-Rundtisch   (Z-Achse)
                                     (B-Achse)
                                                        Bettschlitten
                                                        (X-Achse)

                                     AC-Vorschubantriebe
                                     Kugelrollspindeln
                                     Rollenführung

Bild MEC 407.1:
CNC-Horizontal-Bearbeitungszentrum mit vier Achsen in Fahrständerbauweise.

— Auf einem Bearbeitungszentrum können mindestens vier Seiten eines prismatischen
  Werkstücks in **einer** Aufspannung bearbeitet werden. Typische Bearbeitungsarten
  sind: Fräsen, Bohren, Ausdrehen, Gewinden, Reiben, Senken.

Bild MEC 407.1 zeigt als Beispiel ein **CNC-Bearbeitungszentrum** mit horizontaler
Arbeitsspindel als Z-Achse und einem um die vertikale Y-Achse drehbaren Rundtisch
(B-Achse). Die Bewegung in der Z-Achse wird vom **Fahrständer** ausgeführt.

Drehzentren

— Ein **Drehzentrum** ist eine CNC-Drehmaschine, die über mindestens **einen** Werkzeugrevolver mit **angetriebenen** Werkzeugen, über eine programmierbare C-Achse, über eine dritte programmierbare Linearachse (Y-Achse) sowie über eine automatische Rohteilzufuhr verfügt.

Drehzentren eignen sich zur **Komplettbearbeitung** kleinerer, rotationssymmetrischer
Werkstücke durch Drehen, außermittiges Bohren und Fräsen.

— Die Komplettbearbeitung auf einer einzigen Werkzeugmaschine steigert die Qualität,
  reduziert die Durchlaufzeit und senkt die Herstellkosten.

Ein CNC-Drehzentrum weist normalerweise folgende Merkmale auf:

- zwei Arbeitsspindeln (Haupt- und Gegenspindel),
- zwei getrennt verfahrbare Revolver mit meist 12 angetriebenen Werkzeugen,
- acht nummerisch steuerbare Achsen,
- Werkstück-Abnahmeeinrichtung.

In Bild MEC 408.1 ist der Arbeitsraum eines Drehzentrums mit acht Achsen gezeigt. Die **Gegenspindel** ist als Pinole (mitlaufend) ausgeführt, in Z-Richtung (Z3) verfahrbar und wie die Hauptspindel in der C-Achse auf eine Winkelposition einstellbar (C1, C2). Die Gegenspindel kann folgende Funktionen ausführen:

- Spannen des Werkstücks bis zum Abstechen,
- Abgreifen eines Werkstücks von der Hauptspindel und Umspannen zur Fertigbearbeitung.

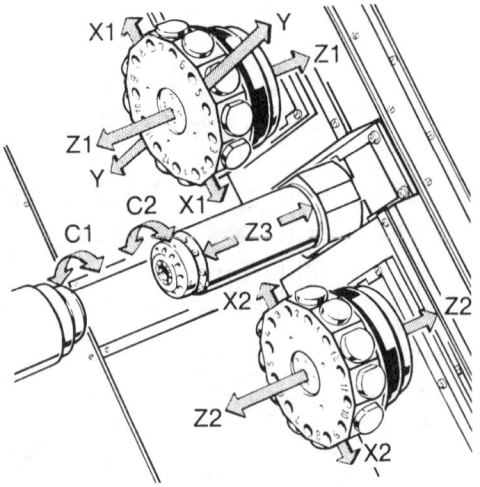

Bild MEC 408.1:
Arbeitsraum eines CNC-Drehzentrums mit acht Achsen.

Werkstücktransportsysteme

Ein flexibles Fertigungssystem wird bekanntlich dadurch realisiert, dass man Bearbeitungszentren oder Fertigungszellen und sonstige Bearbeitungsstationen über den **Materialfluss** und über den **Informationsfluss** miteinander verkettet.

— Die Verkettung von Fertigungseinheiten über den Materialfluss wird durch das **Werkstücktransportsystem** hergestellt.

Arten und Bausteine

— Ein Werkstücktransportsystem bringt die zu bearbeitenden Werkstücke (Rohteile) automatisch vom Spannplatz zu den Bearbeitungsstationen und die bearbeiteten Werkstücke (Fertigteile) wieder zurück zum Spannplatz.

Zur **Ankopplung** des Transportsystems an die Bearbeitungszentren dienen automatische Paletten-Übergabestationen und Werkstückwechseleinrichtungen.

Es stehen unterschiedliche Transportsysteme zur Verfügung. Die Wahl des geeigneten Transportsystems richtet sich nach:

- Werkstückgewicht,
- Werkstückform und -abmessungen,
- Spannart und Spannmöglichkeit,
- Bearbeitungszeit je Werkstück,
- mittlere Losgröße.

Es gibt prinzipiell vier verschiedene Möglichkeiten, um die Werkstücke zu den Bearbeitungseinheiten und wieder zurück zu transportieren:

– **Umlaufsystem** mit codierten Werkstücken, in dem sich das **Werkstück** eine geeignete freie Bearbeitungseinheit sucht und das erforderliche NC-Programm von der CNC oder DNC abruft.
– **Umlaufsystem** mit codierten Werkstücken, in dem die **Bearbeitungseinheit** nur die Werkstücke zulässt, für die ihr Werkzeugvorrat ausreicht.
– **Zubringersystem,** in dem ein Rechner die **Werkstückzuteilun**g zu den Bearbeitungseinheiten nach bestimmten Kriterien oder nach Vorgaben durch ein Leitsystem steuert.
– **Handhabungseinrichtung,** z. B. Portallader oder Industrieroboter, der das Werkstück zur vorgesehenen Bearbeitungseinheit bringt.

Werkstückwechseleinrichtungen und Palettenwechsler

Zur Beförderung der Werkstücke werden fast ausnahmslos **Paletten** verwendet. **Paletten für Drehteile** sind meist Behälter, in denen eine größere, geordnete Stückzahl zusammengefasst ist. Ein **Handhabungsgerät** entnimmt daraus die Rohteile und legt sie nach der Bearbeitung darin wieder ab. Bild MEC 409.1 zeigt als Beispiel ein Drehzentrum mit einer oft in dieser Art ausgeführten **Werkstückwechseleinrichtung,** die von einer SPS gesteuert wird.

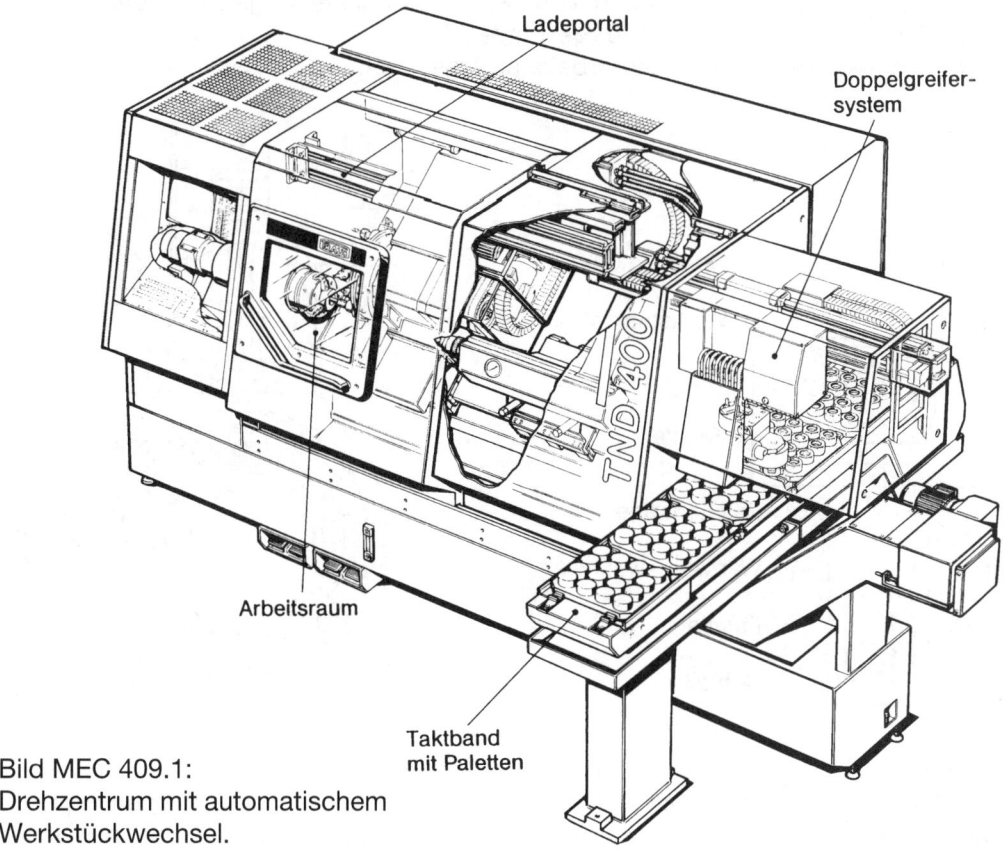

Ladeportal

Doppelgreifer-system

Arbeitsraum

Taktband mit Paletten

Bild MEC 409.1:
Drehzentrum mit automatischem Werkstückwechsel.

Zur Werkstückhandhabung dient bei diesem Drehzentrum ein **Doppelgreifer,** der an einem **Ladeportal** zwischen Palettenstation und Arbeitsraum verfahren wird. Der Doppelgreifer führt folgenden programmierten Ablauf aus:

– Rohteil der Palette entnehmen, schwenken, Fertigteil in die Palette ablegen,
– Spannfutter im Arbeitsraum anfahren,
– Fertigteil dem Futter entnehmen, schwenken, Futter mit Rohteil beschicken,
– zur Palettenstation zurückfahren,
– nächstes Rohteil aufnehmen, Fertigteil ablegen usw.

Prismatische oder unregelmäßig geformte kubische Rohteile werden einzeln oder mehrfach auf genormten **Paletten** (DIN 55 201) gespannt. Dazu dienen modulare **Werkstückspannsysteme,** die aus einem vielfältigen Sortiment von **Spannelementen** bestehen.

— Der Werkstückwechsel erfolgt hier durch Tausch der Rohteilpalette gegen die Fertigteilpalette. Er wird meist durch einen **Palettenwechsler** vorgenommen.

Im einfachsten Fall genügen zwei Paletten, eine für das Rohteil und eine für das Fertigteil, und zwei Plätze auf dem Palettenträger, einer für die Fertigteilpalette und einer für die Rohteilpalette. Bild MEC 410.1 zeigt das Funktionsschema.

Während der Werkstückbearbeitung wird das Rohteil aufgespannt. Nach der Bearbeitung erfolgt der **Palettenwechsel** in drei Schritten:

– die Fertigteilpalette wird auf den freien Platz des Palettenträgers gezogen,
– der Palettenträger wird um 180° geschwenkt,
– die Rohteilpalette wird in den Arbeitsraum geschoben.

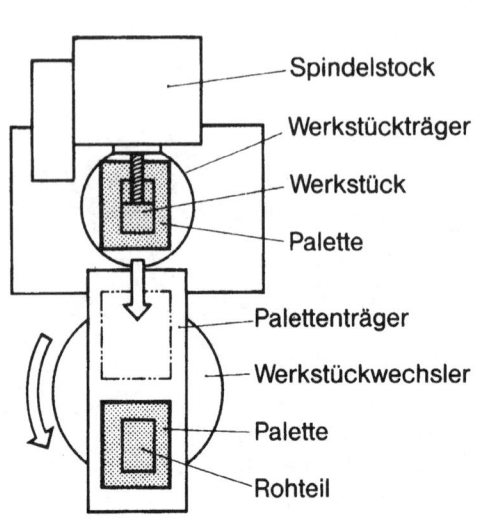

Spindelstock

Werkstückträger

Werkstück

Palette

Palettenträger

Werkstückwechsler

Palette

Rohteil

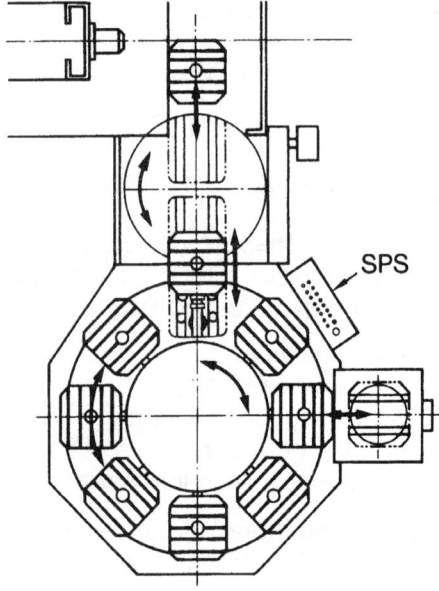

SPS

Bild MEC 410.1:
Funktionsschema eines einfachen
Palettenwechslers.

MEC 410.2:
Schema der Palettenbewegung auf
einem ringförmigen Palettenspeicher.

MEC 410

Palettenspeicher

— In flexiblen Fertigungssystemen muss immer ein ausreichender **Vorrat** an Rohteilen aufgespannt und bearbeitungsbereit zur Verfügung stehen, sei es zur Überbrückung von Pausenzeiten, sei es für eine zweite Schicht mit reduziertem Personal.

Für diese Fälle werden geeignete **Palettenspeicher** in das Werkstücktransportsystem eingebunden. Der Palettenwechsler bildet dann die **Schnittstelle** zwischen dem Palettenspeicher des Transportsystems und der Bearbeitungsstation.

Die Paletten werden von einem Fördermittel, z. B. von einem Transportband oder einem Transportwagen, vom Palettenspeicher zur Übergabe an die Bearbeitungseinheit transportiert.

Je nach Anordnung der Bearbeitungseinheiten sowie Gewicht und Anzahl der Paletten werden Palettenspeicher in **ringförmiger** Bauweise (kreisförmig, oval, rechteckig), in **linearer** Bauweise oder als **Regale** ausgeführt. Auf ringförmigen Palettenspeichern werden die Paletten meist auch **transportiert,** z. B. durch umlaufende Bänder oder durch Drehen des Palettenträgers.

Bild MEC 410.2 zeigt das Schema der **Palettenbewegung** auf einem **ringförmigen** Palettenspeicher, der hier auch den **Palettentransport** übernimmt. Auf dem Tisch des Palettenspeichers befinden sich vor Schichtbeginn acht vorgerüstete Paletten mit Rohteilen für unterschiedliche Werkstücke mit unterschiedlichen NC-Programmen. Nach und nach werden die Rohteile bearbeitet und deren Palettenplätze nehmen dann die Fertigteile ein. Auf dem Rüstplatz werden die Rohteile manuell aufgespannt und die Fertigteile entnommen.

Die Paletten sind meist mit einer **Codierung** versehen, die eine automatische **Identifizierung** ermöglicht. Dadurch können die Werkstücke **unterschiedlich** sein. Mit Hilfe der Codierung ordnet die SPS des Transportsystems jeder Palette das richtige NC-Programm zu. Vorausgesetzt, dass alle NC-Programme gespeichert sind.

Transportmittel

Für den **Transport** der Paletten durch die einzelnen Bearbeitungsstationen des FFS werden je nach Speichersystem, Anordnung der Maschinen, Werkstückart und -gewicht verschiedene **Transportmittel** angeboten:

- Rollenbahnen,
- Transportbänder,
- schienengebundene Transportwagen,
- induktiv gesteuerte Flurförderfahrzeuge,
- Portalroboter und Industrieroboter.

Bei **Rollenbahnen** erfolgt der Transport der Paletten durch die Reibung zwischen den angetriebenen, rotierenden Rollen und den aufliegenden Paletten.

Bei **Transportbändern** liegen die Paletten auf einem Band und werden ebenfalls durch Reibung vom laufenden Band transportiert. Häufig werden **Doppelgurtbänder** eingesetzt; hier wird statt eines breiten Förderbandes je ein Gurt am Laufbahnrand verwendet.

Rollenbahnen und Transportbänder werden häufig zum Palettentransport auf **ringförmigen** Palettenspeichern für leichte Werkstücke eingesetzt; sie eignen sich für eine Werkstückmasse bis ca. 30 kg.

Schienengebundene Transportwagen werden für schwere Werkstücke und lineare Speichersysteme verwendet. Je nach Größe und Palettenbedarf werden die Wagen mit einem oder zwei Palettenplätzen ausgestattet. Sie haben außerdem eine Paletten-Übergabeeinrichtung, die beide Seiten der Fahrstrecke bedienen kann. Die lineare Fahrbahn besteht aus einem Doppelgleis ohne Kurven und Weichen. Diese Transportmittel zeichnen sich aus durch hohe Fahrgeschwindigkeiten und exaktes, schnelles **Andocken** an den Übergabestationen der Bearbeitungseinheiten.

Schienengebundene Transportwagen lassen sich so exakt verfahren, dass zur Steuerung der Wagenbewegung **Transportrechner** verwendet werden und daher auf die Codierung der Paletten verzichtet werden kann.

Induktiv gesteuerte **Flurförderfahrzeuge** bewegen sich entlang einer im Boden verlegten stromführenden Leitschiene. Sensoren im Fahrzeug ertasten das Magnetfeld und führen das Fahrzeug entlang der Leitschiene. Zum Antrieb werden aufladbare Hochleistungsbatterien verwendet. Flurförderfahrzeuge benötigen wenig Platz, denn sie können die vorhandenen Verkehrswege zwischen den Bearbeitungsstationen des FFS mitbenutzen; ihr Fahrkurs lässt sich beliebig ändern und erweitern. Auch sie brauchen zur Transportsteuerung **keine** Palettencodierung. Nachteilig sind die hohen Systemkosten und die geringere Übergabegenauigkeit.

Handhabungs- und Robotertechnik

Unter dem Begriff „Handhabungstechnik" werden Vorgänge und Geräte zur Werkstück-handhabung und Werkzeughandhabung zusammengefasst. Die Handhabungstechnik spielt in der automatisierten Fertigung bei der Verkettung von Einzelmaschinen zu flexiblen Fertigungssystemen durch den **Materialfluss** sowie bei der flexiblen **Montage** eine entscheidende Rolle.

— **Handhabungsgeräte** sind **Automatisierungsmittel**, welche die Handarbeit beim Materialfluss ersetzen oder erleichtern.

In diesem Abschnitt werden zunächst **einfache,** modular aufgebaute Handhabungs-geräte zur Automatisierung mit kleinen Mitteln (Lowcost-Automatisierung) besprochen, anschließend wird in einem gesonderten Kapitel auf die Industrieroboter eingegangen.

Industrieroboter (IR) sind Handhabungsgeräte mit **freiprogammierbarer** Steuerung, deren Bewegungsablauf durch ein im Arbeitsspeicher abgelegtes Programm (Software) festgelegt ist.

Das Roboterprogramm enthält die Weg- und Schaltbefehle zum Bewegen der Roboter-achsen. Eine **Umprogrammierung** des Bewegungsablaufs ist ohne Hardwareände-rung möglich.

Handhabungsgeräte, Einteilung und Überblick

— Handhabungsgeräte werden vorwiegend zur **Werkstückhandhabung** eingesetzt. Die Werkstückhandhabung umfasst alle Vorgänge, durch die Werkstücke in der richtigen Anzahl, zum richtigen **Zeitpunkt** und in der richtigen **Lage** an die **Bearbei-tungseinrichtung** gebracht werden.

Handhabungsgeräte werden auch zur **Werkzeughandhabung** beim **Werkzeugaus-tausch** und zum **Werkzeugwechsel** verwendet. In zunehmendem Maße werden Handhabungsgeräte auch zur **Werkzeugbedienung** angewendet, z. B. von Schweiß-zangen und -brennern, Schleifscheiben und Montagewerkzeugen. Die Werkzeug-bedienung ist häufig auch eine Aufgabe der **Industrieroboter.**

Ein Arbeitsablauf besteht im Normalfall aus Handhabung und Maschinenarbeit. Die Handhabung lässt sich in einzelne **Handhabungsvorgänge** auflösen, die möglichst maschinell (automatisiert) auszuführen sind, damit die **Handhabungszeit** nicht um ein Vielfaches größer als die **Maschinennutzungszeit** ist. Typische Handhabungs-vorgänge sind beispielsweise:

Vor der Bearbeitung: Werkstück zuführen, Werkstück greifen, Werkstück in die rich-tige Lage bringen, Werkstück in die Spannvorrichtung einführen und dort positionieren, Werkstück spannen.

Nach der Bearbeitung: Werkstück entspannen, Werkstück entnehmen, Werkstück abführen, Werkstück zur Kontrolle ablegen.

— Handhabungsgeräte dienen in der Hauptsache zum **Zubringen** (Zuführen und Ein-bringen) und zum **Fördern** (Transportieren) von **Werkstücken** in automatisierten Fertigungsabläufen.

Sie werden auch an Arbeitsplätzen eingesetzt, die durch Monotonie oder durch eine gesundheitsgefährdende Umgebung (Hitze, Staub, Lärm, Strahlung) gekennzeichnet sind.

Bild MEC 414.1 zeigt eine **Einteilung** der Handhabungsgeräte. **Manuell** betätigte Handhabungsgeräte übertragen die Handbewegungen des Bedieners auf ein Greifsystem. Diese Geräte werden als **Manipulatoren** oder Teleoperatoren bezeichnet. Bei **Teleoperatoren** werden die Handbewegungen durch eine Fernsteuerung übertragen.

Die **maschinell** betätigten Handhabungsgeräte haben in der automatisierten Fertigung eine weit größere Bedeutung. Es wird hier zwischen **festem** Ablauf und **programmierbarem** Ablauf unterschieden.

Handhabungsgeräte mit **festem Ablauf** können bestimmte Bewegungen nur in einem fest vorgegebenen Ablauf ausführen, der sich aus der Anordnung von **mechanischen** Steuerelementen, z. B Kurvenscheiben, Nocken und Anschlägen, ergibt.

In der Praxis nennt man Handhabungsgeräte mit festem Ablauf auch **Einlegegeräte** oder **Pick-und-Place-Geräte.** Bild MEC 415.1 zeigt den prinzipiellen Aufbau eines Einlegegeräts. Der Bewegungsablauf wird hier durch **Kurvenscheiben** erzeugt.

Handhabungsgeräte mit **programmierbarem Ablauf** können Bewegungen in einem variablen Ablauf ausführen, der in Grenzen frei wählbar ist. Der Bewegungsablauf ist

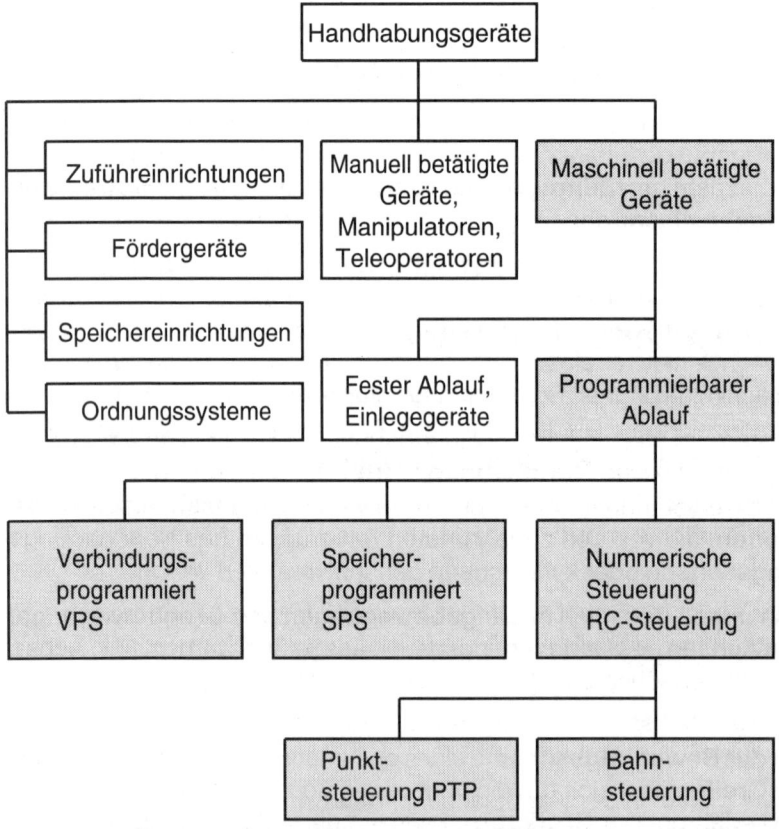

Bild MEC 414.1: Einteilung der Handhabungsgeräte.

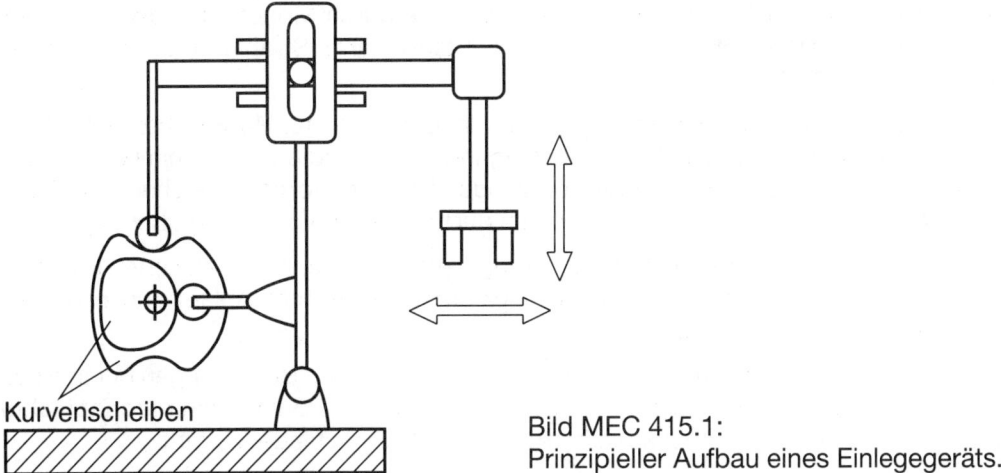

Kurvenscheiben

Bild MEC 415.1:
Prinzipieller Aufbau eines Einlegegeräts.

durch ein **Programm** vorgegeben. Die Ablaufsteuerung kann verbindungsprogrammiert oder freiprogrammierbar sein.

— Bei Handhabungsgeräte mit **verbindungsprogrammierter** Steuerung (**VPS**) ist der Bewegungsablauf durch die Anordnung der Steuerungsglieder und Arbeitsglieder sowie durch die Führung der Verbindungsleitungen festgelegt.

Das ist z. B. bei pneumatischen Steuerungen der Fall. Eine **Umprogrammierung** des Bewegungsablaufs ist nur durch Änderung des Steuerungsaufbaus (Hardwareänderung) möglich. Man bezeichnet diese Handhabungsgeräte auch als **Handhabungsautomaten.**

— Bei Handhabungsgeräten mit **freiprogammierbarer** Steuerung ist der Bewegungsablauf durch ein im Arbeitsspeicher abgelegtes **Programm** (Software) festgelegt.

Bewegungsmöglichkeiten und Aufbau

Die Bewegungsmöglichkeiten von Handhabungsgeräten werden durch die Anzahl der **Freiheitsgrade** gekennzeichnet. Die erforderliche Anzahl der Freiheitsgrade eines Handhabungsgeräts hängt von der **Handhabungsaufgabe** ab.

— Freiheitsgrade sind selbständige, von anderen Bewegungen unabhängige **Bewegungsmöglichkeiten,** die von den zugeordneten Baugruppen des Handhabungsgeräts, **Bewegungsachsen** oder kurz **Achsen** genannt, realisiert werden.

Jede Handhabungsaufgabe lässt sich in **Längsbewegungen** und **Drehbewegungen** zerlegen, die von den **Achsen** des Handhabungsgeräts ausgeführt werden. Mit „Achse" ist oft auch die Koordinatenachse zur Beschreibung der Bewegung der Baugruppen gemeint.

Bild MEC 416.1 zeigt das **Bewegungsschema** eines pneumatisch angetriebenen Handhabungsgeräts. Der **Greifer** lässt sich um die horizontale Achse (X-Achse) schwenken und in dieser Achse verfahren. Der **Greiferarm** kann um die vertikale Achse (Z-Achse) geschwenkt und in dieser Achse bewegt werden.

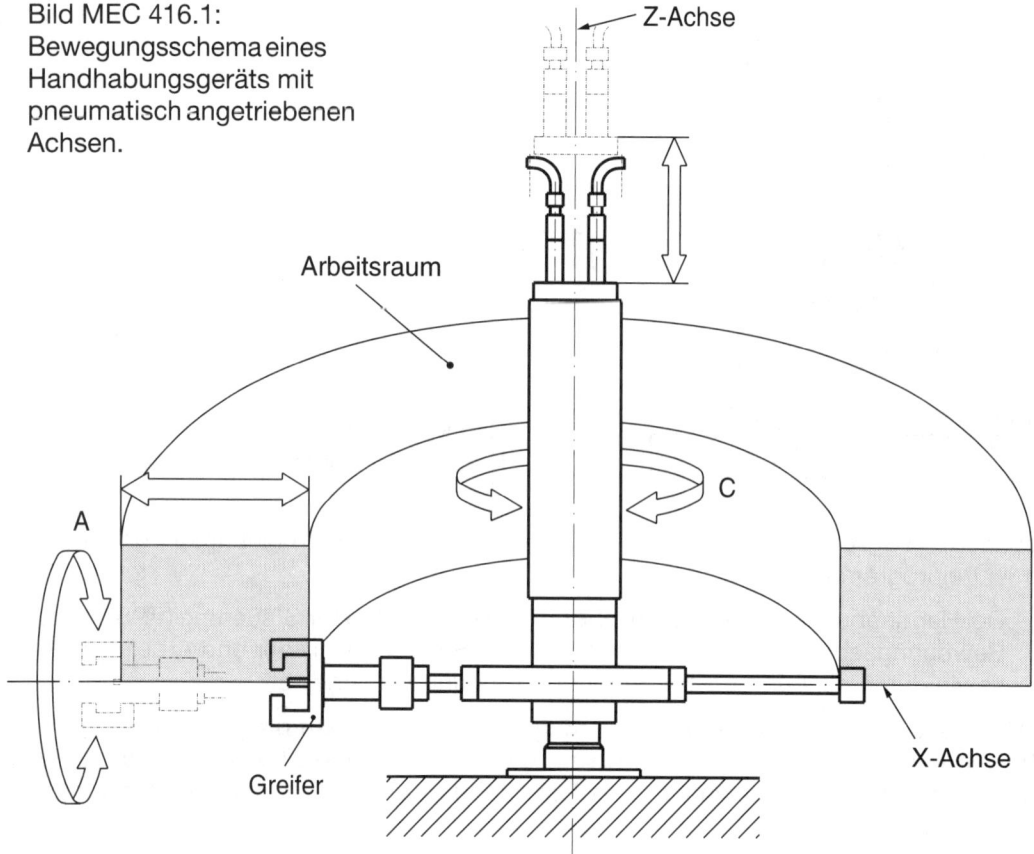

Bild MEC 416.1:
Bewegungsschema eines
Handhabungsgeräts mit
pneumatisch angetriebenen
Achsen.

Die Position und Winkellage des Greifers kann durch folgende, voneinander unabhängige Bewegungen eingestellt werden:

1. Horizontale Linearbewegung in der X-Achse
2. Drehbewegung um die X-Achse
3. Vertikale Linearbewegung in der Z-Achse
4. Drehbewegung um die Z-Achse

Das Handhabungsgerät in Bild MEC 416.1 hat also vier Freiheitsgrade, die einen **zylindrischen** Arbeitsraum beschreiben.

— Die Kombination der Achsen und deren Anordnung legen den **Arbeitsraum** des Handhabungsgeräts fest.

Ein flexibel einsetzbares Handhabungsgerät besteht aus einfachen, standardisierten **Baugruppen** (Modulen), deren Kombination an den geforderten Bewegungsablauf angepasst wird. In der Hauptsache werden folgende Baugruppen eingesetzt:

– Greifereinheit,
– Lineareinheit,
– Rotationseinheit.

Einfache, modular aufgebaute Handhabungsgeräte sind, wie schon gesagt, eine **Lowcost-Alternative** zu den teuren und komplizierten Industrierobotern; sie können in vielen Bereichen von Fertigung, Montage und Qualitätskontrolle eingesetzt werden.

Beispiele:

– **Fertigung:** Zuführen, Einlegen, Transportieren beim Materialfluss flexibler Fertigungseinrichtungen
– **Montage:** Einpressen, Einschieben, Fügen, Spannen, Wenden, Positionieren.
– **Kontrolle:** Abtast- und Prüfbewegungen, Zu- und Wegführen von Teilen an automatischen Messplätzen.

Antriebe

— Jede Bewegungs-Baugruppe (Achse) eines modularen Handhabungsgeräts hat einen **eigenen** Antrieb; er kann pneumatisch, elektrisch, hydraulisch erfolgen. Der **elektrische Antrieb** überwiegt.

Der kostengünstigere **pneumatische Antrieb** ist bei geringeren Ansprüchen an die Positioniergenauigkeit angebracht. Der **hydraulische Antrieb** wird wegen der hohen Systemkosten und des nicht auszuschließenden Austritts von Hydrauliköl aus Leckstellen nur in **Sonderfällen** eingesetzt. Insbesondere dann, wenn große Kräfte auf kleinstem Raum aufzubringen sind.

Pneumatische Antriebsglieder sind meist doppeltwirkende Druckluftzylinder (**Pneumatikzylinder**), mit denen sich auf einfache Weise **Linearbewegungen** ohne mechanische Zwischenglieder erzeugen lassen. Es wird zwischen dem **Einfahren** in die vordere (deckelseitige) Kolbenendlage und dem **Ausfahren** in die hintere (stangenseitige) Kolbenendlage unterschieden.

Der **Anwendungsbereich** pneumatischer Antriebe ist durch die Anforderungen begrenzt, die hinsichtlich Kraft, Verfahrweglänge, Verfahrgeschwindigkeit und Positioniergenauigkeit gestellt werden. Übliche Grenzwerte:

– **Kolbenkraft** bei 6 bar Betriebsdruck maximal ca. 30 kN,
– **Verfahrweglänge** je nach Kolbendurchmesser maximal 0,5 m bis 2 m,
– **Verfahrgeschwindigkeit** nicht **kleiner** als ca. 20 mm/s möglich,
– **Bewegungsstopp** wegen der Luft-Kompressibilität nicht punktgenau möglich.

a)

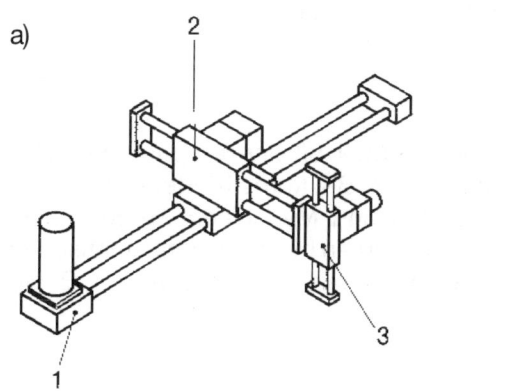

b)

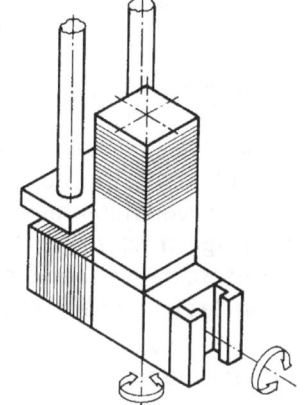

Bild MEC 417.1:
Modulares Handhabungsgerät: a) Aufbau, b) Erweiterung durch Rotationsmodule.

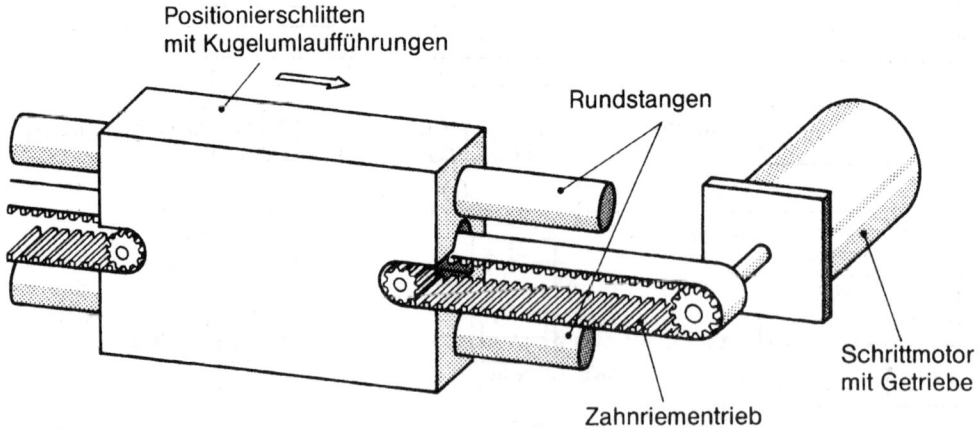

Bild MEC 418.1: Antrieb eines auf Rundstangen geführten Positionierschlittens.

Ein **elektrisch** angetriebenes, **modulares** Handhabungsgerät mit drei Freiheitsgraden ist als Beispiel in Bild MEC 417.1a gezeigt. Es ist aus drei Baugruppen aufgebaut: einer **Portalachse** (1) und zwei **Auslegerachsen** (2 und 3). Jede Baugruppe besteht aus einem **Positionierschlitten,** der auf zwei Rund- oder Profilstangen geführt ist und von einem Schrittmotor angetrieben wird.

Mit senkrecht oder waagerecht an der Auslegerachse montierten **Rotationsmodulen** können die Bewegungsmöglichkeiten erweitert werden. Teilbild b zeigt die Kombination eines senkrechten und eines waagerechten Rotationsmoduls. Damit lassen sich Drehbewegungen eines Greifers um zwei Linearachsen ausführen und somit fünf Freiheitsgrade realisieren.

In Bild MEC 418.1 ist der **Antrieb** eines Positionierschlittens schematisch dargestellt. Der **Schrittmotor** dreht sich bei jedem elektrischen Steuerimpuls um einen konstanten Winkelbetrag, z. B. um 5° oder 7,5° (72 oder 48 Schritte je Umdrehung). Die Drehbewegung der Motorwelle wird von einem **Zahnriementrieb** in die Linearbewegung des Positionierschlittens umgewandelt. Der kleinste Abstand benachbarter Positionierpunkte liegt bei dieser Ausführung zwischen 0,075 mm und 0,1 mm. Die Wiederholgenauigkeit beträgt 0,1 mm bei einer Verfahrgeschwindigkeit von maximal 1,5 m/s.

Steuerungen

Handhabungsgeräte für einfache Bewegungsabläufe haben oft eine rein **pneumatische** Steuerung ohne elektrische Signal- und Steuerglieder. Bei komplizierteren Abläufen und bei Signalverknüpfungen mit anderen Geräten und Maschinen werden meist **speicherprogrammierbare** Steuerungen (**SPS**) zusammen mit elektropneumatischen oder elektrischen Antrieben eingesetzt. Die SPS steuert dann die Stellglieder, z. B. die Magnetventile der Achsantriebe.

Ablaufsteuerungen

Bei einer Ablaufsteuerung ist das Signal für den **Folgeschritt** erst vorhanden, wenn der **vorausgegangene** Stellbefehl ausgeführt und zurückgemeldet ist. Zur Steuerung

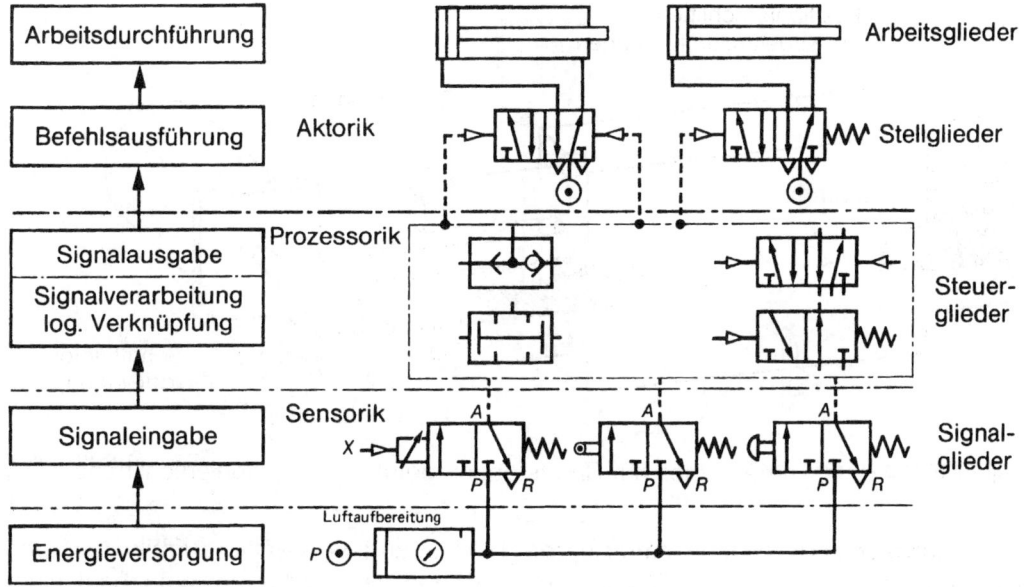

Bild MEC 419.1:
Glieder einer pneumatischen Ablaufsteuerung:
Signaleingabe (Sensorik) durch 3/2-Wegeventile,
Signalverarbeitung (Prozessorik) durch UND-, ODER- und SPEICHER-Glieder,
Befehlsausführung (Aktorik) durch 5/2-Wegeventile zur Ansteuerung der
Pneumatikzylinder.

von Handhabungsgeräten werden in den meisten Fällen **wegabhängige Ablauf-steuerungen** eingesetzt, die sowohl pneumatisch als auch speicherprogrammierbar sein können.

— Eine wegabhängige Ablaufsteuerung ist eine Steuerung mit zwangsläufig **schrittweisem** Ablauf, bei der das Weiterschalten von einem Schritt auf den folgenden Schritt vom zurückgelegten **Weg** der Arbeitsglieder abhängt.

Eine Ablaufsteuerung lässt sich allgemein in die Bereiche Signaleingabe (**Sensorik**), Signalverarbeitung (**Prozessorik**) und Befehlsausführung durch Betätigung der Arbeitsglieder (**Aktorik**) unterteilen. Bild MEC 419.1 zeigt den allgemeinen Aufbau einer **pneumatischen** Ablaufsteuerung.

Pneumatische Steuerungen

Bild MEC 420.1 zeigt ein pneumatisches Handhabungsgerät zum Beschicken eines Magazins mit Rohteilen. Das **Transportband** wird von einer **Lichtschranke** stillgesetzt, wenn ein Rohteil unter dem **Greifer** angekommen ist. Dann beginnt der Bewegungsablauf. Das Rohteil wird vom Greifer erfasst, über den Magazinschacht geschwenkt und abgeworfen. Die Bewegungen werden von drei **Pneumatikzylindern** ausgeführt, die von pneumatisch betätigten **Wegeventilen** gesteuert werden. Die Steuerimpulse erhalten die Wegeventile von **pneumatischen** Signalgliedern.

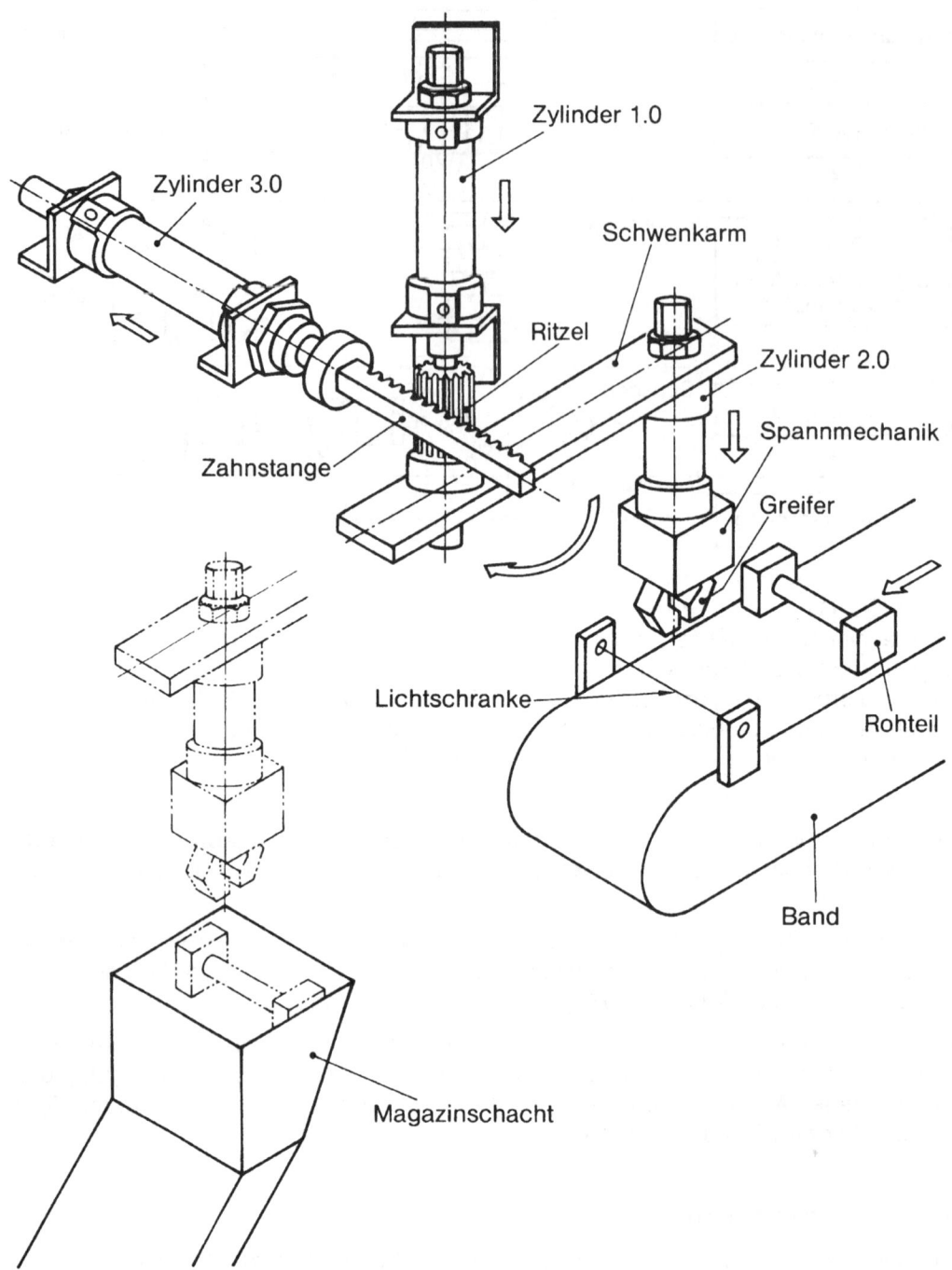

Bild MEC 420.1: Arbeitsglieder eines pneumatischen Handhabungsgeräts.
Stellglieder und Signalglieder sind nicht dargestellt.

MEC 420

Industrieroboter

Allgemeines, Einsatzmöglichkeiten

Industrieroboter (Abkürzung IR) sind maschinell betätigte **Handhabungsgeräte** mit programmierbarem Arbeitsablauf. **Industrieroboter** sind aber nicht nur **Handhabungsgeräte,** sondern auch **Fertigungsautomaten** z. B. zum Schweißen, Spritzen, Schrauben, Nieten, Kleben und Beschichten. Ein großer Teil der Industrieroboter wird zum Schweißen und zur Oberflächenbeschichtung in der Automobilindustrie eingesetzt.

In der **Handhabungstechnik** werden Industrieroboter zum Werkstück- und Werkzeugtransport beim Versorgen und Entsorgen von flexiblen Fertigungssystemen eingesetzt. Bei der automatisierten **Montage** dienen Industrieroboter zum Bereitstellen und Verbinden von Bauteilen oder vormontierten Baugruppen. Allgemein gilt folgende Definition:

— Industrieroboter (IR) sind automatische, mit Greifern oder Werkzeugen ausgerüstete Arbeitsmaschinen zur Handhabung oder zur Bearbeitung von Werkstücken, die in mehreren Bewegungsachsen arbeiten. Bewegungsablauf und Bewegungsgeschwindigkeit sowie Position und Winkellage des gehandhabten Objekts im Raum sind frei programmierbar.

Der Übergang zwischen Handhabungsautomaten und Industrierobotern ist fließend. Handhabungsautomaten können in jeder Achsrichtung normalerweise nur zwei Positionen anfahren, Industrieroboter dagegen beliebig viele Positionen. Bild MEC 421.1 gibt eine Übersicht über die Aufgabenbereiche der Industrieroboter.

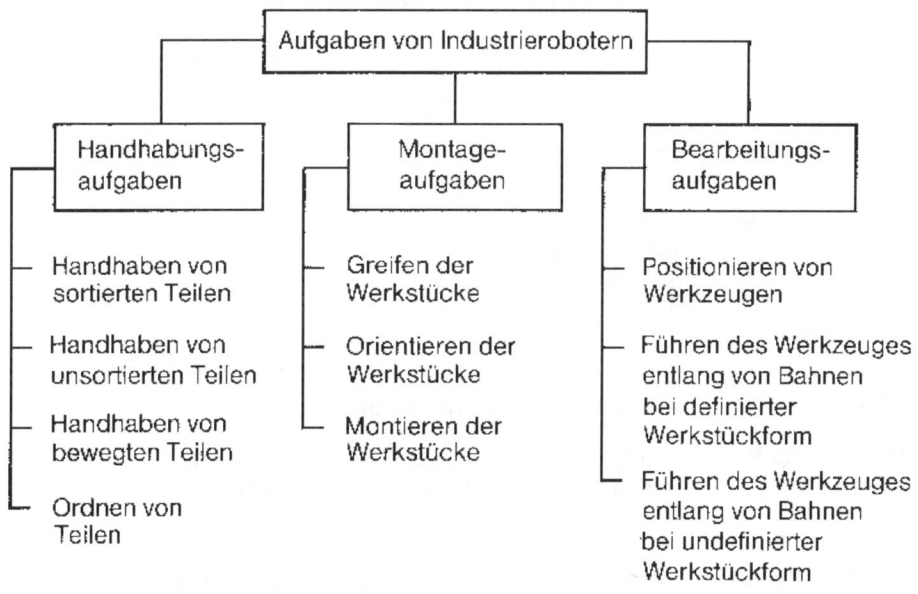

Bild MEC 421.1: Aufgabenbereiche von Industrierobotern.

Industrieroboter haben zwar ähnliche Merkmale wie CNC-Maschinen, z. B. nummerisch gesteuerte Achsen und Lageregelkreise, sie zählen aber nicht dazu. Gegenüber CNC-Maschinen bestehen folgende **Unterschiede:**

- geringere mechanische Steifigkeit,
- größere Abhängigkeit von Sensoren,
- geringere übertragbare Arbeitskräfte.

Kinematischer Aufbau, Bauarten

Der kinematische **Aufbau,** die Kinematik, eines Industrieroboters ist durch Art, Anordnung und Zahl der Bewegungseinheiten, **Achsen** genannt, festgelegt. Achsen können Schubglieder oder Drehglieder (Gelenke) sein.

Die Handhabungsaufgabe erfordert ein bestimmtes **kinematisches System.** Es legt fest, welche Bewegungen die Achsen ausführen müssen, damit das Objekt eine bestimmte **Position** und eine bestimmte **Orientierung** (Richtung) im Arbeitsraum einnimmt.

Die Anzahl der Achsen entspricht der Anzahl der **Freiheitsgrade** eines festen Körpers im Raum. Zur Einstellung eines Industrieroboters auf eine bestimmte **Position** und eine bestimmte **Orientierung** sind, wie Bild MEC 422.1 zeigt, sechs Achsen (Freiheitsgrade) erforderlich:

- drei Achsen für die **Positionierung;** sie werden **Hauptachsen** genannt. Hauptachsen können **translatorische** Achsen oder **rotatorische** Achsen sein.
- drei Achsen für die **Orientierung** (Richtungseinstellung): sie werden **Nebenachsen** oder **Handachsen** genannt. Nebenachsen sind immer **rotatorische** Achsen.

Für manche Anwendungen werden aber nicht alle sechs Achsen gebraucht. Oft sind nur drei Hauptachsen und eine oder zwei Nebenachsen notwendig.

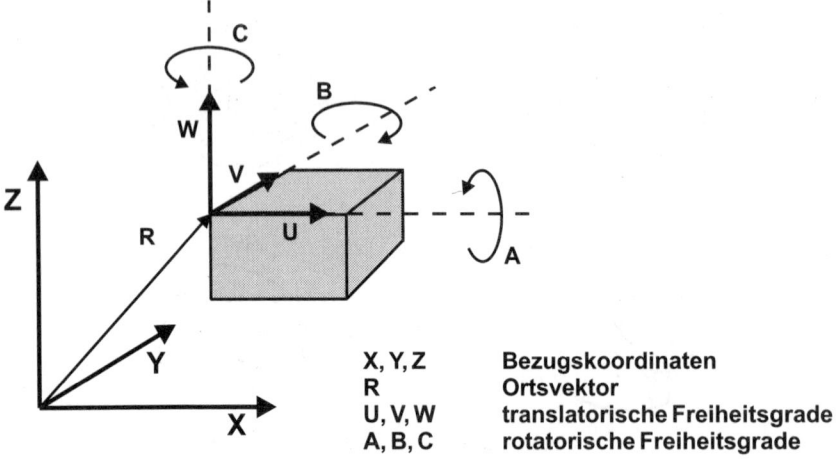

X, Y, Z	Bezugskoordinaten
R	Ortsvektor
U, V, W	translatorische Freiheitsgrade
A, B, C	rotatorische Freiheitsgrade

Bild MEC 422.1: Einstellung einer Position (Ortsvektor R) durch Verschiebung des Objekts in Richtung X, Y und Z. Einstellung einer Orientierung des Objekts durch Drehung A, B, C um dessen Achsen U, V, W parallel zu X, Y und Z.

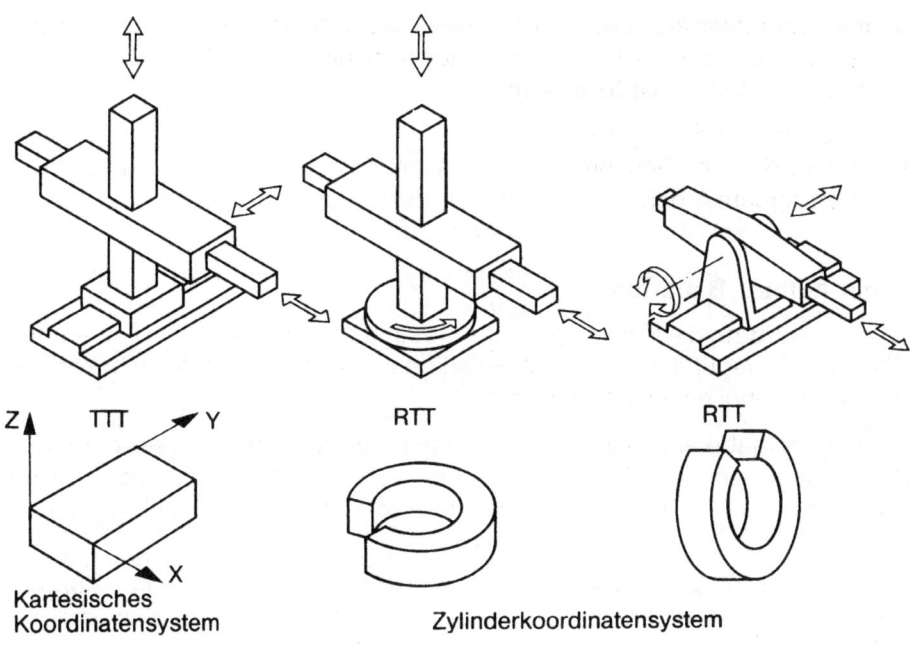

Z↑ TTT ➤Y

X

**Kartesisches
Koordinatensystem**

RTT

RTT

Zylinderkoordinatensystem

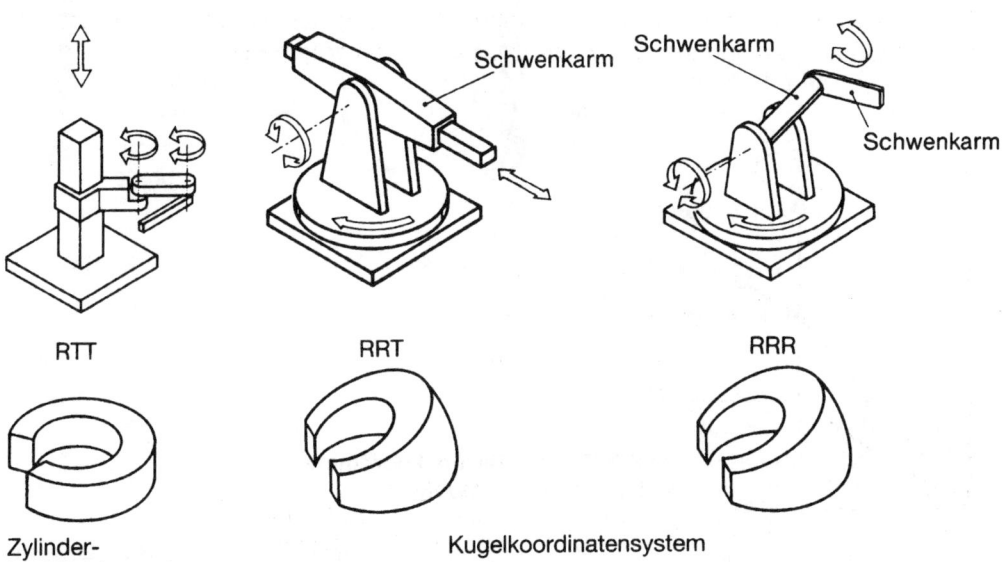

Schwenkarm

Schwenkarm

Schwenkarm

RTT

RRT

RRR

**Zylinder-
koordinatensystem**

Kugelkoordinatensystem

Bild MEC 423.1: Kombinationsmöglichkeiten für die Hauptachsen mit den sich daraus
ergebenden Koordinatensystemen des Arbeitsraums.

Zum Erzeugen einer mathematisch definierten **Bahn** der Roboterhand müssen mehrere Achsen gleichzeitig angetrieben werden. Die **Achsensteuerung** wird, wie bei einer CNC-Maschine, durch **Lageregelkreise** mit Hilfe mehrerer, schnell rechnender Mikroprozessoren vorgenommen.

Als **translatorische** Achse (**T-Achse**) wird die Kombination von Antrieb und **Schubglied** oder Schlitteneinheit genannt, als **rotatorische** Achse (**R-Achse**) bezeichnet man die Kombination von Antrieb und **Drehgelenk.**

— Jede Achse kann von anderen Achsen unabhängige Bewegungen ausführen. Jeder Achse der Kinematik eines Industrieroboters entspricht **ein** Freiheitsgrad.

Bild MEC 423.1 zeigt schematisch die Möglichkeiten, drei **Hauptachsen** miteinander zu kombinieren, um ein Objekt zu **positionieren.** Der Kombination entsprechend ergeben sich unterschiedliche **Arbeitsraumformen** mit unterschiedlichen Koordinatensystemen zur Festlegung der Position. Die Kinematik wird durch die Achsenkurzzeichen **R** und **T** beschrieben.

TTT-Kinematik: Drei senkrecht aufeinander stehende **translatorische** Achsen bilden einen **quaderförmigen** Arbeitsraum. Bei **Portalbauweise** (Bild MEC 424.1) ergibt sich ein großer Arbeitsraum bei geringem Platzbedarf. Oft sind nur die drei Hauptachsen erforderlich.

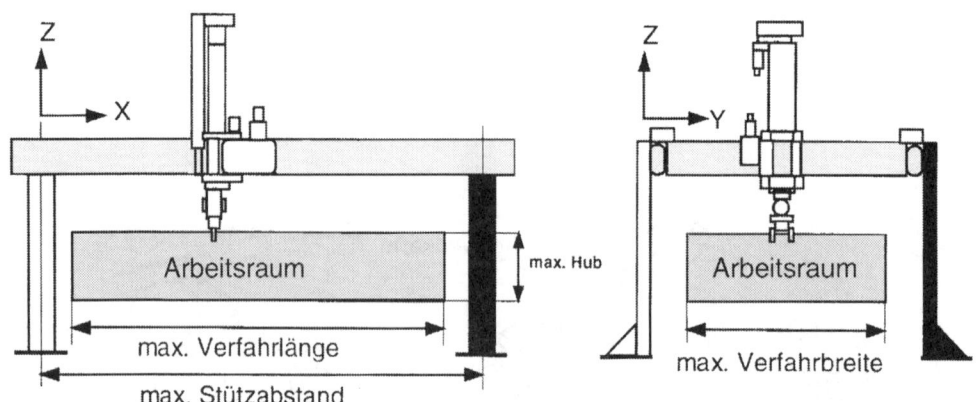

Bild MEC 424.1: Portalroboter, geeignet für größere Lasten und Transportwege.

Anwendungen:
– Transport von Werkstücken,
– Werkstückzuführung und -entnahme an Werkzeugmaschinen,
– Laserstrahlführung bei der Blechbearbeitung.

RTT-Kinematik: Eine horizontale oder vertikale **rotatorische** Achse und zwei translatorische Achsen bilden einen **zylinderförmigen** Arbeitsraum. Robuste Bauweise bei großem Platzbedarf. Oft sind auch hier nur die drei Hauptachsen erforderlich.

Hauptanwendung: Werkstückhandhabung in Fertigungsinseln mit rundum aufgestellten Bearbeitungsmaschinen (Bild MEC 425.1).

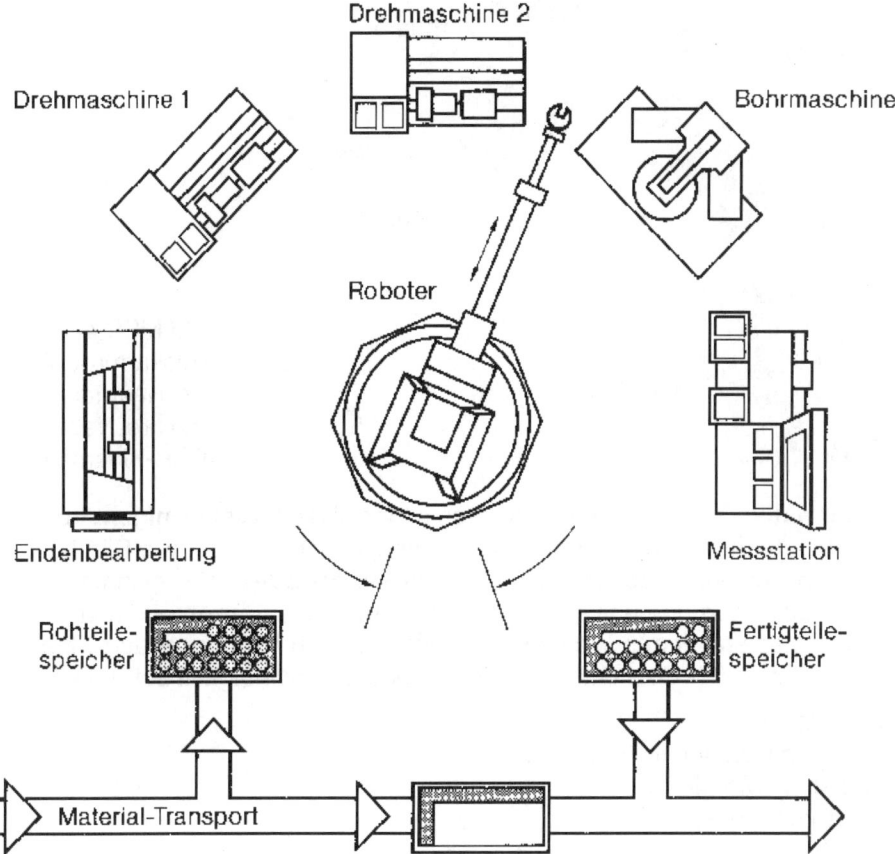

Bild MEC 425.1: Industrieroboter zur Werkstückhandhabung in einer Fertigungsinsel (RTT-Kinematik).

RRT-Kinematik 1: Zwei **rotatorische** Achsen und eine **vertikale** translatorische Achse bilden einen **zylinderförmigen** Arbeitsraum. Meist werden die drei Hauptachsen durch eine Nebenachse zur Werkstückdrehung ergänzt (4 Achsen). Diese Kinematik ergibt eine steife Bauweise. Es können große Vertikalkräfte ausgeübt werden, da die Kräfte nicht von Gelenkeinheiten aufzunehmen sind.

Anwendungen:
– Montage durch senkrechtes Fügen,
– Palettieren.

RRT-Kinematik 2: Zwei **rotatorische** Achsen und eine **horizontale** translatorische Achse bilden einen **kugelförmigen** Arbeitsraum. Meist werden die drei Hauptachsen durch zwei Nebenachsen ergänzt (5 Achsen). Diese Kinematik ergibt eine robuste Bauform mit großen Armlängen, sie wird auch häufig für hängend angeordnete Roboter eingesetzt.

Anwendungen:
– Werkstückhandhabung an Druckgussmaschinen,
– Punktschweißen an Karosserien.

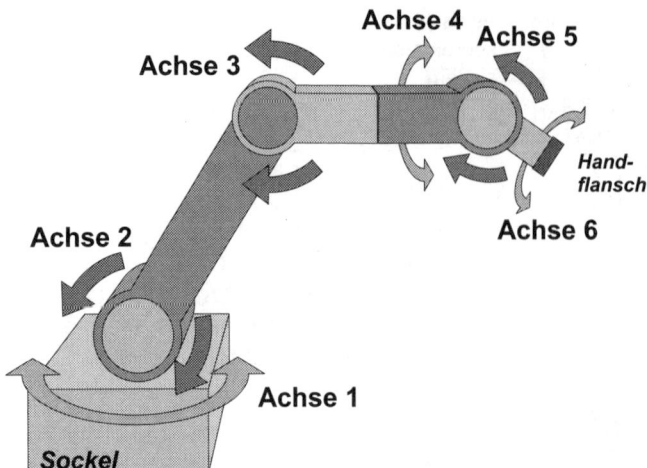

Achse 4
Achse 5
Achse 3
Hand-
flansch
Achse 2
Achse 6
Achse 1
Sockel

Bild MEC 426.1:
Knickarmroboter mit
drei Hauptachsen
und drei Nebenachsen
(RRR-Kinematik).

RRR-Kinematik: Drei **rotatorische** Achsen bilden einen **kugelförmigen** Arbeitsraum. Die drei Hauptachsen werden durch drei Nebenachsen ergänzt, wie Bild MEC 426.1 zeigt. Man bezeichnet diese Bauform als **Knickarmroboter;** sie zeichnet sich durch geringen Platzbedarf und universelle Anwendbarkeit aus. Der Arbeitsraum entspricht etwa dem eines stehenden Werkers. Die Masse der zu handhabenden Objekte liegt meist bei 30 kg (300 N Gewichtskraft). Die Arbeitsgeschwindigkeit beträgt etwa 1 m/s.

Anwendungen:
- Punkt- und Nahtschweißen, Kleben,
- Handhaben, Montieren,
- Entgraten, Polieren.

Koordinatensysteme, Orientierung

Zur Steuerung der Roboterbewegung müssen **Lage** und räumliche **Ausrichtung** (Orientierung) von Greifer oder Werkzeug im Arbeitsraum in bezug auf das zu handhabende oder zu bearbeitende Werkstück exakt definiert werden.

Die Definition von Lage und Orientierung erfolgt mit Hilfe rechtwinkliger (**kartesischer**) Koordinatensysteme; sie werden **Anwenderkoordinatensysteme** genannt. Wichtig für den Anwender sind:

- Roboterbasiskoordinatensystem,
- Flanschkoordinatensystem,
- Werkzeugkoordinatensystem.

Bild MEC 427.1 zeigt das Roboterbasiskoordinatensystem eines Knickarmroboters mit dem Flanschkoordinatensystem.

Das **Roboterbasiskoordinatensystem** ist **ortsfest.** Es ist mit dem Sockel verbunden und ist maßgebend für die korrekte Ausrichtung des Roboters.

Das **Flanschkoordinatensystem** ist **beweglich.** Es bezieht sich auf die letzte Roboterachse, an der Greifer oder Werkzeugträger angeflanscht sind. Die XY-Ebene liegt in der Flanschfläche und die Z-Achse in der Flanschmitte. Nach diesem Koordinatensystem werden Greifer und Werkzeuge ausgerichtet.

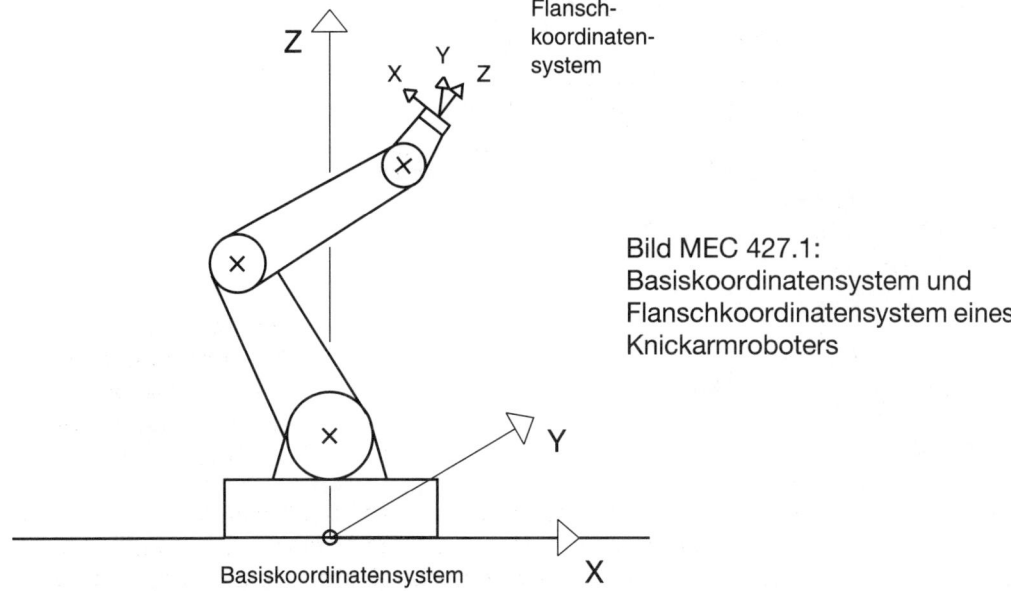

Bild MEC 427.1:
Basiskoordinatensystem und
Flanschkoordinatensystem eines
Knickarmroboters

Das **Werkzeugkoordinatensystem** in Bild MEC 427.2 wird vorwiegend für **bearbeitende** IR benötigt wird,. Es hat seinen Ursprung (Nullpunkt) im Werkzeugbezugspunkt **TCP** (*Tool Center Point*) und bezieht sich auf das Flanschkoordinatensystem.

— Der Weg des TCP stellt die **Bewegungsbahn** dar. Die Geschwindigkeit des TCP ist die **Bahngeschwindigkeit.** Die räumliche Ausrichtung des Werkzeugkoordinatensystems ist die **Orientierung.**

Die **Bahnpunkte** des TCP werden programmiert durch

– die **Koordinatenwerte** X,Y,Z für die **Position,**
– die **Drehwinkel** A,B,C um die Koordinatenachsen für die **Orientierung.**

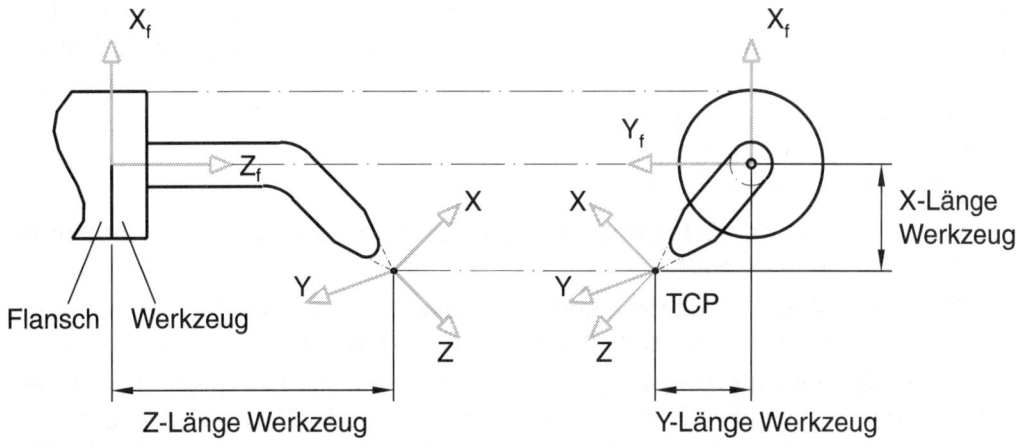

Bild MEC 427.2: Werkzeugkoordinatensystem mit Werkzeugbezugspunkt TCP.

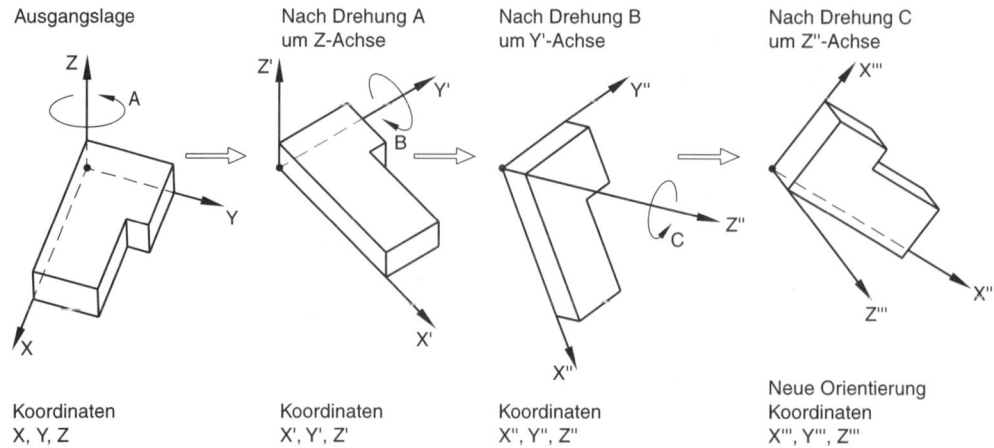

Ausgangslage	Nach Drehung A um Z-Achse	Nach Drehung B um Y'-Achse	Nach Drehung C um Z''-Achse
Koordinaten X, Y, Z	Koordinaten X', Y', Z'	Koordinaten X'', Y'', Z''	Neue Orientierung Koordinaten X''', Y''', Z'''

Bild MEC 428.1: Orientierung eines Objekts nach der Eulerkonvention Z Y'X''.

Position **und** Orientierung des TCP bezeichnet man als **Pose.** Die Koordinatenwerte und Drehwinkel werden auf das **Roboterbasiskoordinatensystem** bezogen.

Bei der Definition der **Orientierung** durch die drei **Orientierungswinkel** A, B, C verwenden die Hersteller unterschiedliche Festlegungen. Häufig wird die **Eulerkonvention Z Y'X''** getroffen. Die Orientierung nach dieser Konvention ist in Bild MEC 428.1 dargestellt, sie besagt folgendes:

– Der **Winkel A** definiert eine Drehung des Objekts (Werkzeug oder Werkstück) um eine zur **Z-Achse** parallele Achse durch den TCP. Es ergibt sich das neue Koordinatensystem X′, Y′, Z′.
– Der **Winkel B** definiert eine Drehung des Objekts um eine zur nun vorhandenen **Y′-Achse** parallele Achse durch den TCP. Es entsteht das neue Koordinatensystem X″, Y″, Z″.
– Der **Winkel C** definiert eine Drehung des Objekts um eine zur nun vorhandenen **X″-Achse** parallele Achse durch den TCP. Es entsteht das neue Koordinatensystem X‴, Y‴, Z‴.

Für die Steuerung der **Roboterachsen** ist ein eigenes **Achskoordinatensystem** maßgebend, mit dem die Armlängen und Gelenkwinkel auf die im **Anwenderkoordinatensystem** definierte Lage und Orientierung eingestellt werden.

Bild MEC 429.1 zeigt das **Achskoordinatensystem** eines Knickarmroboters mit drei Armgelenken (rotatorische Hauptachsen) und drei Handgelenken (rotatorische Nebenachsen). Die Pose des TCP wird durch die **Gelenkwinkel** α, β, γ, δ, ε, φ eingestellt. Die Verstellung der Gelenke erfolgt inkremental durch Elektromotoren. Die Gelenkwinkel werden durch Drehmelder erfasst.

— Zur Steuerung der rotatorischen Achsen ist eine ständige **Umrechnung** der kartesischen Koordinatenwerte des TCP in Winkelwerte der Roboterachsen erforderlich. Man bezeichnet diese Vorgang als **Koordinatentransformation.**

Bei CNC-Steuerungen wird dagegen bekanntlich ein gemeinsames kartesisches Koordinatensystem für Lagedefinition und Achsantriebe verwendet.

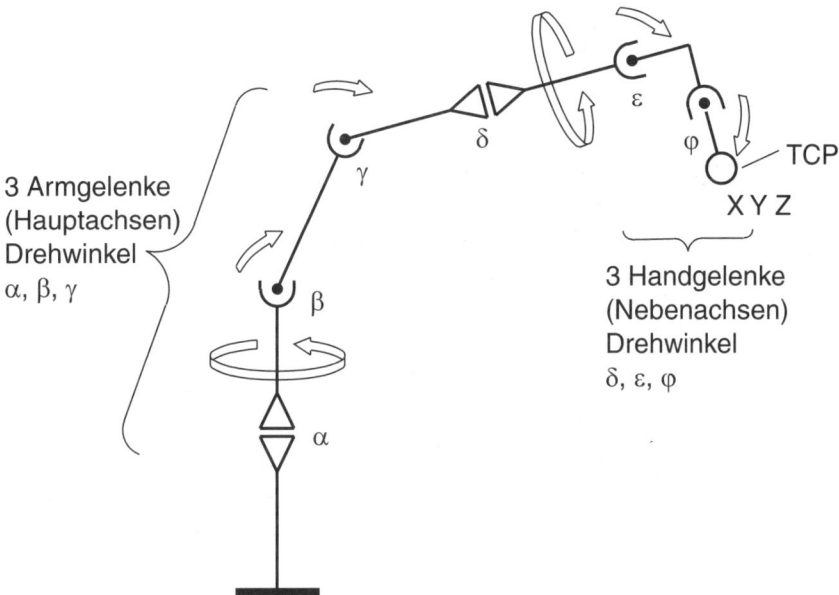

3 Armgelenke
(Hauptachsen)
Drehwinkel
α, β, γ

3 Handgelenke
(Nebenachsen)
Drehwinkel
$\delta, \varepsilon, \varphi$

Bild MEC 429.1: Achskoordinatensystem eines Industrieroboters. Position und Orientierung des Objekts hängen von den Gelenkwinkeln und Armlängen ab.

Steuerungsaufbau, Informationsfluss, Steuerungsarten

Bild MEC 430.1 zeigt schematisch und stark vereinfacht die Hardwarestruktur einer Robotersteuerung auf Mikrocomputerbasis (auch RC-Steuerung genannt). Die **RC-Steuerung** ist wie eine CNC-Steuerung **modular** aufgebaut. Die CPU des Mikrocomputers verarbeitet die gespeicherten Programmdaten und die einfließenden Weg- und Schaltinformationen zu Stellanweisungen für die Achsantriebe. Die Komponenten kommunizieren über ein internes Bussystem miteinander. Die RC-Steuerung ist über Schnittstellen mit dem Leistungsteil für die Achsantriebe und mit der Prozess-Steuerung verbunden.

Wie bei einer CNC-Steuerung wird die Bewegung der Roboterachsen durch **Interpolation** einer Vielzahl von **Stützpunkten** zwischen zwei vorgegebenen Punkten (Anfangs- und Endpunkt) erzeugt. Die Koordinaten der vorgegebenen Bahnpunkte sind im Programmspeicher abgelegt.

Die interpolierten kartesischen Koordinaten der Stützpunkte werden in **Winkelwerte** der Roboterachsen umgerechnet (Koordinatentransformation) und den Lageregelkreisen zugeführt. In den Lagereglern der Achsantriebe werden die errechneten Winkelwerte mit den Istwerten der Drehmelder verglichen und aus der ermittelten Lage-Regeldifferenz die Geschwindigkeitssollwerte für die Motoren gebildet.

Bei den Industrierobotern gibt es zwei **Steuerungsarten:** die PTP-Steuerung und die CP-Steuerung.

Die **PTP-Steuerung** (*Point-To-Point*) entspricht der CNC-Punktsteuerung. Sie wird zum Positionieren eingesetzt und erlaubt schnellste Bewegungen von Punkt zu Punkt. Die Bahn zwischen zwei Punkten ist eine beliebig geformte Raumkurve, da zwischen

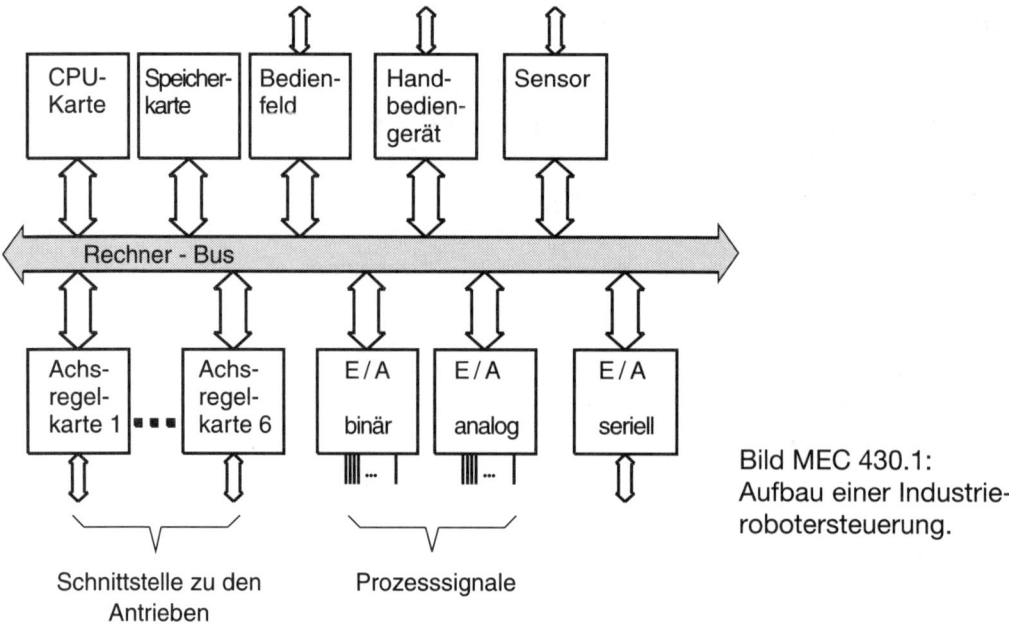

CPU-Karte	Speicher-karte	Bedien-feld	Hand-bedien-gerät	Sensor

Rechner - Bus

Achs-regel-karte 1	•••	Achs-regel-karte 6	E / A binär	E / A analog	E / A seriell

Schnittstelle zu den Antrieben

Prozesssignale

Bild MEC 430.1:
Aufbau einer Industrie-
robotersteuerung.

den Punkten keine Interpolation erfolgt. Alle Achsen werden gleichzeitig gestartet und gleichzeitig gestoppt.

Die **CP-Steuerung** (*Continuous-Path*) entspricht der CNC-Bahnsteuerung. Gegeben sind die Koordinaten und die Orientierung des TCP im Anfangspunkt und Endpunkt der Bahn. Für die Berechnung der Stützpunkte zwischen Anfangs- und Endpunkt wird Linearinterpolation oder Zikularinterpolation verwendet.

Bei der **Linearinterpolation** bewegt sich der TCP auf einer geraden Linie, bei der **Zirkularinterpolation** wird er auf einer Kreisbahn geführt. Die Interpolation umfasst sowohl die Berechnung der Koordinaten X, Y, Z als auch der Orientierungswinkel A, B, C des TCP in den Stützpunkten. In Bild MEC 431.1 sind die Steuerungsarten zusammengefasst.

Bei zusammengesetzten Bahnabschnitten können die Endpunkte der Teilstücke exakt angefahren werden, wie in Teilbild b gezeigt. Meist werden jedoch die Teilstücke durch Radien oder Tangenten miteinander verbunden (Teilbilder c und d). Man bezeichnet diese Maßnahme als **Überschleifen.** Durch Überschleifen ergibt sich eine harmonische, ruckfreie Roboterbewegung.

— Verglichen mit der einfacheren CNC-Steuerung stellt nicht nur die **Koordinatentransformation** sondern auch die **Orientierung** höhere Anforderungen an Software und Hardware des Roboter-Steuerungsrechners.

In vielen Fällen darf sich nämlich die Orientierung während der Bahnbewegung **nicht** ändern. Die Orientierung lässt sich auf einer Bewegungsbahn dadurch **konstant** halten, dass die räumliche Ausrichtung des Werkzeugkoordinatensystems kontinuierlich nachgeführt wird. Das geschieht durch Drehen dieses Koordinatensystems um seine Achsen. Die Orientierungen für Start- und Zielpunkt einer Bahn sind programmiert. Die jeweils erforderlichen Drehwinkel A, B, C in den Stützpunkten dazwischen müssen vom Interpolationsprogramm berechnet werden.

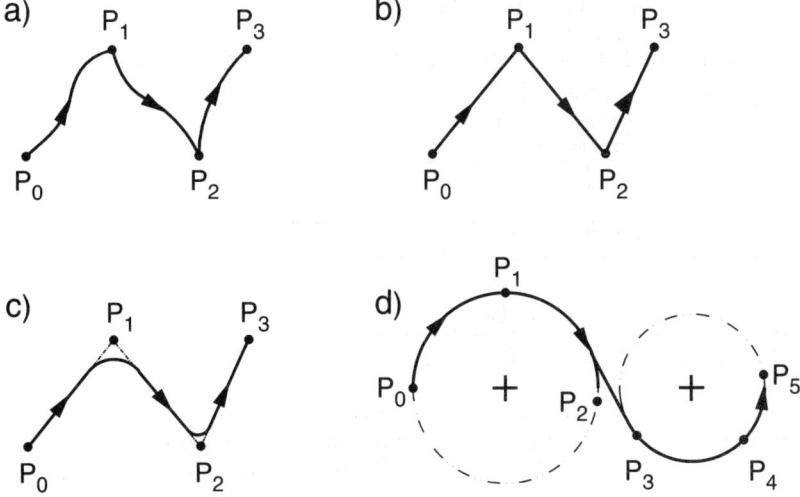

Bild MEC 431.1: Steuerungsarten von Industrierobotern:
a) PTP-Steuerung auf beliebiger Raumkurve,
b) CP-Linearinterpolation ohne Überschleifen,
c) CP-Linearinterpolation mit Überschleifen,
d) CP-Zirkularinterpolation mit Überschleifen

Bild MEC 431.2 erläutert das Prinzip an einem Beispiel. Es ist hier die **Nachführung** eines Schweißwerkzeugs zur Beibehaltung der Orientierung bei der Bewegung auf einer Kreisbahn gezeigt.

RC-Steuerungen sind häufig mit fest gespeicherten **Unterprogrammen** ausgestattet, ähnlich den CNC-Bearbeitungszyklen. Es handelt sich dabei um Programme zum:

– Beladen und Entladen von Paletten,
– Berücksichtigung der Bandgeschwindigkeit beim Ergreifen oder Bearbeiten von Teilen auf einem Förderband,
– Umfahren von Hindernissen zur Kollisionsvermeidung.

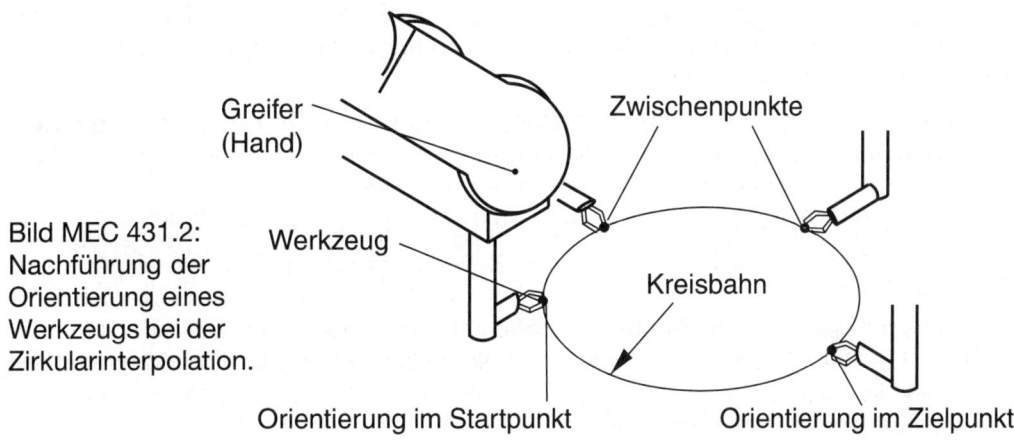

Bild MEC 431.2:
Nachführung der
Orientierung eines
Werkzeugs bei der
Zirkularinterpolation.

Betriebsarten und Programmierung

Der Betrieb eines Industrieroboters kann in den Betriebsarten Handbetrieb, Automatikbetrieb und Programmierbetrieb durchgeführt werden. Die einzelnen Bedienfunktionen für diese Betriebsarten sind den Funktionstasten der Bedientafel (Bild MEC 432.1) im Steuerschrank zugeordnet (ähnlich CNC-Bedientafel).

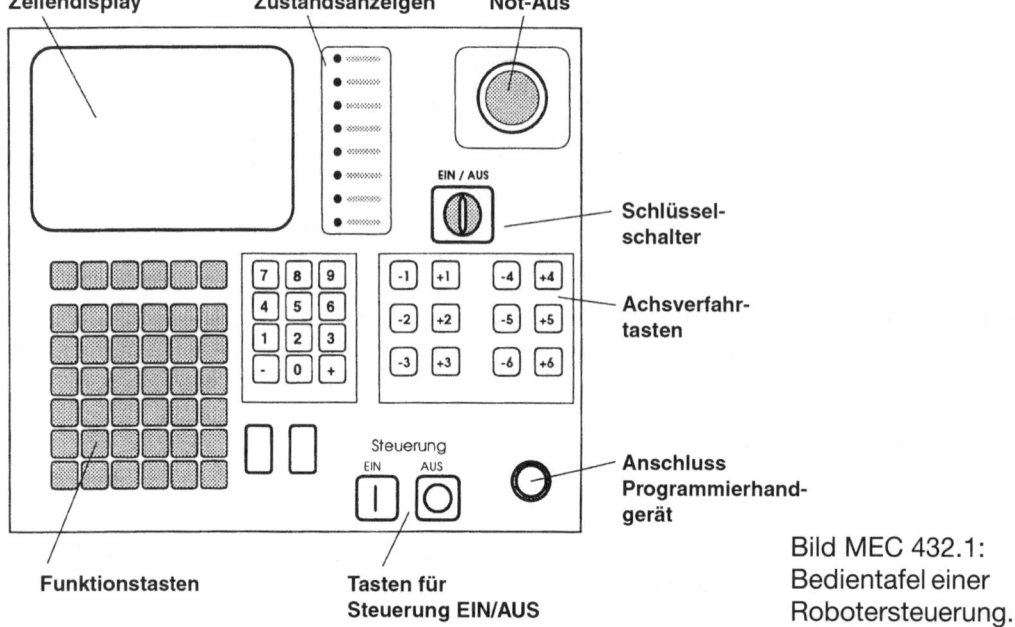

Bild MEC 432.1:
Bedientafel einer
Robotersteuerung.

Handbetrieb: Verfahren der Roboterachsen einzeln oder gleichzeitig durch Tastendruck am Bedienfeld zum

- Anfahren des **Referenzpunkts** bei inkrementalen Mess-Systemen,
- **Fahren** längerer Wege im jeweiligen Koordinatensystem,
- **Tippen,** d. h. Verfahren in kleinsten Schritten (0,1 mm je Tastendruck),
- **Test** des RC-Programms im **Einzelsatz,** in **Satzfolge,** Test der Eingänge und Ausgänge,
- **Suchlauf,** d. h. interner Programmablauf bis zum gesuchten Satz ohne Roboterbewegung.

Automatikbetrieb: Automatisches Abfahren des RC-Programms in ständiger Wiederholung mit Programmunterbrechung und -fortsetzung abhängig vom Signalzustand binärer Eingänge, z. B. Sensoren. Folgende Funktionen können dabei erfüllt werden:

- Das RC-Programm läuft ständig (zyklisch) durch (Automatik-Durchlauf),
- Das RC-Programm wird nach jedem Bewegungssatz neu gestartet (Automatik-Einzelschritt),
- Das RC-Programm wird extern über einen Rechner gestartet (Automatik-Extern).

Programmierbetrieb: Über das **Programmierhandgerät** (PHG) können Programmieranweisungen vor Ort durch Tastendruck angewählt, eingegeben und als Programm gespeichert werden. Programmteile können geändert, eingefügt oder gelöscht werden. Positionen und Orientierungen (Posen) können übernommen werden (Teach-in-Programmierung, s. u.).

Integriert ist meist noch ein **Overrideschalter** zur stufenlosen Einstellung der Verfahrgeschwindigkeit im Automatik- und Programmierbetrieb. Das PHG führt den Bediener auf einem **Display.** Darauf wird der aktuelle Befehl zusammen mit den zuletzt bearbeiteten Befehlen und den nächsten Befehlen dargestellt. Alle Achsen können mit Achs-Verfahrtasten bewegt werden.

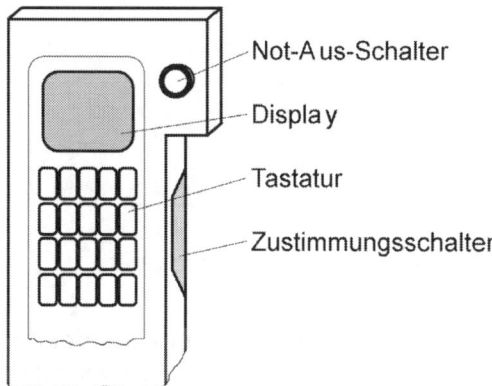

Not-Aus-Schalter

Display

Tastatur

Zustimmungsschalter

Bild MEC 433.1:
Beispiel für Ausführung und Funktionen eines Programmierhandgeräts.

— Die Programmierung von Industrierobotern ist wesentlich schwieriger als die Programmierung von CNC-Maschinen, weil neben den Positionen von Greifer oder Werkzeug auch deren Orientierungen zu programmieren sind.

Drei **Programmierverfahren** werden angewendet:

- Play-back-Programmierung,
- Teach-in-Programmierung,
- Off-Line-Programmierung.

Bei der **Play-back-Programmierung** (*play back,* engl. = zurückspielen) wird die Bewegung direkt manuell festgelegt, indem man die **Roboterhand** in der vorgesehenen Bahn und Orientierung von Hand führt. Die Steuerung speichert etwa alle 20 ms während der **manuellen Führung** die Koordinatenwerte der momentanen Position und Orientierung. Im nachfolgenden Programmablauf wird die „vorgespielte" Bahn wiederholt. Nachteile der Play-back-Programmierung sind:

- geringere Genauigkeit,
- Belastung und Gefährdung des Programmierers durch den Aufenthalt im Roboterarbeitsraum.

Die Play-back-Programmierung wird in der Handhabungstechnik seltener eingesetzt.

Die **Teach-in-Programmierung** (*teach in,* engl. = einlernen) wird **online** vom Programmierer vor Ort durchgeführt. Die Positionen und Orientierungen werden Punkt für Punkt mit Hilfe des Programmierhandgeräts im Handbetrieb eingelernt.

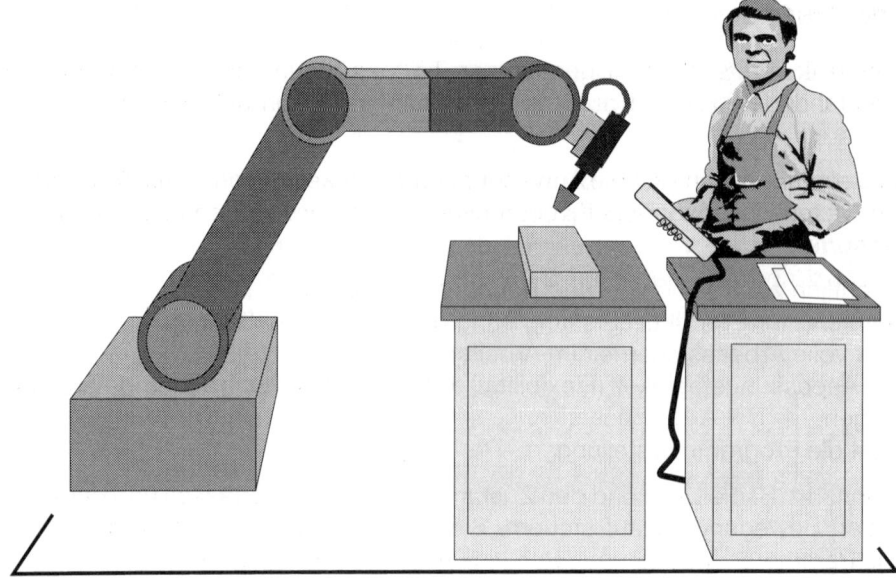

Bild MEC 434.1: Teach-in-Programmierung mit dem Programmierhandgerät.

Der Programmierer verfährt dabei die Achsen X, Y, Z des Roboters **nacheinander** und **getrennt** voneinander. Ist der betreffende Bahnpunkt erreicht und die Orientierung durch Drehung der Handachsen A, B, C eingestellt, werden die Koordinatenwerte unter der Adressnummer des Programmsatzes durch Drücken der Eingabetaste am PHG **gespeichert.** Im Automatikbetrieb werden dann die gespeicherten Bahnpunkte mit aufsteigender Satznummer abgefahren.

Die übrigen Anweisungen für Programmablauf und Roboterbewegung müssen **offline** mit einem PC eingegeben werden.

Auf dem PC wird ein **Programmgerüst** entwickelt, das die Bewegungsfunktionen beschreibt und Sprachelemente für Verzweigungen, Sprünge, Unterprogramme und digitale Ein- und Ausgänge enthält. Über Teach-in werden die aktuellen Daten als **Bewegungsgerüst** beigesteuert. Aus beiden entsteht dann ein ablauffähiges Arbeitsprogramm.

Von Roboterherstellern werden PC-gestützte **Programmiersysteme** angeboten, mit denen die Programmierung im Dialog mit dem Rechner mit einer PASCAL-ähnlichen **Hochsprache** oder in einer **Anwendersprache** mit **Makros** durchgeführt werden kann. Bei der Programmierung mit Makros werden, ähnlich den CNC-Bearbeitungszyklen, über einen Befehlsnamen die für den betreffenden Arbeitsschritt erforderlichen Prozesswerte automatisch generiert.

Bei der **Off-Line-Programmierung** werden **alle** Daten und Anweisungen des Arbeitsprogramms **grafisch interaktiv** erzeugt, auch die Positions- und Orientierungsdaten. Der **Programmierarbeitsplatz** enthält ein sehr leistungsfähiges CAD-System.

Robotersensorik

— Unter **Sensorik** versteht man allgemein den Teil des Steuerungssystems, das die Prozesszustandsdaten erfasst, aufbereitet und zur Verarbeitung (Prozessorik) weiterleitet.

Mit Hilfe der Sensorik lassen sich die Anwendungsmöglichkeiten von Industrierobotern wesentlich erweitern, insbesondere für bearbeitende Roboter und Montageroboter. Die **Robotersensorik**

- trägt wesentlich zur Positionier- und Bahngenauigkeit bei,
- ist bestimmend für Produktivitätssteigerung und Qualitätssicherung,
- ermöglicht volle Arbeitssicherheit im Arbeitsraum,
- erhöht die Anpassungsfähigkeit (Flexibilität) des Roboters an sich ändernde Arbeitsbedingungen,
- vereinfacht die Programmerstellung.

Sensoren können z. B. die Lage und den Zustand von Bauteilen erfassen und dementsprechend den Bewegungsablauf steuern. Sie können automatisch das Programm und/oder die Parameter ändern, um damit eine neue Bewegungsfunktion einzuleiten.

— Ohne Sensorik ist ein effizienter Robotereinsatz nicht möglich, weil – im Gegensatz zu CNC-Werkzeugmaschinen – Bewegungsprogramm und Wegmess-Systeme allein für die notwendige Bewegungsgenauigkeit nicht ausreichen.

Das ist generell durch die Konstruktion und Kinematik der Roboter bedingt, die nicht die Steifigkeit und Führungspräzision einer CNC-Werkzeugmaschine aufweisen.

Entsprechend ihrer **Aufnahmetechnik** (Informationserfassung) unterscheidet man optische (visuelle), taktile (tastende) und elektrische Sensoren (siehe Tabelle MEC 435).

Tabelle MEC 435: Einteilung der Sensoren entsprechend ihrer Aufnahmetechnik

Aufnahmetechnik	Ausführung	Ausgewählte Anwendungsbeispiele
Optisch (visuell)	Lichtschranken, Bildaufnahmeröhren, Halbleitersensoren, punktuell als Zeile oder als Matrix, Laser-Abstands-Sensoren.	Lageerkennung, Musterekennung, Teileerkennung, Beschaffenheitsprüfung, z.B. beim Handhaben, Montieren, Schweißen, Schweißfugen-Verfolgung.
Taktil (tastend)	Taster (pneumatische, elektrische u. a.), Sensorarray, Messdosen (piezoelektrisch, kapazitiv), Dehnungsmessstreifen,	Lageerkennung, Werkzeugüberwachung, z.B. beim Schleifen Abtasten der Nahtfuge beim Schweißen zur Bahnkorrektur, Begrenzung der Handkraft.
Elektrisch	Näherungsschalter (induktiv, kapazitiv), Leistungssensoren, Stromsensoren.	Lageerkennung, Zustandserfassung, z.B. beim Handhaben, Geschwindigkeits- und Bahnkorrektur beim Bearbeiten.

— Ein **Sensor** ist im Allgemeinen ein Gerät, das aus einem **Messfühler** zur **Messwert-aufnahme** und einer ersten **Umformstufe** zur Umwandlung des Messwerts besteht.

Die erste Umformstufe wandelt den Messwert am Messort in ein für die weitere Mess-wertverarbeitung geeignetes Signal um (Bild MEC 436.1). Die **Messwertverarbeitung** (Informationsverarbeitung) erfolgt oft in nachgeschalteten Baugruppen. Bei einem **intelligenten Sensor** sind Informationserfassung und Informationsverarbeitung in **einem** Gerät zusammengefasst.

Optische Sensoren erfassen räumliche Gegebenheiten durch **optische Signale,** die sich in ihrer Intensität, Phasenlage, Farbe oder geometrischen Verteilung ändern. Die Veränderung der optischen Signale wird in elektrische Signale umgewandelt.

Ein einfacher optischer Sensor ist z. B. die bekannte **Lichtschranke;** sie besteht aus einem Lichtsender und einem Empfänger. Wird die Lichtübertragung vom Sender zum Empfänger gestört (Intensität = null: kein elek-trisches Signal), so erhält man die Information, dass sich zwischen Sender und Empfänger ein Objekt befindet.

Die Umwandlung der **optischen** Signale in **elektrische** Signale erfolgt durch **Strahlungs-detektoren,** die unterschiedliche physikalische Wirkungen ausnutzen. Eingesetzt werden drei Typen: Fotodioden, Fotowiderstände und Infra-rot-Detektoren. Optische Sensoren werden in drei Stufen zunehmender Komplexität einge-setzt:

Bild MEC 436.1: Prinzipieller Aufbau eines Sensorsystems.

– Optische Sensoren für einfache Binär-entscheidungen (Prinzip Lichtschranke),
– Messende optische Sensoren,
– Mustererkennende optische Sensoren.

Messende und mustererkennende optische Sensoren lassen sich bei der Werkstück-handhabung in folgenden Bereichen einsetzen:

– Versatzmessung,
– Bestimmung der Lage und Orientierung von Handhabungsobjekten,
– Erkennen und Lokalisieren von Wekstückeinzelheiten, z. B. Bohrungen,
– Prozessüberwachung und Qualitätssicherung.

Die **Versatzmessung** wird angewendet bei ungenau positionierten und toleranz-behaftenden Werkstücken, um das Handhabungsprogramm des Roboters auf die aktuelle Situation anzupassen, z. B. wenn Teile mit Lage- und Maßtoleranzen von einem **Schweißroboter** verbunden werden sollen.

Versatzmessung ist z. B. auch beim **Greifen** von palettierten Werkstücken, die in einer Linie mit Lageabweichungen aufgereiht sind, erforderlich. Mit dem Eintreffen eines Sensorsignals wird, relativ zur momentanen Position auf der eingelernten, programmierten Suchstrecke, eine Greifbewegung ausgeführt. Dadurch werden Lagetoleranzen ausgeglichen und das Bewegungsprogramm des Greifers vereinfacht.

Bestimmen und Vermessen der **Werkstücklage** wird bei ungeordnet liegenden Werkstücken angewendet, damit diese erkannt und definiert gegriffen werden können. Das betreffende Werkstück wird von einer Videokamera aufgenommen, digitalisiert und als Binärbild im Rechner gespeichert. Der Rechner ermittelt daraus die **Konturlinie** und den **Flächenschwerpunkt** des Musters. Mit Hilfe der Konturlinie wird die **Drehlage** definiert und mit Hilfe des **Flächenschwerpunkts** die **Werkstückposition.**

Taktile Sensoren (*taktil* = tastend) sind **Drucksensoren.** Zur Druckmessung werden Piezokristalle, Halbleitermembrane oder Dehnungsmessstreifen verwendet, deren Verformung ein dem Druck proportionales elektrisches Signal liefert. Taktile Sensoren erfassen Kräfte und liefern Informationen über Kräfteverteilungen in der Roboterhand, in den Gelenken und in den Handhabungsobjekten selbst. Die Erfassung der Druck- und Kräfteverteilung spielt eine Rolle bei der Handhabung druckempfindlicher Werkstücke.

Ordnet man viele kleine Drucksensoren zu einem taktilen **Sensorarray** (*array* = Feld, Matrix) an, so kann man damit auch die Lage von Teilen durch Abtasten erkennen. Die Berührkraft in den einzelnen Sensoren des Arrays wird erfasst. Die punktuelle Kräfteverteilung gibt Aufschluss über Form und Lage des Gegenstands.

Induktive und kapazitive **elektrische Sensoren** erfassen Weg-, Form- und Lageänderungen. Typische Sensoren dieser Art sind **Näherungsschalter,** die ein elektrisches Signal abgeben, wenn sich ein Objekt bis auf eine bestimmte Entfernung nähert. **Induktive** Näherungsschalter eignen sich nur für metallische Objekte. **Kapazitive** Näherungsschalter lassen sich auch für nichtmetallische Objekte einsetzen; sie sind jedoch empfindlich gegen Feuchtigkeit und Verschmutzung.

Elektrische **Leistungssensoren** messen die aufgenommene Leistung oder die Stromaufnahme, sie werden hauptsächlich bei bearbeitenden Robotern eingesetzt. Mit Leistungssensoren können Bearbeitungsgeschwindigkeit, Vorschub und Werkzeugzustellung dem Bearbeitungsvorgang angepasst werden.

— Voraussetzung für den Einsatz von Sensoren ist, dass die Robotersteuerung genormte, universelle **Schnittstellen hat,** um Sensorsignale zu empfangen und um diese in Befehle für die Achsantriebe umformen zu können.

Sensorsignale sind oft **analoge** elektrische Signale. Beispiel: Je größer die vom Greifer ausgeübte Kraft ist, umso höher ist die elektrische Spannung des vom Drucksensor ausgegebenen Signals. Sensorsignale können auch **binär** sein, z. B. bei einem Näherungsschalter oder bei einer Lichtschranke. Bei einem intelligenten Sensor stehen bereits **digitale** Ausgangssignale zur Verfügung. Deshalb muss eine Robotersteuerung unterschiedliche Schnittstellen haben. Die Verarbeitung des Sensorsignals im Steuerungsrechner ist aber stets **digital.**

Über die **Sensorschnittstellen** der Robotersteuerung werden z. B. folgende Funktionen ausgeübt:

- Geschwindigkeitskorrektur des Werkzeugs oder Greifers,
- Lagekorrektur des Werkzeugs oder Greifers,
- Übertragung von Positions- oder Orientierungsdaten,
- Aufruf und Übertragung von Programmsätzen.

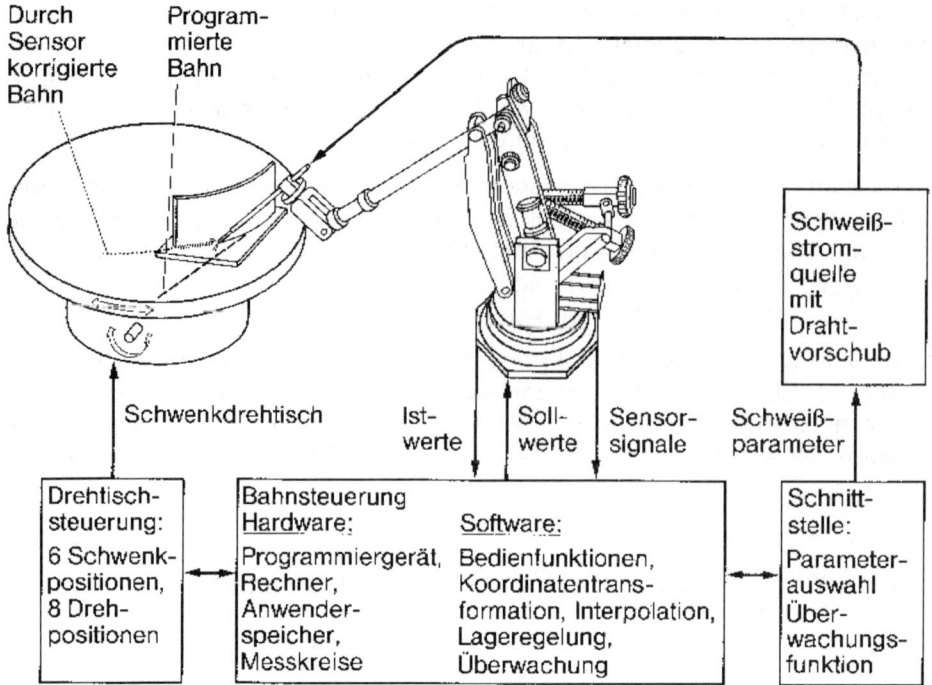

Bild MEC 438.1: Sensorgeführter Schweißroboter.

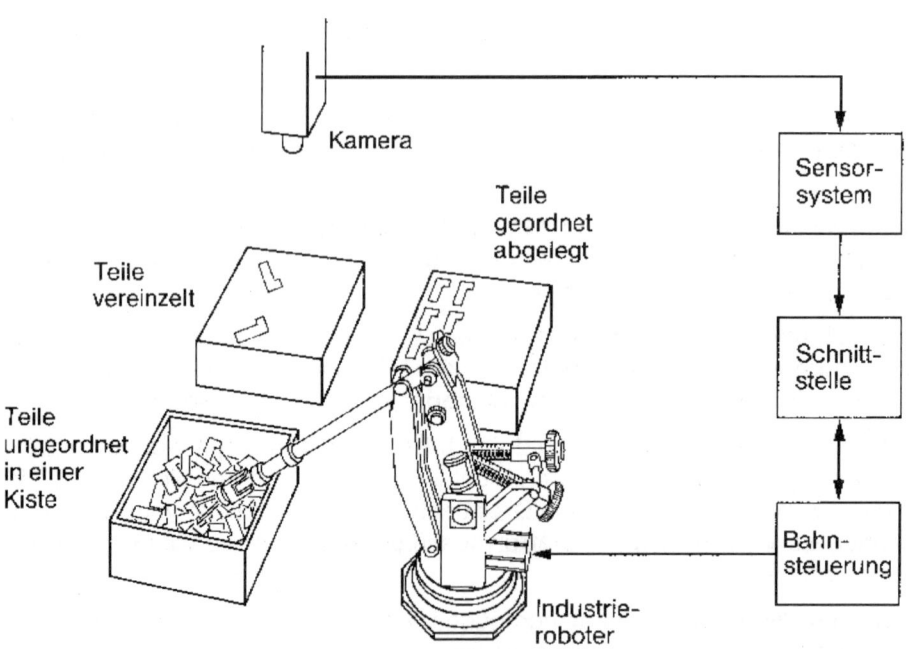

Bild MEC 438.2: Entnehmen von Teilen aus einem Vorratsbehälter, vereinzeln und ordnen der Teile mit einem Roboter, der von einem visuellen Sensor geführt wird.

Bild MEC 438.1 zeigt als typisches Beispiel für sensorgeführten Einsatz das Schema einer **Roboter-Schutzgasschweißanlage** zum Herstellen sauberer, einwandfreier Schweißnähte auch dann, wenn die Teile Toleranzen oder Lagefehler durch ungenaue Aufspannung aufweisen. In solchen Fällen weicht die programmierte Bahn des Schweißbrenners vom tatsächlichen Verlauf der Schweißfuge ab.

Eine Automatisierung ist daher nur mit einem Sensor möglich, der in der Spitze des Roboterarms installiert ist. Der Sensor läuft dem Schweißbrenner voraus. Er erfasst mit Hilfe des Rechners Seitenversatz und Abstand der programmierten Bahn von der Fugenmitte und gibt entsprechende Korrektursignale an die Bahnsteuerung. Als Sensor wird dazu meist ein **Laserscan-Abstandssensor** verwendet.

Bild MEC 438.2 zeigt einen sensorgeführten Roboter zum **Ordnen** von regellos vorliegenden Teilen. Der Roboter greift mit einem Magnetgreifer in den Teilevorrat, entnimmt ein oder mehrere Teile und legt sie im Blickfeld eines optischen Sensors auf einem Tisch ab. Der visuelle Sensor identifiziert die Teile, bestimmt deren Lage und steuert den Roboter zum gezielten Griff.

Sicherheitsmaßnahmen und Schutzeinrichtungen

Ein arbeitender Industrieroboter stellt eine erhebliche **Gefahrenquelle** dar. Deshalb müssen nach dem Maschinenschutzgesetz und den allgemeinen Sicherheitsbestimmungen Industrieroboter mit **Schutzeinrichtungen** versehen sein, welche die im Arbeitsbereich Beschäftigten vor Unfällen schützen.

- Vor Beginn und während der Roboterbewegung müssen die Schutzeinrichtungen zwangsläufig wirksam werden.
- Beim Entfernen oder bei Störung der Schutzeinrichtungen muss die Roboterbewegung zwangsläufig gestoppt werden.

Die VDI-Richtlinien VDI 2853, 3228 bis 3231 sowie die DIN VDI 1000 geben Hinweise für die **sicherheitstechnische Gestaltung** von Industrierobotern und Werkzeugmaschinen.

Eine übliche Schutzmaßnahme sind **Sicherheitsabsperrungen,** die den Arbeitsbereich des Roboters umgeben. Werden die Absperrungen geöffnet, dann setzt eine Sicherheitsschaltung alle Roboterantriebe still.

Es können auch softwaremäßig **Schutzräume** als Quader definiert werden, die den Arbeitsraum umgeben. Dringt der Roboter mit dem TCP oder mit seinen Armen in einen Schutzraum ein, dann wird die Bewegung gestoppt und Alarm ausgelöst.

Der Robotergefahrenbereich kann auch durch **berührungslos** arbeitende Schutzeinrichtungen gesichert werden, z. B. durch Lichtschranken. Bei manueller Werkstückversorgung des Arbeitsplatzes kann ein **Drehtisch** die Übergabeseite vom Gefahrenbereich trennen. Es werden auch **Trittplatten** oder **Kontaktmatten** verwendet, die beim Betreten den Roboter stillsetzen.

Arbeiten mehrere Roboter in einem Fertigungssystem nebeneinander, dann muss die gegenseitige Kollisionen infolge Fehlbedienung oder Systemversagen verhindert werden. Drucksensoren oder optische Sensoren z. B. können dafür sorgen, dass gefahrbringende Roboterbewegungen gestoppt werden.

Beim Teach-in-Programmieren und Einrichten muss sich jedoch das Bedienungspersonal im Gefahrenbereich aufhalten. Hierfür sind z. B. folgende Sicherheitsmaßnahmen vorgesehen:

- **Reduzierung** der Antriebsleistungen und damit Verminderung Antriebsmomente der Bewegungsachsen,
- **Zustimmungsschalter** am Programmierhandgerät, der nur solange er gedrückt wird, Roboterbewegungen zulässt.
- **Not-Aus-Schalter** am Programmierhandgerät zur sofortigen Stillsetzung des Roboters im Gefahrenfall.

Elektrotechnik

Grundlagen der Elektrotechnik

Wesen der Elektrizität

Zur Veranschaulichung des Wesens der Elektrizität findet heute allgemein das **Bohrsche Atommodell** Anwendung. Nach Bohr umkreisen **Elektronen** in bestimmten Abständen den Kern eines Atoms. Ihre Bahnen sind elliptisch oder kreisförmig. Die Lage der Bahnebenen ändert sich ständig. Dadurch umhüllen die Elektronen den Atomkern vollkommen. Wegen der hohen Umlaufgeschwindigkeit der Elektronen entsteht der Eindruck einer **Kugelschale.**

Das einfachste Atom ist das Wasserstoffatom (Bild MEC 441.1). Der **Atomkern** besteht nur aus einem Proton und wird von einem **Elektron** umkreist. Man sagt: „Das Wasserstoffatom hat **eine** Elektronenschale". Auch Helium hat nur eine **Elektronenschale**. Alle anderen chemischen Elemente weisen mehrere Elektronenschalen auf.

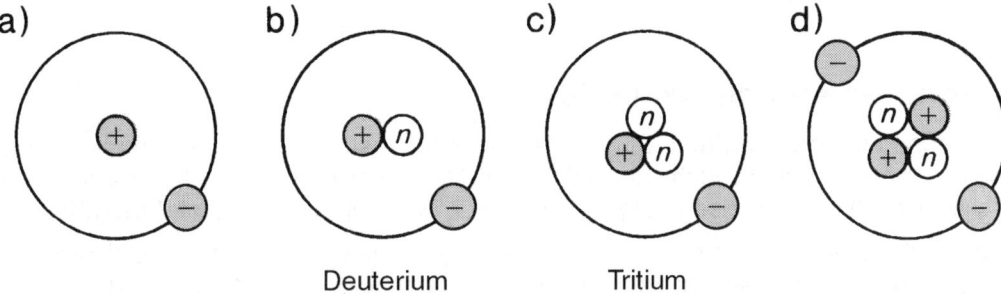

Bild MEC 441.1: Modelle von Atomen mit 1 Elektronenschale: a) Wasserstoff, b) und c) Wasserstoffisotope, d) Helium, „+" Proton, „–" Elektron, n Neutron.

Die Atomkerne bestehen aus **Protonen** und **Neutronen**. Protonen tragen eine positive elektrische Elementarladung, Elektronen eine negative. Im Atom heben sich die positiven und negativen elektrischen Ladungen gegenseitig auf; ein Körper erscheint also nach außen ungeladen. **Neutronen** sind **elektrisch neutral**.

Stoffe, bei denen sich die Elektronen der äußeren Schale aus dem Atomverband lösen können, nennt man elektrisch leitende Stoffe oder **elektrische Leiter**. Die nicht mehr an einen Kern gebundenen Elektronen bezeichnet man als **freie Elektronen**.

Hat sich ein Elektron aus der äußeren Schale eines neutralen Atoms gelöst, so überwiegt die Anzahl der elektrisch positiven Teilchen im Kern die der negativen in den Schalen. Das Atom ist jetzt elektrisch positiv und heißt **positives Ion**. Enthält die äußere Schale ein Elektron zuviel, so überwiegt die Anzahl der negativen Teilchen die der positiven im Kern. Das Atom ist dann elektrisch negativ, es ist ein **negatives Ion** entstanden.

Ein elektrisch nicht neutrales Teilchen nennt man **Ladungsträger**. Es gibt zwei Arten von Ladungsträgern: Die negativ geladenen **Elektronen** einerseits und die positiven oder negativen **Ionen** andererseits. In Gasen oder Flüssigkeiten erfolgt ein Elektronentransport ganz oder vorwiegend durch **Ionenbewegung**. In festen Körpern verbleiben die Atome an ihren Plätzen, so dass nur eine Bewegung der Elektronen möglich ist.

Elektrischer Strom ist eine Bewegung von **Ladungsträgern** (Bild MEC 442.1); die elektrische Ladung ist mit den Elektronen oder Ionen verbunden.

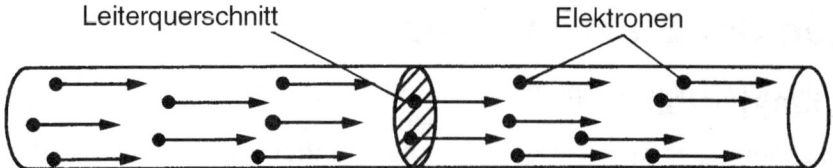

Bild MEC 442.1: Elektronenbewegung in einem Leiter.

Wirkungen des elektrischen Stroms

Wärmewirkung: Ein stromdurchflossener Leiter erwärmt sich.

Chemische Wirkung: In Flüssigkeiten oder Gasen werden Ionen unterschiedlicher Ladung **(Anionen** und **Kationen)** an den **Elektroden** entladen und abgeschieden.

Magnetische Wirkung: Jeder elektrische Strom erzeugt in seiner Umgebung ein magnetisches Feld.

Strom, Spannung, Widerstand

Zwischen Ladungen **entgegengesetzten** Vorzeichens bestehen Kraftwirkungen, die das Bestreben haben, sich auszugleichen. Die Ladungstrennung kann auf unterschiedliche Art und Weise erfolgen, z. B. durch Reibung **(Reibungselektrizität)**.

Auch über chemische Vorgange können Ladungen getrennt werden, beispielsweise in einer Batterie. Am **positiven Pol** der Batterie (+) befinden sich weniger Elektronen als am **negativen Pol** (–). Verbindet man nun den positiven und den negativen Pol mit einem elektrisch leitenden Material, so setzt das Elektronengefälle zwischen den beiden Polen, man spricht auch von **Potenzialgefälle** oder von einer **elektromotorischen Kraft**, die Elektronen in diesem Material in Bewegung. Anstelle von elektromotorischer Kraft findet die Bezeichnung **elektrische Spannung** Verwendung. Die elektrische Spannung ist die **Ursache des elektrischen Stroms**.

Elektrizitätsmenge, Stromstärke, Stromdichte

Jedes Elektron stellt eine bestimmte Elektrizitätsmenge dar, die als **Elementarladung** bezeichnet wird. Fließt nun ein Elektronenstrom, d. h. setzen sich die Elektronen unter der Wirkung einer Spannung in eine Richtung hin in Bewegung, so wird in einem Leiter, z. B. einem metallischen Draht, eine bestimmte **Menge von elektrischen Elementarladungen** bewegt. Diese Menge wird **elektrische Ladung**, oder kurz Ladung, genannt.

Die elektrische Ladung bezeichnet man auch als **Elektrizitätsmenge**.

Das Formelzeichen der elektr. Ladung ist Q, Einheit die **Amperesekunde** (A s). Für die Amperesekunde ist der besondere Einheitenname **Coulomb** (C) festgelegt.

1 A s (1 C) ist die Ladung von $6{,}24 \cdot 10^{18}$ Elementarladungen. Der Größenwert der Elementarladung e beträgt

$$e = 1{,}602 \cdot 10^{-19} \text{ A s} = 1{,}602 \cdot 10^{-19} \text{ C}.$$

Die elektrische Ladung, die je Zeiteinheit durch den Querschnitt eines Leiters fließt, nennt man **Stromstärke**, Formelzeichen I:

$$I = \frac{Q}{t} \; .$$

Die Stromstärke hat die Einheit **Ampere** (A). Die Stromstärke beträgt 1 A, wenn in 1 Sekunde (s) die Ladung 1 C durch den Leiter fließt.

1 A = 1 C/s = 1 As/s = $6{,}24 \cdot 10^{18}$ Elementarladungen je s.

Bezieht man die Stromstärke I auf den Leiterquerschnitt S, so erhält man die **Stromdichte** J:

$$J = \frac{I}{S} \; .$$

Die Einheit der Stromdichte ist in der Praxis meist A/mm^2.

Je größer die Stromdichte, umso höher ist die **Bewegungsgeschwindigkeit** der Elektronen im Leiter. Die in Leitern der **Starkstromtechnik** vorkommenden Stromdichten liegen bei etwa 1...100 A/mm^2. Für die Elektronen ergeben sich dann Bewegungsgeschwindigkeiten von 0,1...16 mm/s. Das sind sehr kleine Geschwindigkeiten gegenüber der **Lichtgeschwindigkeit**, mit der sich der **Bewegungsimpuls** von Elektron zu Elektron fortpflanzt, wenn ein Strom fließt.

Stromrichtung

Die Festlegung der Stromrichtungsbezeichnungen „positiv" und „negativ" ist zu einer Zeit erfolgt, als der Aufbau der Atome noch unbekannt war. Während man daher in der Praxis sagt, dass der elektrische Strom im Verbraucher von dessen positiver Klemme (+) zur negativen (–) fließt, bewegt sich der Elektronenstrom hier und in allen anderen Teilen des Stromkreises entgegengesetzt. Man hat dennoch die ursprüngliche Festlegung beibehalten und unterscheidet demnach die **technische Stromrichtung von (+) nach (–)** und die **Elektronenflussrichtung von (–) nach (+)**.

Leitwert, Widerstand

Experimentell lässt sich feststellen: Je größer die **Spannung** ist, desto größer ist – bei gleichbleibendem Leiter zwischen Plus- und Minuspol – die **Stromstärke**. Verwendet man die Formelzeichen U für Spannung und I für die Stromstärke, so kann für diesen Zusammenhang die Gleichung

$$I = G \cdot U$$

angeschrieben werden. G ist darin zunächst ein **Proportionalitätsfaktor**, der festlegt, wie eine Stromstärke von einer festen Spannung abhängt. Untersucht man dabei unterschiedliche Stromkreise mit unterschiedlichen Leitern zwischen dem Plus- und Minuspol, so findet man bei gleicher Spannung verschieden große Stromstärken.

Die Stromstärke ist also nicht nur von der Spannung, sondern auch von der **Beschaffenheit des Leiters** zwischen den Polen abhängig. Je besser z.B. die Eigenschaft des Leiters ist, den Elektronenstrom zu **leiten**, desto größer ist die Stromstärke. Dieses Leitvermögen gibt der Faktor G an, weshalb man G als **Leitwert** bezeichnet.

Je besser also ein Draht leitet, desto größer ist sein Leitwert und desto größer wird die von der Spannung hervorgerufene Stromstärke. In der Elektrotechnik pflegt man anstelle des Leitwerts seinen Kehrwert R zu benutzen:

$$R = \frac{1}{G} \ .$$

Dieser Kehrwert des Leitwerts heißt **elektrischer Widerstand**, weil er ein Maß für das Hindernis ist, das der Leiter dem Stromfluss entgegensetzt. Die Einheit des Widerstands R ist das **Ohm** (Einheitenzeichen Ω).

Ohmsches Gesetz

Je größer der Widerstand R ist, desto kleiner wird bei gleicher Spannung U die Stromstärke I:

$$I = \frac{U}{R} \ .$$

Hierin bedeuten:

I Strom in Ampere (A); U Spannung in Volt (V)

R Widerstand in Ohm (Ω); $1\ \Omega = \dfrac{1\ V}{1\ A}$.

Die Einheit des Leitwerts $G = \dfrac{1}{R}$ ist das **Siemens (S):**

$$1\ S = \frac{1\ A}{1\ V} \ .$$

Der Widerstand hängt vom Werkstoff, von der Leiterlänge und vom Leiterquerschnitt ab. Materialabhängige Widerstandsgrößen sind der **spezifische Widerstand** ρ (Rho) oder dessen Kehrwert, die **Leitfähigkeit** (spezifischer Leitwert) $\varkappa$ (Kappa) Bild MEC 444.1:

$$\varkappa = \frac{1}{\rho} \ ; \ \rho = \frac{1}{\varkappa} \ .$$

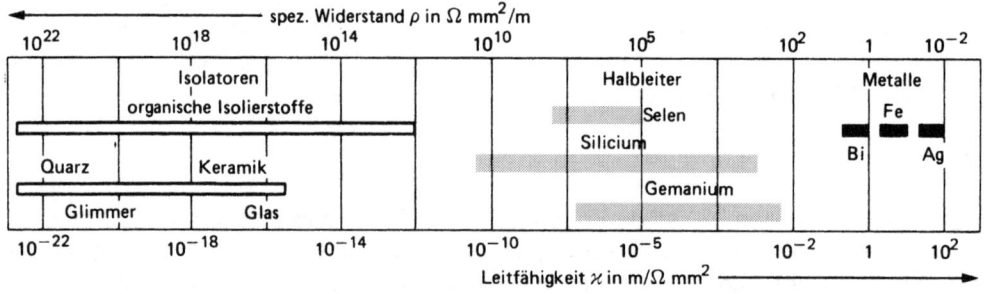

Bild MEC 444.1: Bereiche von Leitfähigkeit und spezifischem Widerstand.

MEC 444

Weiter gelten folgende Zusammenhänge:

Der Widerstand eines Leiters ist umso größer, je **größer** die Leiterlänge und umso geringer, je **größer** der Leiterquerschnitt ist:

$$R = \frac{\rho \cdot l}{S}; \quad R = \frac{l}{\varkappa \cdot S}.$$

Hierin bedeuten:

R = Widerstand des Leiters in Ω
l = Leiterlänge in m
S = Leiterquerschnitt in mm^2
ρ = spezifischer Widerstand in $\frac{\Omega \cdot \text{mm}^2}{\text{m}}$

$\varkappa$ = Leitfähigkeit in $\frac{\text{m}}{\Omega \cdot \text{mm}^2}$ oder $\frac{S \cdot \text{m}}{\text{mm}^2}$

Der spezifische Widerstand ρ eines Materials wird für einen Leiter von 1 m Länge und einen Querschnitt von 1 mm^2 bei einer Temperatur von +20°C angegeben. Tabelle MEC 447 gibt den spezifischen Widerstand und die Leitfähigkeit von in der Elektrotechnik wichtigen Werkstoffen wieder.

Widerstand und Temperatur

Einfluss auf die Elektronenbewegung haben die temperaturabhängigen Wärmeschwingungen der Atome bzw. der Atomrümpfe, so dass der Widerstand außer von der Länge, dem Querschnitt und dem Leiterwerkstoff auch von der **Leitertemperatur** abhängt.

Als Vergleichsmaß für die Widerstandsänderung der verschiedenen Materialien bei einer Temperaturänderung hat man den **Temperaturbeiwert** eingeführt. Man versteht darunter das Verhältnis der Widerstandsänderung ΔR zum Widerstand R_K bei 20°C und zur Temperaturänderung $\Delta \vartheta$ gegenüber der Bezugstemperatur von 20°C.

$$\alpha = \frac{\Delta R}{R_K \cdot \Delta \vartheta}; \quad \Delta R = R_K \cdot \alpha \cdot \Delta \vartheta; \quad R_W = R_K + \Delta R = R_K \left(1 + \alpha \cdot \Delta \vartheta\right).$$

Hierin bedeuten:

ΔR Widerstandsänderung in Ω
R_K Kaltwiderstand bei 20 °C in Ω
$\Delta \vartheta$ Temperaturänderung in K oder °C
α Temperaturbeiwert in K^{-1} oder 1/°C
R_W Warmwiderstand in Ω

Beispiel 1

Ein Kupferleiter, der bei 20°C einen Widerstand von 10 Ω hat, wird auf eine Temperatur von 80°C gebracht. Wie groß ist jetzt der Widerstand?

In Tabelle MEC 447 ist für weiches Kupfer ein Temperaturbeiwert von 3,9 · 10^{-3} K^{-1} angegeben. Die Widerstandszunahme ist demnach:

$\Delta R = R_K \cdot \Delta\vartheta \cdot \alpha \; ; \quad \Delta\vartheta = 80 \ ^\circ C - 20 \ ^\circ C = 60 \ ^\circ C = 60 \ K$
$\Delta R = 10 \ \Omega \cdot 60 \ K \cdot 3,9 \cdot 10^{-3} \ K^{-1} = 2,34 \ \Omega.$

Der Widerstand bei 80 °C ergibt sich somit zu: $R_W = R_K + \Delta R = 10 \ \Omega + 2,34 \ \Omega = 12,34 \ \Omega.$

Beispiel 2

Grafit hat einen negativen Temperaturbeiwert, d. h., der Widerstand wird bei steigender Temperatur geringer, weil – anders als bei Metallen – mit steigender Temperatur zusätzlich freie Elektronen entstehen. Der Nennwert eines Widerstandes sei 15 kΩ.

Wie groß ist der Widerstand bei 75°C und einem angenommenen Temperaturbeiwert von $-2 \cdot 10^{-3} \ K^{-1}$?

$\Delta R = R \cdot \Delta\vartheta \cdot \alpha \; ; \quad \Delta\vartheta = 75 \ ^\circ C - 20 \ ^\circ C = 55 \ ^\circ C = 55 \ K$
$\Delta R = 15 \cdot 10^3 \ \Omega \cdot 55 \ K \cdot (-2 \cdot 10^{-3}) \ K^{-1} = -1650 \ \Omega = 1,65 \ k\Omega$

Der Widerstand bei 75°C ergibt sich zu: $R_W = R_K + \Delta R = 15 \ k\Omega - 1,65 \ k\Omega = 13,35 \ k\Omega.$

Insbesondere Leiter mit großem **positivem Temperaturbeiwert** nennt man **Kaltleiter** oder **PTC-Widerstände** (**P**ositiver **T**emperatur-**C**oeffizient). Ihr Widerstand nimmt bei Erwärmung erheblich zu.

Leiter mit **negativem Temperaturbeiwert** nennt man **Heißleiter** oder **NTC-Widerstände** (**N**egativer **T**emperatur-**C**oeffizient). Ihr Widerstand nimmt bei Erwärmung ab.

Bei sehr tiefen Temperaturen verlieren manche Werkstoffe ihren elektrischen Widerstand, weil die freien Elektronen nicht mehr durch die Wärmeschwingungen der Atome in ihrem Fluss behindert werden (**Supraleitung**). Die **Sprungtemperatur** T_C, bei der ein Leiterwerkstoff schlagartig seinen Widerstand verliert, liegt heute bei **keramischen Supraleitern** zwischen 35 K und ca. 100 K.

BaLaCuO-Keramik: 35 K; SrLaCuO-Keramik: 40 K; YbBaCuO-Keramik: 92 K. Die erreichbaren Stromdichten liegen bei etwa 1000 A/cm^2; bei höheren Stromdichten geht die Supraleitung wieder verloren.

Elektrische Arbeit, Leistung und Wirkungsgrad

Werden unter dem Einfluss der Spannung Elektronen (Elektrizitätsmengen) bewegt, so wird, vergleichbar mit der mechanischen Bewegung, eine **Arbeit** verrichtet. Die Einheit der elektrischen Arbeit W ist die **Wattsekunde** (W s). Die Arbeit W ist der Spannung U und der getriebenen Elektrizitätsmenge Q proportional, so dass sich für die Arbeit der Spannung U, die zwischen zwei Polen besteht, ergibt:

$W = U \cdot Q = U \cdot I \cdot t.$

Hierin bedeuten: U Spannung in V, Q Elektrizitätsmenge in A s, W Arbeit in W s, I Strom in A, t Zeit in s.

Für die Wattsekunde ist auch der besondere Einheitenname **Joule** (J) festgelegt worden. Die Elektrotechnik arbeitet aber meist mit der Bezeichnung Wattsekunde bzw. mit der Kilowattstunde (kW h):

$1 \ W \ s = 1 \ J = 1 \ V \ A \ s$

Tabelle MEC 447: Spezifischer Widerstand[1], elektrische Leitfähigkeit und Temperaturbeiwert einiger Leiter bei 20°C

Leiter	Spezifischer Widerstand ρ $\Omega \dfrac{mm^2}{m}$	Elektrische Leitfähigkeit $\varkappa$ $S \dfrac{m}{mm^2}$	Temperaturbeiwert α K^{-1}
Aluminium, 99,5% Al, weich	0,0278	36	$4,0 \cdot 10^{-3}$
E-AlMgSi	0,03...0,033	33...30	$3,6 \cdot 10^{-3}$
Al-Bronze, 90% Cu,10% Al	0,13	7,7	$3,2 \cdot 10^{-3}$
Bismut (Wismut)	1,2	0,83	$4,5 \cdot 10^{-3}$
Blei	0,208	4,8	$4,0 \cdot 10^{-3}$
Kupfer-Zinn-Legierung			
CuBr12 (Bronze)	0,18	5,56	$0,5 \cdot 10^{-3}$
Cadmium	0,077	13	$4,2 \cdot 10^{-3}$
CrAl20 5[2]	1,37	0,73	$0,05 \cdot 10^{-3}$
CrAl30 5[2]	1,44	0,69	$0,01 \cdot 10^{-3}$
Chromnickel, Cekas	s.NiCr8020		−
Dynamoblech	0,13	7,7	$4,5 \cdot 10^{-3}$
Dynamoblech legiert (1...5% Si)	0,27...0,67	3,7...1,5	−
Gold	0,0222	45	$3,8 \cdot 10^{-3}$
Gusseisen	0,60...1,6	1,67...0,625	$1,9 \cdot 10^{-3}$
Grafit	13	0,077	$-0,2...-0,7 \cdot 10^{-3}$
Kohle	50...100	0,02...0,01	$-0,2...-4,0 \cdot 10^{-3}$
Konstantan (CuNi44)	0,49	2,04	$-0,04 \cdot 10^{-3}$
Kupfer, Leitungs-, weich	0,01754	57	$3,9 \cdot 10^{-3}$
Kupfer, Leitungs-, hart	0,01786	56	$3,8 \cdot 10^{-3}$
Magnesium	0,046	21,6	$3,8 \cdot 10^{-3}$
Manganin(CuMn12Ni)	0,43	2,33	$0,01 \cdot 10^{-3}$
Kupfer-Zink-Legierungen			
CuZn...(Messing)	0,07	14,3	$1,3...4,0 \cdot 10^{-3}$
Molybdän	0,054	18,5	$4,3 \cdot 10^{-3}$
Monelmetall	0,42	2,8	$0,19 \cdot 10^{-3}$
Neusilber	0,15...0,4	6,67...2,5	$3...3,5 \cdot 10^{-3}$
NiCr3020[2]	1,04	0,96	$0,24 \cdot 10^{-3}$
NiCr6015[2]	1,11	0,90	$0,13 \cdot 10^{-3}$
NiCr8020[2]	1,09	0,92	$0,04 \cdot 10^{-3}$
Nickel	0,09	11,1	$4,0 \cdot 10^{-3}$
Nickelin (CuNi30Mn)	0,4	2,5	$0,15 \cdot 10^{-3}$
Platin	0,1	10	$3,8...2,5 \cdot 10^{-3}$
Quecksilber	0,958	1,04	$0,90 \cdot 10^{-3}$
Silber	0,0165	60,5	$3,8 \cdot 10^{-3}$
Stahl, 0,1%C, 0,5%Mn	0,13...0,15	7,7...6,7	$4...5 \cdot 10^{-3}$
Stahl, 0,25%C, 0,3%Si	0,18	5,5	$4...5 \cdot 10^{-3}$
Tantal	0,16	6,25	$3,5 \cdot 10^{-3}$
Wolfram	0,055	18,2	$4,6 \cdot 10^{-3}$
Zink	0,063	15,9	$3,7 \cdot 10^{-3}$
Zinn	0,12	8,33	$4,4 \cdot 10^{-3}$

[1] Der spezifische Widerstand entspricht dem Widerstand eines Leiters von 1m Länge und 1 mm^2 Querschnitt.

[2] Heizleiterlegierung DIN 17470. Die Buchstaben und Zahlen geben die Zusammensetzung in % an. Rest Fe, z.B. NiCr6015 = 60 % Ni, 15 % Cr, 25 % Fe.

1 kW h = 3 600 000 A s = 3 600 000 J = 3 600 kJ

Formeln zur Berechnung der elektrischen Arbeit in kW h:

$$W = \frac{U \cdot I \cdot t}{1\,000}\,; \quad W = \frac{I^2 \cdot R \cdot t}{1\,000}\,; \quad W = \frac{U^2 \cdot t}{1\,000 \cdot R}\,.$$

Hierin bedeuten:

W Arbeit in kW h; I Stromstärke in A; t Zeit in h; U Spannung in V; R Widerstand in Ω.

Elektrowärme: Die für die Erwärmung einer Masse m benötigte elektrische Arbeit W ergibt sich mit folgender Formel:

$$W = \frac{m \cdot c \cdot \Delta\vartheta}{3,6 \cdot 10^6}\,.$$

Hierin bedeuten:

W Arbeit in kW h; m Masse in kg; c spezifische Wärmekapazität in W s/kg K;
$\Delta\vartheta$ Temperaturerhöhung in K.

Arbeit je Zeiteinheit bezeichnet man als **Leistung**. Die Einheit der elektrischen Leistung ist das **Watt** (W). 1 000 W = 1 kW

$$P = \frac{W}{t} = \frac{U \cdot Q}{t} = U \cdot I\,; \quad P = I^2 \cdot R\,; \quad P = \frac{U^2}{R}\,.$$

Hierin bedeuten:

W	Arbeit	in W s	1 W s = 1 V A s = 1 J;	I	Stromstärke in A;
P	Leistung	in W	1 W = 1 V A = 1 J/s;	U	Spannung in V;
				R	Widerstand in Ω.

Wirkungsgrad

Bei der Umwandlung von einer Energieform in eine andere entstehen **Verluste**, meist in Form von Wärme. Jedem elektrischen Gerät muss mehr Energie zugeführt werden, als es in der Lage ist abzugeben (Bild MEC 449.1).

Das Verhältnis der abgegebenen Energie W_2 zur aufgenommenen Energie W_1 nennt man den **Wirkungsgrad** eines Gerätes oder einer Maschine:

$$\eta = \frac{W_2}{W_1} = \frac{P_2}{P_1}$$

η ist eine dimensionslose Größe, deren Zahlenwert zwischen 0 und 1 liegt. Häufig gibt man den Wirkungsgrad in Prozent an, z.B. $\eta = 0,85 = 85\ \%$.

Bei der Energieumwandlung in mehreren Stufen ergibt sich der **Gesamtwirkungsgrad** zu:

$$\eta_{\text{Gesamt}} = \eta_1 \cdot \eta_2 \cdot \eta_3 \ldots \eta_n.$$

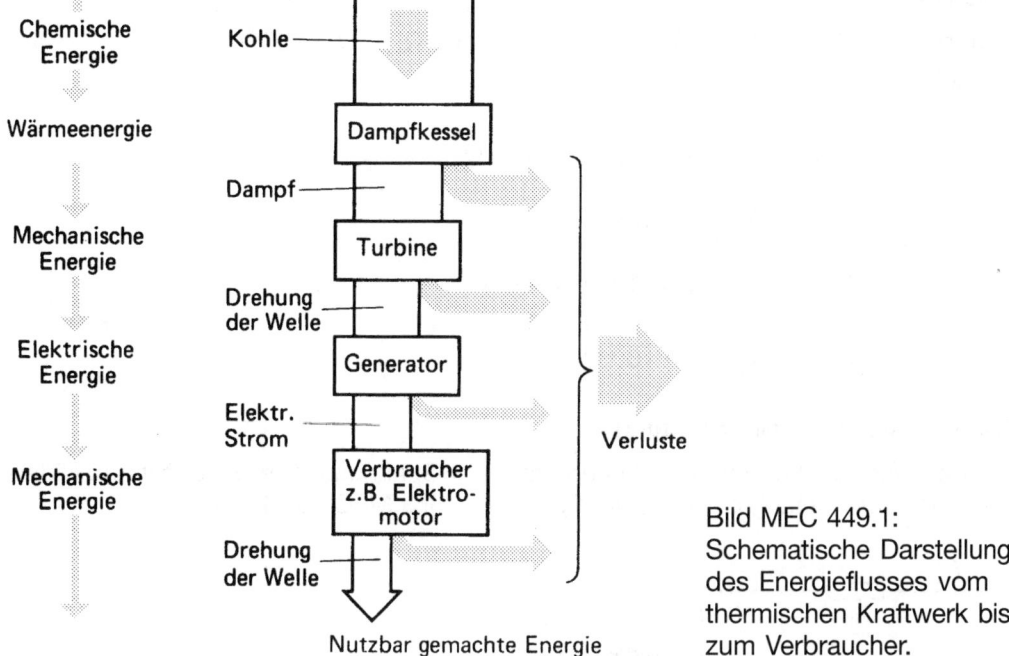

Chemische Energie	Kohle
Wärmeenergie	Dampfkessel
Mechanische Energie	Dampf — Turbine
Elektrische Energie	Drehung der Welle — Generator
Mechanische Energie	Elektr. Strom — Verbraucher z.B. Elektromotor
	Drehung der Welle

Verluste

Nutzbar gemachte Energie

Bild MEC 449.1:
Schematische Darstellung des Energieflusses vom thermischen Kraftwerk bis zum Verbraucher.

Beispiel: Zum Erwärmen von 5 l Wasser von 20 °C auf 100 °C muss eine 2 000 W-Kochplatte 24 min eingeschaltet werden. Wie groß ist der Wirkungsgrad η?

$$W_2 = \frac{m \cdot c \cdot \Delta\vartheta}{3,6 \cdot 10^6} = \frac{5 \text{ kg} \cdot 4\,187 \text{ W s/kg K} \cdot 80 \text{ K}}{3,6 \cdot 10^6}$$

$$W_2 = 0,465 \text{ kW h}; \quad W_1 = P \cdot t = 2 \text{ kW} \cdot 0,4 = 0,8 \text{ kW h}$$

$$\eta = \frac{W_2}{W_1} = \frac{0,465 \text{ kW h}}{0,8 \text{ kW h}} = 0,58.$$

Reihen- und Parallelschaltung

Reihenschaltung von Widerständen (Bild MEC 449.2)

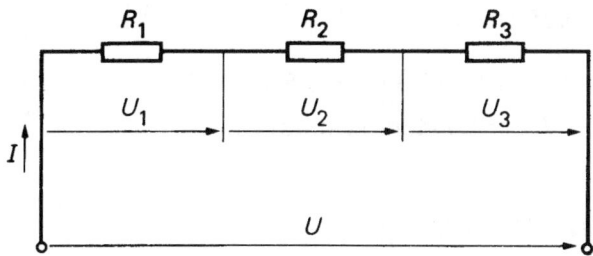

Bild MEC 449.2
Reihenschaltung von Widerständen

Gesamtspannung $U = U_1 + U_2 + U_3$; **Gesamtwiderstand** $R = R_1 + R_2 + R_3$

Strom $I = \dfrac{U}{R} = \dfrac{U}{R_1 + R_2 + R_3} = \dfrac{U_1}{R_1} = \dfrac{U_2}{R_2} = \dfrac{U_3}{R_3}$

Beispiel

Gegeben: $R_1 = 10\ \Omega$; $\quad R_2 = 30\ \Omega$; $\quad R_3 = 60\ \Omega$; $\quad U = 200\ V$

Gesucht: R; I; U_1; U_2; U_3

$$R = R_1 + R_2 + R_3$$

$$R = 10\ \Omega + 30\ \Omega + 60\ \Omega = 100\ \Omega$$

$$I = \frac{U}{R} = \frac{200\ V}{100\ \Omega} = 2\ A$$

$$U_1 = I \cdot R_1 = 2\ A \cdot 10\ \Omega = 20\ V$$
$$U_2 = I \cdot R_2 = 2\ A \cdot 30\ \Omega = 60\ V$$
$$U_3 = I \cdot R_3 = 2\ A \cdot 60\ \Omega = 120\ V$$

Spannungsfall auf einer Leitung

Liegt ein Verbraucher über eine Leitung an einer Spannungsquelle, so fällt am Widerstand, den die Leitung darstellt, die Spannung (Bild MEC 450.1).

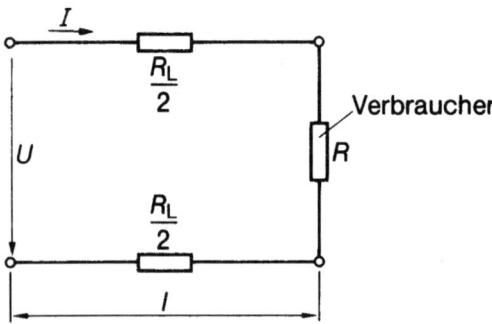

Bild MEC 450.1: Reihenschaltung von Leitungswiderstand und Verbraucher.

Der Leitungswiderstand R_L ist mit dem Verbraucher-Widerstand R in Reihe geschaltet.

Beispiel

Leitungsmaterial ist Kupfer; Querschnitt des Leiters $S = 10\ mm^2$, $l = 100\ m$, $U = 230\ V$; $I = 10\ A$.

$$R_L = \frac{2 \cdot l \cdot \rho}{S} = \frac{2 \cdot 100 \cdot 0{,}0175}{10}\ \Omega = 0{,}35\ \Omega.$$

Spannungsfall in der Leitung: $U_L = I \cdot R_L = 10\ A \cdot 0{,}35\ \Omega = 3{,}5\ V$.

Am Verbraucher liegen also nur 226,5 V. Der **Leistungsverlust** ist:

$$P_L = 3{,}5\ V \cdot 10\ A = 35\ W.$$

Parallelschaltung von Widerständen (Bild MEC 451.1)

Gesamtstrom $\qquad I = I_1 + I_2 + I_3$

Gesamtleitwert $\qquad G = G_1 + G_2 + G_3$

Gesamtwiderstand $\qquad \dfrac{1}{R} = \dfrac{1}{R_1} + \dfrac{1}{R_2} + \dfrac{1}{R_3}$

MEC 450

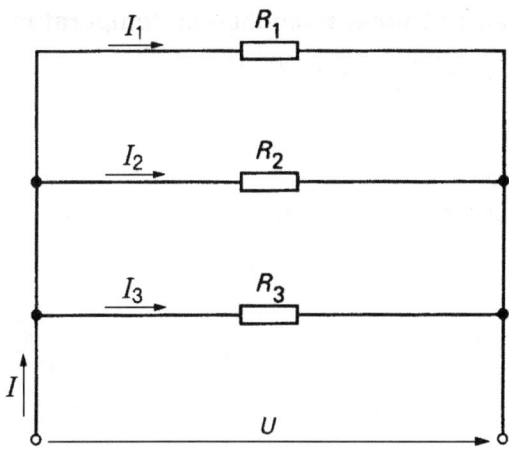

Bild MEC 451.1: Widerstände in Parallelschaltung.

Widerstände sind immer dann zueinander parallel geschaltet, wenn sie an der **gleichen Spannung** liegen.

Spannung: $U = I_1 \cdot R_1 = I_2 \cdot R_2 = I_3 \cdot R_3 = I \cdot R$

Beispiel

$R_1 = 10\ \Omega; \qquad R_2 = 40\ \Omega; \qquad R_3 = 50\ \Omega;$

$I\ = 1\ A$

$G\ = G_1 + G_2 + G_3 = \dfrac{1}{10}\ S + \dfrac{1}{40}\ S + \dfrac{1}{50}\ S = \dfrac{29}{200}\ S$

$R\ = \dfrac{1}{G} = \dfrac{200}{29} \cdot \Omega = 6{,}9\ \Omega$

$U\ = I \cdot R = 1\ A \cdot 6{,}9\ \Omega = 6{,}9\ V$

$I_1\ = \dfrac{U}{R_1} = \dfrac{6{,}9\ V}{10\ \Omega} = 0{,}69\ A$

$I_2\ = \dfrac{U}{R_2} = \dfrac{6{,}9\ V}{40\ \Omega} = 0{,}173\ A$

$I_3\ = \dfrac{U}{R_3} = \dfrac{6{,}9\ V}{50\ \Omega} = 0{,}138\ A$

Zwei Widerstände parallel

$R\ = \dfrac{R_1 \cdot R_2}{R_1 + R_2}$

Parallelschaltung gleicher Widerstände R_n

$R\ = \dfrac{R_n}{n}\ ; \qquad n = \text{Anzahl der Widerstände}$

Reihenschaltung von zwei Widerständen mit unterschiedlichen Temperaturbeiwerten

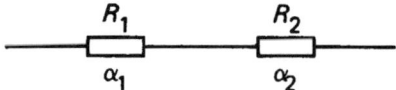

Der Temperaturbeiwert α der Reihenschaltung ergibt sich aus:

$$\alpha = \frac{\alpha_1 \cdot R_1 + \alpha_2 \cdot R_2}{R_1 + R_2}$$

Beispiel

$R_1 = 10\ \Omega$ Kupfer; $R_2 = 20\ \Omega$ Grafit
$\alpha_1 = 3{,}9 \cdot 10^{-3}\,\mathrm{K}^{-1}$; $\alpha_2 = -1 \cdot 10^{-3}\,\mathrm{K}^{-1}$

$$\alpha = \frac{\alpha_1 \cdot R_1 + \alpha_2 \cdot R_2}{R_1 + R_2}$$

$$\alpha = \frac{3{,}9 \cdot 10^{-3}\,\mathrm{K}^{-1} \cdot 10\ \Omega - 1 \cdot 10^{-3}\,\mathrm{K}^{-1} \cdot 20\ \Omega}{(10\ \Omega + 20\ \Omega)}$$

$$\alpha = \frac{(39 \cdot 10^{-3}\,\mathrm{K}^{-1} - 20 \cdot 10^{-3}\,\mathrm{K}^{-1})\ \Omega}{30\ \Omega} = \frac{19 \cdot 10^{-3}}{30}\,\mathrm{K}^{-1}$$

$\alpha = 0{,}6\overline{3} \cdot 10^{-3}\,\mathrm{K}^{-1}$.

Die Reihenschaltung aus R_1 und R_2 hat einen Gesamtwiderstand von 30 Ω und einen Temperaturbeiwert von ca. $0{,}6 \cdot 10^{-3}\,\mathrm{K}^{-1}$.

Parallelschaltung von zwei Widerständen mit unterschiedlichem Temperaturbeiwert

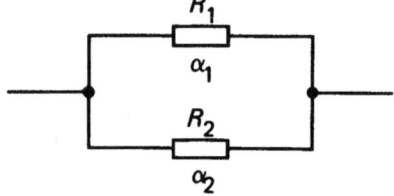

Der Temperaturbeiwert α der Parallelschaltung:

Beispiel

$R_1 = 800\ \Omega$ Kupfer; $R_2 = 200\ \Omega$ Grafit
$\alpha_1 = 3{,}9 \cdot 10^{-3}\,\mathrm{K}^{-1}$; $\alpha_2 = -1 \cdot 10^{-3}\,\mathrm{K}^{-1}$

$$R = \frac{R_1 \cdot R_2}{R_1 + R_2}$$

$$R = \frac{800 \cdot 200}{1\,000}\ \Omega = 160\ \Omega$$

$$\alpha = R \cdot \frac{\alpha_1 \cdot R_2 + \alpha_2 \cdot R_1}{R_1 \cdot R_2}$$

MEC 452

$$\alpha = 160\ \Omega \cdot \frac{3{,}9 \cdot 10^{-3}\ \mathrm{K}^{-1} \cdot 200\ \Omega - 1 \cdot 10^{-3}\ \mathrm{K}^{-1} \cdot 800\ \Omega}{160\ 000\ \Omega^2}$$

$$\alpha = 160\ \Omega \cdot \frac{780 \cdot 10^{-3} - 800 \cdot 10^{-3}}{160\ 000\ \Omega}\ \mathrm{K}^{-1} = \frac{-20 \cdot 10^{-3}\ \mathrm{K}^{-1}}{1\ 000}$$

$$\alpha = -0{,}2 \cdot 10^{-4}\ \mathrm{K}^{-1} = -2 \cdot 10^{-5}\ \mathrm{K}^{-1}.$$

Die Parallelschaltung aus R_1 und R_2 verhält sich wie ein Widerstand von 160 Ω mit einem Temperaturbeiwert von $-2 \cdot 10^{-5}\ \mathrm{K}^{-1}$.

Bei geeigneter Wahl der Widerstandswerte ist es möglich, die Widerstandkombination **temperaturunabhängig** zu machen.

Kirchhoffsche Sätze

Kirchhoffscher Satz, Knotenpunktregel

Die **Summe der** auf einen Verzweigungspunkt (Knotenpunkt) **zufließenden Ströme** ist **gleich der Summe der abfließenden** Ströme. Als Formel:

$$\Sigma I_{zu} = \Sigma I_{ab}.$$

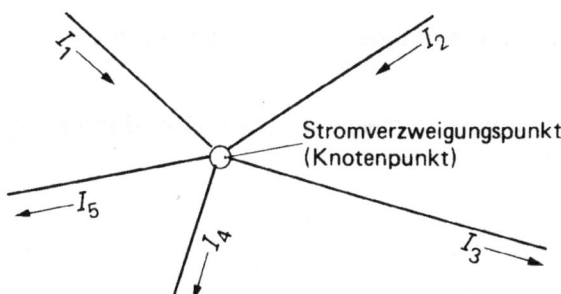

Bild MEC 453.1: Stromverzweigungspunkt (Knotenpunkt).

Aus Bild MEC 453.1 erhält man bei Anwendung der Knotenpunktregel:

$\Sigma I_{zu} = I_1 + I_2$; $\quad \Sigma I_{ab} = I_3 + I_4 + I_5$
$\Sigma I_{zu} = \Sigma I_{ab}$; $\quad I_1 + I_2 = I_3 + I_4 + I_5$ oder:
$I_1 + I_2 - I_3 - I_4 - I_5 = 0.$

Beispiel:

Gegeben nach Bild MEC 453.1:

$I_1 = 10\ \mathrm{A}$; $\quad I_2 = 5\ \mathrm{A}$; $\quad I_3 = 1\ \mathrm{A}$; $\quad I_4 = 2\ \mathrm{A}$.

Gesucht: I_5
$I_5 = I_1 + I_2 - I_3 - I_4$
$I_5 = 10\ \mathrm{A} + 5\ \mathrm{A} - 1\ \mathrm{A} - 2\ \mathrm{A}$
$I_5 = 12\ \mathrm{A}.$

Kirchhoffscher Satz, Maschenregel

In einem geschlossenen Stromkreis ist die Summe **aller erzeugten Spannungen** ΣE gleich der Summe aller **verbrauchten Spannungen** (Spannungsfälle) ΣU.

$$\Sigma E = \Sigma U$$

Beispiel

Die erzeugten Spannungen und die Spannungsfälle haben in der im Bild MEC 454.1 dargestellten Schaltung die Richtung des Uhrzeigersinns.

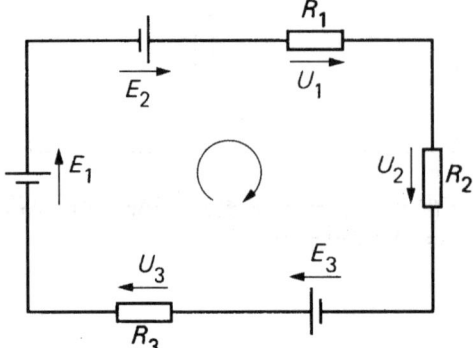

Bild MEC 454.1: Geschlossener Stromkreis mit mehreren Spannungsquellen.

$$E_1 + E_2 + E_3 = U_1 + U_2 + U_3$$

Beide Seiten der vorstehenden Gleichung müssen gleich sein, also dem Betrag und der Richtung nach.

Beispiel Gegeben nach Bild MEC 454.1:

$$E_1 = 2\text{ V}; \quad E_2 = 3\text{ V}; \quad E_3 = 4\text{ V}; \quad U_1 = 4\text{ V}; \quad U_2 = 1\text{ V}.$$

Gesucht U_3

$$U_3 = E_1 + E_2 + E_3 - U_1 - U_2$$
$$U_3 = 2\text{ V} + 3\text{ V} + 4\text{ V} - 4\text{ V} - 1\text{ V} = 4\text{ V}.$$

Spannungsteilerschaltungen

Unbelasteter Spannungsteiler

Dem unbelasteten Spannungsteiler wird kein Strom entnommen; der fließende **Strom** I kann deshalb klein sein. Daher werden die **Widerstände hochohmig** gewählt.

Die Leerlaufspannung U_{2L} (Bild MEC 455.1) hängt vom Verhältnis der Teilwiderstände R_{ES} und R_{SA} (Bildteil a) bzw. R_1 und R_2 (Bildteil b) ab.

Zu a) $R = R_{ES} + R_{SA};$ R_{ES} oberer Teilwiderstand, R_{SA} unterer Teilwiderstand

$$U_{2L} = \frac{R_{SA}}{R} \cdot U_1 = \frac{R_{SA}}{R_{ES} + R_{SA}} \cdot U_1; \qquad \text{zu b) } U_{2L} = \frac{R_2}{R_1 + R_2} \cdot U_1.$$

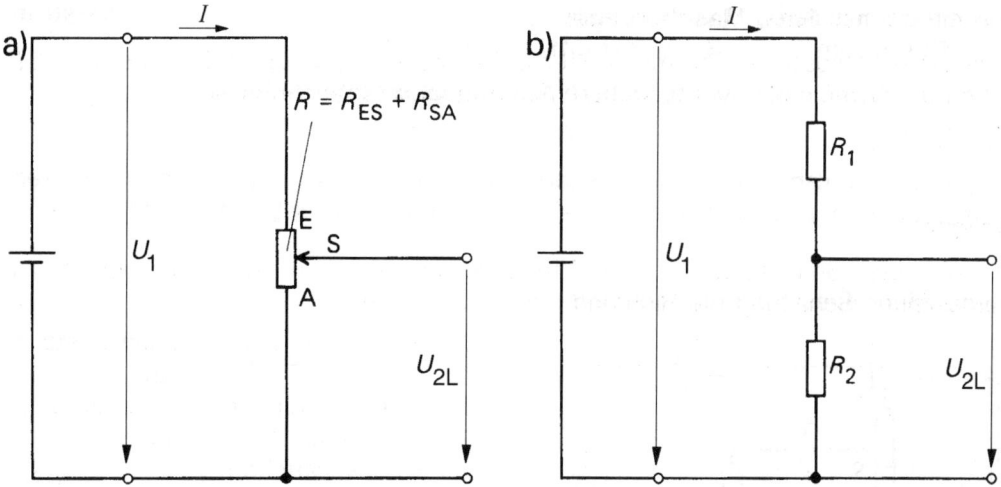

Bild MEC 455.1: Unbelasteter Spannungsteiler, a) als veränderbarer Widerstand mit dem Schleifkontakt S, b) als zwei in Reihe geschaltete Widerstände.

Belasteter Spannungsteiler

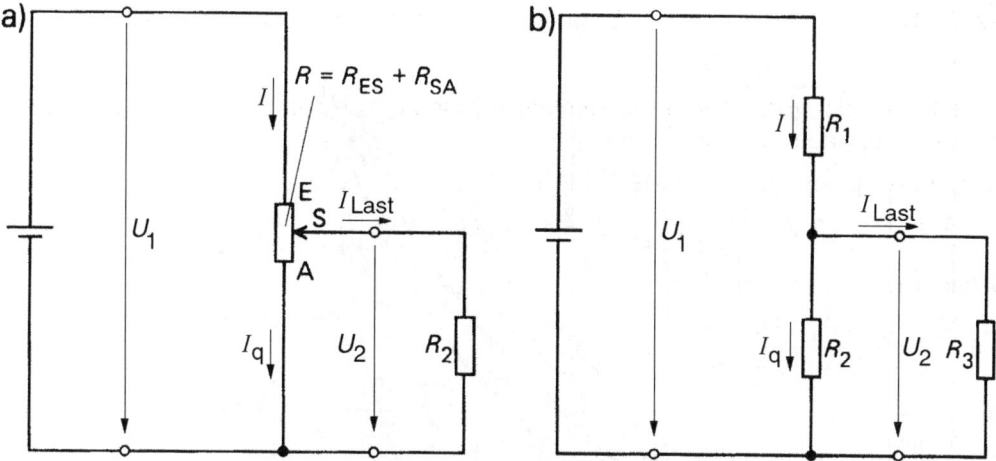

Bild MEC 455.2: Belasteter Spannungsteiler, a) als veränderbarer Widerstand, b) als zwei in Reihe geschaltete Widerstände.

Zu Bild MEC 455.2a) $U_2 = \dfrac{R_{SA} \cdot R_2}{R_{ES} \cdot R_{SA} + R_{ES} \cdot R_2 + R_{SA} \cdot R_2} \cdot U_1.$

Zu Bild MEC 455.2b) $U_2 = \dfrac{R_2 \cdot R_3}{R_1 \cdot R_2 + R_1 \cdot R_3 + R_2 \cdot R_3} \cdot U_1.$

Die Ausgangsspannung U_2 weicht umso weniger von der Leerlaufspannung U_{2L} ab, je größer der Lastwiderstand R_2 gegenüber dem Gesamtwiderstand R wird. Das zeigt das umseitige Spannungsteilerdiagramm.

Bei einem belasteten Spannungsteiler (Bild MEC 455.2) wird zwischen **Laststrom** I_{Last}, **Querstrom** I_q und **Gesamtstrom** I unterschieden.

Das Verhältnis Querstrom zu Laststrom ist der **Querstromfaktor** m:

$m = I_q / I_{Last}$.

Je größer m, umso geringer die **Ausgangsspannungsänderung** ΔU_2 bei schwankendem Laststrom. Großes m erfordert einen niederohmigen **unteren** Teilwiderstand.

Kennlinien eines Spannungsteilers

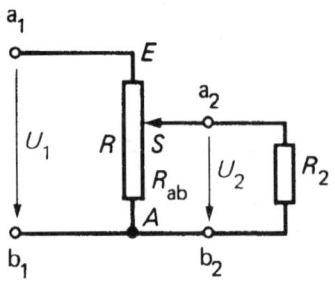

R $= R_{ES} + R_{SA}$ = Gesamtwiderstand
R_{ES} = oberer Teilwiderstand
R_{SA} $= R_{ab}$ = unterer Teilwiderstand
R_2 = Belastungswiderstand
$=$ (Verbraucher)

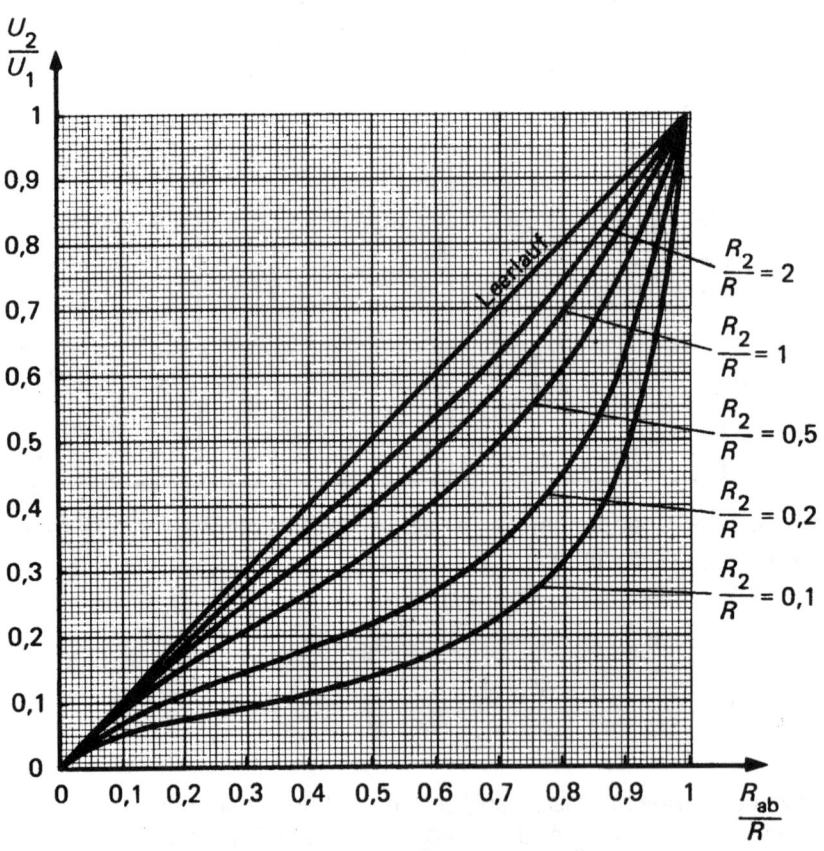

Bild MEC 456.1: Kennlinien eines Spannungsteilers.

MEC 456

Beispiel 1

Gegeben: $U_1 = 4$ V, $U_2 = 1,2$ V, $R = 10$ kΩ, $R_2 = 20$ kΩ.

Gesucht: R_{ab}.

Im Bild MEC 456.1 wird mit den Verhältnissen U_2/U_1, R_{ab}/R und R_2/R gearbeitet. Als erstes rechnet man die Verhältnisse aus, von denen die notwendigen Werte gegeben sind. Das sind hier:

$$\frac{U_2}{U_1} = \frac{1,2 \text{ V}}{4 \text{ V}} = 0,3 \text{ und } \frac{R_2}{R} = \frac{20 \text{ k}\Omega}{10 \text{ k}\Omega} = 2.$$

Auf der Senkrechten den Wert 0,3 aufsuchen (vgl. Bild MEC 457.1), von dort waagerecht nach rechts bis zur Kennlinie $R_2/R = 2$; senkrecht hinunter zur Waagerechten; ablesen $R_2/R \approx 0,33$.

Vom Verhältnis R_{ab}/R ist jetzt sowohl R als auch das Ergebnis bekannt.

$$\frac{R_{ab}}{R} = \frac{R_{ab}}{10 \text{ k}\Omega} = 0,33$$

$R_{ab} = 0,33 \cdot 10 \text{ k}\Omega = 3,3 \text{ k}\Omega.$

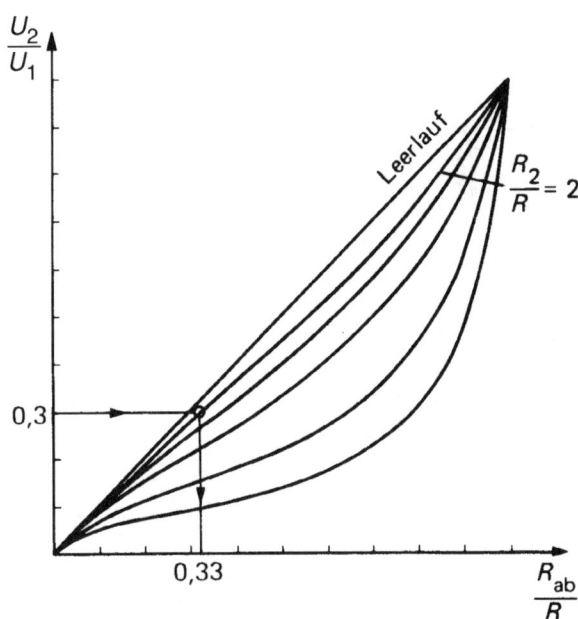

Bild MEC 457.1: Zu Beispiel 1.

Beispiel 2

Gegeben: $U_1 = 9$ V, $R = 100$ kΩ,
$R_2 = 50$ kΩ, $R_{ab} = 60$ kΩ.

Gesucht: U_2

$$\frac{R_{ab}}{R} = \frac{60 \text{ k}\Omega}{100 \text{ k}\Omega} = 0,6 \text{ und } \frac{R_2}{R} = \frac{50 \text{ k}\Omega}{100 \text{ k}\Omega} = 0,5.$$

Auf der Waagerechten den Wert 0,6 aufsuchen (vgl. Bild MEC 458.1);
senkrecht hinauf zur Kennlinie $R_2/R = 0,5$;
waagerecht nach links; ablesen $\approx 0,4$.

$$\frac{U_2}{9\ \text{V}} = 0,4;\quad U_2 = 0,4 \cdot 9\ \text{V} = 3,6\ \text{V}.$$

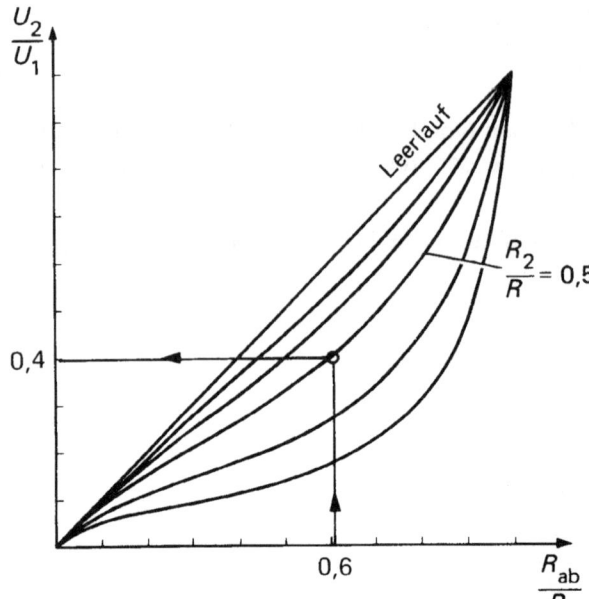

Bild MEC 458.1: Zu Beispiel 2.

Beispiel 3

Gegeben: $U_1 = 12$ V, $U_2 = 7,2$ V,
$R = 100$ kΩ, $R_{ab} = 76$ kΩ.

Gesucht: R_2

$$\frac{U_2}{U_1} = \frac{7,2\ \text{V}}{12\ \text{V}} = 0,6 \text{ und}$$

$$\frac{R_{ab}}{R} = \frac{76\ \text{k}\Omega}{100\ \text{k}\Omega} = 0,76.$$

Auf der Senkrechten 0,6 aufsuchen (vgl. Bild MEC 459.1); waagerecht nach rechts gehen.

Auf der Waagerechten 0,76 aufsuchen; senkrecht hinauf gehen.

Die Waagerechte und die Senkrechte schneiden sich in einem Punkt, der zwischen den Kennlinien $R_2/R = 1$ und $R_2/R = 0,5$ liegt. Die hier durchlaufende Kennlinie würde schätzungsweise für das Verhältnis $R_2/R = 0,7$ stehen.

$$\frac{R_2}{R} = 0,7;\quad R_2 = 0,7 \cdot 100\ \text{k}\Omega = 70\ \text{k}\Omega.$$

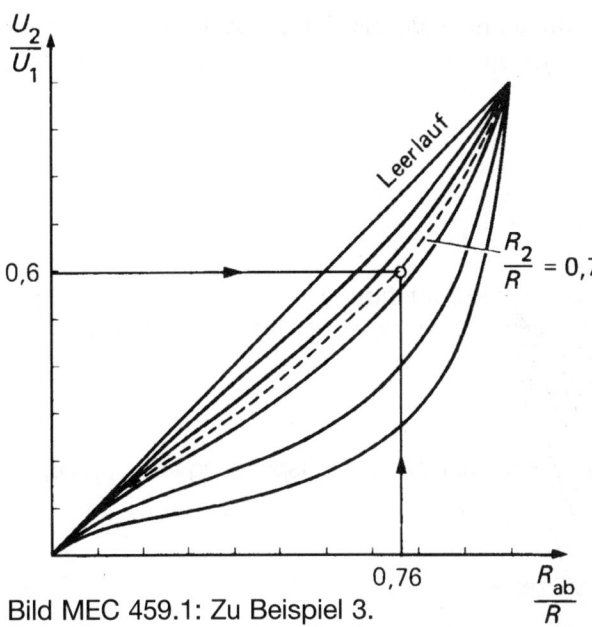

Bild MEC 459.1: Zu Beispiel 3.

Beispiel 4

Gegeben: $U_1 = 9$ V, Leerlaufspannung $U_{2L} = 6,3$ V,
$R = 10$ kΩ, $R_2 = 5$ kΩ.

Gesucht: a) R_{ab} b) U_2

a) $\dfrac{U_{2L}}{U_1} = \dfrac{6,3\ \text{V}}{9\ \text{V}} = 0,7.$

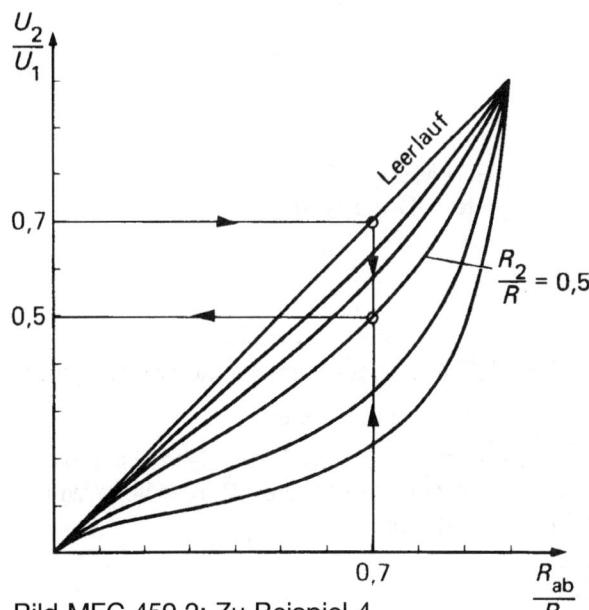

Bild MEC 459.2: Zu Beispiel 4.

Auf der Senkrechten den Wert 0,7 aufsuchen (vgl. Bild MEC 459.2); waagerecht nach rechts bis zur Leerlaufkennlinie gehen; senkrecht hinunter zur Waagerechten; ablesen 0,7.

$$\frac{R_{ab}}{R} = 0,7; \quad R_{ab} = 0,7 \cdot 10 \text{ k}\Omega = 7 \text{ k}\Omega.$$

b) $\dfrac{R_2}{R} = \dfrac{5 \text{ k}\Omega}{10 \text{ k}\Omega} = 0,5.$

Auf der Waagerechten vom Wert 0,7 senkrecht hinauf gehen bis zur Kennlinie $R_2/R = 0,5$; von dort waagerecht nach links bis zur Senkrechten; ablesen $\approx 0,5$.

$$\frac{U_2}{U_1} = 0,5; \quad U_2 = 0,5 \cdot U_1 = 0,5 \cdot 9 \text{ V} = 4,5 \text{ V}.$$

Bei Belastung mit dem Widerstand $R_2 = 5 \text{ k}\Omega$ sinkt die Leerlaufspannung von $U_{L2} = 6,3 \text{ V}$ auf $U_2 = 4,5 \text{ V}$.

Umrechnung Dreieck-Stern, Stern-Dreieck

Die Widerstände zwischen den Punkten 1, 2 und 3 bleiben jeweils gleich.

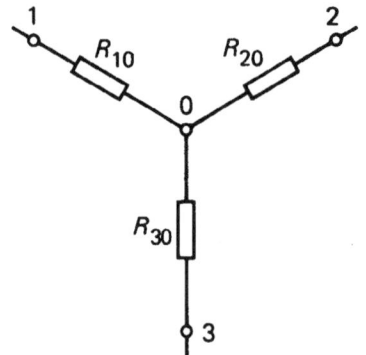

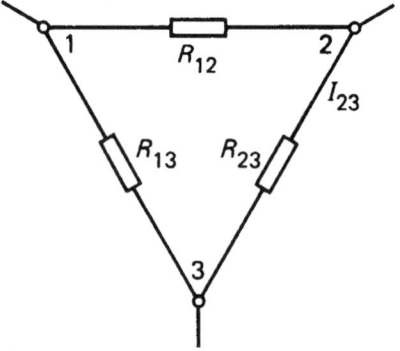

Bild MEC 460.1:
Dreieck-Stern-Umwandlung.

Bild MEC 460.2:
Stern-Dreieck-Umwandlung.

Dreieck-Stern-Umwandlung (Bild MEC 460.1)

$$R_{10} = \frac{R_{12} \cdot R_{13}}{R_{12} + R_{13} + R_{23}} \qquad R_{20} = \frac{R_{12} \cdot R_{23}}{R_{12} + R_{13} + R_{23}} \qquad R_{30} = \frac{R_{13} \cdot R_{23}}{R_{12} + R_{13} + R_{23}}$$

Stern-Dreieck-Umwandlung (Bild MEC 460.2)

$$R_{12} = \frac{R_{10} \cdot R_{20} + R_{10} \cdot R_{30} + R_{20} \cdot R_{30}}{R_{30}} \qquad R_{13} = \frac{R_{10} \cdot R_{20} + R_{10} \cdot R_{30} + R_{20} \cdot R_{30}}{R_{20}}$$

$$R_{23} = \frac{R_{10} \cdot R_{20} + R_{10} \cdot R_{30} + R_{20} \cdot R_{30}}{R_{10}}$$

MEC 460

Ersatzschaltungen von Spannungsquellen und Stromquellen

Elektrische Energiequellen können als Spannungsquellen oder als Stromquellen betrachtet werden.

Die **Ersatzschaltung einer Spannungsquelle** besteht aus der **Reihenschaltung** einer idealen Spannungsquelle (mit unendlich kleinem Innenwiderstand) und dem Innenwiderstand R_i der realen Spannungsquelle (Bild MEC 461.1). Die Ersatzschaltung gilt in der gleichen Form auch für Wechselspannung.

Zwischen Klemmenspannung U, Quellenspannung (eingeprägte Spannung) U_q, Innenwiderstand R_i und Belastungswiderstand R besteht folgende Beziehung:

$$U = \frac{R}{R_i + R} \cdot U_q.$$

Es ist $U \approx U_q$, wenn R gegenüber R_i sehr groß ist. Für $R = R_i$ ist $U = U_q/2$.

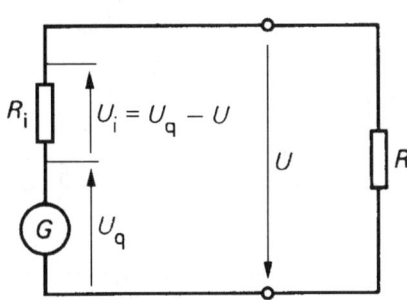

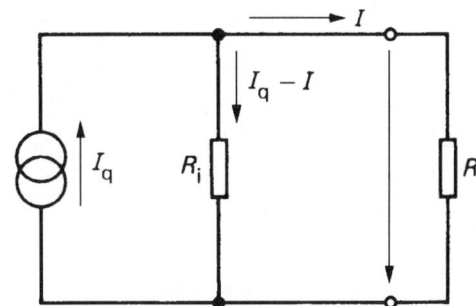

Bild MEC 461.1: Ersatzschaltung einer Spannungsquelle.

Bild MEC 461.2: Ersatzschaltung einer Stromquelle.

Die **Ersatzschaltung einer Stromquelle** besteht aus der **Parallelschaltung** einer idealen Stromquelle (mit unendlich großem Innenwiderstand) und dem Innenwiderstand R_i der realen Stromquelle. Die Ersatzschaltung gilt in der gleichen Form auch für Wechselstrom.

Zwischen Strom I, Quellenstrom (eingeprägter Strom) I_q, Innenwiderstand R_i und Belastungswiderstand R besteht folgende Beziehung:

$$I = \frac{R \cdot R_i}{R \cdot (R + R_i)} \cdot I_q \quad \text{oder} \quad I = \frac{G}{G + G_i} \cdot I_q; \ G = \frac{1}{R}; \ G_i = \frac{1}{R_i}.$$

Es ist $I = I_q/2$, wenn $R = R_i$.

Leistung einer Spannungsquelle

$$\frac{P}{P_{max}} = \frac{4 R / R_i}{(1 + R / R_i)^2}; \quad \frac{P}{P_{max}} = 1 \ \text{bzw.} \ P = P_{max}, \ \text{wenn} \ R = R_i.$$

Diese maximal entnehmbare Leistung tritt bei **Anpassung** $(R = R_i)$ auf (Bild MEC 462.1):

$$P_{max} = \frac{U^2}{R_i}; \ U \ \text{für} \ R = R_i: \ U = \frac{U_q}{2}; \ P_{max} = \frac{U_q^2}{4 R_i}.$$

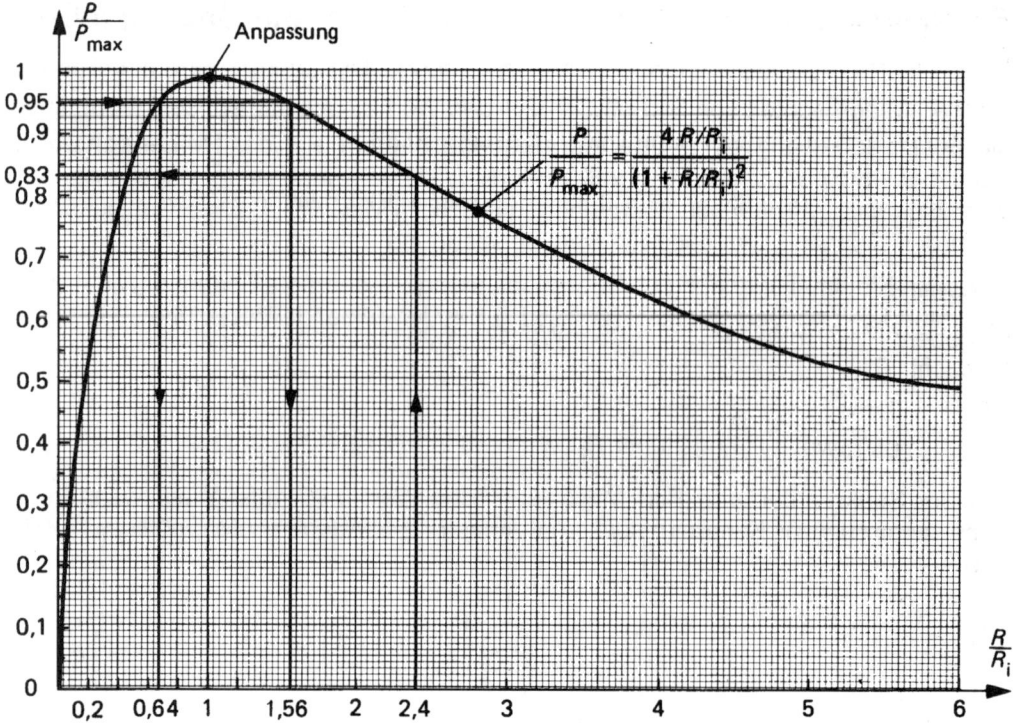

Bild MEC 462.1: Leistungsdiagramm einer Spannungsquelle mit Innenwiderstand R_i und Lastwiderstand R.

Leistungsanpassung liegt also dann vor, wenn der Lastwiderstand R ebenso groß ist wie der Innenwiderstand R_i. Der Spannungserzeuger gibt dann die größtmögliche Leistung P_{max} ab.

Bei Leistungsanpassung ist wegen $R = R_i$ auch $U = U_i$. Da $U_i = U_q - U$ (Bild MEC 461.1), folgt $U_q = 2\,U$ bzw. $U = U_q/2$. Für den Wirkungsgrad ergibt sich:

$$\eta = \frac{P_2}{P_1} = \frac{U \cdot I}{U_q \cdot I} = \frac{U \cdot I}{2\,U \cdot I} = \frac{1}{2} = 0,5 = 50\ \%.$$

Wegen des schlechten Wirkungsgrads wird die Leistungsanpassung nicht in der Energietechnik, sondern vorwiegend in der Nachrichtentechnik angewendet.

Beispiel 1

Gegeben: $U_q = 5$ V, $U = 3,5$ V, $R = 1,2$ kΩ, $R_i = 0,5$ kΩ.   Gesucht: P_{max}, P.

$$P_{max} = \frac{U_q^{\,2}}{4 \cdot R_i} = \frac{5\ \text{V} \cdot 5\ \text{V}}{4 \cdot 500\ \Omega} = \frac{25}{2\,000}\ \text{W} = 12,5\ \text{mW}.$$

MEC 462

$$\frac{R}{R_i} = \frac{1,2 \text{ k}\Omega}{0,5 \text{ k}\Omega} = 2,4.$$

Auf der Waagerechten von Bild MEC 462.1 den Wert 2,4 aufsuchen; senkrecht hinauf zur Kennlinie; waagerecht nach links; ablesen $\approx 0,83$.

$$\frac{P}{P_{max}} = \frac{P}{12,5 \text{ mW}} \approx 0,83; \qquad P \approx 0,83 \cdot 12,5 \text{ mW} \approx 10,4 \text{ mW}.$$

Beispiel 2

Gegeben: $P = 1$ mW; $P_{max} = 1,05$ mW; $R_i = 600 \,\Omega$.
Gesucht: R

$$\frac{P}{P_{max}} = \frac{1 \text{ mW}}{1,05 \text{ mW}} \approx 0,95.$$

Auf der Senkrechten von Bild MEC 462.1 den Wert 0,95 aufsuchen; waagerecht nach rechts bis zur Kennlinie; senkrecht hinunter zur Waagerechten; ablesen $\approx 0,64$ und $\approx 1,56$.

$$\frac{R}{R_i} = \frac{R}{600 \,\Omega} \approx 0,64; \qquad R \approx 0,64 \cdot 600 \,\Omega = 384 \,\Omega.$$

$$\frac{R}{R_i} = \frac{R}{600 \,\Omega} \approx 1,56; \qquad R \approx 1,56 \cdot 600 \,\Omega = 936 \,\Omega.$$

Magnetisches Feld

In der Nähe stromführender Leiter lassen sich Erscheinungen beobachten, die zeigen, dass sich der den Leiter umgebende Raum in einem besonderen Zustand befindet. Allgemein bekannt ist die Kraftwirkung auf Eisenteile. Man spricht vom **magnetischen Feld**, das den Leiter umgibt.

Bringt man Eisen in ein magnetisches Feld, so wird es selbst magnetisch, das heißt, es erzeugt selbst ein magnetisches Feld. Ein magnetisches Stück Eisen, das seinen Magnetismus dauerhaft beibehält, nennt man **Permanentmagnet**.

Magnetfeld eines Permanentmagneten

Hängt man einen stabförmigen Permanentmagneten an einem Faden auf, so pendelt er sich in die Nord-Süd-Richtung ein. Das nach Norden weisende Ende heißt **Nordpol** und das nach Süden weisende Ende **Südpol** (Bild MEC 463.1).

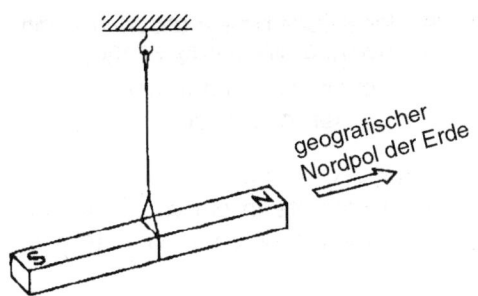

Bild MEC 463.1:
Der Nordpol eines Stabmagnets zeigt zum Nordpol der Erde. In der Nähe des geografischen Nordpols liegt nämlich der magnetische Südpol des Erdmagnetfeldes.

Auch eine Kompassnadel ist ein kleiner leichter Magnetstab, der in seiner Mitte leicht drehbar gelagert ist (Bild MEC 464.1).

Bild MEC 464.1: Kompassnadel.

Nimmt man zwei Magnetstäbe und nähert z.B. die beiden Südpole einander an, so stellt man fest, dass sich diese abstoßen. Dieselbe Beobachtung macht man, wenn man die Nordpole einander annähert.

Hingegen ziehen sich Nordpole und Südpole gegenseitig an (Bild MEC 464.2): **Gleichnamige Pole stoßen sich ab. Ungleichnamige Pole ziehen sich an**.

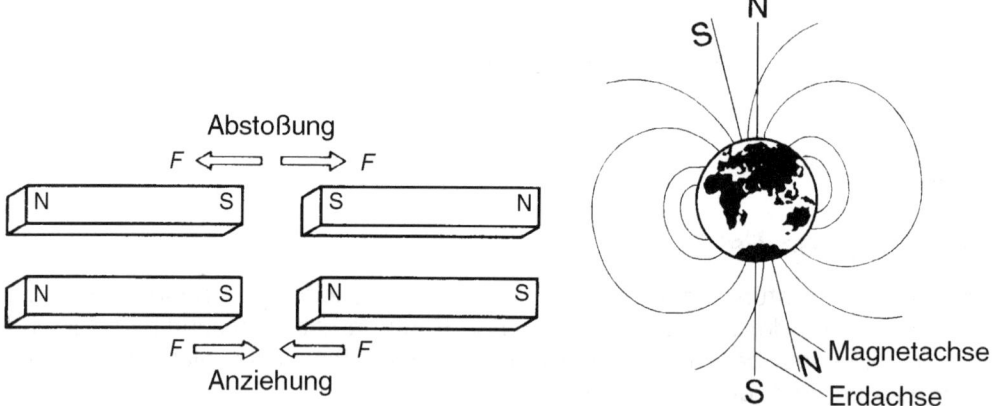

Bild MEC 464.2: Anziehung und Abstoßung der Magnetpole.

Bild MEC 464.3: Die Erde ist von einem magnetischen Feld umgeben.

Da die Kompassnadel mit ihrem Nordpol stets ungefähr in Richtung des geografischen Nordpols der Erde zeigt, muss die Erde ein großer Magnet sein, dessen magnetischer Südpol in der Nähe des geografischen Nordpols liegt (Bild MEC 464.3). Da der geografische Nordpol und der magnetische Südpol einander nicht genau decken, weist eine Kompassnadel eine Missweisung (**Deklination**) auf.

Wird ein Permanentmagnet geteilt, so entstehen an der zuvor unmagnetischen Trennstelle entgegengesetzte magnetische Pole. Jeder Teilmagnet besitzt Nord- und Südpol. Denkt man sich diese Teilung bis zu kleinsten mechanisch noch trennbaren Teilchen fortgesetzt, so erhält man sehr kleine Magnete, **Elementar-** oder **Molekularmagnete** genannt.

Bild MEC 465.1 stellt die Anordnung der Elementarmagnete in einem unmagnetischen Stück Eisen dar, Bild MEC 465.2 die ausgerichteten Elementarmagnete in einem Stabmagneten.

Elementarmagnet

Bild MEC 465.1: Ungeordnete Elementarmagnete.

N  S

Bild MEC 465.2: Geordnete Elementarmagnete.

Das Vorhandensein eines magnetischen Feldes, z. B. um einen Stabmagneten, lässt sich mit Eisenfeilspänen leicht nachweisen und sichtbar machen. Es bilden sich dabei Linien aus, die in engeren oder weiteren Bögen von einem Pol zum anderen zielen (Bild MEC 465.3).

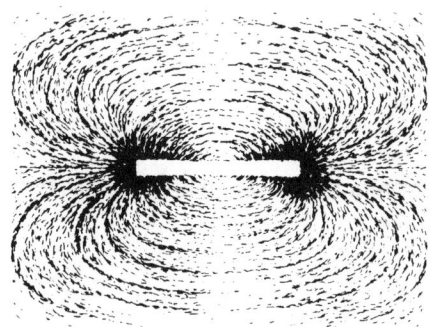

Bild MEC 465.3: Magnetisches Feld eines Stabmagnets.

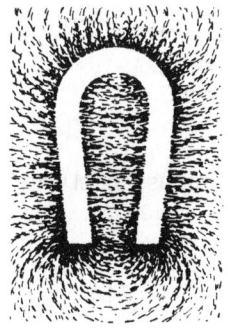

Bild MEC 465.4: Magnetisches Feld eines Hufeisenmagnets.

Das Feld verläuft allerdings nicht wie im Eisenfeilspanbild nur in einer Ebene, sondern ist räumlich rund um den Magneten vorhanden.

Wegen der beim Eisenfeilspanbild zu beobachtenden Linien spricht man zur Veranschaulichung des Magnetfeldes auch von **Feldlinien** (Bild MEC 466.1). Diese **Feldlinien** muss man sich stets **in sich geschlossen** denken: Sie treten am Nordpol aus dem Magneten aus und am Südpol wieder in den Magneten ein. Innerhalb des Magneten verlaufen die Feldlinien vom Südpol zum Nordpol (Bild MEC 466.1a).

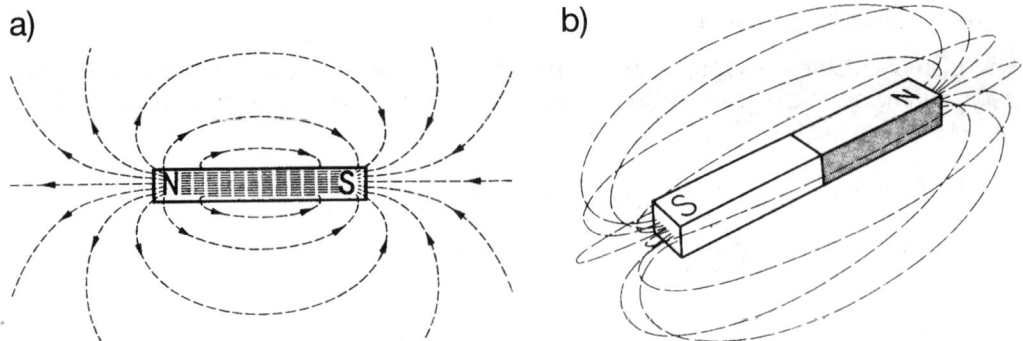

Bild MEC 466.1: a) Die magnetischen Feldlinien sind stets in sich geschlossen.
b) Räumliche Darstellung des Feldes eines Stabmagneten.

Magnetfeld von Leiter und Spule

Magnetfeld des stromdurchflossenen Leiters

Ein magnetisches Feld um einen stromdurchflossenen Leiter lässt sich mit einer Magnet-
nadel oder mit Eisenfeilspänen nachweisen (Bilder MEC 466.2 und MEC 466.3).

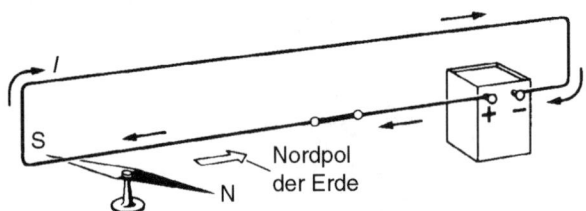

Bild MEC 466.2: Eine Kompassnadel wird von einem stromdurchflossenen Leiter abgelenkt.

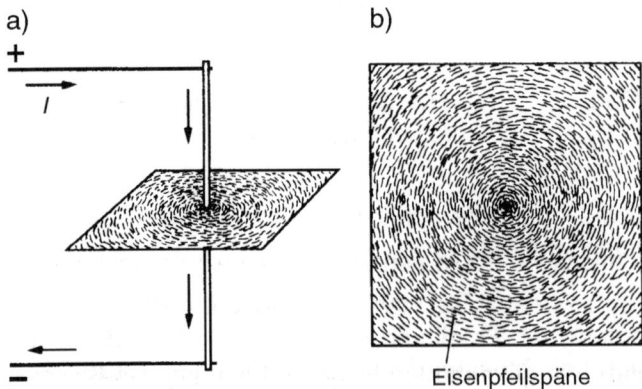

Bild MEC 466.3: Nachweis des magnetischen Feldes mit Eisenfeilspänen.

Rechte-Hand-Regel Nr. 1

Hält man die rechte Hand so, dass der abgespreizte Daumen in die Richtung des Stromes zeigt, dann weisen die gekrümmten Finger in die Richtung der Feldlinien (Bild MEC 467.1).

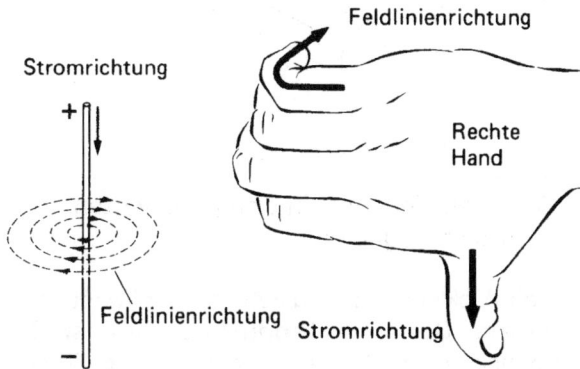

Bild MEC 467.1: Die Rechte-Hand-Regel Nr. 1.

Magnetfeld einer Spule

Eine stromdurchflossene Spule verhält sich wie ein Stabmagnet (Bild MEC 467.2). Leicht drehbar aufgehängt, stellt sie sich in Nord-Süd-Richtung ein.

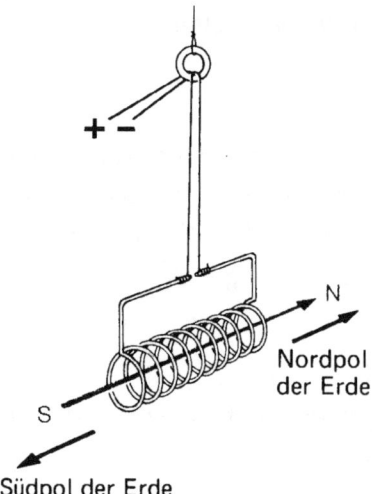

Bild MEC 467.2: Eine stromdurchflossene Spule verhält sich wie ein Stabmagnet.

Rechte-Hand-Regel Nr. 2

Hält man die rechte Hand so, dass die gekrümmten Finger in Richtung des Stromes weisen, der durch die Windungen einer Spule fließt, dann zeigt der abgespreizte Daumen zum Nordpol der Spule (Bild MEC 468.1).

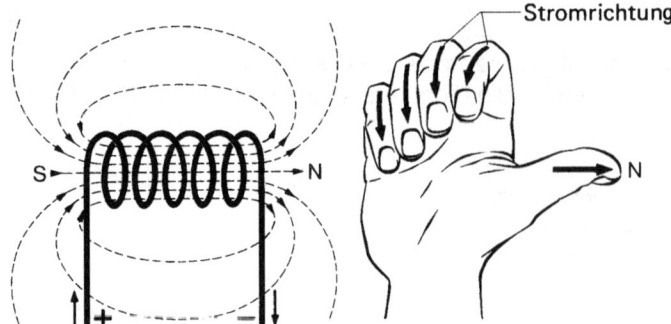

Bild MEC 468.1: Die Rechte-Hand-Regel Nr. 2

Durchflutung

Die Größe des elektrischen Stromes I in den Wicklungen und die Anzahl der Windungen N bestimmen die Stärke des Magnetfeldes einer Spule. Das **Produkt aus Stromstärke und Windungszahl** wird **Durchflutung** (Formelzeichen Θ; griech. Großbuchstabe Theta) genannt:

$$\Theta = I \cdot N.$$

Hierin bedeuten:

Θ Durchflutung in A
I Stromstärke in A
N Anzahl der Windungen

Die **Durchflutung** ist die elektrische **Ursache für magnetische Felder**.

Magnetische Feldstärke

Die magnetische Feldstärke H in der Nähe eines Leiters ist umso größer, je größer die Stromstärke I ist.

Die Feldstärke wird umso geringer, je größer der Abstand von der Leitermitte ist.

Die Feldstärke errechnet sich aus Stromstärke und Feldlinienlänge folgendermaßen:

$$H = \frac{I}{l}.$$

Für einen gestreckten Leiter gilt im Abstand r von der Leitermitte für die magnetische Feldstärke (Bild MEC 469.1):

$$H = \frac{I}{l} = \frac{I}{2\pi r}.$$

Hierin bedeuten:

H magnetische Feldstärke in $\frac{A}{cm}$
I Stromstärke in A
l Feldlinienlänge in cm
r Abstand von der Leitermitte in cm.

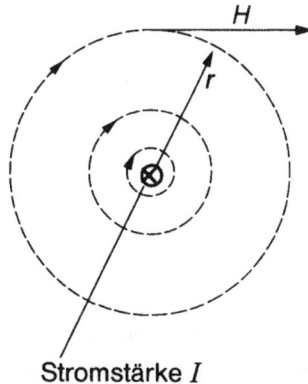

Stromstärke I

Bild MEC 469.1: Zur Berechnung der magnetischen Feldstärke.

Die Formel gilt näherungsweise auch für die **magnetische Feldstärke** im **Innern einer zylindrischen Spule**, wobei anstelle der Stromstärke die Durchflutung einzusetzen ist:

$$H \approx \frac{\Theta}{l}.$$

Hierin bedeuten:

H magnetische Feldstärke im Spuleninnern in $\dfrac{A}{cm}$
Θ $\approx I \cdot N$ = Durchflutung in A
l Spulenlänge in cm

Magnetischer Fluss, magnetische Flussdichte

Die Gesamtzahl aller aus einem Pol austretenden gedachten Feldlinien ist der **magnetische Fluss** (Formelzeichen Φ, griech. Großbuchstabe Phi). Die Einheit des magnetischen Flusses ist die **Voltsekunde** (V s) mit dem besonderen Einheitennamen Weber (Wb): 1 V s = 1 Wb.

Den magnetischen Fluss je Flächeneinheit bezeichnet man mit **Flussdichte** oder **magnetische Induktion B**. Die Einheit für die Induktion ergibt sich aus der Beziehung:

$$B = \frac{\Phi}{S} = \frac{1 \text{ V s}}{1 \text{ m}^2} = 1 \text{ T} = 1 \text{ Tesla}.$$

Hierin bedeuten:

Φ magnetischer Fluss in V s oder Wb

B magnetische Flussdichte in $\dfrac{V \text{ s}}{m^2}$ oder T
S Fläche in m²

Feldstärke, Flussdichte

Den Zusammenhang zwischen magnetischer Feldstärke und magnetischer Induktion im Vakuum oder in Luft beschreibt die Gleichung

$$B = \mu_0 \cdot H.$$

Hierin bedeuten:

B magnetische Flussdichte in $\frac{V\,s}{m^2}$ oder T

μ_0 **magnetische Feldkonstante** $= 1{,}256 \cdot 10^{-6}\,\frac{V\,s}{A\,m}$

H magnetische Feldstärke in $\frac{A}{m}$

Eisen im Magnetfeld

Eisen verstärkt die magnetische Wirkung beispielsweise einer Spule. Ursache für die verstärkende Wirkung des Eisens ist die Ausrichtung der Elementarmagnete im Eisenkern. Der magnetische Fluss nimmt dadurch zu.

Den verstärkenden Einfluss des Eisens gibt man durch die **Permeabilitätszahl** μ_r an, die aussagt, wievielmal besser das Eisen die magnetischen Feldlinien leitet als Luft oder das Vakuum. Für Luft und Vakuum ist $\mu_r = 1$.
Das Produkt aus magnetischer Feldkonstante μ_0 und Permeabilitätszahl μ_r bezeichnet man als **Permeabilität**; sie ist ein Maß für die Fähigkeit, Feldlinien zu leiten:

$\mu = \mu_0 \cdot \mu_r$.

Wenn sich das magnetische Feld nicht in Luft, sondern in einem Werkstoff mit der Permeabilitätszahl μ_r ausbreitet, ergibt sich die magnetische Induktion folgendermaßen:

$B = \mu_0 \cdot \mu_r \cdot H = \mu \cdot H$.

Hierin bedeuten:

B magnetische Flussdichte in $\frac{V\,s}{m^2}$ oder T

μ_0 magnetische Feldkonstante $= 1{,}256 \cdot 10^{-6}\,\frac{V\,s}{A\,m}$

H magnetische Feldstärke in $\frac{A}{m}$; μ_r Permeabilitätszahl
(Verhältniszahl mit Einheit 1)

Tabelle MEC 470: Permeabilitätszahlen einiger Werkstoffe

Werkstoff	μ_r	Werkstoff	μ_r
Gusseisen	70...600	Platin	$1 + 310 \cdot 2^{-6}$
Stahl	40...7000	Kupfer	$1 - 10 \cdot 10^{-6}$
Luft	1	Silber	$1 - 25 \cdot 10^{-6}$
Aluminium	$1 + 22 \cdot 10^{-6}$	Wismut	$1 - 160 \cdot 10^{-6}$

Die Permeabilitätszahl μ_r ist, außer vom Werkstoff selbst auch von der magnetischen Induktion abhängig, da die Anzahl der Elementarmagnete, die sich zur Unterstützung des Magnetfeldes ausrichten, endlich ist. Je mehr Elementarmagnete sich bereits ausgerichtet haben, desto höher muss die Feldstärkeänderung werden, um dieselbe Flussdichteänderung zu erhalten. Man sagt, das Eisen gelangt in den **Sättigungszustand**.

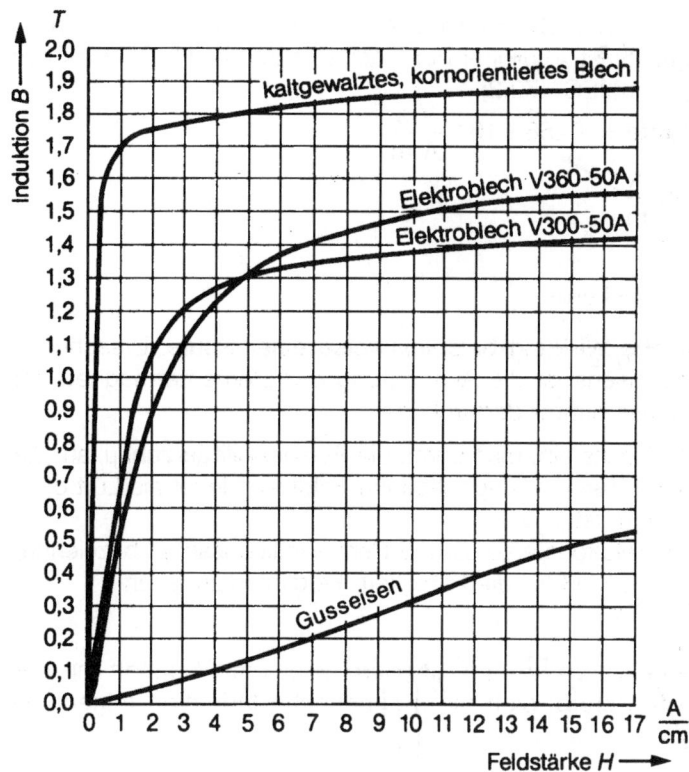

Bild MEC 471.1: Magnetisierungskurven von Blechen, Stahlguss und Gusseisen.

Für kleine Werte von H ist die Kennlinie $B = f(H)$ nahezu linear und zeigt mit steigender Feldstärke zunehmend Sättigungserscheinungen.

Um Aufschluss über die Abhängigkeit der magnetischen Induktion von der magnetischen Feldstärke zu erhalten, benutzt man **Magnetisierungskurven**, die auch eine Berechnung magnetischer Kreise ermöglichen.

Bei den Magnetisierungskurven (Bild MEC 471.1) handelt es sich um sogenannte **Neukurven**. Nimmt man die Feldstärke von einem Maximalwert auf Null zurück, so verringert sich die magnetische Flussdichte entsprechend der im Bild MEC 472.1 dargestellten Kurve.

Es verbleibt ein **Restmagnetismus** im Eisen, **Remanenz** B_r genannt, da nicht alle Elementarmagnete in den ungeordneten Zustand zurückkehren.

Kehrt man die Richtung der magnetischen Feldstärke um, so beseitigt diese den Restmagnetismus. Die dazu erforderliche Feldstärke heißt **Koerzitivfeldstärke** H_C oder Koerzitivkraft. Eine weitere Erhöhung der magnetischen Feldstärke führt die Magnetisierungskurve wieder in den Sättigungsbereich. Die im Bild MEC 472.1 dargestellte Kurve trägt den Namen **Hysteresekurve**. Anhand der Hysteresekurve unterscheidet man hartmagnetisches (Bild MEC 472.2a) und weichmagnetisches (Bild MEC 472.2b) Eisen.

Hartmagnetische Werkstoffe finden als **Dauermagnete** Verwendung. **Weichmagnetisches Eisen** verwendet man dort, wo eine ständige Ummagnetisierung stattfindet, also

z. B. in **Transformatoren und Wechselstrommotoren**. Grund: Die Ummagnetisierung erfordert Energie, die umso größer ist, je größer der Flächeninhalt der Hysteresekurve ist (Hystereseverluste, siehe Bild MEC 472.2).

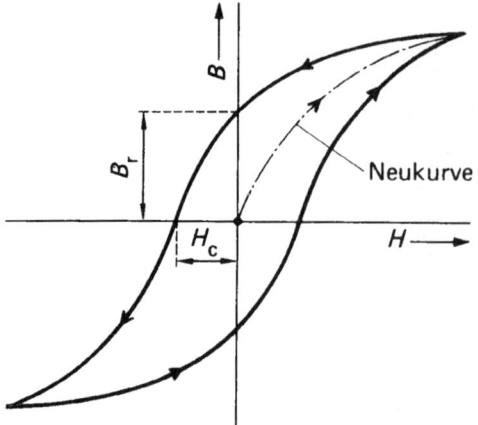

Bild MEC 472.1: Hysteresekurve.

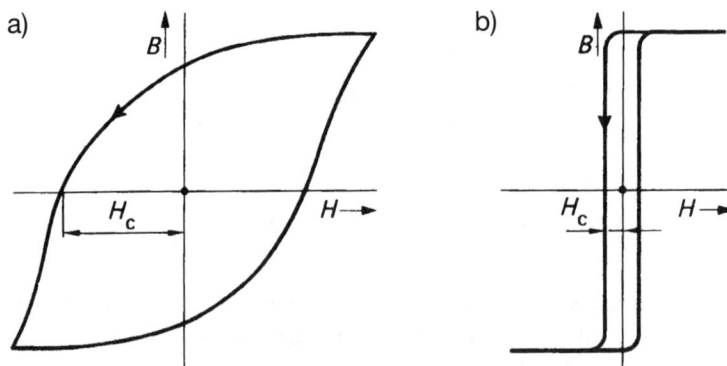

Bild MEC 472.2: Hysteresekurven.
a) Hartmagnetischer Werkstoff, große Koerzitivfeldstärke,
b) Weichmagnetischer Werkstoff, kleine Koerzitivfeldstärke.

Tabelle MEC 472: Koerzitivfeldstärken magnetisch harter Werkstoffe

Werkstoff	Koerzitivfeldstärke in A/cm
Stahl C 100 (1 % C)	50
Chromstahl	50
Alnico (12 % Al, 20 % Ni, 5 % Co, 63 % Fe)	340
Oerstit 900 (20 % Ni, 30 % Co, 20 % Ti, 30 % Fe)	650
Barium-Ferrit	bis 2 500
Samarium-Cobalt ($SmCo_5$; Sm_2Co_{17})	6 000 bis 8 000
Neodym-Eisen-Bor ($Nd_2Fe_{14}B$)	7 000 bis 10 000

Tabelle MEC 473.1: Koerzitivfeldstärke magnetisch weicher Werkstoffe

Werkstoff	Koerzitivfeldstärke in A/cm
Dynamoblech IV (4 % Si)	0,4
Reines Eisen (in Wasserstoff geglüht)	0,04
Permalloy A (78,5 % Ni, 21,5 % Fe)	0,04
Supermalloy (79 % Ni, 15 % Fe, 5 % Mo, 0,5 % Mn)	0,004

Tabelle MEC 473.2:
Eigenschaften einiger wichtiger Eisenblechkerne (magnetisch „weicher" Stoffe).

Bezeich-nung	Zusammensetzung	Anfangs-permea-bilität $\dfrac{V\,s}{A\,m}\cdot 10^{-6}$	Maximal-permea-bilität $\dfrac{V\,s}{A\,m}\cdot 10^{-6}$	Ummagnetisierungs-verluste in W/kg bei B =		Magnetische Induktion in T bei	
				1,0 T	1,5 T	H = 25 A/cm	Sätti-gung
Elektro-blech V360-50A	99,5 % Eisen 0,23 % Kohlenstoff 0,04 % Silizium 0,23 % Mangan Phosphor u. Schwefel	190	2 500 bis 6 300	3,6	8,6	1,53	2,1
Elektro-blech V300-50A	98,6 % Eisen 0,25 % Kohlenstoff 1,03 % Silizium 0,12 % Mangan Phosphor u. Schwefel	230	2 500 bis 6 300	3,0	7,2	1,50	2,0
Permalloy A	21,5 % Eisen 78,5 % Nickel	12 000	95 000				
Super-Permalloy	18,5 % Eisen 78,5 % Nickel 3,0 % Chrom	70 000	120 000		0,018		0,68 ... 0,8
Mu-Metall	50 bis 76 % Nickel 5 bis 10 % Kupfer 0 bis 10 % Chrom 0 bis 0,8 % Mangan Rest Eisen	bis 25 000	bis 100 000	0,055			0,8

Der magnetische Kreis

In elektrischen Maschinen und Geräten spielen vor allem Magnetfelder eine Rolle, bei denen sich der magnetische Fluss in einem Magnetwerkstoff ausbreitet. Der magnetische Fluss ist, wie ein elektrischer Strom, stets in sich geschlossen. Man spricht, in Anlehnung an die Bezeichnung Stromkreis, vom **magnetischen Kreis**. Bild MEC 474.1 zeigt die Analogie zwischen Stromkreis und magnetischem Kreis.

Im Stromkreis ist die elektrische Spannung U die Ursache des elektrischen Stroms I, der in sich geschlossen und an allen Stellen des Stromkreises gleich groß ist. Im magnetischen Kreis ist die Durchflutung $\Theta = I \cdot N$ die Ursache des magnetischen Flusses Φ, der ebenfalls an allen Stellen des magnetischen Kreises gleich groß ist. Man bezeichnet daher die Durchflutung auch als **magnetische Spannung**.

Im elektrischen Kreis ist bei gegebener Spannung U der Widerstand R dafür maßgebend, wie groß der Strom ist ($I = U/R$; Ohmsches Gesetz). Im magnetischen Kreis gibt es eine vergleichbare Größe, die als magnetischer Widerstand R_m bezeichnet wird.

a)   b)

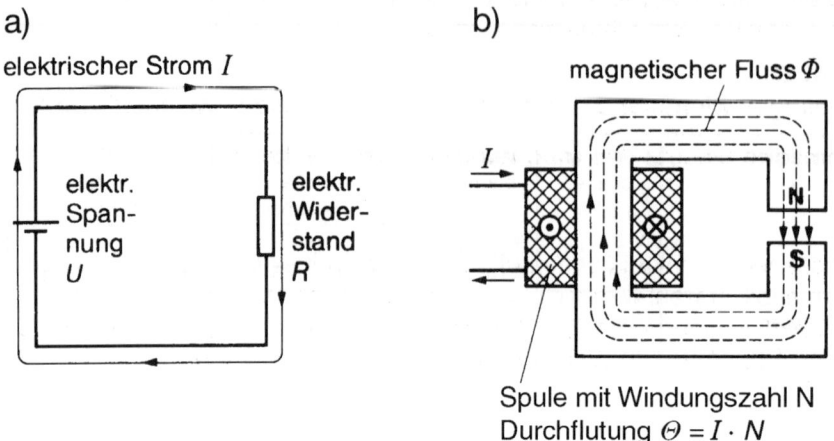

elektrischer Strom I magnetischer Fluss Φ

Spule mit Windungszahl N
Durchflutung $\Theta = I \cdot N$

Bild MEC 474.1: Vergleich zwischen a) Stromkreis und b) magnetischem Kreis.

Magnetischer Widerstand

Der magnetische Widerstand R_m ist jener Widerstand, den ein Werkstoff im magnetischen Kreis dem magnetischen Fluss entgegensetzt. Die **Einheit** des magnetischen Widerstands ist A/V s.

Magnetischer Widerstand und magnetischer Leitwert errechnen sich ganz ähnlich wie die entsprechenden Größen des Stromkreises folgendermaßen:

$$R_m = \frac{l_m}{\mu_0\,\mu_r \cdot S}.$$

Hierin bedeuten:

R_m magnetischer Widerstand in $\dfrac{A}{V\,s}$

μ_0 magnetische Feldkonstante $= 1{,}256 \cdot 10^{-6}\ \dfrac{V\,s}{A\,m}$

μ_r Permeabilitätszahl, S Querschnittsfläche in m²; l_m mittlere Feldlinienlänge in m

Ohmsches Gesetz des magnetischen Kreises

Der magnetische Fluss F ergibt sich als Quotient aus Durchflutung Θ und magnetischem Widerstand R_m **(Hopkinsonscher Satz)**:

$$\Phi = \frac{\Theta}{R_m}$$

Hierin bedeuten:

Φ magnetischer Fluss in V s oder Wb

Θ Durchflutung in A

R_m magnetischer Widerstand in $\dfrac{A}{V\,s}$

Der magnetische Widerstand R_m verknüpft den magnetischen Fluss Φ und die magnetische Spannung Θ ähnlich dem Ohmschen Gesetz ($U = R \cdot I$), so dass die Gleichung

$$\Phi = \frac{\Theta}{R_m}$$

auch als das **Ohmsche Gesetz des magnetischen Kreises** bezeichnet wird.

Beispiel

In einem geschlossenen Eisenkreis ohne Luftspalt soll die Flussdichte 1 T nicht überschreiten. Die Permeabilitätszahl wird mit $\mu_r = 3\,000$, der Eisenquerschnitt mit $S = 4$ cm^2 und die mittlere Feldlinienlänge mit $l_m = 29$ cm angenommen. Die das Magnetfeld verursachende Spule hat $N = 750$ Windungen. Wie groß darf der Strom sein?

Lösung

$$\Phi = B \cdot S = 1\,\frac{V\,s}{m^2} \cdot 4 \cdot 10^{-4}\ m^2 = 4 \cdot 10^{-4}\ V\,s = 4 \cdot 10^{-4}\ Wb$$

$$R_m = \frac{l_m}{\mu_r \cdot \mu_0 \cdot S} = \frac{0,29\ m}{3\,000 \cdot 1,256 \cdot 10^{-6}\,\dfrac{V\,s}{A\,m} \cdot 4 \cdot 10^{-4}\ m^2} = 0,192 \cdot 10^6\,\frac{A}{V\,s}$$

$$\Theta = \Phi \cdot R_m = 4 \cdot 10^{-4}\ V\,s \cdot 0,192 \cdot 10^6\,\frac{A}{V\,s} = 77\ A$$

$$I = \frac{\Theta}{N} = \frac{77\ A}{750} \approx 0,1\ A.$$

Magnetischer Kreis mit Luftspalt

Im magnetischen Kreis im Bild MEC 476.1 sind zwei magnetische Widerstände in Reihe geschaltet, nämlich der magnetische Widerstand des Eisenpfads R_{mE} mit der mittleren Länge l_E und dem magnetischen Widerstand des Luftspalts R_{mL} mit der Länge l_L. Diese magnetischen Widerstände ergeben sich nach dem Gesagten zu:

$$R_{mE} = \frac{l_E}{\mu_r \cdot \mu_0 \cdot S}; \quad R_{mL} = \frac{l_L}{\mu_0 \cdot S}.$$

Aus diesen beiden magnetischen Widerständen ergibt sich der magnetische Gesamtwiderstand zu:

$$R_m = R_{mE} + R_{mL} = \frac{l_E}{\mu_r \cdot \mu_0 \cdot S} + \frac{l_L}{\mu_0 \cdot S} = \frac{l_E + \mu_r \cdot l_L}{\mu_r \cdot \mu_0 \cdot S}.$$

Diese Gleichung setzt voraus, dass die Querschnittsfläche S an allen Stellen des magnetischen Kreises gleich groß ist.

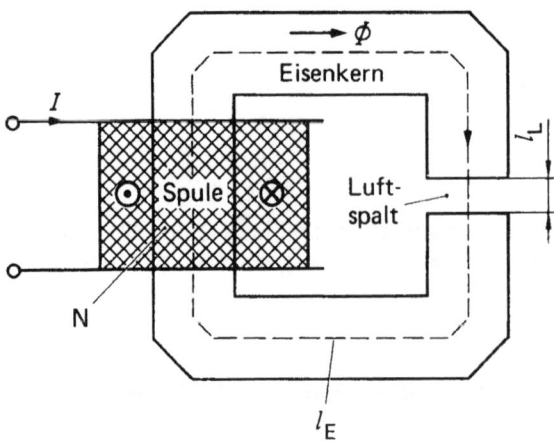

Bild MEC 476.1: Spule mit Eisenkern und Luftspalt.

Der magnetische Widerstand im Luftspalt ist im Allgemeinen erheblich höher als der im Eisen. Der Eisenwiderstand lässt sich daher oftmals vernachlässigen.

Beispiel

In dem 4 mm breiten Luftspalt eines Elektromagneten soll die Flussdichte 0,1 Tesla betragen. Die Spule des Magneten hat 400 Windungen. Der Eisenquerschnitt ist 4 cm^2.

Wie groß ist der magnetische Fluss im Eisenkern? Wie groß ist die magnetische Feldstärke im Luftspalt?

Welche Durchflutung ist erforderlich? Der magnetische Widerstand des Eisens soll vernachlässigt werden. Wie groß ist der Strom in den Spulenwindungen?

Lösung

$$\Phi = B \cdot S = 0,1 \frac{V\,s}{m^2} \cdot 4 \cdot 10^{-4}\ m^2 = 0,4 \cdot 10^{-4}\ V\,s = 0,4 \cdot 10^{-4}\ Wb$$

$$B = \mu_0 \cdot H; \quad H = \frac{B}{\mu_0}$$

$$H = \frac{0,1\ V\,s/m^2}{1,256 \cdot 10^{-6}\ V\,s/A\,m} = 79\,618\ \frac{A}{m}$$

$$\Theta = H \cdot l_L = 79\,618\ \frac{A}{m} \cdot 0,4 \cdot 10^{-2}\ m = 318,5\ A$$

$$I = \frac{\Theta}{N} = \frac{318,5\ A}{400} = 0,796\ A.$$

MEC 476

Kraftwirkungen auf stromdurchflossene Leiter im Magnetfeld

Die auf einen stromdurchflossenen Leiter im Magnetfeld ausgeübte Kraft ist gleich dem Produkt aus magnetischer Flussdichte *B*, Leiterlänge *l* im Magnetfeld und der Stromstärke *I* durch den Leiter. Voraussetzung: Leiter und Feldlinien bilden einen rechten Winkel zueinander. Die Kraftwirkung entsteht durch die Überlagerung des äußeren Magnetfeldes und des Leitermagnetfeldes (Bild MEC 477.1). Der Leiter wird nach der Seite herausgedreht, an der sich die Felder gegenseitig schwächen. In der Praxis wird die Kraftrichtung meist nach der Linken-Hand-Regel bestimmt (Bild MEC 477.2).

$$F = B \cdot l \cdot I$$

Hierin bedeuten:

F Kraft in N (Newton)
B Flussdichte in T (1 T $= 1 \dfrac{V\,s}{m^2}$)
l Leiterlänge in m
I Stromstärke in A

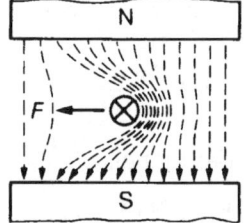

Bild MEC 477.1: Kraftwirkung auf stromdurchflossenen Leiter.

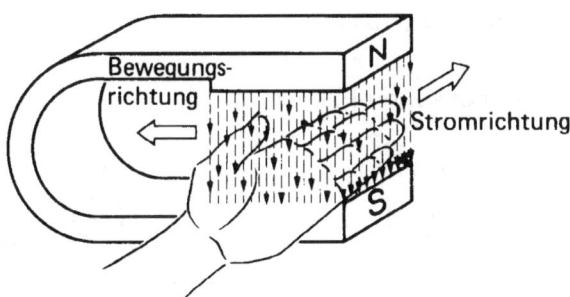

Bild MEC 477.2: Die Linke-Hand-Regel.

Beispiel: Der Doppel-T-Anker im Bild MEC 477.3 trägt 50 Windungen, die von einem Strom von 1,5 A Stromstärke durchflossen werden. Der Magnet erzeugt eine Luftspalt-Flussdichte (Luftspaltinduktion) von 0,4 T.

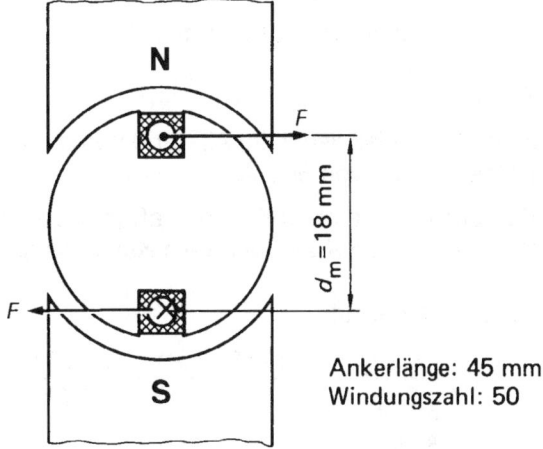

Ankerlänge: 45 mm
Windungszahl: 50

Bild MEC 477.3: Auf die Leiter, die in den Nuten des Doppel-T-Ankers liegen, wirken Kräfte. Beide Kräfte tragen zum Gesamtdrehmoment bei.

Wie groß sind die Kräfte auf die Leiter und das Drehmoment, wenn sich die Leiter in der gezeichneten Stellung befinden?

Lösung

Die Leiterlänge im magnetischen Feld beträgt 4,5 cm. Da der Anker 50 Windungen trägt, liegen in jeder Nut 50 Leiter von je 4,5 cm.

$$l = 0,045 \text{ m} \cdot 50 = 2,25 \text{ m}$$

$$F = B \cdot l \cdot I = 0,4 \, \frac{V \, s}{m^2} \cdot 2,25 \text{ m} \cdot 1,5 \text{ A}$$

$$F = 1,35 \, \frac{V \, A \, s}{m} = 1,35 \text{ N}.$$

Wie kommt man von der Einheit $\dfrac{V \, A \, s}{m}$ auf die **Krafteinheit Newton** (N)?

$$1 \frac{V \, A \, s}{m} = 1 \frac{W \, s}{m} = 1 \frac{J}{m} = 1 \frac{N \, m}{m} = 1 \, N.$$

Die Kraft von 1,35 N wirkt auch auf die Leiter in der anderen Nut, so dass sich als Drehmoment M ergibt:

$$M = 2 \, F \cdot \frac{d_m}{2} = 2 \cdot 1,35 \text{ N} \cdot 0,9 \text{ cm} = 2,43 \text{ N cm} = 0,0243 \text{ N m}.$$

Kraftwirkung zwischen zwei stromdurchflossenen Leitern

$$F = \mu_0 \cdot \frac{I_1 \cdot I_2 \cdot l}{2 \cdot \pi \cdot a}$$

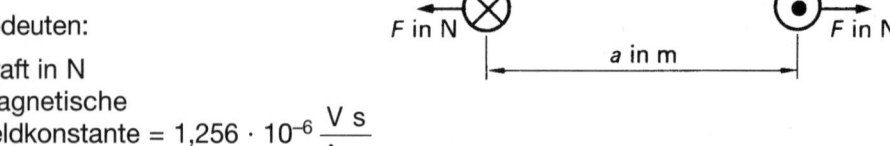

Hierin bedeuten:

F	Kraft in N
μ_0	magnetische Feldkonstante = $1,256 \cdot 10^{-6} \, \dfrac{V \, s}{A \, m}$
I_1, I_2	Strom in A
l	Leiterlänge in m
a	Abstand der Leiter in m

Beispiel

Zwei Sammelschienen im Abstand von $a = 200$ mm (Hin- und Rückleiter) führen einen Betriebsstrom von 800 A.

Wie groß ist die abstoßende Kraft je Meter zwischen den beiden Sammelschienen? Wie groß ist die Kraft, wenn ein Kurzschlussstrom von 80 kA fließt?

Betriebszustand:

$$F = \mu_0 \cdot \frac{I_1 \cdot I_2 \cdot l}{2 \cdot \pi \cdot a} = \frac{1,256 \cdot 10^{-6} \text{ V s} \cdot 800 \text{ A} \cdot 800 \text{ A} \cdot 1 \text{ m}}{2 \cdot \pi \cdot 0,2 \text{ m A m}} = 0,64 \, \frac{V \, A \, s}{m}$$

$$F = 0,64 \text{ N}.$$

Kurzschlussfall:

$$F = \frac{1{,}256 \cdot 10^{-6}\ \text{V s} \cdot 80 \cdot 10^3\ \text{A} \cdot 80 \cdot 10^3\ \text{A} \cdot 1\,\text{m}}{2 \cdot \pi \cdot 0{,}2\ \text{m A m}}$$

$F = 6\,400\ \text{N}.$

Zugkraft von Magnetpolen

$$F = \frac{B^2 \cdot S}{2 \cdot \mu_0}$$

Hierin bedeuten:

F Kraft in N
B magnetische Flussdichte in $\dfrac{\text{V s}}{\text{m}^2}$
S Polfläche in m²
μ_0 magnetische Feldkonstante $= 1{,}256 \cdot 10^{-6}\ \dfrac{\text{V s}}{\text{A m}}$

Beispiel

Ein aus Dynamoblech bestehender Elektromagnet (Bild MEC 479.1) besitzt eine Spule mit 500 Windungen, durch die ein Strom von 2 A fließt. Die Eisenquerschnittsfläche beträgt $S = 4$ cm². Der Luftspalt wird mit $l_L = 5$ mm angesetzt. Mit welcher Kraft F wird das Joch angezogen?

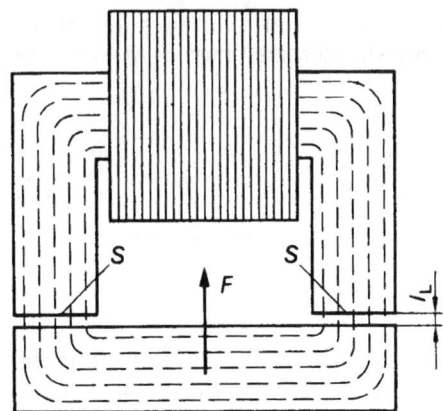

Bild MEC 479.1: Elektromagnet.

Lösung

Gegenüber dem magnetischen Widerstand R_{mL} des **Luftspalts** kann der des **Eisenpfads vernachlässigt** werden ($R_{mL} \approx 3\,000 \cdot R_{mE}$).

Für den Luftspalt ergibt sich:

$$R_{mL} = \frac{l_m}{\mu_0 \cdot S} = \frac{2 \cdot 0{,}005\ \text{m}}{1{,}256 \cdot 10^{-6}\ \dfrac{\text{V s}}{\text{A m}} \cdot 4 \cdot 10^{-4}\ \text{m}^2}$$

$$R_{mL} = \frac{10^{-2}}{5 \cdot 10^{-10}}\ \frac{\text{A}}{\text{V s}} = 0{,}2 \cdot 10^{-8}\ \frac{\text{A}}{\text{V s}}$$

$$\Theta = N \cdot I = 500 \cdot 2 \text{ A} = 1\,000 \text{ A}$$

$$\Phi = \frac{\Theta}{R_{mL}} = \frac{1\,000 \text{ A}}{0{,}2 \cdot 10^8 \, \dfrac{\text{A}}{\text{V s}}} = 5 \cdot 10^{-5} \text{ V s}$$

$$B = \frac{\Phi}{S} = \frac{5 \cdot 10^{-5} \text{ V s}}{4 \cdot 10^{-4} \text{ m}^2} = 0{,}125 \, \frac{\text{V s}}{\text{m}^2} = 0{,}125 \text{ T}$$

$$F = \frac{B^2 \cdot 2\,S}{2 \cdot \mu_0} = \frac{0{,}125^2 \cdot 8 \cdot 10^{-4}}{2 \cdot 1{,}256 \cdot 10^{-6}} \text{ N}$$

$$F = 0{,}0498 \cdot 10^{-2} \text{ N} = 5 \text{ N}.$$

Induktionsspannung

Induktionsspannung in einem bewegten Leiter

Wird ein Leiter in einem magnetischen Feld bewegt, so ist die induzierte Spannung U (in V) gleich dem Produkt aus Flussdichte (Induktion) B, Leiterlänge l im magnetischen Feld und der Bewegungsgeschwindigkeit v (in m/s).

$$U = B \cdot l \cdot v$$

Beispiel

Der Anker eines Gleichstromgenerators (Bild MEC 480.1) läuft mit $n = 1\,480$ min^{-1}. Welche Spannung wird in den Ankerleitern induziert, die gerade unter dem Polschuh hindurchlaufen?

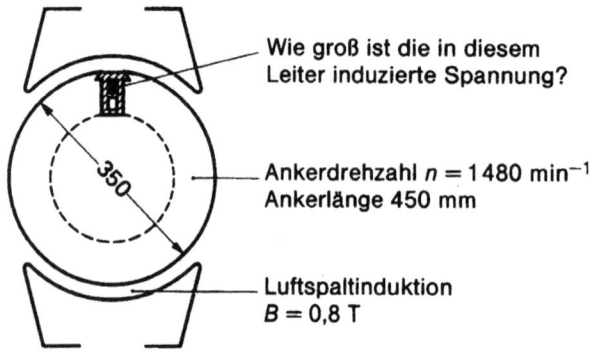

Wie groß ist die in diesem Leiter induzierte Spannung?

Ankerdrehzahl $n = 1\,480$ min^{-1}
Ankerlänge 450 mm

Luftspaltinduktion $B = 0{,}8$ T

Bild MEC 480.1: Größe der Spannung, die in einem Ankerleiter eines Gleichstromgenerators induziert wird.

Lösung

$$v = \frac{d \cdot \pi \cdot n}{1\,000 \cdot 60} = \frac{0{,}35 \text{ m} \cdot \pi \cdot 1\,480 \text{ min}^{-1}}{60}$$

$$v = 27{,}1 \, \frac{\text{m}}{\text{s}}$$

$$U = B \cdot l \cdot v$$

$$U = 0{,}8 \, \frac{\text{V s}}{\text{m}^2} \cdot 0{,}45 \text{ m} \cdot 27{,}1 \, \frac{\text{m}}{\text{s}}$$

$$U = 9{,}76 \text{ V}.$$

MEC 480

Ein einfaches Hilfsmittel zur Bestimmung der Richtung des Induktionsstromes in einem bewegten Leiter ist die **Rechte-Hand-Regel Nr. 3** (Bild MEC 481.1). Sie lautet:

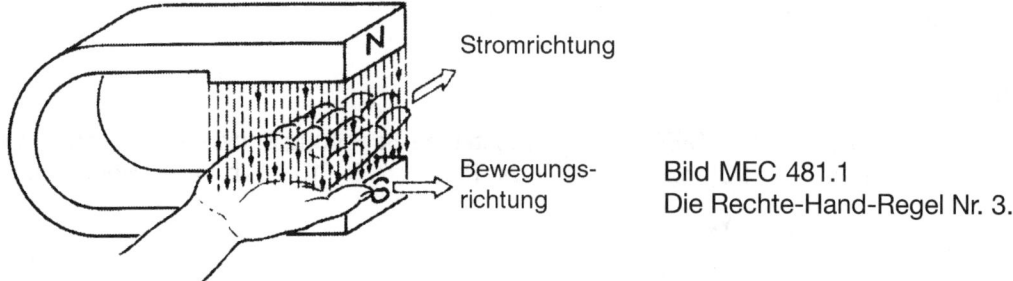

Stromrichtung

Bewegungs-richtung

Bild MEC 481.1
Die Rechte-Hand-Regel Nr. 3.

Hält man die Innenfläche der rechten Hand so gegen den Nordpol des Magnets, dass der abgespreizte Daumen in die Bewegungsrichtung des Leiters zeigt, dann geben die Fingerspitzen die Richtung des Stroms im Leiter an.

Induktionsspannung durch Flussänderung

In einer Spule wird eine Spannung induziert, wenn sich der die Spule durchsetzende magnetische Fluss ändert. Die in der Spule induzierte Spannung ist gleich dem Produkt aus Windungszahl N und Flussänderungsgeschwindigkeit $\Delta\Phi/\Delta t$. Die Geschwindigkeit der Flussänderung ist umso größer, je steiler die Flusskurve $\Phi = f(t)$ ansteigt oder abfällt. Weil sich die induzierte Spannung mit der Flussänderungsgeschwindigkeit ändert, verwendet man den Kleinbuchstaben u als Formelzeichen des Augenblickwerts der Spannung:

$$u = - N \cdot \frac{\Delta\Phi}{\Delta t}.$$

Das Negativzeichen deutet an, dass die induzierte Spannung stets so gerichtet ist, dass der von ihr hervorgerufene Strom der Flussänderung entgegenwirkt **(Lenzsche Regel).**

Macht man die Zeitdauer Δt, in der die Flussänderung $\Delta\Phi$ betrachtet wird, so klein, dass sie gegen Null geht, wird aus d (Zeit-)Differenz Δt das (Zeit-)**Differenzial** dt (gesprochen: de-te). Damit wird auch aus der (magnetischen Fluss-)Differenz $\Delta\Phi$ das entsprechende Differenzial dΦ (de-fi). Die **Flussänderungsgeschwindigkeit**

erhält damit die Form eines **Differenzialquotienten** $\dfrac{\mathrm{d}\Phi}{\mathrm{d}t}$ (de-fi nach de-te). Der Vorteil des Übergangs zu sehr kurzen, gegen Null gehenden Zeitabständen liegt darin, dass auch rasche, nichtlineare Flussänderungen betrachtet und mit den Hilfsmitteln der **Differenzialrechnung** behandelt werden können. Man erhält für die induzierte Spannung:

$$u = - N \cdot \frac{\mathrm{d}\Phi}{\mathrm{d}t}.$$

Diese wichtige Beziehung wird als **Induktionsgesetz** bezeichnet. Das Induktionsgesetz ist für die Elektrotechnik von grundlegender Bedeutung.

Im folgenden Beispiel ändert sich der magnetische Fluss gleichmäßig, so dass mit dem Differenzquotienten gerechnet werden kann.

$$u = - N \cdot \frac{\Delta \Phi}{\Delta t} = - N \cdot \frac{d \Phi}{d t}.$$

Beispiel

In der Spule 1 der im Bild MEC 482.1 dargestellten Schaltung ändert sich durch langsame Verstellung des Potenziometers R der Fluss um $6 \cdot 10^{-4}$ Wb in der Sekunde,

d. h. $\Delta \Phi / \Delta t = 6 \cdot 10^{-4} \, \dfrac{\text{Wb}}{\text{s}}$.

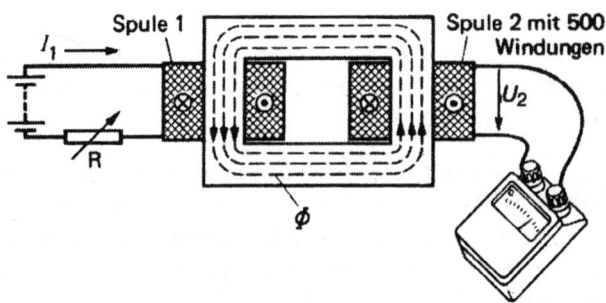

Bild MEC 482.1: Entstehung einer Induktionsspannung U_2 durch Flussänderung.

Wie groß ist die in der Spule 2 induzierte Spannung U_2?

$$U_2 = - N \cdot \frac{\Delta \Phi}{\Delta t}$$

$$= - 500 \cdot \frac{6 \cdot 10^{-4} \text{ V s}}{1 \text{ s}}$$

$$U_2 = - 0,3 \text{ V.}$$

Selbstinduktion

Spannung der Selbstinduktion, Induktivität

Wird eine Spule, wie sie z. B. in Bild MEC 485.1 dargestellt ist, an eine Gleichspannungsquelle angeschlossen, so fließt ein Strom, der sich nach dem Ohmschen Gesetz als Quotient aus der Spannung U und dem Drahtwiderstand R der Spule ergibt ($I = U/R$). Das ist allerdings aus folgendem Grunde nicht sofort der Fall:

Nach dem Schließen des Stromkreises beginnt ein Strom i zu fließen, der entsprechend der Spulenwindungszahl N eine Durchflutung (Seite MEC 468) zur Folge hat:

$$\Theta = i \cdot N.$$

Nach dem Ohmschen Gesetz für den magnetischen Kreis (Seite MEC 474) verursacht die Durchflutung im Eisenkern der Spule in Bild MEC 485.1 einen magnetischen Fluss

$$\Phi = \frac{\Theta}{R_m} = \frac{i \cdot N}{R_m},$$

wobei R_m der magnetische Widerstand des magnetischen Kreises ist.

Eine Stromänderung Δi hat demnach eine Änderung $\Delta\Phi$ des magnetischen Flusses zur Folge:

$$\Delta\Phi = \frac{\Delta i \cdot N}{R_m}.$$

Das bedeutet: Wenn der Strom durch die Windungen der Spule zu fließen beginnt, ist jede Stromänderung Δi im Stromkreis mit einer magnetischen Flussänderung $\Delta\Phi$ im magnetischen Kreis verbunden.

Wenn sich aber der magnetische Fluss, der die Windungen einer Spule durchsetzt, ändert, entsteht nach dem Induktionsgesetz eine Spannung:

$$u = -N \cdot \frac{\Delta\Phi}{\Delta t}.$$

Dieses Induktionsgesetz gilt natürlich auch dann, wenn die Spule den magnetischen Fluss bzw. die Flussänderung, die zum Entstehen einer Spannung führt, **selbst** erzeugt. Man nennt in diesem Falle die induzierte Spannung eine **Spannung der Selbstinduktion**. Man kann diese Spannung mit Hilfe des Induktionsgesetzes berechnen, indem man folgendermaßen einsetzt:

$$u = -N \cdot \frac{\Delta\Phi}{\Delta t} = -N \cdot \frac{\dfrac{\Delta i \cdot N}{R_m}}{\Delta t} = -\frac{N^2}{R_m} \cdot \frac{\Delta i}{\Delta t}.$$

Geht man, wie auf Seite MEC 481 beschrieben, von einem sehr kurzen, gegen Null gehenden Zeitabschnitt dt aus, so erhält diese Beziehung die Form:

$$u = -\frac{N^2}{R_m} \cdot \frac{di}{dt}.$$

In Worten sagt diese Gleichung: Die **Spannung der Selbstinduktion** hängt

– vom **Quadrat der Windungszahl** und vom **magnetischen Widerstand** der Spule und
– von der **Änderung der Stromstärke**

ab. Das negative Vorzeichen deutet an, dass die Spannung der Selbstinduktion der Stromänderung **entgegengerichtet** ist. Die Spannung der Selbstinduktion wirkt einem Stromanstieg entgegen; hierdurch springt der Strom nach dem Schließen des Stromkreises nicht sofort auf den durch das Ohmsche Gesetz gegebenen Endwert, sondern er steigt nach einer ganz bestimmten Kurve an (Seite MEC 491). Andererseits wirkt die Spannung der Selbstinduktion einem Absinken des Stroms entgegen; sie versucht, einen fließenden Strom aufrechtzuerhalten, wenn der Stromfluss unterbrochen werden soll. Der Ausschaltfunken oder Ausschaltlichtbogen wird von der Spannung der Selbstinduktion verursacht.

In der Gleichung

$$u = -\frac{N^2}{R_m} \cdot \frac{\Delta i}{\Delta t} \text{ bzw. } u = -\frac{N^2}{R_m} \cdot \frac{di}{dt}$$

ist der Quotient $\dfrac{N^2}{R_m}$ durch die Bauart der Spule gegeben, also eine Eigenschaft des Bauelements. Die Eigenschaft wird als **Induktivität** (Formelzeichen: L) bezeichnet:

$$L = \frac{N^2}{R_m}.$$

Mit der Induktivität erhält man für die **Spannung der Selbstinduktion** die Beziehung

$$u = -L \cdot \frac{\Delta i}{\Delta t} \text{ bzw. } u = -L \cdot \frac{di}{dt}$$

Wird in den Windungen einer Spule bei einer Stromstärkeänderung von 1 A in 1 s eine Selbstinduktionsspannung von 1 V induziert, so hat die Spule eine Induktivität von **1 Henry** (Einheitenzeichen: H). Es ist also

$$1\,\text{H} = 1\,\frac{\text{V s}}{\text{A}}.$$

Die **Induktivität L einer Spule** wird demnach berechnet mit der Formel:

$$L = \frac{N^2}{R_m} = N^2 \cdot \frac{\mu_0 \cdot \mu_r \cdot S}{l}$$

Hierin bedeuten:

L Induktivität in $\dfrac{\text{V s}}{\text{A}}$ oder H

N Windungszahl der Spule

R_m magnetischer Widerstand des magnetischen Kreises in $\dfrac{\text{A}}{\text{V s}}$

μ_0 magnetische Feldkonstante $= 1{,}256 \cdot 10^{-6}\,\dfrac{\text{V s}}{\text{A m}}$

μ_r Permeabilitätszahl des Eisens
S Querschnittsfläche des magnetischen Kreises in m^2
l Länge des magnetischen Kreises in m

Die Induktivität ist – wie der elektrische Widerstand – eine **Eigenschaft** von Bauelementen, insbesondere von Spulen. „Induktivität" wird außerdem mitunter als Bezeichnung für **Bauelemente** verwendet, die als wichtige Eigenschaft eine Induktivität aufweisen. So spricht man beispielsweise vom Ein- und Ausschalten von Induktivitäten oder von der Reihen- und Parallelschaltung von Induktivitäten und meint damit Bauelemente mit dieser Eigenschaft. Die Bezeichnung Induktivität ist damit ebenso doppeldeutig wie „elektrischer Widerstand": Auch diese Bezeichnung wird sowohl für eine elektrische Eigenschaft als auch für ein Bauelement verwendet.

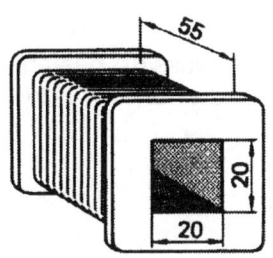 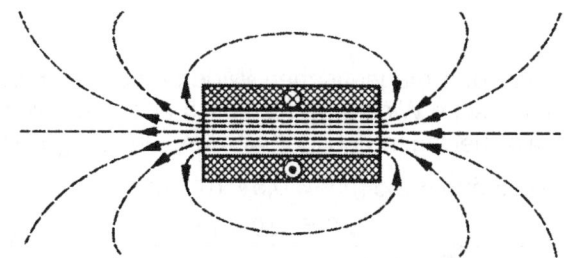

Bild MEC 485.1: Abmessungen und Magnetfeld der Spule zum Beispiel 1.

Beispiel 1

Eine Spule hat die im Bild MEC 485.1 dargestellten Abmessungen. Die Windungszahl beträgt $N = 2\,000$. Wie groß ist die Induktivität dieser Luftspule?

Lösung

$$L = \frac{N^2}{R_m}.$$

Der magnetische Widerstand setzt sich aus dem Anteil mit der Pfadlänge von 55 mm innerhalb der Spule und dem magnetischen Widerstand des Raumes der Spulenumgebung zusammen.

Während das Feld im Spuleninneren annähernd homogen ist, ist der Feldanteil außerhalb heterogen und damit nur schwer berechenbar, weil l und S keine konstanten Größen mehr sind. S wird allerdings mit wachsender Entfernung von den Polen der Spule rasch größer, so dass dort der magnetische Widerstand klein wird. Für die Überschlagsrechnung wollen wir den magnetischen Widerstand der Spulenumgebung unberücksichtigt lassen:

$$R_m = \frac{l}{\mu_0 \cdot \mu_r \cdot S} = \frac{5,5 \cdot 10^{-2} \text{ m} \cdot \text{A m}}{1,256 \cdot 10^{-6} \text{ V s} \cdot 4 \cdot 10^{-4} \text{ m}^2} = 109 \cdot 10^{-6} \frac{\text{A}}{\text{V s}}$$

$$L = \frac{N^2}{R_m} = \frac{2^2 \cdot (10^3)^2 \text{ V s}}{109 \cdot 10^{-6} \text{ A}} = 0,0367 \frac{\text{V s}}{\text{A}} = 0,0367 \text{ H}.$$

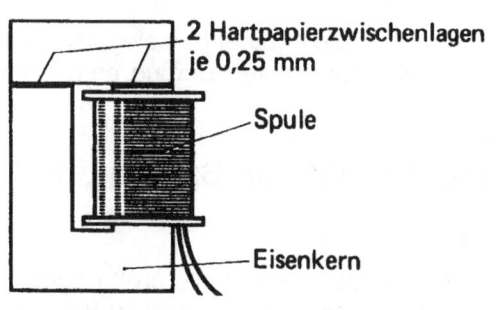

Beispiel 2

Die Spule aus Beispiel 1 wird mit einem Eisenkern aus Dynamoblech versehen (Bild MEC 485.2). Wie groß ist, bei Vernachlässigung des magnetischen Widerstandes im Eisen, die Induktivität?

Bild MEC 485.2:
Spule mit Eisenkern nach Beispiel 2.

Lösung

Wenn man den magnetischen Widerstand des Eisenpfads vernachlässigt, besteht der magnetische Widerstand lediglich aus den beiden Luftspalten, die von den Hartpapierzwischenlagen gebildet werden. Die Länge beträgt daher

$L = 2 \cdot 0,25 \text{ mm} = 0,5 \text{ mm} = 0,5 \cdot 10^{-3} \text{ m}$

$$R_m = \frac{l}{\mu_0 \cdot \mu_r \cdot S} = \frac{0,5 \cdot 10^{-3} \text{ m} \cdot \text{A m}}{1,256 \cdot 10^{-6} \text{ V s} \cdot 4 \cdot 10^{-4} \text{ m}^2} = 0,99 \cdot 10^6 \frac{\text{A}}{\text{V s}}$$

$$L = \frac{N^2}{R_m} = \frac{2^2 \cdot (10^3)^2 \text{ V s}}{0,99 \cdot 10^6 \text{ A}} = 4 \frac{\text{V s}}{\text{A}} = 4 \text{ H.}$$

Durch die Verwendung eines Eisenkerns hat sich die Induktivität etwa **verhundertfacht.**

Beispiel 3

In den Spulen der Beispiele 1 und 2 soll sich die Stromstärke mit

$$\frac{\Delta i}{\Delta t} = 5 \frac{\text{A}}{\text{s}} \text{ bzw. } \frac{di}{dt} = 5 \frac{\text{A}}{\text{s}}.$$

ändern. Wie groß ist jeweils die Spannung der Selbstinduktion?

Lösung

Spule aus Beispiel 1:

$$u = -L \cdot \frac{\Delta i}{\Delta t} = -0,0367 \text{ H} \cdot 5 \frac{\text{A}}{\text{s}} \approx -0,18 \frac{\text{V s}}{\text{A}} \cdot 5 \frac{\text{A}}{\text{s}} = -0,9 \text{ V;}$$

Spule aus Beispiel 2:

$$u = -L \cdot \frac{\Delta i}{\Delta t} = -4 \text{ H} \cdot 5 \frac{\text{A}}{\text{s}} \approx -5 \frac{\text{V s}}{\text{A}} \cdot 5 \frac{\text{A}}{\text{s}} = -25 \text{ V.}$$

In beiden Fällen deutet das Negativzeichen an, dass die Spannung der Selbstinduktion der Stromstärkeänderung entgegenwirkt.

Induktivität von Spulen und Leitungen

Spulen

Ist die Länge l einer Spule groß gegen die Abmessungen ihres Querschnitts A, liegt der magnetische Widerstand im Wesentlichen im **Innenraum der Spule** (Beispiel 1, Seite MEC 485). Man rechnet dann unter Vernachlässigung des äußeren magnetischen Widerstandes:

$$L \approx N^2 \cdot \frac{\mu_0 \cdot S}{l}.$$

Hierin bedeuten:

L   Induktivität der Spule in H

N   Windungszahl der Spule

μ_0 magnetische Feldkonstante

$$= 1{,}26 \cdot 10^{-6} \, \frac{V\,s}{A\,m}$$

S   Querschnitt des Luftraums im Spuleninnern in m^2

l   Spulenlänge in m

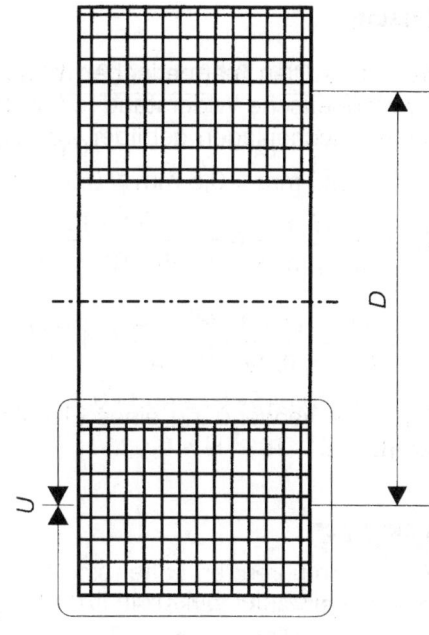

Bild MEC 487.1
Zur Berechnung der Induktivität von Luftspulen.

Bei **runden Luftspulen** nach Bild MEC 487.1, deren Länge nicht erheblich größer ist als die Abmessungen des Spulenquerschnitts, kann man für die angenäherte Berechnung der Induktivität die folgende Zahlenwertgleichung benutzen:

$$L \approx 1{,}05 \cdot D \cdot N^2 \cdot \left(\frac{D}{U}\right)^{\varepsilon} \cdot 10^{-8}$$

L   Induktivität der Spule in H
D   Mittlerer Durchmesser in cm
N   Windungszahl der Spule
U   Umfang der Wicklung in cm
ε Exponent aus folgender Tabelle:

Verhältnis $\dfrac{D}{U}$	Exponent ε
< 1	0,75
= 1	0,5
> 1	Formel hat keine Gültigkeit

Beispiel

Eine runde Luftspule hat einen Außendurchmesser D_a = 60 mm, einen Innendurchmesser D_i = 30 mm und eine Breite b = 20 mm. Die Windungszahl beträgt N = 820. Wie groß ist die Induktivität L?

Lösung

$$D = \frac{D_a + D_i}{2} = \frac{0,06 \text{ m} + 0,03 \text{ m}}{2} = 0,045 \text{ m}$$

$$U = 2 \cdot \frac{D_a - D_i}{2} + 2 \cdot b = 2 \cdot \frac{0,06 \text{ m} - 0,03 \text{ m}}{2} + 2 \cdot 0,02 \text{ m} = 0,07 \text{ m}$$

$$\frac{D}{U} = \frac{0,045 \text{ m}}{0,07 \text{ m}} = 0,64 < 1; \quad \varepsilon = 0,75 \text{ (aus Tabelle)}$$

$$L \approx 1,05 \cdot D \cdot N^2 \left(\frac{D}{U}\right)^{\varepsilon} \cdot 10^{-6} = 1,05 \cdot 0,045 \cdot 820^2 \cdot 0,64^{0,75} \cdot 10^{-6}$$

$$L \approx 1,05 \cdot 0,045 \cdot 672\,400 \cdot 0,72 \cdot 10^{-6}$$

$$L \approx 22\,861 \cdot 10^{-6} \text{ H} \approx 0,023 \text{ H}$$

Leitungen

Alle stromführenden Leiter sind mit einem Magnetfeld umgeben, also mit einem magnetischen Fluss verkettet. Damit besitzen sie auch eine **Induktivität.** Die Induktivität einer Doppelleitung nach Bild MEC 488.1 beträgt

$$L = \frac{\mu_0 \cdot l}{\pi} \left(\ln \frac{a}{r} + 0,25 \right)$$

Hierin bedeuten:

L Induktivität der Doppelleitung in H

μ_0 Magnetische Feldkonstante $= 1,26 \cdot 10^{-6} \dfrac{\text{V s}}{\text{A m}} = 1,26 \cdot 10^{-6} \dfrac{\text{H}}{\text{m}}$

l Einfache Länge der Doppelleitung in m

a Leiterabstand in m

r Radius des Leiters in m

In   Natürlicher Logarithmus (Tabelle oder Funktionstaste des Taschenrechners)

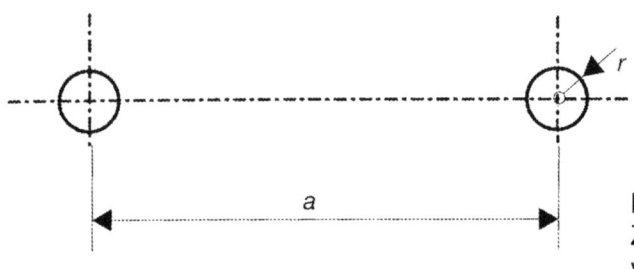

Bild MEC 488.1:
Zur Berechnung der Induktivität
von Doppelleitungen.

Beispiel

Eine Doppelleitung hat eine Länge von 400 m, der Leiterabstand beträgt 0,5 m, der Leiterdurchmesser 3,6 mm. Wie groß ist die Induktivität der Doppelleitung?

MEC 488

Lösung

$$L = \frac{\mu_0 \cdot l}{\pi} \left(\ln \frac{a}{r} + 0,25 \right) = \frac{1,26 \cdot 10^{-6} \cdot 400}{3,14} \left(\ln \frac{0,5}{0,0018} \right) H$$

$L = 160,5 \cdot 10^{-6} \cdot \ln 277,8 = 160,5 \cdot 5,63 \cdot 10^{-6} = 904 \cdot 10^{-6}$ H

$L = 0,904 \cdot 10^{-3}$ H $= 0,904$ mH

Schaltung von Induktivitäten

Induktivitäten (Spulen) können wie Widerstände in Reihe oder parallel geschaltet werden (Bilder MEC 489.1 und MEC 489.2).

Bild MEC 489.1: Reihenschaltung von Induktivitäten (Spulen).

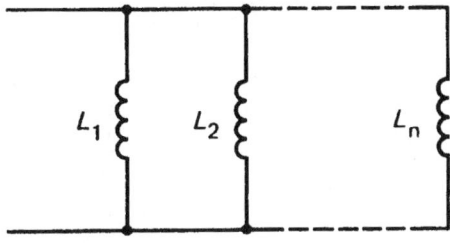

Bild MEC 489.2: Parallelschaltung von Induktivitäten (Spulen).

Reihenschaltung von Induktivitäten (Bild MEC 489.1)

Die Gesamtinduktivität L ergibt sich aus der Addition der Einzelinduktivitäten L_i.

$L = L_1 + L_2 + \dots + L_n$.

Parallelschaltung von Induktivitäten (Bild MEC 489.2)

Der Kehrwert der Gesamtinduktivität L ist gleich der Summe der Kehrwerte der Teilinduktivitäten L_i.

$$\frac{1}{L} = \frac{1}{L_1} = \frac{1}{L_2} + \dots + \frac{1}{L_n}.$$

Parallelschaltung von zwei Induktivitäten

$$L = \frac{L_1 \cdot L_2}{L_1 + L_2}$$

Parallelschaltung von n Induktivitäten

$$L = \frac{L_1}{n}$$

Energie des Magnetfelds einer Induktivität (Spule)

Beim Anstieg des Stroms i nach dem Einschalten einer Induktivität von $i = 0$ bis $i = I$ entsteht eine Spannung der Selbstinduktion (Seite MEC 484):

$$u = -L \cdot \frac{\Delta i}{\Delta t} \text{ bzw. } u = -L \cdot \frac{di}{dt}.$$

Das Produkt aus den Augenblickswerten der Spannung der Selbstinduktion u und des Stroms i

$$u \cdot i$$

ist die **elektrische Leistung,** die zu jedem Zeitpunkt zum Aufbau des Magnetfelds aufgewendet wird. Multipliziert man diese Leistung mit der Zeit Δt bzw. dt, so erhält man die aufgewendete **elektrische Arbeit,** die in **magnetische Feldenergie** umgewandelt wird:

$$u \cdot i \cdot \Delta t \quad \text{bzw.} \quad u \cdot i \cdot dt.$$

Die gesamte im Magnetfeld gespeicherte Energie erhält man, wenn man die in den kurzen Zeitabschnitten Δt umgewandelte elektrische Arbeit summiert, und zwar für alle Energieteilbeträge zwischen $i = 0$ und $i = 1$.

Das Negativzeichen kann entfallen, da es lediglich einen Hinweis auf die Energierichtung gibt (bei Stromanstieg wird Energie vom Stromkreis an die Spule abgegeben, bei Stromabnahme wird sie an den Stromkreis zurückgeliefert):

$$E = L \cdot \frac{I^2}{2}.$$

Hierin bedeuten:

E Magnetische Energie in W s bzw. J

L Induktivität der Spule in H $\left(\dfrac{\text{V s}}{\text{A}} \right)$

I Stromstärke des Gleichstroms in A

Beispiel

Eine Spule mit einer Induktivität von 2 H wird von einem Strom von 4 A durchflossen. Welche Energie E speichert die Spule?

$$E = \frac{1}{2} \cdot L \cdot I^2 = \frac{1}{2} \cdot 2\, \frac{\text{V s}}{\text{A}} \cdot 16\, \text{A}^2 = 16\, \text{V A s} = 16\, \text{W s}.$$

Einschalten und Ausschalten von Induktivitäten

Einschalten

Bild MEC 491.1 zeigt einen Stromkreis mit einer Gleichspannungsquelle, einem Schalter S und einer Spule. Die Spule weist einen (Draht-)**Widerstand** R und eine **Induktivität** L auf. Diese beiden wichtigen elektrischen Eigenschaften des Bauelements sind in der **Ersatzschaltung** gesondert dargestellt, obwohl sie natürlich in der Spule untrennbar gemeinsam auftreten.

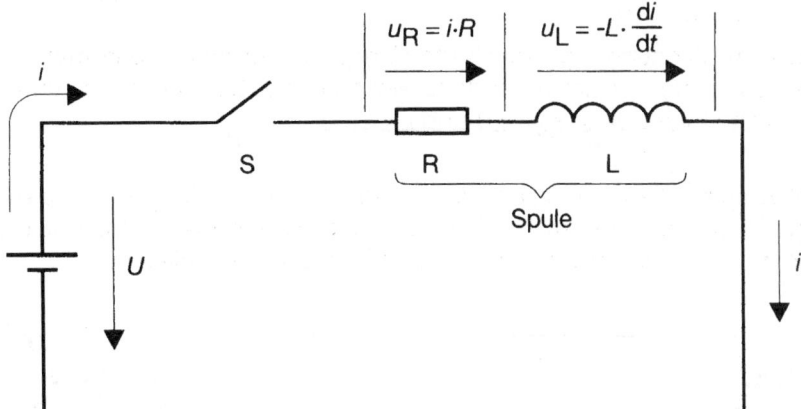

Bild MEC 491.1: Stromkreis mit einer Spule, deren Eigenschaften „Widerstand" und „Induktivität" durch die entsprechenden Schaltzeichen dargestellt sind.

Wird der Schalter S geschlossen, beginnt ein Strom i zu fließen, dessen Anstieg der Spannung der Selbstinduktion (Seite MEC 483)

$$u = -L \cdot \frac{\Delta i}{\Delta t} \text{ bzw. } u = -L \cdot \frac{di}{dt}$$

entgegenwirkt. Nach dem 2. Kirchhoffschen Satz erhält man für den Stromkreis:

$$U - i \cdot R - L \cdot \frac{di}{dt} = 0; \quad U = i \cdot R + L \cdot \frac{di}{dt}$$

Die angelegte Gleichspannung U teilt sich also auf den Spannungsfall $i \cdot R$ am Widerstand und die Spannung der Selbstinduktion $L \cdot \frac{di}{dt}$ auf. Die Gleichung des 2. Kirchhoffschen Satzes ist durch die Spannung der Selbstinduktion zu einer Differenzialgleichung geworden, für die man mit Hilfe der Regeln der Integralrechnung die folgende Lösung findet:

$$i = I \cdot \left(1 - e^{-\frac{R}{L} \cdot t} \right).$$

In dieser Gleichung ist e = 2,718282... die Basis der natürlichen Exponentialfunktion (Eulersche Zahl). Der Strom steigt also nach dem Einschalten nach einer **e-Funktion** an.

Maßgebend für den Anstieg ist der Quotient R/L, den man als **Zeitkonstante** (Formelzeichen τ) bezeichnet:

$$\tau = \frac{L}{R}.$$

Die Zeitkonstante gibt an, in welcher Zeit die Stromstärke in einem Stromkreis auf 63 % ihres Endwertes ansteigt (Bild MEC 492.1). Die Zeitkonstante τ ist umso größer, je größer die Induktivität L und je kleiner der Widerstand R einer Spule ist.

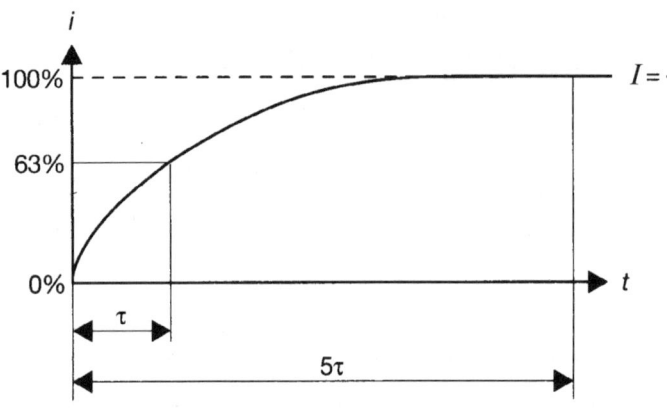

Bild MEC 492.1:
Verlauf des Stroms
beim Einschalten einer
Induktivität.

Nach 2 Zeitkonstanten (2τ) erreicht der Strom 87%, nach 3τ 95% und nach 5τ mehr als 99% seines Endwerts. Für die Praxis rechnet man in der Regel damit, dass der **Endwert** nach **5 Zeitkonstanten** erreicht ist (Bild MEC 492.1).

Beispiel 1

Wie groß sind die Zeitkonstanten der Spulen aus den Beispielen von Seite MEC 485 mit $L_1 = 0{,}0367$ H und $L_2 = 4$ H, wenn der (Draht-)Widerstand jeweils 15 Ω beträgt?

Lösung

$$\tau_1 = \frac{L_1}{R} = \frac{0{,}0367\ \text{H}}{15\ \Omega} = 0{,}00245\ \frac{\frac{\text{V s}}{\text{A}}}{\frac{\text{V}}{\text{A}}} = 0{,}00245\ \text{s} = 2{,}45\ \text{ms}$$

$$\tau_2 = \frac{L_2}{R} = \frac{4\ \text{H}}{15\ \Omega} = 0{,}27\ \frac{\frac{\text{V s}}{\text{A}}}{\frac{\text{V}}{\text{A}}} = 0{,}27\ \text{s}$$

Beispiel 2

Nach welchen Zeiten hat der Strom nach dem Einschalten praktisch seinen Endwert erreicht?

Lösung

Der Endwert ist nach 5 Zeitkonstanten praktisch erreicht:

$5\,\tau_1 = 5 \cdot 2{,}45 \text{ ms} = 12{,}25 \text{ ms},$

$5\,\tau_2 = 5 \cdot 0{,}27 \text{ s} \;\;= 1{,}35 \text{ s}.$

Setzt man die Zeitkonstante

$$\tau = \frac{L}{R}$$

in die Gleichung

$$i = I \cdot \left(1 - e^{-\frac{R}{L} \cdot t}\right).$$

ein, so erhält man für den **Stromanstieg nach dem Einschalten** eine Induktivität:

$$i = I \cdot \left(1 - e^{-\frac{t}{\tau}}\right).$$

Hierin bedeuten:

i Augenblickswert des ansteigenden Stroms in A (mA)

I Endstrom in A (mA)

e = 2,718282...; Funktionswerte $e^{-\frac{t}{\tau}} = \dfrac{1}{e^{\frac{t}{\tau}}}$ aus Tabelle oder mit Funktionstaste des Taschenrechners

t Zeit in s

$\tau = \dfrac{L}{R}$ Zeitkonstante in s

Beispiel 1

In einem Stromkreis nach Bild MEC 491.1 mit einer Gleichspannungsquelle von $U = 5$ V und einer Spule mit $R = 15\ \Omega$ und $L = 4$ H wird der Schalter S geschlossen. Wie groß ist die Stromstärke $i = 0{,}1$ s nach dem Einschalten?

Lösung

Der Endstrom ist

$$I = \frac{V}{R} = \frac{5 \text{ V}}{15\ \Omega} = 0{,}33 \text{ A}.$$

Die Zeitkonstante beträgt

$$\tau = \frac{L}{R} = \frac{4 \text{ H}}{15\ \Omega} = 0{,}27 \text{ s}.$$

Der Augenblickswert des Stroms nach $t = 0{,}1$ s ist:

$$i = I \cdot \left(1 - e^{-\frac{t}{\tau}}\right) = 0{,}33 \text{ A} \cdot \left(1 - e^{-\frac{0{,}1\,s}{0{,}27\,s}}\right) = 0{,}33 \text{ A} \cdot \left(1 - e^{-0{,}37}\right)$$

Funktionswerte der e-Funktion können Tabellen entnommen oder mit dem Taschenrechner bestimmt werden. Man erhält für

$$e^{-0{,}37} = \frac{1}{e^{0{,}37}} = 0{,}69.$$

Damit ergibt sich der Strom 0,1 s nach dem Einschalten zu:

$$i = 0{,}33 \text{ A} \cdot (1 - 0{,}69) = 0{,}33 \text{ A} \cdot 0{,}31 = 0{,}10 \text{ A}.$$

Ausschalten mit Kurzschließen

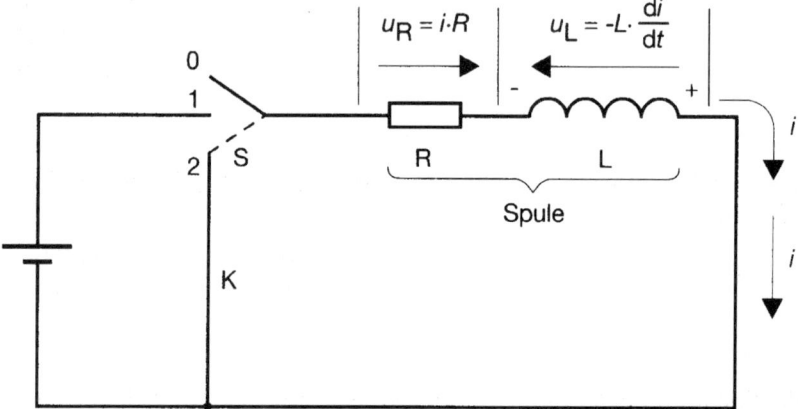

Bild MEC 494.1: Stromkreis aus Bild MEC 491.1 mit der zusätzlichen Möglichkeit, die Spule nach Abschaltung der Spannung kurzzuschließen.

In der Schaltung nach Bild MEC 494.1 befindet sich der Schalter S zunächst in Stellung 1; es fließt der Gleichstrom $I = U/R$. Nun wird der Schalter in Stellung 2 gebracht, die Spule wird also **kurzgeschlossen**. Der Strom kann nicht sprungartig auf Null zurückgehen, weil die im Magnetfeld der Spule gespeicherte Energie nach dem Satz von der Erhaltung der Energie nicht einfach verschwinden kann. Infolge des kleiner werdenden Stroms entsteht eine Spannung der Selbstinduktion, deren Richtung sich aber verglichen mit dem ansteigenden Strom **umgekehrt** hat. Durch diese Spannung der Selbstinduktion wird die Induktivität kurzzeitig zur Spannungsquelle in dem Stromkreis, der durch den Schalter S über die Kurzschlussverbindung K geschlossen wurde. Die Spannung der Selbstinduktion sorgt dafür, dass sich an der Induktivität im Bild MEC 494.1 rechts ein positiver und links ein negativer Pol ausbildet; sie versucht den Stromfluss aufrechtzuerhalten. Dass der Spannungsrichtungspfeil im Bild dem

Stromrichtungspfeil entgegengerichtet ist, ist nur ein scheinbarer Widerspruch, der sich daraus ergibt, dass sowohl die Spannung als auch der Strom von „+" nach „–" gerichtet sind.

Nach dem 2. Kirchhoffschen Satz ist im Stromkreis der kurzgeschlossenen Spule

$$i \cdot R = -L \cdot \frac{di}{dt}.$$

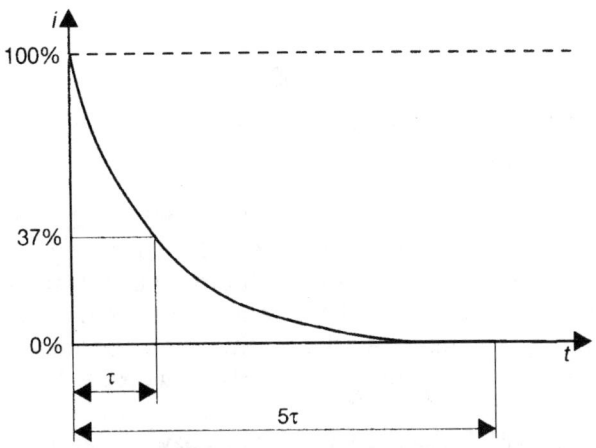

Bild MEC 495.1:
Verlauf des Stroms nach dem Kurzschließen einer Induktivität.

Diese Gleichung lässt sich mit Hilfe der Regeln der Integralrechnung lösen; man erhält für den Strom

$$i = I \cdot e^{-\frac{R}{L} \cdot t} = I \cdot e^{-\frac{t}{\tau}}.$$

Hierin bedeuten:

i   Augenblickswert des Stroms, der von der Induktivität der Spule verursacht wird, in A (mA)

I   Gleichstrom, der vor dem Abschalten und Kurzschließen der Spule fließt, in A (mA)

e   = 2,718282...; Funktionswerte $e^{-\frac{t}{\tau}} = \dfrac{1}{e^{\frac{t}{\tau}}}$ aus Tabelle oder mit Funktionstaste des Taschenrechners

t   Zeit in s

R   Widerstand der Spule in Ω

L   Induktivität der Spule in H

$\tau = \dfrac{L}{R}$ Zeitkonstante in s

Bild MEC 495.1 zeigt den Verlauf des Stroms nach dem Abschalten und Kurzschließen der Spule. Nach Ablauf einer Zeitkonstanten ist der Strom auf 37 % seines Anfangswertes abgeklungen, nach 5τ beträgt er weniger als 1 %.

Beispiel 1

Die Spule aus Beispiel 1 von Seite MEC 493 wird von der Spannungsquelle abgetrennt und kurzgeschlossen. Wie groß ist der Strom 0,1 s nach dem Schaltvorgang?

Lösung

Es ist $I = 0,33$ A und $\tau = 0,27$ s.

Damit wird

$$i = I \cdot e^{-\frac{t}{\tau}} = 0,33 \text{ A} \cdot e^{-\frac{0,1 \text{ s}}{0,27 \text{ s}}} = 0,33 \text{ A} \cdot e^{-0,37} - 0,33 \text{ A} \cdot 0,69 = 0,23 \text{ A}.$$

Ausschalten ohne Kurzschließen

Wird der Schalter in Bild MEC 494.1 nach dem Unterbrechen nicht in Stellung 2, sondern in Stellung 0 gebracht, so wird der Stromkreis **unterbrochen**. Die Spannung der Selbstinduktion versucht auch in diesem Fall, den fließenden Strom I aufrechtzuerhalten. Das äußert sich erkennbar dadurch, dass bei der Unterbrechung des Stromkreises ein **Funken** oder ein **Lichtbogen** entsteht, über den der Strom einige Zeit weiterfließt. Im Funken bzw. im Lichtbogen wird die im Magnetfeld der Induktivität gespeicherte

Energie $(E = \frac{1}{2} \cdot L \cdot I^2)$ in **Wärme** umgewandelt. Der Ausschaltfunken bzw. -lichtbogen

tritt prinzipiell immer auf, wenn Induktivitäten abgeschaltet werden, weil die magnetische Feldenergie nicht verschwinden kann.

Die Höhe der **Öffnungs-Induktionsspannung** hängt zunächst einmal von der Stromstärke I und von der Induktivität L ab. Außerdem ist die Öffnungsgeschwindigkeit der

Kontakte von Einfluss, weil hierdurch die Stromänderung $\frac{di}{dt}$ beeinflusst wird. Hieraus

ergibt sich die Spannung der Selbstinduktion (Seite MEC 483):

$$u = -L \cdot \frac{\Delta i}{\Delta t} \text{ bzw. } u = -L \cdot \frac{di}{dt}.$$

Die Öffnungs-Induktionsspannung kann weit größer als die Betriebsspannung des Gleichstromkreises werden und **gefährlich hohe Werte** annehmen und es besteht die Gefahr, dass der Lichtbogen „weiterbrennt". Insbesondere bei Schützspulen von Gleichstromschützen, Hubmagneten, Magnetventilen usw. sind daher schaltungstechnische Maßnahmen zur **Funkenlöschung** bzw. **Lichtbogenlöschung** notwendig.

Bild MEC 497.1a zeigt als eine Möglichkeit die Parallelschaltung einer Diode V mit einem Widerstand R_V: Bei eingeschaltetem Schalter S sperrt die Diode V, der Strom I fließt nur über die Spule. Bei Öffnung von S entsteht in der Spule eine Spannung der Selbstinduktion, die den Stromfluss aufrechtzuerhalten versucht. Dieser Strom i fließt nun durch die Diode V; der Widerstand R_V wird meist zur Strombegrenzung mit der Diode in Reihe geschaltet.

a) 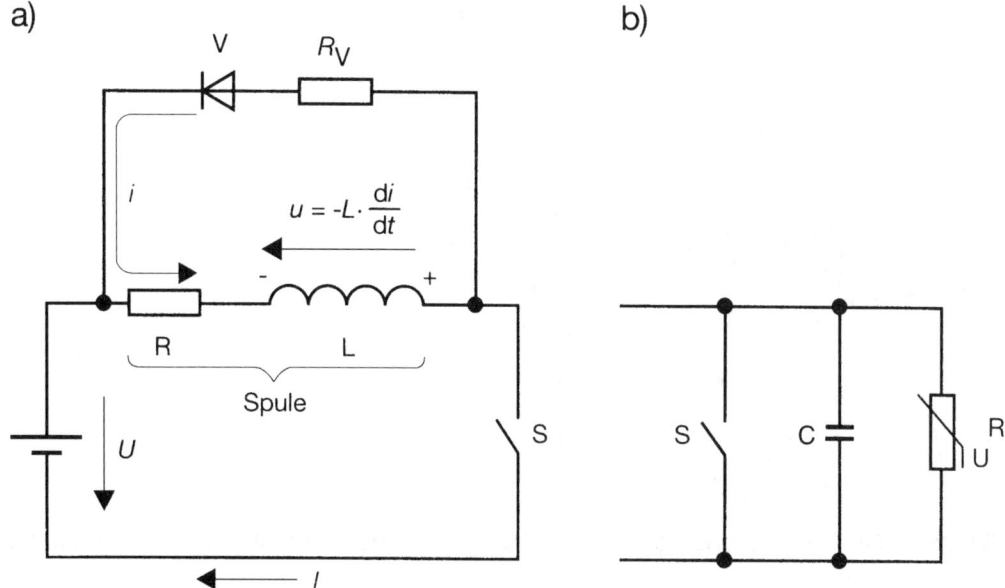 b)

$$u = -L \cdot \frac{di}{dt}$$

Bild MEC 497.1: Maßnahmen zur Funkenlöschung. a) Parallelschaltung einer Freilauf-diode zur Induktivität, b) Parallelschaltung eines Kondensators und eines Varistors zum Schalter.

Bild MEC 497.1b zeigt eine andere Möglichkeit: Zum Schalter S ist ein Kondensator C parallel geschaltet, der sich der Öffnungs-Induktionsspannung entsprechend auflädt. Kann die Öffnungs-Induktionsspannung Werte erreichen, die den Kondensator ge-fährden, muss er durch einen spannungsabhängigen Widerstand (Varistor) R geschützt werden. Die Parallelschaltung eines Kondensators mit niedriger Kapazität zum Schalter wendet man vor allem bei Wechselstrom an, um den beim Schalten auftretenden Gleichstromanteil unschädlich zu machen.

Da die meisten Stromkreise Induktivitäten enthalten, werden bei Schaltgeräten, die größere Ströme zu schalten haben, Maßnahmen zur Lichtbogenlöschung vorgesehen.

Elektrisches Feld

Im Raum um jeden elektrisch geladenen Körper gibt es ein **elektrisches Feld,** das nur auf elektrisch geladene Körper wirkt und dessen **Ursache** die **elektrische Ladung** ist. Je größer die elektrische Ladung ist, umso stärker ist das elektrische Feld und umso größer ist auch die Kraft, die auf andere elektrisch geladene Körper ausgeübt wird. Die Kraft hängt außerdem noch vom Abstand der elektrisch gelade-nen Körper untereinander ab. Bei Verdoppelung des Abstands geht die Kraft auf ein Viertel zurück, bei Verdreifachung des Abstands auf ein Neuntel (**Coulombsches Gesetz**).

Die Größe der elektrischen Ladung hängt von der Anzahl der im Atomverband fehlen-den oder überschüssigen Elektronen ab. Elektronenmangel ist gleichbedeutend mit

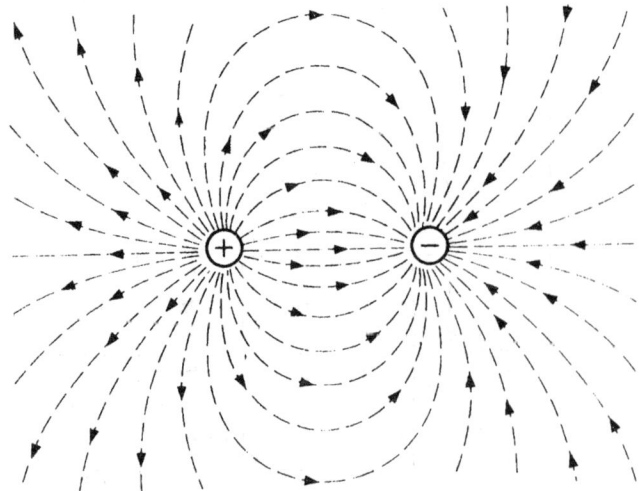

Bild MEC 498.1: Elektrische Feldlinien zwischen einer positiven und negativen Ladung.

positiver Ladung, Elektronenüberschuss mit negativer Ladung. Die Beschreibung der Ladung mit der Anzahl der Ladungsträger (**Elementarladungen**) führt allerdings zu sehr großen Zahlenwerten. Man gibt die Ladung bequem in Ladungsträgerpaketen an. Ein solches Paket enthält $6,24 \cdot 10^{18}$ Elementarladungen und wird **1 Coulomb** (1 C) genannt (Seite MEC 443). Das Formelzeichen für Ladungsmenge ist Q. Die Ladungsmenge Q kann positive oder negative Ladungsmenge bedeuten.

$1\ C = 1\ A\,s = 6{,}24 \cdot 10^{18}$ Elementarladungen e.

Feldlinien bilden ein anschauliches Hilfsmittel zur Darstellung des elektrischen Feldes. Die Feldlinien zeigen an, in welcher Richtung sich eine **positive** Ladung im Feld bewegen würde, d.h. die Feldlinien gehen von der positiven zur negativen Ladung (Bild MEC 499.1).

Ein elektrisches Feld ist in der bildlichen Darstellung umso stärker, je mehr Feldlinien durch eine Flächeneinheit hindurchtreten.

Elektrische Feldstärke

1. Die elektrische Feldstärke gibt die **Kraft** an, die ein elektrisches Feld an einem Punkt dieses Feldes auf eine dort befindliche **Ladung** ausübt.

$$E = \frac{F}{Q}$$

Hierin bedeuten:

F Kraft in N

Q Ladung in A s oder C

E elektrische Feldstärke in $\dfrac{N}{A\,s}$; $1\,\dfrac{N}{A\,s} = 1\,\dfrac{V}{m}$

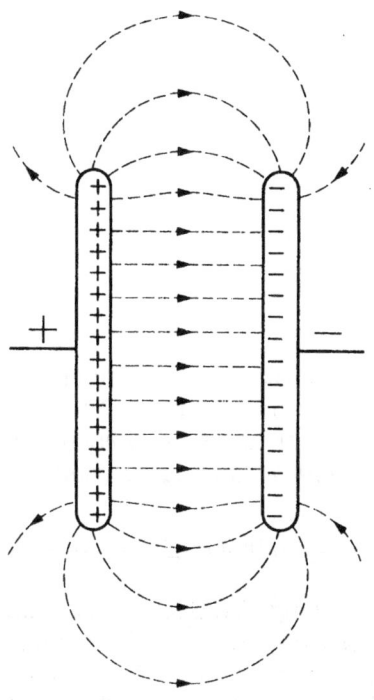

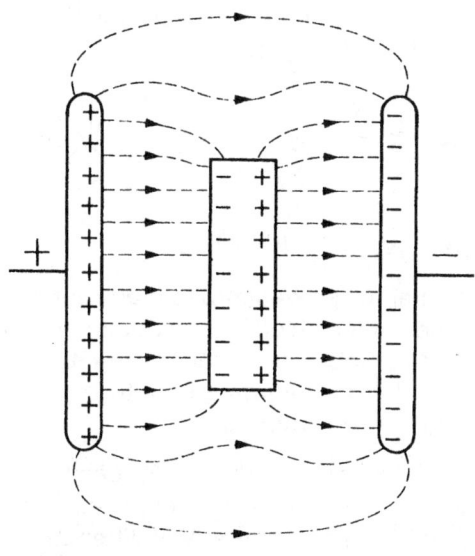

Bild MEC 499.1:
Elektrisches Feld zwischen zwei Platten.

Bild MEC 499.2:
Ladungsträgertrennung bei einem
geschlossenen leitfähigen Körper
im elektrischen Feld.

2. Die **elektrische Feldstärke** ergibt sich aus dem Quotienten der **elektrischen Spannung** und dem **Abstand** der Pole, zwischen denen der Ladungsunterschied besteht. **Voraussetzung:** Es handelt sich um ein **homogenes** Feld, z.B. zwischen zwei Platten.

$$E = \frac{U}{a}$$

Hierin bedeuten:

U Spannung in V

a Abstand in m

E elektrische Feldstärke in $\frac{V}{m}$; $1\frac{V}{m} = 1\frac{N}{A\,s}$

Beispiel 1

An einer bestimmten Stelle im elektrischen Feld befindet sich eine Sonde mit einer Punktladung von $Q = 0,01$ mA s. Das Feld übt auf die Sonde eine Kraft von $F = 20$ mN aus. Wie groß ist die elektrische Feldstärke E in diesem Punkt?

$$E = \frac{F}{Q} = \frac{0,02\ \text{N}}{0,01 \cdot 10^{-3}\ \text{A s}} = 2\,000\ \frac{\text{N}}{\text{A s}} = 2\,000\ \frac{\text{V}}{\text{m}}.$$

Beispiel 2

In einem Halbleiterkristall hat die isolierende Schicht zwischen zwei Ladungen eine Dicke $a = 2$ µm. An der Isolierschicht liegt eine Spannung $U = 6$ V. Wie groß ist die elektrische Feldstärke E?

$$E = \frac{U}{a} = \frac{6\ \text{V}}{2 \cdot 10^{-6}\ \text{m}} = 3 \cdot 10^6\ \frac{\text{V}}{\text{m}} = 3\ \frac{\text{MV}}{\text{m}}.$$

Influenz, Verschiebungsfluss

Bringt man einen **geschlossenen Metallbehälter** zwischen die auf zwei Platten befindlichen unterschiedlichen Ladungen, so entstehen auf der der **positiven** Platte zugewandten Seite des Behälters **negative** Ladungen (es werden Ladungen influenziert) und auf der der **negativen** Platte zugewandten Seite **positive** Ladungen. Diese Erscheinung heißt **Influenz**.

Diese Ladungen rufen im Innern des Behälters ein elektrisches Feld hervor, das dem ursprünglichen Feld entgegengesetzt ist, d.h. die Felder 1 und 2 heben sich auf, so dass das **Innere des Metallbehälters** feldfrei bleibt (Abschirmung elektrischer Felder).

Die Influenz lässt sich auch so deuten, dass von der das Feld E_1 erzeugenden Ladung ein elektrischer Fluss ψ ausgeht, den man als **Verschiebungsfluss** bezeichnet. Dieser Fluss erstreckt sich bis zu den Wänden des Metallbehälters und ruft dort eine Ladung hervor, die der influenzierten Ladung entspricht.

Die **Verschiebungsflussdichte** D, auch **elektrische Verschiebung** genannt, kann man sich anschaulich als die Anzahl der elektrischen Feldlinien je Flächeneinheit vorstellen.

$$D = \frac{\psi}{S}$$

Hierin bedeuten:

ψ Verschiebungsfluss in A s
S Fläche in m^2
D Verschiebungsflussdichte oder elektrische Verschiebung $\frac{\text{A s}}{\text{m}^2}$.

Verschiebungsflussdichte und **elektrische Feldstärke** sind einander proportional. Sie werden durch den Proportionalitätsfaktor ε_0 verknüpft.

$$D = \varepsilon_0 \cdot E.$$

ε_0 **ist eine Naturkonstante** mit dem Namen **Influenzkonstante** oder **elektrische Feldkonstante**.

$$\varepsilon_0 = 8{,}85149 \cdot 10^{-12}\ \frac{\text{A s}}{\text{V m}}.$$

Dielektrikum

Ein Isolator im elektrischen Feld trägt die Bezeichnung **Dielektrikum.** In nichtleitenden Stoffen (Isolatoren) sind die Elektronen stark an den Atomkern gebunden und demzufolge nicht frei beweglich.

Unter dem Einfluss eines elektrischen Feldes entsteht in den Atomen des Isolators eine Ladungstrennung in Form einer geringen Verschiebung der Elektronenhülle in Feldrichtung, so dass ein Atom nach der einen Seite positiv und nach der anderen Seite negativ elektrisch polarisiert ist, also ein **Dipol** (Bild MEC 501.1) entstanden ist.

Die Verschiebung der Elektronen aus der neutralen Lage (konzentrisch zum Kern) heraus ist eine **Bewegung von Ladungsträgern,** also ein elektrischer Strom, der solange fließt, bis sich die Dipole dem äußeren elektrischen Feld entsprechend ausgebildet haben.

Diesen kurzzeitig fließenden Strom nennt man **Verschiebungsstrom.**

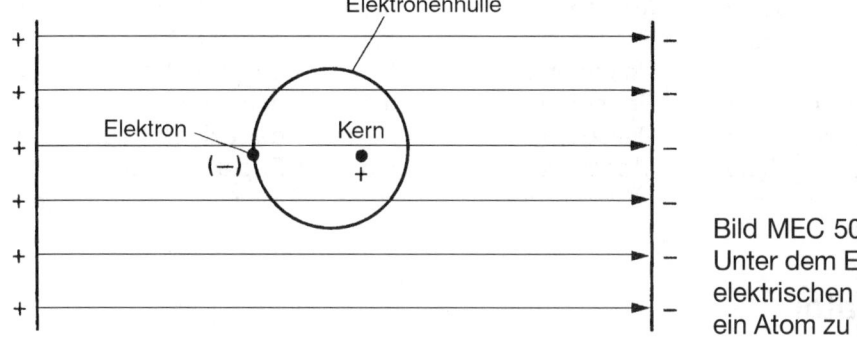

Bild MEC 501.1:
Unter dem Einfluss eines elektrischen Feldes wird ein Atom zu einem Dipol.

Das Maß für die **dielektrische Polarisation** eines Stoffes ist die **Dielektrizitätskonstante** ε. Sie wird angegeben als Produkt aus der elektrischen Feldkonstanten ε_0 und der Dielektrizitätszahl ε_r.

$$\varepsilon = \varepsilon_0 \cdot \varepsilon_r$$

Die **Dielektrizitätszahl** ε_r gibt an (Tabelle MEC 502), um wievielmal größer der Verschiebungsstrom ist, wenn sich anstelle eines Vakuums ein bestimmter Stoff zwischen den beiden Polen eines Feldes befindet. ε_r hat also die Einheit 1 (dimensionslos).

Die **Durchschlagsfestigkeit der Luft** gegen elektrische Entladungen (Lichtbogen) liegt bei ca. 21 kV_{eff}/cm. Grenzen:

25 bis 60 kV_{max}/cm.

Lichtbogenspannung in Luft 30 bis 70 V/cm.

Tabelle MEC 502: Dielektrizitätszahlen fester und flüssiger Stoffe

Azeton	21,5	Hartgummi	2,8	Polystyrol	2,6
Asphalt	2,7	Hartpapier	5...6	Quarz	3,8...5
Barium-		Harzöl	2	Quarzglas	
titanat	1000...2000	Hölzer	1...7	(50 Hz)	3,5...4,2
Basalt	9	Kabelisolation		(800 Hz)	4,2
Benzol	2,25	Starkstromkabel[3]	4,3	(100 kHz)	4,4
Bernstein	2,8	Fernmeldekabel[4]	1,6	Rizinusöl	4,6
Buna	2,7	Kautschuk	2,4	Schellack	3,1
Canadabalsam	2,7	Kunstharze	4...8	Schiefer	6...10
Crownglas	6...7	Marmor	8,3	Schwefel	2...4
Diamant	16,5	Mineralöl	2,2	Terpentinöl	2,3
Ebonit	2,6	Minosglas	8,4	Toluol	2,35
Eis[1]	16,0	Papier	1,6...2	Wasser dest.	80
Flintglas	7	Paraffin	2,1...2,2	Zellon	3,5
Glas, gewöhnlich	5...7	Pertinax		Zellulose	6,6
–, Sonder-	8...12	(Phenoplast)	4,8		
Glimmer	5...8	Petroleum	2,1	[1] bei –20 °C	
Gummi	2,7	Phenolpressharz	4...5	[2] bei 1000 Hz	
Guttapercha, rein	3	Phosphor	4,1	[3] Jute und	
–, Handelsware[2]	4,1	Plexigum		getränktes Papier	
Hartgewebe	5...6	(Acrylharz)	3,3...4,5	[4] Papier und Luft	

Kondensator

Ein **Kondensator** ist eine Anordnung von zwei leitenden Elektroden, die durch ein Dielektrikum voneinander getrennt sind. Bild MEC 502.1 zeigt als einfachste Anordnung einen **Plattenkondensator**. In der Praxis wählt man häufig zylindrische Bauformen (Zylinderkondensator, Bild MEC 502.2).

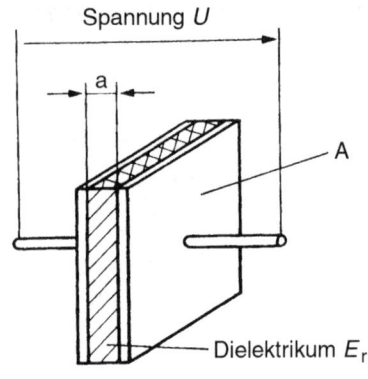

Bild MEC 502.1: Plattenkondensator.

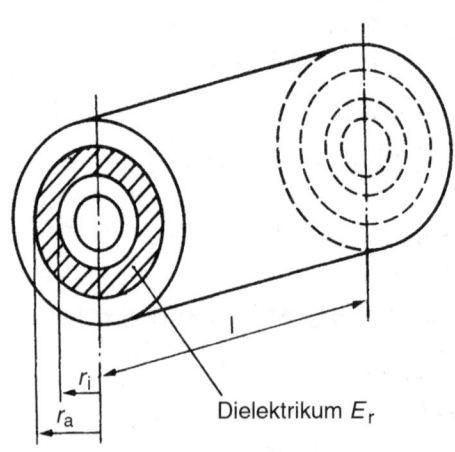

Bild MEC 502.2: Zylinderkondensator.

Legt man an die Elektroden des Kondensators in Bild MEC 502.1 eine Gleichspannungsquelle mit der Spannung U, so nehmen die Elektroden des Kondensators das Potenzial des Pols der Spannungsquelle an, an den sie angeschlossen sind. Es bildet sich demnach beim Kondensator eine **positive** und eine **negative Elektrode** aus. Wie in Bild MEC 499.1 erkennbar, herrscht bei der positiven Elektrode **positiver Ladungsträgerüberschuss** (Elektronenmangel) und bei der negativen Elektrode **negativer Ladungsträgerüberschuss** (Elektronenüberschuss). Da sich positive und negative Ladungen gegenseitig anziehen, halten sich die Ladungen auf den Elektroden des Kondensators gegenseitig fest, so dass der Kondensator auch nach Trennung von der Spannungsquelle – zumindest für einige Zeit – **geladen** bleibt.

Der Elektronenmangel bzw. der Elektronenüberschuss in den Elektroden des Kondensators wurde durch einen **Elektronenstromfluss** von der positiven zur negativen Elektrode hervorgerufen (die technische Stromrichtung ist dieser Elektronenstromrichtung entgegengerichtet, Seite MEC 443). Mit diesem Strom wurde der Kondensator geladen, man bezeichnet ihn daher als **Ladestrom**. Der Ladestrom transportiert eine **Ladungsmenge** (Elektrizitätsmenge, Seite MEC 442) Q von einer Elektrode des Kondensators zur anderen. Diese Ladungsmenge kann dem Kondensator wieder entnommen werden, wobei ein **Entladestrom** fließt.

Wie groß die Ladungsmenge Q ist, die ein Kondensator speichert, hängt einmal von der Höhe der angelegten Spannung U ab. Zum anderen spielt die **Kapazität** C des Kondensators eine Rolle. Die Kapazität ist das Speichervermögen des Kondensators für elektrische Ladungen.

Die gespeicherte Ladungsmenge ist umso größer, je größer die Kapazität des Kondensators und die angelegte Spannung sind:

$Q = C \cdot U$.

Wenn bei einer Spannung von $U = 1$ V eine Ladung von 1 C $= 1$ A s gespeichert wird, beträgt die Kapazität des Kondensators

$$C = \frac{Q}{U} = \frac{1\,\text{A s}}{1\,\text{V}} = \frac{\text{A s}}{\text{V}}.$$

Für die Einheit „Amperesekunden durch Volt" wurde der besondere Einheitenname **Farad** (Einheitenzeichen: F) festgelegt. In der Praxis sind vor allem die folgenden dezimalen Teile der Einheit Farad gebräuchlich:

1 Mikrofarad	= 1 µF	= 10^{-6} F,
1 Nanofarad	= 1 nF	= 10^{-9} F,
1 Picofarad	= 1 pF	= 10^{-12} F.

Beispiel

Ein Kondensator mit einer Kapazität von 10 µF liegt an einer Gleichspannung von 100 V. Wie groß ist die gespeicherte Ladungsmenge?

Lösung

$Q = C \cdot U = 10 \cdot 10^{-6}$ F $\cdot 100$ V $= 10 \cdot 10^{-6} \dfrac{\text{A s}}{\text{V}} \cdot 100$ V

$Q = 10^{-3}$ A s.

Die Ladungsmenge ist das Produkt aus Stromstärke und Zeit (Seite MEC 443).

$Q = I \cdot t.$

Diese Gleichung geht von einem konstanten Gleichstrom aus, der die Zeit t lang fließt. Lade- und Entladeströme von Kondensatoren sind allerdings nicht konstant, sondern sie sind jeweils im Schaltaugenblick am größten und nehmen dann nach einer e-Funktion ab (Bild MEC 504.1). Man erhält in diesem Falle die gesamte Ladungsmenge Q folgendermaßen:

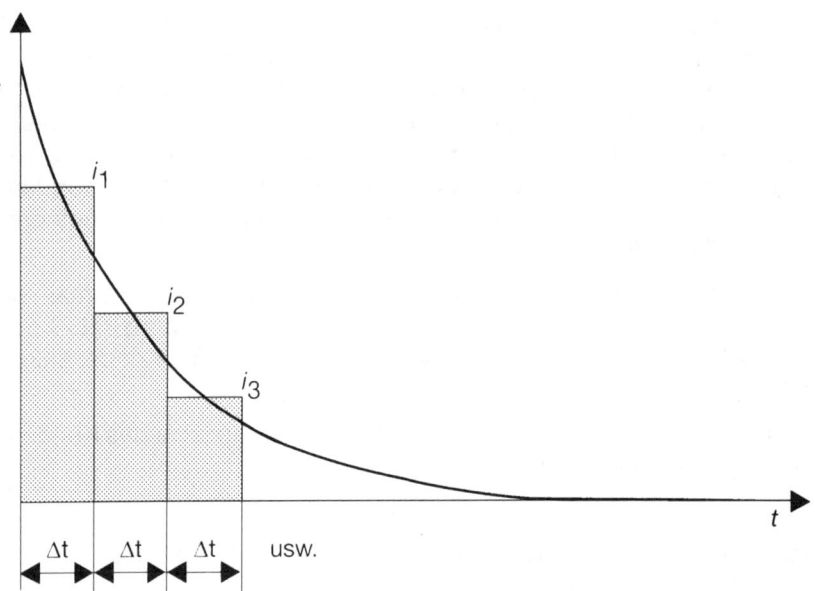

Bild MEC 504.1:
Berechnung der Ladungsmenge bei einem nichtkonstanten Lade- bzw. Entladestrom.

Die Ladungs- bzw. Entladungszeit wird in kurze Zeitabschnitte Δt aufgeteilt. Multipliziert man jeweils die Zeit Δt mit dem mittleren Wert des Stroms i, der in dieser Zeit fließt, erhält man Teilladungen ΔQ:

$\Delta Q_1 = i_1 \cdot \Delta t,$
$\Delta Q_2 = i_2 \cdot \Delta t,$
$\Delta Q_3 = i_3 \cdot \Delta t$ usw..

Die gesamte Ladung ist dann

$Q = \Delta Q_1 + \Delta Q_2 + \Delta Q_3 + \dots$

oder

$Q = i_1 \cdot \Delta t + i_2 \cdot \Delta t + i_3 \cdot \Delta t + \dots = \Sigma i \cdot \Delta t.$

MEC 504

Ladung des Kondensators

Wird der Schalter S in Bild MEC 505.1 geschlossen, so beginnt der Ladestrom i zu fließen, der am Widerstand R den Spannungsfall $i \cdot R$ zur Folge hat. Nach dem 2. Kirchhoffschen Satz gilt für die Spannungen des Stromkreises

$U = i \cdot R + u_C.$

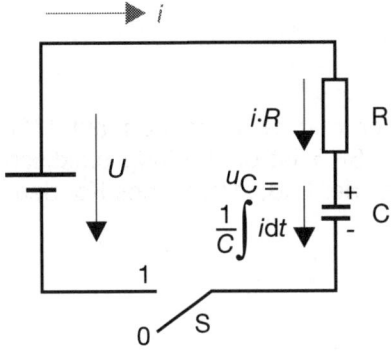

Bild MEC 505.1:
Nach dem Schließen des Schalters S beginnt ein Ladestrom i zu fließen.

Die Spannung u_C am Kondensator ist im Einschaltaugenblick Null, sie steigt mit zunehmender Ladungsmenge nach der Gleichung

$$u_C = \frac{Q}{C} = \frac{\int i\, dt}{C} = \frac{1}{C} \int i\, dt.$$

Damit hat der 2. Kirchhoffsche Satz die Form einer Gleichung, in der ein Integral enthalten ist:

$$U = i \cdot R + \frac{1}{C} \cdot \int i\, dt.$$

Für den **Einschaltaugenblick** und für den geladenen Kondensator lassen sich die Lösungen dieser Gleichung ohne weiteres angeben:

Im **Einschaltaugenblick** ist noch keine Ladung geflossen. Damit ist

$$Q = \int i\, dt = 0 \quad \text{und} \quad \frac{1}{C} \cdot \int i\, dt = 0.$$

Daraus erhält man:

$U = i + R + 0$

$i = \dfrac{U}{R}.$

Bei **geladenem Kondensator** ist $i = 0$.

Zwischen Einschaltung und voller Aufladung nimmt der Strom von $i = U/R$ auf $i = 0$ ab. Diese Abnahme erfolgt nicht linear, sondern nach einer e-Funktion, die man als Lösung der obenstehenden Gleichung nach den Regeln der Infinitesimalrechnung erhält:

$$i = \frac{U}{R} \cdot e^{-\frac{t}{RC}}$$

Das Produkt

$$\iota = R \cdot C$$

ist die **Zeitkonstante** der Ladung. Nach Ablauf der Zeit τ ist der Ladestrom auf 37 % seines Anfangswerts $i = U/R$ abgesunken, und nach $5 \cdot \tau$ ist die Ladung praktisch beendet, also $i \approx 0$. Mit $\tau = R \cdot C$ als Zeitkonstante ist der Ladestrom eines Kondensators:

$$i = \frac{U}{R} \cdot e^{-\frac{t}{\tau}}$$

Hierin bedeuten (Bild MEC 506.1):

i Ladestrom in A oder mA

U Gleichspannung in V

R Widerstand im Ladestromkreis in Ω

C Kapazität des Kondensators in $F \left(\dfrac{A\,s}{V} \right)$

$\tau = R \cdot C$ Zeitkonstante in s

$e = 2{,}7182818...$; Funktionswerte $e^{-\frac{t}{\tau}} = \dfrac{1}{e^{\frac{t}{\tau}}}$ aus Tabelle oder mit Funktionstaste des Taschenrechners

t Zeit in s.

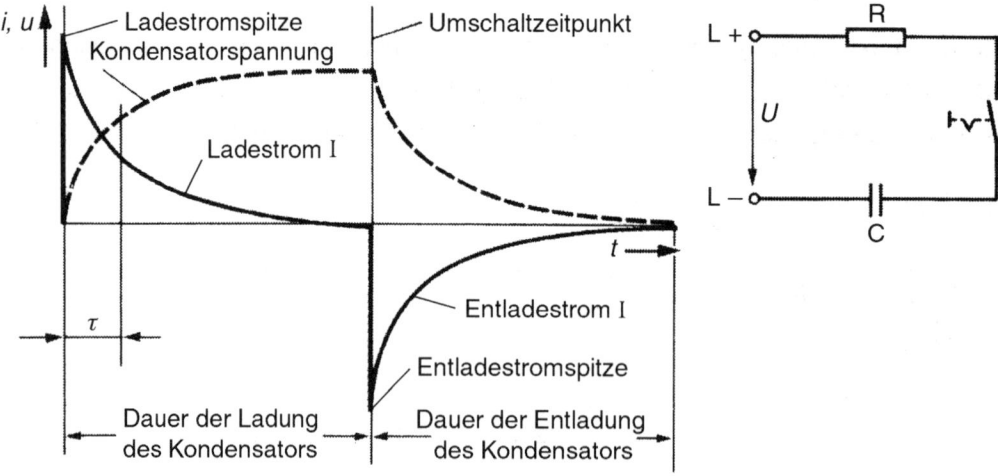

Bild MEC 506.1:
Verlauf der Spannungen und Ströme bei Ladung und Entladung eines Kondensators.

MEC 506

Für die Spannung am Kondensator erhält man aus der Beziehung zwischen Spannung und Stromstärke:

$$u_C = \frac{Q}{C} \quad \int u_C = \frac{1}{C} \cdot \int i \, dt = \frac{1}{C} \cdot \int \frac{U}{R} \cdot e^{-\frac{t}{\tau}} \, dt$$

Als Lösung dieses Integrals ergibt sich für den Verlauf der Spannung am Kondensator ebenfalls eine e-Funktion:

$$u_C = U \left(1 - e^{-\frac{t}{RC}} \right)$$

bzw. mit $\tau = R \cdot C$

$$u_C = U \left(1 - e^{-\frac{t}{\tau}} \right)$$

Hierin bedeutet:

u_C Spannung am Kondensator während der Ladung in V – U, R, C, t und τ s.o..

Bild MEC 506.1 zeigt den Verlauf des Stroms i und der Spannung u_C bei der Ladung eines Kondensators.

Beispiel 1

Ein Kondensator mit $C = 100$ µF wird über einen Widerstand mit $R = 1$ kΩ aufgeladen. Nach welcher Zeit ist die Aufladung praktisch beendet?

Lösung

Die Zeitkonstante beträgt
$$\tau = R \cdot C = 1\,000\ \Omega \cdot 100 \cdot 10^{-6}\ F = 10^{-1}\ \Omega \cdot F = 0,1 \frac{V}{A} \cdot \frac{A\,s}{V}$$

$$\tau = 0,1\ s$$

Beispiel 2

Das aus Kondensator und Widerstand bestehende RC-Glied aus Beispiel 1 wird an die Gleichspannung $U = 12$ V angeschlossen. Wie groß sind Stromstärke und Kondensatorspannung nach 0,15 s?

Lösung

$$i = \frac{U}{R} \cdot e^{-\frac{t}{\tau}} = \frac{12\ V}{1000\ \Omega} \cdot e^{-\frac{0,15\ s}{0,1\ s}} = 0,012\ A \cdot e^{-1,5} = 0,012\ A \cdot 0,223$$

$$i = 0,0027\ A = 2,7\ mA$$

$$u_C = U \left(1 - e^{-\frac{t}{\tau}} \right) = 12\ V \left(1 - e^{-\frac{0,15\ s}{0,1\ s}} \right) = 12\ V\ (1 - 0,223)$$

$$u_C = 12\ V \cdot 0,777 = 9,32\ V$$

Entladung des Kondensators

Wenn der Kondensator in Bild MEC 508.1 aufgeladen ist, bilden sich die mit „+" und „–" gekennzeichneten Pole aus. Wird der Schalter S geöffnet, bleibt die Spannung u_C des Kondensators zumindest noch einige Zeit bestehen.

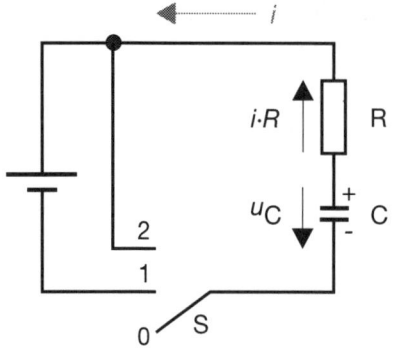

Bild MEC 508.1:
Wird der Schalter S nach der Aufladung des Kondensators in Stellung 2 gebracht, fließt der Entladestrom i.

Der Kondensator C in Bild MEC 508.1 soll aufgeladen werden. Anschließend wird der Schalter S in die Stellung 2 gebracht, so dass sich der Kondensator über den Widerstand R entladen kann. Es fließt der Entladestrom i, dessen Richtung der des Ladestroms entgegengesetzt ist. Für den Verlauf des Entladestroms i und der Kondensatorspannung u_C ergeben sich bei Anwendung der Regeln der Differenzial- und Integralrechnung die folgenden e-Funktionen:

$$i = \frac{U}{R} \cdot e^{-\frac{t}{CR}}$$

$$u_C = U \cdot e^{-\frac{t}{CR}}$$

Mit der Zeitkonstanten

$$\tau = C \cdot R$$

haben diese Gleichungen die Form

$$i = \frac{U}{R} \cdot e^{-\frac{t}{\tau}}$$

$$u_C = U \cdot e^{-\frac{t}{\tau}}$$

Hierin bedeuten:

i Entladestrom in A oder mA
u_C Kondensatorspannung in V
U Ausgangsspannung des Kondensators in V
R Widerstand in Ω
C Kapazität in F $\left(\dfrac{A\,s}{V} \right)$

MEC 508

$\tau = C \cdot R$ Zeitkonstante in s

t Zeit in s

$e = 2,7182818...$; Funktionswerte $e^{-\frac{t}{\tau}} = \dfrac{1}{e^{\frac{t}{\tau}}}$ aus Tabelle oder mit Funktionstaste des Taschenrechners

Bild MEC 506.1 zeigt auch den Verlauf des Entladestroms und der Spannung bei der Entladung.

Beispiel 1

Ein Kondensator mit $C = 10\,000$ μF wird über einen Widerstand von $R = 10$ kΩ entladen. Wie groß ist die Zeitkonstante?

Lösung

$$\tau = R \cdot C = 10 \cdot 10^3 \; \Omega \cdot 10\,000 \cdot 10^{-6} \; \mathrm{F} = 10^2 \; \frac{\mathrm{V}}{\mathrm{A}} \cdot \frac{\mathrm{A\,s}}{\mathrm{V}} = 100 \; \mathrm{s}.$$

Beispiel 2

Wie groß sind der Entladestrom und die Kondensatorspannung im Beispiel 1 bei $U = 5$ V nach 100 s und nach 300 s?

$t = 100$ s:

$$i = \frac{U}{R} \cdot e^{-\frac{t}{\tau}} = \frac{5\;\mathrm{V}}{10\,000\;\Omega} \cdot e^{-\frac{100\,\mathrm{s}}{100\,\mathrm{s}}} = 0,5\;\mathrm{mA} \cdot e^{-1} = 0,5\;\mathrm{mA} \cdot 0,368$$

$i = 0,184$ mA

$$u_C = U \cdot e^{-\frac{t}{\tau}} = 5\;\mathrm{V} \cdot e^{-\frac{100\,\mathrm{s}}{100\,\mathrm{s}}} = 5\;\mathrm{V} \cdot e^{-1} = 5\;\mathrm{V} \cdot 0,368 = 1,84\;\mathrm{V}$$

$t = 300$ s:

$$i = 0,5\;\mathrm{mA} \cdot e^{-\frac{300\,\mathrm{s}}{100\,\mathrm{s}}} = 0,5\;\mathrm{mA} \cdot e^{-3} = 0,5\;\mathrm{mA} \cdot 0,05 = 0,025\;\mathrm{mA}$$

$$u_C = 5\;\mathrm{V} \cdot 0,05 = 0,25\;\mathrm{V}$$

Kapazitäten von Kondensatoren

Die Kapazität eines Kondensators ist umso größer, je größer die wirksame Oberfläche A und je geringer der Elektrodenabstand a ist. Außerdem spielen die dielektrischen Eigenschaften des Isolierstoffs, die durch die Dielektrizitätszahl ε_r ausgedrückt werden, eine Rolle.

Plattenkondensator (Bild MEC 502.1).

$$C = (n - 1) \frac{\varepsilon_r \cdot \varepsilon_0 \cdot A}{a}$$

Hierin bedeuten:

C Kapazität in F; n Anzahl der Platten
ε_r Dielektrizitätszahl
ε_0 elektrische Feldkonstante in $\dfrac{F}{m}$
A wirksame Oberfläche der Platten in m^2
a Abstand der Platten in m

Zylinderkondensator (Bild MEC 502.2)

Bei Kondensatoren größerer Kapazität werden Metallfolien, die durch Isolierstoff voneinander getrennt sind, aufgewickelt, um die Bauform klein zu halten.

$$C = \varepsilon_r \cdot \varepsilon_0 \cdot \frac{2 \cdot \pi \cdot l}{\ln \left(r_a / r_i \right)}$$

Nicht nur Kondensatoren, sondern alle Leiter haben gegeneinander eine Kapazität, die allerdings meist relativ gering ist. Bei großen Leiterlängen kann die Kapazität allerdings beachtlich groß werden, so beispielsweise bei Kabeln, aber auch bei Freileitungen. Insbesondere bei Hochspannungskabeln können die gespeicherten Ladungen auch noch längere Zeit nach der Abschaltung äußerst gefährlich sein. Für die Kapazität von Leitern erhält man:

Parallele Leiter (Freileitung)

$$C = \varepsilon_r \cdot \varepsilon_0 \frac{\pi \cdot l}{\ln \dfrac{a}{r}}$$

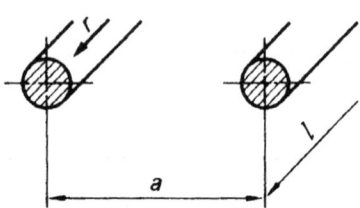

Bild MEC 510.1: Parallele Leiter.

Leiter gegen Erde

$$C = \varepsilon_r \cdot \varepsilon_0 \frac{2 \cdot \pi \cdot l}{\ln \left(\dfrac{2a}{r} \right)}$$

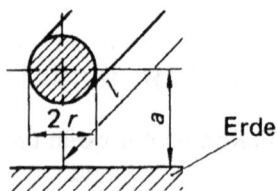

Bild MEC 510.2: Leiter gegen Erde.

MEC 510

Hierin bedeuten:

C Kapazität in F

ε_r Dielektrizitätszahl

ε_0 elektrische Feldkonstante in $\dfrac{F}{m}$

l Länge des Zylinders in m

r_a Innenradius des äußeren Zylinders in mm

r_i Außenradius des inneren Zylinders in mm

ln   natürlicher Logarithmus (Funktionstaste auf Taschenrechnern).

Parallelschaltung von Kondensatoren (Bild MEC 511.1)

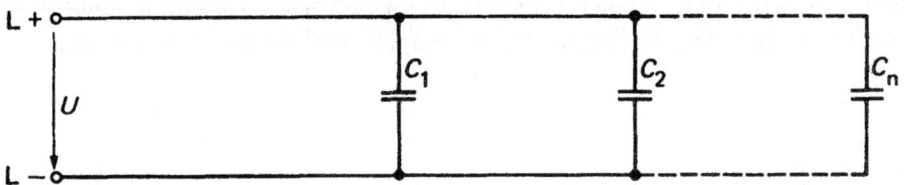

Bild MEC 511.1: Kondensatoren in Parallelschaltung.

$$C = C_1 + C_2 + \dots + C_n$$

Hierin bedeuten: C Gesamtkapazität, C_1, C_2, ... Einzelkapazitäten

Reihenschaltung von Kondensatoren (Bild MEC 511.2)

$$\frac{1}{C} = \frac{1}{C_1} + \frac{1}{C_2} + \dots \frac{1}{C_n}$$

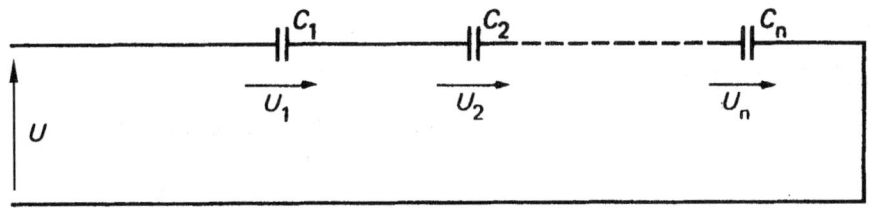

Bild MEC 511.2: Kondensatoren in Reihenschaltung.

Kapazität von zwei in Reihe geschalteten Kondensatoren:

$$C = \frac{C_1 \cdot C_2}{C_1 + C_2}$$

Energie des elektrischen Felds eines Kondensators

Wenn bei der Ladung des Kondensators mit der Kapazität C zu einem bestimmten Zeitpunkt der Strom i fließt und die Spannung des Kondensators u_C beträgt, nimmt der Kondensator die Leistung

$$u_C \cdot i$$

auf. Multipliziert man diese Leistung mit dem Zeitabschnitt Δt bzw. dt, so erhält man eine elektrische Arbeit, bzw. deren Differenzial

$$\Delta E = u_C \cdot i \cdot \Delta t \quad \text{bzw.} \quad dE = u_C \cdot i \cdot dt.$$

Diese Arbeit wird in **elektrische Feldenergie** umgewandelt.

Das Produkt $i \cdot \Delta t$ bzw. $i \cdot dt$ ist eine Ladungsmenge ΔQ bzw. das Ladungsdifferenzial dQ. Zwischen Spannung U, Ladung Q und Kapazität C besteht die Beziehung

$$Q = C \cdot U_C,$$

die auch für die Differenziale gilt:

$$dQ = C \cdot du_C.$$

Damit erhält man für das Energiedifferenzial

$$dE = u_C \cdot i \cdot dt = u_C \cdot dQ = u_C \cdot C \cdot du_C = C \cdot u_C \cdot du_C.$$

Die gesamte gespeicherte Energie ergibt sich durch Integration in den Grenzen von $u_C = 0$ bzw. $u_C = U$:

$$E = C \cdot \int_0^U u_C \, du_C.$$

Dieses Integral hat die Lösung:

$$E = C \cdot \frac{U^2}{2}.$$

Hierin bedeuten:

E Elektrische Feldenergie in W s bzw. J

C Kapazität des Kondensators in $F \left(\dfrac{A\,s}{V} \right)$

U Spannung am Kondensator in V

MEC 512

Beispiel

Ein Kondensator von der Kapazität $C = 10\ \mu F$ lag betriebsmäßig an 5 000 V Gleich-spannung.

Welche Energie hat er nach dem Abschalten der Spannung gespeichert?

Lösung

$$W = \frac{1}{2} \cdot \frac{10 \cdot 10^{-6}\ A\ s \cdot 5^2 \cdot (10^3)^2 \cdot V^2}{V} = 125\ W\ s$$

Es ist nicht möglich, in Kondensatoren große Energiemengen zu speichern, es gibt aber heute Kondensatoren großer Kapazität, die in der Elektronik als Energiespeicher Verwendung finden.

Wechselstrom und Drehstrom

Bei der technischen Spannungserzeugung durch Induktion in Generatoren entstehen sinusförmige Wechselspannungen (Bild MEC 513.1). Richtung und Betrag einer Wech-selspannung ändern sich periodisch. Die Zeitdauer einer Periode bezeichnet man als **Periodendauer** T, die Anzahl der Perioden in einer Sekunde als **Frequenz** f. Die Frequenz ist der **Kehrwert** der Periodendauer; ihre Einheit ist s^{-1} oder Hertz (Hz).

$$1\,Hz = 1\,s^{-1}. \qquad f = \frac{1}{T}; \quad T = \frac{1}{f}$$

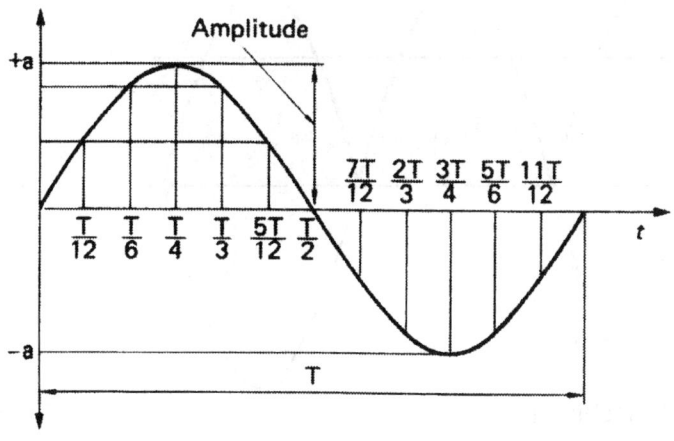

Bild MEC 513.1:
Eine Schwingung eines
Wechselstromes.

Effektivwert: Der Effektivwert U einer Wechselspannung erzeugt an einem ohmschen Widerstand dieselbe Wärmeleistung wie eine Gleichspannung U (Bild MEC 514.1).

$$U = \frac{\hat{u}}{\sqrt{2}} = \frac{u_{ss}}{2 \cdot \sqrt{2}}$$

$$u = \hat{u} \cdot \sin \alpha$$

Hierin bedeuten:

U Effektivwert in V
$\hat{u}$ Scheitelwert in V
u_{ss} Spitze-Spitze-Wert in V
u Augenblickswert in V

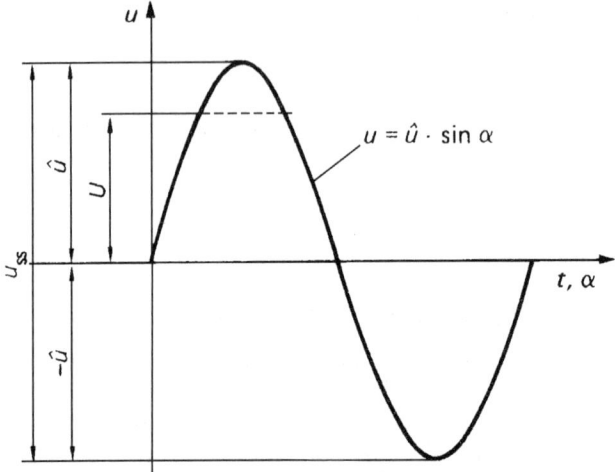

Bild MEC 514.1: Wechselspannungsgrößen.

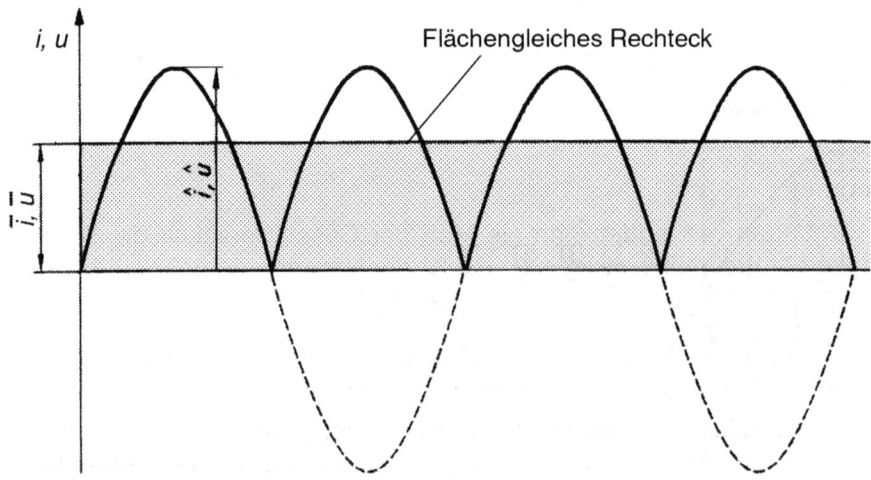

Bild MEC 514.2: Zweiweggleichrichtung.

MEC 514

Den **Gleichwert** oder **arithmetischen Mittelwert** eines Wechselstroms oder einer Wechselspannung erhält man, indem man für die **Dauer einer Halbperiode** die Fläche unter der Kurve durch ein flächengleiches Rechteck ersetzt. Die Höhe des Rechtecks ist dann der Gleichwert bzw. arithmetische Mittelwert (Bild MEC 514.2).

$$\bar{i} = 0{,}637 \cdot \hat{i} \quad \text{oder} \quad \bar{u} = 0{,}637 \cdot \hat{u}$$

Da $\hat{i} = \sqrt{2} \cdot I$ bzw. $\hat{u} = \sqrt{2} \cdot U$ ist, gilt auch

$$\bar{i} = 0{,}9 \cdot I \quad \text{oder} \quad \bar{u} = 0{,}9 \cdot U.$$

Ein durch **Zweiweggleichrichtung** aus Wechselstrom erzeugter Gleichstrom hat die Spannung $\bar{u}$ und die Stromstärke $\bar{i}$ (Bild MEC 514.2).

Hierin bedeuten

$\bar{i}, \bar{u}$ Gleichwertige, arithmetische Mittelwerte in A bzw. V

$\hat{i}, \hat{u}$ Scheitelwerte in A bzw. V

Mit **Scheitelfaktor** bezeichnet man das Verhältnis des **Scheitelwertes** zum **Effektivwert:**

$$\sigma = \frac{\hat{u}}{U} = \frac{\hat{i}}{I}.$$

Der **Formfaktor** gibt das Verhältnis von **Effektivwert** zu **Gleichwert** an.

$$\xi = \frac{U}{\bar{u}} = \frac{I}{\bar{i}}.$$

Tabelle MEC 515: Scheitelfaktoren und Formfaktoren

Kurvenform	Scheitelfaktor	Formfaktor
Sinuskurve	$\sqrt{2}$	1,11
Dreieckkurve	$\sqrt{3}$	1,15
Rechteckkurve	1,00	1,00

Kreisfrequenz

Bei Drehbewegungen verwendet man als Maß der Geschwindigkeit die **Winkelgeschwindigkeit** ω. Beim Einheitskreis ($r = 1$) ist der Umfang

$$u = 2 \cdot \pi \cdot r = 2 \cdot \pi.$$

Den Weg u legt die Spitze eines Zeigers zurück, dessen Länge dem Radius entspricht, wenn der Zeiger sich um 360° dreht, also eine Umdrehung ausführt.

Die **Winkelgeschwindigkeit** ω ergibt sich aus dem Umfang des **Einheitskreises** 2π, multipliziert mit der Anzahl der Umdrehungen je Sekunde, also mit der **Frequenz** f.

$$\omega = 2 \cdot \pi \cdot t.$$

Die Winkelgeschwindigkeit ω bezeichnet man auch als **Kreisfrequenz.** Die Einheit der Kreisfrequenz ist s^{-1}.

Der vom Zeiger zurückgelegte Winkel ist zeitabhängig:

$\varphi = 2 \cdot \pi \cdot f \cdot t = \omega \cdot t.$

Beim Arbeiten mit Wechselstromwerten unterteilt man die Zeitachse nicht in Winkelgrade, sondern in Teile von 2π (Bild MEC 516.1).

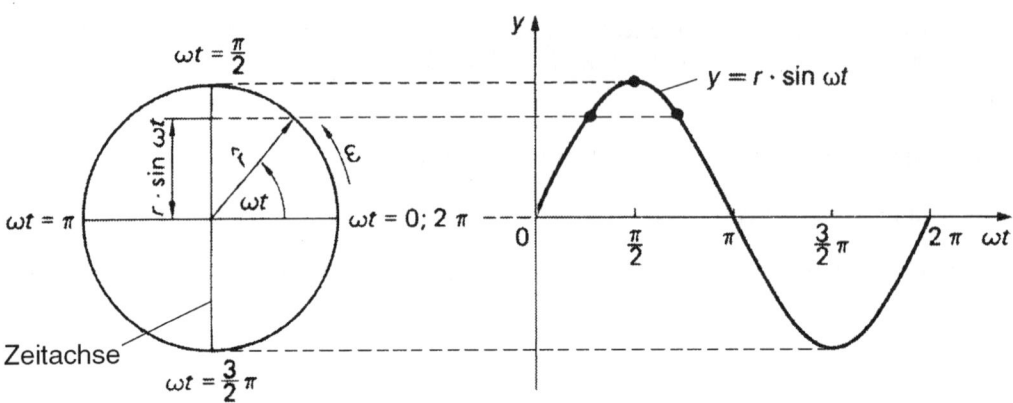

Bild MEC 516.1: Entstehung einer Schwingung aus der Kreisbewegung.

Wirkwiderstand im Wechselstromkreis

Liegen in einem Wechselstromkreis ausschließlich ohmsche Widerstände (Wirkwiderstände), so verlaufen Strom und Spannung **phasengleich** (Bild MEC 516.2).

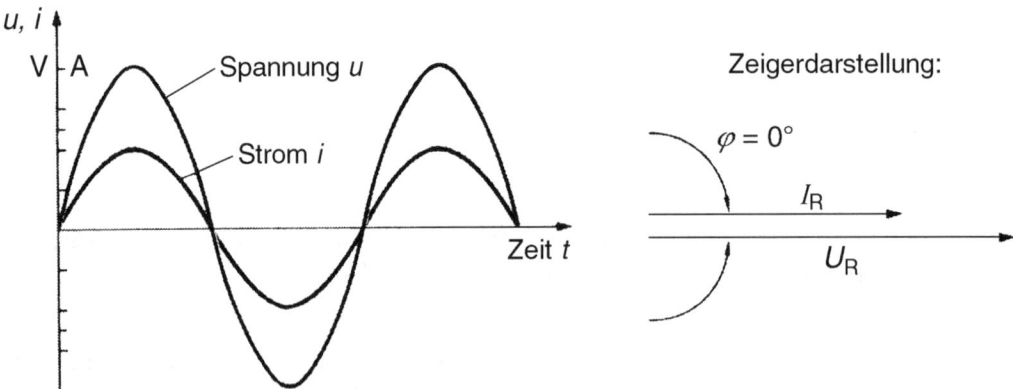

Bild MEC 516.2: Verlauf der Wechselspannung und des Wechselstroms am Wirkwiderstand. Es ist üblich, an die Zeiger den Effektivwert zu schreiben, obwohl die Zeigerlänge eigentlich dem Scheitelwert entspricht.

MEC 516

Induktiver Blindwiderstand im Wechselstromkreis

Liegt in einem Wechselstromkreis eine **ideale Spule** (reine Induktivität L, Widerstand $R = 0$), so entsteht kein Spannungsfall $u = i \cdot R$, sondern eine **Spannung der Selbstinduktion.** Diese Spannung der Selbstinduktion wirkt der Stromänderung und damit einem Wechselstrom ebenso entgegen wie ein ohmscher Widerstand, allerdings nach einem ganz anderen physikalischen Prinzip. Man spricht von einem **induktiven Blindwiderstand.** Die Spannung der Selbstinduktion ist dann am höchsten, wenn die Stromänderung am größten ist. Weil das im **Stromnulldurchgang** der Fall ist, hat die Spannung dort ihren **Scheitelwert.** Das bedeutet, dass der Strom der Spannung um $90°$ ($= \frac{\pi}{2}$) nacheilt (Bild MEC 517.1).

Der induktive Blindwiderstand X_L ist umso größer, je größer die Kreisfrequenz ω des Wechselstroms und die Induktivität L sind:

$$X_L = \omega \cdot L = 2 \cdot \pi \cdot f \cdot L$$

Hierin bedeuten:

ω Kreisfrequenz in s^{-1}
L Induktivität in H
f Frequenz in Hz (s^{-1})
X_L induktiver Blindwiderstand in Ω

Beispiel

Wie groß ist der Effektivwert des Stromes durch eine Spule von der Induktivtät $L = 4$ H am 50 Hz-Netz mit $U = 230$ V?

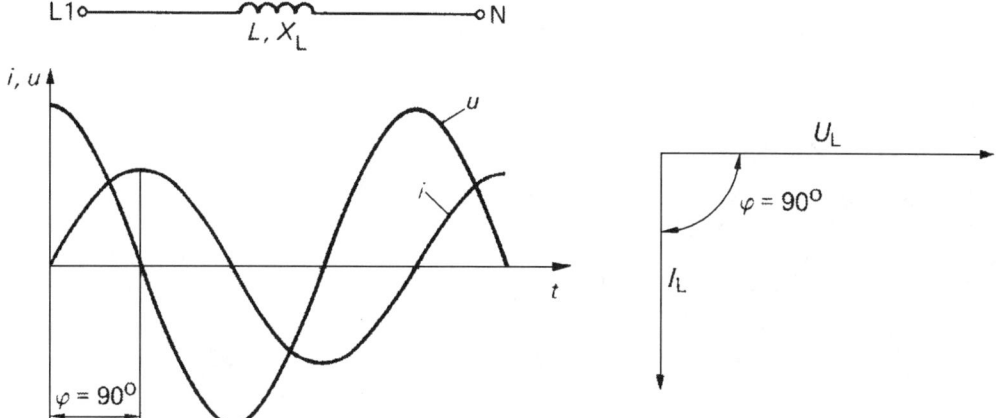

Bild MEC 517.1: Verlauf von Wechselspannung und Wechselstrom an einem induktiven Widerstand, z.B. an einer Spule.

Lösung

$$X_L = 2 \cdot \pi \cdot f \cdot L = 2\pi \cdot 50 \ s^{-1} \cdot 4 \ V \ s/A = 1\,257 \ \Omega$$

$$I = \frac{U}{X_L} = \frac{230 \ V}{1\,257 \ \Omega} = 0,183 \ A.$$

Kapazitiver Blindwiderstand im Wechselstromkreis

Liegt in einem Wechselstromkreis ein **idealer Kondensator** (reine Kapazität C, $R = 0$), so entsteht kein Spannungsfall $u = i \cdot R$, sondern die Spannung am Kondensator ergibt sich aus dessen **Ladezustand.** Durch die Wechselspannung wird der Kondensator periodisch geladen, entladen, mit umgekehrter Polung erneut geladen, wieder entladen usw. Es fließen ständig **Lade- und Entladeströme,** so dass der Kondensator für den Stromfluss scheinbar durchlässig ist. Er verhält sich ähnlich wie ein Widerstand, obwohl kein Stromfluss durch das Dielektrikum stattfindet. Man spricht vom **kapazitiven Blindwiderstand** des Kondensators. Die Spannung am Kondensator ist dann am höchsten, wenn der Strom seine Richtung ändert und nach der Ladung mit der Entladung beginnt. Das ist bei **Nulldurchgang** des Stroms der Fall. Hieraus ergibt sich, dass der Strom der Spannung um 90° voreilt (Bild MEC 518.1).
Der kapazitive Blindwiderstand X_C ist umso kleiner, je größer die Kreisfrequenz ω des Wechselstroms und die Kapazität C sind:

$$X_C = \frac{1}{\omega \cdot C} = \frac{1}{2 \cdot \pi \cdot f \cdot C}$$

Hierin bedeuten:

X_C kapazitiver Blindwiderstand in Ω
C Kapazität in F
ω Kreisfrequenz in s^{-1}
f Frequenz in Hz (s^{-1})

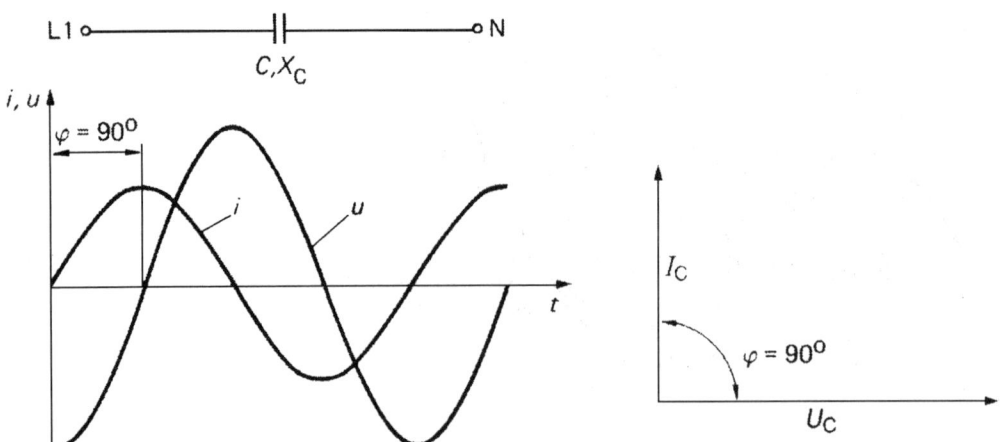

Bild MEC 518.1: Am Kondensator eilt die Spannung dem Strom um 90° nach.

MEC 518

Beispiel

Wie groß ist der Effektivwert I des Stromes durch einen Kondensator von der Kapazität $C = 2\ \mu F$ bei einer Frequenz von 50 Hz und einer sinusförmigen Wechselspannung mit dem Effektivwert $U = 230\ V$?

Lösung

$$X_C = \frac{1}{2\pi \cdot f \cdot C} = \frac{1}{2\pi \cdot 50\ \text{s}^{-1} \cdot 2 \cdot 10^{-6}\ \text{A s/V}} = 1\,592\ \Omega$$

$$I = \frac{\hat{u}}{X_C} = \frac{230\ V}{1\,592\ \Omega} = 0,144\ A.$$

Leistung des Wechselstroms

Für die Leistung des Gleichstroms gilt die Formel $P = U \cdot I$. Multipliziert man beim Wechselstrom zusammengehörige **Augenblickswerte** von Spannung u und Wirkstrom i, so stellt das Produkt $p_t = u \cdot i$ die **Augenblicksleistung** des Wechselstromes dar.

Bild MEC 519.1 zeigt die Wechselstromleistung (50 Hz) an einem Wirkwiderstand, bei dem Strom und Spannung in Phase liegen.

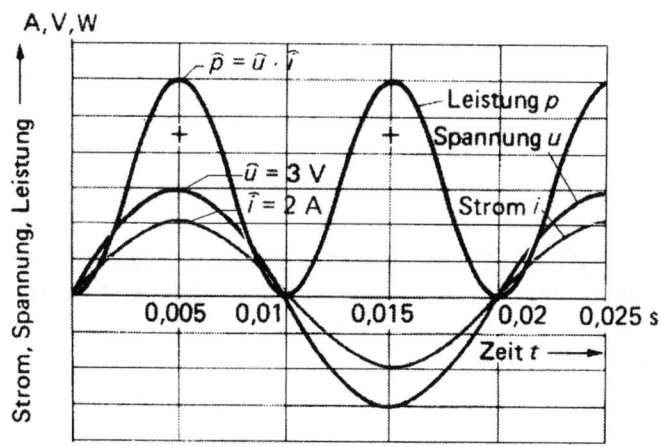

Bild MEC 519.1: Verlauf der Leistung des Wechselstroms. Die Augenblicksleistung p hat die doppelte Frequenz der Spannung und des Stroms.

Die Leistungskurve bleibt hier **immer positiv,** da Spannung und Stromstärke wegen der fehlenden Phasenverschiebung entweder **gleichzeitig positiv** oder **negativ** sind. Der Wechselstromerzeuger gibt also zu allen Zeitpunkten elektrische Leistung ab, die am Wirkwiderstand zu **Stromwärme** umgesetzt wird.

Für die Leistung am Wirkwiderstand gilt: $P = U \cdot I$.

Induktive Blindleistung

Am idealen induktiven Widerstand sind Strom und Spannung 90° (= $\pi/2$) gegeneinander phasenverschoben. Multipliziert man die Augenblickswerte von u und i miteinander, so ergibt sich eine sinusförmige Leistungskurve, die zu gleichen Teilen im positiven wie auch im negativen Bereich verläuft (Bild MEC 520.1).

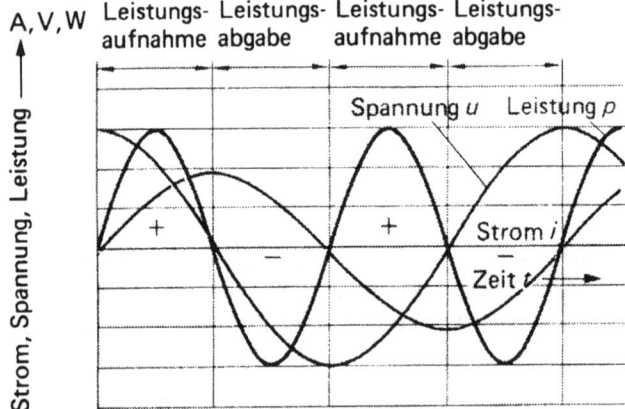

Bild MEC 520.1:
Verlauf der Leistung des Wechselstroms bei Drosselspulen ohne Wirkwiderstand.

Im magnetischen Feld einer Spule mit der Induktivität L steckt ein Energiebetrag der Größe

$$W_L = \frac{1}{2} \cdot L \cdot i^2,$$

wobei i der gerade fließende Strom ist. Am Ende der ersten Viertelperiode, bei dem weder u noch i negativ sind, steckt beim Stromhöchstwert in der Induktivität ein Arbeitsbetrag von

$$W_L = \frac{1}{2} \cdot L \cdot i^2,$$

der während dieser Viertelperiode vom Generator geliefert wurde. Während der nächsten Viertelperiode wird die Energie der Spule bei abnehmendem Strom wieder **zurückgeführt; der Generator nimmt Leistung auf.**

Der **Leistungsverbrauch** an einem induktiven Widerstand ist also im Mittel **gleich Null**. Die Energie fließt zwischen Generator und Induktivität hin und her.

Das Produkt

$$Q = U \cdot I$$

nennt man **Blindleistung**. Sie berechnet sich aus dem Effektivwert der Spannung U und dem Strom I im Blindwiderstand X_L. Die Vorsilbe **Blind** deutet hier an, dass keine Wirkleistung vom Stromerzeuger nach außen hin abgegeben wird.

Kapazitive Blindleistung

Am idealen kapazitiven Widerstand sind Strom und Spannung um 90° (= $\pi/2$) gegeneinander phasenverschoben. Multipliziert man die Augenblickswerte von u und i miteinander, so ergibt sich eine sinusförmige Leistungskurve, die zu gleichen Teilen im positiven wie auch im negativen Bereich verläuft (Bild MEC 521.1).

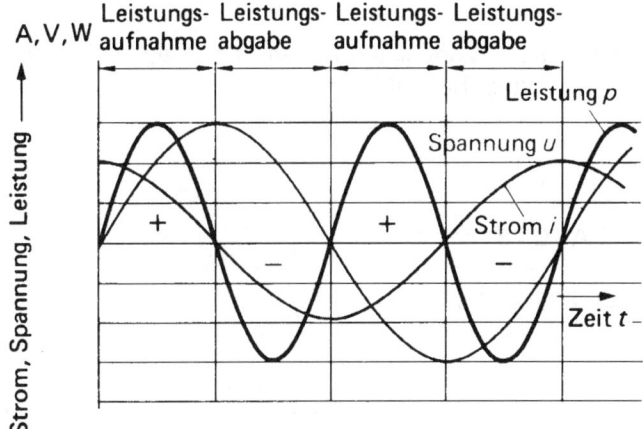

Bild MEC 521.1: Verlauf der Leistung des Wechselstroms beim Kondensator.

Im elektrischen Feld eines Kondensators steckt der Energiebetrag

$$W_C = \frac{1}{2} \cdot C \cdot u^2,$$

wobei u die gerade am Kondensator liegende Spannung ist.

Analog zum induktiven Widerstand pendelt auch beim Kondensator die Energie zwischen Erzeuger und Verbraucher hin und her. In keiner Periode wird Energie vom Stromerzeuger an den Kondensator **abgegeben**, so dass es sich um reine **Blindleistung** handelt.

Wirkleistung, Blindleistung, Scheinleistung

Sowohl eine Spule als auch ein Kondensator sind verlustbehaftet, d.h. neben dem Blindwiderstand existiert eine Wirkkomponente, an der Wirkleistung umgesetzt wird.

Für die **Wirkleistung** ergibt sich die Formel:

$P = U \cdot I \cdot \cos \varphi$.

Die **Blindleistung** wird berechnet mit der Formel:

$Q = U \cdot I \cdot \sin \varphi$.

Hierin bedeuten:

P   Wirkleistung in W
U   Effektivwert der Spannung in V
I   Effektivwert des Stroms in A
cos φ **Leistungsfaktor**, wobei φ gleich dem Phasenwinkel zwischen Strom und Span-
         nung ist.
Q   Blindleistung in „Volt-Ampere-reaktiv", Einheitenkurzzeichen var.

Beispiel

Ein Wechselstrommotor nimmt an einer Wechselspannung von 230 V bei Nennbetrieb
einen Strom von 10,5 A auf.

Wie groß ist die aufgenommene elektrische Wirkleistung, wenn der Leistungsfaktor
auf dem Typenschild mit cos $\varphi = 0,78$ angegeben ist?

Wie hoch ist die Blindleistung?

Lösung

$P \quad = U \cdot I \cdot \cos \varphi = 230 \text{ V} \cdot 10,5 \text{ A} \cdot 0,78$
$P \quad = 1\,884 \text{ W}$
$\cos \varphi = 0,78; \quad \varphi = 38,74°; \quad \sin \varphi = 0,626 \approx 0,63$
$Q \quad = U \cdot I \cdot \sin \varphi = 230 \text{ V} \cdot 10,5 \text{ A} \cdot 0,63$
$Q \quad = 1\,521 \text{ var.}$

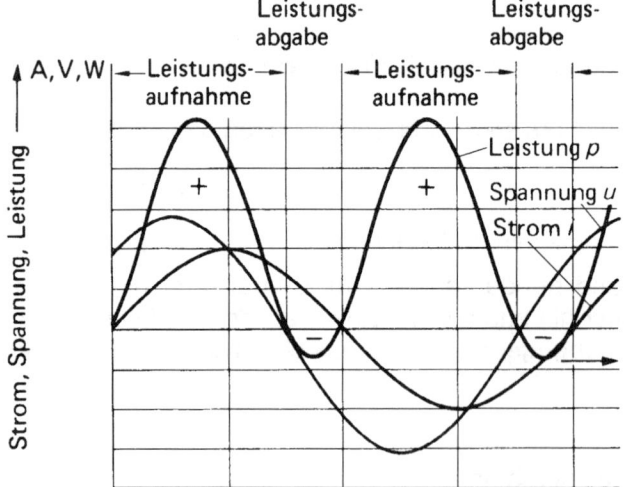

Bild MEC 522.1: Verlauf der Leistung des Wechselstroms bei einer Drosselspule.

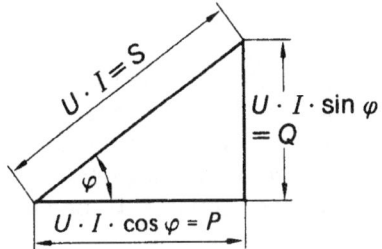

Bild MEC 523.1: Wirk-, Blind- und Scheinleistung bilden ein rechtwinkliges Dreieck.

Da in einem Wechselstromkreis mit Wirk- und Blindwiderständen sowohl Wirk- wie auch Blindleistung auftreten, verläuft die Leistungskurve mit dem größeren Anteil im **positiven** Bereich (Bild MEC 522.1).

Bildet man ohne Rücksicht auf den Phasenwinkel das Produkt aus Spannung und Strom, so erhält man die **Scheinleistung**.

Als Maßeinheiten der Scheinleistung sind Volt-Ampere (VA) oder Kilovolt-Ampere (kVA) üblich.

$$S = U \cdot I$$

In den Tabellen MEC 525 und MEC 526 finden Sie die Formeln für Reihenschaltungen und Parallelschaltungen von ohmschem Widerstand, Spule und Kondensator im Wechselstromkreis.

In der Tabelle MEC 527 sind die Formeln zur Leistungsberechnung im Gleich- und Wechselstromkreis zusammengestellt.

Entnimmt ein Verbraucher infolge seiner Induktivität dem Netz **Blindleistung**, wie z. B. ein Wechselstrommotor, so wird damit der Generator im Kraftwerk zwar nicht belastet, eine zusätzliche Last tritt aber durch die Verluste auf, die der Strom in den Leitungen und Wicklungen verursacht. Aus diesem Grunde wird **größeren Abnehmern** von Energieversorgungsunternehmen **ein bestimmter Leistungsfaktor vorgeschrieben**. Wird der Leistungsfaktor nicht eingehalten, so erfasst das Energieversorgungsunternehmen (EVU) den Blindleistungsbezug des Abnehmers und lässt diesen dafür bezahlen. Man ist also bestrebt, Wechselstromanlagen möglichst mit $\cos \varphi = 1$ zu betreiben, um die Wirkverluste niedrig zu halten. Zudem fließt bei größerem Leistungsfaktor ein geringerer Strom, so dass die Leiterquerschnitte kleiner gewählt werden können.

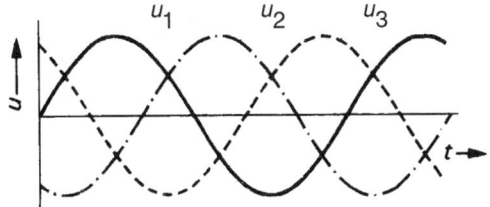

Bild MEC 523.2: Drei Wechselstromschwingungen, die um je 120° gegeneinander phasenverschoben sind, ergeben einen dreiphasigen Wechselstrom (Drehstrom).

Drehstrom

Für die Energieversorgung im großen wird wegen der Transformierbarkeit und der Notwendigkeit hoher Spannungen beim Transport des elektrischen Stromes heute praktisch nur der Wechselstrom benutzt. Dabei hat es sich als zweckmäßig erwiesen, das Übertragungssystem nicht nur mit **einem** Wechselstrom, sondern mit einer Kombination aus **drei** Wechselströmen anzulegen, deren Spannungen um je 120° gegeneinander phasenverschoben sind (Bild MEC 523.2).

Es ist üblich, in Schaltbildern die drei Wicklungsstränge durch drei axial gewickelte Spulen, deren Wicklungsachsen um 120° gegeneinander verschoben sind, darzustellen (Bild MEC 524.1).

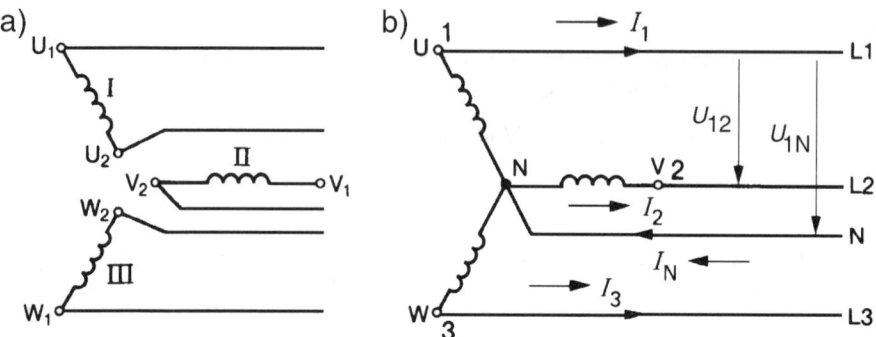

Bild MEC 524.1: Sternschaltung.

Die Anschlüsse der Außenleiter kennzeichnet man mit den Buchstaben U_1, V_1, W_1, die der Innenleiter mit U_2, V_2, W_2 (Bild MEC 524.1a).

Die zu einem Leiter zusammengefassten Innenleiter tragen die Bezeichnung N = Neutralleiter. Den Außenleitern ordnet man die Buchstaben L1, L2, L3 zu (Bild MEC 524.1b). Man spricht bei dieser Verbindung der Wicklungsstränge von der **Sternschaltung**.

Sind die Wicklungsstränge nach Bild MEC 524.2 miteinander verbunden, so spricht man von einer **Dreieckschaltung**.

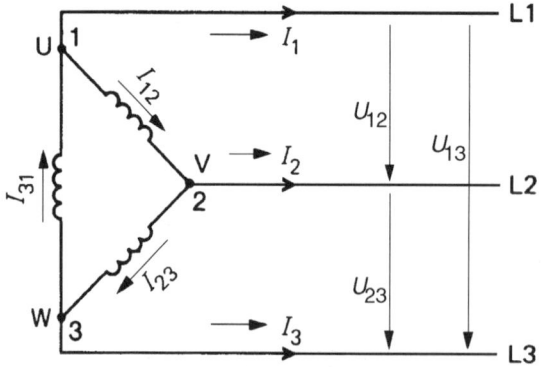

Bild MEC 524.2: Dreieckschaltung.

MEC 524

Tabelle MEC 525: Reihenschaltungen im Wechselstromkreis

1	Schaltung	R — L 90°	R — C 90°	L 90° C 90°
2	Frequenzgang des Scheinwiderstands			
3a	$f < f_1$			$Z = X_{ges}$
3b	$f > f_1$			$Z = X_{ges}$
4	Betrag des Scheinwiderstands	$Z = \sqrt{R^2 + (\omega L)^2}$	$Z = \sqrt{R^2 + \left(\dfrac{1}{\omega C}\right)^2}$	$Z = X_{ges} = \left[\omega L - \dfrac{1}{\omega C}\right]$
5	Zeiger des Scheinleitwerts	Richtung: 180° gedreht gegenüber dem Zeiger des Scheinwiderstands Betrag: Entsprechend Zeile 6	Richtung: 180° gedreht gegenüber dem Zeiger des Scheinwiderstands Betrag: Entsprechend Zeile 6	Richtung: 180° gedreht gegenüber dem Zeiger des Scheinwiderstands Betrag: Entsprechend Zeile 6
6	Betrag des Scheinleitwerts	$Y = \dfrac{1}{Z} = \dfrac{1}{\sqrt{R^2 + (\omega L)^2}}$	$Y = \dfrac{1}{Z} = \dfrac{1}{\sqrt{R^2 + \left(\dfrac{1}{\omega C}\right)^2}}$	$Y = \dfrac{1}{Z} = \dfrac{1}{\left[\omega L - \dfrac{1}{\omega C}\right]}$

Zeiger des Scheinwiderstands

MEC 525

Tabelle MEC 526: Parallelschaltungen im Wechselstromkreis

1	Schaltung	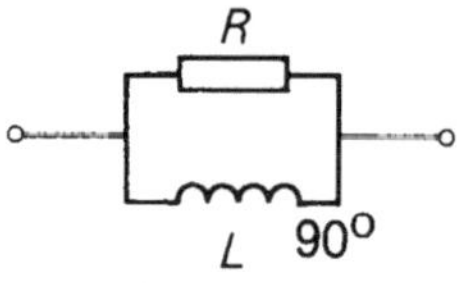	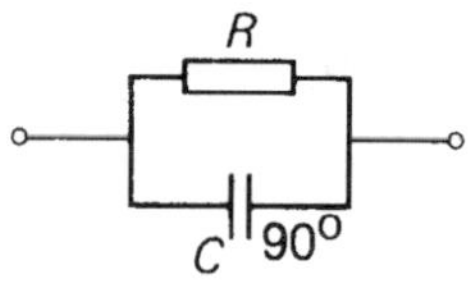	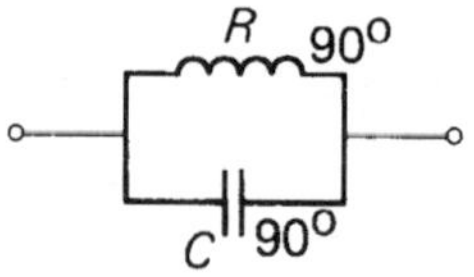
2	Frequenz-gang des Schein-wider-stands	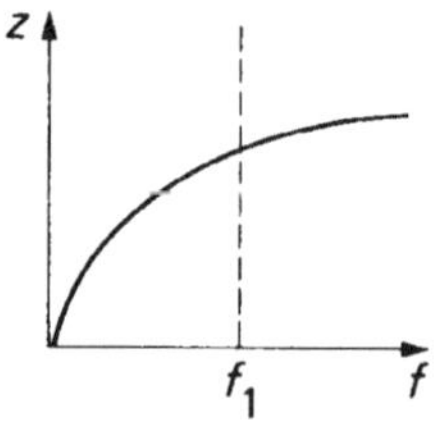	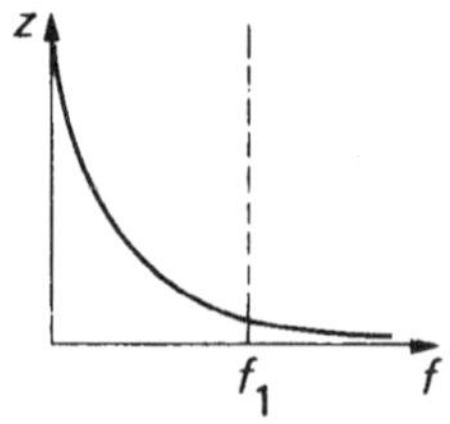	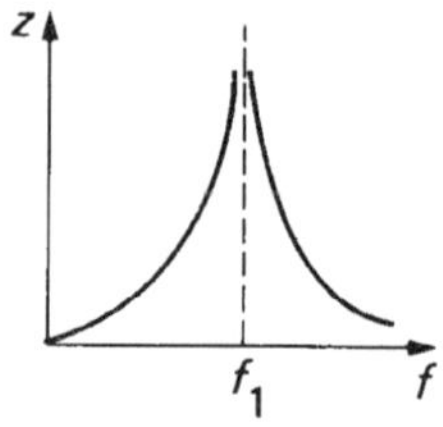
3	Zeiger des Schein-wider-stands	Richtung: 180° gedreht gegenüber dem Zeiger des Scheinleitwerts Betrag: Entsprechend Zeile 4	Richtung: 180° gedreht gegenüber dem Zeiger des Scheinleitwerts Betrag: Entsprechend Zeile 4	Richtung: 180° gedreht gegenüber dem Zeiger des Scheinleitwerts Betrag: Entsprechend Zeile 4
4	Betrag des Schein-wider-stands	$Z = \dfrac{1}{Y} = \dfrac{1}{\sqrt{G^2 + \left(\dfrac{1}{\omega L}\right)^2}}$	$Z = \dfrac{1}{Y} = \dfrac{1}{\sqrt{G^2 + (\omega C)^2}}$	$Z = \dfrac{1}{Y} = \dfrac{1}{\left[\dfrac{1}{\omega L} - \omega C\right]}$
5a	$f < f_1$			
5b	$f > f_1$			
6	Betrag des Schein-leit-werts	$Y = \sqrt{G^2 + \left(\dfrac{1}{\omega L}\right)^2}$	$Y = \sqrt{G^2 + (\omega C)^2}$	$Y = \left[\dfrac{1}{\omega L} - \omega C\right]$

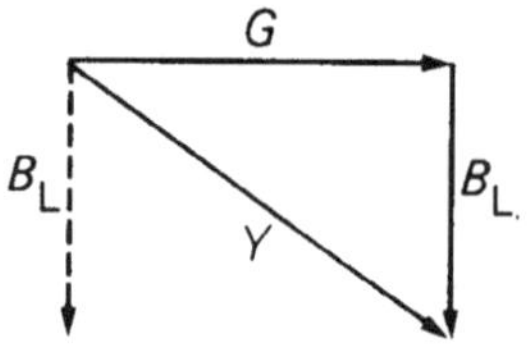

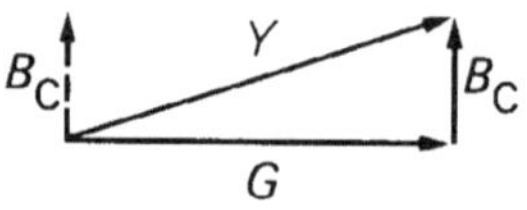

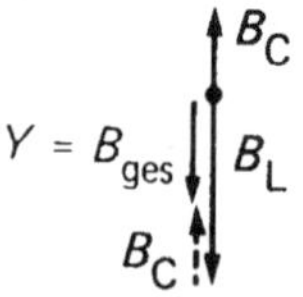

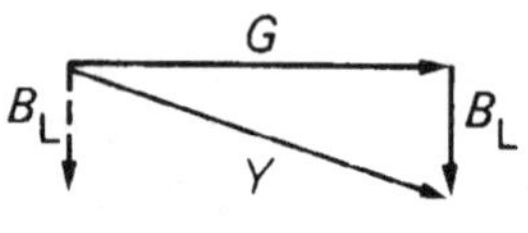

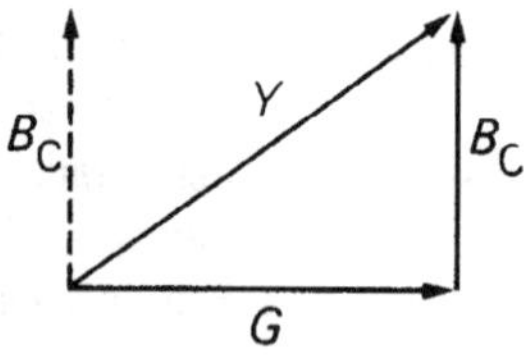

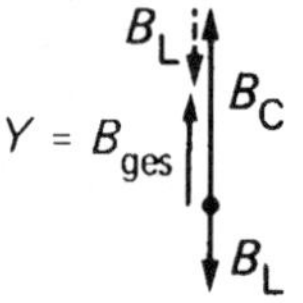

Zeiger des Scheinleitwerts

MEC 526

Tabelle MEC 527: Strom, Spannung, Widerstand

Art des Stromes			Strom in A	Spannung in V	Widerstand in Ω
Gleichstrom			$I = \dfrac{U}{R}$	$U = I \cdot R$	$R = \dfrac{U}{I}$
Wechselstrom		ohmscher Widerstand	$I = \dfrac{U}{R}$	$U = I \cdot R$	$R = \dfrac{U}{I}$
		induktiver Widerstand	$I = \dfrac{U \cdot \cos\varphi}{R_w}$	$U = \dfrac{I \cdot R_w}{\cos\varphi}$	$R_w = \dfrac{U_L \cdot \cos\varphi}{I}$
Drehstrom	ohmscher Widerstand	Stern-schal-tung	$I_L = \dfrac{U_L}{R_P \cdot \sqrt{3}}$	$U_L = I_L \cdot R_P \cdot \sqrt{3}$	$R_p = \dfrac{U_L}{I_L \cdot \sqrt{3}}$
		Dreieck-schal-tung	$I_L = \dfrac{U_L \cdot \sqrt{3}}{R_P}$	$U_L = \dfrac{I_L \cdot R_P}{\sqrt{3}}$	$R_p = \dfrac{U_L \cdot \sqrt{3}}{I_L}$
	induktiver Widerstand	Stern-schal-tung	$I_L = \dfrac{U_L \cdot \cos\varphi}{R_{wp} \cdot \sqrt{3}}$	$U_L = \dfrac{I_L \cdot R_{wp} \cdot \sqrt{3}}{\cos\varphi}$	$R_{wp} = \dfrac{U_L \cdot \cos\varphi}{I_L \cdot \sqrt{3}}$
		Dreieck-schal-tung	$I_L = \dfrac{U_L \cdot \sqrt{3} \cdot \cos\varphi}{R_{wp}}$	$U_L = \dfrac{I_L \cdot R_{wp}}{\sqrt{3} \cdot \cos\varphi}$	$R_{wp} = \dfrac{U_L \cdot \sqrt{3} \cdot \cos\varphi}{I_L}$

Zeichenerklärung: U_L = Außenleiterspannung; I_L = Außenleiterstrom; R_w = Wirkwiderstand; R_p = Widerstand je Phase; R_{wp} = Wirkwiderstand je Phase.

Tabelle MEC 528: Wirkleistung, Scheinleistung, Blindleistung

Art des Stromes			Wirkleistung in W	Scheinleistung in VA	Blindleistung in var
Gleichstrom			$P = U \cdot I$ $P = I^2 \cdot R$ $P = \dfrac{U^2}{R}$	$S = P$	nicht vorhanden
Wechselstrom		ohmscher Widerstand	$P = U \cdot I$ $P = I^2 \cdot R$ $P = \dfrac{U^2}{R}$	$S = P$	nicht vorhanden
		induktiver Widerstand	$P = U \cdot I \cdot \cos \varphi$	$S = U \cdot I$	$Q = U \cdot I \cdot \sin \varphi$
Drehstrom	ohmscher Widerstand	Stern-schal-tung	$P = U_L \cdot I_L \cdot \sqrt{3}$ $P = 3 \cdot I_L^2 \cdot R$ $P = \dfrac{U_L^2}{R}$	$S = P$	nicht vorhanden
		Dreieck-schal-tung	$P = U_L \cdot I_L \cdot \sqrt{3}$ $P = 3 \cdot I_L^2 \cdot R$ $P = \dfrac{U_L^2}{R}$	$S = P$	nicht vorhanden
	induktiver Widerstand	Stern-schal-tung	$P =$ $U_L \cdot I_L \; \sqrt{3} \cdot \cos \varphi$	$S = U_L \cdot I_L \cdot \sqrt{3}$	$Q =$ $U_L \cdot I_L \cdot \sqrt{3} \cdot \sin \varphi$
		Dreieck-schal-tung	$P =$ $U_L \cdot I_L \cdot \sqrt{3} \cdot \cos \varphi$	$S = U_L \cdot I_L \cdot \sqrt{3}$	$Q =$ $U_L \cdot I_L \cdot \sqrt{3} \cdot \sin \varphi$

Sternschaltung: Die Außenleiterspannung ist bei der Sternschaltung um den Faktor $\sqrt{3}$ = 1,73 größer als die Spannung einer Phase gegen den Mittelpunktsleiter. Die Außenleiterströme sind gleich dem Sternpunktleiterstrom.

Dreieckschaltung: Die Außenleiterströme sind bei der Dreieckschaltung um den Faktor $\sqrt{3}$ = 1,73 größer als die Ströme in einer Phase. Die Außenleiterspannung ist gleich der Strangspannung.

Blindleistungskompensation

Blindleistung ruft gesteigerte Verluste in Leitungen und Wicklungen hervor und zwingt zur Vergrößerung der Leiterquerschnitte.

Aus diesen Gründen veranlassen die EVU größere Abnehmer zur **Blindleistungs-kompensation**.

Bei der Blindleistungskompensation strebt man im Allgemeinen nicht den eigentlich idealen Leistungsfaktor cos φ = 1 an, sondern man begnügt sich mit cos φ = 0,9 ... 0,95, um eine Überkompensation, die aus Gründen des Netzbetriebs unerwünscht ist, zu vermeiden.

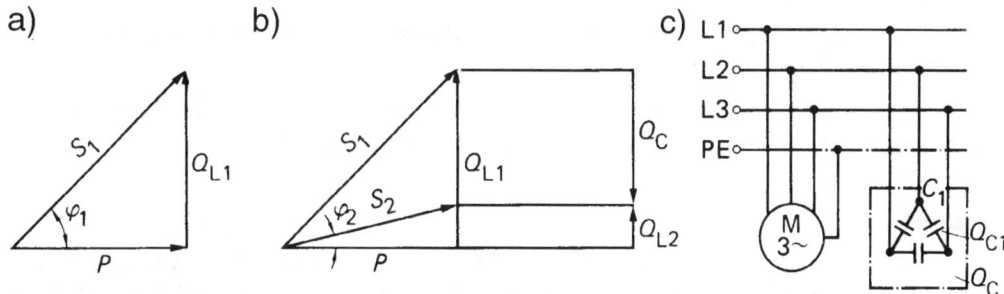

Bild MEC 529.1: a) Wirk-, Blind- und Scheinleistung beim Phasenwinkel φ_1.
                b) Soll der Phasenwinkel auf φ_2 vermindert werden, so muss die Blindleistung Q_L kompensiert werden.
                c) Anordnung der Kompensationskondensatoren.

Bild MEC 529.1a zeigt das Leistungsdreieck einer Drehstromanlage ohne zusätzliche Blindleistungskompensation. Der Phasenwinkel beträgt φ_1. Er soll auf einen Wert von φ_2 verringert werden (Bild MEC 529.1b). Die Blindleistung, die vom Netz dazugeliefert werden muss, verringert sich von Q_{L1} auf Q_{L2}.

Die Differenz Q_C ist von einem **Phasenschieber** zu liefern. Zur Verminderung der Blindleistung werden meist **Kompensationskondensatoren** eingesetzt. Die zu liefernde Blindleistung der 3 Kondensatoren beträgt

$Q_C = P \cdot (\tan \varphi_1 - \tan \varphi_2)$.

Die Kapazität der Kondensatoren errechnet sich für Einphasen-Wechselstrom nach der Formel:

$$C = \frac{P \cdot (\tan \varphi_1 - \tan \varphi_2)}{\omega \cdot U^2}.$$

Bei Drehstrom gelten folgende Formeln zur Berechnung der Kapazität C_1 (Bild MEC 529.1c):

Sternschaltung

$$C_1 = \frac{P \cdot (\tan \varphi_1 - \tan \varphi_2)}{U^2}$$

$$C_1 = \frac{Q_C}{\omega \cdot U^2} \cdot$$

Dreieckschaltung

$$C_1 = \frac{P \cdot (\tan \varphi_1 - \tan \varphi_2)}{3 \cdot \omega \cdot U^2}$$

$$C_1 = \frac{Q_C}{3 \cdot \omega \cdot U^2} \cdot$$

Wegen der dreifachen Leistungsaufnahme, verglichen mit der Sternschaltung, wird die Dreieckschaltung der Kondensatoren im Allgemeinen bevorzugt. In der Praxis verwendet man zur Bestimmung der zu kompensierenden Blindleistung das Diagramm auf Seite MEC 531.

Dem Diagramm können entnommen werden:

1. Die Blindleistung in kvar bei gegebener Wirkleistung in kW und gegebenem Leistungsfaktor cos φ.

2. Die Wirkleistung in kW bei gegebener Blindleistung in kvar und gegebenem Leistungsfaktor cos φ.

3. Der Leistungsfaktor cos φ bei gegebener Wirkleistung in kW und gegebener Blindleistung in kvar.

Das Diagramm enthält die Werte von 0 ...130 kW und 0 ...180 kvar. Für Vielfache und Teile dieser Werte wird es in entsprechender Weise benutzt.

Beispiele

a) Zu 1: Wirkleistung P = 40 kW; cos φ = 0,8. Dem Schnittpunkt der Waagerechten durch P = 40 kW und dem Strahl cos φ = 0,8 entspricht auf der Q-Achse ein Wert von 30 kvar. Ergebnis: Q = 30 kvar. (Schnittpunkt I).

b) Zu 2: Blindleistung Q = 60 kvar; cos φ = 0,6. Die Senkrechte durch 60 kvar schneidet den cos φ-Strahl 0,6 im Punkt II, dem der Wert P = 45 kW entspricht. Ergebnis: 45 kW.

c) Zu 3: Wirkleistung P = 40 kW; Blindleistung Q = 25 kvar. Die achsenparallelen Linien durch vorstehende Werte schneiden sich auf dem cos φ-Strahl 0,85 (Schnittpunkt III). Ergebnis: cos φ = 0,85.

d) In einem Betrieb mit 50 kW Gesamtverbrauch soll cos φ von 0,6 (entspr. 67 kvar) mittels Kondensatoren auf 0,9 verbessert werden. In diesem Fall darf laut Diagramm nur noch eine Blindleistung von Q = 24 kvar verbraucht werden. Der kompensierende Kondensator ist daher für Q_C = (67-24) kvar = 43 kvar zu bemessen.

Elektrolyse

Der **Elektrolyt** ist in **Ionen** dissoziiert. Bei Stromdurchgang werden die positiven Ionen **(Kationen)** an der Katode und die negativen Ionen **(Anionen)** an der Anode abgeschieden.

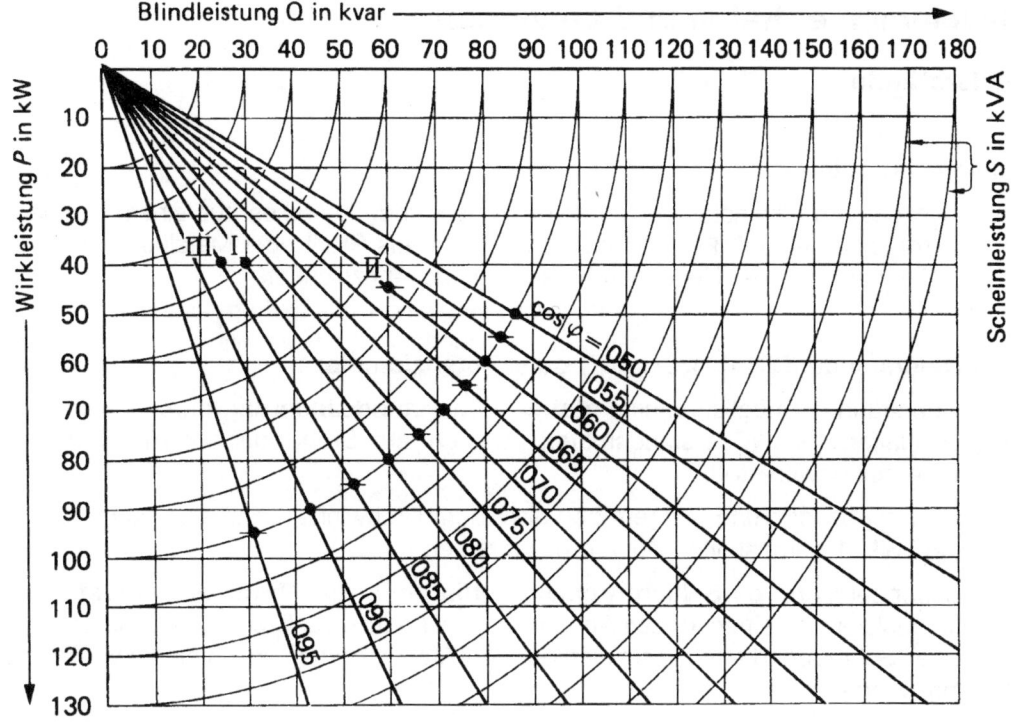

Bild MEC 531.1: Wirkleistung, Blindleistung, cos φ

Durch Elektrolyse **abgeschiedene Masse** m ergibt sich aus nachstehenden Formeln:

$$m = k \cdot I \cdot t \qquad k = \frac{A}{F \cdot w}$$

m Masse in g; k **elektrochemisches Äquivalent** in g/C;
I Stromstärke in A, t Zeit in s; A Atomgewicht;
F **Faradaysche Konstante**: F = 96.495 C/g; w Wertigkeit (s. Tabelle MEC 531).

Tabelle MEC 531: Wertigkeit w, Elektrochemisches Äquivalent k

Kationen	w	k	Anionen	w	k
Aluminium Al	3	0,0932	Chlor	1	0,3675
Chrom Cr	3	0,1796	Hydroxyl OH	1	0,1763
Kupfer Cu	1	0,6588	Chlorat ClO_3	1	0,8649
	2	0,3294	Chromat CrO_4	2	0,6011
Nickel Ni	2	0,3041	Sauerstoff O	2	0,0829
	3	0,2027	Karbonat CO_3	2	0,3109
Silber Ag	1	1,1180	Manganat MnO_4	2	0,6163
Wasserstoff H	1	0,01044	Phosphat PO_4	3	0,3280
Zink Zn	2	0,3387	Sulfat SO_4	2	0,4978

Bauelemente, Kabel und Leitungen

Widerstände

Schichtwiderstände

Diese weitaus am häufigsten verwendeten Widerstände bestehen aus einem nichtleitenden Trägerkörper, auf den eine leitende Schicht aus Grafit oder Metall aufgebracht wurde. Sie werden in der Regel durch Farbringe gekennzeichnet.

Drehwiderstände (DIN 41450/11.87) oder Potenziometer

Drehwiderstände ermöglichen eine **stetige Widerstandsänderung** durch Verdrehen eines Schleifers. Das Widerstandsmaterial besteht aus Draht oder aus einem leitenden Widerstandswerkstoff.

Die Widerstandsänderung, aufgetragen über dem Drehwinkel, lässt sich durch die in Bild MEC 532.1 dargestellten Kurven beschreiben.

Eine besondere Art von **Schichtdrehwiderständen** stellen **Trimmer-Widerstände** dar. Sie besitzen nur einen kurzen Achsenstummel oder eine flache Drehscheibe. Mit Hilfe eines Schraubendrehers lässt sich der Schleifer verdrehen und in die gewünschte Stellung bringen.

Nichtlineare Widerstände

Für spezielle Anwendungen gibt es nichtlineare Widerstände, deren Kennlinien das Bild MEC 533.1 zeigt. Der Verlauf der Strom-Spannungs-Kennlinie ist **nichtlinear**. Es handelt sich hierbei um Bauelemente, deren Widerstandswert durch Änderung einer physikalischen Größe, z.B. Temperatur, Spannung, Beleuchtungsstärke oder Dehnung in weiten Grenzen verändert werden kann.

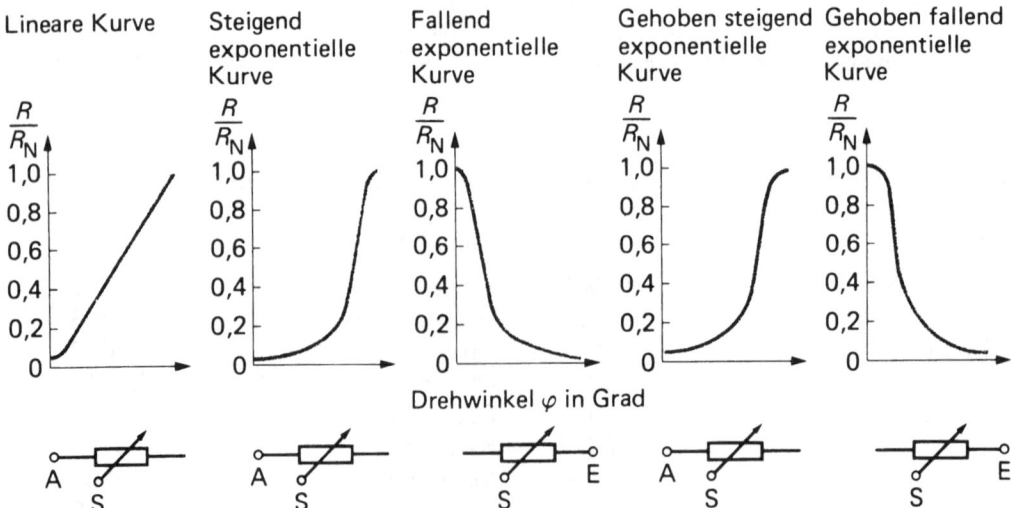

Bild MEC 532.1: Widerstandsverhalten von Drehwiderständen

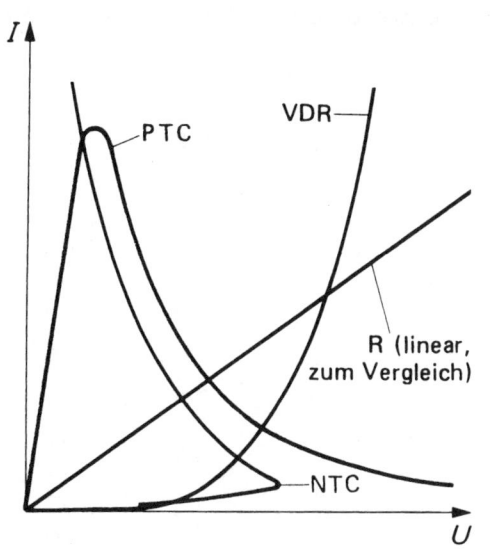

Bild MEC 533.1: Strom-Spannungs-Kennlinien von nichtlinearen Widerständen

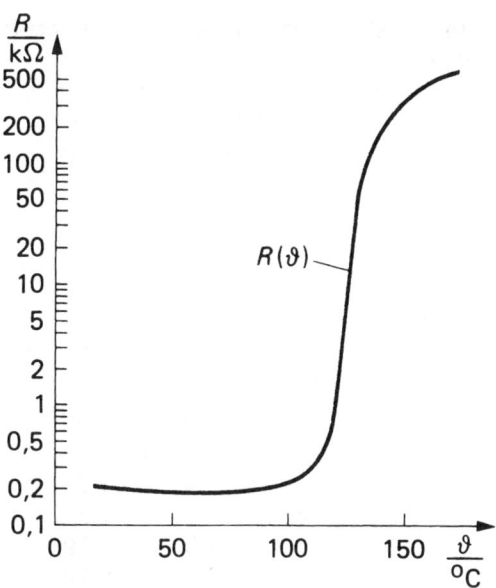

Bild MEC 533.2: Temperatur-Widerstands-
Kennlinie eines Kaltleiters

VDR-Widerstand oder Varistor

Die Abkürzung VDR kommt vom engl. **V**oltage **D**ependent **R**esistor = spannungs-
abhängiger Widerstand. Seine Kennlinie ist im negativen Bereich spiegelbildlich gleich.
Trotz der Ähnlichkeit mit der Diodenkennlinie zeigt der VDR-Widerstand kein Sperr-
verhalten.

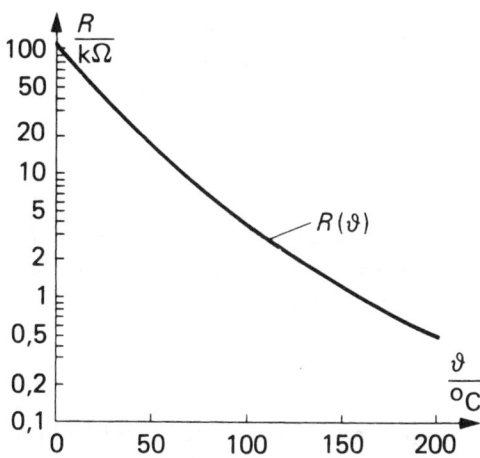

Bild MEC 533.3: Temperaturabhängigkeit des Widerstandswerts bei einem
Heißleiter (NTC).

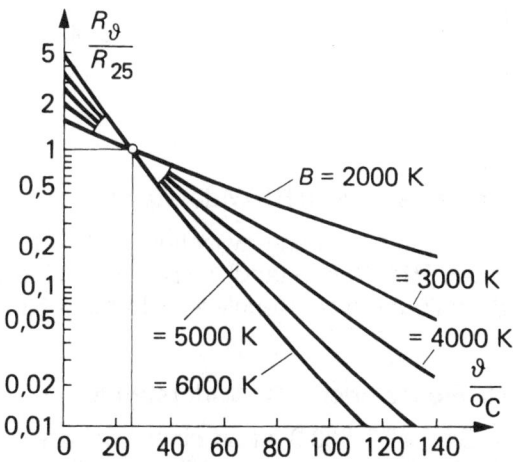

Bild MEC 533.4: Temperaturabhängigkeit
des Verhältnisses Widerstand R_ϑ zu Kaltwiderstand R_{25} für verschiedene B-Werte.

Tafel MEC 534: Internationale Reihen für Zahlenwertangaben bei Bauelementen
(DIN IEC 63/12.85)

| Reihen | | | | | Reihen | | | |
E 6	E 12	E 24	E 48		E 6	E 12	E 24	E 48
1,0	1,0	1,0	1,00		3,3	3,3	3,3	3,32
			1,05					3,48
		1,1	1,10				3,6	3,65
			1,15					3,83
	1,2	1,2	1,21			3,9	3,9	4,02
			1,27					4,22
		1,3	1,33				4,3	4,42
			1,40					4,64
1,5	1,5	1,5	1,47		4,7	4,7	4,7	4,87
			1,54					5,11
		1,6	1,62				5,1	5,36
			1,69					5,62
	1,8	1,8	1,78			5,6	5,6	5,90
			1,87					6,19
		2,0	1,96				6,2	6,49
			2,05					6,81
2,2	2,2	2,2	2,15		6,8	6,8	6,8	7,15
			2,26					7,50
		2,4	2,37				7,5	7,87
			2,49					8,25
	2,7	2,7	2,61			8,2	8,2	8,66
			2,74					9,09
		3,0	2,87				9,1	9,53
			3,01					
			3,16					
± 20 %	± 10 %	± 5 %	± 2 %		± 20 %	± 10 %	± 5 %	± 2 %
Toleranz					Toleranz			

Kaltleiter oder PTC-Widerstände

Der Zusammenhang zwischen Widerstand R und Temperatur lässt sich beim Kaltleiter (PTC-Widerstand) nicht durch eine Formel wiedergeben; man beschreibt sie deshalb mit einer Kennlinie. Bild MEC 533.2 zeigt ein Beispiel dafür.

Heißleiter oder NTC-Widerstände

In Bild MEC 533.3 ist an einem Beispiel das Widerstandsverhalten eines Heißleiters (NTC-Widerstands) bei steigender Temperatur aufgezeigt. Ein wichtiger Faktor bei der Berechnung des Widerstands eines Heißleiters ist die **Materialkonstante** oder **Regelkonstante B**. Bild MEC 533.4 gibt die Temperaturabhängigkeit des Verhältnisses Widerstand R_ϑ zu Kaltwiderstand R_{25} bei verschiedenen B-Werten wieder.

Dehnungsmessstreifen (DMS)

DMS bestehen aus einem mäanderförmig gewundenen Draht, z.B. aus Konstantan. Sie werden auf dem Prüfkörper fest verklebt und dehnen sich bei Belastung mit ihm aus. Die **Drahtverlängerung** ΔL verursacht eine proportionale **Widerstandsänderung** ΔR, die ein Maß für die **Verformung** des Prüfkörpers darstellt.

Lichtabhängige Widerstände, Fotowiderstände (LDR)

LDR (= *Light-Dependent Resistor*) bestehen aus Halbleitermischkristallen, z.B. CdS und PbS. Der Widerstandswert nimmt mit zunehmender **Beleuchtungsstärke** ab, z.B. von ca. 6 kΩ bei 50 lx auf 300 Ω bei 1 000 lx. Die lichtempfindliche Schicht ist auf einer in einem Glasgehäuse eingeschmolzenen Keramikplatte aufgebracht.

Kennzeichnung von Widerständen (DIN IEC 62/3.93)

Die Norm DIN IEC 62 sieht für Festwiderstände eine Farbkennzeichnung und zur Kennzeichnung von Widerstandswerten ein aus Buchstaben und Ziffern bestehendes System vor.

Die **Farbkennzeichnung** der **Festwiderstände** erfolgt durch vier bis sechs Farbringe, je nachdem, ob der Widerstandswert aus zwei oder drei Ziffern besteht und ob der Temperatur-Koeffizient des Widerstands angegeben werden soll. Die Zuordnung der Farben zu den Werten zeigt die Tafel MEC 535.

Kennzeichnung von Widerstandswerten durch Buchstaben und Ziffern
(DIN IEC 62/3.93)

Tafel MEC 535: Zuordnung der Farben zu den Werten (DIN IEC 62/3.93)

Kenn-farbe	Widerstandswert		Grenzabweichungen vom Nennwert	Temperatur-Koeffizient $\times 10^{-6}/°C$
	zählende Ziffern	Multiplikator		
Silber	–	$10^{-2}\ \Omega = \quad 0{,}01\ \Omega$	$\pm 10\%$	–
Gold	–	$10^{-1}\ \Omega = \quad 0{,}10\ \Omega$	$\pm\ 5\%$	–
Schwarz	0	$10^{0}\ \Omega = \quad 1\quad \Omega$	–	± 250
Braun	1	$10^{1}\ \Omega = \quad 10\quad \Omega$	$\pm\ 1\%$	± 100
Rot	2	$10^{2}\ \Omega = 100\quad \Omega$	$\pm\ 2\%$	$\pm\ 50$
Orange	3	$10^{3}\ \Omega = \quad 1\quad k\Omega$	–	$\pm\ 15$
Gelb	4	$10^{4}\ \Omega = \quad 10\quad k\Omega$	–	$\pm\ 25$
Grün	5	$10^{5}\ \Omega = 100\quad k\Omega$	$\pm\ 0{,}5\%$	$\pm\ 20$
Blau	6	$10^{6}\ \Omega = \quad 1\quad M\Omega$	$\pm\ 0{,}25\%$	$\pm\ 10$
Violett	7	$10^{7}\ \Omega = \quad 10\quad M\Omega$	$\pm\ 0{,}1\%$	$\pm\ 5$
Grau	8	$10^{8}\ \Omega = 100\quad M\Omega$	–	$\pm\ 1$
Weiß	9	$10^{9}\ \Omega = \quad 1\quad G\Omega$	–	–
keine	–	–	$\pm 20\%$	–

Tafel MEC 536: Farbkennzeichnung von Festwiderständen (DIN IEC 62/3.93)

Festwiderstände, deren Wertangabe aus zwei zählenden Ziffern besteht

Bild	Ring Nr.	Bedeutung des Ringes	Kenn-farbe	Beispiel Widerstandswert; Grenzabweichungen	
	1[1]	1. Ziffer	Rot	2	
	2	2. Ziffer	Rot	2	$22 \cdot 10^4 \, \Omega \pm 10\%$
	3	Multiplikator	Gelb	10^4	$= 220 \, k\Omega \pm 10\%$
	4[2]	Grenzab-weichungen	Silber	$\pm 10\%$	

[1] Die Zählung beginnt bei dem Ring, der zu einem Ende des Widerstands den kleinsten Abstand hat.

[2] Wenn der vierte Ring fehlt, beträgt die Grenzabweichung $\pm 20\%$.

Festwiderstände, deren Wertangabe aus drei zählenden Ziffern besteht

Bild	Ring Nr.	Bedeutung des Ringes	Kenn-farbe	Beispiel Widerstandswert; Grenzabweichungen; Temperatur-Koeffizient	
	1	1. Ziffer	Rot	2	
	2	2. Ziffer	Grün	5	$255 \cdot 10^2 \, \Omega \pm 1\%$
	3	3. Ziffer	Grün	5	$TK = \pm 15 \cdot 10^{-6} \, K^{-1}$
	4	Multlplikator	Rot	10^2	$25{,}5 \, k\Omega \pm 1\%$
	5[3]	Grenzab-weichungen	Braun	$\pm 1\%$	$TK = \pm 15 \cdot 10^{-6} \, K^{-1}$
	6[3][4]	Temperatur-Koeffizient	Orange	± 15	

[3] Um Irrtümer zu vermeiden, ist der letzte Ring 1,5 – bis 2-mal so breit wie die anderen Ringe. Ebenfalls zulässig ist ein unterbrochener Ring oder eine Schraubenlinie.

[4] Angabe nur wenn erforderlich.

MEC 536

Tafel MEC 537.1: Beispiele für die Kennzeichnung von Widerstandswerten
(DIN IEC 62/3.93)

Widerstandswert	Kennzeichnung	Widerstandswert	Kennzeichnung
0,10 Ω	R10	1,0 kΩ	1K0
0,16 Ω	R16	1,6 kΩ	1K6
0,274 Ω	R274	2,74 kΩ	2K74
0,340 Ω	R34	3,40 kΩ	3K4
1,0 Ω	1R0	10 kΩ	10K
1,6 Ω	1R6	16 kΩ	16K
2,74 Ω	2R74	27,4 kΩ	27K4
3,40 Ω	3R4	34,0 kΩ	34K
10 Ω	10R	100 kΩ	100K
16 Ω	16R	160 kΩ	160K
27,4 Ω	27R4	274 kΩ	274K
34,0 Ω	34R	340 kΩ	340K
100 Ω	100R	1,0 MΩ[1]	1M0
160 Ω	160R	1,0 GΩ[1]	1G0
274 Ω	274R	1,0 TΩ[1]	1T0
340 Ω	340R		

[1] Alle weiteren Werte im Mega-, Giga- und Teraohm-Bereich werden entsprechend den Werten im Kiloohm-Bereich gebildet.

Beispiele

für Widerstände, deren Wertangabe aus vier zählenden Ziffern besteht.

Wert:	59,04 Ω	590,4 Ω	5,904 kΩ	59,04 kΩ
Kennzeichnung:	59R04	590R4	5K904	59K04

Tafel MEC 537.2: Buchstabenkennzeichnung der Grenzabweichungen von Widerstands- und Kapazitätswerten (DIN IEC 62/3.93)

Grenz-abweichungen in %	Kenn-zeichen	Grenz-abweichungen in %	Kenn-zeichen	Grenz-abweichungen in %	Kenn-zeichen
± 0,005	E	± 0,25	C	± 10	K
± 0,01	L	± 0,5	D	± 20	M
± 0,02	P	± 1	F	± 30	N
± 0,05	W	± 2	G		
± 0,1	B	± 5	J		

Beispiel:

Ein Festwiderstand mit 3,4 kΩ und einer Grenzabweichung von +5 % hat das Kennzeichen 3K4J.

Diese Kennzeichnung kann sowohl für das Bauelement selbst als auch in Schaltungsunterlagen verwendet werden. Es wird folgendermaßen vorgegangen:

- Das Kennzeichen besteht aus zwei, drei oder vier Ziffern und einem Buchstaben.
- Das Komma wird durch die Buchstaben R, K(ilo), M(ega), G(iga) und T(era) für die Multiplikatoren 1, 10^3, 10^6, 10^9, 10^{12} der in Ω angegebenen Widerstände ersetzt (Beispiele in Tafel MEC 537.1).
- Die Grenzabweichungen werden durch einen weiteren Buchstaben nach Tafel MEC 537.2 dem Kennzeichen angefügt. Weitere Buchstaben oder Ziffern schließen sich ggf. hieran an, dürfen aber die Lesbarkeit von Wert und Grenzabweichung nicht beeinträchtigen.

Kondensatoren

Tafel MEC 538: Beispiele für die Kennzeichnung von Kapazitätswerten
(DIN IEC 62/3.93)

Kapazitätswert	Kennzeichnung	Kapazitätswert	Kennzeichnung
0,10 pF	p10	1,0 nF	1n0
0,16 pF	p16	1,6 nF	1n6
0,274 pF	p274	2,74 nF	2n74
0,340 pF	p34	3,40 nF	3n4
1,0 pF	1p0	10 nF	10n
1,6 pF	1p6	16 nF	16n
2,74 pF	2p74	27,4 nF	27n4
3,40 pF	3p4	34,0 nF	34n
10 pF	10p	100 nF	100n
16 pF	16p	160 nF	160n
27,4 pF	27p4	274 nF	274n
34,0 pF	34p	340 nF	340n
100 pF	100p	1,0 μF[1]	11μ0
160 pF	160p	10 μF	10μ
274 pF	274p	100 μF	100μ
340 pF	340p	1,0 mF[1]	1m0

[1] Alle weiteren Werte im Mikro- und Millifarad-Bereich werden entsprechend den Werten im Pico- und Nanofarad-Bereich gebildet.

Beispiele

für Kapazitäten, deren Wertangabe aus vier zählenden Ziffern besteht.

Wert:	68,01 pF	680,1 pF	6,801 nF	68,01 nF
Kennzeichnung:	68p01	680p1	6n801	68n01

Die Kennzeichnung durch das System von Buchstaben und Ziffern nach DIN IEC 62 wird auch für Kondensatoren angewendet. Man geht sinngemäß so vor, wie es für die

Kennzeichnung von Widerständen beschrieben ist. Beispiele für die Kennzeichnung von Kapazitätswerten zeigt die Tafel MEC 538. Den dort angegebenen Kennzeichen kann der Kennbuchstabe für Grenzabweichungen nach Tafel MEC 537.2 angefügt werden.

Neben der Kennzeichnung durch Buchstaben und Zahlen wenden Hersteller auch – nicht genormte – Farbkennzeichnungen an.

Keramikkondensatoren

Keramikkondensatoren haben ein keramisches Dielektrikum, dessen Dielektrizitätskonstante temperaturabhängig ist. Der Kapazitätswert dieser Kondensatoren ist also mehr oder weniger temperaturabhängig: Er kann mit steigender Temperatur größer werden (Kennzeichen „P") oder kleiner werden (Kennzeichen „N") . Hat das Dielektrikum eine niedrige Dielektrizitätskonstante (NDK), so sind die Kapazitätswerte verhältnismäßig klein. Auch die Temperaturabhängigkeit der Kapazität ist gering. Bei hoher Dielektrizitätskonstante (HDK) lassen sich größere Kapazitäten herstellen; die Temperaturabhängigkeit der Kapazität ist groß. (Verwendung z.B. als Siebkondensatoren).

Wickelkondensatoren

Wickelkondensatoren haben ein Papier- oder Kunststoffdielektrikum, das als Folie zwischen zwei flächige Leiter gelegt ist. Diese Anordnung wird aufgewickelt und der Wickel vergossen oder in einem Behälter untergebracht. Je nach Art des Dielektrikums ergibt sich ein mehr oder weniger günstiges Temperaturverhalten der Kapazität (Tafel MEC 539). Verwendung: z.B. in Schwingkreisen, als Koppelkondensatoren usw..

Tafel MEC 539: Wickelkondensatoren

Bezeichnung	Metall-Papier-kondensator (MP)	Polystyrol-kondensator (z.B. KS)	Polypropylen-kondensator (KP)	Polyester-kondensator (z.B. KT)	Polyester-kondensator (z.B. MKT)	Polykarbonat kondensator (z.B. MKC)
Kapazitätsbereich (Richtwerte)	0,1 µF ...50 µF	1 pF ...50 nF	10 pF ...50 nF	0,1 µF ...1 µF	10 nF ...50 µF	1 nF ...10 µF
Nenngleichspannung, (Richtwerte)	bis 1000 V	bis 600 V	bis 600 V	bis 400 V	bis 700 V	bis 1600 V
Temperaturbereich (Richtwerte)	−40 °C ... + 85 °C	-55 °C ... + 85 °C	−25 °C ...+ 85 °C	−40 °C ... +100 °C	−55 °C ... +100 °C	−55 °C ... + 125 °C
Temperatur-koeffizient (in 10^{-6}/°C)	+150 ... +700	−60 ... −250	−150 ... −250	etwa +250	+250 ... +450	+50 ... +200

Bei Plattenkondensatoren bleiben die Leiter in einer Ebene, können aber zur Kapazitätserhöhung in mehreren Schichten angeordnet sein. Als Dielektrikum wird Luft oder Glimmer benutzt. Das Temperaturverhalten der Kapazität ist günstig. (Verwendung: In Schwingkreisen mit hoher Güte.)

Bei Elektrolytkondensatoren bildet sich das Dielektrikum erst beim Anlegen von Spannung in Form einer äußerst dünnen Gasschicht. Es lassen sich große Kapazitätswerte auf kleinem Raum unterbringen (bis 10 mF). Das Dielektrikum ist kein idealer Isolator. (Verwendung z.B. als Siebkondensatoren, in RC-Gliedern mit großer Zeitkonstante etc.)

Wickelkondensatoren

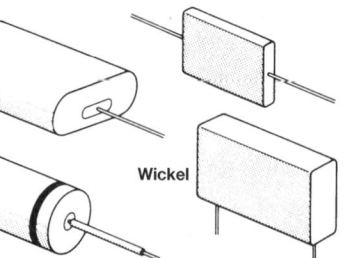

Wickel

Becher

Elektrolytkondensatoren

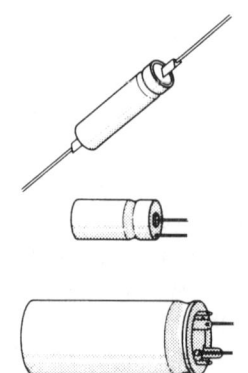

Keramikkondensatoren

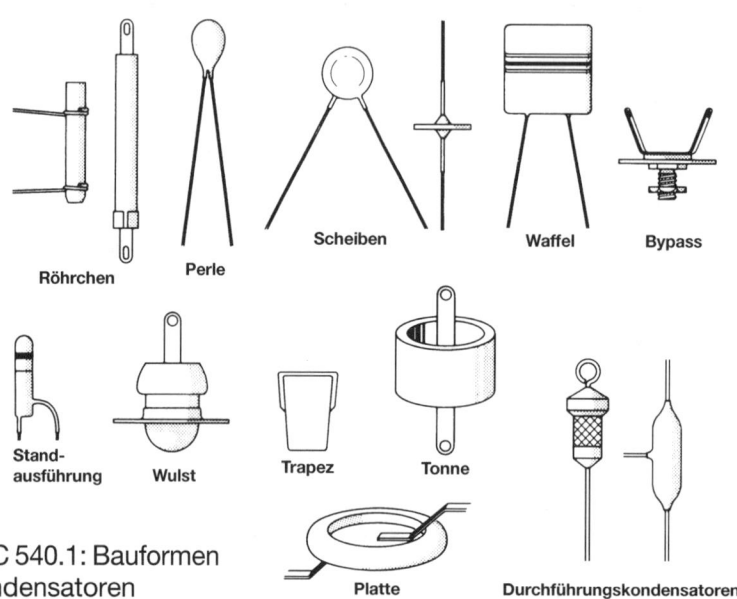

Röhrchen Perle Scheiben Waffel Bypass

Stand-
ausführung Wulst Trapez Tonne

Platte Durchführungskondensatoren

Bild MEC 540.1: Bauformen
von Kondensatoren

Der Kennwert der Kapazität des Kondensators wird in Farad (F) gemessen. Gebräuchliche Einheiten und Kurzzeichen sind in Tafel MEC 540 wiedergegeben.

Tafel MEC 540: Einheiten für Kondensatoren

	Farad	Millifarad	Mikrofarad	Nanofarad	Picofarad
Farad	1 F	$1\,F = 10^3\,mF$	$1\,F = 10^6\,\mu F$	$1\,F = 10^9\,nF$	$1\,F = 10^{12}\,pF$
Millifarad	$1\,mF = 10^{-3}\,F$	1 mF	$1\,mF = 10^3\,\mu F$	$1\,mF = 10^6\,nF$	$1\,mF = 10^9\,pF$
Mikrofarad	$1\,\mu F = 10^{-6}\,F$	$1\,\mu F = 10^{-3}\,mF$	1 μF	$1\,\mu F = 10^3\,nF$	$1\,\mu F = 10^6\,pF$
Nanofarad	$1\,nF = 10^{-9}\,F$	$1\,nF = 10^{-6}\,mF$	$1\,nF = 10^{-3}\,\mu F$	1 nF	$1\,nF = 10^3\,pF$
Picofarad	$1\,pF = 10^{-12}\,F$	$1\,pF = 10^{-9}\,mF$	$1\,pF = 10^{-6}\,\mu F$	$1\,pF = 10^{-3}\,nF$	1 pF

MEC 540

Überstrom-Schutzeinrichtungen

Überstrom-Schutzeinrichtungen überwachen Stromkreise und schalten sie im Gefahrenfall ab. Sie verhindern, dass bei Überlast und Kurzschluss Leitungen und Geräte unzulässige Temperaturen annehmen oder dass gefährliche Berührungsspannungen entstehen können.

Einteilung der Überstrom-Schutzeinrichtungen

Man unterteilt die Überstrom-Schutzeinrichtungen in Schmelzsicherungen und Leitungsschutzschalter.

Bei den **Schmelzsicherungen** wird zwischen Leitungsschutzsicherungen und Gerätesicherungen unterschieden.

Leitungsschutzsicherungen (Niederspannungssicherungen der Betriebsklasse 91; DIN VDE 0636 Teil 31/12.83 und Teil 41/12.83)

Bestandteile: Sicherungssockel, Sicherungseinsatz, Passeinsatz, Schraubkappe (Bild MEC 541.1). Man nennt diesen Aufbau **D-System** bzw. **D0-System**. D-System und D0-System unterscheiden sich in den Abmessungen und in der Nennspannung. Das D-System bzw. D0-System ist gekennzeichnet durch **Unverwechselbarkeit**: Das irrtümliche Einsetzen eines Sicherungseinsatzes mit höherem als dem vorgesehenen Nennstrom wird durch den **Passeinsatz** verhindert.

Der **Sicherungseinsatz** enthält den **Schmelzleiter**, durch dessen Abschmelzen der Ausschaltvorgang vollzogen wird. Ein **Anzeiger** am Sicherungseinsatz zeigt den Betriebszustand (betriebsfähig oder unterbrochen) an. An der Farbe des Anzeigers (Kennmelders) erkennt man den **Nennstrom** des Sicherungssatzes:

Nennstrom in A	2	4	6	10	16	20	25	35	50	63	80	100
Farbe des Anzeigers	rosa	braun	grün	rot	grau	blau	gelb	schwarz	weiß	kupfer	silber	rot

Hinsichtlich der **Auslösezeit** unterscheidet man **flinke** und **träge** Sicherungen. Träge Sicherungen haben etwas längere Auslösezeiten; sie unterbrechen nicht schon bei kurzzeitigen Überlastspitzen.

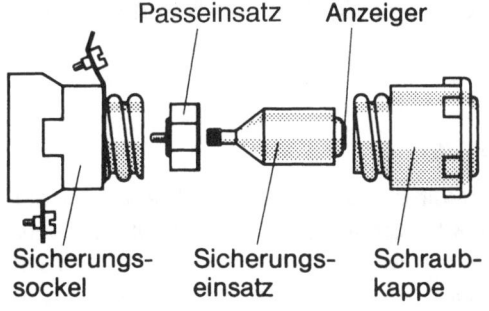

Bild MEC 541.1: Niederspannungssicherung, D-System

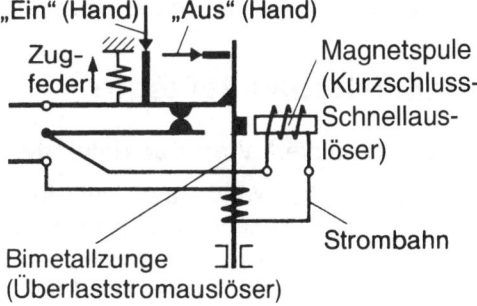

Bild MEC 541.2: Funktionsprinzip eines Leitungsschutzschalters

Geräteschutzsicherungen

Der Schmelzdraht ist in einem Glasröhrchen des Schmelzeinsatzes untergebracht. Nach DIN 41571/6.84 verwendbar für Nennströme von 0,02 A bis 6,3 A. Es wird zwischen flink (F), mittelträge (M), träge (T) und langträge unterschieden. Zum Schutz von Halbleiterbauelementen dienen auch superflinke Sicherungen. Feinsicherungen (Microfuse, 2 mA bis 5 A) können in Leiterplatten eingelötet werden. Gerätesicherungen können verwechselbar und unverwechselbar eingerichtet sein. Verwechslungsgefahr beim Austausch.

Leitungsschutzschalter und Geräteschutzschalter

Leitungsschutzschalter (LS-Schalter) nach DIN VDE 0641 Teil 11/8.92 dienen dem Schutz von installierten Kabeln und Leitungen in Gebäuden gegen Überströme (Überlastströme und Kurzschlussströme). Sie sind in der Lage, 4000 Schaltzyklen mit dem Bemessungsstrom auszuführen und können daher auch zum betriebsmäßigen Schalten und zum Freischalten verwendet werden.

LS-Schalter enthalten einen thermischen Auslöser für Überlastströme (Bimetallauslöser) und einen elektromagnetischen Schnellauslöser für Kurzschlussströme (Bild MEC 541.2).

Vorzugswerte für die Bemessungsströme (Nennströme) sind 6 A, 10 A, 13 A, 16 A, 20 A, 25 A, 32 A, 50 A, 63 A, 80 A, 100 A und 125 A; sie weichen teilweise von den Bemessungsströmen der Schmelzsicherungen ab. Hinsichtlich der Schnellauslösung gibt es LS-Schalter mit der Auslösecharakteristik B (Sofortauslösung bei $> 3 \cdot I_n$ bis $5 \cdot I_n$) und der Charakteristik C ($> 5 \cdot I_n$ bis $10 \cdot I_n$).

Geräteschutzschalter (GS) nach DIN EN 60 934 (VDE 0642/04.95) dienen dem Schutz von Stromkreisen innerhalb von elektrischen Betriebsmitteln; sie werden zum Schutz gegen Überlastströme und auch zum Schutz gegen Überlast- und Kurzschlussströme gebaut. Die Vorzugswerte der Bemessungsspannungen liegen bei Wechselspannung zwischen 60 V und 440 V und bei Gleichspannung zwischen 12 V und 250 V. Vorzugswerte für Bemessungsströme sind nicht festgelegt, die Norm gilt für Bemessungsströme bis 125 A.

Geräteschutzschalter sind meist Bestandteil eines elektrischen Systems, in dem mehrere Überstrom-Schutzeinrichtungen in einem Stromkreis angeordnet sind. Die hierdurch entstehenden Probleme sind im Anhang der Norm eingehend behandelt. Insbesondere wird darauf hingewiesen, dass der GS nicht durch große Kurzschlussströme übermäßig beansprucht werden darf. Besteht diese Gefahr, ist eine mit dem GS koordinierte zusätzliche Kurzschlussschutzeinrichtung notwendig (**Back up-Schutz** des GS).

Halbleiterbauelemente

Widerstandsverhalten der Halbleiterwerkstoffe

Der spezifische Widerstand bzw. die Leitfähigkeit eines Werkstoffes hängt von der Anzahl der im Werkstoff befindlichen freien Elektronen ab. Dabei sind in einem Leiter sehr viele freie Elektronen vorhanden, in einem Halbleiter nur wenige und in einem Nichtleiter praktisch keine. Bild MEC 543.1 gibt den spezifischen Widerstand von Leitern, Halbleitern und Nichtleitern bei Temperaturen von 25 °C und 300 °C wieder. Es geht daraus hervor, dass der **spezifische Widerstand von Halbleitern** sehr stark von der Temperatur abhängt; er **nimmt mit wachsender Temperatur ab**.

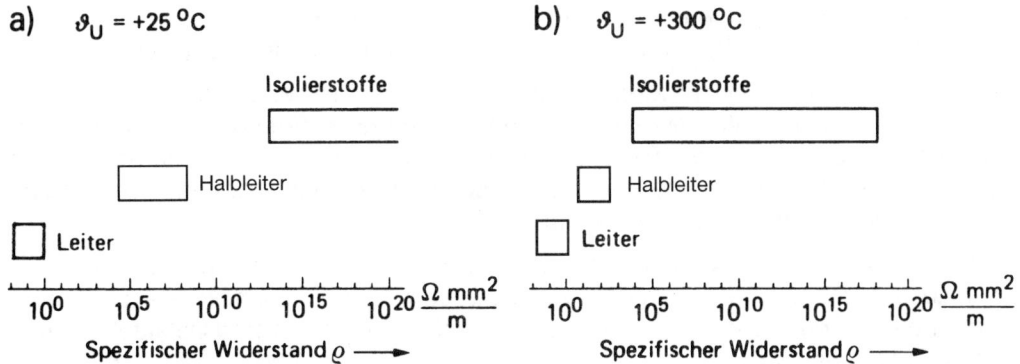

Bild MEC 543.1: Spezifische Widerstände der Leiter, Halbleiter und Isolierstoffe a) bei einer Umgebungstemperatur ϑ_u von +25 °C und b) bei ϑ_u = +300 °C.

Im praktischen Betrieb liegt der Grenzwert für Germanium bei 85 °C bis 100 °C und für Silicium bei 150 °C bis 200 °C.

Halbleiterwerkstoffe und ihre Dotierung (Tafel MEC 543)

Germanium ist ein sehr selten vorkommendes, hellgraues, sprödes Metall.

Silicium ist ein Halbmetall. Es ist häufig zu finden und kommt in der Natur nur in Form von Salzen der Kieselsäure oder als Siliciumdioxid vor.

Reines kristallines Silicium ist dunkelgrau und ähnelt dem Grafit. Es ist nur sehr schwer zu gewinnen. Als technisch rein bezeichnet man ein Material, bei dem auf 10^9 Atome nur ein Fremdatom kommt.

Tafel MEC 543: Wichtige Halbleiterwerkstoffe

Kurzzeichen	Bandlücke[1] in eV	Schmelzpunkt in °C	Herstellungsverfahren (Kristallzüchtung)	Anwendungen
Si	1.12	1420	Czochralski-Verfahren Tiegelfreies Zonenziehen	Dioden, Transistoren integr. Schaltungen, Thysistoren, Solarzellen etc.
Ge	0.66	937	Czochralski-Verfahren Zonenziehen	Hochfrequenz-Transistoren, γ-Detektoren
GaAs	1.40	1238	Czochralski-Verfahren und Epitaxie	Leuchtdioden, Laser, Gunn-Dioden, HF-Transistoren
GaP	2.3	1467	Czochralski-Verfahren und Epitaxie	Leuchtdioden
InAs	0.34	940	Horizontales Zonenziehen	Hall-Generatoren
CdS	2.5	1750	Meist polykristallin oder durch Gasphasenreaktion	Photowiderstände Solarzellen
ß-SiC	3.0	2600	Meist polykrist. oder durch Sublimation	Heißleiter, Varistoren, Leuchtdioden für blaues Licht

[1] Energiedifferenz zwischen Leitungsband und Valenzband im Bändermodell

Fremdatome verändern die Leitfähigkeit stark. Kommt bei Silicium z.B. auf 10^8 Atome ein Fremdatom, so beträgt die Leitfähigkeit bereits das 16fache des reinen Siliciums.

Bei der Herstellung von Halbleitermaterial wird technisch reines Silicium oder Germanium gezielt verunreinigt. Eine exakt bestimmte Menge an Fremdatomen wird dabei zugesetzt – das Silicium oder Germanium wird dotiert. Als Dotierungsmaterial eignen sich die fünfwertigen Elemente Phosphor, Arsen und Antimon sowie die dreiwertigen Elemente Aluminium, Gallium und Indium.

An Stellen, an denen Elektronen auf Grund der Wärmebewegung aus dem Atomverband ausgebrochen sind, fehlen Ladungsträger; es entstehen Löcher, die auch Defektelektronen genannt werden. Als Gegenstück zu den Elektronen sind Defektelektronen positive Ladungsträger.

Eine Dotierung mit fünfwertigen Elementen ergibt einen Überschuss an negativen Ladungsträgern (Elektronen), man erhält einen N-Halbleiter, dreiwertige Elemente bringen einen Überschuss an positiven Ladungsträgern (Löchern); es entsteht ein P-Halbleiter. Im Gegensatz zur sogenannten Eigenleitung, die durch eigene Ladungsträger bewirkt wird, bezeichnet man die durch Fremdatome verursachte Leitung als Störstellenleitung.

PN-Übergang

Fast alle Halbleiterbauelemente bestehen aus der Kombination von N- und P-Halbleitern. Die Trennstelle zwischen N-Halbleiter und P-Halbleiter nennt man PN-Übergang.

Das Bild MEC 544.1 zeigt den Urzustand des Halbleitermaterials mit einem N- und einem P-Halbleiterteil. Die durch die Störstellenleitung vorhandenen Ladungsträger sind im P-Gebiet durch $\oplus$ und im N-Gebiet durch ein entsprechendes, negatives Symbol gekennzeichnet.

Sowohl die positiven als auch die negativen Ladungsträger sind in ständiger regelloser Bewegung. Dabei dringen positive Ladungsträger durch Diffusion in den n-leitenden und negative in den p-leitenden Teil des Materials ein (Bild MEC 544.1b).

a)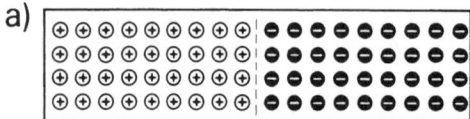

b)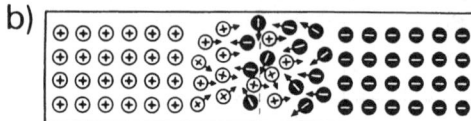

c)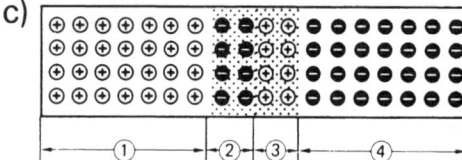

Bild MEC 544.1: a) Grenzschicht zwischen n- und p-leitendem Halbleitermaterial kurz nach dem Zusammenfügen. b) Positive Ladungsträger dringen in den n-leitenden und Elektronen in den p-leitenden Teil ein (Diffusion). c) Infolge der Diffusion entstehen vier Zonen: ① p-leitender Werkstoff, ② negative Raumladung, ③ positive Raumladung, ④ n-leitender Werkstoff. Die Zonen ③ und ④ bilden zusammen die sogenannte Sperrschicht (Grenzschicht).

Die **Diffusion** verschiebt das Gleichgewicht zwischen positiven und negativen Ladungen. Es bildet sich am p-leitenden Teil eine **negative Raumladung** (Bild MEC 544.1c, Zone 2), am n-leitenden Teil eine **positive Raumladung** (Zone 3).

Durch **Rekombination** mit den angrenzenden Halbleitergebieten werden die eindiffundierten negativen Ladungsträger von den positiven Ladungsträgern des P-Gebietes aufgenommen. Ebenso rekombinieren eindiffundierte positive Ladungsträger mit den n-leitenden Ladungsträgern des N-Gebietes.

Zwischen Diffusion und Rekombination stellt sich ein **Gleichgewichtszustand** ein, der an der Grenzschicht eine Raumladungszone von ca. 0,001 mm Dicke zur Folge hat.

Sperrbetrieb

Legt man eine Gleichspannung mit dem positiven Pol an den n-leitenden Teil und mit dem negativen Pol an den p-leitenden Teil, so werden die Ladungsträger, welche die Rekombination verursachen, aus der Sperrschicht herausgezogen. Die eindiffundierenden Ladungsträger werden erst später zur Rekombination gezwungen; die Sperrschicht verbreitert sich (Bild MEC 545.1a). Der sehr kleine Strom durch den Halbleiter entspricht etwa der durch die Wärmebewegung bewirkten Eigenleitung.

Durchlassbetrieb

Legt man eine gegenüber dem N-Gebiet des Halbleiterkristalls positive Spannung an das P-Gebiet, so drückt die angelegte Spannung so viele Ladungsträger in die Raumladungszone, dass eindiffundierte Ladungen sofort rekombiniert werden. Die Sperrschicht wird dünner und verschwindet völlig, bei Silicium bei etwa 0,7 V, bei Germanium bei ca. 0,3 V. (Bild MEC 545.1). Der durch den Kristall fließende Strom wird von der Störstellenleitung getragen; er ist demzufolge verhältnismäßig groß.

a) Sperrbetrieb: dicke Sperrschicht

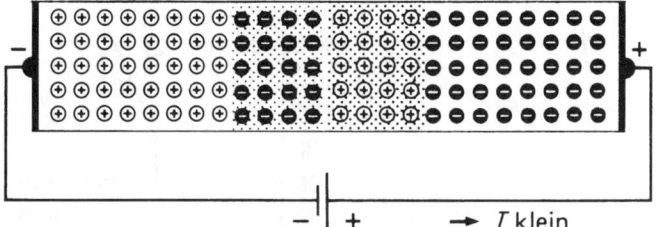

b) Durchlassbetrieb: dünne Sperrschicht

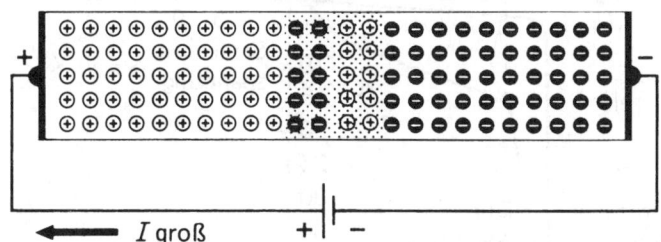

Bild MEC 545.1: a) Sperrbetrieb des PN-Halbleiters. Die negative Spannung am p-leitenden Teil des Halbleiters verstärkt die Sperrschicht. Der Strom ist fast 0. b) Durchlassbetrieb eines PN-Halbleiters. Durch die schwache Sperrschicht fließt ein starker Strom.

Dioden

Einkristall-Halbleiterdiode

Einkristall-Halbleiterdioden bestehen aus einem Kristall mit einer n-dotierten und einer p-dotierten Zone (Bild MEC 546.1). Halbleiterwerkstoffe sind Germanium und Silicium.

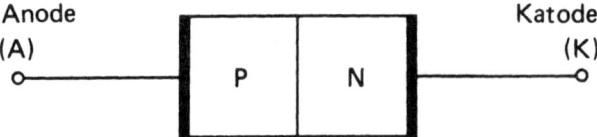

Bild MEC 546.1: Einkristall-Halbleiterdiode.

Halbleiterdioden nützen die physikalischen Eigenschaften des PN-Übergangs.

Polt man die Anode negativ und die Katode positiv, so verbreitert sich die Sperrschicht des PN-Übergangs, und es fließt ein geringer Sperrstrom. Bei Germaniumdioden liegt der Sperrstrom im μA-Bereich, bei Siliciumdioden im nA-Bereich. Erreicht die Sperrspannung die Durchbruchsspannung, so erfolgt ein lawinenartiger Anstieg des Durchbruchstromes, der bei normalen Dioden zur Zerstörung führt.

Liegt an der Anode der positive Pol und an der Katode der negative, so wird die Sperrschicht abgebaut, und die Diode leitet den Strom. Die zum Abbau der Sperrschicht notwendige Spannung beträgt bei Germaniumdioden 0,2...0,4 V, bei Siliciumdioden 0,6...0,8 V. Diese Spannung bezeichnet man als **Schleusen- oder Schwellspannung** (Bild MEC 546.2).

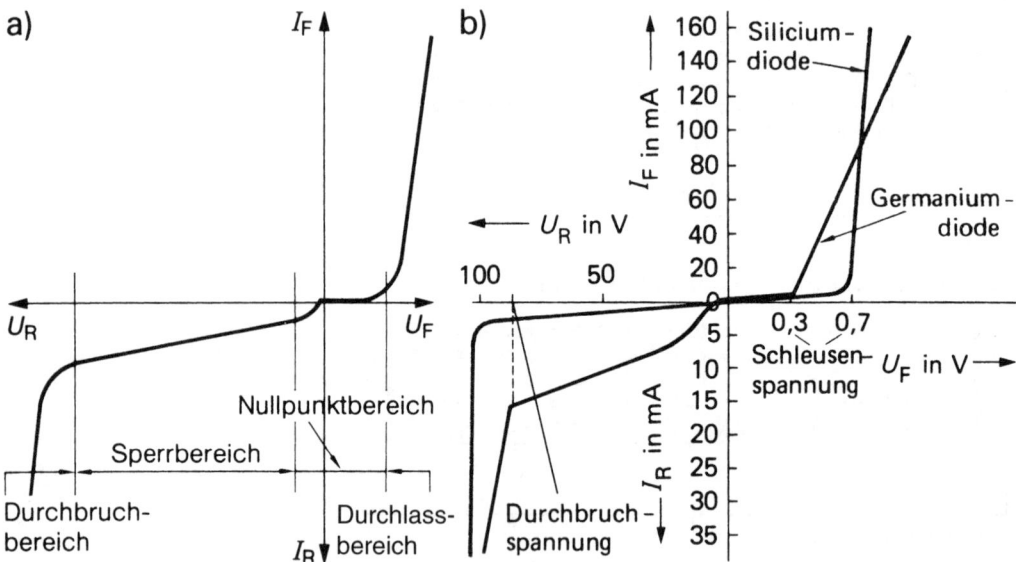

Bild MEC 546.2: Strom-Spannungs-Kennlinien von Halbleiterdioden: a) Grundsätzlicher Verlauf; b) Vergleich Siliciumdiode mit Germaniumdiode.

Z-Diode

Im **Durchlassbereich** verhält sich die Z-Diode wie eine normale Diode. Im Sperr-bereich dagegen weist die Kennlinie einen ausgeprägten Knick auf. Das Bild MEC 547.1 stellt die Kennlinien verschiedener Z-Dioden dar.

Der **differenzielle Widerstand** ergibt sich aus der Steilheit der Kurve im Bereich des Arbeitspunkts; er beschreibt die Größe der **Widerstandsänderung**.

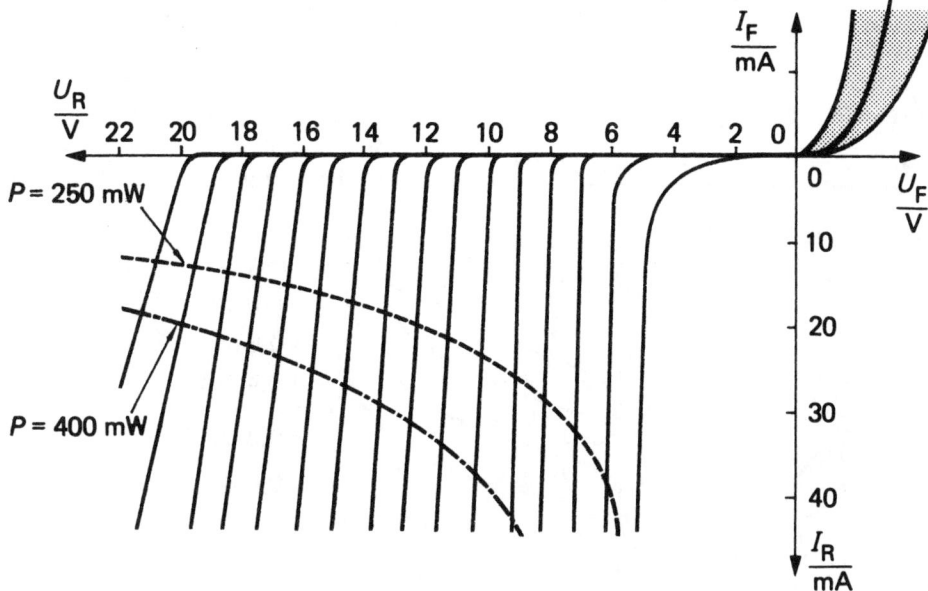

Bild MEC 547.1: Kennlinien von Z-Dioden. In Flussrichtung können die Kennlinien innerhalb des blauen Feldes liegen.

Bei einer bestimmten Spannung geht die in Rückwärtsrichtung geschaltete Z-Diode nahezu unvermittelt vom nichtleitenden in den gut leitenden Zustand über. Auch bei einer starken Stromänderung bleibt die Spannung an der Z-Diode nahezu konstant. Man nutzt diesen Effekt zur **Spannungsstabilisierung**.

Transistor

Die Zonenfolge eines Transistors kann NPN oder PNP sein. Die mittlere Zone nennt man **Basis** (B), die beiden äußeren **Kollektor** (C) und **Emitter** (E).

Liegt Spannung an Kollektor und Emitter in der im Bild MEC 548.1 dargestellten Polung, so fließt nur ein geringer, durch die Wärmebewegung ermöglichter **Reststrom**. Der Transistor sperrt.

Liegt zusätzlich die Spannung U_{BE} an, so fließen vom Emitter Elektronen durch die in Durchlassrichtung gepolte Sperrschicht I in die Basiszone. Die Basis ist nur schwach dotiert, und so können nur wenige Ladungsträger an der Basiszone rekombinieren. Der Rest (99,8%...95%) driftet in die Kollektorzone und wird vom positiven Pol der Spannung an C aufgenommen. Der Transistor leitet.

Beim PNP-Transistor sind die angelegten Spannungen umgepolt, und an die Stelle der Elektronenleitung tritt die Löcherleitung.

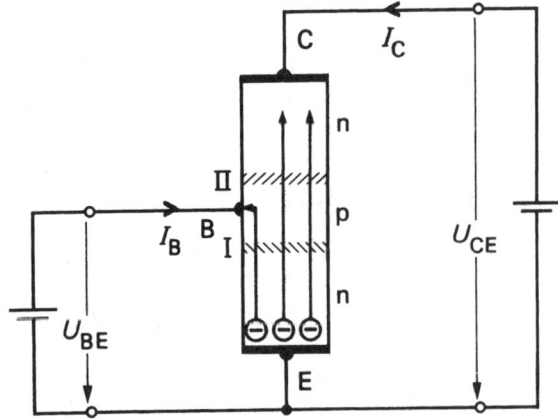

Bild MEC 548.1: Legt man an die Basis-Emitter-Strecke die Spannung U_{BE} mit der angegebenen Polarität, so fließt ein Basisstrom. Dieser Strom stellt die Ladungsträger für den Kollektorstrom zur Verfügung.

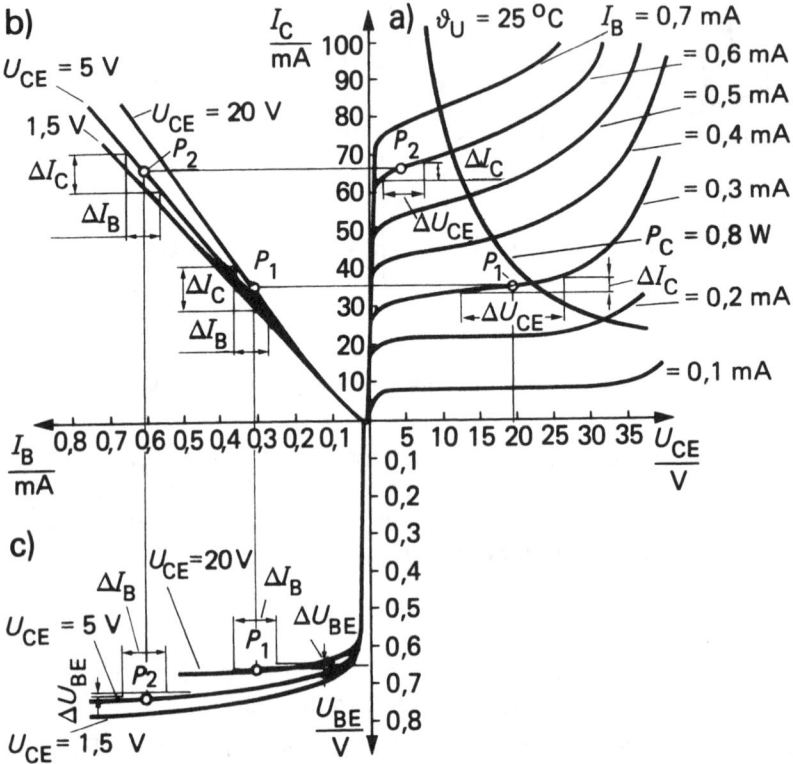

Bild MEC 548.2: Das kombinierte Kennlinienfeld enthält die Eingangskennlinie (Teilbild c), die Ausgangskennlinie (Teilbild a) und die Kennlinien $I_C = f(I_B)$ im Teilbild b. Eingezeichnet sind zwei Beispiele für die Ermittlung des Arbeitspunktes.

Das Stromverhältnis von Kollektorstrom zu Basisstrom bezeichnet man als statische Stromverstärkung

$$B = \frac{I_C}{I_B}.$$

MEC 548

Das Verhalten des Transistors lässt sich durch verschiedene Kennlinien beschreiben. Bild MEC 548.2 gibt die wichtigsten Kennlinien im kombinierten Kennlinienfeld wieder.

Richtungen und Bezeichnungen von Spannungen und Strömen

Die Zählpfeile der Ströme weisen auf das Bauelement hin. Man verwendet beim NPN- und beim PNP-Transistor für Ströme und Spannungen die gleichen Zählpfeilrichtungen, die rot bzw. blau in die Schaltzeichen eingedruckt sind. Die Zählpfeile der Ströme weisen zum Bauelement hin; beim NPN-Transistor hat daher der vom Bauelement wegfließende Emitterstrom I_E ein negatives Vorzeichen. Beim PNP-Transistor fließen Basisstrom I_B und Kollektorstrom I_c vom Bauelement weg und haben daher negative Vorzeichen. Da alle drei Spannungen beim PNP-Transistor der Zählpfeilrichtung entgegengerichtet sind, erhalten sie negative Vorzeichen.

Ströme

NPN-Transistor

PNP-Transistor

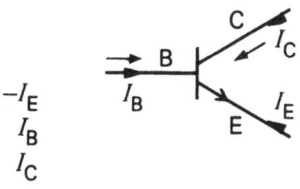

$-I_E$
I_B
I_C

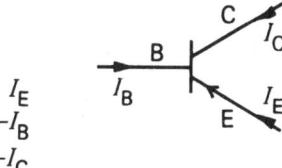

I_E
$-I_B$
$-I_C$

Spannungen

NPN-Transistor

PNP-Transistor

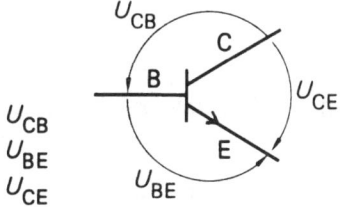

U_{CB}
U_{BE}
U_{CE}

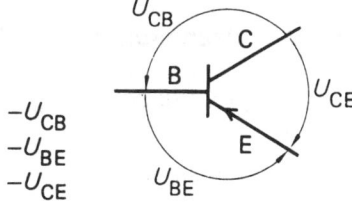

$-U_{CB}$
$-U_{BE}$
$-U_{CE}$

Transistorgrundschaltungen

Die gebräuchlichen Grundschaltungen eines Transistors als Verstärker sind: Emitterschaltung (Bild MEC 549.1), Basisschaltung (Bild MEC 550.1) und Kollektorschaltung (Bild MEC 550.2). Die Merkmale dieser Grundschaltungen gibt Tafel MEC 550 an.

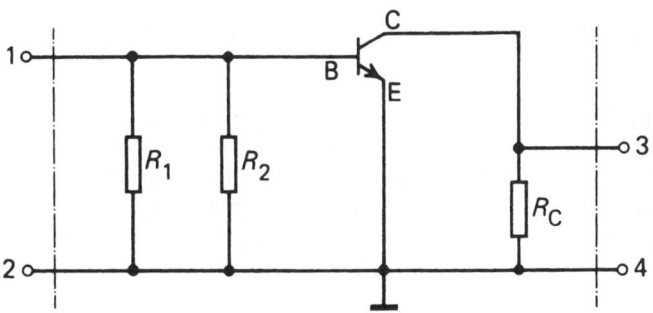

Bild MEC 549.1: Emitterschaltung eines NPN-Transistors

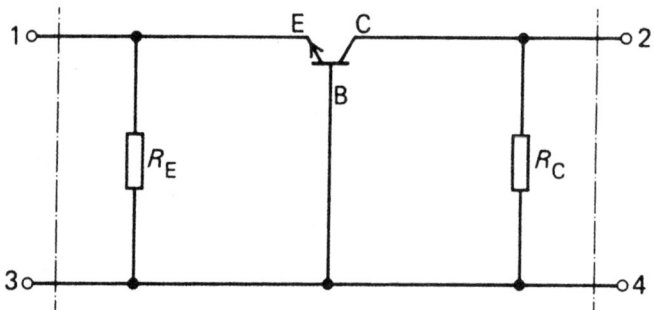

Bild MEC 550.1: Basisschaltung eines NPN-Transistors

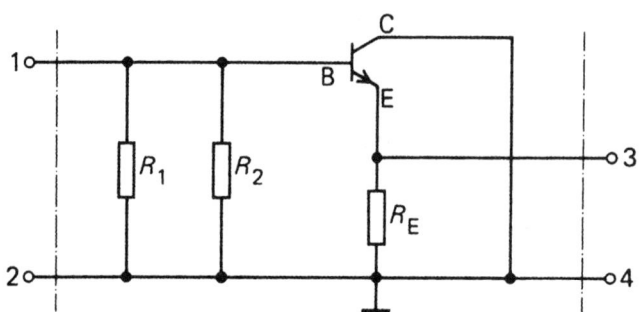

Bild MEC 550.2: Kollektorschaltung eines NPN-Transistors

Tafel MEC 550: Grundschaltungen des Transistors

Grundschaltung	Emitterschaltung	Basisschaltung	Kollektorschaltung
Eingangs-elektroden	Basis-Emitter	Basis-Emitter	Basis-Kollektor
Ausgangs-elektroden	Kollektor-Emitter	Kollektor-Basis	Kollektor-Emitter
Gemeinsame Elektrode für Ein- und Ausgang	Emitter	Basis	Kollektor
Eingangs-widerstand	etwa 2 kΩ	etwa 25 Ω	etwa 130 kΩ
Ausgangs-widerstand	etwa 40 kΩ	etwa 1 MΩ	etwa 1,5 kΩ
Anwendung	für große Leistungs-verstärkung	zur Verstärkung von Wechsel-signalen	als Trennstufe zur Widerstands-anpassung
Rückwirkungs-kapazität	hoch	gering	hoch

MEC 550

Thyristor

Der Thyristor besteht aus 4 Halbleiterschichten der Folge PNPN (Bild MEC 551.1). Im Betrieb ist die Speisespannung am Thyristor so gepolt, dass der positive Pol der Spannungsquelle am P-Anschluss liegt und der negative Pol am N-Anschluss. Der positive Pol der Steuerspannungsquelle wird über einen Widerstand (R_S) an die Steuerelektrode geführt (Bild MEC 551.2).

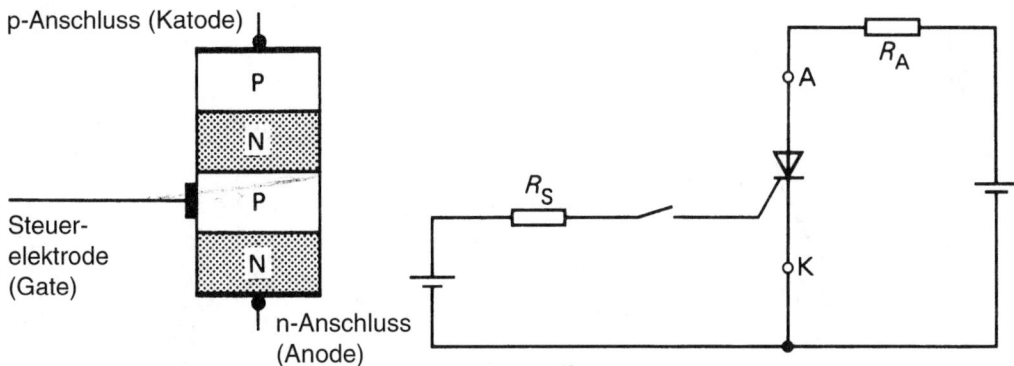

Bild MEC 551.1:
Zonenfolge des Thyristors.

Bild MEC 551.2:
Ansteuerung eines Thyristors.

Solange der Steuerkreis offen ist, fließt durch den Thyristor nur ein kleiner Strom. Schließt man den Steuerkreis des Thyristors, so fließt ein Steuerstrom, der bei hinreichender Größe den Thyristor in den leitenden Zustand versetzt. Stromlos wird der Thyristor nur dann wieder, wenn die Stromstärke einen bestimmten Wert unterschreitet (Haltestrom). Das Bild MEC 551.3 zeigt die Strom-Spannungs-Kennlinie des Thyristors.

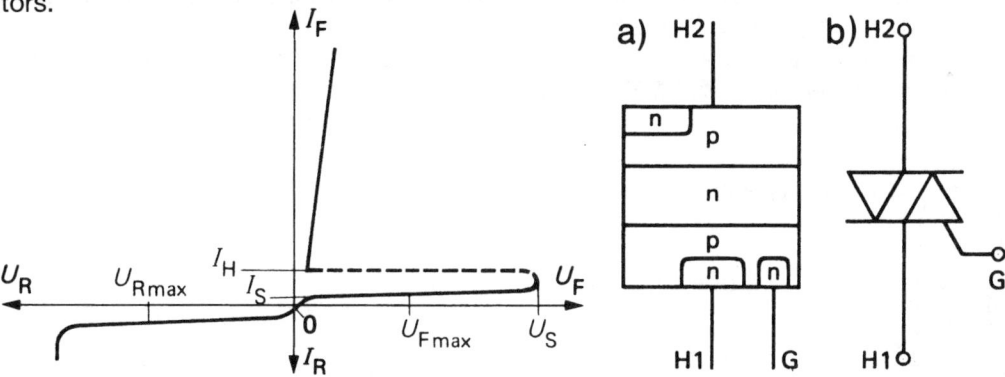

Bild MEC 551.3: Strom-Spannungs-
Kennlinie des Thyristors.

Bild MEC 551.4: Zonenfolge in schematischer Darstellung und Schaltzeichen eines Triacs.

Der Thyristor hat bei Wechselstromanwendungen den Nachteil, dass er beim ersten Nulldurchgang des Hauptstroms gelöscht und erst nach dem nächsten Nulldurchgang wieder gezündet werden kann. Der **Triac**, dessen schematischen Aufbau und Schaltzeichen das Bild MEC 551.4 zeigt, hat diesen Nachteil nicht; er wird in beiden Hauptstromrichtungen durch Steuersignale jeweils wechselnder Polarität gesteuert. Der Triac ist ein **Zweirichtungsthyristor**.

Leuchtdioden

Leuchtdioden (Lumineszenzdioden) oder kurz LED (*Light Emitting Diode* = Lichtemittierende Diode) werden zum Leuchten im Durchlassbereich betrieben. Sie emittieren dabei Licht. Die Dotierung des Grundmaterials bestimmt die Wellenlänge, d.h. die Farbe. Das Bild MEC 552.1 gibt die Durchlasskurve einer Leuchtdiode sowie die Abhängigkeit der Leuchtstärke vom Strom wieder.

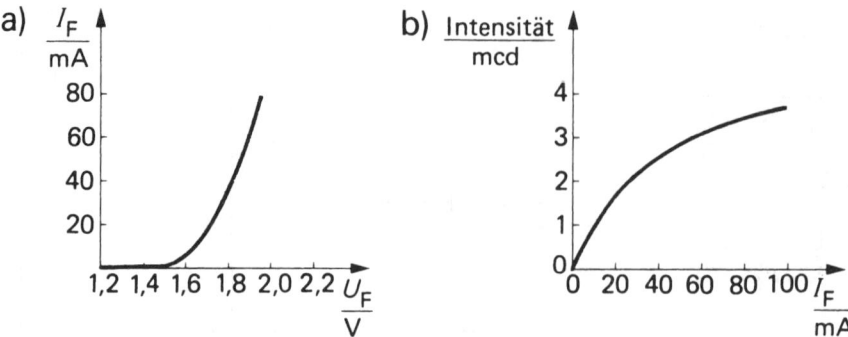

Bild MEC 552.1: Kennlinien einer Leuchtdiode:
a) Abhängigkeit des Stroms von der   b) Intensität der Lumineszenz (Licht-
   Spannung in Flussrichtung;   stärke) in Abhängigkeit vom Strom in
                                               Flussrichtung (mcd = Millicandela
                                               = Einheit der Lichtstärke).

Vorteile gegenüber Glühlampen: Geringerer Leistungsbedarf, längere Lebensdauer, kurze Lichtanstiegs- und Lichtabfall-Zeiten. Das Bild MEC 552.2 zeigt den mechanischen Aufbau einer LED. Der Halbleiterkristall ist in eine Reflektorwanne eingebettet, die auf dem Pfosten des N-Anschlusses sitzt.
In Siebensegmentanzeigen mit Leuchtdioden sind diese als Balken ausgebildet und zu einem Zeichen nach Bild MEC 552.3 zusammengefügt.

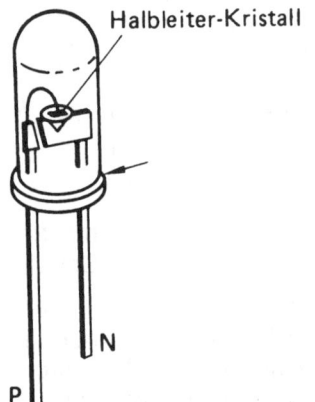

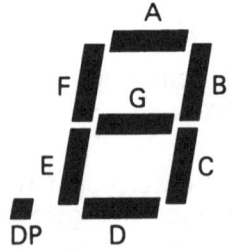

Bild MEC 552.2.:   Bild MEC 552.3:
Typischer Aufbau einer LED   Siebensegmentanzeige

MEC 552

Tafel MEC 553: Übersicht über photoelektrische Bauelemente (Lichtfühler)

Gruppe	Benennung	Art	Wirkungsprinzip
Wider- stände	Photowiderstand (Anwendung mit Hilfsspannung)	Halbleiter	Bei der Beleuchtung ändert sich der Widerstand des Bauelements; Stromdurchgang in beiden Richtungen möglich.
	Photodiode (Anwendung mit Hilfsspannung)	Halbleiter	Bei der Beleuchtung ändert sich der Widerstand des Bauelements; Stromdurchgang nur in einer Richtung (im Schaltzeichen Richtung der Dreieckspitze).
Ele- mente	Photoelement (Anwendung ohne Hilfsspannung)	Halbleiter	Bei der Beleuchtung entsteht eine (eingeprägte) Spannung, so dass das Bauelement als Spannungs- quelle verwendet werden kann (Element).
	Phototransistor (Anwendung mit Hilfsspannung)	Halbleiter	Bei der Beleuchtung bilden sich zusätzlich positive Ladungsträger, so dass der im Stromkreis fließende Strom verstärkt wird.
Zellen	Photozelle (Anwendung mit Hilfsspannung)	Hochvakuum- röhre oder gasgefüllte Entladungsröhre	Bei der Beleuchtung werden Elek- tronen aus der Katode freigemacht (Photoemission), durch die ein Stromfluss zustande kommt.
	Photo- vervielfacher (Anwendung mit Hilfsspannung)	Hochvakuum- röhre	Die Röhre enthält außer der Anode und der Elektronen emittierenden Photokatode ein Elektrodensystem, das durch Sekundäremission den Elektronenstrom verstärkt (verviel- facht).

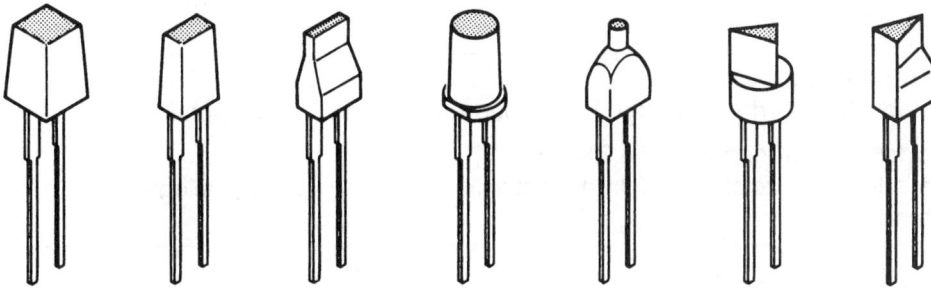

Bild MEC 553.1:
Gebräuchliche, von der runden Standardform abweichende LED-Bauformen

Bezeichnungssystem für Halbleiterbauelemente

Halbleiterbauelemente werden durch Buchstaben und Ziffern gekennzeichnet:

Halbleiterbauelemente der Unterhaltungselektronik durch
2 Buchstaben und eine mit drei Ziffern dargestellte Zahl (z. B. AF 280)
Industrietypen (professionelle Typen) durch
3 Buchstaben und eine mit zwei Ziffern dargestellte Zahl (z. B. BAY 60)

Erster Buchstabe kennzeichnet das Ausgangsmaterial:

A Germanium
B Silicium
C Mischkristall-Werkstoffe, z. B. Gallium-Arsenid
D Mischkristall-Werkstoffe, z. B. Indium-Antimonid
R Material für Hallgeneratoren und photoelektronische Bauelemente u. a.

Zweiter Buchstabe kennzeichnet die Hauptfunktion:

A Diode
B Kapazitätsdiode
C Transistor (für kleine Leistungen)
D Leistungstransistor[1]
E Tunneldiode
F Transistor (für kleine Leistungen)
G Diode für Oszillatoren und ähnliche Anwendungen
H Hallfeldsonde
K Hallgenerator (in magnetisch offenem Kreis)
L Hf-Leistungstransistor[1]
M Hallgenerator (in magnetisch geschlossenen Kreisen)
N Opto-Koppler
P Strahlungsempfänger (z. B. Photowiderstand, Photoelement, Strahlungs-
       detektoren u. a.)
R Kleinthyristor
S Schalttransistor (für kleine Leistungen)
T Leistungstransistor
U Leistungsschalttransistor
X Vervielfacherdiode
Y Leistungsdiode
Z Z-Diode, Referenzdiode

Dritter Buchstabe:
nur bei Industrietypen vorhanden. Es werden vor allem X, Y, Z verwendet.

Zwei- oder drei Ziffern für eine Zahl:
zur laufenden Kennzeichnung (Ordnungszahl) ohne allgemein festgelegte
Bedeutung

---

[1] Unter Bauelementen größerer Leistungen (z. B. Leistungstransistor, Leistungsthyristor
usw.) versteht man im Allgemeinen Bauelemente, deren Wärmewiderstand zwischen
Sperrschicht und Gehäuse kleiner ist als 15 K/W.

Integrierte Halbleiterschaltungen

Das Bauteil „integrierte Schaltung" – kurz auch IC (von *Integrated Circuit*) genannt – ist eine Zusammenfassung mehrerer Halbleiterbauelemente zu einer kompakten Schaltung, die sich auf einem gemeinsamen Halbleiterkristall befindet. Je nach Anwendung unterscheidet man zwei Gruppen: Linear-Schaltungen und Digital-Schaltungen.

Integrierte Linear-Schaltungen werden vorwiegend als Verstärkerschaltungen (z. B. in der Messtechnik und in der Unterhaltungselektronik) eingesetzt.

Integrierte Digital-Schaltungen dienen der (digitalen) Verknüpfung und Verarbeitung von Informationen, die in Form von nur zwei Zuständen – Signalwerte LOW und HIGH – vorliegen (z. B. in elektronischen Rechnern).

Tafel MEC 555: Gebräuchliche Abkürzungen für Digitalschaltungen

Abkürzung	Erklärung
CMOS	*Complementary-MOS*: MOS-Technik mit komplementären Transistoren (N-Kanal- und P-Kanal-Typen)
DCTL	*Direct Coupled Transistor Logic*: Direkt- (gleichspannungs-)gekoppelte Transistorschaltung
DL	Dioden Logik, Dioden als Bauteile
DTLZ	Dioden Transistor Logik mit Z-Dioden, z. B. LSL-Familie
ECL	*Emitter Coupled Logic*: Emitter-gekoppelte Schaltung; wurde für sehr schnelle Schaltungen entwickelt und in geringen Stückzahlen gebaut.
I^2L	*Integrated Injection Logic*: Integrierte (Strom-)Injektions-Logik. Sehr einfache Schaltungen mit eingeprägten Strömen; geringster Platzbedarf.
LOCMOS	*Local Oxydation MOS*: MOS-Schaltungen mit dielektrischer Isolation.
LSL	Langsame störsichere Logik (siehe z. B. DTLZ)
N-MOS	Schaltungen mit N-Kanal MOS-FET
P-MOS	Schaltungen mit P-Kanal MOS-FET
RTL	*Resistor-Transistor-Logic*: Widerstands-Transistor-Schaltungen
SOS	*Silicon on Sapphire*: C-MOS-Schaltungen auf Saphir.
TTL	Transistor-Transistor-Logik
T^2L	siehe TTL
T^3L	TTL mit zusätzlichem Transistor zur Erhöhung der Störsicherheit

Schwingquarze

Der Quarz (Bild MEC 556.1) arbeitet nach dem umgekehrten piezoelektrischen Effekt: Die Quarzscheibe gerät in mechanische Schwingungen, wenn sie dem Einfluss von Wechselspannungen ausgesetzt wird.

Jeder Quarz hat eine bestimmte Eigenfrequenz. Wird der Quarz in seiner Eigenfrequenz erregt, dann zeigt er ein ähnliches Verhalten wie ein Schwingkreis. Da zwischen dem Quarz und der Erregung Resonanz vorhanden ist, werden sowohl die mechanischen als auch die elektrischen Schwingungen zu einer größeren Amplitude aufgeschaukelt.

Ist die Erregerfrequenz größer oder kleiner als die Resonanzfrequenz, dann ergeben sich Schwingungsamplituden, die umso kleiner sind, je weiter die Erregerfrequenz von der Resonanzfrequenz entfernt ist. Schwingquarze haben eine so stark ausgeprägte Resonanzkurve, wie sie selbst mit dem hochwertigsten Schwingkreis nicht erreicht werden kann.

Ein Quarz kann überall dort anstelle eines Schwingkreises eingesetzt werden, wo es auf hohe Kreisgüte, d.h. eine geringe Dämpfung und auf eine möglichst konstante Resonanzfrequenz ankommt. Das ist bei sogenannten Schwingschaltungen, die Wechselspannungen erzeugen, der Fall und bei hochwertigen Filtern oder Filterschaltungen mit erhöhten Anforderungen.

Die einzelnen Schwingquarze sind ähnlich aufgebaut, wie das im Bild MEC 556.1 gezeigte Bauelement. Die Quarzscheibe wird in einer Halterung gefasst. Die spröde Quarzscheibe ist zerbrechlich und darum stoßempfindlich. Mit der Halterung erreicht man gleichzeitig einen leitenden Kontakt zu den Anschlusselektroden.

Das Bild MEC 556.2 zeigt einige Gehäuseformen von Schwingquarzen im Größenvergleich. Folgende Bezeichnungen sind für diese Bauformen üblich: a) HC-6U oder HC-36/U-2, b) HC-33/U oder HC-47/U2, c) HC-42/U oder HC-25/U.

Schwingquarze unterschiedlicher Schwingungsformen werden für Resonanzfrequenzen von ca. 1 kHz bis 250 MHz gebaut.

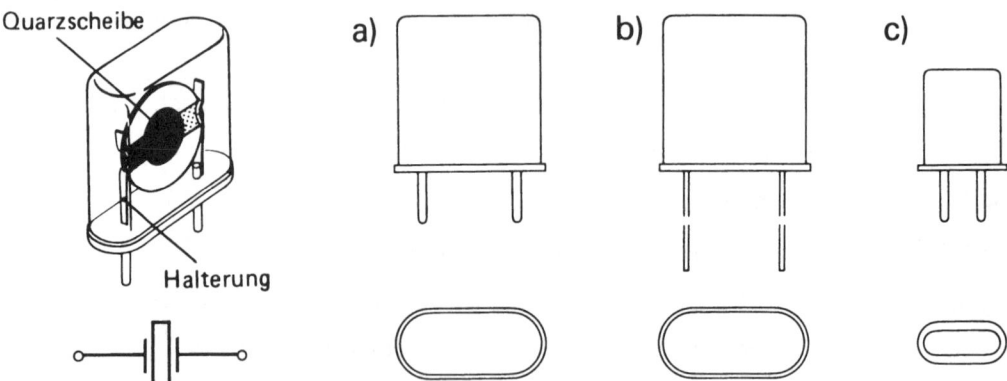

Bild MEC 556.1
Aufbau und Schaltbild
eines Schwingquarzes

Bild MEC 556.2
Gehäuseformen von Schwingquarzen

Spulen

Das Bauelement Spule stellt – ähnlich wie ein Kondensator – einen frequenzabhängigen Widerstand dar. Jede Spule ist mit einem ohmschen Wirkwiderstand gekoppelt, den man sich zur idealen (verlustfreien) Spule parallel oder in Reihe geschaltet denken kann (Verlustwiderstand). Bild MEC 557.1 zeigt gebräuchliche Bauformen von Spulen.

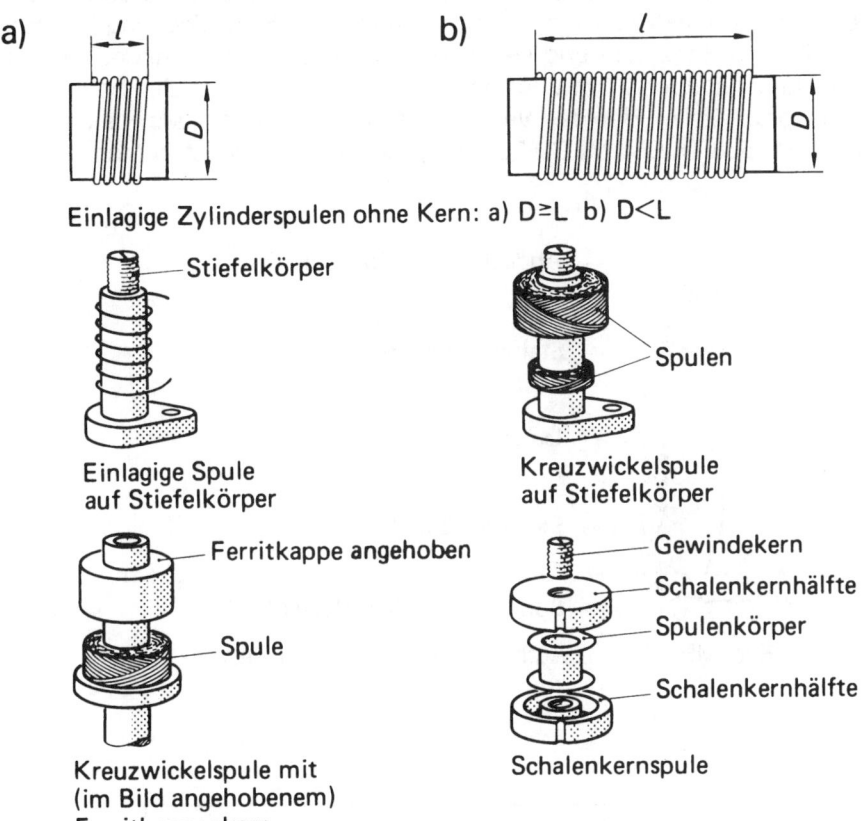

Bild MEC 557.1: Bauformen von Spulen

Induktivität

Eine Spule hat eine Induktivität von 1 Henry (1 H), wenn durch eine Stromänderung von 1 Ampere je Sekunde in der Spule eine Spannung von 1 Volt induziert wird.

Tafel MEC 557: Gebräuchliche Einheiten der Induktivität

	Henry	Millihenry	Mikrohenry
Henry	1 H	1 H = 10^3 mH	1 H = 10^6 µH
Millihenry	1 mH = 10^{-3} H	1 mH	1 mH = 10^3 µH
Mikrohenry	1 µH = 10^{-6} H	1 µH= 10^{-3} mH	1 µH

Batterien

Monozellen (Trockenelemente)

Kohle-Zink-Zelle

Die negative Elektrode einer Kohle-Zink-Zelle besteht aus einem Zinkbecher, der gleichzeitig als Gefäß dient. In seiner Mitte befindet sich ein von Mangandioxid umgebener Kohlebeutel als positive Elektrode. Als Elektrolyt findet eine Salmiaklösung Verwendung, die mit Hilfe von Sägemehl und Gelatine eingedickt ist. Der Zinkbecher wird gegen Ende der Lebensdauer dünn und löchrig. Meist umgibt den Zinkbecher ein Stahlmantel (Leakproof-Zelle), der das Verdunsten oder Auslaufen des Elektrolyten verhindert (Bild MEC 558.1). Bild MEC 558.2 zeigt die gebräuchlichsten Monozellen-Typen.

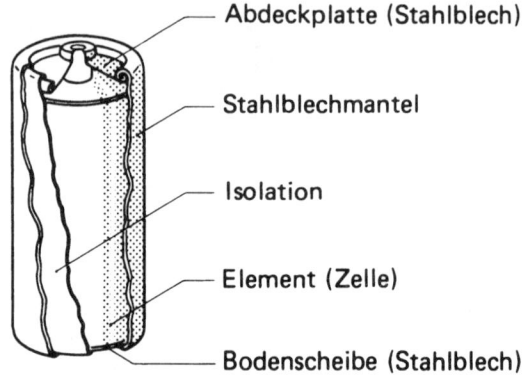

Abdeckplatte (Stahlblech)

Stahlblechmantel

Isolation

Element (Zelle)

Bodenscheibe (Stahlblech)

Bild MEC 558.1: Aufbau einer Stahlmantelzelle

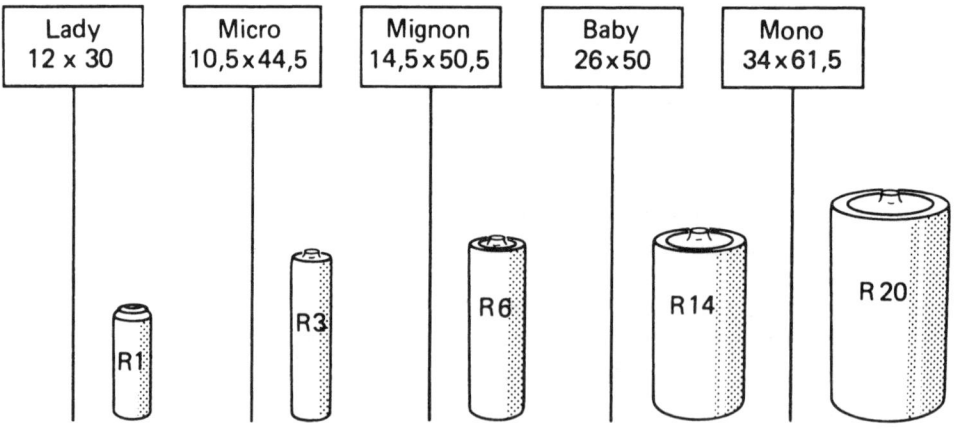

| Lady 12 x 30 | Micro 10,5×44,5 | Mignon 14,5×50,5 | Baby 26×50 | Mono 34×61,5 |

R1 R3 R6 R14 R20

Bild MEC 558.2: Die gebräuchlichsten Monozellen-Typen. Die Zahlen unter den Bezeichnungen geben Durchmesser und Länge in Millimetern an.

MEC 558

Alkali-Mangan-Zelle

Leistungsfähiger als die Kohle-Zink-Zelle. Mangandioxid (positiv) und Zink (negativ) werden als Elektroden verwendet. Kaliumhydroxid dient als Elektrolyt (sehr aggressiv).

Quecksilberoxid-Zink-Zelle

Die negative Elektrode ist aus Zink. Die positive Elektrode besteht aus Quecksilberoxid und als Elektrolyt dient Kaliumhydroxid. Anwendung z.B. als Knopfzellen (Bild MEC 559.1) für elektronische Geräte.

Lithium-Zellen

Ergiebigste Zellenart mit höchster Energiedichte. Negative Elektrode ist aus Lithium; als Elektrolyt werden wasserfreie organische Substanzen verwendet. Die Tafel MEC 559 gibt charakteristische Werte für Batterie-Systeme an. Alle diese Zellen können nicht wieder aufgeladen werden.

Tafel MEC 559: Batterie-Systeme

System	Leerlauf-spannung in Volt	Lagerzeit in Monaten	Energiedichte in Wh/kg	Temperatur-verhalten
Kohle/Zink	1,5	6 bis 12	49	0°C bis +70°C
Alkali/Mangan	1,5	30	77	−20°C bis +70°C
Quecksilber	1,35; 1,4	30	102	−20°C bis +70°C
Lithium	1,5; 3,6	30	300	−55°C bis +70°C

Die **Lagerung von Trockenelementen** sollte bei Temperaturen unter 20°C erfolgen, um die Selbstentladung in erträglichen Grenzen zu halten.

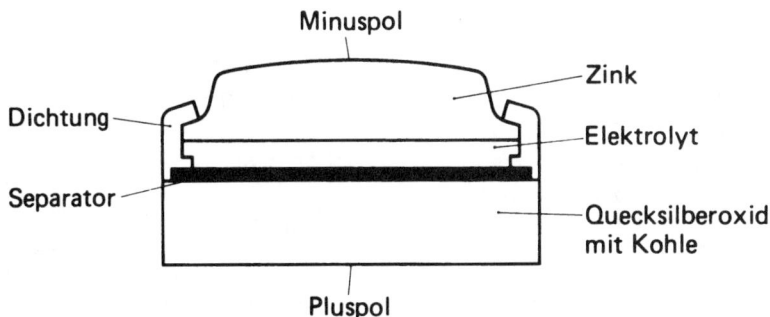

Bild MEC 559.1: Quecksilberoxid-Knopfzelle. Die Darstellung ist vergrößert; die tatsächliche Zellengröße beträgt je nach Typ zwischen 8 mm und 15 mm im Durchmesser. Die mit Separator bezeichnete Trennwand ist für Ionen durchlässig.

Akkumulatoren

Amperestunden-Wirkungsgrad:

$$\eta_{Ah} = \frac{\text{Stromentnahme in Wh beim Entladen}}{\text{Stromaufnahme in Wh beim Laden}} = \frac{Q_{ab}}{Q_{zu}}$$

Wattstunden-Wirkungsgrad:

$$\eta_{Wh} = \frac{\text{Energieentnahme in Wh beim Entladen}}{\text{Energieaufnahme in Wh beim Laden}} = \frac{W_{ab}}{W_{zu}}$$

Chemische Vorgänge beim Bleiakkumulator

Ladung: $PbSO_4 + 2 H_2O + PbSO_2 \rightarrow PbO_2 + 2 H_2SO_4 + Pb$

Entladung: $PbO_2 + 2 H_2SO_4 + Pb \rightarrow PbSO_4 + 2 H_2O + PbSO_4$

Chemische Vorgänge beim Stahlakkumulator (Nickel-Cadmium-Akkumulator)

Ladung $2 Ni(OH)_2 + Cd(OH)_2 \rightarrow 2 NiO(OH) + Cd + 2 H_2O$

Entladung $2 NiO(OH) + Cd + 2 H_2O \rightarrow 2 Ni(OH)_2 + Cd(OH)_2$

Tafel MEC 560: Akkumulatoren

	Bleiakkumulator	Stahlakkumulator
Positive Platte, geladen	PbO_2	$NiO(OH)$
Positive Platte, entladen	$PbSO_4$	$Ni(OH)_2$
Negative Platte, geladen	Pb	Fe oder Cd
Negative Platte, entladen	$PbSO_4$	$Fe(OH)_2$ oder $Cd(OH)_2$
Elektrolyt, chemischer Aufbau	$H_2SO_4 + H_2O$	$KOH + H_2O$ (+ LiOH als Zusatz)
Elektrolyt-Dichte ϱ in kg/dm³	Verdünnte Schwefelsäure $\varrho = 1,15 - 1,28$	21 %ige Kalilauge $\varrho = 1,19$
Ruhespannung in V	2,05 – 2,1	1,3 – 1,5
Entladespannung in V	1,8	0,85
Nennspannung in V	2	1,2
Ladespannung in V	2,1 – 2,75	1,6 – 1,83
Wattstundenwirkungsgrad	0,7 – 0,75	0,5 – 0,6
Amperestundenwirkungsgrad	0,83 – 0,91	0,71
Speichervermögen in Wh/kg	4 – 8 Kfz-Batterien 30	20 – 34
Ladefaktor	1,1 – 1,2	1,4
Anwendungen	Ortsfeste Batterien in besonderen Batterieräumen. Fahrzeugbatterien. Kfz-Batterien mit hohem Leistungsgewicht aber verringerter Lebensdauer.	Ortsfeste Batterien mit geringer Wartung. Fahrzeugbatterien für rauen Betrieb und tiefe Temperaturen. Gasdichte Zellen für elektronische Geräte.

Thermoelemente

Thermoelemente entstehen durch die Verbindung zweier verschiedener Leiterwerkstoffe.

Tafel MEC 561.1: Thermoelektrische Spannungsreihe

Metall	Thermo-Spannung in mV[1]	Metall	Thermo-Spannung in mV[1]
Tellur	+ 50	Manganin	+ 0,6
Silicium	+ 45	Zinn	+ 0,4 ... + 0,45
Antimon	+ 4,7 ... + 4,8	Blei	+ 0,4 ... + 0,45
Chromnickel	+ 2,2	Aluminium	+ 0,4
Eisen	+ 1,8	Grafit	+ 0,2
Wolfram	+ 0,8	Quecksilber	0
V2A-Stahl	+ 0,8	Platin	0
Kupfer	+ 0,75	Nickel	−1,5 ... -1,6
Silber	+ 0,7 ... + 0,75	Konstantan	−3,4 ... -3,5
Zink	+ 0,7	Bismut (Wismut)	−7 ... -7,7

[1] Temperaturdifferenz zwischen warmer und kalter Lötstelle 100 K. Alle Werte gegen Platin gemessen.

Tafel MEC 561.2: Thermopaare (DIN IEC 584 Teil 2/06.92)

Thermopaar	Kenn-buch-stabe	Thermo-spannung bei 100°C	Praxisübliche Werte für	
			höchstzulässige Dauertemperatur	Temperaturgrenzen
Kupfer/Kupfer-Nickel	T	4,28 mV	400°C	−200°C ... + 600°C
Eisen/Kupfer-Nickel	J	5,27 mV	600°C	−200°C ... + 900°C
Nickel-Chrom/Nickel	K	4,09 mV	900°C	−200°C ... +1200°C
Platin/Rhodium-Platin	R, S	0,65 mV	1300°C	−200°C ... +1600°C

Tafel MEC 561.3: Elektrochemische (elektrolytische) Spannungsreihe

Element		Elektrolytisches Potenzial in V	Element		Elektrolytisches Potenzial in V
Kalium	K/K^+	−2,92	Zinn	Sn/Sn^{++}	−0,14
Natrium	Na/Na^{++}	−2,71	Blei	Pb/Pb^{++}	−0,13
Magnesium	Mg/Mg^{++}	−2,36	Wasserstoff	H/H^+	0
Aluminium	Al/Al^{++}	−1,66	Kupfer	Cu/Cu^{++}	+0,35
Zink	Zn/Zn^{++}	−0,76	Sauerstoff	$\frac{1}{2}O_2/OH^-$	+0,40
Eisen	Fe/Fe^{++}	−0,41	Kohle	C	+0,74
Cadmium	Cd/Cd^{++}	−0,40	Silber	Ag/Ag^+	+0,8
Kobalt	Co/Co^{++}	−0,28	Chlor	$\frac{1}{2}Cl_2/Cl^-$	+1,40
Nickel	Ni/Ni^{++}	−0,23	Gold	Au/Au^{+++}	+1,42

Die Spannung eines galvanischen Elements ergibt sich aus der Spannungsreihe (Tafel MEC 561.3) durch die Subtraktion der elektrolytischen Potenziale der Elektroden.

Starkstromleitungen und Kabel

Kabel unterscheiden sich von den Leitungen dadurch, dass sie unmittelbar im Erdreich verlegt werden können. Am häufigsten wird heute in Niederspannungsanlagen das Kabel mit Isolierung und Mantel aus thermoplastischem PVC nach DIN VDE 0271/6.86 mit dem Kurzzeichen NYY verwendet.

Für Kabel und Leitungen werden als **Nennspannung zwei Wechselspannungswerte** angegeben, und zwar U_0 als Effektivwert zwischen einem Außenleiter und 'Erde' und U als der entsprechende Wert zwischen zwei Außenleitern einer mehradrigen Leitung oder eines Systems von einadrigen Leitungen. So ist für Mantelleitungen beispielsweise U_0/U = 300/500 V festgelegt.

Starkstromleitungen

Starkstromleitungen werden den vielfältigen Einsatzbedingungen und Anforderungen entsprechend in verschiedenen Bauarten gefertigt. Grundsätzlich unterscheidet man Leitungen für feste Verlegung und flexible Leitungen. Die Tafeln MEC 565 und MEC 567 enthalten die am häufigsten angewandten Leitungen und deren Verwendung.

Starkstromleitungen werden nach international harmonisierten Normen gefertigt (Leitungen nach harmonisierten Bestimmungen). Es handelt sich dabei um „Starkstromleitungen mit einer Isolierung aus thermoplastischem Kunststoff auf der Basis von PVC" (DIN VDE 0281-1/4.85) und „Starkstromleitungen mit einer Isolierung aus Gummi" (DIN VDE 0282/4.85). Mit dem Kurzzeichen 'H' gekennzeichnete Leitungen entsprechen in allen Belangen den harmonisierten Normen.

Zusätzlich zu den international festgelegten Leitungen werden nach den harmonisierten Normen anerkannte nationale Ergänzungstypen hergestellt, die aber nur in einem bestimmten Land zulässig sind. Diese anerkannten nationalen Ergänzungstypen beginnen mit dem Kennbuchstaben 'A'.

Schließlich gibt es weiterhin Bauarten nach nationalen (deutschen) Normen. Deren Kurzzeichen beginnt mit 'N'.

Leitungen nach harmonisierten Bestimmungen

(DIN VDE 0281/4.85 und DIN VDE 0282/4.85)
Die Leitungen nach harmonisierten Bestimmungen werden nach einem Schlüssel bezeichnet, der aus drei Teilen besteht (Bild MEC 564.1). An diesen Schlüssel kann dann bei Aderleitungen noch die Farbe angefügt werden.

Beispiele für Bauartkurzzeichen:

- PVC-Aderleitung, 4 mm^2, eindrähtig, blau: **H07V-U 1,5 blau**
- Gummischlauchleitung für mittlere mechanische Beanspruchung, 4 mm^2, fünfadrig, mit Schutzleiter: **H07RN-F 5G4**
- PVC-Schlauchleitung für geringe mechanische Beanspruchung, 0,75 mm^2, zweiadrig: **H03W-F 2X0,75**

Leitungen nach nationalen Bestimmungen (DIN VDE 0250)

Diese Leitungen sind in den Teilen der Normenreihe DIN VDE 0250 festgelegt. Die Normen enthalten auch jeweils das Bauartkurzzeichen, das – wie bei den Leitungen nach harmonisierten Bestimmungen – aus Buchstaben gebildet wird, aber nicht so systematisch aufgebaut ist. Tafel MEC 563.1 nennt die Bedeutung einiger Kennbuchstaben.

Tafel MEC 563.1: Bedeutung der Buchstaben in den Bauartkurzzeichen von Leitungen nach DIN VDE 0250

N	Normalleitung	fl	flache Leitungsausführung
G	Isolierung aus Gummi	r	runde Leitungsausführung
Y	Isolierung oder Mantel aus PVC	F	feindrähtige Flachleitung
2G	Isolierung aus erhöht wärme-beständiger Gummimischung	B	Bleimantel
		C	leitende Abschirmung unter der Außenhülle
A	Aderleitung	o	ozonbeständig
M	Mantelleitung	ö	ölbeständig
H	Handapparateleitung	u	vermindert brennbar
P	Pendelschnur	w	erhöht wärmebeständig
e	eindrähtiger Leiter	-J	mit grün-gelber Ader
m	mehrdrähtiger Leiter	-O	ohne grün-gelbe Ader

Aderkennzeichnung von Leitungen (DIN VDE 0293/1.90)

Die Farbkennzeichnung der Adern von Leitungen ist in DIN VDE 0293/1.90 festgelegt (Tafel MEC 563.2).

Tafel MEC 563.2: Farbkennzeichnung der Adern von Leitungen[1]

Aderanzahl	Leitungen mit gnge gekennzeichneter Ader	Leitungen ohne gnge gekennzeichnete Ader
Leitungen für feste Verlegung		
1	gnge	sw (oder anders)
2	gnge, sw[2]	br, bl
3	gnge, sw, bl	sw, bl, br
4	gnge, sw, bl, br	sw, bl, br, sw
5	gnge, sw, bl, br, sw	sw, bl, br, sw, sw
6 und mehr	gnge, sw mit Zahlenaufdruck	sw mit Zahlenaufdruck
Flexible Leitungen		
1	–	sw (oder anders)
2	–	br, bl
3	gnge, br, bl	sw, bl, br
4	gnge, sw, bl, br	sw, bl, br, sw
5	gnge, sw, bl, br, sw	sw, bl, br, sw, sw
6 und mehr	gnge, sw mit Zahlenaufdruck	sw mit Zahlenaufdruck

[1] Abkürzungen: gnge: grün-gelb, sw: schwarz, bl: blau, br: braun.
[2] Nur zulässig ab 10 mm^2 Cu.

Bild MEC 564.1
Kennzeichenschlüssel für Leitungen nach harmonisierten Bestimmungen.

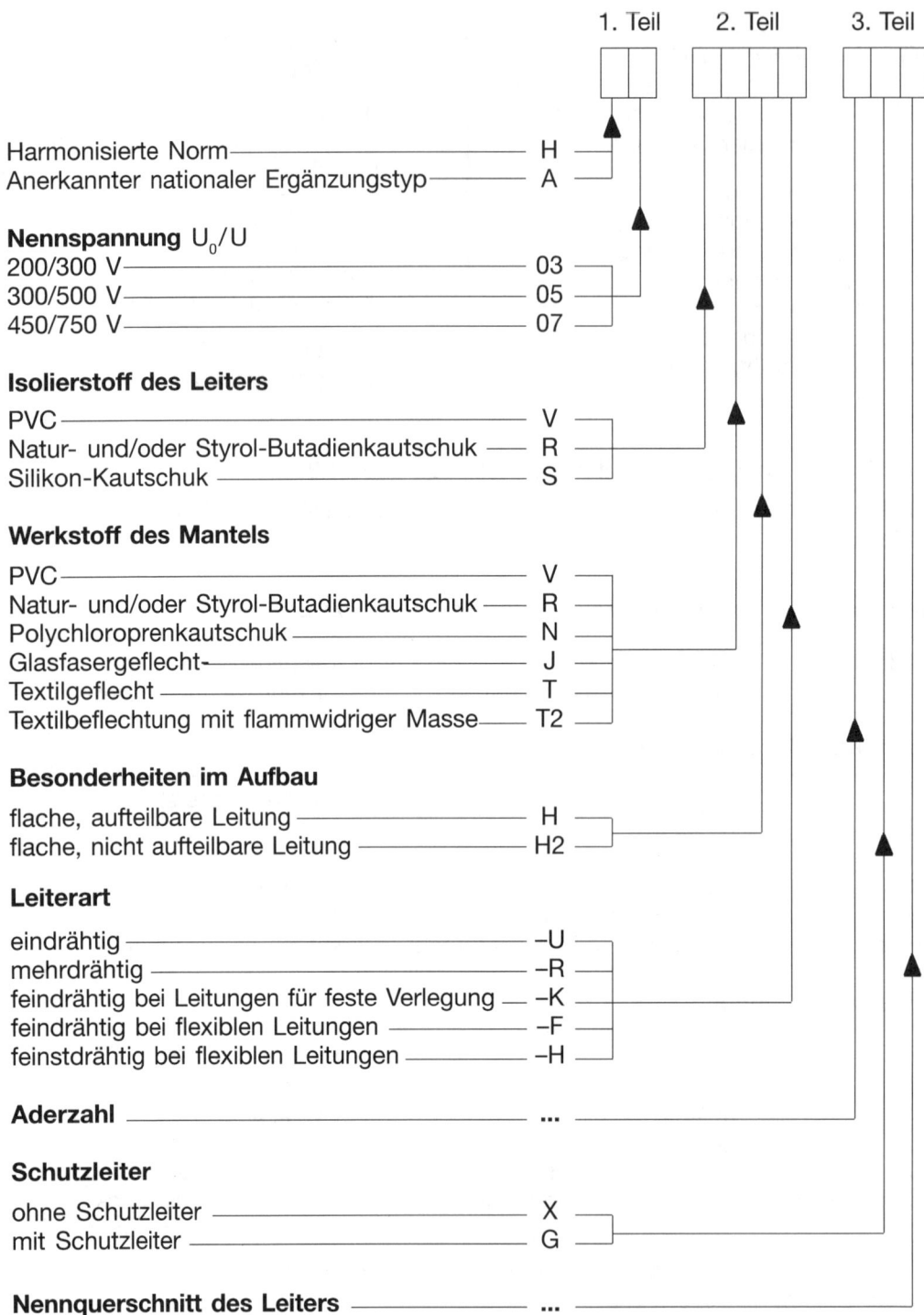

Harmonisierte Norm — H
Anerkannter nationaler Ergänzungstyp — A

Nennspannung U_0/U
200/300 V — 03
300/500 V — 05
450/750 V — 07

Isolierstoff des Leiters

PVC — V
Natur- und/oder Styrol-Butadienkautschuk — R
Silikon-Kautschuk — S

Werkstoff des Mantels

PVC — V
Natur- und/oder Styrol-Butadienkautschuk — R
Polychloroprenkautschuk — N
Glasfasergeflecht — J
Textilgeflecht — T
Textilbeflechtung mit flammwidriger Masse — T2

Besonderheiten im Aufbau

flache, aufteilbare Leitung — H
flache, nicht aufteilbare Leitung — H2

Leiterart

eindrähtig — –U
mehrdrähtig — –R
feindrähtig bei Leitungen für feste Verlegung — –K
feindrähtig bei flexiblen Leitungen — –F
feinstdrähtig bei flexiblen Leitungen — –H

Aderzahl — ...

Schutzleiter

ohne Schutzleiter — X
mit Schutzleiter — G

Nennquerschnitt des Leiters — ...

MEC 564

Tafel MEC 565: Isolierte Starkstromleitungen für feste Verlegung und deren Verwendung nach DIN VDE 0298 Teil 3/8.83

Bezeichnung	Kurzzeichen (Grundtypen)	Nenn-spannung U_0/U V	Aderanzahl x Querschnitt[2) mm²	Leitungs-temperatur höchstens °C	Geeignet f. Schutz-klasse II	Bestimmungs-gemäße Verlegung[1)
PVC-Verdrah-tungsleitungen	HO5V-U HO5V-K	300/500	1 x 0,5....1e 1 x 0,5....1f	70	nein	8, 10 8,9,10
PVC-Aderleitungen	H07V-U H07V-R H07V-K	450/750	1 x 1,5 ..16e 1 x 6......400m 1 x 1,5....240f	70	nein	1, 6, 8, 10 1, 6, 8, 10 1, 6, 8, 9, 10
Stegleitungen	NYIF NYIFY	220/380	2...5 x 1,5..2,5e 2 und 3 x 4e	70	nein	3
PVC-Pendelschnüre mit erhöhter Wärme-beständigkeit	NYPLYW	220/380	2 ..4 x 0,75f	90	ja	f. Schnurpendel
Wetterfeste PVC-Leitungen	NFYW	0,6/1 kV	1 x 6....50m	70	ja	12
PVC-Mantel-leitungen	NYM	300/500	1 x 1,5..10e 1 x 16m 2 ..5 x 1,5 ..10e 2 ..5 x 16 ...35m 7 x 1,5 und 2,5e	70	ja	1, 2, 3, 5, 6, 7, 8, 10, 11 4, wenn keine di-rekte Einbettung in verdichteten Beton, 12, wenn vor direkter Sonne geschützt
PVC-Mantel-leitungen mit Traggeflecht	NYMZ	300/500	2 ..5 x 1,5 ..10e 2 ..5 x 16m	70	ja	12, 13
PVC-Mantel-leitungen mit Tragseil	NYMT	300/500	2...5 x 1,5...10e 2 ..5 x 16 ...35m	70	ja	12, 13
Umhüllte Rohrdrähte für Räume mit Hochfrequenz-anlagen	NHYRUZY	300/500	2 ..4 x 1,5 ..10e 2 ..4 x 16 ...25m 5 x 1,5...6e	70	ja	2, 3, 11

Tafel MEC 565: Isolierte Starkstromleitungen für feste Verlegung und deren Verwendung nach DIN VDE 0298 Teil 3/8.83 (Fortsetzung)

Bezeichnung	Kurzzeichen (Grundtypen)	Nenn-spannung U_0/U V	Aderanzahl x Querschnitt [2] mm²	Leitungs-temperatur höchstens °C	Geeignet f.Schutz-klasse II	Bestimmungs-gemäße Verlegung [1]
Bleimantel-leitungen	NYBUY	300/500	2 ..4 x 1,5..10e 2...4 x 16..35m 5 x 1,5 .. 6e	70	ja	2, 3, 11 12
PVC-Leuchtröhren-leitungen	NYL	4/4 kV 8/8 kV	1 x 1,5f	70	–	in Leuchtröhren-anlagen gemäß DIN VDE 0128 1, 6, 8, 11
PVC-Leuchtröhren-leitungen mit Metallumhüllg.	NYLRZY	4/4 kV 8/8 kV	1 x 1,5f	70	–	in Leuchtröhren-anlagen gemäß DIN VDE 0128 2, 11, 12
Silikon-Ader-leitungen mit erhöht. Wärme-beständigkeit	H05SJ-K A05SJ-K A05SJ-U	300/500	1 x 0,5...16f 1 x 25...95f 1 x 1 ...16e	180	nein	1, 6, 8, 10 1, 6, 8, 9, 10 1, 6, 8, 10
Sondergummi-aderleitungen	NSGAÖU	0,6/1 kV	1 x 1,5...10e 1 x 16...300m	90	nein	für Schienenfahr-zeuge u.O-Busse sowie in trocke-nen Räumen
	NSGAFCMÖU	3,6/6 kV	1 x 1,5..185f		–	
Gummi-Pendelschnüre	NPL	220/380	2 u. 3 x 0,75f	60	nein	f. Schnur- u. Zug-pendelleuchten
Illuminations-flachleitungen	NIFLÖU	300/500	2 x 1,5f	60	nein	12,13 Außerh. d. Hand-bereichs zum Anschluss von Illum.fassungen bei geringen mech. Beanspr. (Zugbelastung der Leitung höchstens 50 N)

[1] Kurzzeichen für die bestimmungsgemäße Verlegung: 1 = in Rohren; 2 = auf der Wand; 3 = im und unter Putz; 4 = in Beton; 5 = auf Rosten, Pritschen, Wannen; 6 = in geschlossenen Installations-kanälen; 7 = in begehbaren Kanälen; 8 = Geräteverdrahtung; 9 = zum Anschluss bewegter Teile; 10 = gebündelt; 11 = in feuchten und nassen Räumen; 12 = im Freien; 13 = selbsttragend.

[2] e = eindrähtiger Leiter; f = feindrähtiger Leiter; ff = feinstdrähtiger Leiter; m = mehrdrähtiger Leiter.

Tafel MEC 567: Flexible Starkstromleitungen und deren Verwendung nach VDE 0298 Teil 3/8.83

Bauart	Bauart-kurzzeichen (Auswahl)	Nenn-spannung U_0/U V	Adern		Leiter-temperatur im Betrieb °C
			Anzahl	Querschnitt mm²	
Leichte Zwillingsleitungen	H03VH-Y	300/300	2	0,1	70
Zwillingsleitungen	H03VH-H	300/300	2	0,5 und 0,75	70
PVC-Schlauchleitungen 03VV	H03VV-F	300/300	2 ... 4	0,5 und 0,75	70
	H03VVH2-F		2	0,5 und 0,75	
PVC-Schlauchleitungen 05VV	H05VV-F	300/500	2 ... 5 7	0,75 ... 2,5 1 ... 2,5	70
	HO5VVH2-F		2	0,75	
PVC-Flachleitungen 05VVH2	H05VVH2-F H05VVD3H2-F	300/500	3 ... 5 6 ... 24	1 0,75 und 1	70
PVC-Flachleitungen 07VVH2	H07VVH2-F H07VVD3H2-F	450/750	3 ...12 4 und 5	1,5 und 2,5 4..25	70
Gummi-Aderschnüre	H03RT-F	300/300	2 und 3	0,75 ... 1 ,5	60
Gummischlauchleitungen mit erhöhter Wärmebeständigkeit	N2GMH2G	300/500	2 ... 5	0,75 ... 2,5	180
Gummischlauchleitungen 05RR	H05RR-F	300/500	2 ... 5	0,75 ... 2,5	60
	A05RRT-F		3 und 4	4 und 6	

Geeignet für Schutzklasse II	Mech. Beanspruchung	Anwendungsbeispiele (jeweils unter der Voraussetzung, dass die Anwendung nach den einschlägigen Gerätebestimmungen zulässig ist)
ja	sehr gering	Zum Anschluss besonders leichter Handgeräte, z. B. elektrische Rasiergeräte. Max. 2 m Länge und 0,2 A. Nicht lösbarer Stecker und fester Anschluss am Gerät.
ja	sehr gering	Zum Anschluss leichter Elektrogeräte (Rundfunkgeräte, Tischleuchten, Uhren usw.) in Haushalten und Büros. Nicht für Koch- und Heizgeräte sowie für Elektrowerkzeuge. Nicht für die Verwendung im Freien und in gewerblichen Betrieben.
ja	gering	Zum Anschluss leichter Elektrogeräte (Tisch- und Stehleuchten, Küchenmaschinen, Haushaltsstaubsauger, Büromaschinen, Rundfunkgeräte usw.) in Haushalten und Büros. Nicht für die Verwendung im Freien und in gewerblichen Betrieben. Nicht für Elektrowerkzeuge sowie für Koch- und Heizgeräte (Ausnahme: Koch- und Heizgeräte, wenn Leiterquerschnitt 0,75 mm^2 und wenn Leitungen nicht mit heißen Teilen in Berührung kommen u. keinen anderen Wärmeeinflüssen ausgesetzt sind).
ja	mittel	Zum Anschluss von Elektrogeräten in Haushalten und Büros; für Hausgeräte auch in feuchten und nassen Räumen (z. B. Waschmaschinen). Für Koch- und Heizgeräte nur dann, wenn keine Berührung mit heißen Teilen und keine anderen Wärmeeinflüsse möglich sind. Feste Verlegung in Möbeln, Stellwänden usw. zulässig. Nicht zum Anschluss gewerblich genutzter Elektrowerkzeuge und für die Verwendung in gewerblichen Betrieben (Ausnahme: Schneiderwerkstätten und dergl.).
ja	mittel	Zum Anschluss beweglicher Teile von Werkzeugmaschinen, Steuergeräten und Großgeräten, wenn die Leitungen der Biegung in nur einer Ebene ausgesetzt sind.
ja	mittel	Verwendung in trockenen, feuchten und nassen Räumen, jedoch nicht im Freien.
nein	gering	Zum Anschluss von Heizgeräten, z. B. Bügeleisen, in Haushalten. Nicht für die Verwendung im Freien und in gewerblichen Betrieben (Ausnahme: Schneiderwerkstätten und dergl.) und für Elektrowerkzeuge.
ja	gering	Isolierung und Mantel aus Silikongummi. Als bewegliche Anschlussleitung bei hohen Temperaturen in trockenen, feuchten und nassen Räumen und im Freien. Feste Verlegung nur in belüfteten Röhren oder Kanälen zulässig, weil sich die mech. Eigenschaften des Silikongummis unter Luftabschluss bei Temperaturen über 90 °C vermindern.
ja	gering	Zum Anschluss von Elektrogeräten (Staubsauger, Bügeleisen, Herde, Lötkolben) in Haushalten und Büroräumen. Nicht geeignet für ständige Verwendung im Freien, in gewerblichen Betrieben (Ausnahme: Schneiderwerkstätten und dergl.) und für gewerblich genutzte Elektrowerkzeuge.

MEC 568

Tafel MEC 567: Flexible Starkstromleitungen und deren Verwendung nach DIN VDE 0298 Teil 3/8.83 (Fortsetzung)

Bauart	Bauart-kurzzeichen (Auswahl)	Nenn-spannung U_0/U V	Adern		Leiter-temperatur im Betrieb °C
			Anzahl	Querschnitt mm²	
Gummischlauchleitungen 05RN	H05RN-F	300/500	2 und 3	0,75 und 1	60
	A05RN-F		4	0,75	
			1	0,75 ... 1,5	
Gummischlauchleitungen 07RN	H07RN-F	450/700	1	1,5 ... 500	60
	A07RN-F		2	1... 25	
			3 und 4	1... 300	
			5	1... 25	
			7... 36	1,5 und 2,5	
			7...1 8	4	
Sondergummischlauch-leitungen	NMHVÖU	220/380	2 ... 4	0,75	60
			3 und 4	1,5	
Gummischlauchleitungen NSSH	NSSHÖU	0,6/1 kV	1	2,5 ... 400	90
			2 ... 4	1,5 ... 185	
			5 ... 7	1,5 ... 6	
			vieladrig	1,5 ... 4	
Gummischlauchleitungen für Hebezeuge	NSHTÖU	0,6/1 kV	3 und 4	1,5 ... 40	60
			5	1,5 ... 70	
			7	1,5 ... 6	
			vieladrig	1,5 ... 4	
Theaterleitungen	NTSK	300/500	beliebig	2,5 ... 35	90
Schweißleitungen	NSLFFÖU	–	1	16 ... 185	80
Gummi-Aufzugssteuer-leitungen	H05RND5-F H05RT2D5-F	300/500	4...24	0,75	60
	H07RND5-F H07RT2D5-F	450/750		1	
Gummi-Flachleitungen	NGFLGÖU	300/500	2 ... 24	1 ... 2,5	60
			3 ... 8	1 ... 4	
			3 ... 7	1 ... 35	
			3 und 4	1 ... 95	
Leitungstrossen	NT...	0,6/1 kV	1 ... 4	2,5 ... 185	90
			5 ... 7	2,5 ... 6	
			vieladrig	2,5 ... 4	

Geeignet für Schutz-klasse II	Mech. Bean-spru-chung	Anwendungsbeispiele (jeweils unter der Voraussetzung, dass die Anwendung nach den einschlägigen Gerätebestimmungen zulässig ist)
ja	gering	Zum Anschluss von Elektrogeräten in trockenen, feuchten, nassen Räumen, im Freien (z. B. Gartengeräte). Leitungen dürfen mit Fetten und Ölen in Berührung kommen (z. B. Friteusen). Feste Verlegung (in Möbeln, Stellwänden) zulässig.
ja	mittel	Zum Anschluss von Geräten in gewerblichen und landwirtschaftlichen Betrieben (große Kochkessel, Heizplatten, Handleuchten, Bohrmaschinen, Kreissägen, Heimwerkergeräte, transportable Motoren oder Maschinen auf Baustellen). Verwendbar auch in feuchten und nassen Räumen und im Freien. Verwendbar auch für feste Verlegung auf Putz, in Wohnbaracken, auf Bauteilen von Hebezeugen, Maschinen usw. Bei geschützter Verlegung sind $U_\sim = 1\,000$ V und $U_= = 750$ V gegen Erde zulässig (auf Schienenfahrzeugen bis $U_= = 900$ V).
ja	mittel	Zum Anschluss von Elektrowerkzeugen bei besonders hohen Verdrehungs- und Knickbeanspruchungen.
ja	hoch	Für sehr hohe mechanische Beanspruchung in trockenen, feuchten und nassen Räumen und im Freien: Bergbau unter Tage, Tagebau, auf Baustellen, in der Industrie. Auch für feste Verlegung.
ja	hoch	Für Anwendungsfälle, bei denen häufiges Auf- und Abwickeln auftritt, wobei Zug- und Torsionsbeanspruchungen entstehen.
ja	mittel	Zum Anschluss beweglich aufgehängter Beleuchtungskörper bzw. Beleuchtungsgerüste in Bühnenräumen.
nein	hoch	Zum Anschluss der Elektrode an das Schweißgerät.
ja	mittel	Zum Anschluss von Aufzugs- und Fördereinrichtungen und von bewegten Teilen von Werkzeugmaschinen und Großgeräten bei mittlerer mechanischer Beanspruchung
ja	mittel	Zum Anschluss bewegter Teile von Werkzeugmaschinen, Förderanlagen und Großgeräten, wenn die Leitungen Biegungen in nur einer Ebene ausgesetzt sind. Auch in feuchten und nassen Räumen und im Freien.
ja	hoch	Für sehr hohe mechanische Beanspruchungen im Bergbau, im Tagebau, auf Baustellen und in der Industrie.

Tafel MEC 571.1: Kennzeichnung isolierter und blanker Leiter nach DIN 40 705/2.80

Leiterbezeichnung		Kennzeichnung		
		alphanumerisch	Bildzeichen	Farbe
W	Außenleiter 1	L 1		1)
	Außenleiter 2	L 2		1)
	Außenleiter 3	L 3		1)
	Mittelleiter	N		HELLBLAU
G	Positiv	L +	+	1)
	Negativ	L −	−	1)
	Mittelleiter	M		HELLBLAU
Schutzleiter		PE		GRÜN-GELB
PEN-Leiter (Mittelleiter mit Schutzfunktion)		PEN		GRÜN-GELB
Erdungsleiter		E		1)

1) Farbe nicht festgelegt. Empfohlen: schwarze Farbe.
W = Wechselstromnetz. G = Gleichstromnetz.

Tafel MEC 571.2: Zuordnung der Rohrweiten von Elektroinstallationsrohren zu den PVC-Aderleitungen (Rohrweite in mm)

Leiterquerschnitt in mm		Anzahl der Leitungen in Elektroinstallationsrohren				
		2	3	4	5	6
1,5	re1)	11	11	13,5	13,5	16
2,5	re	11	13,5	16	16	23
4	re	13,5	16	16	23	23
6	re	16	16	23	23	23
10	re	23	23	23	29	29
10	rm2)	23	23	23	29	29
16	re	23	23	29	29	36
16	rm	23	23	29	29	36
25	re	29	29	36	36	48
25	rm	29	29	36	36	48
35	rm	29	36	36	48	48
50	rm	36	36	48	48	−

1) re = rund, eindrähtig; 2) rm = rund, mehrdrähtig.

Überstrom-Schutzeinrichtungen

Die Zuordnung von Überstrom-Schutzeinrichtungen zum Schutz bei Überlast

Die Zuordnung der Überstrom-Schutzeinrichtungen zu den Leitungsquerschnitten ist Tafel MEC 573 zu entnehmen.

I_n ist dabei der Nennstrom der Schutzeinrichtung. Bei einstellbaren Schutzeinrichtungen entspricht I_n dem Einstellwert.

Damit Kabel und Leitungen nicht überlastet werden, darf der Nennstrom der Überstrom-Schutzeinrichtung I_n höchstens gleich dem zulässigen Belastungsstrom I_z sein:

$$I_n \leq I_z$$

Der zu erwartende Betriebsstrom I_b des zu schützenden Stromkreises darf wiederum höchstens gleich dem Nennstrom I_n der Überstrom-Schutzeinrichtung sein:

$$I_b \leq I_n; \quad I_b \leq I_n \leq I_z$$

Die Nennströme der Überstrom-Schutzeinrichtungen gelten, wenn die Überstrom-Schutzeinrichtungen einen Auslösestrom von höchstens $1,45 \cdot I_n$ haben, also bei diesem Wert in einer in den Gerätebestimmungen festgelegten Zeit auslösen. LS-Schalter nach DIN VDE 0641 Teil 11/8.92 erfüllen diese Bedingung.

Berechnung von Leiterquerschnitten nach dem zulässigen Spannungsabfall

Meist schreiben die Energieversorgungsunternehmen folgende höchstzulässigen Werte für den Spannungsabfall vor: **0,5%** zwischen Hausanschluss und Zähler; **1,5%** zwischen Zähler und festinstallierten Verbrauchergeräten und Steckdosen (außer Motoren); **3%** zwischen Zähler und Motoren.

Die Querschnitte von Starkstromleitungen sind daher nicht nur nach dem zu erwartenden Betriebsstrom, sondern auch nach dem zulässigen Spannungsabfall zu bemessen. Tafel MEC 572 enthält die Formeln für die Berechnung. Für Wechsel- und Drehstrom liefern die angegebenen Formeln nur Näherungswerte, die umso genauer sind, je mehr sich der Leistungsfaktor dem Wert 1 nähert.

Tafel MEC 572: Berechnung von Leiterquerschnitten nach dem zulässigen Spannungsabfall

Berechnung mit Hilfe der Größen	Gleichstrom	Wechselstrom	Drehstrom
Außenleiterstrom; zulässiger Spannungsabfall	$A = \dfrac{200 \cdot I \cdot l}{p_u \cdot U \cdot x}$	$A = \dfrac{200 \cdot I \cdot l \cdot \cos \varphi}{p_u \cdot U \cdot x}$	$A = \dfrac{173 \cdot I \cdot l \cdot \cos \varphi}{p_u \cdot U \cdot x}$
Verbraucherleistungsaufnahme; zulässiger Spannungabsfall	$A = \dfrac{200 \cdot P \cdot l}{p_u \cdot U^2 \cdot x}$	$A = \dfrac{200 \cdot P \cdot l}{p_u \cdot U^2 \cdot x}$	$A = \dfrac{200 \cdot P \cdot l}{p_u \cdot U^2 \cdot x}$

A = Leiterquerschnitt in mm²; I = Außenleiterstrom in A; l = Länge eines Leiters in m; p_u = zulässiger Spannungsabfall in %; U = Nennspannung der Leitung in V, beim Drehstrom die Außenleiterspannung; x = Leitfähigkeit für Kupfer 56 m/Ω mm²; $\cos \varphi$ = Leistungsfaktor; P = Leistungsaufnahme des Verbrauchers in W.

MEC 572

Tafel MEC 573: Im Hinblick auf den Spannungsabfall p_u höchstzulässige Leitungslänge bei cos φ = 1 für die Bemessungsströme der Überstrom-Schutzeinrichtungen

Nennquerschnitt mm²	p_u %	zulässige max. Leitungslänge bei p_u % in m					
		Wechselstrom 230 V	Drehstrom 400 V	Wechselstrom 230 V	Drehstrom 400 V	Wechselstrom 230 V	Drehstrom 400 V
		10A		16A		20A	
1,5	0,5	4,8	9,5	2,9	6,0	2,4	4,8
	1,5	14,3	28,6	9,0	18,0	7,2	14,4
	3	28,7	57,4	18,0	36,0	14,3	28,6
	5	47,9	95,6	29,9	59,8	24,0	48,1
		16A		20A		25A	
2,5	0,5	5,0	9,9	4,0	7,9	3,1	6,4
	1,5	14,9	29,9	11,9	23,8	9,5	19,1
	3	29,9	59,7	23,9	47,9	19,1	38,3
	5	49,9	99,5	39,9	78,8	31,9	63,8
		20A		25A		35A	
4	0,5	6,4	12,8	5,1	10,2	3,77,3	
	1,5	19,1	38,3	15,4	30,7	11,0	22,0
	3	38,3	76,4	30,7	61,5	22,0	43,9
	5	63,9	127,4	51,2	102,5	36,6	73,2
		25A		35A		50A	
6	0,5	7,6	15,3	5,4	10,9	3,8	7,6
	1,5	23,0	45,9	16,4	32,8	11,4	22,9
	3	46,0	91,8	32,8	65,7	22,9	45,8
	5	76,6	152,9	54,8	109,6	38,3	76,5
		35A		50A		63A	
10	0,5	9,1	18,2	6,4	12,8	5,0	10,1
	1,5	27,4	54,6	19,1	38,3	15,2	30,4
	3	54,7	109,2	38,3	76,6	30,4	60,8
	5	91,2	182,0	63,9	127,8	50,7	101,4
		50A		63A		80A	
16	0,5	10,2	20,4	8,0	16,2	6,4	12,8
	1,5	30,6	61,2	24,3	48,6	19,1	38,3
	3	61,3	122,3	48,6	97,2	38,3	76,5
	5	102,1	203,9	81,0	162,0	63,8	127,5
		63 A		80 A		100 A	
25	0,5	12,6	25,3	9,9	20,0	7,9	15,9
	1,5	37,9	75,9	29,9	59,9	23,9	47,9
	3	76,0	151,7	59,9	119,8	47,9	95,8
	5	126,6	252,9	99,8	199,7	79,9	159,7

Tafel MEC 573: Im Hinblick auf den Spannungsabfall p_u höchstzulässige Leitungslänge bei cos φ = 1 für die Bemessungsströme der Überstrom-Schutzeinrichtungen (Fortsetzung)

Nenn-querschnitt mm²	p_U %	\multicolumn{6}{}{zulässige max. Leitungslänge bei p_U % in m}					
		Wechselstrom 230 V	Drehstrom 400 V	Wechselstrom 230 V	Drehstrom 400 V	Wechselstrom 230 V	Drehstrom 400 V
		10A		16A		20A	
35	0,5	14,0	27,9	11,2	22,4	8,9	17,9
	1,5	41,9	83,6	33,5	67,0	26,8	53,6
	3	83,7	167,3	67,0	134,0	53,6	107,3
	5	139,6	278,8	111,8	223,5	89,4	178,8
		100A		125A		160A	
50	0,5	16,0	31,9	12,8	25,5	9,9	19,9
	1,5	47,9	95,6	38,3	76,5	29,9	59,9
	3	95,8	191,2	76,5	153,1	59,9	119,8
	5	159,5	318,7	127,5	256,1	99,8	199,7
		125 A		160 A		200 A	
70	0,5	17,9	35,6	13,9	27,9	11,2	22,3
	1,5	53,6	107,1	41,8	83,7	33,6	66,9
	3	107,3	214,1	83,7	168,3	67,0	133,8
	5	178,7	356,8	142,8	279,3	111,7	223,0

Überstrom-Schutzeinrichtungen bei Drehstrommotoren

Drehstrommotoren werden meist über Motorschutzschalter an das Netz angeschlossen. Diese Schalter haben die Aufgabe, die Wicklungen des Motors gegen unzulässige Erwärmung infolge Überlastung, z. B. bei einphasigem Lauf, zu schützen.

Der Bimetallauslöser des Motorschutzschalters (Q1 in Bild MEC 574.1) wird auf den Bemessungsstrom des Motors eingestellt.

Den Kurzschlussschutz übernehmen im Bild MEC 574.1 die Schmelzsicherungen F1. Diese Schmelzsicherungen müssen auch den Anlaufstrom führen können, der bei direkter Einschaltung, bei Stern-Dreieck-Anlauf oder beim Anlassen mit Läufer-Anlasser auftritt.

Tafel MEC 575 nennt Richtwerte für den Leistungsfaktor, den Wirkungsgrad und den Bemessungsstrom von Drehstrommotoren. Aus dieser Tafel geht auch die kleinstmögliche träge Sicherung hervor.

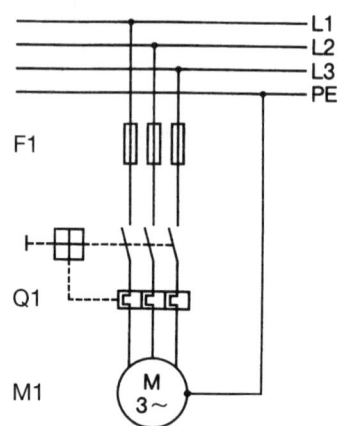

Bild MEC 574.1
Anschluss eines Drehstrommotors an das Netz. Der Motorschutzschalter Q1 kann auch mit einem Kurzschlussauslöser versehen werden.

Tafel MEC 575: Bemessungsströme und kleinstmögliche Kurzschlusssicherung von Drehstrommotoren

Die Werte für den Leistungsfaktor, den Wirkungsgrad und den Bemessungsstrom sind Richtwerte für Motoren mit Käfigläufer (innen- und oberflächengekühlt, Drehzahl 1 500 min^{-1}).

Für den direkten Anlauf wird von einem Anlaufstrom vom höchstens 6fachen des Motorbemessungsstroms und von einer Anlaufzeit von höchstens 5 Sekunden ausgegangen.

Beim Stern-Dreieck-Anlauf wird vom höchstens 2fachen Bemessungsstrom und einer Anlaufzeit von höchstens 15 s ausgegangen. Die entsprechenden Sicherungen können auch bei Schleifring-Motoren mit Läuferanlasser verwendet werden.

Ist der Bemessungsstrom größer als in der Tafel angegeben, ist eine größere Sicherung zu verwenden. Das gleiche gilt, wenn der Anlaufstrom oder die Anlaufzeit größer als vorausgesetzt sind.

Motor-leistung	cos φ	Wirkungs-grad	220 V / 230 V		
			Motor-Bemes-sungs-strom	Sicherung direkt. Einsch.	Y/Δ- Anlauf
kW			A	A	A
1,1	0,83	0,77	4,5	6	6
1,5	0,83	0,78	6	16	10
2,2	0,83	0,81	8,7	20	16
3	0,84	0,81	11,5	20	16
4	0,84	0,82	15	25	20
5,5	0,85	0,83	20	35	25
7,5	0,86	0,85	27	50	35
11	0,86	0,87	39	63	50
15	0,86	0,87	52	80	63
18,5	0,86	0,88	64	100	80
22	0,87	0,89	75	100	80
30	0,87	0,90	100	125	100
37	0,87	0,90	124	200	160
45	0,88	0,91	147	250	200
55	0,88	0,91	180	250	200
75	0,88	0,91	246	315	250
90	0,88	0,92	292	400	315
110	0,88	0,92	357	500	400
132	0,88	0,92	423	630	500
160	0,88	0,93	500	630	630

380 V / 400 V			500 V		
Bemessungs-strom	Sicherung		Bemessungs-strom	Sicherung	
	direkt. Einsch.	Y/Δ– Anlauf		direkt. Einsch.	Y/Δ– Anlauf
A	A	A	A	A	A
2,6	4	4	2	4	4
3,5	6	4	2,6	4	4
5	10	6	3,7	6	6
6,6	16	10	5	10	10
8,5	20	16	6,4	16	10
11,5	25	20	9	20	16
15,5	35	25	11,5	25	20
22,5	35	35	17	35	25
30	50	35	22,5	35	35
36	63	50	28	50	35
43	63	50	32	63	50
58	80	63	43	63	50
72	00	80	54	80	63
85	125	100	64	100	80
104	160	125	78	125	100
142	200	160	106	160	125
169	200	200	127	200	160
204	250	200	154	200	200
243	315	250	182	250	200
292	400	315	220	315	250

MEC 576

Bestimmung der Grenzlängen von isolierten Leitungen

Mit dem zulässigen Spannungsabfall und dem Bemessungsstrom der Überstrom-Schutzeinrichtung kann man für jeden Leiter-Nennquerschnitt mit den Formeln der Tafel MEC 572 eine höchstzulässige Leitungslänge (**Grenzlänge**) berechnen.

Diese Grenzlängen bieten in der Praxis eine einfache Möglichkeit, Leiterquerschnitte nach dem Spannungsabfall zu bemessen. Tafel MEC 573 enthält Grenzlängen für Wechselstrom und Drehstrom und cos $\varphi = 1$.

Soll die Länge für cos $\varphi < 1$ bestimmt werden, so ist die Tabellen-Länge durch den cos φ zu teilen.

Soll die Länge für einen anderen Strom bestimmt werden, so ist die Tabellen-Länge mit dem Tabellen-Strom zu vervielfachen und durch den anderen Strom zu teilen.

Beispiele:

1. Wie lang kann die Hauptleitung NYM 4 x 16 mm² Cu bei $p_U = 0.5\%$ und cos $\varphi = 1$ sein? Die Bemessungsspannung ist 400 V, die Verlegeart C.

   Der Nennstrom der Überstrom-Schutzeinrichtung beträgt 80 A.

   lt. Tafel MEC 573: $l = 12{,}8$ m. Bei cos $\varphi = 0{,}9$: $l = \dfrac{12{,}8 \text{ m}}{0{,}9} = 14{,}2$ m

   Wenn nur ein Strom von 70 A fließt: $l = \dfrac{12{,}8 \text{ m} \cdot 80 \text{ A}}{70 \text{ A}} = 14{,}6$ m

2. Wie lang kann eine im Installationsrohr auf der Wand verlegte PVC-Leitung von 3 x 1,5 mm² Cu (L1, N, PE) sein, wenn die Bemessungsspannung 230 V beträgt und der Spannungsfall nicht größer als $p_U = 3\%$ sein soll?

   Der Nennstrom der Überstrom-Schutzeinrichtung beträgt 16 A (Verlegeart B1).

   lt. Tafel MEC 573: $l = 18{,}0$ m.

   Bei cos $\varphi = 0{,}6$: $l = \dfrac{18{,}0 \text{ m}}{0{,}6} = 30{,}0$ m

   bei nur 8 A: $l = \dfrac{18{,}0 \text{ m} \cdot 16 \text{ A}}{8 \text{ A}} = 36$ m

   Bei cos $\varphi = 0{,}8$ und nur 8 A: $l = \dfrac{18{,}0 \text{ m} \cdot 16 \text{ A}}{0{,}6 \cdot 8 \text{ A}} = 60{,}0$ m

Elektrische Energietechnik

Umlaufende elektrische Maschinen

Allgemeines

Drehsinn (DIN VDE 0530 Teil 8/7.87)

Für Maschinen mit nur einem Wellenende oder mit zwei Wellenenden verschiedener Dicke gilt als Drehsinn diejenige Drehrichtung des Läufers, die ein Betrachter feststellt, wenn er die Stirnseiten des einzigen oder dickeren Wellenendes betrachtet (Bild MEC 579.1).

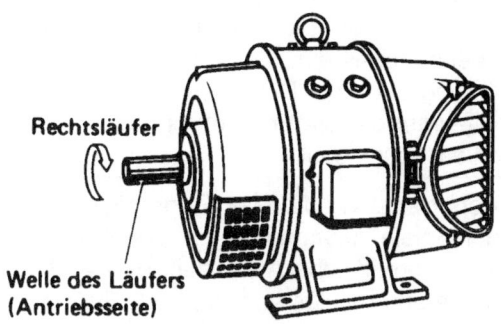

Bild MEC 579.1
Bestimmung des Drehsinns einer elektrischen Maschine.

Für eine Maschine mit zwei Wellenenden gleicher Dicke oder ohne Wellenenden gilt als Drehsinn diejenige Drehrichtung des Läufers, die ein Betrachter feststellt,

– wenn er die dem Kommutator oder den Schleifringen abgewandte Seite betrachtet,

– wenn er die Maschinenseite betrachtet, an der die Schleifringe angebracht sind, falls sich ein Kommutator auf der einen und die Schleifringe auf der anderen Seite des Läufers befinden.

Betrieb und Betriebsarten (DIN EN 60034-1/1998-05)

Unter dem Betrieb versteht man die Festlegung der Belastung für die Maschine einschließlich ihrer zeitlichen Dauer und Reihenfolge sowie gegebenenfalls einschließlich Anlauf, elektrisches Bremsen, Leerlauf und Pausen.

Die **Betriebsart** ist

– Dauerbetrieb, Kurzzeitbetrieb oder periodischer Betrieb, der durch einen oder mehrere Belastungen gekennzeichnet ist und während einer bestimmten Dauer unverändert bleibt oder

– nichtperiodischer Betrieb, bei dem sich im Allgemeinen Belastung und Drehzahl innerhalb des zulässigen Betriebsbereiches ändern.

Die Betriebsarten werden nach Tafel MEC 580 unterschieden. Sie dienen der Beschreibung des Betriebs durch den Betreiber. Nach diesen Angaben legt der Hersteller die Klasse des **Nennbetriebs** fest. Die Verantwortung dafür, dass der Betrieb so genau

Tafel MEC 580: Betriebsarten elektrischer Maschinen
(DIN EN 60034-1/1998-05, Auswahl)

Betriebsart	Bezeichnung	Bemerkungen
S1	Dauerbetrieb	Betrieb mit konstanter Belastung, die zum Erreichen der Beharrungstemperatur ausreicht.
S2	Kurzzeitbetrieb	Konstante, kurzfristige Belastung Beharrungstemperatur wird nicht erreicht. In der Pause Abkühlung auf weniger als 2 K über Kühlmitteltemperatur.
S3	Aussetzbetrieb	Betrieb mit einer Folge gleichartiger Spiele, von denen jedes eine Zeit mit konstanter Belastung und eine Pause umfasst, wobei der Anlaufstrom die Erwärmung nicht merklich beeinflusst.
S4	Aussetzbetrieb mit Einfluss des Anlaufvorganges	Betrieb, der sich aus einer Folge gleichartiger Spiele zusammensetzt, von denen jedes eine merkliche Anlaufzeit, eine Zeit mit konstanter Belastung und eine Pause umfasst.
S5	Aussetzbetrieb mit elektrischer Bremsung	Betrieb, der sich aus einer Folge gleichartiger Spiele zusammensetzt, von denen jedes eine Anlaufzeit, eine Zeit konstanter Belastung, eine Zeit schneller elektrischer Bremsung und eine Pause umfasst.
Außerdem gibt es den „Ununterbrochenen periodischen Betrieb mit Aussetzbelastung" (S6), den „Ununterbrochenen periodischen Betrieb mit elektrischer Bremsung" (S7), den „Ununterbrochenen periodischen Betrieb mit Last-/Drehzahländerung" (S8) und den „Ununterbrochenen Betrieb mit nichtperiodischer Last- und Drehzahländerung" (S9).		

wie möglich angegeben wird, trägt der Betreiber. Ist der Betrieb nicht angegeben, gilt Betriebsart S1 (Nenn-Dauerbetrieb). Daneben ist der Nenn-Kurzzeitbetrieb S2 gebräuchlich. Ist es nicht möglich, als Klasse des Nennbetriebs S1 oder S2 festzulegen, so muss eine periodische Nennbetriebsart (Klassen S3 bis S8) oder die nichtperiodische Nennbetriebsart entsprechend Klasse S9 ausgewählt werden.

Die **Betriebsart** kann durch die in Tafel EG 2.1 angegebenen Kurzzeichen gekennzeichnet werden. Bei Betriebsart S2 folgt auf das Kurzzeichen die Einschaltdauer, z.B. S2 60 min. Bei den Betriebsarten S3 und S6 folgt auf die Kurzzeichen die relative Einschaltdauer in %, z.B. S3 25% oder S6 40%. Hierbei versteht man unter der relativen Einschaltdauer das Verhältnis von Betriebszeit (einschl. Anlauf- und Bremsdauer) zu Spieldauer, in Prozent ausgedrückt. Für die Betriebsarten S4, S5, S7 und S8 sind noch weitere Angaben notwendig.

Die **Klasse des Nennbetriebs** wird, z.B. auf dem Leistungsschild, in der Weise angegeben, wie wir es eben für die Betriebsart beschrieben haben. Die Kennzeichnungen stehen hinter dem Wert der Nennleistung.

Bauformen und Aufstellung (DIN EN 60034-7/1993-01)

Die Norm enthält zwei Möglichkeiten, Bauform und Befestigung bzw. Aufstellung umlaufender elektrischer Maschinen zu kennzeichnen, Code I und Code II.
Code I ist einfacher, er betrifft aber nur umlaufende elektrische Maschinen mit Lagerschilden und einem Wellenende. Hiervon werden aber die meisten Maschinen erfasst, so dass wir Code II hier nur kurz behandeln können.

Code I

Das Kurzzeichen besteht aus den Buchstaben IM *(International Mounting)*, denen ein Buchstabe und eine Zahl nach Tafel MEC 581 folgen, z.B. IM B5.

Tafel MEC 581: Kurzzeichen für die Bauform umlaufender elektrischer Maschinen nach Code I (Auswahl)

Kurz-zeichen	Bild	Erklärung
Waagerechte Anordnung		
B3		2 Lagerschilde. Freies Wellenende. Gehäuse mit Füßen. Aufstellung auf Unterbau.
B35		2 Lagerschilde. Freies Wellenende. Gehäuse mit Füßen. Befestigungsflansch in Lagernähe, Zugang von Gehäuseseite. Aufstellung auf Unterbau mit zusätzlichem Flansch.
B34		2 Lagerschilde. Freies Wellenende. Gehäuse mit Füßen. Befestigungsflansch in Lagernähe, kein Zugang von Gehäuseseite. Aufstellung auf Unterbau mit zusätzlichem Flansch.

Kurz-zeichen	Bild	Erklärung
B5		2 Lagerschilde. Freies Wellenende. Gehäuse ohne Füße. Befestigungsflansch in Lagernähe, Zugang von Gehäuseseite. Flanschanbau.
B6		2 Lagerschilde. Freies Wellenende. Gehäuse mit Füßen. Wie Bauform B3, nötigenfalls Lagerschilde um 90° gedreht. Befestigung an der Wand. Füße auf Antriebsseite gesehen links.
B7		Wie Bauform B6, Füße jedoch auf Antriebsseite gesehen rechts.
B8		2 Lagerschilde. Freies Wellenende. Gehäuse mit Füßen. Wie Bauform B3, nötigenfalls Lagerschilde um 180° gedreht. Befestigung an der Decke.
B9		1 Lagerschild. Freies Wellenende. Gehäuse ohne Füße. Wie Bauform B5 oder B14, jedoch ohne Lagerschild und ohne Wälzlager auf Antriebsseite. Anbau an Gehäusestirnfläche auf Antriebsseite.
B10		2 Lagerschilde. Freies Wellenende. Gehäuse ohne Füße. Befestigungsflansch in Gehäusenähe auf Antriebsseite, Zugang von Gehäuseseite. Flansch-anbau.
B14		2 Lagerschilde. Freies Wellenende. Gehäuse ohne Füße. Befestigungsflansch in Lagernähe auf Antriebsseite, kein Zugang von Gehäuseseite. Flanschanbau.
B20		2 Lagerschilde. Freies Wellenende. Gehäuse mit hochgezogenen Füßen. Zum Einlassen in den Unterbau.

MEC 582

Kurz-zeichen	Bild	Erklärung
Senkrechte Anordnung		
V1		2 Lagerschilde. Freies Wellenende unten. Gehäuse ohne Füße. Befestigungsflansch in Lagernähe auf Antriebsseite, Zugang von Gehäuseseite. Flansch-anbau unten.
V15		2 Lagerschilde. Freies Wellenende unten. Gehäuse mit Füßen. Befestigungsflansch in Lagernähe auf Antriebsseite, Zugang oder kein Zugang von Gehäuseseite. Befestigung an der Wand und zusätz-licher Flansch unten.
V2		2 Lagerschilde. Freies Wellenende oben. Gehäuse ohne Füße. Befestigungsflansch in Lagernähe ent-gegen der Antriebsseite, Zugang von Gehäuseseite. Flanschanbau unten.
V3		2 Lagerschilde. Freies Wellenende oben. Gehäuse ohne Füße. Befestigungsflansch in Lagernähe auf Antriebsseite, Zugang von Gehäuseseite. Flansch-anbau oben.

Code II

Der Code II, der für alle umlaufenden elektrischen Maschinen gilt, besteht ebenfalls aus den Buchstaben IM, denen dann vier Ziffern folgen, z.B.

IM 2 01 1.

IM ist das Grundkennzeichen. Die erste Ziffer kennzeichnet die Bauform (hier: Ma-schinen mit Fuß- und Flanschbefestigung), die zweite und dritte Ziffer Befestigung oder Aufstellung (hier: mit einem Flansch mit Zugang von der Gehäuseseite, Wellen-ende unten), die vierte Ziffer die Art des Wellenendes (hier: zylindrisches Wellenende).

Einige wichtige Vergleiche zwischen Code I und Code II:

Code I	Code II	Code I	Code II
IM B3	IM 1001	IM V1	IM 3011
IM B35	IM 2001	IM V15	IM 2011
IM B34	IM 2101	IM V2	IM 3231
IM B5	IM 3001	IM V3	IM 3031

Die Erfahrung wird zeigen, ob sich die Praxis für den einfacheren Code I entscheidet, oder ob sich Code II einführt.

IP Schutzarten (DIN VDE 0530 Teil 5/4.88)

Die genormten IP-Schutzarten (von: *International Protection*) haben bei umlaufenden elektrischen Maschinen folgenden Zweck:

- Schutz von Personen gegen das Berühren von unter Spannung stehenden Teilen und gegen das Annähern an solche Teile, sowie Schutz gegen das Berühren sich bewegender Teile (außer von glatten Wellen und ähnlichen Teilen) innerhalb von Gehäusen (**Berührungsschutz**);

- Schutz der Maschinen gegen das Eindringen von festen Fremdkörpern (**Fremdkörperschutz**);

- Schutz der Maschinen gegen das Eindringen von Wasser mit schädlicher Wirkung (**Wasserschutz**).

Tafel MEC 584: Kennziffer für den Berührungs- und Fremdkörperschutz

Erste Kenn-ziffer	Schutzgrad	
	Kurzbeschreibung	Erklärung
0	Ungeschützte Maschine	Kein besonderer Schutz.
1	Maschine geschützt gegen feste Fremdkörper größer als 50 mm	Schutz gegen zufälliges oder versehentliches Berühren einer großen Körperfläche (z.B. der Hand); aber kein Schutz gegen absichtlichen Zugang zu unter Spannung stehenden oder bewegten Teilen. Schutz gegen Eindringen von festen Fremdkörpern mit einem Durchmesser größer als 50 mm.
2	Maschine geschützt gegen feste Fremdkörper größer als 12 mm	Schutz gegen Berühren mit den Fingern oder ähnlichen Gegenständen nicht länger als 80 mm. Schutz gegen Eindringen von festen Fremdkörpern mit einem Durchmesser größer als 12 mm.
3[1]	Maschine geschützt gegen feste Fremdkörper größer als 2,5 mm	Schutz gegen Berühren mit Werkzeugen oder Drähten mit einer Dicke größer als 2,5 mm. Schutz gegen Eindringen von festen Fremdkörpern mit einem Durchmesser größer als 2,5 mm.
4[1]	Maschine geschützt gegen feste Fremdkörper größer als 1 mm	Schutz gegen Berühren mit Drähten oder Bändern mit einer Dicke größer als 1 mm. Schutz gegen Eindringen von festen Fremdkörpern mit einem Durchmesser größer als 1 mm.
5[2]	Maschine geschützt gegen Staub	Vollständiger Schutz gegen Berühren. Schutz gegen schädliche Staubablagerungen.

[1] Kondenswasser-Abflusslöcher dürfen IP 2X entsprechen.
[2] Kondenswasser-Abflusslöcher dürfen IP 4X entsprechen.

MEC 584

Das Kurzzeichen für die Schutzart besteht außer den Buchstaben IP aus zwei Ziffern. Die erste Ziffer steht dabei für den Berührungs- und den Fremdkörperschutz (Tafel EG 6.1), die zweite für den Wasserschutz (Tabelle MEC 585).

Beispiel eines Kurzzeichens: IP 54

IP sind die Kennbuchstaben, die Bedeutung der Kennziffern ist in den genannten Tafeln zu finden. Praxisübliche Schutzarten umlaufender elektrischer Maschinen sind IP 12, IP 21, IP 22, IP 23, IP 44, IP 54 und IP 55.

Die IP-Schutzarten für elektrische Betriebsmittel allgemein sind in DIN VDE 0470 Teil 1/11.92 festgelegt; die Anforderungen entsprechen denen der Tafeln MEC 584 und MEC 585.

Tafel MEC 585: Kennziffer für den Wasserschutz

Erste Kenn- ziffer	Schutzgrad	
	Kurzbeschreibung	Erklärung
0	Ungeschützte Maschine	Kein besonderer Schutz.
1	Maschine geschützt gegen Tropfwasser	Senkrecht fallendes Tropfwasser darf keine schädliche Wirkung haben.
2	Maschine geschützt gegen Tropfwasser bei Schrägstellung bis zu 15°	Senkrecht fallendes Tropfwasser darf keine Wirkung haben, wenn die Maschine um einen Winkel von 15° gegenüber ihrer normalen Lage gekippt ist.
3	Maschine geschützt gegen Sprühwasser	Sprühwasser, das in einem Winkel bis zu 60° von der Senkrechten fällt, darf keine schädliche Wirkung haben.
4	Maschine geschützt gegen Spritzwasser	Wasser, das aus allen Richtungen gegen die Maschine spritzt, darf keine schädliche Wirkung haben.
5	Maschine geschützt gegen Strahlwasser	Ein Wasserstrahl aus einer Düse, der aus allen Richtungen gegen die Maschine gerichtet wird, darf keine schädliche Wirkung haben.
6	Maschine geschützt gegen schwere See	Wasser durch schwere Seen oder Wasser in starkem Strahl darf nicht in schädlichen Mengen in das Gehäuse eindringen.
7	Maschine geschützt beim Eintauchen	Wasser darf nicht in schädlichen Mengen eindringen, wenn die Maschine unter festgelegten Druck- und Zeitbedingungen in Wasser getaucht wird.
8	Maschine geschützt beim Untertauchen	Die Maschine ist geeignet zum dauernden Untertauchen in Wasser bei Bedingungen, die durch den Hersteller zu beschreiben sind.

Gleichstromgeneratoren

Das Verhalten der Gleichstromgeneratoren ergibt sich aus der Beziehung

$$E = K_1 \cdot n \cdot \Phi.$$

Darin ist E die erzeugte elektromotorische Kraft (EMK, heute oft auch als Quellenspannung U_0 oder U_Q bezeichnet), K_1 eine Maschinenkonstante, n die Ankerdrehzahl und Φ der magnetische Fluss.

Fremderregter Gleichstromgenerator

Bei Fremderregung sind die Wicklungen von Feld und Anker nicht miteinander verbunden (Bild MEC 586.1).

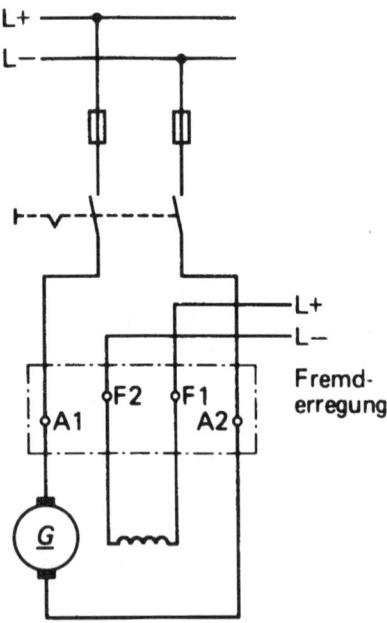

Bild MEC 586.1: Wirkschaltplan des fremderregten Generators.

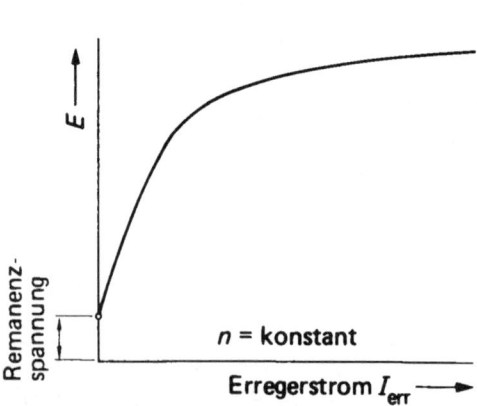

Bild MEC 586.2: Leerlaufkennlinie des fremderregten Gleichstromgenerators. Die Leerlaufkennlinie entspricht der Magnetisierungskurve.

Leerlaufkennlinie

Ist der Erregerstrom I_{err} gleich Null, so hat die EMK infolge des Restmagnetismus den Wert der **Remanenzspannung**. Beginnt der Erregerstrom zu fließen, so erzeugt die Feldwicklung einen magnetischen Fluss Φ, und die **EMK nimmt mit steigendem Fluss zu**. Die EMK-Kurve im Bild MEC 586.2 steigt also zunächst stark an. Bei der Verstärkung des Erregerstromes wird aber das Magnetgestell der Maschine zunehmend gesättigt.

Der Fluss Φ nimmt dann trotz der Erhöhung des Erregerstroms immer weniger zu; also wird auch die Zunahme der EMK immer kleiner.

MEC 586

Belastungskennlinie

Mit zunehmendem Belastungsstrom I_A nimmt die Klemmenspannung ab. Neben dem inneren Spannungsabfall hat die **Ankerrückwirkung** Einfluss auf die Klemmenspannung: Bei Belastung steigt der Strom durch die Ankerwicklungen. Das Ankerfeld wird stärker und schwächt das Hauptfeld; der Fluss F nimmt ab und damit die erzeugte EMK (Bild MEC 587.1).

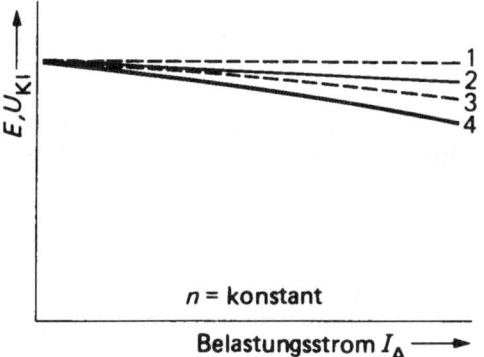

Bild MEC 587.1: Belastungskennlinie des fremderregten Generators. 1 EMK-Linie ohne Berücksichtigung der Ankerrückwirkung, 2 Klemmenspannung ohne Berücksichtigung der Ankerrückwirkung, 3 und 4 EMK und Klemmenspannung bei Berücksichtigung der Ankerrückwirkung.

Nebenschlussgenerator

Die Feldwicklung ist parallel zur Ankerwicklung geschaltet (Bild MEC 587.2).

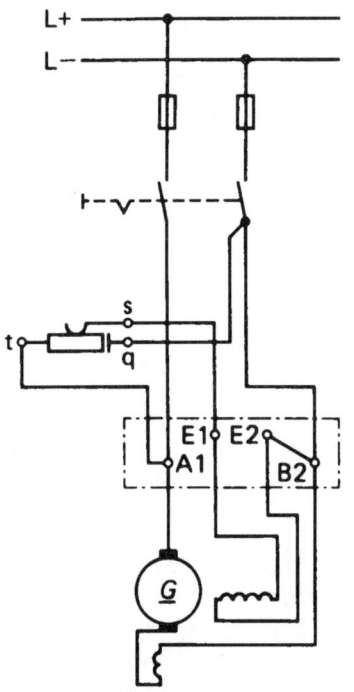

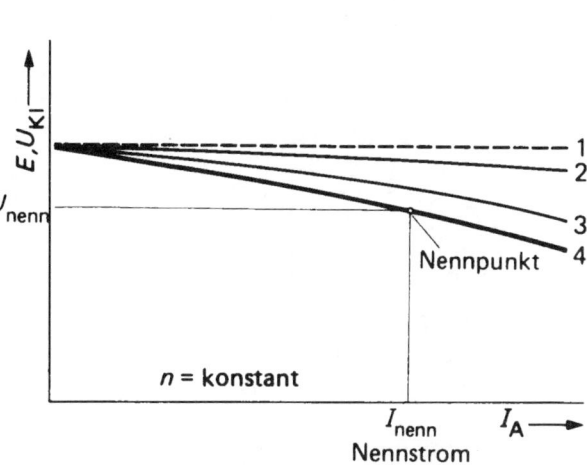

Bild MEC 587.3: Belastungskennlinien des Nebenschlussgenerators. 1 und 2 EMK und Klemmenspannung ohne Berücksichtigung der Ankerrückwirkung, 3 Klemmenspannung des fremderregten Generators, 4 Klemmenspannung des Nebenschlussgenerators.

Bild MEC 587.2: Wirkschaltplan eines Nebenschlussgenerators mit Feldsteller im Erregerkreis.

Leerlaufkennlinie

Der Nebenschlussgenerator erregt sich nach dem **dynamoelektrischen Prinzip** selbst. Die EMK steigt von der **Remanenzspannung** aus an. Der Erregerstrom fließt durch den Stellwiderstand und die Erregerwicklung. Die erzeugte EMK richtet sich nach dem vom Erregerstrom verursachten Fluss. Bei hoher Erregung geht auch hier das Eisen in die Sättigung, so dass die Leerlaufkennlinie der des fremderregten Gleichstromgenerators gleicht (Bild MEC 586.2).

Belastungskennlinie

Weil der Erregerstrom beim Nebenschlussgenerator nicht konstant ist, sondern bei Belastung infolge sinkender Klemmenspannung etwas kleiner wird, nimmt die Klemmenspannung stärker ab als beim fremderregten Generator (Bild MEC 587.3).

Reihenschlussgenerator

Anker- und Feldwicklung sind **in Reihe** geschaltet (Bild MEC 588.1).

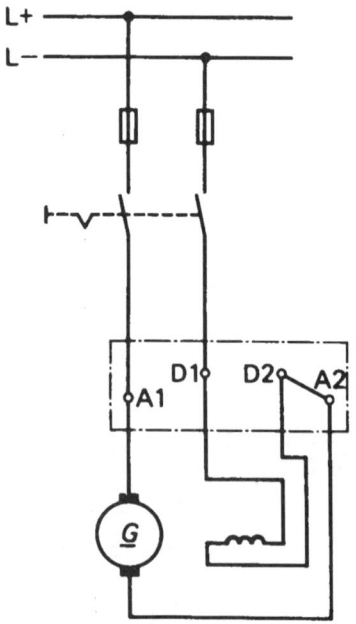

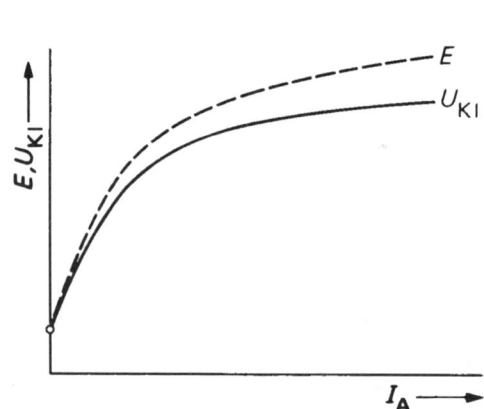

Bild MEC 588.1: Wirkschaltplan des Reihenschlussgenerators.

Bild MEC 588.2: Belastungskennlinien des Reihenschlussgenerators.

Leerlaufkennlinie

Bei Leerlauf herrscht zwischen den Klemmen nur die **Remanenzspannung**, da in der Erregerwicklung kein Strom fließt. Bei zunehmender Belastung steigt der Strom I_A, der bei der Reihenschlussmaschine gleichbedeutend mit dem Erregerstrom ist. Mit wachsendem Erregerstrom nimmt auch der magnetische Fluss zu, so dass auch die EMK größer wird. Die EMK des Reihenschlussgenerators wächst also mit **steigender Belastung**. Wegen des inneren Spannungsabfalls liegt die Kurve der Klemmenspannung U_{Kl} im Bild MEC 588.2 unterhalb der EMK-Kennlinie. Die Klemmenspannung des Reihenschlussgenerators ist sehr stark von der Belastung abhängig.

Doppelschlussgenerator

Der Doppelschlussgenerator enthält **Nebenschluss- und Reihenschlusswicklung** (Bild MEC 589.1). Man kann die Reihenschlusswicklung so auslegen, dass der Reihenschlussfluss den Gesamtfluss bei Belastung so verstärkt, dass die EMK ansteigt und damit die Abnahme der Klemmenspannung ausgleicht. Der richtig ausgelegte Doppelschlussgenerator hat dann **angenähert konstante Spannung**.

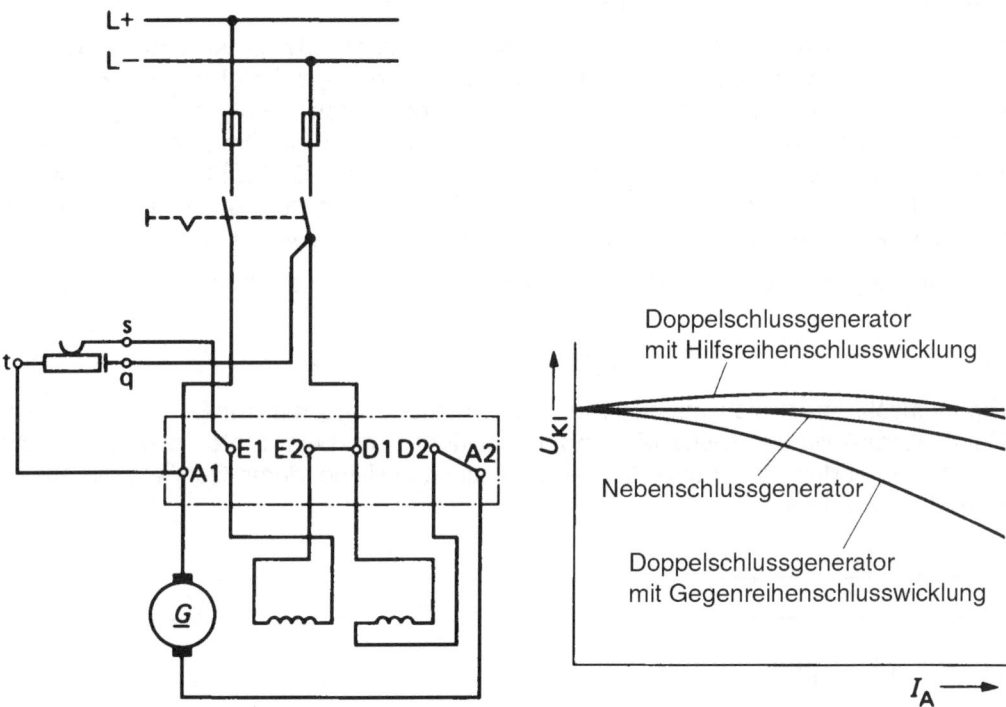

Bild MEC 589.1: Wirkschaltplan des Doppelschlussgenerators mit Hilfsreihenschlusswicklung.

Bild MEC 589.2: Belastungskennlinie des Doppelschlussgenerators mit Hilfsreihenschlusswicklung und Gegenreihenschlusswicklung.

Bild MEC 589.2 zeigt die Kennlinie des Doppelschlussgenerators im Vergleich zum Nebenschlussgenerator. Es lässt erkennen, dass die Spannung des Doppelschlussgenerators zwischen Leerlauf und Nennbetrieb sogar etwas ansteigt. Dieser Anstieg liegt bei üblichen Maschinen unter 3% der Nennspannung.

Ist die Reihenschlusswicklung so geschaltet, dass sie den Nebenfluss bei Belastung noch zusätzlich schwächt, dann bezeichnet man die Reihenschlusswicklung als **Gegenreihenschlusswicklung**.

Mit steigender Belastung wird der Gegenreihenfluss immer größer, der Gesamtfluss also immer kleiner. Dadurch sinkt die Spannung stärker ab als beim Nebenschlussgenerator. Durch die Gegenreihenschlusswicklung **wird die Kennlinie** also erheblich **weicher** (Bild MEC 589.2).

Gleichstrommotoren

Das Verhalten der Gleichstrommotoren ergibt sich aus der Beziehung

$$M_\mathrm{d} = K_2 \cdot I \cdot \varPhi,$$

worin M_d das Drehmoment, K_2 eine Maschinenkonstante, I der Ankerstrom und $\varPhi$ der magnetische Fluss ist.

Gleichstrom-Nebenschlussmotor (Bild MEC 590.1)

Auch bei den **Motoren** unterscheidet man **Nebenschluss-, Reihenschluss- und Doppelschlussmaschinen.** Die auf Seite MEC 586 angegebene Gleichung $E = K_1 \cdot n \cdot \varPhi$ gilt auch bei Motoren: Wird die Klemmenspannung an den Motor gelegt, so fließt ein kräftiger Strom, der nach der Gleichung $M_\mathrm{d} = K_2 \cdot I \cdot \varPhi$ ein Drehmoment erzeugt. Hierdurch beschleunigt sich der Anker, bis schließlich eine Drehzahl n erreicht ist, bei der nach der Gleichung $E = K_1 \cdot n \cdot \varPhi$ eine Spannung in den Ankerleitern induziert wird, die der angelegten Klemmenspannung das Gleichgewicht hält.

Die EMK liegt etwa bei 90% der Klemmenspannung U_{Kl}, man kann also sagen

$$U_{Kl} \approx E = K_1 \cdot n \cdot \varPhi \text{ und } n \approx \frac{U_{Kl}}{K_1 \cdot \varPhi}.$$

Die Drehzahl steigt also mit der Klemmenspannung und mit abnehmendem Fluss. Die Ankerrückwirkung (Seite MEC 587) schwächt auch beim Motor den Fluss; man legt daher mit dem Anker eine Wendepolwicklung in Reihe, deren Querfeld die Ankerrückwirkung aufhebt.

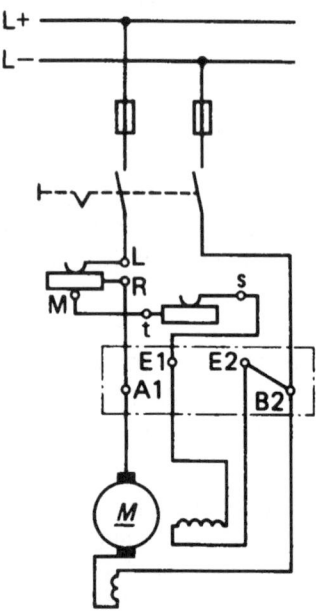

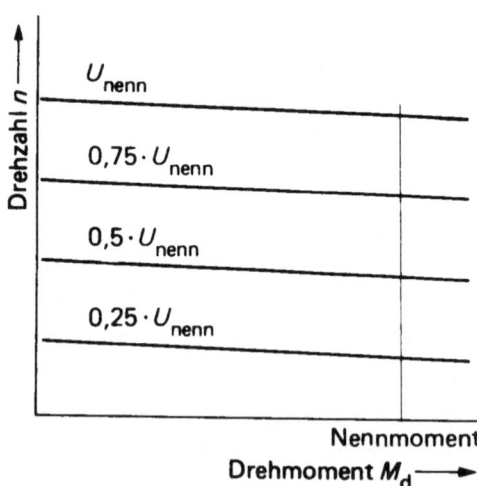

Bild MEC 590.1: Wirkschaltplan des Nebenschlussmotors mit Wendepolwicklung, Anlasser und Feldsteller.

Bild MEC 590.2: Die Drehzahl des Nebenschlussmotors nimmt bei Belastung nur verhältnismäßig wenig ab.

Zur Erzeugung einer veränderlichen Gleichspannung kam früher fast ausschließlich ein **Leonardsatz** in Frage. Heute werden **steuerbare Halbleiterschaltungen** verwendet. Über die Nenndrehzahl hinaus erfolgt eine Drehzahlsteuerung durch **Feldschwächung** z. B. mit einem Feldsteller.

Die Geraden im Bild MEC 590.2 zeigen die Drehzahl n des Nebenschlussmotors in Abhängigkeit vom Drehmoment M_d. Wenn die Drehzahl eines Motors bei Belastung beinahe konstant bleibt, spricht man vom **Nebenschlussverhalten**.

Reihenschlussmotor (Bild MEC 591.1)

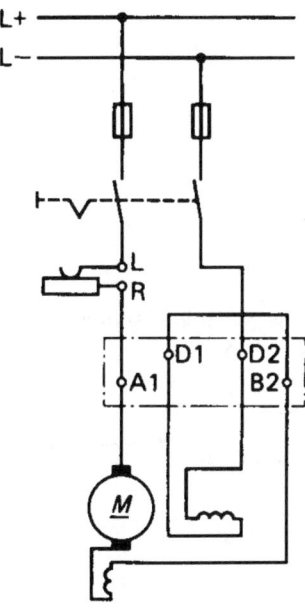

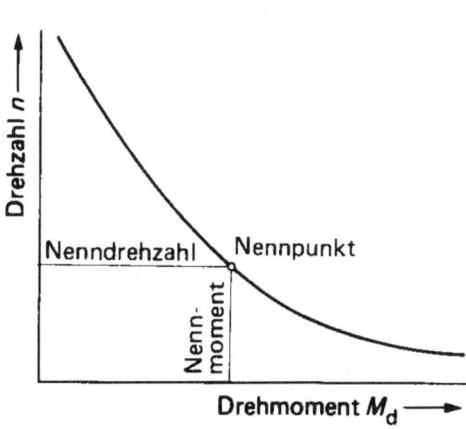

Bild MEC 591.1: Wirkschaltplan des Reihenschlussmotors für Rechtslauf. In den Ankerkreis ist ein Anlasser geschaltet.

Bild MEC 591.2: Belastungskennlinie des Reihenschlussmotors.

Mit steigendem Drehmoment steigt der Ankerstrom, der seinerseits eine Vergrößerung des Flusses zur Folge hat. Das Drehmoment nimmt also etwa quadratisch mit dem Strom zu, gleichzeitig sinkt die Drehzahl (Bild MEC 591.2).

Nimmt das Drehmoment ab, so wird der Strom kleiner und gleichzeitig der magnetische Fluss. Bei sinkendem Fluss nimmt die Drehzahl zu.

Läuft der Motor leer, also ohne Belastung, so wirkt nur das verhältnismäßig niedrige Reibungsmoment der Maschine. Dadurch wird der Ankerstrom entsprechend klein, der magnetische Fluss schwach, die Drehzahl sehr hoch, **die Maschine geht durch**.

Die Eigenschaft des Reihenschlussmotors, bei hohem Gegenmoment und kleiner Drehzahl zu arbeiten, macht ihn für den **Bahnbetrieb** besonders geeignet. Besonders beim Anfahren ist das wichtig. Ein Nebenschlussmotor würde beispielsweise beim Anfahren einer Straßenbahn sofort versuchen, seine volle Drehzahl zu erreichen. Er würde bei sehr hoher Stromaufnahme recht „hart" anfahren.

Aus diesem Grunde erhalten Straßenbahnen, Untergrundbahnen und O-Busse Gleichstromreihenschlussmotoren als Antriebe. In diesen Fällen ist eine völlige Entlastung des Motors nicht zu befürchten, er kann also auch nicht durchgehen.

Doppelschlussmotor (Bild MEC 592.1)

Der Doppelschlussmotor, der das Verhalten von Nebenschluss- und Reihenschlussmotor in sich vereinigt, liegt zwischen diesen beiden Schaltungsarten (Bild MEC 592.2). Ob der Nebenschluss- oder der Reihenschlusscharakter überwiegt, hängt von der Auslegung der Wicklungen ab.

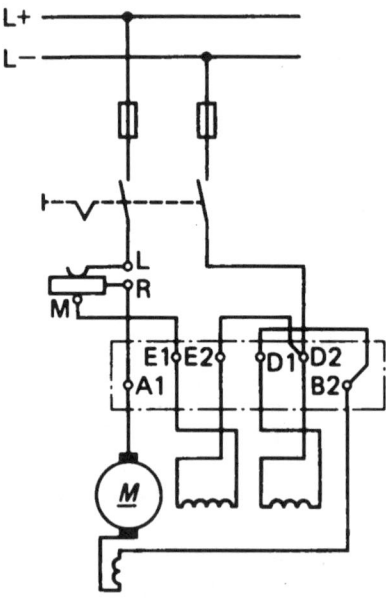

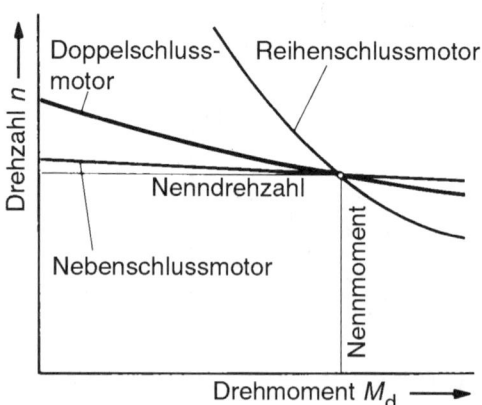

Bild MEC 592.1: Wirkschaltplan eines Doppelschlussmotors für Rechtslauf mit Anlasser im Ankerkreis.

Bild MEC 592.2: Die Drehzahl-Drehmoment-Kennlinie des Doppelschlussmotors liegt zwischen der des Reihenschluss- und des Nebenschlussmotors.

Wechselstrommaschinen

Synchrongeneratoren

Synchrongeneratoren erzeugen nahezu 100% der elektrischen Energie. Bis auf Sonderausführungen geringer Leistung führt man Synchrongeneratoren als **Innenpolmaschinen** aus. Der Vorteil der Innenpolmaschinen liegt darin, dass nur die geringe Erregerleistung (0,5–5% der Generatorleistung) über Schleifringe zuzuführen ist, während die viel höhere Drehstromleistung im ruhenden Ständer erzeugt wird.

Die **Polpaarzahl** p eines Synchrongenerators ergibt sich nach der Formel:

$$p = \frac{60 \cdot f}{n}.$$

Hierin bedeuten: f Frequenz in Hz, n Drehzahl in min^{-1}.

Leerlaufkennlinie des Synchrongenerators

Da die Drehzahl eines Generators durch Polzahl und Netzfrequenz vorgegeben ist, lässt sich die induzierte Spannung ($E = K \cdot n \cdot \Phi$, Seite MEC 586) nur über den Erregerstrom steuern. Die Leerlaufspannung steigt mit zunehmendem Erregerstrom zunächst an, um bei wachsender Sättigung des Eisens immer flacher zu werden. Die Kurve gleicht der Leerlaufkennlinie des fremderregten Gleichstromgenerators (Seite MEC 586, Bild MEC 586.2).

Synchronmotor

Der Aufbau eines Synchronmotors entspricht dem des Synchrongenerators. Ist der Motor außer Tritt gefallen oder soll er vom Stillstand aus angefahren werden, so muss man ihn, z. B. mit einem **Anwurfmotor**, nahezu auf **Synchrondrehzahl** bringen. Einfacher ist es, den Läufer des Synchronmotors mit einem zusätzlichen Kurzschlusskäfig auszurüsten, der den **asynchronen Anlauf** gestattet. Die Anwendung des Synchronmotors ist wegen des starren Drehzahlverhaltens auf wenige typische Fälle beschränkt, der am häufigsten eingesetzte Elektromotor ist der Asynchronmotor (Dreiphasen-Induktionsmotor).

Asynchronmotor

Der Ständer hat im einfachsten Fall für jede Phase eine Spulengruppe. Daraus bilden sich wegen der Überlagerung der einzelnen magnetischen Felder zwei magnetische Pole aus, die ständig umlaufen. Neben dieser zweipoligen werden auch mehrpolige Wicklungen hergestellt. Die Drehzahl n des Drehfeldes nimmt dabei mit wachsender Polpaarzahl ab. Es gilt die Formel:

$$n = \frac{60 \cdot f}{p}.$$

Als einfachste Läuferwicklung werden in die Nuten des Blechpaketes der isoliert geschichteten Bleche des Läufers Kupferstäbe eingepresst und an den Stirnseiten durch Kurzschlussringe miteinander verbunden oder einfacher: Stäbe und Kurzschlussringe werden aus Aluminium im Druckgussverfahren in einem Arbeitsgang hergestellt. Ohne Blechpaket hat diese Läuferwicklung das Aussehen eines Käfigs und wird deshalb **Käfigläufer** genannt.

Das Drehfeld im Ständer breitet sich durch das Läuferpaket aus und durchsetzt dabei die Stränge der Läuferwicklung. Da das Ständerfeld umläuft, ändert sich der mit jedem Strang der Läuferwicklung verkettete magnetische Fluss, so dass in jedem Strang eine EMK induziert wird.

Durch den Kurzschluss der Läuferwicklung werden starke Ströme verursacht, es wirken jetzt also Kräfte auf die Leiter und damit auf den Läufer. Der Läufer setzt sich in Bewegung und folgt dem Drehfeld.

Die Drehzahl des Läufers nimmt dabei so lange zu, bis sie sich der Drehzahl des Drehfeldes nähert. Ist dieser Grenzwert erreicht, so schneiden die Feldlinien des Drehfeldes keine Läuferleiter mehr und im Läufer wird keine EMK mehr induziert. Weil jetzt auch kein Strom mehr fließen kann, wird auf die Leiter des Läufers keine Kraft mehr ausgeübt, das **Drehmoment wird zu Null**, der Läufer wird langsamer.

Dadurch stellt sich die Drehzahl auf einen Wert ein, bei dem die induzierte EMK im Läufer einen Strom treibt, dessen Läuferdrehfeld-Drehzahl zur Läuferdrehzahl addiert genau die Drehzahl des Ständerdrehfelds ergibt. Der **Läufer und** das **Drehfeld laufen** also **niemals synchron**. Diese Tatsache hat dem Motor den Namen **Asynchronmotor** gegeben.

Den Unterschied zwischen Läuferdrehzahl n und synchroner Drehzahl des Drehfeldes n_S nennt man **Schlupf**, der als Prozentsatz der Schlupfdrehzahl $n_S - n$ bezogen auf die Drehzahl des Drehfeldes n_S angegeben wird:

$$s = \frac{n_S - n}{n_S} \cdot 100.$$

Hierin bedeuten: s Schlupf in %, n_S synchrone Drehzahl in min^{-1}, n Läuferdrehzahl in min^{-1}.

Drehzahl-Drehmoment-Kennlinie

Das Bild MEC 594.1 zeigt die für den Asynchronmotor typische Drehzahl-Drehmoment-Kennlinie. Der Pfeil gibt die Richtung an, in der der Hochlauf bis zum Nennmoment vor sich geht.

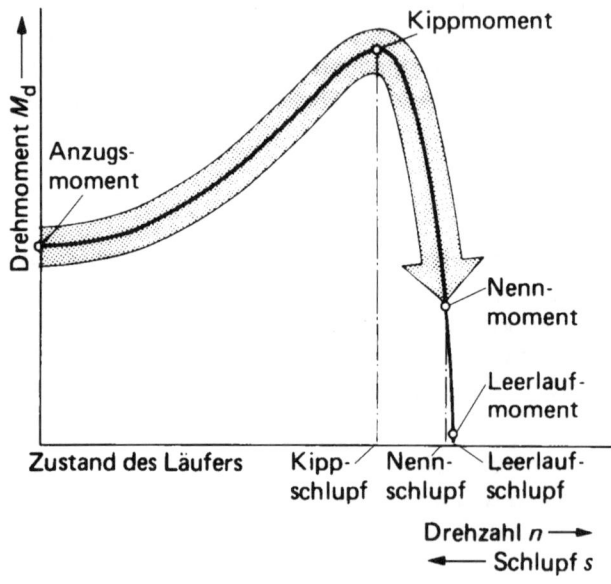

Bild MEC 594.1: Drehzahl-Drehmoment-Kennlinie des Asynchronmotors. Beim Anlauf wird die Kurve wie der Pfeil andeutet durchlaufen. Das dargestellte Drehmoment entspricht dem im Motor erzeugten.

Beim beginnenden Anlauf liefert der Motor das **Anzugsmoment**. Mit abnehmendem Schlupf und zunehmender Drehzahl wird auch das Drehmoment größer, bis schließlich als Höchstwert das sogenannte **Kippmoment** erreicht wird. Danach nimmt die Drehzahl weiter zu. Wenn der Motor mit seinem **Nennmoment** belastet ist, erreicht er bei der **Nenndrehzahl** seinen **endgültigen Betriebspunkt**.

Wird der Motor mit einem höheren Drehmoment als dem Kippmoment belastet, so **bleibt er stehen.** Für den normalen Betrieb ist also nur der Teil der Kennlinie zwischen dem Leerlauf- und dem Kippmoment von Belang, für den Anlauf der Bereich vom Stillstand bis zum Kippmoment.

Der Schlupf, der beim Erreichen des Kippmoments vorhanden ist, heißt **Kippschlupf**.

Schleifringläufermotor

Die **Größe des Kippschlupfes** hängt vom **Wirkwiderstand der Läuferwicklung** ab. Auf das Kippmoment hat der Wirkwiderstand keinen Einfluss.

Besonders einfach ist die Erhöhung des Wirkwiderstandes des Läufers beim **Schleifringläufermotor**. Die Enden der drei Läuferstränge sind beim Schleifringläufer an drei Schleifringe geführt und somit von außen zugänglich. Schließt man nun die drei Bürsten nicht einfach kurz, sondern schaltet drei **verstellbare Widerstände** ein, so hat man einen **Läuferanlasser**.

Die Anlasswiderstände **vergrößern den Kippschlupf**, sie verschieben das Kippmoment im Bild MEC 595.1 nach links. Dabei wird der typische Verlauf der Drehzahl-Drehmoment-Kennlinie nicht verändert, die Kurve wird lediglich verlagert.

Durch die Verlagerung des Kippmoments **vergrößert sich das Anzugsmoment.** Das höchste erreichbare Anzugsmoment entspricht dem Kippmoment. Vergrößert man die Läuferwiderstände noch mehr, so nimmt das Anzugsmoment wieder ab.

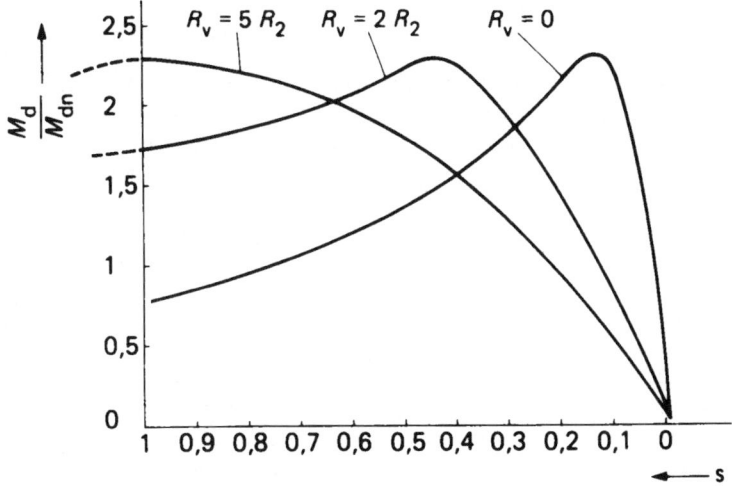

Bild MEC 595.1: Durch zusätzliche Läufervorwiderstände R_V wird der Kippschlupf vergrößert, bei $R_V \approx 5 \cdot R_2$ ist in diesem Falle das Anzugsmoment gleich dem Kippmoment. Die Größe des Kippmoments bleibt erhalten.

Tafel MEC 596: Die wichtigsten Elektromotoren

Strom-art	Bezeich-nung	Eigenschaften	Steuerbarkeit	Anwendungsbeispiele
Ein-phasen-Wech-sel-strom	Uni-versal-motor	Großes Anzugsmoment; hohe Drehzahl; für Gleich- und Wechsel-strom	1. Veränderung der Motor-spannung; 2. Erregerwicklungs-anzapfung; 3. Ankerparallelwiderstand	Haushaltgeräte: Staubsauger Kaffeemühle Nähmaschine
	Induk-tions-motor	Geräusch- und wartungs-armer, sehr preiswerter Motor	Drehzahlsteuerung schwierig und kaum angewandt	Kühlschrank, Kreissäge, Waschmaschine, Lüfter
Dreh-strom	Drei-phasen-induk-tions-motor (Asyn-chron-motor)	Sehr robust und preisgün-stig, wartungsarm. Gute Drehzahlkonstanz bei Be-lastungsschwankungen. Größere Käfigläufer werden über Y/Δ Schalter, Schleifringläufer mit Läuferanlasser angefahren	1. Schlupfwiderstände im Läuferkreis verursachen Absinken der Drehzahl. Nachteile: Kennlinie wird weicher; es entstehen Verluste 2. Frequenzänderung durch Frequenzumformer oder Thyristorwechselrichter 3. Polumschaltung für 2, seltener für 3 und mehr Drehzahlen	Der am häufigsten verwen-dete Elektromotor: Werkzeugmaschinen, Pumpen, Verdichter, Fördermaschinen, Lüfter, Zentrifugen, Rührwerke, Kollergänge, Hebezeuge
	Syn-chron-motor	Kein Selbstanlauf, daher asynchroner Hochlaufkäfig oder Anwurfmotor, Erreger-gleichspannung notwendig. Motor kann Blindleistung abgeben	Drehzahl starr an die Netzfrequenz gebunden	Dort angewandt, wo Dreh-zahlsteuerung nicht nötig und Leistungsfaktorver-besserung erwünscht: Große Leonardumformer, Pumpen und Verdichter
Gleich-strom	Neben-schluss-motor	Harte Kennlinie, geringe Drehzahlschwankungen bei Belastungsänderungen. Gut steuerbar, aber empfindlicher und etwa doppelt so teuer wie Asynchronmotor	1. Ankerspannungssteue-rung: Drehzahl ist durch Veränderung der Anker-spannung vom Stillstand bis zur Nenndrehzahl stufenlos steuerbar 2. Feldsteuerung: Durch Feldschwächung wird Drehzahl über die Nenn-drehzahl gesteigert	Für hochwertige Antriebe mit gesteuerter oder gere-gelter Drehzahl; Werkzeugmaschinen, Walzwerke, Papiermaschinen usw.
	Reihen-schluss-motor	Weiche Kennlinie, hohes Anzugsmoment Motor geht bei völliger Entlastung durch, Riementrieb verboten	1. Ankerspannungssteuerg. 2. Feldschwächung über Wicklungsanzapfungen 3. Ankerparallelwiderstand 4. Bei mehreren Motoren Reihen-Parallelschaltung	Antriebe für Straßenbahnen, U- und S-Bahnen, O-Busse, Akkumulatorenfahrzeuge, Seilbahnen, Hebezeuge

Tafel MEC 596: Die wichtigsten Elektromotoren (Fortsetzung)

Strom-art	Bezeich-nung	Eigenschaften	Steuerbarkeit	Anwendungsbeispiele
Gleich-strom	Doppel-schluss-motor	Kennlinie liegt zwischen Neben- und Reihenschluss-motor. Der Verlauf lässt sich durch die Auslegung der Wicklungen beeinflussen	Drehzahlsteuerung wie beim Nebenschlussmotor	Dort angewendet wo Kenn-linie des Nebenschluss-motors zu hart; Schwungradantriebe, z. B. Exzenterpressen

Tafel MEC 597: Kennzeichnung von Betriebsmittelanschlüssen und Leiterenden

Anschlüsse elektrischer Betriebsmittel und einiger Leiter (DIN EN 60445/09.91)

Bestimmter Leiter		Leiterenden	Betriebsmittelanschlüsse
Wechsel-strom-netz	Außenleiter 1	**L1**	**U**
	Außenleiter 2	**L2**	**V**
	Außenleiter 3	**L3**	**W**
	Neutralleiter	**N**	**N**
Gleich-strom-netz	Positiv	**L+**	**C**
	Negativ	**L–**	**D**
	Mittelleiter	**M**	**M**
Schutzleiter		**PE**	**PE**
PEN-Leiter		**PEN**	**–**
Erdungsleiter		**E**	**E**
Fremdspannungsarmer Erdleiter		**TE**	**TE**
Masseverbindung		**MM**[1]	**MM**[1]
Äquipotenzialverbindung		**CC**[1]	**CC**[1]

Umlaufende elektrische Maschinen, Anschlussbezeichnung
(DIN VDE 0530 Teil 8/7.87)

Gleichstrommaschinen	Anker	**A1–A2**
	Wendepolwicklung	**B1–B2**[2]
	Kompensationswicklung	**C1–C2**[2]
	Erregerwicklung für Reihenschlussschaltung	**D1–D2**[2]
	Erregerwicklung für Nebenschlussschaltung	**E1–E2**[2]
	Erregerwicklung für Fremderregung	**F1–F2**[2]
Drehstrom-Asynchronmotor	Ständer in offener Schaltung	**U1–U2, V1–V2, W1–W2**
	Ständer in Dreieckschaltung	**U, V, W**
	Sternpunkt der Ständerwicklung	**N**
	Läuferwicklung	**K, L, M**
	Sternpunkt der Läuferwicklung	**Q**

[1] Kennzeichnung nur dann, wenn Leiter oder Anschlüsse nicht dazu bestimmt sind, Schutzleiter- oder Erdpotenzial zu führen.

[2] Klemmenbezeichnungen jeweils für Wicklungen mit zwei Anschlussstellen.

Kommutatorlose Einphasenwechselstrom-motoren	Hauptwicklung		**U1–U2**
	Hilfswicklung		**Z1–Z2**

Transformatoren (DIN EN 60076-1/1997.12)

Drehstrom		Oberspannungs-wicklung	Unterspannungs-wicklung
	verkettet	**1U, 1V, 1W**	**2U, 2V, 2W**
	unverkettet	– – –	**2U1–2U2** **2V1–2V2** **2W1–2W2**
Einphasenstrom		**1.1–1.2**	**2.1–2.2**

Stromwandler (DIN VDE 0414 Teil 1/1.94)

Primäranschlüsse	internationale Normung nach Deutscher Norm auch weiterhin zusätzlich oder alternativ	**P1–P2** **K–L**
	bei 2 primären Teilwicklungen bzw.	**P1–P2, C1–C2** $\mathbf{K_a\text{–}L_a, K_b\text{–}L_b}$
Sekundäranschlüsse	internationale Normung nach Deutscher Norm auch weiterhin zusätzlich oder alternativ	**S1-S2** **k–l**
	bei 2 Sekundärwicklungen (mit eigenem Kern) oder bzw.	**1S1–1S2, 2S1–2S2** $\mathbf{S_1^1\text{–}S_2^1, S_1^2\text{–}S_2^2}$ **1k–1l, 2k–2l**

Spannungswandler (DIN VDE 0414 Teil 2/1.94)

Primäranschlüsse	internationale Normung nach Deutscher Norm auch weiterhin zusätzlich oder alternativ	**A–B** **U–V**
	bei einpolig isolierten Spannungs-wandlern (ein Ende der Primär-wicklung wird direkt geerdet) bzw.	 **A–N** **U–X**
Sekundäranschlüsse	internationale Normung nach Deutscher Norm auch weiterhin zusätzlich oder alternativ	**a–b** **u–v**
	bei 2 Sekundärwicklungen bzw.	**1a–1b, 2a–2b** **1u–1v, 2u–2v**
	bei einer Sekundärwicklung mit mehreren Anzapfungen bzw.	**a1, a2, a3...b** **u1, u2, u3...v**

Leistungstransformatoren (DIN EN 60076)

Leistung des Transformators

Die Nennleistung von Transformatoren gibt man als Scheinleistung in VA, kVA oder MVA an. Sie ergibt sich rechnerisch aus dem Produkt der Nennspannung und dem Nennstrom und dem Faktor $\sqrt{3}$ bei Drehstrom.

Kurzschlussspannung

Diejenige Primärspannung, die bei kurzgeschlossener Sekundärseite des Transformators den Nennstrom durch die Primärwicklung treibt, wird als Nennkurzschlussspannung bezeichnet. Man gibt sie in Prozent der primären Nennspannung an.

Parallelschalten von Transformatoren

Die Parallelschaltung von Transformatoren dient der Leistungserhöhung. Dabei müssen folgende Bedingungen erfüllt werden:

Tafel MEC 599: Bevorzugte Schaltgruppen von Transformatoren
(DIN EN 60076-1/1997.12)

Bezeichnung		Zeigerbild		Schaltungsbild		Über-setzung
Kenn-zahl	Schalt-gruppe	Oberspan-nungsseite	Unterspan-nungsseite	Oberspan-nungsseite	Unterspan-nungsseite	
Drehstrom-Leistungstranstormatoren						
0	Yy0					$\dfrac{N_1}{N_2}$
5	Dy5					$\dfrac{N_1}{\sqrt{3}\cdot N_2}$
	Yd5					$\dfrac{\sqrt{3}\cdot N_1}{N_2}$
	Yz5					$\dfrac{2N_1}{\sqrt{3}\cdot N_2}$
Einphasen-Leistungstransformatoren						
0	I/0					$\dfrac{N_1}{N_2}$

- Die Schaltgruppen (Tafel MEC 599) müssen dieselbe Kennzahl haben.
- Das Übersetzungsverhältnis muss übereinstimmen.
- Die Kurzschlussspannungen dürfen nicht mehr als 10% voneinander abweichen.
- Das Verhältnis der Nennleistungen sollte nicht größer als 3:1 sein.

Übertemperaturen

Tafel MEC 600.1 gibt zulässige Übertemperaturen für Öltransformatoren an, bezogen auf eine höchste Lufttemperatur von 40°C.

Tafel MEC 600.1: Zulässige Übertemperaturen für Öltransformatoren
(DIN EN 60076-2/1997.12)

Teil	Zulässige Übertemperatur in K
Wicklungen Thermische Klasse A nach DIN VDE 0530 Teil 1/07.91 (bestimmt durch Widerstandsmessung)	65 bei natürlicher oder erzwungener nichtgerichteter Ölströmung 70 bei erzwungener gerichteter Ölströmung
Öl oben (Thermometer-Messung)	60 bei Transformator mit Ausdehnungsgefäß oder bei luftdicht abgeschlossenen Transformatoren 55 ohne luftdichten Abschluss des Transformators und ohne Ausdehnungsgefäß
Kerne, metallische Teile und benachbarte Werkstoffe	die Temperatur darf in keinem Fall einen Wert erreichen, der den Kern selbst, andere Teile oder benachbarte Werkstoffe schädigt

Tafel MEC 600.2: Zulässige Obertemperaturen für Trockentransformatoren
(DIN EN 60076-2/1997.12)

Teil		Kühlungsart	Thermische Klasse des Isolierstoffs nach DIN VDE 0530 Teil 1/07.91	Zulässige Übertemperatur K
Wicklungen (bestimmt durch Widerstandsmessungen)		Luft, natürlich oder erzwungen	A E B F H	60 75 80 100 125...150
Kerne und andere Teile	den Wicklungen benachbart	alle	gleiche Werte wie für Wicklungen	
	nicht den Wicklungen benachbart	alle	die Temperatur darf in keinem Fall einen Wert erreichen, der den Kern selbst, andere Teile oder benachbarte Werkstoffe schädigt	

Errichten von Starkstromanlagen

Allgemeingültige Begriffe (DIN VDE 0100 Teil 200/06.98)

Anlage und Netz

Starkstromanlagen sind elektrische Anlagen mit Betriebsmitteln zum Erzeugen, Umwandeln, Speichern, Fortleiten, Verteilen und Verbrauchen elektrischer Energie mit dem Zweck des Verrichtens von Arbeit – z. B. in Form von mechanischer Arbeit, zur Wärme- und Lichterzeugung oder bei elektrochemischen Vorgängen.

Der **Hausanschlusskasten** ist die Übergabestelle vom Verteilungsnetz zur Verbraucheranlage. Er enthält die erforderlichen Überstromschutzorgane. **Verbraucheranlage** ist die Gesamtheit aller elektrischen Betriebsmittel hinter dem Hausanschlusskasten oder, wo dieser nicht benötigt wird, hinter den Ausgangsklemmen der letzten Verteilung vor den Verbrauchsmitteln.

Unter dem **elektrischen Stromkreis einer Anlage** versteht man alle elektrischen Betriebsmittel der Anlage, die von demselben Speisepunkt versorgt und die durch dieselbe(n) Überstrom-Schutzeinrichtung(en) geschützt wird(werden). Je nach Art des Anschlusses der Verbrauchsmittel kann ein Stromkreis aus einem Außenleiter (L1, L2, L3) und dem Neutralleiter (N) oder aus mehreren oder sämtlichen Außenleitern mit oder ohne Neutralleiter bestehen. Sind jedoch in einem Drehstromnetz z. B. drei zweipolige Verbrauchsmittel, und zwar eines zwischen L1 und N, das andere zwischen L2 und N und das dritte zwischen L3 und N angeschlossen und ist jeder dieser Anschlüsse für sich abgesichert, so handelt es sich um drei verschiedene Stromkreise.

Hauptstromkreise enthalten Betriebsmittel zum Erzeugen, Umformen, Verteilen, Schalten und Verbrauch elektrischer Energie. **Hilfsstromkreise** sind Stromkreise für zusätzliche Funktionen, z. B. Steuerstromkreise (Befehlsgabe, Verriegelung), Melde- und Messstromkreise.

Die **Versorgungseinrichtung für Sicherheitszwecke** ist dazu bestimmt, die Funktion von Betriebsmitteln, die für die Sicherheit von Personen unerlässlich sind, aufrechtzuerhalten. Dieser Begriff ersetzt den Begriff „Sicherheitsstromversorgungs(-anlage)".

Eine **Ersatzstromversorgungsanlage** ist dazu bestimmt, die Funktion einer Anlage oder Teile einer Anlage davon für den Fall einer Unterbrechung der normalen Stromversorgung aus anderen Gründen als für die Sicherheit von Personen aufrechtzuerhalten.

Hausinstallationen sind Starkstromanlagen mit Nennspannung bis 250 V gegen Erde für Wohnungen sowie andere Starkstromanlagen mit Nennspannung bis 250 V gegen Erde, die in Umfang und Art der Ausführung den Starkstromanlagen für Wohnungen entsprechen.

Betriebsmittel und Anschlussarten

Elektrische Betriebsmittel sind alle Gegenstände, die zum Zwecke der Erzeugung, Umwandlung, Übertragung, Verteilung und Anwendung von elektrischer Energie benutzt werden, z. B.: Maschinen, Transformatoren, Schaltgeräte, Messgeräte, Schutzeinrichtungen, Kabel und Leitungen, Stromverbrauchsgeräte.

Ortsveränderlich sind Betriebsmittel, die während des Betriebes bewegt werden oder die leicht von einem Platz zu einem anderen gebracht werden können, während sie an den Versorgungsstromkreis angeschlossen sind.

Ortsfest sind festangebrachte Betriebsmittel oder Betriebsmittel ohne Tragevorrichtung und mit so großer Masse, dass sie nicht leicht bewegt werden können (z. B. für Haushaltsgeräte 18 kg).

Festangebracht sind Betriebsmittel, die auf einer Haltevorrichtung angebracht oder auf andere Weise fest an einer bestimmten Stelle montiert sind.

Leiter und leitfähige Teile

Außenleiter sind Leiter, die Stromquellen mit Verbrauchsmitteln verbinden, aber nicht vom Mittel- oder Sternpunkt ausgehen. Der **Neutralleiter** (N) ist ein mit dem Mittel- oder Sternpunkt des Netzes verbundener Leiter, der geeignet ist, zur Übertragung elektrischer Energie beizutragen. Hierfür wurde bisher der Begriff „Mittelleiter" (Mp) benutzt.

Der Schutzleiter (PE) ist ein Leiter, der für einige Schutzmaßnahmen gegen gefährliche Körperströme erforderlich ist, um die elektrische Verbindung zu einem der nachfolgenden Teile herzustellen:

– Körper der elektrischen Betriebsmittel,
– fremde leitfähige Teile,
– Haupterdungsklemme,
– Erder,
– geerdeter Punkt der Stromquelle oder künstlicher Sternpunkt.

Hierfür wurde bisher die Kurzbezeichnung „SL" benutzt.

Der **PEN-Leiter** ist ein geerdeter Leiter, der zugleich die Funktionen des Schutzleiters und des Neutralleiters erfüllt. Hierfür wurde bisher der Begriff „Nullleiter" (SL/Mp) benutzt.

Aktives Teil ist jeder Leiter oder jedes leitfähige Teil, das dazu bestimmt ist, bei ungestörtem Betrieb unter Spannung zu stehen, einschließlich des Neutralleiters, aber vereinbarungsgemäß nicht der PEN-Leiter.

Ein **Körper** ist ein berührbares, leitfähiges Teil eines Betriebsmittels, das normalerweise nicht unter Spannung steht, das jedoch im Fehlerfall unter Spannung stehen kann.

Ein **fremdes leitfähiges Teil** ist ein Teil, das nicht zur elektrischen Anlage gehört, das jedoch ein elektrisches Potenzial, einschließlich des Erdpotenzials, einführen kann. Zu den fremden leitfähigen Teilen gehören auch leitfähige Fußböden und Wände, wenn über diese Erdpotenzial eingeführt werden kann.

Trennen und Schalten

Trennen ist eine Funktion, die dazu bestimmt ist, aus Gründen der Sicherheit die Stromversorgung einer Anlage **zu unterbrechen.** Hierzu wird die Anlage oder Abschnitte davon von jeder elektrischen Stromquelle abgetrennt.

Die **Ausschaltung für mechanische Wartung** ist eine Betätigung, die dazu bestimmt ist, ein einzelnes oder mehrere Betriebsmittel, die mit elektrischer Energie betrieben werden, abzuschalten, um andere Gefahren als solche durch elektrischen Schlag oder Lichtbogen während nichtelektrischer Arbeiten zu verhüten.

Die **Not-Ausschaltung** ist dazu bestimmt, Gefahren, die unerwartet auftreten können, so schnell wie möglich zu beseitigen.

Not-Halt ist eine Not-Ausschaltung, die dazu bestimmt ist, eine Bewegung anzuhalten, die gefährlich geworden ist.

Betriebsmäßiges Schalten ist dazu bestimmt, die Stromversorgung für eine elektrische Anlage oder für einen Teil der Anlage im normalen Betrieb einzuschalten oder zu verändern.

Elektrische Größen

Die **Betriebsspannung** ist die jeweils örtlich zwischen den Leitern herrschende Spannung an einem Betriebsmittel oder Anlageteil.

Die **Spannung gegen Erde** ist:
- in Netzen mit geerdetem Mittel- oder Sternpunkt die Spannung eines Außenleiters gegen den geerdeten Mittel- oder Sternpunkt;
- in den übrigen Netzen die Spannung, die bei Erdschluss eines Außenleiters an den übrigen Außenleitern gegen Erde auftritt.

Unter **Schleifenimpedanz** (Impedanz einer Fehlerschleife) versteht man die Summe der Impedanzen (Scheinwiderstände) in einer Stromschleife, bestehend aus der Impedanz der Stromquelle, der Impedanz des Außenleiters von einem Pol der Stromquelle bis zur Messstelle und der Impedanz der Rückleitung (z. B. Schutzleiter, Erder und Erde) von der Messstelle bis zum anderen Pol der Stromquelle.

Erdung

Erden heißt, einen elektrisch leitfähigen Teil über eine Erdungsanlage mit der Erde zu verbinden. Unter **Erdung** versteht man alle Mittel und Maßnahmen zum Erden. Sie wird als offen bezeichnet, wenn Überspannungs-Schutzeinrichtungen, z. B. Schutzfunkenstrecken, in die Erdungsleitung eingebaut sind.

Betriebserdung ist die Erdung eines Punktes des Betriebsstromkreises, die für den ordnungsgemäßen Betrieb von Geräten oder Anlagen notwendig ist. Sie wird bezeichnet:
- als **unmittelbar**, wenn sie außer dem Erdungswiderstand keine weiteren Widerstände enthält,
- als **mittelbar**, wenn sie über zusätzliche ohmsche, induktive oder kapazitive Widerstände hergestellt ist.

Ein **Erder** ist ein leitfähiges Teil oder mehrere leitfähige Teile, die in gutem Kontakt mit Erde sind und mit dieser eine elektrische Verbindung bilden. Hierzu zählen auch Fundamente.

Der **spezifische Erdwiderstand** ρ_E ist der spezifische elektrische Widerstand der Erde. Er wird meist in $\Omega \cdot m^2/m = \Omega\,m$ angegeben und stellt dann den Widerstand eines Erdwürfels von 1 m Kantenlänge zwischen zwei gegenüberliegenden Würfelflächen dar.

Als **Ausbreitungswiderstand** eines Erders wird der Widerstand der Erde zwischen dem Erder und der Bezugserde bezeichnet. Der **Gesamterdungswiderstand** ist der Widerstand zwischen der Haupterdungsklemme/-schiene und Erde.

Der **Potenzialausgleich** ist eine elektrische Verbindung, die die Körper elektrischer Betriebsmittel und fremde leitfähige Teile auf gleiches oder annähernd gleiches Potenzial bringt. Der **Potenzialausgleichsleiter** ist ein Schutzleiter zum Sicherstellen des Potenzialausgleiches.

Fehlerarten

Ein **Körperschluss** ist eine durch einen Fehler entstandene leitende Verbindung zwischen Körper und aktiven Teilen elektrischer Betriebsmittel.

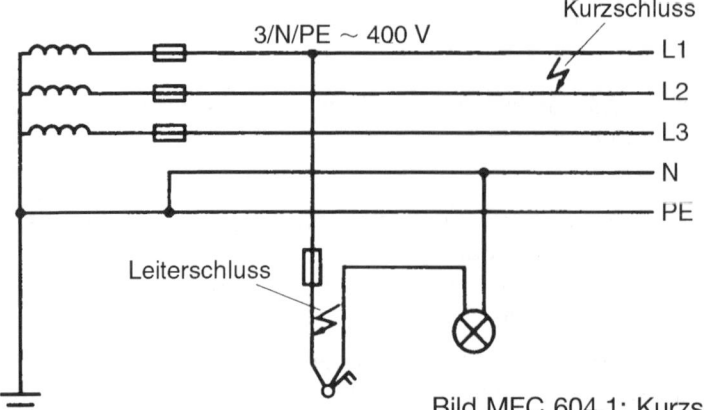

Bild MEC 604.1: Kurzschluss und Leiterschluss.

Leiterschluss ist eine durch einen Fehler entstandene leitende Verbindung zwischen betriebsmäßig gegeneinander unter Spannung stehenden Leitern (aktiven Teilen), wenn im Fehlerstromkreis ein Nutzwiderstand liegt, z. B. Glühlampen oder dergleichen (Bild MEC 604.1).

Kurzschluss ist eine durch einen Fehler entstandene leitende Verbindung zwischen betriebsmäßig gegeneinander unter Spannung stehenden Leitern (aktiven Teilen), wenn im Fehlerstromkreis kein Nutzwiderstand liegt (Bild MEC 604.1).

Fehlerstrom ist der Strom, der durch einen Isolationsfehler zum Fließen kommt.

Berührungsspannung ist die Spannung, die zwischen gleichzeitig berührbaren Teilen während eines Isolationsfehlers auftreten kann.

Schutz gegen gefährliche Körperströme

Schutz gegen direktes Berühren sind alle Maßnahmen zum Schutz von Personen und Nutztieren vor Gefahren, die sich aus einer Berührung mit aktiven Teilen elektrischer Betriebsmittel ergeben.

Basisisolierung ist die Isolierung von aktiven Teilen, um den grundlegenden Schutz gegen gefährliche Körperströme zu gewährleisten. Die Basisisolierung ist nicht notwendigerweise mit dem früher verwendeten Begriff Betriebsisolierung identisch.

Schutz bei indirektem Berühren ist der Schutz von Personen und Nutztieren vor Gefahren, die sich im Fehlerfall aus einer Berührung mit **Körpern** oder **fremden leitfähigen Teilen** ergeben können.

Schutzisolierung ist eine Schutzmaßnahme; sie wird hergestellt
– durch eine zusätzliche Isolierung zur Basisisolierung oder
– durch eine Verstärkung der Basisisolierung
in einer solchen Art, dass bei einem Versagen der einfachen Basisisolierung keine gefährlichen Körperströme zum Fließen kommen können.

Schutztrennung ist eine Schutzmaßnahme, bei der Betriebsmittel vom speisenden Netz sicher getrennt und nicht geerdet sind.

MEC 604

Schutzkleinspannung ist eine Schutzmaßnahme, bei der Stromkreise mit Nennspannung bis 50 V Wechselspannung bzw. 120 V Gleichspannung ungeerdet betrieben werden und die Speisung aus Stromkreisen höherer Spannung von diesen sicher getrennt sind.

Funktionskleinspannung ist eine Schutzmaßnahme, bei der die Stromkreise mit Nennspannung bis 50 V Wechselspannung bzw. 120 V Gleichspannung betrieben werden, die aber nicht die an die Schutzkleinspannung gestellten Forderungen erfüllt und deshalb zusätzlichen Bedingungen unterliegt.

Netzformen (DIN VDE 0100 Teil 300/01.96)

Zur einheitlichen Beschreibung von elektrischen Anlagen im Hinblick auf ihre sicherheitstechnische Konzeption werden durch die Norm DIN VDE 0100 Teil 300 bestimmte Netzformen festgelegt.

Kenngrößen für Netzformen sind:
– Art und Anzahl der aktiven Leiter der Einspeisung
– Art der Erdverbindungen

Drei Netzformen werden unterschieden: **TN-Netz, TT-Netz, IT-Netz**

Erster Buchstabe: – Erdungsverhältnisse der Stromquelle;

T direkte Erdung eines Punktes,
I entweder Isolierung aller aktiven Teile von Erde oder Verbindung eines Punktes mit Erde über eine Impedanz.

Zweiter Buchstabe: – Erdungsverhältnisse der Körper der elektrischen Anlage;

T Körper direkt geerdet, unabhängig von der etwa bestehenden Erdung eines Punktes der Stromquelle.
N Körper direkt mit dem Betriebserder verbunden (in Wechselspannungsnetzen ist der geerdete Punkt im Allgemeinen der Sternpunkt).

TN-Netze

In TN-Netzen ist ein Punkt direkt geerdet (Betriebserder); die Körper der elektrischen Anlage sind über Schutzleiter bzw. PEN-Leiter mit diesem Punkt verbunden. Drei Arten von TN-Netzen sind entsprechend der Anordnung der Neutralleiter und der Schutzleiter zu unterscheiden: das TN-S-Netz, das TN-C-Netz und das TN-C-S-Netz.

TN-S-Netz: Getrennte Neutralleiter und Schutzleiter im gesamten Netz.
TN-C-Netz: Neutralleiter- und Schutzleiterfunktionen sind im gesamten Netz in einem einzigen Leiter, dem PEN-Leiter, zusammengefasst.
TN-C-S-Netz: In einem Teil des Netzes sind die Funktionen des Neutralleiters und des Schutzleiters in einem einzigen Leiter, dem PEN-Leiter, zusammengefasst.

Die weiteren Buchstaben hinter TN kennzeichnen also die Anordnung des Neutralleiters und des Schutzleiters im TN-Netz.

S Neutralleiter- und Schutzleiterfunktionen durch getrennte Leiter.
C Neutralleiter- und Schutzleiterfunktionen kombiniert in einem Leiter (PEN-Leiter).

Die Bilder MEC 606.1, MEC 606.2 und MEC 606.3 zeigen die drei Arten von TN-Netzen.

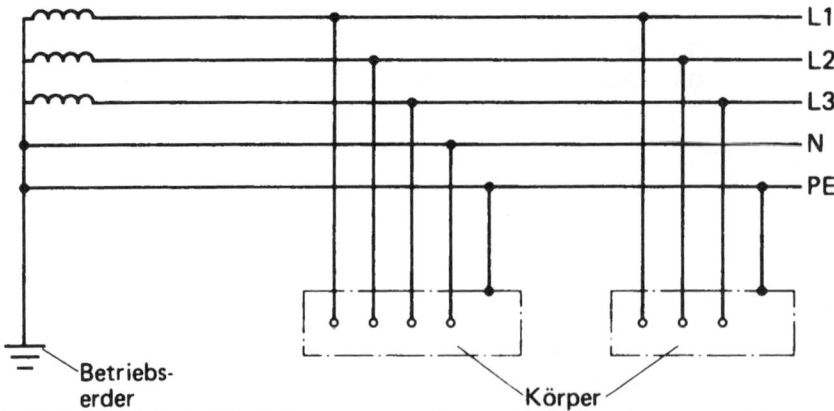

Bild MEC 606.1: TN-S-Netz. Neutralleiter N und Schutzleiter PE sind im gesamten Netz getrennt angeordnet.

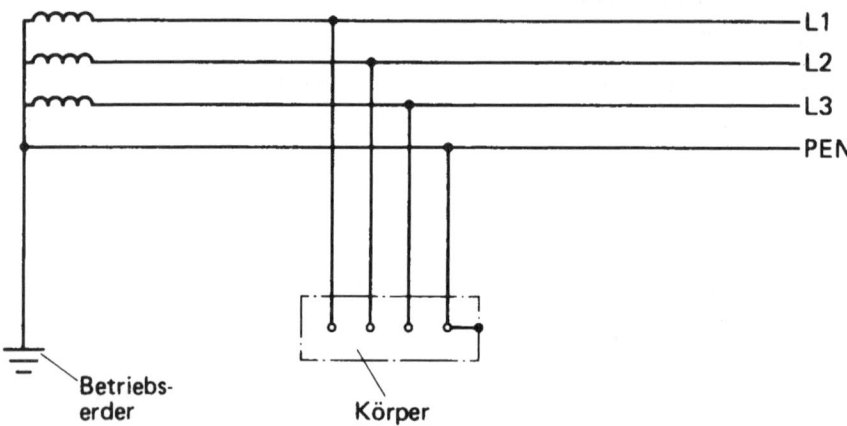

Bild MEC 606.2: TN-C-Netz. Neutralleiter- und Schutzleiterfunktionen sind im gesamten Netz in einem einzigen Leiter, dem PEN-Leiter, zusammengefasst.

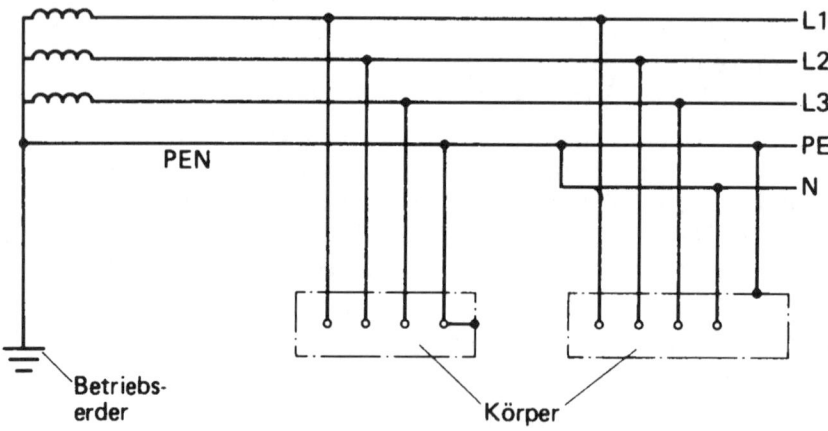

Bild MEC 606.3: TN-C-S-Netz. Neutralleiter- und Schutzleiterfunktionen sind nur in einem Teil des Netzes in einem einzigen Leiter, dem PEN-Leiter, zusammengefasst.

MEC 606

TT-Netz

Im TT-Netz ist ein Punkt direkt geerdet (Betriebserder); die Körper der elektrischen Anlage sind mit Erdern verbunden, die vom Betriebserder getrennt sind.

IT-Netz

Das IT-Netz hat keine direkte Verbindung zwischen aktiven Leitern und geerdeten Teilen; die Körper der elektrischen Anlage sind geerdet.

Spannung und Strom

Gekürzte Schreibweisen (DIN IEC 3A)

Werden Spannungs- und/oder Stromangaben in Schrifttum, Schaltungsunterlagen (Stromlaufpläne, Tabellen usw.), bei Aufschriften auf Erzeugnissen, Schildern usw. in gekürzter Form geschrieben, dann sind die grafischen Symbole oder die Kurzbezeichnungen nach Tafel MEC 607 anzuwenden.

Tafel MEC 607: Gekürzte Schreibweise von Spannungs- und Stromangaben

Lfd. Nr.	Grafisches Symbol [1]	Kurz-bezeich-nung[2]	Benennung	Bemerkung
1	———	DC	Gleich-spannung, Gleichstrom	Form 1: Anwendung vorzugsweise in Schaltungsunterlagen (siehe DIN EN 60617-2/1996).
2	= = =			Form 2: Anwendung vorzugsweise auf Betriebsmitteln und Einrichtungen, in Schaltungsunterlagen, wenn Verwechslungsgefahr besteht. Symbol nach DIN EN 60617-2/1996
3	∼	AC	Wechsel-spannung, Wechselstrom	Symbol nach DIN EN 60617-2/1996
4	∼	UC	Gleich - und Wechsel-spannung oder Gleich- und Wechsel-strom	Symbol nach DIN EN 60617-2/1996.

[1] Anwendung vorzugsweise in Schaltungsunterlagen, auf Betriebsmitteln und Einrichtungen.

[2] Anwendung z.B. in der Datenverarbeitung und im Schrifttum.

Reihenfolge der Angaben

- Anzahl der Außenleiter
- übrige Leiter (z.B. Neutralleiter, Schutzleiter nach DIN EN 60445/09.91)
- Spannungs- oder Stromart nach Tafel MEC 607
- Frequenz (Zahlenwert und Einheit), kann bei 50 Hz entfallen
- Spannung oder Strom (Zahlenwert und Einheit)

Anmerkung: Der Zahlenwert kann bestehen aus:
- einem einzelnen Wert
- mehreren Werten in abfallender Reihenfolge durch Schrägstriche getrennt, z.B. 400/230,
- aus einem Bereich, z.B. 0...230

Nicht erforderliche Angaben können entfallen, die Reihenfolge muss jedoch gewahrt bleiben. Beispiele zeigt die Tafel MEC 608.

Tafel MEC 608: Beispiele für die gekürzte Schreibweise von Spannungs- und Stromangaben

Ungekürzte Schreibweise	Gekürzte Schreibweise	
	mit grafischem Symbol	mit Kurzbezeichnung
Gleichstrom 10 A	≡≡≡ 10 A	DC 10 A
Wechselstrom 1000 A	∿ 1 kA	AC 1 kA
Gleichspannung 230 V	≡≡≡ 230 V	DC 230 V
Wechselspannung 400 V	∿ 400 V	AC 400 V
Gleich- oder Wechselspannung 250 V	≈ 250 V	UC 250 V
Einstellbare Gleichspannung 0 bis 440 V	≡≡≡ 0 - 440 V	DC 0 - 440 V
Einphasen-Zweileitersystem mit 2 Außenleitern 230 V	2 ∿ 230 V	2 AC 230 V
Einphasen-Dreileitersystem mit 1 Außenleiter, 1 Neutralleiter, 1 Schutzleiter 230 V	1/N/PE ∿ 230 V	1/N/PE AC 230 V
Einphasen-Dreileitersystem mit 2 Außenleitern und 1 Neutralleiter 230 V, 50 Hz	2/N ∿ 50Hz 230V	2/N AC 50 Hz 230 V
Gleichstrom-Dreileitersystem 230 V	2/M —— 230 V	2/M DC 230 V
Drehstrom-Dreileitersystem 245 kV	3 ∿ 245 kV	3 AC 245 kV
Drehstrom-Vierleitersystem mit kombiniertem Schutz- und Neutralleiter 400 V	3/PEN ∿ 400V	3/PEN AC 400V
Drehstrom-Fünfleitersystem mit getrenntem Neutral- und Schutzleiter 400 V	3/N/PE ∿ 400 V	3/N/PE AC 400 V

Anmerkung: Schrägstriche zwischen den Leiterangaben können weggelassen werden.

Schaltzeichen der elektrischen Energietechnik

Die hier wiedergegebenen Schaltzeichen sind zum größten Teil in DIN EN 60617 enthalten. Die Schaltzeichen dieser Norm stimmen mit den von der Internationalen Elektrotechnischen Kommission (IEC) erarbeiteten überein.

Außerdem enthält die Zusammenstellung Schaltzeichen, die früher genormt waren und die inzwischen in DIN EN 60617 zur internationalen Norm geworden sind.

Schaltzeichen	Benennung	Bemerkung
Leiter, Leitungen und Verbinder		
	Leiter; Gruppe von Leitern; Leitung; Kabel; Stromweg; Übertragungsweg (z. B. für Mikrowellen)	DIN EN 60617-3/08.97
⫻ /3	Drei Leiter	DIN EN 60617-3/08.97 Stellt die Linie eine Gruppe von Leitern dar, kann die Anzahl der Leiter durch kleine Striche oder durch einen Strich mit einer Zahl angegeben werden.
—110 V 2 × 25 mm² Al	Gleichstromkreis; 110 V; zwei Aluminiumleiter mit 25 mm²	DIN EN 60617-3/08.97 Oberhalb der Linie können je Stromart, Netzart, Frequenz und Spannung eingetragen werden. Unterhalb der Linie stehen die Anzahl der Leiter, ein Multiplikationskreuz sowie der Leiterquerschnitt. Bei unterschiedlichen Leiterquerschnitten werden die Angaben durch Pluszeichen getrennt, Leitermaterial kann durch das chemische Zeichen angegeben werden.
3 N ~ 50 Hz 400 V 3 × 35 + 1 × 25	Dreiphasensystem mit drei Außenleitern und einem Neutralleiter; 50 Hz; 400 V; Außenleiter 35 mm²; Neutralleiter 25 mm²	
⟿	Leiter, bewegbar	DIN EN 60617-3/08.97
—⊖—	Leiter, geschirmt	DIN EN 60617-3/08.97
- - - - - - - -	Leitung, geplant	–
	Neutralleiter (N); Mittelleiter (M)	DIN EN 60617-3/08.97 Form 1
N ——————		– Form 2.
	Schutzleiter (PE)	DIN EN 60617-3/08.97 Form 1.
PE ——————		– Form 2

Schaltzeichen	Benennung	Bemerkung
Leiter, Leitungen und Verbinder (Fortsetzung)		
	Neutralleiter mit Schutz-funktion (PEN)	DIN EN 60617-11/08.97 Form 1.
PEN————		– Form 2.
	Drei Leiter, ein Neutralleiter, ein Schutzleiter	DIN EN 60617-11/08.97
•	Verbindung von Leitern	DIN EN 60617-3/08.97
○	Anschluss, z. B. Klemme	DIN EN 60617-3/08.97 Der Kreis darf ausgefüllt werden.
1 2 3 4	Reihenklemmen mit festen (1,2) und lösbaren (3,4) Verbindungen	–
	Abzweig von Leitern	DIN EN 60617-3/08.97
	Doppelabzweig von Leitern	DIN EN 60617-3/08.97
	Leiter-Verbindungsstück	DIN EN 60617-3/08.97
	Steckverbindung mit Buchse und Stecker	DIN EN 60617-3/08.97 Bevorzugte Form.
		DIN EN 60617-3/08.97 Andere Form.
Veränderbarkeiten, Abhängigkeiten und Wirkungen		
	Veränderbarkeit, nicht inhärent	DIN EN 60617-2/08.97 Die Veränderung erfolgt unmittelbar durch äußeren Eingriff, z. B. durch mecha-nische Verstellung.
	Veränderbarkeit, nicht inhärent, nicht linear	

Schaltzeichen	Benennung	Bemerkung
Veränderbarkeiten, Abhängigkeiten und Wirkungen (Fortsetzung)		
	Veränderbarkeit, inhärent	DIN EN 60617-2/08.97 Die Veränderung erfolgt durch eine physikalische Größe, z.B. Spannung, Temperatur, Druck. Die steuernde Größe darf dem Schaltzeichen hinzugefügt werden.
	Veränderbarkeit, inhärent, nicht linear	
	Veränderbarkeit durch Temperaturänderung, inhärent, nicht linear	
	Einstellbarkeit	DIN EN 60617-2/08.97 Bedingungen, unter denen die Einstellung zulässig ist, können dem Schaltzeichen hinzugefügt werden.
$I=0$	Einstellbar im stromlosen Zustand	
	Stufige Funktion	DIN EN 60617-2/08.97 Die Anzahl der Stufen darf hinzugefügt werden.
8	Veränderbarkeit, nicht inhärent, 8stufig	
	Stetige Funktion	DIN EN 60617-2/08.97
	Einstellbarkeit, stetig	DIN EN 60617-2/08.97
	Regelung oder automatische Steuerung, inhärent	DIN EN 60617-2/08.97
>	Wirkung, wenn die Größe höher als der eingestellte Wert ist.	DIN EN 60617-2/08.97
<	Wirkung, wenn die Größe niedriger als der eingestellte Wert ist.	DIN EN 60617-2/08.97
≷	Wirkung, wenn die Größe entweder höher oder niedriger als ein gegebener oder eingestellter Wert ist.	DIN EN 60617-2/08.97

MEC 611

Schaltzeichen	Benennung	Bemerkung
Veränderbarkeiten, Abhängigkeiten und Wirkungen (Fortsetzung)		
=0	Wirkung, wenn der Wert der Größe Null wird	DIN EN 60617-2/08.97
	Thermische Wirkung	DIN EN 60617-2/08.97
	Elektromagnetische Wirkung	DIN EN 60617-2/08.97
✕	Magnetfeld-Wirkung oder -Abhängigkeit	DIN EN 60617-2/08.97
	Strahlung, nicht ionisierend, elektromagnetisch	DIN EN 60617-2/08.97 Sichtbares Licht oder Radio- wellen gehören beispiels- weise zu dieser Schaltung.
	Strahlung, ionisierend	DIN EN 60617-2/08.97 Die Art der ionisierenden Strahlung darf durch Zei- chen oder Buchstaben hin- zugefügt werden.
	Begrenzungslinie; Trennlinie	DIN EN 60617-2/08.97 Mit dieser Linie wird bei- spielsweise gekennzeichnet, dass Betriebsmittel zusam- mengehören.
	Abschirmung	DIN EN 60617-2/08.97
Passive Bauelemente und Spannungsquellen		
	Widerstand, allgemein; Dämpfungsglied, allgemein	DIN EN 60617-4/08.97 Bevorzugte Form.
		DIN EN 60617-4/08.97 Andere Form.

MEC 612

Schaltzeichen	Benennung	Bemerkung
	Passive Bauelemente und Spannungsquellen (Fortsetzung)	
	Widerstand veränderbar	DIN EN 60617-4/08.97
	Widerstand mit inhärenter nichtlinearer Veränderbarkeit	DIN EN 60617-4/08.97 Als Beispiel ist ein spannungsabhängiger Widerstand (Varistor) dargestellt.
	Widerstand mit Schleifkontakt	DIN EN 60617-4/08.97
	Widerstand mit Schleifkontakt und „Aus"-Stellung	DIN EN 60617-4/08.97
	Widerstand mit Anzapfungen	DIN EN 60617-4/08.97 Dargestellt sind drei Anzapfungen.
	Nebenschlusswiderstand; Shunt	DIN EN 60617-4/08.97 Der Widerstand hat getrennte Strom- und Spannungsanschlüsse.
	Heizelement	DIN EN 60617-4/08.97
	Kondensator allgemein	DIN EN 60617-4/08.97 Bevorzugte Form.
		DIN EN 60617-4/08.97 Andere Form. Falls es notwendig ist, die Elektroden zu kennzeichnen, dient die gebogene Linie zur Darstellung des Außenbelags des beweglichen Teils oder des Belags mit negativem Potenzial.

Schaltzeichen	Benennung	Bemerkung
	Passive Bauelemente und Spannungsquellen (Fortsetzung)	
	Kondensator, gepolt, z.B. Elektrolyt-Kondensator	DIN EN 60617-4/08.97
	Kondensator, veränderbar	DIN EN 60617-4/08.97
	Kondensator, gepolt, spannungsabhängig, z.B. Halbleiter-Kondensator	DIN EN 60617-4/08.97 Bei dem dargestellten Kondensator wird die Abhängigkeit der Kapazität von der Spannung ausgenutzt.
	Kondensator mit Anzapfung	–
	Induktivität; Spule; Wicklung; Drossel	DIN EN 60617-4/08.97 Bevorzugte Form. Für besondere Wicklungen und für Schaltungsarten siehe Seite MEC 606.
		DIN EN 60617-4/08.97 Andere Form.
	Spule mit Magnetkern	DIN EN 60617-4/08.97 Soll gezeigt werden, dass eine Spule einen Magnetkern hat, dann darf ein Strich hinzugefügt werden. Er darf unterbrochen sein, wenn ein Luftspalt des Kerns angezeigt werden soll.
	Spule mit Magnetkern, der einen Luftspalt aufweist	

MEC 614

Schaltzeichen	Benennung	Bemerkung
Passive Bauelemente und Spannungsquellen (Fortsetzung)		
	Spule mit Magnetkern, stetig einstellbar	DIN EN 60617-4/08.97
	Spule mit festen Anzapfungen	DIN EN 60617-4/08.97 Im Schaltzeichen sind zwei feste Anzapfungen dargestellt.
	Spule mit stufiger Veränderbarkeit	DIN EN 60617-4/08.97
	Dauermagnet	DIN EN 60617-2/08.97
	Piezoelektrischer Kristall mit zwei Elektroden	DIN EN 60617-2/08.97
	Elektret mit Elektroden und Anschlüssen	DIN EN 60617-4/08.97 Die längere Linie stellt den positiven Anschluss dar.
	Primärzelle; Primärelement; Akkumulator	DIN EN 60617-6/08.97 Die längere Linie kennzeichnet den positiven Pol. Die kürzere Linie darf zur Verdeutlichung breiter gezeichnet werden. Dieses Schaltzeichen darf auch zur Darstellung einer Batterie verwendet werden, wenn keine Verwechslung möglich ist. Andernfalls sollte die Spannung oder die Anzahl der Zellen angegeben werden.

Schaltzeichen	Benennung	Bemerkung
Passive Bauelemente und Spannungsquellen (Fortsetzung)		
	Batterie von Primär-elementen; Akkumulatoren-batterie	DIN EN 60617-6/08.97
	Ideale Stromquelle	DIN EN 60617-2/08.97
	Ideale Spannungsquelle	DIN EN 60617-2/08.97
	Idealer Gyrator	DIN EN 60617-2/08.97
Erde, Masse und Äquipotenzial		
	Erde, allgemein	DIN EN 60617-2/08.97
	Schutzerde	DIN EN 60617-2/08.97
	Masse; Gehäuse	DIN EN 60617-2/08.97 Die Schraffur darf entfallen, wenn keine Unklarheit besteht. Die Linie, die das Gehäuse darstellt, muss dann breiter gezeichnet werden.
	Äquipotenzial	DIN EN 60617-2/08.97

Schaltzeichen	Benennung	Bemerkung
Halbleiter		
	Halbleiterdiode, allgemein	DIN EN 60617-5/08.97
	Leuchtdiode, allgemein	DIN EN 60617-5/08.97
	Diode für Betrieb im Durchbruchsbereich; Z-Diode	DIN EN 60617-5/08.97
	Zweirichtungsdiode; Diac	DIN EN 60617-5/08.97
	Thyristordiode, rückwärts sperrend	DIN EN 60617-5/08.97
	Thyristordiode, rückwärts leitend	DIN EN 60617-5/08.97
	Zweirichtungs-Thyristordiode	DIN EN 60617-5/08.97
	Thyristortriode, rückwärts sperrend, allgemein; Thyristor	DIN EN 60617-5/08.97 Das Schaltzeichen wird zur Darstellung einer rückwärts sperrenden Thyristortriode verwendet, wenn die Art des Gates nicht angegeben werden muss.
	Thyristortriode, rückwärts sperrend, Anode gesteuert (N-Gate)	DIN EN 60617-5/08.97

Schaltzeichen	Benennung	Bemerkung
Halbleiter (Fortsetzung)		
	Thyristordiode, rückwärts SPERREND; Katode gesteuert (P-Gate)	DIN EN 60617-5/08.97
	Thyristordiode, bidirektional Triac	DIN EN 60617-5/08.97
	PNP-Transistor	DIN EN 60617-5/08.97
	NPN-Transistor, bei dem der Kollektor mit dem Gehäuse verbunden ist	DIN EN 60617-5/08.97
Schließer, Öffner und Wechsler		
	Schließer, Schaltfunktion allgemein, Schalter	DIN EN 60617-7/08.97 Form 1. Darstellung von Schaltern.
		DIN EN 60617-7/08.97 Form 2.
	Öffner	DIN EN 60617-7/08.97

Schaltzeichen	Benennung	Bemerkung
Schließer, Öffner und Wechsler (Fortsetzung)		
	Wechsler mit Unterbrechung	DIN EN 60617-7/08.97
	Wechsler ohne Unterbrechung; Folgeschaltglied	DIN EN 60617-7/08.97 Form 1
		DIN EN 60617-7/08.97 Form 2
	Zweiwegschließer mit Mittelstellung "Aus"	DIN EN 60617-7/08.97
	Voreilender Schließer eines Kontaktsatzes	DIN EN 60617-7/08.97 Dieser Schließer schließt früher als die anderen Kontakte.
	Nacheilender Schließer eines Kontaktsatzes	DIN EN 60617-7/08.97 Dieser Schließer schließt später als die anderen Kontakte.
	Voreilender Öffner eines Kontaktsatzes	DIN EN 60617-7/08.97 Dieser Öffner öffnet früher als die anderen Kontakte.
	Nacheilender Öffner eines Kontaktsatzes	DIN EN 60617-7/08.97 Dieser Öffner öffnet später als die anderen Kontakte.
Verzögerungen von Kontakten		
	Verzögerte Wirkung	DIN EN 60617-2/08.97 Form 1. Verzögerte Wirkung bei Bewegung in Richtung (Fallschirmwirkung).

MEC 619

Schaltzeichen	Benennung	Bemerkung
Verzögerungen von Kontakten (Fortsetzung)		
	Verzögerte Wirkung	DIN EN 60617-2/08.97 Form 2.
	Schließer, schließt verzögert bei Betätigung	DIN EN 60617-7/08.97 Form 1.
		DIN EN 60617-7/08.97 Form 2.
	Schließer, schließt und öffnet verzögert	DIN EN 60617-7/08.97
	Öffner, schließt verzögert bei Rückfall	DIN EN 60617-7/08.97 Form 1.
		DIN EN 60617-7/08.97 Form 2.
	Kontaktsatz mit einem unverzögerten Schließer, einem bei Rückfall verzögerten Schließer und einem verzögerten Öffner.	DIN EN 60617-7/08.97
Handbetätigungen und elektromagnetische Antriebe		
	Wirkverbindung, allgemein, z.B. mechanische, pneumatische oder hydraulische	DIN EN 60617-2/08.97
		DIN EN 60617-2/08.97 Form 2. Diese Form muss angewandt werden, wenn Form 1 aus Platzgründen nicht verwendet werden kann.

Schaltzeichen	Benennung	Bemerkung
Handbetätigungen und elektromagnetische Antriebe (Fortsetzung)		
	Raste, nicht selbsttätiger Rückgang	DIN EN 60617-2/08.97
	Sperre, nicht verklinkt	DIN EN 60617-2/08.97
	Sperre, verklinkt	DIN EN 60617-2/08.97
	Handantrieb, allgemein	DIN EN 60617-2/08.97
	Betätigung durch Ziehen	DIN EN 60617-2/08.97
	Betätigung durch Drehen	DIN EN 60617-2/08.97
	Betätigung durch Drücken	DIN EN 60617-2/08.97
	Betätigung durch Annähern	DIN EN 60617-2/08.97
	Notschalter	DIN EN 60617-2/08.97
	Betätigung durch Pedal	DIN EN 60617-2/08.97
	Betätigung durch Hebel	DIN EN 60617-2/08.97
	Betätigung durch Rolle Fühler	DIN EN 60617-2/08.97
	Handbetätigter Schalter allgemein	DIN EN 60617-7/08.97
	Druckschalter, nicht rastend Taster	DIN EN 60617-7/08.97

Schaltzeichen	Benennung	Bemerkung
	Handbetätigungen und elektromagnetische Antriebe (Fortsetzung)	
	Druckschalter, rastend	–
	Zugschalter, nicht rastend	DIN EN 60617-7/08.97
	Drehschalter, rastend	DIN EN 60617-7/08.97 Drehschalter haben norma-lerweise keinen selbsttätigen Rückgang. Es ist daher nicht nötig, das Schaltzeichen für „rastend" einzuzeichnen.
	Handbetätigter Schalter mit vier Schaltstellungen und vier unabhängigen Kontakt-paaren	DIN EN 60617-7/08.97
	Schalter mit Schaltschloss, mit drei elektrothermischen und drei elektromagnetischen Überstromauslösern und einem Unterspannungs-auslöser	–
	Schaltschloss mit mechanischer Freigabe	–
	Kraftantrieb, allgemein	DIN EN 60617-2/08.97
	Betätigung durch pneuma-tische oder hydraulische Steuerung in Pfeilrichtung	DIN EN 60617-2/08.97
	Elektromechanischer Antrieb, allgemein; Relaisspule, allgemein	DIN EN 60617-7/08.97 Form 1.

Schaltzeichen	Benennung	Bemerkung
	Handbetätigungen und elektromagnetische Antriebe (Fortsetzung)	
	Elektromechanischer Antrieb, allgemein; Relaisspule, allgemein	DIN EN 60617-7/08.97 Form 2.
	Elektromechanischer Antrieb mit Rückfallverzögerung	DIN EN 60617-7/08.97
	Elektromechanischer Antrieb mit Ansprechverzögerung	DIN EN 60617-7/08.97
	Elektromechanischer Antrieb eines polarisierten Relais	DIN EN 60617-7/08.97
	Elektromechanischer Antrieb eines Remanenzrelais	DIN EN 60617-7/08.97
	Elektromechanischer Antrieb eines Thermorelais	DIN EN 60617-7/08.97
	Schalter, Sicherungen und Ableiter	
	Schütz-Funktion	DIN EN 60617-7/08.97 Die Kennzeichen werden angewendet, wenn die betreffenden Funktionen besonders hervorzuheben sind. Betriebsmittel, die üblicherweise mit selbsttätigem Rückgang ausgestattet sind, werden nicht gekennzeichnet, sondern nur jene, die ausnahmsweise den nicht selbsttätigen Rückgang zeigen.
	Leistungsschalter-Funktion	
	Trennschalter-Funktion	
	Lasttrennschalter-Funktion	
	Grenzschalter-Funktion	

Schaltzeichen	Benennung	Bemerkung
Schalter, Sicherungen und Ableiter (Fortsetzung)		
◄	Funktion „selbsttätiger Rückgang"	Umgekehrt werden Betriebsmittel, deren übliche Ausstattung der nicht selbsttätige Rückgang ist, immer
o	Funktion „nicht selbsttätiger Rückgang"	nur im Falle der Ausnahme von der Regel mit dem zusätzlichen Kennzeichen für den selbsttätigen Rückgang
■	Selbsttätige Auslösefunktion	versehen. Dieses gilt sinngemäß für alle Kennzeichen. In Zweifelsfällen sind die erforderlichen Kennzeichen darzustellen.
	Schütz; Schließer	DIN EN 60617-7/08.97
	Schütz; Öffner	DIN EN 60617-7/08.97 Siehe Bemerkung zur Schütz-Funktion usw.
	Leistungsschalter	DIN EN 60617-7/08.97 Siehe Bemerkung zur Schütz-Funktion usw.
	Trennschalter; Leerschalter	DIN EN 60617-7/08.97
	Lasttrennschalter	DIN EN 60617-7/08.97
	Lasttrennschalter mit selbsttätiger Auslösung	DIN EN 60617-7/08.97

Schaltzeichen	Benennung	Bemerkung
Schalter, Sicherungen und Ableiter (Fortsetzung)		
	Grenzschalter; Schließer	DIN EN 60617-7/08.97
	Grenzschalter; Öffner	DIN EN 60617-7/08.97
	Schließer mit selbsttätigem Rückgang	DIN EN 60617-7/08.97 Siehe Bemerkung zur Funktion „selbsttätiger Rückgang" und zur Funktion „nicht selbsttätiger Rückgang".
	Schließer mit nicht-selbsttätigem Rückgang	DIN EN 60617-7/08.97 Siehe Bemerkung zur Funktion „selbsttätiger Rückgang" und zur Funktion „nicht selbsttätiger Rückgang".
	Öffner mit selbsttätigem Rückgang	DIN EN 60617-7/08.97 Siehe Bemerkung zur Funktion „selbsttätiger Rückgang" und zur Funktion „nicht selbsttätiger Rückgang".
	Motorschutzschalter, drei-polig, mit thermischer und magnetischer Auslösung in einpoliger Darstellung	–
	Fehlerstrom-Schutzschalter, vierpolig	–
	Leitungsschutzschalter	–

Schaltzeichen	Benennung	Bemerkung
Schalter, Sicherungen und Ableiter (Fortsetzung)		
	Sicherung, allgemein	DIN EN 60617-7/08.97
	Sicherung	DIN EN 60617-7/08.97 Die breite Seite kennzeichnet den netzseitigen Anschluss.
	Sicherung mit mechanischer Auslösemeldung	DIN EN 60617-7/08.97
	Sicherungsschalter	DIN EN 60617-7/08.97
	Sicherungstrennschalter	DIN EN 60617-7/08.97
	Sicherungs-Lasttrenn-schalter	DIN EN 60617-7/08.97
	Funkenstrecke	DIN EN 60617-7/08.97
	Überspannungsableiter	DIN EN 60617-7/08.97

Schaltzeichen	Benennung	Bemerkung

Messrelais und verwandte Einrichtungen

Schaltzeichen	Benennung	Bemerkung
[Symbol: Rechteck mit Stern *]	Messrelais und verwandte Einrichtung	DIN EN 60617-7/08.97 Der Stern wird durch einen oder mehrere Buchstaben oder Kennzeichen ersetzt. Diese Zeichen geben die Eigenschaften der Einrichtung in folgender Reihenfolge an: – Größe und Art ihrer Veränderung, – Richtung des Energieflusses, – Ansprechbereich, – Rückfallbereich, – verzögerte Wirkung, – Verzögerungszeit.
[Symbol: Verzögerung]	Verzögerung	DIN EN 60617-2/08.97
[Symbol: Rechteck $I \leftarrow$]	Rückstromrelais	DIN EN 60617-7/08.97
[Symbol: Rechteck $I>$]	Überstromrelais, verzögert	DIN EN 60617-7/08.97
[Symbol: Rechteck $U<$ 50...80 V]	Unterspannungsrelais; Ansprechbereich 50 V bis 80 V	DIN EN 60617-7/08.97
[Symbol: Rechteck $m<3$]	Phasenausfallrelais in einem Dreiphasensystem	DIN EN 60617-7/08.97

Schaltzeichen	Benennung	Bemerkung
Meldegeräte		
	Lampe, allgemein; Leuchtmelder, allgemein	DIN EN 60617-8/08.97 Neben dem Schaltzeichen darf die Farbe folgender- maßen angegeben werden: RD-rot, YE-gelb, GN-grün, BU-blau, WH-weiß. Außerdem kann die Lampen- art angegeben werden.
	Leuchtmelder, blinkend	DIN EN 60617-8/08.97
	Mehrfachzeigermelder; Stellungsanzeiger, elektro- mechanisch, mit einer Ruhe- stellung (Störstellung) und zwei Arbeitsstellungen	DIN EN 60617-8/08.97
	Hupe; Horn	DIN EN 60617-8/08.97
	Wecker; Klingel	DIN EN 60617-8/08.97
Messgeräte		
	Messgerät, anzeigend, allgemein	DIN EN 60617-8/08.97 Der Stern in den Schalt- zeichen muss durch eine der folgenden Angaben ersetzt

	Messgerät, aufzeichnend,
	allgemein
		werden:
		– Zeichen für die Einheit der
		  zu messenden Größe und
		  gegebenenfalls deren
		  Vorsätze,

Schaltzeichen	Benennung	Bemerkung
Messgeräte (Fortsetzung)		
✳	Messgerät, integrierend allgemein	– Zeichen für die zu messende Größe, – chemische Zeichen, – Kennzeichen, z.B. Pfeil beim Galvanometer.
(A)	Strommessgerät, anzeigend Amperemeter	– Anzeige in Ampere
(kV)	Spannungsmessgerät, anzeigend; Voltmeter	– Anzeige in Kilovolt
(W)	Leistungsmesser	– Anzeige in Watt
(CO_2)	Kohlendioxidkonzentrationsmessgerät	–
(↑)	Galvanometer	DIN EN 60617-8/08.97
⟋⟍	Kurvenschreiber	DIN EN 60617-8/08.97
Wh	Wattstundenzähler; Elektrizitätszähler	DIN EN 60617-8/08.97
Wh P_{max}	Wattstundenzähler mit Maximumanzeiger; Maximumzähler	DIN EN 60617-8/08.97
Schaltungsarten von Wicklungen		
|	Eine Wicklung	DIN EN 60617-6/08.97 Angabe der Anzahl der Wicklungen durch Zahl der Linien oder durch hinzugefügte Zahl.

MEC 629

Schaltzeichen	Benennung	Bemerkung
Schaltungsarten von Wicklungen (Fortsetzung)		
$\|\|\|$ $\|^3$	Drei getrennte Wicklungen	DIN EN 60617-6/08.97
$\|^m$ $m \sim$	m getrennte Wicklungen; m-Phasensystem	DIN EN 60617-6/08.97
L	L-Schaltung; Zweiphasen-wicklung	DIN EN 60617-6/08.97
$\triangle$	Dreieckschaltung; Dreiphasenwicklung	DIN EN 60617-6/08.97 Schaltzeichen wird zur Darstellung der Mehrphasen-Polygonschaltung verwendet. Hierzu wird die Anzahl der Phasen durch eine Ziffer angegeben.
$\triangle^m$	Polygonschaltung mit m-Phasen	
Y	Sternschaltung	DIN EN 60617-6/08.97 Schaltzeichen wird zur Darstellung der Mehrphasen-Sternschaltung verwendet. Hierzu wird die Anzahl der Phasen durch eine Ziffer angegeben.
Y_6	Sternschaltung; Sechsphasensystem	
Y	Sternschaltung; Dreiphasen-wicklung, Neutralleiter herausgeführt	DIN EN 60617-6/08.97
Y	Zickzackschaltung; Dreiphasenwicklung	DIN EN 60617-6/08.97
$\bowtie$	Doppeldreieckschaltung; Sechsphasenwicklung	DIN EN 60617-6/08.97
$\hexagon$	Sechsphasenwicklung	DIN EN 60617-6/08.97
$\ast$	Sternschaltung; Sechsphasenwicklung	DIN EN 60617-6/08.97 Darstellung auch ohne Punkt zulässig.

MEC 630

Schaltzeichen	Benennung	Bemerkung
Schaltungsarten von Wicklungen (Fortsetzung)		
	Einzelstrang mit Hilfsphase	–
	Stern-Dreieckschaltung	–
	Dahlander-Schaltung	Dreieck-Strang-Hälften in Reihe; Stern-Strang-Hälften parallel.
Drosseln und Transformatoren		
Form 1 Form 2	Drossel	DIN EN 60617-6/08.97 DIN EN 60617-4/08.97
	Spartransformator, stetig verstellbar	DIN EN 60617-6/08.97
	Spartransformator, mit zwei Wicklungen	DIN EN 60617-6/08.97

MEC 631

Schaltzeichen	Benennung	Bemerkung

Drosseln und Transformatoren (Fortsetzung)

Form 1 Form 2		
	Drehstromtransformator mit vier Anzapfungen; Stern/Sternschaltung	DIN EN 60617-6/08.97
	Stromwandler; Impulstransformator	DIN EN 60617-6/08.97
	Stromwandler mit zwei Kernen und zwei Sekundärwicklungen	DIN EN 60617-6/08.97 Die Anschlusskreise an beiden Enden der Primärwicklung zeigen, dass es sich um einen Wandler (und nicht um zwei Wandler) handelt. In Form 2 können die Eisenkerne in der Darstellung entfallen.
–	Spannungswandler	Für den Spannungswandler gibt es kein eigenes Schaltzeichen mehr. Je nach Funktion ist beispielsweise das Schaltzeichen für den Transformator mit zwei Wicklungen zu verwenden (vgl. DIN VDE 0414 Teil 2/01.94).

Schaltzeichen	Benennung	Bemerkung
Maschinen		
⌒⌒	Wendepol- oder Kompensationswicklung	DIN EN 60617-6/08.97 Diese Darstellung wird gewählt, wenn die unterschiedlichen Funktionen von Wicklungen unterschieden werden sollen. Schaltzeichen für die Schaltungsarten von Wicklungen siehe Seite MEC 630.
⌒⌒⌒	Reihenschlusswicklung	
⌒⌒⌒	Nebenschlusswicklung oder fremderregte Wicklung	
⤙—	Bürste an Schleifring oder Kommutator	DIN EN 60617-6/08.97 Die Bürsten werden nur bei Bedarf dargestellt.
(✳)	Maschine, allgemein	DIN EN 60617-6/08.97 Der Stern in diesem Schaltzeichen muss durch eines der folgenden Kennzeichen ersetzt werden: C - Umformer, G - Generator, GS - Synchrongenerator, M - Motor, MG - als Motor oder als Generator genutzte Maschine, MS - Synchronmotor.
(M)	Linearmotor, allgemein	DIN EN 60617-6/08.97
(M)	Schrittmotor, allgemein	DIN EN 60617-6/08.97
(M)	Gleichstrom-Reihenschlussmotor	DIN EN 60617-6/08.97

Schaltzeichen	Benennung	Bemerkung

Maschinen (Fortsetzung)

Schaltzeichen	Benennung	Bemerkung
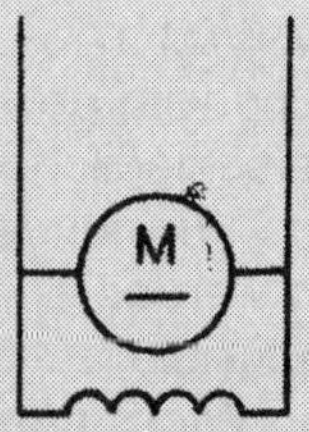	Gleichstrom-Nebenschluss-motor	DIN EN 60617-6/08.97
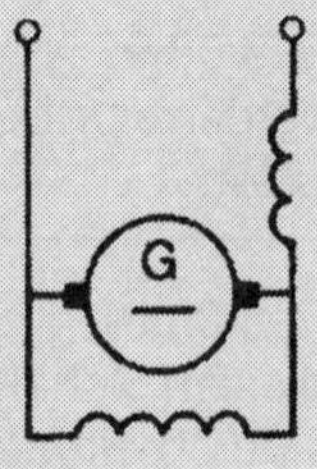	Gleichstrom-Doppelschluss-generator, dargestellt mit Anschlüssen und Bürsten	DIN EN 60617-6/08.97
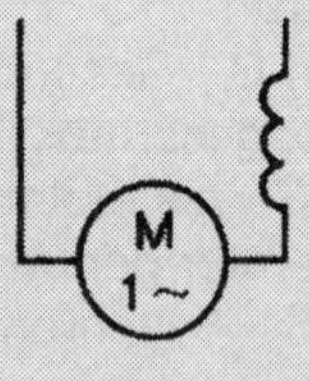	Wechselstrom-Reihen-schlussmotor, einphasig	DIN EN 60617-6/08.97
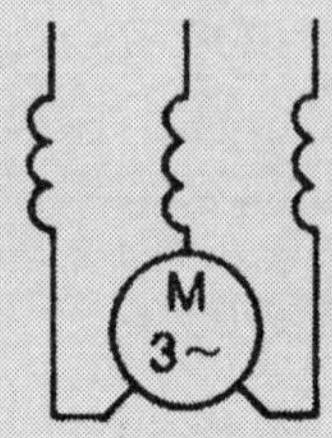	Drehstrom-Reihenschluss-motor	DIN EN 60617-6/08.97
	Drehstrom-Synchron-generator mit Dauermagnet-erregung	DIN EN 60617-6/08.97

MEC 634

Schaltzeichen	Benennung	Bemerkung
Maschinen (Fortsetzung)		
	Synchronmotor, einphasig	DIN EN 60617-6/08.97
	Drehstrom-Synchron-generator; Sternschaltung, Neutralleiter herausgeführt	DIN EN 60617-6/08.97
	Drehstrom-Asynchronmotor mit Käfigläufer	DIN EN 60617-6/08.97
	Drehstrom-Asynchronmotor mit Schleifringläufer	DIN EN 60617-6/08.97
Elektroinstallation		
	Leiter im Erdreich; Erdkabel	DIN EN 60617-11/08.97
	Leiter, oberirdisch; Freileitung	DIN EN 60617-11/08.97
	Kabelkanal; Trasse Elektro-Installationsrohr	DIN EN 60617-11/08.97

MEC 635

Schaltzeichen	Benennung	Bemerkung
Elektroinstallation (Fortsetzung)		
	Leiter auf Putz	–
	Leiter im Putz	–
	Leiter unter Putz	–
	Leitung, nach oben führend	DIN EN 60617-11/08.97
	Leitung, nach unten führend	DIN EN 60617-11/08.97
	Leitung nach oben und und unten durchführend	DIN EN 60617-11/08.97
	Dose, allgemein; Leerdose, allgemein	DIN EN 60617-11/08.97
	Anschlussdose; Verbindungsdose	DIN EN 60617-11/08.97
	Hausanschlusskasten, allgemein, dargestellt mit Leitung	DIN EN 60617-11/08.97
	Verteiler, dargestellt mit fünf Anschlüssen	DIN EN 60617-11/08.97
	Steckdose, allgemein	DIN EN 60617-3/08.97

Schaltzeichen	Benennung	Bemerkung
Elektroinstallation (Fortsetzung)		
	Mehrfachsteckdose dargestellt als Dreifach- steckdose	DIN EN 60617-11/08.97
	Schutzkontaktsteckdose	DIN EN 60617-11/08.97
	Steckdose, abschaltbar	DIN EN 60617-11/08.97
	Steckdose mit verriegeltem Schalter	DIN EN 60617-11/08.97
	Steckdose mit Trenntrafo, z. B. für Rasierapparat	DIN EN 60617-11/08.97
	Fernmeldesteckdose, allgemein	DIN EN 60617-11/08.97
	Schalter, allgemein	DIN EN 60617-11/08.97
	Schalter mit Kontrolleuchte	DIN EN 60617-11/08.97
	Ausschalter, einpolig Schalter 1/1	–

Schaltzeichen	Benennung	Bemerkung
Elektroinstallation (Fortsetzung)		
	Ausschalter, zweipolig; Schalter 1/2	DIN EN 60617-11/08.97
	Serienschalter, einpolig; Schalter 5/1	DIN EN 60617-11/08.97
	Wechselschalter, einpolig; Schalter 6/1	DIN EN 60617-11/08.97
	Kreuzschalter; Zwischenschalter; Schalter 7/1	DIN EN 60617-11/08.97
	Dimmer	DIN EN 60617-11/08.97
	Taster	DIN EN 60617-11/08.97
	Taster mit Leuchte	DIN EN 60617-11/08.97
	Zeitrelais	DIN EN 60617-11/08.97

MEC 638

Schaltzeichen	Benennung	Bemerkung
Elektroinstallation (Fortsetzung)		
	Schaltuhr	DIN EN 60617-11/08.97
	Leuchtenauslass, dargestellt mit Leitung	DIN EN 60617-11/08.97
	Leuchte, allgemein, mit Anschlussleitung	DIN EN 60617-8/08.97 Das Schaltzeichen darf durch zusätzliche Angaben ergänzt werden.
	Leuchte für Leuchtstoff-lampe, allgemein	DIN EN 60617-11/08.97
	Leuchte mit fünf Leucht-stofflampen	DIN EN 60617-11/08.97
	Punktleuchte; spot light	DIN EN 60617-11/08.97
	Vorschaltgerät für Entladungslampen	DIN EN 60617-11/08.97 Das Vorschaltgerät wird nur dargestellt, wenn es nicht in der Leuchte untergebracht ist.
	Sicherheitsleuchte; Notleuchte mit getrenntem Stromkreis; Rettungszeichenleuchte	DIN EN 60617-11/08.97
	Sicherheitsleuchte mit ein-gebauter Stromversorgung	DIN EN 60617-11/08.97
	Türöffner	DIN EN 60617-11/08.97
	Wechselsprechstelle; Haus- oder Torsprechzelle	DIN EN 60617-11/08.97

MEC 639

Schaltzeichen	Benennung	Bemerkung
Elektroinstallation (Fortsetzung)		
	Ventilator, dargestellt mit Leitung	DIN EN 60617-11/08.97
	Heißwassergerät, dargestellt mit Leitung	DIN EN 60617-11/08.97
	Heißwasserspeicher	–
	Durchlauferhitzer	–
	Elektrogerät, allgemein	–
	Elektroherd, allgemein	–
	Mikrowellenherd	–
	Backofen	–
	Waschmaschine	–
	Wäschetrockner	–
	Geschirrspülmaschine	–

MEC 640

Schaltzeichen	Benennung	Bemerkung
Elektroinstallation (Fortsetzung)		
[Symbol]	Speicherheizgerät	–
[Symbol]	Infrarotstrahler	–
[Symbol]	Kühlgerät	–

Tabelle MEC 641: Kennbuchstaben für die Kennzeichnung der Art des Betriebsmittels für Schaltungsunterlagen (DIN 40 719 Teil 2/6.78)

Kennbuch-stabe	Art des Betriebsmittels	Beispiele
A	Baugruppen, Teilbaugruppen	Gerätekombinationen; Baugruppen und Teilbaugruppen, die eine konstruktive Einheit bilden, aber nicht eindeutig einem anderen Kennbuchstaben zuge- ordnet werden können, wie Einschübe, Rahmen, Einsätze, Steckkarten.
B	Umsetzer von nicht elek- trischen auf elektrische Größen oder umgekehrt	Messumformer; Thermoelemente; Wider- standsthermometer; Photowiderstand; Druckmessdosen; Dehnungsmessdosen; Dehnungsmessstreifen; piezoelektrische Geber; Drehzahlgeber; Geschwindig- keitsgeber; Impulsgeber, Tachogene- rator; Weg- und Winkelumsetzer; Näherungsinitiatoren; Hallsonden; Feldplattenpotenziometer; Geber für Druck, Menge, Dichte, Niveau, Temperatur.
C	Kondensatoren	

Tabelle MEC 641: Kennbuchstaben für die Kennzeichnung der Art des Betriebsmittels in Schaltungsunterlagen (DIN 40 719 Teil 2/6.78) (Fortsetzung)

Kennbuch-stabe	Art des Betriebsmittels	Beispiele
D	Binäre Elemente, Verzögerungseinrichtungen, Speichereinrichtungen	Einrichtungen der digitalen Steuerungs-, Regelungs- und Rechentechnik. Integrierte Schaltkreise mit digitalen Funktionen, Verzögerer; Signalblocker; Zeitglieder, Speicher- und Gedächtnisfunktionen, Verknüpfungsglieder, z. B. UND- und ODER-Glieder.
E	Verschiedenes	Beleuchtungseinrichtungen, Heizeinrichtungen, Elektrofilter, Elektrozäune, Lüfter.
F	Schutzeinrichtungen	Überstrom-Schutzeinrichtungen, Überspannungsableiter. Bimetallauslöser; magnetische Auslöser; Druckwächter; Windfahnenrelais; Fliehkraftschalter; Buchholzschutz; elektronische Einrichtungen zur Signalüberwachung.
G	Generatoren, Stromversorgungen	Generatoren, Frequenzwandler; Batterien, Stromversorgungseinrichtungen, Ladegeräte; Netzgeräte; Stromrichtergeräte, Quarzoszillatoren.
H	Meldeeinrichtungen	Optische und akustische Meldegeräte.
K	Relais, Schütze	Leistungsschütze, Hilfsschütze; Hilfsrelais, Zeitrelais.
L	Induktivitäten	Drosselspulen
M	Motoren	
N	Verstärker, Regler	Einrichtungen der analogen Steuerungs-, Regelungs- und Rechentechnik; elektronische und elektromechanische Regler; Operationsverstärker; Steuersätze; Analogregler und Analogrechner; integrierte Schaltkreise mit analogen Funktionen.

Tabelle MEC 641: Kennbuchstaben für die Kennzeichnung der Art des Betriebsmittels in Schaltungsunterlagen (DIN 40 719 Teil 2/6.78) (Fortsetzung)

Kennbuch-stabe	Art des Betriebsmittels	Beispiele
P	Messgeräte, Prüfeinrichtungen	Anzeigende, schreibende und zählende Messeinrichtungen, Impulsgeber, Uhren. Analog und digital anzeigende und registrierende Messgeräte (Anzeiger, Schreiber, Zähler), mechanische Zählwerke; Oszilloskope; Prüfadapter; Mess-, Prüf- und Einspeisepunkte.
Q	Starkstrom-Schaltgeräte	Schalter in Hauptstromkreisen; Schalter mit Schutzeinrichtungen; Lasttrenner; Sterndreieckschalter, Polumschalter; Sicherungstrenner; Sicherungslasttrenner, Installationsschalter; Motorschutzschalter.
R	Widerstände	Festwiderstände; Anlasser; Bremswiderstände; Kaltleiter; Heißleiter; Messwiderstände; Nebenschlusswiderstände.
S	Schalter, Wähler	Steuerschalter, Taster, Grenztaster, Wahlschalter, Wähler.
T	Transformatoren	Netz-, Trenn- und Steuertrafos; Spannungswandler, Stromwandler.
U	Modulatoren, Umsetzer von elektrischen in andere elektrische Größen	Analog-Digital-Umsetzer; Digital-Analog-Umsetzer; Signal-Trennstufen; Gleichstrom- und Gleichspannungswandler; Opto-Koppler; Fernwirkgeräte.
V	Röhren, Halbleiter	Elektronenröhren, Gasentladungsröhren, Dioden, Transistoren, Thyristoren, Anzeigeröhren; Zenerdioden; Tunneldioden; Kapazitätsdioden; Triac's.
W	Übertragungswege, Hohlleiter, Antennen	Schaltdrähte, Kabel, Sammelschienen, Hohlleiter, gerichtete Kupplungen von Hohlleitern, Dipole, parabolische Antennen; Lichtleiter; Koaxialleiter; TFH-, UKW-Richtfunk und HF-Leitungsübertragungswege; Fernmeldeleitungen.

Tabelle MEC 641: Kennbuchstaben für die Kennzeichnung der Art des Betriebs-mittels in Schaltungsunterlagen (DIN 40 719 Teil 2/6.78) (Fortsetzung)

Kennbuch-stabe	Art des Betriebsmittels	Beispiele
X	Klemmen, Stecker, Steckdosen	Trennstecker und -steckdosen, Prüf-stecker, Klemmenleisten, Lötleisten; Buchsen; Messbuchsen; Vielfachstecker; Steckverteiler; Rangierverteiler; Kabel-stecker; Programmierstecker; Kreuz-schienenverteiler, Klinken.
Y	elektrisch betätigte mechanische Einrich-tungen	Bremsen, Kupplungen, Druckluftventile; Stellantriebe, Hubgeräte; Bremslüfter; Regelantriebe; Permanent-Magnete; Fernschreiber; elektrische Schreib-maschinen; Drucker; Plotter; Bedienungsblattschreiber.
Z	Abschlüsse, Gabelüber-trager, Filter, Entzerrer, Begrenzer, Ausgleichs-einrichtungen, Gabel-abschlüsse	Kabelnachbildungen, Dynamikregler, Kristallfilter; R/C- und L/C-Filter; Funkentstör- und Funkenlösch-einrichtungen; aktive Filter; Hoch-, Tief- und Bandpässe; Frequenz-weichen; Dämpfungseinrichtungen.

Beleuchtungstechnische Richtwerte

Tafel MEC 645: Beleuchtungstechnische Richtwerte für Arbeitsstätten
(nach DIN 5035 Teil 2/09.90 bzw. Arbeitsstättenrichtlinie ASR 7/3)

Raum bzw. Tätigkeit	Nenn-beleuchtungs-stärke lx	Licht-farbe	Stufe der Farb-wieder-gabe	Güteklasse der Blendungs-begrenzung
Allgemeine Räume				
Lagerräume	50...100	ww, nw	3[1]	3
dsgl. mit Leseaufgaben	200		3	2
Gänge	20		3	3
Versand	200		3	2
Kantinen	200		2A	1
Waschräume	100		2A	2
Toiletten	100		2A	2
Poststelle	500		2A	
Verkehrswege				
für Personen	50		3	3
für Personen und Fahrzeuge	100		3	3
Treppen	100		3	2
Büroräume				
Büroräume mit tageslicht-orientierten Arbeitsplätzen ausschließlich in unmittel-barer Fensternähe	300		2A	1
Büroräume	500		2A	1
Großraumbüros	750..1000		2A	1
Technisches Zeichnen	750		2A	1
Sitzungszimmer	300		2A	1
Räume für DV	500		2A	1
Metallbe- und -verarbeitung				
Freiformschmieden	200		3[1]	2
Schweißen	300		3	2
Grobe und mittlere Maschinenarbeiten	300		3	1
Feine Maschinenarbeiten	500		3	1
Anreißplätze	750		3	1
Montage grob	200		3	2
Montage fein	500		3	1
Handel				
Verkaufsräume	300		2A	1
Kassenarbeitsplätze	500		2A	1

[1]Bei Beachtung der Festlegungen von DIN 5035 Teil 2/09 90, Abschnitt 3 sind auch Natriumdampf-Hochdrucklampen der Farbwiedergabestufe 4 zulässig.

MEC 645

Grundlagen der elektrischen Messtechnik

Allgemeines

Physikalische Phänomene (Körper, Vorgänge, Zustände) werden durch **physikalische Größen**, kurz auch nur **Größen** genannt, qualitativ und quantitativ beschrieben. Größen der Elektrotechnik sind beispielsweise Stromstärke, elektrische Spannung und elektrischer Widerstand. Zwischen den Größen bestehen Zusammenhänge, die durch **physikalische Gesetze** ausgedrückt werden; für die Beziehung zwischen den genannten elektrischen Größen gilt das Ohmsche Gesetz $U = I \cdot R$.

Ein **Größensystem** entsteht dadurch, dass man von einigen Basisgrößen ausgeht und von diesen mit Hilfe der physikalischen Gesetze alle weiteren Größen ableitet (**abgeleitete Größen**). Das internationale Einheitensystem SI, das den gesetzlichen Einheiten zugrundeliegt, geht von einem Größensystem mit 7 Basisgrößen aus (Tafel MEC 647).

Für die Basisgrößen wurden Basiseinheiten festgelegt, von denen die Einheiten der abgeleiteten Größen abgeleitet werden (abgeleitete Einheiten, Tafel MEC 648). Auf diese Weise ist ein Einheitensystem entstanden (internationales Einheitensystem, SI).

Der spezielle Wert einer Größe, z. B. 3 m, 4 kg, 10 V, 3,5 A, heißt **Größenwert**.

Die geplante Tätigkeit zum quantitativen Vergleich einer physikalischen Größe mit einer Einheit wird als **Messung** bezeichnet. Dabei ist die physikalische Größe, der die Messung gilt, die **Messgröße**. Der Größenwert, der zur Messgröße gehört, heißt **Messwert**.

Es gilt allgemein:

Größenwert = Zahlenwert mal Einheit

Im Bereich der Messtechnik:

Messwert = Zahlenwert mal Einheit

Beispiel

Ergebnis einer Spannungsmessung: 6 mal Einheit der Spannung 1 V = 6 V.

Tafel MEC 647: Basisgrößen und Basiseinheiten

Basisgröße	Basiseinheit	Einheitenzeichen
Länge	Meter	m
Masse	Kilogramm	kg
Zeit	Sekunde	s
Elektrische Stromstärke	Ampere	A
Temperatur	Kelvin	K
Lichtstärke	Candela	cd
Stoffmenge	Mol	mol

Tafel MEC 648: Von Basiseinheiten abgeleitete Einheiten (Beispiele)

Abgeleitete Größe	Abgeleitete Einheit	Einheitenzeichen	Einheitengleichung
Frequenz	Hertz	Hz	$1\,/s$
Energie, Arbeit	Joule	J	$N \cdot m$
Leistung	Watt	W	$J \cdot s^{-1}$
Elektr. Ladung	Coulomb	C	$A \cdot s$
Elektr. Spannung	Volt	V	$W \cdot A^{-1}$
Elektr. Kapazität	Farad	F	$C \cdot V^{-1}$
Elektr. Widerstand	Ohm	Q	$V \cdot A^{-1}$
Elektr. Leitwert	Siemens	S	Ω^{-1}
Magnet. Fluss	Weber	Wb	$V \cdot s$
Magnet. Induktion	Tesla	T	$Wb \cdot m^{-2}$
Induktivität	Henry	H	$Wb \cdot A^{-1}$
Lichtstrom	Lumen	lm	$cd \cdot sr$
Beleuchtungsstärke	Lux	lx	$lm \cdot m^{-2}$

Messgeräte, bei denen die Anzeige auf einer Skale durch einen Zeiger erfolgt und der Wert der zu messenden Größe auf Grund der Zeigerstellung abgelesen wird, heißen **Analogmessgeräte**. Geräte, die den Messwert in einer Ziffernfolge darstellen und anzeigen, heißen **Digitalmessgeräte** (Bild MEC 648.1).

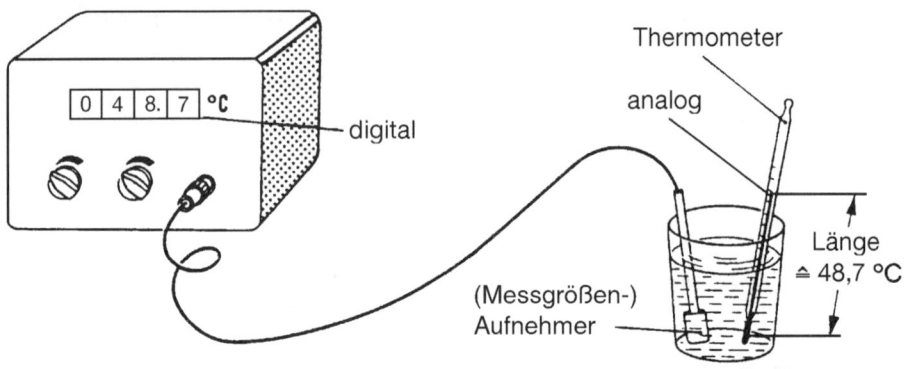

Bild MEC 648.1: Prinzipielle Darstellung einer analogen Anzeige und einer digitalen Anzeige der gemessenen Temperatur von 48,7°C.

In der klassischen Messtechnik waren analog arbeitende Messgeräte meist **Zeigermessgeräte**, die außer der Mechanik keine Schaltungsteile mit elektrischer Stromversorgung enthielten. Heute erfolgt in der Regel in elektronischen Messgeräten eine Umformung der Messgröße in den angezeigten Messwert. Das gilt gleichermaßen für Analogmessgeräte und Digitalmessgeräte, sowohl bei der Messung rein **elektrischer Größen** als auch bei der Messung **nichtelektrischer Größen**. Insbesondere werden elektronische Bauelemente der integrierten Schaltungstechnik verwendet. Messgeräte dieser Art heißen darum **elektronische Messgeräte**.

Messgerät nennt man ein Gerät, das allein oder in Verbindung mit anderen Einrichtungen für die Messung einer Messgröße vorgesehen ist. Dazu gehören beispielsweise ein eingebauter Vor- oder Nebenwiderstand, die elektrische Stromversorgung des Geräts (z. B. eingebaute Batterien) usw..

Darstellung von Messgrößen

In der Praxis erhält man bei elektronischen Messgeräten aufgrund der vielseitigen Bauformen und Messgerätetypen unterschiedliche Darstellungen der zu messenden Größen:

Bei **analogen Messgeräten** wird der Messwert z. B. dargestellt

direkt
– am Messgerät (z. B. an Zeiger und Skale des Zeigermessgeräts),
– am Schreiber (z. B. mit Aufzeichnung auf Papier o. ä.),
– am Oszilloskop (z. B. auf dem Leuchtschirm) oder

indirekt
– auf einem Datenträger (z. B. als Aufzeichnung).

Bei **digitalen Messgeräten** wird der Messwert z. B. dargestellt

direkt
– als Zifferanzeige (an einem LED- oder LCD-Display),
– mit einem Zeilendrucker (Ausdruck der Messwerte),
– am Bildschirm (Zahlendarstellung auf einem Monitor) oder

indirekt
– in einem Speicher (digital in einem Halbleiter- oder Magnetplattenspeicher festgehalten).

Mit elektronischen Messgeräten können natürlich auch **nichtelektrische Größen** gemessen werden, wie Druck, Drehzahl, Feuchtigkeit, Temperatur, Länge, Dicke usw.. Die zu messende nichtelektrische Größe wird mit Hilfe eines **Messgrößenaufnehmers** (kurz **Aufnehmer** genannt) in eine elektrische Größe umgewandelt und danach wie eine elektrische Größe dargestellt.

Jedes elektrische oder elektronische Messgerät braucht zur Anzeige des Messwerts elektrische Energie, die es am Messort aufnimmt. Der dadurch entstehende **Messfehler** soll natürlich klein sein. Es ist darum immer anzustreben, Messgeräte mit geringem **Eigenverbrauch** einzusetzen.

Grundbegriffe der Messtechnik nach DIN 1319-1/01.95

Lfd. Nr.	Begriff	Definition	Erläuterungen
1.1	**Messgröße**	Physikalische Größe, der die Messung (2.1) gilt	Der Größenwert einer Messgröße wird durch das Produkt Zahlenwert mal Einheit ausgedruckt. Die Messgröße muss nicht unmittelbar Gegenstand der Messung sein; sie kann auch mit Hilfe physikalischer Gesetze aus gemessenen Größen ermittelt werden. So kann die Messgröße „elektrischer Widerstand" aus den unmittelbar gemessenen Messgrößen „Spannung" und „Stromstärke" berechnet werden.
1.2	**Messobjekt**	Träger der Messgröße (1.1).	Messobjekt können Körper, Vorgänge oder Zustände sein. Beispiele: 1. Messobjekt ist ein Körper, wenn die Messgröße die Masse eines vorliegenden Körpers ist. 2. Messobjekt ist der Vorgang „Strahlung", wenn die Messgröße die Strahlungsleistung einer vorliegenden elektromagnetischen Strahlung ist. 3. Messobjekt ist der Zustand „elektromagnetisches Feld", wenn die Messgröße die elektromagnetische Flussdichte ist.
1.3	**Wahrer Wert (einer Messgröße)**	Wert der Messgröße (1.1) als Ziel der Auswertung von Messungen (2.1) der Messgröße.	Der wahre Wert ist ein ideeller Wert, der aus den vorliegenden Messungen in der Regel lediglich geschätzt werden kann.
2.1	**Messung (Messen einer Messgröße)**	Ausführen von geplanten Tätigkeiten zum quantitativen Vergleich der Messgröße (1.1) mit einer Einheit.	Die Auswertung von Messwerten ist Teil der Messaufgabe und wird zur Messung gerechnet. Ziel der Messung muss nicht unbedingt ein bestimmter Zahlenwert sein, es kann auch ermittelt werden, ob der Wert der Messgröße größer oder kleiner als ein festgelegter Wert ist. Man spricht dann von einer Prüfung, wenn festgestellt werden soll, ob eine Forderung erfüllt ist.

Lfd. Nr.	Begriff	Definition	Erläuterungen
2.1.1	**Dynamische Messung**	Messung (2.1), wobei die Messgröße (1.1) entweder zeitlich veränderlich ist oder ihr Wert sich abhängig vom gewählten Messprinzip (2.2) wesentlich aus zeitlichen Änderungen anderer Größen ergibt	Beispiel: Messung des Momentanwertes elner zeitlich veränderlichen elektrischen Stromstärke
2.1.2	**Statische Messung**	Messung (2.1), wobei eine zeitlich unveränderliche Messgröße (2.2) gemessen wird, die nicht auf der zeitlichen Änderung anderer Größen beruht	Beispiel: Messung einer konstanten Gleichspannung
2.1.3	**Zählen**	Ermitteln des Wertes der Messgröße (1.1) „Anzahl der Elemente einer Menge".	Eine als „Anzahl" festgelegte Messgröße wird auch Zählgröße genannt. Das Zählen kann durch Sinneswahrnehmung oder mit Hilfe von Zähleinrichtungen erfolgen. Beispiel: Die Windungszahl einer Spule ist eine Zählgröße. Durch die Digitalisierung von Messsignalen und zählende Messgeräte wird Zählen zunehmend als besondere Art des Messens verwendet.
2.1.4	**Prüfung**	Feststellen, inwieweit ein Prüfobjekt eine Forderung erfüllt	Mit dem Prüfen ist immer ein Vergleich mit einer festgelegten oder vereinbarten Forderung verbunden. Eine Prüfung erfolgt häufig mit einem Messgerät (4.1), einer Messeinrichtung (4.2) oder einem Normal (4.7).

Lfd. Nr.	Begriff	Definition	Erläuterungen
2.2	**Messprinzip**	Physikalische Grundlage der Messung (2.1).	Das Messprinzip erlaubt es, anstelle der Messgröße eine andere Größe zu messen, aus deren Wert der der Messgröße ermittelt wird. Das Messprinzip beruht auf einer physikalischen Gesetzmäßigkeit zwischen der Messgröße und der anderen Größe. Beispiele: 1. Erwärmung eines Leiters als Grundlage einer Messung der elektrischen Stromstärke. 2. Thermoelektrischer Effekt als Grundlage einer Temperaturmessung. 3. Proportionalität von Masse und Gewichtskraft als Grundlage einer Massemessung.
2.3	**Messmethode**	Spezielle, vom Messprinzip (2.2) unabhängige Art des Vorgehens bei der Messung (2.1).	Beispiele: Vergleichs-Messmethode, Substitutions-Messmethode, Differenz-Messmethode, Kompensations-Messmethode, Nullabgleich-Messmethode, Ausschlag-Messmethode, integrierende Messmethode, analoge Messmethode, digitale Messmethode, direkte Messmethode, indirekte Messmethode.
2.4	**Messverfahren**	Praktische Anwendung eines Messprinzips (2.2) und einer Messmethode (2.3).	Beispiele: 1. Thermoelektrische Temperaturmessung mit Drehspulinstrument nach der Ausschlag-Messmethode. 2. Masseermittlung mit einer Waage und Gewichtsstücken nach der Substitutions-Messmethode.
2.5	**Einflussgröße**	Größe, die nicht Gegenstand der Messung (2.1) ist, jedoch die Messgröße (1.1) oder die Ausgabe (3.1) beeinflusst.	Beispiel: Umgebungstemperatur bei der Messung eines elektrischen Widerstands.

Kennzeichnung von Messgeräten

Für die richtige Anwendung eines Messgeräts ist es notwendig, seine Betriebseigenschaften zu kennen. Man beschriftet dazu die Messgeräteskale mit Symbolen nach Tafel MEC 654.

Gebrauchslage

Das Lagezeichen auf dem Messgerät schreibt vor, in welcher Lage (Nennlage) es sich während der Messung befinden soll. Bei davon abweichender Lage nimmt die Genauigkeit ab. Beispiele für die Nennlage von Messgeräten zeigt das Bild MEC 653.1.

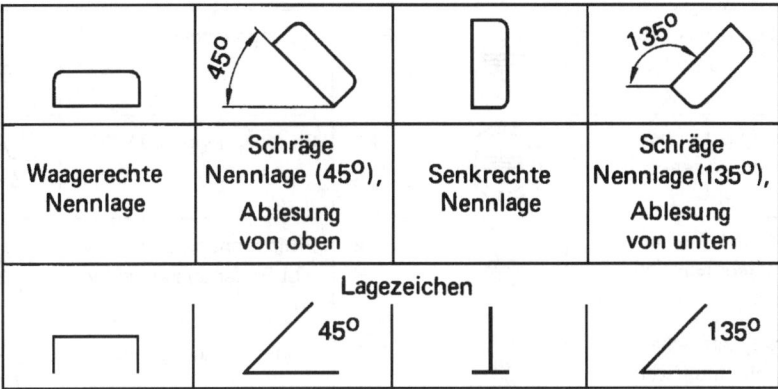

Bild MEC 653.1: Gebrauchslagen von Messgeräten. In der oberen Zeile ist die Lage des Geräts skizziert, in der unteren Zeile das zugehörige Zeichen, das auf dem Skalenblatt diese Lage kennzeichnet.

Prüfspannung

Nach der Fertigung des Messgeräts muss die Isolation zwischen den Messpfaden und dem Gehäuse vom Hersteller durch Anlegen von Spannung geprüft werden. Auf der Skale ist in einem Stern die Prüfspannung angegeben (Tafel MEC 654). Bis zu welcher Spannung das betreffende Messgerät verwendbar ist, zeigt das Bild MEC 655.1. Ein Instrument, dessen Prüfspannung z.B. 2000 V beträgt, ist bis zu einer Nennspannung von 650 V verwendbar.

Sinnbilder

Tafel MEC 654: Sinnbilder zum Beschriften von Messgeräten (DIN VDE 0410/10.76)

Nr.	Bezeichnung	Sinnbild	Nr.	Bezeichnung	Sinnbild
F-1	Drehspulmesswerk mit Dauermagnet, allgemein		F-22	Drehspulinstrument mit eingebautem Gleichrichter	
F-2	Drehspul-Quotientenmesswerk		F-28	Magnetische Schirmung	
F-5	Dreheisenmesswerk		E-1	Genauigkeitsklasse, z. B. 1,5	1,5
F-8	Elektrodynamisches Messwerk, eisenlos		F-31	Erdungsanschluss	
F-9	Elektrodynamisches Messwerk, eisengeschlossen		C-1	Prüfspannung 500 V	
F-10	Elektrodynamisches Quotientenmesswerk eisenlos		C-2	Prüfspannung 2 kV, Zahl gibt Prüfspannung in kV an	
F-11	Elektrodynamisches Quotientenmesswerk, eisengeschlossen		C-3	Keine Spannungsprüfung	
F-15	Bimetallmesswerk		D-1	Senkrechte Gebrauchslage	
F-16	Elektronisches Messwerk		D-2	Waagerechte Gebrauchslage	
F-17	Vibrationsmesswerk		D-3	Schräge Gebrauchslage, Neigungswinkel z. B. 60°	
F-18	Thermoumformer, nicht isoliert		B-1	Gleichstrom	
F-19	Thermoumformer, isoliert		B-2	Wechselstrom	
F-20a	Drehspulinstrument mit eingebautem, isoliertem Thermoumformer		B-3	Gleich- und Wechselstrom	
F-22	Gleichrichter		B-4	Drehstrominstrument mit einem Messwerk	
			B-5	Drehstrominstrument mit zwei Messwerken	

Zeichen	☆	☆②	☆⑤	☆⑩
Prüfspannung	500 V	2000 V	5000 V	10000 V
verwendbar bis	40 V	650 V	1500 V	3000 V

Bild MEC 655.1: Kennzeichnung der Prüfspannung.

Messwerke

Aufbau und Wirkungsweise einiger Messwerke

Drehspulmesswerk

Herz des Messwerks ist eine aus sehr dünnem Draht freitragend oder auf einen Rahmen gewickelte **Spule** (Bild MEC 656.1a). Zwischen den Polschuhen eines Permanentmagneten befindet sich ein feststehender zylindrischer Eisenkern. Die Drehspule ist (leicht drehbar) in den Luftspalten zwischen den Polschuhen und dem Eisenkern in Spitzen oder mit einem sogenannten Spannband gelagert.

Der Messstrom durchfließt die Drehspule und erzeugt über das Magnetfeld ein von der Stromrichtung abhängiges Drehmoment. Ein mit der Drehspule verbundener Zeiger schlägt aus. Die Weite des Ausschlags ist ein Maß für die Höhe des Stroms. Die Ausschlagsrichtung gibt Auskunft über die Richtung des gemessenen Stroms.

Drehspulmesswerke findet man in Betriebs- und Präzisionsinstrumenten für Gleichstrom. Um Wechselstromgrößen messen zu können, müssen Gleichrichter eingebaut werden.

Dreheisenmesswerk

Der Messstrom erzeugt im Innern der feststehenden Spule ein magnetisches Feld (Bild MEC 656.1b). Die magnetischen Feldlinien durchsetzen ein drehbar gelagertes und ein feststehendes Eisen (**Dreheisen** und **Festeisen**) und magnetisieren sie. Da sich gleichnamige Pole abstoßen, wirkt eine Kraft auf das Dreheisen: Die Achse dreht sich; der Zeiger schlägt aus.

Dreheisen und Festeisen sind sowohl bei Gleichstrom als auch bei Wechselstrom stets gleichsinnig magnetisch und stoßen einander ab. Ein Dreheisenmesswerk ist somit zur **Messung von Gleichstromgrößen und Wechselstromgrößen** geeignet. Bei Wechselstromgrößen wird der echte **Effektivwert** angezeigt.

Dreheisenmesswerke mit mehreren Messbereichen enthalten mehrere Spulen, die je nach Messbereich in Reihe oder parallel geschaltet werden. Das Dreheisenmesswerk ist robust und gegenüber kurzzeitiger Überlastung nicht allzu empfindlich.

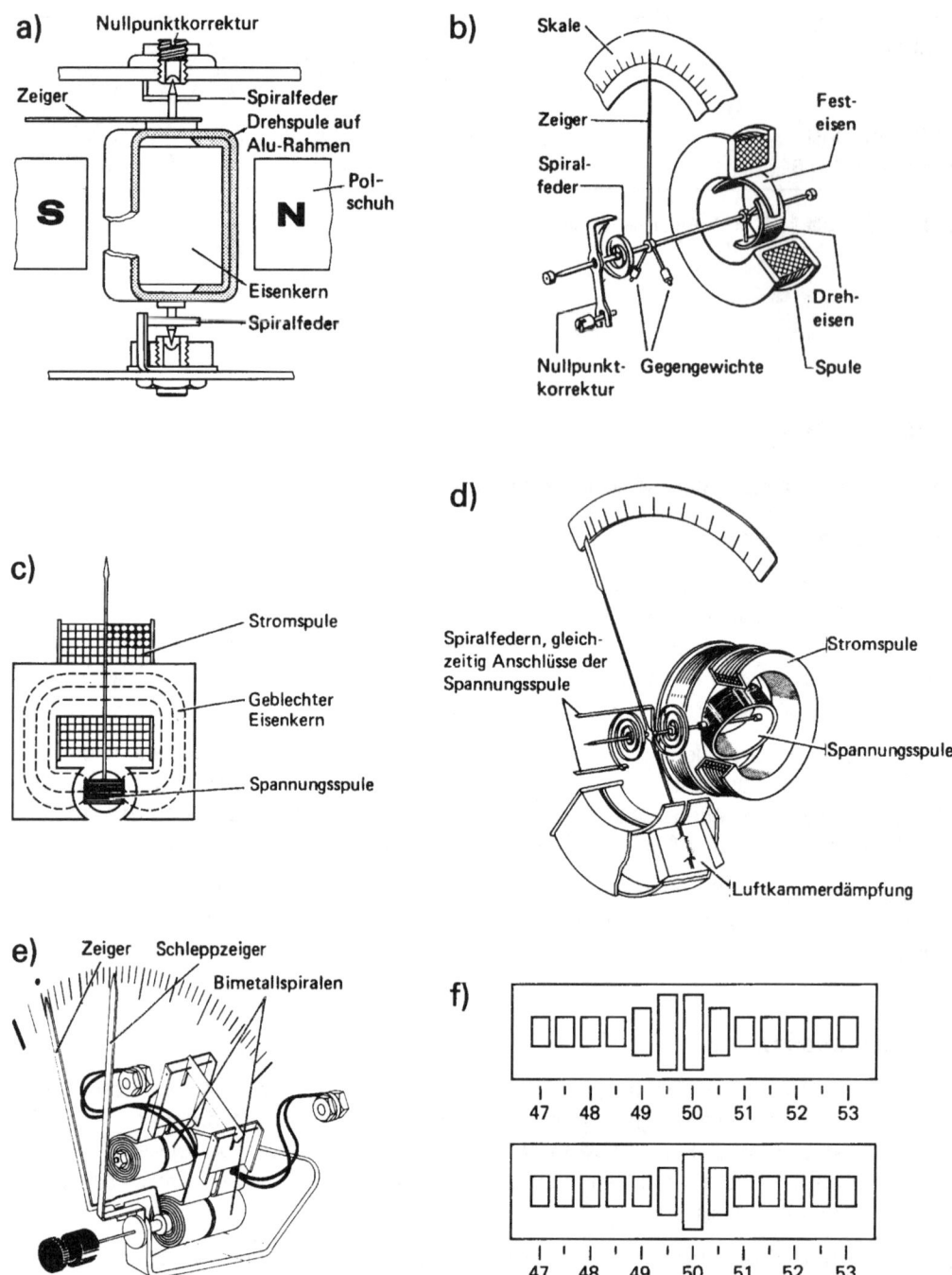

Bild MEC 656.1: Prinzipielle Darstellung von verschiedenen Messwerken: (a) Drehspul-messwerk, (b) Dreheisenmesswerk, (c) elektrodynamisches Messwerk (= eisengeschlos-senes Leistungsmesswerk), (d) eisenloses Leistungsmesswerk, (e) Bimetallmesswerk, (f) Zungenmesswerk (= Resonanzmesswerk) mit Beispielen für die Ablesung von 49,75 Hz (oben im Bild) und 50 Hz (unten).

MEC 656

Elektrodynamisches Messwerk

Das elektrodynamische Messwerk (Bild MEC 656.1c) hat **zwei Messpfade**: einen **Spannungs**pfad (= Drehspule) und einen **Strom**pfad (= feststehende Spule). Im Gegensatz zum Drehspulmesswerk hat dieses Messwerk anstelle des Dauermagneten einen geblechten Weicheisenkern, auf dem eine Spule mit einigen dicken Drahtwindungen sitzt. Diese Spule bildet den Strompfad.

Im Prinzip schlägt der Zeiger wie beim Drehspulmesswerk aus, nur dass hier das Magnetfeld des Eisenkerns nicht konstant ist, sondern von dem im Strompfad fließenden Strom abhängt. Elektrodynamische Messwerke werden zur Messung der **elektrischen Leistung** eines Verbrauchers eingesetzt.

Spezielle Messwerke

Durch den besonderen Aufbau zählt man das Quotientenmesswerk oder das Kreuzspulmesswerk, das elektrostatische Messwerk, das Zungenmesswerk und das Bimetallmesswerk zu den Spezialbauformen. Die Namen dieser Messwerke deuten schon ihren besonderen Aufbau oder ihre Wirkungsweise an.

Quotientenmesswerk oder Kreuzspulmesswerk

Dies ist ein eisenloses Messwerk mit zwei ineinander angeordneten Spulen (Bild MEC 656.1d). Das eisenlose Messwerk ist genauer als das eisengeschlossene (elektrodynamisches Messwerk). Das magnetische Feld ist allerdings wesentlich schwächer als beim eisengeschlossenen Messwerk. Das Messwerk eignet sich für empfindliche Präzisionsinstrumente. Das Messwerk muss gegen den Einfluss von Fremdfeldern abgeschirmt werden.

Elektrostatisches Messwerk

Bei diesem Messwerk wird die Kraftwirkung des **elektrischen Feldes** zweier Platten ausgenutzt, die das Messwerk bilden. Die eine Platte steht fest, die andere ist beweglich. Die von der anliegenden Spannung bewirkte Abstandsänderung wird auf ein Zeigersystem übertragen und an einer Skale angezeigt. Einsatzbereich: Messungen von Spannungen bei sehr geringem Eigenverbrauch, auch bei Wechselspannungen bis hin in den Hochfrequenzbereich (Elektrometer).

Zungenfrequenzmesser

Dieses Messwerk misst die Frequenz von Wechselspannungen. Eine Anzahl von Stahlzungen ist so angeordnet, dass sie durch die elektrostatische oder elektromagnetische Wirkung des Messwerks in Schwingungen versetzt werden können. Es schwingen die Zungen mit großem Ausschlag, deren Eigenresonanz mit der Frequenz des Wechselstroms genau oder fast genau übereinstimmt (Bild MEC 656.1f).

Bimetallmesswerk

Zwei Streifen aus Metallen unterschiedlicher **Wärmeausdehnung** bilden ein Bimetall, das meist in Form einer Spirale aufgebaut ist (Bild MEC 656.1e). Da sich beide Metalle bei Erwärmung unterschiedlich ausdehnen, krümmt sich der Streifen. Der Messstrom erwärmt das Bimetall, die Spirale rollt sich auf und bewegt dabei einen Zeiger. Das Messwerk folgt einer Messwertänderung mit einer **Verzögerung**. Bimetallinstrumente zeigen daher **keine** kurzzeitigen Stromschwankungen an; sie werden meist zur Überwachung von Werten eingesetzt. Ein Schleppzeiger kann z. B. auf dem höchsten während der Überwachungszeit auftretenden Stromwert stehen bleiben.

Elektrische Messgeräte

Vielfachmessgeräte

Statt einzelner Spannungs- und Strommesser werden heute vorherrschend **Vielfachmessgeräte** eingesetzt. Sie haben den Vorteil, dass mit einem einzigen Gerät Spannungen, Ströme und Widerstände, manchmal auch Kapazitäten, in mehreren Messbereichen gemessen werden können. Hin und wieder werden sie auch **Multimeter** genannt. Enthalten solche Geräte **Messverstärker** (z. B. in integrierter Schaltungstechnik), nennt man sie **elektronische Vielfachmessgeräte**.

Verstärkermessgeräte

Liegt die Betonung auf **Spannungsmessung** (Gleich- oder Wechselspannungsmessung), findet man die Bezeichnung **Verstärkermessgeräte**. Das rührt daher, dass die Messgröße vor der Anzeige verstärkt wird (Bild MEC 658.1). Damit der Verstärker optimal ausgelegt werden kann und nahezu mit immer der gleichen Eingangsspannung beaufschlagt wird, schaltet man für die Messbereichswahl einen stufig einstellbaren Spannungsteiler vor den Verstärkereingang. Die Anzeige kann analog sein oder digital.

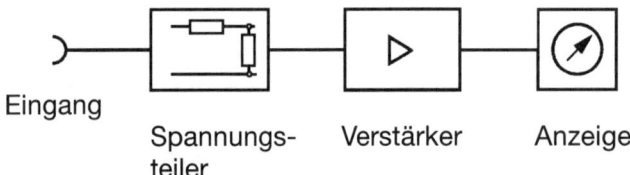

Eingang   Spannungs-   Verstärker   Anzeige
             teiler

Bild MEC 658.1: Verstärkermessgeräte bestehen in der Regel aus der Kettenschaltung von Eingangsspannungsteiler, Verstärker und Anzeigeteil.

Digitale Vielfachmessgeräte

Beim **Digitalmultimeter** ist im Prinzip nur ein **Analog-Digital-Wandler** (A/D-Wandler) vor das **Anzeigedisplay** eingefügt worden (Bild MEC 659.1). Der A/D-Wandler hat die Aufgabe, die an seinem Eingang in analoger Form vorhandene Messgröße in **digitale Form** umzusetzen. Die digitalen Daten werden zur Anzeige des Messwerts im Display weiterverarbeitet.

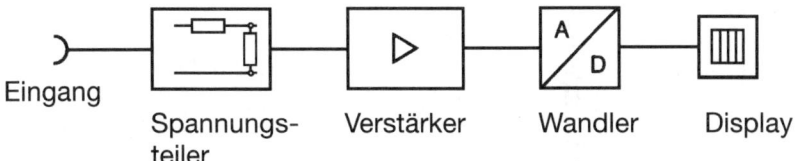

Eingang   Spannungs-   Verstärker   Wandler   Display
          teiler

Bild MEC 659.1: Digitale Verstärkermessgeräte enthalten außer dem Eingangsspannungsteiler und dem Verstärker einen Analog-Digital-Wandler und das Anzeigedisplay.

Die Messbereiche werden wie beim analogen Vielfachmessgerät oder beim Verstär-
kermessgerät am Eingangsspannungsteiler eingestellt. In automatisch umschalten-
den digitalen Vielfachmessgeräten erfolgt die Messbereichsumschaltung, sobald die
Messgröße kleiner oder größer wird als der gerade benutzte Messbereich. Bei dieser
automatischen Messbereichsumschaltung wird auf dem Display mit dem Zahlenwert gleichzeitig der wirksame Messbereich und die Messart (Gleich- oder Wechsel-
größe) angezeigt.

Elektrizitätszähler

Verrechnungsgrundlage für die gelieferte elektrische Energie ist die **Arbeit**, die mit
Hilfe eines **Zählers gemessen wird**.

Der am weitesten verbreitete Zähler ist der sogenannte **Induktionsmotorzähler**, der
nur den Wirkanteil der elektrischen Leistung erfasst. Er misst also die Arbeit

$W = P \cdot t = U \cdot I \cdot \cos \varphi \cdot t$

Bild MEC 660.1 zeigt das Prinzip dieses Zählers. Der Verbraucherstrom durchfließt
eine **Stromspule**. Die Netzspannung, die auch an den Verbrauchern liegt, wird einer
Spannungsspule zugeführt.

Die Stromspule sitzt auf einem U-förmigen Eisenkern und hat nur verhältnismäßig
wenig Windungen. Der Luftweg, über den sich der magnetische Fluss Φ der Stromspule schließen muss, ist recht lang. Daher ist der magnetische Widerstand des magnetischen Kreises der Stromspule verhältnismäßig groß. Wegen der kleinen Windungszahl N und des großen magnetischen Widerstandes R_m ist die Induktivität der Stromspule klein.

Die Spannungsspule hat demgegenüber eine recht hohe Windungszahl. Der Luftspalt des Eisenkerns der Spannungsspule ist gering. Aus diesem Grunde ist der magnetische Widerstand dieses Kreises ebenfalls niedrig. Die Spannungsspule hat also
eine relativ hohe Induktivität. Die große Induktivität der Spannungsspule bedingt einen hohen induktiven Widerstand, so dass der Strom i_u in der Spannungsspule der
Spannung u zeitlich um fast 90° nacheilt.

Nehmen die Verbraucher, deren Arbeit ein Zähler erfasst, reine Wirkleistung auf, so
sind der Strom in der Spannungsspule und der Strom in der Stromspule um 90° gegeneinander zeitlich phasenverschoben. Mit dem Strom und damit auch der Durchflutung liegt der magnetische Fluss zeitlich in Phase. Das bedeutet hier:

Der magnetische Fluss der Stromspule ist in Phase mit dem Verbraucherstrom.

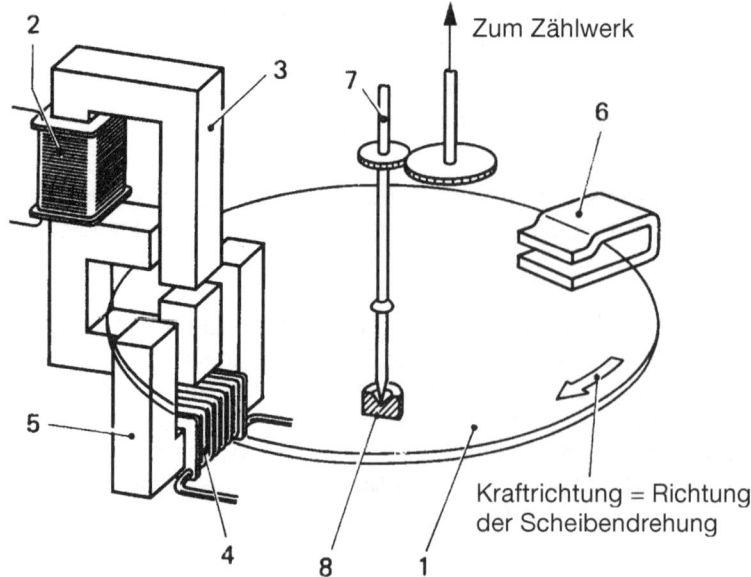

Zum Zählwerk

Kraftrichtung = Richtung
der Scheibendrehung

Bild MEC 660.1: Prinzip des Induktionsmotorzählers. 1 Aluminiumscheibe, 2 Spannungs-spule, 3 Spannungseisen, 4 Stromspule, 5 Stromeisen, 6 Bremsmagnet, 7 Welle, 8 Lager.

Der magnetische Fluss der Spannungsspule ist in Phase mit dem Strom in der Spannungsspule. Dieser Fluss eilt also der Spannung um eine Viertelperiode nach.

Der Wechselfluss, erzeugt von Strom oder Spannung, erzeugt in der Aluminiumscheibe Wirbelströme. Die Bahnen der Wirbelströme aber sind stromdurchflossene Leiter im Magnetfeld. Es wirken deshalb auf die Aluminiumscheibe Kräfte ein, die sie in eine Drehbewegung versetzen.

Die Kraft, die auf die Aluminiumscheibe des Induktionsmotorzählers wirkt, ist der Wirkleistungsaufnahme der Verbraucher proportional.

Ein Bremsmagnet wirkt als Gegenkraft gegen die Beschleunigung und hält die Aluminiumscheibe an, wenn der Stromfluss aussetzt (Bild MEC 660.1).

Die vom Zähler gemessene Leistung P kann durch Zählen der Umdrehungen der Zählerscheibe in einer bestimmten Zeit mit Hilfe der nachstehenden Formel ermittelt werden:

$$P = \frac{Z \cdot 3\,600 \cdot 1\,000}{C \cdot t}$$

Hierin bedeuten:

Z Anzahl der gezählten Umdrehungen
C Zählerkonstante in Umdrehungen je kW h (auf Leistungsschild angegeben)
t Abgestoppte Zeit in Sekunden;
P Leistung in W

MEC 660

Die Anzahl der Umdrehungen der Zählerscheibe ist also abhängig von der Arbeitsaufnahme des Verbrauchers. Über die Scheibenachse wird ein Zählwerk angetrieben, das die verbrauchten Kilowattstunden anzeigt.

Für Elektrizitätszähler, Tarifschaltuhren und Rundsteuerempfänger enthält DIN 43 856/ 09.89 Schaltungsnummern, Klemmenbezeichnungen und Schaltpläne. Bild MEC 661.1 zeigt das Schaltbild für den Anschluss eines einpoligen Wechselstrom-Wirkverbrauchzählers (Schaltungsnummer 1000).

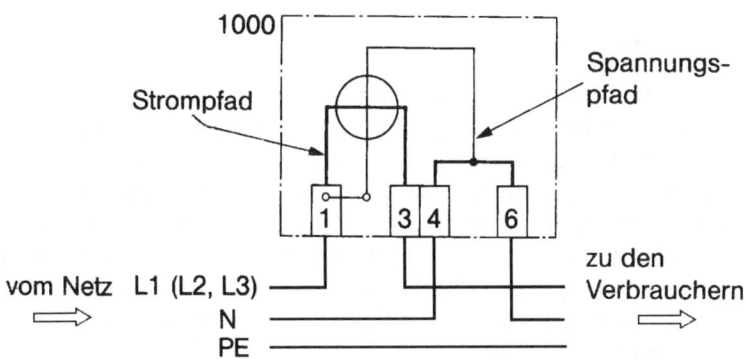

Bild MEC 661.1: Unmittelbarer Anschluss eines Wechselstrom-Wirkverbrauchzählers.

Neuzeitliche Verbraucheranlagen weisen heute in der Regel ein Drehstromnetz mit den stromführenden Leitern L1, L2, L3 und N sowie einen Schutzleiter PE auf. Die Messung der elektrischen Arbeit erfolgt hier durch einen Vierleiter-Drehstrom-Wirkverbrauchzähler, der aus 3 Einphasenmesswerken zusammengesetzt ist (Bild MEC 661.2, Schaltungsnummer 4000). Einen Vierleiter-Drehstrom-Wirkverbrauchzähler für Anschluss über Stromwandler zeigt Bild MEC 663.1.

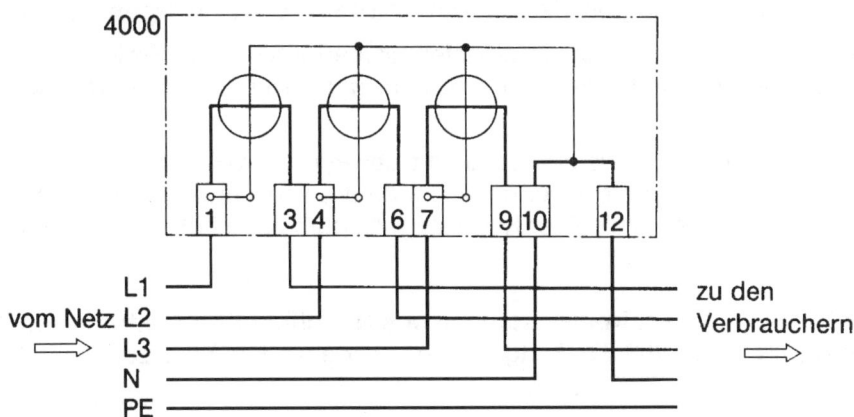

Bild MEC 661.2: Unmittelbarer Anschluss eines Vierleiter-Drehstrom-Wirkverbrauchzählers. In der Praxis werden Zähler heute häufig mit Tarifschaltuhren oder Rundsteuerempfängern verbunden.

Messwandler (DIN 42 600/08.73; DIN VDE 0414 Teil 1/1.94)

Messwandler dienen der Erweiterung des Messbereiches von Dreheiseninstrumenten. Sie finden vor allem in Hochspannungsanlagen Verwendung, in denen man mit ihrer Hilfe Ströme und Spannungen auf leicht messbare Werte heruntertransformiert. Außerdem setzt man sie in Niederspannungsanlagen zur Messung hoher Ströme ein. Auch Zähler können über Wandler angeschlossen werden. Man unterscheidet Stromwandler und Spannungswandler.

Für Messwandler sind die Genauigkeitsklassen 0,2, 0,5 und 1 festgelegt.

Stromwandler (DIN VDE 0414 Teil 2/1.94)

Die Anschlüsse der Primärwicklung werden mit K und L bezeichnet und die der Sekundärwicklung mit k und l (Bild MEC 662.1); diese eingeführten Bezeichnungen können auch weiterhin zusätzlich oder alternativ verwendet werden, obwohl international andere Anschlussbezeichnungen festgelegt sind. Um den Stromwandler einschalten zu können, muss der Verbraucherstromkreis geöffnet werden. Die Klemme K zeigt zur Einspeisung, die Klemme L zum Verbraucher. Der zu messende Verbraucherstrom durchfließt die Primärwicklung. Der Widerstand muss deshalb so klein wie möglich sein. Die Primärwicklung besteht nur aus wenigen Windungen dicken Drahts oder oft nur aus einem durchgehenden Leiter.

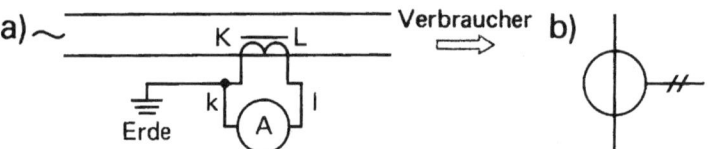

Bild MEC 662.1
a) Prinzipielle Schaltung und b) einpoliges Schaltzeichen des Stromwandlers

Der Stromwandler arbeitet über den kleinen Widerstand des Strommessers praktisch im Kurzschluss. Wird das Instrument abgeschaltet, so fällt im Kern der starke magnetische Gegenfluss des Kurzschlussstroms weg, und der von der Primärwicklung erzeugte Fluss kommt voll zur Wirkung. Die Induktion und damit auch die Eisenverluste werden dann im Kern so groß, dass er sich erhitzt und der Wandler unbrauchbar wird.

Aus diesem Grunde **darf ein Stromwandler nie leerlaufen**. Falls das Messgerät abgetrennt wird, müssen die **Klemmen** k und l auf der Sekundärseite **kurzgeschlossen** werden.

Tritt im Netz ein Kurzschluss auf, so nimmt der Primärstrom I_1 hohe Werte an. Das Verhalten des Stromwandlers bei hohen Strömen wird durch den Nennüberstromfaktor gekennzeichnet. Infolge der Kernsättigung durch den hohen Strom erhöht sich der Stromfehler.

Tafel MEC 662: Klassen, Nennleistungen und Nennüberstromfaktoren von Stromwandlern (DIN 42 600/08.73). Fettgedruckte Werte sind zu bevorzugen.

Klasse	Nennleistung in VA		Nennüberstrom-faktor
	bis 1 kV	bis 52 kV	
0,2	-	5; 10; **15**	5; 10
0,5	2,5; **5**; 10	5; 10; **15**; 30	-
1	2,5; 5; **10**	5; 10; **15**; 30	-

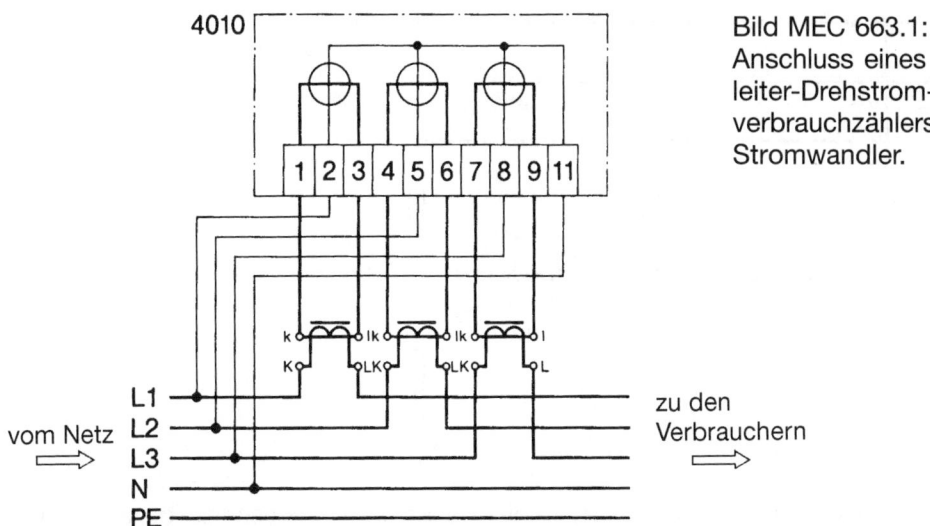

Bild MEC 663.1:
Anschluss eines Vier-
leiter-Drehstrom-Wirk-
verbrauchzählers über
Stromwandler.

Der Nennüberstromfaktor gibt an, bei welchem Vielfachen des Primärnennstromes der Gesamtfehler bei Stromwandlern für Messzwecke 15% beträgt. Bei einem Wandler mit dem Nennüberstromfaktor 10 wird ein Gesamtfehler von 15% erreicht bei $10 \cdot I_1$.

Bild MEC 663.1 zeigt den Anschluss eines Elektrizitätszählers über die Stromwandler.

Spannungswandler (DIN VDE 0414 Teil 1/1.94)

Der Spannungswandler wird wie ein Spannungsmesser geschaltet (Bild MEC 663.2). Damit kein Kurzschluss, sondern nur sehr geringer Stromfluss entsteht, muss die Primärwicklung viele Windungen dünnen Drahtes erhalten. Die Sekundärspannung beträgt im Allgemeinen 100 V. Die Sekundärwicklung hat entsprechend der Überset- zung weniger Windungen. Der Spannungswandler ist sekundärseitig zu erden.

Im Gegensatz zum Stromwandler arbeitet der Spannungswandler praktisch im Leer- lauf, denn die Messströme sind sehr klein. Der Spannungswandler darf demnach sekundärseitig auch offen sein und mit Sicherungen gegen Überlastung versehen werden.

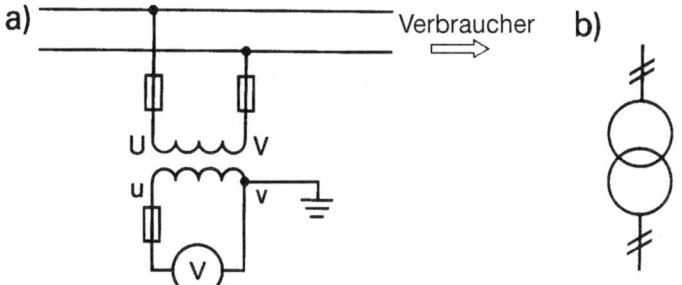

Bild MEC 663.2:
a) Prinzipielle Schaltung
b) einpoliges Schaltzei-
chen des Stromwand-
lers. Anschlussbezeich-
nungen nach der deut-
schen Norm.

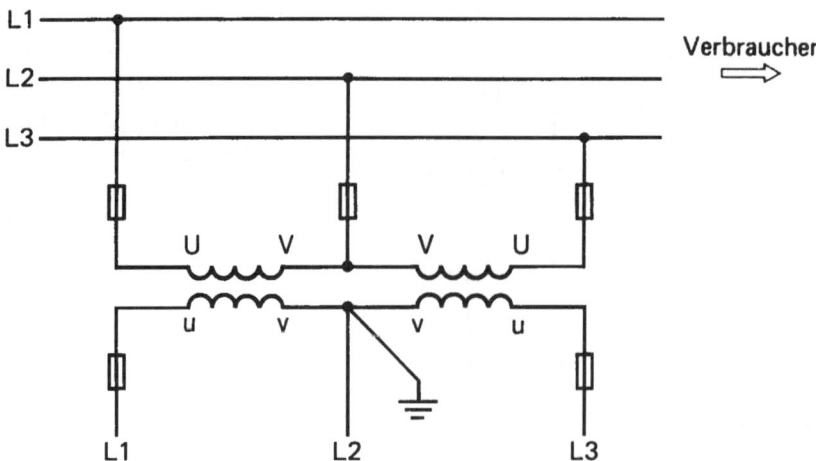

Bild MEC 664.1: Spannungswandler in einer V-Schaltung. Anschlussbezeichnungen nach der deutschen Norm.

Die Spannungswandler sind so ausgelegt, dass sie dauernd primärseitig die 1,2fache Nennspannung aushalten.

Die **Nennübersetzung** wird auch beim Spannungswandler nicht absolut genau eingehalten. Es entsteht ein geringer Spannungsfehler F_u, der die **Genauigkeitsklasse** bestimmt.

Für Spannungswandler gelten die **gleichen Genauigkeitsklassen wie für Stromwandler**. Die Klassenziffern 0,1; 0,2; 0,5 usw. entsprechen beim Spannungswandler dem prozentualen Spannungsfehler.

Dieser Fehler wird bei einer Belastung zwischen 0,25 bis 1,0 der Nennbürde des Wandlers eingehalten. Nur bei Klasse 3 liegt der Belastungsbereich zwischen 0,5 und 1,0 der Nennbürde. Der Leistungsfaktor darf im Sekundärkreis durch die Phasenverschiebung der Messgeräte bis cos $\varphi = 0,8$ absinken.

Für Drehstromanlagen verwendet man vorzugsweise anstelle von drei Einphasenwandlern nur zwei Wandler in der sogenannten **V-Schaltung** (Bild MEC 664.1).

Die genormten Nennleistungen für Spannungswandler sind in Tafel MEC 664 angegeben.

Tafel MEC 664: Klassen und Nennleistungen für Spannungswandler (DIN 42 600/08.73)

Klasse	Nennleistung in VA bei Primärspannungen von		
	500 V	1 kV bis 6 kV	19 kV bis 45 kV
0,2	10	10	10; 25
0,5	15; 25	25	10; 25; 50
1	25; 60	50	75; 150

MEC 664

Oszilloskop

Das Oszilloskop ist im Prinzip ein **Spannungsmesser**. Mit ihm können **Augenblickswerte** von sich ändernden Spannungen dargestellt werden (Wechselspannungen, Mischspannungen, Impulsfolgen usw.). Das bedeutet eine Darstellung der Spannung als Funktion der Zeit: $U = f(t)$.

Das Bild MEC 665.1 zeigt grobschematisch den **Aufbau eines Oszilloskops**. Das Herz des Oszilloskops ist die **Elektronenstrahlröhre**. Auf ihrem Leuchtschirm wird die Funktion $U = f(t)$ als leuchtende Kurve abgebildet. Diese Röhre ähnelt (grob betrachtet) im Aufbau und in der Funktion der Fernsehbildröhre. Der Elektronenstrahl trifft auf den Leuchtschirm, und an dieser Stelle leuchtet die Schicht punktförmig auf. Der Punkt (Leuchtfleck) ist gewissermaßen die Schreibstelle des Elektronenstrahls, der das Messergebnis aufzeichnet.

Der Elektronenstrahl durchläuft zwei senkrecht zueinander montierte Plattenpaare. Über die Verstärker wird an jedes Plattenpaar eine Spannung gelegt. Dadurch entsteht (wie bei einem Kondensator) ein elektrisches Feld, das entsprechend seinem Betrag und seiner Richtung den Strahl aus seiner Mittellage ablenkt. Somit wird auch der Leuchtfleck auf dem Leuchtschirm abgelenkt (bewegt). Die Betrag der Ablenkung hängt zu jedem Zeitpunkt von den Werten der elektrischen Feldstärken zwischen den Y-Platten und den X-Platten ab.

In Y-Richtung bestimmt die Messgröße (z. B. die Spannung U) die Ablenkweite. In X-Richtung wird der Leuchtfleck bei zeitabhängigen Darstellungen vom internen **Zeitbasisgenerator** gesteuert. Er legt in der Darstellung (also der Abbildung auf dem Leuchtschirm), die man **Oszillogramm** nennt, den **Zeitmaßstab** fest. Er ist in mehreren Messbereichen stufig einstellbar. Die abgebildete Kurve ist ein genaues zeitliches Abbild des Verlaufs der gemessenen Größe (z. B. einer Wechselspannung). Mit den für jeden Messbereich bekannten Ablenkkoeffizienten und einer Teilung auf dem Leuchtschirm kann das Oszillogramm messtechnisch ausgewertet werden. Bei größeren Oszilloskopen werden Ablenkkoeffizienten, Messbereiche und andere Daten in digitaler Darstellung zusätzlich auf dem Leuchtschirm abgebildet.

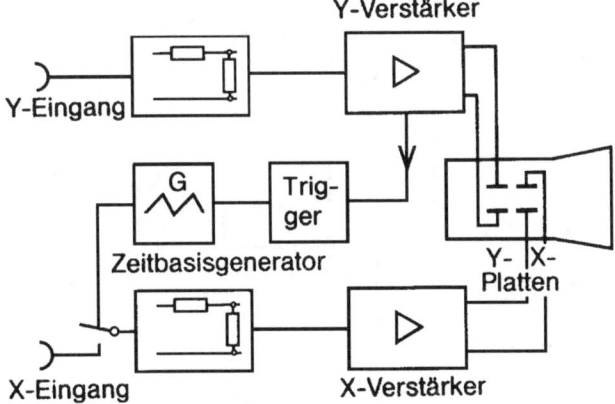

Bild MEC 665.1: Grundschaltung eines Oszilloskops zur Messung von Augenblickswerten zeitabhängiger Wechselspannungsgrößen.

Messen von Spannung, Strom, Widerstand

Der Praktiker misst vorherrschend **Spannung, Strom und Widerstand**. Mit diesen drei Messgrößen bekommt er wesentliche Aussagen über die Arbeitsweise und den Zustand des zu untersuchenden Geräts oder der Schaltung.

Für die **Spannungsmessung** ist (als Potenzialdifferenz) immer zwischen zwei Punkten zu messen. Das bedeutet, dass man die beiden Anschlussleitungen des Messgeräts mit der Messstelle verbinden kann, ohne das Gerät oder die Schaltung, an der gemessen wird, zu ändern. Der Eigenverbrauch des Spannungsmessers ist bei der Messung gegebenenfalls zu berücksichtigen.

Für die **Strommessung** muss die Messstelle im Stromkreis aufgetrennt werden, um den Strommesser einzufügen. Unabhängig davon, dass das immer im spannunglosen Zustand des Geräts oder der Schaltung erfolgen muss, ist die Auftrennung meist nicht ohne Werkzeug möglich. Darum wird (insbesondere in Schaltungen der Elektronik) stattdessen die Spannung an einem bekannten Widerstand gemessen und der Strom, der durch den Widerstand fließt, mit Hilfe des Ohmschen Gesetzes berechnet.

Für die **Widerstandsmessung** muss das Bauelement oder der Teil des Geräts, dessen Widerstand gemessen werden soll, aus dem Gerät oder aus der Schaltung herausgenommen oder wenigstens mit einem Anschlusspol abgetrennt werden. Für die Widerstandsmessung gibt es verschiedene Messverfahren.

Anschluss eines Spannungsmessers

Mit dem Spannungsmesser wird die Spannung zwischen zwei Punkten gemessen, z. B. zwischen den Klemmen eines Widerstands (Bild MEC 666.1a), einer Batterie (Teilbild b) oder den Anschlussleitungen eines Motors (Teilbild c). Das Messgerät muss darum an diese beiden Punkte angeschlossen werden. Es liegt dann parallel zur Spannungsquelle oder zum Verbraucher. Zur Spannungsmessung braucht der Stromkreis nicht geöffnet zu werden. Damit der Eigenverbrauch des Spannungsmessers gering gehalten wird und das Messergebnis nicht verfälscht, sollte der Innenwiderstand des Messgeräts möglichst groß sein.

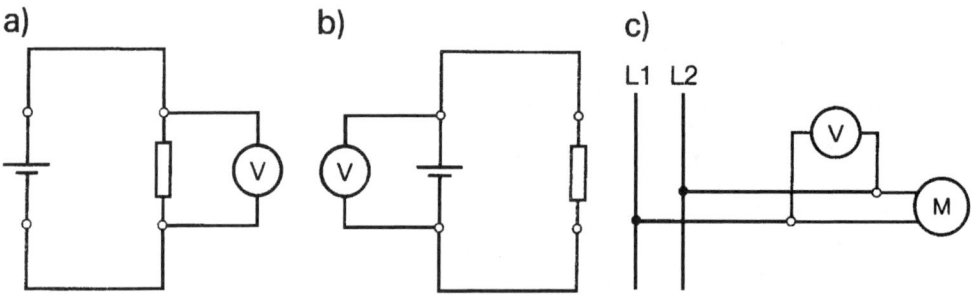

Bild MEC 666.1: Anschluss eines Spannungsmessers: (a) zur Messung einer Spannung an einem Widerstand, (b) zur Messung der Spannung einer Batterie, (c) zur Messung der Spannung an einem Motor.

Anschluss des Strommessers

Zum Anschluss des Strommessers muss man den Stromkreis auftrennen und das Messgerät mit den Verbrauchern in Reihe schalten (Bild MEC 667.1). Es wird immer der Strom gemessen, der an der Stelle durch die Leitungsverbindung fließt, die für die Messung aufgetrennt wurde. Damit der Eigenverbrauch des Strommessers klein ist, sollte der Innenwiderstand des Messgeräts klein sein.

a)   b)

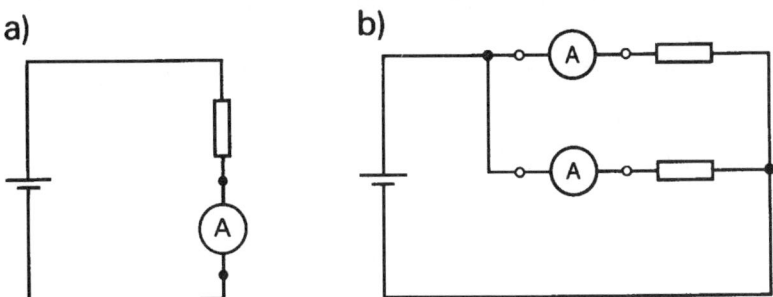

Bild MEC 667.1: Anschluss eines Strommessers: (a) Messung des Stroms, der durch einen Stromkreis fließt, (b) Messung der Teilströme in den Zweigen eines Stromkreises.

Anschluss eines Leistungsmessers

Die Stromspule des Leistungsmesswerks wird mit dem Verbraucher in Reihe geschaltet, die Spannungsspule über einen Vorwiderstand an die Spannung des Verbrauchers (Bild MEC 667.2).

a)   b)

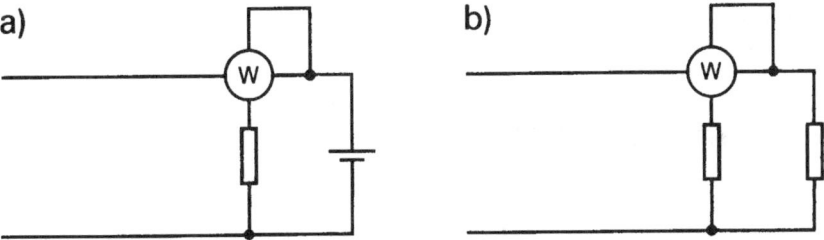

Bild MEC 667.2: Schaltung eines Leistungsmessers zur Messung der Leistung, die a) eine Spannungsquelle abgibt, b) ein Verbraucher aufnimmt.

Messbereichserweiterungen von Drehspulinstrumenten

Man kann den Messbereich durch Hinzuschalten von Widerständen erweitern. Beim Spannungsmesser wird der Zusatzwiderstand als Vorwiderstand zum Messgerät in Reihe geschaltet. Beim Strommesser wird der Zusatzwiderstand als Nebenwiderstand zum Messgerät parallel geschaltet. Im Folgenden wird an je einem Beispiel die Messbereichserweiterung für Spannungs- und Strommesser erläutert.

Spannungsmesser

Der Messbereich von Spannungsmessern wird durch einen Vorwiderstand erweitert (Bild MEC 668.1).

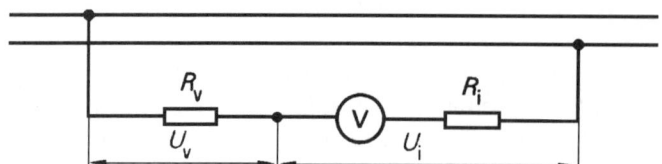

Bild MEC 668.1: Messbereichserweiterung eines Spannungsmessers durch einen Vor-widerstand R_v. Der Widerstand R_i beschreibt den Innenwiderstand des Spannungs-messers vor der Messbereichserweiterung. Der Strommesser wird direkt mit dem Widerstand in Reihe geschaltet.

Für den Vorwiderstand R_v gilt:

$R_v = (n - 1) \cdot R_i$

Beispiel

Ein Spannungsmesser (60 mV) hat nach Angaben des Herstellers einen inneren Wider-stand von $R_i = 333,3\ \Omega$ je 1 V Zeigerausschlag. Man schreibt dafür: 333,3 Ω/V.

Wie groß muss der **Vorwiderstand** R_v für eine Erweiterung des Messbereichs auf 300 V sein?

Lösung

Wenn das Instrument für 1 V einen inneren Widerstand von 333,3 Ω hat, so sind das für 60 mV:

333,3 Ω/V = 0,06 V = 20 Ω

Der Messbereich soll auf das

$n = \dfrac{300\ \text{V}}{0,06\ \text{V}} = 5\,000\text{fache erweitert werden.}$

$R_v = (n - 1) \cdot R_i = (5\,000 - 1) \cdot 20\ \Omega = 100\,000\ \Omega$

Strommesser

Der Messbereich von Strommessern wird durch Nebenwiderstände erweitert (Bild MEC 669.1).

Für den Nebenwiderstand gilt:

$R_n = \dfrac{R_i}{n - 1}$

Hierin bedeuten:

R_n Nebenwiderstand in Ω
R_i Innenwiderstand in Ω
n Faktor, um den der Messbereich vergrößert wird.

Beispiel

Ein Strommesser hat einen inneren Widerstand von $R_i = 0,09\ \text{W}$. Sein Messbereich soll auf das 10fache erweitert werden. Wie groß muss der Nebenwiderstand R_n sein?

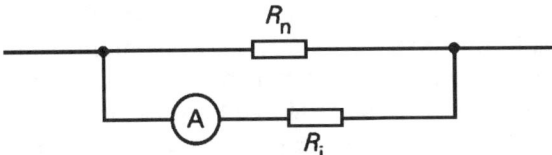

Bild MEC 669.1: Messbereichserweiterung eines Strommessers durch einen Neben-widerstand R_n. Der Widerstand R_i beschreibt den Innenwiderstand des Strommes-sers vor der Messbereichserweiterung. Der Spannungsmesser wird direkt zum Wi-derstand parallel geschaltet.

Lösung

$$R_n = \frac{R_i}{n-1} = \frac{0{,}09}{10-1}\,\Omega = \frac{0{,}09}{9}\,\Omega = 0{,}01\,\Omega$$

Messverfahren

Je nach Anwendungsbereich, Messaufgabe und zu untersuchenden Schaltungen oder Geräteteilen haben sich **verschiedene Messverfahren** entwickelt. Diese Verfahren können sich analoger, digitaler oder beider Messgerätearten bedienen. Messverfahren, bei denen Spannungsmesser eingesetzt werden, herrschen vor. Das hat zwei Gründe: Erstens kann man mit elektronischen Schaltungen verhältnismäßig leicht Spannungs-messgeräte mit sehr hohem Innenwiderstand realisieren. Zweitens erfordert eine Span-nungsmessung keinen Eingriff in die zu untersuchende Schaltung.

Analoge und digitale Messgeräte

Bei **analogen Messgeräten** ist die Genauigkeit sehr stark durch die Genauigkeit der Skale und die Ablesung am Instrument bestimmt.

Bei **digitalen Messgeräten** hat man den Vorteil der direkten Darstellung von Ziffern. Das erleichtert die Ablesung und vermeidet Ablesefehler. Die Genauigkeit kann man gegenüber analogen Messgeräten schaltungstechnisch verbessern. Bei den digita-len Messgeräten gibt es mehrere Basisverfahren (z.B. Spannungs-Zeit-Wandlung, Spannungs-Frequenz-Wandlung, Doppel-Integration usw.), auf die hier nicht einge-gangen werden kann. Jedes Verfahren hat seine spezifischen Eigenschaften und be-stimmt damit das Verhalten des betreffenden digitalen Messgeräts.

Auswirkungen unterschiedlicher Messverfahren

Die verschiedenen Messverfahren wirken sich insbesondere bei **Wechselspannungs-messungen** aus. Wechselspannungen müssen entweder verstärkt, „zerhackt" oder gleichgerichtet werden; sie müssen also bei der Bearbeitung in elektronischen Schal-tungen gewandelt werden. Das kann sich auf das Messergebnis der Messgröße aus-wirken.

So muss unterschieden werden, ob das betreffende Messgerät den **Mittelwert** der Wechselspannung misst, den **Spitzenwert** oder den **Effektivwert**. Dies ist vor allem wichtig, wenn Wechselspannungen unterschiedlichster Kurvenformen (Sinus, Recht-eck, Dreieck, Impulse usw.) zu messen sind.

Ein Messgerät, das gemäß dem verwendeten Messverfahren beispielsweise Spitzen-werte misst, aber den Effektivwert anzeigt, muss bei abweichender Kurvenform nicht unbedingt weiter richtige Effektivwerte anzeigen. In Zweifelsfällen sollte man immer die Handbücher oder Bedienungsanleitungen der Messgeräte zu Rate ziehen. Hinzu kommt der Einfluss oder die Abhängigkeit bei Frequenzwerten, die höher als die Netz-frequenz sind.

Messgeräte, mit denen man Ereignisse, Frequenz, Periodendauer, Impulsdauer usw. messen kann, sind meist digitale Messgeräte, die zur Gruppe der Zähler zu rechnen sind. Solche Messgeräte können auch komplexere Aufgaben, z. B. in der Produktion oder Fertigung, übernehmen. Sie können speziell auf ihre Aufgaben hin programmiert werden und teil- oder vollautomatisch ihr Messprogramm durchführen. Auf die Be-sonderheiten der Messverfahren für die Messung nichtelektrischer Größen kann hier aus Platzgründen nicht eingegangen werden.

Widerstandsmessungen

Grundsätzlich sind für Widerstandsmessungen zwei Messverfahren zu unterscheiden:

1. es werden Spannung und Strom gemessen und daraus nach dem Ohmschen Ge-setz der Widerstand ermittelt (Strom-Spannungs-Methode), oder

2. es wird der unbekannte Widerstand mit einem bekannten Widerstand verglichen (Substitutions-, Vergleichs- oder Brückenmethode).

Strom-Spannungs-Methode

Man misst **Strom und Spannung** am unbekannten Widerstand entweder nach der Messschaltung im Bild MEC 670.1 oder Bild MEC 671.1 und berechnet den Wider-standswert mit den angegebenen Formeln. Die Genauigkeit, mit der der Widerstand gemessen werden kann, hängt von der Genauigkeit der verwendeten Messgeräte ab. Außerdem ist die Messgenauigkeit abhängig vom Verhältnis Spannung am Strom-messer zu Spannung am Widerstand (Bild MEC 670.1) oder vom Verhältnis Strom durch den Spannungsmesser zu Strom durch den Widerstand (Bild MEC 671.1). Sind die Innenwiderstände der Messgeräte bekannt, kann man diese Einflüsse mit einer Berechnung ausschalten.

Messung großer Widerstandswerte

Man verwendet die Schaltung nach Bild MEC 670.1. Für den Widerstandswert R_x gilt die folgende Formel:

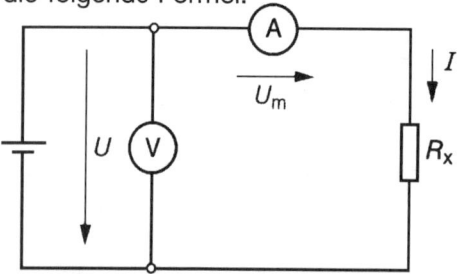

$$R_x = \frac{U - U_m}{I}$$

Hierin bedeuten:

R_x zu messender Widerstand in Ohm
U Spannung am Spannungsmesser in V
U_m Spannung am Strommessgerät in V
I Strom durch den Strommesser in A

Bild MEC 670.1: Schaltung der Widerstands-messung nach der Strom-Spannungs-Methode für große Widerstandswerte.

Da in dieser Schaltung grundsätzlich eine Spannung gemessen wird, die größer ist als die am Widerstand abfallende Spannung, der Strom dagegen richtig gemessen wird, spricht man von der **stromrichtigen Messung**.

Messung kleiner Widerstandswerte

Man verwendet die Schaltung nach Bild MEC 671.1. Für den Widerstandswert R_x gilt die folgende Formel:

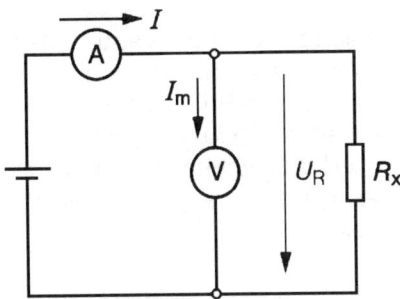

$$R_x = \frac{U_R}{I - I_m}$$

Hierin bedeuten:

R_x Zu messender Widerstand in Ohm
U_R Spannung am Spannungsmesser in V
I_m Strom durch den Spannungsmesser in V
I Strom durch den Strommesser in A

Da in dieser Schaltung grundsätzlich ein Strom gemessen wird, der größer ist als der durch den Widerstand fließende Strom, die Spannung dagegen richtig gemessen wird, spricht man von der **spannungsrichtigen Messung**.

Bild MEC 671.1: Schaltung der Widerstandsmessung nach der Strom-Spannungs-Methode zur Messung kleiner Widerstandswerte.

Substitutionsmethode

Die Schaltung nach Bild MEC 671.2 wird mit einer **Spannungsquelle** gespeist. Man misst in der Schalterstellung 1 den Stromwert, der durch den Widerstand R_x fließt und stellt danach in der Schalterstellung 2 mit dem geeichten Widerstand R den gleichen Stromwert ein. Der dazu eingestellte Widerstandswert an R gibt den gesuchten Wert des zu messenden Widerstands R_x an.

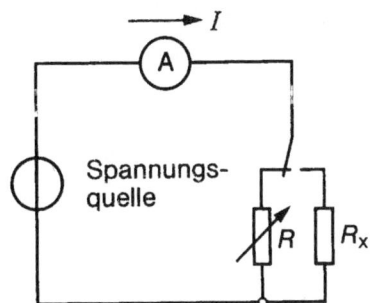

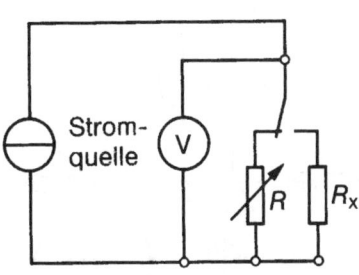

Bei der idealen Spannungsquelle ist die Spannung vom Strom unabhängig

Bei der idealen Stromquelle ist der Strom vom Belastungswiderstand unabhängig.

Bild MEC 671.2: Messung nach der Substitutionsmethode. Der Widerstand liegt über einen Strommesser an der Spannungsquelle.

Bild MEC 671.3: Messung nach der Substitutionsmethode. Der Widerstand wird von einer Stromquelle gespeist. Gemessen wird die Spannung am Widerstand.

Die Schaltung nach Bild MEC 671.3 wird mit einer **Stromquelle** gespeist. Man misst in der Schalterstellung 1 den Spannungswert, der am Widerstand R_x auftritt, und stellt danach in der Schalterstellung 2 mit dem geeichten Widerstand R den gleichen Spannungswert ein. Der dazu eingestellte Widerstandswert an R gibt den gesuchten Wert des zu messenden Widerstands R_x an.

Brückenmethode

Widerstandsmessungen nach der Brückenmethode zählen zu den **genauesten** Messungen von Widerstandswerten. Das Messprinzip beruht darauf, dass man die Brücke abgleicht. Das Verhältnis der Widerstände in zwei parallelen Brückenzweigen ist danach bekannt, und man kann daraus den Wert des in einem Zweig liegenden, unbekannten Widerstands berechnen, ohne die Strom- oder Spannungswerte in der Schaltung kennen zu müssen. Der Brückenabgleich erfolgt an einem empfindlichen Anzeigeinstrument (Galvanometer) im Brückenquerzweig.

Wheatstone-Brücke

Der englische Physiker Wheatstone (1802 bis 1875) hat die Brückenschaltung für Widerstandsmessungen erstmals angewendet. Die nach ihm benannte Schaltung zeigt das Bild MEC 672.1. Der Galvanometerstrom wird von der Spannung U_v getrieben, die zwischen den Punkten C und D liegt.
Im abgeglichenen Zustand wird $U_v = 0$ und es gilt die Beziehung:

$$\frac{R_x}{R_3} = \frac{R_1}{R_2}$$

Für R_x als zu messenden, unbekannten Widerstand ergibt sich:

$$R_x = R_3 \cdot \frac{R_1}{R_2}$$

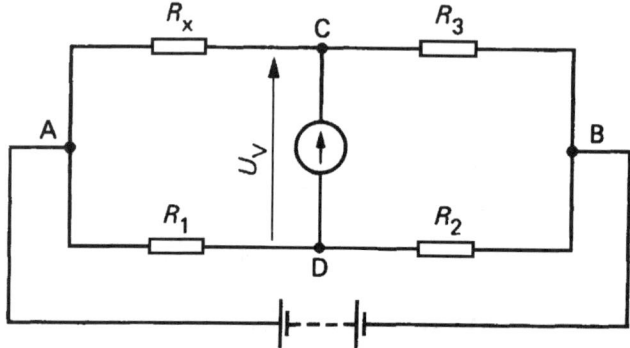

Bild MEC 672.1: Schaltung der Wheatstone-Brücke. Die Brücke wird so abgeglichen, dass die Spannung am Instrument im Brückenquerzweig C-D Null wird.

Elektrisches Messen mechanischer Größen

Messkette

Zum elektrischen Messen mechanischer Größen sind **Messketten** notwendig, die aus **Messkettengliedern** bestehen. Den **prinzipiellen Aufbau** einer Messkette aus den Gliedern Aufnehmer (Sensor), Anpasser und Anzeige (Aktor) zeigt Bild MEC 673.1. Die Symbole der Messkettenglieder sind in DIN 40900 Teil 8 (Tabelle MEC 674) angegeben. Die Darstellung der Messkette durch einen Geräteplan ist in VDI/VDE 2600/11.73 (Bild MEC 673.2) enthalten.

Notwendig ist eine Umsetzung der Signale analog/digital und digital/analog. Das Prinzip der Messkette wird dadurch erweitert, aber nicht grundlegend geändert – der Übergang zum physikalischen Prozess bleibt analog.

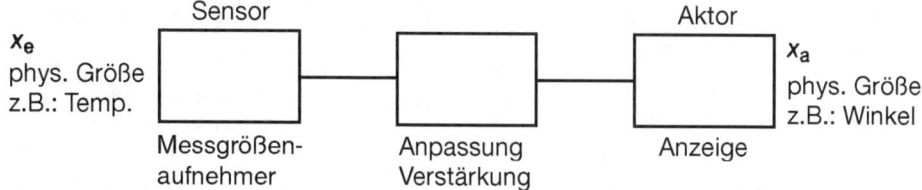

Bild MEC 673.1: Prinzipieller Aufbau einer Messkette.

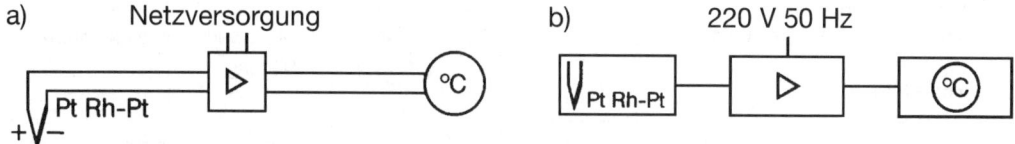

Bild MEC 673.2: Darstellung der Messkette durch einen Geräteplan: a) mit Gerätebildern, b) mit Geräteblöcken.

Soll das Messsignal vom Rechner erfasst oder von ihm weiter verarbeitet werden, wird die Messkette durch digital arbeitende Systeme erweitert (Bild MEC 673.3).

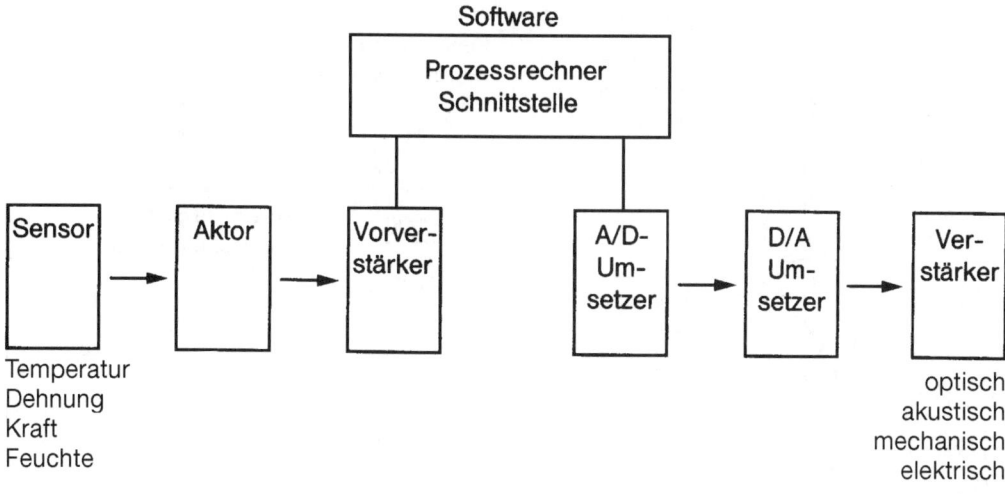

Bild MEC 673.3: Messwertverarbeitung durch Rechner

Schaltzeichen

Tafel MEC 674: Schaltzeichen von Messkettengliedern (DIN 40 900 Teil 8/03.88)

Schaltzeichen	Beschreibung	Schaltzeichen	Beschreibung
Aufbauglieder und Grundarten		**Messwerke und Registrierwerke**	
⊛	Messgerät, anzeigend, allgemein	◯	Messwerk, allgemein
⊛	Messgerät, aufzeichnend, allgemein		Messwerk mit einem Spannungspfad
⊛	Messgerät, integrierend, allgemein; Elektrizitätszähler, allgemein		Messwerk mit einem Strompfad
			Messwerk mit Anzapfung
Der Stern in den Schaltzeichen muss durch eine der folgenden Angaben ersetzt werden:			Messwerk zur Summen- oder Differenzbildung
– Zeichen für die Einheit der zu messenden Größe und gegebenenfalls deren Vorsätze,			Messwerk zur Produktbildung
– Zeichen für die zu messende Größe, – chemische Zeichen – Kennzeichen, z.B. Pfeil beim Galvanometer.			Messwerk zur Quotienten- bildung
Thermoelemente			Kreuzzeigerinstrument
Form 1	Thermoelement, dargestellt mit Kennzeichen für die Polarität.		Registrierwerk, allgemein Linienschreibwerk
Form 2	Thermoelement, dargestellt mit einer breiteren Linie für den negativen Pol	**Kennzeichen für Anzeige und Registrierung**	
	Thermoelement mit nichtisoliertem Heizelement		Anzeige, allgemein
Vereinfachte Darstellung		000	Anzeige, digital Anzeige, nummerisch
	Thermoelement mit isoliertem Heizelement		Registrierung, schreibend
			Registrierung, punktschreibend
Vereinfachte Darstellung			Drehfeldrichtung

MEC 674

Tafel MEC 674: Schaltzeichen von Messkettengliedern (Fortsetzung)

Schaltzeichen	Beschreibung	Schaltzeichen	Beschreibung
Aufbauglieder und Grundarten			
	Dehnungsmessstreifen		Winkelstellungsgeber, Winkelstellungsempfänger Drehmelder
	Widerstandsthermometer Bolometer		Aufnehmer mit veränderbarem Widerstand, Kraftmessdose mit Dehnungsmessstreifen
	Messzelle, galvanisch ph-Elektrode		Aufnehmer, magnetoelastisch
	Leitfähigkeitselektrode		Aufnehmer, induktiv
	Geber, magnetoelastisch		Messumformer Umformer von Temperatur in elektrischen Strom
	Geber, magnetisch, dargestellt mit beweglicher Spule		Signalumsetzer mit galvanischer Trennung, dargestellt ist Umsetzung von Wechselstrom 1 A auf Gleichspannung 10 V
	Differenzgeber, induktiv		Analog/Digital-Umsetzer
			Gleichspannungs/Pulsphasen-Umsetzer, dargestellt mit galvanischer Trennung

MEC 675

Statische Eigenschaften von Messkettengliedern

Die **statische Kennlinie** oder **Kalibrierkurve** definiert den Zusammenhang zwischen der **Eingangsgröße** x_e (Messgröße), z. B. gemessen mit einem Normal, und der **Ausgangsgröße** x_a der Messkette (Anzeige des Prüflings) im stationären Zustand nach Abklingen der Übergangsfunktion. Dabei wird die Ist-Kennlinie (Bild MEC 676.1) durch Messung der Messkette (Prüfling) gegen ein Normal bestimmt, dessen Fehlergrenzen im Vergleich zum Prüfling gering sind. Die **Ist-Kennlinie** soll mit steigender und fallender Eingangsgröße bestimmt werden.

Die **Soll-Kennlinie** wird als „**beste Gerade**" durch die Ist-Kennlinie gelegt. Die **Messabweichung** der Messkette ist die Differenz zwischen Ist- und Soll-Kennlinie.

Die Empfindlichkeit (Verstärkung oder Übertragungsfaktor) K ist durch die **Steigung der Soll-Kennlinie** definiert:

$$K = \frac{\Delta x_a}{\Delta x_e}$$

In Tafel MEC 677 sind die Arten der Messabweichungen und ihre Berücksichtigung bei der Angabe des Messwerts erläutert.

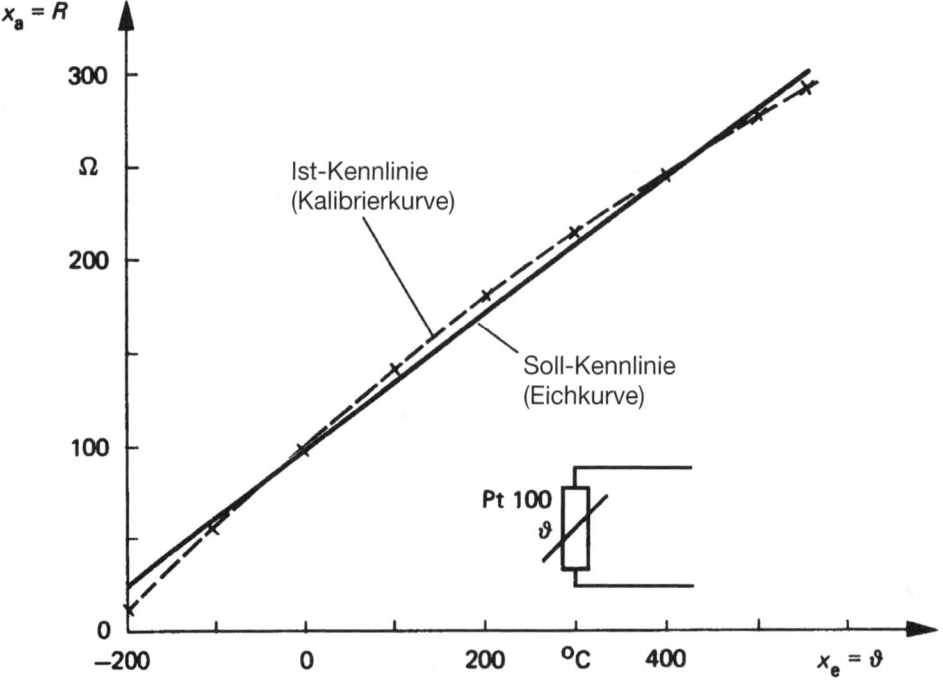

Bild MEC 676.1: Messkettenglied mit näherungsweise linearer Kennlinie. Temperaturmessung mit Pt100-Widerstandsthermometer

Messabweichungen

Tafel MEC 677: Arten der Messabweichungen

Systematische Abweichungen	Zufällige Abweichungen
Kennzeichen: Bei Wiederholung der Messung nicht erkennbar, machen das Messergebnis unrichtig.	**Kennzeichen:** Bei Wiederholung der Messung erkennbar, machen das Messergebnis unsicher.
Beispiele: Fehler des Normals, Leitungswiderstand, Speisespannungsschwankung	**Beispiele:** Beobachtungsfehler, Veränderliche Reibung
Berücksichtigung: Bildung des **Mittelwerts**: $$x = \frac{1}{n}\sum_{i=1}^{n} x_i$$ als wahrscheinlicher wahrer Wert. Bei angenäherter **Gaußscher Normalverteilung** ist die Angabe der **Standardabweichung** sinnvoll: Aussage: $s = \sqrt{\dfrac{1}{n-1}\sum_{i=1}^{n}\left(x_i - \bar{x}\right)^2}$ Von den zu erwartenden Messwerten liegen $P = 68{,}3\%$ innerhalb $+ s$ $P = 95{,}4\%$ innerhalb $+ 2\,s$ $P = 99{,}7\%$ innerhalb $+ 3\,s$ Für die Vertrauenswürdigkeit des Mittelwertes lässt sich bei 95% Wahrscheinlichkeit der **Vertrauensbereich** angeben: $m_x = \pm \dfrac{t}{\sqrt{n}} \cdot s$ (n = Anzahl der Messungen)	**Berücksichtigung:** Ermittlung der systematischen Messabweichung ($e_{s,b}$) und Angabe des berichtigten Messwertes: $x_E = x - e_{s,b}$ Auch die Fehlergrenzen G der Messkette sind als unbekannte systematische Messabweichungen anzusehen und festzuhalten. Sie sind ggf. mit den Gesetzen der Fehlerfortpflanzung zu berechnen.

Daher ist der Messwert anzugeben als:

$$x = \bar{x} + m_x + G$$

Messabweichung, Fehlergrenzen und Genauigkeitsklasse

Nach Berechnung der Soll-Kennlinie lassen sich die systematischen Messabweichungen ermitteln. Weil aber die Kennlinie der systematischen Messabweichungen oft nur durch eine aufwendige Kalibrierung ermittelbar ist, kennt der Anwender meist nur die **garantierten Fehlergrenzen** G des Messgeräts oder der Messkette.

Diese Fehlergrenzen werden als **Genauigkeitsklasse** Kl angegeben, indem die Fehlergrenzen G auf den Endwert bezogen werden.

$$\textbf{Definition: } Kl = \frac{|G|}{x_E} \cdot 100\ \% \qquad G = \pm \frac{Kl}{x_E} \cdot x_E$$

Kalibrierung von Messketten

Durch Kalibrieren wird der Zusammenhang zwischen Anzeige (Ausgangsgröße x_a) und Messwert (Eingangsgröße x_e) festgestellt: $x_a = K \cdot x_e$ (K = Verstärkungsfaktor). Bei bekannter Anzeigegerät-Skale wird durch Kalibrieren die Messabweichung des Messgeräts ermittelt. Man unterscheidet externe Kalibrierung und interne Kalibrierung.

Externe Kalibrierung

Bei dieser Kalibrierung (Bild MEC 678.1) ist eine äußere, bekannte physikalische Größe als Messgröße x_e aufzubringen, so dass die **Ist-Kennlinie** $x_a = f(x_e)$ definierbar ist. Dieses Verfahren kann nur selten angewendet werden, weil es den Einsatz eines Normals voraussetzt. Durch stufenlose Verstellung des Verstärkungsfaktors K kann $x_{e\ kal}$ als $x_{a\ kal} = p_{kal}$ ausgegeben und angezeigt werden.

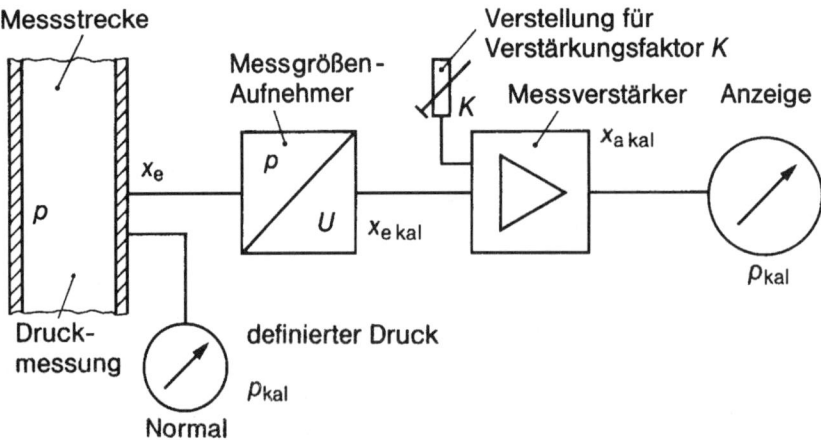

Bild MEC 678.1: Beispiel für externe Kalibrierung

MEC 678

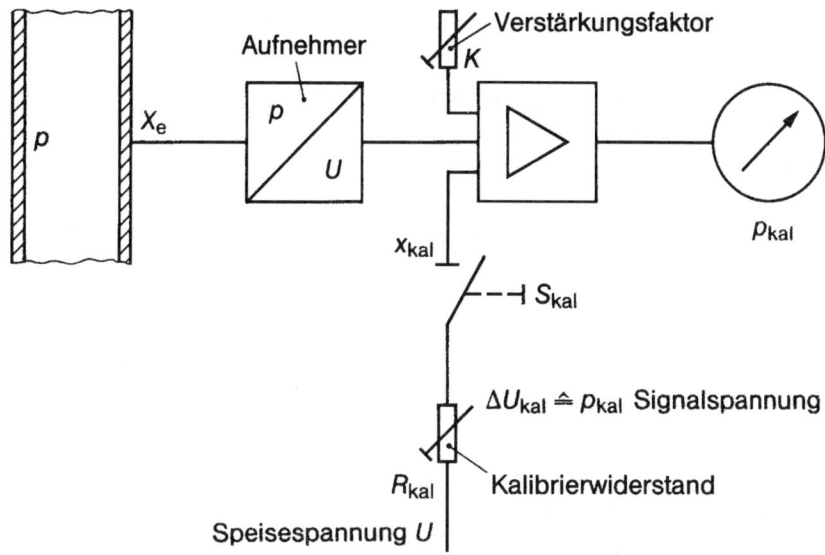

Bild MEC 679.1: Beispiel für interne Kalibrierung

Interne Kalibrierung

Da häufig kein Normal zur Verfügung steht, wird durch das **Kalibriersignal** ΔU eines einschaltbaren Kalibrierwiderstands (Bild MEC 679.1) eine definierte Messgröße simuliert und die Messkette nach dieser eingestellt. Die Empfindlichkeit des Aufnehmers muss zum Kalibriersignal in einer vom Hersteller garantierten Relation stehen.

Beispiel: Das Kalibriersignal $x_{kal} = 8$ mV Signalspannung entspricht z. B. einem Druck von 20 bar. Durch Verstellung des Verstärkungsfaktors K wird die Anzeige P_{kal} auf diesen Zusammenhang eingestellt.

Dynamische Messabweichungen

Nur **verzögerungsfreie** Messkettenglieder können dem zeitlichen Verlauf der Eingangsgröße ohne zeitliche Verzögerung folgen. Wirkliche Messkettenglieder zeigen meist ein bestimmtes **Übertragungsverhalten**. Man spricht von einem dynamischen Verhalten oder **Übergangsverhalten** 1. Ordnung (ein Energiespeicher oder Kapazität vorhanden) oder 2. Ordnung (2 Energiespeicher vorhanden). Daher entstehen, z. B. durch Dämpfung, Schwingungsfähigkeit und Trägheit, **dynamische Messabweichungen** (Bild MEC 680.1).

Das dynamische Verhalten von Messkettengliedern wird durch **Testfunktionen** ermittelt.

Zweckmäßig sind meist **Sprungfunktion** und **Sprungantwort** oder Eingabe einer **Sinusfunktion** und Ermittlung des **Frequenzgangs** (Amplitudenverhältnis und Phasenverschiebung). Die Wahl des Verfahrens hängt gewöhnlich von der technischen Realisierbarkeit eines Sprunges oder eines Sinus der Messgröße ab.

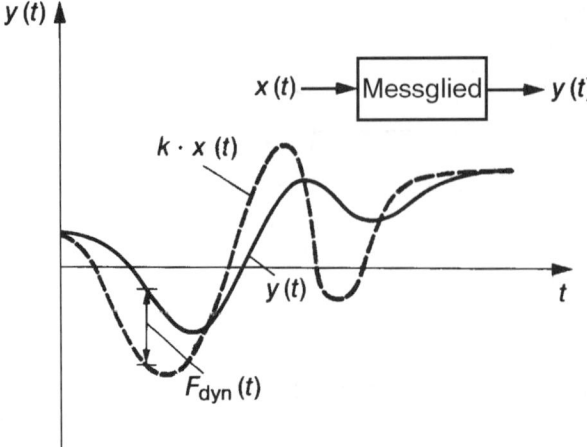

Bild MEC 680.1: Dynamische Messabweichung eines verzögerungsbehafteten Messglieds.

Dehnungsmessstreifen (DMS)

Funktionsprinzip: Widerstandsänderung ΔR eines Metallgitters proportional zur Dehnung ε durch Längenzunahme Δl, Querschnittsabnahme Δd und Änderung des spezifischen Widerstandes $\Delta \rho$. Gemessen wird die **Dehnung in Gitterrichtung**. Die Querempfindlichkeit beträgt dabei max. ca. 1%. Typische **DMS-Bauformen** zeigt Tafel MEC 681.

Typische technische Daten: Grundwiderstand $R = 120\ \Omega$ bis $600\ \Omega$. Maximale Widerstandsänderung $\Delta R/R = +1\%$ bei Dehnungen und Stauchungen bis $\varepsilon = \pm 10\%$.

Es gilt $\dfrac{\Delta R}{R} = K \cdot \varepsilon \qquad \varepsilon = \dfrac{\Delta l}{l}$

Dynamische Belastungen bis 1 MHz. Messgitterlängen 0,3 mm bis 100 mm. Temperaturbereich – 270 °C bis 1 000 °C.

Werkstoffe: Konstantan mit einem Verstärkungsfaktor $K \approx 2$. In fertigen Aufnehmern, z. B. für Druck, auch **piezoresistive** DMS mit Verstärkungsfaktor $K \approx 100$.

Messschaltungen

Als Messschaltung wird die **Wheatstonesche Brückenschaltung** im Ausschlagverfahren eingesetzt. Die Brückenschaltung setzt Widerstandsänderungen ΔR in Spannungsänderungen ΔU um. Die Brücke besteht aus vier Widerständen; davon sind einer, zwei oder alle vier Geberwiderstände (ε). Tafel MEC 682 zeigt Messschaltungen mit DMS für einachsige Spannungszustände.

Messverstärker: DMS-Messschaltungen können mit Gleichspannungs- und Trägerfrequenzmessverstärkern nach den in Tafel MEC 683 angegebenen Kriterien betrieben werden.

Tafel MEC 681: Typische DMS-Bauformen für unterschiedliche Spannungszustände

Bauform	Anwendung	Messschaltung
	Für **einachsigen Spannungszustand** bei bekannter Richtung (Zug/Druck).	Viertelbrücke
	Für **2-achsigen Spannungszustand** bei **bekannten** Hauptrichtungen.	Viertelbrücke mit Messstellenumschalter.
	Für **2-achsigen Spannungszustand** bei **unbekannten** Hauptrichtungen Verfahren mit 0°/45°/90°-Rosette.	Viertelbrücke mit Messstellenumschalter
	Für die Messung von **Torsions- oder Scherspannungen** durch Messung der Dehnungen unter 45°.	Halbbrücke
		Vollbrücke

MEC 681

Tafel MEC 682: Messschaltungen für DMS (Wheatstonesche Brücke)

Messschaltung	Lastfall	Anwendung
Viertelbrücke R_1, ε, A (Abgleich), ΔU, R_2, V (Verstärkung), U	 F — R_1 — F R_2 (passiv) $\Delta U = \dfrac{U}{4} \cdot K \cdot \varepsilon$ $K \cdot \varepsilon = \dfrac{\Delta R}{R}$	Dehnung in Gitterrichtung
Halbbrücke $R_1 + \varepsilon$, A, ΔU, $R_2 - \varepsilon$, V, U	 R_1, R_2, F $\Delta U = \dfrac{U}{2} \cdot K \cdot \varepsilon$	Dehnung in Hauptrichtung bei symmetrischer, gegensinniger Lastverteilung.
2/4-Brücke $R_1 + \varepsilon$, R_3, A, ΔU, R_2, $R_4 + \varepsilon$, V, U	 F — R_1 — R_4 — F R_2 (passiv), R_3 $\Delta U = \dfrac{U}{2} \cdot K \cdot \varepsilon$	Dehnung in Hauptrichtung bei symmetrischer, gleichsinniger Lastverteilung.
Vollbrücke $R_1 + \varepsilon$, $R_3 - \varepsilon$, A, ΔU, $R_2 - \varepsilon$, $R_4 + \varepsilon$, V, U	 R_1 R_3, M, R_2 R_4 $\Delta U = U \cdot K \cdot \varepsilon$ R_3, R_2, R_4, R_1, F	Dehnung in Hauptrichtung bei symmetrischer Lastverteilung.

Tafel MEC 683: Eigenschaften von Messverstärkern

Eigenschaft	Gleichspannungs-messverstärker	Trägerfrequenz-messverstärker
Geberprinzip	nur ohmsche Geber und aktive Geber	ohmsche, induktive und kapazitive Geber
Frequenzbereich des Messsignals (-1 dB)	0 bis 50 kHz	0 bis 0,1 x Trägerfrequenz, meist ca. 0,5 kHz
Nullpunktdrift	größer	gering
Eignung für statische Messung	weniger gut	sehr gut
Eignung für dynamische Messung	sehr gut	im Frequenzbereich eingeschränkt
Abbildungstreue von Impulssignalen	sehr gut	eingeschränkt
Impulsanstiegszeit	ca. 10 μs	ca. 0,5 ms
Einfluss elektrischer Störimpulse	größer	gering
Thermospannungseinfluss an Anschlussstellen	groß	ohne Einfluss, da ständig die Polarität wechselnd

Messung von Kraft, Moment und Beschleunigung

Zur Messung dieser Größen werden Aufnehmer auf DMS-Basis, piezoelektrischer Basis und magnetoelastischer Basis eingesetzt.

Bild MEC 683.1 zeigt die Eignung dieser Aufnehmer zur Erfassung der Messgrößen bei statischem Kraftverlauf, bei Kraftanstieg und bei dynamischem Kraftanteil. Gleiches gilt für die Erfassung von Momenten und Beschleunigungen. Tafel MEC 684 zeigt Messprinzip und Aufbauschema von DMS-Aufnehmern.

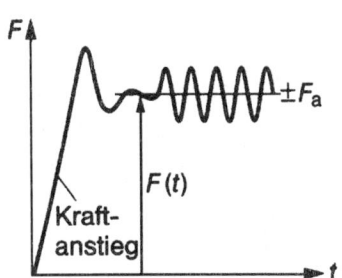

	DMS-Aufn.	Piezo-Aufn.	Magneto-elast. Aufn.
Kraftverlauf $F(t)$	1	2	2
Kraftanstieg	2	1	2
dynamischer Anteil +/- F_a	3	1	3
1 gut geeignet 2 geeignet 3 ungeeignet			

Bild MEC 683.1: Aufnehmer-Eignung zur Erfassung statischer und dynamischer Anteile von Kräften, Momenten oder Beschleunigungen.

Tafel MEC 684: Aufnehmer auf DMS-Basis

Prinzip und Anwendung	Aufbau
Biegebalken für wechselnde Kraftrichtung, Vollbrückenschaltung.	
Scherstab für wechselnde Kraftrichtung, Vollbrückenschaltung.	
Spezielle Verformungskörper, z. B. ringförmig, Vollbrückenschaltung. Einbau als querkraftfreie Pendelstütze für Zug und Druck.	
Torsionswelle stehend oder umlaufend, in diesem Fall Signalübertragung über Schleifringe oder berührungslos induktiv.	

Anwendung von Aufnehmern auf **DMS-Basis**: Kraft- und Momentenmessung in der **Wägetechnik**, z.B. an Förderbändern, Behälterstutzen, Hebezeugen, in der **Verschraubungstechnik**, bei der Leistungsmessung.

Aufnehmer auf magnetoelastischer Basis

Prinzip (Bild MEC 685.1): Durch mechanische Spannungen wird die Permeabilität ferromagnetischer Werkstoffe geändert. Die Senderspule (Primärwicklung) des ortsfesten Sensorkopfs durchsetzt den Werkstoff mit magnetischen Feldlinien. Die in den Aufnehmerspulen (Sekundärwicklungen) induzierten Spannungen werden entsprechend der mechanischen Spannungen verändert, die infolge einer Kraft oder eines Drehmoments auftreten.

Vorteilhaft ist die **berührungslose Signalerzeugung** an z.B. vorhandenen Wellensträngen.

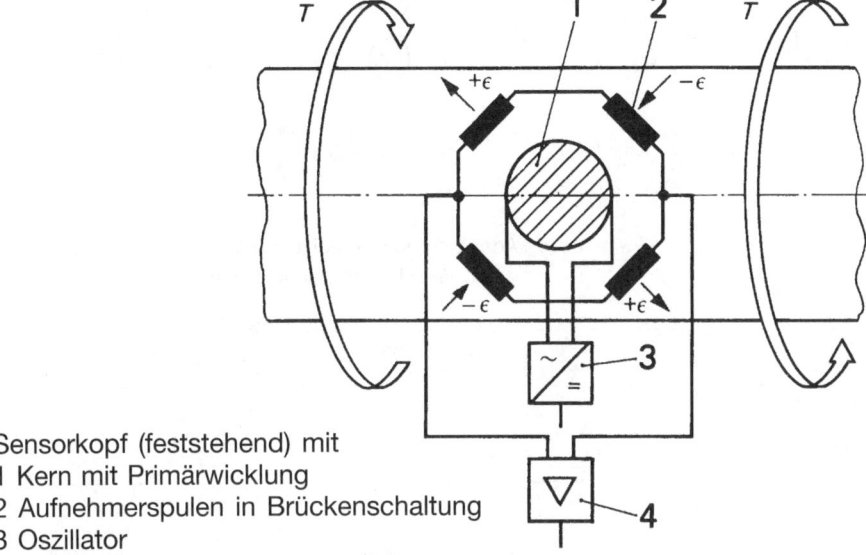

Sensorkopf (feststehend) mit
1 Kern mit Primärwicklung
2 Aufnehmerspulen in Brückenschaltung
3 Oszillator
4 Verstärker

Bild MEC 685.1: Drehmomentmessung durch Aufnehmer auf magnetoelastischer Basis (Wirbelstromsensor).

Weg- und Winkelmessung

Messmethoden

Analog mit Potenziometer, induktivem Geber, kapazitivem Geber, Feldplatte, Hallgenerator.

Digital mit inkrementalem oder absolutem Weggeber

Die Messprinzipien, Messschaltungen und typischen Daten der einzelnen Messmethoden sind in Tafel MEC 686 zusammengefasst.

Tafel MEC 686: Weg- und Winkelmessung

Prinzip		induktive Differenzialdrossel	
Symbol und Messschaltung	$$U = \frac{s}{s_{max}} \cdot U$$	**Tauchanker** L_1 L_2	**Queranker** L_1 L_2
		$$\Delta U = \frac{1}{2} \cdot \frac{\Delta L}{L} \cdot U$$ Änderung des induktiven Widerstandes $Z_2 = \omega L$ durch Verschieben des ferromagnetischen Kernes.	
Weg in mm		± 1 bis ± 2000	$\pm 10^4$ bis ± 1
Winkel in Grad		$+ 45$	-
Auflösung in mm		$< 10^{-3}$	$< 10^{-5}$
Auflösung in Grad			
Verstellgeschwindigkeit bzw. Frequenz		Eingeschränkt durch Trägerfrequenzmessverstärker $f_{max} = 0,2 \cdot f_{Tr} = 1000$ Hz bei $f_{Tr} = 5$ kHz	
Lebensdauer		Unbegrenzt, da berührungslos arbeitend	
Betätigungskraft		Vernachlässigbar	
Beschleunigung		bis 100 g	
Messschaltung		Brückenschaltung mit Trägerfrequenzmessverstärker	
Anwendungsbeispiele		Wie Potenziometer, jedoch auch für kleinere Wege in Feintastern, in Servoventilen, für Übertragung des Weges durch Wände aus unmagnetischen Werkstoffen	Berührungslose Messung kleinster Wege: Rautiefenmessung, Unwuchtmessung, Durchbiegung, Schwingwege, Mikrowaagen

MEC 686

Tafel MEC 686: Weg- und Winkelmessung (Fortsetzung)

Prinzip	Induktiver Differenzialtrafo	Differenzial-Kondensator	Inkrementale und absolute Weggeber
Symbol und Messschaltung	$$\Delta U = U_2 - U_1$$ Änderung der induzierten Spannung in den Sekundärspulen durch Verschieben des ferromagnetischen Kernes nach dem Trafoprinzip	$$\Delta U = \frac{1}{2} \cdot \frac{\Delta C}{C} \cdot U$$ Änderung des kapazitiven Widerstandes $Z_c = 1/\omega \cdot c$ durch Verschieben des Dielektrikums	Zählen von Impulsen und Umsetzung in z.B. ASCII-Code — Abtasten der z.B. im Gray-Code codierten Position und Umsetzung in den ASCII-Code
Weg in mm	$\pm$ 10	$\pm$ 10^{-3} bis $\pm$ 1	bis 3000
Winkel in Grad	$\pm$ 45	-	360
Auflösung in mm		$< 10^{-4}$	$0,4 \cdot 10^{-3}$ bis $5 \cdot 10^{-3}$
Auflösung in Grad			0,001
Verstellgeschwindigkeit bzw. Frequenz	Eingeschränkt durch meist niedrige Trägerfrequenz	Groß durch hohe Trägerfrequenz	Beliebig bis zur Grenzfrequenz des Zählers
Lebensdauer	Unbegrenzt, da berührungslos arbeitend		
Betätigungskraft	Vernachlässigbar		
Beschleunigung			
Messschaltung	Angepasste Verstärkerschaltung Ausg. 4 bis 20 mA	Brückenschaltung mit Trägerfrequenz 0,5 MHz	Angepasste Zählerschaltung
Anwendungsbeispiele	Als Aufnehmer in Gebern für Druck, Differenzdruck, Füllstand, Durchfluss mit Ausgang Einheitssignal 4 bis 20 mA	Als Aufnehmer in Gebern für kleine Differenzdrücke z.B. an Wirkdruck-Durchfluss-Messstrecken	Positionsanzeige an WZM. Ist-Weggeber in CNC-Maschinen, Rundschalttischen, Messmaschinen

Tafel MEC 686: Weg- und Winkelmessung (Fortsetzung)

Prinzip	Magnetoresistive Feldplatten	Hall-Effekt
Symbol	Änderung des Ohm'schen Widerstandes durch Änderung eines Magnetfeldes	Erzeugung und Änderung der Hallspannung durch ein senkrecht verlaufendes, veränderliches Magnetteld
Weg in mm	bis ca. 30 mm, bei Hintereinanderschaltung auch größere Wege	
Winkel in Grad	bis 360°	
Auflösung in mm	10^{-2} mm	
Auflösung in Grad		
Verstellgeschwindigkeit bzw. Frequenz	bis 10 MHz	
Lebensdauer	Unbegrenzt, da berührungslos arbeitend	
Betätigungskraft	Vernachlässigbar	
Beschleunigung		
Messschaltung	Brückenschaltung Spannungsausgang	Konstantstromspeisung Spannungsausgang
Anwendungsbeispiele	Positionsmessung: z.B. Läuferstellung bei E-Motoren, Düsennadel bei Einspritzpumpen, Messung von Verformungswegen, kontaktlose Tastaturen, Initiatoren in Endschaltern und Drehfrequenzmessern.	

MEC 688

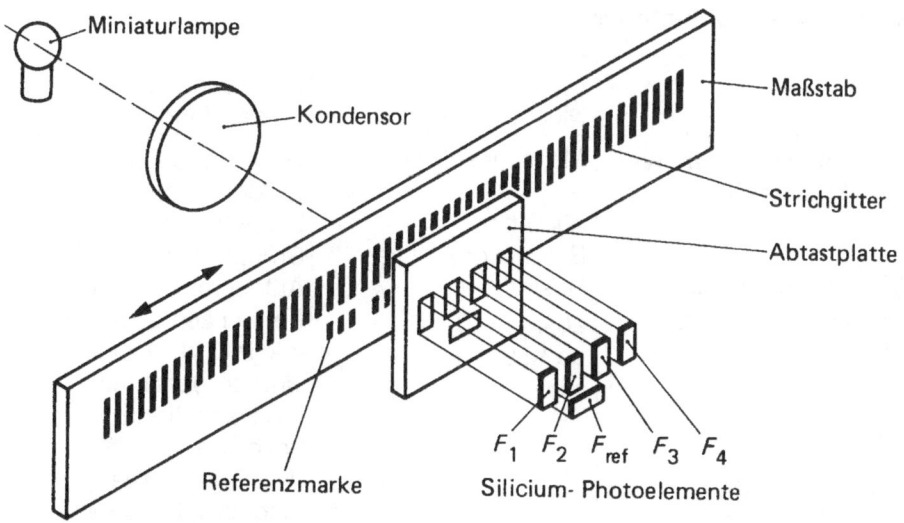

Bild MEC 689.1: Inkrementaler Weggeber mit photoelektrischer Abtastung eines Strichgitters.
Anwendung zur Ist-Weg-Messung z. B. bei CNC-Maschinen.

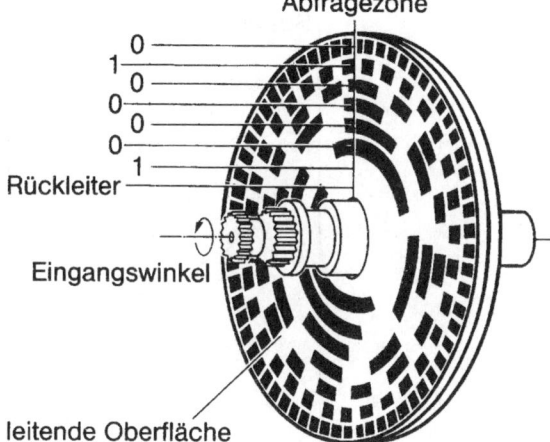

Bild MEC 689.2: Absoluter Weggeber. Abtastung einer Codescheibe. Anwendung bei Winkel- oder indirekter Wegmessung.

Druckmessung

Druckaufnehmer auf piezoresistiver, induktiver oder DMS-Basis dienen zur Messung statischer und dynamischer Druckverläufe sowie zur Messung von Überdruck, Differenzdruck und Absolutdruck (Bild MEC 691.1). Piezoelektrische Druckaufnehmer dienen zur Messung quasistatischer und vorwiegend dynamischer Druckverläufe sowie zur Messung von Überdrücken und Absolutdrücken.

Bei Über- oder Unterduck-Messung ist eine Seite des Messelements mit dem atmosphärischen Druck beaufschlagt.

Bei Differenzdruckmessung sind beide Seiten des Messelements mit dem jeweiligen Druck p_1 bzw. p_2 beaufschlagt. Bei Absolutdruckmessung muss eine Seite des Messelements evakuiert oder mit konstantem Referenzdruck versehen werden.

In Tafel MEC 690 sind für die verschiedenen Druckaufnehmer das Prinzip, die Messdaten sowie die Eigenschaften und Anwendung gegenübergestellt.

Tafel MEC 690: Druckaufnehmer

Prinzip	Messbereich Messunsicherheit	Eigenschaften Anwendung
Auf **DMS oder piezoresistiver** (Halbleiter-DMS) **Basis** Folien-DMS Widerstand Silicium-platte Hohlraum Halbleiter-DMS, Piezoresistive Messzelle	Messbereich von p_{max} = 10 bar bis 4000 bar. Bei piezoresistiver Basis. ab p_{max} = 0,1 bar ab Kl 0,1	Universelle Druckgeber für den ganzen Druck-bereich. Für sehr kleine Drücke piezoresistive Aufnehmer. Eigen-frequenzen zwischen 4 kHz und >100 kHz sind zu beachten. Messschaltung: Vollbrücke. Verstärkerausgang: Eingeprägter Strom oder eingeprägte Spannung.
Auf **induktiver Basis** Differenzialdrossel Membrane	Im Vergleich zu DMS-Aufnehmern wegen der größeren Empfindlichkeit des induktiven Prinzips auch für kleine Messbereiche ab p_{max} = 0,1 bar geeignet. Kl 0,5	Universelle Druckgeber mit z. T. niedriger Eigenfrequenz ab 0,5 kHz durch niedrige Federkonstante und relativ große Masse der Membrane. Messschaltung: Halb-brücke mit Träger-frequenzmessverstärker.

Tafel MEC 690: Druckaufnehmer (Fortsetzung)

Prinzip	Messbereich Messunsicherheit	Eigenschaften Anwendung
Auf piezoelektrischer Basis 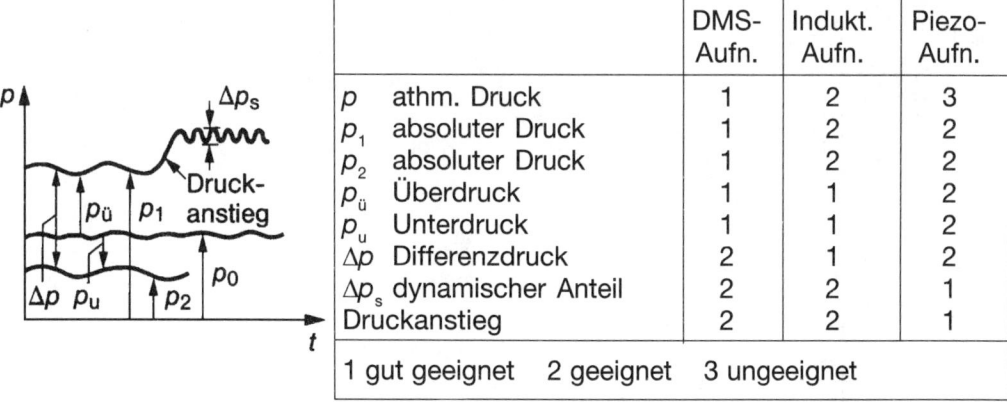 Membrane, Quarzelement, Vorspannhülse, Gehäuse, Elektrode	Messbereich bis $p_{max} = 1000$ bar. Messunsicherheit ca. $\pm 1\%$ vom Messwert. Besondere Eignung für die Messung dynamischer Druckanteile auf beliebigem statischen Niveau $(< p_{max})$	Für die Messung sehr steiler Druckspitzen, z.B. Druckstöße in hydraulischen Anlagen. Für die Messung von Drücken bei höheren Temperaturen (bis 350°C ungekühlt), z.B. Zylinderdruck von Kolbenmaschinen (Indizierung) Messschaltung: Ladungsverstärker, Spannungsausgang. Hohe Eigenfrequenz.

Eignungstabelle

		DMS-Aufn.	Indukt. Aufn.	Piezo-Aufn.
p	athm. Druck	1	2	3
p_1	absoluter Druck	1	2	2
p_2	absoluter Druck	1	2	2
$p_{ü}$	Überdruck	1	1	2
p_u	Unterdruck	1	1	2
Δp	Differenzdruck	2	1	2
Δp_s	dynamischer Anteil	2	2	1
Druckanstieg		2	2	1
1 gut geeignet 2 geeignet 3 ungeeignet				

Bild MEC 691.1: Eignung von Druckaufnehmern für Druckmess-Aufgaben

Temperaturmessung

Verwendet werden folgende **elektrische Berührungsthermometer:**

PTC-Thermometer (Kaltleiter)   Messbereich − 100 °C bis 200 °C
NTC-Thermometer (Heißleiter)   Messbereich − 100 °C bis 350 °C
Widerstandsthermometer PT 100   Messbereich − 200 °C bis 850 °C
Widerstandsthermometer Ni 100   Messbereich − 50 °C bis 200 °C
Thermoelemente   Messbereich − 270 °C bis 1170 °C

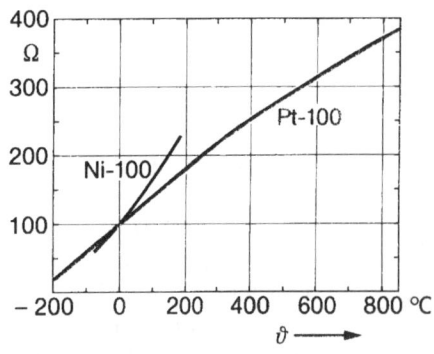

Bild MEC 692.1: Widerstand von Nickel-und Platin-Messwiderständen in Abhängigkeit von der Temperatur.

Widerstandsthermometer

Üblicherweise kommen Platinwiderstände Pt 100 (100 Ω bei 0 °C) oder Pt 1000 (1000 Ω bei 0 °C) zur Anwendung, die eine hohe Empfindlichkeit und im Gegensatz zu Ni 100 gute Linearität aufweisen (Bild MEC 692.1). Einbau in Behältern und Rohrleitungen oder Aufkleben auf Oberflächen (Bild MEC 692.2).

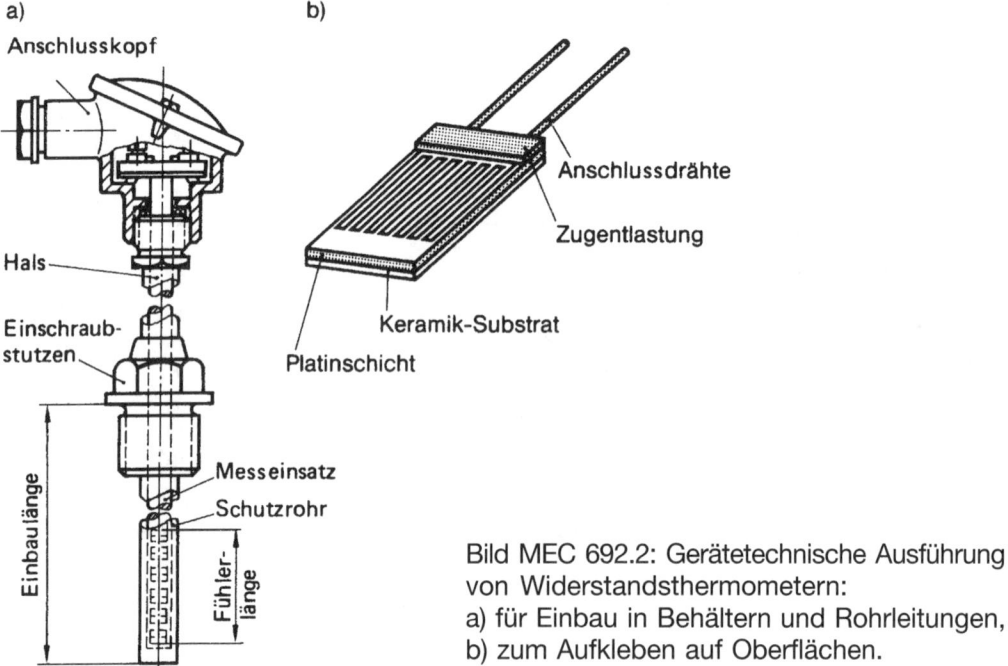

Bild MEC 692.2: Gerätetechnische Ausführung von Widerstandsthermometern:
a) für Einbau in Behältern und Rohrleitungen,
b) zum Aufkleben auf Oberflächen.

Messschaltungen (Bild MEC 693.1)

2-Leiterschaltung: Änderung des Leitungswiderstandes geht in das Messergebnis ein.
4-Leiterschaltung: Leitungswiderstand geht nicht in das Messergebnis ein.

Für kleinere Temperaturbereiche kommen auch kostengünstige Widerstandsthermometer mit Siliciumsensoren in Frage, die durch Einbindung in integrierte Schaltkreise und spezielle Beschaltung eine ausreichende Linearität erreichen (Bild MEC 693.2).

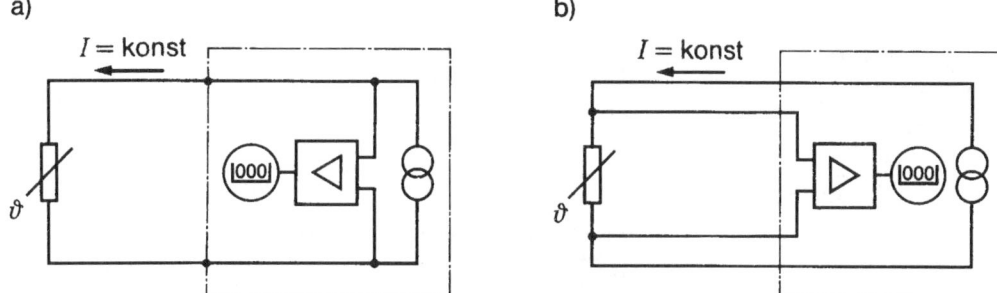

a)

I = konst

ϑ

b)

I = konst

ϑ

Bild MEC 693.1: Messschaltungen von Widerstandsthermometern:
a) 2-Leiterschaltung, b) 4-Leiterschaltung.

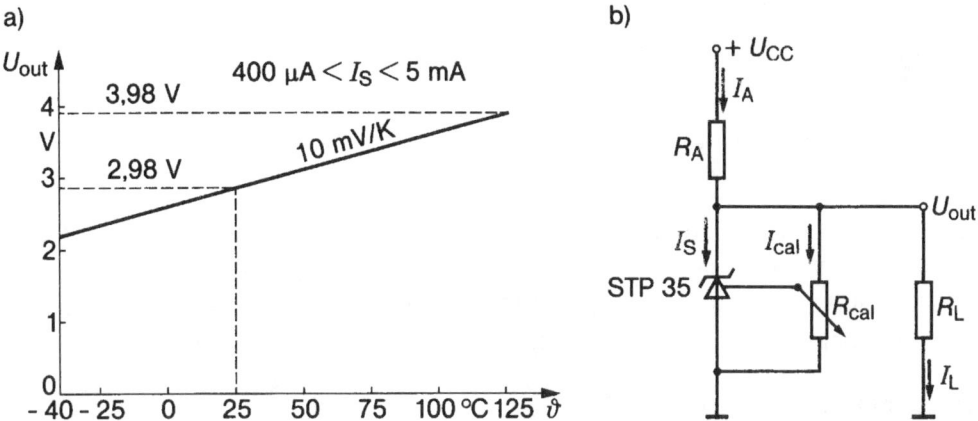

a)

U_out

400 µA < I_S < 5 mA

4 V   3,98 V

10 mV/K

3   2,98 V

2

1

0
- 40 - 25   0   25   50   75   100 °C 125 ϑ

b)

+ U_CC

I_A

R_A

U_out

I_S I_cal

STP 35

R_cal R_L

I_L

Bild MEC 693.2: Beschaltung des Temperatursensors STP35: a) Kennlinie, b) Schaltbild

Thermoelemente

Bei Erwärmung der Verbindungsteile zweier Drähte aus unterschiedlichen Werkstoffen
entsteht eine Thermospannung, die zur Temperatur relativ linear verläuft (Bild MEC 693.3).

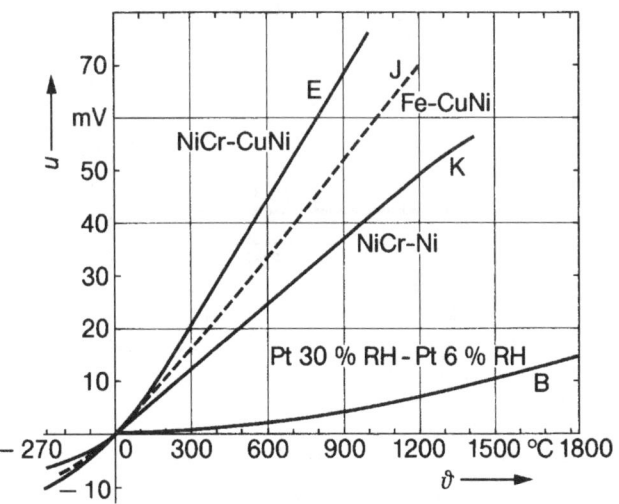

70
mV
u
50

40

30

20

10

E   J
Fe-CuNi

NiCr-CuNi

K

NiCr-Ni

Pt 30 % RH - Pt 6 % RH
B

- 270   0   300   600   900   1200   1500 °C 1800
- 10
ϑ ⟶

Bild MEC 693.3 Kenn-
linien von Thermopaaren.

MEC 693

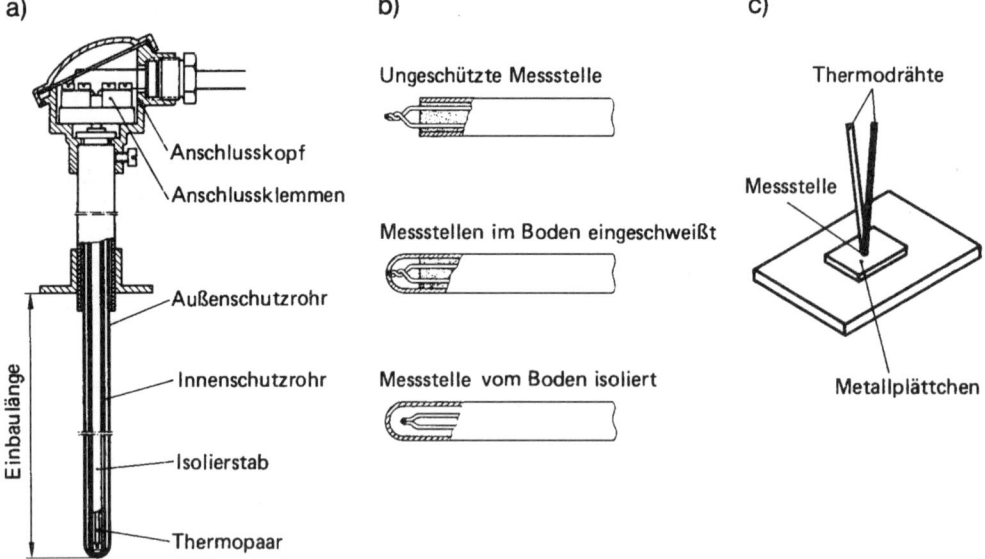

Bild MEC 694.1: Gerätetechnische Ausführungen von Thermoelementen:
a) im Schutzrohr, b) als flexibles Mantelthermoelement, c) als Thermodraht.

Gerätetechnische Ausführungen (Bild MEC 694.1): Thermoelement im Schutzrohr, Mantelthermoelement, Thermopaar ohne Schutzrohr.

Messschaltungen (Bild MEC 694.2):

Mit Vergleichsstelle 0°C oder 50°C: Thermoelement TE1 misst, Thermoelement TE2 ist konstant, Thermoelement TE3 und TE4 heben sich gegenseitig auf.

Mit **elektronischer Vergleichsstellenkompensation:** Einfluss der Thermoelemente TE2 und TE3 wird vom Temperaturfühler durch gegensinnige Beeinflussung des Verstärkerfaktors kompensiert.

Tafel MEC 695 gibt zusammenfassend eine **Anwendungsübersicht** zu den elektrischen Berührungsthermometern.

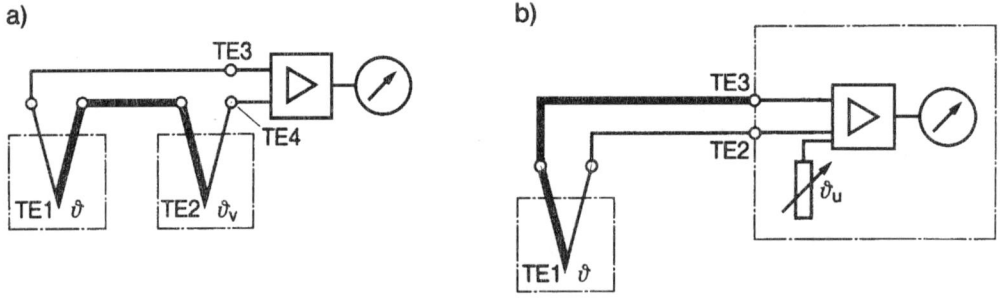

Bild MEC 694.2: Messschaltungen von Thermoelementen:
a) mit Vergleichsstelle, b) mit Vergleichsstellenkompensation.

Tafel MEC 695: Anwendungsübersicht zu elektrischen Berührungsthermometern

Geber Merkmal	Pt 100 Schutzrohr nach DIN	Pt 100 auf Klebefolie	Thermo- element im Schutzrohr	Mantel- thermo- element	Thermo- paar nackt	NTC- Widerstand
Fehler- grenzen	relativ klein (DIN)		relativ groß (DIN)			individuell unter- schiedlich
Dyna- misches Verhalten	ungünstig	günstig	ungünstig	günstig	sehr günstig	sehr günstig
Tempe- ratur- Bereich	-250°C bis +850°C		-270°C bis +1770°C je nach Materialpaar			-100°C bis +300°C
Empfind- lichkeit	$\approx 0{,}2\ \Omega/\mathrm{K}$ rel. hoch		max 0,05 mV/K rel. gering			bis $10^3\ \Omega/\mathrm{K}$ sehr groß
Verstärkung	$\approx$ konst.		$\approx$ konst.			nicht konst.
Einbau- größe	ungünstig	sehr günstig	ungünstig	günstig	sehr günstig	sehr günstig

Drehzahlmessung

Analoge Drehzahlmessung: Nach dem Generatorprinzip wird eine der Drehzahl proportionale Spannung erzeugt (Bild MEC 695.1).

Vorteil: Eignung für dynamische Drehzahlverläufe, z. B. für regeltechnische Anwendungen.

Nachteil: Rückwirkung auf Messobjekt nicht immer vernachlässigbar (Drehmoment für Generatoranker und Massenträgheitsmoment).

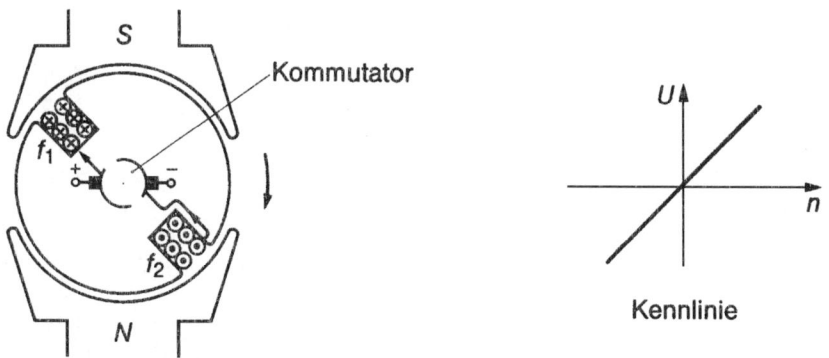

Bild MEC 695.1: Analoge Drehzahlmessung nach dem Generatorprinzip

Digitale Drehzahlmessung: Über die Zeit t werden N Impulse gezählt und als Frequenz $n = N/t$ ausgegeben (Bild MEC 696.1).

Bei t = 1s und N = 60 Impulsen/Umdrehung wird n in 1/min angezeigt.

Vorteil: Sehr genaue Messung des Mittelwertes von n. Keine Rückwirkung auf das Messobjekt.

Nachteil: Der momentane Wert von n kann nicht gemessen werden, daher vorzugsweise für stationäre Messung geeignet.

Aufnehmer: Induktiv bei metallischem Werkstoff, optisch (z. B. infrarot) bei reflektierendem Werkstoff, kapazitiv bei nichtmetallischen Werkstoffen.

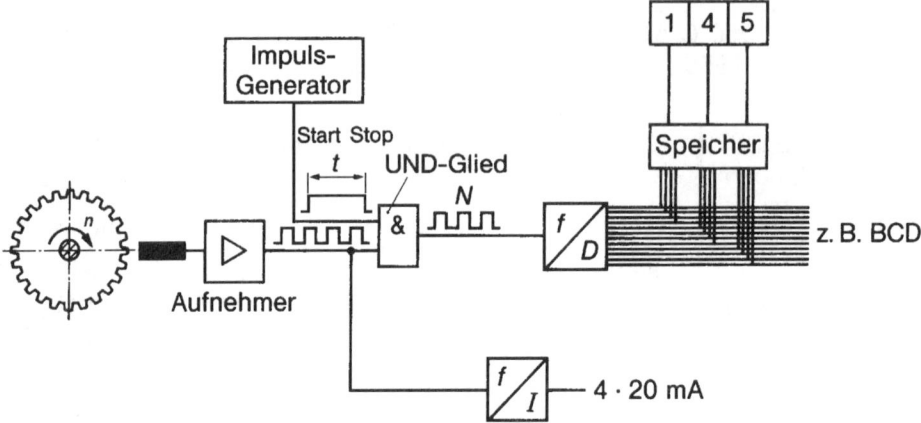

Bild MEC 696.1: Prinzip der digitalen Drehzahlmessung.

Stichwortverzeichnis

Stichwortverzeichnis